刘 玠 院士

年轻时期

在日本学习

在热轧生产现场

1978 年和新日铁数学模型人员在计算机室

在武钢 1700 热连轧第一卷钢前

1985 年参加冶金部技术鉴定会

在鞍钢现场为参观者讲解

在现场与工人师傅交流

在鞍钢与蒂森克虏伯合资厂投产仪式上

在鞍钢鲅鱼圈新区现场

在现场了解情况

在现场调研

在《冶金过程自动化技术丛书》首发式上

在大连高级经理学院作报告

在全国政协会议上阅读文件

中国工程院 院士文集

Collections from Members of the Chinese Academy of Engineering

刘玠文集

A Collection from Liu Jie

《刘玠文集》编辑小组 编

北京
冶金工业出版社
2014

内容提要

本书选编了刘玠同志历年来发表或未曾公开发表的140余篇文章和报告，内容包括轧钢自动化技术、企业信息化技术、老企业改造理论与实践、现代企业管理与制度建设、自主创新与人才培养五个方面；从一个方面记录了一个科学家、一个企业家的奋斗历程，从一个侧面展现了一个科学家的严谨和管理者的谋略。

本书可供从事冶金自动化及信息化技术的科研人员、工程技术人员和企业管理人员参考。

图书在版编目(CIP)数据

刘玠文集/《刘玠文集》编辑小组编．—北京：冶金工业出版社，2014.5（2014.7重印）
（中国工程院院士文集）
ISBN 978-7-5024-6580-3

Ⅰ.①刘…　Ⅱ.①刘…　Ⅲ.①钢铁工业—自动化—文集
Ⅳ.①TF31-53

中国版本图书馆CIP数据核字(2014)第093596号

出 版 人　谭学余
地　　址　北京市东城区嵩祝院北巷39号　邮编　100009　电话　(010)64027926
网　　址　www.cnmip.com.cn　电子信箱　yjcbs@cnmip.com.cn
责任编辑　戈　兰　美术编辑　彭子赫　版式设计　孙跃红
责任校对　石　静　刘　倩　责任印制　牛晓波
ISBN 978-7-5024-6580-3
冶金工业出版社出版发行；各地新华书店经销；三河市双峰印刷装订有限公司印刷
2014年5月第1版，2014年7月第2次印刷
787mm×1092mm　1/16；44.75印张；4彩页；1094千字；698页
290.00元

冶金工业出版社　投稿电话　(010)64027932　投稿信箱　tougao@cnmip.com.cn
冶金工业出版社营销中心　电话　(010)64044283　传真　(010)64027893
冶金书店　地址　北京市东四西大街46号(100010)　电话　(010)65289081(兼传真)
冶金工业出版社天猫旗舰店　yjgy.tmall.com
（本书如有印装质量问题，本社营销中心负责退换）

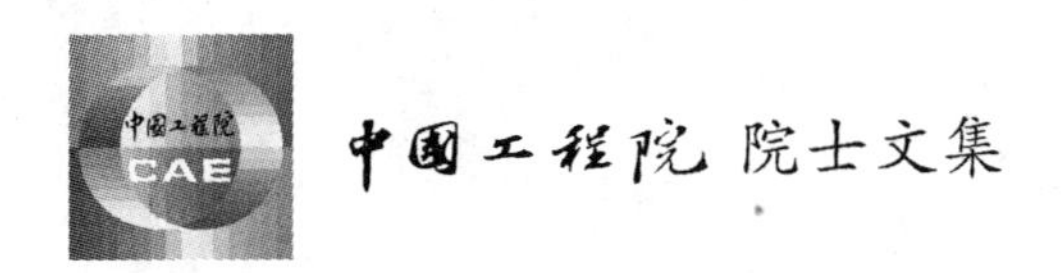

《中国工程院院士文集》总序

2012年暮秋，中国工程院开始组织并陆续出版《中国工程院院士文集》系列丛书。《中国工程院院士文集》收录了院士的传略、学术论著、中外论文及其目录、讲话文稿与科普作品等。其中，既有院士们早年初涉工程科技领域的学术论文，亦有其成为学科领军人物后，学术观点日趋成熟的思想硕果。卷卷文集在手，众多院士数十载辛勤耕耘的学术人生跃然纸上，透过严谨的工程科技论文，院士笑谈宏论的生动形象历历在目。

中国工程院是中国工程科学技术界的最高荣誉性、咨询性学术机构，由院士组成，致力于促进工程科学技术事业的发展。作为工程科学技术方面的领军人物，院士们在各自的研究领域具有极高的学术造诣，为我国工程科技事业发展做出了重大的、创造性的成就和贡献。《中国工程院院士文集》既是院士们一生事业成果的凝炼，也是他们高尚人格情操的写照。工程院出版史上能够留下这样丰富深刻的一笔，余有荣焉。

我向来认为，为中国工程院院士们组织出版院士文集之意义，贵在“真、善、美”三字。他们脚踏实地，放眼未来，自朴实的工程技术升华至引领学术前沿的至高境界，此谓其“真”；他们热爱祖国，提携后进，具有坚定的理想信念和高尚的人格魅力，此谓其“善”；他们治学严谨，著作等身，求真务实，科学创新，此谓其“美”。《中国工程院院士文集》集真、善、美于一体，辩而不华，质而不俚，既有“居高声自远”之澹泊意蕴，又有“大济于苍生”之战略胸怀，斯人斯事，斯情斯志，令人阅后难忘。

读一本文集，犹如阅读一段院士的“攀登”高峰的人生。让我们翻开《中国工程院院士文集》，进入院士们的学术世界。愿后之览者，亦有感于斯文，体味院士们的学术历程。

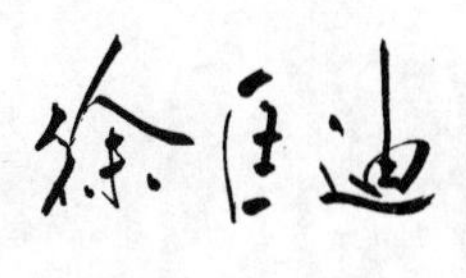

2012年7月

序

中国工程院组织出版院士文集。审阅选编的文集书稿，勾起我许多回忆。有两件事现在仍记忆犹新。一是少年时期看了“董存瑞”的电影，为董存瑞的英勇献身所感动，我们还在学校教室里挂上董存瑞英勇献身的照片；二是青年时期新闻报道某国的宗教团体组织信徒集体自杀，感到震惊，不可理解。这两件反差极大的事引起了我强烈的思考，一段时期常常思考着一个问题：人为何而活?！我想人活在世上，应该像董存瑞那样为社会进步和人民的幸福做有益的事。这一答案后来就成了我一生的座右铭。我为此而努力。

我生长在新中国，在成长的历程中，经历了许多国家大事和变革，比如大跃进，大办钢铁，三年困难时期，文化大革命，改革开放等等。这些大事和变革，无疑对我们每一个人都是一种锤炼。在高中时期，我参加了大办钢铁，用“反射炉”把生铁炼成钢。未曾想当时偶然的参与竟成了我一生从事的事业。大学就读武汉钢铁学院冶金机械专业，研究生毕业于北京钢铁学院冶金机械系，研究课题是行星轧机；毕业后分配到武汉钢铁公司，从此与钢铁结下了不解之缘。起初，在武钢轧板厂当了几年维护钳工，和工人师傅朝夕相处。一九七四年武钢建设一米七轧机工程，国家投入巨额资金从日本引进了热连轧设备，我非常幸运地参加了这一伟大的工程。为了工作的需要，我从学冶金机械转行学计算机自动控制，开始另一段新的历程。人生就是这样奇妙而不可预测。这样一个大的转折，却给我带来了意想不到的困难。当时要到日本接受培训，既有语言的障碍，更有专业的挑战。但是为国争光，为我国钢铁事业奋斗这样一种追求激励着我们。还记得，在东芝的培训，老师不讲课，让我们每一个人给他讲解课本内容，讲解电子计算机中最难的实时操作系统。我们只能通宵达旦地准备，别无选择。我们在国外刻苦学习，回国后努力钻研，克服许多困难，取得了一系列成果。比如，我参与的“武钢一米七轧机系统新技术开发与创新”和我主持的“武钢一米七热轧计算机控制新系统”等等。这些成果分别获得国家科学技术进步奖特等奖和一等奖。

一九九四年，鞍山钢铁集团公司在改革开放中遇到了极大的困难。部分高炉停炉，企业严重亏损，经营十分困难。在这样一个形势下，受党和国家的派遣，我担任了鞍钢总经理，而后又兼任党委书记，又一次迎接我人生之中新的挑战。当时企业缺少资金，连职工工资都发不出来；设备极其陈旧，产品没有销路；人欠欠人近225亿元。有些人说鞍钢要破产倒闭了。但我没有失去信心，我想：鞍钢是中国钢铁的发源地之一，有一批高水平的员工，有优良的企业传统。依靠国家和地方的支持，依靠我们的智慧和双手，通过改革与改造，我们一定能创造奇迹，重新振兴鞍钢。我们大力推进体制和机制改革，使企业运行适应社会主义市场经济。同时，积极开展技术创新，用高起点、少投入、快产出、高效益的方针全面进行技术改造。经过十多年的努力，完成了“平改转”、实现了全连铸等等一系列改造工程，装备实现现代化，产品达到国际水平，进入国际市场。鞍钢终于起死回生。在此期间，鞍钢年利润最高时达到113亿元。在企业发展的同时，我个人的专业技术水平也得到新的提升，获得了许多创新成果。比如，我国第一条拥有完全自主知识产权的现代化国产热连轧生产线在鞍钢诞生，并成功将该技术输出为济钢建设了一条全新的连铸连轧生产线；我国第一条国产酸洗冷连轧生产线也在鞍钢诞生。我主持的这些创新和国产化成果分别获得国家科学技术进步奖一等奖和二等奖。同时，我也荣获了“袁宝华企业管理金奖”。这些经历让我深深体会到，困难和机遇并存，挑战和成功同在；越是严峻的挑战越能结出丰硕的成果。同时我也深深地感受到个人的进步离不开社会的进步和企业的发展。

人生的追求，严峻的挑战，成功的喜悦，这就是我丰富的人生。

刘玠

2014年5月

追 求
（代前言）

刘玠同志1943年出身于书香门第，童年与少年时期是在闻名遐迩的复旦大学、华东师范大学校园度过的。大学校园浓郁的科技人文气息和新中国建设初期蓬勃向上的时代氛围，孕育了他勤勉向上、爱科学、学科学的浓厚兴趣。少年的他梦想当一名飞机工程师，可命运决定了他与钢铁的不解之缘。

因为武钢一米七热轧带钢厂的计算机系统的掌控之急，刘玠同志被任命为数学模型组组长，出国学习。32岁改行，从二进制开始学习计算机和从未接触过的日本语。短短的一年多时间既要过语言关，又要过技术关，难度可想而知。每天睡眠两三个小时，被他称之为“站着都能睡着”的学习经历，奠定了他进入计算机领域并成长为一名成就斐然的冶金自动化及信息化工程专家的扎实基础。

国内首次引进的这套计算机控制系统，是武钢一米七热轧带钢厂的中枢和灵魂。伴随着武钢生产的日益发展，引进的计算机控制数学模型软件的弊端逐渐显现，不能更好地发挥1700轧机的优势。刘玠同志组织数学模型组成员日以继夜地潜心研究，多次到北京钢铁学院、北京航空学院做实验，经过近三年的努力，终于成功开发出“武钢热冷连轧机自产钢数学模型”。该模型突破了引进模型的束缚，具有广泛的适应性，不仅能轧制自产钢坯，还轧制了其他钢厂的钢坯，轧制精度也超过了原引进的数学模型，为武钢创造了很好的经济效益。该项目于1985年获得国家科学技术进步奖三等奖。此后，他又对模型结构进行分析，通过不断实验和反复探索，开发出技术含量更高的“武钢热轧厂精轧轧制压力数学模型”，这项成果于1987年获得国家科学技术进步奖三等奖。

20世纪80年代末，引进的一米七热轧厂计算机系统已经不能适应生产快节奏、产能扩大化、品种多样化的发展需求，面临整体更新换代问题。武钢向日方询价，日方报价3800万美元。3800万美元对于当时的武钢而言无异于一个天文数字。国家计委派出的专家组在武钢考察之后，也爱莫能助。“自己干。”刘玠说，买硬件，我们自己集成。武钢又相继分别与一些国外公司谈判，最后与美国一家公司达成了购买硬件，软件由自己开发，以590万美元成交的协议。刘玠同志当时作为“武钢一米七轧机控制新系统”项目的总负责人，组织武钢、北京钢铁学院、重庆钢铁设计研究院等单位参与项目研发。决心源于信心。经过艰苦努力，“武钢一米七热轧计算机控制新系统”，研发成功，实现了当时中国钢铁工业最具代表性、技术难度最大、经济效益最高、并且由中国人自己掌握自主知识产权的重大技术突破。该项目于1996年获得国家科学技术进步奖一等奖。后来刘玠同志再次领导这支团队相继对计算机控制系统更新有“燃眉之急”的太原钢铁公司和梅山钢铁公司进行了热轧计算机控制系统的改造，并以140万美金的价格将热轧计算机控制系统软件转让给美国AEG公司，实现了中国自主开发软件对国内外钢铁公司的输出。

从武钢到鞍钢，“对我是新的挑战。”刘玠同志这次首先要解决的是自己的问题：如何当企业家。为了脱困和有所突破，刘玠同志领导制定了两个方案：一个改革方案，一个改造方案。通过改革，体制、机制活了。

改造方案的第一个重大技术决策是平炉改转炉，当时鞍钢的年产量是800万吨钢，平炉钢占了530万吨，两平炉钢厂，都处在亏损状态。过去大修一个平炉的修理费就要5000万元，鞍钢设计院做了个改造一个平炉只花7000万元的设计方案，可当时鞍钢的项目审批权就5000万元，刘玠说：“超过5000万元的责任我来负，干！”鞍钢相继建起了6座100吨的转炉，实现了全转炉全连铸。只这一项每年就降低成本11亿元！一位兄弟钢厂的资深总工看后，连声地叹道：“简直是奇迹！建一个钢厂，就得50亿，而你们花5亿建了两个钢厂！”鞍钢的技术改造因此有了重大突破，这是鞍钢技术改造的里程碑。这项改造技术迅速被国内各钢厂学习借鉴。国家提前5年实现了淘汰平炉的计划。

了解鞍钢的人都知道，鞍钢的1780工程，当时被称为鞍钢的“希望工程”，是技术和管理的完美结合，堪称典范。当时刘玠同志要求用国家批准的85.6亿元的1/2，来完成1780热连轧生产线的建设。刘玠同志大胆推行了投资效益总包和项目经理负责制，1780 热轧线仅用了 43 亿元、30 个月就建成了。参与合作的外方技术人员说：建同样一条生产线，国际记录是 36 个月，鞍钢又处北方，还应该增加 6 个月。这条生产线投产后仅用四年时间，就收回全部投资。

1780 工程后，鞍钢又利用淘汰的二初轧厂房和半连轧的部分设备，仅用 11.7 亿元、一年的时间，依靠自己的力量建了一条拥有自主知识产权的中薄板坯连铸连轧生产线，实现了计算机系统从硬件到软件的整体集成；而且随后由鞍钢总承包的济钢中薄板坯连铸连轧工程于 2006 年 1 月全线竣工投产。鞍钢成为中国首家既输出产品、又输出成套技术的钢铁企业。这又是一次质的飞跃。

2004 年中薄板坯连铸连轧生产工艺技术，获得国家科学技术进步奖二等奖和冶金科学技术奖特等奖。在这两个项目中，刘玠兼任计算机、传动和仪表三电组组长，一个完全的技术负责人。

冷连轧机成套设备，当时国内的都依靠进口。有了热连轧生产线自主开发成功的经验，刘玠同志认为由鞍钢自己开发一条酸洗冷连轧生产线是可行的。为了给研发人员减负，刘玠同志提出，“大胆开发，允许失败。如果失败，责任我来负！”。在刘玠同志带领下通过密切合作，攻克了难题，仅用 16.8 亿元就完成了 1780 酸洗冷连轧生产线的建设。这条生产线的投产，不仅轧出了 0.18 毫米的冷轧极品，而且生产出被称之为“冶金艺术品”的高端轿车面板，又一次打破了国外大公司的技术垄断。2007 年，这一项目，获得国家科学技术进步奖一等奖和冶金科学技术特等奖。

技术创新不能单是局部技术的突破。当同行们都热衷于争当装备能力第一的时候，科学家的远见、严谨和企业家的理念，让刘玠同志做出了在鞍钢西部区域，按照工艺成熟、装备标准、布局合理，流程优化、指标先进、系统集成的原则建成一个独立的包括烧结、炼铁、炼钢、热连轧、冷连轧配套齐全的钢铁精品基地的决策。经过近三年的建设，一个由 2 台 $360m^2$ 烧结机，2 座 $3200m^3$ 高炉，3 座配有脱硫、钢包精炼和 RH 真空处理的 260 吨转炉，由 2 台板坯连铸机和 2150 热连轧组成的中薄板坯连铸连轧生产线和 2130 冷连轧生产线的新区拔地而起。新区生产的产品成批供应国外著名厂商。同时，按照环境保护和二次资源综合利用的生态理念，实现了高炉煤气、转炉煤气和焦炉煤气的完全回收；实现了焦炉干熄焦余热发电和高炉压差发电；实现了低热值高炉煤气余热蒸汽联合循环发电；污水处理循环使用；钢铁废渣回收再利用。

离开内陆建设沿海钢厂，是符合钢铁企业建设规律和国家发展战略要求的。2002 年初，在沿海建设一个现代化的最具国际竞争力的钢铁生产新区的思路，在刘玠脑海逐渐形成。经过考察和缜密调研，选址在距鞍山约 150 公里的营口鲅鱼圈。建设鲅鱼圈新区的原则是：循环经济，速度、质量、效益相协调，生产发展、环境、资源相协调，工艺紧凑、连续、高效。项目充分利用了鞍钢技术改造的成果，装备高度国产化，同时开发了新的技术与工艺。一家日本著名的钢铁企业总裁深有感慨地说：我已听到鞍钢准备超越我们的脚步声。

在鞍钢的 ERP 信息化建设中，刘玠深知搞不好会走很多弯路会造成极大浪费。他认真吸取其他企业的经验教训，要求硬件高起点，系统功能开发以自己为主，依靠自己的力量实现新技术的转化。经过两年多的努力，鞍钢的 ERP 系统建设圆满实现了既定目标。

鞍钢改革、改造的发展之路，从核心技术的引进、消化吸收、到再创新直至领跑，充分体现了“自主创新、重点跨越、支撑发展、引领未来”的国家科技战略精神。在这一历程中刘玠同志既是一位科学工作者，又是一位生产经营管理者；对技术发展、市场变化的洞察、集集体智慧之大成的决策和贯彻、执行的良好掌控成就了他人生的追求。

鉴于刘玠同志在中国工程技术领域取得突出成果和做出的杰出贡献，1997 年刘玠同志当选为中国工程院院士。

“旧貌换新颜”的鞍钢记录着以刘玠为代表的新一代鞍钢人为国家、企业所做的巨大贡献。《刘玠文集》的编辑出版，从一个方面记录了一个科学家、一个企业家的奋斗历程，也是献给我们这个时代的礼物。

《刘玠文集》编辑小组
2014 年 5 月

目 录

轧钢自动化技术

企业信息化技术

老企业改造理论与实践

现代企业管理与制度建设

自主创新与人才培养

附 录

轧钢自动化技术

弹跳方程的建立和机架刚度的测试

1979 年 10 月

众所周知，在连轧薄板轧机中，为了顺利地通板并且保证成品厚度尽可能达到预期的目标值，必须准确地计算轧机机架的弹性变形量。因为对于薄板轧机而言，轧机的弹性变形量（也称为弹跳）与压下量属同一数量级，甚至弹跳量超过产品厚度，以至于是产品厚度的 1 ~3 倍。

轧机的弹性变形量通常按下式计算：

$$S_{pj} = \frac{F_{0j}}{M_j} - \frac{F_j}{M_j - K_j(B_0 - B)} \tag{1}$$

式中 S_{pj}——轧机的弹跳；

F_{0j}——零调压力，我们取 $F_{0j} = 1500\text{t}$，日本新日铁大分厂取 $F_{0j} = 1000\text{t}$；

M_j——轧机的刚度；

K_j——机架刚度的宽度补偿系数；

下标 j——第 j 架轧机；

B_0——轧机的辊身长度，$B_0 = 1700\text{mm}$；

B——轧件的宽度，我们取精轧出口的目标板宽。

由式（1）可知，为了准确地计算轧机的弹性变形量必须正确地预报轧制压力，正确地掌握轧机机架刚度，同时还要正确地测量宽度对轧机刚度的影响。关于轧制压力的预报问题另有文章叙述，本文着重研究机架刚度的测定，宽度对机架刚度的影响，油膜厚度的确定等问题。

1　两种不同形式的弹跳方程

通过实践表明，机架弹性变形的特性如图 1 所示。机架弹性变形和轧制压力并非完全呈线性关系。机架刚度不是常数，而是轧制力的函数，因此式（1）很难实际应用。这样产生了一个问题：在计算机控制系统的精轧设定模型中如何计算轧机机架的弹跳量？在实际应用中，通常采用的方法是以直线来逼近曲线，即把机架弹性曲线划分为几个区段，在每一个小段中用直线来近似曲线，以此为基础，可以建立如下两种形式的弹跳方程。

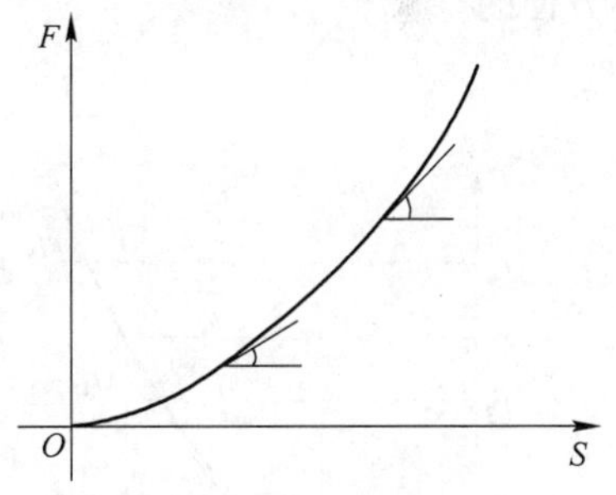

图 1　机架弹性变形曲线

1.1　大分厂形式的弹跳方程

当轧制压力为 F，板宽等于辊身长度（即 $B = B_0$）时的弹跳曲线如图 2 所示，这条曲线分成 5 个区段。

本文是作者 1979 年 10 月在中国金属学会轧钢学术委员会“热连轧板带学术会议”上所作技术报告。

则机架的弹性变形为

$$S = \frac{F_1}{M_1} + \frac{F_2 - F_1}{M_2} + \frac{F_3 - F_2}{M_3} + \cdots + \frac{F - F_{i-1}}{M_i} \tag{2}$$

式中 F_1——第 1 区段的压力，$F_1 = 200\text{t}$；

F_2——第 2 区段的压力，$F_2 = 540\text{t}$；

F_3——第 3 区段的压力，$F_3 = 1080\text{t}$。

以此类推，$F_4 = 2160\text{t}$；$F_5 = 4320\text{t}$。

注意，$F_{i-1} \leqslant F < F_i$，$F$ 为给定的轧制力。M_1，M_2，M_3，…，M_i 分别为 $B = B_0$ 条件下，各区段的机架刚度。i 为区段号，在这里 $i \leqslant 5$。

式（2）仍旧不能用于实际计算，因为我们需要的是把零调值作为零点的相对变形量；另外轧件的宽度与辊身长度并不相等，即 B 不等于 B_0。

由图 3 可以看出，我们所要计算的弹性变形为

$$S_p = S_1 - S_2 \tag{3}$$

由式（2）得

$$S_1 = \frac{F_1}{M_1} + \frac{F_2 - F_1}{M_2} + \frac{F_0 - F_2}{M_3} \tag{4}$$

由式（1）、式（2）得

$$S_2 = \frac{F_1}{M_1 - K(B_0 - B)} + \frac{F_2 - F_1}{M_2 - K(B_0 - B)} + \cdots + \frac{F - F_{i-1}}{M_i - K(B_0 - B)} \tag{5}$$

将式（4）、式（5）代入式（3）

$$S_p = \frac{F_1}{M_1} + \frac{F_2 - F_1}{M_2} + \frac{F_0 - F_2}{M_3} - \left(\frac{F_1}{M_1 - K(B_0 - B)} + \frac{F_2 - F_1}{M_2 - K(B_0 - B)} + \cdots + \frac{F - F_{i-1}}{M_i - K(B_0 - B)}\right) \tag{6}$$

式（6）为大分厂形式的弹跳方程。计算机在线控制时使用这样繁琐的公式是十分不方便的。

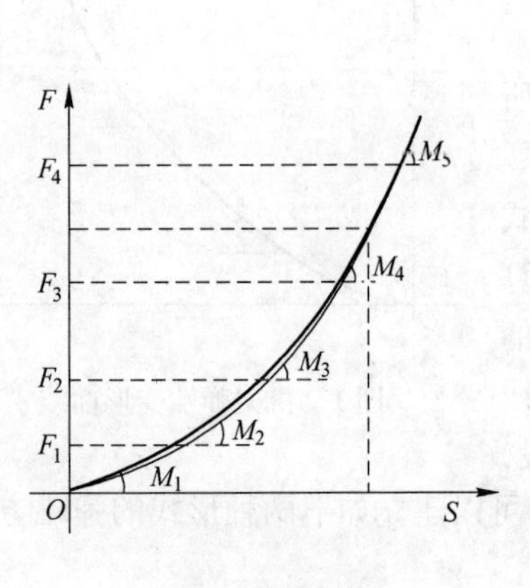

图 2　弹跳曲线

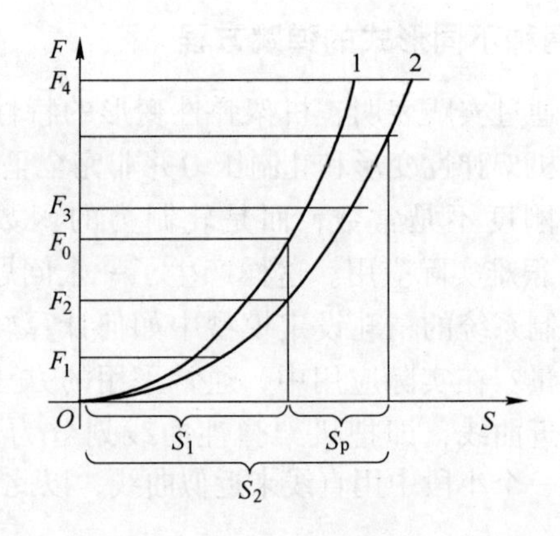

图 3　刚度曲线

1—全宽刚度曲线（$B = B_0$）；2—板宽为 B 的刚度曲线

1.2　武钢热轧厂形式的弹跳的方程

武钢热轧厂的弹跳方程是对式（6）做一些简化得到的。

利用式（2）能够计算每一区段的压力所对应的辊缝值

$$S_i = \frac{F_1}{M_1} + \frac{F_2 - F_1}{M_2} + \frac{F_3 - F_2}{M_3} + \cdots + \frac{F_i - F_{i-1}}{M_i} \tag{7}$$

式中，假定 $\frac{F_1}{M_1} = 10\text{mm}$。

这样，可以将 S_1，S_2，…，S_i 一一算出，并以表格的形式存储在计算机里，在线控制时，已知零调压力、轧制压力，用插值法可以算出在 $B = B_0$ 条件下，相应的压下位置。

宽度对弹跳的影响，我们采用以下函数形式表示

$$f(B,F) = [a_i(B_0 - B) + b_i] \times (B_0 - B)$$

则下式成立

$$\left(\frac{F_1}{M_1} + \frac{F_2 - F_1}{M_2} + \cdots + \frac{F_i - F_{i-1}}{M_i}\right) - \left[\frac{F_1}{M_1 - K(B_0 - B)} + \frac{F_2 - F_1}{M_2 - K(B_0 - B)} + \cdots + \frac{F_i - F_{i-1}}{M_i - K(B_0 - B)}\right]$$
$$= [a_i(B_0 - B) + b_i](B_0 - B) \tag{8}$$

即

$$\frac{F_1}{M_1 - K(B_0 - B)} + \frac{F_2 - F_1}{M_2 - K(B_0 - B)} + \cdots + \frac{F_i - F_{i-1}}{M_i}$$
$$= S_i - [a_i(B_0 - B) + b_i](B_0 - B) \tag{9}$$

最后得到如下形式的弹跳方程

$$S_p = S_0 - \{S_i - [a_i(B_0 - B) + b_i](B_0 - B)\} \tag{10}$$

式中 S_0——零调时的辊缝；

S_i——轧制压力为 F，$B = B_0$ 时的辊缝；

a_i，b_i——预先给定的常数，并以表格的形式存储在计算机里。

S_0 和 S_i 都是以 $\frac{F_1}{M_1} = 10\text{mm}$ 为基准的数值，因此不会影响 S_p 的计算。另外必须指出这里的弹跳 S_p 是相对 S_0 而言的。

用式（10）计算弹跳，可以简化计算步骤。

2 机架刚度和油膜厚度的测试

2.1 必要的测试仪表和测试手段

（1）在机架刚度的测定过程中，必须记录各架轧机的压力、轧辊转速、压下位置。为此，在2号DDC计算机上专门设置了ASN程序（自动扫描程序）。

（2）用 X-Y 记录仪记录辊缝和压力。

（3）用精轧操作室的压力表，辊缝数码显示器记录压力和辊缝，以便与2号DDC计算机记录的参数互相对照。

2.2 必要的注意事项

测试机架刚度时是空压靠轧辊，为防止损坏传动齿轮、接轴和油膜轴承，必须注

意以下事项：

（1）上下工作辊径的误差不得超过0.5mm。

（2）测试之前应空转车2h，转数参照表1。

（3）测试时连续压靠轧辊不得超过5min，而且尽可能缩短加载的时间。

（4）轧辊的冷却水必须给上。

（5）为了使接轴的传动角度可能性小，应该使用最大辊径的轧辊。

表1　转速参数

机架号	速度/(m/min)	压下位置/mm	机架号	速度/(m/min)	压下位置/mm
F_1	100	3	F_5	440	3
F_2	170	3	F_6	510	3
F_3	260	3	F_7	570	3
F_4	360	3			

2.3　测试的步骤

（1）首先用手动压靠轧辊，使工作侧和传动侧压力表的显示值均为500t左右。然后压靠到1000t，最后压靠到1500t。

（2）按常规方法进行手动零调。

（3）按表1所示数据，设定轧辊转速。手动压靠轧辊，使压力达到200t，用ASN程序以及人工记录有关参数，然后逐次压靠到400t，600t，800t，1000t，1200t，1400t，1600t，1800t，2000t，2200t，2400t，2200t，2000t，1800t，1600t，1400t，1200t，800t，600t，400t，200t，并记录有关参数。但要注意压靠或抬起轧辊只能按单方向运动，否则由于轧辊间隙可能会造成误差。测试结果见表3。

（4）按表2改变轧辊转速，然后按（3）同样步骤测试，以确定转速，压力对油膜厚度的影响，测试结果见表3。

表2　轧辊速度

机架号	测定速度/(m/min)			
	第一次	第二次	第三次	第四次
F_1		150	200	250
F_2	100	240	310	400
F_3	150	370	480	600
F_4	200	440	560	670
F_5	250	650	900	1000
F_6	300	740	960	1200
F_7	350	900	1200	1300

表3　F_2机架弹性特性曲线和油膜厚度的测定

100m/min		170m/min		240m/min		310m/min		400m/min	
压力/t	压下位置/10μm	压力/t	压下位置/10μm	压力/t	压下位置/10μm	压力/t	压下位置/10μm	压力/t	压下位置/10μm
214	239	219	247	229	252	217	260	222	265
425	191	426	199	418	207	423	212	423	217
611	154	593	163	628	163	617	170	614	176
825	113	808	123	816	126	806	133	803	139
1002	83	990	91	1004	93	1017	95	1011	101

续表 3

100m/min		170m/min		240m/min		310m/min		400m/min	
压力/t	压下位置 /10μm	压力/t	压下位置 /10μm	压力/t	压下位置 /10μm	压力/t	压下位置 /10μm	压力/t	压下位置 /10μm
1228	43	1180	57	1209	56	1207	61	1219	63
1413	12	1416	16	1414	22	1398	30	1399	34
1608	-20	1621	-18	1605	-12	1620	-10	1612	-4
1803	-53	1794	-48	1822	-47	1807	-40	1822	-37
2010	-86	1996	-82	1994	-75	2001	-73	2000	-70
2194	-118	2222	-120	2220	-114	2194	-105	2211	-105
2410	-153	2403	-150	2399	-143	2399	-138	2415	-135
		2166	-110						
		2031	-89						
		1811	-55						
		1593	-21						
		1441	4						
		1206	44						
		987	82						
		809	115						
		600	156						
		420	195						
		206	246						

（5）上述工作完成后，使轧辊停止转动，将两根 ϕ20mm 的紫铜棒同时放入离轧辊辊身端为 100mm 处，如图 4 所示，然后压靠轧辊，使压力达到 400～600t，取出铜棒，用千卡测量铜棒的残留厚度 h_1 和 h_2，以它们的差值调整轧辊的水平，直至两根铜棒的厚差 10μm 之内为止。

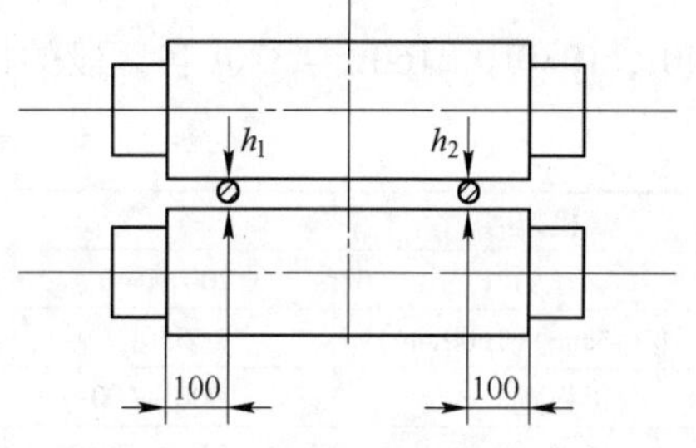

图 4　放入紫铜棒的位置

（6）将厚度为 3mm，宽度为 1600mm、1000mm、600mm 的铝板（见图 5）按轧制线顺流方向放入辊缝中，压靠轧辊，使压力分别达到 200t、400t、800t、1200t、1500t 并记录压力和辊值。另外同时测量铝板压痕厚度，具体结果见表 4。

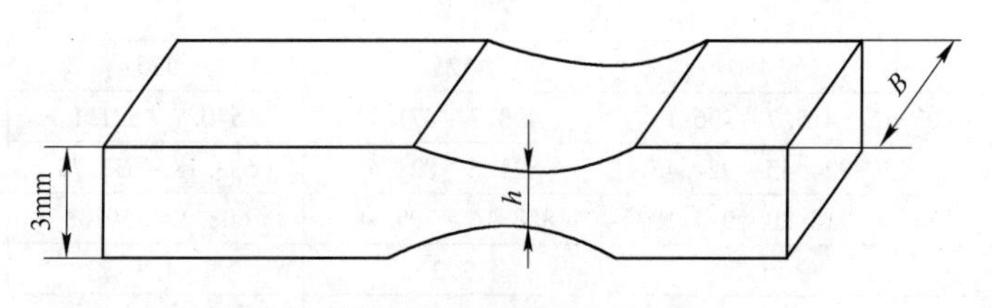

图 5　放入辊缝中的铝板

表 4　压铝板测定结果

机架号	600mm				1000mm				1600mm			
	压力/t	压下位置/10μm	铝板厚/10μm	(压下位置－铝板厚)/10μm	压力/t	压下位置/10μm	铝板厚/10μm	(压下位置－铝板厚)/10μm	压力/t	压下位置/10μm	铝板厚/10μm	(压下位置－铝板厚)/10μm
F_2	219	478	267	211	220	488	275	213	—	—	—	—
	414	420	250	170	420	435	261	174	428	453	276	181
	813	307	212	95	821	344	241	103	791	377	265	113
	1214	218	197	21	1215	259	221	38	1210	299	254	48
	1500	146	177	－31	1507	204	213	－9	1502	240	243	－5

3　数据处理的方法

3.1　轧机常数测试数据的处理

以 F_2 为例将表 3 速度为 170m/min 一栏里的数据画成图（其余栏里为油膜厚度测试所需数据）。纵坐标为压力，横坐标为压下位置，如图 6 所示。

以压力 200t、540t、1080t、2160t 为分界点，将弹性变形曲线分成 4 段，求出每一段刚度的平均值，例如 F_2 机架，各段刚度的均值分别为 550t/mm、610t/mm、620t/mm、620t/mm。

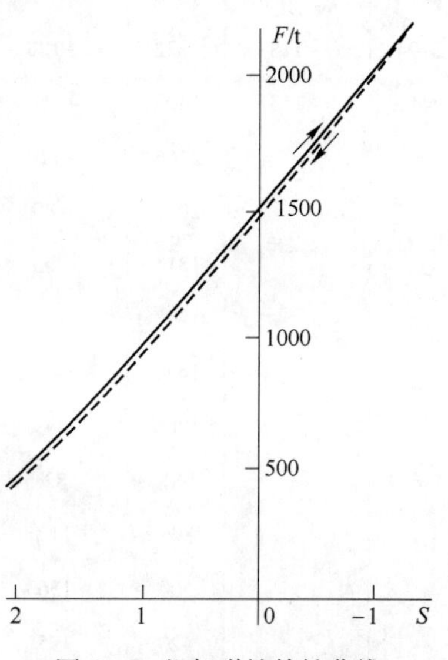

图 6　F_2 机架弹性特性曲线

（机架速度 170m/min）

3.2　宽度补偿系数

表 4 中的压下位置实际上是在不同宽度下机架相对零调时的弹跳值，因此以压下位置（减去铝板厚度）为横坐标，以压力为纵坐标画压力-弹跳曲线（见图 7），从这条曲线上可以求出压力为 200t、540t、1080t、2160t、4320t 各区段的机架刚度的平均值，其结果见表 5 中 M' 值。

表 5　F_2 机架参数

机架号	F_2			
压力/t	200 ~ 540	540 ~ 1080	1080 ~ 2160	2160 ~ 4320
M/(t/mm)(1600mm)	550	610	620	620
铝板宽/mm	1000 ~ 600	1000 ~ 600	1000 ~ 600	1000 ~ 600
M'/(t/mm)	520 ~ 490	600 ~ 540	610 ~ 555	610 ~ 555
$\Delta M = M - M'$	30 ~ 60	10 ~ 70	10 ~ 65	10 ~ 65
$K = \dfrac{\Delta M}{1600 - W}$	0.05 ~ 0.06	0.0166 ~ 0.07	0.0166 ~ 0.065	0.0166 ~ 0.065
$K_{平}$	0.055	0.0433	0.0408	0.0408
$K_{平总}$(F_1 ~ F_3)	0.049			
$M_{动}$ (1700mm)	450	525	575	575
$M'_{动}$/(t/mm)	415.7 ~ 396.1	490.7 ~ 471.1	540.7 ~ 521.1	540.7 ~ 521.1
S_D/10μm	924.45 ~ 924.45	821.6 ~ 821.6	633.78 ~ 633.78	258.13 ~ 258.13
ΔS/10μm	918.20 ~ 914.10	808.16 ~ 799.48	608.42 ~ 591.8	208.94 ~ 177.22
a	1.2	2.2	4.8	8.2
b	0.00808	0.01766	0.03286	0.06453

从式（5）可知，经过宽度修正后的机架刚度为：

$$M_i' = M_i - K(B_0 - B) \tag{11}$$

则
$$K = \frac{M_i - M_i'}{B_0 - B} \tag{12}$$

在我们的问题中，M_i' 为 $B = 1000\text{mm}$，$B = 600\text{mm}$ 的刚度；M_i 为 $B = 1600\text{mm}$（用它近似 B_0）的机架刚度。

K 的计算结果见表5。删去异常数据，取各机架各压力区段的 K 值的平均值，记作 $K_{平}$，$K_{平} = 0.049$。

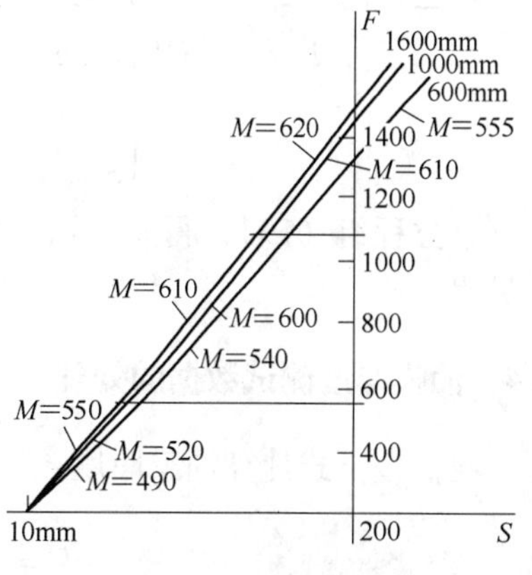

图7　F_2 机架不同宽度弹性特性曲线

在压铝板时轧辊并没有旋转，而实际轧制时轧辊是旋转的，这两种情况下的机架刚度是有差别的，但是，静止时 B_0 和 B 宽度下刚度的相互关系可以认为近似于旋转下 B_0 和 B 宽度的刚度相互关系。因此 K 值可以用于轧辊旋转情况中。

3.3　弹跳方程的建立

根据式可进行下面的计算：

$$S_{1000,1} = 10 - \frac{540 - 200}{M_1 - 0.049(1700 - 1000)} \tag{13}$$

$$S_{600,1} = 10 - \frac{540 - 200}{M_1 - 0.049(1700 - 600)} \tag{14}$$

$$S_{1700,1} = 10 - \frac{540 - 200}{M_1} \tag{15}$$

式中，S 为辊缝值，第一个下标表示板宽 B，第二个下标为区段号 i。

将某架轧机的机架刚度代入式（13）、式（14）、式（15）即可得到 $S_{1000,1}$，$S_{600,1}$，$S_{1700,1}$，代入式（9）得到方程组

$$\begin{cases} S_{600,1} = S_{1700,1} - (1100a_1 + b_1)1100 \\ S_{1000,1} = S_{1700,1} - (700a_1 + b_1)700 \end{cases} \tag{16}$$

解方程组（16），即得到 a_1、b_1。

当 $i = 2$ 时，同样计算：

$$\begin{aligned} S_{1700,2} &= 10 - \frac{540 - 200}{M_1} - \frac{1080 - 540}{M_2} \\ &= S_{1700,1} - \frac{1080 - 540}{M_2} \end{aligned}$$

$$\begin{aligned} S_{1000,2} &= 10 - \frac{540 - 200}{M_1 - 0.049(1700 - 1000)} - \frac{1080 - 540}{M_2 - 0.049(1700 - 1000)} \\ &= S_{1000,1} - \frac{1080 - 540}{M_2 - 0.049(1700 - 1000)} \end{aligned} \tag{17}$$

$$\begin{aligned} S_{600,2} &= 10 - \frac{540 - 200}{M_1 - 0.049(1700 - 600)} - \frac{1080 - 540}{M_2 - 0.049(1700 - 600)} \\ &= S_{600,1} - \frac{1080 - 540}{M_2 - 0.049(1700 - 600)} \end{aligned} \tag{18}$$

将已知的第二区段的机架刚度代入式（16）、式（17）、式（18）即可得到 $S_{1700,2}$、$S_{1000,2}$，$S_{600,2}$，代入式（9），同样得方程组。

$$\begin{cases} S_{1700,2} - S_{600,2} = (1100a_2 + b_2)1100 \\ S_{1200,2} - S_{1000,2} = (700a_2 + b_2)700 \end{cases} \tag{19}$$

解方程组（19），得 a_2、b_2。依此类推，可以得 S_3、a_3、b_3，S_4、a_4、b_4，具体结果见表5。

3.4 油膜厚度测试数据的处理

我们按下式计算油膜厚度

$$O_{f\cdot j} = K\left(\sqrt{\frac{N_j}{F_j}} - \sqrt{\frac{N_z}{F_z}}\right)\sqrt{\frac{D_w}{D_B}} \tag{20}$$

式中 K——常数；

F_j——轧制压力；

N_j——轧制速度；

N_z——零调时轧机速度，见表1数据；

F_z——零调压力，$F_z = 1500$t；

D_w——工作辊直径；

D_B——支撑辊直径。

油膜厚度随轧制速度 N_j 和压力 F_j 变动而变动，设定辊缝时必须考虑这一影响。我们的目的是确定常数 K。下面以 F_2 机架为例，说明确定 K 值的方法。

在测试机架常数时，我们已经得到不同转速和不同压力下的辊缝值（见表3），将表3中的数据画成图，纵坐标为压力，横坐标为压下位置，即得到不同转速下的弹跳曲线，见图8。进一步变换坐标，确定 $O_f = f(N)$ 曲线。

在式（20）中，当 $O_f = 0$ 时，

$$\frac{N_i}{F_i} = \frac{N_z}{F_z} \tag{21}$$

即
$$F_j = \frac{N_i \cdot F_z}{N_z} \tag{22}$$

由式（22）可得到各机架不同速度下的压力值。例如当 F_2 机架转速为100m/min、170m/min、240m/min时，相应的压力为882t、1500t、2117t。

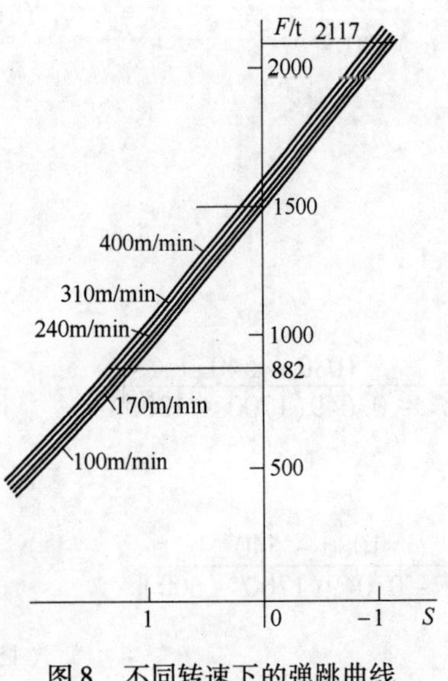

图8 不同转速下的弹跳曲线

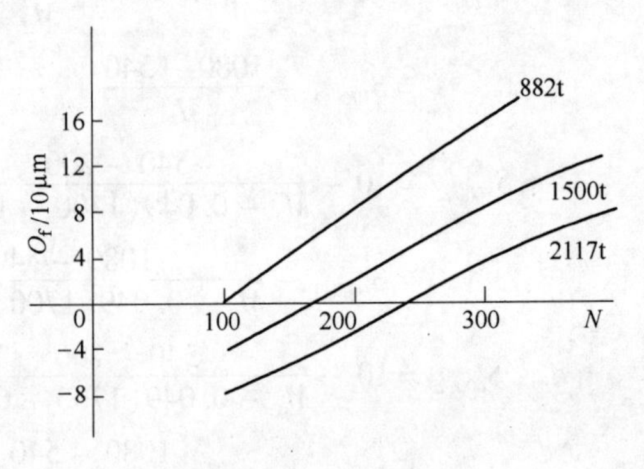

图9 $O_f = f(N)$ 曲线

在图9中，$F=882t$、$N=100m/min$，$O_f=0$，以此为基点，同时在图8中查出 $F=882t$、1500t、2117t 时，转速 N 从 100m/min 变化到 170m/min、240m/min、310m/min、400m/min 时的辊缝值，它们的差值为油膜厚度的变化，因此可以画出 $F=882t$ 时的 $O_f=f(N)$ 曲线，同样也可以画出压力为1500t、2117t 的 $O_f=f(N)$ 曲线，见图9。这样，利用（20）式可以确定 K 值，具体结果见表6。

表6　K值

机架号	O_f /10μm	N /(m/min)	F	$\sqrt{\frac{N}{F}}-\sqrt{\frac{N_0}{F_0}}$	$K_平$	$K_平$ ($F_1\sim F_7$)
F_2	0	100	882	0.0001	142	86.18
	6	170	882	0.103		
	11.5	240	882	0.185		
	16.5	310	882	0.256		
	20	400	882	0.337		
	-4	100	1500	-0.078		
	0	170	1500	0		
	4	240	1500	0.064		
	9	310	1500	0.118		
	13	400	1500	0.18		
	-8.3	100	2117	-0.119		
	-5	170	2117	-0.053		
	0	240	2117	0.0001		
	5	310	2117	0.046		
	7.5	400	2117	0.098		

注：$N_{0i}=170m/min$，$F_{0i}=1500t$，$D_B=1572.94$，$D_w=800$。

4　几点说明

（1）精轧辊缝设定是按下式计算的：

$$S=S_0+S_p+O_f+G+h$$

式中　S——辊缝值，是以零调辊缝为起点的；

S_0——零调辊缝值，一般认为 $S_0=0$；

O_f——油膜厚度；

G——厚度计误差，实际是包括热胀，轧辊磨损等影响的误差项。因为 O 的数量级很小，也有将 G 和 O_f 放在一起考虑的做法。

（2）我们在测试 $B=B_0$ 条件下的机架刚度时发现压靠轧辊和抬起轧辊的压力有一个不大的差别，抬起轧辊的压力比压靠轧辊的压力小，见图10。类似现象在大分

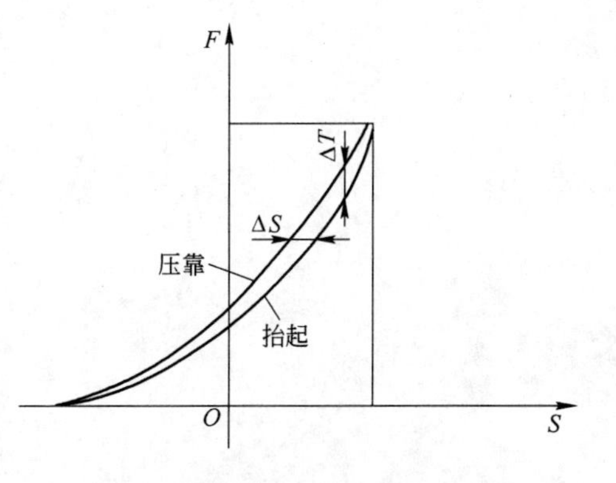

图10　压靠轧辊和抬起轧辊的差别

厂、北京钢院小轧机上都出现过。我们从以下几个方面对这个现象进行了分析：

1）压下传动系统及压下编码器的传动间隙。

2）压头的磁滞回线。

3）支撑辊轴承座和牌坊之间的摩擦力。

我们先调查了第1）方面，检查结果压下及编码器的传动间隙很小，绝对不会引起 ΔS 的偏差。第2）方面，如果确实是压头磁滞回线的影响，则应该随压下速度的不同，ΔF 的偏差不同，但没有发现这种情况。最后，用第3）方面解释了上述现象。

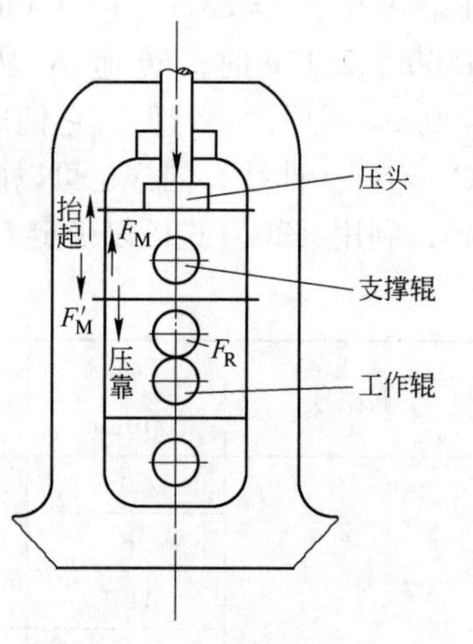

图11　轧辊运动示意图

如图11所示，当轧辊向下运动（压靠）时，压头上的压力为

$$F = F_R + 2F_\mu$$

当轧辊向上运动（抬起）时，压头上的压力为

$$F' = F_R - 2F'_\mu$$

式中，F_R 为下轧辊对上轧辊的反力。

F_μ 和 F'_μ 分别为轧辊压靠及抬起时，牌坊对轴承座的摩擦力。

那么，$\Delta F = F - F' = 2F_\mu + 2F'_\mu$

（3）我们用本文所叙述的方法建立起的弹跳方程和测试的机架刚度能够满足控制系统的要求，随着生产的进行，今后根据实际情况可以对其重新修正，即重新测试机架刚度。

热连轧机终轧温度控制模型的研究

1983 年 6 月

热连轧机轧制温度的预测和控制是整个带钢轧制的关键，对于计算机控制的带钢热轧机来说尤其是这样。这是因为轧制温度是影响产品精度、性能及工厂能源消耗的主要因素。换句话说，温度的波动将直接影响产品的质量和工厂的经济指标，所以人们在热轧带钢生产中对温度给予了极大的注意，预测和控制终轧温度也就成了国内外计算机控制带钢热轧机的主要研究课题之一。本文仅就这一问题，谈谈作者在这方面所做的一些工作。

1 通常的热连轧温度模型

一般热连轧带钢生产线都是按图 1 布置。在粗轧机 R_4 出口安排了一组中间辊道，轧件在这里有一个运行过程，以便匹配粗轧和精轧机。在辊道的粗轧机 R_4 一侧设置了测厚仪 Rh 和光学测温计 RT，可以实测钢坯的厚度及温度。在进入精轧机的一侧，为了便于通板，设置了切头剪 CS 以便切去钢坯头部的“毛刺”及冷印。在精轧机入口及 F_1 和 F_2 之间，设置了多组高压除鳞水管，以便除去生成的二次氧化铁皮；在 F_2 ~ F_7 机架之间设置了五组机架间冷却水，以便控制轧件的温度。在精轧机的出口设置了测厚仪 Fh 和光学测温计 FT，可以实测带钢的厚度及终轧温度。

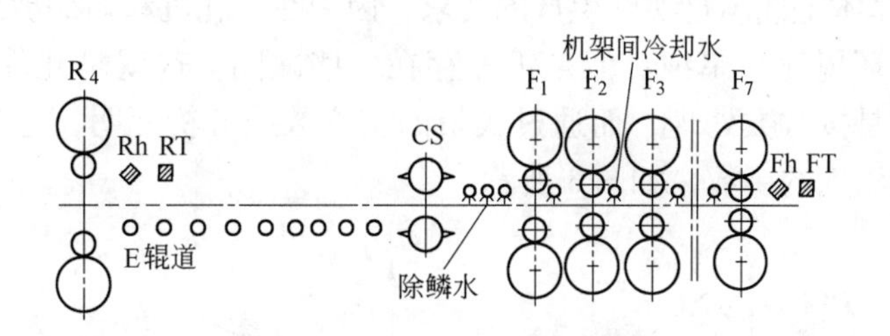

图 1 热轧线生产设备

目前国内外的大多数热连轧带钢生产线都是以粗轧机出口处的温度（称为 T_R）作为整个轧制线温度的基准，即加热炉的烧钢温度是以保证 T_R 达到预期值来决定，而精轧温度也是从 T_R 推算得到的（如图 2 所示）。理由是：第一，这个位置的轧件经过粗轧表面氧化铁皮最少，最容易准确测得金属温度；第二，这个位置离开粗轧机末架又有一段距离，有一段时间使轧件表面和中心温度回升均匀，这个时刻测得的材料表皮温度比较有代表性。

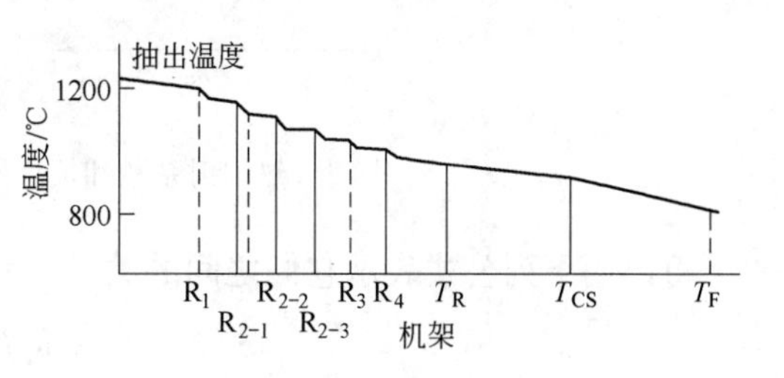

图 2 轧制线温度降曲线

本文发表在《冶金自动化》，1983(3)：14 ~20。

需要说明的是如何以 T_R 来推算各架精轧机出口及 T_F 的温度值。由图1可知，轧件出粗轧机后进入精轧机之前的温度降，主要由空气的冷却、辊道和材料的热传导及轧件本身的热辐射造成。而在这些因素中主要的是轧件的热辐射，因此可以用经典的热辐射公式来计算这一过程的温降。公式如下：

$$-\sigma\varepsilon F\left(\frac{T+273}{100}\right)^4\Delta t = C\gamma h_R F'\Delta T \tag{1}$$

式中 σ——斯蒂芬-玻耳兹曼系数；
ε——金属的热辐射率，过去为0.7左右；
F——轧件的整个表面积，($F\approx 2F'$)；
T——材料的温度；
Δt——轧件的移送时间；
C——轧件的比热容；
γ——轧件的密度；
h_R——轧件的厚度；
ΔT——轧件的温降。

如果忽略轧件侧表面的散热量，整理并积分公式（1）可以得到如下公式：

$$T_{CS} = 100\times\left[\left(\frac{T_R+273}{100}\right)^{-3}+\frac{6\sigma\varepsilon t}{100Ch_R}\right]^{-1/3}-273 \tag{2}$$

式中 T_{CS}——到达切头剪处的钢坯温度；
t——材料从RT到切头剪的运行时间；
T_R——RT实测轧件的温度。

公式（2）基本上能满足实际生产的要求，因为在粗轧机和切头剪之间影响轧件温度的因素较少，环境比较单纯。但是仍然存在一些缺陷，这就是轧件的热辐射系数，在过去的模型中是按常数处理，而通过大量的实测数据分析证明，这一系数不是常数而是钢坯厚度和温度的函数，如图3所示。

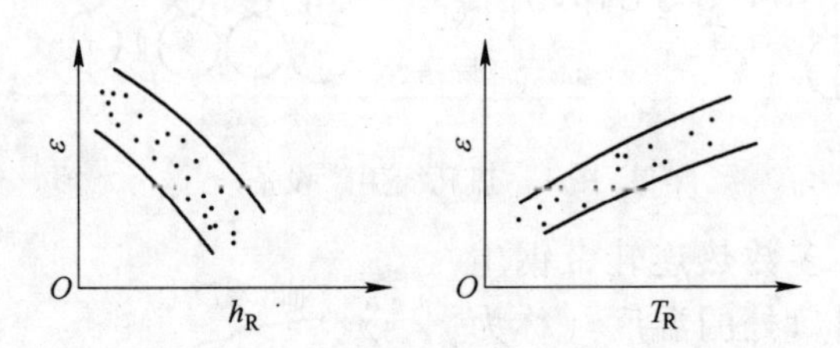

图3 热辐射系数和板坯厚度及板坯温度的关系

可以用下列公式表示它们之间的关系：

$$\varepsilon = b_1h_R^2+b_2T_R+b_3h_R^2/T_R \tag{3}$$

式中，b_1、b_2、b_3 均为常数。

将公式（3）代入公式（2）可以得到 T_{CS} 较为精确的公式如下：

$$T_{CS} = 100\times\left[\left(\frac{T_R+273}{100}\right)^{-3}+\frac{6\sigma t}{100C\gamma h_R}\left(b_1h_R^2+b_2T_R+b_3\frac{h_R^2}{T_R}\right)\right] \tag{4}$$

从切头剪到精轧机出口，影响材料温度的因素很多，环境十分复杂。这里有高压除鳞水和机架间冷却水的喷射，有轧辊和轧件的热传导，有轧辊对轧件的压力加工变形热，有轧件本身的热辐射等等。然而，一般都认为主要的降温原因为强迫对流传热，用经典的热传导方程来研究这一问题，有下列公式：

$$-aF(T-T_0)\Delta t = C\gamma F'h\Delta T \tag{5}$$

式中 a——精轧区域强迫对流传热系数；

T——所述的精轧机中某处的温度；

T_0——冷却水的温度；

h——轧件的厚度；

Δt——轧件的运行时间。

其余符号含义同前。

忽略轧件侧表面的散热，整理并积分公式（5）可以得到如下公式：

$$T = T_0 + (T_{CS} - T_0) \times \exp\left(\frac{-a\sum_{j=0}^{i} L_j}{C\gamma h_i V_i}\right) \tag{6}$$

根据秒流量相等的原理有：

$$h_i V_i = h_7 V_7 \tag{7}$$

将公式（7）代入式（6）可得：

$$T = T_0 + (T_{CS} - T_0) \times \exp\left(\frac{-a\sum_{j=0}^{i} L_j}{C\gamma h_7 V_7}\right) \tag{8}$$

式中 h_i——i 架轧机出口轧件的厚度；

V_i——i 架轧机出口轧件的速度；

L_j——两架轧机的间距。

可以看出，要保证精度，必须正确的测定或计算 a，可是因为影响的因素太多，a 很难精确地测定。所以在国内外一些工厂目前的做法是，轧制某种规格的轧件时，采用固定的除鳞和机架间冷却水方式，如表 1 所列。这样可以保持 a 相对稳定，再用“自学习”的方法一边轧制一边追踪它。分析式（8）可以看出，这种做法获得控制温度的唯一手段是改变 V_7，为了保证正常的穿带，V_7 又不可能大幅度地调整，只能调整在穿带速度的 10% ~20% 以下。与板厚相对应的穿带速度列于表 1。

表 1　穿带速度及除鳞水与机架间冷却水

板　厚	穿带速度/(m/min)	除鳞水根数	机架间冷却水根数
$1.4 \leqslant h < 2.2$	640	2	0
$2.2 \leqslant h < 3.4$	570	2	0
$3.4 \leqslant h < 5.2$	430	3	1
$5.2 \leqslant h < 8.2$	310	3	2
$8.2 \leqslant h < 13.85$	225	3	3

实践表明，这样的终轧温度模型在使用中有较大的局限性，它不仅不能控制而且也不能准确地预报终轧温度。其原因是，实际生产中尽管有精密的加热炉燃烧控制，也不能保证 T_R 不波动（实际上 T_R 的波动有时可达到 100℃左右）。于是，T_F 也会产生

较大的波动；其次，轧件在辊道上运送的时间也会有变化，可达40s左右，根据公式（4）可知进入精轧机的 T_{CS} 也会有较大的变化；第三，在进入精轧时，因为温度的波动，操作人员有时不得不改变除鳞水和冷却水的方式来控制温度，这就破坏了公式（8）中 a 存在的条件，不仅不能准确地控制温度，还会严重影响轧机辊缝和速度的设定精度以及“自学习”的效果（见表2所列的实测数据），严重时还会影响正常的穿带造成的事故。综上所述，完全可以说这种模型不能满足生产的需要，因此国内外都在寻找新的温度控制模型。

表2　温度对轧制压力、板厚精度的影响

序号	规　格	T_R	T_R 到达CS的时间	T_F	设定冷却方式		实际冷却方式		设定 F_7 的轧制压力/t	实际 F_7 的轧制压力/t	Δh /μm
					除鳞	冷却水	除鳞	冷却水			
1	7.82×1261	1117	17	886	3	0	3	0	667	609	-170
2	7.82×1261	1068	17	866	3	0	3	0	713	671	-80
3	4.38×1254	1120	121	849	3	1	1	0	1189	729	-450
4	4.38×1254	1125	17	867	3	1	3	1	682	551	-32
5	2.00×973	1124	96	810	1	0	1	0	744	658	+450
6	2.00×977	1119	47	802	1	0	0	0	616	412	+300
7	3.93×1264	1136	38	863	3	1	2	0	708	732	-20
8	4.37×1563	1108	17	842	3	0	3	1	703	786	+40
9	4.35×1540	1059	17	827	3	3	2	0	786	715	-10
10	10.72×976	1091	17	831	3	1	3	3	378	418	+60
11	10.72×976	1121	17	885	3	1	3	1	365	388	+20
12	9.73×1542	1063	17	829	3	3	3	3	631	670	+210
13	9.73×1542	1103	17	869	3	3	3	3	474	479	+30

2　终轧温度控制模型的研究

经过前面的分析已经清楚，过去终轧温度模型的缺陷主要是由于强迫对流传热系数影响因素多而造成。如果能够找到一个传热系数的精确公式，问题就比较容易解决了。因此从1979年起，着手研究 a 及影响因素。事实证明，这里所指的热传导系数应该是包括各种变形热、温降等的一个综合性的系数。经过大量的实验和数据分析初步找到了一定的规律。

2.1　强迫对流传热系数公式

通过收集精轧板厚、速度、除鳞水及机架间冷却水、材质、水温、压下率等有关因素的数据，研究了它们对 a 的影响，发现这些参数中以除鳞水、机架间冷却水、板厚及轧制速度的影响最为显著，可以用下列公式表示它们的关系：

$$a = K(a_1 h_7 + a_2 V_7 + a_3 D + a_4 S + a_5) \tag{9}$$

式中　K——学习的系数；

h_7——精轧末架的出口板厚；

V_7——精轧末架的出口速度；

D——使用的除鳞水的根数及方式；

S——使用的机架间冷却水的根数及方式；

$a_1 \sim a_5$——常数。

实验证明，这一公式有足够的精度。而且还可以证明对 K_S 的影响以 D 最为显著，S、V_7、h_7 逐渐次之。

2.2 除鳞水和冷却水的方式选择

为了得到精确的终轧温度，可以令终轧温度等于要求的目标温度，即 $T = T_F$，将此代入公式（8）可得到：

$$a = \frac{C\gamma h_7 V_7}{L}\ln\frac{T_{CS} - T_0}{T_F - T_0} \tag{10}$$

式中 L——从切头剪到精轧出口温度计的距离；

T_F——终轧目标温度。

将式（9）代入式（10）可得到：

$$a_3 D + a_4 S = \frac{C\gamma h_7 V_7}{KL}\ln\frac{T_{CS} - T_0}{T_F - T_0} - a_1 h_7 - a_2 V_7 - a_5 \tag{11}$$

公式（11）是控制终轧温度，选择除鳞水和冷却水使用的公式。但是公式并不能最终解决问题，因为一个方程中有两个未知数，可以用不同的 D 和 S 的组合来满足公式（11）。为此可以从工艺角度来选择除鳞水 D 和冷却水 S。最佳工艺性的除鳞水和冷却水的组合方式如表 3 所示。

表 3 最佳工艺性除鳞水和机架间冷却水

序 号	除鳞水根数	冷却水根数
1	1	0
2	2	0
3	2	1
4	3	0
5	3	1
6	3	2
7	3	3
8	3	4
9	3	5
10	4	5

表 3 中所列的除鳞水及冷却水方式，从下面几个角度考虑：（1）温度变化均匀；（2）除鳞水除鳞效果可以得到满足。从表 3 中可以选出某一冷却方式使它满足下列公式：

$$a_3 D_i + a_4 D_i \leqslant \frac{C\gamma h_7 V_7}{KL}\ln\frac{T_{CS} - T_0}{T_F - T_0} - a_1 h_7 - a_2 V_7 - a_5 \leqslant a_3 D_{i+1} + a_4 S_{i+1} \tag{12}$$

式中 i——被选择的某组冷却水方式的序号；

其他符号同前。

2.3 穿带速度的微调

前面所叙公式（12）只是一个不等式，不难看出，这样选择的除鳞水和机架间冷却水并不能完全保证达到目标终轧温度 T_{F7}，而会有一定的偏差，可以用下列公式表示：

$$\Delta T < (T_{CS} - T_0)\left\{\exp\left[\frac{-K(a_1h_7 + a_2V_7 + a_3D_i + a_4S_i + a_5)}{C\gamma h_7V_7}\right] - \exp\left[\frac{-K(a_1h_7 + a_2V_7 + a_3D_{i+1} + a_4S_{i+1} + a_5)}{C\gamma h_7V_7}\right]\right\} \tag{13}$$

所以有这种偏差是因为除鳞水和机架间冷却水只能整数增加，不能随意变化，为了使温度完全命中所要求的温度可以微调速度来补偿这种不足，速度调整公式如下：

$$V = \frac{\dfrac{K(a_1h_7 + a_2V_7 + a_3D_i + a_4S_i + a_5)L}{C\gamma h_7}}{\ln\dfrac{T_{CS} - T_0}{T_F - T_0}} \tag{14}$$

必须指出，因为 D_i 和 S_i 按公式（12）选择，因此 V 的调整量是很微量的。

2.4 终轧温度控制的自学习

由于季节气温的变化、钢质的变化、水温的变化等等使公式（11）产生了误差。为了适应环境的变化，提高公式（11）的精度，可以运用“自学习”方法追踪环境的变化。利用实际轧钢的数据，代入式（10）实测计算 K_S 再由下式计算实测的 K'：

$$K' = \frac{\dfrac{C\gamma h_7'V_7'}{L}\ln\dfrac{T_{CS}' - T_0}{T_F' - T_0}}{a_1h_7' + a_2V_7' + a_3D_i' + a_4S_i' + a_5} \tag{15}$$

式中 K'——实测系数；

h_7'——实测精轧出口板厚；

V_7'——实测精轧出口速度；

T'_{CS}——切头剪处的实测温度；

T'_F——实测的终轧温度。

可以用下列公式，选取下一块将要轧制的钢坯所应该使用的参数：

$$K'_{n+1} = K_n a + K'(1 - a) \tag{16}$$

式中 K'_{n+1}——第 $n+1$ 块钢坯（即下一次将要轧制的钢坯）设定计算时所使用的系数；

K_n——第 n 块钢坯（即已经轧制并实测了轧制数据的钢坯）设定计算时所使用的系数；

a——滤波系数。

3 控制简图

3.1 设定简图

如图 4 所示，开始用 h_7 和查表得到的 V_7 去选择 D_K 和 S_K。当除鳞水和机架间冷却水方式选出来以后，重新计算 V'_7 以修改原来从表格中取出来的 V'_7，弥补控制除鳞水和机架间冷却水的不足。

3.2 自学习简图

自学习简图，如图 5 所示。

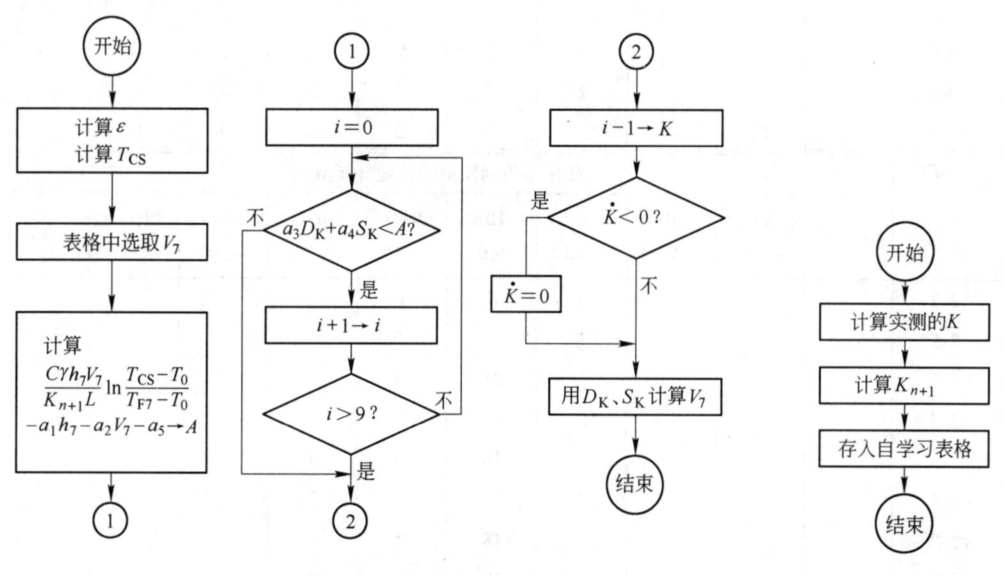

图 4　设定 D_K 和 S_K 的简图　　　　图 5　自学习简图

4 结论

本方法使用率已达到 90% 以上，精度如表 4 中所列。不使用本方法，标准偏差 S 为 17.6，CP 值为 0.55；使用本方法标准偏差 S 为 8.72，CP 值为 1.1269（参看表 4、表 5 和图 6）。但是这种方法仍有一定缺陷，这就是随着轧机负荷的变化而引起的温度变化没有考虑在模型之中，这个问题还有待今后加以研究。另外，由于设备条件的限制，除鳞水和机架间冷却水的水量无法进行连续的控制，也有待今后进行改造。

表 4　控制模型精度（频数）

h \ ΔT/℃	不使用本控制模型的精度（频数）									
	$t<-40$	$-40\leqslant t<-30$	$-30\leqslant t<-20$	$-20\leqslant t<-10$	$-10\leqslant t<0$	$0\leqslant t<10$	$10\leqslant t<20$	$20\leqslant t<30$	$30\leqslant t<40$	$40<t$
<2.2	10	5								
<2.5	2	2		2						
<2.9			5	10	10					
<3.4			2		3	3	7	3	2	
<3.9		4	5	15	5		2			1
<4.5					3	13	5			
<5.2			1		2	1				
<6.0			2	10	17	13	9	5	2	

续表 5

ΔT/℃ h	不使用本控制模型的精度（频数）									
	$t<-40$	$-40\leqslant t$ <-30	$-30\leqslant t$ <-20	$-20\leqslant t$ <-10	$-10\leqslant t$ <0	$0\leqslant t$ <10	$10\leqslant t$ <20	$20\leqslant t$ <30	$30\leqslant t$ <40	$40<t$
<7.0				1	5	10	2			
<8.2				5	6	11	4	3	2	
<9.5				5	5	5	8	5	5	1
<11.0		1		2	17	17	3	2		
合 计	12	12	15	5	73	73	40	18	11	2

ΔT/℃ h	使用本控制模型的精度（频数）									
	$t<-40$	$-40\leqslant t$ <-30	$-30\leqslant t$ <-20	$-20\leqslant t$ <-10	$-10\leqslant t$ <0	$0\leqslant t$ <10	$10\leqslant t$ <20	$20\leqslant t$ <30	$30\leqslant t$ <40	$40<t$
<2.2			4	6	6	1				
<2.5				1	4	10				
<2.9				1	21	17				
<3.4				5	10	3				
<3.9				2	16	19	10			
<4.5				3	18	20	2			
<5.2					18	15	1			
<6.0				6	19	17	8			
<7.0				1	9	18	9			
<8.2					2	8				
<9.5			2	2	9	13	2			
<11.0			3	7	21	12	3	1		
合 计			9	34	153	153	35	1		

表 5 控制模型精度参数计算表

不使用本控制模型					使用本控制模型				
组号	组 距	频数	第一列	第二列	组号	组 距	频数	第一列	第二列
1	~ -40	12	12	12	1	~ -40	0	0	0
2	-40 ~ -30	12	24	36	2	-40 ~ -30	0	0	0
3	-30 ~ -20	15	39	75	3	-30 ~ -20	9	9	9
4	-20 ~ -10	5	44	0	4	-20 ~ -10	34	43	0
5	-10 ~ 0	73	0	0	5	-10 ~ 0	153	0	0
6	0 ~ 10	73	144	0	6	0 ~ 10	153	189	0
7	10 ~ 20	40	71	117	7	10 ~ 20	35	36	37
8	20 ~ 30	18	31	46	8	20 ~ 30	1	1	1
9	30 ~ 40	11	13	15	9	30 ~ 40	0	0	0
10	40 ~	2	2	2	10	40 ~	0	0	0
		261		303			385		47
均值	$\overline{X}=0.4$		标准偏差	$S=17.6$	均值	$\overline{X}=-0.5$		标准偏差	$S=8.72$
ΔT	±30℃		C'_p	0.55	ΔT	±30℃		C'_p	1.1269

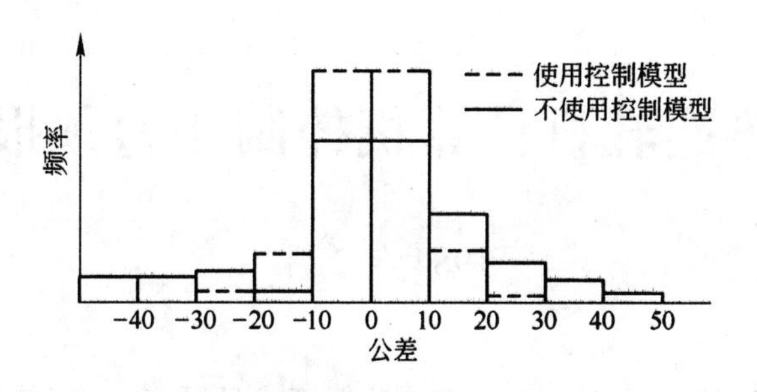

图 6　终轧温度控制直方图

带钢热连轧机计算机控制压力预报模型

1984 年 2 月

在带钢热连轧机中，为了顺利地穿带，并保证成品厚度达到预期的目标值，必须准确地计算轧机机架的弹性变形量。这是热连轧机计算机控制数学模型的一个主要问题。

带钢热连轧机机架的弹性变形量通常按下式计算

$$S = \frac{F_0}{M_0} - \frac{F}{M - k(B_0 - B)} \tag{1}$$

式中 S——机架的弹性变形量；

F_0——调零压力，一般为 1500t；

M_0——全辊宽机架刚度系数；

F——轧制压力；

M——轧制时的机架刚度系数；

k——机架刚度系数的宽度补偿系数；

B_0——轧机的轧辊宽度；

B——轧件的实际宽度。

由式（1）可以看出，为了准确地计算轧机的弹性变形量，必须正确地预报轧制压力，正确地计算轧机的刚度系数，同时还要正确地测定板宽度对轧机刚度系数的影响。这些因素之中，以轧机压力的预报最为重要也最为复杂和困难。本文着重研究与轧制压力预报有关的一些问题。

1 轧制压力预报模型

带钢热连轧机的轧制压力预报模型一般采用以下形式

$$F = K \cdot Q_P \cdot L \cdot B \tag{2}$$

式中 K——$K = 1.15\sigma$，σ 为轧件的变形抗力；

Q_P——应力状态系数；

L——轧辊与轧件的接触弧长；

B——轧件的宽度。

公式（2）中，K 主要反映了轧件的物理特性；Q_P 反映了轧件变形的应力状态特性；L 和 B 则反映了轧件变形区的面积。由于 L 和 B 比较单纯也容易计算，所以人们都把注意力集中在 K 和 Q_P 的研究上，提出了许多公式。比如：西姆斯公式、志田茂公式等。本文以志田茂公式为基础，进行实验研究。

1.1 关于变形抗力的志田茂公式

变形抗力的志田茂公式是在实验室的条件下用 8 种碳素钢，通过落锤实验取得变

本文发表在《钢铁》，1984(2)：25～30。

形抗力数据求得的经验公式。志田茂认为，关于变形抗力在相变温度上下应该分为两个区域。因为热连轧机轧制变形基本上是在相变温度以上，所以只需研究相变温度以上的变形抗力公式。此公式[1]如下：

$$\sigma = \sigma_{\mathrm{f}} \cdot f \cdot \left(\frac{\dot{\varepsilon}}{10}\right)^{m} \tag{3}$$

式中　σ_{f}——基本变形抗力，它代表变形速度为10/s，变形程度为0.2的变形抗力，它的大小取决于温度和材质。

f——表示当变形程度变化时变形抗力变化的修正系数。

$\dot{\varepsilon}$——变形速度，$\left(\frac{\dot{\varepsilon}}{10}\right)^{m}$表示变形速度变化时变形抗力变化的修正系数。

以上各项的大小可按下列公式计算

$$\sigma_{\mathrm{f}} = 0.28\exp\left(\frac{5.0}{T} - \frac{0.01}{C + 0.05}\right) \tag{4}$$

$$f = \frac{1.3}{n + 1}\left(\frac{\varepsilon}{0.2}\right)^{n} - 0.3\left(\frac{\varepsilon}{0.2}\right) \tag{5}$$

$$m = (-0.019C + 0.126)T + (0.075C - 0.050) \tag{6}$$

$$n = 0.41 - 0.07C \tag{7}$$

式中　ε——变形程度；

C——碳当量；

T——变形温度，绝对温度。

上式适用于1.2以下的含碳量，温度在733～1200℃，变形速度为0.1～100/s，变形程度在0.7以下的条件。

1.2　关于应力状态系数

与变形抗力一样，关于应力状态系数，许多学者也提出了各种公式。

志田茂分析了庞普等人的实验数据，综合考虑了他本人所做的实验数据，提出了以下的公式

$$Q_{\mathrm{P}} = 0.8 + C\left(\sqrt{\frac{R'}{H}} - 0.5\right) \tag{8}$$

式中

$$C = \frac{0.052}{\sqrt{\varepsilon}} + 0.016 \text{（当} \varepsilon \leqslant 0.15 \text{时）}$$

$$\varepsilon = 0.2\varepsilon + 0.12 \text{（当} \varepsilon > 0.15 \text{时）}$$

另外还有一些更直观的公式，它们更直接地反映了变形区间的轧件长和高的比值以及压下率的大小，这些公式[2]有如下一些形式

$$Q_{\mathrm{P}} = a_1\sqrt{\frac{R'}{H_i}} + a_2 r_i\sqrt{\frac{R'}{H_i}} + a_3 r_i + a_4 \tag{9}$$

式中　H_i——第i架轧机的来料厚度；

R'——轧机的压扁轧辊半径；

r_i——第i架轧机轧件的压下率；

a_1，a_2，a_3，a_4——常数。

$$Q_{\mathrm{P}} = a_1 \frac{L_i}{h_{ci}} + a_2 r_i \frac{L_i}{h_{ci}} + a_3 r_i + a_4 \tag{10}$$

式中　　L_i——第 i 架轧件的接触弧长；

h_{ci}——第 i 架轧机的平均板厚，$h_{ci} = \frac{h_{i-1} + h_i}{2}$；

r_i——第 i 架轧机的压下率；

a_1，a_2，a_3，a_4——常数。

2　变形抗力的实验与研究

在实验研究中，变形抗力使用志田茂公式进行精轧机轧制压力预报，它具有一定的精度（见表1）。

表1　志田茂公式精度

成品规格 $h \times B$/mm×mm	钢种	项目	各机架轧制压力/t						
			F_1	F_2	F_3	F_4	F_5	F_6	F_7
1.85×942	SS34	预报	1233	1209	1174	1081	914	887	511
		实际	1274	1208	1188	1096	921	911	525
2.56×991	SS50	预报	1486	1243	1127	1103	940	969	709
		实际	1521	1286	1146	1116	947	985	720
3.06×942	SS41	预报	1182	1003	998	789	656	639	433
		实际	1290	1062	1053	839	695	701	526
4.54×942	SS50	预报	1093	931	871	659	544	602	516
		实际	1100	926	867	668	556	605	518
6.05×1568	SS41	预报	1638	1537	1550	1176	933	948	727
		实际	1591	1496	1437	1094	857	922	722
8.04×941	SS50	预报	952	856	884	731	628	618	517
		实际	953	910	926	820	792	748	615

表1所列数据是轧制铝脱氧钢的数据，但用此公式来预报硅脱氧钢时就出现了较大的误差，平均误差可以达到30%以上。特别在来料温度波动大的时候，志田茂公式又暴露出它的另一个缺陷。有关的数据见表2。

表2　硅脱氧钢的压力波动

成品规格 $h \times B$/mm×mm	材质	来料温度水平/℃	温度波动/℃	压力预报偏差/%	厚度偏差/μm
2.00×1074	08	1055	47	17	210
2.45×1261	2C	1115	70	30.69	320
3.05×1261	B1	1085	82	20.62	270
4.52×1300	B2	1045	61	18.2	240
6.05×1500	3C	1104	46	15.89	200
8.05×1520	B2	1083	32	13.2	210

由表2可以很明显地看出：志田茂公式没有能很好地表示出温度对轧制压力的影响。因此来料温度偏离一般温度水平时，尽管温度预报准确，预报的精轧轧制压力和

实际压力仍会产生较大的偏差，钢板的厚度精度也会随之出现很大的波动。因此，志田茂公式不能完全满足硅脱氧钢的要求，同时又没有很好地反映出温度的影响，因而有必要研究修正志田茂公式。

2.1 试验方案

试验是在凸轮试验机上进行的，选择了10种普通碳素钢，成分如表3所示。

表3 变形阻力试验材质成分

钢种 \ 元素	C	Mn	Si	Cu	Al	S	P
08Al	0.06	0.35	0.036	0.10	0.69	0.014	0.09
08F	0.06	0.31	0.005	0.10		0.015	0.012
AD1	0.08	0.30	0.15	0.09		0.018	0.015
AD2(1)	0.09	0.40	0.26	0.09		0.012	0.019
AD2(2)	0.14	0.40	0.23	0.10		0.013	0.014
A2	0.14	0.45	0.24	0.08		0.031	0.022
A3	0.23	0.62	0.27	0.12		0.033	0.011
A3F	0.20	0.43	0.14	0.12			
25	0.26	0.63	0.26	0.12		0.020	0.22
35	0.37	0.60	0.28	0.10		0.010	0.014
50	0.405	0.64	0.26	0.10		0.022	0.020

试验温度（℃）

850，900，950，1000，1050，1100；

变形速度（s^{-1}）

5，10，20，40，60，80；

变形程度（%）

0～0.67；

通过实验，将数据同志田茂公式进行比较，发现志田茂公式在反映温度和Si的影响方面和我们的实验结果不符。这一结论和在实际轧钢中观察到的情况相吻合，这表明轧制Si脱氧钢时用志田茂公式要采用新的实验数据来进行修正。

2.2 修正公式

表4是取 $K_i=\sigma_{实}/\sigma_{志}$ 用逐步回归方法处理与 K_i 有关的各变量得到的。

表4 $K_i=\sigma_{实}/\sigma_{志}$ 回归结果

回归步数	公式	相关系数
第一步	$K_i = 0.00059t + 0.5419$	0.7794
第二步	$K_i = 0.0218t - 0.00001081t^2 - 98125$	0.8372
第三步	$K_i = 0.021803t + 0.3161\text{Si} - 0.00001083t^2 - 9.9021$	0.8569
第四步	$K_i = 0.02153t + 0.30667\text{Si} - 0.001064t^2 - 0.1169\varepsilon^2 - 9.7$	0.8581

注：式中，$\sigma_{实}$ 为实验所得数据；$\sigma_{志}$ 为志田茂公式计算的变形抗力；Si为硅的含量。

通过上面这些逐步回归的公式，可以看到，必须首先修正志田茂公式的是温度对变形抗力的影响，其次是硅的影响，其他因素的影响都不大。比如：变形程度 ε 的影响就较小，公式中引进 ε^2 项后相关系数只提高了 0.011，经过修正的变形抗力公式可以写为如下的形式

$$\sigma = \sigma_{志}(0.02153t + 0.30667\mathrm{Si} - 0.001064t^2 - 0.1169\varepsilon^2 - 9.709) \tag{11}$$

使用了以上修正式后，解决了轧制中由于温度波动以及用 Si 脱氧的原因所造成的压力预报偏差。

3 应力状态系数的研究

应力状态系数是轧制压力预报的另一个主要问题。对于一种变形抗力公式都要相应确定一种应力状态系数。虽然它们各反映不同的侧面，可是它们的乘积应该综合反映出轧制时的单位压力。在研究中，由于变形抗力公式有了变化，因此必须重新确定应力状态系数的公式，这样才能保证轧制压力公式的精度，为了便于比较，选择了式（9）和式（10）两种公式的结构。用生产过程中的实测数据来分析研究它们。

3.1 数据的采样方法

由式(9)或式(10)可以看出，如果已知实测数据 $\left[\left(Q_{\mathrm{p}j},\dfrac{L_j}{h_{\mathrm{c}j}},r_j\,\dfrac{L_j}{h_{\mathrm{b}j}},r_j\right),j=1,2,\cdots,N,\text{为数据采样的组数}\right]$ 或者是 $\left[\left(Q_{\mathrm{p}j},\sqrt{\dfrac{R'}{H_{ij}}},r_{ij}\,\sqrt{\dfrac{R'}{H_{ij}}},r_j\right)j=1,2,\cdots,N,\text{为数据采样的组数}\right]$ 便能运用多元线性回归分析方法确定系数 $a_1 \sim a_4$。但是，在轧制过程中并不能直接地对以上这些参数进行实际测量，而只能利用其他实测数据，经过计算得到，其具体过程简述如下：

（1）实测的精轧出口板厚 h_7 和实测的各机架轧辊转速 Ni（i 为机架号），用秒流量相等的原理计算各架的出口板厚，以此作为各机架的出口板厚的实测值。

（2）各架的平均板厚用 $h_{\mathrm{c}} = \dfrac{h_{i-1} + h_i}{2}$ 计算。

（3）实测来料的温度，利用热辐射和热传导的公式计算各机架实际的轧制温度 t_i。

（4）利用弹性压扁的公式，计算轧辊的弹性压扁辊径 D'_i 和半径 R'。

（5）根据几何关系，可知接触弧长可按 $L_i = \sqrt{\dfrac{D'_i(h_{i-1} - h_i)}{2}}$ 进行计算。

（6）利用 h_i 和实测的精轧入口板厚 h_0 计算各架实际的压下率：

$$r_i = \frac{h_{i-1} - h_i}{h_{i-1}}$$

（7）通过公式（11）计算 σ，作为变形抗力的实测值。

（8）利用实测的轧制压力 F_i，通过下式计算 $Q_{\mathrm{p}i}$：

$$Q_{\mathrm{p}i} = \frac{F_i}{1.15\sigma \cdot L \cdot B} \tag{12}$$

3.2 数据的选取和回归分析

得到有关数据以后并不能直接进行回归处理，还必须正确地选取这些数据，经过

筛选做到去伪存真才能进行回归分析。我们在选取数据时，采用了三种不同的方法对 Q_P 公式进行了多次比较和修正。

3.2.1　选取数据的第一种方法（相对误差法）

按成品钢板的厚度，宽度分类任选一批数据。但要注意使各种规格钢板的数据组数大致相同，每种规格选 5～7 组。用这种数据进行第一次回归分析。但一般第一次回归得到的公式的相关系数较低。于是用建立起来的回归方程进行 Q_P 的预报计算，求得预报的应力状态系数 $\hat{Q}_{pj}$，然后再计算相对误差。

相对误差为：

$$\hat{\varepsilon}_j = \frac{\hat{Q}_{pj} - Q_{pj}}{Q_{pj}}$$

式中　$\hat{Q}_{pj}$——用回归方程进行计算的第 j 点的预报值。

删除相对误差较大的数据。例如，将 $\hat{\varepsilon}$ 大于10%或5%的数据剔除。用剩下的数据进行第二次回归分析。根据具体情况，如此反复进行，直至回归分析的结果令人满意为止。

通过回归分析的方法确定公式（9）或公式（10）的系数以后，对精轧机组的设定进行了离线模拟计算。离线模拟程序与在线的精轧设定计算程序基本相同。通过离线模拟计算，确认以下三个问题：

（1）精轧设定计算的结果是否正确无误。

（2）修正后的 Q_P 系数能否提高轧制力预报的精度。

（3）能否满足计算机控制系统的其他功能。

只有上述几个问题得到充分肯定，才能将修正后的系数用于在线控制。离线模拟计算结果如表5所示。

表5　离线模拟计算结果

机　架	Q 预报值	压力预报值/t	压力实测值/t
F_1	1.360	1377	1460
F_2	1.217	1201	1296
F_3	1.186	1199	1096
F_4	1.286	939	942
F_5	1.572	898	822
F_6	1.600	790	820
F_7	1.965	750	696

除了计算了表5所列的压力而外，还研究了得到的系数能否正确地反映压力和压下率的比例关系。结果证明这种方法得到的系数虽然能够正确预报压力却不能很好地反映压力和压下率的关系。

3.2.2　选取数据的第二种方法（作图法）

为了满足计算机其他功能的要求必须找出一个公式，它既能正确地计算出压力，又能正确地反映压力和压下率的比例关系，为此我们采用了第二种方法。从理论分析可以知道，只有当 Q_P 的变化趋势与压下率变化趋势一致时，也就是压下率增大，Q_P 也增大；压下率减少，Q_P 也减小才能满足要求。现将实测数据按坐标画在图1上。当

压下率 $r=0$ 时，Q_P 应该为1。因此，可以过 $Q_P=1$，$r=0$ 这一点（图中的 A 点）作直线 AB，并且使得 AB 大体上成为图上多数的数据点的对称轴（当然并不十分严格）。再作 AB 的两条平行线 CD 和 EF，CD 和 EF 到 AB 的距离相等。凡是在直线 CD 和 EF 以外的数据都剔除，然后进行回归分析，这样的回归分析得到的公式取得了较好的效果。它不仅能精确地预报压力，而且也能正确地反映 Q_P-r 的关系，满足计算机其他控制功能的需要。

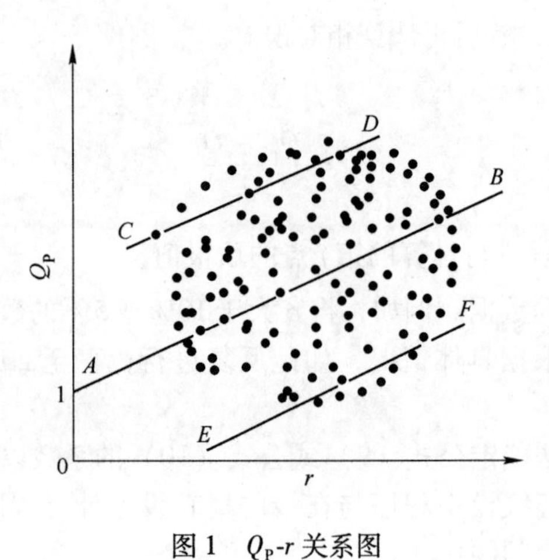

图1　Q_P-r 关系图

3.3　Q_P 公式结构的分析

前面所述的两种方法，都是人为的加入一些限制条件来选取数据，因此这些方法不容易揭示这些数据的内在联系。比如，第一种方法是用第一次回归的结果作为限制条件。第二种方法是把 Q_P-r 呈比例关系作为限制条件。所以我们采取了新的方法筛选数据，即严格记录轧制过程中出现的各方面的情况，掌握异常数据。例如：冷却的喷水方式；温度预报的精度；成品的板厚偏差等等。删去上述几个方面的异常数据，因为喷水方式改变，温度预报偏差和板厚偏差过大，往往是由于轧制过程中出现异常情况或者轧制过程不稳定造成的。异常情况下的采样数据，往往含有较大的噪声，这样的数据必须剔除。我们用这种方法选取了一批数据，同时用式（9）、式（10）两种公式进行了回归分析，结果见表6。

表6　F_6 的 Q_P 公式比较

系数 公式号	a_1	a_2	a_3	a_4	相关系数
(9)	0.878	-2.264	-3.605	0.668	0.948
(10)	0.398	-0.917	0.227	-0.142	0.957

用表6中的系数进行了离线模拟计算和在线使用。结果证明，公式（10）比公式（9）更能反映轧制中压力变化的客观规律。它不仅能准确地计算预报压力，而且能正确地反映各种因素对轧制压力的影响。

4　结语

如式（2）所示的轧制压力模型的预报精度主要取决于 K 和 Q_P 公式的预报精度。

本文叙述了带钢热轧机轧制压力预报的有关公式的研究成果。通过实验修正了变形抗力的志田茂公式。另外，提出了应力状态系数计算公式结构的观点。这样提高了轧制压力的预报精度。但是，这些工作只是初步的，今后还必须进一步作以下几项工作：

（1）系统地研究各种成分，各种脱氧方式对变形抗力的影响。

（2）寻找更严密的公式，以便能够更全面反映 $F_1 \sim F_7$ 各架轧机压力变化规律。

（3）全面地研究合金元素对轧制压力的影响。

参考文献

[1] 志田茂．塑性と加工，12(1971-1). No. 120，42.

[2] 孙一康，等．带钢热连轧数学模型基础．北京：冶金工业出版社，1979，40 ~ 50.

热轧碳钢流动应力的数学模型

1991 年 1 月

武钢 1700 热连轧精轧机组所采用的流动应力模型是日本提供的一个经验模型。

影响金属流动应力的一个重要因素是钢种及其化学成分。由于各国矿藏资源及冶炼工艺制度不可能完全一致，钢中铜、硅元素的含量不同，势必导致流动应力值有较大的差别[1,2]。武钢 1700 热轧厂开轧及生产实践表明，日方所提供的原流动应力模型与武钢自产钢并不相适应。虽然在试轧日本板坯时，获得一次试轧成功，但在试轧武钢自产钢时，前 4 块钢中，竟有 3 块钢由于主电机跳闸及板带被拉断等原因，未能正常通过主轧线，这表明了武钢自产钢的流动应力大于原模型计算值。在生产过程中，采用实测轧制压力等，并以原流动应力为基准，对应力状态系数进行了改进和修正，使轧制压力模型预报精度有所提高。但由于未触动造成预报精度不高的流动应力模型，所以，尚未较好地解决提高预报精度的问题。因此，以武钢自产钢为试验研究对象，测定其轧制条件下的流动应力，并建立结构合理的流动应力数学模型，是一个十分迫切而重要的课题。

1　试验方法

1.1　试验设备及实验方法

采用凸轮塑性计，压缩端面上带凹槽并在凹槽里充满润滑剂的圆柱形试件[3]。

1.2　试验范围

变形温度：$t = 850 \sim 1150$℃；

对数应力：$\varepsilon = 0.05 \sim 0.69$；

应变速率：$\dot{\varepsilon} = 5 \sim 80\mathrm{s}^{-1}$。

1.3　试验钢号及其化学成分

试验钢号都由精轧机入口前的带坯上截取，其化学成分见表 1。

表 1　试样的化学成分（质量分数）　　（%）

钢　号	C	Mn	Si	Cu	S	P	Al
08F	0.06	0.31	<0.005	0.10	0.015	0.012	
08Al	0.06	0.35	0.036	0.10	0.014	0.009	0.69
AD1	0.08	0.40	0.15	0.09	0.018	0.015	
AD2	0.09	0.30	0.26	0.09	0.013	0.019	
B2F	0.12	0.40	0.01	0.11	0.016	0.011	
B3F	0.16	0.46	0.01	0.16	0.021	0.027	
A2	0.14	0.45	0.24	0.08	0.031	0.022	
A3	0.23	0.62	0.27	0.12	0.033	0.011	
A3F	0.20	0.43	0.14	0.12			

本文合作者：周纪华、管克智、刘文仲。本文发表在《北京科技大学学报》，1991(1)：20～25。

2 试验数据的分析

2.1 流动应力与变形温度的关系

流动应力与变形温度的关系，在所测定的9个钢号中，定性地说，这种关系是一致的，如图1所示。

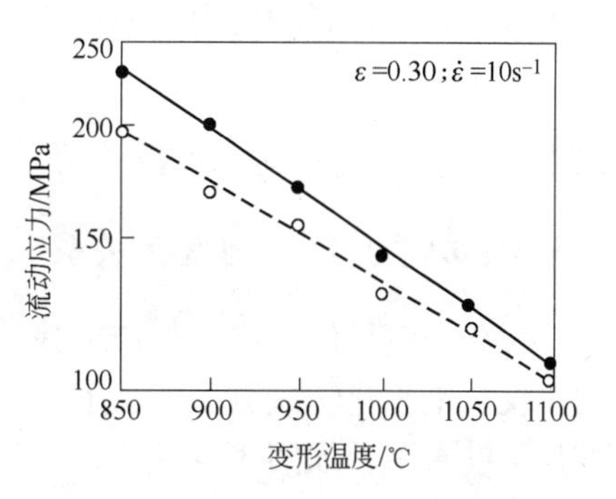

图1 流动应力与变形温度的关系

实线—A3 虚线—B2F

由图1可以看出，在γ相的流动应力与变形温度在半对数坐标中有较好的线性关系，并且其直线的斜率与钢的化学成分有关，对其余7个钢号所绘出的流动应力与变形温度的关系也是如此。所以，在γ相，变形温度对碳钢流动应力的影响项可以用半对数形式的数学模型表示：

$$\sigma_t = ae^{At} \tag{1}$$

或

$$\sigma_T = a'e^{A'/T} \tag{1'}$$

在式（1）、（1′）中，a、a'、A、A'与钢号有关，其中

$$A = f(x\%)$$

式中 $x\%$——钢的化学成分。

2.2 流动应力与应变量的关系

流动应力与应变量的影响关系如图2所示。

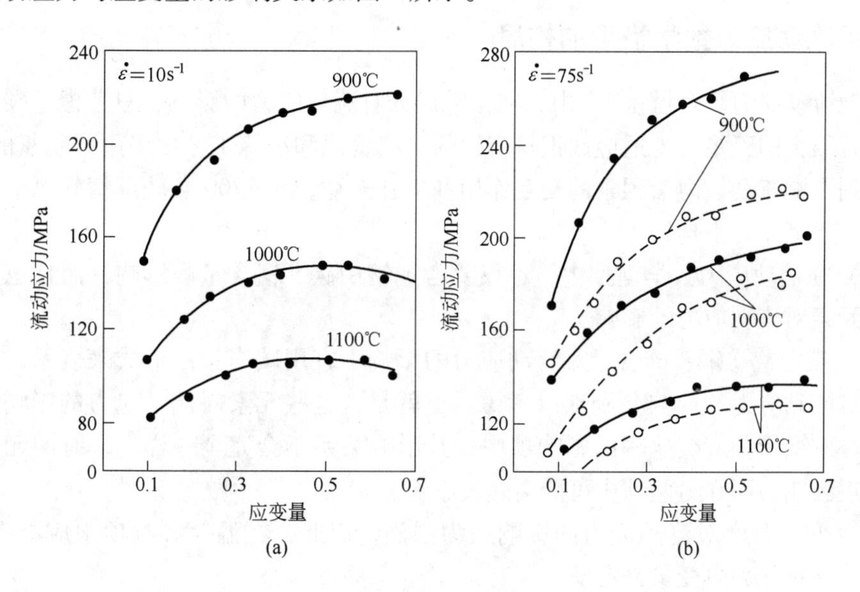

图2 流动应力与应变量的关系

实线—A3 虚线—B2F

由图2可以看出，流动应力与应变量并非是简单的幂函数关系，而是随着变形温度、应变速率的变化，存在着两种不同的应力-应变曲线的形状，即下降型和上升型，在变形温度高和应变速率低时，一般呈下降型，反之呈上升型，而且这种曲线的形状

与钢号有关，其影响可用下列非线性数学模型来拟合，即

$$\sigma_t = b(\beta\varepsilon^B - \gamma\varepsilon) \tag{2}$$

式中，b、β、γ 为取决于钢号的系数，且 $B = f(x\%)$。

2.3 流动应力与应变速率的关系

对 9 个钢号流动应力与应变速率关系的测定研究表明，应变速率对流动应力的影响不仅与钢中化学成分有关，而且与变形温度有关，如图 3 所示。

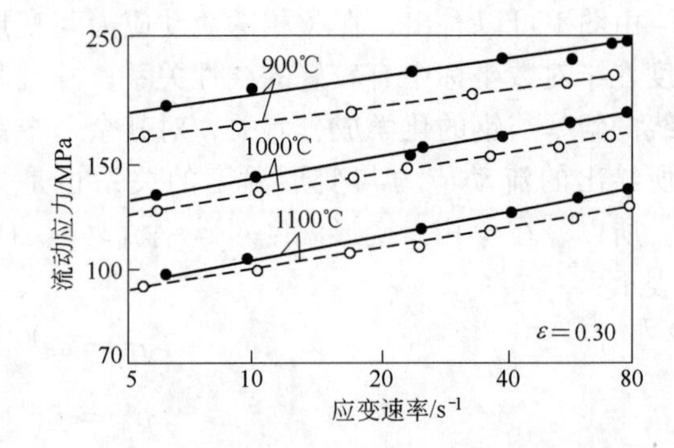

图 3 流动应力与应变速率的关系

实线—A3；虚线—B2F

由图 3 可以看出，流动应力与应变速率在双对数坐标中呈线性关系，此直线的斜率与钢号、温度有关。不难看出 A3 钢的流动应力高于 B2F，但当温度在 1150℃ 时，A3 钢和 B2F 的流动应力差别不显著。由分析可知，应变速率对流动应力的影响项，可用下列数学模型拟合，即：

$$\ln(\sigma/\sigma_0) = m\ln(\dot{\varepsilon}/\dot{\varepsilon}_0) \tag{3}$$

式中　σ_0，$\dot{\varepsilon}_0$——基准流动应力和基准应变速率；

m——应变速率影响指数，其值取决于钢的化学成分和温度。

3 碳钢流动应力数学模型的构思

碳钢流动应力综合模型[4,5]中，在化学成分对流动应力的影响，只考虑了碳或碳当量，这有很大的不足。为适应武钢自产钢的矿藏资源和冶炼工艺中采用硅脱氧的特点，又考虑到影响流动应力诸因素的交互作用和内在规律，对 1700 热轧厂精轧机组的流动应力数学模型作如下构思：

（1）在流动应力数学模型中，不仅要考虑钢中碳、锰含量的影响，而且也要考虑铜、硅元素对流动应力的影响。

（2）碳、锰、铜、硅含量对流动应力的影响不宜用碳当量的形式来表示，应将这些元素对流动应力的影响分别加以考虑。也就是，这些元素对流动应力的影响，在变形温度、应变量和应变速率的影响项中，其影响关系不会完全一样[2]，有的元素在这项中为正影响，而在另两项中可能会是负影响。

（3）变形温度对流动应力的影响最为强烈，因此，在温度影响项中应将碳、锰、铜、硅的含量作为自变量来考虑。

（4）应变量对流动应力的影响项，不能采用单调递增的幂函数表示，而应采用非线性函数和考虑化学成分、变形温度和应变速率对流动应力的影响。

（5）应变速率对流动应力的影响，采用 $\dot{\varepsilon}^m$ 表示，且 m 应与变形温度和化学成分有关。

（6）在线控制使用的数学模型的结构不能太复杂，要便于计算机实时控制计算。

4 碳钢流动应力的回归分析

由于金属组织结构对流动应力影响的复杂性，以至于流动应力研究尚无理论解析式。各国均采用对试验数据进行回归分析，得到统计模型。

对通过压缩试验测定得到的 9 个钢号的 5139 组 $\sigma = f(t, \varepsilon, \dot{\varepsilon}, \mathrm{C}, \mathrm{Mn}, \mathrm{Si}, \mathrm{Cu})$ 数据，采用带阻尼的高斯-牛顿迭代法，对 7 种结构形式的流动应力模型进行了非线性回归。其结果是：采用原日本提供的流动应力模型的方差为 0.981，而其余 6 个流动应力的方差为 0.853 ~0.860。由此可知，新研制开发的 6 个流动应力模型方差相差不大，且明显优于日本提供的原模型。

经过回归分析和对现场实测轧制压力采样数据的离线及在线分析，在线控制所采用的流动应力新模型为：

$$\sigma = K_{\mathrm{T}} \cdot K_{\varepsilon} \cdot K_{\dot{\varepsilon}}$$

$$K_{\mathrm{T}} = a_1 \exp(a_2/T + a_3\mathrm{C} + a_4\mathrm{Mn} + a_5\mathrm{Si} + a_6\mathrm{Cu})$$

$$K_{\varepsilon} = a_{10}\left(\frac{\varepsilon}{0.4}\right)^{(a_{11}+a_{12}\mathrm{Mn}+a_{13}\dot{\varepsilon}-a_{14}T)} - (a_{10} - 1)\varepsilon/0.4$$

$$K_{\dot{\varepsilon}} = (\dot{\varepsilon}/10)^{(a_7+a_8\mathrm{C}+a_9T)}$$

$$T = \frac{t + 273}{1000}$$

式中　　t——变形温度,℃；

$a_1 \sim a_{14}$——系数，其值由回归分析得到；

C,Mn,Si,Cu——钢中碳、锰、硅、铜的含量,%。

对新模型（4）和日本原模型的流动应力进行反算，其结果如图 4、图 5 所示。

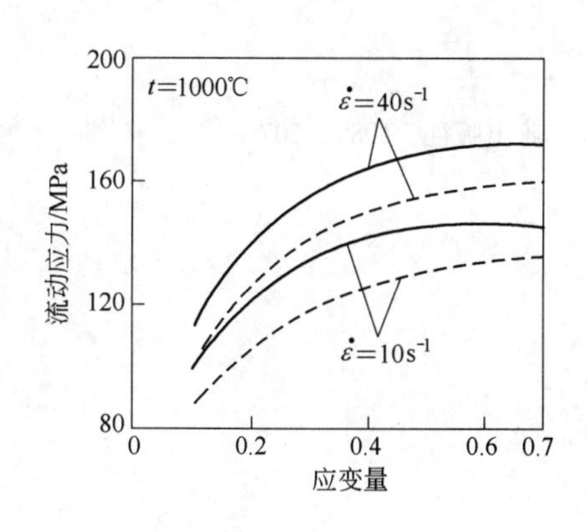

图 4　B2F 流动应力

实线—新模型；虚线—日本原模型

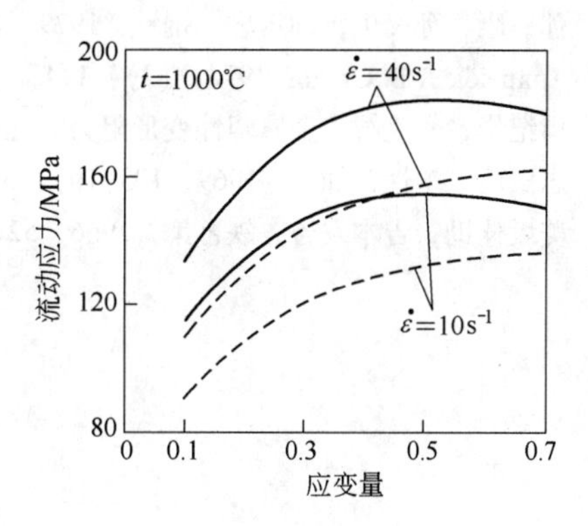

图 5　A3 流动应力

实线—新模型；虚线—日本原模型

由图 4、图 5 可以看出，实际测定武钢自产钢的流动应力高于日本原流动应力模型的计算值，两者在温度为 1000℃时，差别达 10% 左右，当温度为 900℃时，差别有所减小。从定性规律上看，在应变量为 0.20 ~0.55 时，流动应力差别较大。

与流动应力新模型相匹配的轧制压力模型，控制带钢头部偏差与日本原轧制压力模型开工考核标准相比见表 2。

表2　两个模型控制带钢头部偏差比较

目标带厚/mm	新模型			日本模型		
	总块数	命中块数	命中率/%	总块数	命中块数	命中率/%
1.9~2.2	303	283	93.4	90	75	83.3
2.2~2.5	229	215	93.9	260	238	91.5
2.5~2.9	1125	1108	98.5	382	343	89.79
2.9~3.4	250	248	99.2	393	362	92.11
3.4~3.9	256	245	95.7	512	465	90.82
3.9~4.5	304	303	99.7	358	318	88.58
4.5~5.2	208	205	98.6	294	226	90.76
5.2~6.0	186	186	100	190	181	95.76
6.0~7.0	52	52	100	153	151	98.69
>7.0	319	319	100	138	138	100

5　结论

（1）本文采用生产现场钢样为样本，进行实验研究和统计得到的流动应力数学模型，其预报精度容易保证。

（2）本文所建立的综合流动应力数学模型，充分考虑了钢中主要化学成分、变形条件之间对流动应力的交互作用的影响，其模型的结构优于现存模型。

（3）新流动应力数学模型用于生产的在线控制，运行稳定，安全可靠，使轧制总压力的预报精度约提高8%左右。

参考文献

[1] 孙一康，孙民生，钟定忠．钢铁，1979，(5)：9.

[2] Андреюк Л В. Сталь，1974，(2)：144.

[3] 周纪华，管克智．金属塑性变形阻力．北京：机械工业出版社，1989，107.

[4] 志田茂．塑性と加工，1969，103(10)：610.

[5] 美坂佳助，吉本友吉．鉄と鋼，1966，52(10)：28.

热连轧机轧制压力数学模型

1992 年 8 月

1　引言

武钢 1700mm 热连轧机成套设备，是由日本引进的具有 70 年代水平的计算机控制系统，全部控制用的数学模型均属专利。其中轧制压力模型式（1）是以日本所生产的钢种为对象，在日本的实验机上得到的。

$$F = Q_P \sigma A \tag{1}$$

式中　Q_P——应力状态系数；

σ——流动应力；

A——轧件与轧辊接触面积。

式（1）在武钢应用有三个明显的不足，（1）流动应力模型中，由于只考虑了碳、锰的影响，与武钢生产的含铜钢（铜最大 0.30%）不相适应。研究表明，碳钢中，铜元素的存在能导致流动应力增大 15% ~20%[1]。（2）考虑碳、锰含量的影响时，只用碳当量表示，且把$\frac{1}{6}$Mn 看作 1 个碳，这不恰当，文献［2］指出，化学元素对流动应力的影响规律在诸变形条件中各不相同。（3）轧制压力模型不配套，把具有不同化学元素的日本钢和武钢含铜钢的流动应力等同，采用实测生产数据所建立的轧制压力模型，在预报时势必导致较大偏差。这表明，研究适合于武钢热轧的轧制压力模型势在必行。针对上述存在的问题和武钢的生产实际，拟订了研究途径：1）以武钢生产钢种为对象，在凸轮塑性计上测定流动应力，建立流动应力模型。2）采集整理现场生产数据，并以研究得到的流动应力模型为基准，建立应力状态系数模型，从而得到整个轧制压力新模型。3）新轧制压力模型离线和在线分析。4）新轧制压力模型在线控制生产。

2　流动应力模型的建立

2.1　流动应力的测定方法

采用恒应变速率的凸轮塑性计，用压缩端面上带凹槽并在凹槽里充满润滑剂的圆柱形试件[3]。

2.2　试验范围

变形温度 t =850 ~1150℃；

对数应变 ε =0.05 ~0.69；

本文合作者：周纪华、管克智、刘文仲。本文发表在《钢铁》，1992(8)：45 ~49。

应变速率 $\dot{\varepsilon}=5\sim80\mathrm{s}^{-1}$。

2.3 试验钢种及成分

试验料由精轧入口前的带坯上截取，经锻造、退水后制作试样，化学成分见表1。

表1 试样的化学成分 (%)

钢 种	C	Mn	Si	Cu	S	P	Al
08F	0.06	0.31	<0.005	0.10	0.015	0.012	
08Al	0.06	0.35	0.036	0.10	0.014	0.009	0.69
AD1	0.08	0.40	0.15	0.09	0.018	0.015	
AD2	0.09	0.30	0.26	0.09	0.013	0.019	
B2F	0.12	0.40	0.01	0.11	0.016	0.011	
B3F	0.16	0.46	0.01	0.16	0.021	0.027	
A2	0.14	0.45	0.24	0.08	0.031	0.022	
A3	0.23	0.62	0.27	0.12	0.033	0.011	
A3F	0.20	0.43	0.14	0.12			

2.4 试验数据的分析

2.4.1 流动应力与变形温度的关系

在所测定的9个钢中，其流动应力与变形温度的定性关系相一致（图1）。从中可看出，在γ相的流动应力与变形温度在半对数坐标中有较好的线性关系，其直线斜率与钢种有关。所以在γ相，变形温度对碳钢流动应力的影响项可用式（2）、式（3）表示。

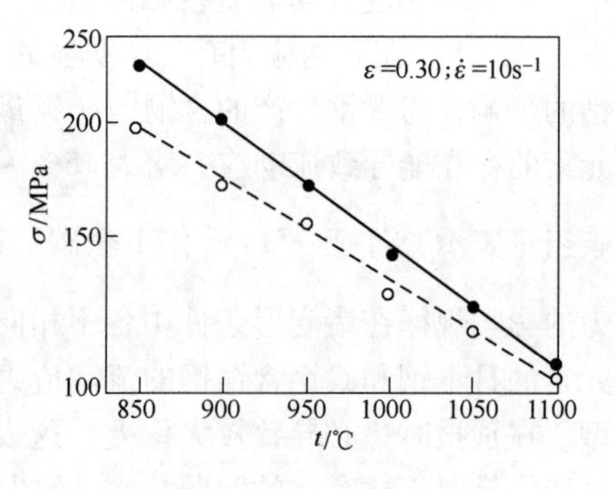

图1 流动应力（σ）与变形温度（t）的关系

●—A3；○—B2F

$$\sigma_{\mathrm{t}} = a e^{At} \tag{2}$$

或

$$\sigma_T = a' e^{A'/T}$$

式中，a'、a、A、A'为与钢种有关的系数。其中

$$A = f(x\%)$$

式中 $x\%$——钢的化学成分。

2.4.2 流动应力与应变量的关系

由图2可以看出，流动应力与应变量并非是一个简单的幂函数关系。随着变形温度、应变速率的变化，存在着两种不同的应力-应变曲线形状，即下降型和上升型。在变形温度高和应变速率低时，一般呈下降型，反之呈上升型，而且其曲线的形状与钢种有关，可用式（3）拟合，即

$$\sigma_{\mathrm{t}} = b(\beta\varepsilon^{B} - \gamma\varepsilon) \tag{3}$$

式中，b、β、γ为取决于钢种的系数，$B=f(x\%)$。

2.4.3 流动应力与应变速率的关系

研究表明，应变速率对流动应力的影响不仅与钢中化学成分有关，而且与变形温

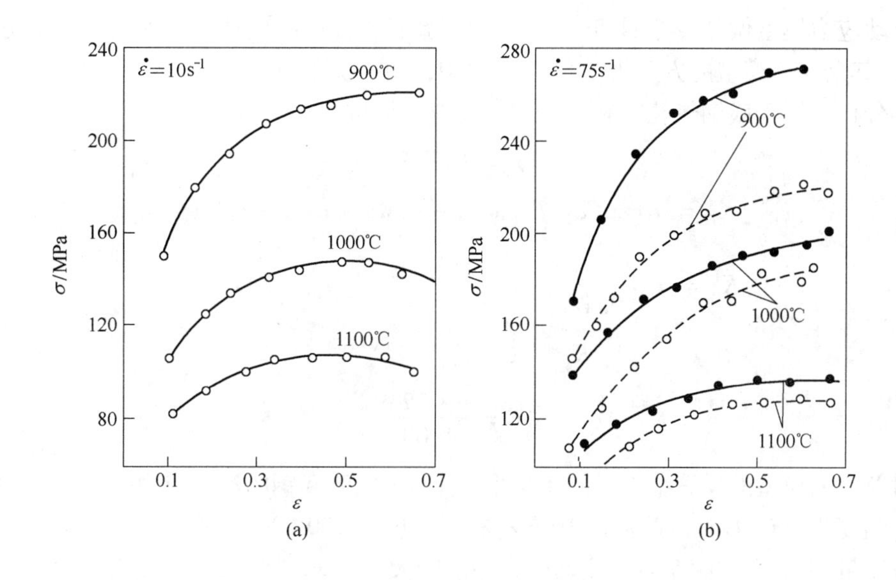

图 2　流动应力（σ）与应变量（ε）的关系

● —A3；○ —B2F

度有关（图 3）。

由图 3 可以看出，流动应力与应变速率在双对数坐标中呈线性关系，其直线的斜率与钢种、温度有关。同时，A3 钢的流动应力高于 B2F，但当温度在 1150℃ 时，两种钢的流动应力差别不十分显著。经分析，应变速率对流动应力的影响项可用式（4）拟合，即

$$\ln(\sigma/\sigma_0) = m\ln(\dot{\varepsilon}/\dot{\varepsilon}_0) \qquad (4)$$

式中　σ_0，$\dot{\varepsilon}_0$——基准流动应力和基准应变速率；

m——应变速率影响指数，与钢的化学成分和温度有关。

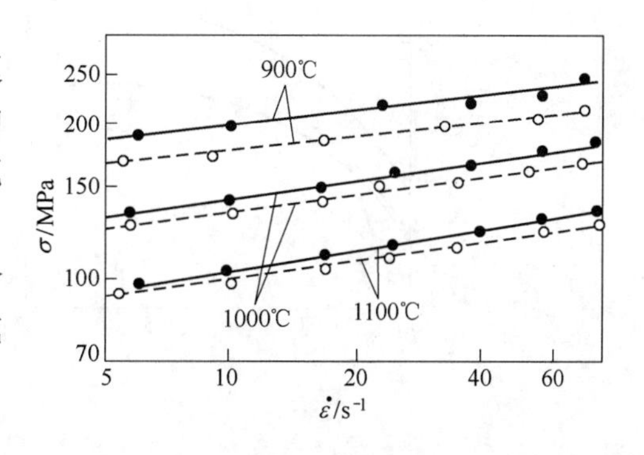

图 3　流动应力（σ）与应变速率（$\dot{\varepsilon}$）的关系

● —A3；○ —B2F

2.4.4　*碳钢流动应力模型的构思*

（1）在流动应力数学模型中，不仅要考虑钢中碳、锰含量的影响，也要考虑铜、硅等元素对流动应力的影响；且不宜用碳当量的形式表示，而应逐个分别考虑其影响。

（2）变形温度对流动应力的影响最强烈，故在温度影响项中应包含碳、锰、铜、硅作为自变量来考虑。

（3）应变量对流动应力的影响项，不能简单地用单调递增的幂函数表示，而应用非线性函数和考虑化学成分、变形温度和应变速率对流动应力的影响。

（4）应变速率的影响项采用 $\dot{\varepsilon}^m$ 表示，m 应与变形温度和化学成分有关。

（5）在线控制使用的数学模型结构要简单，且便于计算机实时控制计算。

2.4.5　*碳钢流动应力模型的建立*

对试验测定的 9 个钢种的 5139 组 $\sigma = f(t、\varepsilon、\dot{\varepsilon}、C、Mn、Si、Cu)$ 数据，用 7 种结构形

式的流动应力模型做非线性回归[4,5]。其中用新日铁提供的流动应力模型回归的方差为0.981，其余6个模型的方差为0.853～0.860，明显优于原模型。

经分析，用于武钢热轧精轧机组的流动应力模型为

$$\sigma = K_T K_\varepsilon K_{\dot{\varepsilon}} \tag{5}$$

$$K_T = a_1 \exp(a_2/T + a_3\mathrm{C} + a_4\mathrm{Mn} + a_5\mathrm{Si} + a_6\mathrm{Cu})$$

$$K_\varepsilon = a_{10}\left(\frac{\varepsilon}{0.4}\right)^{(a_{11}+a_{12}\mathrm{Mn}+a_{13}\dot{\varepsilon}+a_{14}T)} - (a_{10}-1)\varepsilon/0.4$$

$$K_{\dot{\varepsilon}} = (\dot{\varepsilon}/10)^{(a_7+a_8\mathrm{C}+a_9T)}$$

$$T = \frac{t+273}{1000}$$

对新、旧模型的反算结果见图4。可以看出，实测武钢的流动应力高于原模型的计算值。温度为1000℃时，差别达10%左右，温度为900℃时差别减小。从定性的规律看，应变量为0.20～0.55时，流动应力差别较大。

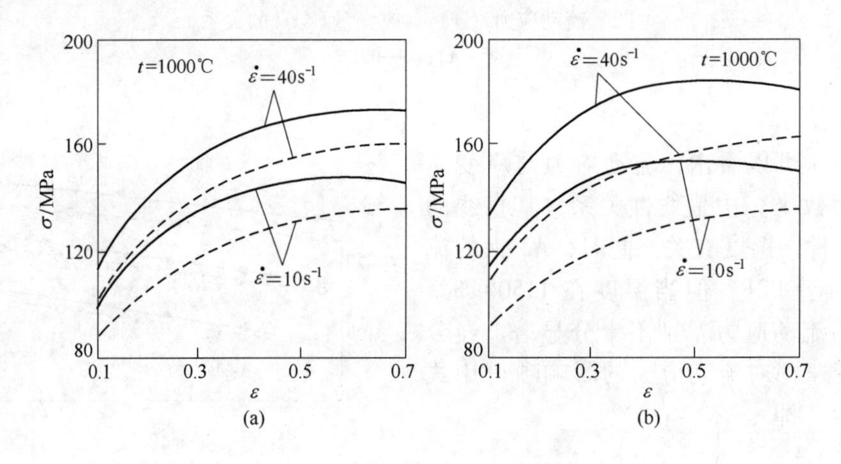

图4　流动应力（σ）的反算结果

（a）B2F；（b）A3

实线—新模型；虚线—原模型

3　应力状态系数（Q_P）模型的建立

3.1　测量和整理现场的轧制数据

收集整理钢种及其化学成分、粗轧出口板厚和温度、精轧入、出口温度、成品厚度和宽度、各机架中带钢的温度、板厚、辊径、轧制压力、接触弧长、应变率、应变速率及机架间喷水方式等，进行人工筛选，以建立应力状态系数模型所必需的数据。

3.2　回归分析应力状态系数模型

应力状态系数模型的结构可分两类[6]

$$Q_\mathrm{P} = f(r, l/h_\mathrm{m}) \tag{6}$$

$$Q_\mathrm{P} = f(r、R/h) \tag{7}$$

新日铁提供的模型以式（6）为基础，即

$$Q_{Pi} = a_{1i}\sqrt{\frac{D_i'}{2h_{i-1}}} + a_{2i}r_i\sqrt{\frac{D_i'}{2h_{i-1}}} + a_{3i}r_i + a_{4i} \tag{8}$$

式中 D_i'——轧辊弹性压扁后直径；

h_{i-1}——各机架入口板厚；

r_i——应变率，$r_i = (h_{i-1} - h_i)/h_{i-1}$；

$a_{1i} \sim a_{4i}$——回归系数；

i——轧机序号。

为研究建立实际可行的应力状态系数模型，用以式（7）为基础的公式，即

$$Q_{Pi} = a_{1i}\frac{l_i}{h_{mi}} + a_{2i}r_i\frac{l_i}{h_{mi}} + a_{3i}r_i + a_{4i} \tag{9}$$

式中 l_i——轧辊和轧件接触弧长的水平投影；

h_{mi}——各架轧机入、出口的平均板厚；

余同式（8）。

用同批实测数据，以新建立的流动应力模型为基准，对式（8）、式（9）回归分析得出不同的 $a_{1i} \sim a_{4i}$。

3.3 应力状态系数模型的确定

Q_P 反映三向应力状态的程度，在轧机入口板厚不变的前提下，出口板厚越小，三向应力状态程度越强，Q_P 也越大。即 r 增加，Q_P 增大。

为分析检验式（8）、式（9）的实际应用性，用离线分析在广泛范围内比较结果表明，在某些条件下式（8）不能很好地反映轧制压力随厚度变化的规律，Q_P 与 r 变化趋势不致。而式（9）可得到满意的结果，Q_P 的预报值与实测推算值的偏差按机架序为 0.11，0，0.001，0，0.016，0.004，0.022。

4 轧制压力模型的在线应用

在线分析，实际上就是让新的轧制压力模型投入在线运行，预报轧制压力、计算轧机弹性变形量和轧辊的辊缝设定值，但不向生产过程输出计算结果。

按照实际轧钢顺序，统计了 1447 架次的轧制压力预报值，其预报偏差的均方根为

新轧制压力模型　144t

新日铁原模型　　236t

可见，新轧制压力模型比原模型的预报精度高，为新轧制压力模型的投入在线控制提供了科学依据，并于 1984 年 11 月在武钢 1700mm 热轧厂正式投入使用。7 年多的生产实践证明，用新轧制压力模型在线控制生产，其轧制过程稳定，带钢头部厚度精度高。对新、旧轧制压力模型控制生产的带钢头部偏差分别统计 5981 块钢的数据中，新模型的命中率为 97.9%，原模型为 91.6%。

5 结论

（1）以武钢生产的钢作为试验对象，用实验室凸轮塑性计测定流动应力所建立的模型，全面考虑了影响流动应力的各个因素及其交互作用，适用于武钢热轧厂。

（2）以建立的流动应力模型为基准，由实测现场轧制参数回归得到的应力状态系数模型，建立整个轧制压力模型，在武钢热轧厂计算机控制使用是成功的。

（3）用新轧制压力模型控制生产，轧制过程稳定，安全可靠，轧制压力预报精度高于日本提供的模型，带钢头部命中率提高6.3%，各机架轧制压力偏差小于100t的频数提高15.6%。

（4）新轧制压力模型投入在线控制生产，提高了负公差的轧制率，经济效益显著。

参考文献

[1] 孙一康，等．钢铁，1979，9，5.

[2] Андреюк，Л. В.，Сталь，1974，№2，144.

[3] 周纪华、管克智．金属塑性变形阻力．北京：机械工业出版社，1989，9，107.

[4] 志田茂．塑性と加工，1969，103，610.

[5] 美坂佳助ほか，鉄と鋼，1966，10，28.

[6] A. И. 采利柯夫．轧钢机的力参数计算理论．汪家才等译．北京：中国工业出版社，1965.

《带钢热连轧计算机控制》简介和节录

1997 年 4 月

本书由刘玠、孙一康等编著，由机械工业出版社于1997 年4 月出版发行。本书是在大量参阅各国最近发展的计算机控制功能和控制系统配置，并以作者参加武汉钢铁公司、太原钢铁公司热连轧计算机系统更新改造的实际经验为基础进行编写的。本书共分8 章。第1 章综述，叙述了热连轧计算机控制的历史发展及当今新技术的应用。第2 章带钢热连轧计算机控制系统，分析和介绍了用于热连轧的各类计算机控制系统。第3 章理论基础，介绍了与模型有关的各种理论公式和实用方程。第4 章主速度及张力控制系统，介绍了主速度级联系统、活套控制及微张力控制。第5 章厚度及宽度控制，介绍了厚度设定模型、模型自学习、宽度设定模型、AGC 和AWC 系统。第6 章板形控制，介绍了板形的基本概念、板形设定模型及自动板形控制系统。第8 章热连轧过程数字仿真，介绍连轧过程综合分析。

第3章　理 论 基 础

3.1　轧件塑性变形理论基础

3.1.1　轧制变形区参数

轧制变形区（见图3-1）基本参数为轧件宽度 B、轧辊半径 R、入口厚度 H 和出口厚度 h。其平面变形区由 R、H 及 h 组成。

1. 绝对压下量和相对压下量　绝对压下量为

$$\Delta h = H - h \tag{3-1}$$

相对压下量为

$$\varepsilon = \frac{\Delta h}{H} = \frac{H - h}{H} \tag{3-2}$$

在大变形量情况下，为了准确表达相对压下量，往往采用对数表示的真正变形程度 e。

$$e = \int_H^h \frac{-\mathrm{d}h_x}{h_x}$$

式中　h_x——任意断面处的轧件厚度。

积分可得

$$e = \ln\frac{H}{h} = \ln\frac{1}{1-\varepsilon} \tag{3-3}$$

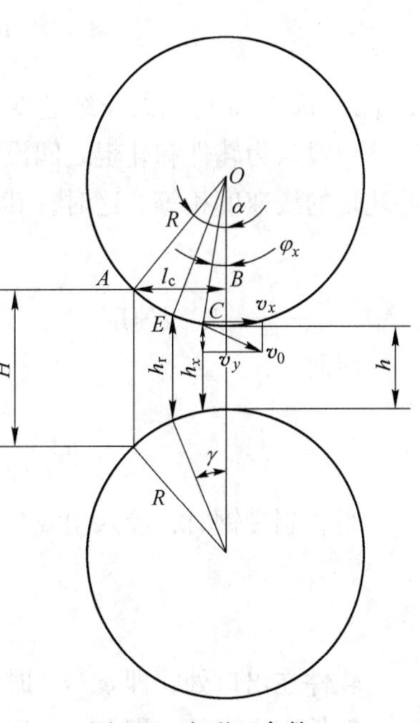

图3-1　变形区参数

2. 咬入角和接触弧长 l_c　咬入角为 α，由图 3-1 可知

$$\frac{\Delta h}{2} = R - R\cos\alpha = R \cdot 2\sin^2\frac{\alpha}{2}$$

因此

$$\Delta h \approx 2R\frac{\alpha^2}{2}$$

$$\alpha \approx \sqrt{\frac{\Delta h}{R}}$$

接触弧长 l_c 为接触弧的水平投影长度，由图可知

$$l_c^2 = R^2 - OB^2$$

因此

$$l_c^2 = R^2 - \left(R - \frac{\Delta h}{2}\right)^2 = R\Delta h - \frac{\Delta h^2}{4}$$

由于 $\Delta h^2/4$ 比 $R\Delta h$ 要小得多而可以忽略，因此

$$l_c \approx \sqrt{R\Delta h} = \sqrt{R(H-h)} \tag{3-4}$$

3. 变形速度　金属塑性变形的变形速度被定义为单位时间的应变量（真正变形程度 e），它和一般所说的轧制速度或压缩速度是完全不同的概念。变形速度一般用 u 表示。

$$u = \frac{\mathrm{d}e}{\mathrm{d}t}$$

$$\mathrm{d}e = \frac{\mathrm{d}h_x}{h_x}$$

$$u_x = \frac{\mathrm{d}h_x}{h_x} \cdot \frac{1}{\mathrm{d}t} = \frac{\mathrm{d}h_x}{\mathrm{d}t} \cdot \frac{1}{h_x}$$

式中，$(\mathrm{d}h_x)/\mathrm{d}t$ 即为线压缩速度。

一般认为轧件和轧辊之间没有相对滑动（粘着），即轧件沿接触弧上各点的线速度与轧辊的线速度相等。这时，其垂直方向压下速度 v_y 为

$$v_y = v_0\sin\varphi_x$$

式中　v_0——轧辊线速度。

因此，

$$u_x = \frac{2v_0\sin\varphi_x}{h_x} = \frac{2v_0\sin\varphi_x}{h + D(1-\cos\varphi_x)}$$

当轧制带钢时，咬入角 α 较小，所以可以认为

$$u_x = \frac{2v_0\varphi_x}{h + R\varphi_x^2}$$

轧件在出口处，即 $\varphi_x = 0$ 时，其变形速度为最小，其值为 $u_x = 0$。

轧件在入口处，即 $\varphi_x = \alpha$ 时，其变形速度为

$$u_x = \frac{2v_0\alpha}{H} = \frac{v_0}{l_c}2\varepsilon$$

可以看出，变形区中的变形速度变化是很大的，它由入口处的 $u_x = (v_0/l_c)2\varepsilon$ 变化到出口处的 $u_x = 0$。

为了计算变形阻力，一般采用变形区中变形速度的平均值（称为轧制时平均变形速度）u_c。

$$u_c = \frac{1}{l_c}\int_0^\alpha u_x \mathrm{d}\varphi_x$$

经整理得

$$u_c = \frac{v_0}{l_c}\ln\frac{H}{h} \tag{3-5}$$

4. 轧制时的前滑　由于在变形区内被轧金属遵守体积不变定律，因此在变形区中随着厚度的变小，金属移动速度将逐步加高，如假设轧制无宽展，并且轧件均匀变形，其速度变化如图 3-2 所示。考虑到轧辊上各点的水平分速度从入口点到出口点的变化仅为 $v_0\cos\alpha$ 到 v_0，而轧件由于

$$v'H = vh$$

式中　v'——入口（水平）速度；

　　　v——出口速度。

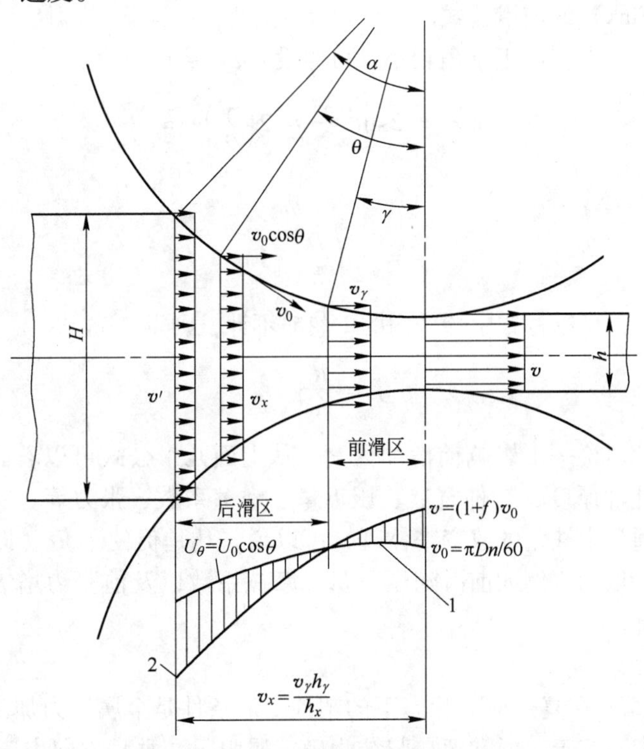

图 3-2　轧制过程速度

1—轧辊水平速度；2—变形区内金属速度

因此 v' 要比 v 小得多。由此可知，在变形区中必定有一断面，其轧件的水平速度和该点轧辊水平速度相等，此断面称为中性面，轧辊上的该点称为中性点。中性点和轧

辊中心的连线与轧辊连心线间的夹角称为中性角 γ。

中性面至出口断面区域内各断面的水平速度将比轧辊在该处的水平速度要高，因此称为前滑区。中性面和入口断面间区域则是轧辊水平速度比轧件水平速度高，称为后滑区（见图3-2）。

对于连轧过程来说，为了保持轧件同时在几个机架中进行轧制，必须使各机架速度协调，因此需要列出前滑计算公式。轧制时前滑定义为

$$f = \frac{v - v_0}{v_0} \times 100\% \tag{3-6}$$

式中 f——前滑；

v——轧件出口速度；

v_0——轧辊线速度。

因此前滑为

$$f = \frac{v - v_0}{v_0} = \frac{v}{v_0} - 1 = \frac{[h + D(1 - \cos\gamma)]\cos\gamma}{h} - 1$$

$$= \frac{(1 - \cos\gamma)(D\cos\gamma - h)}{h}$$

式中 D——轧辊直径；

γ——临界角（中性角）。

此式即为芬克（Fink）的前滑公式。

在芬克公式基础上，由于 γ 角较小，可假设 $\cos\gamma \approx 1$

$$1 - \cos\gamma = 2\sin^2\frac{\gamma}{2} \approx 2\left(\frac{\gamma}{2}\right)^2 = \frac{\gamma^2}{2}$$

因此得

$$f = \frac{\gamma^2}{2}\left(\frac{D}{h} - 1\right) \tag{3-7}$$

当 $D/h \gg 1$ 时，可以将式中括号内的1忽略不计，则得

$$f = \frac{R}{h}\gamma^2 \tag{3-8}$$

最后，简单地讨论一下影响前滑的因素。从上面几个公式可以看到，影响前滑的因素很多，例如轧件厚度、轧件宽展、压下量、摩擦系数、张力等。所有这些因素对前滑的影响都是通过中性角的改变来体现，可以说，凡是促使 γ 角（即前滑区）增大的因素，皆使前滑增加，例如前滑随压下量、摩擦系数以及前张力增大而增大，宽展增加，使前滑下降。

3.1.2 轧制力

1. 塑性方程式　在复杂应力状态下的塑性变形条件是金属压力加工中的一个重要课题，目前研究尚不完善，通常把它归结为确定屈服限和垂直方向主应力 σ_1、中间主应力 σ_2、水平方向主应力 σ_3 之间的关系，而表示此关系的方程式称为塑性方程式。这就是说，可以用塑性方程式来判别塑性变形能否会发生的条件。

形状变化位能学说认为，不论应力状态如何，其形状变化位能达到某一定值时，就发生塑性变形，其塑性方程式为

$$(\sigma_1 - \sigma_2)^2 + (\sigma_2 - \sigma_3)^2 + (\sigma_3 - \sigma_1)^2 = 2\sigma^2 \tag{3-9}$$

为了弄清 σ_2 的影响，引入一个指数。设

$$\xi = \frac{\sigma_2 - \dfrac{\sigma_1 + \sigma_3}{2}}{\dfrac{\sigma_1 - \sigma_3}{2}}$$

由于 σ_2 必定在 σ_1 和 σ_3 范围内变化，故 ξ 应在 -1（当 $\sigma_2 = \sigma_3$ 时）和 $+1$（当 $\sigma_2 = \sigma_1$）之间。由此得

$$\sigma_1 - \sigma_3 = \frac{2\sigma}{\sqrt{3 + \xi^2}}$$

令

$$\beta = 2/\sqrt{3 + \xi^2}$$

$$\sigma_1 - \sigma_3 = \beta\sigma = K \tag{3-10}$$

式中 β——中间主应力 σ_2 的影响系数。

由于 ξ 是在 $+1$ 和 -1 之间变化，因此 β 的变化范围为 1～1.15。由此可以看出，中间主应力 σ_2 的影响不大。

在计算钢板轧制的轧制力时，由于宽展很小（可以忽略），可看作平面变形，即中间主变形 $\varepsilon_2 \approx 0$，所以 $\sigma_2 = (\sigma_1 + \sigma_3)/2$，此时 $\beta = 1.15$。

塑性方程中，σ_1 在轧制时可近似地看作接触弧上的单位压力，σ_3 大小决定于接触弧上摩擦力和前后张力。因此，塑性方程式在定量上反映了变形区应力状态对轧制单位压力的影响。由于变形区内各点的 σ_3 不同，接触弧上的单位压力分布也是不均匀的，而接触弧上单位压力的总和即为轧制力（单位宽度的轧制力）。

2. 热连轧精轧机组轧制力的计算方法　精轧机组变形区的形状系数 $l_c/h_c > 1$，一般为 1.5～7，此时变形基本上已深入轧件中心，沿轧件高度方向的变形比较均匀，接触弧上摩擦力（称为外摩擦力）是造成应力状态的主要因素，所以一般采用下列公式计算轧制力：

$$P = B_c l'_c Q_p K \tag{3-11}$$

式中 B_c——轧件轧制前后平均宽度（一般可以认为 $B_c \approx B$）；

l'_c——考虑轧辊压扁后变形区长度；

Q_p——外摩擦（应力状态）影响系数；

K——系数，$K = 1.15\sigma$；

σ——高速高温下的材料的变形阻力（见 3.1.3 节）。

现有的大多数轧制力理论公式主要是计算 Q_p 的公式，在这里重点介绍热轧中目前用得最为广泛的西姆斯（Sims）轧制理论计算公式。

西姆斯公式以奥罗万（Orowan）理论为基础，并假设热轧时在整个变形区轧辊和轧件接触表面上都不产生相对滑动（全粘着），简化了变形区单位压力平衡微分方程式，因此可解析地得到计算轧制力所用的 Q_p 计算公式，这一理论公式在欧美各国热轧计算机控制数学模型中得到广泛的应用。

奥罗万理论与一般轧制力理论相同，认为轧制板带时宽展极小，可以忽略不计，因此把板带轧制看作为平面变形问题，但与一般轧制力理论不同的是，不采用平断面

假设（所谓平断面假设，是认为变形区中轧件的横截面沿高度方向的水平速度相等），奥罗万认为，变形区中任取一平直小条，它在变形过程中不一定尚能继续保持平直，因此，在分析应力平衡时，截取的为任意形状的曲线小条（见图3-3），假设此曲线和两个轧辊的交点 a、b 和 b'、a' 所连的直线平行于两轧辊的连心线，并设任意曲线（实际是曲面）bb' 上合力的水平力为 T，而曲面 aa' 上合力的水平力为 $T+\mathrm{d}T$。

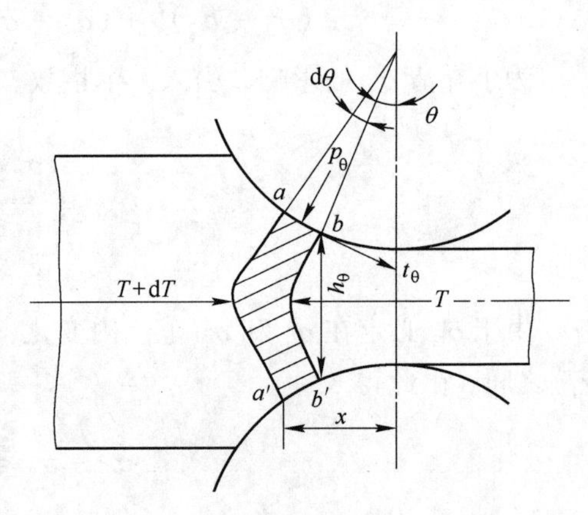

图3-3　轧制时应力与轧制力的平衡

假定接触弧上单位压力为 p_θ，则小条上所受的力为 $p_\theta R\mathrm{d}\theta$，其水平分力为 $2p_\theta\sin\theta R\mathrm{d}\theta$，而摩擦力的水平分力为 $2t_\theta\cos\theta R\mathrm{d}\theta$，列出其平衡微分方程式得

$$\frac{\mathrm{d}T}{\mathrm{d}\theta}=2Rp_\theta\sin\theta\pm 2Rt_\theta\cos\theta \tag{3-12}$$

式中的“±”号，前滑区取“+”号，后滑区取“-”号。

由于 θ 角很小，所以 $\sin\theta\approx\theta$，$\cos\theta\approx 1$。西姆斯从变形区全粘着假设出发，认为单位摩擦力 $t=K/2$（常数），代入后得

$$\frac{\mathrm{d}T}{\mathrm{d}\theta}=R(2p_\theta\theta\pm K) \tag{3-13}$$

利用奥罗万理论，采用塑性条件

$$p_\theta-\frac{T}{h_\theta}=\omega K$$

全粘着时 $\omega=\pi/4$，则

$$T=h_\theta\left(p_\theta-\frac{\pi}{4}K\right) \tag{3-14}$$

式中　h_θ——变形区任意断面上轧件高度。

将式（3-14）代入式（3-13），得

$$\frac{\mathrm{d}}{\mathrm{d}\theta}\left[h_\theta\left(p_\theta-\frac{\pi}{4}K\right)\right]=2Rp_\theta\theta\pm RK$$

等式两边除以 K，并设 $h_\theta=h+R\theta^2$，得

$$h_\theta\frac{\mathrm{d}}{\mathrm{d}\theta}\left(\frac{p_\theta}{K}-\frac{\pi}{4}\right)+\left(\frac{p_\theta}{K}-\frac{\pi}{4}\right)\frac{\mathrm{d}h_\theta}{\mathrm{d}\theta}=2R\theta\frac{p_\theta}{K}\pm R$$

由于 $\mathrm{d}h_\theta/\mathrm{d}\theta=2R\theta$，所以

$$h_\theta\frac{\mathrm{d}}{\mathrm{d}\theta}\left(\frac{p_\theta}{K}-\frac{\pi}{4}\right)=\frac{R\pi\theta}{2}\pm R$$

$$\mathrm{d}\left(\frac{p_\theta}{K}-\frac{\pi}{4}\right)=\left[\frac{R\pi\theta}{2(h+R\theta^2)}\pm\frac{R}{h+R\theta^2}\right]\mathrm{d}\theta$$

积分后得前滑区单位压力公式为

$$\frac{p^+}{K}=\frac{\pi}{4}\ln\frac{h_\theta}{h}+\frac{\pi}{4}+\sqrt{\frac{R}{h}}\arctan\left(\sqrt{\frac{R}{h}}\theta\right)-\frac{q_\mathrm{F}}{K}$$

式中　q_F——前张应力。

后滑区单位压力公式为

$$\frac{p^-}{K} = \frac{\pi}{4}\ln\frac{h_\theta}{H} + \frac{\pi}{4} + \sqrt{\frac{R}{h}}\arctan\left(\sqrt{\frac{R}{h}}\alpha\right) - \sqrt{\frac{R}{h}}\arctan\left(\sqrt{\frac{R}{h}}\theta\right) - \frac{q_B}{K}$$

式中　q_B——后张应力。

无疑地可以认为，在中性点上 $p^+ = p^-$。

$$\frac{\pi}{4}\ln\left(\frac{h}{H}\right) = 2\sqrt{\frac{R}{h}}\arctan\left(\sqrt{\frac{R}{h}}\gamma\right) - \sqrt{\frac{R}{h}}\arctan\left(\sqrt{\frac{R}{h}}\alpha\right) + \frac{q_B}{K} - \frac{q_F}{K}$$

由此得出中性角 γ 的计算公式为

$$\gamma = \sqrt{\frac{h}{R}}\tan\left[\frac{1}{2}\arctan\sqrt{\frac{\varepsilon}{1-\varepsilon}} + \frac{\pi}{8}\ln(1-\varepsilon)\sqrt{\frac{h}{R}} + \frac{1}{2}\sqrt{\frac{h}{R}}\left(\frac{q_F}{K} - \frac{q_B}{K}\right)\right] \tag{3-15}$$

总轧制力公式为

$$P = BRK\left\{\int_\gamma^\alpha\left[\frac{\pi}{4}\left(\ln\frac{h_\theta}{H} + 1\right) + \sqrt{\frac{R}{h}}\arctan\left(\sqrt{\frac{R}{h}}\alpha\right) - \sqrt{\frac{R}{h}}\arctan\left(\sqrt{\frac{R}{h}}\theta\right) - \frac{q_B}{K}\right]d\theta + \int_\alpha^\gamma\left[\frac{\pi}{4}\left(\ln\frac{h_\theta}{h} + 1\right) + \sqrt{\frac{R}{h}}\arctan\left(\sqrt{\frac{R}{h}}\theta\right) - \frac{q_F}{K}\right]d\theta\right\}$$

积分后最终得到西姆斯公式为

$$Q_P = \sqrt{\frac{1-\varepsilon}{\varepsilon}}\left[\frac{1}{2}\sqrt{\frac{R}{h}}\ln\frac{1}{1-\varepsilon} - \sqrt{\frac{R}{h}}\ln\frac{h_r}{h} + \frac{\pi}{2}\arctan\sqrt{\frac{\varepsilon}{1-\varepsilon}} - \frac{\pi}{4} + \frac{q_B}{K} - \sqrt{\frac{R}{\Delta h}}\left(\frac{q_B}{K} - \frac{q_F}{K}\right)\gamma\right] \tag{3-16}$$

式中

$$h_r/h = 1 + R\gamma^2/h$$

由于西姆斯公式比较繁杂，不便于计算机在线控制轧钢生产。

为了进一步比较各种结构型式优劣和找出既精确又简便的 Q_P 计算公式，对西姆斯公式[式(3-16)]，在不同轧制条件下，计算所得数据，以 $Q_P = f(l_c/h_c, \varepsilon)$、$Q_P = f(\sqrt{R/H}, \varepsilon)$、$Q_P = f(\sqrt{R/h}, \varepsilon)$ 三种型式和九种按表3-1所列的公式进行回归分析。

表3-1　根据西姆斯公式计算的 Q_P 的回归

公式编号	Q_P 计算公式	相关系数 R	方差 S
A-1	$0.8205 + 0.2376\frac{l_c}{h_c} + 0.1006\varepsilon\frac{l_c}{h_c} - 0.3768\varepsilon$	0.99987	0.0142②
A-2	$0.8049 + 0.2488\frac{l_c}{h_c} + 0.0393\varepsilon\frac{l_c}{h_c} - 0.3393\varepsilon + 0.0732\varepsilon^2\frac{l_c}{h_c}$	0.99993	0.0106①

续表 3-1

公式编号	Q_P 计算公式	相关系数 R	方差 S
A-3	$0.8239+0.2365\frac{l_c}{h_c}+0.1152\varepsilon\frac{l_c}{h_c}-0.4120\varepsilon-0.00095\varepsilon\left(\frac{l_c}{h_c}\right)^2$	0.99989	0.0137
B-1	$0.7911+0.0344\sqrt{\frac{R}{H}}+0.4723\varepsilon\sqrt{\frac{R}{H}}-0.2812\varepsilon$	0.99895	0.0414
B-2	$0.8072+0.0394\sqrt{\frac{R}{H}}+0.4092\varepsilon\sqrt{\frac{R}{H}}-0.3413\varepsilon+0.1157\varepsilon^2\sqrt{\frac{R}{H}}$	0.99943	0.0304②
B-3	$0.7816+0.0361\sqrt{\frac{R}{H}}+0.5068\varepsilon\sqrt{\frac{R}{H}}-0.3570\varepsilon-0.00267\varepsilon\left(\sqrt{\frac{R}{H}}\right)^2$	0.99908	0.0388
C-1	$0.8099+0.0528\sqrt{\frac{R}{h}}+0.2766\varepsilon\sqrt{\frac{R}{h}}-0.3515\varepsilon$	0.99611	0.0798
C-2	$0.8099+0.0368\sqrt{\frac{R}{h}}+0.4322\varepsilon\sqrt{\frac{R}{h}}-0.3514\varepsilon-0.2439\varepsilon^2\sqrt{\frac{R}{h}}$	0.99971	0.0217②
C-3	$0.8099+0.0528\sqrt{\frac{R}{h}}+0.2876\varepsilon\sqrt{\frac{R}{h}}-0.3896\varepsilon-0.00055\varepsilon\left(\sqrt{\frac{R}{h}}\right)^2$	0.99613	0.0797

注：h_c—轧制时轧件入口厚度和出口厚度平均值。

①最好的形式。②较好的形式。

从表 3-1 可以明显看出：西姆斯公式简化型用 $Q_P=f(l_c/h_c,\ \varepsilon)$ 的结构为最好，A 型公式回归的相关系数都较高，而且方差都小于 0.015，在 A 型中，以 A-2 型结构为最佳，其方差≈0.01，但公式结构比 A-1 型复杂一些。

3. 热连轧粗轧机组轧制力的计算方法　粗轧机组前几机架轧制条件的特点是轧件厚度大，虽然压下量 Δh 并不小，但 l_c 比起 H（或 h_c）尚较小，l_c/h_c 约为 0.6～1.2，只有在后几个道次，l_c/h_c 才有可能达到 1.2～1.6。因此，就其多数道次来讲，粗轧机上的 $l_c/h_c\leqslant 1$。由于粗轧机 l_c/h_c 较小，使得接触弧上摩擦力的影响不能深透到轧件整个高度，因而使轧件沿高度产生不均匀变形，这样在变形区两端外的轧件（亦称外区）的影响下，将产生附加应力，导致了接触弧上单位压力增高。这种压力状态影响称为外区影响，其大小用 Q_Y 表示，因此，轧制力可用下列公式计算：

$$P=B_c l_c Q_Y K$$

$$K=1.15\sigma$$

式中　B_c——轧件轧制前后的平均宽度；

l_c——接触弧长；

Q_Y——外区影响系数；

σ——材料在高温、高速下的变形阻力。

过去很多轧制力理论公式，由于都只考虑接触弧上外摩擦对应力状态的影响（即只考虑 Q_P 的影响），而 l_c/h_c 较小时，Q_P 很小，因此用其计算 $l_c/h_c<1$ 情况下的轧制力时，其结果往往偏低很多。

许多研究工作者对 $l_c/h_c<1$ 的轧制进行了理论和实验研究，提出了一些计算公式。图 3-4 及表 3-2 列出了这些公式及其在 $l_c/h_c=0.3\sim1$ 范围内的计算结果。从计算结果可知，各公式结构虽不相同，但计算结果的差别不是很大。用这些公式得到的计算结

果与实测的规律相近，只要变形阻力 σ 值取得合适，计算结果就能比较切合实际。具体计算公式如下：

А. И. 采利柯夫公式是根据实验得到的经验公式，其表达式为

$$Q_Y = \left(\frac{l_c}{h_c}\right)^{-0.4} \tag{3-17}$$

В. М. 鲁柯夫斯基根据滑移线推出公式后加以简化，得

$$Q_Y = 1.25\left(\frac{l_c}{h_c} + \ln\frac{h_c}{l_c}\right) - 0.25 \tag{3-18}$$

粗轧机组后几道由于 $l_c/h_c > 1.2$，应采用上面介绍的 Q_P 形式的公式。

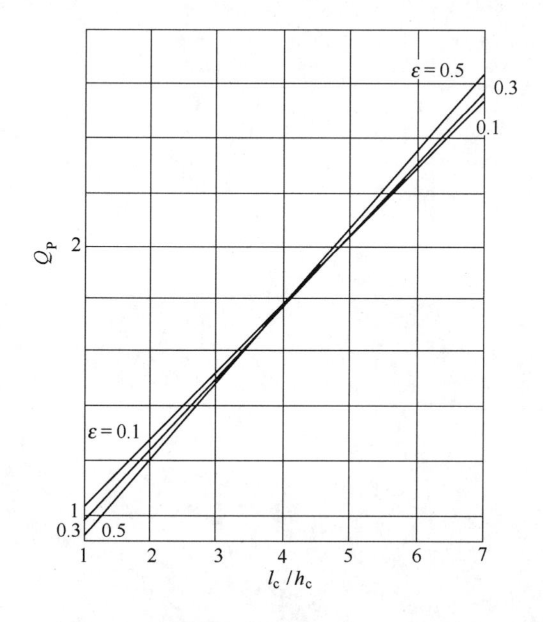

图 3-4　西姆斯公式 $Q_P = f(l_c/h_c, \varepsilon)$ 曲线

表 3-2　外区影响系数 Q_Y 计算结果

Q_Y 公式	$l_c/h_c = 0.3$	0.4	0.5	0.6	0.7	0.8	0.9	1.0
采利柯夫	1.62	1.44	1.32	1.23	1.15	1.10	1.04	1.00
鲁柯夫斯基	1.62	1.39	1.25	1.15	1.07	1.02	1.01	1.00

4. 轧制变形区的三维理论　对轧制参数的工程计算，迄今为止都是基于将变形区作为平面问题来处理的，即忽略轧辊轴向的金属流动及其摩擦力。由于在计算机控制中将利用实测信息对轧制力模型进行学习修正，因此基于平面问题所推导出的公式（模型）已足够精确了。

近几年来，由于板形理论的提出，不仅需知道总轧制力，而且希望能确定单位宽度的轧制力沿辊身的分布，特别是当辊缝产生不均匀变形（辊缝形状）而造成的沿带宽方向的不均匀压缩，进一步造成了单位宽度轧制力沿带宽（辊身方向）的不均匀分布，进而影响轧辊的压扁分布和弯曲变形，这又反过来影响了辊缝的形状，因而在理论上推动了三维轧制理论的研究。

三维理论的最初工作是对二维解析法进行修正而提出的，属于这类的有柳本的基

于平截面的解析法，其各项假设基本和二维理论相似，只是认为接触弧面上的摩擦力方向为材料与轧辊相对运动的方向，由于存在金属横向流动，使摩擦力不仅有变形区前后滑方向的分力，而且有横向分力，由此利用卡尔曼方程（或奥罗万方程）用解析法求出轧制总压力及其沿辊身方向的分布。考虑到变形区摩擦力在二维问题中尚是一个没有十分研究透的物理现象，因此进一步研究三维问题将是十分困难的。

考虑到本书将更多地面向工程应用，因此不对三维理论作过细的叙述。

《钢铁企业信息化知识读本》简介和节录

2001 年 12 月

本书由刘玠、漆永新等编写，由冶金工业出版社于2001 年12 月出版发行。把工业化与信息化结合起来，以信息化带动工业化，发挥后发优势，实现生产力跨越式发展，是我国钢铁工业面临的历史机遇。本书结合钢铁工业的特点，作为普及读物分三篇描述了钢铁企业信息化、钢铁工业自动化、钢铁企业电子商务的宗旨、概念、内容和技术。

第二编　钢铁工业自动化

1　钢铁工业自动化的特点

钢铁工业流程长、环节多、工艺复杂，物料和能源消耗大，环境恶劣，是自动化技术应用的重要领域。进入90 年代以来，钢铁工业自动化应用范围不断扩大，应用水平不断提高。经济效益日趋明显，呈现如下特点。

1.1　分级分散的控制结构

按照ISO 国际标准组织建议的结构，企业自动化系统在功能上由下而上分为检测驱动级、设备控制级、过程控制级、生产管理级、经营管理级、决策管理级共6 级。

（1）上海宝钢总厂、天津钢管总厂等少数条件好的企业正在建立的CIP、CIMS、ERP 将覆盖系统的全部6 级，成为管理、控制一体化的集成系统。

大部分钢铁企业正在着手努力建设的重点是具有完整控制功能和部分工艺管理功能的L0 ~ L3 级。

（2）一部分基础相对薄弱的企业则考虑L0、L1 的基础自动化级，构成LCA 低成本系统。

由于钢铁工业设备众多、块状分散，故布局上多采用分区、分段、分散控制的方案，从而形成分级分散的体系结构。

1.2　全面采用数字控制技术

多级自动化系统中，决策管理层一般都以中大型计算机为核心（如IBM UNISYS 计算机），结合大量微机群组成。过程控制则以小型机为主（如DEC 的VAX、ALPHA 系列）。最近发展起来的服务器客户机技术在过程控制级也获得广泛的应用。设备控制级几乎无例外地采用 DCS、PLC，早期如 WDPF、N-90、SYMATICS5 PLC-5、PC984，近期如 OVATION、SYMATICS7、CONTROL LOGIX、QUANTUM 等。在检测驱动级，各种智能表、数字传感器以及全数字化的交直流传动装置已普遍应用。尤其是采用 RISC 技术的 32 位微处理器和 DSP 数字信息处理器组成的高性能数字控制器，不仅性能优越，而且功能亦已超越设备控制而进入工艺环和 DDC 范畴（如 SYMADYND、L-μ/S、ADD32 等）。用于冷连轧机主传动，其速度精度达到 0.005%，速度响应达到 100rad/s，电流响应达到 1000AMP/s，转矩脉动几乎近于零。

1.3 多样化的操作控制方式

为满足钢铁工业生产和工艺控制的需要，所有的自动化系统都设置有计算机/自动/半自动/手动的控制方式。为了操作方便，根据数据流的走向和操作任务的多少，在不同的工艺位置设置不同的工作站、监控站、操作台、操作站。传统的采用开关手把的笨重操作台正在逐渐减少，代之以操作方便，显示直观的 MMI（或称 HMI）。

1.4 网络应用日益普遍

与分级分散的体系结构相适应，计算机网络的应用日趋普遍。

1.4.1 用于信息管理系统的信息网

信息网连接过程控制机 PCC、数据处理系统 DPS、管理信息系统 MIS、决策支持系统 DSS、办公自动化系统 OA，组成完整的 CIMS 系统。如鞍钢的 CIMS 的 SNA 远程网，宝钢 CIMS 环星结合的主干网，鞍钢最近上的图像、声音、数据传输为一体的 ATM 网等。信息网的主流技术是以太网。

1.4.2 用于过程控制的控制网

控制网连接过程控制机 PCC、可编程序控制器 PLC、集散系统 DCS 以及人机接口 MMI，组成完整的过程控制和数据采集系统。控制网多采用专用的通讯协议构成的局域网络。如 MAP 网、SINEC 网、DH+、MP CONTROLNET 等，随着网络技术的日益发展，开放性已经成为网络品质的一个重要指标。采用 TCP/IP 协议的工业网也日益增多。

1.4.3 用于现场设备通讯的设备网

设备网连接 PLC、DCS 到现场设备如执行机构、电磁阀、传感器、操作接口等，组成现场总线控制系统 FCS（Fieldbus Control System），典型的设备网技术如 Devicent，progibus-Dp 等。设备网的主流技术是现场总线。目前，现场总线控制系统的开发方兴未艾，而 IEC61158 标准将现行不同厂家的 8 个总线标准，规定为现场总线标准的 8 个子集说明，每个现行的总线技术均有各自的特点和不足，形成统一的国际标准还有待时日。

1.5 CIEC 一体化技术的应用

在自动化工程应用中，传统的计、电、仪的分工界限已不再明显。计算机技术的应用已深入各个领域。在现代高炉控制中，电控系统、仪控系统、通信系统正在被集回路调节、顺序控制、传动控制、多媒体于一身的一体化系统所代替。一些大的 PLC 制造商、DCS 制造商正纷纷将各自的功能向对方的领域延伸，甚至连机器人、人工智能控制器等也被作为其中的一个部分做到一体化系统中去，集 PLC 和 DCS 功能于一体的新型控制系统已经初露头角。在人机界面上，各种不同功能用途的操作台也被采用同一型号，被挂在同一网上的一体化的 MMI 所代替。

智能控制包括专家系统、模糊控制、神经元网络、模糊进化法等，一般认为适用于控制因子复杂，很难用数学模型、经典控制方法和现代控制理论来描述和控制结构的不良系统。多年来的研究实践表明，智能控制在钢铁工业中的应用十分广泛，如高炉冶炼专家系统，基于模糊控制电弧炉电极升降系统，采用神经元网络的连铸漏钢预报系统、均热炉模糊控制系统、钢板冷却智能化控制系统等，都在实践中取得了较好的应用成果。在电气传动领域，尽管经电流环改造和矢量变换之后的电机模型足以使传统的 PID 控制取得满意的结果，但采用智能控制，例如，单一神经元方法，仍能大大改善系统的鲁棒性。

2 自动化技术在高炉上的应用

高炉是炼铁用的大型设备。高炉自动化包括矿槽、炉顶、高炉本体、热风炉等主体工艺部位以及煤粉喷吹、煤气清洗、水处理、渣处理、余热发电等辅助工艺设备的检测和控制。应用自动化的目的在于改善操作、稳定炉况、提高质量、增加产量、降低能耗、延长炉体寿命。

2.1 系统构成

（1）1500m^3 以上的大型高炉通常用三级控制的分布式网络系统：L2 级应用两台热备的小型机（如 VAX-4400/3500）或者采用最新发展起来的服务器客户机技术，完成高炉冶炼过程的监控，L1 级采用多台 PLC（如 PC-984）和 DCS（如 N-90），或者 IEC 一体化的分布式工业控制机（如 WDPF），完成各工艺设备的控制，L0 级完成多达数千点的热工、成分、状态参数的检测和皮带、料车、布料器的控制，L2 级采用服务器客户机技术，L1 级采用 PLC、DCS，L0 级为现场设备。

（2）750m^3 以上的中型高炉一般采用二级控制的分布式系统，或在多台用于设备控制的 PLC、DCS 中选择一台完成过程监控的部分功能。

（3）750m^3 以下的小型高炉，常常只用一台 PLC 完成诸如自动上料等最基本的控制功能。

目前，全国共有高炉 1502 座，其中将近 20 座占总容积 25% 的大型高炉，基本上都采用了较为完整的自动化系统；统计的 74 座 750 ~ 300m^3 的小型高炉中有 43% 不同程度地采用了如 PLC 上料等基本的自动化系统。鞍钢目前已有两座 2580m^3 的大型高炉分别于“七五”、“八五”期间完成了包括过程控制在内的三级自动化系统的改造，取得了较好的应用效果。

2.2 系统功能

2.2.1 过程控制级

（1）数据采集；

（2）炉况诊断和高炉过程模型计算；

（3）设定值和操作指令；

（4）过程监控；

（5）报表、数据存储和通信管理。

2.2.2 设备控制级

（1）炉料输送及称量控制；

（2）料批及上料周期控制；

（3）布料控制；

（4）炉顶压力温度控制；

（5）热风炉燃烧控制；

（6）热风炉换炉控制；

（7）煤粉制备和喷吹控制；

（8）冲渣控制；

（9）煤气除尘控制。

2.2.3　检测驱动级

（1）高炉炉身、炉喉、炉缸的温度及冷却水系统的压力、温度、流量检测。

（2）炉内的温度、压力、料面高度及形状检测。

（3）热风温度、压力、流量检测。

（4）热风炉空气、煤气、烟气的温度、压力、流量检测。

（5）热风氧含量，热风炉烟气氧浓度、焦炭水分含量检测。

（6）料车、主皮带、布料器有钟的炉顶的钟阀及大钟炉顶的阀闸控制。

2.3　主要控制方法

（1）称量控制用称量计进行中间罐称量，然后进行焦炭水分补偿、炉顶压力补偿，以精确控制高炉物料的成分和数量。

（2）布料控制修正布料机构倾角及旋转速度，使炉料在炉内合理分布。

（3）炉况分析及控制检测炉内料面高度，各层的温度压力分布、煤气分布，透气性指数，防止高炉塌料、悬料、产生管道及炉凉和结瘤。

（4）热风炉双交叉燃烧控制。

（5）热风炉换炉控制燃烧、闷炉、送风状态的切换。

（6）煤粉喷吹支管流量控制配比控制。

（7）模型控制布料模型、软熔带形状模型、高炉热模型、炉况异常预报模型、炉底浸蚀预报模型。

2.4　智能控制

高炉智能控制起步较早。日本在70年代就开发了用于高炉炉况的专家系统GOSTOP、BAISYS，我国在80年代也相继开展了人工智能的应用研究。目前首钢、宝钢、鞍钢都立有这样的课题，但大部分只作为过程控制机控制中的一个子系统，用于开环的操作指导。

2.4.1　高炉冶炼专家系统

该系统由数据库、知识库、推理机、解释系统组成，完成高炉炉况、高炉热状态、高炉炉体状况三个子系统的诊断。

（1）输入数据来自过程机数据采集系统，经模糊化处理形成二次数据。

（2）知识库存储高炉冶炼专门知识，包括规则、公式、模糊关系矩阵。

（3）推理机非精确推理方法，正向推理、逆向推理，混合推理控制策略。

（4）控制输出状态预报模型、趋势曲线。

采用专家的经验知识和模糊推理方法，由高炉的状态、状况入手，判断冶炼过程趋势，实行提前预报，命中率可达85%以上。

2.4.2 热风炉燃烧模糊控制

检测热风炉温度误差e，在e的一定区间投入模糊控制FUZZY，根据专家知识和操作经验得出的数十条模糊控制规则，输出模糊控制U，控制热风炉温度按照给定的升温曲线变化。

3 自动化技术在转炉上的应用

转炉是目前炼钢的主流设备。转炉自动化包括氧枪、底吹、倾动、下料等主要工艺环节及铁水预处理、余热锅炉、烟气净化、煤气回收、水处理、副枪等辅助设备的检测控制。自动化应用的主要目的在于缩短冶炼时间、提高钢水质量、规范操作、提高一次拉碳命中率。

3.1 系统构成

100t以上的转炉采用三级分布式控制系统：通常是数台（例如3台）转炉共用1台或2台（热备用）小型机构成过程控制级，每个炉子各用1台PLC、DCS构成设备级。对于几十吨的中小转炉一般采用1台工业微机作为上位机，外加1台PLC。更简单的采用1台PLC（例如S5-155U）完成转炉的全部控制。鞍钢曾先后对国内外的十多座转炉采用上述不同的方案，进行自动化改造，均取得了良好的效果。系统构成，L2级采用小型机VAX 11/750，L1级采用PLC、DCS，L0级采用现场设备。

3.2 系统功能

3.2.1 过程级

（1）生产计划的安排和冶炼数据采集；

（2）数学模型计算、副枪动态模型计算；

（3）吹炼过程的控制（包括不同钢种）；

（4）化验成分管理；

（5）钢包的跟踪；

（6）报表及通信管理。

3.2.2 设备级

（1）副原料系统的下料控制；

（2）氧枪枪位及流量控制；

（3）底吹气种及流量控制；

（4）蒸汽回收、煤气回收、烟气净化控制；

（5）副枪测试控制；

（6）声纳化渣防喷溅控制；

（7）水处理的控制；

（8）溅渣补炉控制。

3.2.3 检测驱动级

（1）铁水、钢水、废钢、铁合金的重量检测；

（2）氧枪提升、横移控制；

（3）副枪提升控制；

（4）转炉倾动控制；

（5）铁水、钢水的温度检测。

3.3 主要控制方法

（1）氧枪控制的主要目标是枪位和氧流量控制。根据不同的钢种划分成不同的供氧方案，规定若干个氧步；控制不同的枪位和氧流量，枪位采用位置传感器进行直接闭环控制，而位置传感器的选用特别重要，在保证掉电情况下不丢失位置编码，控制精度小于或等于20mm。氧气流量采用压力和温度补偿并采用PID调节，调节误差小于或等于5‰。

（2）转炉倾动位置闭环或者开环速度控制，在钢水浪涌时，防止正负力矩交替而发生倒钢事故。

（3）底吹控制根据不同的钢种，采用不同种类的气体，不同时间的切换和流量、压力的PID调节，并在所吹气体突然停止时防止漏钢事故产生的控制。

（4）声学化渣控制根据声纳计，采用转炉所特有的共振频率，对炉内喷溅状况作出判断，调整枪位和吹氧强度将化渣曲线控制在预期的目标值范围。

（5）副枪动态控制根据冶炼数学模型的计算，在预定时刻，自动控制副枪进行测试，测得炉内钢水温度和含碳量，并取钢样，以保证一次拉碳命中率。

（6）余热锅炉状况控制以三冲量液位控制，保证余热锅炉自动补水和最佳蒸汽回收。

（7）烟气净化和煤气回收的控制通过对整个烟道、闸门、风机、喷淋水的控制，使烟气净化并达到最佳煤气回收和提高煤气的热值，防止煤气爆炸事故的发生。

（8）模型控制根据转炉冶炼过程物料平衡、热平衡、氧平衡、渣碱度平衡的有关物理化学方程，进行吹炼各阶段的模型计算，并周期性地发出有关参数设定值和指令，控制下料和吹炼。当累计氧量达到80%左右时，控制副枪进行测试，并根据测试结果和其他数据计算动态模型。除了上面所论述的转炉静态机理控制模型以外，目前比较成功的，从方式上讲还有烟气成分分析模型，从模型的建立上讲还有统计模型和混合模型。

1）静态计算模型：主原料计算模型根据出钢量，计算本炉次铁水、废钢量；副原料下料计算模型计算本炉次铁矿石、活性白灰、萤石等副原料用量及氧气用量。

2）动态计算模型：主吹校正下料计算模型计算副枪测试后，主吹校正阶段副原料及氧气用量。补吹校正下料计算模型在一次拉碳不合格情况下，计算补吹校正阶段的副原料用量及氧气用量；碳温曲线预报模型计算副枪测试后，主补吹结束前各时刻钢水碳温即时值。

（9）根据转炉炉衬的侵蚀情况控制喷补补炉料的流量的输送氧气的压力。

3.4 新的测控技术的应用

（1）利用氧枪在吹氧时发出的光谱以测量钢水成分，测量氧枪振动以了解化渣状态，测量氧枪钢绳能力以预报喷溅。

（2）以激光和雷达技术，准确测试炉衬侵蚀情况和绝对氧枪枪位。

4 自动化技术在连铸上的应用

连铸机用于将钢水（不通过模铸和开坯）直接铸成轧钢所需要的原料（板坯、方坯、薄板坯、圆坯等）。它由钢包回转台、中间包、结晶器、二冷段、引锭杆、火焰切割机等主体设备和钢水预处理系统、水处理系统、钢坯处理场等附属设备所组成。

4.1 系统构成

根据连铸机的特点，其设备控制级都由每流一台相互独立的 PLC 组成，通过网络将多台 PLC 联在一起构成分布式系统。过程级则由一台小型机组成。由于连铸工艺与炼钢、连轧关系紧密，故过程机除了模型计算、过程监控外，还须与上下游工序的计算机通信，提高输出坯的温度，完成生产计划、调度以及质量管理的功能。系统构成，L2 级采用小型机 ALPHA 2000，L1 级采用 PLC、DCS，L0 级采用现场设备。

4.2 系统功能

4.2.1 过程控制级

（1）钢水罐及铸坯跟踪；
（2）结晶器宽度设定；
（3）拉速、结晶器振动频率、辊缝间隙设定；
（4）二冷水配水及雾化冷却汽水比计算；
（5）最佳切割计算；
（6）通信和质量管理。

4.2.2 设备控制级

（1）钢包回转台及中间罐车控制；
（2）中间罐预热控制；
（3）中间罐钢水称重和液面控制；
（4）结晶器液面控制；
（5）二冷水开闭次序及随拉速变化的控制；
（6）夹送辊矫直辊控制；
（7）铸坯切割控制；
（8）铸坯喷印、打印控制；
（9）电磁搅拌控制；
（10）钢坯搬运及堆垛控制；
（11）连铸连轧控制。

4.3 主要控制方法

（1）结晶器液面检测及控制利用液面计（涡流、红外、钴 60 等）检测液面、控制中间罐滑动水口的开口度、将结晶器液面控制在一定范围内。

（2）二冷段冷却水控制跟踪铸坯头尾部位，开闭相应冷却水以及雾化气体的管阀门，冷却水流量及汽水比曲线由过程机根据钢种要求计算并设定，由 PLC 根据拉速变化进行调节。

（3）中间罐预热控制最佳空燃比控制。

（4）最佳切割控制对最后一包钢水罐中钢水的残存量、中间罐中钢水重量以及每流铸坯长度进行计算。以保证铸坯长度在合格的范围内，达到最佳金属收得率的目标值。

（5）结晶器拉漏预报在结晶器四周冷却水侧，深埋多个热电偶，测量结晶器冷却水侧温度，根据温度的突变，进行黏结预报，采取降低拉速、防止拉漏措施。

（6）喷嘴堵塞检测测量每一喷嘴的冷却水压力，与一定流量下的曲线比较，预报冷却水堵塞。雾化气体也采用相同的方法预报。

4.4 应用效果

目前国内的连铸比已接近80%，近几年已有突飞猛进的增长。许多企业如鞍钢、武钢、涟钢、邯钢等已分别实现全连铸。与模铸相比，连铸的金属收得率提高10%，连铸的建成必将大大地提高冶金企业的经济效益。当前，连铸自动化技术的重要任务是：在强化炉外精炼、提供合格钢水的工艺条件下，加强对事故的预测、预报以及控制，提高连铸比。在提高连铸综合自动化控制能力的基础上，应用人工智能控制方法，加强对连铸质量的预报和控制。目前发达国家的薄板坯连铸连轧发展较快，日本有报道已达5m/min的高拉速。我国也有这方面的引进、研究和开发。

5 自动化技术在带钢热连轧机上的应用

带钢热连轧机用于生产各种热轧板卷。它由板坯库、加热炉、粗轧、精轧、层流冷却、卷取以及钢卷库组成。带钢热连轧机速度快、产量高、品种规格多，同带钢冷连轧机一起被认为是现代钢铁工业自动化技术应用最集中的典型。

5.1 系统构成

带钢热连轧机自动化系统一般分为四级。宝钢的1580mm轧机采用五级；武钢的1700mm轧机、太钢的1549mm轧机、攀钢的1450mm轧机采用三级；鞍钢1780mm带钢热连轧机，根据需要分为生产管理级、过程控制级、设备控制级、检测与驱动四级，还将在适当的时候增加经营管理级。生产管理级采用3台ALPHA用于数据服务、板坯管理、钢卷库管理；过程控制级采用2台ALPHA机完成加热区、精轧区的控制，另一台作为备用；设备控制级则全部采用美国GE公司生产的PLC及多组数字控制器；按照区域的功能划分成高速率的设备控制网；检测驱动除了传感器、专业检测仪表外所有的电机均采用高性能数字控制器控制。ALPHA机是美国DEC公司的产品，采用RISC技术，全部64位结构，操作系统可选用OPEN-VMS、DEC UNIX和WINDOWS NT，高级语言采用C和FORTRAN。设备级众多的PLC、监控器、MMI之间通过基于FDDI的光缆环行通道组成超高速通信网。

5.2 系统功能

5.2.1 生产管理级

（1）材料、物流的跟踪管理；

（2）生产计划编制管理；

（3）板坯库管理；

（4）钢卷库管理；

（5）发货计划管理；

（6）磨辊间管理；

（7）产品质量管理；

（8）生产数据的统计分析；

（9）连铸、冷轧的通讯管理。

5.2.2 过程控制级

（1）数据采集；

（2）轧制跟踪；

（3）设定计算；

（4）在线控制模型；

（5）自学习模型；

（6）过程监控。

5.2.3 设备控制级

（1）加热区板坯测量、加热炉顺序控制、燃烧控制。

（2）粗轧区初轧机设定、辊道控制、轧机控制、除鳞控制、宽度控制。

（3）精轧区轧机设定、飞剪控制、主速度控制、活套控制、机架间冷却控制穿带自适应控制、厚度控制、板型控制。

（4）卷取区输出辊道控制、卷取控制、张力控制、卷取温度控制、钢卷运输控制。

5.2.4 检测驱动级

（1）常规仪表检测压力、温度、流量、速度、位置、角度。

（2）专用仪表检测宽度、轧制力、辊缝、钢板凸度、平直度、头尾形状等。

（3）电气传动高性能全数字交流传动。

（4）液压、气动传动数控伺服阀、比例阀、液压系统等。

5.3 主要控制方法

5.3.1 热连轧基本方程

（1）轧制力方程在考虑到压下率、变形速度、咬入角和前滑情况下计算轧制力的基本公式。

（2）厚度方程在考虑到机架弹跳、油膜、弯辊力影响等情况下计算有载辊缝的公式。

（3）降温方程考虑到辐射、对流、内部传导和接触传导条件下钢坯在各轧制阶段、各机架下的温降情况。

以上3个方程是热连轧计算的基本方程。另外还有流量方程、张力方程、凸度方程等，构成热连轧各种模型计算的基础。

5.3.2 设定计算模型

（1）负荷分配模型；

（2）厚度设定模型；

（3）宽度设定模型；

（4）终轧温度模型；

（5）卷取温度模型；

（6）板型（凸度）设定模型；

（7）穿带自适应模型；

（8）模型参数自学习热连轧是典型的批量控制过程。因此利用上块钢的轧制参数，应用指数平滑递推公式，修正模型中的校正系数，作为下块钢的设定参数，以弥补由于测量误差和系统状态的改变而引起的预报模型精度的不足。

5.3.3　设备控制级

（1）主干速度控制考虑逐移活套、AGC 手动微调以及穿带、停车、甩尾各阶段的速度主令。

（2）活套张力及活套高度控制恒小张力轧制和活套高度闭环控制。

（3）AGC 控制以压力 AGC（厚度计算法）为基础的厚度预控、监控、各种补偿控制。

（4）AWC 控制头尾部短行程控制、前馈 AWC、反馈 AWC。

（5）板型控制用于 CVC、PC 轧机的凸度控制，应用板型仪的自动板型控制，弯辊力控制。

（6）精轧终轧温度控制 FTC 调整喷水量和轧机速度，保证终轧目标温度。

（7）卷取温度控制调整层流冷却，控制卷取温度。

（8）卷取机控制卷取张力控制，跳步 STEP 控制。

5.3.4　驱动级

热连轧机负载冲击大，宜采用笼型电机，动态速降要求 ≪0.25%s，宜采用高性能矢量控制系统。

5.4　应用效果

目前我国有大型板带热连轧机（包括在建的）13 套，由于全面采用计算机及自动化控制技术，均取得了良好的应用效果。但市场对热轧板带的品种、规格，尤其是精度要求越来越高：厚度 ±40μm、宽度 ±2mm、凸度 ±20μm、平直度 25I（相当于 1m 长度中只有 250μm 长度差）。与此相比，在产品质量方面尚有较大差距，需进一步改善。

6　自动化技术在能源中心的应用

能源中心（EC）是能源管理与能源系统工程、计算机技术与网络通信技术、控制理论与人工智能、软件设计与信息处理等多学科、多技术相结合而发展起来的一种现代化的能源管理技术手段。它的应用范围包括统一管理能源的购入、生产、转换、分配和利用等环节，监控能源系统的安全运行，实时进行燃油、煤气、电力、蒸汽、氧气和工业水源等能源和能源介质的供需调度平衡工作。作为一个大型的钢铁工业联合企业能源的管理一般包括发电厂及其变电所的送配电和电力的应用，高炉、转炉等煤气及其外部天然气的收集、采购及应用，制氧厂氧气及惰性气体的制造及应用。各个生产工艺环节水处理的有效循环及其应用，各工序生产过程中所消耗的煤、燃油、柴油、汽油、焦炭的送配及其应用。各生产工艺环节中所产生的蒸汽的收集及其应用，因此，钢铁联合企业的能源流量是一个极其复杂的能源利用系统。其自动化应用技术的特点是数据的分散采集和控制集中的统一平衡分配，优化后的高经济效益，必须确保绝对的安全运行，宝钢经过二期改造后的能源中心是钢铁联合企业成功的一个范例。

6.1　系统构成

根据能源中心的既独立又相关联的特点，一般采用四级：L3 级即以中大型计算机为核心的（如 IBM 80 计算机）能源决策管理层组成能源中心站进行各种能源之间的优化决策分配；L2 级采用小型机或者最近发展起来的服务器/客户机技术，完成全公司每一个在生产过程中互不相干、单一能源的监控和优化分配组成，例如煤气调度站、电力调度站、水处理监控站等等；L1 级一般采用 PLC 和 DCS 完成某一个具体生产过程能源的数据采集、能源的控制流向和安全的保证；L0 级是采用智能化仪表和阀门、开关对现场的各种物理参量进行检测和控制。

6.2 系统功能

6.2.1 决策管理级

（1）全公司能源的优化分配在线调度。

（2）全公司能源的购入。

（3）全公司能源的生产计划。

（4）全公司（根据生产和供应的要求）各种能源的转换。

（5）全公司各种能源短缺和中断的预防方案和应急措施。

（6）全公司能源质量数据采集。

（7）全公司能源安全运行数据收集及报警。

（8）全公司能源需求预测（包括能源网络模型、能源线性规划模型、能源投入产出模型等等）。

（9）全公司能源模型开发。

（10）全公司能源历史数据的保存、打印和月、季、年报。

（11）全公司主体能源设备技术参数和运行效率。

能源管理的决策支持系统（DSS）通常运行在能源管理中心站的主机上，是企业决策者就重大能源管理问题进行决策的辅助工具，例如，能源供应及市场分析，风险性能源投资等。钢铁企业能源中心（EC）是钢铁企业计算机集成系统（CIMS）的一个独立性很强的子系统。二者可同时存在，也可以分别建立，通常是 EC 在前，CIMS 在后。EC 能够实现 CIMS 全部能源管理功能，CIMS 可为 EC 提供所需的钢铁产品信息（计划、产量、质量、价格等），因此两者之间的界面和联网应全面考虑、统一规划。

6.2.2 过程控制级

（1）单独能源的生产监控和在线调度。

（2）单独能源的生产计划。

（3）单独能源的质量控制。

（4）单独能源的安全运行数据收集、报警及事故的应急措施。

（5）单独能源的设备技术参数及设备管理。

（6）单独能源的环境保护过程的控制。

（7）单独能源的数据收集、打印和班、日、月生产报表。

6.2.3 设备控制级

（1）能源站、所单体设备运行的控制。

（2）能源各种物理量的采集。

（3）能源设备运行的安全联锁、报警。

（4）影响能源运行周围环境的检测和计算。

6.2.4 检测驱动级

能源检测驱动级主要通过仪表或智能仪表完成每个与能源相关物理量的检测和控

制，其中包括气体和液体的在线温度、压力、流量、重量、阀位、位置等以及离线的热值、成分、物性、含量等的分析与检测。在电力能源方面有电压、电流、功率开关状态等的检测与控制。

6.3 主要控制方法

能源控制是一个涉及范围广、过程因素复杂、分布又很零散的控制，因此采用的方法也很多，除了采用一般的自动化控制技术以外，要特别指出的有以下几点：

（1）能源中心控制的依据是：国家的能源政策，国家能源管理的各种规范和标准，尤其是环境的排放标准。

（2）企业要根据国家、部门或地方的能源规划与计划及能源的市场供求关系编制企业能源计划，实施能源计划管理。

（3）依据能源的控制模型（其中包括能源系统网络模型）以达到能源平衡。依据能源系统线性规划模型以达到最优控制。依据能源投入产出模型以达到能源使用的最大经济效益。依据能源预测模型以达到企业的能源政策、经营决策、编制计划和控制与操作服务的最佳化。

（4）分割合理的控制范围，严格防止跑、冒、滴、漏现象。

6.4 应用效果

能源的控制、能源中心的建立，对我国钢铁企业来说是一个节约潜力最大、降低成本最有效的方法。以宝钢为例，建立能源中心以后，宝钢高炉和焦炉煤气的平均放散率分别为1.91%和0%，与同期全国8大钢厂的平均放散率（高炉煤气为6.5%，焦炉煤气为1.85%）相比，每年可节煤约28840t。由于有了能源中心，现在的宝钢现场变电所、变电室、煤气加压站、泵站实现了遥控无人操作，可节省人力520人。

鞍钢1700中薄板坯连铸连轧生产线（ASP）工程与生产实践

2003年7月

1　ASP生产线的研制及建设背景

1700中薄板坯连铸连轧生产线（Angang Strip Production，简称ASP），是我国第一条板坯厚度为135mm的连铸连轧短流程生产线，是第一条由国内自行负责工艺设计、设备设计、制造及研制和自主集成自动化系统的唯一一条具有我国自主知识产权的连铸连轧短流程生产线。1700 ASP工程是鞍钢“九五”期间的重大技改项目，是鞍钢优化产品结构、提高市场竞争力的关键之举，同时又是“九五”国家重大技术装备研制项目——“薄板坯连铸连轧成套设备”的依托工程。鞍钢根据国内外对热轧带钢的需求，并结合企业技改的实际和国家经贸委的研制课题，决定依靠国内自己的力量，建设一条能生产各钢种带钢的中薄板坯连铸连轧短流程生产线，即铸坯厚度为135mm的连铸连轧生产线，生产在薄板坯连铸连轧生产线生产困难的产品，如深冲钢、管线钢、焊瓶用钢等。该项目贯彻了鞍钢“高起点、少投入、快产出、高效益”的技改方针，在技术装备上既瞄准国际先进水平，又立足企业实际，在工艺及设备上研制、开发了多项新技术，自主集成自动化控制系统。该生产线工艺先进合理，其主要设备及产品质量均达到国际先进水平的同类生产线的性能指标。达产迅速，与国内引进的同类生产线相比，节省工程投资近50%，与传统生产工艺相比，生产成本大幅度降低，在创造企业自身经济效益的同时，也创造了重大的社会效益，为以信息化技术推动传统工艺技术改造积累了一定的经验。投产后，通过不断地开发新技术，在不到两年的时间内使该生产线在工艺、装备及产品质量方面均达到了国际水平，人均钢产量、人均利润均达到了国内先进水平。ASP生产线的开发应用，使鞍钢成为一个既能从事大规模钢铁生产，又能从事中薄板坯连铸连轧生产线工艺设计、设备制造、自动化系统集成开发、施工、开工试运转系统工程总承包的钢铁企业。同时，带动了国内一重、二重等机械制造加工行业及电机制造业的发展。鞍钢ASP工程的成功，标志着我国已成为世界上为数不多的、能进行连铸连轧短流程工艺、设备研制、设计、制造及集成自动控制系统的国家之一。

2　ASP生产线的工程概况

2.1　工程概况

ASP工程于1999年4月22日批准立项，1999年6月28日主轧线工程破土动工，2000年11月28日轧出第一个板卷，同年12月28日第一条中薄板坯铸机拉坯，开始

本文发表在《钢铁》，2003(7)：8~11。

了连铸连轧短流程生产。2003 年 4 月第二台铸机投产，全线生产能力达 250 万吨/年，形成了一条完整的中薄板坯连铸连轧生产线。

2.2 生产能力及产品规格

该生产线设计能力为年产 250 万吨。

ASP 生产线是由 2 台单机单流铸机和连轧生产线组成。单台铸机设计能力 144 万吨/年，实际生产能力已达 149.5 万吨/年。

2.3 板坯规格

中薄板坯厚度：135mm；
宽度：900～1550mm；
长度：7.0～15.6mm。

三炼钢板坯厚度：200mm；
宽度：900～1550mm；
长度：4.0～9.0mm。

2.4 生产钢种

生产钢种如表 1 所示。

表 1 鞍钢中薄板坯连铸连轧生产线生产的钢种 （%）

钢种	C	Mn	Si	Nb
低碳钢	<0.08	0.25～0.50	≈0.30	—
中碳钢	0.17～0.30	0.50～0.80	0.17～0.37	—
包晶钢	0.08～0.15	—	—	—
低合金钢	0.12～0.20	1.20～1.60	0.20～0.55	0.015～0.050

2.5 成品规格

带钢厚度：1.5～8.0mm（已生产过 1.3mm）；
带钢宽度：900～1550mm；
最大卷重：21t；
最大单位卷重：16.4kg/mm。

3 ASP 生产线工艺流程

鞍钢 ASP 生产线工艺流程见图 1。

4 ASP 生产线主要工艺设备

ASP 生产线的设备重量为 19815.6t，装机总容量 92100kW，连铸部分 11400kW，连轧部分 80700kW，全线设备国产化率为 99.5%。

4.1 中薄板坯连铸机

中薄板坯铸机布置与第二炼钢厂转炉车间合理衔接，引进了奥钢联 100mm、135mm

的结晶器及其液压振动装置，其余设备全部国产化。

主要设备参数：

铸机流数：1机1流，直结晶器（铜板高度1200mm）连续弯曲，连续矫直型；

铸坯断面：100/135mm ×（900 ~ 1550）mm；

定尺：12.9 ~ 15.6m；

浇铸钢种：普通碳素钢、优质碳素钢、低合金钢；

铸机半径：5m；

铸机长度：23.848m；

铸机最大拉坯速度：3.5m/min；

引锭杆最大装入速度：5m/min；

引锭杆装入方式：下装；

切割方式：火焰切割；

连浇炉数：8 ~ 16炉；

振动方式：液压振动（双缸、弹簧板式）。

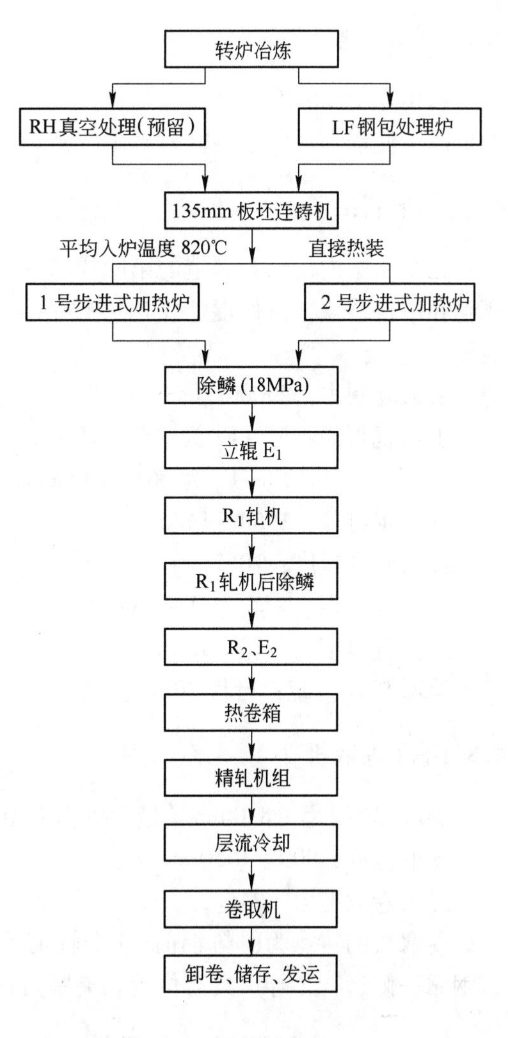

图1　ASP生产线工艺流程

4.2　步进式加热炉

1号炉有效尺寸：23162mm×9600mm；

2号炉有效尺寸：23350mm×16500mm；

炉子采用长行程装钢机，并配有汽化冷却装置。

4.3　高压水除鳞箱

轧线采取4处高压水除鳞，钢坯在出加热炉后除鳞、R_1轧机前后除鳞、R_2轧机前后除鳞、精轧机组前除鳞，高压水除鳞压力为18MPa。

4.4　粗轧区设备

R_1前立辊轧机，R_1二辊粗轧机，配有液压换辊装置，R_2四辊可逆式粗轧机，配有附着式立辊轧机E_2。

4.5　热卷箱

穿带速度：2 ~ 2.5m/s；

卷取速度：<5m/s；

开卷速度：0 ~ 2m/s；

卷取规格：(20 ~ 40)mm×(900 ~ 1550)mm；

卷板最大能力：21t。

4.6 切头飞剪

利用原1700切头飞剪，并进行了一系列改造，轧件头部圆弧形减少了进精轧机冲击负荷，使动态速降小，同时减少直角边卡钢事故，减少卷取机引卷时的振动冲击。

4.7 精轧机组

完全由国内设计和制造的第四代精轧机，油膜轴承支承辊，配备电动和液压AGC，弯辊和窜辊装置，工作辊的快速换辊装置，机架间冷却水装置，侧导板具有短行程功能等。

最大轧制力：25000kN；

工作辊直径：F_1 ~ F_2 为700 ~ 640mm；

F_3 ~ F_6 为665 ~ 615mm；

支承辊直径：1550 ~ 1400mm；

最大轧制速度：10.2m/s；

工作辊弯辊：弯辊力0 ~ 1200kN；

工作辊窜辊：行程 ±150mm；

AGC液压系统：行程30mm。

4.8 地下卷取机

卷取厚度1.5 ~ 8.0mm（最大可卷取16mm）；

卷取宽度：900 ~ 1550mm；

最大卷取能力：24t。

卷取机的特点为引料辊前50个辊道是斜布置的，操作侧长导尺，传动侧短导尺，带钢靠一侧运行，导尺具有位置和夹紧力自动控制，及液压AJC功能。

5 ASP生产线计算机控制系统

计算机控制系统覆盖连铸连轧全工艺过程，连铸与连轧控制功能独立，信息处理集中。该系统为三级计算机控制，生产控制级计算机包括合同管理、生产管理、库存管理、成品发货及质量控制。连铸与连轧分别设有独立的过程计算机（L2级）。连铸的过程机通过以太网与连轧系统的L2级和L3级连接，L2级系统对连铸和连轧生产进行设定计算、实时在线控制、数据采集及质量分析。基础自动化采用最先进的区域控制器群结构，由超高速光纤映像网组成L1级系统以满足轧钢高速控制及高速通讯要求。开放式结构，易于升级，所有的控制器均具有ms级控制周期的能力，目前使用的控制周期为3 ~ 30ms，液压位置控制周期为3ms，AGC控制周期为20ms。

计算机硬件配置见图2。

6 ASP生产线的工艺特点及创新技术

6.1 工艺及设备创新

6.1.1 铸坯厚度科学合理

中薄板坯铸机具有浇注钢种范围宽、适应性强、漏钢率低、金属收得率高、投资

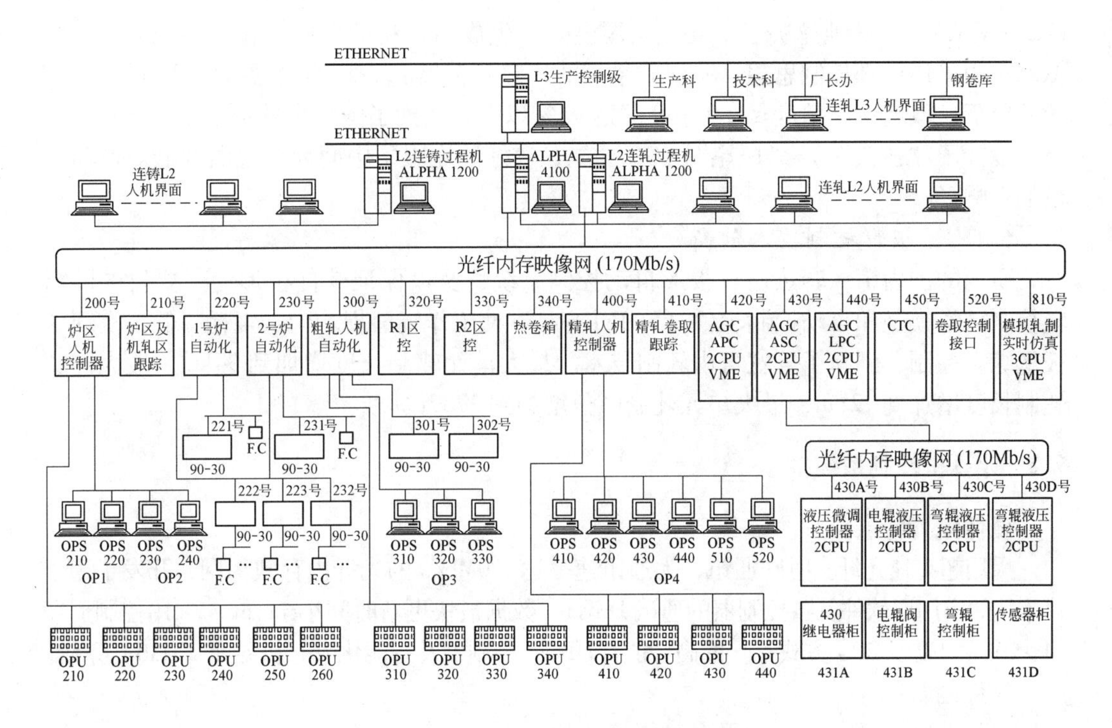

图 2　鞍钢 1700 计算机系统配置图

省、生产稳定、运行费用低等优点，表面质量好，可以生产包晶钢、高级管线钢及 IF 钢等钢种。

6.1.2　连铸工艺及铸机特点

采用平板式长结晶器及结晶器背板冷却技术，扁平式浸入式水口，结晶器液压振动技术，具有液压软夹持压力功能以及拉漏预报功能。

6.1.3　紧凑式工艺布局

铸机的出坯轨道与加热炉入炉轨道合为一体，使铸坯在最短的时间内，以最可能高的温度直接入炉加热及均热，板坯输送过程全程保温，铸坯入炉温度平均 820℃ 以上。采用加宽式步进加热炉，生产组织灵活，解决了连铸连轧生产的节奏匹配问题，实现了 100% 直接热装。开发了支承辊和工作辊辊形专有技术及工作辊窜辊模型，改善了边部板形，实现了综合板形控制，开创了等宽自由轧制技术，解决了连铸连轧带宽不易变动造成的频繁换辊难题。配备弯辊装置，使板形得到有效控制。

6.1.4　ASP 粗轧工艺

根据坯厚 135mm 的特点，研制具有大功率、大刚度、大辊径特点的粗轧机，开发了粗轧轧制工艺专有技术及数学模型，有效地解决了连铸机和精轧的工艺衔接问题，实现大压下、低温降，加快轧制节奏，提高了产品质量和生产能力。

6.1.5　热卷箱技术

研制成功适用于热卷箱的高精度、低温降模型，提高了精轧机入口温度模型准确性和头部命中率。

6.1.6　综合 AGC 功能

电动-液压混合 AGC 系统的优化配置提高了产品厚度质量。

针对传统的厚度自控制理论的不完善性，创造性地应用硬度前馈 AGC 的控制思想

（KFF-AGC），有效地解决了中间坯头尾温差产生成品带材的厚差。在 MN-AGC（监控 AGC）中采用模糊控制思想，确保了系统的稳定。在仅 F_4、F_5 两个机架采用液压 AGC 的情况下，厚度控制精度≤±40μm 的达 97% 以上，达到了国际先进水平。

设计了“压头”及“压尾”AGC 功能，较好地克服了中间坯头尾温度低对产品质量的影响。

6.1.7　板形控制技术创新

研制的国内第一套热连轧板形自动控制系统，及以保证轧件板形为主要目的的窜辊控制数学模型和自动控制软件（SHIFT-SU），使工作辊磨损均匀、辊耗降低，实现了板形综合控制，创新了等宽自由轧制技术。最大单元轧制长度增加到 94km，最大同宽轧制长度增加到 72km，最大单元轧制吨位增加到 2787t。

6.2　计算机控制系统

硬件配置特点：

采用超高速光纤实时网通讯，为通讯速率达 170Mb/s 的光纤内存映像网，开发了用于热连轧的应用层软件及各控制器的通讯 Driver，数据最快更新时间小于 1ms；采用控制周期快达 1ms 的以多 CPU 方式工作的高性能（HPC）控制器及智能化人—机界面（HMI）系统。

软件创新：

（1）自主集成控制系统及各种支持软件。

（2）L2 与 L3 及人机界面的通讯软件。

（3）超高速网驱动软件。

（4）主系统与各子系统的通讯软件。

（5）从钢包处理、连铸、加热炉及轧制、卷取的全线基础自动化软件。

（6）全线的过程自动化软件及数学模型。

（7）满足 1700 生产线特殊要求的 L3 级软件。

6.3　ASP 生产线的国产化

连轧生产线设备国产化率达 100%（表 2）。ASP 生产线是完全依靠国内的技术和制造力量，从加热炉、粗轧机、热卷箱、精轧机组至卷取机整个连轧生产线的设备全部实现了国产化，属国内首创。

表 2　ASP 生产线技术装备国产化

设备重量	总重量/t	引进部分/t	国产化率/%
全线设备	19815.6	104.4	99.5①
轧线设备	18588.0	0	100

①连铸部分结晶器开工时为引进设备，现已实现国产化。

ASP 工艺、技术及装备的开发，在世界上首次实现了两流中薄板坯铸机与热轧生产线的连铸连轧，成为热轧带钢生产的一种全新模式。已申报各种发明专利 9 项，实用新型专利 6 项。

7　生产实绩及经济效益

7.1　生产实绩

铸机生产以来，所生产的 135mm 厚的普通碳素钢、优质碳素钢、低合金钢、包晶钢板坯已通过考核，最大拉速已达 3.3m/min，连浇炉数已超过设计指标，最高达到 176 炉。目前铸机生产能力已达 149 万吨/年，连轧生产能力达 208 万吨/年，这些指标在国内外均居领先水平。

产品实物质量：根据统计资料，ASP 生产线的产品精度已达到国际先进水平。例如，2.0mm 的热轧板卷厚度精度（不含头尾 10m）≤ ±40μm 以内的为 97%，已成功轧制出 1.3mm 厚度超设计能力规格及 1550mm 宽度极限规格。

7.2 经济效益

ASP 生产线投入少、效益好，设备维护费和备品备件费用低，通过在工艺、装备、控制方面的技术创新，鞍钢只用了国内同等规模引进连铸连轧生产线投资的二分之一，建成了年产 250 万吨高质量热带卷的 ASP 连铸连轧生产线。投产两年来（到 2003 年 3 月）已生产了 310 万吨优质带卷，包括包晶钢、管线钢、焊瓶钢、耐热耐蚀钢、汽车结构钢在内的近 50 种钢种，满足了市场需求，部分产品已向韩国等出口，两年来 ASP 生产线总产值近 80 亿元，两年即可回收全部投资。

基于 FIR 神经网络的热连轧机时滞动态模型辨识

2003 年 8 月

1 前言

神经网络模型具有非线性映射和函数逼近能力已得到广泛认同。目前学术界已经提出数百种类型神经网络，分别用于不同的研究目的。文献［1］提出一种 FIR（Finite Impulse Response）神经网络，用于时间序列预测问题，并提出一种适合该网络的时变反传算法[2]；文献［3，4］对算法和时间序列预测问题进行了改进研究。FIR 神经网络更类似改进的标准多层神经网络，特点是具有时变性、矢量化特点，和更加满意的适应特性和在线训练特点[1]。本文将使用 FIR 神经网络模型，研究大滞后非线性 MIMO 系统的模型辨识问题。

2 有限脉冲响应神经网络模型

典型的有限脉冲神经网络结构如图 1 所示，与经典的前馈神经网络相比，该类型网络中所有的突触都是有限脉冲（FIR）线性滤波器，代表不同层神经元之间的连接。

经典的前馈神经网络代表输入层数据与输出层数据之间的复杂映射关系，但这种网络的权重值是一个实数，并且对于一个训练好的网络由一组固定不变的权值构成，仅仅反映一种静态的映射关系，没有内部的动态特性。利用有限脉冲（FIR）线性滤波器代替网络中的单个突触权值，来改进网络中的神经元连接，可以增强系统的动态特性。图 2 为典型 FIR 线性滤波器的示意图，其输出是输入的时间延迟值的加权和：

$$y(k) = \sum_{n=0}^{T} w(n)x(k-n)$$

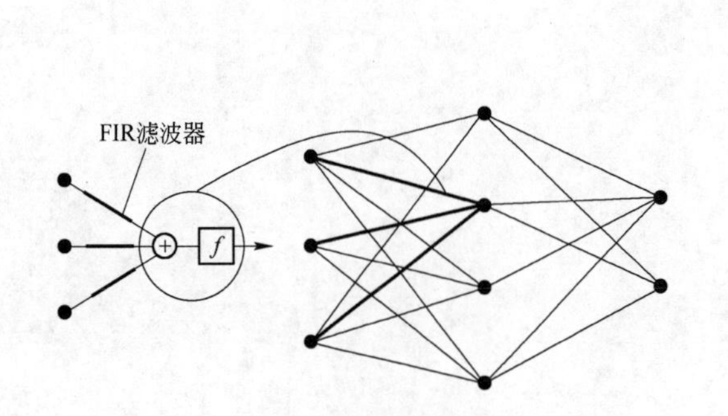

图 1　FIR 神经网络

（前馈神经网络中所有的突触都是 FIR 滤波器）

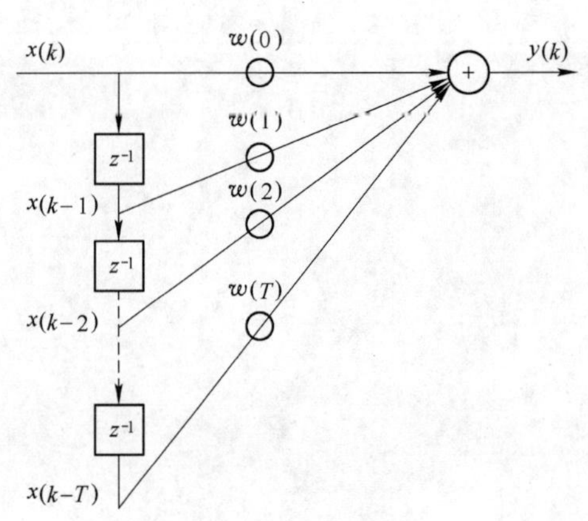

图 2　FIR 滤波器模型

（时间延迟线代表 FIR 模型）

本文合作者：李正熙、王立锋。本文发表在《钢铁》，2003(8)：65 ~ 68。

从数字处理角度看，FIR 滤波器就是简单的自回归移动平均（ARMA）模型，其本身代表一个自适应元素；从生物学角度看，可以理解为突触滤波器代表了神经信号处理的过程，模拟生物神经元连接突触的复杂现象。连接 l 层神经元 i 和 $l+1$ 层神经元 j 的突触 FIR 滤波器的权值向量为 $\boldsymbol{w}_{ij}^{l}=[w_{i,j}^{l}(0),w_{i,j}^{l}(1),\cdots,w_{i,j}^{l}(T^{l})]$；突触滤波的输入延迟矢量为 $\boldsymbol{x}_{i}^{l}(k)=[x_{i}^{l}(k),x_{i}^{l}(k-1),\cdots,x_{i}^{l}(k-T^{l})]$；滤波器的输出为 $\boldsymbol{w}_{ij}^{l}\cdot\boldsymbol{x}_{i}^{l}(k)^{T}$，而 $l+1$ 层的 j 单元的神经元第 k 时刻的输出为 $\boldsymbol{x}_{j}^{l+1}(k)=f(\sum_{i}\boldsymbol{w}_{ij}^{l}\cdot\boldsymbol{x}_{i}^{l}(k)^{T})$。

3 时变反传算法

FIR 神经网络最显而易见的学习算法是将 FIR 神经网络展开获得静态结构，在此基础上利用反传算法训练学习。因为展开后的网络中含有重复的权值项，这种算法的计算效果并不是很满意。而时变反传算法（Temporal Backpropagation）更适合。

参看图 1 的 FIR 神经网络结构，连接第 $l+1$ 层的第 j 个神经元和 l 层的第 i 个神经元的突触权重矢量为 $\boldsymbol{w}_{ij}^{l}=[w_{i,j}^{l}(0),w_{i,j}^{l}(1),\cdots,w_{i,j}^{l}(T^{l})]$。共 L 层网络，第 l 层中有 N_l 个神经元，第 $l+1$ 层中有 N_{l+1} 个神经元，表示网络中神经元、突触及其相互关系的前向传播如下表示：

$$\boldsymbol{w}_{ij}^{l}=[w_{i,j}^{l}(0),w_{i,j}^{l}(1),\cdots,w_{i,j}^{l}(T^{l})]$$

$$\boldsymbol{x}_{i}^{l}(k)=[x_{i}^{l}(k),x_{i}^{l}(k-1),\cdots,x_{i}^{l}(k-T^{l})]$$

$$y_{ij}^{l+1}(k)=\boldsymbol{w}_{ij}^{l}\cdot\boldsymbol{x}_{i}^{l}(k)^{T}$$

$$y_{j}^{l+1}(k)=\sum_{i=1}^{N_l}y_{ij}^{l+1}(k)=\sum_{i=1}^{N_l}\boldsymbol{w}_{ij}^{l}\cdot\boldsymbol{x}_{i}^{l}(k)^{T}$$

$$x_{j}^{l+1}(k)=S(y_{j}^{l+1}(k))$$

其中 $1\leqslant i\leqslant N_l$，$1\leqslant j\leqslant N_{l+1}$，$1\leqslant l\leqslant L$。

网络的指标函数：$C=\sum_{k=1}^{K}e^{2}(k)K$ 为训练 K 个样本，$e^{2}(k)=\|\mathrm{d}(k)-N(w,x(k))\|^{2}$ 为网络的实际输出与期望输出之间的欧氏距离。局部 k 个样本的指标函数 C，对 FIR 滤波权值向量的偏导数为：

$$\frac{\partial C}{\partial\boldsymbol{w}_{ij}^{l}(k)}=\sum_{k}\frac{\partial C}{\partial y_{j}^{l+1}(k)}\frac{\partial y_{j}^{l+1}(k)}{\partial\boldsymbol{w}_{ij}^{l}(k)}$$

设更新速率为 $0<\eta<1$，FIR 神经网络的权值迭带更新公式：

$$\boldsymbol{w}_{ij}^{l}(k+1)=\boldsymbol{w}_{ij}^{l}(k)-\eta\frac{\partial C}{\partial y_{j}^{l+1}(k)}\cdot\frac{\partial y_{j}^{l+1}(k)}{\partial\boldsymbol{w}_{ij}^{l}(k)}=\boldsymbol{w}_{ij}^{l}(k)-\eta\delta_{j}^{l+1}(k)x_{i}^{l}(k)$$

FIR 神经网络的误差反传参见图 3，$l+1$ 层 k 时刻的误差，反传后为 l 层第 $k-T^{l}$ 时刻的误差，公式详细推导参见文献［1，2］，误差反传如下：

$$\delta_{j}^{l+1}(k)=\begin{cases}-2e_{j}(k)f'(y_{j}^{L}(k)) & l=L\\ f'(y_{j}^{l}(k))\sum_{m=1}^{N_{l+1}}\boldsymbol{\delta}_{m}^{l+1}\cdot\boldsymbol{w}_{jm}^{l} & 1\leqslant l\leqslant L-1\end{cases}$$

$$\boldsymbol{\delta}_{m}^{l+1}\equiv[\delta_{m}^{l+1}(k),\ \delta_{m}^{l+1}(k+1),\cdots,\delta_{m}^{l+1}(k+T^{l})]$$

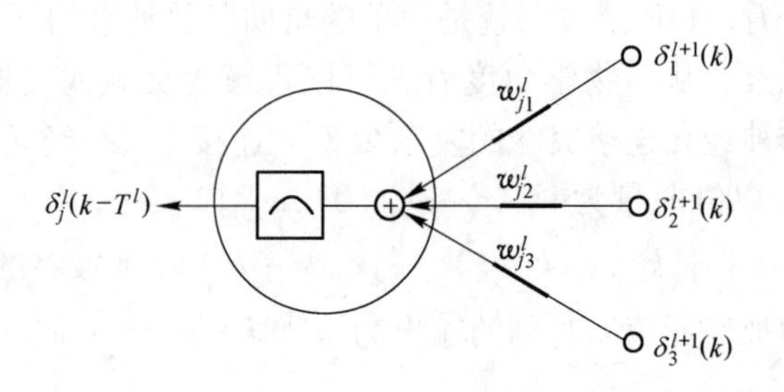

图3　时变反传，偏差通过 FIR 滤波器反向传播到前层偏差

4　带钢热连轧模型特点

衡量带钢质量的主要技术指标是厚度和板形，而板形与板凸度关系紧密，因此关键问题是找到良好的受控对象模型，设计板厚板形自动控制系统来保证带钢质量。

轧机 i 机架模型变量描述如下：控制量：辊缝 S_i，弯辊力 F_i，轧辊速度 v_i，受控量：板厚 h_i，板形 c_i（凸度），张力τ_i，来料已知量：板厚 h_{i-1}，板形 c_{i-1}（凸度），张力τ_{i-1}；扰动量：轧件扰动：温度 δT_0，厚度 δh_0，凸度 δC_0，硬度扰动 δK；轧机扰动量：轧辊半径 ΔR_i，轧辊温度 ΔT_i，轧辊辊型 ΔO。模型中不确定的扰动量包括：轧辊影响、工艺影响、磨损影响、轧件影响。

带钢热连轧模型的3个最大特点：由于众多的影响因素，轧机模型表现为不确定性；另外前一机架的轧件参数经过一定时间才能到达下一机架，受控对象模型表现为滞后性；轧机仅有末道次出口有被控量传感器，而控制量却有多个机架的控制量，受控对象模型表现为冗余控制特性。

根据文献［5，6］给出的带钢热连轧机小偏差方程，机架之间的张力由活套控制保持张力不变，因此模型中不考虑张力影响，不失一般性，建立2机架的热连轧小偏差开环仿真模型如图4所示，两个输出量传感器：δh_6，δc_6，图示出传感器与机架有一定距离的纯滞后，并有一阶滞后响应：控制量：δS_5，δF_5，δS_6，δF_6，三角波信号，二

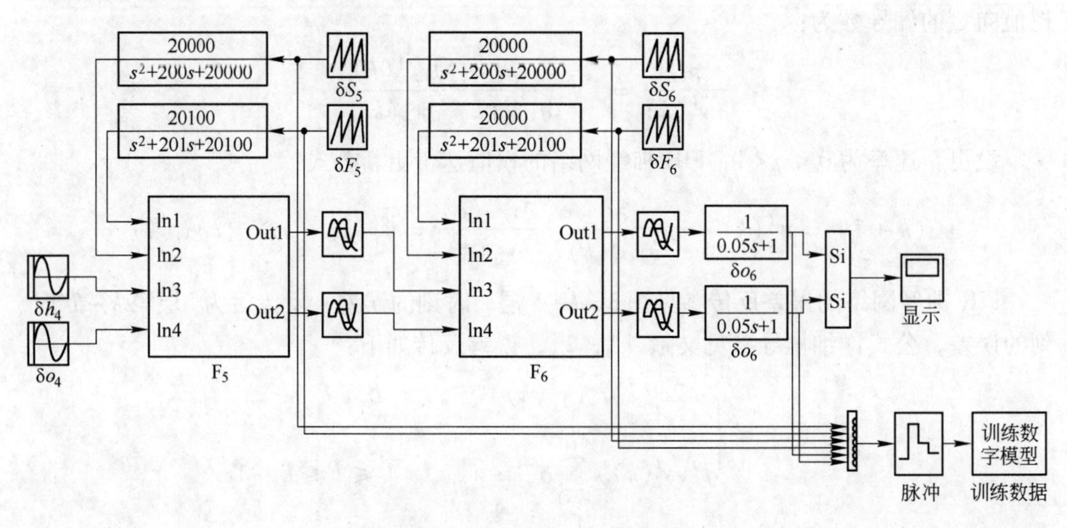

图4　热连轧小偏差方程的仿真模块图

阶滞后环节代表液压作动器；扰动量为 δh_4，δc_4，为正弦函数扰动信号。F_5、F_6 模块为轧辊变形区小偏差方程。出口机架带钢厚度变量和凸度变量可以描述为 5、6 机架的辊缝 S_i，弯辊力 F_i 的函数。如下：

$$\begin{bmatrix} h_6(k+1) \\ \delta_6(k+1) \end{bmatrix} = N[S_i(k), S_i(k-1), \cdots, S_i(k-T_i), F_i(k),$$
$$F_i(k-1), \cdots, F_i(k-T_i), \delta c(t), \delta h(t)]$$

式中，$i=5$，6；T_i 为时间滞后常数。仿真模型中有来料厚度和凸度随时间的扰动。

5 热连轧机受控对象模型辨识

针对上面的仿真结果，4 个控制量：5、6 机架辊缝和弯辊力，2 个输出量：出口凸度，厚度，对数据进行归一化处理，并使用 FIR 神经网络进行辨识。FIR 神经网络结构参数选择：3 层结构，神经元结点 4-16-2，滞后常数 6-4；学习速率 $\eta=0.015$，系统输出样本采样周期为 50ms 选取 360 点数据，训练 300 点，预测 60 点。图 5 为厚度训练和预测对比结果，前 300 点为训练输出，后 60 点为预测点输出，图 6 为凸度误差曲线，前 300 点为训练点输出，后 60 点为预测输出。

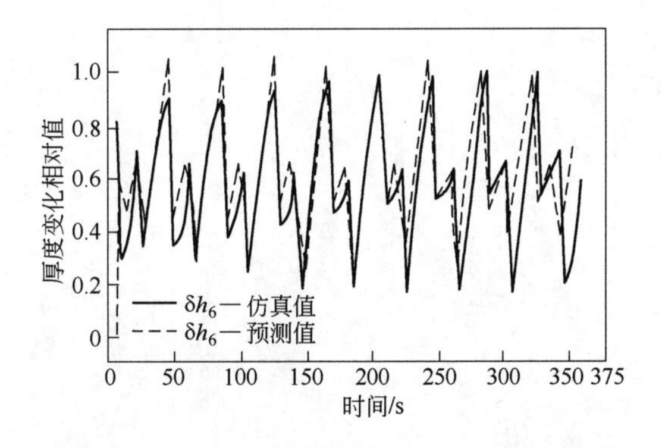

图 5　6 机架后的厚度偏差 δh 随时间变化

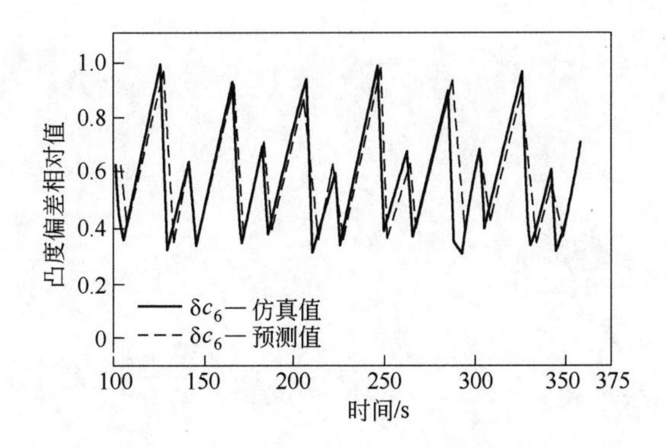

图 6　6 机架后凸度偏差 δc 随时间变化

6 结论

针对热连轧轧机的模型特点：不确定性，滞后特性，冗余特性，描述系统的精确

数学模型是关键。FIR 神经网络的内部动态特性模型，可以很好地辨识纯滞后非线性 MIMO 系统模型，并表现出优良的性能。

参 考 文 献

[1] Wan E A. Times Series Prediction by Using a Connectionist Network with Internal Delay Lines. Times Series Prediction: Forecasting the Future and Understanding the Past, 1993, 195 ~ 217.

[2] Wan E A. Temporal Backpropagation for FIR Neural Networks. Neural Networks, IJCNN International Joint Conference, 1990, 575 ~ 580.

[3] Stanislav Kaleta, Daniel Novotny, Peter Sincak. Prediction Systems Based on FIR BP Neural Networks International Conference on Artificial Neural Networks (ICANN 2001), Vienna, Austria, 2001, 725 ~ 730.

[4] Hee-yeal Yu, Bang S Y. An Improved Time Series Prediction by Applying the Layer-by-layer Learning Method to FIR Neural Networks. International Conference on Neural Information Processing , Hong Kong, 1996, 2: 771 ~ 776.

[5] 孙一康. 带钢热连轧的模型与控制. 北京：冶金工业出版社，2002.

[6] 王粉花，孙一康. 二机架可逆冷连轧板厚板形综合控制系统的研究：[博士学位论文]. 北京科技大学，2003.

AGC板厚控制系统中对时滞非线性问题的有效控制方法

2003年8月

目前在热轧机的厚度自动控制系统（AGC）中，由于厚度检测装置大都安装在精轧机出口，且随着设备加工工件规格和设备运转周期的不同其被控对象的模型参数会发生改变，故AGC控制对象具有反馈滞后、参数时变、大惯性和非线性特征，采用传统的控制方案不能很好地解决这一问题。

本文利用免疫控制和传统PID相结合的方法，通过理论论证和仿真结果阐述了该方法的有效性。

1 被控对象的特征及控制方案

厚度精度是衡量热轧带钢的最重要的质量指标之一。厚度自动控制的目的，就是借助于辊缝、张力、速度等可调参数，把轧制过程参数（如原料厚度、硬度、摩擦系数、变形抗力等）波动的影响消除，达到预期目标厚度[1]。该系统具有时滞、时变、大惯性、非线性的特征，为此采用自适应集中延时神经网络辨识在线获得对象模型及无滞后输出 $y(k+T_d)$ 和延迟时间 T_d，$y(k+T_d)$ 作为反馈信号以克服纯滞后的影响，采用模糊免疫PID控制提高系统的控制精度和抗干扰能力。系统结构如图1所示。

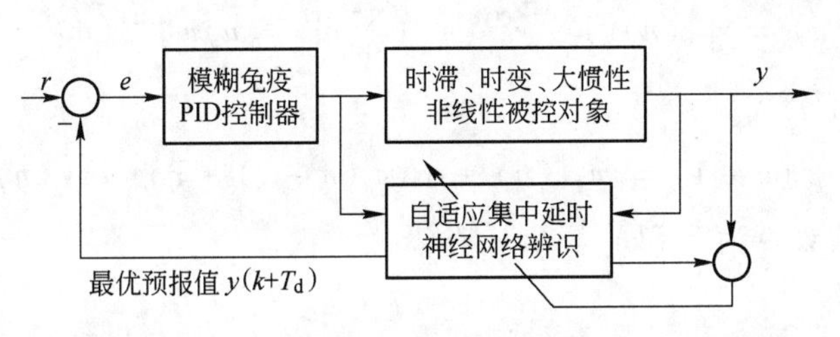

图1 系统控制结构图

2 神经网络辨识与最优预报

为了增强网络的动态特性和对时变、时滞变化的映射能力及预测能力，这里采用自适应延时神经网络辨识方法[2]。它的网络权值在训练过程中实时调整，同时延迟 T_d 根据轧机与厚度传感器的距离 L、轧机出口速度 v 实时调整，因此可以更好地反映对象变化的时序，为最优预报计算提供基础数据，如图2所示。

为了兼顾预测的快速性和网络的稳定性，采用了加入动量项的反向传播学习算法[3]。

（1）初始化权及延迟时间 w_{kj}，$T_d(0)$。

本文合作者：李正熙、孙德辉、赵仁涛。本文发表在《北京科技大学学报》，2003(8)：362～364。

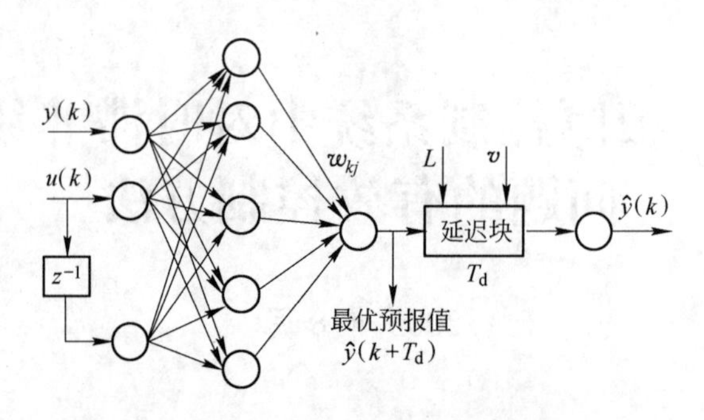

图2　自适应集中延时神经网络结构图

（2）选择动量因子 $\alpha=0.5$ 及学习速率 $\eta(0)=1$。

（3）前向计算：

对第 l 层的 j 单元，$v_j^{(l)}(n)=\sum_{i=0}^{r}w_{ji}^{(l)}(n)y_i^{l-1}(n)$，其中，$y_j^{l-1}(n)$ 为前一层的单元 i 送来的信号，$i=0$ 时，$y_0^{l-1}(n)=-1$，$w_{j0}^{l}(n)=\theta_j^{(l)}(n)$。

取单元 j 的激活函数为 sigmoid 函数，则

$$\varphi'(v_j(n))=\frac{\partial y_j^{(l)}(n)}{\partial v_j(n)}=y_j(n)[1-y_j(n)]$$

对于输入层而言，$y_j^{(0)}(n)=x_j(n)$。对于输出层有 $y_j^{(2)}(n)=O_j(n)$，且 $e_j(n)=x_j(n)-O_j(n)$。

（4）反向计算 δ：

输出单元，$\delta_j^{(n)}(n)=e_j^{(2)}(n)O_j(n)[1-O_j(n)]$

隐单元，$\delta_j^{(n)}(n)=y_j^{(l)}(n)[1-y_j^{(l)}(n)]\sum_k\delta_k^{(l+1)}(n)w_{kj}^{(l+1)}(n)$

（5）权值修正公式：

$$w_{jk}^{(l)}(n+1)=w_{ji}^{(l)}(n)+\alpha\Delta w_{ji}(n-1)+\eta\delta_j(n)y_j(n)$$

时滞时间在线计算为 $T_{\mathrm{d}}(k)=L(k)/v(k)$

（6）误差计算：

$$E=\frac{1}{2}\sum_{k=1}^{M}[y(k)-\hat{y}(k)]^2$$

对于给定的 $\varepsilon>0$，如果 $E<\varepsilon$ 转结束，否则继续。

从应用角度，系统延迟时间 T_{d} 应该是 0 或采样周期 T 的整数倍[4]，因此其初值 $T_{\mathrm{d}}(0)$ 必须是采样周期 T 的整数倍，对 T_{d} 实时计算结果应按四舍五入的原则取整。

经自适应延时神经网络辨识后，如果输出为 $y(k)$，那么系统延迟环节前的信号 $y(k+T_{\mathrm{d}})$ 可作为最优预报值引入反馈端。

3　模糊免疫 PID 控制器

PID 控制是最早发展起来的且目前在工业过程控制中依然是应用最广泛的控制策略之一，对 PID 的少许改进往往会获得较明显的效果。近年来，智能型 PID 表现出的传统 PID 难以实现的控制性能，使得 PID 控制器再次引起控制界人士的极大兴趣。本文结合免疫反馈机理，基于人工智能控制思想，提出一种模糊高速免疫 PID 控制器，并

将其成功应用于冷连轧厚度的自动控制系统中。仿真实验表明，其控制性能远优于常规 PID 控制器，带钢纵向厚度精度得到显著提高。

常规 PID 控制器输出的离散形式为：

$$\Delta u(k) = K_P\left\{e(k) - e(k-1) + \frac{T}{T_I}e(k) + \frac{T_D}{T}[e(k) - 2e(k-1) + e(k-2)]\right\} \quad (1)$$

其中，K_P，T_I，T_D 分别为比例、积分和微分系数。

控制器的控制算法为：

$$\Delta u(k) = K_P e(k) \quad (2)$$

免疫 PID 控制器[5]，就是借鉴生物系统的免疫机理设计出一种非线性控制器。在图 1 的控制结构中，假设第 k 代的抗原数量为 $\varepsilon(k)$，由抗原刺激的 T_H 细胞的输出为 $T_H(k)$，T_S 细胞对 B 细胞的影响为 $T_S(k)$，则 B 细胞接收的总刺激为：

$$S(k) = T_H(k) - T_S(k)$$

其中，$T_H(k) = k_1\varepsilon(k)$，$T_S(k) = k_2 f[\Delta S(k)]\varepsilon(k)$。

若以抗原的数量 $\varepsilon(k)$ 作为偏差 $e(k)$，B 细胞接收的总刺激 $S(k)$ 作为控制输入 $u(k)$，则有如下的反馈控制规律[2]：

$$u(k) = K\{1 - \eta f[\Delta u(k)]\}e(k) = \bar{K}_P e(k) \quad (3)$$

其中，$K = k_1$，控制反应速度；$\eta = k_2/k_1$，控制稳定效果；$f[\cdot]$ 是一选定的非线性函数。本文就是利用模糊控制器来逼近非线性函数 $f[\cdot]$。

免疫 PID 控制器的输出为：

$$\Delta u(k) = K\{1 - \eta f[\Delta u(k)]\}\left\{e(k) - e(k-1) + \frac{T}{T_I}e(k) + \frac{T_D}{T}[e(k) - 2e(k-1) + e(k-2)]\right\}$$

模糊控制不需要对控制模型的精确描述就能很好地解决非线性、大时滞、变参数对象的控制问题，因此被广泛应用于各种控制系统。模糊自调整 PID 控制器是一种在常规 PID 调节器的基础上，应用模糊集合理论，根据控制偏差绝对值、偏差变化率绝对值，在线自动调整比例系数 K_P、积分系数 T_I 和微分系数 T_D 的模糊控制器[6]。被控过程的采样数据作为模糊控制器输入的清晰量，经过输入量化因子计算，被模糊化后转变成模糊量，用模糊语言和模糊规则进行模糊推理。本文所使用的输入输出隶属度函数如图 3 所示，每个输入变量被两个模糊集模糊化，分别是“正”（P）和“负”（N）；输出变量被三个模糊集模糊化，分别是“正”（P）、“零”（Z）和“负”（N）。以上隶属度函数都定义在整个（$-\infty$，$+\infty$）区间[7]。

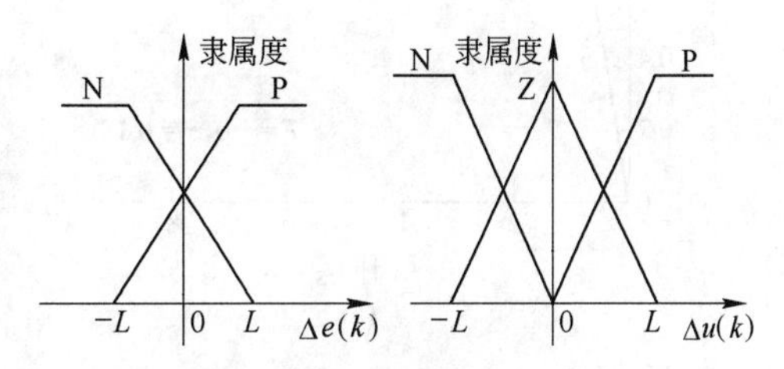

图 3　输入输出隶属度函数

4　仿真实验

结合热连轧生产过程，使用 MATLAB 的模糊控制工具箱、神经网络控制工具箱和 Simulink 仿真软件，进行了模糊免疫 PID 控制和神经网络辨识的动态仿真[8]。仿真结构如图 4 所示，在采样周期 T 和滞后时间 τ 取不同值时，有预测环节和无预测环节的运行情况完全不同，仿真结果如图 5、图 6 所示。

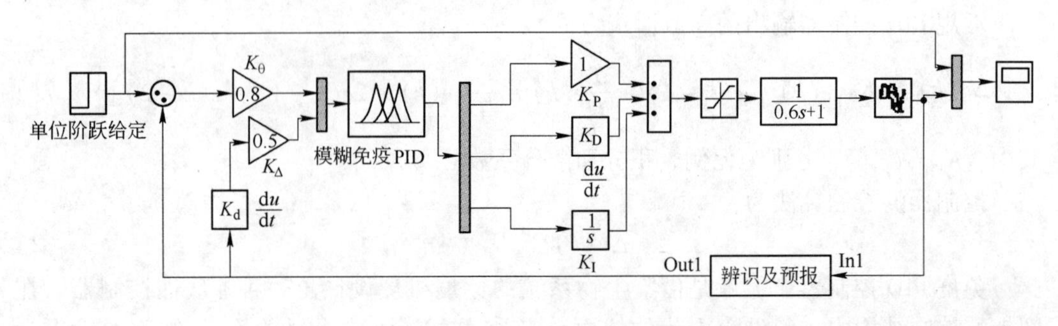

图 4　仿真系统结构图

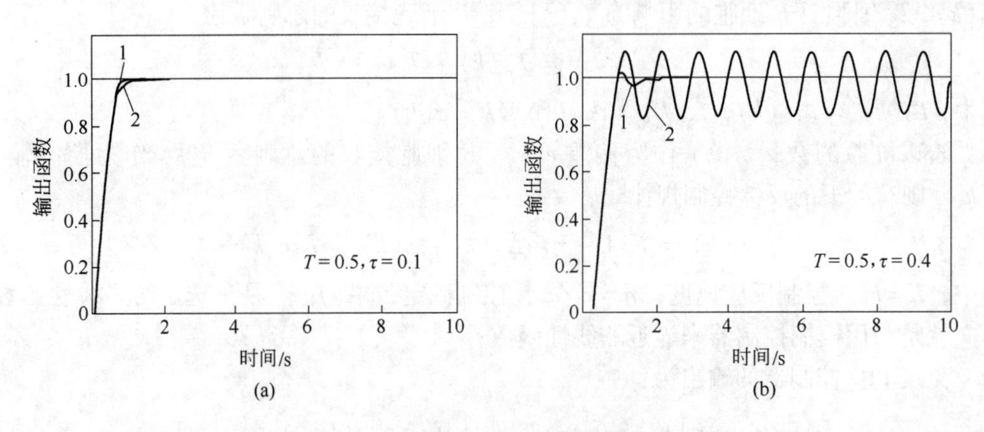

图 5　T 不变，τ 变化时的仿真曲线

1—加入预测环节时响应曲线；2—未加预测环节时响应曲线

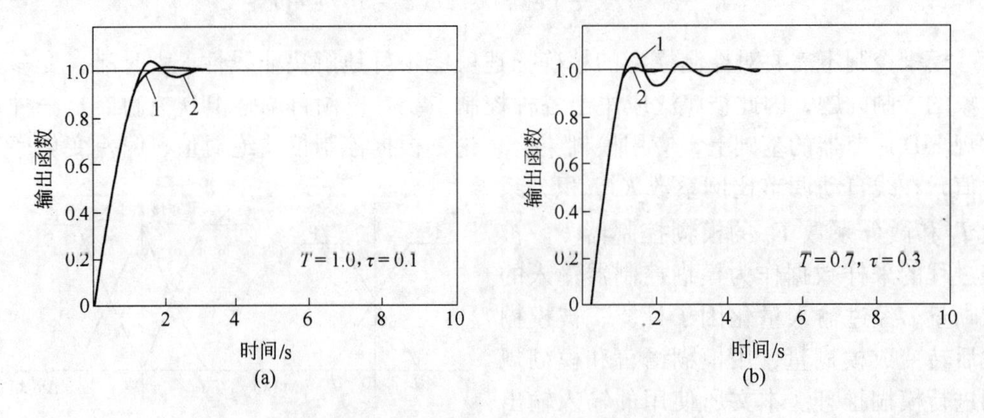

图 6　T 和 τ 均变化时的仿真曲线

1—加入预测环节时响应曲线；2—未加预测环节时响应曲线

通过仿真曲线可以清楚地看到，在采用模糊免疫 PID 控制器的基础上加入预测环节后，系统不仅可降低超调，稳定性提高，且响应速度快，能够使带钢纵向厚度精度大大提高，废品率降低，提高产品质量。

5　结论

通过仿真验证了神经网络辨识、最优预报和模糊免疫 PID 控制相结合的控制方案的有效性，且对于其他行业类似对象的控制也有一定的借鉴作用。

参 考 文 献

[1] 刘玠，孙一康．带钢热连轧计算机控制[M]．北京：机械工业出版社，1997.

[2] 刘贺平．系统辩识与控制[D]．北京：北京科技大学，1999.

[3] 阎平凡，张长水．人工神经网络与模拟进化计算[M]．北京：清华大学出版社，2000.

[4] 舒迪前．预测控制系统及其应用[M]．北京：机械工业出版社，2001.

[5] 李士勇．模糊控制神经控制和智能控制论[M]．哈尔滨：哈尔滨工业大学出版社，1998.

[6] 王炎．模糊免疫 PID 控制器的设计与仿真[J]．计算机仿真，2002，19(2)：3.

[7] Kevin Passino，Stephen Yurkovich. Fuzzy Control [M]. Beijing：Tsinghua University Press，2001.

[8] 楼顺天，施阳．基于 MATLAB 的系统分析与设计——神经网络[M]．西安：西安电子科技大学出版社．

热轧带钢轧制的发展方向
——ASP技术

2004年6月7日

ASP为中薄板坯连铸连轧直接相接紧凑式布置的短流程热轧带钢生产工艺，具有高效、节能、规模化的热轧带钢生产特色，鞍钢拥有该技术自主知识产权。

ASP生产的低碳钢、焊瓶钢、管线钢、集装箱钢等13大系列产品域完全覆盖常规轧机产品，试制成功的高科技含量产品IF钢、X70管线钢、电磁材料硅钢，实现了真正意义上替代常规轧机产品的目标。

ASP具有高科技产品生产技术、优质中薄板坯生产技术、自身特色的三级计算机控制技术、控轧控冷技术、自由轧制技术、物流平衡技术、直接轧制和微能加热直轧技术等一整套中薄板坯短流程热轧带钢生产专有技术。

ASP技术代表了当代热轧带钢轧制技术的发展方向，实现了投资少、成本低、高效率、规模化热轧带钢生产。

ASP技术以快速、高效、节能、绿色的工业生产，显示出旺盛的生命力。该项技术的推广，终将推动大规模、高质量、低成本、全品种的绿色高效的热轧带钢生产，引导世界热轧带钢生产技术发展的新方向。

鞍钢的ASP在技术和装备上达到国际先进水平，经过几年生产实践，已开发了高质量、高难度产品生产技术，即优质中薄板坯生产技术、三级计算机控制技术、控轧控冷技术、自由轧制技术、物流平衡等一整套中薄板坯短流程热轧带钢生产专有技术。鞍钢现已申请技术专利20多项，使我国的连铸连轧工艺技术与世界水平同步发展。

ASP既有常规轧制的优越性，又具有直装直轧高效节能的突出特点以及自己完整的技术体系，下面分4个方面简要介绍一些ASP工艺特点、产品特点和ASP技术。

1. ASP工艺概况

ASP实现了连铸连轧工艺的紧密相连；连铸由中薄板坯连铸机和精炼设施组成，通过步进式加热炉与轧线连接；轧制过程由粗轧和精轧两部分组成轧制工艺；精轧与粗轧之间由热卷箱或保温罩相接。2000年投产的1700ASP由两台单机单流中薄板坯连铸机和连轧机组成，2003年产量为225万吨。预计2005年底投产的2150ASP机组，设计年产500万吨热轧卷板。

ASP工艺流程为：转炉炼钢→精炼(LF、RH)→连铸→加热→高压除鳞→粗轧→保温→高压除鳞→精轧→层流冷却→卷取。

1700ASP技术经济指标（见表1）。

本文是作者在2004年中国国际钢铁大会上作的报告。

表 1　1700ASP 技术经济指标

序　号	项　　目	1700ASP
1	转炉容量/t	3×100
2	钢包精炼/t	2×100
3	连铸机台数	2
4	连铸机流数	1×2
5	铸坯宽度/mm	900~1550
6	铸坯厚度/mm	100，135，150
7	冶金长度/m	23.9
8	最大浇铸速度/(m/min)	3.3
9	板坯表面入炉温度/℃	800~900
10	加热炉长度/m	2×23.1
11	中间保温装置	热卷箱
12	粗轧机架数	2
13	进精轧中间坯厚度/mm	22~45
14	精轧机架数	6
15	最大卷重/t	21
16	产品最终厚度/mm	1.5~10.0
17	最大轧制速度/(m/s)	10.2
18	年产量/万吨	250

2. ASP 流程的特点

技术先进、高效节能、规模化生产是 ASP 流程的 3 个突出特点。这些特点说明 ASP 机组比常规轧机有生产成本低、产品质量好的优势。

ASP 连铸连轧工艺与常规轧机相比具有以下显著节能降耗特点：

（1）**直装节能**。由 1700ASP 工艺流程可见，ASP 实现了连铸连轧直接相接的短流程，与常规轧机相比，煤气单耗、铸轧线电耗、金属消耗均优于常规轧机的各项指标。与常规轧机相比，ASP 节约煤气单耗为 0.226GJ/t；铸轧线节约电耗 9kW·h/t；减少烧损、降低金属消耗 0.26%；由直装节能、降耗带来的企业直接经济效益为 9949 万元/年。

（2）**直轧节能**。正在研究开发的直接轧制技术和微能加热直轧技术是 ASP 开发的又一新工艺。直接轧制就是实现连铸坯不经过加热炉进行轧制的工艺。ASP 连铸连轧直接相连，结构紧凑；铸坯中等厚度，潜热适中；粗轧道次少，散热少。因此，它是实现利用潜能直接轧制的理想工艺匹配。显而易见，ASP 直接轧制工艺和微能加热直轧工艺节约能耗，提高成材率，比直装工艺缩短生产周期，可以带来巨大的经济效益和社会效益。

（3）**近终形轧制节能**。ASP 铸坯厚度为 100~150mm，比常规大板坯厚度明显减少 50~110mm，即省去了近 80mm 左右厚度的轧制程序，明显节约电耗，轧制工序单位电耗仅是常规轧机单位电耗的 72% 左右。

（4）**全程覆盖技术**。ASP 实现连铸连轧的紧凑式相接，因此易于实现浇铸后的板坯及轧材全程覆盖，可减少温降20～40℃。

（5）ASP生产的规模化。2003年，1700ASP机组第二台连铸机在二季度投产的前提下，完成年产量225万吨目标。因此，可以肯定1700ASP机组两机两流完全能够实现每年250万吨的产能，2150ASP年设计产量可达500万吨。鞍钢将成为世界范围内为数不多的绿色、高效的热轧卷板生产基地。

3. ASP产品的特点

应用一系列冶炼技术、利用各种强化机制和多种控轧控冷方案，产品完全覆盖常规轧机的品种结构。

3.1 连铸品种结构

到2003年年底，1700ASP连铸共生产68个钢种、421万吨合格连铸板坯。其专用材比例2003年达到25%以上，主要生产有超低碳冲压钢、焊瓶钢、汽车专用钢、管线钢等17大产品系列。利用一系列冶金技术，鞍钢开发成功了包晶钢、高碳钢、含Ti低合金钢、超低碳轿车面板IF钢、50AW470无取向硅钢、高强韧性X70管线钢，实现了真正意义上的替代常规板带轧机的目标。

3.2 轧线品种结构

1700ASP轧线生产了超低碳（IF钢）、低碳、普碳、高碳、低合金钢、合金钢、管线系列钢、焊瓶钢、汽车专用钢、耐腐蚀钢、集装箱钢、冷轧硅钢、花纹板等13大系列带钢产品，近40个钢种（典型产品见表2）。其中以管线钢、焊瓶钢、集装箱钢、低碳冲压钢为1700ASP的重点品种。目前，1700ASP除满足国内冷轧、热轧市场需求，还出口国外市场，满足国外冷轧、焊管客户需求，同时还开发成功了高科技产品如IF钢、X70管线钢、硅钢。

表2 1700ASP典型产品

序号	钢种	合金成分设计	用途
1	SPHD	C低0.05%	深冲件
2	SPCC	C低0.05%	冷轧原料
3	IF	0.003%（以下）超低碳	汽车用超深冲件
4	HP295	C Mn系列	焊瓶钢
5	Q345A（B/C/D）Q390A	Nb微合金化	一般结构
6	SS400L	Nb微合金化	货车车轮
7	A510L	Nb Ti微合金化	汽车纵梁
8	BX46 X52 X60 X70	Nb V Ti Ni Mo Cu复合微合金化	管线
9	09CuPCrNiA	Cu P Cr Ni耐蚀	铁路车辆用耐蚀钢
10	SPA－H	Cu P Cr Ni耐蚀	集装箱用钢
11	50AW470B	Si 2.0%左右	电磁材料
12	25CrMnSiA 22SiMn2TiB	Cr Si Mn合金	合金结构钢
13	45号 65Mn	碳高0.45% 0.65%左右	工具钢 刃具钢
14	SS400 20号	普碳钢推广	一般结构
15	Q235B SS400	普碳钢	一般结构 防滑板

ASP 机组的工艺装备可以灵活实现再结晶区控轧、非再结晶区控轧、层流冷区，实现分段分速冷却；与其他工艺技术相比，包晶区范围窄；碳含量覆盖面宽，各类含碳钢范围为 0.003% ~0.70%；采用多元合金强化，其中有 Nb、V、Ti 单、复微合金强化，Si、Ni、Cr、Cu、Mo、B 多元合金强化；产品级别全，生产产品屈服强度等级范围为 195 ~530MPa，低温韧性指标为 60 ~280J。

通过生产实绩证明，ASP 产品各项性能指标完全达到常规轧机水平，没有强度增加、屈强比提高现象。由此可见，ASP 生产工艺及产品档次能够全面替代常规轧机。

应用一整套 ASP 技术，并应用先进的控制、装备，ASP 产品精度完全能够达到世界一流的先进水平。1700ASP 生产线全数据统计厚度精度 ±50μm 达到 90.2%、宽度控制精度 0 ~20mm 达到 99.09%，终轧温度精度 ±20℃达到 85.79%、卷取温度精度 ±20℃达到 93.66%。它实现了产品尺寸指标、工艺控制指标达到世界先进水平的目标。

通过 ASP 铸坯、中间坯、成品卷组织状态研究，从微观组织上揭示了 ASP 的产品接近常规轧机产品，具有良好的组织性能。

4. ASP 技术体系

以下五大类技术构成了 ASP 专有的技术体系：

(1) **ASP 炼钢、连铸、热轧全系统物流控制技术**。实现中等厚度板坯连铸-连轧规模化的热轧卷板生产，必须对物流的有序化进行有效控制，保证复杂的生产组织成为有机的一体。

(2) **ASP 中等厚度优质铸坯生产技术**。ASP 中等厚度优质铸坯生产技术包括中等厚度板坯连铸包晶钢生产工艺（已经顺利浇铸了包晶钢）；中薄板坯连铸机在线注中调宽；ASP 中薄板坯连铸机采用结晶器液压振动装置，实现了结晶器的非正弦振动，提高了铸坯的表面质量；配以二级自动控制的二冷动态配水制度，极大地提高了铸坯的内部质量。

(3) **ASP 控轧、控冷技术**。由于 ASP 各工序可以实现柔性相接，加热炉、粗轧、精轧、粗轧至精轧输送辊道以及具有特殊功能的长层流冷却区，都可以实现时间、温度、变形量的调整，因此能实现多点控温、控轧，可按性能要求开发多种控轧钢种产品。ASP 生产线配置高效的层流冷却系统，层流冷却系统冷却能力强、控制精度高。

(4) **ASP 线 L1、L2、L3 级计算机管理和控制技术**。中等厚度板坯连铸-连轧机组实现连铸、连轧直接相连，决定了 ASP 技术必须开发研究全方位的中等厚度板坯连铸-连轧计算机管理、控制技术，实现全程、全面自动控制。L3 级把连铸连轧的生产计划组织、质量控制、生产统计、成品管理等功能融为一体，开发了具备管理一个有不同合同、不同成品规格、不同原料来源连铸连轧共同管理的新功能。它提供合理的生产计划，创多流连铸连轧的先例。L2 级开创建立多因素综合考虑的数学模型及层别细分，提高设定的准确性，同时增强学习能力，使 ASP 较常规轧机更能适应规格和材质跨度大的工艺特点，并具备调整负荷分配的功能，从而更加有利于板形方面的控制，使厚度与板形能够很好地解耦。开发了 ASP 双立辊的 AWC 功能，更好地解决带钢头尾宽度问题，提高带钢宽控精度。L1 级厚度控制方面采用高响应液压 AGC、硬度趋势性前馈 AGC、应用模糊控制思想监控 AGC、快速监控 AGC、带有预报控制的穿带自适应控制功能。液压活套控制有利于带钢张力控制和轧制稳定性控制。粗轧机压下采用电动和液压缸微调使压下定位准确、快速，并可投入轧制力反馈 AGC，使粗轧出口厚度更准确。

通过各级计算机的高效控制，1700ASP 生产有序、各项质量指标完全达到常规轧机的生产水平。

(5) 自由程序轧制技术。为适应多流合一的物流系统宏观总体有序、微观短暂无序的特点，在 ASP 机组开发了自由轧制技术。自由轧制的新技术在板形控制模型方面，建立综合考虑精轧支持辊、工作辊轧辊磨损和热膨胀的精轧板形设定控制模型以及工作辊窜辊模型；建立精轧轧制力预报精度补偿的板形设定模型；建立带有高精度凸度和平直度自学习功能的自学习模型；建立实现板形和轧件厚度耦合设立控制和动态控制的模型；建立层流冷却自补偿的板形控制模型；建立可以实现精轧工作辊分段冷却对带钢板形的反馈控制模型。

通过上述高精度板形控制模型，同时采用精轧弯辊、窜辊、轧辊分段冷却等功能配置，可以完全实现带钢自由轧制和板形的综合控制。该技术充分保证高质量连铸连轧刚性连接的实现。

经过生产实践，显示了 ASP 高效节能、低成本、大规模、产品域宽的特色；ASP 物流控制等形成了一整套 ASP 专有技术体系；产品精度水平、厚度、温度等各项指标达到世界先进水平，具有控轧灵活、物流控制刚性柔性兼得、包晶范围窄等特点；金相组织检验说明了 ASP 产品热履历基本与 CSP 相同，最终产品基本与常规轧机产品内部组织相同；各产品性能数据与常规轧机的产品指标一致。

在钢铁工业的生产过程中，装备的先进性与经济合理性是生产流程优化的主要内容。ASP 技术实现了先进性和经济性的有机结合，通过适度地减少工艺步骤，ASP 机组实现了低成本完全替代常规轧机的目标。

热连轧机板形板厚解耦控制的逆系统方法研究

2004 年 11 月

1 前言

带钢轧制过程是一个复杂的非线性动态过程，厚度和凸度分别是衡量板厚和板形指标的重要依据，而传统的线性控制方法难以满足高精度的板形板厚控制要求。由轧制理论可知，弯辊力、轧辊辊缝、轧机工艺性、热传导、来料的硬度变化等因素，都会影响板带的厚度和板形，而且它们之间存在很强的非线性耦合关系。

目前板形板厚解耦控制的方法层出不穷，文献［1］提出利用自适应类神经元网络来进行 AGC-AFC 解耦控制的方法，文献［2］采用一种基于免疫（ⅠA）算法的模糊神经网络实现板形板厚综合解耦控制，文献［3］提出一种基于模糊 RBF 神经元网络的冷连轧板形板厚多变量综合控制系统。

依据文献［4～6］提出的逆系统方法应用于带钢轧制过程的凸度和厚度解耦控制，建立了热连轧的非线性动态全量模型、线性的增量模型，并根据系统模型，构造了板形板厚解耦控制的逆系统控制器。通过仿真结果对比，对线性逆和非线性逆解耦控制的性能作了评价。

2 逆系统理论

"逆系统"方法是由反馈线性化理论和解耦理论演化而来的，它要求系统受控对象的"逆"必须存在，可控变量数量多于被控量等。考虑受控对象的耦合特点，直观的想法是在控制系统中加进一个"逆系统"[4]，解耦线性化后，再根据系统性能指标的要求按照典型控制系统设计，考虑如下受控对象的仿射型方程：

$$\dot{\boldsymbol{x}} = \boldsymbol{f}(\boldsymbol{x}) + \boldsymbol{g}(\boldsymbol{x})\boldsymbol{u}$$
$$\boldsymbol{y} = \boldsymbol{h}(\boldsymbol{x})$$

方程中 $\dot{\boldsymbol{x}}$ 代表状态量导数。如果期望的目标值为 $\boldsymbol{y}_c$，假设根据算子 $\boldsymbol{h}^{-1}(\,)$代表状态量和输出量的非线性关系，那么根据输出方程，可求出期望的状态量 $\boldsymbol{x}_c = \boldsymbol{h}^{-1}(\boldsymbol{y}_c)$；那么假设 $\boldsymbol{g}(\boldsymbol{x})^{-1}$ 存在，将 $\dot{\boldsymbol{x}} = \boldsymbol{k}(\boldsymbol{x}_c - \boldsymbol{x})$ 代入状态方程，其中 $\boldsymbol{k}$ 为增益矩阵，演算后得到控制量：

$$\boldsymbol{u} = \boldsymbol{g}(\boldsymbol{x})^{-1}[\boldsymbol{k}(\boldsymbol{x}_c - \boldsymbol{x}) - \boldsymbol{f}(\boldsymbol{x})]$$

上面就是逆系统方法的基本思路。对于轧机受控对象，一般来说复杂的不是状态方程，而是输出方程中辊缝、弯辊力与厚度、凸度的非线性耦合关系。

3 热连轧机的非线性动态模型

热连轧机模型的假设条件：（1）热连轧机机架间采用活套控制，机架间轧件张力

本文合作者：李正熙、王立锋、胡敦利、赵仁涛。本文发表在《钢铁》，2004(11)：37～40。

保持不变；（2）各机架的主电机转速保持协调一致，使各个机架带钢到达下一机架的滞后时间基本保持不变。那么系统模型主要由机械传动机构的动态模型和轧制变形区的代数方程构成，若采用轧机辊缝控制带钢厚度和弯辊力控制带钢凸度的调节方案，其模型如下：

机械传动机构动态模型：

轧机辊缝的液压传动机构动态模型：采用一阶滞后环节，其微分方程如下：

$$\delta\dot{S} = (-\delta S + \delta u_S)/T_S$$

弯辊力的液压传动机构动态模型：采用一阶滞后环节，其微分方程如下：

$$\delta\dot{F} = (-\delta F + \delta u_F)/T_F$$

其中，δS为辊缝实际值与设定值的偏差，$\delta\dot{S}$为导数；δF为弯辊力实际值与设定值的偏差，$\delta\dot{F}$为导数；T_S 为压下传动机构时间常数；T_F 为弯辊力传动机构时间常数；δu_S、δu_F为系统控制量的增量。

变形区非线性全量模型[5]：

假设轧件在第 i 机架的入口厚度为 h_{i-1}，入口凸度值为 c_{i-1}，轧机的轧辊半径为 R，轧辊宽度为 B，轧件宽度为 b，则描述变形区的全量非线性方程为：

（1）弹跳方程—描述板厚 h_i

$$0 = h_i - (S_i + P_i/M_P + F_i/M_F + \Delta h_T + \Delta h_O) \tag{1}$$

（2）板形方程—描述凸度 c_i

$$0 = c_i - ((b_I/B)^2 c_{i-1} + P_i/K_P + F_i/K_F + c_T + c_O) \tag{2}$$

（3）压扁后接触弧长 l_c

$$0 = l_c - \sqrt{R_i\{1 + 0.22P_i/[b_i(h_{i-1} - h_i)]\}(h_{i-1} - h_i)} \tag{3}$$

（4）轧制力方程—描述轧制力 P_i

$$0 = P_i - b_i l'_c Q_P K \tag{4}$$

式(1)～式(4)中接触弧长上摩擦力的影响系数

$$Q_P = 1.08 + 1.79\mu\varepsilon_i \sqrt{1 - \varepsilon_i}R_i/h_i - 1.02\varepsilon_i$$

式中　K——金属变形阻力；

M_P——轧机纵向刚度；

M_F——弯辊纵向刚度；

K_P——轧辊弯曲横向刚度；

K_F——辊弯曲横向刚度；

ε_i——相对压下量；

下标 T，O——温度和磨损带来的凸度和厚度变化量；

下标 i，$i-1$——机架号。

穿带设定过程：已知期望出口厚度 h_i 和出口凸度 c_i 的设定值，式(1)～式(4)同时有4个未知量：轧制力 P_i，压扁后接触弧长 l'_c，弯辊力 F，辊缝 S，需要求解非线性方程组，解得4个未知量。

动态控制过程：已知传动机构动态输出弯辊力 F、辊缝 S，式(1)～式(4)包含4个未知量：轧制力 P_i，压扁后接触弧长 l'_c，出口厚度 h_i 和出口凸度值 c_i，同样需要求解非线性方程组，解得4个未知量。

变形区线性增量模型[5]：

厚度增量方程

$$\delta h_i \approx g_{11}\delta S + g_{12}\delta F + f_{11}\delta h_{i-1} \tag{5}$$

凸度增量方程

$$\delta c_i \approx g_{21}\delta S + g_{22}\delta F + f_{21}\delta h_{i-1} + f_{22}\delta c_{i-1} \tag{6}$$

4 板形板厚解耦控制的逆系统方法

第一步：期望目标指令求解。

非线性逆控制器目标指令构造：描述轧机的系统模型，写为如下形式：

$$\delta \dot{\boldsymbol{x}} = (-\delta \boldsymbol{x} + \delta \boldsymbol{u})/T_x \tag{7}$$

$$\boldsymbol{0} = \boldsymbol{g}(\boldsymbol{y}, \boldsymbol{z}, \delta \boldsymbol{x} + \boldsymbol{x}_s) \tag{8}$$

其中，$\delta \boldsymbol{x} = [\delta S_i, \delta F_i]^T$，$\delta \boldsymbol{u} = [\delta u_S, \delta u_F]^T$，$\boldsymbol{y} = [\boldsymbol{h}_i, c_i]^T$，$z = [P_i, l'_i]$，$\boldsymbol{x}_s$ 代表设定值。

期望的系统输出为出口厚度 h_i 和出口凸度 c_i，可知式（8）中含有4个未知数：轧制力 P_i，压扁后接触弧长 l'_c，弯辊力 F，辊缝 S，求解非线性方程组后，可得弯辊力 F，辊缝 S，则期望的系统控制解耦指令 $\delta \boldsymbol{x}_c$ 为：

$$\delta \boldsymbol{x}_c = [F - F_S, S - S_S]^T$$

线性逆控制器目标指令构造：描述轧机的系统模型，写为矢量形式的增量方程：

$$\delta \dot{\boldsymbol{x}} = (-\delta \boldsymbol{x} + \delta \boldsymbol{u})/T_x \tag{9}$$

$$\delta \boldsymbol{y}_i \approx \boldsymbol{f}_i \delta \boldsymbol{y}_{i-1} + \boldsymbol{g}_i \delta \boldsymbol{x}_i \tag{10}$$

其中，$\delta \boldsymbol{y}_i = [\delta h_i, \delta c_i]^T$ 为第 i 机架出口厚度和凸度的状态量，上标T代表转置向量，$\delta \boldsymbol{y}_{i-1} = [\delta h_{i-1}, \delta c_{i-1}]^T$ 为第 i 机架的入口厚度和凸度量，$\delta \boldsymbol{x}_i = [\delta S_i, \delta F_i]^T$ 为第 i 机架的控制量，$\boldsymbol{f}_i$，$\boldsymbol{g}_i$ 为 2×2 常系数矩阵，分别对应式（5）、式（6）中的系数。

期望的系统输出为出口厚度 h_i 和出口凸度 δ_i 都为设定值，即 $\delta \boldsymbol{y}_i = 0$，那么根据式（10），推导后，得到解耦指令：

$$\delta \boldsymbol{x}_c \approx \boldsymbol{g}_i^{-1}(-\boldsymbol{f}_i \delta \boldsymbol{y}_{i-1})$$

第二步：转化系统指令。

将微分式（7）中状态量导数替换为 $\delta \dot{\boldsymbol{x}} = k(\delta \boldsymbol{x}_c - \delta \boldsymbol{x})$，可得控制量解：

$$\delta \boldsymbol{u} = T_x k(\delta \boldsymbol{x}_c - \delta \boldsymbol{x}) + \delta \boldsymbol{x}$$

其中，$\delta \boldsymbol{x}_c$ 为控制指令，k 为增益，可随系统响应要求而设定，设增益取为 $k = 1/T_x$，则

$$\delta \boldsymbol{u} = \delta \boldsymbol{x}_c$$

系统动态模型变为如下形式：

$$\delta\dot{x} = (-\delta x + \delta x_c)/T_x$$

5 仿真结果

以鞍山1700mm热连轧机为仿真对象（图1），逆控制器仿真的基本结构参见图2，且仅在第4机架进行逆控制。根据现场实际对象，模型中辊缝传动机构的时间常数取为0.05s和弯辊力传动机构时间常数取为0.01s仿真程序采用C语言编写，在仿真过程中微分方程求解采用改进欧拉方法，非线性方程组求解采用牛顿-拉易森方法。仿真时间步长取0.01s，仿真时间为10s。在仿真计算过程中，虽然每步都必须求解非线性方程组，但由于计算机速度较快，使计算速度没有明显延迟，10s的仿真过程需要的时间小于0.5s或更少，完全可以满足现场的实时控制要求。假设来料厚度为17mm，凸度为0.3mm，6机架出口期望厚度为3.6mm，期望凸度0.06mm，且第一机架来料的厚度扰动取为：$0.2\sin(\pi t/2)$mm，凸度扰动为$0.05\sin(\pi t/2)$mm。

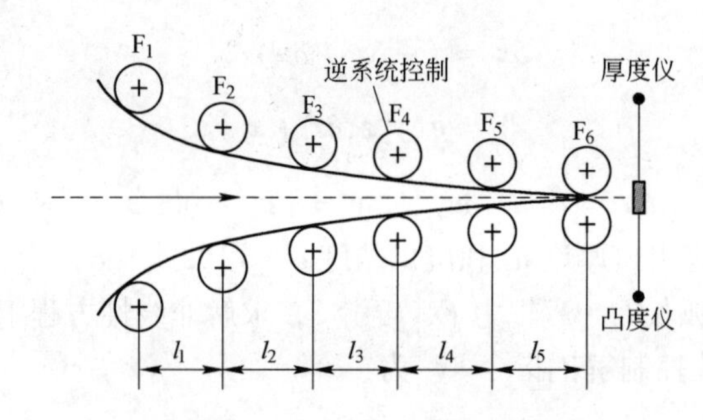

图1 6机架热连轧仿真示意图

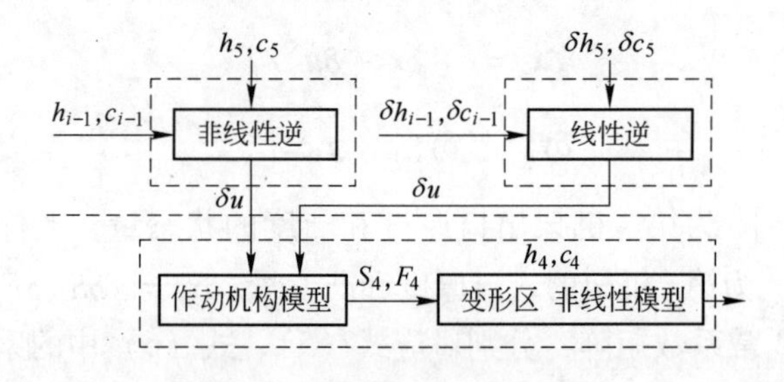

图2 i机架解耦控制示意图

将不设控制器和分别采用线性逆控制器、非线性逆控制器的仿真结果对比如下：

图3(a)为第4机架出口厚度随时间的对比图。可以看出线性逆控制器使厚度扰动波动增加，而非线性逆控制器使厚度扰动波动明显减少，这是因为线性模型不准确导致的结果。

图3(b)为第4机架出口凸度随时间的对比图。可以看出线性逆控制器使凸度扰动波动减少，但非线性逆控制器使凸度扰动波动基本为0。

图3(c)为第4机架辊缝变化随时间的对比图。可以看出线性逆控制器与非线性逆控制器的辊缝相差还是非常明显的，这是因为线性模型不准确导致的结果。

图3(d)为第4机架弯辊力变化随时间的对比图。看出线性逆控制器与非线性逆控制器的弯辊力相差不明显，说明线性化的弯辊力模型是比较理想的。

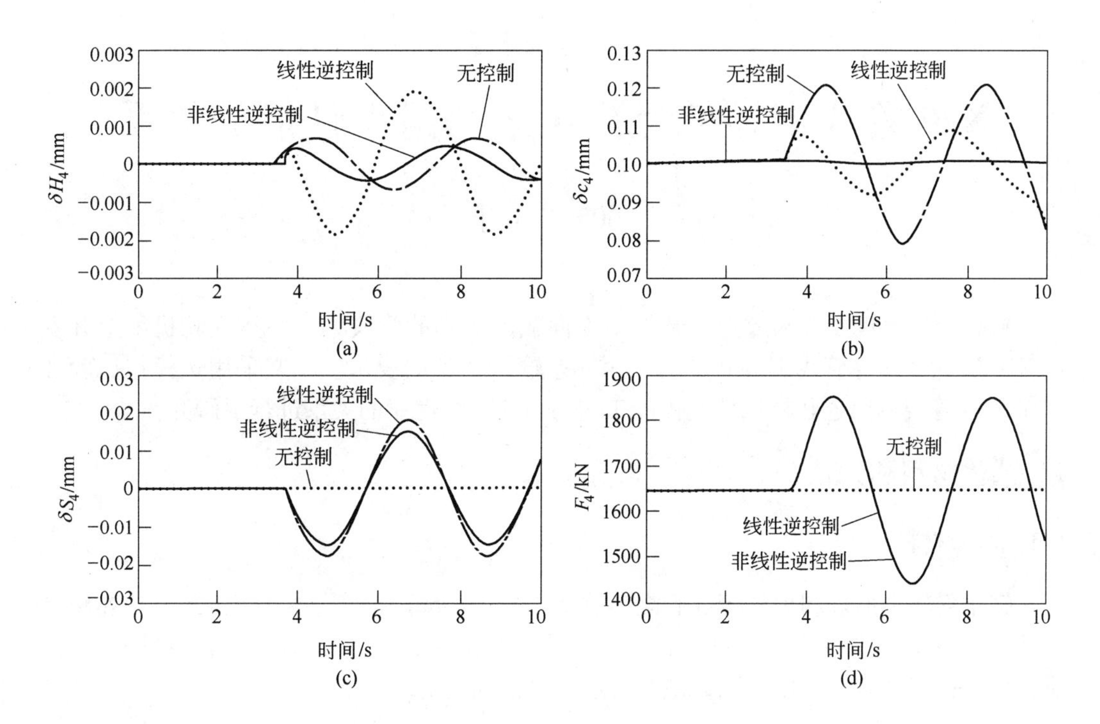

图 3　机架参数随时间变化

（a）4 机架出口厚度随时间变化；（b）4 机架出口凸度随时间变化；

（c）4 机架辊缝增量 δS_4 随时间变化；（d）4 机架弯辊力 F_4 随时间变化

6　结论

逆系统方法可以很好地解决热连轧机板形板厚解耦控制问题；就轧机而言，找到准确的变形区非线性输出方程是逆系统方法的关键。

参 考 文 献

[1] 戴晓珑，孙一康．神经网络板厚板形综合控制系统的研究：[博士学位论文]．北京：北京科技大学，1995.

[2] 王粉花，孙一康．二机架可逆冷连轧板厚板形综合控制系统的研究：[博士学位论文]．北京：北京科技大学，2003.

[3] Wang Li，Ge Ping Sun Yikang. Strip Flatness and Gauge Multivariable Control at a Cold Tandan Mill Based on Fuzzy RBF Neural Network. Beijing Kejidaxue Xuebao，2002，24(5)：556～559（王莉，葛平，孙一康．基于模糊 RBF 神经元网络的冷连轧板形板厚多变量控制．北京科技大学学报，2002，24(5)：556～559.）

[4] 李春文，冯元琨．多变量非线性控制的逆系统方法．北京：清华大学出版社，1991.

[5] Nathan Kocurek J，Wayne C. Durhan. Dynanic Inversion and Model-following Flight Control A Comparison of Performance Robustness. AIAA-97-3777，1997.

[6] Goman M G. Kolesnikov E. N. Robust Nonlinear Dynanic Inversion Method for an Aircraft Motion Control Central Aerohydrodynamic Institute（TsAGI），AIAA-1998，4208.

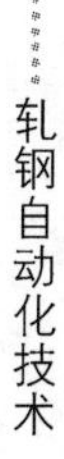

X70 管线钢控轧控冷工艺与组织性能的关系

2005 年 3 月

鞍钢经过大规模技术改造，开发出不同强度级别的管线钢。在热连轧机组上开发的 X70 针状铁素体管线钢，满足了“西气东输” 工程的要求。本文采用热模拟试验方法对 X70 管线钢热连轧机组控轧控冷工艺与材料组织性能的关系进行了研究。

1　试验材料和方法

1.1　试验材料

钢水经转炉冶炼和炉外精炼后浇铸成 230mm × 1550mm 的连铸坯，再经过热连轧机组轧成 14.6mm × 1550mm 的卷板。试验钢的化学成分如表 1 所示。从热轧卷板上取样进行力学性能测试。采用金相显微镜、透射电镜观察组织。

表 1　试验钢的化学成分　(%)

w(C)	w(Si)	w(Mn)	w(P)	w(S)	w(Nb)	w(V)	w(Ti)	w(Cu)	w(Ni)	w(Mo)	w(N)	w(Al)	P_{cm}	C_{eq}
0.066	0.20	1.56	0.014	0.0012	0.047	0.027	0.021	0.18	0.19	0.22	0.0076	0.052	0.18	0.40

注：$P_{cm} = C + (Mn + Cu + Cr)/20 + Mo/15 + V/10 + Si/30 + Ni + 60 + 5B$;

$C_{eq} = C + Mn/6 + (Cr + Mo + V)/5 + (Ni + Cu)/15$。

1.2　控轧控冷工艺热模拟试验

从现场连铸坯上取样在 Gleeble-1500 热模拟试验机上进行实际热连轧机组控轧控冷工艺过程的热模拟试验，试样尺寸 ϕ8mm × 16mm。在高温区采用 3 次高温变形，模拟热连轧机组的粗轧和精轧过程。选取不同的冷却速度和终冷温度，研究工艺参数的变化对力学性能的影响。

1.3　试验钢动态 CCT 曲线测定

为确定试验钢在高温控轧控冷过程中连续转变的规律，在 Gleeble-1500 热模拟试验机上采用膨胀法测定了试验钢动态 CCT 曲线。试验钢在 1150℃ 加热 3min 后，连续冷却并在不同温度下进行 4 次高温变形，然后经过不同冷却速度冷却至室温。

2　试验结果分析

2.1　试验钢的动态 CCT 曲线

试验钢的临界点为：A_{c1} = 738℃，A_{c3} = 880℃，A_{r3} = 803℃，A_{r1} = 674℃。实际测量的试验钢的动态 CCT 曲线如图 1 所示。在 0.1 ~ 25℃/s 的冷却速度范围内，试验钢经

本文合作者：王春明、吴杏芳、黄国建、李桂艳。本文发表在《钢铁》，2005(3)：70 ~ 74。

过热变形和相变，存在5个区域。即奥氏体、铁素体、珠光体、贝氏体（含针状铁素体）、多相共存区。贝氏体（含针状铁素体）区域温度范围在430～640℃之间的一个狭长区间，随冷却速度不同发生变化。

从图1中可见，试验钢动态转变后的最终组织都是多相共存的混合组织，只是在不同条件下，形成的各相在组织中所占比例不同，这是模拟热连轧机组轧制过程的基本特征。

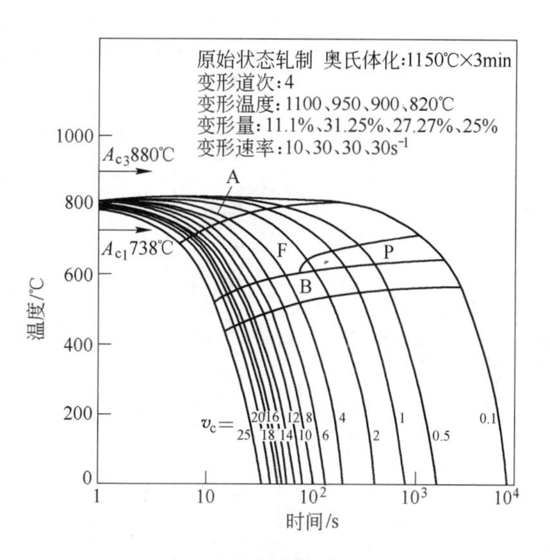

图1 试验钢动态CCT曲线

2.2 冷却速度对显微组织的影响

在不同条件下得到的试验钢的显微组织如图2所示。由图2可见，试验钢经过复杂热机械加工过程，得到多相共存的混合组织。采用定量金相方法在光学显微镜下对混合组织中各类组织所占比例进行测定，对组织的晶粒度进行评级，结果见表2。

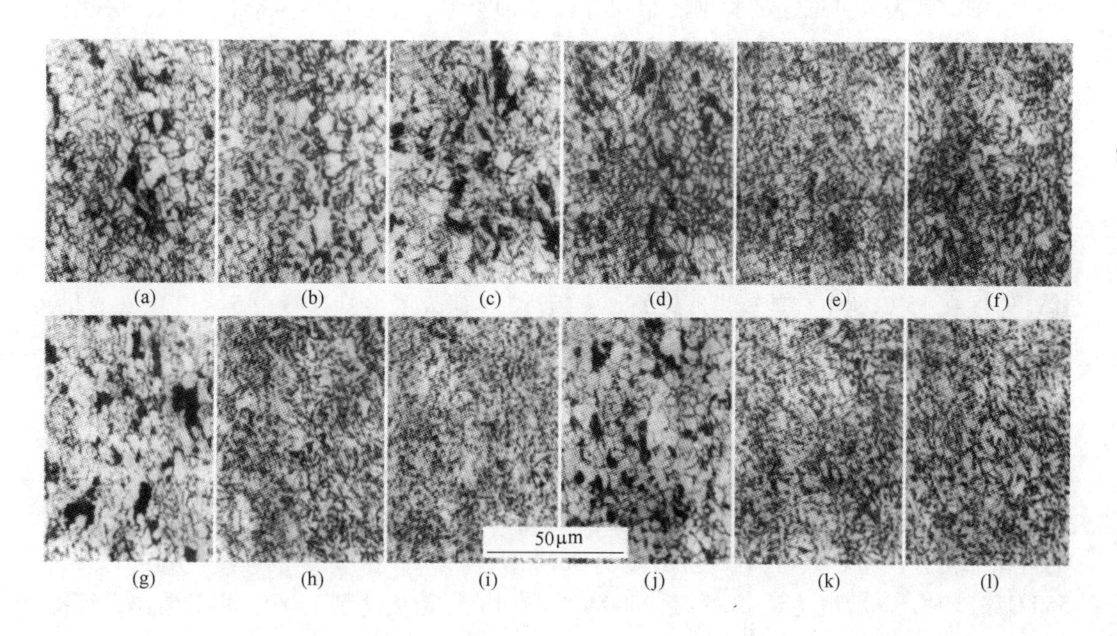

图2 试验钢的显微组织（参见表2）

表2 试验钢组织中各相所占比例和钢的晶粒度

试样编号	热变形①后冷却制度		组织中各相所占比例②/%					晶粒度/级	对应图片
	冷却速度/℃·s^{-1}	终冷温度/℃	PF	GF	AF	GB	P		
1	2	650	65.0	微量	微量	26.7	8.3	11.5	图2(a)
2	15	650	50.0	微量	微量	41.2	8.8	11.0	图2(b)
3	30	650	微量	30.0	32.0	32.1	5.9	12.0	图2(c)

续表 2

试样编号	热变形①后冷却制度		组织中各相所占比例②/%					晶粒度/级	对应图片
	冷却速度/℃·s^{-1}	终冷温度/℃	PF	GF	AF	GB	P		
4	2	600	62.0	微量	微量	23.2	14.8	11.5	图 2(d)
5	15	600	微量	40.0	40.0	20.0	微量	12.5	图 2(e)
6	30	600	微量	40.0	40.0	20.0	微量	12.0	图 2(f)
7	2	550	60.0	微量	微量	26.1	13.9	11.5	图 2(g)
8	15	550	微量	25.0	50.0	25.0	微量	13.5	图 2(h)
9	30	550	微量	28.0	40.0	32.0	微量	13.5	图 2(i)
10	2	500	60.0	微量	微量	25.8	14.2	11.5	图 2(j)
11	15	500	微量	25.0	45.0	30.0	微量	12.5	图 2(k)
12	30	500	微量	35.0	30.0	25.0	微量	13.0	图 2(l)

①热变形工艺：1150℃ ×4min 加热，第一次变形：1100℃，40%；第二次变形：900℃，35%；第三次变形：820℃，30%；

②PF—多边形铁素体；GF—块状铁素体；AF—针状铁素体；GB—粒状贝氏体；P—珠光体。

由图 2 和表 2 可见，试验钢的组织存在多种类型，主要有多边形铁素体、块状铁素体、针状铁素体、粒状贝氏体和珠光体。在冷却速度较慢（2℃/s）和终冷温度较高（650℃）时，都出现了珠光体，这与试验钢动态 CCT 曲线一致。冷却速度对试验钢的最终组织影响较大，随着冷却速度由 2℃/s 提高到 30℃/s，试验钢组织中珠光体大量减少，针状铁素体大量产生。同时组织更加细化，晶粒度从 11.5 级提高到 12 ~ 13.5 级。随着冷却速度提高，针状铁素体的比例发生变化。冷却速度达到 15℃/s 时，针状铁素体的比例达到最大；冷却速度超过 15℃/s 时，针状铁素体的比例变化不大。可见，冷却速度在 15℃/s 左右是较为理想的。文献［1］研究了冷却速度由 5 ~ 12℃/s 变化，认为在此范围的冷速是较好的。

2.3　终冷温度对试验钢显微组织的影响

试验钢经热机械加工后，经过快速冷却达到一个终冷温度并停留足够的时间，以此终冷温度模拟热连轧机组的卷取温度。从表 2 可见，随着终冷温度的降低，试验钢的组织细化。在 650℃终冷时，晶粒度达到 12 级；600℃终冷时，晶粒度达到 12.5 级；550℃终冷时，晶粒度达到 13.5 级；500℃终冷时，晶粒度达到 13 级。由此看出，终冷温度在 500 ~ 550℃较为理想。

另一方面，终冷温度的降低对试验钢组织中针状铁素体比例也有影响。在冷却速度为 15℃/s 的条件下，随着终冷温度的降低，针状铁素体比例有增加的趋势。

2.4　变形过程中奥氏体晶粒度的变化

在不同温度下将热模拟试样经过 1 次、2 次、3 次不同的形变过程后进行淬火处理，分别测量了这些试样原奥氏体晶粒度。高温变形制度见表 3。试验钢经再加热后晶粒尺寸达到 80 ~ 100μm。第一次变形是在奥氏体再结晶区，产生了动态再结晶，处于混晶状态晶粒明显细化，平均晶粒尺寸 50μm。第二次、第三次变形是在奥氏体未再结晶区，变形后晶粒略呈扁化并略有粗化，这与两次变形间隔时间内晶粒长大有关。

表3　高温形变制度

加热温度/℃	保温时间/min	第一次变形		第二次变形		第三次变形		奥氏体晶粒度/级
		变形温度/℃	变形量/%	变形温度/℃	变形量/%	变形温度/℃	变形量/%	
1150	4							5.5
1150	4	1100	40					7.5
1150	4	1100	40	900	35			7.0
1150	4	1100	40	900	35	820	30	6.5

在再结晶温度以上变形过程中，以大变形量进行变形，同时多次反复再结晶有利于细化奥氏体晶粒。在再结晶温度以下的足够大的累积变形后，使奥氏体晶粒成为薄饼形，同时奥氏体晶粒内部产生大量的位错，为相变后形成更细的组织做好准备。

2.5　钢中沉淀相和位错的观察

从图3(a)中可见在冷却速度为2℃/s，终冷温度为550℃的样品中，铁素体晶内弥散分布细小的析出相，析出相尺寸为20nm左右，具有择优成核的特点，在位错处成核居优。析出相沿一定方向呈现半弧形衬度，说明该类析出具有与基体共格或半共格的关系。该类析出相将对位错起钉扎作用从而达到强化材料的目的。

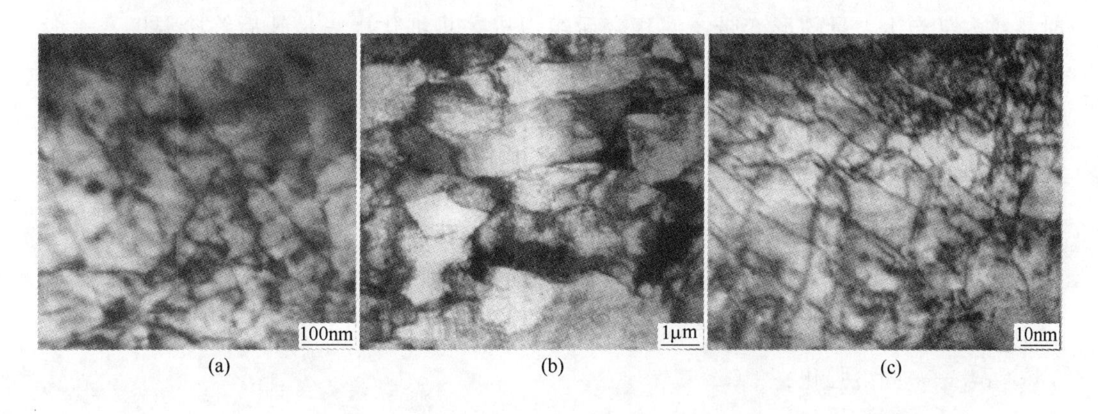

图3　热轧卷板试样中针状铁素体形貌

(a) 7号试样晶内析出；(b) 实际热轧卷板试样板条状的针状铁素体；
(c) 实际热轧卷板试样针状铁素体中的位错网

对实际热轧卷板试样进行电镜观察如图3(b)、(c) 所示，情况同图3(a)基本一致。铁素体中存在高密度位错，位错线附近分布着细小弥散的沉淀相粒子。利用电镜薄膜法对实际样品的位错密度进行测量，薄膜厚度取100nm，得到位错密度 ρ 为 $0.25\times10^9/mm^2$。

2.6　实际热轧板卷的力学性能

按照较为优化的控轧控冷工艺，在热连轧机组上轧成14.7mm×1550mm的热轧卷板，测得力学性能见表4。

表4 实际热轧板卷的力学性能

R_{eL}/MPa	R_m/MPa	R_{eL}/R_m	A/%	$A_{KV(-20℃)}$/J	HV10	晶粒度/级
540	665	0.81	38	286，288，276	212	13

3 讨论

3.1 最佳控制轧制和控制冷却工艺参数的确定

针状铁素体管线钢以针状铁素体组织为特点，是当今高强韧性管线钢的理想组织之一。针状铁素体钢的优点是：靠氮化钛析出物和控制轧制来细化奥氏体晶粒，限制了魏氏组织和粗晶贝氏体的形成，使钢的韧性极高。因而对选择工艺参数而言，以追求针状铁素体比例和尺寸细化为方向，一方面适量增加针状铁素体的比例。对热连轧机组，在现有控轧控冷条件下，试验钢最终形成的组织是多相混合组织，提高冷却速度有助于针状铁素体比例的提高，见图2和表2。冷却速度在15℃/s左右为佳。一般认为管线钢的针状铁素体比例不是越高越好，针状铁素体含量过高将导致其冲击韧性的下降，具有85%针状铁素体组织的基体是强韧性最好的。另一方面，尽可能细化针状铁素体，细化组织在控轧过程中主要考虑以下几个因素：一是在再结晶温度范围内反复变形，通过反复再结晶达到细化奥氏体晶粒的目的，为进一步相变形成更细化的低温组织做好准备。对实际热连轧机组，这个过程一般是在粗轧过程中完成的；二是在再结晶温度以下，A_{r3}温度以上进行较大变形量的变形，获得薄饼形奥氏体晶粒，同时晶粒内部产生大量的形变带，使相变后组织进一步细化；三是轧后终冷温度，一般而言，终冷温度越低，组织越细化。本文试验结果表明，终冷温度在500～550℃范围是理想的。

3.2 管线钢的强化机制

以针状铁素体为主的管线钢，其强化机制仍符合Hall-Pech公式，即：

$$\sigma_s = \sigma_0 + \sigma_{sh} + \sigma_{ph} + \sigma_{dh} + \sigma_{th} + \sigma_g \tag{1}$$

式中 σ_0——铁素体基体强度；

σ_{sh}——固溶强化；

σ_{ph}——沉淀强化；

σ_{dh}——位错强化；

σ_{th}——织构强化；

σ_g——细晶强化。

在这些强化相中，以细晶强化、位错强化、固溶强化和沉淀强化为主。σ_0主要是位错运动需要克服的点阵阻力，经估算为2889MPa[2]。对于管线钢，σ_{th}体现在横向屈服强度比纵向屈服强度高20～50MPa。

3.2.1 细晶强化

针状铁素体管线钢显微组织以针状铁素体为主，其细晶强化主要体现在针状铁素体晶粒上，对针状相取其针状束的尺寸作为晶粒直径尺寸。

$$\sigma_g = kyd^{1/2} \tag{2}$$

式中 ky——比例系数，对于大角晶界其值在15.1～18.1N·mm$^{-3/2}$之间[3]；

d——晶粒直径，mm。

按式（2）进行估算，由图 2 可知，针状铁素体束尺寸 d 在 5μm 左右，计算得 σ_g 在 213.54～255.97MPa。

3.2.2 固溶强化

在一般稀固溶体中，固溶强化作用为

$$\sigma_{sh} = 37w(\text{Mn}) + 83w(\text{Si}) + 59w(\text{Al}) + 8w(\text{Cu}) + 11w(\text{Mo}) + 2918w(\text{N}) \quad (3)$$

式中 $w(\text{M})$——固溶元素的质量百分数。

笔者认为管线钢中微合金元素较多，考虑固溶强化作用时，应将参与析出强化作用元素排除。在上述固溶元素中，Mn、Si、Cu、Mo 起主要作用，Al、N 多数以间隔相存在。按此估算可得 σ_{sh} 在 78.18MPa 左右。

3.2.3 位错强化

位错强化是管线钢的重要的强化方式，按

$$\sigma_{dh} = M\alpha\mu b\rho^{1/2} \quad (4)$$

式中 M——取向因子，M 取 3.1[3]；

α——比例系数，α 估计为 0.15；

μ——剪切系数，对低碳钢（铁素体）其值为 80.26×10^3MPa；

b——柏氏矢量，取值 2.48×10^{-4}μm；

ρ——位错密度，位错密度按前述结果取 $0.25\times10^9/\text{mm}^2$。

按此估算可得 σ_{dh} 在 146.34MPa。

3.2.4 沉淀强化

针状铁素体管线钢中存在多种微合金元素，在控轧控冷过程中沉淀析出，起到强化作用。根据 Gladman 等的理论，采用 Ashby-Orowan 修正模型，该强化作用如下：

$$\sigma_{ph} = \frac{10\mu b}{5.72\pi^{3/2}r} f^{1/2}\ln\left(\frac{r}{b}\right) \quad (5)$$

式中 μ——剪切系数，单位同式（4）；

b——柏氏矢量，单位同式（4）；

r——粒子半径，μm；

f——粒子体积分数。

采用化学相分析方法测得沉淀相体积分数约为$(0.4\sim0.7)\times10^{-3}$，粒子半径取 10nm。按此估算可得 σ_{ph} 在 46.21～61.13MPa。

综合以上分析，除去织构强化项作用，σ_s 估算值为 513.16～570.51MPa，这与实际测量结果符合很好。从上述强化机制看，细晶强化是最主要的，其次是位错强化，第三是固溶强化和沉淀强化。同时，位错强化和沉淀强化与细晶强化又是紧密相联的。位错的存在为相变过程中新相生成提供了场所，有利于晶粒的细化。沉淀相的存在延迟了奥氏体高温下再结晶，推迟了奥氏体相变，对细化晶粒起了很大作用。

3.3 获得高强韧性管线钢的途径

目前，开发高强韧性管线钢的途径主要有两个：一是进一步提高装备水平，满足控轧和控冷工艺对装备能力的要求，例如对热连轧机组而言，先进机组卷取机最低卷取温度可达到 450℃ 以下；二是在传统热连轧机组上，合理采用微合金化加控轧控冷技术，开发出高强韧性管线钢。这就要求精确控制试验钢组织演变过程，使终态组织达到最佳细化状态。

4 结论

（1）针状铁素体管线钢的微观组织是多相共存的混合组织，光学显微镜下一般有多边形铁素体、块状铁素体、针状铁素体、粒状贝氏体和珠光体等几种组织。典型的针状铁素体在透射电镜下的形态呈条状，内部存在亚结构和高密度位错，在位错附近优先弥散分布有20nm大小的沉淀相粒子。

（2）对针状铁素体管线钢的控轧控冷工艺来说，精确控制组织演变十分关键。工艺参数的确定应以实际工艺过程中追求针状铁素体的体积百分数最大和针状铁素体的组织最细化为基本原则。在合适的加热和热变形温度下，冷却速度在15℃/s左右，终冷温度在500～550℃较为理想。

参考文献

[1] 张光渊，夏菊琴，许平安，等．低焊接裂纹敏感性钢的最佳工艺组织和性能的研究[J]．兵器材料科学与工程，1996，19(4)：35～43.（ZHANG Guang-yuan，XIA Jun-qin，XU Ping-an，et al.．Study on Optimum Technologies，Microstructures and Mechanical Properties for Steel with Low Welding-crack Suscepti-bility[J]．Ordnance Material Science and Engineering，1996，19(4)：35～43.）

[2] 李超．金属学原理[M]．第2版．哈尔滨：哈尔滨工业大学出版社，1996，265.

[3] 康永林，于浩，王克鲁，等．CSP低碳钢薄板组织演变及强化机理研究[J]．钢铁，2003，38(8)：20～26.（KANG Yong-lin，YU Hao，WANG Ke-lu，et al.．Study of Microstructure Evolution and Strengthening Mechanism of Low Carbon Steel of CSP Line[J]．Iron and Steel，2003，38(8)：20～26.）

X70针状铁素体管线钢析出相

2006年3月

近20年来低合金钢的发展也由低碳低合金转向低碳或超低碳微合金。对低碳低合金钢而言，钢中析出相的作用是多方面的，它既能够在适当的条件下阻止奥氏体晶粒长大，延迟高温形变奥氏体的再结晶，又能够在相变过程中提供形核地点，还能够在较低温度下大量弥散析出从而对钢的屈服强度起到附加强化的作用[1~4]。X70针状铁素体管线钢属于超低碳微合金钢，对强韧性要求更高，尤其是低温韧性和较好的焊接性能。因此要求进一步降低碳含量，获得良好的焊接性能；更好地控制微合金元素析出，减少对韧性的损害。对加入的V、Ti、Nb等微合金元素来说，既利用其传统意义上的附加强化作用，更注重发挥其在轧制过程中控制组织的作用，在管线钢轧制过程中，一般采用热机械控制工艺（Thermal-mechanical controlled processing，TMCP），充分发挥多种微合金元素析出相在轧制工艺不同阶段的作用，来满足管线钢对强度和韧性的苛刻要求。仔细分析管线钢轧制过程中多种微合金元素析出相的结构、析出规律和析出相在不同阶段的作用，对深入认识管线钢的强韧化机理，进一步研制更高级别的管线钢具有较大意义。

本文采用热模拟的方法模拟实际热轧工艺过程，研究了X70针状铁素体管线钢中多种微合金元素在模拟轧制的不同阶段析出的情况，用透射电镜观察分析了Nb、Ti、V的析出相的微观形态，还测试了钢的高温热塑性及热强性曲线，分析了析出相对其影响。

1 实验方法

实验钢的化学成分见表1。采用180t转炉冶炼，经炉外精炼后浇铸成230mm × 1550mm的连铸坯，再经过鞍钢1780热连轧机组轧成14.6mm × 1550mm的卷板。

表1 实验钢的化学成分（质量分数） （%）

C	Si	Mn	P	S	Nb	V	Ti	Cu	Ni	Mo	N	Al	P_{cm}	C_{eq}
0.0660	0.2000	1.5600	0.0140	0.0012	0.0470	0.0270	0.0210	0.1800	0.1900	0.2200	0.0076	0.0520	0.1800	0.4000

注：$P_{cm} = C + (Mn + Cu + Cr)/20 + Mo/15 + V/10 + Si/30 + Ni/60 + 5B$；

$C_{eq} = C + Mn/6 + (Cr + Mo + V)/5 + (Ni + Cu)/15$。

1.1 TMCP工艺的热模拟实验

热模拟实验在Gleeble-1500试验机上进行，从连铸坯上取样，尺寸为ϕ8mm × 16mm，实验条件为在1150℃时加热4min，淬水冷却，结果见表2。采用萃取法制备电镜样品。具体过程如下：经金相抛光的取样，在3%的硝酸酒精溶液中浸蚀后置于真空喷涂仪中喷碳（膜厚10~30nm），最后在10%硝酸酒精溶液中将碳膜与基体分离。析出相的形貌、结构及其成分分析在JEM 2000FX及JEM2010（有超薄窗口的能谱仪）上

本文合作者：王春明、吴杏芳、徐宁安。本文发表在《北京科技大学学报》，2006(3)：253~258。

进行，并选用5nm束斑对纳米相进行成分确定。

表2　热模拟实验方案

试样编号	加热温度/时间	高温变形温度（形变量）			冷却过程
		第一次变形	第二次变形	第三次变形	
1	1150℃/4min				淬　水
2	1150℃/4min	1100℃(40%)			淬　水
3	1150℃/4min	1100℃(40%)	900℃(35%)		淬　水
4	1150℃/4min	1100℃(40%)	900℃(35%)	820℃(30%)	淬　水

1.2　高温热塑性及热强性曲线的测试

在Gleeble-1500试验机上进行高温热塑性及热强性曲线的测试，试样尺寸为ϕ10mm×130mm。以10℃/s的速率升温到1350℃保持5min后再以3℃/s的速率降温到预定温度，在该温度保持2min以10^{-3}℃/s的速率进行拉伸实验，测得钢的断面收缩率和抗拉强度与温度之间的关系。

2　结果与讨论

2.1　析出相的结构与成分

经三次高温变形试样中存在着大量的亚微米及纳米级的析出相。经透射电镜观察可见，有两种典型的析出物，一种为尺寸较大（50nm～1μm）、外形规则、几乎呈立方体的析出相，如图1(a)所示，其电子衍射谱示于图1(b)和(c)中，经指数标定分别是

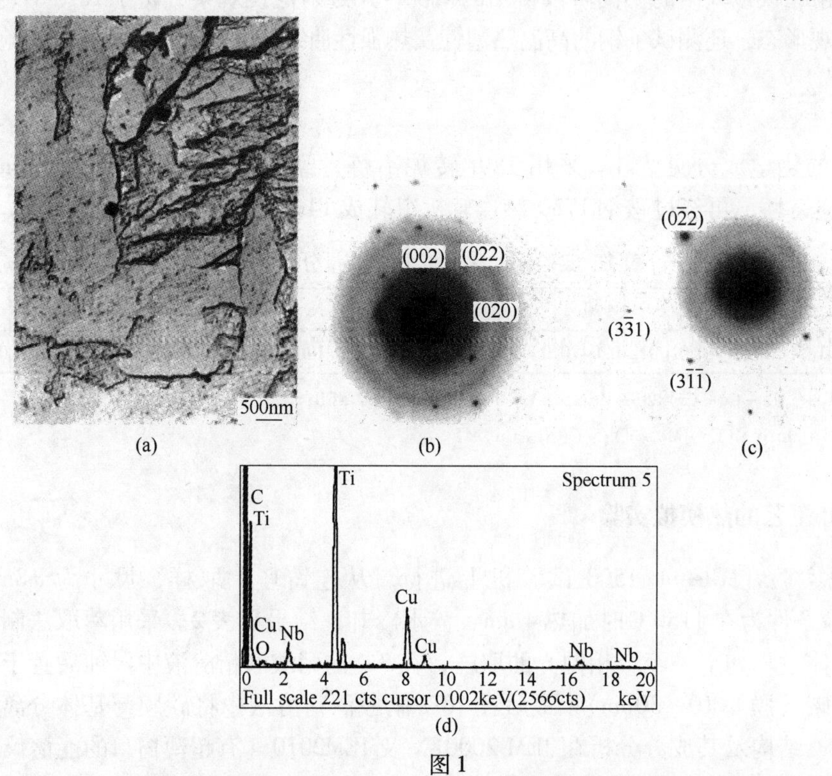

(a)　(b)　(c)

(d)

图1

(a) 经三次高温变形试样中尺寸较大的方形析出相；(b) 方形析出相选区衍射花样，[100] 晶带轴；(c) 方形析出相选区衍射花样，[233] 晶带轴；(d) 方形析出相EDS

TiN 结构的［100］与［233］晶带轴。为更进一步分析其成分，对方形析出物进行了相应的能谱以及半定量分析，结果示于图 1(d)中。结果表明，该类析出物是以 Ti 为主同时含有少量 Nb 的复合碳氮化合物 Ti(Nb)NC，其中 Ti/Nb 的比值在不同析出相中也表现出不同，在本研究中，对大量方形析出相的分析表明：Ti/Nb 比值处于 5～12 之间；碳与氮的比值是不正确的，因为采用的是碳复型样品；在部分析出相中发现极少量的 V。

另一种析出相尺寸十分细小（小于 20nm），形态为圆形或椭圆形，如图 2(a)、(b) 所示。其电子衍射图示(图 2(b))由于该类析出相细小弥散，因此选区光栏包含了多个析出相，此谱是多个析出相的综合结果，经标定此衍射图对应 NbC 结构。图 2(c)为对应（200）衍射斑的中心暗场像，显示出微小的析出相的形态。图 2(d)给出尺寸约 20nm 的椭圆形析出物的成分分析结果，其中 Nb/Ti 比值高达 6.37，N 元素含量不明显，可见这类析出物是以 Nb 为主同时含有 Ti 的复合析出相 Nb(Ti)C。而对尺寸小于 20nm 的椭圆形析出物的成分分析表明，其中的 Nb/Ti 比值处于 6.37～1 之间。上述结果与普通奥氏体钢以及微合金钢中有相似之处[5~6]，在此类析出相中未发现 V。

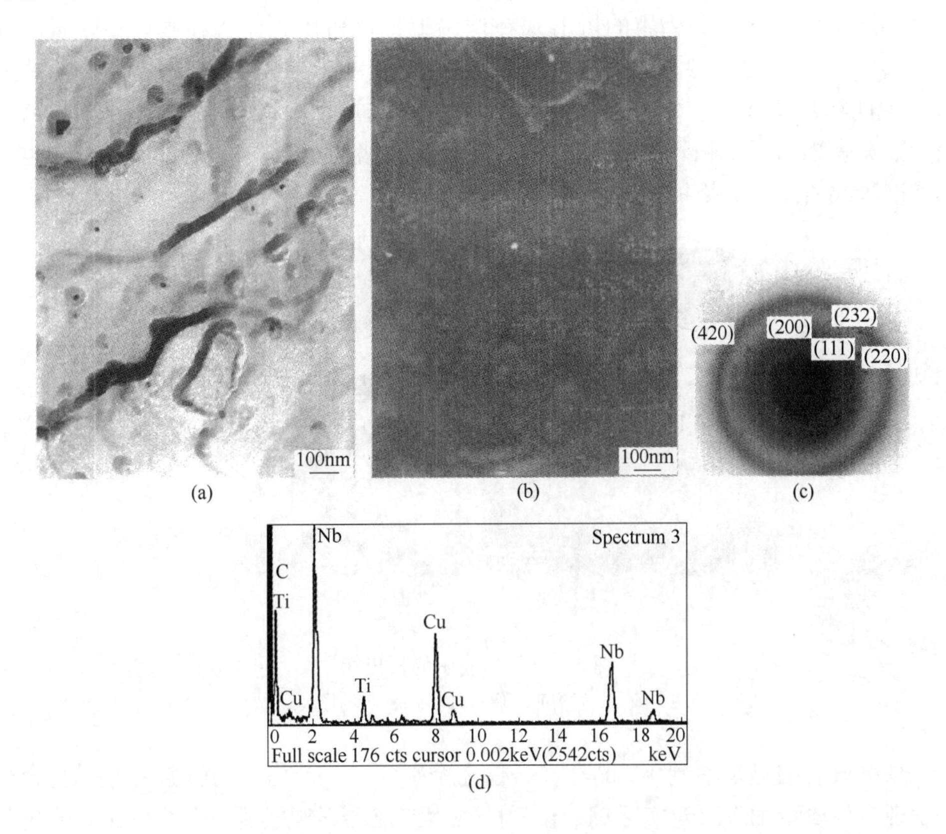

图 2

（a）细小的圆（椭圆）形析出相形貌明场像；（b）细小的圆（椭圆）形析出相形貌暗场像；（c）细小的圆（椭圆）形析出相衍射谱；（d）细小的圆（椭圆）形析出相 EDS

上述结果表明，管线钢中多种微合金元素的析出行为既符合低碳低合金钢中微合金元素析出的一般规律，同时又有其自身特点。钢中存在的 Ti、Nb、V 等过渡族微合金元素具有相似的理化性质，它们形成的碳化物的晶体结构相似，均为 NaCl 型结构，因此往往形成多元复合析出物。

从 Ti、Nb、V 三种元素的一般溶解度关系中可知[7]，TiN 的固溶度最低，NbC 和 TiC、NbN 的固溶度接近，而 VC、VN 固溶度最大。从本实验钢的成分推算，TiN 完全固溶的平衡态温度约为 1702℃，NbC 完全固溶的平衡态温度约为 1147℃，VC 完全固溶的平衡态温度约为 730℃。本实验中观察到的以 TiN 为主的方形析出相是在高于 1150℃的较高温度形成的，其尺寸相对较大。由于其形成时间不同，其尺寸在 50nm ~ 1μm 范围之间变化。析出相中含有的复合的 Nb 以及少数析出相中含有的极少量的 V 是由于在变形和温度降低过程中，少量的 Nb 和 V 可以在已存在的 TiN 上进一步析出 NbC 和 VC，从而形成复合析出相。该复合析出相是以 TiC 结构为主的多元复合析出相。

由于 N 元素在较高温度与 Ti 形成 TiN，本实验中观察到的细小圆形析出相应为 NbC 和 TiC 的复合析出相，其中以 NbC 为主，在小于 20nm 的较小的此类析出相中 Ti 与 Nb 的含量比较接近，可以认为在较低的温度下 NbC 和 TiC 能够同时在一处析出，形成了此类复合析出相。由于 NbC 和 TiC 同时在一处析出，可能形成不同的晶粒。另外，此类复合析出相与基体具有共格或半共格的关系。图 3 为金属薄膜试样中，尺寸小于 20nm 的析出相（即以 Nb 为主的析出）在位错上择优析出，而且在基体中呈现半弧形衬度，如箭头所示，表明其与基体具有共格或半共格的关系[8]，其应力场衬度为 20nm，说明析出相远小于 20nm。在本实验的复型试样上，该析出相周围基体具有择优腐蚀特征，表现为析出相均处于圆坑中，可能是共格应力场的应力腐蚀效应，也间接证明了这种共格或半共格的关系。

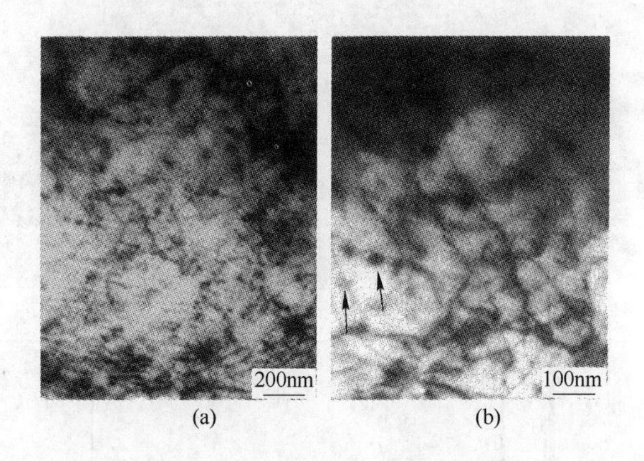

图3　金属薄膜中的析出相

（a）低倍明场像；（b）高倍明场像

样品中没有明显观察到 VC 的存在，仅在个别的以 TiN 为主的较粗大方形复合析出相中发现有极少量的 V。对实际钢板试样的观察未能明显观察到 VC 的存在。分析其原因，一方面是 Ti、Nb 的氮化物、碳化物大量析出使钢中 N、C 的浓度降低，不利于 V 的析出；另一方面，V 的析出温度较低，受扩散的影响析出物十分细小，在复型样品中不易发现。

由于 V、Ti、Nb 在奥氏体中溶解度不同，造成在奥氏体中各种碳氮化合物的析出次序以及析出相尺寸的差异。根据前述分析，奥氏体中这些元素析出相的形成（成分变化）次序为：TiN→(Ti,Nb)N 或 Ti(NC)→(Ti,Nb)(NC)或 Nb(C,N)→VC。

2.2 不同工艺条件下的析出相

按表2的工艺将高温变形的试样直接淬火处理，并对不同工艺产生的析出相进行分析，四种工艺分别模拟实际生产中的加热、粗轧、两道精轧。四种工艺试样的析出相情况示于图4。

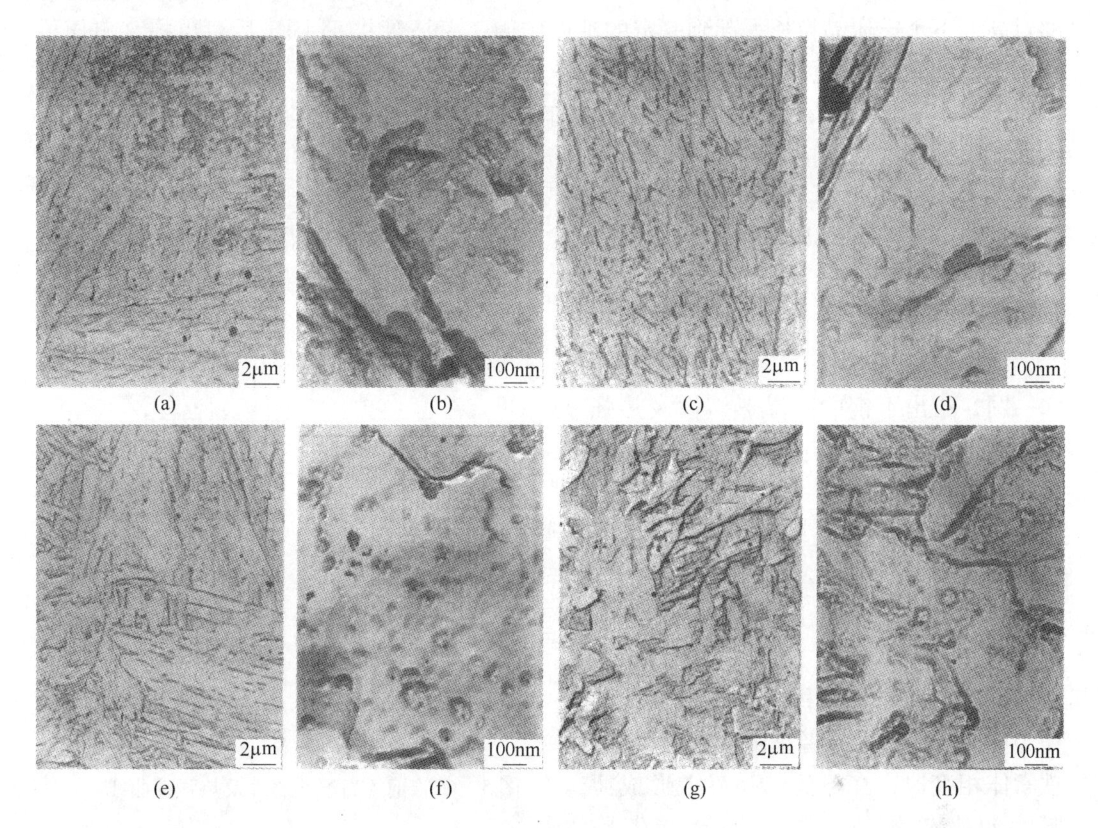

图4 1150℃加热4min后淬火试样中的析出相

(a)，(b) 没有变形；(c)，(d) 1100℃变形40%；(e)，(f) 1100℃变形40%，900℃变形35%；(g)，(h) 1100℃变形40%，900℃变形35%，820℃变形30%

比较可见，析出相在不同工艺过程下有所不同。图4(a)～(h)中均包含低倍以及高倍像。比较这些低倍像，可见以TiN为主的方形析出相的尺寸及数量在四种情况下变化不明显，即在1150℃加热4min时该析出相已在基体中形成，并在随后的三次高温形变过程中没有明显的长大，以NbC为主的细小圆形析出相仅在图4(e)～(h)中明显可见，同时在这两种情况中此类析出相的数量和尺寸差别不大，而在图4(a)～(d)中却几乎没有发现此类析出相，说明在本实验条件下此类析出相绝大部分是在1100℃以下和900℃以上析出的。

在实际生产中，板坯的加热温度一般控制在1150℃左右，可见此时以TiN为主的方形析出相已经充分形成。在粗轧过程中（1100℃以上）析出相变化不大，在精轧过程中（1100℃以下和900℃以上）主要形成了以NbC为主的细小圆形析出相，而且绝大部分在900℃以上析出。

因此，实际生产中综合运用微合金元素作用，合理控制其析出相的析出过程是管线钢开发的关键，从析出强化作用分析可知，在总析出量相同的条件下，析出物越细小、越分散，对强度的贡献越大，对韧性的损害越小。从上述结果可知，在管线钢中含 Ti、Nb、V 的析出相在不同的工艺过程中起着不同的作用。一般认为其中较大的颗粒对钢的强度贡献不大，因此 Ti 在管线钢中的作用更主要体现在用 Ti 来固定钢中的 N，从而间接地对钢的性能起作用。主要作用有三个：一是由于形成难溶的 TiN 而消除了钢中的自由氮，从而改善了钢的韧性；二是难溶的 TiN 多数处于奥氏体晶界上，能够对高温下奥氏体晶粒长大起到一定的延迟作用；三是 N 被 Ti 固定后可以提高奥氏体状态下铌的固溶度，可以进一步发挥铌的作用。为充分发挥 Ti 的作用，一般要控制 Ti/N 的比例小于 3.5[9]。Nb 元素在管线钢中作用十分突出。通过多次实验的推算，实验钢的奥氏体再结晶停止温度为 950℃左右，这个温度范围正是 NbC 大量快速析出的温度范围。因此 NbC 的大量析出能够阻碍奥氏体的再结晶，对 TMCP 工艺的应用十分有利。NbC 的另一个作用是其与基体成共格或半共格关系的细小弥散析出物对钢的屈服强度起到附加强化的作用。V 的作用相对较弱，从本实验结果看其作用是有限的。

2.3 高温热塑性及热强性曲线

图 5 给出了钢的高温热塑性及热强性曲线。由图可见其二次脆化区（Ⅲ区）约处于 700 ~ 1000℃之间，800℃时塑性达到最低点。

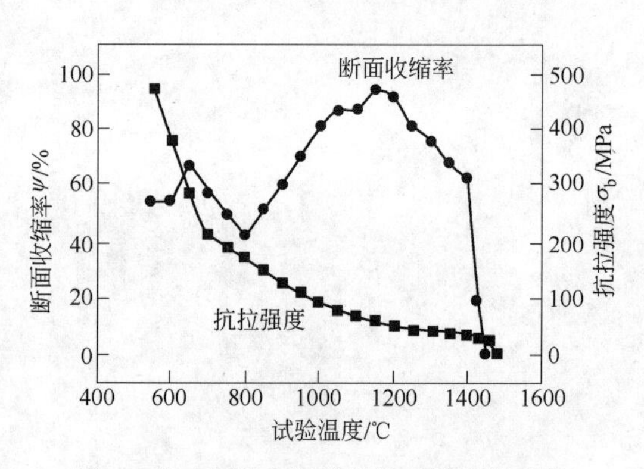

图 5 实验钢的高温热塑性及热强性曲线

钢的高温热塑性及热强性曲线也能够在一定程度上反映出析出相在高温析出的情况。一般认为二次脆化区的脆裂机理是析出相于奥氏体晶界处析出，并作为应力集中源，或者是由于在奥氏体/铁素体相变时，在奥氏体晶界上形成薄膜状初生铁素体，弱化晶界产生脆裂[10]，从前面结果知，实验钢在 700 ~ 1000℃之间析出相主要以细小圆形的 Nb(Ti)C 复合析出相为主，因此钢的高温热塑性及热强性曲线的二次脆化区也反映了在没有热变形的情况下该复合析出相的析出行为，从图 5 可见，温度降至 1050℃时，钢的热塑性开始明显下降，表明 Nb(Ti)C 复合析出相开始析出，900 ~ 850℃之间塑性曲线下降趋势略显平坦，表明析出量达到最大。经测试，实验钢的临界点为：Ar_3 为 803℃，Ar_1 为 674℃，可知温度达到 803℃时，在奥氏体晶界上能够形成先共析铁素体，使晶界产生脆化，因此，在 800℃时钢的塑性达到最低，这是奥氏体/铁素体相变和析出相共同作用的结果。与前面结果比较可知，在施加较大变形的条件下细小圆形的 Nb(Ti)C 复合析出相在 900℃以上可以绝大部分析出，比没有变形的条件下温度提高 50℃以上，证明了形变诱导析出的作用。

3 结论

（1）管线钢中存在两种典型的析出物：一种是以 TiN 为主、尺寸较大（50nm ~ 1μm）、外形规则、几乎呈立方体的 Ti(Nb)NC 复合析出相，其中 Ti/Nb 比值处于 5 ~ 12 之间；另一种是以 NbC 为主、尺寸十分细小（小于 20nm）、形态为圆形或椭圆形的 Nb(Ti)C 复合析出相，其中的 Nb/Ti 比值处于 6.37 ~ 1 之间。

（2）细小弥散的Ni(Ti)C相在位错线上择优析出，对小于20nm的析出相与基体保持共格和半共格关系。

（3）管线钢中存在的两种典型的析出相在不同阶段有着不同的特点，从而发挥不同的作用。在板坯的加热和粗轧阶段（1100℃以上）以TiN为主的方形Ti(Nb)NC复合析出相已经充分形成。钢中的N已经绝大部分被Ti所固定，其作用主要体现在阻止奥氏体晶粒长大。在精轧阶段（1100～900℃）以NbC为主的细小圆形或椭圆形Nb(Ti)C复合析出相快速大量析出，并且与基体保持共格或半共格的关系，其作用一方面可以延迟奥氏体再结晶，另一方面对钢的屈服强度起到附加强化的作用。

参 考 文 献

[1] Palmiere E J, Garcia C I, de Ardo A J. The influence of niobium supersaturation in austenite on the static recrystalligation behavior of low carbon microalloyed steels. Metall Mater Trans, 1996, 27A: 951.

[2] Dutta B, Valdes E, Sellars C M. Mechanism and kinetics of strain induced percipitation of Nb(C,N) in austenite. Acta Metall Mater, 1992, 40(4): 653.

[3] de Ardo A J. Microalloyed strip steels for the 21st century. Mater Sci Forum, 1998, 284/286: 15.

[4] Dutta B, Sellars C M. Effect of composition and process variables on Nb(C,N) precipitation in niobium microalloyed austenite. Mater Sci Technol, 1987, 3(3): 97.

[5] Rainforth W M, Black M P. Higginson R L, et al. Precipitation of NbC in a model austenitic steel. Acta Mater, 2002, 50: 735.

[6] Poth R M, Higginson R L, Palmiere E J. Complex precipitation behaviour in a microalloyed plate steel. Script Mater, 2001, 44: 147.

[7] 王有铭，李曼云，韦光．钢材的控制轧制和控制冷却．北京：冶金工业出版社，1995：51.

[8] 王春明，吴杏芳，刘玠，等．X70管线钢控轧控冷工艺与组织性能关系的研究，钢铁，2005，40(3)：70.

[9] 高惠临．管线钢组织性能焊接行为．西安：陕西科学技术出版社，1995：16.

[10] 蔡开科，程士富．连续铸钢原理与工艺．北京：冶金工业出版社，1995：343.

热轧卷板氧化铁皮形成机理及控制策略的研究

2006 年 11 月

红色氧化铁皮（Fe_2O_3）[1]具有较高的硬度和难酸洗去除等特性，一旦在钢板表面形成，不但影响产品质量，而且会加大后续工序中产品质量控制的难度。如何在除鳞压力[2]不足情况下，通过调整工艺参数去除大面积红色氧化铁皮（Fe_2O_3），生产高级表面质量热轧卷板，就是笔者研究的课题。

经研究发现，这些品种由于硅含量较高，容易在基体与氧化铁皮界面处生成尖晶橄榄石（Fe_2SiO_4）相，导致表面产生大面积的红色氧化铁皮，严重影响钢板的实物质量。本文结合鞍钢热轧板带生产的工艺条件[3]，对比研究了不同热轧和除鳞条件下产生的氧化铁皮的结构和成分，探讨了红色氧化铁皮的形成原因，修订了现场工艺参数，取得了良好的效果。

1　实验过程

1.1　实验用钢

实验用材料取自鞍钢热轧带钢厂的连铸坯，加工成尺寸为 240mm × 100mm × 100mm 试样，化学成分（%）为：w(C) 0.08，w(Si) 0.43，w(Mn) 0.46，w(P) 0.09，w(S) 0.005，$w(Al_s)$ 0.035，w(Cr) 0.36，w(Ni) 0.15，w(Cu) 0.32。

1.2　实验步骤

热轧实验在实验室 ϕ550mm 四辊可逆式轧机上进行，加热温度为 1250℃，保温 90min；在热轧实验过程中，粗轧和精轧之前进行高压水除鳞。高压除鳞水水泵为柱塞泵，除鳞压力分别为 10MPa、15MPa 和 18MPa。粗轧 3 道次，粗轧开轧温度为 1150℃，压下量为 100mm ›70mm ›40mm ›25mm；精轧 3 道次，精轧开轧温度 950℃，压下量为 25mm→16mm→10mm→7mm，终轧温度 880℃。轧后试件经水冷至 620℃后，置于保温箱中缓冷至室温，模拟实际生产的板带卷取过程。

对经热轧 + 除鳞实验后的轧件，观察其表面形成的氧化铁皮并测定红色氧化铁皮覆盖率。从轧件上切取金相试样，采用 SEM 观察氧化铁皮横截面的形貌并进行线扫描分析。

2　结果与讨论

2.1　除鳞压力对轧件表面红色氧化铁皮覆盖率的影响

表面红色氧化铁皮覆盖率与高压水除鳞压力之间的关系如图 1 所示。从图 1 可看

本文合作者：于洋、唐帅、郭晓波、关菊、王国栋。本文发表在《钢铁》，2006(11)：50 ~ 52。

出，除鳞压力的高低直接影响着红色氧化铁皮的分布，当除鳞压力由10MPa增加到18MPa时，红色氧化铁皮覆盖率下降了40%左右。

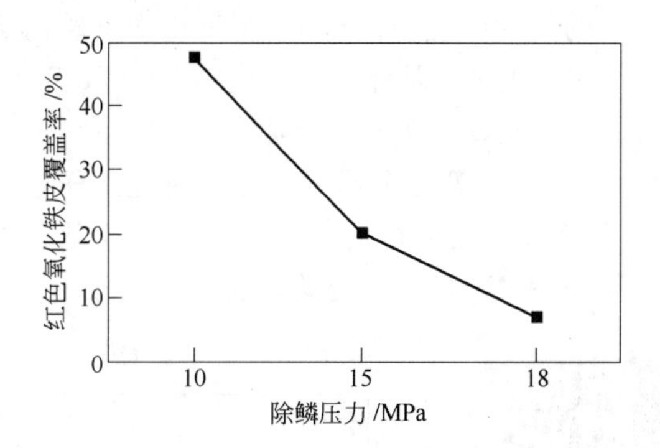

图1 除鳞压力与红色氧化铁皮覆盖率的关系

2.2 除鳞压力对氧化铁皮结构的影响

除鳞压力为10MPa时试件表面氧化铁皮的横断面的厚度约为25μm，氧化铁皮成分分布的线扫描结果如图2(a)所示。从检验结果可看出，从基体到表面，氧含量逐渐增高，铁含量逐渐降低。按图2(a)中的Fe/O计算，形成的氧化铁皮依次为$Fe_{1-x}O$、Fe_3O_4和Fe_2O_3；而硅含量在基体和氧化铁皮的结合界面处突增，表明在此处形成了富硅相，进一步地定量分析结果证明，这种富硅相为Fe_2SiO_4。并且发现，在氧化铁皮的内部存在单质Fe与FeO或Fe_3O_4的混合区域。这一方面可能是由于氧化铁皮层内部在热轧后的冷却过程中发生了$4FeO \rightarrow Fe + Fe_3O_4$的共析反应而造成的，另一方面，也可能是因为Fe从基体向氧化物表面的扩散所造成[4]。这些单质Fe在带卷冷却过程中可能会发生氧化生成Fe_2O_3，使带卷表面呈红色。

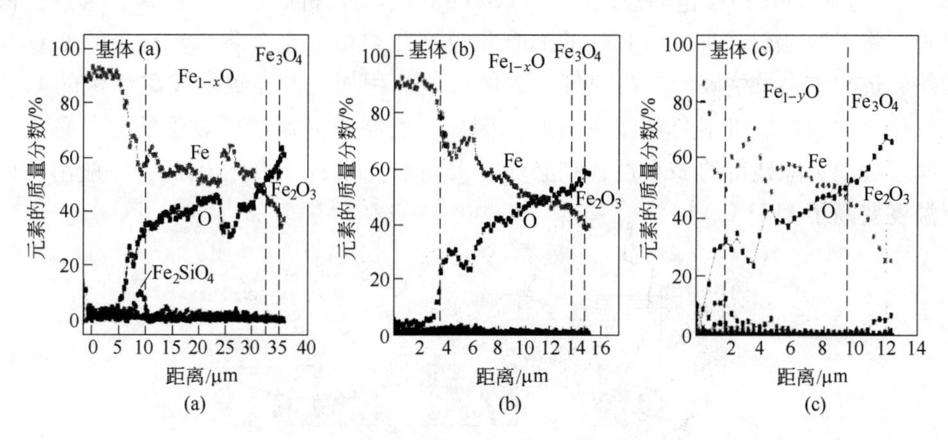

图2 不同除鳞压力下氧化物横断面上的成分分布的线扫描结果
(a) 10MPa; (b) 15MPa; (c) 18MPa

除鳞压力为15MPa时试件表面氧化铁皮的厚度约15μm，氧化铁皮成分分布的线扫描结果如图2(b)所示。从检验结果可看出，从基体到表面，O、Fe元素含量变化规律基本与图2(a)类似，氧化铁皮结构也为$Fe_{1-x}O$、Fe_3O_4和Fe_2O_3。与图2(a)明显不同的是氧化铁皮厚度有所减薄，尤其是$Fe_{1-x}O$层的厚度明显减薄。表明进一步提高除鳞压力可有效克服Fe_2SiO_4对FeO层的钉扎，起到充分除鳞的作用。

除鳞压力为18MPa时试件表面氧化铁皮的厚度约10μm，氧化铁皮成分分布的线扫描结果如图2(c)所示。从中可看出，氧化铁皮结构为$Fe_{1-x}O$、Fe_3O_4和Fe_2O_3；在氧化铁皮层内部也发生了FeO的共析反应，使得Fe在氧化铁皮层内部发生聚集。图2(c)中的氧化铁皮厚度更薄，在氧化物与基体的界面处未发现Fe_2SiO_4，表明初生铁皮在除鳞过程中已经基本去除。在靠近氧化铁皮层的基体内部存在SiO_2内氧化物。

有些产品中含有Cr、Mn、Ni等合金元素，在本研究工作中，未发现富Ni的氧化物，且未发现在氧化物/基体界面处存在富Cr和Mn的氧化物，但进一步的EDX分析表明，在基体内部发现富Cr和Mn的内氧化物，见图3。

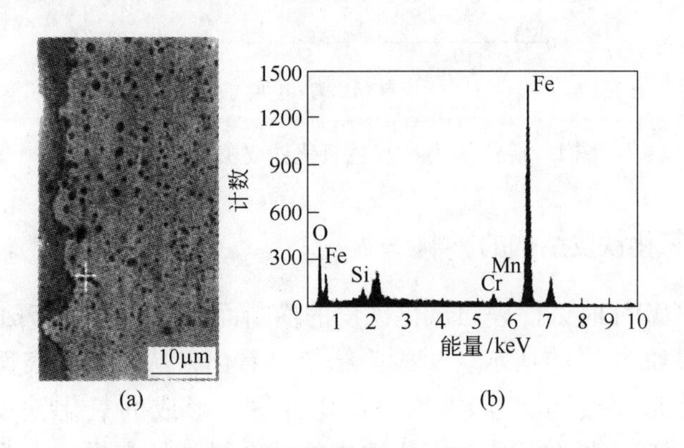

图3　金属内氧化物形貌与EDX能谱分析
(a) 铁皮形貌；(b) EDX能谱分析

2.3　Fe_2SiO_4对红色氧化铁皮的影响

Fe_2SiO_4在1173℃为液态，1220℃时，热平衡状态为FeO+液态Fe_2SiO_4。轧制之前液态Fe_2SiO_4将FeO晶粒包围住，形成FeO/Fe_2SiO_4的共析产物。凝固后，形成类似锚状形貌，将FeO层钉扎住，钉扎住的FeO很难在除鳞中被完全除掉。残余的FeO在随后的热轧过程中会发生破碎，与空气中氧的接触面积加大，导致生成呈红色的Fe_2O_3。红色氧化铁皮的形成机制[5]如图4所示。因此，要完全去除红色氧化铁皮，必须保证在除鳞过程中去除残留的FeO层，则必然要求完全去除Fe_2SiO_4，因此，一般出炉后除鳞点温度要高于1173℃。

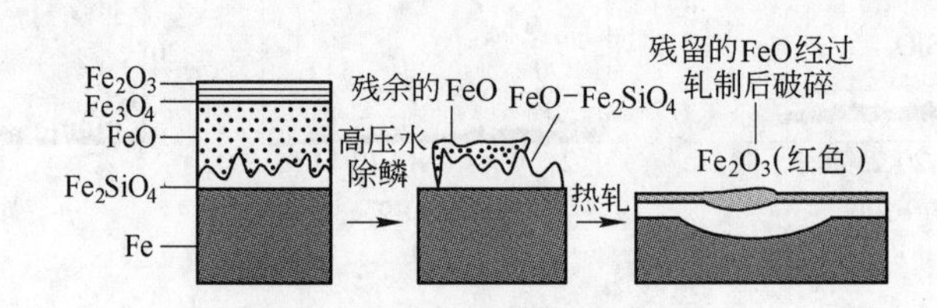

图4　红色氧化铁皮演变过程

3　工业试验

3.1　试验参数制定

从实验室的实验结果中可以看出，Fe_2SiO_4的残留和FeO在轧制过程中破碎是造成红色氧化铁皮的关键因素。根据除鳞实验结果，除鳞水压力控制在18MPa以上是解决红色氧化铁皮的有效途径。为此，鞍钢对热轧生产线的除鳞系统进行了改造，提高了除鳞水的水量和压力，但由于多点同时除鳞，实际除鳞水压力未达到18MPa。针对这一状况，采取了提高除鳞温度与高温轧制工艺。加热温度设定为1230～1300℃，这样可以保证粗轧前除鳞点温度不低于1173℃，有效除去液态的Fe_2SiO_4和残余的FeO。在轧制过程中，为避免FeO破碎，采取高温热轧工艺，即粗轧开轧温度不低于1100℃，将精轧开轧温度由960℃提高至980℃，终轧温度由820℃提高至840℃。为了保证产品的力学性能，采用加强轧后冷却的方法，使冷却速度提升到10～15℃/s，卷取温度由650℃降低至630℃。

3.2 试验结果

从工业性试验结果来看，钢板表面红色氧化铁皮基本上消除，表面形成了油黑、致密的氧化层，产品力学性能检验结果全部合格。

4 结论

（1）随着除鳞压力的增加，热轧卷板表面红色氧化铁皮覆盖率逐渐降低，当除鳞压力由10MPa增加到18MPa时，红色氧化铁皮的覆盖率下降了40%左右，因此，提高高压水除鳞压力尤其是提高精轧前除鳞压力是去除红色氧化铁皮的有效手段之一。

（2）在氧化铁皮与基体结合处存在Fe_2SiO_4，为了有效去除红色氧化铁皮，进粗轧高压水除鳞点之前轧件温度控制在1173℃以上。

（3）精轧前FeO残留和精轧过程中FeO破碎是产生红色氧化铁皮的直接原因，应加大精轧前高压水除鳞压力，适当提高终轧温度。

（4）适当降低卷取温度，保证产品力学性能。采用改造后除鳞系统和改进的热轧工艺生产的热轧板卷表面红色氧化铁皮基本上被消除，产品表面质量有了很大提高。

参考文献

[1] Wolf M M. Scale Formation and Descaling in Continuous Casting and Hot Rolling [J]. Iron and Steelmaker, 2000, (2): 65～66.

[2] 魏天斌. 热轧氧化铁皮的成因及去除方法[J]. 钢铁研究, 2003, (4): 54～58.

[3] 刘玠. 鞍钢1700中薄板坯连铸连轧生产线（ASP）工程与生产实践[J]. 钢铁, 2003, 38(7): 8. (LIU Jie. Engineering and Production Practice of Angang's 1700mm Medium Thickness Slab Continuous Casting-Rolling Line (ASP-Angang Strip Production) [J]. Iron and Steel, 2003, 38(7): 8.)

[4] Chen R T. Oxide-Scale Structures Formed on Commerical Hot-Rolled Steel Strip and Their Formation Mechanisms [J]. Oxidation of Metals, 2001, 56(1): 89～115.

[5] Tomoki F. Mechanism of Red Scale Defect Formation in SiAdded Hot-Rolled Steel Sheets [J]. ISU International, 1994, 34(11): 906～911.

《冶金过程自动化技术丛书》简介及序言

2005 年 7 月

《冶金过程自动化技术丛书》共 8 册，2005 ~ 2006 年由冶金工业出版社分别陆续出版，其中 5 册于 2008 ~ 2011 年陆续重印。各册书名如下：

冶金过程自动化基础
冶金原燃料生产自动化技术
炼铁生产自动化技术
炼钢生产自动化技术
连铸及炉外精炼自动化技术
热轧生产自动化技术
冷轧生产自动化技术
冶金企业管理信息化技术

《冶金过程自动化技术丛书》序

2004年仲夏

建国以来，冶金工业在我国国民经济的发展中一直占据很重要的位置，1949年我国粗钢产量占世界第26位，到1996年粗钢产量为一亿零一百万吨，上升到世界第1位。预计今年钢产量能达到二亿六千万吨左右，稳居世界第1位。根据国家统计局数据，2003年我国冶金工业总产值为4501.74亿元，占整个国内生产总值的4.8%。

统计表明，国民经济增长和钢材需求之间有着非常紧密的关系。2000年我国生产总值增长率为8.0%，钢材需求增长率为8.0%。2002年我国生产总值增长率为7.5%，钢材需求增长率为21.3%。预计今年我国生产总值增长率为7.5%，而钢材需求增长率为13%。据美国《世界钢动态》杂志社的研究，钢材需求受经济增长的影响是：如果经济年增长率为2%，钢材需求通常没有变化，但是如果经济增长为7%，钢材需求可能会上涨10%。这也就是20世纪90年代初期远东地区和中国钢材需求量迅猛上涨的原因。

从以上的数据中我们可以清楚地看出冶金工业在国民经济中的地位和作用。在中国共产党的正确领导下，经过半个世纪，尤其是改革开放的20多年来的努力奋斗，我国已经成为世界的钢铁大国，但还不是钢铁强国，有许多技术经济指标还落后于技术发达的国家。如我国平均吨钢综合能耗，在1995年为1516kg/t，2003年降低为778kg/t，而日本在2003年为658kg/t。很显然是有差距的，要缩小这些差距，除了进行产品结构的调整，新工艺流程的研究与开发，建立现代企业管理制度以外，很重要的一条，就是要遵循党的十六大所提出的“以信息化带动工业化，以工业化促进信息化，走新型工业化道路”的伟大战略。

众所周知，自从电子计算机诞生半个世纪以来，尤其是近几年来信息技术和自动化技术的迅猛发展，为提高冶金企业的市场竞争力，缩短技术更新周期与提高企业科学管理水平提供了强有力的手段，也使得冶金企业得以从产业革命的高度来认识信息技术和自动化技术所带来的影响。各冶金企业，谁对信息技术、自动化技术应用得好，谁的产品质量就稳定，谁的竞争优势就增强，谁的市场信誉就提高，谁就能在激烈的市场竞争中生存、发展。因此这种“应用”就成了一种不可阻挡的趋势。

2003年，中国钢铁工业协会信息与自动化推进中心及信息统计部就全国65家主要冶金企业的信息与自动化现状进行了调查，调查的结果表明：

第一，我国整个冶金企业在主要的工序流程上，基本普及了自动化级（L1），今后仍将坚持和普及。

第二，过程控制级（L2）近年也有了一定的发展，但由于受到数学模型的开发及引进数学模型的消化、吸收较为缓慢的制约，过程控制级仍有较大的发展空间，今后应关注控制模型的引进、消化和开发，它是提高产品质量重要的不可替代的环节。

第三，生产管理级（L3）、生产制造执行系统（MES）尚处于研究阶段，还不足以引起企业领导的足够重视，这一级在冶金企业信息化体系结构中的位置和作用是十分重要的，它是实现控制系统和管理信息系统完美集成的关键。

由此可见，普及、提高基础自动化，大力发展生产过程自动化，重视制造执行系统（MES）建设，加快企业信息化、自动化的建设进程，早日实现我国冶金企业信息化、自动化及管、控一体化，是“十五”期间乃至今后若干年内提升冶金工业这一传统产业，走新型工业化道路的重要目标和艰巨任务。

为了加速这一重要目标的实现和艰巨任务的完成，我们组织编写了这套《冶金过程自动化技术丛书》。根据冶金工业工艺流程长，而每一个工序独立性、特殊性又很强，要求掌握的技术很广、很深的特点，为了让读者能各取所需，本套丛书按《冶金过程自动化基础》、《冶金原燃料生产自动化技术》、《炼铁生产自动化技术》、《炼钢生产自动化技术》、《连铸及炉外精炼自动化技术》、《热轧生产自动化技术》、《冷轧生产自动化技术》、《冶金企业管理信息化技术》等8个分册出版，其中《冶金过程自动化基础》是论述研究一些在冶金生产自动化方面共性的问题，具有打好基础的作用，其他各册是根据冶金工序的不同特点编写的。

这套丛书的编著者都是在生产、科研、设计、领导一线长期从事冶金工业信息化及自动化工作的专家，无论是在技术研究的高度上，还是在解决复杂的实际问题方面都具有很丰富的经验，而且掌握的实际案例也很多，因此书中所介绍的内容也是读者感兴趣的，在实际工作中需要的，同时书中所讨论的问题也是当前冶金企业进行大规模技术改造迫切需要解决的问题。

时代的重任，国家的需要，要求我们每一个长期从事冶金企业信息化自动化的工程技术人员，以精湛的技术、刻苦求实的精神，搞好冶金企业的信息化及自动化，无愧于我们这一伟大的时代。相信，这套丛书的出版，会对大家有所帮助。

中国工程院院士 刘玠

《冷轧生产自动化技术》简介和节录

2006 年 10 月

本书分 7 章描述了板带冷轧自动化控制系统，重点阐述了板带冷轧计算机控制系统的设计、控制方法的理论基础、控制功能的实现。全书内容包括单机架冷轧机、连续轧机以及联合全连续冷轧生产线自动化控制系统，其中重点放在连续轧机部分的基础自动化系统与过程自动化系统，同时兼顾了轧机入口与出口处理线的自动化，同时简述了彩色涂层钢板生产线自动化系统以及联合企业的生产执行控制级自动化。

第 2 章　带钢冷轧机计算机控制系统和仪表系统配置

2.1　带钢冷连轧计算机控制功能

冷连轧自动控制系统的主要任务是保证冷轧产品的质量和产量。因此其主要功能将是：跟踪，辊缝设定，速度设定，张力设定，动态变规格，弯辊、窜辊及冷却水设定，速度控制，张力控制，厚度控制，板形控制，成品表面质量监控，轧机运行控制。

2.1.1　跟踪功能

跟踪是任何轧制过程计算机控制的基本功能。只有正确地跟踪才能做到各功能程序的正确启动，为设定计算提供正确的带钢数据以及为人-机界面提供数表和画面显示使操作人员及维护人员正确掌握生产状态。

冷连轧由于其生产工艺及控制的特殊性，它的跟踪功能可分为以下三类：

（1）以钢卷跟踪为基础的物流跟踪和数据跟踪。

（2）以带钢特征点跟踪为基础的带钢映象。

（3）以带钢段跟踪为基础的测量值收集。

2.1.1.1　物流跟踪

物流跟踪亦称为数据跟踪，其主要任务是启动及协调各功能程序的运行，因此需知道每一钢卷在轧机内所处的位置。为此目的需在轧机区设置一批跟踪点以及开辟一批数据区，跟踪点的设置位置及数量与功能程度的启动时序有关。表 2-1 列出了宝钢 2030mm 全连续冷连轧为物流跟踪所设置的 23 个跟踪点的位置。

表 2-1　物流跟踪点的位置

编　号	物流跟踪点位置	编　号	物流跟踪点位置
1	钢卷确认位置	3	焊机出口位置
2	焊机入口位置	4～9	活套内 6 个位置

续表 2-1

编　号	物流跟踪点位置	编　号	物流跟踪点位置
10	活套出口位置	15	No. 2 卷取机
11	轧机入口位置	16	No. 1 钢卷小车
12	第一机架 C_1	17	No. 2 钢卷小车
13	第五机架 C_5	18 ~ 22	运输链上 5 个位置
14	No. 1 卷取机	23	钢卷检查站

物流跟踪数据区为每一个跟踪点配置了一个跟踪数据记录，其结构如表 2-2 所示，当带钢在轧机区内移动一个位置（跟踪点），跟踪数据区内的跟踪数据也随着移动，因此不同跟踪点上的跟踪数据可以反映带钢在轧机区内的实际位置，亦可供相应功能程序使用正确的带钢数据。

表 2-2　物流跟踪数据记录结构

字　号	内　容	字　号	内　容
1 ~ 3	钢卷号	9 ~ 10	拼卷带钢的两个分卷号
4	附加号	11	酸洗断带标志
5	带钢入口厚度	12 ~ 13	备　用
6	带钢出口厚度	14	记录号
7	注解代码	15	计算记录号
8	封闭原因		

钢卷的初始数据进入后存放到钢卷数据文件中（物流跟踪区 1）。在此钢卷进入轧机区入口段时将进行钢卷确认，即由轧机入口段操作人员输入信息后由计算机确认该钢卷是否为轧制计划安排的下一卷要轧制的钢卷，确认后将此钢卷的数据文件登记到确认后的数据记录中（由钢卷确认到活套出口为跟踪区 2），当带头进入第一机架 C_1，此数据记录将转移到跟踪区 3（C_1 到卷取机），同样当钢卷小车卸卷时将转移到跟踪区 4（卸卷小车至称重处）。

物流跟踪以钢卷为基础，因此着重于钢卷的带头及带尾，直到钢卷称重完。

2.1.1.2　带钢特征点跟踪

所谓特征点是指：带头、带尾、焊缝、楔形段开始位置、缺陷头、缺陷尾、带钢段段头。随着这些特征点到达轧机区不同位置，需启动不同功能或作不同的处理。因此，应根据这些位置将轧线分为 n 段，并根据测厚仪及压力仪设置，确定 m 个测量点（表 2-3 为宝钢 2030mm 冷连轧所设置的 43 段及 11 个测量点的位置）。带钢特征点跟踪根据带钢的数据（包括焊缝位置、缺陷头尾位置等），确定各特征点到各测量点的距离（需根据每一机架的压下率、前滑等计算）。带钢特征点的行程距离可用轧机主传动码盘传感器测量或利用现代冷轧机所设置的带速激光测速仪来测量。

表 2-3　轧机区分段及测量点

段　号	动　作	位　置	测量点	段　号	动　作	位　置	测量点
0	调 A	C_1 前光电管		3	0	C_1 前 2600mm	
1	0	无		4	调 B1	C_1 前 1300mm	
2	0	无	DM_0	5	调 C1	C_1 前 400mm	C_1

续表 2-3

段 号	动 作	位 置	测量点	段 号	动 作	位 置	测量点
6	调 D1	C_1 咬钢		27	调 D4	C_4 前 400mm	C_4
7	0	C_1 后 400mm		28	0	C_4 咬钢	
8	0	C_1 后 1400mm	DM_1	29	0	C_4 后 400mm	
9	0	C_1 后 2250mm		30	0	C_4 后 1400mm	DM_4
10	调 B2	C_2 前 1350mm		31	0	C_4 后 2250mm	
11	调 C2	C_2 前 400mm	C_2	32	0	C_5 前 1350mm	
12	调 D2	C_2 咬钢		33	调 B5	无	
13	0	C_2 后 400mm		34	调 C5	无	
14	0	C_2 后 1400mm	DM_2	35	调 D5	无	C_5
15	0	C_2 后 2250mm		36	0	无	
16	0	C_3 前 1350mm		37	0	C_5 前 400mm	
17	0			38	0	C_5 咬钢	DM_5
18	调 B3			39	调 E	C_5 后 400mm	
19	调 C3	C_3 前 400mm	C_3	40	调 F	无	
20	调 D3	C_3 咬钢		41	0	无	
21	0	C_3 后 400mm		42	调 G	C_5 后 2100mm	
22	0	C_3 后 1400mm	DM_3	43	调 G	C_5 后 3200mm	
		C_3 后 2250mm				横向剪切机	
23	0	C_4 前 1350mm				偏转辊	
24	0	无				带式输送机	
25	调 B4	无				卷取机 No. 1	
26	调 C4					卷取机 No. 2	

注：DM_0 ~ DM_5 为 6 台测厚仪；
C_1 ~ C_5 为 5 台冷轧机；
（共 11 个测量点）
调 A 为调相应程序为 C_1 作轧制准备；
调 B1 ~ B5 为机架前 400mm 时执行的功能；
调 C1 ~ C5 为带钢咬入机架时需执行的功能；
调 D1 ~ D5 为机架后 400mm 时执行的功能；
调 E 为飞剪自动控制；
调 F 为偏转辊控制；
调 G 为卷取机控制。

A 带头/带尾跟踪

带头/带尾跟踪主要用于传统冷连轧机的穿带及甩尾过程，随着带头到达不同位置来启动程序或投入张力控制，将液压压下位置内环切换到压力内环等工作；而甩尾过程则相反，应切除功能，接通尾部辊缝修正等工作。

B 焊缝跟踪

焊缝跟踪主要用于全连续冷连轧或酸洗-轧机联合机组。焊缝需分清其不同类型。焊缝的类型有：

(1) 拼卷焊缝。这是为了加大冷轧卷卷重将两个或更多相同的热轧卷拼成一个冷轧卷，对这类焊缝除了焊缝到达轧机时需减速让焊缝通过外，不需作任何工作。

(2) 酸洗焊缝。这是为了连续酸洗而焊接的焊缝。酸洗焊缝和拼卷焊缝都称为内部焊缝，除减速过焊缝外不需作任何处理。

(3) 变规格焊缝。对全连续冷连轧或酸洗-轧机联合机组都需要进行动态变规格，需变规格的前后两个钢卷间的焊缝称为变规格焊缝。为了动态变规格过程中张力变动不过大，对前后两个钢卷的参数差别一般有一个限制，表 2-4 列出了限制的范围。

表 2-4 动态变规格允许前后钢卷参数的差别

ND	参 数	允 许 差 别
1	带 宽	<300mm
2	带 厚	<20%带厚或 0.6mm
3	材料等级	变动 15kg/mm^2
4	换辊后由窄向宽变	尽量少的钢卷用允许差值

变规格焊缝在入口段则是对焊缝跟踪，而进入轧机后将对楔形区起始位置进行跟踪。

C 带钢段跟踪

为了标明测量值所对应的带钢段，引入了带钢段跟踪。即为带钢定义了一些虚拟标记，称作带钢段段头由计算机进行跟踪。

当带钢头部到达测量点 3 时表示新的一段（带钢段）开始，各测量点以 0.2s 周期采样，每当测量点 3 收集到 8 个测量值时，就可定义此时进入到测量位置 0 的带钢点为新带钢段的段头。由此可知带钢段的长度与带钢运行速度，测量周期及各机架延伸率等有关。

因此带钢段的长度可用下式计算

$$L_1 = 0.2 \times 8 \times v_2 + L_1 \times \frac{h_1}{h_2} + L_0 \times \frac{H_0}{h_2}$$

式中 L_1——C_1 和 C_2 间距离，mm；

L_0——测量点 0（C_1 前测厚度仪）到 C_1 的距离，mm；

v_2——C_2 的带钢出口速度，m/s；

H_0，h_1，h_2——C_1 前，C_1 后及 C_2 后的带钢厚度，mm。

由此可知，在穿带时 v_2 较小，带钢段长度较短。

2.1.2 设定计算

通过多个数学模型对冷连轧各机构进行设定值计算是冷连轧计算机控制（过程自动化级）的主要任务。

为了实现正确的设定计算，过程计算机还需设有钢卷跟踪（亦称为物流跟踪或数据的跟踪），数据的采集及处理，模型自适应及模型自学习等项功能为其服务，图 2-1 示意性给出了与设定计算有关的功能。

设定计算可分为：预设定计算、重计算（轧制力模型自适应前）、后设定计算（模型自适应后），以及为连续式冷连轧或酸洗-轧机联合机组所设的动态变规格设定计算。

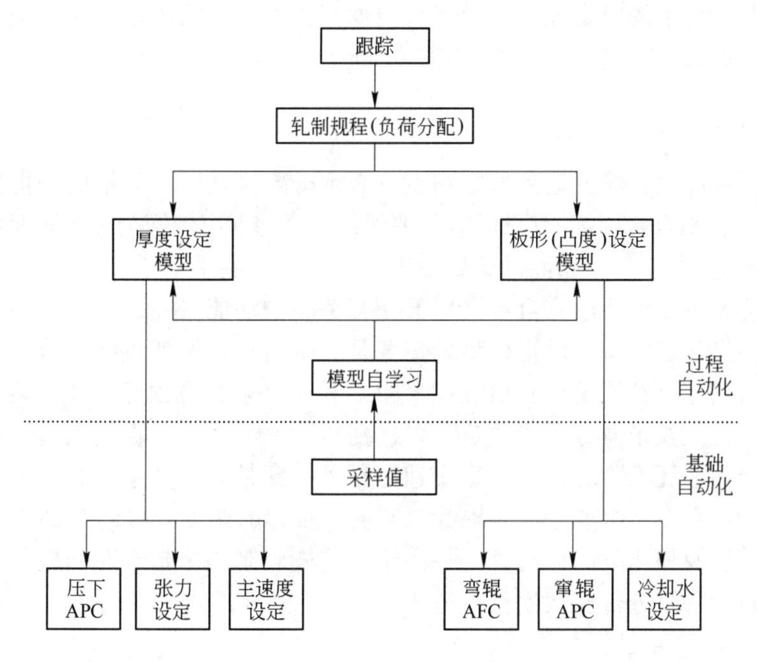

图 2-1　设定计算功能框图

冷连轧设定计算可分为两大部分。第一部分是基本部分，为厚度设定计算，它将给出以下设定值：各机架辊缝值、各机架相对速度值、主令速度值（穿带及稳态轧制）、各机架间张力设定值、其他辅助设备的设定值。

第二部分模型用于板形设定计算，它将给出：各机架弯辊力设定值、各机架窜辊位置设定值、冷却剂量设定。

所有这些设定值计算结果，亦即是轧机能实现的操作量，将下送基础自动化，由基础自动化的自动位置控制、恒压力控制及速度控制、水阀控制等程序执行，使各机构达到设定计算所要求的位置、速度等以保证正常轧制及良好带钢头部质量。

2.1.3　动态变规格

动态变规格是全连续冷连轧或酸洗-轧机联合机组所不可缺少的功能。当不同热轧卷（可以是不同钢种，不同厚度或不同宽度）焊接后连续进入冷轧机组（此时速度降到300m/min）时将其轧制成不同厚度的冷轧卷。对于过程计算机设定模型来说，分别对前后带卷进行设定计算并不困难，困难的是如何来执行，按什么时序逐架对辊缝及速度进行调节，使其经过一个不太长的楔形过渡段后达到后材所需的设定厚度和设定张力并保证平稳过渡，不产生大的张力波动（更不能造成断带）。

为了过渡平稳，将前后材设定值的变化分阶段实施，放慢过渡过程对张力的控制有利，但楔形过渡段又不能太长，一旦楔形过渡段大于机架间距离使过渡段同时处于两个机架时，将使问题更加复杂，因此除了分阶段改变设定值外，关键还是需加强对厚度、速度、张力的综合控制，以加快过渡（使不合格的带材长度减小）。动态变规格要求精确跟踪焊缝，并在第一机架形成楔形过渡段后，要求后面各机架按延伸率保持楔形过渡段。关键是控制好楔形过渡段的开始点位置（与焊缝的距离）及结束位置。

在楔形过渡段通过某一机架时要对该机架以及其前后机架的速度进行调节以使张

力过渡到后材所要求的设定值，以及保持前面张力为前材所要求的设定值，并且在调节过程中不使张力波动过大，这是关键的控制要求。

2.1.4 厚度控制

为了保证成品全长厚度达到所需精度，必须既要保证同一规格的一批带卷厚度达到目标厚度（差别符合国标或厂标），又要保证一个钢卷内带钢全长的厚度均匀（同板差），因此需要控制“一批带卷的头部厚度”及“每一卷带钢全长厚差”。这两个控制目标实际上亦是分别由两个完全不同但又相互关联的功能来完成的。头部厚度的精度主要取决于厚度设定模型。设定模型的任务是穿带前对各机架辊缝、速度以及张力等进行预设定（对于连续冷连轧及酸洗-轧机联合机组必须在带钢已在各机架中的条件下对各架辊缝、速度及张力进行“调节”以过渡到另一规格——即动态变规格）。

冷连轧与热连轧不同之处在于穿带速度很低，穿带后再加速到轧制速度，因此加速段较长，为此存在一个加速段对辊缝、速度、张力的调整。最终头部厚度将取决于设定模型的精度及加速段的调整，此外由于冷连轧轧制一个带卷时间较长，因此在一个带卷轧制过程中将进行多次模型自适应，并在自适应后进行“后设定”以提高厚度精度。

带钢全长厚度的精度主要决定于稳定轧制段开始后（或动态变规格结束后）所投入的 AGC（自动厚度控制系统）功能。

冷连轧 AGC 系统分为粗调 AGC（第一、第二架）及精调 AGC（第四、第五架），包含了多项子功能。图 2-2 给出了与厚度控制有关的各功能以及它们间的关系。

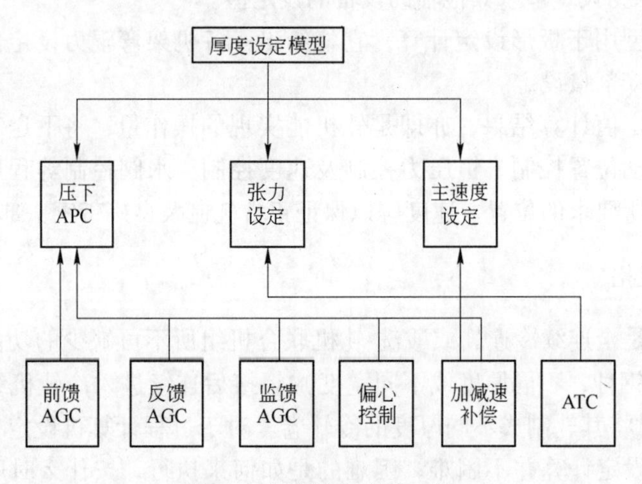

图 2-2　厚度控制有关功能

冷连轧 AGC 系统需要克服以下两方面的问题：一是带钢带来的来料厚度及来料硬度波动；二是轧机本身产生的轧辊偏心，润滑状态变化（包括轧制速度变化）造成的摩擦系数波动及张力波动。

虽然与热连轧相比，冷连轧除成品架出口处设有测厚仪外在多个机架后都设有测厚仪，但如何利用这些测厚仪信号仍然需要费一番心思。直接利用测厚信号进行反馈则滞后太大，用其进行前馈则由于是开环控制不能保证完全消除偏差，利用弹跳方程“间接”测厚进行反馈，滞后减小了但精确度太差，正因为这些困难，当带钢激光测速仪用于生产后各国在 20 世纪 90 年代普遍迅速发展了流量 AGC，通过流量方程“间接”

测厚使厚度精度有了明显提高。

2.1.5 板形控制

与厚度控制类同，板形控制同样有一个“头部”和“全长”的区别。因此设有板形（或称带钢凸度）设定模型及 ASC（自动板形控制系统），以及为执行板形设定模型所给出设定值的液压弯辊 AFC（自动压力控制），液压窜辊的 APC 及热辊型调节系统的冷却水阀控制程序 CWC。图 2-3 给出了传统冷连轧及连续冷连轧（或酸洗-轧机联合机组），并与板形控制有关的功能图，冷连轧板形控制的基本思想是：

（1）通过各机架板形（凸度）设定及控制，以保持各机架出口相对凸度 $\left(\frac{CR_i}{h_i}\right)$ 等于来料相对凸度 $\left(\frac{\Delta}{H_0}\right)$，以此为目标计算弯辊力及窜辊抽动量来获得需要的 CR_i 值。

（2）当 AGC 投入后，为了克服 AGC 引起的轧制力变动对该机架出口相对凸度的破坏，采用前馈方式控制弯辊力以维持相对凸度不变。

（3）通过成品出口平坦度测量仪所得的带宽方向上张应力的不匀分布反馈控制末机架弯辊，CVC 辊窜动（或 HC 轧机中间辊窜动）以及分段冷却消除二次及四次平坦度缺陷以保证成品质量。

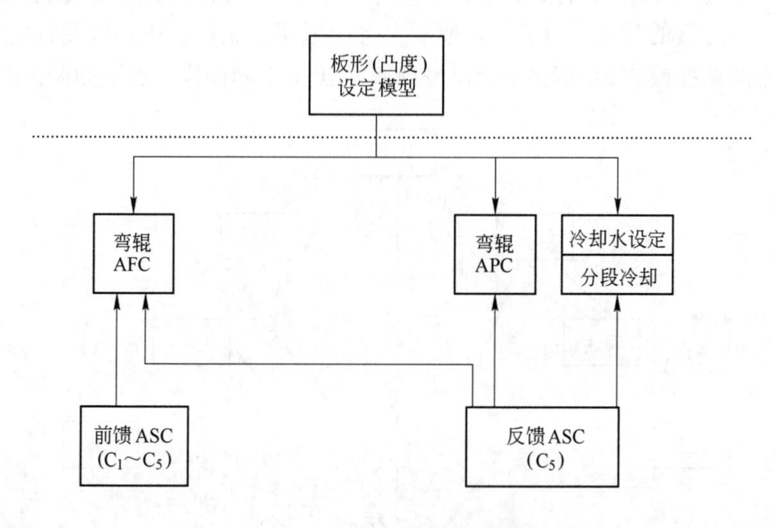

图 2-3 板形控制有关功能

上述控制措施中由于缺乏对每个机架出口凸度（或对各机架间带钢宽度方向张应力分布）的实测手段，因此第一项设定控制的效果无法确定是否真正保持了各机架出口带钢相对凸度恒等。除成品侧具有平坦度测量仪外各机架后缺乏测量凸度或平坦度仪表是冷连轧板形控制的主要困难。

当然各机架相对凸度有少许不等，可通过末机架利用平坦度实测信息进行反馈控制加以克服，但如果相对凸度差别过大就将影响冷连轧的稳定生产。这是当前冷连轧板形控制的一个不足之处，往往不得不依靠经验数据的积累，采用在轧制规范中指定各机架弯辊力和 CVC 辊窜动量的办法。

正由于缺乏各机架出口凸度的实测，很难对冷连轧 $C_1 \sim C_4$ 各机架的凸度设定模型进行自适应和自学习。

2.1.6 成品表面质量的监控

冷连轧成品带钢表面质量是十分重要的指标，因此目前各国正在大力开发与此有关的检测仪表及其监控系统。由于缺乏控制手段，因此目前还是以监控为目标，亦即计算机控制系统通过表面质量检测仪对成品带钢表面质量进行监视，一旦表面质量出现不良的倾向应自动报警，申请更换轧辊或停机检查原因。

2.1.7 轧机运行控制

为了轧机的安全高效、高速运行，设有一批顺序控制对轧机的运行进行自动操作，这包括了自动加速、减速、自动停车及酸洗-轧机联合机组中对酸洗机组的控制，以及整个生产线的速度协调控制。

如果将冷连轧主要控制功能——自动位置/压力控制、主速度级联、自动厚度控制、自动板形控制以外的其他功能总称为运行控制，则运行控制包括以下两类功能：

（1）与轧机自动运行控制有关的速度控制。

（2）与人工操作有关的速度控制。

属于第一类的有活套入口段速度控制，活套小车控制，活套出口段速度控制，过焊缝自动减速以及传统冷连轧所具有的自动加速、自动减速及自动停车控制。属于第二类的有由操作工人进行的升速、恒速、降速、穿带、甩尾、急停、过焊缝及标定各项操作，各类操作状态的切换模式如图 2-4 所示。表 2-5 列出了不同操作状态下的调速选择。

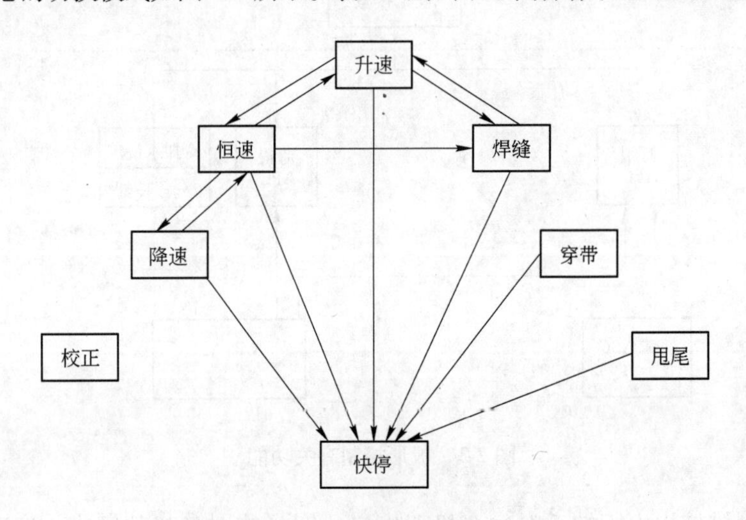

图 2-4 操作状态切换模式

表 2-5 操作状态下的调速参数选择

操作状态	主令速度调速步距	加速度调速表	调速目标	调速方向
快 停	4‰	快停表	0	−
降 速	2‰	降速表	0 或 v	−
升 速	2‰	升速表	v_{max} 或 v	+
焊 缝	2‰	降速表	v_w	−
恒 速			不动	不动

注：v 为操作指定的减速和升速目标；v_{max} 为最大速度；v_w 为焊缝通过速度。

下面以全连续冷连轧为对象叙述活套入口，出口段的速度控制。

为了保持冷连轧机组的以较高的速度稳速轧制，全连续冷连轧需在连轧机入口处设置具有一定容量的活套，并在活套入口处设立焊机等设备以连续不停地供应原料带钢。为了减少活套区的长度，整个活套分为上中下三层，每一层备有活套小车，用以牵引带钢（活套小车则由钢丝绳牵引），当活套区长120m时，可储存带钢720m。

2.1.7.1　*活套入口段速度控制*

在前后带钢焊接时入口段速度为零（停止），此时由活套放出带钢来供冷连轧机高速轧制。当焊接完成后，入口段应以比冷连轧机组所需速度更高的速度运行以能在较短时间内使活套恢复最大储存量，此时入口段速度将达到780m/min。为此需要每200ms计算出活套内尚可充入的带钢长度以便入口段及时减速到正常速度避免活套过套而发生故障。

其计算公式为

$$\Delta L = L_{MAX} - L_{REAL} - L_{SAVE}$$

$$L_{DEC} = \frac{(v_A - v_B)^2}{2\beta}$$

式中　ΔL——尚需充入活套的带钢长度，mm；

L_{MAX}——活套的容量（能容纳的最大带钢长度），mm；

L_{REAL}——活套目前已存储的实际长度，mm；

L_{SAVE}——为安全需要留出的带钢长度量（不能完全充满），mm；

L_{DEC}——由充套速度 v_A 减到正常为轧机供料的速度 v_B 的减速段所走的带钢的长度，mm；

β——减速度，m/s^2。

当 $\Delta L \leqslant L_{DEC}$ 时发出刹车命令，使入口段减速。

2.1.7.2　*活套出口段速度控制*

活套出口段直接与冷连轧机组入口相接，其速度需与冷连轧机速度相协调，一般情况下活套出口段速度根据冷连轧入口速度需要进行控制，但为了避免活套被拉空而损坏活套。需周期地（200ms）计算活套储存量，其计算公式为

$$\Delta L_1 = L_{REAL} - L_{MIN} - L_{SAVE}$$

$$L'_{DEC} = \frac{v_C - O}{2\beta'}$$

式中　L_{REAL}——活套内实际尚有的带钢长度，mm；

L_{MIN}——活套最小储量，mm；

L_{SAVE}——保证安全需留有的安全量，mm；

ΔL_1——尚可以拉出的带钢长度，mm；

L'_{DEC}——由出口段目前的速度 v_C 减速至零减速段所需的行走长度，mm；

β'——刹车后的减速度，m/s^2。

当 $\Delta L_1 \leqslant L'_{DEC}$ 时向冷连轧机组发出紧急停车命令，使整个轧机停车。

有关传统冷连轧自动加速、自动减速、自动停车的计算详见可逆冷连轧计算机控制。

为了实现上述各项主要功能，带钢冷连轧计算机控制系统应具有以下功能的应用

软件：

（1）生产控制级。原始数据的获得可以是与热连轧机计算机控制系统联网以获得由热连轧厂送来的钢卷数据，亦可以在冷连轧厂自己输入各原料钢卷的初始数据，进行生产计划的编排、轧制计划的确定、原料库管理、成品库管理、产品质量管理、磨辊管理等。

（2）过程自动化级。跟踪（包括物流跟踪、带钢段跟踪以及焊缝跟踪等），采样数据的获得和处理，轧制规范或负荷分配，厚度设定数学模型，板形（凸度）设定数学模型，数学模型的自适应，数学模型的长期自学习，设定值的下送，人-机界面信息管理，报表打印，报警信息打印。

（3）基础自动化级。APC（自动位置控制），AFC（自动压力控制），ATC（自动张力控制），AGC（自动厚度控制），AGC 本身还将包括一批子功能，如 FF-AGC（前馈 AGC），FB-AGC（反馈 AGC），TS-AGC（张力 AGC），RES-AGC（轧辊偏心补偿），ACC-AGC（加速段 AGC），DEC-AGC（减速段 AGC）等，ASC（自动板形控制），ASC 本身还将包括一批子功能。如 FF-ASC（前馈 ASC），FB-ASC（反馈 ASC），CW-ASC（热辊型调节 ASC）等，TRC（张力卷取机及开卷机的恒张力控制），MSR（主速度给定，包括了速度级联），SQC（顺序控制）包括 AAC（自动加速控制），ADC（自动减速控制），AST（自动停车），EHL（入口上卷，包括小车及运输链的控制），DHL（出口卸卷，包括小车及运输链的控制），酸洗机组的速度、张力以及工艺段的各种控制功能。

上面所述各项基础自动化级功能从实质上可分为三类：顺序控制（进行控制）；设备控制（APC 等），设备控制主要配合过程计算机设定模型，完成设定值的执行；质量控制，主要是 AGC 和 ASC。

《热轧生产自动化技术》简介和节录

2006 年 11 月

本书共分 7 章。第 1 章热轧生产工艺及设备，介绍了传统带钢热连轧、薄板坯连铸连轧、新型炉卷轧机的生产工艺和设备的发展状况。第 2 章热连轧计算机系统与检测仪表，介绍了热轧计算机系统和热轧检测仪表的概况。第 3 章热轧工艺理论基础，介绍了与热轧生产过程有关的理论公式和实用方程。第 4 章基础自动化级功能，介绍了基础自动化级的主要控制功能。第 5 章过程控制级功能，介绍了过程控制级的主要控制功能。第 6 章热连轧数学模型，介绍了热轧生产过程有关的数学模型。第 7 章生产管理级功能，介绍了生产管理级的主要功能。

6.2 精轧设定模型和模型的自学习

6.2.1 概述

热轧生产线中精轧机组是生产成品的设备，精轧设定模型的精度决定带钢头部的尺寸精度。因此，下面我们以精轧设定模型为例，给出计算过程和相应的数学模型。粗轧设定模型和模型自学习的过程与精轧设定模型和模型自学习的过程类似，本书中就不再详细叙述了。

带坯进入精轧机组以前，计算机要确定精轧区域所属设备的基准值（又叫设定值），统称为精轧设定。精轧设定的基准值主要有：

（1）压下位置（辊缝）。

（2）穿带速度、加速度、最高速度。

（3）侧导板开口度（包括飞剪侧导板和精轧机侧导板）。

（4）活套的张力和活套的高度（活套的角度）。

（5）除鳞和机架间的喷水方式。

（6）保温罩的开启方式。

（7）轧制油的喷射方式。

（8）测量仪表的有关参数。

（9）其他有关参数。

精轧设定模型基本上是由描述精轧生产过程中各种物理规律（例如物体的导热规律、轧件的塑性变形规律、轧机的弹跳规律等）的数学表达式构成的。为了简化问题，在建立精轧数学模型时，并不是把精轧机组作为一个整体的控制系统来考虑，而是从轧制理论和生产工艺出发，把精轧设定的全过程分成几个项目，例如厚度分配、温度计算（包括初始温度的计算和最终温度的计算）、轧制力计算、轧机的弹跳计算等，利用事先建立起来的每个项目的数学表达式，逐项求解，最终完成精轧设定计算。

如果把精轧设定模型进一步细分，可以认为它是由下面几个主要数学模型构成的：

（1）温度预报模型。

（2）轧制力预报模型（变形抗力模型和应力状态模型）。

（3）轧制功率、轧制力矩预报模型。

（4）轧机弹跳模型。

（5）辊缝计算模型（包括辊缝偏移量、油膜厚度、轧辊磨损、轧辊热膨胀等）。

当然还包含负荷分配（厚度分配）的计算方法、前滑模型等。

6.2.2 辊缝设定和速度设定的过程及其数学模型

对带钢热连轧来说，轧机的辊缝设定和速度设定是最重要、最主要的设定。正确地设定轧机辊缝和轧机速度，才能保证在穿带和轧制过程稳定，才能保证带钢头部的厚度精度能够满足要求。

6.2.2.1 计算的流程

精轧机辊缝设定计算和速度设定计算的基本流程可以用下面的一段文字加以概括：根据带钢成品的目标厚度和粗轧来料带坯的厚度，采用一定负荷分配的计算方法，决定各个机架的出口板厚。通常用查询表格的方法（也有采用精轧温度控制法，即 FTC 法）决定末机架的穿带速度。然后，以末机架为基准机架，用流量恒定定律，并且考虑前滑值，求出各个机架的通板速度（穿带速度）。根据带坯在粗轧出口的温度实测值，用温度预报模型计算出精轧入口温度、精轧出口温度以及带钢在各个机架的温度。用轧制力模型计算出各个机架的轧制力。用弹跳模型计算出各个机架的弹跳量，最后完成轧机辊缝设定计算。

国内现有的精轧设定模型，虽然在一些具体细节方面有所不同，但是基本都是这样的计算流程。

精轧机辊缝和速度设定计算的流程图如图 6-1 所示。

下面按照流程图，再进一步叙述精轧机设定计算流程及其使用的数学模型。

A 输入处理

输入处理的过程就是获取数据的过程，即为精轧机设定计算进行准备工作。首先从常数数据文件获取有关工厂及设备的参数（这些都是常数），再根据钢种、带钢的成品目标厚度、目标宽度等条件从模型数据文件得到相适应的数学模型的参数，然后编辑从基础自动化计算机得到的实际数据和由操作人员通过 HMI 输入的数据。

输入的主要数据项目　主要的输入数据项有以下几种：

（1）PDI 数据，包括钢卷号、板坯号、钢种、带钢成品的各种目标值和公差值等。

（2）常数，包括和工厂设备有关的数据。

（3）模型数据，包括模型参数、负荷分配系数、各种极限值、物理参数等。

（4）实际数据，包括实测的轧件温度、轧件的实际传送时间等。

（5）操作人员输入的数据，包括负荷分配的修正值等。

（6）计算数据，包括由其他的数学模型功能计算出来的数据，例如粗轧的出口板厚等。

模型数据是按照记录号（Record No）存储在数据文件中的。这里的记录号又叫作 Lot Number，它是根据钢种、带钢的目标厚度、宽度等条件划分的。钢种、带钢的目标厚度、宽度等条件相同的轧件叫作“相同 LOT”的轧件。

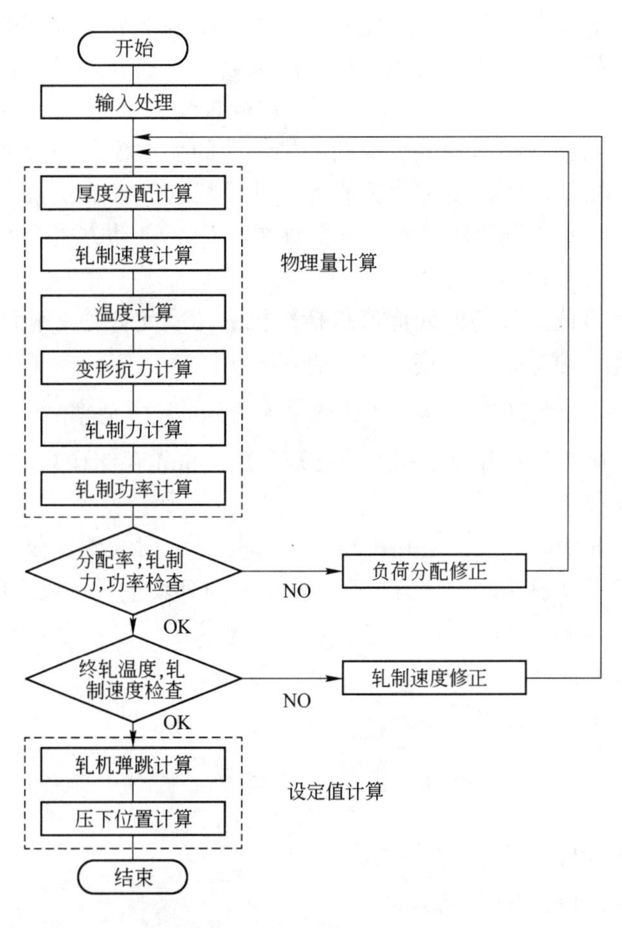

图 6-1　精轧机设定计算流程图

极限检查　对实际数据和操作人员输入的数据进行极限检查，以便确保数据和设定计算的正确性。

操作人员的人工干预　操作人员可以通过 HMI 输入或修改有关数据，对设定计算使用的数据进行人工干预（见表 6-2）。但是操作人员输入、修改的有关数据必须在规定的允许值范围之内，否则计算机将判定人工输入值无效。

表 6-2　操作员可以进行人工干预的项目

序　号	项　目	输 入 的 值
1	压下负荷分配率	要修改的负荷分配率
2	末机架的穿带速度	要修改的穿带速度值
3	加速度	要修改的加速度值
4	侧导板的宽度余量	要修改的侧导板的宽度余量值
5	空过轧机机架的选择	要空过的轧机机架序号
6	除鳞和机架间喷水模式	自动控制模式或手动控制模式
7	轧制油的喷射模式	自动控制模式或手动控制模式

初始设定　初始设定的过程需要计算以下项目：

(1) 目标负荷分配率。目标负荷分配率的确定一般有三种模式，即压下模式、轧制力模式和轧制功率模式。在生产过程中，通常采用压下负荷分配的模式来确定负荷分配率。标准的负荷分配率（也叫作负荷分配系数）存储在模型数据文件中。操作人员可以根据实际的生产情况对压下负荷分配率进行修改。

（2）除鳞和机架间的喷水模式。除鳞、机架间的喷水模式一般采用自动或者半自动两种方式确定，如果采用自动方式，或者由计算机通过查表法确定，或者通过温度控制模型推算出所需要的机架间喷水模式。如果采用半自动方式，由操作人员从 HMI 直接输入除鳞、机架间的喷水模式。

（3）设备的允许值。设备的允许值包括轧机的功率允许值、轧制力允许值、轧机的速度（转速）允许值等，一般按照这样的方法计算。

$$\text{允许值} = \text{额定值(或最大值)} \times \text{过负荷率}$$

额定值和过负荷率都是和设备相关的已知参数，事先存储在数据文件中。

B　粗轧出口板厚的计算

早期建立的热轧生产线，在粗轧机出口处都安装 γ 射线测厚仪，用以测量粗轧出口带坯的厚度。但是 γ 射线测厚仪有较强的辐射，对环境造成污染。所以从 20 世纪 80 年代开始，在粗轧机出口处就不再安装 γ 射线测厚仪了，改用公式计算粗轧出口带坯的厚度。常见的有两种计算方法。

一种方法是利用弹跳方程计算

$$H_{RD} = S_{RM} + \frac{F_{RM} - F_Z}{M} \tag{6-1}$$

式中 H_{RD}——粗轧出口带坯的厚度，mm；

S_{RM}——粗轧机辊缝实际值，mm；

F_{RM}——粗轧机轧制力实际值，kN；

F_Z——粗轧机零调轧制力，kN；

M——粗轧机的轧机常数，kN/mm。

另一种方法是利用经验公式计算

$$H_{RD} = a_1 \times S_{RM} + a_2 \times F_{RM} + a_3 \times RDT + a_4$$

式中 RDT——粗轧出口温度实际值，℃；

$a_1 \sim a_4$——公式的系数。

其余符号的意义同上。

C　厚度分配计算

如果精轧机组有 n 个机架轧机，假定从粗轧机出口的带坯厚度是 H_0，通过精轧 n 个机架的轧制，带钢的成品厚度是 H_n，那么精轧机 n 个机架总的压下量就是

$$\Delta H = H_0 - H_n$$

总的压下量确定以后，必须确定精轧各个机架应该轧出的厚度值 H_i，也就是必须确定各个机架的压下量，这项工作称为厚度分配。各个机架的厚度分配一旦确定了，相应的各个机架的入口厚度（轧件的轧前厚度）、出口厚度（轧件的轧后厚度）、压下量、压下率等工艺参数也就确定了。进一步各个机架的负荷参数，例如轧制力、轧制功率、轧制力矩也就确定了，所以通常厚度分配也称为负荷分配。

负荷分配的一般原则是：保证各个机架的轧制力、轧制力矩、主电机的电流在允

许的负荷范围内；要考虑工艺条件的限制和对成品带钢的板形要求；第一架轧机的压下量大，但要考虑咬入条件，末机架轧机的负荷要小，为了板形良好；考虑各个机架工作辊的磨损尽量均匀，以免影响成品带钢的质量，并且减少换辊次数。

将轧机的负荷进行合理的分配，实质上是对各机架的功率、轧制力进行合理的分配。生产实践证明，精轧机后两个机架的轧制力的大小，将直接影响成品带钢的凸度和平直度。所以进行厚度分配不但要考虑到精轧机设备条件的限制，还要考虑生产工艺的条件限制。如何进行厚度分配（负荷分配），有不少理论方面的研究和探讨，但是，现在热连轧实际生产过程中，主要使用两种常用的方法。一种是用负荷分配系数和递推的方法来进行厚度分配；另一种是用累计能耗分配系数和能耗模型进行厚度分配的（例如武汉钢铁公司的1700mm 热轧机）。现在，在国内以第一种厚度分配方法居多。

生产厂使用的负荷分配系数一般都是先给定一个初始值，然后由工艺技术人员、操作工人根据生产经验不断总结、修改、完善，最后得出适合特定热轧生产线的负荷分配系数。表6-3 给出一组负荷分配系数的例子。

表6-3　负荷分配系数

产品厚度/mm	F_1	F_2	F_3	F_4	F_5	F_6
2.00	55.08	23.06	10.76	6.29	3.23	1.58
2.20	54.06	23.10	11.30	6.40	3.43	1.71
2.75	51.01	24.06	12.11	7.10	3.74	1.98
3.00	49.38	24.12	12.27	7.82	4.19	2.22
3.50	48.27	24.34	12.57	8.13	4.37	2.32
3.75	47.20	24.48	12.85	8.46	4.56	2.45
4.00	46.20	24.60	13.11	8.72	4.75	2.62
4.50	45.14	24.70	13.52	9.01	4.82	2.81
4.75	44.28	24.67	13.73	9.37	5.27	2.68
5.00	43.36	24.61	13.87	9.56	5.43	3.17
5.50	42.53	24.54	14.10	9.82	5.63	3.38
6.00	41.71	24.32	14.32	10.15	5.90	3.60
7.00	41.00	24.06	14.53	10.34	6.16	3.91

有了负荷分配系数，各个机架带钢的出口厚度可以按照下面的公式递推计算。

$$H_i = H_{i-1} - (H_0 - H_n) \times \frac{DIS_i}{\sum_{i=1}^{n} DIS_i} \qquad (6\text{-}2)$$

式中　H_i——第 i 架轧机的出口板厚，mm；

H_0——粗轧机出口板厚（即精轧机来料的厚度），mm；

H_n——精轧机成品机架（末机架）出口板厚，mm；

DIS_i——各机架负荷分配的初始值(采用查询存储在计算机中的负荷分配表得到)。

6.2.2.2　能耗模型

各机架的出口厚度也可以使用能耗模型和累计能耗分配系数来计算。

轧制时，单位质量的轧件通过第 i 架轧机的轧制，而产生一定变形所消耗的能量叫作单位能耗。影响单位能耗的主要因素有：轧机和轴承的类型、摩擦和润滑的条件、钢种、轧制温度、变形程度（压下率）等。在其他条件相对固定的情况下，单位能耗的数值主要取决于钢种、轧制温度、压下率等因素。从第1架轧机到第 i 架轧机的单位能耗的累加值，叫作累计单位能耗，记作 E_i

$$E_i = \sum_{i=1}^{j} E_j$$

那么，所有机架的总能耗为

$$E = \sum_{i=1}^{n} E_i$$

在实际生产过程中，可以利用统计分析的方法建立如下形式的能耗模型

$$E_i = K_{PG} \times [1 + K_T(T_B - T_E)] \times \left[K_1\left(\ln\frac{H_0}{H_i}\right)^2 + K_2\ln\frac{H_0}{H_i} + K_3 \right] \tag{6-3}$$

式中 E_i——第 i 架轧机的累计能耗；

K_{PG}——钢种修正系数；

K_T——温度修正系数；

T_B——精轧机组入口温度的基准值,℃；

T_E——精轧入口温度的预报值,℃；

H_0——来料板坯的厚度（即粗轧出口带坯的厚度），mm；

H_i——第 i 架轧机的出口板厚，mm；

K_1，K_2，K_3——能耗模型的系数。

这是一个由机理出发的统计模型，该模型可以分解为三部分。K_{PG}反映钢种（即化学成分）对能耗的影响；第二部分$[1 + K_T(T_B - T_E)]$反映了轧制温度对能耗的影响；最后一部分反映了压下率对能耗的影响。

此时，负荷分配系数 ϕ_i 可以表示为

$$\phi_i = (\Delta E_i / E) \times 100\%$$

它实际上是累计能耗分配系数，所以要注意，这里的负荷分配系数 ϕ_i 和表6-3的负荷分配系数 DIS_i 的取值范围是不相同的。表6-4给出累计能耗分配系数的例子。表中的数据只是一种成品宽度范围的数据。

表6-4　能耗分配系数

产品厚度/mm	F_1	F_2	F_3	F_4	F_5	F_6	F_7
$1.2 \leqslant H < 1.7$	12.0	15.3	18.0	18.1	15.7	12.0	8.9
$1.7 \leqslant H < 2.2$	17.7	15.2	16.5	16.6	14.2	12.1	7.7
$2.2 \leqslant H < 2.9$	16.7	16.6	17.7	15.5	15.0	11.5	7.0
$2.9 \leqslant H < 3.9$	16.9	17.0	17.2	15.7	14.8	11.4	7.0
$3.9 \leqslant H < 5.2$	18.5	15.9	16.0	16.3	12.9	11.8	8.6
$5.2 \leqslant H < 7.0$	15.0	16.5	16.5	16.8	14.4	12.3	8.5
$7.0 \leqslant H < 9.5$	12.7	14.7	16.6	17.2	15.3	13.3	10.2
$9.5 \leqslant H < 13.0$	13.2	15.4	16.9	17.4	15.0	13.0	9.1

为了书写方便起见，记

$$T_{mp} = K_{PG}[1 + K_T(T_B - T_E)]$$

那么，从能耗模型就可以推导出来各个机架带钢的出口厚度计算公式

$$H_i = H_0 \times \exp\left\{\frac{K_2 - \sqrt{K_2^2 - 4K_1 \times \left(K_3 - \frac{E}{T_{mp}} \sum_{j=1}^{i} \phi_j\right)}}{2K_1}\right\} \tag{6-4}$$

式中 K_{PG}——钢种影响系数；

K_T——温度影响系数；

T_B——精轧入口温度的标准值，取值990℃；

T_E——精轧入口温度预报值,℃；

$K_1 \sim K_3$——能耗模型的系数；

ϕ_j——累计能耗分配系数；

E——总能耗；

H_0——粗轧机出口的带坯厚度，mm；

H_i——带钢的厚度，mm。

表6-5 给出能耗模型的系数。

表6-5　能耗模型系数

产品厚度/mm	K_T	K_1	K_2	K_3
$1.2 \leq H < 1.7$	0.00010	4.2627	4.7476	0.3058
$1.7 \leq H < 2.2$	0.00036	3.3090	8.1441	0.0795
$2.2 \leq H < 2.9$	0.00044	3.1513	6.1443	0.1063
$2.9 \leq H < 3.9$	0.00016	2.6916	6.9246	0.1292
$3.9 \leq H < 5.2$	0.00033	2.2141	7.4092	0.0873
$5.2 \leq H < 7.0$	0.00041	2.2115	5.8231	0.0591
$7.0 \leq H < 9.5$	0.00048	2.1801	4.9090	0.0252
$9.5 \leq H < 13.0$	0.00040	2.2194	5.7124	0.0119

这里给出的能耗模型属于统计型的经验模型。模型的系数可以根据实际生产过程中的实测数据，用回归分析的方法确定。

6.2.2.3　前滑计算和前滑模型

计算前滑的目的是为了计算精轧机的穿带速度（又叫作通板速度)。有不同形式的前滑模型，下面给出的公式是其中较为常用的两种

$$f_i = a_1 r_i + a_2 + (a_3 r_i + a_4)\sqrt{\frac{H_i}{R_i}} \tag{6-5}$$

$$f_i = \sqrt{b_1 r_i + b_2} - b_3 \tag{6-6}$$

式中 f_i——前滑；

r_i——压下率；

R_i——工作辊的直径，mm；

H_i——带钢的厚度，mm；

a，b——前滑模型的系数。

A　压下率的计算

$$r = \frac{H_{i-1} - H_i}{H_{i-1}} \tag{6-7}$$

B　穿带速度的计算

首先确定精轧机末机架的穿带速度，然后根据厚度分配计算出来的各机架出口厚度，根据用前滑模型计算出来的各机架的前滑值，用秒流量公式计算出各个机架的穿带速度。

$$V_i = \frac{(1+f_n) \times H_n}{(1+f_i) \times H_i} \times v_n \tag{6-8}$$

末机架的穿带速度 v_n，一般按照带钢成品的厚度、宽度，采用查表的方法得到，也就是说由工艺技术人员按照设备和工艺条件，决定各种成品厚度、宽度的带钢的穿带速度，存储在计算机的数据表中。操作人员也可以通过 HMI 直接输入末机架的穿带速度。

表 6-6 作为例子，给出精轧末机架的穿带速度。

表 6-6　穿带速度

带钢的目标厚度/mm	末机架速度/(m/min)	带钢的目标厚度/mm	末机架速度/(m/min)
1.2	720	4.5	425
1.4	680	5.2	385
1.7	665	6.0	345
1.9	650	7.0	310
2.2	635	8.2	280
2.5	605	9.5	250
2.9	575	11.0	225
3.4	535	12.0	200
3.9	485		

如果把确保带钢的终轧温度作为首要目标，可以通过精轧温度模型反算出为了达到目标终轧温度所需要的末架穿带速度。

从精轧入口开始，到精轧出口温度计为止的区间，轧件经过较复杂的热交换过程，为了简化计算，可以把它看成一个综合传热过程。根据传热的基本方程，得出如下形式的精轧温度模型

$$T_d = T_w + (T_e - T_w)\exp[-K_S/(c_P \times \gamma) \times L/(H_n \times v_n)] \tag{6-9}$$

式中　T_d——精轧出口温度预报值,℃；

T_w——精轧机架间冷却水的温度,℃；

T_e——精轧入口温度的实际测量值,℃；

L——精轧入口测温仪到精轧出口测温仪的距离，mm；

K_S——等价热传导系数；

c_P——比热容，J/(kg·℃)；

γ——钢的密度，kg/m^3。

把上式中的精轧出口温度预报值 T_d，用精轧出口温度的目标值 T_m 代替，并且把式中的末机架的穿带速度 v_n 作为未知数来求解，就可以得到满足精轧出口温度达到 T_m 所需要的末机架的穿带速度。

$$v_n = \frac{-K_S \sum_{j=1}^{n} L_j}{H_n \times \ln\left(\frac{T_m - T_w}{T_e - T_w}\right)} \tag{6-10}$$

式中的符号含义同上。这就是用精轧温度控制法（FTC 法）计算精轧穿带速度的基本原理。不同热轧生产线的区别仅在于上述的温度模型的形式和参数不同。

6.2.2.4　温度计算和温度预报模型

精轧温度数学模型描述粗轧出口带坯在传输辊道以及带钢在精轧区域的温度变化规律。使用精轧温度模型能够进行下面的计算：

（1）根据粗轧出口处带坯的实测温度 *RDT*，预报带坯在精轧入口的温度 *FET*。

（2）预报带钢在精轧出口温度计处的温度 *FDT*。

（3）预报带钢在精轧机各机架的温度 T_i。

（4）决定精轧温度控制（FTC）方式下的穿带速度。

所以综合起来说，温度的计算过程就是利用温度预报模型计算精轧入口温度预报值、精轧出口温度预报值和精轧各机架出口温度预报值。除了温度控制需要进行温度计算以外，温度计算的重要目的是为了计算轧制力，因为轧制力的大小和温度的高低是密切相关的。

从粗轧出口温度计 *RDT* 开始，到精轧入口为止，主要认为是空冷区间，如果考虑在该区间温度变化主要由于热辐射引起的，根据热力学定律，建立微分方程，并求解，得到精轧入口温度预报模型。从精轧入口开始，到精轧出口温度计为止的区间，轧件经过较复杂的热交换过程。一般不但考虑水冷和空气冷却，还要考虑轧辊接触的热传导、由变形产生的热、由摩擦产生的热等。这些温度数学模型一般来源于理论或文献，求解传热学的微分方程或者采用二维有限差分法建立，基本不需要改变，除非温度预报的精度明显不好，需要调整综合热辐射系数或综合热传导系数。下面给出一些温度预报数学模型。

A　空冷温度模型（辐射温降模型）

$$\Delta t_a = \left[(t_0 + 273)^{-3} + \frac{6\varepsilon\sigma t_{im}}{c_P \gamma H} \right]^{-\frac{1}{3}} - (t_0 + 273) \tag{6-11}$$

式中　Δt_a——空冷温度，℃；

t_0——初始温度，℃；

ε——热辐射率，也叫黑度；

σ——斯蒂芬-玻耳兹曼常数，$kJ/(m^2 \cdot h \cdot ℃^4)$；

t_{im}——轧件的传送时间，h；

c_P——比热容，$kcal/(kg \cdot ℃)$；

γ——钢坯的密度，kg/m^3；

H——带钢的厚度，mm。

用空冷温度模型可以计算轧件在轧线上运动时，由空气对轧件产生的温降。

在有的带钢热轧计算机控制系统中，采用如下形式的辐射温降模型

$$T_a = T_{abs}\left(\frac{1}{1+E}\right)^{1/3} - 273 \tag{6-12}$$

$$E = \varepsilon \times K_r \times T_{abs} \times \frac{t_{im}}{H}$$

$$T_{abs} = T + 273$$

式中 T_a——轧件经过辐射温降以后的温度,℃;

T_{abs}——轧件在辐射温降以前的绝对温度,℃;

ε——热辐射率;

t_{im}——轧件的传送时间,h;

K_r——热辐射常数,$K_r = 6.54 \times 10^{-11}$;

H——带钢的厚度,mm。

B 水冷温度模型

$$\Delta t_w = (t - t_w)\left[\exp\left(\frac{-2 \times a_h \times t_{im}}{c_P \gamma H}\right) - 1\right] \tag{6-13}$$

式中 Δt_w——水冷温度,℃;

t_w——冷却水的温度,℃;

a_h——热传导系数,kJ/(m^2·h·℃)。 (6-14)

或者使用如下形式的水冷模型。

$$\Delta t_w = R_w \times a_s \times \frac{t_0}{H \times v}$$

式中 Δt_w——水冷温度,℃;

R_w——冷却水的热传导系数;

a_s——水冷温度模型的自学习系数;

t_0——初始温度,℃;

H——带钢的厚度,mm;

v——带钢的速度,m/s。

用水冷温度模型可以计算除鳞和机架间冷却水对轧件产生的温降。

C 轧辊接触产生的温度

$$\Delta t_c = \alpha_c \times \frac{4\beta \times (t_{wr} - t)}{\frac{H_{i-1} + 2 \times H_i}{3}} \times \sqrt{\frac{K_s \times T}{\pi}} \tag{6-15}$$

$$K_s = \frac{\lambda}{c_P \gamma}$$

在有的文献中将上式的$\frac{H_{i-1} + 2 \times H_i}{3}$一项用平均厚度$\frac{H_{i-1} + H_i}{2}$来代替。

式中 Δt_c——由轧辊接触产生的温度,℃;

α_c——热传导的衰减率;

t_{wr}——轧辊的温度,℃;

t——带钢的入口温度,℃;

K_s——热传导率,m^2/h;

λ——接触热传导系数,kJ/(m·h·℃);

T——轧辊的接触时间,h;

π——圆周率。

或者有如下形式的轧辊接触温度模型

$$\Delta t_c = K_c \times E_c \times F_c \times (t - t_{wr})$$

$$F_c = \sqrt[3]{\frac{(H_{i-1} - H_i)\sqrt{\frac{(H_{i-1} - H_i) \times R}{2}}}{(v_i \times H_i)^2 \times H_m}} \tag{6-16}$$

$$H_m = H_{i-1} - \frac{2}{3} \times (H_{i-1} - H_i)$$

式中 Δt_c——由轧辊接触产生的温度,℃;

K_c——热增益常数;

E_c——有效系数;

t_{wr}——轧辊的温度,℃;

t——带钢的入口温度,℃;

H——带钢的厚度,mm;

R——轧辊的直径,mm;

v——带钢的速度,m/s。

D 由变形产生的温度

$$\Delta t_d = \alpha_d \times \frac{K_m \times \ln\left(\frac{H_{i-1}}{H_i}\right)}{c_P \times \gamma} \times J_1 \times 10^6 \tag{6-17}$$

式中 Δt_d——变形产生的温度,℃;

α_d——衰减率;

K_m——变形抗力,kg/mm²;

J_1——热功转换当量,kJ/(kg·m)。

或者有如下形式的变形温升模型

$$\Delta t_d = K_d \times E_d \times \frac{P_w}{H \times v \times W} \tag{6-18}$$

式中 Δt_d——变形产生的温度,℃;

K_d——变形功的增益常数;

E_d——变形功的有效系数;

P_w——功率,kW;

H——带钢的厚度,mm;

v——带钢的速度,m/s;

W——带钢的宽度,mm。

E 由摩擦产生的温度

$$\Delta t_f = \beta_f \times 2 \times \frac{2.3419}{1000} \times \mu \times \frac{K_m \times v_f}{\frac{(H_{i-1} + 2 \times H_i) \times c_P\gamma}{3}} \tag{6-19}$$

$$v_f = \frac{v \times (f^2 + f_b^2)}{2 \times (f + f_b)(1 + f)}$$

式中 Δt_f——由摩擦产生的温度，℃；

β_f——衰减率；

μ——摩擦系数；

f——前滑；

f_b——后滑；

v——轧机的出口速度，m/s。

在精轧设定计算中，从粗轧机出口到精轧机入口，再到精轧机出口，按照轧件的运动过程和轧制过程，根据不同形式的热交换，划分成空冷区、水冷区、塑性变形区、轧辊接触区、摩擦区等不同的区域，使用与其相对应的温度数学模型，来计算轧件在不同区域、不同状态下的温度。

6.2.2.5 轧制力预报模型

国内外带钢热连轧计算机控制系统中在线使用的轧制力数学模型有许多种类。例如，如果按照研制者的名字区分，主要有如下轧制力数学模型：

（1）Sims Integrated 模型；

（2）Alexander 模型；

（3）Alexander And Ford 模型；

（4）Bland And Ford 模型；

（5）志田茂模型。

在众多种类的轧制力数学模型中，它们的共同特点，或者说它们的主要趋势是：在轧制力数学模型中除了考虑轧件的宽度和轧辊的接触弧长之外，都把轧制力分解成两个函数的乘积。一个函数是变形抗力，另一个函数是应力状态系数。前者（变形抗力）描述了轧件在高温、高速变形的过程中，对轧制力的影响；后者（应力状态系数）描述了轧件在几何尺寸变形过程中，对轧制力的影响。这样，有如下形式的轧制力数学模型。

$$F_i = K_{mi} \times Q_{p_i} \times L_{d_i} \times W \tag{6-20}$$

式中 F——轧制力，kN；

K_m——变形抗力，kg/mm^2；

Q_p——应力状态系数；

L_d——轧辊的接触弧长，mm；

W——轧件的宽度，mm。

A 变形抗力模型

下面的志田茂模型在许多热轧生产线上都有具体的应用。

$$K_{mi} = \frac{2}{\sqrt{3}}\left[\sum_{j=1}^{N}(\mathrm{Akm}(j)\mathrm{Cnt}(j)) + \mathrm{Akm}(N+1)\right]\sigma_f f\left(\frac{\mathrm{Str}_i}{10}\right)^m \tag{6-21}$$

$$t = \frac{T+273}{1000} \qquad t_d = a_1\frac{\mathrm{Cnt}(1)+a_2}{\mathrm{Cnt}(1)+a_3}$$

$$m = (a_4\mathrm{Cnt}(1)+a_5)t + (a_6\mathrm{Cnt}(1)+a_7) \quad (\text{当 } t \geqslant t_d)$$

$$m = (a_8\mathrm{Cnt}(1)-a_9)t + (a_{10}\mathrm{Cnt}(1)+a_{11}) + \frac{a_{12}}{\mathrm{Cnt}(1)a_{13}} \quad (\text{当 } t < t_d)$$

$$f = a_{14}\left[\frac{\mathrm{St}(i)}{a_{15}}\right]^{n} - a_{16}\left[\frac{\mathrm{St}(i)}{a_{15}}\right]$$

$$n = a_{17} - a_{18}\mathrm{Cnt}(1)$$

当 $t \geqslant t_{\mathrm{d}}$ 时，$\sigma_{\mathrm{f}} = a_{19}\exp\left[\frac{a_{20}}{t} - \frac{a_{21}}{\mathrm{Cnt}(1) + a_{22}}\right]$

当 $t < t_{\mathrm{d}}$ 时，$\sigma_{\mathrm{f}} = a_{19}g(\mathrm{Cnt}(1), t)\exp\left[\frac{a_{20}}{t_{\mathrm{d}}} - \frac{a_{21}}{\mathrm{Cnt}(1) + a_{22}}\right]$

$$g = a_{23}(\mathrm{Cnt}(1) + a_{24})\left(t - a_{25}\frac{\mathrm{Cnt}(1) + a_{26}}{\mathrm{Cnt}(1) + a_{27}}\right)^{2} + \frac{\mathrm{Cnt}(1) + a_{28}}{\mathrm{Cnt}(1) + a_{29}}$$

式中 K_{m}——变形抗力，$\mathrm{kg/mm^2}$；
Akm——模型系数；
Cnt——化学成分,%；
Str——变形程度；
St——变形速度，1/s；
Cnt(1)——化学成分中的碳含量。

计算变形程度

$$\mathrm{St}_i = \ln\left(\frac{1}{1 - r_i}\right) \tag{6-22}$$

$$r_i = \frac{H_{i-1} - H_i}{H_{i-1}}$$

计算变形速度

$$\mathrm{Str}_i = \frac{v_{ri}}{\sqrt{R_{\mathrm{d}i}H_{i-1}}}\frac{1}{\sqrt{r_i}}\mathrm{St}_i \tag{6-23}$$

式中 v_r——轧制速度，m/s。

B 应力状态系数模型

在带钢热连轧计算机控制系统中，计算应力状态系数时，较为常用的有以下公式

志田茂公式

$$Q_{\mathrm{p}i} = 0.8 + C\left(\sqrt{\frac{R_{\mathrm{d}i}}{H_{i-1}}} - 0.5\right) \tag{6-24}$$

$$C = \frac{0.052}{\sqrt{r_i}} + 0.016 \quad (\text{当 } r \leqslant 0.15)$$

$$C = 0.2 \times r_i + 0.12 \quad (\text{当 } r > 0.15)$$

$$r_i = \frac{H_{i-1} - H_i}{H_{i-1}}$$

式中 Q_{p}——应力状态系数；
R_{d}——轧辊的压扁辊径，mm。

美坂佳助公式

$$Q_{\mathrm{p}i} = \frac{\pi}{4} + 0.25 \times \frac{L_{\mathrm{d}i}}{H_{\mathrm{c}i}} \tag{6-25}$$

式中　L_d——轧辊的接触弧长，mm；

H_c——轧件的平均厚度，即入口板厚和出口板厚之和的平均值，mm；

$$H_c = \frac{H + h}{2}$$

H——轧机的入口板厚，mm；

h——轧机的出口板厚，mm。

福特-亚历山大公式

$$Q_p = 0.786 + \sqrt{1 - r} \times \frac{r}{2(2 - r)} \times \sqrt{\frac{R_d}{H}} \tag{6-26}$$

上式经过变换后可以变成如下形式

$$Q_p = 0.786 + 0.25 \times \frac{L_d}{H_c} \tag{6-27}$$

实际上与美坂佳助公式一样。

克林特里公式

$$Q_p = 0.75 + 0.27 \times \frac{L_d}{H_c} \tag{6-28}$$

用多元线性回归法得到的应力状态系数模型

$$Q_{pi} = a_1 \times \frac{L_{di}}{H_{ci}} + a_2 \times \frac{L_{di}}{H_{ci}} \times r_i + a_3 \times r_i + a_4 \tag{6-29}$$

计算接触弧长

基本上都使用经典的海基柯克（Hitchcock）公式来计算轧辊的接触弧长。

$$L_{di} = \sqrt{R'_i \times \Delta H_i} \tag{6-30}$$

或者为如下形式

$$L_{di} = \sqrt{R'_i \times \Delta H_i \times \left(1 - \frac{\Delta H_i}{4 \times R'_i}\right)} \tag{6-31}$$

式中　L_{di}——接触弧长，mm；

ΔH——压下量，mm；

R'——轧辊的压扁辊径，mm。

$$\Delta H = H_{i-1} - H_i$$

计算轧辊的压扁辊径

$$R'_i = \left(1 + \frac{C_0}{\Delta H_i} K_{mi} L_{di} Q_{pi}\right) R_i \tag{6-32}$$

或者为如下形式

$$R'_i = \left(1 + \frac{C_0}{\Delta H_i} \times \frac{F_i}{W}\right) R_i \tag{6-33}$$

其中

$$C_0 = \frac{16(1 - \nu^2)}{\pi E_0}$$

式中　R'_i——轧辊的压扁辊径，mm；

R_i——轧辊的实际辊径，mm；

E_0——杨氏模数；

ν——泊松比；

F_i——轧制力，kN；

W——轧件的宽度，mm。

轧辊的压扁辊径一般都采用迭代方法进行计算。常用的有两种迭代方法。一种是先给定一个初始的轧制力，例如1000，然后用这个初始轧制力除以宽度值，代替轧辊压扁辊径公式中的数据项 $K_m \cdot L_d \cdot Q_P$。算出轧辊的压扁辊径、接触弧长、轧制力。再用这个轧制力进行迭代。另一种是先用工作辊的直径作为轧辊压扁辊径的初始值，进行迭代。两种方法一般迭代五次，就可以达到计算精度的要求。

C 另外一种形式的轧制力数学模型

在国内带钢热轧计算机控制系统中使用的较为广泛的轧制力模型还有如下形式。

$$F = RH \times EP \tag{6-34}$$

$$RH = RH_0 \times P_s \times R_f \times R_a$$

式中 F——轧制压力，kN；

RH——材料的硬度；

EP——压下率；

RH_0——不考虑压扁状态下的材料硬度；

P_s——压扁影响系数；

R_f——与精轧各个机架有关的修正系数；

R_a——与材料有关的修正系数。

这种轧制压力数学模型没有按变形抗力和应力状态系数两个函数之积的方法来考虑，同时使用神经网络的方法计算变形抗力和轧制压力，在实际应用中也取得了令人满意的结果。

在有的带钢热轧计算机控制系统中，使用如下形式的轧制力模型，即Alexander-Ford模型。

$$F_i = K_{Pi} \times G_{ha} \times Q_{Pi} \times L_{di} \times W \tag{6-35}$$

式中 K_{Pi}——平均变形抗力，kg/mm^2；

G_{ha}——硬度系数，存储在计算机的数据表中。

其余符号的意义和前面相同。

在这种情况下，首先采用查询数据表格的方法得到平均变形抗力值 K_{Pi}，然后再根据轧件的温度和厚度分别对变形抗力值进行修正。温度对变形抗力的修正系数如表6-7所示。从表中的数据可以看出来，这种方法是将900℃时的变形抗力作为基准值。这样可以根据预报的轧件温度值，采用插值法求出变形抗力修正系数。

表6-7 变形抗力修正系数

带钢的温度/℃	变形抗力修正系数	带钢的温度/℃	变形抗力修正系数
780	1.319	960	0.971
840	1.148	1020	0.758
900	1.0		

插值法的计算公式为

$$Y = Y_{i-1} + \frac{Y_i - Y_{i-1}}{X_i - X_{i-1}} \times (X - X_{i-1}) \tag{6-36}$$

6.2.2.6 轧制转矩模型和轧制功率模型

常见的轧制转矩有如下形式

$$T_{qi} = \lambda \times L_{di} \times F_i \tag{6-37}$$

轧制功率模型有如下形式

$$P_{wi} = \frac{1}{\eta} \times 9.81 \times 2 \times \frac{v_{ri}}{R_i} \times T_{qi} \tag{6-38}$$

式中 T_{qi}——轧制转矩，kN·m；
λ——转矩力臂增益；
F_i——轧制力，kN；
P_{wi}——轧制功率，kW；
η——电动机效率；
v_{ri}——轧机速度，m/s；
R_i——轧辊直径，mm。

6.2.2.7 轧机弹跳计算（弹跳模型）

在轧制过程中，轧辊对轧件施加轧制压力，使得轧件产生变形。反过来，轧件对轧辊也有一个反作用力，使得轧机的辊缝增大，这个现象就是轧机的弹跳。计算完轧制力以后，就可以使用轧机弹跳模型来预报轧机的弹跳了。关于轧机弹跳模型的详细叙述参见本书的第3章。

可以把轧机弹跳的计算公式写成如下形式

$$S_{pi} = \frac{F_{0i}}{M_i} - \frac{F_i}{M_i - K_i(W_0 - W)} \tag{6-39}$$

式中 S_{pi}——轧机的弹跳量，mm；
M_i——轧机的刚度系数，kN/mm；
F_{0i}——零调时的轧制力，kN；
F_i——轧制力预报值，kN；
K_i——轧机机架刚度的宽度补偿系数；
W_0——工作辊辊身的长度，mm；
W——轧件的宽度，mm。

该公式既考虑了轧机零调时的轧制力，也考虑了轧件宽度对轧机刚度的影响。

由于轧机的弹跳量与轧制力并不是完全呈线性关系，机架的刚度不是一个常数，而是轧制力和轧件宽度的函数，所以一般不将上式直接用于在线控制。解决的办法是把轧机的弹性曲线分成几段，在每一小段中用直线来近似曲线。另外，认为轧件宽度对弹跳的影响，满足下面的函数关系

$$f(W,F) = [a(W_0 - W) + b] \times (W_0 - W)$$

这样，可以得到如下形式的弹跳方程

$$S_{pi} = S_{0i} - \{S'_i - [a \times (W_0 - W) + b] \times (W_0 - W)\} \tag{6-40}$$

式中　S_{pi}——轧机的弹跳量，mm；

S_{0i}——零调时的辊缝值，mm；

S'_{i}——轧制力为 F 时，并且宽度 $W=W_0$ 时的辊缝值，mm；

W_0——轧机工作辊辊身的长度，mm；

W——轧件的宽度，mm；

a，b——系数。

在有的热连轧计算机控制系统中，将总的弹跳量分成两部分构成，一部分是轧机的弹跳量，另一部分是轧辊的挠度，即有如下形式的弹跳模型

$$S_{pi} = DS_0(F) + DS_1(W,R_b,R,F)$$

式中　DS_0——轧机的弹跳量，它是轧制力的函数；

DS_1——轧辊挠度的修正项，它是带钢宽度 W、支持辊的直径 R_b、工作辊的直径 R、轧制力 F 的函数。

轧机的弹跳量 DS_0 是利用存储在计算机的轧制力-弹跳表（见表6-8），然后采用线性插值算法求出来的。轧辊挠度的修正项采用下式计算

$$DS_1 = F_d \times F \times D_e \tag{6-41}$$

$$F_d = [1.0 + C_{wr} \times (R_{BA} - R)] \times [1.0 + C_{br}(Rb_{BA} - Rb)] \times C_{EL}$$

式中　DS_1——轧辊挠度的修正项；

F_d——轧辊挠度的修正因子，它是支持辊直径和工作辊直径的函数；

D_e——宽度对轧辊挠度的影响项；

C_{wr}——工作辊辊径系数；

C_{br}——支持辊辊径系数；

R_{BA}——工作辊的标准辊径，mm；

Rb_{BA}——支持辊的标准辊径，mm；

R——工作辊的实际辊径，mm；

Rb——支持辊的实际辊径 mm；

C_{EL}——轧辊的延伸系数。

表6-8　轧制力-弹跳表

序　号	轧制力	F_1	F_2	F_3	F_4	F_5	F_6
1	0	-2.74	-2.75	-2.72	-3.32	-3.050	-3.10
2	100	-2.19	-2.13	-2.27	-2.53	-2.51	-2.20
3	200	-1.83	-1.80	-1.94	-2.09	-2.10	-1.92
4	300	-1.56	-1.52	-1.64	-1.72	-1.75	-1.65
5	450	-1.18	-1.18	-1.25	-1.28	-1.30	-1.23
6	600	-0.84	-0.85	-0.87	-0.92	-0.92	-0.88
7	800	-0.41	-0.42	-0.42	-0.45	-0.44	-0.43
8	1000	0	0	0	0	0	0
9	1500	0.98	0.94	0.99	1.05	1.02	1.04
10	2000	1.88	1.80	1.93	1.93	1.95	2.0
11	3000	3.68	3.51	3.75	3.65	3.77	3.82
12	4000	5.40	5.22	5.60	5.37	5.59	5.64

宽度对轧辊挠度的影响项 D_e，它是利用存储在计算机的宽度-轧辊挠度数据表（见表6-9），采用线性插值算法求出来的。

表6-9　宽度-轧辊挠度数据表

序　号	轧件的宽度/mm	宽度对挠度的影响系数
1	500	0.000356
2	600	0.000229
3	750	0.000127
4	1150	0.000051
5	1500	0.000025
6	2000	0.0

6.2.2.8　支持辊油膜轴承的油膜厚度的计算

支持辊油膜轴承的油膜厚度和轧制力、轧机的速度有关。其计算也有不同的方法。下面给出在热轧生产过程实际使用的一个计算公式

$$Q_{fi} = K\left(\sqrt{\frac{v_i}{F_i \times R_{si} \times \pi}} - \sqrt{\frac{v_{0i}}{F_{0i} \times R_{si} \times \pi}}\right) \times \sqrt{\frac{R_i}{R_{bi}}} \tag{6-42}$$

式中　Q_{fi}——轧机油膜厚度，mm；

K——油膜模型的系数；

v_i——轧机速度，m/s；

v_{0i}——轧机的零调速度，m/s；

F_i——轧制力，kN；

F_{0i}——轧机零调时的轧制力，kN；

R_i——工作辊的辊径，mm；

R_{si}——工作辊的标准辊径，mm；

R_{bi}——支持辊的辊径，mm。

也有的计算机控制系统中计算轧机弹跳和油膜厚度时没有采用公式计算法，而是使用查表和插值法。在测试轧机刚度时，同时测量油膜厚度的影响数据，存储计算机的数据表中。在线控制时，利用预报的轧制力和轧机零调时的轧制力，通过插值法，计算轧机弹跳；利用设定的轧机速度和轧机零调时的速度，通过插值法，计算油膜厚度，如图6-2所示。

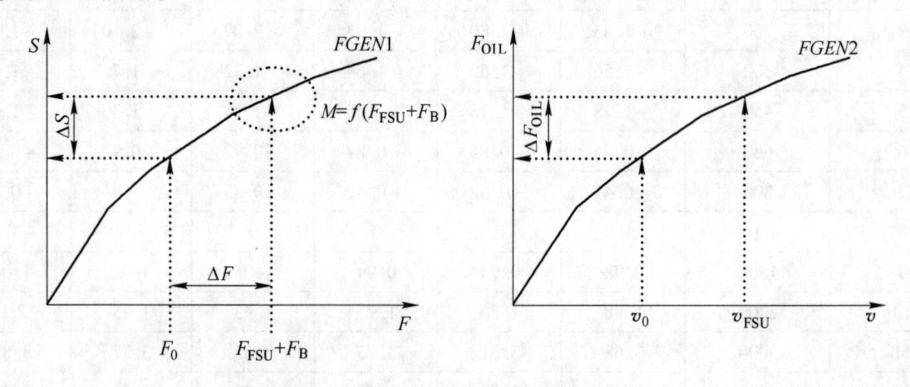

图6-2　轧机弹跳和油膜厚度的计算

6.2.2.9 压下位置的计算

用下面的公式计算轧机的压下位置

$$S = H - S_p - O_f + G_m \tag{6-43}$$

式中 S——压下位置（辊缝），mm；

H——带钢的厚度，mm；

S_p——轧机的弹跳量，mm；

O_f——油膜厚度，mm；

G_m——压下位置的修正项，是一个自学习项，mm。

公式中省略了表示轧机机架号的下标 i。

压下位置的修正项 G_m 包含了轧辊的磨损、轧辊的热膨胀等在实际生产过程难以测量的影响因素。对压下位置的修正项 G_m 进行自学习，对提高压下位置的设定精度是十分重要的。从压下位置的计算公式也可以看出，压下位置的修正项 G_m 对压下位置的影响是很敏感的。

至此，完成了精轧机的压下位置和轧机速度的设定。这里需要指出的是，粗轧设定模型除了对立辊开口度的设定计算有所区别以外，其他和精轧设定模型的计算过程以及使用的数学模型基本相同。因此，为了节省篇幅，本章就不再对粗轧设定模型（RSU）进行描述了。

6.2.2.10 其他设定值的计算

其他设定值的计算主要包括：

（1）侧导板开口度（包括飞剪侧导板和精轧机侧导板）；

（2）活套的张力和活套的高度（活套的角度）；

（3）除鳞和机架间的喷水方式；

（4）保温罩的开启方式；

（5）轧制油的喷射方式；

（6）测量仪表的有关参数。

下面给出具体的算法：

（1）精轧宽度计设定值。

$$WG = (1.0 + \alpha \times FDT) \times W \tag{6-44}$$

式中 WG——精轧宽度计设定值，mm；

FDT——成品带钢的精轧目标温度，℃；

W——成品带钢的精轧目标宽度，mm；

α——热膨胀系数。

（2）侧导板开口度的设定值。

$$SG = (1.0 + \beta) \times W + \delta_{SG} \tag{6-45}$$

式中 SG——侧导板开口度的设定值，mm；

W——成品带钢的精轧目标宽度，mm；

δ_{SG}——侧导板开口度的修正余量，mm；

β——热膨胀系数。

（3）精轧入口辊道的牵引补偿。

$$DRFT = \left(1.0 + \frac{RD_1}{RD_{\max}} \times \frac{H_1}{H_{RD}}\right) \times 100\% \tag{6-46}$$

式中 $DRFT$——辊道的牵引补偿值,%;

RD_1——F_1 的工作辊辊径，mm;

$RD_{\max}$——F_1 的工作辊最大辊径，mm;

H_1——F_1 的出口板厚计算值，mm;

H_{RD}——粗轧出口带坯的厚度，mm。

6.2.3 数学模型的自学习

6.2.3.1 模型的自学习方法

用理论方法建立起来的数学模型，既要假设一些条件，还要忽略一些条件，因此这样的模型必然存在着预报误差。用统计方法建立起来的数学模型，由于受到试验方法、数据分布的限制也必然会产生误差。这就是数学模型本身对计算精度的限制。除了数学模型本身的误差以外，还有三方面的因素也在影响着数学模型的计算精度。一个因素是材料的不确定性，即材料的尺寸和材料的特性在生产过程中会发生变化，例如同一批板坯的化学成分会产生波动、板坯加热温度和加热状况会发生变化。另外一个因素是轧机的变化，例如连续不断的长时间的生产，使得轧辊产生热膨胀，使得轧辊表面不断磨损。第三个因素是测量仪表的误差，例如仪表的噪声、仪表零位的漂移等。因此在实际热轧生产过程中，没有一个数学模型能够自始至终地达到百分之百的计算精度。良好的设备状态和稳定的工艺制度是提高模型精度的前提条件和必要条件。对数学模型进行在线自适应修正（自学习）是提高数学模型精度的有效方法。

数学模型自学习的基本原理是在线自适应修正。也就是利用生产过程中比较可靠的数据，通过一定的自适应算法，对数学模型的有关参数，或者对数学模型的自适应修正系数进行在线、实时的修正。自适应修正算法有许多种类，例如增长记忆递推法、渐消记忆递推法、卡尔曼滤波法、指数平滑法等等。热轧生产过程中自学习算法用得最多的还是指数平滑法。下面重点叙述指数平滑法在热轧数学模型自学习的应用。

指数平滑法的基本公式为

$$\beta_{n+1} = \beta_n + \alpha(\beta_n^* - \beta_n) \tag{6-47}$$

式中 β_{n+1}——第 $n+1$ 次的值;

β_n——第 n 次的值;

β_n^*——第 n 次的实际值;

α——平滑指数。

指数平滑法的实际含义是，第 $n+1$ 次的值等于在第 n 次的值的基础上加上一个修正量，这个修正量就是第 n 次的实际值 β_n^* 和第 n 次的计算值 β_n 之间的偏差值。平滑指数 α 的取值范围在 0~1 之间。当平滑指数 α 等于1时，$\beta_{n+1} = \beta_n^*$，也就是第 $n+1$ 次的值完全等于第 n 次的实际值。当平滑指数 α 等于0时，$\beta_{n+1} = \beta_n$，也就是第 $n+1$ 次的值完全等于第 n 次的值。所以平滑指数 α 是偏差值的“权重”。

对数学模型进行自学习，首先要对被学习的数学模型定义一个自学习系数（又叫自适应修正系数），然后才能通过指数平滑法，计算出新的自学习系数，最后用新的自学习系数来修改模型的计算值。

设一个任意的数学模型用下面的函数式来表示。

$$Y = f(X_1, X_2, \cdots, X_m)$$

式中 Y——数学模型的输出变量；

X——数学模型的输入变量。

定义β为数学模型的自学习系数。热轧生产过程主要使用乘法自学习和加法自学习。那么对于乘法自学习有

$$Y = \beta \times f(X_1, X_2, \cdots, X_m)$$

对于加法自学习有

$$Y = f(X_1, X_2, \cdots, X_m) + \beta$$

在生产过程中可以直接通过检测仪表测量出，或者间接地计算出来数学模型输出变量Y的实际值和模型输入变量X的实际值。现在把生产过程中模型输出变量Y的第n次实际测量值记作Y_n^*，模型输入变量X的第n次实际测量值记作X_n^*，自学习系数的“实测值”，也叫瞬时值（Instantaneous Value）记作β_n^*，来推导出用指数平滑法进行自学习的公式。实际上，瞬时值一般是不能够直接测量出来的。所以，如何利用能够测量的数据，计算出数学模型自学习修正系数的“实测值”即瞬时值，就是最重要的事情了。对于乘法自学习，瞬时值的计算公式为

$$\beta_n^* = \frac{Y_n^*}{f(X_{n1}^*, X_{n2}^*, \cdots, X_{nm}^*)}$$

对于加法自学习，瞬时值的计算公式为

$$\beta_n^* = Y_n^* - f(X_{n1}^*, X_{n2}^* \cdots, X_{nm}^*)$$

最后利用指数平滑法可以得出第$n+1$次“新的”自学习系数。

$$\beta_{n+1} = \beta_n + \alpha(\beta_n^* - \beta_n)$$

在过程控制级计算机中建立了每个数学模型的自学习文件，按照钢种、成品厚度、成品宽度等各种条件划分成不同的记录（Record）。在轧制第n块钢时，模型设定程序将从自学习文件中取出β_n值用于设定计算。当第n块钢在轧制过程中，模型自学习程序根据实际测量数据推算出自学习系数的“实测值”β_n^*，再使用指数平滑法对β_n进行自学习，计算出新的β_{n+1}，用β_{n+1}来替代β_n，存储到自学习文件中，以便在相同条件下的第$n+1$块钢设定计算时使用。这个过程叫作自学习系数的“更新”。

数学模型自学习的计算过程一般分为：

（1）实际数据处理。按照一定的方法，从基础自动化计算机传送来的实际采样值中选择数据。对选好的数据进行处理，例如去掉数据中的最大值和最小值，然后求平均值。

（2）自学习条件的判断。检查是否满足模型自学习的条件，例如操作人员对轧机的压下位置或轧机速度干预太多，就不进行自学习了。以避免由于异常条件使得自学习系数“变坏”。

（3）自学习系数的更新。前面已经介绍过了，主要包括自学习系数“瞬时值”的计算和指数平滑法。

6.2.3.2 精轧模型的自学习

对精轧机而言，最常见的有以下七项自学习功能（参见表6-10）。

表 6-10　精轧模型自学习功能

序　号	模型自学习功能	目　的
1	压下位置的自学习（Gauge Meter Error）	为了消除轧辊热膨胀和轧辊磨损造成的压下位置偏差，进行 mass 厚度和 gauge meter 厚度之间偏差的自学习
2	前滑模型的自学习	为了使各机架的速度平衡，对前滑模型进行自学习
3	出炉温度的自学习	为了补偿出炉温度的偏差，对预报粗轧出口温度和实测粗轧出口温度之间的偏差进行自学习
4	温降偏差的自学习	为了提高温度模型的计算精度，对从 RDT 到 FDT 的温降偏差进行自学习
5	轧制力模型的自学习	为了提高轧制力模型的计算精度，对预报轧制力和实测轧制力之间的偏差进行自学习
6	功率模型的自学习	为了提高功率模型的计算精度，对预报轧制功率和实测轧制功率之间的偏差进行自学习
7	精轧出口宽度（FDW）的自学习	为了补偿由精轧机轧制引起的宽度偏差，对粗轧出口的宽度和精轧出口的宽度之间的偏差进行自学习

除此以外，在有的热轧计算机系统中，还对基准钢的温度分布、穿带时的温度分布、与机架有关的变形抗力修正项、与机架有关的力臂系数修正项、硬度系数等进行自学习。下面简述自学习的处理流程。

A　采集实际数据

为了进行自学习，采集生产过程的实际数据，有如下两种采集方法：

(1) 同时数据。在同一时刻采集所有机架的有关数据，这种数据叫作“同时数据”。在每个机架采集数据的开始时序为：末机架 Metal In + Timer。“同时数据”用于压下位置（辊缝）的自学习。Timer 为延迟时间，其数值可以在线调整。

(2) 同点数据。在轧件同一点上采集所有机架的有关数据，这种数据叫作“同点数据”。在每个机架采集数据的开始时序为：每一个机架 Metal In + Timer。“同点数据”用于除了压下位置（辊缝）以外的其他项目的自学习。

B　检查实际测量数据

检查各种实测数据的合理性，对实际数据进行极限值检查，判断设定值与实际值的偏差是否超过了给定的限制值。如果数据异常时，就输出报警，对本块钢不再进行数学模型的自学习，以避免由于测量数据的异常而造成的错误自学习。

主要检查的数据有：PDI 数据、带坯的厚度、宽度、温度、精轧温度、轧制力、轧制功率、轧机速度、电流、电压等。

C　计算实际测量数据的平均值

采用如下算法对实际数据计算平均值

$$\text{实际数据} = \frac{\sum_{i=1}^{n} X_i - X_{\max} - X_{\min}}{n-2}$$

即去掉一个最大值，去掉一个最小值，然后取其平均值。

D　更新自学习系数

首先计算各个自学习项目的“瞬时值”，然后进行指数平滑法的修正，最后更新自学习系数。即把新的自学习系数存储到学习文件中，供下次轧制时使用。

下面以轧制力模型的自学习为例，具体说明自学习的过程。

首先定义 L_{cr} 为轧制力模型的自学习修正系数，并且采用乘法自学习。这样，轧制力模型有如下形式

$$R_f(i) = L_{cr}(i)WK_m(i)L_d(i)Q_P(i) \tag{6-48}$$

为了方便起见，省略代表精轧机机架号的下标（i）。根据指数平滑法，轧制力模型的自学习系数的“更新”公式为

$$L_{cr_{n+1}} = L_{cr_n} + \alpha(L_{cr_n}^* - L_{cr_n}) \tag{6-49}$$

式中　L_{cr_n}——存储在自学习文件中的轧制力模型的自学习修正系数。

通过轧制力模型反算出自学习修正系数的“实际值” $L_{cr_n}^*$

$$L_{cr_n}^* = \frac{R_f^*}{W^* K_m^* L_d^* Q_P^*} \tag{6-50}$$

式中　R_f^*——实际测量的轧制力，kN；

W^*——精轧出口带钢的实测宽度，mm。

K_m^*、Q_P^* 和 L_d^* 是利用实际测量的精轧出口带钢的厚度、温度、轧机速度等参数通过变形抗力模型、应力状态系数模型和接触弧长公式计算出来的。从这个计算过程可以看出：轧制力模型自学习修正系数的实测值 $L_{cr_n}^*$ 实质上是实际测量的轧制力 R_f^* 和模型计算出来的轧制力（$W^* \times K_m^* \times L_d^* \times Q_P^*$）之间的比值。$L_{cr_n}^*$ 的值越接近于1.0，就说明轧制力模型的计算精度越高。

6.2.3.3　各种瞬时值的计算

前面介绍了轧制力瞬时值的计算。这里将精轧自学习用的其他瞬时值的计算方法归纳如下：

轧制力自学习用瞬时值　F_{ACT}/F_{PRE}

功率自学习用瞬时值　P_{ACT}/P_{PRE}

温度差自学习用瞬时值　$(RDT_{ACT} - FDT_{ACT})/(RDT_{ACT} - FDT_{PRE})$

宽度自学习用瞬时值　$RDW_{ACT} - FDW_{ACT}$

压下自学习用瞬时值　$H_{GM} - H_{FM}$

式中　F——轧制力，kN；

P——功率，kW；

RDT——粗轧出口温度，℃；

FDT——精轧出口温度，℃；

RDW——粗轧出口宽度，mm；

FDW——精轧出口宽度，mm；

H_{GM}——用弹跳方程计算的出口板厚，mm；

H_{FM}——用流量方程计算的出口板厚，mm。

下标 ACT 为实际测量值；PRE 为模型计算值。

6.2.3.4　平滑系数

根据指数平滑法的原理可知：平滑指数 α 的值越大，依据当前实际测量数据对自学习系数修正的幅度就越大，也就是可以加快自学习的速度。但是其反作用会使自学习系数的值产生振荡，不利于自学习的稳定性。在热轧计算机系统中，一般情况下 α

的取值为0.3~0.6。也可以根据不同的条件和不同的算法，使得 α 的值不是常数，是一个动态改变的值。例如

$$\alpha=\alpha_{\min}+(\alpha_{\max}-\alpha_{\min})\times\cos\left(\frac{N}{N_{\max}}\times\frac{\pi}{2}\right) \tag{6-51}$$

或

$$\alpha=\frac{K_{a}}{1+K_{b}\sqrt{\sigma_{1}^{2}+\sigma_{2}^{2}+\sigma_{3}^{2}}}$$

式中 $\alpha_{\min}$——平滑指数的最小值；

$\alpha_{\max}$——平滑指数的最大值；

N——轧制的数量（钢卷数）；

$N_{\max}$——最大的轧制数量（钢卷数）；

K_{a}——阻尼因子；

K_{b}——权重；

σ——轧制过程一些物理量（例如轧制力、温度等）的标准差。

根据指数平滑法的原理可知：随着采样次数 n 的增加，初始值 β_0 所起的作用越来越小，即使以1.0作为初始值也未尝不可。

按照表6-11管理自学习项目的自学习LOT。

表6-11　自学习LOT的区分

自学习项目	(1)	(2)	(3)	(4)	(5)	(6)	(7)
(A) 压下位置							○
(B) 前滑	○	○	○	○		○	
(C) 出炉温度	○	○	○	○			
(D) 温度差	○	○	○	○			
(E) 轧制力	○	○	○	○	○		
(F) 功率	○	○	○	○	○		
(G) 精轧出口宽度	○	○	○	○			

注：(1) 表示钢种；(2) 表示成品带钢的目标厚度；(3) 表示成品带钢的目标宽度；(4) 表示空过机架；(5) 精轧机的各个机架；(6) 表示精轧机相邻两个机架；(7) 表示轧辊的材质。

精轧机压下位置的自学习在相同LOT的带钢头部进行。前滑的自学习在相同LOT的带钢头部进行。

6.2.4　动态设定（穿带自适应）模型

进行精轧辊缝设定计算时，主要根据带坯在粗轧机出口处的实测温度来预报轧件在精轧机的温度分布，从而进一步预报轧制力。由于测量仪表的误差，由于带坯实际传送时间的误差，特别是带坯的表面温度和带坯内部温度的差别，都会造成带坯在精轧机轧制时，轧件的硬度发生变化，即轧制力发生较大变化，其结果是实际弹跳值与预报的弹跳值差得较大，最终使得带钢的头部厚度偏差较大。作为弥补措施，进行精轧动态设定，也叫作穿带自适应。

动态设定的基本原理是根据精轧前几个机架（例如 $F_1 \sim F_3$）的轧制力偏差值，修改后面几个机架（例如 $F_5 \sim F_7$）的辊缝。下面给出一种动态修正的算法。

$$S_{DSU} = a_{1i} \times dF_1 + a_{2i} \times dF_2 + a_{3i} \times dF_3 \tag{6-52}$$

$$S = S_{FSU} + S_{DSU}$$

$$a_{ji} = f\left(T_i, M_i, \frac{\partial F_i}{\partial H_i}, \frac{\partial F_i}{\partial T_i}\right), \quad j = 1,2,3$$

式中　S_{DSU}——动态设定功能计算出来的辊缝修正值，mm；

S_{FSU}——精轧设定计算时的辊缝设定值，mm；

dF——实测轧制力和预报轧制力之间的偏差值，kN；

a_{1i}，a_{2i}，a_{3i}——修正系数；

T——温度，℃；

M——轧机常数，kN/mm。

6.2.5　神经网络和热轧数学模型

利用神经网络法建立热轧数学模型、利用神经网络法进行数学模型的自学习，国内外发布了许多研究和应用成果。在这方面德国西门子公司一直处于领先地位，从1995 年至今，发表了许多文章，并且将其研究成果应用于许多热轧生产线上（包括国内的，由西门子公司提供控制系统和数学模型的热轧生产线）。取得了令人满意的效果。主要在如下几方面应用：

（1）用神经网络法预报轧制力；用神经网络法修正轧制力的预报值。

（2）用神经网络法预报温度；用神经网络法修正温度模型的系数。

（3）用神经网络法预报轧件的宽展。

（4）用神经网络法进行带钢宽度的短行程控制。

（5）用神经网络法进行带坯的优化剪切控制。

其中，用得最多的还是针对轧制力模型。这里又分成以下几种计算方法：

（1）用神经网络法直接预报轧制力。选取和轧制力相关的因素作为神经网络的输入层，例如轧件的入口厚度、出口厚度、入口温度、出口温度、出口宽度、轧制速度、各种化学成分（C、Si、Mn、Cu、Ti、V、Mo 等）。神经网络的输出层为轧制力。利用生产现场采集的实际数据进行神经网络的训练和离线仿真，然后从输入层删除一些影响小的因素，并且确定隐含层的数量，最终建立神经网络轧制力模型。

（2）用神经网络法直接预报变形抗力。本方法同方法（1）的区别在于神经网络的输出层不是轧制力，而是变形抗力。然后将变形抗力值代入常规的轧制力模型，计算出轧制力。

（3）用神经网络法修正轧制力预报值。本方法同方法（1）的区别在于神经网络的输出层不是轧制力，而是轧制力的修正值。假设用常规轧制力数学模型计算出的轧制力记作 F_{model}，用神经网络计算出的轧制力修正值记作 F_{ann}，那么，预报的轧制力

$$F = F_{model} \times F_{ann}$$

（4）将常规轧制力数学模型的预报轧制力作为神经网络的输入层。

本方法基本同方法（1），只不过在神经网络的输入层中加上了常规轧制力数学模型的预报轧制力。并且可以相应地减少输入层的元素。

6.2.6 轧制压力数学模型的建立方法

由于轧制压力数学模型在精轧数学模型中的重要地位，本节叙述轧制压力数学模型的建立方法。这里所说的建立方法，是指建立一个用于某个具体的热轧生产线过程控制的轧制压力数学模型。“建立”的目的是确定数学模型的结构和系数。由于每个热轧生产线轧制的钢种不同，生产工艺参数不同，设备状况不同，因此即使使用结构完全相同的数学模型，也要根据实际情况确定数学模型的有关系数。否则将影响模型的计算精度。“建立”的过程是数据处理的过程，是提高数学模型的计算精度的过程。

6.2.6.1 一般方法

国内外带钢热连轧的生产实践证明，把轧制压力数学模型分解成变形抗力和应力状态系数两个模型的方法是一种很好的方法。其优点在于：

（1）能够分别研究变形抗力和应力状态系数模型。

（2）便于在线计算和离线分析。

（3）当把应力状态系数的计算方法固定之后，只研究变形抗力模型即可。

（4）轧制压力数学模型的建立最终归结为变形抗力数学模型的建立。

如果轧辊的接触弧长 L_d 的算法固定了，轧制压力数学模型的解析问题就变成了应力状态系数和变形抗力数学模型的解析了。我们归纳出建立轧制压力数学模型的流程如下：

（1）设定参数的初始值。

（2）在线自学习调整。

（3）在线自学习监视。

（4）轧制压力模型的评价。

（5）判定评价结果，如果结果满足要求，工作结束；否则，进行第（6）步工作。

（6）重新建立轧制压力数学模型。

（7）设定新的模型参数。返回到第（2）步。

以上流程表示如何将一个已知的轧制压力数学模型具体地应用到一个新的带钢热连轧计算机控制系统中去，并且使得该模型能够满足生产的要求。

6.2.6.2 应力状态系数模型的建立

这里给出用多元线性回归法解析应力状态系数模型的方法。

（1）采集热轧生产过程中的实际数据。主要有：

1）各机架的轧制压力；

2）各机架的出口板厚；

3）带钢在各机架的温度；

4）各机架的出口速度；

5）各机架的轧辊辊径；

6）带钢的宽度；

7）钢坯的化学成分。

（2）用上述数据计算出以下参数：

1）压下率；

2）变形程度；

3）变形速度；

4）压扁辊径；

5）轧辊的接触弧长。

（3）计算变形抗力。在线控制中使用什么样的变形抗力模型，解析应力状态系数模型时就使用什么样的变形抗力模型。

（4）计算应力状态系数。由轧制力模型可以得到

$$Q_p = F/(K_m L_d W)$$

以此来计算应力状态系数，作为“实际”的应力状态系数，作为回归公式中的自变量。

（5）构造多种应力状态系数模型的结构，进行回归分析。

（6）从多种应力状态系数模型中选取一种相关系数最高，预报误差最小的作为在线控制中使用的模型。

用这种方法解析出来的应力状态系数模型主要有以下六种形式：

$$Q_p = a_1 L_d/H_c + a_2 L_d/H_c \gamma + a_3 \gamma + a_4 \tag{6-53}$$

$$Q_p = a_1 L_d/H_c + a_2 L_d/H_c \gamma + a_3 \gamma + a_4 \gamma^2 + a_5 \tag{6-54}$$

$$Q_p = a_1 (R_d/H)^{1/2} + a_2 (R_d/H)^{1/2} \gamma + a_3 \gamma + a_4 \tag{6-55}$$

$$Q_p = a_1 (R_d/H)^{1/2} + a_2 (R_d/H)^{1/2} \gamma + a_3 \gamma + a_4 \gamma^2 (R_d/H)^{1/2} + a_5 \tag{6-56}$$

$$Q_p = a_1 (R_d/H)^{1/2} + a_2 (R_d/H)^{1/2} \gamma + a_3 \gamma + a_4 \tag{6-57}$$

$$Q_p = a_1 (R_d/H)^{1/2} + a_2 (R_d/H)^{1/2} \gamma + a_3 \gamma + a_4 \gamma^2 (R_d/h)^{1/2} + a_5 \tag{6-58}$$

从相关系数和预报误差两方面来评价，前两种更适合作为在线控制中使用的模型。

武钢 1700mm 热连轧机和太钢 1549mm 热连轧机的计算机控制系统中就是使用式6-53形式的应力状态系数模型。

用多元线性回归法解析应力状态系数模型的优点是简便易行，能针对一个具体的热连轧机进行数学模型的解析。它的缺点是由于用多元线性回归法，受实测数据的限制，在多元线性回归的计算过程中，在一个机架有可能出现违反轧制规律的结果。例如压下率加大，却使应力状态系数减小。因此要设法避免这种现象的产生。即采集实际数据时，做好数据的筛选。根据我们在热轧工程的实践经验，这种方法还是可行的。

6.2.6.3 变形抗力模型的建立

我们将变形抗力模型的建立方法分成两大类。一类是首先构造一种新的变形抗力模型，即模型的结构形式不同于已有的经典模型，然后通过试验和数据处理给出模型的系数，最终得到新的变形抗力模型。我们把此类方法称之为“模型构造法”。

另一类是基于某种经典模型（例如志田茂模型），从影响变形抗力最重要的因素，也就是从各个带钢热轧生产线最有差异的东西，即钢坯的化学成分入手，对原有的轧制压力数学模型加以修正。我们把此类方法称为“模型修改法”。这两类方法在我们参加的热连轧工程实践中都有应用成果。

A 第一类解析法（模型构造法）

北京科技大学和武汉钢铁公司合作，于 1982 年至 1984 年开发和研制了武钢 1700mm 热连轧机的精轧轧制压力数学模型。当时的主要思路是：

（1）构造一种新的结构的变形抗力模型。

（2）在变形抗力模型中不仅要考虑碳和锰等化学成分的影响，并且还要考虑铜和硅这两种化学成分的影响。

(3) 碳、锰、铜、硅含量对变形抗力的影响不用以前那种碳当量的形式来表示，将这些化学元素对变形抗力的影响分别加以考虑。

(4) 由于变形温度对变形抗力的影响最为强烈，因此在温度影响项中将碳、锰、铜、硅的含量作为自变量来考虑。

(5) 不用单调递增幂函数，采用非线性函数来描述化学成分、变形温度和变形速度对变形抗力的影响。

当时，把生产现场采集来的钢样加工成试件以后，在北京科技大学的实验室中，采用凸轮压缩机进行压缩试验。共取得5000多组试验数据。对这些试验数据，采用带阻尼的高斯-牛顿迭代法，进行非线性回归分析，得出了下列在线控制所使用的变形抗力模型。

$$K_m = K_t \times K_\varepsilon \times K_e \tag{6-59}$$

$$K_t = A_1 \exp(A_2/T + A_3[C] + A_4[Mn] + A_5[Si] + A_6[Cu])$$

$$K_\varepsilon = A_{10}(\varepsilon/0.4)^m - (A_{10} - 1.0)(\varepsilon/0.4)$$

$$m = A_{11} + A_{12}[Mn] + A_{13}e - A_{14}T$$

$$K_e = (e/10)^n$$

$$n = A_7 + A_8[C] + A_9 T$$

式中 C，Mn，Si，Cu——化学元素；

T——变形温度，℃；

ε——变形程度；

e——变形速度，1/s；

$A_1 \sim A_{14}$——模型系数。

该数学模型用于生产的在线控制，运行稳定，使轧制压力的预报精度提高了5%以上。至今仍然在使用。

后来，又用这种方法研制了太钢1549mm热连轧机的精轧轧制压力数学模型，用于生产的在线控制，也取得了令人满意的结果。

B 第二类解析方法（模型修改法）

在这里以志田茂模型为例，阐述这种解析方法。志田茂的原始模型中只考虑了化学成分碳的影响，没有考虑其他化学成分对变形抗力的影响。这有很大的不足之处。

在轧制压力模型中增加一个自适应修正项（一般也叫自学习项）记作 L_f，则有

$$F = L_f \times K_m \times Q_P \times L_d \times W$$

为了用化学成分对志田茂模型给出的平均变形抗力 K_{fm} 进行修正，设变形抗力 K_m 和平均变形抗力 K_{fm} 有如下关系

$$K_m = 2/(3)^{1/2} \Sigma(a_j \times x_j) \times K_{fm} \tag{6-60}$$

式中 x_j——化学成分；

a_j——模型系数。

则有

$$F = L_f 2/(3)^{1/2} \Sigma(a_j \times x_j) \times K_{fm} \times Q_P \times L_d \times W \tag{6-61}$$

如果令 $F_b = 2/(3)^{1/2} \times K_{fm} \times Q_P \times L_d \times W$，则有

$$F = L_f \times \Sigma a_j \times x_j \times F_b \tag{6-62}$$

我们从热轧生产过程中能够得到以下采样数据：

（1）轧机入口板厚；

（2）轧机出口板厚；

（3）轧制速度；

（4）轧制温度；

（5）轧件宽度。

那么，根据志田茂模型可以计算出平均变形抗力 K_{fm}。根据美坂佳助模型（或者Sims模型）可以计算出应力状态系数 Q_P。根据Hitchcock公式可以计算出轧辊接触弧长 L_d。这样可以计算出 F_b。

定义 F_{cal} 为用数学模型计算出来的轧制压力（或者叫预报轧制压力），定义 F_{act} 为生产过程中的实际轧制压力，即

$$F_{cal} = F_b$$

$$F_{act} = F$$

$$F_{act} = L_f \times \Sigma(a_j \times x_j) \times F_{cal}$$

生产过程中采样数据的总数量为 N，则预报轧制压力的平均值为

$$F_{calav} = \Sigma F_{cal}(i)/N$$

实际轧制压力的平均值为

$$F_{actav} = \Sigma F_{act}(i)/N$$

令

$$F'_{cal}(i) = F_{cal}(i)/F_{calav}$$

$$F'_{act}(i) = F_{act}(i)/F_{actav}$$

并且将轧制压力模型中的自适应修正系数定义为

$$L_f = F_{actav}/F_{calav}$$

那么

$$F'_{act} = F_{actav}/F_{calav} \times \Sigma(a_j \times x_j) \times F'_{cal} \times F_{calav}/F_{actav}$$

最后得到

$$F'_{act} = \Sigma(a_j \times x_j) \times F'_{cal} \tag{6-63}$$

令 $Y = F'_{act}/F'_{cal}$，即 $$Y = \Sigma(a_j \times x_j)$$

利用 Y 式可以进行多元线性回归分析，求出各种化学成分和 Y 之间的关系。

在生产过程中实测了6346组数据，每组数据包括了10种化学成分。即C(碳)、Ni(镍)、Si(硅)、Mn(锰)、Cr(铬)、Mo(钼)、Nb(铌)、Ti(钛)、V(钒)和Cu(铜)。

在上述10种化学成分中，选择哪些化学成分作为回归公式的自变量，主要考虑了以下几点：

（1）该种化学成分在采样数据中的分布比较均匀。

（2）由于计算平均变形抗力 K_{fm} 的志田茂模型中已经包括了碳元素，所以在多元线性回归分析时，将碳的系数固定为“0”。

（3）由于在采样数据中，钢的Mo和V的含量非常少，所以在回归分析时，将Mo和V的系数固定为“0”。

如果其他工厂的钢坯中Mo和V的含量较多，就不能将Mo和V的系数固定为

"0"。也就是说，在公式中只能将含量非常少的化学成分舍弃，不能将含量较多的化学成分舍弃。

最后得到如下公式

$$
\begin{aligned}
Y &= \Sigma(A_j \times x_j) \\
&= 0.186 \times (\mathrm{Si}) - 0.029 \times (\mathrm{Mn}) + 4.165 \times (\mathrm{Nb}) + \\
&\quad 2.068 \times (\mathrm{Ti}) + 0.988
\end{aligned}
\tag{6-64}
$$

将上式和志田茂模型结合在一起用于热轧生产控制，提高了轧制压力的预报精度。实践证明这种解析方法是行之有效的。宝钢 1580mm 热轧机和鞍钢 1780mm 热轧机都采用了这种解析方法。这种解析方法很容易在其他热连轧机上推广应用。

企业信息化技术

适应世界钢铁发展潮流
大力推进中国钢铁工业信息与自动化建设

2001 年 10 月 29 日

一、“中心”成立几个月来工作的简要回顾

“中心”自今年 5 月 13 日成立以来，在中国钢铁工业协会的正确领导下，通过大家共同努力，积极加强自身建设，拓展业务功能，发挥了应有的作用。

（一）推广应用了国产“高炉专家系统”

在中心顾问、炼铁专家、原冶金部老领导周传典的亲自指导下，“中心”秘书处组织推广应用了以浙江大学为技术依托单位的国产“高炉炼铁优化专家系统”，并取得了实实在在的成效。国产“高炉专家系统”是根据不同高炉的具体条件，建立起来的高炉生产过程信息系统和数据库，通过在线采集高炉过程控制的各类信息，进行生产过程的系统优化，找出高炉生产中提高利用系数、降低焦比和确保铁水质量满足炼钢要求的优化规律。同时，建立起反映炉温发展与预测控制的数学模型、高炉顺行状态故障的智能化判断模型和反映高炉操作经验的专家知识规则库。专家系统与铁区信息化、网络化建设密切结合，不但大大提高了高炉生产过程的信息流转效率，而且大大减轻了繁琐重复的脑力劳动和提高了管理工作效率与时效，实现管理决策、技术分析与生产操作的三位一体化。继山西新临钢厂 6 号高炉（$380m^2$）的“高炉优化专家系统”投入生产运行后，2001 年 7 月，山东莱钢 1 号高炉（$750m^2$）的“高炉智能控制专家系统”也投入了生产运行。2001 年 8 月，在周传典老部长的带领下，“中心”秘书处组织了浙江大学教授到酒钢推广国产“高炉专家系统”，酒钢听了国产专家系统的介绍后，正在积极推广应用。与此同时，“中心”在鞍钢、昆钢也组织了该项技术的交流，并为昆钢 6 号高炉（$2000m^3$）进行了“高炉智能控制自动化专家系统”的初步设计。

（二）各单位紧紧围绕中心的任务，加强交流与合作，较好地完成了一批信息与自动化工程项目

上海宝信股份有限公司联合宝钢股份加大了钢铁行业的技术交流，和其他钢铁企业进行了信息与自动化方面的实质性合作，并积极探索相关技术在钢铁行业的推广应用。宝钢集团以宝钢股份为基础，加大了对冶金过程数学模型的研究、开发和应用，如：转炉模型、连铸模型、冷连轧机模型等，并在多个工程项目中得到成功应用。鞍钢在完成自身技术改造项目的同时，先后支持和完成了唐钢、青钢、本钢等兄弟单位的高炉、转炉自动化改造项目，并开发出了医疗保险、广播电视管理、房产管理、合同管理、生产系统动态管理等软件，实现了商品化。武钢、马钢先后分别完成了哈萨

本文是作者在钢铁工业信息与自动化推进中心年会上的报告，此次出版略有删节。本文发表在《冶金管理》，2001(11)：5~7。

克斯坦热轧板型改造三电工程和贵州水钢3200m³/h 制氧机控制系统等工程。

（三）根据“中心”要求，各单位加大了自身信息与自动化的建设

宝钢集团对自身的信息化和自动化现状做了系统调查，摸清了家底，找出了差距，并制定了信息化发展规划。他们按照“统一管理、统一设计、加强协调、分期投入”的原则，抓紧对各生产线过程计算机系统进行配套，建立集团公司数据中心，做到集团公司和各子公司的信息共享。鞍钢进行了宽带网建设，目前生产调度和合同管理系统已经进入试运行阶段，年底将完成财务管理系统。首钢把建立管理信息系统作为应对中国加入 WTO 挑战的重要基础建设，成立了以董事长、总经理为组长、各部门主要领导参加的信息化领导小组，围绕钢铁主流建设 ERP 系统和集团公司建立数据信息中心系统，进行了总体规划，使主要业务流尽快实现信息集成。宝钢梅山公司也成立了信息化领导小组，目前已投入2000 万元建立企业信息系统。邯钢的 CIMS 系统正在建设之中，薄板坯连铸连轧过程控制计算机系统已完成，并正式投入运行。济钢投资 1.2 亿元的千兆主干网正式启动。莱钢投入1000 万元进行了 MIS 工程建设。通化钢铁公司的信息网络现已完成财务、信息、物流、生产控制与指挥、供应商与客户等管理系统的建设。兴澄钢铁公司也正在抓紧 CIMS 工程的建设，青钢积极开展电子商务。

（四）充分发挥“中心”服务、协调作用

为方便各成员单位之间相互交流、联系与合作，建立了“中心”网站。协助出版了钢铁工业信息与自动化方面的普及读物，并建立了会员信息库。

二、“十五”期间我国钢铁工业信息与自动化主要任务

以信息化带动工业化，加速企业生产、科技和经营管理的信息化进程，是我国“十五”期间优化产业结构，增强国际竞争力的重要任务。面对经济全球化和中国加入 WTO 带来的机遇和挑战，作为传统产业的钢铁工业，在企业规模、品种结构、产品质量、技术装备和工艺水平等方面同日本、韩国、美国及欧洲的钢铁强国比，都存在较大的差距，这其中信息与自动化水平较低是主要因素之一。为适应国际大环境的变化，进一步提升在国际市场上的竞争力，世界两大钢铁巨人新日铁和浦项去年 8 月已结成同盟，新日铁持有浦项的3%股权，浦项拥有新日铁1.06%的股权。两家公司还成立了一个联盟计划推广委员会，专门负责信息系统、信息技术及开展电子商务等的推广。目前，他们正在联合建立钢铁电子商务网站，交换有关信息技术，开发带钢连铸技术等方面进行合作。由此可见，大力推进信息化与自动化，是世界钢铁工业发展的潮流，是适应经济全球化的重要措施。为使我国钢铁工业尽快赶上国际先进水平，提高国际竞争能力和技术创新能力，很有必要明确我国钢铁工业信息与自动化的发展方向和思路。为此，我们提出今后一个时期推进我国钢铁工业的信息化与自动化的发展思路是：大力加强和提高我国钢铁自动化系统软、硬件装备研制开发的国产化水平，重点发展冶金生产过程自动化、工艺智能化和管理信息化技术，实现钢铁工业的现代化。重点工作有以下几个方面。

（一）继续提高基础自动化水平，支持新一代基础自动化装备的国产化研究与产业化建设，降低基础自动化装备成本

一是大力提高过程自动化水平。生产过程自动化是实施现代先进工艺的重要关键手段和保障条件。过去几十年来，我国钢铁行业基础自动化水平有了很大提高，如：PLC、DCS 得到了广泛应用，为生产过程自动化奠定了一定的基础。然而过去从外商引

进的 PLC、DCS 各有各的通信规约，是不开放的封闭系统。在集成发展为过程自动化系统时，往往因通信问题造成障碍。近几年由于 FF、CAN、LON 等几种开放式现场总线系统快速发展，以及普通 PC 机可靠性的提高，DCS、PLC 的软件平台也成功地移植到 PC 机上，出现了一系列新的开放型、低成本基础自动化装备。“十五”期间要鼓励和支持新一代钢铁基础自动化装备的国产化研究和产业化建设，降低基础自动化装备成本，为发展新的过程自动化系统创造更加坚实的基础条件。主要课题包括：选矿过程自动化、烧结过程自动化、焦炉燃烧过程控制、高炉过程自动化系统、转炉过程自动化系统、电炉炼钢过程自动化、精炼过程自动化、连铸过程自动化系统、宽带热连轧过程控制系统和宽带冷连轧过程控制系统等。

二是要加强对引进数模的消化吸收和开发创新。在基础自动化装备水平得到较大提高的同时，过程控制自动化也取得了一些突破。大型高炉、连铸和轧钢过程自动化都有成功的样例，但整体装备的水平还不高。特别是工艺数模的研究开发应用较为薄弱，使过程计算机的效能得不到应有的发挥，限制了生产过程自动化系统水平的提高。要引导和鼓励工艺专家与自动化技术专家加强合作，消化已引进的 100 多个工艺数学模型，结合国情进行二次开发和创新，鼓励铁、钢、轧各工序和全线过程自动化系统的研究开发和国产化。主要项目包括：烧结过程控制模型、炉矿判断及操作预测模型、炉热指数预测模型和无料钟布料推断模型、转炉静态模型、连铸二次冷却水控制模型和最优切割计算模型、铸坯质量跟踪模型、连轧加热炉燃烧控制模型、粗轧设定模型、精轧温度控制模型、层流冷却模型和弯辊控制模型、厚度控制模型等。

三是开展过程自动化系统工程方法和软件平台的前沿高技术研究。生产过程自动化系统是大系统，其系统设计和应用软件的开发和运行需要科学的工程方法和软件工具，才能保证系统的严密性和高质量。主要项目包括：过程自动化工程软件开发工具和工程平台、轧钢虚拟现实（VR）技术、冶金过程可视化、采矿场卫星定位技术等。

（二）结合常规模型，加强智能技术研究

在钢铁工业中，智能技术的应用涉及到整个过程的每一工序和企业管理的方方面面。由于生产工艺过程和市场规划营销的复杂性，使得钢铁智能控制技术的研究开发与应用更加具有重要意义。“十五”期间，鼓励各单位大力开展智能技术在生产计划中的研究开发和应用。鼓励开展智能技术在系统设定与控制中的研究开发与应用，使智能控制技术与数模结合，提高控制精度。开展智能技术在质量检测与设备诊断问题中的研究开发和应用，实现专家知识共享，判断标准化，不断积累经验，建立高水平设备状态诊断系统。鼓励智能系统软件工具和平台的研究开发与应用，以及引进系统的二次开发，为广泛开展工艺控制和管理智能化应用软件的开发创造条件。鼓励智能化成套工艺装备的国产化研究开发和产业化。这方面开发推广的新技术项目包括：矿山采掘计划与调度的智能技术，原料场卸货计划、矿槽分配计划的智能技术，选煤、配料计划的智能技术，加热炉模糊控制与热风炉燃烧智能控制系统，连铸浇注计划调度智能系统，连铸结晶器液位模糊控制及拉漏神经网络预报系统，连铸坯打印识别及质量判断专家系统，带钢层流冷却模糊控制，带钢卷取机模糊控制系统，成品车船装运计划调度智能技术。前沿技术有：烧结机智能控制系统，高炉过程优化控制智能系统，转炉炼钢过程智能控制系统，电炉炼钢、精炼智能控制系统，轧钢生产调度及设定控制智能系统，带钢板型控制智能系统，专家系统，模糊控制、神经网络智能软件开发

工具和复合系统开发平台等。

（三）大力应用电子信息技术，提高企业管理水平

企业管理现代化与信息化是增强企业市场竞争力的关键手段和保障条件。“十五”期间要继续鼓励钢铁企业的CIMS、MIS技术的研究开发与应用，支持钢铁行业信息系统的深层开发和完善工作。鼓励企业综合信息网络方案的研究开发与应用。改造企业现有管理计算机网、有线电视网、电话网，使之升级为现代信息网络，与国家公共信息网络以及国际互联网络接通。鼓励企业管理信息模型的研究和数据库的建设，改造、重构旧数据库，真正实现数据共享。同时注重数据采集、知识发现等项目的研究开发与应用。鼓励钢铁企业现代管理模式、功能模型、管理重组与方法的研究，包括市场营销、生产计划、调度、产品质量管理、物料资源管理、设备维修管理、财务管理等应用软件包的研究、开发和商品化。继续开展企业资源计划ERP的研究开发与应用，实现企业的物流、资金流、信息流的最佳匹配，更好地实现高质、低耗，高效率，高效益，增强市场竞争力。其中开发与推广新技术项目包括：冶金行业信息网络建设及宏观调控信息支持系统、企业管控一体化系统（CIMS)、企业综合信息网络系统、企业数据库系统、企业信息管理软件包等。前沿技术有：企业决策支持系统，多媒体、可视化、虚拟技术，管控一体化信息集成平台，企业现代化管理模式、功能模型、管理重组与方法的研究，企业供应销售电子商务系统等。

三、2002年“中心”工作任务初步安排

（一）着重调查研究中国加入WTO后，我国钢铁工业信息及自动化所面临的新形势、新情况和新问题

要研究由于逐步降低关税，而形成的国内外钢材市场的数量需求、质量需求和品种需求。及时跟踪国内外信息及自动化软、硬件方面的趋向和变化。研究完全具有自主知识产权的、适合我国国情的钢铁工业信息及自动化软、硬件的投入方向。研究如何聚集国内钢铁工业信息及自动化方面的力量，扬长避短，闯出国门，走向世界。这些方面，以前只是作了一种思想准备，谈得多，行动少，因此，2002年“中心”单位和成员要扎实工作，抓紧做好调查研究，反复比较，及时调整策略。例如：当前作为控制信息通讯网来说，现场总线技术发展迅猛，我们必须要加快这一方面的研究开发工作，要以现场总线技术为基础，研究开发具有自主知识产权的全分散、全数字化、全开放和可互操的新一代实时控制系统。

（二）要在推进钢铁工业信息与自动化技术的产业化、商品化方面有所突破

近几年来，国内各钢铁企业有一个明显的特征，就是由于适应市场经济的需要，从事信息及自动化的院、所、部都和主体进行了分离，成为一个具有独立法人资格的市场竞争主体。他们在为主体服务好的同时，积极面向市场。这类企业要在市场经济的大风大浪中发展壮大，就必须使自己的信息与自动化技术成为一种产业，成为一种商品。要达到这一目标，就必须要有充足的销售对象，有良好的信誉，有完善的服务，有再生产高技术的能力。所以，2002年“中心”的主要任务之一，就是引导各单位按照信息及自动化技术的市场规律，向国内外先进信息及自动化大公司学习，不走过去“需要什么做什么，做了什么丢什么”那种缺乏战略眼光和系统性研究的老路。2002年“中心”打算彻底调查各单位在信息及自动化方面供求需要，在适当时机召开交流、洽谈年会，在年会上希望各单位把自己所需要的改造项目，以及能提供的信息及自动

化精品技术展示出来，实实在在地进行交流和洽谈，希望大家做好这篇文章。

（三）有选择地组织好钢铁企业中一些关键技术和难题的攻关

通过“中心”集合各企业的优势，组织力量对钢铁行业自动化、信息化和检测领域中的共性技术、关键技术和配套技术进行联合攻关，尤其是热连轧、冷连轧等一些标志性的大型成套项目。通过这些项目，推动钢铁工业技术进步，把我国的钢铁工业信息及自动化技术提高到具有成套开发能力的新水平上来。为了做好这项工作，我们要按照国家计划委员会所提出的冶金工业“十五”规划，选择好项目，根据各企业的具体特点分配好所能完成的任务。在实施过程中，我们要逐步探索并形成一套技术成果推广应用和有偿转让的机制。

（四）要继续发挥好“中心”的咨询、中介、论证作用

接受企业委托，对企业有关信息及自动化方面的重大投资、改造、开发项目的先进性、经济性和可行性进行前期论证，组织好专题讨论，推动技术开发与协作。做好这件事，就要求各单位在这方面确确实实地提出问题，聚集全国高水平的专家来进行论证，把项目的风险降到最低，收到最好的效果。另一方面也希望各单位推选一批高水平、高素质的专家参加这项工作。“中心”要在明年建立一个专家库，为今后的咨询、中介、论证工作打下良好的基础。

（五）进一步组织有关业务培训，广泛应用信息技术，加强计算机和网络技术的普及工作，制定、修订行业有关的技术规范等

展望21世纪中国钢铁工业的发展，既有难得的机遇，也面临严峻的挑战。只要我们放眼世界，团结一致，开拓进取，锐意创新，力争在关键领域取得突破，就一定能够使我国钢铁工业的信息与自动化水平跃上新的台阶，为振兴民族工业做出新的更大的贡献。

迎接信息化　发展数字钢铁

2002 年 7 月

一、数字钢铁是技术进步的必然结果

钢铁工业是社会经济的重要基础。随着社会文明的进步，科学技术的发展和生产力水平的提高，钢铁工业得到了很大发展。回顾世界钢铁工业的发展变革，大体经历了以下几个阶段。

第一阶段：钢铁工业的起始阶段（十九世纪以前）。

（1）早在公元前 1400～1500 年，人类已经开始使用铁，如我国商代的钺、铁刃等。

（2）1740 年出现了一种可以熔炼钢的方法——坩埚法，坩埚为石墨和黏土制成，将生铁和废铁装入坩埚用火加热熔化，铸成钢锭。

（3）1856 年亨利·贝塞麦发明了酸性空气底吹转炉炼钢法，第一次解决了用铁水直接炼出液态钢的问题，使钢的产量、质量大大提高。

（4）1878 年英国人托马斯发明了底吹碱性炉衬的底吹转炉炼钢法，吹炼中加入石灰石造碱性渣，在一定程度上解决了脱磷的问题。

（5）1865 年德国人马丁发明了酸性平炉，以铁水废钢为原料炼钢。

（6）1880 年出现了第一座碱性平炉，由于成本低、产量大，又能吃掉废钢，原料适应性也大。

第二阶段：形成钢铁工业的粗流程阶段（20 世纪 50 年代前）。20 世纪上半叶，世界钢铁工业在规模比较低的基础上起步，以高炉、平炉、模铸、初轧开坯、横列式轧机为主体技术，实现了高产量。到 1951 年，世界钢产量登上 2 亿吨的台阶，期间经过了两次世界大战的战后恢复时期。1951 年，美国钢产量达到 9544 万吨，占世界总产量的 45.3%。苏联 3135 万吨，居当年第二位。51 年间，世界钢产量的平均年增长率达 4%。

第三阶段：钢铁工业工艺流程进入完善革新阶段（20 世纪 80 年代以前）。由于高炉喷煤、氧气顶吹转炉、铁水预处理与二次冶炼、连续铸钢、热冷带钢连续轧机等新技术的广泛采用，有力地推动了钢铁工业的发展。

（1）1952 年在奥地利林茨（Linz）和 1953 年在奥地利多纳维茨（Douawitz），先后建立了 30t 氧气顶吹转炉，简称 LD 法。LD 法反应速度快，冶炼周期短，热效率高，含氮量低，生产率高，质量好，成本低，投资少，便于自动化，这些优点使转炉逐渐代替了平炉，极大地推动了钢铁工业的发展。

（2）1967 年西德马克希米利安公司与加拿大莱尔奎特公司，共同成功试制底吹氧

本文是作者在钢铁企业信息化国际研讨会上作的报告，此次出版略有删节。本文发表在《冶金管理》，2002(9)：32～35。

气转炉炼钢法（OBM 法-Oxygen Bottom Blowing Method），提高了转炉的吹炼强度和吹炼的稳定性。

（3）1973 年奥地利人 DnEduard 等研制出转炉顶底复合吹炼技术，比底吹和顶吹具有更好的技术经济指标，而且可用此法在转炉上进行不锈钢的冶炼，复合吹炼容易控制还原、脱碳，并且可将转炉做还原炉使用，加入铬矿粉进行还原和脱碳，因此可生产不锈钢。

第四阶段：钢铁工业向高质量、低成本方向发展，进入了数字化阶段（20 世纪 80 年代以后）。这一时期，由于数字信息的可存储、可转化、可压缩、可放大、可传输和抗干扰等优点，使计算机控制技术、多媒体数字技术、数字通讯与传输技术、数字压缩与解压缩技术、激光技术、数模转换技术等的迅速发展和广泛应用，推动钢铁工业向高精度、连续化、自动化、高效化发展，进入数字钢铁新时代。

（1）进行了工艺的完善和改进，探索流程短、投资少、能耗低、效益高、适应性强和环境污染少的新技术、新工艺，如连铸-连轧，尤其是薄板坯连铸（也称近终形连铸）-连轧工艺正在成为钢铁工业生产的新流程。

（2）在产品上，由于计算机控制技术的应用，提高产品的外形尺寸精度和改进表面形貌，以及改善板带内部质量的均匀性等技术得到广泛应用。在热轧宽带钢的轧制工艺、轧机形式和控制技术等方面采用了一系列与数字化技术有关的新技术、新工艺和新设备，生产率也大大提高。

（3）工艺技术装备有了革命性的变化，向大型化、现代化、连续化迈进。世界上最大的高炉达到 5000 立米级，精炼、连铸的发展使钢的材质、性能有了很大的改观，原材料和能源的消耗大大降低，包括无头轧制、连续退火等工艺和设备的完善，不仅使产品质量有了明显的提高，而且使产品生产的周期大大缩短，现在采取四位一体的工艺流程（炼钢、精炼、连铸、连轧），可以使从原料投入到成品产出整个生产过程只用几个小时，从而能极大地提高市场竞争力。

（4）信息化、数字化技术的广泛运用。

1）以及时、高效、服务周到为目的的广域化计算机管理系统逐渐实用化。从单个工艺流程到整个生产系统，从钢铁厂到国内外流通领域，从钢铁公司到顾客、社会、最终用户以至税务、海关等相互联网，形成了 EDI（电子数据交换）格式一体化等广域化网络系统，这方面国外许多钢铁公司已经逐步实现。

2）以高效、高产、优质为目的的局部工序已经实现无人化。

3）人工智能（AI）技术已经广泛应用，包括模糊控制（FZ）、专家系统（ES）和神经元网络（ANN）在各个工序的应用，已取得重大成果和经济效益，目前正在深化，向多种技术的混合系统发展。

4）用现代控制理论建立了高水平的控制系统，为钢铁工业提供了高品质控制方法。

5）可视化技术出现和监控系统的革新。

6）以提高作业率、增加产量、改善质量和减少维护费用为目的的设备管理、设备诊断系统和预先维护系统（CBM）代替常规的定期检修方法。

7）系统网络化已经成为不可逆转的趋势。从现场总线到车间网、工厂网、企业网等，为建设综合信息化、自动化系统提供了必要的条件。

8）在钢铁工业自动化工程应用中，传统的计（C）、电（E）、仪（I）的分工界限已不再明显，计算机技术的应用已深入各个领域，在现代冶金过程控制中，电控系统、仪控系统、通信系统正在被集回路调节、顺序控制、传动控制、多媒体为一身的一体化系统所代替。

9）仿真技术在钢铁工业中的应用也日益广泛，不仅用于控制系统培训和新工艺、新控制方法的研究，而且易于模拟生产设备调试，指导生产和参与生产。

10）CIMS、ERP 的广泛应用对企业的加工系统物资流、信息流、资金流实行优化控制，追求最佳效果，大大提高企业的经济效益。

11）检测和执行设备的技术进步实现了以往难以实现的功能，工艺参数的检测方法和检测仪表得到了高速发展，使许多过去不能检测的参数得以解决。

以上这些技术的核心是数字技术的应用。把钢铁工业全系统数字化，从而达到管理经营控制优化的时代已经到来。因此可以说，"数字钢铁"是冶金生产力发展到一定阶段的突出标志，是时代进步的必然结果。面对经济全球化和信息化的新形势，钢铁工业处于经济全球化的大潮中，就必须研究开发新的信息化自动化技术，向全系统数字化方向发展。

二、数字钢铁概念及基本内容

（一）数字钢铁的概念

进入 21 世纪，企业的经营从以运作产品为主已逐步过渡到以运营资本为主的阶段，企业的管理已经由形体的管理转变为数字的管理，企业管理数字化、计算机化、信息化已经成为资本运作不可替代的手段。因此，企业只有依靠现代信息技术，才能从根本上实现管理数字化、经营数字化、生产数字化，使企业最终获得最大的资金效益和利润。

所谓数字钢铁，就是以计算机数字技术为核心，网络通信技术为手段，精确的数学模型为基础，实现物资流、资金流、信息流高效准确地运转，从而对钢铁生产经营活动实现全过程、全系统的最优控制，使企业获取最大的经济效益和社会效益。简单说，就是以数字技术来覆盖整个钢铁工业运行的过程，实现最大的经济效益和社会效益。

（二）数字钢铁的基本内容

具体说，数字钢铁的基本内容就是指钢铁工业生产过程的自动化、智能化和管理的信息化。

1. 钢铁工业管理信息化

钢铁工业管理信息化包括：管理信息系统、企业的决策支持系统（DSS）和专家系统（ES）、企业资源计划（ERP）、客户关系管理（CPM）、供应链管理（SCM）、管控一体化系统等现代管理模式，以及电子商务业务等。

（1）管理信息系统 MIS（Management Information System，MIS）。主要包括计划子系统、生产管理调度子系统、财务管理子系统、营销子系统、质量管理子系统、能源子系统和设备子系统等。

1）计划子系统：编制和管理企业中长期发展规划、管理固定资产投资、平衡年度生产经营计划、负责综合统计、供应子系统、材料库管理。

2）生产管理调度子系统：月度生产经营计划的平衡与控制、完成情况分析、生产调度计划及其执行、运输统计。

3）财务管理子系统：账务会计、成本计划和核算、资金管理、专项资金管理、财务分析。

4）营销子系统：合同管理、直销和委托、价格管理、客户管理、进出口、市场信息。

5）质量管理子系统：产品产量质量统计、质量分析、质量抽查与监控、质量事故及异议处理、标准管理。

6）供应子系统：物资供应计划、定额管理、物资订货、物资验收、物资报废与回收。

7）材料库管理：材料验收、库存、发放、结算。

8）能源子系统：能源平衡、调度和控制、计量管理。

9）设备子系统：固定资产台账、设备运行状况、设备维修管理、设备及备品备件管理。

10）安全环保子系统：安全措施与检查、事故处理与统计、污染治理、职业病防治、环保监测统计、环保设备管理。

11）劳资子系统：劳资计划、工资管理、劳动生产率统计、退休及调动、技术职务评聘管理、人事管理。

12）经理办公子系统：重要信息（调度、供应、销售、财务、计划、安全、环保、质量、设备、能源、劳资）的查询、国家政策信息查询、公文阅批处理。

从数据加工的深浅程度上看，MIS 可分为三级。第一级：MIS 的基础是电子数据处理，完成数据的采集和输入，进行数据的加工和保存，实现数据的查询和输出。第二级：通常称为数据分析级。它向业务专家提供数学分析方法，加工电子数据处理级所获得的数据。常用的数学分析方法有数理统计和运筹学，还可以开发出适用于某种特定业务的经济分析数学模型。第三级：是辅助决策级。电脑可以做出各种方案供决策者参考。辅助决策中除了使用前述数学方法外，还用到规划论、博弈论之类的工具。如果存在业务专家，还可以提炼专家的经验构成专家系统以辅助决策。

（2）决策支持系统（DSS）和专家系统（ES）。决策支持系统（Decision Support System，DSS），就是运用计算机帮助人们进行决策，运用管理科学、运筹学、控制论、行为科学和信息技术，采集广泛的内外部信息进行深加工，构架成一个辅助决策的人机系统。

最基本的 DSS 由三库两系统构成。三库即：决策数据库、方法库和模型库。两系统包括：人机会话子系统和运行控制子系统。其中决策数据库提供决策所需要的内外数据。方法库提供决策活动备选的方法及工具，方法库可以使用现成的软件包。模型库提供专项数学模型。人机会话子系统：它收集决策人的需求信息、导向信息、决策人输出提示、中间结果和备用结果。运行控制子系统：它协调人机会话子系统中四个部分的活动。

专家系统（Expert System，ES），可以作为 DSS 中的一个重要部分，主要由四部分构成：专家知识获取器、知识库、推理引擎和学习子系统。其中专家知识获取器是一个人机会话系统，通过计算机与专家会话，把专家的经验和智慧分类、澄清、筛选，组织成一套规则和事实。知识库则用以表述和管理规则和事实。推理引擎完成从提供的新事实到得出未知结论的逻辑演绎过程，逻辑演绎中所采用的是知识库中现有的规则。

（3）企业资源计划 ERP。

1）ERP 的概念：是集成了计算机系统和一系列操作流程，优化各种资源配置，实施科学管理，达到降低生产经营成本、提高盈利水平的目的。

2）制定 ERP 有两大原则：一是以客户需求为中心制定经营目标。二是最大限度地下放权利，满足客户需求，人尽其责。

3）ERP 的特点是把供应链纳入管理流程。企业的供应链涵盖了供应商、制造商、分销商和客户。ERP 在设计企业内部的业务流程时，要把供应链考虑在内，完成主体生产计划、原材料需求计划、生产能力计划、采购计划、销售计划、劳动工资计划、利润计算和财务预算。ERP 根据定义的事务处理会计核算科目和核算方式，在事务处理的同时生成会计核算分录，从而保证资金流、物资流和信息流的同步记录。

4）钢铁企业 ERP 的特点：钢铁工业是流程工业，工艺相对稳定，产品生产周期较短，产品规格较少而批量较大，有严格的过程控制和安全生产措施，这些使钢铁企业的 ERP 不同于机械制造类的 ERP，钢铁企业 ERP 的特点是：

①必须考虑它的复杂性和实时性。

②钢铁企业生产中必然涉及水、电、风、汽，为了保障生产和安全，能源管理中心在钢铁企业中占有重要位置。

③钢铁生产需要大宗原材料，同时产成品是大批量的，75% 的供应量和销售额集中于少数供应商和客户，必须考虑钢铁企业供应链的特殊性。

④由于钢铁生产连续进行，工艺参数、操作参数和管理参数大量发生，这就决定了应用于钢铁企业的 ERP 要有快速处理多媒体信息的能力，要有复杂数学模型的演算能力，要有宽带主干网的支持。

（4）供应链管理 SCM（Supply Chain Management）。

1）供应链的概念：企业生产和销售产品，形成供需关系，供应商、制造商、营销商、客户就构成了该企业的供应链。在钢铁工业的供销关系上这一点尤其突出。

2）供应链管理的关键：通过网络（互联网 Internet 和内联网 Intranet）控制供应链上的物流、资金流和信息流。达到两个目的：一是现有供应链紧密加速运行，二是有必要时迅速重建新的供应链。

3）企业供应链管理的功能构成大致为：订单处理、物流计划、库存管理、财务管理、全局生产计划、客户服务管理。

（5）客户关系管理 CRM（Customer Relationship Management）。

1）客户关系管理：以客户为中心，组织企业生产，强化企业管理。对以流程为主的钢铁工业来说，这一概念的建立尤其重要。

2）采用数据仓库技术，对客户信息、客户订单和产品制造统一管理，以快速响应客户需求，规范工作流程以提高为客户服务的水准。

3）客户关系管理系统的功能包括：客户管理、联系人管理、时间管理、潜在客户管理、销售管理、电话销售管理、价格和促销活动管理、客户服务、呼叫中心、合作伙伴管理、知识管理、商业智能和电子商务等。

（6）电子商务。电子商务作为一种新型的商务运作模式，已得到众多企业的重视。在目前我国钢铁行业的电子商务可分为三个阶段发展：

1）第一阶段：网上供需挂牌、产品宣传、信息服务；

2）第二阶段：网上电子订单；

3）第三阶段：实现网上交易。

2. 钢铁工业生产过程自动化

由于钢铁生产流程长、环节多、工艺复杂，自动化技术应用十分广泛。进入20世纪九十年代以来，钢铁工业自动化应用范围不断扩大、应用水平不断提高、数字化日趋明显。具体表现为：

（1）全面采用数字控制技术。钢铁企业自动化系统在功能上分为检测驱动级、设备控制级、过程控制级、生产管理级、经营管理级、决策管理级共六级。多级自动化系统中，决策管理层一般都以大中型计算机为核心（IBM、UNISYS计算机）结合大量微机群组成。过程控制则以小型机为主（如DEC的VAX、ALPHA、GE90-70系列）。设备控制级几乎无一例外地采用DCS、PLC（如WDPF、N-90，SYMATICS5 PLC-5、PC984等）。在检测驱动级，各种智能表、数字传感器以及全数字化的交直流传动装置已普遍应用。尤其是采用RISC技术的32位微处理器和DSP数字信息处理器组成的高性能数字控制器。用于冷连轧机主传动，其速度精度达到0.005%，速度响应达到100rad/s，电流响应达到1000rad/s，转矩脉动几乎近于零。

（2）多样化的操作控制方式。为满足钢铁工业生产和工艺控制的需要，自动化系统可设置有计算机、自动、半自动、手动等控制方式。为了操作方便，根据数据流的走向和操作任务的多少，在不同的工艺位置设置不同的工作站、监控站、操作台、操作站。

（3）网络应用日益普遍。与分级分散的体系结构相适应，计算机网络的应用日趋普遍。有用于信息管理系统的信息网、用于过程控制的控制网、用于现场设备通信的设备网等。

（4）一体化技术广泛应用（CIEC）。在自动化工程应用中，传统的计、电、仪的分工界限已不再明显，计算机技术的应用已深入各个领域。如：在现代高炉控制中，电控系统、仪控系统、通信系统正在被集回路调节、顺序控制，传动控制、多媒体于一身的一体化系统所代替。一些大的PLC制造商、DCS制造商正纷纷将各自的功能向对方的领域延伸，甚至连机器人、人工智能控制器等也被作为其中的一个部分做到一体化系统中去。在人机界面上，各种不同功能用途的操作台也被采用同一型号挂在同一网上的一体化的MMI所代替。

（5）智能控制技术广泛应用。智能控制包括专家系统、模糊控制、神经元网络、模糊进化方法等，一般认为适用于控制因子复杂，很难用数学模型、经典控制方法和现代控制理论来描述和控制结构的不良系统。多年来的研究实践表明，智能控制在钢铁工业中的应用十分广泛：如高炉冶炼专家系统、基于模糊控制的电弧炉电极提升系统、采用神经元网络的连铸漏钢预报系统、均热炉模糊控制系统、钢板冷却智能化控制系统等，都在实践中取得了较好的应用成果。在电气传动领域，尽管经电流环改造和矢量变换之后的电机模型足以使传统的PID控制取得满意的结果，但采用智能控制，例如，单一神经元方法，可以大大改善系统的鲁棒性。

3. 钢铁生产智能化

有大量数字化的数学模型。如：高炉炉况预报模型、软熔带推断模型、炉料下降仿真模型、炉热推断模型、焦炉加热模型、均热炉烧钢模型、冷轧设定模型等都是通过数字概念来表示。

三、实现数字钢铁的途径

数字钢铁的实现，必须大力加强钢铁工业自动化系统软、硬件装备的研制开发，重点发展冶金生产过程自动化、工艺智能化和管理信息化技术。

（一）继续提高基础自动化水平，支持新一代基础自动化装备的产业化建设，降低基础自动化装备成本

（1）大力提高过程自动化水平。生产过程自动化是实施现代先进工艺的重要关键手段和保障条件。由于FF、CAN、LON等几种开放式现场总线系统快速发展，以及普通PC机可靠性的提高，DCS、PLC的软件平台也成功地移植到PC机上，要开发一系列新的开放型、低成本基础自动化装备。主要课题包括：选矿过程自动化、烧结过程自动化、焦炉燃烧过程控制、高炉过程自动化系统、转炉过程自动化系统、电炉炼钢过程自动化、精炼过程自动化、连铸过程自动化系统、宽带热连轧过程控制系统和宽带酸洗冷连轧过程控制系统等。

（2）加强数学模型的开发创新。由于工艺数模的研究，会使过程计算机的效能得到更好的发挥，提高了生产过程自动化系统水平。

（3）开展过程自动化系统工程方法和软件平台的前沿高技术研究。生产过程自动化系统是大系统，其系统设计和应用软件的开发和运行需要科学的工程方法和软件工具，才能保证系统的严密性和高质量。主要项目包括：过程自动化工程软件开发工具和工程平台、轧钢虚拟现实（VR）技术、冶金过程可视化、采矿场卫星定位技术等。

（二）结合常规模型，加强智能技术研究

在钢铁工业中，智能技术的应用涉及到整个过程的每一工序和企业管理的方方面面。由于生产工艺过程和市场规划营销的复杂性，使得钢铁智能控制技术的研究开发与应用更加具有重要意义。鼓励开展智能技术在系统设定与控制中的研究开发与应用，使智能控制技术与数模结合，提高控制精度。开展智能技术在质量检测与设备诊断问题中的研究开发和应用，实现专家知识共享，判断标准化，不断积累经验，建立高水平设备状态诊断系统。鼓励智能系统软件工具和平台的研究开发与应用，以及引进系统的二次开发，为广泛开展工艺控制和管理智能化应用软件的开发创造条件。鼓励智能化成套工艺装备的国产化研究开发和产业化。

（三）大力应用电子信息技术，提高企业管理水平

企业管理现代化与信息化是增强企业市场竞争力的关键手段和保障条件。继续鼓励钢铁企业的CIMS、MIS和ERP技术的研究开发与应用，支持钢铁行业信息系统的深层开发和完善工作。鼓励企业综合信息网络方案的研究开发与应用。改造企业现有管理计算机网、有线电视网、电话网，使之升级为现代信息网络，与国家公共信息网络以及国际互联网络接通。鼓励企业管理信息模型的研究和数据库的建设，改造、重构旧数据库，真正实现数据共享。同时注重数据采集、知识发现等项目的研究开发与应用。鼓励钢铁企业现代管理模式、功能模型、管理重组与方法的研究，包括市场营销、生产计划、调度、产品质量管理、物料资源管理、设备维修管理、财务管理等应用软件包的研究、开发和商品化。继续开展企业资源计划ERP的研究开发与应用，实现企业的物流、资金流、信息流的最佳匹配，更好地实现高质、低耗，高效率和高效益，增强市场竞争力。其中开发与推广新技术项目包括：冶金行业信息网络建设及宏观调控信息支持系统、企业管控一体化系统（CIMS）、企业综合信息网络系统、企业数据

库系统、企业信息管理软件包等。前沿技术有：企业决策支持系统，多媒体、可视化、虚拟技术，管控一体化信息集成平台，企业现代化管理模式、功能模型、管理重组与方法的研究，企业供应销售电子商务系统等。

（四）建立高速控制系统

随着薄板坯连铸连轧及中板坯连铸连轧，计算机控制系统的控制范围将扩大，要加强第三级生产控制级以协调炼钢、连铸和热轧的生产，保证100%板坯热装热送；随着产品厚度越来越薄，对板形控制、自由轧制以及层流冷却等特殊要求，特别是既要加强除鳞保证表面质量，又要防止温降过大影响薄规格产品的生产，必须提高计算机的控制功能；采用光纤提高通信网的传输带宽和速度，为企业数据通信、工业电视与计算机控制系统合而为一创造条件；加强诊断系统解决故障的能力；采用国际标准总线结构、开放式操作系统和国际通用软件，提高系统的开放性。最终提高轧钢过程自动化高速控制能力和高速通讯能力。

（五）加强通用硬件与软件的产业化

大力推广高炉多媒体计算机集散监控系统、转炉炼钢终点动态控制系统、电炉炼钢智能控制系统、连铸机结晶器液面和二冷段汽化冷却控制、连铸坯质量控制系统、钢铁工业炉智能燃烧控制系统、带钢热连轧控制系统、带钢冷连轧控制系统等，加速发展符合钢铁工艺过程的控制系统通用硬件和软件平台的产业化。

（六）优化控制软件包

解决过程计算机只作数据采集和监控，无优化设定软件的问题，研究开发跨专业、高技术含量、高附加值、具有通用性的工艺流程模型与优化设定软件产品。

四、结论

随着全球产业结构的调整，加强企业信息化建设，培养了一大批信息化人才，开发了一大批基础软件，为全球钢铁工业的数字化发展奠定了基础。同时目前正处在经济全球化、信息网络化的新时代，给钢铁工业的发展带来了严峻挑战和新的历史机遇。因此，在信息化席卷全球的今天，推进数字钢铁，既是时代发展的必然要求，也是钢铁工业自身发展规律的体现。

坚持以信息化自动化带动工业化 以工业化促进信息化 推动企业跨越式发展

2002 年 12 月

十六大报告明确提出："信息化是我国加快实现工业化和现代化的必然选择。坚持以信息化带动工业化，以工业化促进信息化，走出一条科技含量高、经济效益好、资源消耗低、环境污染少、人力资源优势得到充分发挥的新型工业化路子。"企业作为市场经济的主体，应当成为推动国民经济和社会信息化的核心力量。企业应该站在时代发展的前沿，积极利用现代信息技术，加速企业信息化进程，通过信息资源的深度开发和广泛应用，不断提高企业的生产、管理、经营、决策的效率和水平，促进企业的技术创新、管理创新、制度创新，提高企业的整体素质和适应经济全球化的国际竞争能力。

鞍钢作为一个老国有企业，"九五"以来，十分重视企业的信息与自动化建设，在提高信息化手段、强化基础管理、引进先进管理理念、培养信息化建设复合人才等方面进行了大胆探索，把信息化建设与企业"三改一加强"紧密结合起来，借助信息与自动化努力缩小与世界先进钢铁企业的差距，实现了老企业的跨越式发展。鞍钢按照"高起点、少投入、快产出、高效益"的原则，坚持信息化、自动化带动工业化，以工业化促进信息化、自动化，对鞍钢原有落后的工艺流程，采用世界先进的技术装备、先进的信息自动化技术和先进的工艺流程，进行全面的技术改造，使鞍钢旧貌换新颜，成为国内一流的钢铁联合企业。主要体现在以下几个方面：

（1）用了不到两年的时间，淘汰了原来占鞍钢全部产量 60% 落后的平炉炼钢，改造成为自动化的转炉炼钢。

（2）用了三年多一点时间，淘汰了原来占全部钢产量 75% 的落后的模铸，改造成为全部自动化的连铸。

（3）贯彻"精料方针"，装备了炉前脱硫扒渣、炉后 LF、VD、RH－TB 等合金微调，真空冶炼自动化程度达到世界先进水平的精炼手段，大大提高了钢水质量。

（4）建成了 1780 和 1700 两条具有世界一流水平的全计算机控制的热轧带钢生产线。特别要指出的是：1700 热轧带钢生产线是完全依靠自身的力量，自行设计、自行施工、自行集成、自行编程、自行调试完成的，采用了从中薄板坯连铸开始经二机架粗轧、热卷箱、六机架热轧、层流冷却到卷取的世界最先进的 ASP 工艺流程。这条生产线通过了由国家经贸委组织、中国钢铁工业协会主持的验收和以中国工程院院长徐匡迪同志为首的专家组组成的鉴定委员会的鉴定，获中国钢铁工业协会、金属学会冶金科学技术特等奖，是我国第一条全部拥有自主知识产权的热轧带钢生产线。这样的生产线目前除美国、德国、日本等发达的工业国家能全部制造以外，还没有能全部自己制造的。

本文是作者在钢铁工业信息与自动化推进中心年会上所作报告。

（5）建立了酸洗冷连轧带钢全计算机控制的生产线，并已投入生产，目前正在建设第二条。

（6）运用信息技术和先进工艺对大型、无缝、厚板、线材进行了相应的技术改造，提高了自动化水平，达到了先进水平。

（7）采用ATM技术，初步建立了鞍钢集团综合管理信息网，在公司机关有关部门和各生产厂之间实现了从制定合同开始动态收集、传输、交换、处理和存储生产经营中的主要信息，提高了信息的实时性和共享性。

（8）与美钢联已经签约，正在共同开发鞍钢ERP系统。为进一步加快鞍钢信息化步伐，成立了以总经理为首的集团公司信息管理系统开发领导小组，对企业管理的业务流程，信息技术应用进行了调研，建立了企业管理基本数据库，完成了数据整理。专门成立了企业管理信息部，抽调专门技术人员完成鞍钢ERP的建设。

“九五”以来，经过以上这些卓有成效的技术改造和信息化建设，使鞍钢在激烈的市场竞争中焕发了一个老的特大型钢铁联合企业的青春活力。说到底就是用信息化、自动化带动了工业化。

所谓工业化，我认为随着世界科学技术的急速发展，应该赋予新的含意，那就是要调动一切生产要素，在我们的生产活动中创造出一流水平的技术指标，一流水平的经济指标，核心是创新。落后的工业、工艺只能被淘汰、消亡，而钢铁工业生产中最活跃的生产要素之一就是信息化、自动化。正如江泽民同志在《加快我国的信息化建设》一书的序言中深刻指出“信息化是一场带有深刻变革意义的科技创新，把我国工业提高到广泛采用信息智能工具的水准上来，用信息技术武装工业和国民经济，以提高国际竞争力，实现跨越式发展”。

通过“九五”以来的实践，我们对企业信息化自动化建设有以下几点体会：

（1）在高起点确定先进工艺技术改造方案的同时，还要确定先进的信息化自动化方案，并用先进的信息化自动化方案来不断提高工艺技术水平，使其相辅相成，互为提高。

在鞍钢8台大型连铸机的技术改造中，二级计算机绝大部分采用了分布式数据库系统和Client/server式的应用体系结构，并采用光纤以太网联结，完成了以生产动态调度系统到模型的计算，数据的收集、报警的指示的所有功能。系统软件采用WINDOWS2000中文平台，达到了友好界面的目的。在基础级中，采用当今世界先进水平的LOGIX5550控制器、CONTROLNET网和DEVICENET现场总线，保证了系统的可靠性、实时性、可维护性和响应速度，操作台采用了FLEXI/O降低了现场布线成本，提高了可靠性。在设计思想上，硬件绝大部分采用一次信号进PLC，减少中间环节的电气联锁。应用软件的设计上根据连铸27个冶炼因素，开发了质量自动判断。在电气传动上绝大部分采用了变频器，一方面提高了系统的可调性并实现无级调速，另一方面节省了电能。由于采用了这些信息化自动化先进技术，使鞍钢的连铸都达到了一次投产成功，只用一个月就达到了设计水平，金属收得率提高了10%，成本每吨降低了100元，质量判断正确率基本上达到100%。

酸洗冷连轧生产线采用了世界先进水平的热备全工艺过程三级计算机控制系统，其中包括交交变频交流传动系统，流量AGC的新一代冷轧厚度控制技术、动态变规格控制技术，CVC加弯辊板形控制技术，这些技术是具有世界先进水平的高难度自动化控制技术。

万能机组重型钢轨生产线采用了世界先进水平的自动化四面矫直、头尾矫直的控制技术。以上这些控制技术的实现，脱离信息化和自动化是不可想象的。

(2) **要勇于创新，以时不我待的责任感和使命感建设拥有自主知识产权的大型自动化控制系统。**

以往我国钢铁工业在信息化自动化方面也引进了不少先进技术，我们不反对引进，在需要引进时必须引进，但有时往往陷入引进—落后—再引进—再落后的怪圈，对引进技术缺乏消化、吸收和创新，以至于一味依靠国外。这样的结果就会使我们在国际市场上找不到“饭碗”或不能及时抢到“饭碗”。轿车用钢板就是一个典型例子。我们认为这就是缺乏创新精神，缺乏依靠自己的力量形成和拥有自主知识产权的观念，尤其在大型自动化集成系统方面更是如此。

在近几年的技术改造中，尤其在信息化自动化方面，只要鞍钢自己能做的就自己做，自己设计、自己编程。如烧结自动化、转炉自动化、连铸自动化、轧钢自动化等等。这样做一方面大大降低了技术改造的成本，另一方面带出了队伍，培养了人才。如鞍钢1700连铸连轧（ASP）带钢生产线的建成就是一个典型的范例。该生产线实现了四级计算和全自动控制，包括全部由国内自主开发的弯轴加WRS板形控制系统，国内首次采用硬度前馈加反馈加监控的电动，液压混合型AGC控制技术，采用中薄板坯连铸机加宽体步进式加热炉和热板卷箱控制技术，从而达到最大限度的降低能耗、提高质量。过程控制级和生产管理级计算机采用了高速内存映象网技术，使全控制过程达到了快速适时响应的要求，由于采用了以上信息化自动化的控制技术，使热轧带钢生产线能生产厚度误差为±40μm，宽度误差为±5mm，凸度误差为±20μm，平直度达到了25I这样一个高质量、高品质的热轧带钢产品，完全满足了国内市场的需要和部分出口的需要。这一生产线完全由我们自行工艺流程设计，自己编程，自己调试，从计算机网络结构到各级计算机功能分配、数学模型的建立、应用软件的层次结构都有重大突破和创新，完全拥有自主知识产权的大型集成系统，进入了世界先进行列。

目前，经过消化、吸收和创新，鞍钢形成了以1700中薄板坯连铸连轧（ASP）为代表的一批经济效益好、技术水平高、市场潜力大、具有自主知识产权和成就的专有技术，我们正在向全国进行推广，已经和国内一大型钢铁公司签订了合同，帮助他们建设一条先进的热轧带钢生产线，并和包钢签订了210吨大型转炉三电系统总承包的合同，实现了工业化促进信息化自动化的目标。

(3) **钢铁企业要实现信息化、自动化，必须统筹规划、扎扎实实做好基础工作。**

要做好钢铁企业的信息化自动化工作，必须扎扎实实地做好各方面的基础工作。例如鞍钢这几年进出料全面实现了称量计算机管理，装备了高炉单支管煤粉两相流量计、转炉声学化渣测量仪、连铸结晶器开口度及倒锥度测量仪、连铸辊间测量仪、连铸无接角测长仪、测宽仪、板带轧机的激光测量仪、板形测量仪等等，为模型控制的实现创造了条件。与此同时，只要是技术改造、大修或中小修条件允许的情况下，都装备了高水平的PLC和DCS，为及时采集准确、真实、可靠的现场数据提供了依据。这既实现了采用信息化、自动化改造传统工艺，又为下一步推进信息化自动化建设奠定了良好的基础。鞍钢按照国务院关于《国有大中型企业建立现代化企业制度和加强管理的基本规范》，在完善企业信息化手段和工具的同时，为了加强信息化的管理，在机构管理上也进行了大量的改革，坚持企业管理以财务管理为中心，财务管理以资金管理为中心，对钢铁主体实施财务集中统一管理，全面推行定额管理，建立了定额管理体系，实施能源入口计量管理，主要物资流实现100%计算机计量，现代化管理方法和手段得到了广泛应用，初步实现了合同、计划、生产、运输到结算的全程计算机管理。总之，工业企业要实现信息化、自动化，必须要考虑到信息技术、自动化技术的飞速发展、日新月异、突飞猛进的现状，做到高起点，注重可拓展性，尽量采用标准化的技术进行统筹规划，并扎扎实实做好基础工作，否则就要走弯路、事倍功半、达不到预期的目标。

（4）**培养人才，建立基地，以工业化促进信息化自动化。**

鞍钢近几年来，在坚持信息化自动化带动工业化的同时，坚持通过信息化自动化的工程项目锻炼队伍培养人才促进了信息化自动化的建设。目前鞍钢以技术中心、设计院、自动化公司为依托，已经初步形成了一支既懂工艺又懂信息化自动化技术的双重复合人才的队伍，并正在为鞍钢的技术改造做出贡献。在此基础上，鞍钢把信息化自动化作为一种产业来发展，在大连投资1亿元人民币建立了信息化、自动化的产业基地——大连华冶联自动化有限公司，他们依托于鞍钢雄厚的技术力量，在两年内完成了鞍钢一炼钢2号方坯连铸机三电系统总承包、鞍钢新1号高炉自动化控制系统总承包，并对大钢、昆钢、包钢等单位先进的三电系统进行了总承包。该公司每年的产值已经达到5000万元，这一成果足以说明工业化对信息化和自动化的作用。

下一步，我们要继续按照十六大提出的“坚持以信息化带动工业化，以工业化促进信息化，走出一条科技含量高、经济效益好、资源消耗低、环境污染少、人力资源优势得到充分发挥的新型工业化路子”的要求，以建设“数字鞍钢”为目标，大力推进信息与自动化建设。

（1）**推进ERP建设**。以同美钢联合作开发ERP系统为契机，全面推进鞍钢信息化建设，实现“数字鞍钢”目标。由于推进ERP建设，是一个庞大而复杂的系统工程，是企业管理的一场深刻革命，涉及到的单位和部门很多，我们要求各单位必须给予高度重视，主要领导亲自挂帅，参与其中，做好组织协调工作。坚持“总体规划，分步实施，重点突破，整体推进”的方针，逐步建成钢铁主体生产、销售、技术质量和财务管理信息系统，以及采购供应、设备管理、人力资源信息系统，实现合同、计划、生产、发货、结算全线信息系统集成，使信息流、物资流、资金流同步运行，全方位满足生产经营的需求。

（2）**适应ERP建设，实现企业流程优化再造**。对企业以流程、数据形式体现的管理要素和基础信息，要进行系统梳理，综合分析，全面优化，重新确定企业管理框架、基本要素和基础信息构架。重点整合三个炼钢厂、板材生产厂的管理流程，对新钢铁公司、新轧钢公司的生产计划、技术质量、采购销售、仓储运输等管理业务流程进行统一规范。在规范集团公司与子公司、子公司之间、生产厂之间管理流程上有新突破。

（3）**坚持不懈地依靠包括信息化自动化技术在内的高新技术改造传统产业，加快工艺装备升级换代**。到2005年使鞍钢技术装备得到全部更新，建成两座3200立方米现代化大高炉，炼钢实现入炉铁水“三脱”（脱硫、磷、硅）和炉外钢水精炼，成为拥有一条宽厚板生产线、两条热轧带钢生产线、三条冷轧薄板生产线、四条镀锌板生产线、两条彩色涂层板生产线、一条现代化重轨生产线和无缝管生产线的现代化板、管材精品生产基地，使鞍钢生产装备的信息化自动化水平达到国际一流。

2002钢铁工业信息化回眸

2003年2月

进入21世纪，世界产业格局正加快由传统工业向信息化知识经济的转变，各先进企业纷纷依托信息技术调整，优化产业结构，以适应未来的国际化竞争格局。未来企业之间的竞争将越来越趋向于信息与技术的竞争，信息技术将成为企业真正的资本和首要财富。哪个企业最先获取了信息资源，哪个企业就掌握了市场的主动权。经济全球化的深入和激烈的市场竞争环境，严重挑战我国的传统钢铁企业，同时，信息化的迅猛发展也给我国传统钢铁企业带来了极好的机遇。如何抓住信息技术革命的最新成果和发展机遇，我国的各个钢铁企业在此方面进行了自身的全面完善，在信息化建设的大潮中迈出了铿锵有力的新步伐。

2002年，由于我国各个钢铁企业都高度重视加快信息化的建设，约有35家钢铁企业在信息化方面绽放出了夺目的光彩，在全国大中型钢铁企业中所占比例达到了60%。

以合同管理为主线，以财务管理为中心的宝钢国际ERP系统经过近3年的建设，已正式投入运行；将国外先进管理理念和信息技术紧密结合的宝钢益昌公司，构建了覆盖全公司的综合网络用布线系统，初步建成了信息化、自动化平台；鞍钢建立了管理信息化基本数据库，并积极引进国际先进管理理念和方法，与美钢联正在共同开发ERP系统；首钢正在推进管理信息系统建设，最终建成了ERP系统；武钢在建成了3DDS宽带网络的同时，又投资了2亿元用来建设ERP系统，整个产、销、资讯系统已全面开通；重钢针对工业过程自动化的要求，成功开发研制了现场总线CAN2000系列，并顺利运用于该公司加热炉汽化冷却水控制系统；韶钢建成了覆盖公司每个工作点的“信息高速公路”，形成了具有韶钢特点的ERP系统；石钢1000兆光纤网已正式启用，标志着该公司的信息高速公路正式开通；广钢与中科软件联手实施管理与决策系统。此外，邯钢的CIMS系统目前正在建设之中；济钢的千兆主干网已经正式启动；莱钢又推进了MIS工程建设；昆钢正在建设计算机通信网络系统、数据库和ERP系统；沙钢的CIMS二期工程顺利完成，为企业进一步实施ERP创造了条件；华菱涟钢对现有的CIMS系统进行了ERP改造；抚顺特钢投入2000万元建设分系统集成的ERP系统；酒钢优化数据采集，拓展了商务平台，等等。

2002年，我国钢铁工业信息化与自动化方面另一个明显而又突出的特点，就是许多企业重视自主知识产权的创立，取得了令人可喜的成果。

具有自主知识产权的鞍钢ASP生产线（1700中薄板坯连铸连轧生产线）通过了由国家经贸委组织、钢铁协会主持的验收和有5位工程院院士及国内热连轧技术专家组成的鉴定委员会的鉴定，获中国钢铁协会、金属学会冶金科学技术特别奖，并在成套

本文发表在《中国制造业信息化》，2003(2)：41~42。

输出连铸连轧技术上取得了新突破。由莱钢和浙江大学合作完成的“莱钢750m^3 高炉智能控制专家系统”通过了专家鉴定，达到了国内先进水平。在全国高炉智能控制专家系统应用交流会上，进一步推广了具有我国自主知识产权的“高炉智能控制专家系统”，对提高高炉基础自动化、智能化的操作水平起到了重要的作用。继山西新临钢厂6号高炉、山东莱钢1号高炉的“高炉智能控制专家系统”相继投入生产运行后，这项技术在太钢、济钢等单位又得到了推广应用。

锻造“数字钢铁”

2003 年 2 月

所谓“数字钢铁”，就是以计算机数字技术为核心，网络技术为手段，精确的数学模型为基础，实现物资，信息流高效准确地运转，从而对钢铁生产经营活动实现全过程、全系统的最有效控制，使企流、资金流业获取最大的经济效益和社会效益。一言以蔽之，就是以数字技术来覆盖整个钢铁工业运行的过程，实现最大的经济效益和社会效益。

“数字钢铁”的基本内容

“数字钢铁”的基本内容就是指钢铁工业生产过程的自动化、智能化和管理的信息化。

管理信息化 钢铁工业管理信息化包括管理信息系统（MIS）、企业决策支持系统（DSS）和专家系统（ES）、企业资源计划（ERP）、客户关系管理（CRM）、供应链管理（SCM）、管控一体化系统等现代管理模式，以及电子商务业务等。

值得一提的是钢铁企业 ERP，由于是流程工业，工艺相对稳定，产品生产周期较短，产品规格较少而批量较大，有严格的过程控制和安全生产措施，这些使钢铁企业的 ERP 不同于机械制造类的 ERP，钢铁企业 ERP 的特点是：

（1）必须考虑它的复杂性和实时性。

（2）钢铁企业生产中必然涉及水、电、风、气，为了保障生产和安全，能源管理中心在钢铁企业中占有重要位置。

（3）钢铁生产需要大宗原材料，同时产成品是大批量的，75% 的供应量和销售额集中于少数供应商和客户，必须考虑钢铁企业供应链的特殊性。

（4）由于钢铁生产连续进行、工艺参数、操作参数和管理参数大量发生，就决定了应用于钢铁企业的 ERP 要有快速处理多媒体信息的能力，要有复杂数学模型的演算能力，要有快速主干网的支持。

生产过程自动化 由于钢铁生产流程长、环节多、工艺复杂，自动化技术应用十分广泛。进入二十世纪 90 年代以来，钢铁工业自动化应用范围不断扩大，应用水平不断提高、数字化日趋明显。具体表现为：

全面采用数字控制技术。钢铁企业自动化系统在功能上分为检测驱动级、设备控制级、过程控制级、生产管理级、经营管理级、决策管理级共六级。多级自动化系统中，决策管理层，一般都以大中型计算机为核心（IBM、UNISYS 计算机）结合大量集群组成。过程控制则以小型机为主（如 DEC 的 VAX、ALPHA、GE90-70 系列）。设备控制级几乎无例外地采用 DCS、PLC（如 WDPF、F-90，SYSMATICS5、PLC-5、PC984 等）。在检测驱动级，各种智能表、数字传感器以及全数字化的交直流传动装置已普遍

本文发表在《信息系统工程》，2003(2)：16，18。

应用。多样化的操作控制方式，为满足钢铁工业生产和工艺控制的需要，自动化系统可设置有计算机/自动/半自动/手动等控制方式，为了操作方便，根据数据流的走向和操作任务的多少，在不同的工艺位置设置不同的工作站、监控站、操作台、操作站。

网络应用日益普遍，与分级分散的体系结构相适应，计算机网络的应用日趋普遍。有用于信息管理系统的信息网。用于过程控制的控制网、用于现场设备通讯的设备网等。

一体化技术广泛应用（CIEC）。在自动化工程应用中，传统的“计、电、仪”的分工界限已不再明显，计算机技术的应用已深入各个领域。如：在现代高炉控制中，电控系统、仪控系统、通讯系统正被集回路调节、顺序控制、传动控制、多媒体于一身的一体化系统所代替。一些大的 PLC 制造商、DCS 制造商正纷纷将各自的功能向对方的领域延伸，甚至连机器人、人工智能控制器等也被作为其中的一个部分做到一体化系统中去。在人机界面上，各种不同功能用途的操作台也被采用同一型号挂在同一网上的一体化的 MMI 所代替。

智能控制技术广泛应用，智能控制包括专家系统、模糊控制、神经元网络、模糊进化方法等，一般认为适用于控制因子复杂，很难用数学模型、经典控制方法和现代控制理论来描述和控制结构的不良系统。智能控制在钢铁工业中的应用十分广泛，如高炉冶炼专家系统、基于模糊控制的电弧炉电极提升系统、采用神经元网络的连铸漏钢预报系统、均热炉模糊控制系统、钢板冷却智能化控制系统等，都在实践中取得了较好的应用成果。

钢铁生产智能化 有大量数字化的数学模型。如：高炉炉况预报模型、软熔带推断模型、炉料下降仿真模型、炉热推断模型、焦炉加热模型、均热炉烧钢模型等，都是通过数字概念来表示。

实现“数字钢铁”的途径

数字钢铁的实现，必须加强钢铁工业自动化系统软、硬件装备的研制开发，重点发展冶金生产过程自动化、工艺智能化和管理信息化技术。

提高基础自动化水平 大力提高过程自动化水平。生产过程自动化是实施现代先进工艺的重要关键手段和保障条件。由于 FF、CAN、LON 等几种开放式现场总线系统快速发展，以及普通 PC 机可靠性的提高，DCS、PLC 的软件平台也成功地移植到 PC 机上，要开发一系列新的开放型、低成本基础自动化装备。主要课题包括：选矿过程自动化系统、烧结过程自动化系统、焦炉燃烧过程控制、高炉过程自动化系统、转炉过程自动化系统、电炉炼钢过程自动化系统、精炼过程自动化系统、连铸过程自动化系统、宽带热连轧过程控制系统和宽带酸洗冷连轧过程控制系统等。

加强数学模型的开发创新。由于工艺数模的研究，会使过程计算机的效能得到更好地发挥，提高了生产过程自动化系统水平。

开展过程自动化系统工程方法和软件平台的前沿高技术研究。生产过程自动化系统是大系统，其系统设计和应用软件的开发和运行需要科学的工程方法和软件工具，才能保证系统的严密性和高质量。主要项目包括：过程自动化工程软件开发工具和工程平台、轧钢虚拟现实（VR）技术、冶金过程可视化、采矿场卫星定位技术等。

加强智能技术研究 在钢铁工业中，智能技术的应用涉及到整个过程的每一工序和企业管理的方方面面。由于生产工艺过程和市场规划营销的复杂性，使得钢铁智能控制技术的研究开发与应用更加具有重要意义。鼓励开展智能技术在系统设定与控制中的研究开发与应用，使智能控制技术与数模结合，提高控制精度。开展智能技术在质量检测与设备诊断问题中的研究开发和应用，实现专家知识共享，判断标准化，不断积累经验，建立高水平设备状态诊断系统。鼓励智能系统软件工具和平台的研究开发与应用，以及引进系统的二次开发，为广泛开展工艺控制和管理智能化应用软件的开发创造条件。鼓励智能化成套工艺装备的国产化研究开发和产业化。

以IT应用提高企业管理水平 企业管理现代化与信息化是增强企业市场竞争力的关键手段和保障条件。继续鼓励钢铁企业的CIMS、MIS和ERP技术的研究开发与应用，支持钢铁行业信息系统的深层开发和完善工作。鼓励企业综合信息网络方案的研究开发与应用。改造企业现有管理计算机网、有线电视网、电话网，使之升级为现代信息网络，与国家公共信息网络以及国际互联网络接通。鼓励企业管理信息模型的研究和数据库的建设，改造、重构旧数据库，真正实现数据共享。同时注重数据采集、知识发现等项目的研究开发与应用。鼓励钢铁企业现代管理模式、功能模型、管理重组与方法用软件包的研究、开发和商品化。继续开展企业资源计划ERP的研究开发与应用，实现企业的物流、资金流、信息流的最佳匹配，更好地实现高质、低耗、高效率和高效益，增强市场竞争力。其中开发与推广新技术项目包括：冶金行业信息网络建设及宏观调控信息支持系统，企业管控一体化系统（CIMS），企业综合信息网络系统，企业数据库系统，企业信息管理软件包等。前沿技术有：企业决策支持系统，多媒体、可视化、虚拟技术，管控一体化信息集成平台，企业现代化管理模式、功能模型、管理重组与方法的研究，企业供应销售电子商务系统等。

建立高速控制系统 随着薄板坯连铸连轧及中板坯连铸连轧，计算机控制系统的控制范围将扩大，要加强第三级生产控制级以协调炼钢、连铸和热轧的生产，保证100%板坯热装热送；随着产品厚度越来越薄，对板形控制、自由轧制以及层流冷却等特殊要求，特别是既要加强除鳞保证表面质量，又要防止温降过大影响薄规格产品的生产，必须提高计算机的控制功能；采用光纤提高通讯网的传输带宽和速度，为企业数据通讯、工业电视与计算机控制系统合而为一创造条件；加强诊断系统解决故障的能力；采用国际标准总线结构，开放式操作系统和国际通用软件，提高系统的开放性。最终提高轧钢过程自动化高速控制能力和高速通讯能力。

加强通用硬件与软件的产业化 大力推广高炉多媒体计算机集散监控系统、转炉炼钢终点动态控制系统、电炉炼钢智能控制系统、连铸机结晶器液面和二冷段汽化冷却控制、连铸坯质量控制系统、钢铁工业炉智能燃烧控制系统、带钢热连轧控制系统、带钢冷连轧控制系统等，加速发展符合钢铁工艺过程的控制系统通用硬件和软件平台的产业化。

优化控制软件包 解决过程计算机只作数据采集和监控，无优化设定软件的问题，研究开发跨专业、高技术含量、高附加值、具有通用性的工艺流程模型与优化设定软件产品。

推进鞍钢信息化建设的意义与要求

2003 年 4 月 14 日

一、深刻认识信息化在当今社会中的巨大作用以及加快推进鞍钢 ERP 项目的重大意义

公司决定建设计算机管理信息系统，这是一件非常有意义的大事。十六大报告明确提出了要用高新技术改造传统产业，推进信息化。十届人大报告进一步明确了要把推进信息化作为我国社会主义现代化建设的一项重大措施。我觉得这些都具有十分重大的战略意义。

大家最近都非常关心伊拉克战争。实际上美英进行的这场战争靠的是高新技术，靠的是他们的信息电子技术。所谓精确制导炸弹精确到什么程度？我认为它可以精确到 2 ~ 3 米的精度。比如说要轰炸某一个建筑物，它可以精确到这个建筑物的某个办公室。为什么能够精确到这种程度呢？无非是靠卫星定位。发射一个地球同步卫星，定在天空的某一点，卫星的定位可以自动校正，然后再靠计算机技术，把巴格达的地图存储在计算机之中，计算机跟着导弹走。像这样一种专用的计算机可以做得很便宜，价值 1000 ~ 2000 元一台，把它放在导弹里面定位在什么位置，导弹就能自动地飞到哪里，而且运行速度很快。有的同志出国到日本、德国、美国，看过 GPS 系统在轿车上定位，轿车开到哪里，就可以显示车的位置，它将自动告诉你应该左转弯、右转弯，精度很高，大约是一公尺左右。虽然说计算机速度各方面可能会有点问题，但也是很精确的。这给我们一个启发：就是计算机技术发展到当前这样一个高水平，可以说是给社会带来了一场深刻革命，它涉及我们各行各业，影响了生活的各个方面。比如天气预报，可以说应用了计算机技术以后，达到了一个非常高的水平，从来没有像今天这样准确，因为它可把气象的各种参数划小到一个很小的区域，比如一平方公里。过去为什么我们做不到呢？因为划的越小，参数的数量就越多，甚至达到几千万个，或者几亿个，靠人工要在短时间内，如一个小时内把气压、气温、风向、高度等参数统统都计算出来是不可能的。现在计算机每秒能够达到几千亿次、上万亿次的计算速度，这样一大批数据就很容易迅速计算出来，因此气象预报也就越来越精确，预报的范围也越来越小。在中国工程院电子学部，有几个专家就是专门从事超级计算机研究的。这些超级计算机除了用在气象以外，还可以模拟原子弹爆炸、氢弹爆炸，也就是说，不需要真正爆炸一个原子弹，而是用计算机模拟原子弹爆炸时可能产生的一些情况和数据，减少了原子弹爆炸的次数。现在提出数字地球，什么叫数字地球？就是把地球的有关参数，如地图、矿藏、高度、河流、地理形状、土质土壤状况等参数用计算机来进行动态跟踪、动态管理，随时变化、随时响应，用计算机对地球的各种变化作预报、作预测或者作管理，使我们生活的空间、家园能够处在人的控制下、预测下。预测

本文是作者在鞍钢 ERP 与企业信息化领导干部培训班上的讲话稿，标题是此次公开出版时所加。

会不会发生地震？会不会有龙卷风？美国这方面研究很多。现在由于计算机技术的发展，农作物的管理也有了很大的进步，经过天空的航空图像分析，可以预测粮食作物收成，而且精度很高。我国也有这方面的专家，我也接触过他们。他们预报的粮食产量 ±5%，达到很高的精确度，这样就可以为国家做决策提供强有力的手段。比如：预报今年粮食歉收，早早地就要在国际粮食市场没涨价时，把粮食买进来；如果预报丰收，那就减少储存。计算机技术发展到现在，包括网络技术的发展，对加强海关的管理也起到了非常重要的作用，用假护照出入境几乎是不可能的。比如你在沈阳领事馆有个签证，你的档案材料已经进入到美国各个关口。火车票卖票也搞了计算机系统。上次我参观一个火车票售票计算机系统，全国各地都可以买票。航空早就是这样了，它把所有航班、座位都在计算机里存储了。所以说，计算机发展到现在，极大地推动了社会进步，推动了各行各业发展，包括计划生育、银行，都是计算机管理。

现在全世界钢铁行业都在向前发展、向前推进。对钢铁行业来说，有了这样一种技术我们不去利用，不用信息化来推动现代化，要么是傻瓜，要么就是白痴。比如成品管理、合同管理、物品出入大门的管理、劳资管理、财务管理、生产计划的管理、成本分析、炼铁、炼钢、轧钢各厂之间衔接的管理等等，这些用计算机是最好不过的，它完全可以极大地推动我们的各项工作。1992 年武钢搞计算机管理，预测可以降低成本 2% ~3%。这意味着什么呢？鞍钢成本数量大体上每年一百七八十个亿，如果降低 2% ~3%，则一年就是 3 ~4 个亿。从哪里可以产生这么高的效益呢？库存减少，加快生产节奏，缩短生产周期，非计划生产品种大量减少，设备维修更有针对性，以及劳动力的节省等等。2% ~3% 的成本降低是从经济上说，从管理水平的提高上说，可以使整个公司的经营活动一体化、系统化，做到动态响应，反映每一分钟、每一秒钟的变化。比如：哪个高炉、转炉、轧钢机的生产情况怎么样？生产的物流怎么样？人员的变化怎么样？都能直接反映出来。它还使资金的调动更灵活，备件的库存就不用再搞了。设备处搞设备超市，动了脑筋，我还是肯定的。但是如果计算机管理信息系统搞起来了，超市就没有意义了，可以用计算机模拟一个超市，不用摆实物，比摆东西、建彩板房子好得多。计算机超市不是真正的实物超市，只要在计算机上一查，就知道有哪些物品，有多少库存，由哪个厂商生产，价格如何，这些全有了。这不是很遥远的，现在已经是这样了。比如电子商务，前一段时间宣传的电子商务实际上就是类似电子超市，十分便宜，大大降低了成本，从这个侧面上可以印证计算机技术的发展可以推动各行各业。当然，钢铁行业也不例外。当今计算机技术已经发展到这样的一个高水平，公司做出建设计算机管理信息系统这样一个决策，既是贯彻党的十六大精神提出的要求，也是鞍钢自身发展的必然。

二、搞计算机管理系统实际上就是用计算机来进行企业管理，做好这项工作需要付出艰苦的劳动，要充分看到它的艰巨性

1985 年，我在武钢就提出来搞计算机管理系统。当时我去美国、日本作了考察，看到新日铁在 1985 年已经实行了合同的动态管理，到炼钢厂可以查现在生产哪一个合同，设备用计算机管理只是刚刚开始，它主要是对生产计划的调度。当时用的计算机主要是 IBM3084，我问他们这套计算机系统开发到现在需要多少人年，他告诉我 100 人年，就是说 10 个人不干别的活，需要 10 年时间。1992 年联合国资助鞍钢和武钢搞计算机维修系统，当时武钢花 700 万 ~800 万美金，买了一个 3090-120J，鞍钢当时买了一个 3090-110J，还买了一个小的东西搞机修。当时买 3090-120J，已经超过巴统会对中国的最高限制，而且当时还做了一些紧张的论证，证明确实是用在钢铁行业，不是用在军工，才卖给我们。武钢当时为了搞这个计算机系统，还建了一个楼，就是现在股份公司办公楼。一、二层办公，三层调度，四、五层计算机。我们搞这个计算机除了搞硬件、通讯花了很大精力外，光往计算机里送数据，就找了 60 个专业打字员，经培训以后传送数据一年也没送完，并且还不知道准确率如何？花了这么大的代价，结果呢？丢到水里去了，没了、过时了。武钢的 120J 完了，重新又买了一个 90 系列。鞍钢的 3090-110J 上次打报告，我说趁早报废，给谁谁都不要。当时花了那么大的代价，得出什么结论？我觉得有以下几个方面：

第一条，就是要把计算机系统的开发与日常生产经营紧密联系在一起，我们不是为了做样子，而是为了用。如果没有这样的指导思想，开发归开发，使用归使用，那你开发成了，他也不用。我听说武钢的系统现在也遇到了这样的情况，就是开发与使用的问题。如果不把开发的系统与日常的工作紧密联系在一起，把它分离开，就总也用不上去。

第二条，就是起点高。要结合实际，按照“高起点、少投入、快产出、高效益”这样一个思路，分步开发、分步实施、分步达效。对鞍钢的 ERP，我们提出来先从热轧、冷轧前后重点突破，积累经验，然后再逐步推广。

第三条，各级领导干部要高度重视，要给予足够的人力、物力支持，而且人力、物力不能脱离生产实际。这次抽调了很多人也是兼职的，我们提出来确保这些人有三个半天，周一到周五两个半天、周六一个半天，让这些人专门从事这项工作，其他时间回到原岗位。在座的各位领导要给予高度的重视，我在这里跟大家讲一条，这个系统投入运行后，如果在座的不掌握这套系统，你就别在这里干了，就要被发展所淘汰。

第四条，就是要从技术上采取措施。现在计算机技术发展非常快，日新月异，今年买的计算机，明年可能已经过时了。这个问题，我与 IBM 一个副总裁曾经进行过探讨，我说我们买计算机老跟不上你们的发展速度。他说 IBM 公司也在转变经营策略，现在已经开始提供计算能力，不是提供机器机型，就相当于电话局，提供你打电话的能力，你可以打电话，打多少次电话，付多少钱。至于电话机的更新换代不用管了，那是他们的事。以前很多开发都失败了，不光是我们，武钢、宝钢也遇到了失败。宝钢先上了 4381，后来又上了 UNIX 系统，后来又转到 IBM，这次又找台湾中钢做，又换了机器，总共花了上十亿人民币，因此我们一定要看到这项工作的艰巨性。

三、关于如何做好这项工作提出几点要求

刚才说了有那么大的好处，有那么多的必要性，也说了这项工作富有挑战性。但关键是做好这项工作必须和我们现在的工作紧密地结合在一起，一手抓日常工作，一手抓这项技术的开发，不管是不是兼职，必须都这样做，这既是开发建设这套系统的需要，也是将来这套系统为我们所掌握运用的需要。就下一步工作如何开展，我提出几点要求：

第一，各级领导要高度重视，参与其中。从公司领导到各级领导对这项工作都要给予高度重视，要纳入到日常考核当中去，因为没有各级领导的重视，这项工作没有办法进行。你想想看，这个计算机系统就是为你搞管理用的，结果你既不参与，又不重视，也不会，这不是两张皮吗？系统建成后，只靠专业人员给你做这个事情怎么能行啊！如热轧厂厂长要查合同，他不会，找一个人给他查查看，行吗？如果你自己会，你想了解全公司有关备品备件存在哪个地方，计算机可以提供。将来下步还要发展到财务、成本等方面，只有相应级别的人才能进入到这个领域去看，结果你不会，你找别人还进不去，你把密码和号码都给人家了，那就泄密了。所以我想在座的各位，不管你有没有专门的时间进入到系统开发当中去，都要学习、支持，尽可能地参与。

第二，对参与到项目的同志（脱产、半脱产），必须把这件事情作为自己的一项主要工作、主要任务来完成。对参与项目的同志来说，这项工作不是可有可无，而是必须完成的重要任务，要纳入到各级考核当中去。星期六要抽半天，我们给予经济补偿。算工资、小时、加班，要按时出席，完成交给的各项任务。而且这些人要一边学计算机技术，一边学外语。因为我们是和美钢联一起开发的，打报告要请翻译，我不同意，我说请翻译你就别搞了，但是懂英语的人确实太少了。上次我到技术中心去，技术中心提出意见要参与到与国外的交流中去，我说没问题，你报报多少人会英语，大概有五六个人，英语不会怎么交流。外语这个东西没有什么窍门，就是要花功夫，死记硬背，大量地背句子、背单词就行了，就是要用，会说会听就行了，不能写，会看也行。

第三，党委系统在这项工作中也要充分做好思想政治工作，给予保证，发挥党组织的战斗力。我们是一个共产党执政的国家，各级都有党委领导，在座的绝大多数都是共产党员，也可能是百分之百。要发挥党组织的战斗力和堡垒作用。不要认为党委系统与这个事情无关，这是十六大提出来的要求，是我们党的一项很重要的任务，胡锦涛总书记也多次在各种场合强调了这个问题。所以，党委也要把它作为一项重要的工作来抓，作为一项政治任务。我们党强调以经济建设为中心，用信息化来改造、推动工业化和现代化，难道你能说它不是以经济建设为中心吗？我今天很高兴，看到很多党委书记在这里听课，感觉到这个项目有希望。有我们党的保证，有共产党员的先锋模范作用，完成这个任务，我觉得很有希望。我想也要把有关党的组织临时建立起来，不要就生产抓生产。这项任务很艰巨，宝钢从建设开始搞到现在，也是在最近两三年搞得有点眉目，还不能说是很成熟；武钢刚刚投入运行，还不怎么成熟，也是搞了很多年，从1985年到现在有十七八年了，很艰巨。我们和美钢联签订的合同要求在今、明两年搞出个结果，就是要后来者居上，因此，我们的任务十分艰巨。

第四，各单位要把这项工作安排到我们日常工作计划之中去，定期部署，定期检查，定期考核。我给负责这个项目的同志已经承诺了，要给他一定的奖惩权力，但只是这个还不够，还应该把它纳入到各个单位的奖惩中去，它不是孤立的一个事情。这条请同志们注意，一定要纳入自己的奖惩考核当中，一定要集中全力，把所有的力量用到这上边来。总之，搞好这项工作对鞍钢今后的生产经营和发展都具有划时代的意义。经过“九五”、“十五”改造，鞍钢装备水平有了很大提高，但应该说我们在管理上的欠账还比较多，还需要付出很大努力，如果这个系统投入运行了，鞍钢的管理和技术进步这两个轮子就一起转了。前面只是一个轮子转，计算机系统没上去，不能说现代化管理实现了。我们说过去零星的有合同系统、冷轧的系统、财务系统，但都不是整套的系统、全局的系统。如果这个全局系统建成了，鞍钢的管理水平将达到一个新的境界、开辟新的天地。

以信息化与自动化促进钢铁工业走新型工业化道路

2003 年 12 月 19 日

一、2003 年所做工作

今年以来，在钢铁协会的正确领导下，通过“推进中心”和成员单位的共同努力，在深入调查研究的基础上，充分发挥服务、协调功能，在提高企业信息与自动化水平等方面，发挥了应有的作用。

（一）钢铁企业的信息化、自动化建设取得了新成就

今年以来，宝钢集团在已经建设得较完善的信息管理系统基础上，正在推动集团内部其他企业加快实施信息化建设的步伐。同时紧跟国际先进水平，把已经建成的信息管理系统向用户和供应商两头延伸，以信息化促进、带动企业组织体系的改革，大力发展电子商务，最终形成了以客户为中心的快速反应、高效运作的机制。宝钢股份公司目前已形成了较完整的 ERP/MES/PCS 的新系统架构。可以覆盖原料、高炉、烧结、焦化、炼钢、连铸、热轧、冷轧、线材、钢管等不同生产线，适合于各种生产线的制造执行过程，取得了显著的成绩。

鞍钢在 2002 年完成了具有自主知识产权的 ASP1700 中薄板坯连铸连轧生产线的基础上，今年在工艺布局、自动化系统组成、编程、调试等方面，依靠自己的力量完成了 2 号 1700 冷连轧生产线，为东北老工业基地的调整改造做出了典范。在企业信息化管理方面，鞍钢与美钢联合作，全面开始了 ERP 系统的建立。该系统从全局的角度，在确保信息资源共享的前提下进行数据定义、数据结构设计和数据字典的建立，从而建立起以先进的信息技术为手段的现代化钢铁企业管理体系和适应知识经济的企业信息资源平台，逐步形成一个整体系统的现代化、信息化的企业集团。

首钢 2003 年在对全集团进行业务再造的基础上，大力推行“计管控”一体化，实现对钢铁主流程的 ERP 管理。建立企业管理与信息管理相结合的现代化管理模式，实现以财务管理为核心的 ERP 系统，建立了企业内部包括千兆以太网光缆架构，综合布线以及网络设备配置、网络安全和 Internet 的接入，为首钢信息系统进一步的开发提供了平台。可以说从今年起，首钢信息化建设驶入了快车道。

武钢在去年年底整体产销资讯系统投入以后，今年做到了扎实工作，稳定运行，取得了明显的经济效益。同时在高炉、转炉、连铸、炉窑自动控制，计量网的建立，设备管理网上的运行，工业港的升级等方面也取得了明显的效果。同时武钢 ERP 一举中标神龙汽车公司，武钢首次实现了跨行业软件输出。

一年来，大部分钢铁企业在信息化、自动化方面取得了卓有成效的新成就：包钢营

本文是作者在“钢铁工业信息与自动化推进中心 2003 年年会”上的发言，此次出版略有删节。本文发表在《冶金管理》，2004(1)：4~6。

销管理信息网络平台搭建成功；凌钢千兆光纤主干网开通；山西长治钢铁集团覆盖全公司的宽带局域网开通；唐钢信息化一期工程竣工；太钢完成了光纤主干网，初步建成了高效稳定的太钢信息网络基础平台；攀钢企业总公司实现了“物流、资金流、信息流”三流统一的程序化控制；通钢实现了网上采购业务；张家港浦项不锈钢厂 ERP 系统正式投入运行等等。最后我所要提到的是马钢在信息化、自动化方面所作的努力和成就。马钢本着“总体规划、分部实施”的原则，逐步建立整个公司范围的企业一体化管理控制系统，围绕着 CSP 连铸连轧薄板和冷轧薄板的两板工程，在轧钢自动化方面所做的工作都是令人瞩目的，为什么我们今年的年会要在马钢召开，也就是这个道理。我们在年会上将要参观现场和听取马钢领导的报告，与会代表应该好好学习马钢的先进经验。

今年是钢铁企业信息化与自动化全面开展的一年，是取得成就的一年，由于篇幅有限，我只是举了一些例子，大家可以通过大会进行交流。

（二）钢铁工业的信息化与自动化在非典时期的非常作用

从去年年末开始，SARS 病毒像恶魔一样，严重地干扰我国的各个行业，严重地冲击着我国的国民经济，对钢铁企业也是一样。但是钢铁企业的信息化和自动化的全体领导和工程技术人员，发挥了高科技的优势，异军突起地在非典时期起到了非常作用，大大降低了非典所造成的损失。非典疫情发生以来，宝钢股份通过“宝钢在线”，针对订货用户和战略用户，加大了网上“大客户通道”和“协同商务”体系的使用力度，由此网上采购额大幅增长。宝钢在非典时期还应用公司信息服务系统，使门户网站、电子邮件、公文流转等不断增长，成为公司各部门之间、员工之间高效沟通、快速反应的有效手段。鞍钢新钢供销管理部在非典时期采用上网等“非接触”的接触方式进行沟通，工作不仅不受疫情影响，还减少了干扰，提高了效率。

济钢在非典时期充分发挥了前期投资的各种信息化系统的作用，他们的体会：一是网上办公大大减少了人员的流动。通过 ADSL 方式登录和网上拨号方式提交各种请示、报告、会议通知。过去需要人工传递的，直接实现了网上传输和处理，不仅提高了工作效率，而且减少了由于业务联系而产生的人员流动。二是各种生产经营报表网上的传递和查询，保证了非典时期生产经营的正常进行。三是利用 Internet 及时准确地掌握了非典疫情的动态，然后引用 OA 办公，网络发布非典防治知识和相关信息，教育广大职工正确防治非典。四是经常通过 Internet 收集各种经济信息和业界动态在网上发布，为公司各部门的决策提供重要信息。五是通过网站进行快捷正确的商务采购和销售，减少人员外出流动。

我想我还能举出许多例子，我们在非典时期的感受都是一致的，这一点更体现出钢铁企业搞好信息化、自动化的重要性。

（三）“推进中心”的技术咨询服务作用得到了更加有效的发挥

今年以来，“推进中心”更加积极地发挥了咨询、服务、论证的功能，和钢铁协会信息统计部一起在进行深入调查研究的基础上，组织了信息与自动化经验交流会、研讨会，为钢铁企业加深交流，推进信息化、自动化建设发挥了重要作用。

今年 3 月 12 日在北京召开了“编制钢铁企业信息化规划及信息系统建设可行性报告经验交流会”，会议就编制钢铁企业信息化可行性研究报告过程中，出现的共性问题、认识问题和关键技术问题，进行了交流和研讨。这是针对正在组织实施信息化建设企业的一次较强的专业技术培训活动。来自 30 多家钢铁企业、60 多位信息化主管部门的领导出席了这次交流会，他们普遍认为这次会议开得及时，在解决企业信息化建设的关键技术问题和共性问题中，发挥了桥梁和纽带作用。中心还积极参与、组织了第三届中国制造企业信息化研讨会，在会上就国际、国内企业信息化和 ERP 全面解决方案的先进经验和技术进行了交流，取得了圆满的成功。

2003 年 6 月钢铁协会信息统计部和“中心”一起根据协会领导的要求，对全国 65 家钢铁企业自动化现状进行了调查，并作出了分析报告。从调查结果来看，钢铁企业自动化的发展还是很快的，其一是由于企业领导在基建和技改项目上重视自动化；其二是由于在经济全球化、市场国际化的大环境因素影响下，我国钢铁企业如果不搞自动化、采用新技术，就难以提高生产效率和产品质量，就难以在激烈的国际、国内市场竞争中占有一席之地。调查的结果表明：一是我国的整个钢铁企业在主要生产工序流程上，普及了基础自动化级（L1），今后仍应坚持和普及。二是过程控制级（L2）近年来也有了一定的发展，但由于受优化数学模型的开发及引进模型的消化、吸收进展较缓慢的制约，过程控制级（L2）仍有较大的发展空间，今后应关注控制模型的引进、消化和开发，它是提高产品质量重要的不可替代的环节。三是生产管理级（L3）、生产制造执行系统（EMS）尚处于研究和初步应用阶段，还没有引起企业领导的足够重视。这一级在钢铁企业信息化体系结构中的位置和作用是十分重要的，是实现控制系统和管理信息系统无缝对接、系统集成的关键。可见，普及基础自动化，大力发展生产过程自动化，重视制造执行系统（EMS）的建设，加快企业信息化、自动化的建设进程，早日实现我国钢铁企业信息化、自动化、中管控一体化，仍是“十五”期间乃至今后若干年内走新型工业化道路的重要目标和艰巨任务。在今天的会上，漆永新副主任将代表“中心”做《编制钢铁企业信息化总体规划和钢铁企业信息化建设项目的指导意见》的说明。这也是在大量调查研究的基础上做出的，提供给大家参考。

为帮助钢铁企业更好地认识信息化、自动化的重要性，提高整个钢铁企业信息化、自动化水平，交流信息化、自动化成果，全面反映钢铁行业信息化建设动态和宣传国家有关信息化、自动化的方针政策，推广国内外先进管理思想、技术方案和先进设备，今年“中心”出版了四期《钢铁工业信息化与自动化快讯》，全面反映了行业信息化、自动化的动态，这是“中心”和各位《快讯》通讯员共同努力的结果。目前，该刊物得到行业内外的认可，稿件质量和订阅份数稳步上升。

二、2004 年“推进中心”的工作计划

党的十六大提出了“以信息化带动工业化，以工业化促进信息化”和“走新型工业化道路”的重大战略决策。为了落实这一战略决策，“中心”和各单位在新的一年里，必须更加积极应用信息技术、自动化技术去提升钢铁工业这一传统产业，尤其是党中央最近提出支持东北老工业基地调整改造，加快钢铁企业信息化和自动化的步伐，要引起大家足够的重视。

企业信息化、自动化建设是提高管理效率，降低成本的重要举措，是增强市场应变能力和提高市场竞争力的必要条件，是解决数据真实准确的可靠工具，是加强财务管理、堵塞采购销售环节漏洞的有效手段，是实现组织机构扁平化的技术保障，各单位要把企业信息化建设当作企业的“一把手”工程来抓。在信息化建设的开始，首先要着眼企业的全局和长远出发，吸收国际上先进的管理理念和方法，遵循业务流程再造的原则，制定出一个切实可行的规划。在规划实施过程中要注意集中一贯、真实可控、不断优化深化、效益量化，以及可拓展性等问题。对起步比较晚的单位，可按照先局部后整体，先生产环节后扩展至全过程的信息化改造思路，即以一条线、一条线局部地信息化、自动化改造，逐渐进入到一个整体系统新的信息化、自动化改造中去，把我们的市场和我们的生产过程控制以及我们的经营活动整体连起来，形成一个整体系统的信息化、自动化。

为应对国际国内剧烈的市场竞争，当前我们各钢铁企业，尤其是中小型钢铁企业都在进行许多相应的技术改造，在改造过程中应该把握住机遇，把信息化、自动化放在一个极其重要的位置，加以研究，加以落实，坚持不懈，勇于创新，使钢铁工业走上新型工业化的道路。

根据今年我们所做的调查研究，和党的十六大提出的战略目标及要求，"中心"准备在明年针对钢铁企业在信息化、自动化方面所存在的共性问题扎扎实实做如下几方面工作：

（1）继续组织好2004年的"推进中心"年会。总结钢铁企业在信息化、自动化方面所取得的成绩，树立典型，推广应用。建议各单位积累这一方面的经验体会，以便在会议上交流。会议地点定在北京，由首钢总公司承办，希望大家踊跃参加。

（2）针对钢铁企业在信息化、自动化方面所存在的共性问题和关键技术召开相应的专题研讨会，以促进这些问题的解决。一是数学模型。复杂钢铁工艺过程数学模型的研究和开发在我国始终较为薄弱，使过程控制计算机的优化控制和基础自动采集数据应有的功能得不到发挥，限制了生产过程自动化系统水平的提高。这也是我们落后于先进发达国家自动化水平的一个重要方面。如何建立数学模型；如何提高数学模型的控制准确率；如何在工艺条件改变的情况下修正数学模型；如何保证数学模型的投入和运行率；如何建立计算机技术人员、工艺技术人员、数学专业人员三位一体的数学模型开发体制；如何消化、吸收并创新已经引进的数学模型，为我所用，等等一系列的问题需要"中心"召开专业研讨会来加以解决。二是钢铁企业管理信息化中的编码问题。这是我在去年"中心"年会上就提出过的，大家普遍感到比较难解决的关键技术问题。编码的好坏直接影响到企业信息化的质量、兼容和可拓展性，是事半功倍还是事倍功半的问题，所以"中心"拟先组织有关编码的调研，摸清现状，提出行业解决的办法。三是要大力推进尚处于研发阶段的生产制造执行系统（MES），真正做到实现控制系统和管理信息系统的无缝对接以及解决全局意义上的系统集成。这一问题也需要召开专题会议进行研讨。四是为了推进2005年以后将在我国形成应用热门，现在还处于前沿技术的现场总线应用而制定统一标准的研讨。

（3）继续办好《钢铁工业信息与自动化快讯》，为大家提供信息和做好工作中的参谋，搭建一个相互交流信息的平台。

展望这几年我国钢铁工业的迅猛发展，信息化与自动化前程似锦。既是难得的机遇，也是严峻的挑战，让我们施展才华，勇于创新，力争在关键领域有新的突破，为我国钢铁工业走新型工业化道路做出更大的贡献！

推动钢铁工业信息化与自动化再上新台阶

2005 年 1 月

一、钢铁企业信息化与自动化取得的成绩

1. 钢铁企业的信息化、自动化建设迈上了新台阶

截止到目前为止，在管理信息化方面取得成果和阶段性成果的钢铁企业有宝钢、鞍钢、武钢、首钢、马钢、衡阳钢管、江阴兴澄特钢、湘钢、涟钢、天津钢管、通化钢铁、新兴铸管、承钢、杭钢、石钢、宝钢集团上海一厂、邢钢、梅钢等，不同类型不同规模的钢铁企业都有了信息化成功的例子。企业在认真深入分析本企业内部管理、技术创新和响应市场方面存在的问题基础上，提出了明确的目标和技术路线，全面的投资估算和量化的效益预测，在起步阶段就为工程项目的成功奠定了良好的基础。

宝钢集团在已经建成比较完善的信息管理系统基础上，作为行业信息化的先导，应用扁平化的一贯制管理，消化先进的生产制造执行系统技术，采用冶金工艺流程编码技术诀窍，打通了从生产到销售的主线，即从订货合同到生产计划到作业计划到出厂计划的关键路径，集成质量管理和财务管理，建成了综合产销系统即产销一体化系统，按合同优先排产，使薄板合同交货期从 45 天缩短为 6 天，内部生产周期缩短 10% 以上，生产节奏加快，降低库存 3.5%，产品质量异议处理周期下降了 20% 以上，把企业管理信息化的效益从隐性提升为显性。如今，宝钢集团在企业流程再造的基础上，把关键业务流程归纳为产销核心业务流程、科技管理业务流程、财务管理业务流程、采购管理业务流程、基础保障业务流程、人力资源管理业务流程和战略管理业务流程。其中企业的设备管理、能源管理、环保管理等业务流程，为企业整个生产经营活动提供了安全稳定运行的基础保证。宝钢股份公司在形成完整的 ERP/MES/PCS 系统架构的基础上稳定运行，取得了显著的成绩。

在自动化方面，宝钢股份自行改造的 2050 热轧过程控制系统已全线稳定运行，这一技术成功表明，宝钢在热轧过程控制领域拥有成套控制技术自主知识产权，改造后的宝钢 2050 热轧控制系统稳定、可靠、开放，可扩展性强。与原系统相比，新系统功能大大增强，数学模型明显改善，控制精度指标创下了 2050 热轧历史最好纪录。另外宝钢集团在研制开发大型转炉、精炼炉等成套模型技术上也有了新的突破。

鞍钢在完成了具有自主知识产权的 ASP1700 中薄板坯连铸连轧生产线的基础上，依靠自己的力量完成了 2 号 1700 冷轧生产线。一年来该生产线稳定运行，取得了明显的经济效益和社会效益。最近还根据自己所拥有的总成技术、成套控制技术，在大型高炉、大型转炉、ASP 中薄板坯连铸连轧，就建立新的生产线方面，在技术上有一更新的突破。

2004 年鞍钢在企业管理信息化方面，完成了公司 ERP 应用系统的基本设计，为搞

本文发表在《冶金管理》，2005(1)：45～47。

好物资流、信息流、资金流的整合和流程优化，实现业务流程再造，制定了配套的管理业务规范，完善了相关生产厂管理和计算机控制系统，为鞍钢今后的信息化建设奠定了坚实的基础。

武钢在集团公司信息化方面，于2004年元月开始了武钢整体产销资讯系统第二期工程。在第一期信息化工程投产的基础上，第二期工程的完成将彻底改变武钢传统的组织结构体系，实现在销售、生产、技术质量、产品出货和财务上的一级管理，增强生产管理各环节的透明度，实现对物流、资金流和信息流的管理和监控；对包括设备、能源消耗、环境保护等各类基础信息资源进行深度和广度的开发和利用，最终实现管理高度集中、产销高度衔接、数据高度一致、信息高度安全和人员高度精简。目前武钢的信息系统，每年直接经济效益为5795万元，订货周期由45天减至10天，资金预算周期从110天减少到30天。

首钢管理信息化工程（ERP）在2003年对全集团进行业务再造的基础上，2004年一年完成了ERP工程项目。由于首钢各级领导的重视和信息化工程技术人员的共同努力，首钢ERP工程通过了上线压力测试，从测试的结果表明整个系统越来越稳定，运行情况良好。

马钢的信息化二期工程随着新的生产线的建成已经正式上线，在生产管理与生产制造的全流程中，加强对成本、原料、质量的监控和管理，实现管理水平、装备水平和技术工艺的同步提升。

另外正在进行信息化项目建设的企业还有沙钢、太钢、邯钢、酒钢、昆钢、上钢五厂、西林等钢铁企业，已经立项的钢铁企业还有本钢、唐钢、包钢、宣钢、长治、凌钢、北台、韶钢等。计算机以及网络在企业经营管理中的应用不再是可有可无，已经与其融为一体，成为不可缺少的重要工具。

2. 2004年钢铁工业信息与自动化推进中心的引导、技术咨询服务作用得到了更加有效的发挥

2004年以来，钢铁工业信息与自动化推进中心根据我国钢铁工业树立全面、协调、可持续的发展观，按照稳定政策、适度调整、深化改革、扩大开放、把握全局、解决矛盾、统筹兼顾、协调发展的思想，更加积极地发挥了引导、咨询、服务、论证的功能，和钢铁工业协会信息统计部一起，在进行深入调查研究的基础上，就钢铁行业信息与自动化共性的问题和关键技术问题组织了经验交流会和研讨会，为钢铁企业加深交流，推进信息化自动化建设发挥了重要的作用。

为了更好地引导钢铁企业信息化建设深入、健康地发展，2004年3月由国务院国有资产管理委员会和中国钢铁工业协会联合召开，并由钢铁工业信息与自动化推进中心和协会信息统计部具体组织召开了“钢铁行业信息化与管理创新”研讨会。这次研讨会共有全国38家钢铁企业、管理咨询服务公司和信息技术提供商参加了会议。在研讨会上，国资委和协会领导就国有企业信息化在企业改革和管理创新中的重要性和必要性，以及当前钢铁企业面临的激烈市场竞争环境下，钢铁企业实施信息化的迫切性进行了指导性的论述。同时宝钢就“建设一个客户驱动的快速响应的企业系统”、武钢“以信息化推动业务流程再造，不断提高武钢的核心竞争力”、新兴铸管“以提高国家竞争力为目标的企业信息化建设”、通钢“发挥信息化优势，推进集团管理创新实践”等题目，围绕本单位如何采用信息化实现管理创新交流了经验，探讨了信息化与管理创新中的重点和难点问题。这次研讨会内容丰富，形式新颖，既有钢铁企业在信息化

与管理创新方面好的经验介绍、现身说法，又有几家软件公司有针对性的点评；既紧密联系实际、拓展思路，了解国内外信息化的发展的先进水平，又有较强的针对性。

2004年许多钢铁企业已经建立了24小时不间断的网络运行系统，它的安全可靠已经成为钢铁企业普遍关注的共性问题之一。“要信息化，更要安全”，为了更好地解决这一问题，钢铁协会钢铁工业信息与自动化推进中心、信息统计部和华为3COM公司4月联合召开了“2004年钢铁行业网络安全与管理”技术研讨会，这次会议以“企业网络安全”为主题，就如何搭建一个安全可靠的网络系统及网络管理、网络维护、病毒预防等技术方案问题展开了专题交流、研讨。在会上宝钢、武钢、马钢以及华为3COM公司都就各自企业在信息化建设的经验及安全策略进行了介绍。通过这次研讨会，与会代表一致认为随着钢铁企业信息化程度的不断加深，企业与企业之间、企业与合作伙伴之间、企业与客户之间网络联系的日益丰富和强大，安全在企业网络中的重要地位越来越突出。对钢铁企业而言，一套稳定的网络架构、一个安全的信息平台，在很大程度上已成为企业信息化成功与否的关键因素。如何构架安全的网络，有效保护企业信息资源，是很多钢铁企业当前面临的重要课题。要提高全员的安全意识，实行分级管理，落实责任，建立相应的规章制度。目前人多数企业信息安全管理基本上处于静态的少数人负责，事后纠正的方式，不能从根本上纠正和隔离风险，也不能从根本上解决问题发生后的故障。因此在风险评估的基础上，选择网络控制的目标和控制方式，按照控制费用与风险平衡的原则，将费用降低到企业可以承受的程度，采取动态管理的原则，减少故障与灾难对企业的流程、经营等造成的影响。

对各钢铁企业呼吁很高的信息化自动化的编码问题，钢铁协会领导高度重视。钢铁工业信息与自动化推进中心和协会信息统计部一起将编写分类编码指导意见作为2004年的工作重点，组织了行业专家进行企业编码现状的调查分析，并提出调研报告及编码体系的指导意见，并于8月27日在承德钢铁公司组织了全国钢铁企业有关编码问题的18名行业专家进行专家审查会，向专家们反复征求意见，形成了《钢铁企业信息化分类编码的指导意见》，力求从分类编码的目的、功能、一般原则、一般方法、钢铁企业信息化自动化编码的分类、编码的组织实施、编码的维护管理以及各类编码的推荐方法等内容帮助和指导钢铁企业实施编码工作。

钢铁生产工艺的计算机数学模型的有效应用已经成为钢铁生产过程控制的优化和基础自动化功能的发挥、提高生产过程自动化系统水平的瓶颈问题。针对钢铁企业如何建立模型、如何提高数学模型控制的准确率、如何在工艺条件改变的情况下修正模型、如何保证模型的投入和运行率等问题，钢铁工业信息与自动化推进中心和协会信息统计部于8月召开了“首届钢铁工业生产过程数学模型技术应用交流推广大会”。为了有针对性地开好这次研究会，钢铁工业信息与自动化推进中心和协会信息统计部对钢铁工业各企业已应用的模型、可以推广的模型、建立和应用模型中存在的关键技术和共性问题进行了广泛的调查，调查结果表明：我国钢铁工业在20世纪七、八十年代开始从国外引进了一批数学模型并加以应用，从21世纪开始，国内在吸收消化国外数学模型的基础上也陆续开发了一批具有自主知识产权的数学模型，并得到了应用，其中有一部分是比较好的和成功的。例如宝钢和武钢的转炉控制数学模型、RH精炼控制数学模型，鞍钢1700热连轧相关的一批数学模型，这些模型的应用为企业产生了可观的经济效益，有的已作为软件商品推向市场。但是调查结果也说明，有一部分数学模型其中也包括引进的数学模型应用得不好，投入频率低。会上，宝钢、鞍钢、武钢、南钢、浙江大学、冶金部自动化研究设计院、北京科技大学高效轧制工程研究中心、太钢、攀钢、梅山热轧厂、唐钢、大连华冶联自动化公司等就各自在数学模型推广应用方面进行了广泛的技术交流，范围涉及到高炉、转炉、精炼、连铸、初轧、热轧、冷轧、中厚板、管材、线材等整个钢铁工艺流程数学模型。

大家普遍认为要搞好数学模型的推广和应用，首先必须做好如下五个方面的工作：

（1）由于信息技术、现代控制理论和冶金技术的发展，要求计算机控制工程师、数学研究人员、工艺专家通力合作，发挥各自的优势，形成一支强有力的工程技术队伍。在冶金工艺不断发展的情况下，一套好的数学模型的建立和应用，上述三方面的工程技术人员缺一不可。

（2）数学模型应用比较好的单位，应该按照软件商品化和钢铁工业多样化的方向，加强数学模型模块化和一体化、成套化的研究工作，使我国钢铁工业从引进、消化国外模型的情况中摆脱出来，走自主知识产权的道路。

（3）要加强数学模型自动维护技术的研究和数学模型远程维护的应用。自动维护技术是指基于自动建模理论自动生成代码的技术，使模型调整不需要很多的软件及控制知识，操作者可以在画面上按照一定的生产及冶金知识调整模型，降低模型的维护成本。远程维护技术是指应用互联网远程对数学模型进行开发和调整，这对模型的推广是必不可少的。

（4）新型检测技术的开发和研究。控制参数的匮乏及准确性低是影响数学模型精度的原因之一，所以要研究出高精度、长寿命、低成本的检测仪表以适应数学模型的应用。

（5）要建立一个适应数学模型的合理的计算机系统，保证数据来源的可靠性，严格操作规程，稳定工艺制度，这些都是数学模型良好应用不可缺少的外部环境。

二、2005 年是钢铁工业信息化与自动化迈向更新台阶的一年

党的“十六”大提出了“以信息化带动工业化，以工业化促进信息化”和“走新型工业化道路”的伟大战略，而我国钢铁工业正处于要继续做好结构调整，提高质量和效益，坚持产业发展与提高资源利用效率相协调、产业发展与环境保护相协调、增长速度与结构、质量、效益相统一的新时期，钢铁工业信息与自动化推进中心和各钢铁企业在新的一年里，须把握全局，互动发展，促使钢铁工业信息化与自动化迈向更新的台阶。钢铁工业信息与自动化推进中心在 2005 年要做好以下几个方面的工作：

（1）根据国家发改委的要求，编制钢铁行业信息化自动化“十一五”规划和钢铁工业信息化自动化的重大专项技术规划。钢铁企业信息化与自动化是带动钢铁工业走新型工业化道路的重要途径，其关键技术是钢铁工业可持续发展的重要支撑技术。根据国家发改委和中国钢铁工业协会的总体安排，钢铁工业信息与自动化推进中心和协会信息统计部 2005 年将组织部分钢铁企业共同研究编制钢铁行业信息化自动化“十一五”规划和钢铁工业信息化自动化的重大专项技术规划。《规划》将坚持以加快信息化、自动化技术进步与技术创新，走钢铁工业可持续协调发展的新型工业化道路为指导思想，以立足钢铁企业信息化自动化实际发展情况和钢铁企业信息化、自动化的特点，坚持规划的战略性，着眼于钢铁工业发展的中长期需要和国际竞争力的提高，着眼于维护企业安全的需要。《规划》要强调宏观性和政策性，研究技术发展的政策、环

境、机制和支撑体系，提出相关政策和建议，同时注意《规划》的可操作性，主要任务和重点工程要具体化。

（2）调查、总结在钢铁行业应用的先进钢铁工业管理信息化、生产过程自动化的软硬件技术、成套技术的国产化状况，并进行推广应用，使我国钢铁工业不仅出钢铁，而且要出技术，使信息化、自动化技术作为一个产业来发展。

（3）继续调查研究部分大型钢铁企业在信息化、自动化方面的建设状况，为有关领导提供决策依据，并继续为企业做好引导咨询、服务工作。

用信息化带动钢铁行业走新型工业化道路

2005 年 6 月 22 日

信息化是一场带有深刻变革意义的科技创新，信息技术突飞猛进的发展，正在迅速而深刻地改变着人类的生产和生活，改变着国与国、企业与企业之间的生存和竞争格局。因此，必须加快推进钢铁生产信息化进程，坚持以信息化推动钢铁工业的发展，以现代化的钢铁生产丰富信息化领域。这样的发展可以概括为两个层面，第一个层面，随着硬件技术的不断突破，计算机的运算速度越来越高、处理功能越来越强大、存储容量越来越大，网络和通信传输速率越来越高、带宽越来越大。相应的各类软件的性能不断增强，越来越具有开放性、可组合性和高度集成性，异构数据库具有的互联互访性也越来越好。这些技术的发展促进了信息技术在传统产业中更广泛、更深入的应用，使传统工业向以信息技术为推动力、以全球化和可持续发展为特征的新经济转变。第二个层面，20 世纪 90 年代以来，随着全球网络的快速形成和广泛应用，电子商务活动大规模展开，逐步把各个区域市场带入一个全球化、一体化的市场。特别是信息化与国际金融资本运营相结合，使金融流转速度大大加快，现在国际金融市场一天的流动量是 6 万亿美元，从而推动了国际贸易、跨国投资和国际金融的迅速发展。我国的电子商务最近几年也发展迅猛，平均年增长率为 40%，2004 年电子商务的交易总额达到 4400 亿元人民币，2005 年将激增至 6200 亿元人民币。这种发展势头，必然对钢铁工业产生深层次影响。

作为信息产业的重要组成部分，钢铁工业信息化对现代化钢铁产业具有巨大的渗透力，是改变传统钢铁产业的锐利武器。它的发展规模和水平，已经成为衡量钢铁工业现代化水平的标志。最近几年，我国钢铁工业不但生产能力稳步增长，而且随着国家对企业技术和产品开发、国外先进技术和装备的引进、改造和淘汰落后生产工艺装备、结构调整等方面的大力支持，钢铁工业整体装备水平、工艺流程、产品结构和技术经济指标等都有较大提高，重点大中型钢铁企业的一批工艺技术已达到国际先进水平，这些都凝聚着钢铁工业信息化的巨大业绩，体现了信息技术和钢铁工业紧密结合所带来的巨大效益。

（1）**信息化促进了钢铁工业管理升级和业务流程重组再造，全面推动了管理进步，在企业内部形成了全新的管理理念、模式、架构以及方法。**国际上许多钢铁企业都构筑了以客户为中心的销售体系及 ERP 系统，集成了从综合销售计划开始到订单的处理、生产制造管理、发货流程管理直至售后管理等经营管理全流程，缩短了交货期，提高客户满意度。我国一些大型钢铁企业在消化先进的生产制造执行系统技术的基础上，建成了综合产销系统，实现了按合同优化排产，合同交货期从 45 天缩短为 6 天，内部生产周期缩短 10% 以上，生产节奏加快，降低库存 3.5%，把企业管理信息化的效益直接体现在经济效益的提高上。

本文是作者在“2005 年钢铁行业信息化国际研讨会”上所作的报告，此次公开出版略有删节。

（2）**以信息技术为手段，通过管理信息化和生产过程自动化，实现了精细的产品制造和严密的质量控制**。研究开发 ERP 和 MES，企业将实现全面、实时、在线、动态的监测、管理和记录生产过程，实现对生产过程和产品质量的量化分析，促进持续改进。通过产销系统和制造执行系统的运行，可以实现排产最优化，保证在生产状态最稳定的时候生产质量要求最高的产品，以达到减少废次品，提高产品质量的目的。通过设备管理系统的运行，能够对设备的检点维修状况进行动态管理，确保设备运行状态良好和生产过程的控制精度，以提高产品质量。

（3）**信息技术的应用有力地促进了钢铁工业的可持续发展**。钢铁企业利用各自的信息管理系统对各种原燃材料实施实时监控，利用网络和通信技术将位于远程数据采集点的资源消耗数据实时采集到信息系统中，利用数据库技术对这些资源消耗量进行分析预测并做出预报预警，做到了以销定产，以产定料，合理资源调配，提高资源、能源综合利用效率。20 世纪 90 年代以来，中国钢铁工业通过广泛采用信息技术和其他先进技术，使吨钢可比能耗由 1990 年的 1017 公斤标准煤降低到 2004 年的 705 公斤标准煤，每年减少能源消耗 8500 多万吨标准煤，对环境的污染也相应减少。如果在信息管理系统中设置环保污染监控系统，将非常有利于推进绿色制造和清洁生产，有利于保护生态环境。

钢铁工业作为资源、能源消耗大户和影响环境的重要产业，其发展的资源环境成本越来越受关注，资源、能源、环境三大问题，将成为我国钢铁工业发展的主要瓶颈。21 世纪的中国钢铁工业，要想满足与社会协调发展的生态要求，就必须加快采用信息技术，走出一条科技含量高、经济效益好、资源消耗低、环境污染少、人力资源优势得到充分发挥的新型工业化道路，这是钢铁行业自身提高竞争力、适应新经济、实现现代化的内在需要，是钢铁企业适应国际环境、融入全球经济的战略选择。所以，我们应该将信息技术与钢铁生产技术紧密结合，在原有的高炉智能炼铁系统、智能化炼钢操作控制系统、连铸专家系统、轧钢自动化系统基础上，进行集成、完善、提高，实现冶金生产全过程的智能化。积极利用信息技术应对原燃料紧张的形势，建立供应商评价管理系统，科学合理整合供应链，有效地掌握供应商动态，保持供应链稳定。充分认识信息技术在产业升级中的作用，在普及基础自动化和过程自动化的基础上，大力发展制造执行系统，以精细化的资源优化和生产过程控制，促进企业节能降耗，实现可持续发展。所有这些都可以用“数字钢铁”的理念来概括。

钢铁工业的信息化建设为软件产业提供了一个巨大的市场，如何融入钢铁工业，为钢铁工业服务，是软件行业需要慎重思考的问题。我国钢铁工业在实施信息化过程中，形成了一些共性技术和通用软件，但每个企业的情况是千差万别的，这就要求软件产业为企业制定方案时，要充分了解企业的情况，掌握其管理模式、生产工艺技术特点、基础自动化和过程控制的程度，帮助企业分析和重组业务流程，形成符合企业实际的信息化方案，赢得市场。

在2005年钢铁行业自动化国际研讨会上的讲话

2005年11月

本次会议是在中国钢产量持续高速增长、突破3亿吨的形势下召开的。会议的宗旨是，推进钢铁工业自动化技术及其软硬件产业的发展，提升钢铁工业自动化水平，满足钢铁工业调整产业结构、改善品种质量、提高经济效益、节能降耗、减少污染、增强竞争力的迫切需要。

当前中国钢铁工业的发展正在由迅猛发展时期进入到品种、质量、服务剧烈竞争的新时期。即将过去的“十五”是我国钢铁工业大发展的时期。在这五年时间里，中国钢铁工业完成固定资产投资约为6800亿元，是1953年到2000年总投资的1.3倍。钢产量2000年是1.3亿吨，预计今年将达到3.5亿吨以上，是2000年的2.6倍。1949年到2000年钢产量累计为19.38亿吨，而“十五”期间钢产量则达到了11.6亿吨，也就是说2005年末我国累计钢产量将超过30亿吨。国家的富强、工业化的程度，最终是反映到钢的积蓄量上，从钢铁这个方面反映了这几年我国经济突飞猛进的发展。

但是，今年以来市场形势发生了较大变化，预示着钢铁工业发展进入到一个新的阶段。一是市场需求由高速增长转为稳定较快增长。随着经济增长方式的转变，对钢铁消耗影响非常关键的固定资产投资增幅逐渐回落，需求增幅也会随之回落。因此，在今后一个时期内，中国钢铁年增长速度可能会降至10%以下。二是市场竞争将促进资源优化配置和淘汰落后。目前市场供求关系已经转为普通产品供大于求，在利润降低和国家宏观调控影响下，工艺技术落后、能耗高、污染严重的企业，将面临巨大的市场竞争压力，必然加快淘汰落后的步伐。三是市场竞争已经转变为品种、质量、服务的全面竞争。今年以来，随着市场价格的大幅波动，促使价格竞争很快转到品种、质量和服务的多方面竞争。四是企业间的战略联合、兼并重组步伐加快。这是钢铁企业落实科学发展观、积极应对国内外市场激烈竞争的必然要求，也是落实《钢铁产业发展政策》的必然结果。

新时期我国钢铁工业的快速发展，与信息化自动化技术的应用有着密不可分的关系。党的十六大提出“以信息化带动工业化，以工业化促进信息化”，走新型工业化道路。目前，信息技术对工业生产的影响已经无处不在，为工业化的快速发展营造了较好的外部环境和技术供给系统。如为工业发展提供了新技术——信息技术、新资源——信息与技术知识、新管理——信息管理系统、新市场——为大量的企业和产业发展提供众多的机会。钢铁工业发展信息化自动化，促进了现代化钢铁产业的升级。最近几年，我国钢铁工业通过引进国外先进技术、装备和自主创新，大量应用信息化、自动化技术加强企业改造，使钢铁工业整体装备水平、工艺技术、产品结构和技术经济指标等都有较大提高，重点大中型钢铁企业的一批工艺技术已达到国际先进水平。

本文此次公开出版略有删节。

这些都体现了钢铁工业信息化自动化的巨大成绩，体现了信息化自动化技术和钢铁工业紧密结合所带来的巨大发展潜力。

信息化自动化技术是钢铁工业发展中最活跃、最具创造力的要素。随着应用的广泛和深入，信息化自动化技术水平往往决定了技术创新和管理创新水平的高低。目前，国内先进的钢铁企业在开展新钢种研发时，有大量研究工作是在计算机的模拟环境下进行的，既减少了实物冶炼测试，降低了研发成本，又缩短了开发周期，极大地增强了创新能力。自动化控制技术的应用，大大提高了生产过程的控制能力。以大型化、高速化、精密化、连续化的板材生产系统为例，随着钢铁工业自动化控制技术的发展和第三级计算机系统的应用，改善了产品外形尺寸精度、表面质量和内部性能，而且大大缩短了生产周期，提高了生产效率。

近年来我国钢铁工业实施信息化、自动化成效显著。

一是钢铁企业信息化建设取得了突飞猛进的发展。目前国内钢铁企业已有 24 家实现了信息化的阶段性目标，它们的钢产量占全国钢产量的35%，另外还有 12 家正在进行信息系统的开发和建设，这些项目将在近两年陆续投入使用。这 36 家钢铁企业的钢产量占全国钢产量的60%，可见钢铁工业信息化发展速度之快。同时，MES 的应用也日益成熟，并成功实现与 ERP、PCS 的无缝对接。MES 已经成功应用于宝钢股份、武钢等，使这些企业实现了全过程一体化的产品和质量设计，以及计划编制和物流调度，实现了各工序的全流程控制。而 MES 与 ERP、PCS 的无缝对接，实现了生产决策、制造执行和工艺设备的紧密结合，在企业内形成了完整的信息管理系统，极大地提高了企业的核心竞争力。如我国一些大型钢铁企业在消化先进的 MES 的基础上，建成了综合产销系统，实现了按合同优化排产，合同交货期从 45 天缩短为 6 天，内部生产周期缩短 10% 以上，生产节奏加快，库存降低 3.5%，使企业管理信息化的效益直接体现在经济效益的提高上。

二是形成了一批具有自主知识产权的信息与自动化技术和集成技术。鞍钢与一重合作，研制成功了具有自主知识产权的 1700 热连轧和 1780 冷连轧两套大型成套设备，标志着我国已掌握了连轧成套设备的制造和工艺生产控制两大核心技术，并成功应用于实际生产工艺中。首钢和二重合作研制成功的 3500mm 中厚板轧机，为缓解我国中厚板短缺创造了技术条件。这些具有自主知识产权的成套设备，大量应用了先进的自动控制技术和信息管理技术，生产过程实现了高度自动化和精细化。同时，过程控制的核心数学模型开发也取得了突破。在消化吸收国外数学模型的基础上，先后开发出鞍钢 1700 热连轧和 1780 冷连轧、宝钢和武钢的转炉控制、RH 精炼控制等一批数学模型。这些数学模型都经过了生产实践检验，取得了令人信服的成绩。

三是钢铁工业信息化自动化工作的标准化取得新进展。通过吸收国际先进管理理念，遵循业务流程再造的原则，制定公布了《编制钢铁企业信息化总体规划和钢铁企业信息化项目的指导意见》，解决了我国钢铁企业在信息化管理项目建设过程中的共性问题和难点问题，促进了各个信息化项目的顺利实施。编制了《钢铁企业信息化分类编码的指导意见》，使信息化管理项目的编码工作有了依据，为我国钢铁企业的编码工作提供了有益的帮助和指导。制定了《钢铁企业信息化及其效益指标体系》，为衡量钢铁企业信息化、生产过程自动化的发展程度和效益提供了科学依据，促进了钢铁工业信息化建设质量的提高。

我国钢铁工业实施信息化自动化任重道远。当前的首要任务，就是按照党的十六届五中全会审议通过的关于“十一五”规划的《建议》，加快制定钢铁企业信息化自动化规划，提出我国钢铁企业在“十一五”期间信息化自动化的工作目标和任务，推动钢铁工业信息化、自动化持续、快速、健康发展。贯彻《钢铁产业发展政策》，加强信息化自动化在发展循环经济工作中的应用，以实现生产过程高效化、物料消耗最优化、设备监控智能化、环境监测实时化，推进清洁生产。推进技术创新工作，培育一批具有自主知识产权的核心技术，为我国钢铁工业信息化自动化的持续发展提供技术保障。

在ERP项目一期工程推进会上的讲话

2006年4月21日

今天召开这么一个推进会，我觉得是非常有意义的。我不知道大家对刚才的报告能听懂多少，报告讲的都很专业。为了能够使大家对ERP系统有一个更深入的了解，我想还是稍微简单一点讲一讲。

当今时代有一个很重要的特征就是信息化技术的发展，信息化技术的发展给我们的社会带来翻天覆地的变化。比尔·盖茨现在是世界首富，他怎么变成世界首富的呢?实际上就是计算机技术的应用。我了解得并不一定那么全，他并没有大学毕业，他学了一半他不干了，他有一个创意，开发了个人计算机微软这样一种窗口技术，把计算机的应用贴近了社会，贴近了日常生活，获得了巨大的成功。我开始进入计算机领域是在1974年，原来对计算机一点都不懂，为了引进武钢一米七轧机控制系统，组织上把我派到北京钢铁学院学习，那时候才第一次接触电子计算机，那时候可能比尔·盖茨还没有进入到这个领域，要讲资格的话我比他老，当然我没有他那两下子，我水平比他差，没有这种创意，要不然我也是世界首富了。

计算机技术给我们带来了巨大的效益，究竟是什么原因？实际上说起来我们人类一步一步发展到现在，也不是偶然的。现在我们的计算一般常用的是十进制，0123456789到10，然后再到20，什么原因呢？我们有一双手，正好有十个手指头，我们祖先就是用手计算，但是数字的计算并不一定完全是十进制的，具体根据它的需要。比如说我们以前的秤是十六进制的，比如说英制是十二进制的，重量“磅”是八进制的，时钟是六十进制的，等等。

而计算机是二进制，用0、1来表示数字。二是多少？是10；三是多少？是11；四是多少？是100。所以我现在问100是多少？不是一百，是四；我说111是多少？是七。大家以前有多少人学过珠算啊？我当时也学了，学了一半，珠算是用珠子来代替人的记忆，人记不了那么多。北方的珠算上面是一个子，下面是四个子，南方的珠算上面是两个子，下面是五个子，一上一，二上二，三下五去二，要背珠算加法口诀。后来人们发现二进制有极大的优越性，为什么？因为它可以用我们自然界的许多状态来代表数字，灯泡开关，点亮1，关闭0；有磁性是1，没有磁性是0。因此就设计了一种用电子线路来计算的工具，我们称之为电子计算机。过去最早的电子计算机是电子管的，那是一个大房间，要像我们科技馆这样的大房间，用电子管，一个数字回路占很大一个空间。

硅是一种半导体，在某种状态下变成导体，某种状态下不是导体，自然界中的硅界于金属和非金属之间，我们叫它半导体。金属导电，有一些东西不导电，比如说玻璃、石英不导电，但是硅在元素周期表中正好介于这样一种位置——某种状态下导电，某种状态下不导电。正是利用这种性质，我们把它设计成一种电子回路，导电或者不导电，代替了过去的电子管，因此就发明了晶体管的计算机。1974年我在武钢工作的时候，我们用的还是晶体管的计算机，无非是大家知道这是一种计算回路，像珠算一样的加减法，实际上计算机只会做加减法，乘法是连加，除法是连减，它是个回路啊。

随着可控硅的发现，人们用光电技术进一步发现，可控硅这种东西可以先把线路用照相技术照下来，然后用光刻技术能够把可控硅里面刻得很小很小，我们叫它集成电路，在一个手指头大小可控硅里面，就可以做几百万个电子回路，于是就发明了集成电路的计算机。根据它的大小，回路的多少，制成大面积集成电路，小面积集成电路。随着光电技术的发展，我们现在逐渐应用到 DVD、VCD 等数字化技术的发展，这样一些自然现象被人类所用，我们说是信息技术的发展，大家能有这个基本概念就可以了。

随着信息技术的发展，我们发现给我们人类带来极大的好处，它可以记忆，记忆什么？现在手指头这么大一块的一种记忆元件，它可以记忆一本书、一本百科大辞典、过去的一箱书。我们工程院有一位汪院士，去年他跟我讲："我把我所有的书全部送人了，我女儿从英国给我买来一套英国出的百科大辞典，精装本很贵的，我也送人了。我家里的书几个房间都装不下，我也没有必要，我现在统统把它装到个人电脑里。"这个好处大不大，现在的书都有电子版的，给你一张光盘，厚厚的一本书全包括了，好处是什么？携带方便、保存容易、查阅也很方便。因此，将来把它存到电脑里，要查点东西很方便。

信息技术发展极大地推动了社会变革，我们先不说什么变革，现在的手机，过去的通讯工具，实际上也是一种计算机。我现在口袋里有好几种东西离不开计算机，我家里的钥匙是一种磁性的记忆机器，手表也是一种计算机技术。你看看给我们生活带来多大的变化，归根到底信息技术可以做什么？记忆、运算、查询、逻辑判断。目前逻辑思维这种功能已开始有一点，还没有达到人类这样一种高级的程度，当然将来多少年以后，有没有这样一种功能，一个机器人跟人一样能够思考、判断，甚至有爱情，这我不知道。但是现在人们已经发现可以有嗅觉、听觉、视觉，这都是电子技术、光电技术配合的一系列技术。

信息技术对我们人类的生产力有极大地推动，大家都接触到的，网上查询资料都很快。前天我在北京接触到一个外商，他说他们现在开会不用出差到美国、欧洲，他在北京每天召开电视、电话会议，就可以跟全世界各地的人开会，好像就是面对面开会一样的。所以造就了许多像比尔·盖茨这样的世界首富，因为它有极大的利益，人类生活也越来越离不开信息技术。

信息化对企业管理也是一次革命。我随便举一个例子，鞍钢现在在职职工十万人，每个人是一百个信息，年龄、性别、履历需要有一个人力资源系统来查的话，用高级计算机不到一秒钟就可以全部查一遍，算一算，假如说一个人一百个信息，十万人就是一千万个信息，现在世界上比较快的计算机已经达到几十万亿次，可以把世界上最大的图书馆的资料压缩在一起，这种可能性都是有的。所以这样一种信息化技术对企业管理，企业生产经营的数据存储，生产经营数据的运算、成本的计算、质量的计算、生产计划的编制、资源的调动都可以由信息技术来完成，可以计算、可以存储、可以记忆、可以进行必要的控制。比如说现在某一种资源短缺了，需要发出一种信号，逻辑功能都可以，它具有高效、规范、可靠的优势，只要你的数据都是正确的，它的计算结果你就不要怀疑，绝对可靠，而且没有感情色彩，不是说亲朋好友来了数据就有什么特殊变化，管理得好，反腐倡廉绝对有效。比如说合同，你要给我先发货行不行，计算机程序已经定了，它就不接受。如果想要做到先发货，当然就要对程序进行一定的改动，那样涉及的面就很宽了。

刚才说了一大堆好处，但是说到底，它有极大的缺陷，那就是一切的运算都是人定的，一切的操作都要人来进行，它逻辑上的思维不行。给个数据，人可以考虑："这个数据大概有问题吧"，而它不会考虑，给一个数据它就认为是对的，是正确还是错误的它不管，你的操作失误不失误它不管。当然随着计算机技术的发展，将来会有一定的判断功能，会有一定的逻辑思维能力，那是后话。

正因为有这样一些缺点，今天我们才能在这里开这样一个会，一再告诫大家它也是双刃剑，它有很多优点，同时也有致命的缺点，一旦有一个环节出错误，全盘皆输，全局都要受到影响。这就要求我们要基础扎实，刚才说，标准随时修改是没错的，但必须要有一个规则，有的你不能拿掉，没有这个规则不能进入计算机。假如说送出一个数据，它已经有一个规则、标准，但是在计算机里没有输入，技术管理数据它就不认识，这就要求我们人的素质要高，它是执行人的意志，它是根据人的安排来计算。

第三个是数据的可靠，计算出来的财务数据，如果大家说的数据都是错的，你说财务数据是真的，那是假话。所以我们既要看到这样一个系统的极大优越性，它可以强化我们的管理，可以提高我们的管理效果，规范我们的管理。但是弄不好它要砸了自己的脚，系统全部停掉。世界上计算机系统发生重大失误的例子比比皆是，非常严重的是银行的这些数据，客户的存款数据全部丢失，那要造成极大的损失。比如说美国国防部，它们的计算机系统用的非常广泛，但是它也有问题，美国国防部也发现有黑客闯进去，就是计算机高手进入国防运转系统里面。

事情都是有两个方面的，所以我们也要看到事物的两面性，最主要的是我们的管理要适应计算机系统的运转，我们的人员素质要适应计算机的运转，我们的各种行为都要规范到计算机的要求上来，大体说就是这么些。这可不是一件很容易的事，因为涉及到我们的上市公司，至少接触计算机的这些人都要按照计算机的要求去进行，不能够不按要求进行，它使我们公司管理提高到一个现代化水平，同时也使我们人员素质提高到一个现代化水平，否则，适得其反，还不如手动一下。计算机的使用就会极大地提高我们合同执行的准确性、规范性和有效性。现在宝钢是 7 天、12 天合同交货，国外也已经达到这个水平。

所以我们今天这个会就是给大家讲清楚这个道理，希望我们在座的各单位领导，希望引起大家的高度重视。现在计算机已经完全深入到我们的日常生活中，变成我们不可缺少的一个工具，它的速度比较快，运转速度快，也就是它的记忆功能、运算功能、逻辑判断查询的功能、存储的功能都是非常方便。但是，它是有要求、有规则的，我想能够引起大家的重视，这就达到我这个讲话的目的了。

冶金信息和自动化技术的现状与展望

2006 年 6 月

20 世纪 90 年代以来，在科学技术进步和经济全球化的推动下，冶金生产新工艺、新技术不断涌现，生产流程向高度集成化、自动化方向发展，经营管理趋向扁平化。冶金工业的这种革命性变化，为冶金信息和自动化技术提供了一个巨大的空间，冶金信息和自动化技术得到了广泛应用，两者的紧密融合和互相促进不断达到新水平。

一、冶金信息和自动化技术的发展现状

冶金生产是一项庞大的系统工程，前后工序紧密衔接，从原料准备到产品输出，物流和信息流是生产管理的核心。信息和自动化技术可以完成炼铁、炼钢、连铸、热轧、冷轧等生产工序的信息实时收集，实现整个冶金生产流程动态控制，达到紧凑集成和高效生产的目的。

（一）冶金信息和自动化技术的主要特征

1. 生产流程的优化是现代钢铁生产与科技发展的主流

现代钢铁生产要求规模扩大、节能降耗、质量控制、环境友好，这一目标主要是通过对钢铁生产流程的优化来实现的。20 世纪 50 年代以来，世界钢铁生产流程经历了平炉改为氧气顶、底复合吹炼转炉炼钢、模铸改为全连铸、近终形连铸连轧短流程这三次重大的变革，不断朝着高效、优质、节能和循环经济的目标发展。

高速增长的中国钢铁工业，在经历这三次重大变革中，更明显地表现出生产流程一体化的特征。20 世纪 90 年代，我国钢铁工业广泛采用高炉长寿、高炉喷煤、转炉溅渣护炉、连铸连轧和二次能源再利用等行业共性关键技术和装备，促进了钢铁生产流程的优化。其中，发展最突出、最迅速的就是近终形连铸连轧紧凑型流程。目前，我国已投产的 11 条近终形连铸连轧生产线的薄板材生产能力已超过 2500 万吨/年，并形成了以鞍钢 ASP 工艺为代表的自主知识产权专利技术，具备了在这一高新技术领域参与国际竞争的实力。在此基础上，我国正在研发薄带坯连铸直轧技术，并已完成了半工业性试验。紧凑型短流程工艺技术的广泛应用代表了钢铁生产流程集成化的发展方向，充分体现出钢铁工业对“一体化”思想的认同。

2. 信息技术的应用与创新，为流程优化与实现智能化生产提供了必要条件

在现代钢铁生产过程控制中，信息技术已广泛应用于钢铁工业的各个领域，模糊控制、专家系统和神经元网络等人工智能技术得到广泛应用，使单机作业演变为多机互联互动集成作业，控制方式也由人工经验操作转变为带有自学习功能的自动作业。钢铁生产的各个工序利用先进的自动化仪表，既实现生产过程的各种工艺控制和全流程生产的稳态操作，同时也为操作人员提供了友好的人机交互界面，实现了人对生产过程的监控和有效干预。可视化技术和监控系统的应用和发展，使冶金工厂形成了从

本文是中国工程院《中国科技前沿》的约稿，此次公开出版略有改动。

现场总线到车间网、工厂网、集团网的企业信息高速公路，有效地将生产、经营、管理等各项业务模块融为一体。

（二）冶金信息和自动化技术的主要成果

1. 生产过程自动化、工序作业一体化水平得到很大提高

在我国钢铁行业，以PLC、DCS、工业控制计算机为代表的数字控制取代了常规模拟控制。据中国钢铁工业协会调查：在基础自动化方面，按生产工序划分，计算机控制的采用率分别为高炉100%、转炉95.43%、连铸99.42%、轧机99.68%；在过程自动化方面，工艺控制数学模型和人工智能等技术广泛应用，系统和控制软件达到1066个以上。目前，我国钢铁行业主要工序已经广泛应用先进的信息和自动化技术。

（1）铁前系统：包括烧结、焦化和炼铁工序。基础自动化按三电一体化系统设计，主要功能包括数据采集和处理、过程显示和记录、工艺参数设定和生产操作指导，实现对生产过程的连续调节控制。目前，炼铁工序的过程自动化普遍引入了高炉专家系统，其核心是应用信息技术对高炉冶炼过程工艺理论的详细解读和异常炉况的信息推理判断。在实际应用中，高炉专家系统能全方位、深层次地向高炉操作和管理人员提供及时、准确的冶炼过程信息，为高炉冶炼工艺理论的提高，以及实际生产操作中正确把握，提供了一个前所未有的极好平台。通过对高炉冶炼过程的炉况监视和综合分析，使高炉在一代炉龄内平稳顺行，降低能耗，延长寿命，获取最好的经济指标（高炉计算机网络配置见图1）。

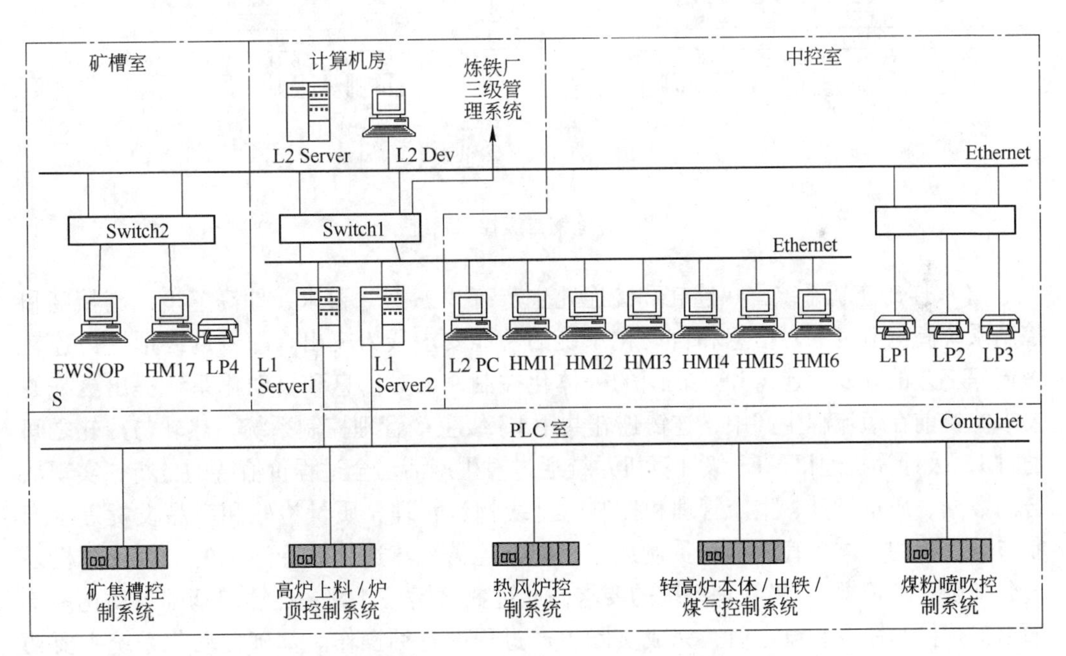

图1　高炉计算机网络系统配置图

（2）炼钢系统：为达到提高钢水纯净度的目的，目前的炼钢生产过程为脱硫扒渣预处理—吹炼—RH真空处理或钢包精炼。根据这一生产过程，炼钢自动化系统由基础自动化、生产过程控制、生产管理控制三级计算机控制系统构成，主要功能是实现对转炉各系统生产的分散控制、集中操作管理和动态监控。通过对铁水脱硫扒渣、吹氧冶炼和RH真空处理等全过程自动化控制，避免中间倒罐测量和补吹，实现钢水温度、

化学成分一次命中，提高生产效率。同时各级计算机系统实时完成计划管理、生产调度和实际生产数据收集、统计、分析（炼钢二级控制系统见图2）。

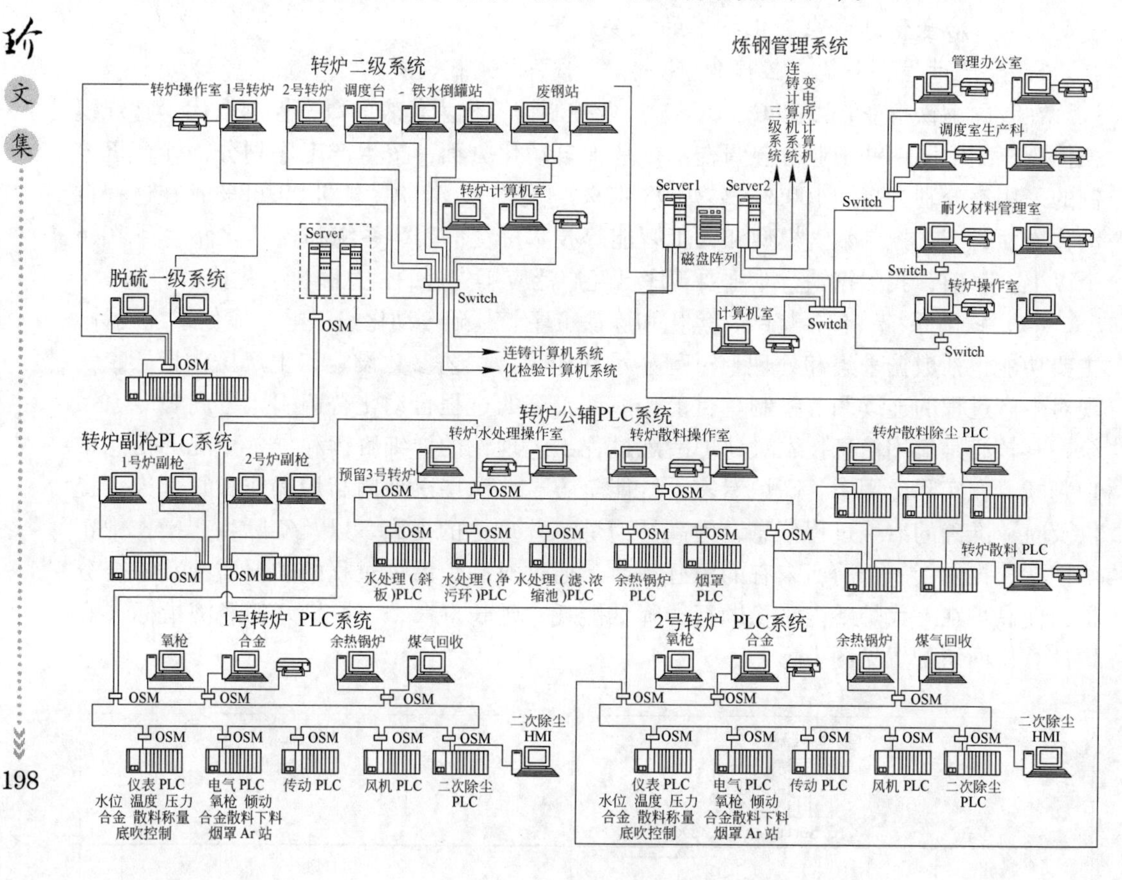

图2 炼钢二级控制系统

（3）连铸连轧系统：热连轧和冷连轧生产有“三高”要求，即高速度、高精度和控制系统高响应度，对信息和自动化系统的功能要求最为突出。随着近终形连铸连轧短流程工艺的开发，连铸和连轧间的一体化控制，也对信息和自动化系统提出更高的要求。目前在短流程生产中，连铸连轧共用L3级生产管理控制系统，热轧与冷轧之间通过L3级计算机通讯。L3级计算机系统通过对生产活动全过程价值链的分析，实现从合同数据、质量设计、生产管理和控制、全线物流管理、质量检验和产品发货等生产制造全过程的一体化管理和一贯制质量控制。连铸、热连轧和冷连轧的二级计算机系统分别设置，依据L3级管理系统的要求，通过数学模型计算，连续向基础自动化系统输出工艺控制命令和设定值，完成实际生产过程的各种操作。基础自动化系统主要功能包括浇铸和轧钢各机组设备及功能控制，与上位机交换数据，显示生产过程参数，实际数据采集，打印各种生产报表等（ASP计算机系统配置图见图3）。

2. 信息化建设促进了钢铁工业管理升级和业务流程重组再造

经济全球化趋势的加快和市场竞争的日益激烈，要求钢铁企业必须加快生产节奏，从而加速整个企业供应链上物流和信息流的流动，快速响应市场变化，缩短产品上市周期，满足客户需求，提高市场竞争地位。钢铁企业利用现代信息技术、网络技术，根据企业管理流程高效化的思想，改革现有金字塔状的管理模式，实现生产要素的重

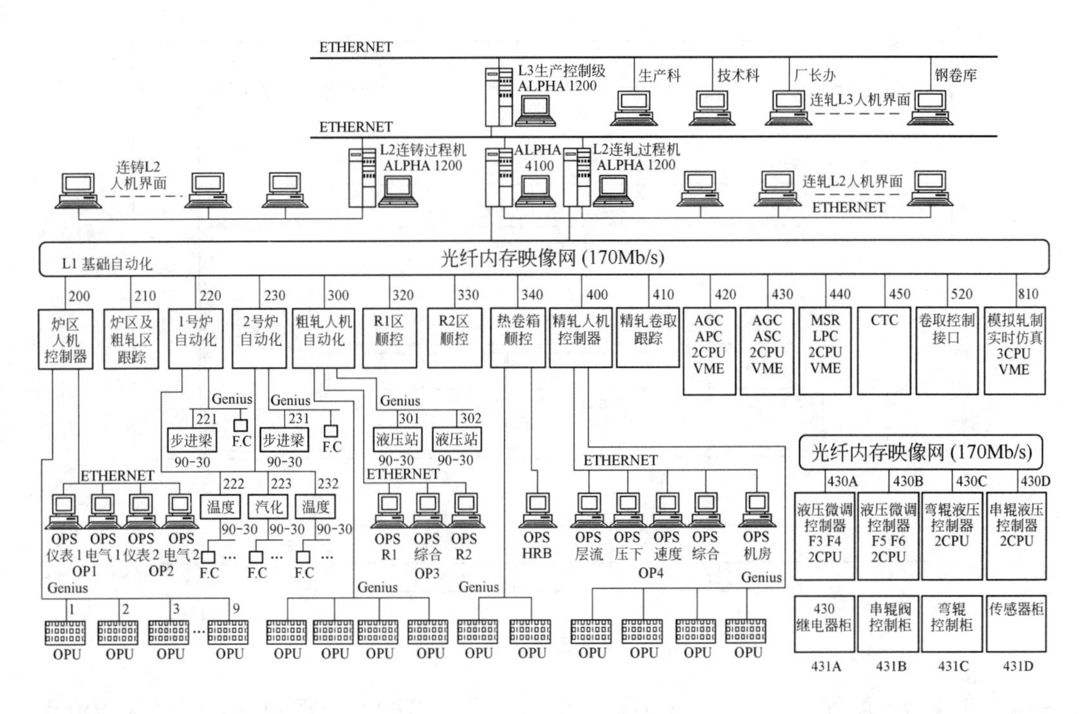

图 3　ASP 计算机系统配置图

新组合，建立扁平化管理体系，使企业管理者直接面对生产现场，根据实际作业信息，及时发出指令，进行全局统筹调度、整体协调。

目前国际上一些先进的钢铁企业已经形成了 5 级信息管理系统，我国较先进的钢铁企业也建成了 4 级信息管理系统，即，一级基础自动化系统，二级过程控制系统（即 PCS 系统），三级车间级制造执行系统（即 MES 系统），四级企业资源计划系统（即 ERP 系统）。在一般情况下，四级系统根据市场需求形成综合的生产和管理计划及详细的生产排程；三级系统根据这些计划产生最终可执行的作业计划和作业指令，并将作业指令传给二级系统，实现对生产线优化和精确控制，完成全部的生产过程。同时，生产过程的实际信息，汇总到三级系统，并由三级系统反馈到企业资源计划系统，形成信息的交互。这样，各层次功能衔接紧密，信息实时沟通，形成一个有机整体（结构见图 4）。

ERP 信息管理系统在纵向上是以物料流动为主线的产销链；横向囊括了销售、计划、质量、生产、采购、供应、发运、财务、人事、劳资、设备、计量、化检验、安全、环保等管理业务和研发。信息系统可以不断提升企业知识管理和战略管理水平，快速响应市场和用户日益多样化的需求，最大限度地发挥设备能力，优化内部生产运营计划。通过信息化建设，实现了按合同优化排产，一些大型钢铁企业热轧产品交货期由 50 天缩短为 12～19 天；客户订货的响应速度由过去的数十天加快到数秒。

3. 冶金信息和自动化技术的应用，有力地促进了钢铁工业的可持续发展

传统意义上的钢铁行业生产流程长，产品制造过程稳定程度较低、复杂程度较高，导致资源、能源消耗高，环境污染严重。随着冶金信息和自动化技术广泛深入的应用，钢铁生产流程不断优化，实现了高效化、紧凑化和连续化，缩短了产品制造周期，大幅减少了中间环节能源损失。据美国能源信息管理局调查结果显示，长流程冶炼工艺

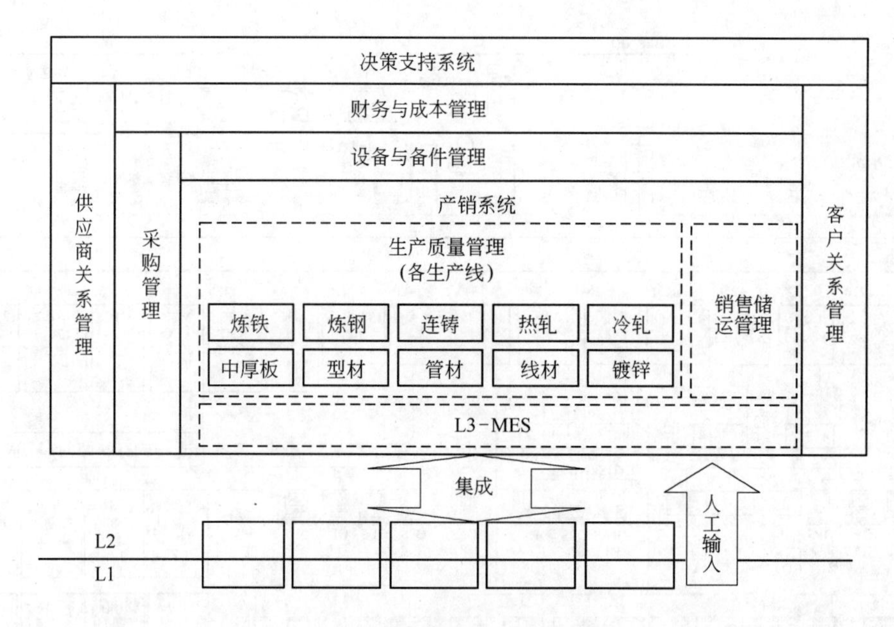

图4 五级系统架构示意图

目前的能源密集度为1900BTU/t（BTU即英热单位，1BTU = 1055.06焦耳），而短流程为950BTU/t。20世纪90年代以来，我国钢铁工业通过广泛采用冶金信息和自动化技术及其他先进技术，使吨钢可比能耗由1990年的1017千克标准煤降低到2005年的714千克标准煤，每年减少能源消耗1.06亿吨标准煤，对环境的污染也相应减少。

二、冶金信息和自动化技术的发展展望

（一）按照走新型工业化道路的要求，推动钢铁产业革命，融入经济全球化浪潮

经济全球化是当今世界经济发展的客观趋势，是不可抗拒的历史潮流。面对经济全球化的新形势，中国钢铁企业将直接面临与世界一流钢铁企业竞争的挑战。在这样一种咄咄逼人的大背景下，中国钢铁工业要融入经济全球化的浪潮中，就必须按照走新型工业化道路的要求，坚持以信息化带动工业化，以工业化促进信息化，充分利用经济全球化给钢铁工业高新技术发展带来的有利条件，尽快消化吸收世界先进技术和先进经验，为我所用。同时坚持自主创新，研制具有自主知识产权的钢铁工艺自动化技术，推动钢铁产业发生重大的革命性的变化，使我国屹立于世界钢铁强国之林。

（二）一体化流程研发与数字化技术的应用，是冶金信息化和自动化技术开发的重点

随着钢铁工业的快速发展，我国大型钢铁企业的各个生产工序已经基本实现了大型化、连续化、自动化。但是，新型工艺与装备的自主开发，成果产业化程度不如国外，如对流程紧凑化有重大意义的熔融还原和薄带坯连铸直轧技术，国外已有产业化的成果，我国还处在试验研究阶段。面对资源环境的压力，面对市场竞争的压力，研究开发以“熔融还原—高效冶炼—近终形连铸连轧”为代表的全新一体化流程，对于钢铁工业发展循环经济，实现可持续发展具有重大意义。毫无疑问，这对自动化技术也提出新的更高要求。

（1）熔融还原炼铁工艺技术：是指在高温熔融状态下，直接用煤还原铁矿石的方

法，其产品是成分与高炉铁水相近的液态铁水。主要特点是用煤取代焦炭，省去了炼焦环节，减少了环境污染。其中，应用 COREX 工艺的主要有南非萨尔达尼亚公司、印度 JVSL 公司和浦项公司等，我国的浦钢正在建设采用 COREX 工艺的炼铁厂，预计 2007 年 10 月建成。

（2）高效冶炼技术：就是通过应用新工艺、新技术，缩短转炉冶炼周期，提高炉龄，使一座新型转炉的生产能力达到两座传统转炉的能力。

（3）近终形连铸连轧：即薄板坯连铸连轧技术。主要是通过降低板坯厚度，减少加工道次，缩短生产时间，达到节能降耗的目的。目前，主要的研发方向是提升产品性能，扩大品种数量。

此外，炼铁—铁水预处理—炼钢—炉外精炼不倒罐操作的“一罐到底”技术、半凝固加工的铸轧一体化生产工艺技术也成为流程研究的重要课题。

这些钢铁科技新工艺、新技术的发展，要求中国钢铁工业必须加快冶金信息和自动化技术的创新，通过加强电仪一体、系统集成、管控一体等技术的研发和数字化技术的应用，加快建立起以计算机数字技术为核心、以网络通讯技术为手段、以精确数学模型为基础的“数字钢铁”生产模式，实现钢铁生产的操作自动化、工序集成化、流程紧凑化、管理数字化，促进钢铁工业的可持续发展。

（1）高炉系统：加快开发在线检测仪表，通过采用数据综合分析技术和预测控制等先进控制技术，实现炼铁生产的前馈控制和反馈控制；加强数学模型、专家系统和可视化技术的集成应用，保证冶炼过程顺行；积极关注直接还原和熔融还原（HISmelt、Corex、Finex 技术）等新一代炼铁生产流程的新需求，努力实现自动化技术的同步开发和应用。

（2）炼钢系统：完善动态数学模型，提高炼钢终点的自动控制水平；针对铁水预处理和炉外精炼的发展要求，加快开发化学成分、纯净度、钢水温度全线高精度预报模型，对合金化、造渣、成分调节进行优化控制。

（3）连铸系统：继续优化高效连铸和近终形连铸技术，提升电磁连铸自动控制技术；开展满足薄板坯连铸、薄带连铸等新工艺需求的二冷水模型和自动化技术。

（4）热连轧系统：加快开发高精度、多参数的在线综合测试技术和高响应速度的控制系统，保证轧钢生产的高精度、高速度；融合数学模型和人工智能技术，完善轧钢过程控制；不断完善提升数学模型功能，努力实现由轧制尺寸形状预报和力学模拟向金属组织性能预报和控制的转变；结合“超级钢”技术和控轧控冷技术，在自由规程轧制基础上实现真正的柔性化生产（即用同一化学成分的钢坯，通过工艺过程参数的控制，生产出不同级别性能的钢材），提高轧制效率。

（5）继续提高基础自动化水平，支持新一代基础自动化装备的国产化研究与产业化建设，降低基础自动化装备成本。加强对引进数模的消化吸收，加快过程自动化系统的工程方法和软件平台的研究，开发创新具有自主知识产权的过程控制数学模型。

（6）扩充完善现有 ERP 系统的功能，促进管理升级。在垂直方向上，要加快促进四级以下各级别间向着无缝隙连接方向发展。同时积极研发第五级系统（即集团运营与决策系统），实现集团内部单位间协同工作和辅助决策功能，完成公司管理的全面一体化。在水平方向上，积极开发广义供应链系统，将企业内部的供应链管理扩展到企业自身、客户与供应商三者之间，实现整个供应链所有合作伙伴利益的最大化。

（7）开发应用商务智能系统，提高从数据到信息再到知识的转化处理能力，实现企业向知识管理迈进。商务智能系统通过应用数理统计方法为主的数学模型和现代信息技术，使企业能够收集、管理、分析结构化和非结构化的生产经营数据和信息，创造和累计生产经营知识和见解，改善企业决策水平，采取有效的生产经营行动，完善各种业务流程，提升各方面绩效，增强综合竞争力（商务智能系统模型如图5所示）。

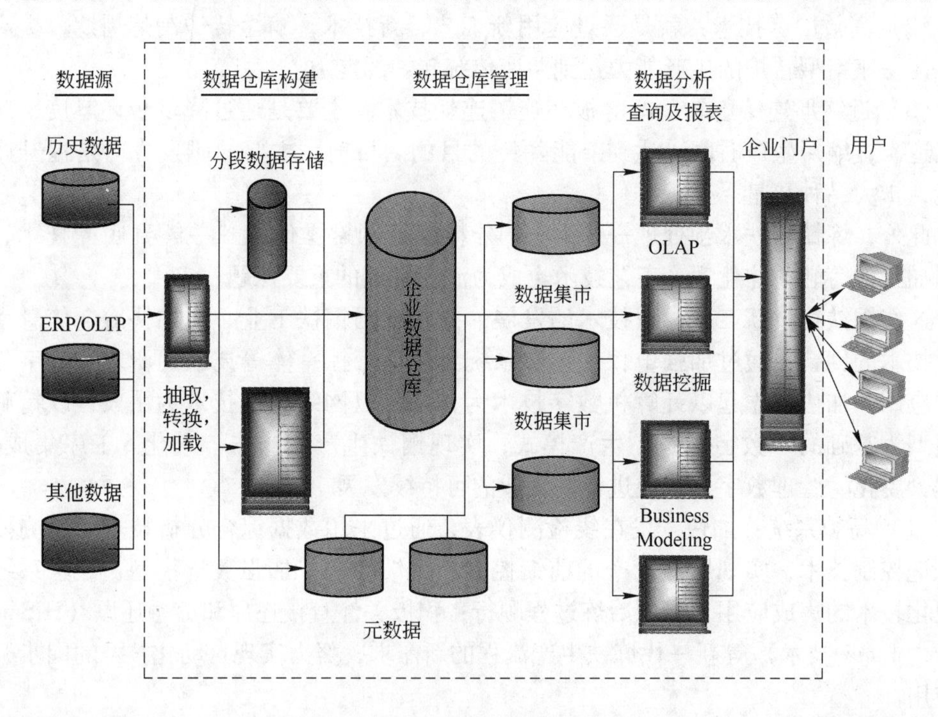

图5　商务智能系统模型

（8）适应未来市场竞争需要，加快发展电子商务。电子商务作为钢铁企业信息化建设的重要组成部分，对提高我国钢铁企业未来市场竞争力起着非常重要的作用。因此，在这方面率先走在前面的钢铁企业，将在市场中赢得主动，获取更大的生存与发展空间。据统计，2005年钢铁企业在电子商务平台方面的投资达到1.2亿元，投资额仅次于ERP和办公系统，位于第三位，可见钢铁企业对电子商务建设的重视程度。

（三）推进与一体化流程相适应的管理创新

新一代钢铁生产流程和信息化的发展，促进了钢铁企业管理体制的变革。随着生产流程的紧凑化、一体化，现代信息和网络技术的应用，钢铁企业不断实施流程再造，内部组织也由以职能为主的纵向管理，转变为以流程为主的横向管理，这就要求组织架构由纵向职能型变成水平流程型，即实施“扁平化”。借助信息和网络技术，这种企业管理体制的重大变革，可以加快企业内外部、企业内部的信息传递，满足管理者及时了解各方面信息的需求，使企业获得快速反应和迅速决策的能力。

现阶段，建立ERP系统是我国钢铁企业实施信息化管理的主要方式，其目的就是按照业务流程，将销售、生产、发运、售后服务与技术、设备、财务等进行有机整合，减少管理层次，形成一个快速应对市场变化的生产制造系统。已经实施ERP的钢铁企业，普遍进行了机构整合和层级扁平化，如有的企业将公司机关机构由36个减少到22个，二级生产厂的科室由18个精简为5个；有的企业甚至取消了公司和分厂的两级机关，取消了工段一级建制，实现了总经理、部门长、专业工程师和班组的管理机制。

目前，钢铁企业信息化的步伐加快，ERP 系统的功能模块不断扩展，流程优化和管理模式创新还会继续，我们必须随时做好迎接企业管理体制变革的准备。

钢铁工业的快速发展，为冶金信息和自动化技术的发展提供了广阔的空间和良好机遇，我们应紧密关注钢铁行业的技术发展动态和企业需求，不断加强流程工艺、工装设备、企业管理、生产组织、自动化等多专业的产学研联合攻关，形成一批具有自主知识产权的冶金信息和自动化技术产品，全面提高钢铁工业国际竞争力，促进我国早日成为钢铁强国。

在钢铁工业信息与自动化推进中心年会上的讲话

2006年11月16日

这次会议，将总结一年来钢铁行业信息化自动化领域取得的成绩，交流各企业的工作经验，共同研讨这一领域的共性问题和关键技术，提出2007年工作任务。希望这次年会，能够成为大家相互交流、相互学习的平台，促进钢铁工业信息化自动化不断迈上新台阶。

下面，我总结推进中心今年的工作并提出明年的工作重点供大家讨论。

一、今年以来钢铁工业信息化自动化建设实现新突破

今年以来，在钢铁协会的正确领导下，通过推进中心和各成员单位的共同努力，全行业在推进信息化与自动化建设方面有了新的突破。

（1）**企业信息化建设快速发展**。目前已有24家企业的信息化建设实现阶段性目标，他们的钢产量占全国钢产量的35%。另外还有12家企业正在进行信息系统的开发建设，这些项目将在近一二年内陆续投入使用。以上36家企业的钢产量已占到全国钢产量的60%。同时，MES的应用日益成熟，已经成功应用于宝钢股份、武钢集团、鞍钢集团等企业，并成功实现与ERP、PCS的无缝对接，使这些企业实现了钢铁生产的全流程控制。MES与ERP、PCS的无缝对接，实现了生产决策、制造执行和工艺设备的紧密结合，在企业内形成了完整的信息管理系统，极大地提高了企业的核心竞争力。如我国一些大型钢铁企业在消化先进的MES的基础上，建成了综合产销系统，实现了按合同优化排产。搞得最好的企业，合同交货期从45天缩短为6天，内部生产周期库存减少20%，客户订单跟踪查询从8小时缩短到10秒钟以内，资金预算周期从110天减少到30天。钢铁企业的信息化建设已经在提高管理效率和经济效益方面发挥出巨大的推动作用。

（2）**具有自主知识产权的信息与自动化技术开发取得新成果**。在近几年鞍钢与一重成功研发具有自主知识产权的1700热连轧、2150热连轧和1780冷连轧三套大型成套设备，首钢与二重成功研发3500中厚板轧机的基础上，今年，由鞍钢与国内机械制造企业自主集成的500万吨钢铁项目全线建成投产。该项目集炼铁、炼钢、连铸、热、冷连轧为一体，实现了四级计算机控制和管理，是国内主要依靠自己力量建成的现代化全流程钢铁厂。在这个项目中，大量集成了具有自主知识产权的先进的管理信息技术和自动控制技术设备，是近几年来我国冶金信息和自动化技术取得成就的集中展示。该项目的建成投产，标志着我国已具备钢铁生产全流程的自主集成能力，改写了我国建设钢铁联合企业长期依靠国外的历史。

（3）**过程控制的核心——数学模型开发取得了新突破**。在消化吸收国外数学模型的基础上，宝钢从2000年以来已经开发出具有自主知识产权的数学模型60多套，形成

本文此次公开出版略有删节。

了170多项技术秘密，10多项专利，有5套数学模型输出到其他钢铁企业。目前，宝钢数学模型的投入使用率已由2000年的54%提高到92%，使用良好率从50%提高到83%。武钢也在转炉炼钢控制、RH精炼控制、硅钢环行炉控制等一批数学模型的开发应用方面，取得了可喜的成绩。另外，首钢、包钢、攀钢、济钢、马钢、太钢、临钢、唐钢、邯钢、广钢等许多钢铁企业，也都加快推进企业信息化自动化的进程，并取得了阶段性成效。

这些成绩，充分展示了我国钢铁工业信息化自动化技术的飞速发展，充分证明了我国自主开发和集成的管理信息系统、自动化技术和装备是先进的、成熟的、适用的。

二、今年以来"推进中心"开展的主要工作

今年以来，信息与自动化推进中心始终以促进全行业信息化自动化水平提高为己任，充分发挥引导、服务和协调功能，积极主动开展工作，较好地完成了2006年各项任务。

（1）**组织开展钢铁工业"十五"期间信息化及自动化状况专项调查。**为了总结"十五"期间钢铁企业在生产经营管理信息化与生产过程自动化领域所取得的成就，掌握钢铁企业信息化自动化建设的进展情况，为"十一五"钢铁行业信息化自动化建设提供参考依据；同时对2005年发布的《钢铁企业信息化及其效益指标体系》进行实用测试，以逐步完善并达到规范化和制度化，形成钢铁企业信息化与自动化专业的统计报表制度。根据2005年"推进中心"年会的工作安排，开展了"十五"期间钢铁行业信息化自动化现状专项调查。选择在"十五"期间信息化工作走在全行业前列、具有一定基础和代表性的32家重点钢铁企业作为调查对象。调查内容以钢铁协会发布的《钢铁企业信息化及其效益指标》为基础，按照侧重管理信息化、量化指标和选择性指标相结合的原则，确定调查指标，力求从企业信息化的组织机构、资金投入、信息平台建设、信息应用系统建设、信息产业队伍、信息安全措施以及生产制造执行系统、过程自动化系统等方面，比较全面地反映企业信息化自动化建设的全貌。为了反映信息化在企业生产管理中发挥作用的程度，还对信息化的一般效益指标进行了尝试性调查。目前，调查结果经汇总分析后，已经上报协会领导并反馈给参与调查的单位。在整个调查过程中，得到了各企业的大力支持和帮助，在这里，我代表"推进中心"表示衷心感谢！

（2）**认真总结推广钢铁企业信息化自动化建设经验。**组织编写了《2005中国钢铁工业发展报告》中"钢铁企业信息化建设"篇。全面总结了2005年钢铁行业信息化自动化的进展情况，包括企业信息化项目完成情况、行业信息技术应用推广情况等内容，以及钢铁行业信息产业队伍的建设和发展情况，包括各有关单位在自主创新成果、信息化自动化工程建设中的成就、人员队伍建设、产值利润等情况。编撰了《钢铁行业信息技术自主创新成果荟萃》文集，推广冶金信息和自动化技术应用成果，为企业的信息化自动化建设提供可靠的借鉴经验。

（3）**围绕行业发展的重点问题提出相关建议。**为加快钢铁企业信息化建设，提高企业信息化自动化水平和质量，根据钢铁行业信息化的发展需要，组织企业和专家编制《"十一五"钢铁企业信息化发展建议》。经过反复讨论修改，目前，已经向全行业发布，为各企业的信息化自动化建设提供了参考。

（4）**做好钢铁行业信息技术应用（倍增计划）项目的申报和推荐工作。**这项工作是根据国家信息产业部"关于认真做好行业信息技术推广应用工作"的要求，凡是申

报的钢铁企业电子信息技术应用项目，经行业主管部门推荐到信息产业部全国电子信息系统推广办公室并审查立项后，列入国家电子信息技术应用（倍增计划）项目。为了进一步推动钢铁企业电子信息技术的应用和发展，今年以来，我们推荐首钢的“钢铁企业利用信息技术节约能源及能源预警系统的开发与应用”和鞍钢的“鞍钢综合管理信息系统”两个项目，列入国家电子信息技术应用（倍增计划）项目。组织专家对“太钢能源计量信息系统”、“武钢面向电子商务整体产销系统”、“武钢焦炉控管一体化”、“鞍钢综合管理信息系统”等国家电子信息技术应用（倍增计划）项目进行了验收。将节能降耗效果明显的宝钢能源管理系统、济钢的大型焦炉控制系统、重钢的加热炉控制系统作为行业示范项目推荐到国家信息产业部，作为国家信息技术应用示范优秀项目的预选项目。

(5) **围绕行业共性问题和关键技术加强交流与合作**。组织召开了“钢铁行业生产过程自动化解决方案及成功案例分析研讨会”、“钢铁行业信息化与精益六西格玛管理经验交流会”。会上围绕目前钢铁企业信息化自动化方面的共性问题和关键技术，以及如何把国际先进的管理思想、管理方法同信息技术相结合，不断提高企业的精细化管理水平，如何利用信息化平台有效掌控信息流、资金流和物资流等问题，进行了广泛交流，介绍了先进企业的经验，并邀请工程院院士等国内外专家做了专题报告。

(6) **加强行业信息的调研和反馈**。今年以来，编辑出版4期《钢铁工业信息化及自动化快讯》，及时全面反映了行业信息化自动化建设动态。

三、2007年推进中心的重点工作

从行业发展和企业实际需要出发，明年推进中心将重点做好以下工作：

(1) **组织召开国际钢铁工业信息化自动化技术交流大会（会议名称暂定）**。进一步加强国内外钢铁工业信息及自动化技术交流，展示我国在钢铁工业信息及自动化专业领域取得的最新成就，促进我国钢铁工业信息及自动化技术、装备的对外输出。这次会议将由协会副会长单位的信息及自动化专业企业共同协办。

(2) **组织召开2007年钢铁工业信息与自动化推进中心年会**。

(3) **组织召开安全、实时数据库、计划调度及优化数学模型等专题会议**。及时协调解决企业信息化自动化建设过程中遇到的各种问题。

(4) **继续做好钢铁企业信息化专项统计（调查）工作**。在今年工作的基础上，扩大统计单位，修订统计指标，开展信息化绩效调研分析，更好地为企业信息化建设服务。

(5) **配合国家信息产业部，组织好钢铁企业信息技术应用（倍增计划）项目的申报、推荐、验收、评优等工作**。

(6) **进一步做好协调服务工作**。组织行业专家为企业提供信息化自动化项目的咨询、论证、评审、验收和鉴定等工作。

(7) **继续做好《钢铁工业信息化与自动化快讯》的编辑出版工作**。明年《快讯》的征订工作已经开始，希望各单位积极订阅，并将本企业有关信息化自动化建设的进展情况和成果向《快讯》及时反馈。

钢铁工业信息化自动化建设任重而道远。信息与自动化推进中心将一如既往地努力工作，为大家提供相互学习、相互交流的平台，不断提高全行业的信息化自动化水平，为把我国建设成为钢铁强国做出新的更大的贡献！

现代钢铁工业与自动化

2008 年 1 月 29 日

实施现代钢铁生产短流程、连续、高效、节能、降耗、无污染物排放，并保证稳定、持续生产高质量产品，关键要体现物流、资金流与信息流的统一，实现全生产流程整体自动化。新型钢铁工业信息和自动化技术必须适应这一发展趋势，建立钢铁企业生产管理系统和生产自动控制系统相结合的统一的分级计算机控制系统，以满足生产、经营、管理一体化的发展要求。新型钢铁工业信息化、自动化体系结构由通信网络、资源信息管理系统、生产控制、过程控制、过程优化、质量控制、设备状态监视、运行支持及决策支持等系统组成。

ERP　ERP 是先进的管理思想与现代信息技术相结合的产物，体现了在现代钢铁工业生产中上、下游工序生产节奏和产品衔接的思想，体现了高速生产、同步产出、精细生产的精神，提供质量追溯和废次品原因分析专家系统，体现了全面质量管理和节能降耗的要求。ERP 支持现代物流、配送和库存的管理，支持销售业务的在线管理，支持企业业务流程的动态变化。ERP 优化各种资源配置，提供能源监视和统筹，实现科学管理和决策，达到降低生产经营成本，提高利润水平，提升企业综合竞争力，保证整体战略目标的实现。

能源中心　节能降耗不仅是企业降低成本、提高市场竞争力的手段，更是企业必须承担的社会责任。除采用现代化生产工艺、回收生产过程中伴生的物理能和化学能外，钢铁企业必须设置能源中心，作为企业整体自动化的一部分，并向 ERP 反馈能源的各种数据，对生产过程所需能源优化调配和能源消耗的在线实时监控，确保生产用能的稳定供应；监控能源设备状况，集中能源设备管理与自动化操作。能源中心的信息基础是能源监控系统，用先进的自动化检测设备和控制系统实时、准确地向能源中心提供能源供需信息和能源设备的运行状态。

生产过程自动化控制　近年来，用信息化和自动化技术改造传统产业已经取得显著成效，现代钢铁生产的高效、低成本的洁净钢生产技术，动态、有序的短流程生产工艺链接技术，资源的循环利用技术更需要生产过程自动化技术支撑，自动化控制技术伴随着现代化钢铁工业的进步而发展。

自动化系统的提升

（1）完善的硬件系统和应用软件，实现硬件标准化和应用软件标准化，包括数学模型软件的标准化，减少随意性；整体设计，实现多级计算机管、控合一，信息流顺畅；提高控制系统信息唯一性、统一性、可靠性，保证整体自动化系统运行的实时性、准确性和合理性。

（2）采用先进的控制策略，建立在某种模型上的控制策略要包括预测控制、自适应控制/逆自适应控制、智能控制（专家系统、模糊控制、神经网络控制）、软测量技

本文发表在 2008-1-29《世界金属导报》。

术、推断技术、解耦控制、优化控制技术等。

(3) 过程优化策略，为保证性能指标的优化，在一定的生产条件下，寻求最佳工艺参数的设定值，进行静态或稳态的优化，提高模型的精度，改进产品质量。

(4) 建立精确的生产过程数学模型、进行仿真试验。建立“虚拟对象”的实时仿真工作站（如虚拟轧机），进行模型参数的优选、预测系统性能、复现系统事件，在建立过程对象的模型基础上，通过离线和在线仿真，可以明显的提高控制效果并在调试前可以先对控制软件进行调试以缩短冷热负荷调试时间。

结束语

实施现代化钢铁工艺必须配之以高效钢铁制造流程自动化、信息化技术，现代化钢铁工业的发展给从事钢铁工业自动化的科技人员提出了新的课题。

(1) 能源控制中心的开发：使冶金生产的水、电、风、氧达到优化控制，能源做到最优化使用。

(2) 环保监控中心：对冶金生产过程排放的废物，进行有效地控制和利用，做到清洁生产。

(3) 资源信息管理中心：对冶金生产过程的物流、信息流和资金流进行有效地管理，使企业效益和社会效益最大化。

(4) 短流程新工艺和新模型的开发：如氧煤直接还原、钢水近终断面浇注和轧制、控轧和控温、高效材的生产等。

(5) 生产、能源、环保一体化系统的开发。

大力推进信息化与工业化的融合　将我国钢铁工业信息化与自动化推向新水平

2008年5月24日

一、钢铁行业信息及自动化产业队伍在我国的信息化自动化建设中发挥越来越重要的作用

2007年，在中国钢铁工业协会（以下简称钢铁协会）的领导下，通过钢铁工业信息与自动化推进中心各成员单位的不懈努力，我国钢铁行业本身的信息及自动化产业队伍发生了质的变化，变得强大了，更有生命力了。

钢铁行业的信息及自动化产业队伍是我国钢铁企业信息化、自动化建设的主要力量，在企业信息化、自动化建设以及信息化、自动化技术的应用中已经发挥了不可替代的重要作用。钢铁协会信息统计部和“推进中心”每年都征集并邀请有关钢铁企业信息自动化产业队伍总结本单位工作的年度报告，并根据这些报告提炼和撰写了《信息化发展报告》。形成这一报告的主要目的是为了大力宣传推荐钢铁企业信息化自动化产业队伍以及所取得的成就，为我们行业的产业队伍建设和快速发展创造一个良好的环境。从2007年的《信息化发展报告》中我们可以清晰地看出，2007年钢铁企业各信息化自动化产业公司都能紧紧地围绕总公司的发展战略，并协助兄弟单位在信息和自动化领域内取得了优异成绩。可谓是满园春色，硕果累累。在提高专业技术水平、市场服务能力、发展速度和综合竞争能力方面都有很大提高，和国外一些著名公司相比并不逊色，为本企业、本行业，乃至为我国所竞标的许多国际项目的信息化自动化技术应用做出了突出的贡献。

例如宝钢集团上海宝信软件公司，2007年已经实现将冶金企业信息化成功技术产品化，通过产品和服务的模式推进战略、客户的业务升级，为宝钢一体化整合提供IT系统支持。在自动化工程建设方面，宝信软件通过自己集成创新，不断突破若干关键技术，正在形成面向全冶金生产线的自动化系统的总承包能力，逐步将三电总承包发展为信息化自动化的主要经营模式。宝信软件已被认定为第13批国家级企业技术中心，获得了“国家规划布局内重点软件企业”称号。鞍钢自动化公司2007年信息化自动化建设也取得了重要的突破，尤其在鞍钢西部新区500万吨钢的基地建设和生产中发挥了重要的作用。在公司ERP系统、冷轧镀锌线清洗单元PLC系统，1450连退线控制系统设计与调试、热连轧卷取机传动控制设备成套，以及2150平整分卷机组电气控制系统方面均有较好的建树。武钢集团自动化公司2007年通过全体员工的努力，承担了大量的自动化信息化工程建设项目，研发出大量的自主创新技术，共有10余项国家认定的软件产品，取得了卓有成效的效益。其中主要有干熄焦自动控制技术、高炉冶炼专家系统、高速线材自动控制技术、推拉酸洗自动控制技术、剪切包装生产线自动

本文发表在2008-5-24《中国冶金报》，是作者在“钢铁工业信息化与自动化推进中心年会”上的讲话。

控制技术、高炉喷煤自动控制技术、连铸控制技术、整体产销资讯系统技术等等。这些技术不仅在武钢得到了很好的应用，而且在全国有关钢铁企业得到了推广、应用。另外还有冶金自动化院金日天正智能控股公司，首钢自动化信息技术公司、太钢自动化公司、通化网航信息技术公司、本钢信息自动化公司、攀钢信息技术工程公司、莱钢电子公司、马钢自动化公司、昆钢自动化公司等数十家在钢铁企业信息化自动化建设中脱颖而出的信息及自动化公司，不仅能够完成本企业的信息化自动化建设，还能承接行业内、本地区甚至国外的信息化自动化工程。这支队伍是钢铁行业信息化自动化建设的主力军，是钢铁企业应用信息技术实现管理创新、技术创新的推动者，是钢铁工业新的经济增长点的实行者。他们在产业发展、为行业内提供信息化自动化技术服务、为使国外引进项目提供的价格更为合理、人员队伍建设等方面均取得了辉煌成就。这些自动化公司2007年的产值、利润都有较大幅度的增长，成为新型企业的佼佼者。“推进中心”要和信息统计部一起继续做好传媒桥梁作用，以鼓励他们不断成长壮大，成为国际著名品牌的信息化自动化公司。

二、“推进中心”开展了行业共性问题“钢铁企业信息化绩效”的分析与研究

在钢铁协会的领导下，2007年“推进中心”和钢铁协会信息统计部一起围绕钢铁企业信息及自动化建设中所出现的共性问题，以及在利用信息技术节能降耗减排等方面，充分发挥服务和协调功能积极开展工作。成立了以钢铁协会主要领导为课题组长的“钢铁企业信息化绩效研究”课题组，选择了宝钢、鞍钢、武钢、唐钢、首钢、济钢、太钢、邯钢、石钢、湘钢、涟钢十一家钢铁企业以及邀请国资委信息中心、清华大学的专家共同参与课题的研究。

根据钢铁企业信息化建设进展的阶段，已实施了信息化项目的企业其投入仍在持续，拟实施项目的企业还在增加，越来越多的钢铁企业开始提出如何评价信息化绩效的问题，如何看待信息化的投入和产出问题，如何评价信息化对钢铁企业管理流程优化与绩效的关系等深层次的共性问题，呼吁钢铁协会组织行业专家开展企业信息化绩效的专题研究，找出正确的答案。

对钢铁企业信息化绩效的研究，是行业信息化应用的基础课题。课题研究的成果，对于钢铁行业企业决策者全面认识信息化的本质有重要作用，对于国有特大型、大型企业利用信息化实现管理创新，转变增长方式有直接借鉴作用。推进钢铁行业企业信息化，不能只追求数量，做表面文章，更要追求质量和效益。如今该研究课题已经进入报告编制阶段，从初步研究结论可以明显地看出：

（1）信息化促成了企业体制创新、管理创新、技术创新，并成为体制创新、管理再造必不可少的一环。同时使流程优化，管理水平提升，管理机构扁平化，管理人员减少。企业实现了一级财务核算、集中采购，集中仓库管理和统一的生产指挥调度，大大加速了信息和资金的流动，从而使企业显著提高了竞争力。

（2）信息化的推进通过业务流程重组和IT平台工具的使用，打破了条条块块的信息壁垒和信息割据，有效地解决了信息孤岛现象，实现了统一平台上的信息共享。销售、采购、项目管理和财务系统的集成，强化了企业资金管理，以及资金应用的高效性。

（3）企业信息化全面加强了企业管理的标准化和规范化。产品标准、技术规范、检验标准等都规范地存在冶金数据库中，流程程序、记载数据和事项、操作规范等均

由系统自动执行，根治了执行难的问题。

（4）企业信息化成为企业运作的安全网，它改变了只重结果不重过程的传统管理方式，信息公开、程序透明、运营规范。

（5）信息化是企业走向世界，实行跨国经营的直通车。无论是应对反倾销的指控，还是对倾销行为提出申诉，企业所提供的资料必须符合国际惯例。实施了信息化的企业所提供的报告报表具有很好的公信性。

三、“推进中心”加强了信息化自动化国际交流

2007年，由中国钢铁工业协会主办、钢铁工业信息及自动化推进中心和中国贸促会冶金行业分会联合举办了“第三届钢铁行业信息化自动化国际研讨会”。会议宗旨是推进钢铁行业信息化自动化建设向广度和深度发展，促进企业广泛利用先进信息化自动化技术提升管理水平，提高运行和生产效率，改善产品质量，节能降耗，减少污染，降低成本，增强竞争力，同时，推动跨行业和国际交流，促进互利合作。来自美国、日本、印度、俄罗斯以及欧洲等国钢铁企业代表、国际著名信息化服务商，与中国钢铁企业共同研讨企业信息化的发展趋势、关键技术、如何提高企业竞争力等普通关注的问题。与会代表就现代钢铁企业的先进管理理念，钢铁企业产销一体化和ERP套件，生产计划、生产调度及其优化，企业集团的信息化，电子商务，钢铁企业与上下游产业链的信息化，商业智能的运用，实时数据库，人工智能，能源管理、环境监测及其自动化，新产品开发过程的仿真及虚拟化等议题展开了广泛的讨论。会议总结了钢铁行业信息化自动化建设的成绩和经验，介绍行业信息化自动化发展的现状和趋势，交流成功案例，推荐适用于钢铁生产及流通企业的先进信息化自动化理念、方案和技术。会议规模超过历届，对推进钢铁行业信息化自动化建设起到了积极推进作用。

大会除邀请了宝钢、鞍钢、武钢、首钢、马钢、兴澄特钢及日本JFE等钢铁企业和IBM、SIEMENS、SAP、IDS、PSI和Gartner等信息化自动化技术和服务供应商的专家作主题演讲外，还邀请了原信息产业部、中国钢铁工业协会、中国钢铁工业信息与自动化推进中心的领导和专家就行业发展、企业管理和信息化自动化发展的重大问题发表演讲。此外，组委会围绕会议宗旨和议题向国内外钢铁企事业单位公开征集了200余篇论文，其中25篇论文获得大会优秀论文奖。所征集的论文内容涉及：企业管理信息化、生产过程自动化、计量检验化验、信息公共平台和软件，共有40家企业参与了论文撰写。钢铁企业信息化自动化专业领域的工程技术人员在信息化的实践中，技术不断总结提高、经验交流共享，让更多的企业和信息技术人员从中获益，对推动钢铁行业信息化自动化的发展将起到十分积极的作用。

四、加快利用信息技术推进信息化与工业化的融合，实现企业的节能降耗减排任务

在党的“十七大”报告中提出，大力推进信息化与工业化的融合，促进工业由大变强，振兴装备制造业，淘汰落后生产能力。即“十七大”首次提出的大力推进信息化与工业化融合的理念，为指导信息化与信息产业发展提出了崭新的命题。2007年由钢铁协会信息统计部在“推进中心”的协助下，经企业申报、钢铁协会推荐，原信息产业部全国电子信息系统推广办公室组织专家评审，6家单位8个节能减排的信息自动化项目被列入国家电子信息技术应用项目。另外，还组织协助南钢、宣钢、天钢、通

钢、广钢等单位申报开发银行贷款，这些企业将利用国家开发银行贷款和自筹资金建设本企业的信息化工程和信息技术应用项目。目前，这些项目正在落实。

2007 年，在全行业信息化自动化领导和工程技术人员的共同努力下，经钢铁协会组织行业专家评审，有一批信息化自动化项目开发与应用项目荣获冶金科技进步奖一、二等奖。这些信息化自动化项目的特点是应用效果显著，技术先导性强，在全行业具有带动作用。这些成果充分展示了中国钢铁工业信息化自动化技术的快速发展，证明了信息化与工业化的很好融合所产生的巨大经济效益。

2008 ~2009 年“推进中心”的重点工作。从行业发展和企业实际需要出发，今年下半年和明年“推进中心”将重点做好以下工作：

（1）“推进中心”将积极组织全行业努力贯彻党的“十七大”所提出的信息化与工业化融合的理念，以及参与《我们离钢铁强国还有多远?》的大讨论。

“十一五”期间是中国钢铁工业实现产业升级，由钢铁大国迈向钢铁强国的关键时期，时代赋予我们必须紧紧抓住机遇，利用现代信息技术和网络技术及与之相适应的现代管理技术来改造和提升钢铁企业，提高现代管理水平、推动产业优化和升级，发挥后发优势，建设资源节约、环境友好、走跨越式发展的强企道路，进入国际先进企业行列，是钢铁企业提高竞争力、适应新经济、实现现代化的需要，也是钢铁企业适应国际环境、融入全球经济的战略选择。从这种意义上说，钢铁工业信息化和自动化是钢铁强国的重要标志之一。因此，必须着力抓好，推向新的水平。

“推进中心”根据当前钢铁工业发展形势的需要和企业信息化自动化的进展，组织钢铁行业内外信息化自动化领域的领导、专家和学者，以实际行动积极贯彻党中央所提出的信息化与工业化融合的理念，积极参加到钢铁协会所提议的大讨论中去。通过讨论，提高认识，发出呼声，展现成就。

（2）“推进中心”将和钢铁协会信息统计部共同继续做好《钢铁企业信息化绩效研究》。根据目前课题的进展，近期需要组织召开专家评议会，对研究报告进一步修改完善。向全行业提交一份高质量的分析研究报告。

在信息化绩效研究的基础上，借鉴国内外已经有的经验和方法，选择有条件的，企业为样板继续深入研究，探讨信息化对企业发展、提升管理贡献率的问题，推动企业信息化绩效研究的精细化。

（3）“推进中心”将协助钢铁协会信息统计部做好钢铁行业信息与自动化专项统计工作。根据钢铁企业信息化建设的进展阶段，目前已经具备了信息化专项统计工作规范化、制度化的条件。经钢铁协会、国家统计局批准，从 2008 年开始，将钢铁企业信息化纳入钢铁协会的综合统计工作中，开展钢铁行业信息化自动化的专项统计，此举措有以下目的：一是为了掌握全行业信息化自动化建设的程度以及进展情况；二是为钢铁企业信息化自动化专业统计奠定基础；三是通过专项统计工作不断完善，逐步形成较为科学合理的信息化自动化统计指标体系，为各企业之间对比、企业内专业化管理提供基础数据。

这项工作是钢铁行业信息化自动化专业领域的一项新工作，其目的和意义非常重要。考虑到指标多，设计专业面广，因此采取从无到有，从有到全，从全到准的过渡原则。所以，对这两年的统计报表在填报质量上没有过多的要求，只要求尽可能认真地填出来，再逐步完善。希望各单位能给予重视，落实人员做好填报工作，以便信息统计部能及时把汇总结果返回到各单位。

（4）“推进中心”将以各种形式，大力宣传推广由原信息产业部组织编制的《节能降耗电子信息技术、产品与应用方案推荐目录》，在钢铁企业已经成功开发应用并取得显著效益的节能降耗电子信息技术、产品与方案，促进钢铁企业节能降耗减排任务的实现。

（5）“推进中心”将和钢铁协会信息统计部一起，积极开展有关钢铁企业信息化自动化的各项专题活动，如信息化与企业精细化管理（六四格玛方法的推广）研讨。信息化自动化在促进钢铁企业节能减排的经验交流，信息资源深度开发技术的研讨，设备管理技术的研讨，实验室信息化建设经验交流等。

（6）“推进中心”将继续推进冶金矿山信息化自动化建设，提高矿山的管理水平和自动化控制水平，提高我国矿山采矿能力。

（7）“推进中心”将继续和中国贸促会冶金行业分会联合筹备“第四届钢铁企业信息化自动化国际研讨会”，以推进信息化自动化的国际交流。

老企业改造理论与实践

强化市场观念　抓好科技进步

1994 年 9 月

党的十四大提出了要在我国建立社会主义市场经济体制，要求把企业塑造为自主经营、参与市场竞争的独立法人实体。通过明确产权关系，实现政企分离、转换经营机制，建立现代企业制度等方式，使企业适应建立市场经济体制的要求。这一要求，不仅对企业的发展提出了崭新的课题，而且对企业科技进步工作也提出了新的任务。

武钢是新中国成立后兴建的第一个特大型钢铁联合企业，1952 年筹建，1955 年破土动工，1958 年投产，经过 30 多年的扩建改造，已拥有采矿、选矿、耐火材料、焦化、烧结、炼铁、炼钢、轧钢等一系列完整的生产系统和机修、动力、运输、检修等生产辅助系统，已形成了年产钢铁双五百万吨的综合生产能力，成为我国最大的板材生产基地。

30 多年来，武钢的科技进步工作大体经历了三个阶段。一是引进一米七之前，为解决含铜钢生产等问题对原落后的生产工艺进行技术改造；二是引进一米七后，为解决“两个不适应”对引进技术进行的消化掌握和发展创新；三是以 5 号高炉建设为新起点，依靠科技进步进一步拓宽了企业质量效益型发展道路。1990 年，《武钢一米七轧机系统新技术开发与创新》通过了国家科委鉴定，被国务院授予科技进步特等奖，其中，热连轧和冷连轧计算机模型开发、转炉全连铸等 47 项成果达到了国际八十年代先进水平。

为了适应市场经济的要求，去年，我们按照“发展主体、放开经营、走向市场、壮大武钢，坚持两手抓”的改革开放思路，以科技为先导，以质量为重点，以促进企业各项技术经济指标上台阶为主要内容的科技进步工作取得了显著的成效。全年六大生产经营目标全面完成。铁、钢、材产量和利税再创历史最好水平。1993 年 5 月，国家经贸委、国家统计局对全国 17000 家大中型企业采用层次分析法，按 18 项指标进行综合测评，武钢被评为全国大中型企业技术开发实力百强企业第 2 名。我们重点抓了以下几方面的工作：

1. 以采用新技术、新工艺为主要内容、深入开展三个层次科技攻关

开展科技攻关是企业科技进步的重要形式。我们根据项目的类别和性质，组织了公司级、厂级和基层三个层次的科技进步活动，第一层次是针对公司生产经营和技术发展的难点，由公司直接抓的重点科技攻关；第二层次是各二级单位为本单位生产经营任务的完成而组织的科技攻关；第三层次是基层群众性的科技攻关。一年来，在增加产量、扩大品种、提高质量、节能降耗、提高装备水平等方面共完成重点攻关课题 142 项，实现效益 8000 万元，如 7 号焦炉达产攻关，共采用三十多项新技术，投产一年就达到了设计能力、创造了国内大型焦炉少有的好成绩；5 号高炉采用分层监视和控制计算机系统，开展多环节和程序优化研究，解决关键性设备问题，降低故障率、产

本文发表在《科技进步与对策》，1994(5)：3 ~7。

量超年计划18万吨，入炉焦比降低16.7kg/t。针对重油资源紧缺的难题，热轧采用了不同牌号重油混号工艺试验，节油四千多吨。硅钢采用一次冷轧新工艺，提高机组速度、多产硅钢2000多吨，满足了市场需求。

2. 以大修改造为契机，提高技术装备水平

去年，全公司共安排各类设备检修767项，全年开竣工率达90.46%。十项重点控制工程均按计划100%完成，主要生产设备技术装备水平升级率达9%。这些大修改造项目，尽可能采用了当今国内外先进的技术和工艺，如数字控制技术，变速调速技术，PLC技术，陶瓷燃烧器技术，可控硅技术，液压传动和伺服控制技术等，不仅进一步提高了设备运行的可靠性，促进了公司技术装备水平的进步，而且对进一步提高产量、质量、降低消耗、起到了显著作用。如热轧精轧机F4-F7弯辊、窜辊改造，建立了最佳窜辊模型，在不换辊的情况下，扩大了轧制材的品种和规格，轧制单位扩大31.18%。板形废品减少2/3，创效益3000多万元。热轧计算机系统改造，不仅开创了计算机系统不停产改造并成功切换的先例，而且填补了我国依靠自身力量开发这一技术的空白，结束了自七十年代以来重复全盘引进这一技术的历史。

3. 以满足市场需求为导向开发钢材新产品

去年，我们以市场需求为导向，发挥自身技术、工艺、装备等优势，加速了产品更新换代。共选定38个系列的60个钢号作为新产品试制品种，全年签订产品试制合同3.4万吨，完成率达96.85%，创历史最好水平。通过转产鉴定的新产品10项，其中达到国际先进水平的1项，填补国内空白或国内首创的4项，如国家重点攻关项目945钢中板的研制，质量要求高、技术难度大，试制困难多。我们采用新的热处理工艺后，成功地试制出连铸945钢中板，其综合性能达到国际相同强度级别水面舰艇用钢的先进水平。

4. 以提高科技进步起点和水平为目标，走开放型科研的路子

开展全方位对外科技合作，走开放型科研的路子，是武钢科技进步工作适应市场经济要求的一项重大改革，也是提高公司科研起点和水平的重要途径。1993年，我们先后与中国科学院、北京钢铁研究总院、冶金部安环院、北京科技大学、东北大学、中南工业大学、武汉钢铁学院、华中理工大学、武汉测绘大学等12个单位签订了42项科技合作项目合同，总金额达580万元，其内容涵盖了推进技术经济指标、提高技术装备水平、自动控制，节能降耗，在线控制检测仪器等方面，此外，还与日本、西德、美国、英国、澳大利亚、瑞典、芬兰等国家的知名企业建立了技术交流和合作关系，选择性地购买了一些先进、实用、成熟的新技术及专利技术，从而缩短了科研的投入产出周期。下半年，又针对部分对外合作暴露出来的进展不顺，配合不好，约束不严等问题，制定了相应的管理办法并以公司文件下发，将这项工作纳入公司正常的科技进步计划，使开放型科研步入规范化的轨道。

5. 完善以总工程师为核心的科技进步管理体系

经过多年的努力，武钢逐步形成了以经理和总工程师为决策核心，以技术委员会为咨询顾问组织的管理体系，技术部为全公司科技进步的归口管理单位，横向联系各管理部门，纵向向各厂矿院所下达科技进步计划，从组织上保证了以科技攻关、科研革新、新产品开发、专利与标准管理和产品一贯管理为主要内容的科技进步管理网络的形成和落实。去年，公司又颁发了《技术责任制条例》，在厂矿设总工程师，在技术密集、工艺复杂、技术人员集中的车间（科室）设主任工程师，在技术复杂的工段设

技术副段长或技术作业长，分别对各级的科技进步工作负责，全年有367项科技进步项目实施，年底有80%的课题完成计划进度的要求，有13项发明创造获国家专利局授权专利，25项科技成果获上级奖励，其中，获国家科技进步奖2项，省、部科技进步奖18项，市科技进步奖5项。

虽然我们在推动企业科技进步方面做了一些工作，也取得了一些成绩，但与社会主义市场经济发展的要求相比，还有很大的差距，我们不能不看到，武钢面临的形势十分严峻!

从国际上来看，我国即将恢复关贸总协定缔约国地位，与国际市场接轨。从今年起，国家取消了钢材、钢坯进口许可证。国外的钢铁产品有可能以优良的质量和较低的价格进入国内市场。这一点从去年下半年就已初露端倪。而我们的钢材产品与世界先进水平相比，产品质量水平和成本水平还有较大差距。在实物质量方面，化学成分和机械性能波动大，S、P含量较高、尺寸偏差大、表面划伤、腐蚀多、防锈能力差，包装易散包。在成本方面，能耗、物耗较高，劳动生产率较低。因此，一旦“入关”，武钢产品将面临严峻的挑战。

从国内来看，随着我国钢铁工业的飞速发展，多数品种的总量缺口缩小，供求趋于平衡，竞争更为激烈。同时，由于钢材总量趋于平衡，结构性矛盾更为突出，薄规格产品仍将短缺，而武钢的薄规格产品比例低，市场压力增大。此外，以宝钢为代表的国内兄弟钢铁企业迅速崛起，新的装备和工艺技术相继投入使用，武钢一米七技术和产品的相对优势正在逐渐消失。在新的市场经济体制下，武钢和其他企业一样，面临着国际和国内市场的严峻考验。

从武钢自身的发展来看，一方面，要通过股份制改造建立现代企业制度，与国际市场接轨。另一方面，要通过实施一千万吨钢规划，提高技术工艺和装备水平，调整生产经营战略。过去，引进一米七轧机系统为武钢带来了一次发展机遇，经过十几年的科技进步创业，技术水平、装备水平、产品质量、经济效益、人员素质等方面都前进了一大步。现在，一千万吨钢规划的实施，带来了武钢发展的又一次机遇，我们的工艺技术要向国际先进水平看齐，技术装备要向九十年代迈进，产品质量和主要技术经济指标也要进入九十年代国际先进水平。我们的产品，不仅要承受国际、国内市场的冲击，而且要进一步占领新的国内外市场。这是企业生存和发展的要求，也是当前武钢科技进步的首要任务。面对这一形势，我们要重点抓好以下工作：

1. 要按照“高起点、跨世纪”的要求，将“四新”采用落实到扩建改造规划之中

“高起点”就是以国际先进水平为起点，“跨世纪”就是要以二十一世纪的发展方向为目标。不久前，全国冶金工作会议提出了我国钢铁工业要上现代工艺装备、品种质量、规模经济和经济效益四个新台阶的目标，这是我们抓住机遇，加快一千万吨钢规划实施的大好时机。从1994~2000年，武钢面临一个从未有过的投资建设高峰，平均每年投资额高达数十亿元，如何把握投资方向本身就是一个大的技术课题。因此，我们要用高度的责任感和紧迫感，把“高起点，跨世纪”的要求，落实到扩建改造项目的每一个环节。结合一千万吨钢规划的实施，做好四烧结、三炼钢及接续工程、二热轧、自备电厂建设及硅钢改造等项目的技术准备，从方案的可行性研究，工艺流程的确定，主要设备的选型以及主要技术经济指标等方面，研究达到“高起点、跨世纪”的措施。

2. 建好技术中心，增强技术开发实力和企业发展后劲

从我们现有的研究开发现状来看，与欧美、日本等发达国家的钢铁企业相比，差距还相当大。具体表现在三个方面：一是对中长期的研究不够，对市场潜在需求预测不足，技术储备太少。二是对基础技术和要素的系统性研究不够，新产品投入大生产后暴露出大量工艺、质量方面的问题，有的甚至重复出现。三是研究开发手段落后，命中率低，风险大，科研开发周期长，成本高。这些问题，既是我们科技进步工作的不足，也是增强企业发展后劲，实现走向世界宏伟目标的一大障碍。为了从根本上解决这些问题，从去年起，公司积极开展了“武钢技术中心”的筹备工作。这是借鉴发达国家经验，结合中国国情，落实党中央关于“使企业成为技术开发主体”的具体措施，也是武钢科技进步适应市场经济的一项战略决策。技术中心一要建立一座现代化的中试工场，二要进行科技体制的重组，使之成为一流的研究开发基地。在研究内容上，要紧紧跟踪世界钢铁工业新技术的发展动向和信息，特别要对熔融还原-电炉短流程冶金、近终形连铸和非晶带钢技术等代表当今冶金工业发展方向的新技术进行积极探索，加强与国内外知名企业、研究机构、大专院校之间的技术交流与合作，借助国内外力量，重点对炉外精炼技术、高速连铸技术、直接轧制技术进行系统性研究开发，争取有新的突破，形成具有国际先进水平和武钢特色的成套技术优势。

在新产品开发方面，一要努力开发出口创汇新产品。瞄准国际市场，做好市场调研和前期的技术准备，开发 ASME 规范产品所需钢材产品，汽车超深冲件用的无间隙原子系列钢，供艇船用的沉淀硬化钢，供工程机械、桥梁、压力容器用的超低碳贝氏体钢等。二要开发重大工程用钢新产品。如三峡工程用钢，大型成套设备国产化用钢等。三要利用我国丰富的资源，开发稀土处理钢，微钛处理钢，钒钛微合金钢，形成自己的优势产品。

3. 发挥整体优势，积极参与国际技术竞争

企业的发展，主要靠开发创新，改造落后的工艺和装备；即使引进了技术装备，也要通过消化移植搞开发创新，从而发挥它在科技进步中的样板作用。武钢搞一千万吨钢，不仅是量的含义，更重要的是质的含义，是科技进步跃上新台阶，进入当代国际先进水平的含义。因此，我们要坚持走自己的路，依靠开发创新，积极参与国际技术竞争。

首先，要发挥自己的技术特长，形成自己的成套技术输出。经过多年的引进和开发，武钢已经拥有一大批先进的技术，这是很大的一笔技术财富。除了我们自己需要进一步消化、掌握和创新发展这些引进和创新的技术外，还应当积极进行技术输出。比如武钢的自动化技术在我国冶金系统中处于领先地位，以应用软件为代表的一大批成果已达到九十年代初国际先进水平。要尽快开通步入国际、国内技术市场的正规渠道，建立以冶金自动化技术为核心的高新技术产业实体，形成设计、施工、开发、调试、开工一条龙的机制，增强冶金自动化系统工程实力，立足武钢，服务全国、走向世界。

其次，要深化和扩展科技进步的工作内容。随着武钢集团的建立和“一业为主，多角化经营”的战略的实施，我们的产品范围更加拓宽。一方面，我们要立足于主产业生产的新技术、新工艺、新材料、新设备的开发，如：链斗卸船机，高炉中心装焦技术，5 号高炉软水密闭循环冷却技术，烧结节能点火器，转炉复吹精炼技术，全连铸及相关技术，冷轧硅钢生产技术，以及热轧牌坊改造及冷、热轧成套生产技术等，组

织力量不断充实、完善和提高；另一方面，要发挥集团企业的整体优势，组织勘察、设计、施工等提供全过程服务的建设力量，提高技术装备档次，加快设备制造能力的配套，生产大型的、先进的冶金成套设备，使武钢科技进步的工作内容，从研究开发应用扩展到对外承接技术承包、技术咨询、技术转让和服务等其他形式的技术贸易和进出口业务上，不断提高武钢集团的适应能力和经营弹性。

4. 进一步完善科技进步机制

为了更加有效地推进科技进步工作，我们要进一步完善科技进步机制，按照推动科技课题和生产相结合，按照所创的生产效益分成；科研系统和生产厂矿共同按担负的责任共享成果效益；充分调动和发挥技术人员的积极性等原则，研究管理机制改革的具体措施，要改变传统的科技项目计划管理模式，克服单纯把技术水平和难度作为立项依据，把评奖鉴定作为立项目标的做法，突出以生产需求和提高效益为导向，认真扶植一批具有一定覆盖面，能够形成规模经济的项目。在注重加大科技投入的同时，注重科技产出，减少生产应用差，淘汰潜力不大的项目，逐步建立产量目标，质量目标，效益目标相结合的科技进步项目管理机制，为参与国际技术竞争创造良好的环境。

5. 要把科技进步作为企业发展的一项战略

江泽民总书记在党的十四大报告中指出："科学技术是第一生产力。振兴经济首先要振兴科技，只有坚定地推进科技进步，才能在激烈的竞争中取得主动"。实践证明，武钢能够逐步走上质量效益型发展道路，就是依靠科技进步的结果。各级领导干部，一定要有强烈的科技意识，正确认识科技进步在企业发展中的主导作用，按照中央的统一部署，带头学习科技知识，应用科技知识。同时，要结合武钢一千万吨钢规划的具体情况，了解攀登科技进步新高峰的难度和意义，为科技进步搭桥铺路。此外，要把"尊重知识、尊重人才"落到实处。这是科技进步的关键。一方面，我们要造就一种有利于出人才、出成果、出效益的科技进步环境，大力宣传科技进步的意义和作用，大力表彰科技进步的先进集体和个人，把是否有强烈的科技意识，是否支持和组织科技进步活动，作为考核干部、选拔干部的重要条件。另一方面，要按照《科技进步法》的要求，针对我们以往工作中的不足，完善公司科技进步的管理体制和激励机制，切实改善科技人员的工作条件和生活待遇。各级领导要充分重视科技队伍的组织和建设，特别要注意在发挥老同志作用的同时，加强对青年科技人员的培养。要及时发现、大胆使用懂专业、会管理的青年人才，把他们放在关键岗位上，边工作边培养，为他们提供施展才华的舞台。

总之，社会主义市场经济为企业的竞争开辟了广阔的前景，为企业的科技进步提供了发展的机遇，只要我们充分调动广大科技人员和职工投身于科技进步的积极性，武钢的科技进步工作必将会取得更大的成绩。

转变思想，面向市场，挖掘潜力，提高效益，努力完成生产经营、改革、改造任务

1995 年 3 月 22 日

鞍钢自 1994 年 11 月以来已经出现亏损。1994 年 11 月份亏损 9935 万元，12 月份亏损 20856 万元，今年 1 月份亏损 8758 万元，2 月份亏损 11571 万元。这是非常关键的信息，是非常严重的标志，鞍钢上上下下应该认真分析，采取有力措施，迅速扭转亏损局面。

一、目前面临的形势

首先，分析一下国内外市场情况。当前国际市场比较活跃，板材、建筑材、英制材（英国标准）等都趋好。可能由于日本地震的原因，国际上钢坯销路比较好，但对我们来讲钢坯效益非常低。国内市场还不很乐观，一些产品出现了短线，但相当一部分产品没有出现好转，管材、板材都不行。受市场冲击，鞍钢的产品售价水平下跌。1 月份钢材综合销售单价 2583.27 元/吨，比上年平均水平 2982.14 元/吨降低 398.87 元/吨；钢坯综合销售单价 1880.75 元/吨，比上年平均水平 2046.04 元/吨降低 165.29 元/吨。2 月份钢材综合销售单价 2457 元/吨，比 1 月份降低 126.27 元/吨，钢坯销售单价 1812 元/吨，比 1 月份降低 68.75 元/吨。从市场总的看，国际上好转，国内没有全面好转。

其次，目前的亏损局面说明市场对鞍钢的评价是低于国内同类企业水平，管理、技术、经济指标都低于国内同类企业水平。市场是衡量企业水平的尺度，当前出现的亏损状况，是市场对鞍钢工作的全面评价，说明我们的劳动生产率、技术质量、经济管理等低于国内同类企业水平，是市场给了我们一个亏损的信号，这是市场经济竞争的结果。我们是在 3 月份才警觉到亏损，原来说 1 月份盈利 5000 万元，2 月份盈利 3000 万元，但是事实与我们的愿望相反，不但没有盈利，而且有较大的亏损。亏损情况到 3 月初才发现，一直没有引起全公司上下的警觉，这不能不说是一个问题。实际上去年 11、12 月就是亏损，也没有引起警觉，问题是严重的。因此也就没有采取有针对性的有力措施来扭转这种局面，出现了"财政赤字"。

再次，资金极度困难。我在这里用的是"极度"两个字。截至 3 月 19 日，到期银行贷款 75 亿元，人家随时可以让我们还钱。借款原来是 117 亿元，现在加上基建 15 亿元，总数是 132 亿元。这个数我也不知道准不准，至少 132 亿元。现在这笔账谁也说不清楚，因为二级厂还有借款，上次报表中二级厂矿有 11 亿元借款，各位厂长心里应该有数。现在我们的资金负债率近 70%，2 月份 69%，去年底 66.93%。这是一个什么指标，就是说鞍钢所有的资金、家产有 69% 是人家的，仅有 31% 也就是 100 多亿元是自己的，还包括固定资产评估新调上来的 80 多亿元。再说流动比率，就是流动资产比上

本文是作者在公司经济活动分析会上的讲话，此次公开出版略有删节。

流动负债已经低于1，这说明鞍钢目前完全是靠借债过日子。好多单位说他干的项目货币资金用的很少，是靠内往解决，而内往的钱是哪里来的？从流动比率可以看出来是向银行借贷的。也就是说所有生产过程中的原燃材料都是借的。你说货币用的不多，用的是内往，实质上是从公司“放血”，内往也是货币。为什么公司下文严格控制内往和压缩非生产性开支，因为不这样做公司就得靠借债维持生产。另外，资金回收仍然非常困难。3月份计划资金回收5亿元、清欠4亿元、出口2亿元，共11亿元，现在分别回收3.5亿元、0.7亿元、0.5亿元，真正到手的只有5亿元左右，但支出却排得满满的，我每周五下班前都要组织平衡货币资金支出计划。

我们现在比较有利的方面应该说生产组织比较好，产量恢复很快，现在处于稳定状态。20日产量2.6万吨，达到历史上少有的好水平。10号高炉开炉后总体上是正常的，轧钢合同饱满的几个厂生产组织都很好。改革方案月底拿出来，力度要加大，步伐要加快，总的指导思想就是现代企业制度的16个字：“产权清晰、权责明确、政企分开、管理科学”。所以，除了民企公司的合同已签了以外，按照国家政策规定，全民以外的其他单位与鞍钢的关系都要按市场规律办，要进一步划清产权，要通过改革明确责权利的界限。管理职能要与经营职能严格分离，该公司统管的权限就拿上来，该给二级厂矿的权限就放下去；财务管理的宏观控制应该在公司，否则就会出现一些说不清的问题。总之，大的权力公司要掌握，比如投资权、基本建设权，因为在公司资金极度困难的情况下，你再搞一些计划外投资，就会干扰公司的总体安排。政企分开应是管理职能和经营职能分开，否则不符合现代企业制度，那绝对不行，希望大家共同理解。管理科学方面的内容也很多，如分配制度应体现多劳多得、干的好坏不一样。总之，改革方案拿出来以后，公司要召开一系列座谈会，使方案更完备，思想更统一，以加快改革步伐。

再说说技术改造方面。副总会计师到任以后多次提到公司资金的承受能力非常弱，而鞍钢的装备水平又很低。为什么半连轧产品数量不少，但价格都不行，归根结底是装备不行。1、2炼钢装备水平也很低，一薄、二薄叠轧薄板还在生产，这种装备进入市场就不利，就需要加快改造步伐。但是要改造就要有资金，半连轧就要43亿元，这是高水平的估计，但这43亿元怎么筹措还是个问题，要国家给鞍钢注入资金可能性不大，只有靠我们自己，只有通过减少非生产性开支，降低成本，创造更大利润来承担技改资金来源。各单位的非生产性开支要坚决控制下来，用降低成本来合理合法地摊销技术改造资金。大修性质的应该进成本，不能等上完税后再用留利去搞改造，这样负担就更重了。当然这样做存在与工资水平挂钩问题，这需要我们去争取政策。现在是钱少、利润低、还要发展，不发展不行，因为技术改造已经欠账很多了。宝钢1号高炉易地大修出来个3号高炉，1号高炉继续存在，我们这样做行不行，省三分之一也是省。

二、超支原因分析

出现亏损的原因，一是前两个月低水平生产加大了固定费用；二是产量不高，造成消耗上升；三是管理上也有主观原因，1、2月份有一些和我们生产水平不相称的消耗指标上升是不应该的。例如，综合成材率低、钢铁料消耗、矿山物耗高等等，有些是不合理因素，但多数是主观上的责任。

生产适销对路产品的水平也存在问题，一方面库存很高，另一方面产品含金量还有待于进一步提高。如焊管不好销，卷板好销，那就少生产或不生产焊管，多生产卷板；生产钢窗料亏损，这就是管理问题。在有合同的情况下，应该先卖存货，然后去生产适销对路的产品。

我们的管理工作仍有很多问题，财务管理上“跑冒滴漏”不同程度存在，这些都需要在挖掘潜力、增收节支上下功夫。公司机关电话已经控制了，二级厂矿也要控制。许多地方钻我们管理的空子。例如，鞍钢高中的一部干部住宅电话一个月花费1300多元，后来一查电话局计算机打错了，我们也不闻不问，照样付费，类似这样的问题比比皆是。

企业兴衰，人人有责，鞍钢的发展和命运与每个职工的利益都紧密相联。社会主义市场经济就是优胜劣汰，企业经营不善、长期亏损就会有倒闭的危险，职工利益就会受影响。当然，首先要认真检查公司领导班子工作，各级领导班子要从自身做起，带头勤俭节约，带头节约一滴水、一度电。

三、今后工作要强调的几个问题

（一）要加强财务管理，坚持以资金管理为中心组织生产经营

一是要严肃财经纪律，各级领导绝不允许有违反财经纪律方面的问题，各项开支不能超标准。二是要大力压缩库存、清理债务。成品库存压了近9亿元，澳矿压了20万吨。有多少是有必要的库存，有多少是长期积压的库存，要搞清楚。三是要加大清欠力度，国务院领导对清欠问题做了重要指示，工商银行给朱镕基同志写了报告反映鞍钢的情况。他们也受不了，借给我们74亿元，已超出银行的规定。朱镕基、吴邦国、邹家华副总理都做了重要指示，要求我们尽快扭转被动局面，加大清欠力度，处理异议，加快资金周转。所以，我们要根据国务院领导指示精神做好这项工作。办法有两种，一种是让小利，使企业尽快恢复正常水平；另一种是继续不做任何让步，维持现在的局面。国务院领导认为前种做法比较好，是合理让步。四是有步骤地控制固定资产投资规模。安排投入是必要的，但战线要收缩起来，集中财力、精力，搞好生产经营。类似海南的问题要收缩。五是要严格控制非生产性开支。最近把住房建设放了8000万元，只能量力而行。应该看到哪些是职工的切身利益，哪些是长远利益，哪些是暂时利益。线材股息等如果生产资金没有问题，保生产没有问题，我们绝不会压这个钱，现在保生产都很困难，大家是不是还要我们把钱发下去，影响公司生产，这样也是损害职工利益。生产不发展哪有职工的利益。

（二）要进一步以产促销，以销定产，生产适销对路产品

公司各单位要急公司所急，多生产市场需求大的紧俏产品。比如英制产品、半连轧的薄规格产品、销路好的难轧品种。生产钢窗料亏损就要停下来。要以产促销，以销定产，只有生产出好的品种才能卖出去，都生产大路货怎么行，还是要把生产和市场结合起来，寻找市场中的热点、难点，改进工作，提高生产水平。

（三）要提高经济技术指标，各单位都要用历史最好水平来要求自己

对综合成材率、成坯率、焦比、能耗水平等，要发动职工组织技术攻关，围绕上水平、上档次开展转机制、抓管理、练内功、增效益活动。生产组织要以炼铁为龙头，要抓住成材厂不放，前面投入很大，到成材厂出了废品，损失很大，这怎么能行！总之，效益要以成材厂为中心，成材率提高一个百分点就相当于增加5.8万吨钢材，否则将是多大的损失。

（四）要加快改革步伐

各单位的改革不要等公司，有些步子可以迈，如成本核算、模拟市场，这是不会变的，各单位都要先做工作。

（五）要加强基础工作

要加强班组和车间的基础工作，计量不准、统计数据不准、消耗指标不准，都是假数，就无法进行成本核算和模拟市场。所以，各项基础工作都要加强，不能放松。

只要我们上下团结一致，眼睛向内，从自身做起，鞍钢的困难是完全可以克服的。目前，鞍钢的技术改造总体规划上下都已经基本形成共识，改革的总体方案即将出台。尽管现在还存在许多困难，我们一定会战胜各种困难，再现鞍钢的辉煌。

团结起来　奋力拼搏　再创鞍钢辉煌

1995 年 4 月 1 日

一、生产经营的形势和任务

（一）肯定成绩，树立信心，去争取新的胜利

一季度，我们完成了生产计划。前两个月生产是在极其困难的条件下进行的，合同不足，原料短缺，高炉检修，资金紧张。就是在这种困难的情况下，我们喊出了一个响亮的口号，“按市场经济组织生产，坚持不给钱不发货”。当时我们这样要求心里确实没有底，不给钱不发货，能不能得到合同，能不能使生产正常进行下去？事实证明，我们坚持了这个做法，一季度取得了完成生产经营计划的可喜成绩。

1、2 月份生产水平不高、效益不好。在 2 月 23 日的干部大会上，公司对 3 月份的任务提出了明确的要求，就是 3 月份要超年度计划水平，全面恢复生产。会后，公司领导认真进行了讨论，分析面临的形势，进行了分工，明确了公司各位领导的责任、任务，把经济责任制落实到人。3 月 31 日公司召开了党政联席会，又明确对照了责任和任务，各位领导也总结了自己的工作，提出了二季度自己的任务。今后我们就要这样坚持下去，一步一个脚印，扎扎实实地推进我们的工作。要求二级厂矿的领导也要这样做，把公司交给的任务认真进行讨论分析，明确责任。各单位、各部门也积极行动起来，认真贯彻、落实干部大会的精神，调动广大职工的积极性和责任感，做好本职工作。经过全体职工的共同努力，3 月份我们一举扭转了生产的被动局面，使生产经营开始走上良性循环的轨道，踏入了市场经济的轨道。钢、铁、坯、材四项主要产品产量指标都达到了较好的水平，3 月份钢、铁、坯、材年水平分别达到了 861 万吨、845 万吨、796 万吨、542 万吨。从 3 月 19 日到 3 月 30 日，我们连续 10 天达到了年产钢 900 万吨的好水平，说明鞍钢的干部职工完全能够克难制胜。在完成 3 月份的生产经营任务过程中，各单位涌现出许多先进人物。全公司涌现出许多先进厂矿和部门。这样的事例很多，我重点讲几个方面。

大家知道，10 号高炉是易地大修的一个项目，具有 20 世纪 80 年代末、90 年代初的先进水平，装备有现代化的技术。环形出铁场、无料钟炉顶、软水闭路循环、计算机控制系统、过程计算机控制、因巴出渣、DDS 泥炮等等。这样一个现代化高炉我们是在什么情况下建设起来的。去年 9 月份老 10 号高炉停炉，今年年初基本建成，用了大概 4 个月时间，这个时间应该说是非常短，通过现在的运行证明，建设质量应该说是不错的。春节前后，我们去看了看调试和工程收尾，当时非常担心，在零下十几度的条件下能不能把炉子开好，在我国冶金史上也是为数不多的。在这样低温的情况下没有办法试水，不知道管网情况。就是在这样困难的情况下，我们提出 2 月份要开炉，3 月份要达到日产 3000 吨以上的水平。炼铁厂、修建公司、铁运公司包括机关有关部

本文是作者在鞍钢干部大会上的讲话，此次公开出版略有删节。

门的职工，上上下下日日夜夜拼搏在现场，为了一个目的，就是使10号高炉能够正常点火开炉，能够尽快达到好的生产水平。其间涌现出许多先进人物，老孟泰精神体现在职工当中，发扬在职工当中。事实证明，我们的职工有极大的劳动热情，有顽强的拼搏精神，战胜了各种困难，可以说10号高炉这一仗打得非常漂亮，公司准备召开表彰庆功会，总结经验，表扬先进人物。这一仗充分体现了鞍钢干部职工是能够打硬仗，能够克服难以想象的困难去完成上级交给的任务。

降硫这项工作也做得很好，我刚来鞍钢时铁水硫高，钢种命中率受到影响，产品质量因钢种问题而上下波动。因此，我们提出要降硫，提高钢种合格率。经过炼铁厂、炼钢厂和有关部门工程技术人员的共同努力，硫降了下来，钢种合格率大幅度提高了，打了一个质量翻身仗，这说明没有我们攻不破的技术难关。一季度66个产品质量指标，51个有了提高，不仅在产量上取得了好的成绩，质量上也取得了好的成绩。

一季度我们提出不交款不发货，按合同组织生产，生产经营指标得到提高。1、2月份共收回货款13.68亿元，3月份到30日为止，货币回收8.4亿元，这是我们坚持不交款不发货原则取得的成绩，这是一个综合指标，市场经济哪有不给钱就给货的。我们扭转了被动局面，货款回收稳步提高。去年一年回收货币73亿元，工资发了近一半。今年一季度已经达到22亿元以上，超过了去年的水平，这是清欠、销售、财务战线共同努力的结果。我们的原料库存也正在逐步达到正常水平，煤库存45万吨，其他原料也在逐步努力，这也是我们取得的一个很重要的成绩。销售渠道逐步拓宽，4月份签订的合同已经超过计划要求，4月份总量46万吨，已经订满了，5月份一些合同已经签了，销售势头进一步好转，交现款合同也在逐步提高。出口形势非常好，原订全年出口任务80万吨，上半年合同已经接近这个数。达到了77.3万吨，因此，我们提出全年力争达到140万吨。

我们在改革、技术改造方面都迈出了稳健的步伐。目前有两个重要突破，一是销售体制由分散的、不规范的体制转变为集中的、一贯的体制上来，各个生产厂和供销公司都全力以赴，基本上做到了平稳过渡，没有影响销售的正常进行。新的销售体制不仅加强了管理，而且受到用户的一致好评。二是强化了经济责任制，主体厂的责任制从3月1日已经开始执行了，机关的责任制在3月31日公司党政联席会上讨论通过，很快就要下发。辅助厂等单位的责任制在4月份也要制定出来下发，绝大多数职工反映是好的，认为体系科学，透明度高，从而调动了广大职工的积极性，也有的认为奖金水平和公司生产利润挂钩，有利于厂和厂之同的配合、协作。在技术改造方面，进一步深化了一千万吨钢规划和实施步骤，更加明确了技术改造的方向，更加符合鞍钢的实际情况。国家经贸委、计委和冶金部的领导对我们的技术改造方案给予了一致的好评。许多厂矿顾全公司的大局，例如半连轧厂，在原来计划的基础上，又增产了13800吨畅销的热轧卷，为公司分忧解难。这些成绩的取得有力地证明了鞍钢的广大职工蕴藏着极大的积极性，只要我们紧紧依靠广大工人阶级，善于组织和引导，就会克服困难，使鞍钢的事业有所发展、有所作为、有所前进，消极的论点，悲观的思想是没有根据的。

（二）找出差距，认真对待，迎接新的挑战

我们是唯物主义者，在看到成绩的同时，必须看到存在的困难和问题，只有这样才符合我们的实际情况。首先，讲一讲市场。当前是国际市场比较活跃，国内市场没有完全好转。国际市场上板材、建筑材、英制的型材都趋于好转，钢坯和英制材销售形势更旺、更热。许多外商到鞍钢都是要几十万吨钢坯或中厚板，当然钢坯对我们来说，效益不高，卷板销路很好，但由于我们装备水平低，产品质量不过硬，所以到国际市场上去竞争总是心不实、气不粗，挺不起腰杆儿。国内市场没有全面好转，出现了一些短线产品，例如，板卷、中厚板、冷轧材，但仍有一些产品没有打开销路，型材、管材销路都不旺。受市场冲击，我们产品销售价格降到2457元/吨，比去年平均水平降了500元，只这一项的影响就非常大。面对这样的市场，我们就要认真思考，认真采取对策来适应市场的要求。

其次，讲一讲财务情况。大家知道，国家实行了新的财会制度，我们的资产负债率是66.93%，就是说我们总资产中有66.93%是靠借债形成的，属于自己的只有33.1%，大数是126亿元。宝钢的负债率是22.3%，武钢的负债率是61.7%，我们和他们的差距较大。负债增加，利息增加，我们每年要承担利息13亿元以上，每个月都要支付1.1亿元以上的利息。本来3月份收入比较可观，原计划收进11亿元，由于清欠受阻，出口回收货款支付到期外债比较多，没有达到原定目标。但是国内销售超额完成了指标，超额完成了6000万元。尽管这样，我们还有9亿多元的货币吧！但是，仅利息3月份就支付1.6亿元，银行到期贷款75亿元，一下子还了2.5亿元，返回给我们8000万元，利息加本金实际上还给银行3.3亿元。每个月买原料款正常的需要5亿元，3月份安排了2.1亿元，实际只支出1.84亿元，再发工资接近3亿元，还要付油钱，电费还欠着，到3月31日账面只剩下400万元，原因就是负债太重。第二个指标是流动比率，就是流动资产和流动负债之比，我们不到1，正常的需要在2左右。就是说流动资产中需要有一半是自己的。流动比率不到1，就是说没有自己的流动资产，内往当中流动的物和钱都是借来的，这还不够，还需要从固定资产当中贴进来一块。我们的原料、成品、半成品、备品备件没有一样是我们自己的，是银行借的钱，都要有利息支撑着内往的流动，所以公司发了文件严格控制内往向非生产性支出流动。

第三，讲一讲利润情况。由于产量下降，市场不好，价格比较低，所以从去年11月份开始出现了亏损局面，去年11月份亏损9935万元，12月份亏损20856万元，今年1月份亏损8758万元，2月份亏损11571万元，3月份扭转了亏损局面，现在初步计算稍微盈利。与我们的效益极不相称的是，一些单位违反规定购买小汽车，一共285辆，6000多万元；度假村78个，也花了6000多万元。讲阔气、讲排场，这和鞍钢的效益极不相称。市场是衡量企业综合经营水平的一个尺度，亏损状况说明我们的工作和同类企业相比有一定差距，劳动生产率、技术水平、产品质量、经营管理水平都应该认真地进行分析，找出差距所在。所以我们一方面要从客观上进行形势分析，另一方面要从主观上查找原因，采取措施。

第四，讲一讲产品质量。去年我们1万吨重轨被铁道部用在济南铁路，铁轨表面出现了裂纹，铁道部要求全部退货，值得我们认真思考，全面反思。这对鞍钢的形象和声誉有不同程度的损害。上海金属材料公司买了半连轧2.5的卷板，一边是2.4，一边是2.9，差距0.5，人家吓坏了，这是个别现象还是普遍存在的，需要认真分析和检查。上星期我去半连轧时看了一下钢板的质量曲线，只要精心管理认真操作，是可以达到国家标准的。半连轧的操作工认为只要认真操作可以做到±0.1，这样也可以呀，因为设备不行，不能和国际先进水平±0.02相比，但是个别的卷板达到了±0.5。半连轧能不能提出这样的要求，不让一个卷板达不到国家标准？我看应该提出、能够提出这样的要求，也有这个能力达到这样的要求。

第五，讲一讲技术经济指标。我们的综合焦比比年计划要求高出37千克，综合成材率比年计划要求低了1.04个百分点，平炉钢铁料消耗比年计划高出1千克，吨钢综合能耗、可比能耗分别比年计划高出2千克、4千克。这几个指标过去曾达到过好的水平，现在在困难时期，更应该使这些指标达到历史最好水平。有的厂型材定尺率100%，销售就很好。你把长短不齐的给人家，人家不能用！所以，这就给我们提出了要求，技术人员和领导干部要深入一线，攻克这个难关，把技术水平再提高一步。

第六，讲一讲管理和基础工作。鞍钢是一级计量单位，年外购物资1400万吨，外销物资600万吨，厂际转移5000万吨，我们的计量水平怎么样？我们装备有大型轨道衡13台，汽车衡23台，各种秤82台，计量配备率94.5%。计量配备情况是这样，但是运行情况怎么样呢？有些问题是非常严重的。例如，一初轧的切头是用眼睛估量，这是什么管理水平，农村卖鸡蛋也不能估量呀！三个炼钢厂用的辅料没有秤，供方供给我们时说多少，我们就认多少，过去鞍钢财大气粗都在挖鞍钢一块。重油每年要消耗130万吨标准煤，仪表配备率100%，但是完好率只有90%，年亏吨1.8万吨，锦西、辽化来的重油没有计量，凭标尺来验重。所以，重油就有水分呀，假冒伪劣产品就来了。卸车不净年亏1万吨，亏吨率为9%，个别车间的领导也混水摸鱼。基础工作方面也存在不少问题，认真地检查一下就会发现许多问题，这不适应市场经济对我们的要求，不符合企业的科学管理要求。

（三）当前的主要任务

从上面的问题和情况看，客观上确实有一些困难，但主观上也存在许多问题和差距。针对这些困难、差距、问题，二季度工作总的要求是：以提高经济效益为中心，加强管理，降低成本，大力提高各项技术经济指标。具体有以下几点要求：

（1）继续稳定地发展生产，确保钢、铁、材的正常生产水平。二季度检修任务比较重，组织生产有一定难度，要抓好7号高炉检修期间系统攻关的落实工作，打好7号高炉检修期间生产的关键一仗，这一仗对实现全年生产经营目标至关重要。因此，经过经理办公会研究，公司决定对7号高炉抢修组织进行攻关承包，要求炼铁厂进一步提高高炉的利用系数，进一步提高10号高炉的生产和设备运行水平，炼钢厂要多吃废钢，其他有关部门要全力配合，全面完成公司下达的钢、铁、坯、材的生产任务。

（2）提高质量，调整品种规格，增产促销，打开市场。对畅销品种，例如，半连轧、冷轧、中板、宽厚板、硅钢片、一薄生产的产品，第一要确保产品质量，第二要开足马力，全面超产、增产，我们要以质量取信用户，不能因产品质量损害我们的声誉。生产的正品钢材要达到国家标准，在这个前提下增产畅销产品，以畅补次，以盈补亏，对滞销产品更要在质量、规格、定尺率、包装等方面下功夫，积极促销，打开市场，以国际上畅销的英制材、日本标准和美国标准的产品标准组织型材产品的生产，组织出口。

（3）在保证质量的前提下，要确保工期、确保安全，完成设备的大中修任务，特别是7号高炉、一初轧等几个重点大中修工程。

（4）全面提高技术经济指标水平，降低消耗，提高成材率，降低成本。要求工程技术人员要深入生产一线，服务一线。分两个阶段组织这项工作：第一阶段用鞍钢历史最好水平的要求来组织攻关，提高技术经济指标；第二个阶段用兄弟企业先进水平来组织。二季度力争达到第一个阶段的目标，必须提高经济技术指标水平。

（5）加强管理，全面展开经济责任制，模拟市场、成本核算，做好这方面的试点工作。经济责任制这项工作，主体厂从3月1日已经全面展开，从4月初开始，机关的经济责任制也要全面展开，其他辅助厂在4月中下旬也要全面展开。这是全面衡量工作好坏的一个尺度，加强责任制就是要进一步加强管理，调动广大职工的积极性，同时要学习邯钢经验，实行成本核算，模拟市场，成本否决，要求二季度完成试点工作，7月份进入正式展开运行。这项工作涉及方方面面的基础工作，涉及计量、原始记录、成本核算和基础工作。经济责任制一旦下发就要严格执行，这就要求领导要敢于严格要求。

（6）确保安全生产，一是安全生产，二是防火，三是社会治安。下一步面临的任务是非常艰巨的，绝不允许出现重大安全事故、火灾事故，不能掉以轻心。

（7）要进一步保证合同执行率100%，二季度产销率要力争达到100%。这是市场经济对我们的要求，否则压了资金，又不能取信于用户。

（8）加大清欠力度，盘活资金。清欠工作要进行动态管理，动态决策，动态采取措施，对千变万化的问题要及时采取对策，及时解决，同时要依靠法律武器来解决问题。这项工作在一季度做了一些，但是没有达到要求。4月份要清欠回款3.5亿元，任务不能改变。现在资金管理比较混乱，我们固定资产流失2.6亿元，被无偿占用1.7亿元，类似这样的问题在二季度都要解决。

（9）关心职工生活，解决职工的实际困难。6月份要分配的住房14.2万平方米，一定要严格按公司规定分配，虽然房子少，但只要公正就会得到职工理解，会使群众满意的。除了新房外，旧房也要严格按公司规定办，要公平合理，各级领导要以身作则。线材、冷轧股金已经发了，风险抵押金利息只要公司4月份完成货币回收，就发给大家。要靠我们的工作，不能看着生产受到严重损害，受到严重威胁去发这些钱，影响生产是损害广大职工的切身利益。党员借款和1993年部分没发的工资也要看清欠情况来决定什么时间发给大家。

二、改革工作

改革是鞍钢当前的一项重要工作，也是广大职工关心的一项重大工作。为了加快改革步伐，今年1月份公司成立了改革工作小组，公司要求在3月底要拿出鞍钢总体改革方案。工作小组的同志开展了大量调查研究工作，在充分听取公司党委常委会总体改革思路的基础上，利用半个月时间进行了总体改革方案的起草工作，经过反复讨论、研究、修改。3月25日和26日，冶金部体改司提出了修改意见，3月29日提交公司党政联席会修改，还要进一步广泛征求意见。我在这里把改革的整体思想做一汇报，使大家有一个初步的了解，以便搞好宣传，澄清模糊认识，统一广大职工的思想。

（一）鞍钢目前的发展现状和建立社会主义市场经济的新形势，要求鞍钢必须加快改革步伐

对鞍钢目前的现状和问题概括了6条：

（1）产权关系不清晰，资产管理体制不健全。

（2）企业管理体制和组织结构不合理，公司与所属单位的责权利关系不够明确，没有形成有效的激励和约束机制。

（3）科学管理水平不高，企业内功不强。

（4）多种经营潜力没有充分发挥，专业化和集约化经营不够，效率低、效益差。

（5）企业办社会，负担沉重。

（6）主要经营指标同其他钢铁企业的差距越来越大。

以上问题的存在，既是鞍钢走向市场、参与竞争的障碍，又是导致目前鞍钢经营亏损的深层次原因。要摆脱目前的困境，必须加快改革步伐，这是鞍钢在市场经济条件下求得生存和发展的根本途径。

（二）深化国有企业改革，是党中央和国务院的统一要求，是国有企业发展的大势所趋

深化国有企业改革，搞好国有大企业，一直是党中央、国务院十分关注的重要问题。江泽民总书记在党的十四大报告中强调指出“转换国有企业，特别是大中型国有企业经营机制，把企业推向市场，增强企业的活力，提高企业的素质，是建立社会主义市场经济体制的中心环节”。党的十四届三中全会决定也明确指出，“建立现代企业制度是发展社会化大生产和市场经济的必然要求，是我国国有企业改革的方向”。因此，鞍钢深化改革、转机建制，是贯彻落实党的十四大精神和十四届三中全会决定的具体行动。按照党中央的要求，鞍钢总体改革的指导思想是：按照党的十四大精神和十四届三中全会决定的要求，以解放和发展生产力、大力提高劳动生产率和经济效益为主攻方向，以精干主体、放活辅助、统一领导、分权管理、一业为主、多种经营为基本模式，明晰产权关系，优化组织结构，转换经营机制，进行综合配套改革，形成适应社会主义市场经济和集团化大生产要求的企业管理体制和运行机制，建立产权清晰、权责明确、管理科学的现代企业制度。

（三）鞍钢的改革不是一蹴而就，而是要从实际出发，积极稳妥、循序渐进

改革要分步走，每走一步都要在广泛征求各方面意见和科学论证的基础上进行，绝不搞简单化，一刀切，这是公司党委和公司在改革问题上所持有的总的原则。改革是一项长期、复杂的系统工程，必须遵循一定的原则，有序进行。鞍钢改革的基本原则是：

（1）坚持改制、改组和改造相结合的原则。

（2）坚持保证生产稳定发展和保证主体生产系统完整性的原则。

（3）坚持主辅分离和集权与分权相结合的原则。

（4）坚持责权利相统一的原则。

（5）坚持管理职能与实体相分离和机构设置与体制改革相适应的原则。

（6）坚持正确处理局部利益与全局利益关系的原则。

（7）坚持转机建制与强化企业管理相结合的原则。

（8）坚持改革、发展、稳定的原则。

以上8条原则都要在改革的具体操作中遵循。所以，我们进行的改革决不是对企业结构进行简单的分化，对企业人员进行简单的剥离，更不可能对哪些方面踢开不管。有些同志听信传言，有所顾虑，完全没有必要。要以公司党委和公司的统一部署为准。在改革方面是这样，在其他方面也应该这样做。

（四）改革的真正目的，就是要焕发鞍钢的生机和活力，提高劳动生产率，增强竞争能力，建立起符合社会主义市场经济要求的现代企业制度

鞍钢改革最终要达到4个方面的目标：

（1）建立科学的资产管理体制，实现产权关系清晰，资产经营责任全面落实，国有资产运营效益和保值增值能力明显提高。

（2）转换经营机制，实现三个转变：即由传统的高度集权，向集权与分权相结合的管理体制转变；由封闭的主辅不分的结构体系，向开放的专业化、社会化协作体系转变；由产业单一经营，向产业多元化和多种经营转变，形成适应市场经济需要的现代经营管理体系，使鞍钢所属企业在国家宏观调控、公司统一领导和市场信号引导下，参与市场竞争，成为市场竞争的主体。

（3）按照《公司法》的要求，构筑现代企业制度的基本框架，在转机的基础上建制。第一步，把鞍钢集团的核心企业鞍山钢铁公司作为集团考虑，通过本身的改制和改组，建立以钢铁主体生产系统为母公司，所属单位为子公司的母子公司体制。第二步，在核心企业改制和改组的基础上，使鞍钢集团发展成为以资产为联结纽带的多法人、多功能、科工贸资一体化的现代企业集团。第三步，到20世纪末完成核心企业和企业集团的改制任务，建立起现代企业制度。

（4）发展多种产业，提高劳动生产率，优化企业效益结构。通过企业组织结构、产业结构和产品结构的优化调整，到20世纪末，形成以钢铁业为主体，基建、电子、化工、建筑、建材、耐火材料、三废资源开发利用和第三产业等为补充的多种支柱产业和新的效益增长点，从事钢铁生产的职工在5万~6万人，全员实物劳动生产率近200吨钢/(人·年)；非钢铁收入比率达到20%以上。

从以上4个目标可以看出，鞍钢改革的目标和方向十分明确，从总体上说，就是要把鞍钢建设成为充满生机和活力的现代化企业，使鞍钢重振雄风，再创辉煌。

（五）做好改革的宣传教育工作，增强广大职工的改革意识，以改革为动力推动各项工作的开展

各级干部要加强学习，从理论上、思想上认清企业改革的性质、目的和意义，增强改革的自觉性和主动性。要带头开展宣传教育工作，向广大职工宣传鞍钢改革的重要性和迫切性，宣传鞍钢改革的指导思想、基本原则和主要目标，引导职工查找鞍钢改革过程中不适应市场经济的方面和问题，使广大职工真正认识到，只有通过改革解决这些问题，才能增强企业的生存和发展能力。要通过强有力的宣传思想工作，解难解疑、统一思想，激发广大职工改革的积极性、主动性和创造性，为改革措施的出台，奠定坚实的思想基础和群众基础。

三、技术改造工作

1月份，我们成立了技术改造工作小组，要求在一季度深化1000万吨钢规划的实施改造步骤，今天向大家报告一下1000万吨钢规划的实施改造步骤的工作情况，这也是鞍钢当前和长远发展的重大问题。

（一）规划的进展情况

大家知道，鞍钢是在1993年提出到20世纪末实现1000万吨钢的改造任务，在1993年规划正式上报国家。1993年7月3日，国务院副总理邹家华同志亲自到鞍钢组织了现场办公会，表示原则同意，指示国家计委尽快上报国务院审批。1994年9月13日，国务院原则批准了规划，并责成国家计委进行落实资金以后的正式批复。为了使规划早日得到批复，特别是为了更好地实施规划，从今年初至3月中旬，我们就实施规划方案进行了深入研究，进一步完善了规划的基本思路和基本框架，并就实施规划的有关问题，分别向冶金部、国家计委、国家经贸委做了汇报。国务院部委的领导同志认为，完善以后的鞍钢规划，目标明确、起点高、重点突出、步骤清晰，适应市场经济的要求，也符合鞍钢的实际。因此，国家计委表示尽快把规划批复下来。

（二）调整规划的思路

1995 年年初以来，我们以更加务实的态度，调动了各方面力量，进一步理顺了总体改造的思路。具体原则主要是：

（1）坚持国务院原则批准的规划内容。

（2）坚持原规划的目标不变，但要根据市场的需要和资金的条件，按照实事求是的原则安排好项目的进度。

（3）坚持把调整产品结构、提高产品质量放在优先地位，以改变产品落后的局面，形成具有竞争能力的拳头产品。

（4）坚持技术改造高起点，采用当代技术先进的、实用的技术装备，同时做到少投入、高产出，提高经济增长的质量和效益。

（5）坚持技术改造项目的系统性，注重投资效益。

（6）坚持环保“三同时”，增强治理环境污染的紧迫感。

调整实施规划的思路主要体现在 3 个方面：一是选择两个突破口。两个突破口是指半连轧总体改造和大无缝这两个项目，把半连轧的总体改造和兴建一个“250”的大无缝作为突破口。二是确定“一二一”工程战略，是指为全面实施规划，对重点项目排序的概括，是指抓好一个重点项目（齐大山采选扩建），建设好两条生产线（3 字号生产线和无缝管生产线），配套好一片项目（能源、动力、运输、环保）。三是分期实施、滚动发展。实施 1000 万吨钢规划，资金仍然是主要制约因素，在资金筹措上，无论是内资还是外资，国家表示要大力支持，但是我们还是要把立足点放在主要依靠自己力量的基础上。因此，在实施规划上要本着量力而行的原则，总体安排，分步实施，滚动发展。具体做法是，集中力量，抓住关键重点项目，在 2000 年前要完成，可缓上的项目推迟到 2000 年以后，部分项目可以跨世纪进行。这里要澄清两种不正确的认识问题，一是资金这么紧张还要不要改造，我们的回答是肯定的，只要我们搞好经营，盘活资金，把有限的资金投入到投资少、产出高的项目上，是可以做到滚动发展，也只有这样的滚动发展，才能解决落后的被动局面。二是靠国家的支持，过去鞍钢对国家的贡献是巨大的，但是国家的困难也相当大，国家很难给我们很大的支持，我们在积极争取国家支持的同时，不能躺在历史贡献上，要放眼未来，振奋精神，勇于拼搏，不甘落后，通过改革、改造、改制和加强管理，眼睛向内，练好内功，主要依靠我们自己的力量，把已经确定的改造项目搞上去，为鞍钢再创辉煌做出应有的贡献。

全心全意依靠工人阶级
努力实现振兴鞍钢的宏伟目标

1995年4月30日

一、鞍钢职工有着光荣的传统，长期以来为国家的经济建设做出了巨大贡献

鞍钢从1949年7月9日开工恢复生产至今，走过了46年的辉煌历程。46年来，鞍钢为国家创造了巨大的物质财富，为我国的社会主义建设做出了重大贡献。1949年到1994年，鞍钢累计为国家生产钢2.28亿吨、生铁2.35亿吨、钢材1.51亿吨，分别占全国同期总产量的18.02%，18.5%和15.5%；累计实现利税636.66亿元，上缴利税535.94亿元，上缴利税占实现利税的84.2%，相当于国家对鞍钢总投资的8.73倍。

46年来，鞍钢作为共和国的钢铁摇篮，为国家培养和造就了一大批人才，陆续向全国各条战线输送了5万多名工程技术人员、管理干部和技术工人。鞍钢还创造了许多具有社会主义企业特点的管理思想和管理经验，为发展我国的钢铁工业和建立起以国有大中型企业为骨干的社会主义工业体系做出了突出的贡献。

46年来，鞍钢在艰苦创业的伟大实践中，先后涌现出了以孟泰、王崇伦为代表的一大批第一代英雄模范人物；党的十一届三中全会以来，在开展“四有”教育和“学孟泰、爱鞍钢、作主人”活动中，又涌现出了以鞠幼华为代表的新一代英雄模范人物。据统计，改革开放以来，鞍钢共有10人被评为全国模范、44人被评为冶金部劳动模范、212人次被评为辽宁省劳动模范、441人次被评为鞍山市劳动模范、1416人次被评为鞍钢劳动模范、21人次获得全国“五一”劳动奖章、38人次获得辽宁省“五一”劳动奖章。他们的先进事迹，在实践中升华为“创新、求实、拼争、奉献”的鞍钢精神和传统作风，极大地影响、激励和鼓舞了鞍钢广大职工的社会主义、爱国主义和集体主义热情，形成了巨大的凝聚力和感召力，对于推动鞍钢的建设和发展起到了十分重要的作用。46年来，鞍钢在物质文明和精神文明建设中所取得的巨大成就，凝聚着鞍钢职工的勤劳、智慧和汗水，是几代鞍钢人艰苦创业的结果，是鞍钢职工光荣传统的结晶，这是一笔宝贵的精神财富，是传家宝，是无形的资源，是鞍钢过去、现在和未来发展中始终起推动作用的原动力。

二、充分认识和高度重视工人阶级的历史地位和作用，牢固树立全心全意依靠工人阶级的思想

我们党是工人阶级的先锋队，工人阶级是我们党的阶级基础。我国是工人阶级领导的以工农联盟为基础的人民民主专政的社会主义国家。党和国家的性质、工人阶级的历史地位和作用，决定了我们在任何时候、任何情况下都必须全心全意依靠工人阶级。建立社会主义市场经济体制是一项开创性的伟大事业，任务极为繁重艰巨，没有现成的经验可以借鉴，必须在党中央的领导下，全心全意依靠工人阶级和人民群众，在实践中大胆探索，勇于实践，不断创新。我们要建立的社会主义市场经济体制是同社会主义基本制度结合在一起的，是在坚持社会主义制度前提下的自我完善和发展。

因此，工人阶级是国家的领导阶级没有变，工人阶级是党的阶级基础没有变，工人阶级的主人翁地位没有变。企业的主体是职工。企业之间在市场上的竞争，从形式上反映是产品的竞争，但归根结底是人才的竞争。知识分子是工人阶级的一部分，是关系到鞍钢生存与发展的宝贵财富。鞍钢上下必须形成尊重知识，尊重人才的良好风气，为充分发挥广大知识分子的聪明才智创造条件。关于这方面的工作，鞍钢在实际工作中创造了许多好的经验，要继续坚持，并结合当前转机建制的新形势，进一步完善和发展。

三、发挥工人阶级的主力军作用，为振兴鞍钢、再创辉煌做出新贡献

当前，在建立社会主义市场经济体制的新形势下，在努力克服暂时困难，搞好生产经营和改革改造，振兴鞍钢再创辉煌的实践中，我们必须牢固树立全心全意依靠工人阶级的思想，充分发挥工人阶级的主力军作用。

第一，在生产经营中发挥工人阶级的主力军作用，克难致胜。目前，鞍钢的生产经营仍然很困难，部分产品销售不畅、资金紧张的局面没有根本改变。要想克服困难，搞好鞍钢生产经营，请国家给予一定的帮助是必要的。但我们主要还是要立足于自身，紧紧依靠广大职工的集体力量，克难致胜。

今年一季度，我们能够完成生产经营计划，扭转了生产的被动局面，使生产经营开始走上良性循环的轨道，完全靠的是鞍钢职工的积极性、主动性和创造性。据统计，全公司今年一季度共提出合理化建议3736条，采纳2367条。实践证明，鞍钢职工中蕴藏着极大的积极性、智慧和创造力，只要我们善于组织和引导，就会克服困难，有所作为、有所前进。可以想象，如果没有全体职工的共同努力，鞍钢生产经营的被动局面持续时间可能还会长一些，困难程度可能还会大一些。所以，要克服眼前和今后的困难，还必须紧紧依靠广大职工的力量，向广大职工讲清鞍钢面临的形势、任务和困难，进一步增强危机感、紧迫感和责任感；要继续组织广大职工围绕生产经营的难点，广泛开展劳动竞赛、提合理化建议活动，把广大职工的积极性、主动性、创造性引导到提高产品质量，降低产品成本，提高经济效益上来。

第二，在改革中发挥工人阶级的主力军作用，把鞍钢的改革引向深入。改革是一项长期复杂的系统工程，既涉及到企业内部经营机制的转换，又涉及到各种利益关系的调整。为了使改革有计划、有步骤、有组织地进行，达到预期目的，必须全心全意依靠工人阶级，充分发挥工人阶级的主力军作用。

一是在改革方案制定过程中，要通过宣传教育使广大职工懂得，职工不是改革的对象，而是改革的主体；放活不是甩包袱，而是培植新的经济增长点；分流不是裁员，而是岗位的转移。同时要广泛吸收和采纳广大职工的意见和建议，使改革方案更符合广大职工的愿望。

二是在改革方案形成后，凡是涉及到广大职工切身利益的重大方案，都要提交职代会讨论通过，从而增强改革的透明度，提高决策的科学性。达到统一思想、统一行动，取得广大职工拥护和支持的目的。

三是在改革方案实施中，要注重信息反馈，及时发现某些不符合实际的方面，要立即按照民主集中制程序进行必要的调整，促使改革方案不断完善，顺利实施。

第三，在技术改造和技术进步中发挥工人阶级的主力军作用，提高鞍钢的市场竞争能力。鞍钢是个老企业，工艺落后、设备陈旧，产品的竞争能力弱，必须不断地进

行技术改造，才能适应市场竞争的需要。在技术改造中要针对许多设备、工艺、技术难题和关键环节，发动广大工程技术人员和能工巧匠进行攻关，保证技术改造工程能安全、优质、高速、高效地进行。

科学技术是第一生产力，鞍钢生产经营和技术改造都离不开科学技术水平的提高。鞍钢3万多知识分子队伍，是提高鞍钢科学技术水平的主力军。我们必须在全公司真正树立起学文化、学技术、学管理，尊重知识、尊重人才的良好风气，促进知识分子同广大工人、干部更好地结合起来，促进鞍钢科技进步水平的迅速提高。

第四，要大张旗鼓地宣传鞍钢职工的优秀代表人物的先进事迹，把鞍钢职工的光荣传统继承下来，发扬光大。当前，在建立社会主义市场经济体制的新形势下，我们必须解放思想，实事求是，不断研究新情况，解决新问题，创造新经验。但是，这种创造必须是在继承光荣传统基础上的创造，必须正确处理好改革创新与继承光荣传统的关系。几代鞍钢人在创业实践中形成和发展起来的光荣传统和作风，是鞍钢人的传家宝，任何时候都不能丢掉。正如江泽民同志所指出的："我们搞改革，决不是说过去的一切都不行了，都要统统改掉，而只是要改掉那些实践证明已经成为弊端的东西，已经过时了，不再适用的东西。党的一切好传统好作风，我们不仅要继承下来，坚持下去，而且要结合新的实践，把它们丰富起来、发展起来、光大起来，使它们发挥更好更充分的作用。"因此，我们既要大张旗鼓地宣传各个历史时期鞍钢职工的优秀代表人物的先进事迹，教育、引导广大职工进一步发扬艰苦奋斗、爱厂如家、兢兢业业、任劳任怨的孟泰精神，同时还要适应新的形势和任务要求，大力宣传、树立表彰像鞠幼华和刘品强同志那样一批既体现鞍钢职工的光荣传统，又具有鲜明时代特征的先进模范人物，使鞍钢职工的光荣传统通过新的实践更加丰富和发展，让孟泰精神永放光芒。

典型人物的涌现，精神财富的产生，都离不开特定的历史条件，在克服困难的过程中，能更好地锻炼队伍，发现人才，鞍钢历史上众多先进模范人物的成长都充分证明了这一点。当前，鞍钢在发展中遇到了暂时困难，从一定意义上讲，克服困难的艰苦实践，也会涌现出更多的先进模范人物。公司党委和公司行政希望鞍钢的广大职工都积极投身到"学孟泰、爱鞍钢、做主人"的活动中来，形成齐心协力、团结一致、拼搏奉献、共克难关的强大合力，为实现振兴鞍钢、再创辉煌的宏伟目标再立新功。

《华为路由器学习指南》是由华为公司组织编写的一本具有权威性的华为路由器产品学习工具图书，也是华为 ICT 认证系列培训教材。本书以华为最新的 AR G3 系列企业级路由器为主线，全面介绍了 AR G3 系列路由器各种功能的配置与管理方法。

本书集系统性、专业性和实用性于一体，既有全面、深入且富有经验性的各种技术实现原理的剖析，又有以 Step-by-Step 方式的详尽配置步骤的介绍，条理清晰，繁而不杂，一学即会。并且通过大量典型功能应用配置示例，对各种功能配置任务或配置思路进行深入分析，使理论和实践完美结合，学以致用，化繁为简。

分类建议：计算机网络 / 路由选择

人民邮电出版社网址：www.ptpress.com.cn

ISBN 978-7-115-35742

定价：149.00 元

增强科技意识，提高科学文化素质，深化科技体制改革，研发新产品，创造更大效益

1995 年 7 月 19 日

公司召开科技大会，主要目的是认真贯彻《中共中央、国务院关于加速科学技术进步的决定》和全国科技大会精神，结合鞍钢实际抓好落实，使鞍钢的生产经营和长远发展真正走上依靠科技进步和提高劳动者素质的轨道。

一、进一步增强广大干部职工市场经济条件下的科技意识

科学技术的迅猛发展，对经济和社会发展具有巨大的推动作用，这已被无数的历史事实所证明。在刚刚结束的全国科技大会上，明确提出了要在全国实施“科教兴国”的战略，冶金行业也提出了“科教兴钢”。必须看到，从现在起到 20 世纪末的几年，是鞍钢改革与发展的关键时期。我们能否抓住机遇，战胜困难，再创鞍钢辉煌，很大程度上取决于能否坚持“科学技术是第一生产力”的思想，坚定不移地实施“科技兴企”的战略。近年来，鞍钢科技工作取得了很大的成绩，取得了一大批科技成果和可观的科技效益，促进了企业生产经营的发展。但是，从社会主义市场经济的要求和企业自身发展的需要看，我们的科技工作还存在很大差距。主要的原因就是“科学技术是第一生产力”的意识不强，对科技在生产经营中的作用认识不足，缺乏依靠科技进步振兴企业的紧迫感。随着社会主义市场经济体制的确立和对外开放的不断扩展，国际国内两个市场的竞争将日趋激烈，而依靠科技进步日益成为企业提高竞争力的重要手段。江泽民同志指出：“振兴经济首先要振兴科技。只有坚定地推进科技进步，才能在激烈的竞争中取得主动。”这就是说，在社会主义市场经济的形势下，企业之间的竞争，归根结底是科技和人才的竞争。因此，鞍钢的科技进步应当提到更为重要的地位，建立起鞍钢依靠科技进步求发展的机制。过去，我们把注意力过多地放在完成计划产量上，忽视了对企业发展至关重要的技术进步工作，这是我们消耗升高，质量波动，品种不能完全适应市场需要，产品没有竞争力的一个很重要的原因。

国内外各大钢铁企业都在制定实施自己的科技发展战略，鞍钢广大干部职工要清醒地认识到改变鞍钢现状，尽快缩小与国内外先进企业的差距，必须依靠科技进步。要清醒地认识到，科技进步是关系到企业生存与发展的大问题，进一步提高科技进步对推动鞍钢生产和发展重大意义的认识，增强市场经济条件下的科技意识。在深化企业改革，加强企业管理的同时，科技工作要牢固树立以市场为导向，以增加企业效益为目标的方针，通过科技进步更好地提高鞍钢生产经营发展的质量和效益。这是鞍钢广大职工，特别是广大科技人员的首要任务。

要加强对科技工作的领导和支持，各级干部要纠正那种把发展生产当成硬任务，把抓科技作为软任务的错误倾向。鞍钢是一个大型钢铁联合企业，钢铁冶金及其他生

本文是作者在鞍钢科技大会上的讲话，此次公开出版略有删节。

产技术十分复杂。作为一个企业的领导者，应该高度重视科技工作，特别是各单位一把手要亲自抓第一生产力，把效益的着力点放在科技进步上，由过去的科技人员解决科技问题转变为一把手抓科技。公司已经决定成立鞍钢科技领导小组，各单位的领导也都要正确处理好科技与生产及其他工作的关系，把本单位的科技工作当作一件大事来抓。公司职能部门都要为科研创造条件，跟踪管理，解决实际问题，使科技工作从一般科技部门的工作转变为整个企业生产经营全过程的工作。从过去一个职能部门的工作转变成一个总体的战略问题。科研和技术攻关离不开方方面面的配合，各单位、部门都要给予支持和帮助。

二、把科技进步的重点放在开发新产品、新技术、新工艺、新装备上，摆脱当前的生产经营困境，创造更大的经济效益

今年以来，我们采取了一系列措施，做了大量的工作，初步扭转了生产经营的被动局面。其中，科技工作发挥了很大作用，如二季度通过科技攻关和其他管理工作紧密配合，主要消耗指标与一季度相比均呈下降趋势。钢铁料消耗、全焦耗洗煤指标已接近和达到历史最好水平。

但是，我们应该清醒地看到，当前的困难局面并没有过去，产品销售形势十分严峻，大部分钢材品种处于滞销状态；资金紧张的困难还没有从根本上缓解，资金不足仍困扰着鞍钢的生产经营。面对这样一种形势，八届四次职代会提出，下半年的工作要把着眼点放在艰苦细致的工作和扎实有力的措施上来。我们实施了“模拟市场核算，实行成本否决”等一系列管理上的措施，同时我们还要抓科技上的措施。要看到下半年实施的各项增利措施中，无论是优化品种结构、提高产品质量，还是降低物料消耗，提高技术经济指标等等，都离不开科技工作。因此，广大科技人员，要把技术开发和科技攻关的重点放在解决当前生产中的重大技术问题上，在新产品、新技术、新装备、新工艺上下功夫，使鞍钢的市场竞争能力得到进一步提高。

*一是要依靠科技进步，大力开发市场急需的新产品。*计划经济时期生产什么品种由国家决定，而市场经济则是根据市场需要组织生产。今年以来，鞍钢销售困难的一个重要表现就是鞍钢的一些主导产品出现滞销，各种型材合同有较大缺口，中型、小型、型材厂开工不足，半连轧热轧卷板也出现少有的销售平淡局面。这一方面需要我们进一步提高质量，降低成本，加大促销力度；另一方面也要求我们以市场需求为导向，发挥自身技术、工艺、装备等优势，进一步依靠科技手段调整产品结构，大力开发和推广适应市场需要的新品种和新规格，不断优化产品结构，加速产品更新换代，拓宽市场销路。特别是开发那些周期短、见效快、高附加值的产品。下半年，要重点开发工程机械高强钢板、汽车薄板、石油管、高强耐磨重轨、线材等高效产品，重点开发中型、小型、型材系列的新品种。在新产品开发上，既要及时捕捉市场信息，做出快速反应，更要立足长远准确预测。下一步要重点开发五个系列、十大应用领域的100多个钢材新品种。五个系列高附加值产品包括宽厚板系列产品、冷热薄板系列产品、无缝钢管系列产品、型材系列产品、建材系列产品。广大科技人员要围绕公司确定的新产品开发目标选课题，搞攻关，研制和开发鞍钢一代又一代的拳头产品、名牌产品。

*二是积极采用新技术、新工艺，开展多层次科技攻关活动。*鞍钢当前面临的形势可以说仍然十分严峻，其重要原因就是我们的产品成本高，固定费用、物资消耗长期

居高不下，使我们的价格没有竞争力。我们的产品质量还不能完全满足用户需要，有的产品质量甚至使鞍钢几十年的老用户宁可舍近求远，也不敢再到鞍钢来订货。这些问题必须彻底解决，否则摆脱困境，提高效益就无从谈起。通过科技进步达到提高企业经济效益的目的，关键是降低生产成本和提高产品质量。要通过科技手段，大力降低各种消耗指标，不断降低成本，如综合焦比、全焦耗洗煤、钢铁料消耗，努力提高成材率，使价格更具有竞争力。最终通过科技手段促进企业效益的增长，形成良性循环。下半年，全公司要结合“模拟市场核算，实行成本否决”工作，通过科技攻关，使主要技术经济指标都要达到或超过历史最好水平。要通过科技手段，使我们的产品质量达到用户满意。一季度，我们针对铁水硫高、钢种命中率低、产品质量波动等一系列问题采取措施，通过技术攻关与加强管理、加强操作相结合，把硫降了下来，钢种合格率也大幅度提高，打了一个质量翻身仗，这说明没有我们攻不破的技术难关。但事实证明，要想保持这些成绩，真正把质量问题解决好，解决彻底，还需要我们坚持不懈地深入开展科研-生产一体化攻关。比如：半连轧厂是鞍钢产量和创利的大户，可是长期以来半连轧厂的热轧板卷一直拖着个大尾巴，横向同板差超标。由于质量差，用户不愿意要。上海一家金属材料公司买了半连轧 2.5 卷板，一边是 2.4，一边是 2.9，差距 0.5，人家还敢要吗？半连轧的问题，原因到底在哪里？要认真跟踪、测试，抓紧半连轧生产工艺的改进。这是一个长期没有解决的问题，我看这个课题就大有可为，谁要能解决这个问题，就是鞍钢的有功之臣，就要重奖他。科研、生产及其他相关单位要全力保证国家重点攻关课题按计划进行。氧煤强化炼铁工艺是国家“八五”重点攻关项目，如果获得成功，将对鞍钢改变传统炼铁工艺，为在 20 世纪末实现“九五”规划目标，不新建高炉和焦炉创造极为有利的条件，必须保证 11 月份通过国家验收。钢水综合精炼工艺是国家“八五”引进技术消化攻关项目，将大大提高产品内在质量，要力争在三季度以前全面完成国家攻关计划目标。鞍钢每年都要承担一批国家、部、省下达的重大科研攻关课题，这些科研课题是上级部门从国家、行业和地方的全局和长远发展出发，统筹考虑确定的，意义不只在鞍钢。

三是结合鞍钢改造，提高鞍钢的技术装备水平。工艺技术落后，设备陈旧，严重影响了鞍钢参与市场竞争的能力，也制约着企业的长远发展。如鞍钢的连铸比只有 22.24%，炼钢工序仍然是以平炉为主等等。虽然有多方面的原因，但是市场经济只讲竞争原则，不会照顾和迁就落后。用高新技术改造鞍钢，已经成为市场经济发展对鞍钢的迫切要求。我们已经确定了鞍钢“九五”技术改造调整后的规划，其总的指导思想就是不片面追求产量，而在品种、质量、效益上下功夫。这就要求鞍钢建立起科技与改造发展相结合的机制，技术部门要参与规划和投资的审查。改造不能热衷于扩大规模，复制古董，而要注重科技含量，高起点、高标准，真正体现对现有设备和传统工艺的技术改造和技术进步，使企业向集约化内涵式的方向发展，不改则已，一改就是高水平。要坚持技术改造的高起点，大力采用当代先进适用的技术装备。“九五”改造后，按钢材生产能力核算，66% 以上的主体装备要达到当代先进水平，在三字号、二字号生产系统基本实现工艺、技术及装备的现代化，实现全连铸。特别是半连轧改造工程是“九五”改造的一号工程，是鞍钢打翻身仗的工程。半连轧改造后，其工艺流程、技术装备和产品质量均达到世界先进水平。下半年，在半连轧、冷轧、二炼钢等改造项目的方案设计制定、对外技术交流及工程前期准备中，一定要把好科技这一关。

总之，科技工作要适应形势要求，树立全局观念，围绕下半年生产经营目标开展工作。鞍钢有一批技术精湛、经验丰富、思想作风过硬的科技人才，有一支能打硬仗的职工队伍，只要我们把科技进步摆在重要的位置，把蕴藏在广大科技人员中的积极性、创造性充分发掘出来，就没有克服不了的困难。

三、要把技术攻关与群众性的“两革一化”活动结合起来

由于我们的资金是十分有限的，而市场对我们的要求又是现实的，越来越迫切的。因此，虽然鞍钢把“九五”改造作为企业再创辉煌的必由之路，但是鞍钢的技术和装备水平的提高不能完全依靠大量的投入，不能仅仅依靠上几个大的项目，从资金上和时间上都不允许我们这样做。从当前来看，我们还是要在抓紧几个大技术改造项目的同时，立足现有技术装备条件，通过大力开展群众性的“两革一化”活动，不断挖掘现有技术装备的潜力，在少花钱和不花钱的情况下创造新的更大的效益。要对那些困扰生产经营的关键和重点，针对最迫切需要解决的问题，比如节能降耗、降低成本开展攻关，开发推广高技术含量的新产品，提高产品实物质量，抓住一批短、平、快项目。既要依靠专业科技队伍，也依靠全体职工特别是生产一线职工的积极参与。在大力开展重点攻关的同时，要在“两革一化”活动中，通过各种形式发动职工，发挥他们熟悉生产实际的优势，针对安全生产、质量、降耗、提高劳动生产率、改善劳动环境等诸多方面献计献策，提出合理化建议，进行小改小革。几十年来，鞍钢涌现出了以发明万能工具胎的王崇伦为代表的一大批革新能手，实践证明，广大职工中蕴藏着极大的聪明才智和创造力，只要我们把他们的革新积极性充分调动起来，就能够在少花钱甚至不花钱的情况下，创造出更大的效益。

四、要注意科技成果向现实生产力的转化

科技成果必须经过一个转化过程，才能真正发挥出第一生产力的作用来。特别是企业的科技工作，要面向企业生产经营主战场，与生产经营密切结合起来，为企业的生产发展服务。科技成果转化率低，应用推广进展较慢，是当前鞍钢科技工作存在的一个问题，也是科技与生产经营结合不紧的具体表现。影响科技成果转化的原因，一是科技成果的实用性不强；二是科技成果的成熟度不够。常常造成我们投入了大量人力、物力和财力，花费了大量时间研究出来的成果，一经成功通过鉴定和评奖，便被束之高阁。应该说，科技也要认真算一算投入产出的账，科技必须产出效益，这是市场的要求，竞争的要求。今后，衡量鞍钢科技工作好坏的标准，不只是看获多少国际金奖，达到什么先进水平，更主要的是看在生产经营中发挥了多大作用，创造出多大的效益。不能成果拿到了就万事大吉。在科技成果奖励标准上，也要最终看所创效益的大小，这个效益不是理论上推算出来的，而是实际产生的。在加强研究开发的同时，要特别加强生产技术管理。科研成果一经应用，就要在生产管理上落实和保持下去，就要按新的技术标准进行经济责任制考核。生产厂要在生产组织上重视和加强科技成果的运用。对已鉴定尚未推广应用的科研成果，要加速转化工作，加大推广力度，对一时还不能转化的要抓紧半工业试验。要尽可能地提高科研与生产经营的结合度，促进科研与生产的协调发展，科研部门与生产厂要紧密配合，加强协作。

五、要处理好技术创新开发与借鉴引进的关系

随着改革开放的不断深入，同国外技术经济交流日益频繁，客观上为我们创造了一个向先进技术学习的机会。加强国内外的技术交流，加强与各大科研院所的技术合作，虚心学习，博采众长，为我所用，是提高鞍钢科技水平的一条捷径。特别是在技术改造中，要注意引进技术和设备的先进性。同时，我们也必须清醒地认识到，有些最先进的技术是买不来的。一方面别人的领先发明是不会轻易传授给我们的，另一方面我们的资金毕竟是有限的。因此，我们的落脚点还是要放在充分利用鞍钢自身的科技力量，不断增强技术开发能力上，能自己搞的自己搞。把引进先进适用技术和自己开创新的技术结合起来。在技术设备的引进过程中，一定要经过严密的科学论证和审定。坚持引进关键技术，坚持精打细算，把钱花在刀刃上。同时，引进技术也要注意消化和吸收、创新，变成自己的技术，使技术水平能够循环起来，否则只能是一而再、再而三的引进。

六、要进一步深化科技体制改革

随着社会主义市场经济的发展，企业将逐步成为技术开发的主体。增强企业应用先进技术的活力，提高技术创新能力是建立现代企业制度的重要内容。因此，鞍钢内部的科技工作就要进一步改善和加强。形成有效的企业科技进步机制，既是企业克服困难的一个根本性措施，也是企业发展的关键所在。要通过鞍钢科技体制改革，逐步建立和完善科技与经济，技术与生产有效结合的运行机制，使科技体制更好地适应生产发展的需要，适应社会主义市场经济的需要，更好地调动科技人员的积极性。按照“精简、统一、效能”的原则，组建鞍钢技术中心，已经列入鞍钢总体改革方案，鞍钢技术中心也已得到国家认可，被有关部门确定为国家级技术中心。鞍钢技术中心要争取在年内正式成立并投入运行。要通过组建技术中心，建立起符合鞍钢实际的，自我完善、自我发展的技术进步机制。不断增强技术创新能力，是企业在市场竞争和国际竞争中立于不败之地的关键所在。因此，要从过去强调科技进步就是引进，转变为增强自主开发和创新能力。要通过组建技术中心，使之能够围绕鞍钢产品、装备和工艺的更新换代进行技术创新。要以组建技术中心为突破口，进一步理顺科技管理体制，增强多学科多专业大兵团作战能力，多专业相结合，工艺、设备、计算机、电气等领域紧密配合，打破学科界限，提高鞍钢技术创新水平，改变科技工作多头管理，力量分散的状况。

七、关心科技人员的成长，把尊重知识、尊重人才落到实处

搞好鞍钢发展，搞好鞍钢的科技进步，关键在人。尊重知识、尊重人才、提高人的素质，是科技工作的重要基础，也是企业发展中的一个重要问题。鞍钢现在各类专业技术人员3.8万人，具有高、中级技术职称的1.5万人，不少人都是各技术领域的专家，他们把自己的聪明才智奉献给鞍钢，是鞍钢的宝贵财富，是鞍钢科技进步的中坚力量。各单位和各级领导都要从政治上、业务上、生活上关心他们，认真落实好有关知识分子政策，关心科技人员的工作、生活和成长，甘当科技战线的后勤兵。尽管鞍钢当前还比较困难，也要积极创造条件，帮助他们解决实际生活困难，解除他们的后顾之忧。在他们所关心的住房问题上，一方面，公司正在研究对鞍钢职工住宅分配办法进行改革，向有突出贡献的专家、优秀科技人员和生产、科研一线技术骨干倾斜，以求从机制上解决问题，保证科技人员的住房条件。同时，公司已经决定，年内将八宿舍改造为科技人员公寓楼，为那些夫妻双方博士生、硕士研究生毕业分配到鞍钢工作，却长期无住房的中青年科技人员解除燃眉之急。要制定、完善和落实激励机制，

科技人员的待遇应该与解决实际问题的能力联系起来，对在科技工作中做出贡献，为公司创造显著效益的科技人员和职工，要给予表彰和奖励，贡献突出的要重奖。公司还决定调高有突出贡献专家、公司科技“三种人才”和正高级专业技术人员的技术津贴水平。除了在生活上关心他们，更重要的是要给他们提供施展才能的舞台，要善于发现人才、团结人才、使用人才，重视对科技人才的培养，特别是要注重对中青年科技人才的培养，大胆使用，促进优秀人才脱颖而出。在工作上要信任他们，委以重任，承担责任。要重视科技队伍的梯队建设，培养学科带头人，培养拔尖人才，对公司急需的人才抓紧引进。要为科技人员的成长创造更多的机会，造就一大批跨世纪的学术和技术带头人，这对于鞍钢的长远发展意义重大。

八、加强科技队伍建设，提高全体职工的科学文化素质

科技人员要深入到生产一线建功立业。要充分认识到科技工作和科技人员的用武之地在生产一线。要有严谨求实，脚踏实地，深入实际调查研究的作风和学风，要从鞍钢的生产实践中选题，针对生产中最迫切需要解决的关键和难点问题攻关，解决实际问题。只有用自己的聪明才智为公司解决了实实在在的问题，自身的价值也才能更好地体现出来。不管你的知识水平多么高，头衔多么高，如果你解决不了一两个实际问题，那都是空的，那你的水平就不会被别人承认。不管白猫黑猫，能抓住老鼠才是好猫。只要我们认真去观察分析，就可以发现在生产的各个环节，都有可以不断改进的地方，可以创造效益的地方，可以为公司做贡献的地方。

科技工作者必须是德才兼备，只有树立正确的世界观和人生观，才能担当起历史赋予我们的重任。科学来不得半点虚假，必须老老实实，勤勤恳恳，靠自己的汗水去换取收获。这对科技工作者特别是青年科技工作者的健康成长尤为重要。要正确对待自己和自己的科技成果，淡泊名利，不搞形式主义，不沽名钓誉，不要把别人的成果据为己有。在工作中，要站在全局考虑问题，特别是大生产、大企业，技术绝大部分是集体的成果，不是某一个人所能独自完成的，如果没有团结协作，什么成果都搞不出来。鞍钢曾经涌现出一大批以鞠幼华为代表的先进科技工作者，他们是全体科技人员和广大职工学习的榜样。

在发展社会主义市场经济的今天，出现一股轻视知识轻视学习的风气。在某些人头脑中，知识贬值，学文化特别是学技术带不来效益。这不仅不利于职工个人自身素质的提高，更不利于鞍钢生产经营和企业发展，不利于我们所从事的事业。当今，世界科技发展日新月异，不及时掌握先进技术，就会在竞争中被淘汰。江泽民同志要求我们，都来学习现代科学技术基础知识。首先是我们各级领导干部要带头学习和掌握必要的科技基础知识，提高自身的科技素质，并督促和抓紧本单位本部门的学习。科技人员也要不断学习、深造和提高自己，不断更新知识，跟踪国内、国际先进技术发展，做到学无止境。要有组织、有计划地抓好职工队伍的学技术工作，鼓励每一个职工主动地学技术，从学技术中尝到甜头。要重视和扭转青工中普遍存在的学技术热情不高的问题，大力开展岗位技术培训和技术状元、能手竞赛，总结推广一批先进操作法。有一支高科技素质的职工队伍，是振兴科技最终振兴鞍钢的关键。

鞍钢正面临着一个大发展的时期，希望广大科技人员抓住难得的历史机遇，继续努力，紧紧围绕公司全年生产经营总目标，全身心地投入到鞍钢的科技进步中，为公司摆脱困境，实现更大发展做出新的贡献。

深化改革 加速改造
努力适应市场经济新形势

1995年7月21日

随着我国社会主义市场经济的建立和完善，鞍钢脱离了计划经济中国家的怀抱，步入市场经济之中，然而由于受计划经济模式的束缚，使鞍钢在竞争中难以发挥出自身的潜力，遇到了极大的困难。下面我们通过三个方面探讨鞍钢在走向市场、参与市场竞争中所面临的问题及解决的途径，以适应建立社会主义市场经济的新形势。

一、鞍钢发展过程中面临的主要问题

鞍钢面临的问题，主要是鞍钢长期运行于计划经济旧体制中，在体制上、观念上和方法上等各个方面表现出对市场经济的不适应，同时也存在着由于多方面原因而长期积累下来的一些自身条件上的劣势。这些都影响了鞍钢参与市场竞争的能力，成为鞍钢进一步发展的制约因素。归纳起来，主要有以下几个方面。

（一）鞍钢当前的管理不适应市场经济的要求

鞍钢的管理体制和管理方法都是在计划经济运行条件下形成的，因此，在我国由计划经济向市场经济转变的新形势下，已经不能适应了，主要表现在以下几个方面。

一是存在着物资消耗高，产品成本高，以及不能按市场需求组织生产等，这表明我们在生产管理上的不适应。在计划经济时期，我们是“计划国家下，原料国家供，资金国家拨，产品国家销”，因此，我们没有感受到外部市场的压力，也就不可能真正把成本和消耗当作涉及企业生存的大事来抓。党的十四大提出了建立社会主义市场经济，很多企业开始努力适应市场经济的新形势，而我们由于钢铁产品一直处于卖方市场而盲目乐观，忽视了适应市场经济的重要性，缺乏竞争观念和成本意识。没有把工作的重点放在降低成本和提高经济增长质量上，而是始终强调产量和追求规模，造成各项主要消耗指标居高不下，成本超支，严重影响了鞍钢的经济效益。例如，鞍钢1994年26项主要技术经济指标中有20项低于自己的历史最好水平。除此之外，我们还时常存在不能按市场需求组织生产，影响了企业效益和信誉。今年初，我们狠抓了钢种合格率、定尺率和合同执行率，取得了一定成效，但仍然存在着非计划产品，这当中有的是设备等其他客观原因造成的，但大量的是由于我们在生产管理上的失误和操作上的不精心造成的。在市场经济条件下，生产管理首先要适应市场，生产出成本低、质量优、适销对路的产品，这是我们努力的方向。

二是我们还没有真正树立“质量是生命”的市场经济观念，表明我们在质量管理上的不适应。鞍钢的产品质量低，一方面是由于我们的设备落后造成的，另一方面我们在质量管理上的不适应也是一个重要的原因。比如，半连轧厂的热轧板卷，长期以来一直拖着个又长又大的尾巴，横向同板差超标等，造成这些问题的原因有设备上的，也有我们主观上的原因。过去一味追求产量，轧低温钢，使本来设备能力低的问题更加突出；横向厚差严重时达到0.5。因此，我们必须增强质量意识，加强质量管理。设备落后，可以通过加强管理和操作来弥补。总之，管理一定要先进，才能在激烈的市场竞争中争取主动，立于不败之地。

三是销售管理机制还有待于进一步完善，我们在销售管理上还有许多不适应。销售管理是企业各项管理工作中的重中之重，过去鞍钢的销售管理是分散管理，基本上由各二级厂自行销售。今年初，我们对销售管理体制进行了重大改革，对签订合同、付货、结算、售后服务实行集中一贯管理，取得了一定的效果。但是，就目前来看，还有很多地方与当前激烈的市场竞争形势不相适应。如，我们还没有完全从过去习惯的“坐商”，即等待用户上门来订货，过渡到“行商”，主动到用户那里推销产品，更没有达到通过我们优良的服务和推销人员良好的人际关系及品质来吸引用户，最终同用户结成稳固的关系。我们深刻感受到了市场的压力和产品卖不出去的苦恼，然而正是在这种情况下，还出现了一些对用户不负责任，给用户带来不便和造成损失的情况，如，冷轧板订的是1.0的合同，人家拿到的是2.0的产品，而且是1.0和2.0混在一起的产品。这样的作风和这样的管理怎么能适应当前激烈的市场竞争。今年以来，从一定意义上讲，销售制约了我们的生产，因此，我们提出了按合同组织生产的以销定产经营策略。从加强销售、改善管理、努力打开销路、多订合同上找出路。

四是财务管理不适应，不能真正起到“中心”作用。冶金部提出，企业管理要以财务管理为中心，财务管理要以资金管理为中心。鞍钢的财务管理还很不适应这种要求。首先，没有形成一个适应市场经济的财务管理体系。鞍钢近年来在财务管理上存在着很大的漏洞，这同没有建立一个集中管理的财务管理体系有很大的关系，比如，在对外投资上，各二级单位对外投入了那么多的资金，资金从哪里出？符不符合规定？效益如何？收益如何使用？等等，公司各部门包括财务部都不掌握，需要临时进行调查。不是法人的单位和部门却行使法人的权限，因此，鞍钢这几年在很多方面的失控，如对外投资联营方面，建度假村方面，非计划购买小汽车等方面的失控，实际上都同财务管理不到位有很大关系。实践证明，企业越大，财务管理越是重要，在市场的激烈竞争中，尤其是这样。其次，没有实现对资金的有效管理。由于财务管理的极度分散化，也造成了资金管理的极度分散化，鞍钢各个厂矿及二级公司的账号和银行户头有3000多个，必然会出现资金的“跑、冒、滴、漏”。

目前，虽然我们按照国际惯例实行了适应市场经济特点的新财会制度，但这不等于我们的财务管理也随之适应了市场经济，更重要的是我们的财务管理体制要适应市场经济，建立起科学的管理制度，适应大企业发展的需要，实现财务管理现代化。

（二）经营机制不适应，不能建立有效的激励机制和约束机制

在计划经济运行条件下，企业内的资源配置往往不是按照效率原则，而是追求万事不求人，加之先建工厂后建城市和大企业小社会等历史原因，造成布局不合理，许多辅助生产能力利用率低、效益差，逐步形成了低效率的大而全格局，出现了50万人搞800万吨钢铁的局面。长期以来，鞍钢承担了大量的社会公益事业和企业办社会的负担，安置了18.3万名青年就业；通过兴办民政福利事业安置了5538名残疾青年就业；而且今后每年还有5000名新毕业的职工子女待业。鞍钢自办了16座综合性医院和专科医疗机构，承担着近百万人的医疗保健任务，每年支出医疗费2.7亿元。自办69所大中小学校和60所幼儿园、20所托儿所。可以形象地说，鞍钢是背着残的、扶着老的、领着小的，步履艰难地参与市场经济的竞争。而且在管理体制上产权不分，权责不明，各二级厂管理着集体青年厂、老年事业和三产实体等。

在内部经济往来上，由于内部各单位执行内部价格，长期不调整，严重偏离了市场价格，造成内部各单位盈亏不清，好坏不明，无法对他们的工作进行正确评价，不能建立起有效的激励机制和约束机制，使他们感受不到公司承担的市场压力，长期躺在公司身上吃太平饭。

（三）技术装备陈旧落后，产品技术含量低，质量差，市场竞争力弱

鞍钢现有技术装备“四世同堂”，主体生产设备大多数属于20世纪50年代水平，致使生产效率低下，作业条件恶劣，环境污染严重。尽管经过了“七五”以来的大规模技术改造，但鞍钢现有技术装备水平仍然十分落后，尤其是鞍钢长期受计划经济的旧观念影响，长期追求规模，多年来进行的技术改造投资，多属于外延式扩大再生产，质量差、消耗高、竞争力弱、效益低的问题没有得到有效的解决，一旦遇到市场疲软，矛盾就马上暴露出来。到1994年末，鞍钢有部控设备141台（套），其中国际水平的14台（套），占9.93%；国内先进水平的43台（套），占30.5%；国内一般和落后水平的84台（套），占59.52%。炼铁冷料比仅占39.7%；转炉钢仅占37.03%，其余均为平炉钢；连铸比仅达到24.88%。在轧钢系统，30年代的劳特式轧机和热轧叠板工艺仍在使用。占鞍钢目前钢材产量近一半的半连轧厂，目前是我国最落后的一套连轧机组，其生产的卷板表面质量也是最差的。

（四）资产结构不合理，债务负担重，资金运营极度困难

鞍钢1994年末，资产总额382.27亿元，负债总额255.89亿元，所有者权益126.38亿元，总资产负债率为66.93%。鞍钢1992年清产核资时，重估后的固定资产原值增加86.3亿元，净值增加52.8亿元。如果把这个因素考虑进去，鞍钢1994年末的资产负债率应为77.68%，流动比率和速动比率也均低于正常水平，偿债能力明显下降。

至1995年初，鞍钢负债中，借款133亿元，鞍钢每月仅支付利息进成本就达1.2亿元。1995年到期银行贷款已达75亿元。沉重的债务负担严重制约着鞍钢走向市场，参与市场竞争。

（五）广大干部和职工还没有真正树立起市场经济的新观念，表现为思想观念上的不适应

鞍钢在计划经济模式下运行了几十年，已经习惯于计划经济的老一套，思想观念和工作方法不可能立刻得到转变。

一是没有真正树立市场竞争观念。树立市场竞争观念最根本的是树立“用户第一”的观念。我们有些同志虽然在口头上也讲用户是“上帝”，然而在具体工作中并没有体现出来，有的对用户提出的要求粗暴拒绝，有的随意违约用户合同，还有的甚至是对用户吃、拿、卡、要，把用户拒之于门外。

二是没有真正树立效益和效率的观念。我们的竞争对手是钢铁企业的兄弟伙伴，竞争是通过产品去竞争，但产品里面包含每一个企业的生产效率和效益。所以，必须在内部管理上下功夫，在提高工作效率上下功夫，在经济效益上做文章。然而，我们有些同志并没有真正认识到这一点，在生产上还习惯于追求产量，没有把产量和效益结合起来。在工程建设上，习惯于一味压缩工期，而未把工期、质量和最终效益结合起来。

三是全局观念不强。我们是联合企业，而不是企业联合，市场经济的竞争，是联合企业整体实力的较量，必须发挥出鞍钢整体功能的优势。但目前鞍钢内部有许多单

位还总是满足于局部利益上的斤斤计较，有的甚至不惜牺牲全局利益来保局部利益。这些思想观念都是与市场经济格格不入的。

二、鞍钢必须摆脱传统意识，努力转换经营机制，深化企业改革

上述存在的问题充分说明了鞍钢进行改革的必然性和必要性，必须彻底转换观念，深化改革，建立一种全新的机制，才能使鞍钢灵活地面对市场。

鞍钢不改革就没有出路，这一点已在全公司广大职工中形成共识。最近，鞍钢已经制订了总体改革的基本方案，并已经过公司职工代表大会讨论通过，目前正在分工负责地、有计划、分步骤地组织实施。

（一）改革的指导思想和基本原则

1. 指导思想

按照党的十四大精神和十四届三中全会决定的要求，以解放和发展生产力、大力提高劳动生产率和经济效益为主攻方向，以精干主体、放活辅助、统一领导、分权管理、一业为主、多种经营为基本模式，转换经营机制，进行综合配套改革，明晰产权关系，落实资产经营责任，优化企业组织结构、产业结构和产品结构，全面提高市场竞争能力，形成适应社会主义市场经济和集团化大生产要求的企业管理体制和运行机制，建立产权清晰、权责明确、管理科学的现代企业制度。

2. 基本原则

（1）坚持改制、改组和改造相结合的原则。转换经营机制，实现机构优化重组，逐步建立起现代企业制度。并把深化改革同加快老企业技术改造结合起来，焕发企业生机和活力，增强企业发展后劲。

（2）坚持保证生产稳定发展和保证主体生产系统完整性的原则，进行企业组织结构的优化调整和改组。

（3）坚持主辅分离和集权与分权相结合的原则。通过分离钢铁主体生产单位的非在线生产业务，使钢铁主体精干高效，实行集中指挥，统一经营；通过经营机制的转换，使辅助单位放开搞活，既为主体服务，又面向社会开拓市场。对所属单位根据不同条件，实行分类分层分权管理，做到管而不死，放而不乱。

（4）坚持责权利相统一的原则。重新调整和界定各单位的责权利关系，实现责权利的统一，在分配上体现效率优先和兼顾公平的原则。

（5）坚持管理职能与实体相分离和机构设置与体制改革相适应的原则。对所属各实体单位原则上不授予鞍钢公司一级的管理职能和权限。凡是涉及全公司统一计划、集中管理、综合平衡的管理职能和权限上收。凡是各单位自主经营所需权限要赋予各单位。

（6）坚持正确处理局部利益与全局利益关系的原则。从鞍钢改革和发展的大局出发，正确处理个人利益与集体利益、局部利益与全局利益、眼前利益与长远利益的关系，服从公司的改革部署。

（7）坚持转机建制与强化企业管理相结合的原则。通过改革促进企业管理水平的提高，并通过加强管理保证各项改革措施落到实处，收到实效。

（8）坚持改革、发展、稳定的原则。既要解放思想，大胆实践，又要实事求是，慎重操作，在总体设计的基础上，有计划、分步骤，先试点、后推开，积极稳妥地把改革引向深入。

（二）鞍钢总体改革的实施要点

1. 精干主体，提高劳动生产率

一是对处在钢铁生产完整的工艺流程线上，以钢材为终端产品的单位，以及直接为之提供能源动力、科研设计配套支持的单位，作为钢铁主体生产单位。目前共有全民职工7.4万人。20世纪末从事钢铁生产的职工要减到5万人左右，全员劳动生产率要达到180吨钢/(人·年)。

二是鞍钢公司对钢铁主体生产单位实行集中一贯管理，即实行集中指挥，统一经营，最终目标按车间性工厂进行管理。这类单位主要负责完成公司钢铁主体生产任务，对计划规定的产量、质量、品种、消耗、安全和成本等主要指标负责。

三是钢铁主体生产单位按照责权利统一的原则，采取模拟市场核算，加大成本考核力度。其利益分配不仅与经济责任制中的产量、质量、品种、消耗、安全和成本等主要考核指标分别挂钩，而且对其总体利益实行成本否决，以促进效益的提高。

2. 分离辅助，发展多种经营，提高非钢铁收入的比重

一是对凡是在生产的产品上能与钢铁主体生产划开，在工序关系上具有协力性质，分离后不影响钢铁主体生产工艺的完整和生产组织指挥的，拟通过经营机制的转换和组织结构的调整，与主体实行分离，使他们在为主体服务的同时，面向社会，开拓市场，开辟财源。

二是这些单位的产权属于鞍钢公司，都作为鞍钢的子公司。鞍钢公司对这些单位实行模拟市场，独立核算，自负盈亏。对困难较大，暂时不能负亏的，实行定额补贴，逐年减少。对基础工作扎实，执行规章制度严格，责权利关系明确，转机建制条件具备，领导班子坚强有力的单位，凡是授予独立法人后不增加鞍钢公司税赋负担的，拟授予独立法人的管理权限。

三是通过分离辅助，发展多种经营。到20世纪末，鞍钢将形成以钢铁业为主体，机械、电子、化工、建筑、建材、耐火材料、三废资源开发利用和第三产业等为优势互补的多种产业和新的效益增长点，非钢铁收入比率达到20%以上。

3. 改组集体企业，壮大集体经济

一是将钢铁主体生产单位的集体企业与主体厂逐步脱钩，分期分批划转目前的附属企业公司统一管理，组建鞍钢集体企业（集团）有限公司，对其内部所属企业拟实行股份合作制等灵活的经营形式。

二是集体企业（集团）有限公司及其所属企业同鞍钢公司在经济往来上实行完全的市场关系。对鞍钢公司过去和今后的投入根据不同情况，分别采取入股和租赁等形式盘活国有资产，实行有偿使用。

三是鞍钢公司在不违背市场经济规则和国有资产管理规定的前提下，对集体企业（集团）有限公司给予支持，帮助他们提高经济效益。

4. 改革学校、医院等社会公益性单位的管理方式，建立费用约束机制

鞍钢公司对目前所属的医院和学校实行专业化管理方式。在保证医疗和教学质量的前提下，从过去的事业费用型改为独立核算，费用包干。其中医院管理体制改革与医疗保险制度改革同步配套进行。

5. 理顺鞍钢（集团）公司的组织结构，以适应总体改革的需要

总的原则是按照适应社会主义市场经济体制和鞍钢总体改革的要求，一方面要强化鞍钢（集团）公司对国有资产和投资经营决策的管理能力，对鞍钢管理机构按新的

管理体制要求，精简机构，精干队伍，转变职能，理顺关系，减少层次，提高效率。

（三）1995年要抓好的改革工作

一是清产核资、界定产权，落实资产经营责任。从现在开始，要抓紧进行。首先要清理界定对外投资联营形成的资产，防止国有资产流失。

二是模拟市场核算，实行成本否决和内部资金有偿占用，建立市场经济运行机制。要在鞍钢内部建立新的价格体系、核算体系和考核体系，以成本否决为手段，加大各单位经济责任，提高科学管理水平。

三是实施主辅分离改革。要把实业开发总公司组建起来，同时完成主体以外的部分公司和厂的分离，重在转换经营机制。

四是深化、完善公司机关机构改革。要按照管理职能与实体相分离和“精简、统一、效能”的原则，采取看准一个调整一个的办法，进一步对公司机关机构进行优化调整，提高机关工作效率。

五是做好附企公司改制的基础工作。要在清产核资、界定产权，明确国有资产使用方式，划清两种所有制界限的基础上，组建“鞍钢集体企业（集团）有限公司”。钢铁主体生产单位所属集体企业要与主办厂逐步脱钩，实行分期分批划转集体企业（集团）有限公司统一管理。

六是进行医疗制度、住房制度改革，加快医疗保险制度的完善工作。已经过七届职代会二十四次主席团（扩大）会议审议通过的住房公积金、认购住房债券和集资建房三项改革，要组织实施。出售新旧住房和提租补贴新增加的改革内容，与鞍山市同步进行。医疗保险制度改革方案已经过鞍钢八届四次职工代表大会讨论通过，拟下半年出台。

三、鞍钢必须积极争取条件、创造条件，加快老企业技术改造

钢铁产品有着特殊的供求变化规律，即从一个较长的历史时期去观察，钢铁需求不断增长达到顶峰时，会在相当长的时期内停滞乃至衰退，二战后，西方经济发达国家恢复时期对钢铁产品的旺盛需求同进入70年代后钢铁行业的严重不景气形成鲜明对比就充分展示了这一点。因此，对未来我们不能盲目乐观，要认识到，未来我国的钢铁市场有可能将始终面临买方市场，伴随着各大钢厂及乡镇企业之间的激烈竞争，对此要有充分的思想准备和物质准备。然而，鞍钢是一个具有80年历史的老企业，目前总体技术装备水平仍然十分落后，同国内外先进企业有相当大的差距，导致产品水平低，物资消耗高，企业市场竞争能力弱。因此，要振兴鞍钢，再创辉煌，一方面要深化改革，转换机制，另一方面还要加速鞍钢的技术改造，增强鞍钢的发展后劲。这里我要特别说明一点的是，1986年至1994年，鞍钢共完成技术改造投资98.12亿元，占固定资产总投资的55.07%，其效果是：新增人造富矿（冷料）能力700万吨、生铁120万吨、连铸230万吨、钢材180万吨，并使连铸比由零提高到24.88%，主要装备达到国际水平的比例，由“六五”末的3.39%提高到9.93%，创汇能力也有很大增强。尽管如此，从市场需求和竞争考虑，从鞍钢技术装备现状和产品质量出发，仍然必须加快技术改造。不改造是没有出路的。目前，我们已经制定了鞍钢2000年发展规划，并就规划的有关问题分别向冶金部、国家计委、国家经贸委作了汇报。最近，我们又根据冶金部领导研究钢铁工业“九五”规划的精神，首先着力于解决品种、质量和环保问题，提高产品技术附加值，从而改善产品结构，又对规划项目和实施步骤顺

序进行了一些调整。

（一）鞍钢技术改造调整规划的基本原则和主要目标

1. 基本原则

根据社会主义市场经济要求和鞍钢的实际，我们确定了调整规划的五个原则：一是坚持国务院原则批准的规划的基本框架；二是坚持把调整品种结构和提高产品质量放在优先地位，尽快形成具有竞争能力的产品，提高经济增长的质量和效益；三是坚持技术改造高起点，大力采用当代先进适用的技术装备；四是坚持技术改造项目的系统性，注重投入产出效益；五是坚持环保三同时，解决平炉炼钢污染问题，实现清洁绿化工厂。

2. 主要目标

（1）品种：2000 年钢材品种结构调整的总体目标是实现品种结构的进一步合理化，板管比 60% 以上。重点开发五个系列、十大应用领域的 100 多个钢材新品种。五个系列高附加值产品包括：

1）宽厚板系列产品：100 万吨宽厚板中以优质锅炉板、压力容器板、造船板为主，产量达 75 万吨。

2）冷热薄板系列产品：以汽车板、冷轧无取向硅钢、镀锌板、船板、管线钢为主，产量达 151 万吨。

3）无缝钢管系列产品：以石油管、高压锅炉管为主，产量达 10 万吨。

4）型材系列产品：以全长余热淬火重轨、轻轨、汽车轮辋为主，产量达 83 万吨。

5）建材系列产品：以高强线材、高强螺纹钢筋为主，产量达 43 万吨。

五个系列高附加值产品占钢材总量的 45%。

（2）质量：到 2000 年，按国际标准和国际先进标准组织生产的钢材占总量的比例要达到 90% 以上，实物质量达到国际水平的钢材比例占 66% 以上。

（3）工艺装备水平：到 2000 年，按钢材生产能力核算，66% 以上的主体装备要达到当代先进水平，三字号、二字号生产系统通过整体配套改造，基本实现工艺、技术及装备的现代化，实现全连铸，二、三炼钢厂采用铁水预处理、精炼、真空脱气等装置，从根本上改善鞍钢产品的内在质量，满足高效优质产品开发的需要。半连轧、冷轧、线材等主要轧钢厂要采用当代先进技术进行现代化改造和扩建。

（4）主要技术经济指标（见下表）：

指　标	1994 年	2000 年	目前国际先进水平
综合焦比/（千克/吨）	547	524	482
入炉焦比/（千克/吨）	480	420	307
喷煤/（千克/吨）	77.5	150	175
可比能耗/（千克/吨）	962	887	
连铸比/%	24.88	72	99.6
成材比/%	83.76	90	94.96
实物劳动生产率/（吨钢/人）	48.8	150～180	930

（5）产量：2000 年，钢产量 880 万吨/年，各钢厂产量安排为：三炼钢厂 360 万吨；二炼钢厂 280 万吨；一炼钢厂 240 万吨。钢材产量 795 万吨。

（6）环境保护：消除二炼钢吹氧平炉所造成的粉尘污染，环境质量有较大改善。

（二）鞍钢技术改造的两个突破口

鞍钢进行技术改造必须有利于提高鞍钢市场竞争能力，而市场竞争主要是体现在质量、品种和成本等方面，因此，必须把这些指标的改善及经济效益的提高作为技术改造所追求的最终目标，而不能把追求规模放在第一位。因此，我们这次确定的调整规划把改造半连轧和二炼钢作为技术改造的两个突破口，它们是鞍钢技术改造的重中之重。

1. 改造半连轧，大力提高鞍钢产品实物质量

鞍钢半连轧是我国建造的第一套连轧机组，曾有过鞍钢“摇钱树”之称的光辉历史，而今已成为我国最落后的一套连轧机组，其生产的卷板表面质量也是最差的，不但影响自厂产品的销售，而且影响到其下道工序冷轧厂的产品质量。目前其年生产能力为250万吨，占到鞍钢钢材年总产量的40%以上。因此，我们说半连轧厂是鞍钢技术改造的牛鼻子，搞好半连轧一个厂，就等于解决好了鞍钢大部分钢材产品。

第一，半连轧厂存在的问题主要是产品质量低。进入1994年，鞍钢钢材销路越来越窄，占钢材产量40%以上的热轧板卷占领不了市场，造成相当被动的局面。半连轧产品没有市场的主要原因不是因为这种产品在社会上没有需求，即不是品种问题，而是我们产品的质量不好，竞争不过竞争对手。如宝钢、武钢的板卷就非常畅销，并且每吨价格分别比鞍钢要高600元和350元左右。目前武钢的合同已经超订了70万吨，合同大于实际生产能力，钢材价格不是下降而是上浮。而目前我们半连轧厂连当月的合同都很难保证。

第二，影响半连轧产品质量的主要因素是装备落后。钢铁生产是连续性大生产，其中一个环节装备落后，就有可能影响最终产品的质量，成为影响质量的瓶颈环节。鞍钢热轧板卷要经过采选矿、炼铁、炼钢、初轧、半连轧等多个环节的共同努力才能完成，直到初轧厂之前的各个环节基本上是可以保证质量的，或者说同国内一些先进企业相比，质量差异不太大，然而经过半连轧生产后，再同国内先进企业相比，质量迅速拉开差距。这即表明，鞍钢近一半的钢铁产品经过数万职工的艰辛劳动，消耗了大量的能源和资源，然而就是由于半连轧这个瓶颈环节，所有这些努力都发挥不出应有的作用。可见，半连轧厂是鞍钢进行技术改造的突破口，是只能抓好的重点工程。

半连轧厂改造是国家经贸委确定的“双加”工程。最近，我们与中国国际工程咨询公司专家组共同讨论研究，确定为就地改造轧线平移方案，其工艺流程、技术装备均达世界水平，改造后，将形成350万吨高质量热轧板卷的生产能力。结合三炼钢和冷轧厂的配套改造，将使三字号系统形成360万吨钢、350万吨热轧板、100万吨冷轧板的综合生产能力，具有很强的市场竞争能力。

这里我简要说明一下半连轧厂的改造方案，经过鞍钢广大技术人员和我们有关方面的同志们以及方方面面有关专家共同讨论，确定了目前的半连轧改造方案，即利用现在轧制线西面的这一跨，采取就地改造轧线平移。那么为什么要采取这样的一个方案呢？主要有以下几个方面的原因：第一，我们的改造不能使我们的当前生产有大幅度下降，因为如果当前生产大幅度下降，就会影响整个公司的正常运转。据测算，这个改造最快也需要10个月的时间。第二，我们的改造要高起点，改造后，产品的质量水平和经济效益都要达到一个高水平。现有的这套设备，它的牌坊的刚度非常低，其断面同武钢同样一米七轧机相比，不到人家的一半。它的辊隙也比较薄弱，比武钢的低得多，而且它现在的环境比如地基都限制死了，如果就地改造，辊隙不可能增大，

同时，也不能增加新的装备，很难排开。所以，在这样一个总的前提下，我们的方案是利用原来生产中板的精整跨，它的跨度同现在轧制线的跨度一样，把整个轧制线移过去，基本上就是翻一个面。我们准备搞3座加热炉，加热炉及板坯库和钢卷库，经过总图的考虑，都可以在这一跨摆得下去，这样可以形成一个非常有利的布局，三炼钢的连铸坯能够直接送过来，实现热送和热装。对板坯库要采用计算机管理。对轧线的装备，我们打算采用当代调宽轧机，采用两架初轧机，精轧机采用7个机架，采用当代比较先进的厚度控制、板形控制。在轧机前面留有将来发展无头轧制的可能性，就是在初轧的输出辊道上，可以安装2个热卷箱，可以把2个热卷箱头尾相接焊起来，对此我们留有一定的余地。对于卷板机，我们第一步采用2个卷板机，同时留有安装第三个卷板机的余地。在宽度上，我们打算在现有的基础上加宽，由现在的1.7米加宽到1.78米，增加成材的覆盖面。采用环流冷却，全线采用计算机控制，形成管理机、过程控制机和基础自动化三级的计算机控制系统。那么这套热轧线，应该说在当代是非常先进的。

关于三炼钢的改造，我们准备同半连轧改造相配套进行改造。目前三炼钢有3座转炉，2座是150吨的，1座是180吨的。由于3座转炉是在原平炉位置上建成的，因此存在很多弊端：第一，铁水脱硫能力不足，仅有150万吨。第二，转炉兑铁水的吊车能力不足，只有125吨，每炉要兑3~4次，延误冶炼时间。第三，主厂房布局流程不顺，两端进铁水，中间进废钢，造成高炉铁水罐和车间铁水罐混用，给提高质量造成了困难。第四，延用了平炉厂房，吊车的轨面标高低，只有7米高，转炉前空间高度不足，转炉二次除尘设备上不去，厂内和厂区环境污染严重。

为了满足半连轧厂的改造，大幅度提高板卷质量的要求，对三炼钢主厂房及工艺布局要做合理化改造。改造方案大体是这样的，把原来的两端进铁改为南端进铁，从南端西侧进车间，东侧出铁，供给脱硫车间，将现在的混铁炉间改造成能接收100吨铁水罐和180吨铁水罐。将现有厂房加宽到31.5米，加宽1米，并延长18米。铁水吊车改为2台280吨。废钢由主厂房北端供应，统一由碎铁厂装槽，延长主厂房装料跨34米，安装2台50吨废钢料槽的吊车。新建3套180吨罐，喷吹脱硫扒渣装置，每年可以处理400万吨。主厂房北面抬高到正23.1米，抬高6.1米，为满足一罐兑铁水和转炉二次除尘的需要，将厂房吊车轨道抬高6.1米，吊车加大到280吨，安装2台。3座炉子都改成为统一的180吨，1号和2号转炉跨厂房提高，以满足2座炉子改为180吨的需要。新建转炉二次烟气除尘设施，改善环境条件，减少污染。这个方案如能实施，需要停产2个月。

2. 改造二炼钢，解决品种、质量、消耗和污染问题

二炼钢厂是日伪留下来的平炉炼钢厂，1955年改造后恢复生产至今，原设计能力为160万吨，经过多次大修改造目前为顶吹氧烧油平炉炼钢厂。目前，年生产能力为250万吨钢，除配3台小方坯连铸机年产70万吨小连铸外，其余为模铸。由于目前平炉炼钢工艺落后，能耗、物耗高，劳动生产率较低，尤其烧油顶吹氧后带来的粉尘污染很严重，二次除尘很难解决。从几项主要指标与转炉比较，平炉炼钢属于应尽快淘汰之列。

第一，能耗、物耗远远高于转炉。鞍钢1994年平炉钢铁料消耗和工序能耗分别为1143kg/t和71.57kg/t（标准煤），转炉钢铁料消耗和工序能耗则分别为1109kg/t和35.47kg/t（标准煤），平炉比转炉分别高34kg/t和36.10kg/t（标准煤）。平炉炼钢的

劳动生产率为997吨/(人·年)，而转炉为1340吨/(人·年)，平炉低393吨/(人·年)。平炉炼钢成本远远高于转炉炼钢。鞍钢绝大多数为平炉钢，转炉钢只占37.03%。

第二，污染严重。烧油顶吹氧所产生的黄烟，除一次烟尘经电除尘处理外，减轻了大气污染，但二次烟尘由于炉门和炉头密封问题难以解决，生产中外逸烟气每年达6.6万吨，给环境造成严重污染，必须予以解决。

经改造后，二炼钢易地改造成3×150吨现代化转炉连铸炼钢厂，其主要工艺特点为：3×100万吨自动化脱硫扒渣；3×150吨顶底复吹自动化转炉；2台ANS-OB和1台RH-TB炉外精炼设施；相应的板坯连铸机和方坯连铸机。现代化转炉的建设将使二炼钢变成无污染的清洁工厂，能耗、物耗以及成本大幅下降，连铸比将在现有基础上提高一倍。由于采取脱硫扒渣、LBE顶底复吹、炉外精炼、连铸以及热坯直送等先进技术，将促进鞍钢扩大产品品种和提高内在质量，最终扩大鞍钢产品的市场占有率。

精干主体，分离辅助，走向市场，发展鞍钢

1995 年 9 月 7 日

一、正确认识社会主义市场经济条件下企业面临的形势

在市场经济中，企业面对的是市场的公正评价和激烈的市场竞争。优胜劣汰，市场无情。企业再不能捧上国家给的“铁饭碗”，国家也再不能以“输血”、“供氧”的形式，保证某一企业的生存和发展。在市场经济条件下，一些企业蓬勃发展，一些企业走向破产倒闭，这是激烈竞争的必然结果。如果一个企业生产的产品没有市场，或者产品亏损，积累下来将发展到资不抵债，导致企业的破产倒闭，而企业产品没有市场，或者亏损，其中最根本的是劳动生产率低。马克思指出，产品的价值量是由生产产品的社会必要劳动时间决定的。劳动生产率低的企业所生产的产品，没有竞争力，企业就将被淘汰，市场是公正无情的。宝钢去年产钢八百万吨，职工一万七千人，人均产钢六百吨。韩国浦项钢厂产钢每年近两千万吨，全厂员工也是一万七千人。我们年产八百万吨钢，可我们全民职工十九万，加上混岗的集体职工，共有二十余万人，人均年产钢不足四十吨。我们面对怎样的对手，怎样的形势，我们的每一位职工应该清楚。

在激烈的市场竞争中，鞍钢会不会倒台？我说不会。但前提是鞍钢必须“三改一加强”，适应社会主义市场经济的要求，这应该成为我们全体职工的共识。我们必须加快改革步伐，加快改造步伐，在党中央、国务院的关怀支持下，特别是要依靠自己的力量，迎头赶上，对此我充满信心。但是，我们必须有危机感和忧患意识，面对强大的对手和激烈竞争，再不能无动于衷。鞍钢再不能眼睛向上“等靠要”，鞍钢职工再不能躺在企业的怀抱中死抱“铁饭碗”。

二、正确处理鞍钢全民企业与鞍钢集体企业的关系

为使鞍钢能在社会主义市场经济条件下继续发展，再现辉煌，我们必须坚定不移地走改革道路。我们的改革思想就是“精干主体，分离辅助”，走向市场，壮大发展鞍钢。

“精干主体”就是要在钢铁生产主体单位精简机构，精减人员。要从正面看待精减人员，我们是让剥离人员发展多种经营，积极开发开拓新的效益增长点。这不是一个消极的做法，对此要转变观念。通过精干主体，促进鞍钢轻装上阵，更快发展，精干主体后，鞍钢生产主体是七万四千人，今后，还要继续精减，逐步减至五万人左右。

“分离辅助”就是将钢铁生产的辅助单位分离出去，形成自主经营、独立核算的经济实体。通过模拟市场，按照价值规律，激励每一个辅助单位的生产经营活动。职工工资晋升不再吃“大锅饭”，有效益的单位，职工能涨工资，没有效益就不涨工资。矿山公司、弓矿公司、机制公司、实业开发公司都将成为独立核算单位。这些辅助单位都

本文是作者在鞍钢附企公司劳动就业制度改革工作会议上的讲话，此次公开出版略有删节。

将被放入市场经济的海洋中，经风雨见世面，接受市场经济的冲击和考验。这项工作就包括把鞍钢集体企业从主线剥离出来。现在已有13个集体企业先行一步，还有20个集体企业即将分离出来，这样做是让集体企业走向光明大道，致富大道。

只有“精干主体，分离辅助”，鞍钢才能生存下去，才有希望发展。

鞍钢主体与鞍钢集体企业的关系，应该是在经济上相互独立的关系。附企公司必须独立经营，自负盈亏，再不能依附全民企业，但鞍钢要对附企公司给予必要的支持、指导。鞍钢与附企是两个相互独立的经济组织，不能混在一起，彼此要账目清楚。包揽、庇护的做法，是培养不出来在社会主义市场经济中有前途的集体企业，鞍钢对附企的工作并不是放手不管，还会继续支持和帮助集体企业。但这种支持与过去的“支持”有着不同的含义。附企公司抓住了有竞争力的产品，我们就要在资金等方面予以支持，并通过支持取得“回报”即给予有偿支持，按照市场的规则办事，鞍钢还要帮助附企公司尽快发展，使附企公司争取十年后达到鞍钢现在的水平。我认为，附企公司应该有这样的雄心壮志。历史发展规律就是这样，一代要比一代强。

三、职工要正确对待自己的企业和企业的发展

作为企业职工必须考虑，企业不是“铁饭碗”，在企业中工作劳动要有忧患意识，要有紧迫感和危机感，要与企业领导相互配合，共同推动企业发展，使企业适应市场的激烈竞争。现在国家正在推进劳动制度配套改革，推行劳动合同制，企业与劳动者双向选择。现在鞍钢各单位已经成立了内部劳务市场，很多单位实行待岗、试岗、上岗制度，形成了企业内部的竞争机制，只有在企业内部形成了竞争，鞍钢才能有生机和活力。

进入待业年龄的职工子女也要正确认识企业，树立正确的就业观念，不要死抱着计划经济条件下就业观念不放。要认识到在市场经济条件下，就业渠道是多种多样的。富裕的生活之路就摆在我们每一位待业子女面前，看你是否选择它，敢不敢到社会中闯，在市场经济中锻炼。我希望我们的待业子女通过学习、锻炼，提高自我生存能力，勇敢接受企业和社会的选择。

在社会主义市场经济大潮中，我们都必须正确认识形势，正确认识企业，教育我们的待业子女，帮助他们树立正确的择业观，选择正确的人生道路。

齐心协力，奋发进取，鞍钢一定会再创辉煌

1996 年 1 月

时间过得很快，去年初我刚到鞍钢时，参加了你们第一次党代会，现在一年过去了。过去的一年应该说是鞍钢发展历史上不平凡的一年。一年来，鞍钢在社会主义市场经济的大风浪中经受了锻炼，经受了考验。回顾过去的一年，鞍钢各方面的工作都有许多需要总结、需要肯定的东西。自动化公司在过去的一年里取得了很大的成绩。下面，我讲两个问题。

1995 年初，鞍钢面临的形势是资金短缺，原料不足，生产不得不采取了应急方案。当时，产品销不出去，产成品库存上升，资金回收十分困难，由于管理费用高、市场价格低，再加上生产规模比较低，检修任务比较重，所以去年初鞍钢处于亏损状态，1、2 月份亏损两个多亿。面对这种局面，鞍钢全体职工都在思考这样的问题：鞍钢在由计划经济向市场经济的转变中究竟能不能生存和发展，怎样生存和发展，出现困难的原因究竟是什么。经过一年的实践，我们对这些问题都做出了不同程度的回答。首先，鞍钢出现亏损的原因是什么？我觉得江总书记在上海、长春座谈会上的讲话中已经原则地讲到了，主要是三个方面的原因，一是历史遗留给国有大中型企业的包袱很重；二是装备落后，负债很重，产品没有竞争力，效益低下；三是管理上不适应社会主义市场经济的要求。我认为，江总书记的讲话很符合鞍钢的实际。鞍钢在向市场经济转变过程中的表现，充分暴露出在上述三个方面存在的问题。从历史包袱这个角度看，鞍钢的包袱很沉重。历史上的包袱包括多个方面，其中很重的一个包袱就是大而全、企业办社会。在计划经济体制下，企业力求做到万事不求人，企业越搞越庞大，什么都自己搞，什么都是自己的。大家讲笑话，说鞍钢除了火葬场没有，其他什么都有。这样就形成了 50 万人吃 800 万吨钢的局面。最近我听了一下医院改革的汇报。现在鞍钢医院的职工加在一起有将近七、八千人，一年光发工资就得 7000 万元。鞍钢进行了医疗制度改革，职工拿出工资总额的百分之一，公司拿出百分之十，加在一起一年有 1.5 亿元。测算了一下，在这个基础上医院还需要公司补贴 1.1 亿元到 1.2 亿元左右。两项加在一起是 2.7 亿元。工资要补 7000 万。我们的职工到医院看病是按国家规定的药品、器具、治疗价格付款的，医院职工的工资又是公司补贴的，那么为什么医院还要公司补贴这么多呢？这说明我们医院的效益太低。医疗制度改革后，到医院看病的人逐渐减少了，形成了多个医务人员看一个病人的局面，医院的生存就成问题了。现在上海大部分医院都是自负盈亏的，根本就不补贴，而我们的医院却做不到。医疗系统按照市场经济规律的要求分析一下，问题就比较清楚了。矿山的亏损更是惊人的。现在鞍矿亏损 3.9 亿元，弓矿亏损 4.7 亿元，两个矿山就亏了 8 个多亿，再加上机总亏损 1.5 亿元，三个单位就亏损 10 个多亿。矿山亏损是个什么概念呢？就是我们用买进口矿的价格买他的矿，他还亏那么多。折算一下，买弓矿的矿是每吨 570 元。买进口

本文是作者在鞍钢自动化公司一届三次职代会上的讲话，此次公开出版略有删节。

的澳大利亚矿到家门口才310元一吨，买弓矿的矿却要570元一吨。亏损太惊人了，效益太低了。计划经济体制下就是这样不讲效益。设想一下，如果我们国家的企业都是这样的效益，怎么能跟国际市场竞争，将来恢复我国关贸总协定缔约国地位后，国门打开，我们的产品能不能跟国外的产品竞争？会出现什么样的局面，这是可想而知的。其他14个离线单位基本上也都是亏损的。这样一种不讲效益的机制是过去计划经济的产物。再说50万人吃钢铁饭的问题，除去12万离退休的老同志，还有38万职工。38万这个数算搞清了其实也未完全搞清。中央领导同志问我鞍钢全民职工有多少人，我说19万2千人。后来才知道在集体企业工作的全民职工还有1万人。我们鞍钢是50万人搞800万吨钢。世界上是什么水平呢？世界上先进钢铁企业的水平是人均400吨钢以上，浦项是人均1000吨钢。国内的先进水平，宝钢是人均400吨钢，武钢也搞到人均200吨钢，而我们人均不足20吨。可以算一个很简单的账，如果按照我们现在的销售价格，一吨钢有400元的毛利，20吨才8000元，8000元的毛利够不够我们开工资呢？在人均毛利8000元的水平下，我们要提高人均工资水平怎么可能呢！钱从哪里来呀！何况我们有些产品的吨钢毛利还达不到400元。所以，我们现在这样一种大而全、万事不求人的体制非改革不可，不改革就经不起市场的考验。江总书记在上海、长春座谈会讲话中讲得很清楚，对企业来说，面对的问题就是在市场竞争中优胜劣汰。好的、有效益的、有发展前途的企业就继续发展，不好的就要被淘汰，说得直接一点就是要倒闭，要实行改组。这种观念对我们鞍钢来说要成为一种忧患意识，来激励我们加快改革改造的步伐。从装备水平上看，现在我们的装备水平比较落后，部分产品质量落后，这些大家都知道。从1949年到1994年的45年中，鞍钢为国家的社会主义建设、为国家的钢铁工业做出了巨大的贡献，实现利税624亿元，上缴国家532亿元，国家直接给鞍钢的投资才61亿元，留给鞍钢的资金确实很少。鞍钢不同于宝钢，国家给了宝钢大量的资本金；也不同于首钢，国家给了首钢很好的政策。鞍钢与宝钢、首钢都不一样。对于鞍钢的贡献，大家都承认。李瑞环同志来的时候直截了当地说，对于鞍钢给国家做出的贡献，党中央不会忘记，全国人民不会忘记。国家也非常关心鞍钢的生存和发展，也在千方百计想办法。我们也多次找了中央领导同志，争取国家的支持，但国家也有很大困难。比如天津大无缝，据说总投资是120亿元，基本上是无本生意，全是从银行借的，现在债务负担相当重，一直处于亏损状态。总书记亲自过问过，李鹏总理也亲自过问，朱副总理也亲自过问，最后大概是解决了30多个亿，是几家摊的，石油工业总公司摊了一部分，宝钢投了10个亿，国家又投了10个亿。天津大无缝也只解决了这么一点资金。试想鞍钢这样的情况，国家能有大量的资金投入吗？不大可能，国家有国家的困难。所以说鞍钢的改造发展主要的还是要立足于我们自己，要依靠自己的力量。从管理的角度看，我们自身管理上也存在问题，不适应市场经济要求。我们管理比较粗放，过去重产量不重质量，只要能生产出来就是好家伙，不管它有没有用，也不管它效益如何。过去我们不重视资金管理，不重视成本管理，不重视企业的基础管理。许多经济技术指标不仅同先进企业比有较大差距，就是跟我们历史上达到的水平比也有差距，原因就是管理没抓好。总之，我们的管理不适应市场经济。

1995年，在全体职工的共同努力下，我们用自己的工作成绩回答了鞍钢能否在市场经济条件下生存下来的问题。我们实现了我们的目标，生产钢813万吨，铁800万吨，材518万吨，实现利润3.3亿元，产销率达到99.2%，回收现款121亿元。应该说，去年的产量是有市场的产量，是有效益的产量，是得到广大用户接受的产量，这很不容易啊。在市场经济条件下，你不能强迫用户来买你的产品，这与过去计划经济的情况不一样。过去产品是国家分配，你给国家上缴多少资源，国家分配给铁道部多少，石油部多少，煤炭部多少，轻工部多少，一分就完了。想要也得要，不想要也得要。市场经济下情况就不同了，你要用你的产品、你的价格、你的质量、你的服务让用户来接受，特别是在买方市场的形势下更是如此。这对鞍钢来说是个新问题。其实1994 年也有这样的问题。但在当时我们是采取托收承付，不管给钱不给钱，先把货发出去，结果就形成了 130 亿的人欠款，最后实在没有钱维持下去了，只好向银行借钱发工资，这才觉醒到这是个大问题，再这样搞下去不行了。1995 年我们提出不给钱不发货，没有合同不生产，经过公司上下共同努力，使我们鞍钢的产销率达到 99.2%，产品基本上全部卖出去了，货款回收加上顶抹账应该说基本上全收回来了，没有增加新的人欠款，没有向银行借钱发工资，还实现了 3.3 亿元的利润。虽然 3.3 亿元利润数量上很少，但其意义十分重大，它说明鞍钢能够在市场经济条件下生存下来，回答了鞍钢能不能生存这样一个大问题，一年来鞍钢的广大职工用实践做出了回答。这是我讲的一个问题。

那么我们鞍钢怎样发展呢？这个问题是大家经常讨论的问题，也是公司领导经常思考的问题。从鞍钢的实际看，从解决鞍钢存在的问题来看，鞍钢要发展，必须以经济效益为中心，加快实现两个根本转变，把改革、改组、改造和加强管理结合起来，这才是鞍钢发展的基本出路。这一点我在鞍钢八届五次职代会的报告中已经提出了，在这里我想展开一下。首先，我们必须加快改革的步伐。刚才我说了，我们现在这样一种大而全的结构，不改革没有出路。我们必须把矿山以及其他非主体单位分离出去，让这些单位到市场中去参与竞争，实现自身的发展。最近公司领导到鞍矿和弓矿去调查研究，我们发现分离之后，两个矿山的工作比较深入，都在认真落实公司职代会的精神，落实公司与他们签署的主体分离方案中确定的减亏目标和任务，把责任和措施层层分解落实，想了许多办法。比如弓矿，生产红矿成本高，就提出要逐步减少红矿产量，还有过去挖出石头也算产量，也要缴税，现在他们先把石头去掉，采取多种办法努力提高效益。现在两个矿山很有信心。自动化公司也是分离单位，我觉得自动化公司更应该充满信心，不仅能够养活自己，而且应该为公司养活别人做贡献。我是这样想的。我在武钢的时候，在太钢搞热连轧自动化项目，投入 20 个人，干了两年，给公司挣了 500 多万元，一个人平均每年挣 25 万元，这不是养活了别人嘛。自动化公司也应该是这样。改革必须要抓，而且必须要加快。在医疗制度改革中，医院应该核定一个医生看几个病人，如果病人减少了，指定就医的医院就应合并，剩下的医院要到社会上去看病人。我们现在有十所医院，如果十所医院多，那十所医院中就留下几个，其余的医院对社会看病，这样就可以把医院的效益提高上来了。我们必须要算一算经济账。社会上看一个感冒要十块钱，你要二十块钱，光摊医生的工资就要二十块钱，如果是这样的效率那就不行。辅助单位要提高效率，提高效益。钢铁主体部分也要提高劳动生产率。我们提出钢铁主体部分要从现在 7 万 4 千人降到 5 万人，这个工作今年就要起步。要通过推行全员劳动合同制，签订岗位责任协议，形成竞争上岗的机制。干好的继续干下去，干不好的就待岗，给你基本工资，保证生活费，但奖金、岗位工资要靠竞争。要按照党中央的要求，改变企业吃国家大锅饭，职工吃企业大锅饭的局面。不这样搞，鞍钢最终只能像辽镁那样被改组。现在辽镁被分成了三家，被改组了，职工十个月没有发工资了，生活很困难。要使企业避免这种结局，公司内部就要形成竞争的机制，要奖勤罚懒，奖优罚劣，提高工作效率。要按照中央提出的责权明确、管理科学的要求，重点搞好责、权、利的挂钩。其次，我们必须加快改造的步伐。鞍钢如果不改造，维持现在这样的产品结构、产品质量和经济效益，很难在国内外的钢材市场上与国内兄弟企业和国外企业竞争，没有竞争力，至少是相当一部分产品没有竞争力。这方面例子很多，最典型的就是半连轧的3.0热轧卷，在价格上我们比宝钢少卖六百多元，比武钢少卖四、五百元，价格差这么大，还推销不出去，用户越来越少。除了我们过去在管理上对质量重视不够的因素，也确实有装备落后、产品落后的原因。一汽用我们的材料越来越少。因为宝钢投产了，武钢投产了，更好的产品摆在那里，人家为了使它的汽车更有竞争力，当然要选好的板子。市场就是这样优胜劣汰，你不改造能行吗？不改造就是坐以待毙，总有一天你会卖不动，谁都不要你的产品。现在热连轧的装备都在搞，宝钢第二台热连轧今年就要投产，它有一套2050的，又搞了一套1580的。武钢马上也要搞第二套，武钢第一套是一米七的，第二套准备搞2250的，要占领宽的热轧薄板市场。本钢的一米七轧机我去看过，原来还不太摸底，看了才知道它比我们的装备好多了，它的产品可以同宝钢、武钢的产品比。本钢热连轧在技术上、操作上还有些问题，再加上它连铸没有上去。如果大连铸上去了，我看直接威胁我们的就是本钢。太钢买了日本的二手热连轧机，它的自动化控制系统是我组织武钢的同志搞的，现在生产的产品非常好，出口后用户非常满意。梅山热连轧上去后技术上还没有完全掌握，但人家很快也会掌握。如果这几台轧机一上去，我们鞍钢半连轧还没改造，产品就真没有人要了。如果我们鞍钢有二百多万吨钢材没人要，那么是一个什么样的局面！所以半连轧非改造不可。正如吴邦国同志说的，半连轧改造是鞍钢的翻身之仗，是重中之重。围绕半连轧的改造还要配套上第二台大连铸。第二套大连铸我们咬紧牙关也要上，原来概算是九亿九，说是干第一台花了10多个亿，第二台就得九亿九。我跟我们的同志说，8个亿非给我拿下来不可。我们没有钱啊！没有钱还要搞改造，我们就是圆这样一个梦。我说不改造没出路，但要改造钱从哪里来？我们1995年有3.3亿元利润，自己能留下2个亿，半连轧改造按概算要75.6亿元，75.6亿元从哪里来？有人出主意，从银行借钱，但鞍钢能借得起吗？银行长期贷款的利息是15%，半连轧有没有15%的效益还很难说，就算有15%的效益，我们还要缴税呀，把缴税的因素考虑进去，半连轧有没有那么好的效益还真是个问题。我向朱副总理汇报时，他跟我说，刘玠同志我告诉你，你从银行借钱搞改造，你永世不得翻身。我算了算也真是这么一笔账。鞍钢现在已经从银行借了112亿元，还从同志们手上借了好多钱，如风险抵押金、线材股票、金钢债券等，加在一起共133亿元。齐大山改造已经花了41个亿，大概要从银行借30个亿。现在我们已经借了133个亿，1995年光付利息就17个亿。再借三十来个亿，加在一起我们一年要付20多亿元的利息。在这种情况下，鞍钢还有没有借钱搞改造的能力呢？没有，没有这个能力。不改造没有出路，要改造又没有钱，又没有能力借钱搞改造，怎么办呢？出路只有一条，勒紧自己的裤腰带，加强我们内部的管理，向管理要效益搞改造。只有这条出路才有光明的前景。所以，我们提出来，半连轧改造60个亿必须拿下来，大连铸8个亿必须拿下来。我们没有宝钢那样财大气粗的优势，在改造中只能有重点地进口和引进，凡是我们自己能做的，都要我们自己做；凡是国内能做的，都要在国内做。只有最关键的部件才少量进口。鞍钢第一台大连铸进口花了7500万美元，这次只能花1330万美元进口。只能这么做，不这么做就没有出路。所以公司对自动化公司寄予了很高的期望，希望自动化公司能担负起历史的重任，挑起这个重担。凡是在“九五”改造中需要用计算机技术的部分，硬件我同意买，但软件一律靠自己。大连铸谈的价格我还不满意。这如果在宝钢，是要给有的同志戴大红花的，可在鞍钢还是要批评的。我们鞍钢不是宝钢，没有那么多的钱，我们要从鞍钢的大局出发。我希望在座的同志们，希望各级领导干部和广大职工，都要围绕着这样的大局来做工作，这才是鞍钢的唯一的出路。我们要从各个环节，包括生产经营的环节、改造的环节千方百计节约开支，节支增效。我们提出1996年要节支增效20.5亿元，就是立足于这样的出发点。我们已经建了一台大连铸了，我们再照葫芦画瓢做一个就是嘛，我相信自动化公司有这样的信心和勇气，也有这样的实力，能够承担起这样的责任。半连轧改造这套控制系统，如果要引进没有四五千万美金拿不下来。那天我跟有的同志说，如果只买计算机部分的硬件，谈得好三四百万美金就能拿下来，把仪表、传动部分都算在一起，七八百万美金也能拿下来，软件部分靠自己干，这样至少可以节省2000万美金。没有这样的力度，公司是通不过的。我们必须这样精打细算。

总之，只要我们鞍钢全体职工齐心协力，奋发进取，在改革上、在改造上、在生产经营上，坚持从严管理，做到责权利相统一，就能搞好生产经营和改革改造。1995年我们回答了能否生存和怎样生存的问题，1996年我们面临着生存和发展两大课题。我相信，只要我们团结一致，按照党中央提出的要求，在实现两个根本转变上加快我们的进程，以经济效益为中心，把改革、改组、改造和加强管理结合起来，我们鞍钢一定会有一个光明的前景，鞍钢一定会再现辉煌。

正确面对成绩和问题，以改革、改造振兴鞍钢

1996 年 2 月 1 日

为了深入学习贯彻党的十四届五中全会精神，把加速实现两个根本性转变落实到鞍钢的各项具体工作当中去，按照今年公司政治工作会议的安排和部署，公司党委和行政决定，从 2 月份开始，在全公司职工中开展以“如何振兴鞍钢”为主题的大讨论活动。从今天起到 6 日，在这里举办两期基层党政主要领导研讨班，首先在领导干部当中统一思想，提高认识，研究措施，形成共识。

最近江泽民总书记在《冶金部关于冶金工业“八五”发展情况及“九五”发展速度的报告》上给刘淇部长的批示中指出，在改革开放的新时期，我们仍然要坚持全心全意依靠工人阶级，这个基本的政治原则，任何时候都不能动摇。我们在全公司职工当中开展“如何振兴鞍钢”大讨论活动，就是深入贯彻江泽民总书记的指示精神，全心全意依靠工人阶级办好企业，真正相信和依靠职工群众，最终依靠我们自己的力量来实现振兴鞍钢这个目标。

今天，我想以参加学习研讨这样一个身份，谈谈自己对如何振兴鞍钢这个问题的一些想法和认识，作一个中心发言，供同志们共同来讨论。希望对大家搞好这次研讨有所帮助。主要谈三个问题。

一、如何看待去年以来鞍钢出现的变化和取得的成绩

应该说，过去的一年，是鞍钢发展史上不平凡的一年。现在回过头来看一看，大家都会有很深刻的体会。这一年，我们鞍钢是在社会主义市场经济的大风大浪中经受了锻炼和考验。1994 年末和 1995 年初，鞍钢面临着资金短缺、原料不足等严峻困难，生产不得不实施“应急方案”，下调了生产水平。由于合同不足，产品销不出去，库存上升，资金回收十分困难，三角债严重，再加上检修任务比较重，产量下降，物耗上升，各种费用增加加重了成本的负担。所以去年 1 ~2 月份，就亏损了两个亿，这是我们鞍钢的历史上所没有的。这样一种亏损的局面，给我们提出了一个尖锐问题：鞍钢作为国有大企业，一个老企业，在市场经济的条件下能不能够生存？能不能靠自己的力量创造一定的利润？鞍钢全体职工都在自觉或不自觉地思考这个问题。一年多来的工作实践表明，我们回答了鞍钢能够在市场经济条件下生存下来这样一个问题。1995 年，我们实现了既定的目标，在 10 月份扭亏为盈的基础上，全年生产钢 813 万吨，铁 800 万吨，钢坯 724 万吨，钢材 518 万吨；实现销售收入 186 亿元，利税 23. 8 亿元，其中利润 3. 3 亿元。同时上缴了各种税金 21. 07 亿元，实现了当年税金不欠。去年鞍钢的生产经营形势出现了这样一些转机是来之不易的。我们之所以能够取得这样的成绩，我看有这么几个方面的因素和基本条件是我们应该看到的：

第一，我们鞍钢的职工队伍确实是有觉悟、任劳任怨，具有创新、求实、拼争、

本文是作者在鞍钢基层党政领导干部研讨班上的动员讲话，标题是此次公开出版时所加。

奉献精神的队伍。我们鞍钢不愧是孟泰精神的发源地，鞍钢的职工不愧是孟泰精神的传人。我们干部的大多数也是多年受党的培养和教育，有干劲、有能力，这一个基本条件我们应该看到。

第二，我们在 1995 年，全心全意依靠工人阶级，把困难情况如实地向广大职工讲清楚，同时加强了思想政治工作，引导广大职工转变观念，更新思路。比如说，我们开展了“失去一汽传统市场的反思与警醒”这样一个大讨论，使广大职工增强了质量意识。比如说，上铸锭不算产量这样一些措施在职工群众当中形成了共识。就是说转变观念提高了广大职工对市场经济的认识。

第三，我们的经营机制在转变，开始按照市场经济的规律来经营企业。比如说，我们坚持没有合同不生产、不付款不发货这个原则来组织生产。同时，又积极地去开拓市场，产销率达到了 99.2%。我们的产品基本上都卖出去了，货款回收加上顶抹账，应该说基本上全收回来了，在没有增加新的人欠款，没有向银行借款发工资，没有再增加新的流动资金借款的情况下，我们靠促销回款和清欠，保证了维持简单再生产所需要的资金，保证了重点技改项目资金和职工工资的发放，偿还了 1994 年向党员和部分职工所借的购煤款本息 5729 万元。我们在 1995 年开始按照市场经济规律经营我们的企业，开展生产经营活动。我觉得这是我们第三个基本的做法，也是取得这样成绩的一个基本点。

第四，我们把改革、改组、改造和加强管理结合起来，取得了一定的成效。我们去年上半年制定了改革的方案，通过广大职工的讨论取得了共同的认识，并且在下半年实施了改革方案，包括精干主体、分离辅助，包括医疗制度的改革，等等。同时我们在改造上对发展规划重新进行了修改，把发展规划和鞍钢进入市场结合起来，首先抓住产品结构的调整，抓住如何生产适销对路的产品，增加高附加值的产品，以产品为中心来调整我们的改造方案。把加强管理和改革、改造结合起来，应该说，这是我们在 1995 年好的基本做法。我们在分配制度改革方面也做了些尝试，改变了过去的做法，加大了经济责任制的考核力度，取得了一定的成效，得到了广大职工的认可。我们还可以总结出一些经验，就我个人看，几个重要的基本方面，就这么些。

但是，对 1995 年的成绩，我们应该全面地、辩证地看，全面地评价我们去年以来发生的变化和取得的成绩。对 1995 年的工作也不能评价过高。应该看到实现 3.3 亿元利润与鞍钢企业的规模和鞍钢所处的地位、过去所做的贡献相比，是不相称的，和市场经济的要求差距也是很大的。3.3 亿元利润对鞍钢这样一个特大型企业来讲，只够发一个月的工资。应该说，这样一个利润的幅度，经不起市场经济的冲击。所以，从生存上看，过去一年鞍钢取得的成绩只能说初步解决了在市场经济下能否生存这样一个问题，还没有解决在市场经济中的发展问题。我认为，我们还有几个本质性的东西没有发生变化。

第一，我们的产品结构在总体上没有大的变化，我们的实物质量达到国内先进水平的比例还不高，达到国际先进水平的比例更低。我们高附加值的产品占的比重不多，半连轧热轧卷应该说在市场上比较看好，但效益不高，比宝钢、武钢有很大的差距，附加值很低。总体上看我们产品的高质量高附加值、连铸比的比例都低，转炉比的比例也低。所以我们总体上产品结构方面没有大的变化，需要今后通过改造，不断开发新品种加以解决。

第二，我觉得装备落后、老化问题没有得到根本的改变。虽然有些变化，有了些新的装备，比如线材改造，比如10号高炉改造性大修，但是装备水平总体上来看没有大的变化。

第三，劳动生产率仍然很低，仍然是20多万人搞钢铁这样一个局面，没有根本性的变化。这样一个产业结构、组织结构没有根本改变。

第四，自我积累、自我发展的能力和潜力没有充分发挥出来。3.3亿的利润所得税一缴，剩下2个多亿，自我发展的能力非常非常弱。所以说，1995年的成绩虽然来之不易，但不要估计太高，就是说没有解决我们的发展问题，没有解决在市场经济的大风大浪中能够生存、发展的问题。

最近，全国冶金工作会议上传达了江泽民总书记、李鹏总理、朱镕基副总理、吴邦国副总理等中央领导同志对冶金工业发展作的重要指示。江泽民总书记希望冶金战线要尽快实现经济体制和增长方式的两个根本性转变，走出既有较高速度又有较好效益的发展路子，为我国社会主义现代化做出新的更大的贡献。李鹏总理要求，冶金工业要在实现两个根本性转变上起好步，开好头。刘淇部长在工作报告中也提出了全国冶金工业"九五"的发展思路。许多兄弟企业现在都在积极地调整自己的发展思路。首钢改变了过去单纯靠增加产量来增加利润的做法，今年安排生铁产量是757万吨，钢834万吨，钢材704万吨，基本保持了去年的水平。他们把着力点放在降低消耗、降低成本、改善品种、提高质量上，准备比1995年降低总成本3.65亿元。宝钢今年准备产钢780万吨，销售收入270个亿。同志们，人家是270个亿，产钢780万吨，实现利税60亿元。虽然因为今年宝钢2号高炉检修影响了一部分产量，但他们下了这样的决心，减产不减效益，销售收入和上缴利税仍然保持去年的水平，并继续在产品质量和劳动生产率方面保持一流的水平。太钢提出，以年产300万吨钢的规模实现1000万吨钢的销售收入和利润。兄弟企业都在经济增长方式方面加大力度，都在转变观念，在两个根本性转变上下功夫。可以说，钢铁企业的竞争将更加激烈。江泽民总书记在上海、长春企业座谈会讲话中讲得很清楚，对企业来说，面对的问题就是市场竞争中优胜劣汰。1995年，我们回答了能否生存的问题，迈出了重要的一步。1996年，我们在市场经济中既要解决生存问题，还要解决发展的问题，这就是我们这次大讨论的主题。如何振兴鞍钢？这既是党和国家对我们的要求，广大职工对我们的期望，也是市场经济提出来的急需我们解决的重大问题，关系到鞍钢当前的生产经营，也关系到鞍钢长远的发展，不仅有很大的经济意义，而且有很大的政治意义。我们提出1996年主要指标要创历史，产钢达到850万吨，铁840万吨，钢材690万吨，产销率100%，合同执行率100%，实现销售收入188亿元，实现利税3.5亿元，可比成本降低3%，挖潜增效20.5亿元。实现这样的目标，是基于我们不仅要解决生存问题，而且要解决发展问题这样两个大的课题来考虑的。20.5亿元这样一个挖潜增效目标，就是要用这部分效益来发展我们自己，尽管发展的力度还不是很大，但我们开始要求这样做。我们的干部职工，特别是各单位党政主要领导同志，决不能因为1995年扭亏为盈，实现3.3亿元的利润，而有大功告成的念头，更不能够躺在3.3亿元利润的成绩上沾沾自喜，甚至产生盲目乐观的松劲情绪。除此，还应该看到1996年的经济环境并不宽松，经济形势仍然相当严峻。正像吴邦国副总理指出的那样，今年市场的制约作用将更强。无论是从国内市场还是从国际市场看，都对我们有许多不利的因素。大家都知道，当前国际钢材市场价格下降的幅度很大。去年8月份，我们三炼钢的连铸坯卖到每吨285美元，现在只能卖到235美元以下，差50美金，差了400多元人民币。关于国内市场情况，全国冶金工作会议上刘淇部长的报告明确指出，今年我国钢铁市场钢材需求预测在9800万吨，国内自己能够生产8400万吨，就是说还有1400万吨钢材缺额。这里面，要引进一部分国内不能够生产，不能满足需求的，同时还要利用社会库存的一部分。所以从国内市场的总量上看，钢材的供求大体是平衡的，从产品结构上看，还有相当一部分供大于求。特别是大型、中型材等供大于求，生产能力有相当一部分闲置。从市场来看不容乐观。国家继续控制投资，经济增长的速度去年国内大约是10%，今年的目标降到8%，实际运行结果可能和去年持平或者稍有降低。钢铁企业对经济增长速度拉动的影响一度是很敏感的。所以市场仍然是我们面临的大问题，这是一个方面的变化。国家的税制也在进一步改革。大家都知道，出口退税率从17%调整到14%，现在又调到9%，钢铁出口增加了难度。这是税制方面的变化。上游产品涨价因素有新的浮动，运费涨价，煤涨价，电涨价，重油涨价，这样的局面已成定局，由于国家经济秩序进一步规范，进一步完善，因此资金人欠、欠人的矛盾将更加突出。所以我们要认识到这样一个严峻的困难并没完全过去，生存和发展的问题并没解决，必须保持清醒的头脑，进一步增强振兴鞍钢的责任感、紧迫感和危机感。

二、按照党的十四届五中全会提出的加速实现两个根本性转变的要求，正确认识鞍钢的现状和存在的问题

这就是要正确认识我们自己。刚才我已经提到，从1995年的情况来看，我们鞍钢在前进的道路上克服了许多困难，取得了一些成绩。前面已经提到了我们的一些优势，不再重复，这里着重分析我们的差距和问题。从1996年的情况看，还存在很多困难和问题。按照党中央提出的加速实现两个根本性转变的要求来看，我们的问题有些还是非常严重的。归纳起来，我们面临的问题，遇到的困难，正如江泽民总书记所指出的，是由三个方面的原因造成的：一是历史遗留的；二是外部环境造成的；三是企业机制所形成的。首先，是历史原因造成的，历史遗留的问题，比如负债过重。过去提出来要敢于负债经营，造成了现在负债过重。到现在为止，负债额度超过130个亿。我们人员过多，二十几万人搞这800万吨钢，设备落后，过去一直是为国家做贡献多，改造投入少，设备落后这样的局面应该说是历史遗留的。企业办社会，这样的一些问题不仅在鞍钢存在，在其他一些国有企业也不同程度地存在。第二方面原因，外部环境造成的。国家从计划经济转到市场经济，市场对我们企业起到很大的制约作用。由于国家宏观调控，市场发生了变化，给我们造成一定的影响。1993年、1994年由于国内市场价格过高，国际市场价格低，大量的钢材从国外进口，反过来冲击了国内市场。这样的一些影响，应该说是外部环境造成的。第三个方面，企业自身的机制不适应当前市场经济的需要。这是主观原因形成的。这些困难和问题尽管我们有些已经认识到了，已经开始着手解决，但是对鞍钢在适应市场、转换机制过程中产生的制约影响和作用，还需要按党的十四届五中全会提出的加速实现两个根本性转变的要求进行再分析、再认识。归纳起来要从以下几个方面来正确地看待我们鞍钢自己：

第一，企业管理机制和组织结构不合理，总的来讲吃大锅饭的现象比较严重，没有形成有效的激励机制和约束机制。中央提出的两个根本性转变，一个是从传统的计划经济向社会主义市场经济转变，这是生产关系范畴的一个变革；二是经济增长方式从粗放型向集约型转变，这可以理解为是生产力发展范畴的一个变革。对我们鞍钢来讲，生产关系的改革，可以理解要改革计划经济体制下所形成的旧的管理体制和经营机制，改革旧的大锅饭制度和万事不求人的大而全格局。过去几十年，鞍钢一直是在采用适应计划经济旧体制这样一个企业管理体制。这种管理体制带来了两个问题：一个是企业办社会，追求大而全。在计划经济体制下，企业配置生产要素和资源考虑的不是经济效益，而是能够自成体系，万事不求人，什么都自己搞，希望什么都是自己的。结果造成了效率低下，负担沉重，形成了50万人吃800万吨钢的局面，效益很低。现在来认真分析一下，由于过去追求大而全，带来效益低的例子很多。比如说医疗系统，不包括矿山，有9000多人，每年发工资就是7500多万。我们进行医疗制度改革，职工拿出1%的工资总额，公司拿出10%，加在一起1亿5、6千万元。我们粗算了一下，医院通过看病治疗回收款以外，我们还要给医疗补贴1个多亿。这就是说，我们医疗方面的效益，按照市场规律来衡量，要亏损将近1个多亿。就是这样一个问题，过去我们的医疗资源、人力、物力配置，没有从鞍钢的实际需要出发，没有从高效率，高效益出发，追求大而全。再比如，鞍钢投资2100多万元成立了康复中心，成立8年以来，仅收治49个病人。2100万元建成的，只收了49个病人，康复中心职工就有193人，每年维持这个中心的费用就要300多万元。再比如大家知道的CT、核磁共振这样一些大型医疗检测设备，据说一台CT履盖面可以达到80万人，一台核磁共振的履盖面可能更大。而鞍钢的CT、核磁共振的数量超过我们的需求太多。核磁共振2台，CT加在一起10台，据说有7台还是可以用的。这样一种配置，过去计划经济模式可以，市场经济情况下难以承受。我们过去多次讲过，弓矿的矿石每吨现在是570元，而进口矿每吨是310元。如果按照市场经济的规律来看，商品价值量是社会必要劳动决定的，社会必要劳动所包含的生产条件是整个社会平均生产条件。生产条件低于社会平均条件，要么被市场淘汰，要么采取措施加以弥补。这是市场经济的价值规律。实际上我们现在按照每吨矿570元的价格，去买每吨按社会必要劳动这样一个价值来衡量才仅值310元的矿石，形成这样一种低效率、低效益的局面。

计划经济下的企业管理体制带来的另一个问题是企业分配上的大锅饭制度，这种大锅饭体现在职工的分配上，更体现在企业的经营机制上。过去我们不分主体辅助，都是一样的管理模式，捆在一起吃大锅饭，责权利关系不清，单位和职工都缺乏市场观念、竞争观念、效益观念，结果是责任不清，感受不到外部市场的变化，没有市场的压力。厂际之间结算也是严重背离了价值规律的，按内部价格去结算，造成了各道工序、各种产品的成本高低不明，谁盈谁亏、亏损多少都不知道，结果效益越来越低。1994年各单位加在一起实现的利润80个亿，实际上鞍钢哪有这么多的利润？都是按照内部价格去结算、衡量自己，结果是虚的。拿到市场经济条件下来衡量，问题就暴露出来了。比如说我们第一批分离出去的“两矿一机”，亏损10.41亿元。第二批分离的9个单位，有6个单位亏损，如水泥厂亏损、汽车公司亏损、铸管厂亏损、沈薄厂亏损、修建公司亏损、电气工程公司亏损。亏损额达到1.19亿元。不仅辅助单位亏损，主体生产厂也有亏损的。如一炼钢厂亏损、二炼钢厂亏损、冷轧厂亏损、一薄厂亏损、硅钢片厂亏损、小型厂亏损、型材厂亏损、钢绳厂亏损、异型厂亏损、线材公司亏损、厚板厂亏损、一发电厂亏损。机制上存在的大锅饭，必然导致收入分配上的大锅饭。这种状况必须加以改变。经营好的和经营差的必须在收入分配上拉开差距，真正体现按劳分配，按照经济效益的高低来分配。对亏损、盈利企业，贡献大小不一样，分配就应该不同。这不是某一个人的要求，而是市场经济的必然规律，不以人的意志为转移。这是我们存在的第一个方面的问题，就是机制上存在的问题。

第二，管理方式粗放，主要体现在管理基础薄弱，管理制度不完善，存在着许多管理漏洞。江泽民总书记在上海、长春召开的企业座谈会讲话中指出，必须把深化企业改革同加强企业管理结合起来，同促进发展、提高经济增长质量结合起来。我们越是深入到企业的具体工作当中去，就越是感到必须改变我们管理粗放这样一个状况。要改变管理粗放的状况，应该有一个扎实的管理基础。去年我们推行邯钢模拟市场核算、实行成本否决这项工作，遇到的最大问题就是管理基础薄弱。比如物资管理中的计量和统计，有些外部来的原燃材料，不经过计量设备，用眼估、手磅。前不久我到小额站去，看到小额站的钢材管理，我很不满意。规格品种、发货时间、运到时间非常乱。根本谈不上按规格、品种、时间堆放成行。这是一种很粗放的管理。第二个方面，我们的成本管理也存在很多问题，上次公司组织了一批同志进行钢铁产品分品种、分规格调查成本究竟是怎么样，准确的数量多少，到现在为止这项工作还没完成，难度很大，直接影响到成本底数不清，直接影响到我们调整品种结构，影响到我们科学地来进行价格的定位，影响到营销。我们要求财务部门拿出成本的数，今天拿出个数，明天又变了，反映了底数不清。再比如，冶金部提出企业管理要以财务管理为中心，而我们现在的财务管理，成本不实是一个方面的问题；而账号过多过滥是另一个问题，现在全公司大约有 2400 多个账号，全民单位 800 多个账号。我们现在交易的手段、方式，除了资金交易外，还有顶抹账交易。前两天我们讨论、估算了一下上半年，就是 1996 年上半年资金平衡究竟是怎么一个状况。已经开过两次会了，到现在还没摸清楚。财务流通领域不仅有资金流通，还有货换货的“内往”流通，顶抹账的流通，混在一起，造成了我们现在财务账面上比较乱。更有资金分散、体外循环的问题，不能保证资金有效的运营。我们这样一个财务管理体制，也是过去几十年计划经济延续下来的，不适应市场经济的需要。管理粗放还表现在我们在企业运行的保证体系上，没有形成科学的经济责任制这样一个运行体系。严明的规章制度要靠一系列责任制考核体系来保证。但是，我们这套体系并没有形成。也就是说，按照市场经济的要求来衡量它还没有完全形成。虽然去年我们做了大量的工作，经过艰苦的努力，按照模拟市场核算、实行成本否决的要求，建立了以“两挂一否决”为基本模式的经济责任制考核办法。“8・29”干部大会以后，我们又加大了以落实 18 项增利措施为主要内容的利润考核力度。但是，我们这些考核指标、考核体系现在并没有做到和实际相符啊！还不是很合理。比如说，我们要贯彻 ISO9000 标准是一个产品质量保证体系的标准。这个保证体系要用经济责任制加以规范，加以保证。但是我们现在还没有实现。我们说要走质量效益型道路，就必须规范每一个部门、每一个职工对产品质量所起的保证作用。比如说设备部。设备部对产品质量应尽什么责任？怎么来考核？这一套体系必须要科学地建立起来。对“8・29”干部大会上提出的增利措施，考核要制度化、规范化，我们没有做到。这些都是我们当前存在的一些差距，也是我们的发展潜力所在。

我们管理粗放还表现在其他一些方面。比如说度假村的建设问题、非计划购买小轿车问题、对外投资联营问题。我再给大家说个例子。我们鞍钢海南公司和进出口公司到四平轧钢厂带料加工了一批钢材，我们的钢坯拿到人家那里去，并没有人去严格管理加工这批钢材，结果人家钢材没有给你加工出来，这批钢坯却给卖掉了，3000 多万块钱他们拿走了，又办了一个中外合资公司，把原来四平轧钢厂变成了一个空壳企业，现在宣告破产。这一破产，咱们 3000 多万没了。咱们进出口公司谁负责这一批钢坯轧钢？干什么去了？现在这个厂倒闭了，我们损失 3000 多万。这些方面都反映我们管理粗放，马马虎虎，大大咧咧，不在乎。我们3000多万就这么没啦！我们经不起这样的折腾啊！这样的例子还很多。

第三，企业还没有走出投入多、消耗高、质量差、效益低这样发展的老路。我们在发展路子上还没有发生本质的变化，还是过去的那套。市场经济的实践使我们越来越清醒地认识到，必须走质量效益型的发展道路，靠改善品种质量和降低消耗求效益，靠技术进步求发展。大家这次要看陈清泰同志的一个录像讲话，讲得非常好。我们国家在建国初期物质缺乏的时候靠什么？靠高投入。包括资金的投入，人力的投入来发展。那是一种短缺经济，发展到一定规模，发展到一定程度，供求平衡问题解决了，就要进入到一个新的阶段，就要靠提高效益，靠技术进步来求发展，靠产品高附加值来求发展。我们鞍钢呢，原来在短缺经济这样一个模式下运行，靠的是高投入。受计划经济模式的影响制约，鞍钢多年来基本上是一种高投入、低产出的粗放的增长方式。重数量，轻质量；重速度，轻效益；重投入，轻产出，这样的思想没有得到很好的解决。最近，我们在思考这样一个问题，为什么鞍钢周围有许多轧钢厂最近来找我们。昨天，营口中板厂也找来了，鞍山第一轧钢厂也找来了。找什么呢？就是他们现在感觉到坯子要出问题了。今年鞍钢是630万吨材，坯我们全要自己吃掉嘛！但是过去我们是把效益好的这块给了别人。大家知道，深加工越彻底，效益应该说越好。我们发展了炼铁，发展了炼钢，现在是这些轧钢厂吃我们大量的坯。这样的局面不能再继续下去了。我们过去重数量，反正是搞了800万吨，或者是1000万吨钢。但是这些钢究竟有多少经济效益？考虑的却不够，比较轻视。比如我们在技术改造上主要是追求数量的扩张，扩大生产规模。在这方面投入很大，对于保证品种、提高质量的投入则重视得不够，投入相对地较少，效果不突出。花了很多资金搞技术改造，产量有了很大提高，但是质量没有明显的变化。我们没有认真地分析我们的产品结构和市场营销关系这个变化。比如，去年钢材是买方市场，用户对一些钢材要求定尺。我们一些厂子从设备上就不能满足用户的要求，在定尺率上感觉犯愁。鞍山一轧钢厂的厂长告诉我，他说他们定尺率比我们高得多，他们可以达到百分之九十几。我看还是我们重视不够，人家是按照材反过来推这个坯应该按多大来搞。我们现在这方面还是粗放的经营方式，对这个坯没有提出更高的要求。过去不重视这方面的问题，反映我们长期对质量重视不够，投入不够。武钢现在是500多万吨的产量，销售收入和我们差不多。人家500多万吨钢，我们是800多万吨钢，我们的销售收入这么低。粗放的增长方式反过来又带来了生产技术管理上的差距，体现在我们的技术经济指标同我们自己相比，也有下滑的趋势。

粗放型的增长方式在我们这里还体现在我们是负债经营，靠负债来改造。这笔账我想在这里再算一算，我们改造靠银行的借款来进行，这条路走不走得通？现在银行对长期贷款利息高达15%。如果把缴税因素考虑进去，把物价上涨因素考虑进去，我们没有这样的承受能力。如果靠借贷去改造，只能是越改越穷，越改越困难。鞍钢现在从银行借了112亿，加上职工内部借款达到133亿，全年利息17亿。齐大山改造，我们又从银行借了一部分钱，大体在30亿。在这种情况下，我们一年光付利息就得20亿。我们没有这个能力靠借债来搞改造。正如中央领导所指出的，鞍钢如果靠银行贷款搞改造，一辈子也翻不了身。我们只能靠自己，加强企业内部的管理，向管理要效益，走质量效益型的发展道路，靠我们自己一点一滴的积累来实现我们的改造目标。“七五”以来，鞍钢共建成总投资1000万元以上的生产性技术改造项目40个。包括球团车间、三烧车间、10 号高炉、11 号高炉、小方坯连铸、大板坯连铸、冷轧四机架、厚板等等。但是我们现在还有 8 个项目没有达产，有的长期不达产，没有完全发挥出应有的作用。这和我们过去重视不够也有一定的关系，没有重视项目的配套建设和达产达效，形成一种投入大，长期不能达产达效这样一个局面。在工程建设方面也存在粗放的重速度、轻质量这样一个问题。比如说，11 号高炉多次大修就是这样一个例子，说明了这样一个问题。

第四，人员多、劳动生产率低是制约鞍钢长远发展的一个重大问题。鞍钢现在有全民职工 19.2 万人，加上在集体企业工作的全民职工七千多人和全民从事实业开发的一万多人约 21 万人，再加上集体职工和离退休职工总共 50 万人。我们 50 万人搞这 800 万吨钢。如果算这个大账的话，这样一种劳动生产率水平，没有办法参与市场竞争。世界先进钢铁企业的劳动生产率水平是人均 400 吨钢以上，韩国的浦项是人均 1000 吨。国内现在的水平，宝钢人均产钢大概是 600 吨到 700 吨。我们总平均如果算 40 万人，那么人均 20 吨，如果算 20 万人，人均 40 吨。这样的劳动生产率必然使我们在激烈的市场竞争中处于非常不利的地位。仅工资这一块，我们一吨钢就比别人要多摊几倍，结果是产品成本高、价格低，没有竞争力。反过来，提高职工的生活水平也受到很大限制。

归纳起来，分析我们自己一个是管理机制、组织结构方面存在的问题；一个是我们管理粗放、基础薄弱存在一些问题；一个是高投入、低产出这样一个问题；一个是效率低、人员多这方面存在的问题。

三、振兴鞍钢的根本出路在哪里

这个问题是大家经常讨论的问题，也是我们经常思考的一个问题，也是这次研讨班要共同学习、求得共识的一个问题。党的十四届三中全会以来，党中央国务院提出了一系列搞好国有企业的方针政策，在总的方面已经为我们解决了企业改革和发展的一些重大问题。一是企业改革的方向明确了，这就是建立现代企业制度。二是国有企业存在的问题，应该说基本上理清了。比如国有资产管理问题，政企分开问题，经营机制转换问题等。三是如何搞好大中型企业，已经逐步形成共识。比如“三改一加强”等等。四是在一些重点难点问题上有所突破。比如企业破产兼并问题，富余人员分流问题。这是就全国范围来讲，从总的方向来讲。从我们鞍钢自身的情况来看，应该说通过去年以来解放思想、转变观念，对如何搞好鞍钢一些重大问题，公司上下已经有了一些初步的认识。但应该说还不够深刻，还没有形成科学的系统的工作方法和措施，还没有在各个方面、各个专业和各个层次形成人人自觉遵守并努力实现的工作准则和可以操作的具体办法。那么，如何振兴鞍钢这个重大的课题，要靠我们大家来回答。这里我想结合一个时期以来的学习体会，谈一谈我的一些很粗浅的看法，供大家讨论。

第一，必须进一步解放思想，转变观念，并且不断在联系实际上下功夫。去年以来，鞍钢人的思想观念确实发生了从来没有过的巨大变化。但是我们应该看到，在解放思想、转变观念上，我们只是开了一个头，还有很大的差距。要振兴鞍钢，还要进一步解放思想、转变观念。要树立与实现两个根本性转变相适应的思想观念，核心是竞争观念，优胜劣汰。解放思想，转变观念应该把握三个方面：

一是要把转变观念同加强和改进具体工作结合起来，努力把形成的共识变成具体的行动。去年“8·29”干部大会以来，我们逐步树立了市场是企业的生存空间、质量是企业的生命、资金是企业的血液、用户是企业的上帝以及在市场经济条件下要改变企业的面貌必须主要依靠自己的努力，谁砸企业的牌子谁就是砸全体职工的饭碗等新的思想观念。但是这样一些新观念不能只停留在口头上，应该把这些思想观念作为做好本单位、本部门工作的重要指导思想和原则，把新的思想观念充分体现在具体的工作措施和办法上。比如我们提出"用户是企业的上帝"。那么这个上帝就不是泛泛地讲，而应当具体地讲，这个上帝就是人家派到鞍钢来买钢材的业务员，是所有来鞍钢办事的人，和鞍钢打交道的人，对这些具体的上帝就是要千方百计地服务好，不能有所怠慢。而且不仅仅是一般的服务要搞好，还要从更深的层次上把产品的品种、质量、规格、价格，包装、结算、发货等方面都搞上去，全方位地满足用户的需要。真正做到用户需要什么就生产什么，需要多少就生产多少，用户觉得怎么方便就怎么去服务。所有和用户打交道的人员和单位都要有这样的思想。即使不是直接和用户接触的单位和部门也要把下道工序作为自己的用户。这样，才是真正把用户是企业的上帝这个观念落到了实处。因此说，转变观念不是空的，而是要落实到每个干部职工、每一个工作岗位。要把新观念变成工作的新思路和新措施，变成具体的新行动和新效果，真正通过转变观念来转换机制。

二是要根据市场经济的要求和鞍钢改革的深化，做好思想政治工作，不断地克服与市场经济要求和鞍钢改革不相适应的错误观念。在我们的干部职工中确实还有许多不适应市场经济和两个根本性转变的思想观念。比如，"工资只能多不能少"的观念。这个星期一，我们向省委、省政府主要领导汇报了鞍钢的情况。我们提出，在1996年，如果我们实现了预定的目标，工资要涨15%。省委领导有一句话我觉得很深刻。他说，提出涨15%工资这个没问题。问题在于要形成一个企业效益好工资涨，效益差工资降的机制。现在我们是不是这样呢？我们现在是工资只能多，不能少。我们提出给60%的职工涨工资，一些同志认为，还是人人有份好，希望扩大调资面，否则工作不好做。我们许多领导干部本身就有很严重的吃大锅饭、平均主义的思想。另外，还有奖金只能有不能无的观念。企业经营不管好坏，是盈是亏，工资都要照发不误。有一些单位，不管是不是给公司创造了效益，创造了多少效益，都希望公司发奖金。其实道理很简单，公司的奖金是从各单位创造的效益和价值中来的，应该给创造效益的单位发奖，没有给公司创造效益的单位或效益少的单位就不应该得奖或少得奖。再比如说，干部只能上不能下的观念。正确的能上也能下的观念在鞍钢广大干部中还没有真正树立起来。虽然我们去年做了一些工作，为形成干部能上能下的机制奠定了一定的基础。但是还远远不够，广大干部的心理承受能力还远远不够。还有岗位只能进不能出的观念，这个观念对我们优化岗位设置、精简富余人员的改革有很大的制约性。还有认为学不学技术照样干的观念等等，都是要转变的。

三是各级干部特别是各级领导干部都要做解放思想，转变观念的表率，真正起到示范引导作用。关系到企业发展思路和经营决策的决定性因素，是领导班子特别是党政一把手。振兴鞍钢的关键还在于人。各级领导干部特别是一把手，思想观念转变的程度直接制约和影响本单位、本部门的工作深度和广度，又影响制约着职工群众思想观念的转变。所以，作为各级领导干部一定要带头转变观念，在转变观念上都要把自己摆进去，争做表率。同时，在转变观念上要一层抓一层，一级抓一级。领导干部带头转变观念固然非常重要，但光是少数领导干部转变还不够，还需要把转变观念变成广大职工的共同行动。

第二，必须进一步深化企业改革，在转变企业经营机制上下功夫。如果把我们鞍钢放在全国经济甚至放到世界经济这个大环境中去衡量，我们不改革就不能生存下去。可以算一个简单的账，如果按照我们现在的销售价格，一吨钢有400块钱的毛利，20吨钢才8000块钱的毛利。按照鞍钢目前的实物劳动生产率，人均产钢20吨，那么人均创毛利8000块钱；人均产钢40吨，人均创毛利16000块钱。应该说这种效益还不够我们开工资的，生存下去都很困难，不可能谈到改造，谈到发展，谈到职工生活水平的提高，振兴鞍钢又从何谈起？所以，我们现在这样一种大而全、万事不求人的体制，非改革不可，不改革就会在市场竞争中被挤垮、被淘汰。江泽民总书记在上海、长春企业座谈会的讲话中讲得很清楚，好的、有效益的，有发展前途的企业就继续发展，不好就要被淘汰，说的直接一点是要倒闭，要实行改组。这种观念对我们鞍钢来说应该成为一种强烈的忧患意识。从现在起，到20世纪末只有五年时间了。为了振兴鞍钢，实现"九五"发展目标，我们一定要加快改革的进程，要在改革中迈大步、迈快步。

要加快精干主体、分离辅助的改革。把非生产主体单位分离出去，让这些单位到市场中去参与竞争，实现自身的发展，做到不吃大锅饭。鞍钢如果再不转换机制，再不减人增效，再不分流分离，那就像某些人说的那样，"吃了流动资金吃固定资产，吃了资本金吃银行"。总而言之，就是要坐吃山空。最近我们到鞍矿和弓矿去调查研究，我们发现，这两个单位分离之后，工作比较深入，都在认真落实公司和他们签订的主辅分离方案中的减亏目标和任务，把责任和措施层层分解落实，想了许多办法。比如，弓矿生产红矿成本高，就提出逐步减少红矿的产量，过去挖出的石头也算产量，也要缴税，现在把石头先去掉，采取多种办法，努力提高效益。

要继续搞好公费医疗制度改革，还要逐步解决企业办社会的问题。公司全面试运行职工医疗保险制度改革以后，看病的人明显减少了。那么医院就应该核定，一个医生应该看几个病人，多余的医生就要面向社会。我们现在有10所医院，如果10个医院多了可以减半，其余医院也要面向社会，这样就可以从总体上把医院的效益提高。整个医疗系统的改革应该说只是开了一个头，还远没有到位，今后要不断加大力度逐步深化，最终同解决企业办社会问题统筹考虑。

要分流富余人员，大力提高劳动生产率。人员分离应该是两个方面：一方面，凡是能和钢铁主体生产分离的单位，都要分离出去；另一方面钢铁主体生产单位同样也要通过大刀阔斧的改革，通过岗位的优化设置，通过人员的一专多能，实现人员的再分流、再精干，不断提高劳动生产率。宝钢现在是800万吨，一共只有13000人，今年还要减2000人。我们提出的钢铁主体部分要从现在的7.4万人减到5万人，应该说这个目标并不高。我们这项工作今年就应该起步。要通过推行全员劳动合同制，签订岗位责任协议，形成竞争上岗的机制。干得不好的就待岗，给基本工资。保证生活费，但奖金、岗位工资要靠竞争。要按照党中央的要求，改变企业吃国家大锅饭、职工吃企业大锅饭的局面，公司内部要形成竞争机制，要奖勤罚懒、奖优罚劣，提高工作效率。要按照中央提出的"产权清晰，权责明确，管理科学"的要求，把责、权、利挂起钩来，这是我说的第二点。在我们企业内部如何提高劳动生产率，如何开创新的效益增长点，如何形成一个竞争机制，奖勤罚懒、奖优罚劣这样一个问题。我们在今后的工作当中都要认真思考，加强这方面工作的力度。我们现在有些单位已经开始这样做了，而且做得很好，很有成效，应该向这些单位学习。

第三，必须进一步进行企业组织结构和资产结构的优化调整，在生产要素的优化配置上下功夫。长期以来，计划经济体制下我们办企业的方向和目标究竟是什么，不是十分清楚的。我们可以说，是为了完成政府下达的指令性计划。既要作为企业的经营者要追求利润，又要作为社会的管理者要保证就业。在计划经济条件下，就形成了这样一种企业经营的方向和目标，造成了企业内部组织结构庞杂，管理层次不清，管理幅度过大，主辅不分，人满为患，劳动生产率低下。这些问题我们从去年一开始就逐步地解决它，实施主辅分离、人员分流和机关改革。但是，这仅仅是开始，在盘活存量资产和优化组织结构方面，我们要研究我们的产品优化问题，资产存量优化问题和组织结构优化问题。今后，从企业资产结构、组织结构优化角度，对公司所属各单位该合并的就要坚决合并，该集中的就要坚决集中，该放权的就要放权经营。合并的单位就是要使性质相同、任务相近的单位进行重新优化组合。集中的单位就是公司下属的车间，权力要集中。放活的单位就是要自主经营、自负盈亏。这样，才能不断优化资产存量配置，提高集约化经营和专业化生产的程度。

对鞍钢集团内部的企业，要把过去主要以产销关系和产品为连接纽带的状况，逐步发展为以资产为连接纽带上来。鞍山、营口有的轧钢厂家找到我们，要加入鞍钢集团，我说可以，但要以产权作为联结的纽带。你要我鞍钢的坯，那么我们二炼钢厂改造正缺资金，也可以考虑把你这个坯放到二炼钢厂的生产能力当中去，那么因此能不能投入一部分资金到二炼钢改造当中去。就是要把我们集团内部这些企业由产品作为纽带变成资产作为纽带。现在鞍钢集团有些成员欠我们的钱不给，要坯绕道去买，舍近求远，这就是我们不规范的企业集团存在的弊端。所以，我们应该改组、调整、发展鞍钢集团。鞍钢集团的改组、发展，要按照市场经济规律，采取规范化的方式，真正向组织结构的优化调整、生产要素的优化配置方向发展。现在鞍山地区再去搞高炉，再去搞炼钢不现实，那么这些轧钢厂怎么办？这属于资产优化配置问题，产业调整问题。如果投入靠我，利益给你，你去拿效益，市场经济没有这个事情。不仅要在钢铁产品延伸加工上，而且要在第三产业、对外合资合作、发展为钢铁生产服务方面，设备制造产业等方面，都要发挥企业集团的综合优势。我们这个企业集团，将来有这样两个部分组成，一个部分是我们分离的辅助单位作为鞍钢的全资子公司参加集团；另一部分是现在的集团成员或外部其他单位，通过多种形式的资产联结参加集团，作为成员。我们已经提出非钢铁收入到20世纪末要达到20%。那么作为鞍钢集团的非钢铁收入应该超过20%，集团企业应该注重盘活资产存量，推进资产流动，进一步优化产业结构、产品结构，要逐步完善母子公司体制，规范内部法人治理结构，最终把鞍钢建设成为以钢铁业为主体、多种经营为补充，具有综合优势和竞争实力的这样一个企业集团。

第四，必须加快技术改造步伐，使鞍钢真正走上质量效益型的发展道路。鞍钢如果不改造，维持现在这样一个产品结构、产品质量和经济效益，很难而且不可能在国内外钢材市场上长期与国内和国外的企业竞争。比如说我们半连轧厂，现在可以说产品价格是很低的。现在宝钢建了第二热轧厂，很快要投产了。武钢也在建第二套，要搞2250宽的。梅山、太钢的热连轧很快就要正常生产，包钢、珠江钢厂又在搞短流程的热轧厂，这是薄板坯连铸接连轧生产热轧卷，将来竞争会越来越激烈。我去看了本钢的一米七轧机，应该说基础条件比我们好得多。我们不改造，连本钢都竞争不过，只能被市场所淘汰。如果我们半连轧不改造，我们就有200多万吨钢材没有人要。那么，鞍钢将是一个什么样的局面可想而知。再比如，平炉炼钢一年要烧掉近20万吨重油，现在石化工业都在搞深加工，他们把重油通过再裂化，加工出来效益更好的轻质油，如汽油、柴油，将来重油来源会成一个很大的问题。而且平炉的经济效益比转炉一年有10多个亿的效益差距。所以，我们鞍钢非改造不可，半连轧非改造不可。正如吴邦国副总理说的，半连轧改造是鞍钢的翻身之仗，是重中之重。不仅半连轧要改造，我们二炼钢、一炼钢这样的平炉炼钢厂已经被市场和社会所淘汰。我们也不能够长远保持这样一个状态，也必须改造。不改造没有出路，改造钱又从哪里来呢？半连轧改造再少也得50、60个亿呀！那么，这个资金只能从我们加强内部管理，向管理要效益，向我们自身要效益中来，这才有光明的前途。要从各个环节，包括生产经营的环节、改造的环节，千方百计节约开支，节支增效，向管理要效益，向改革要效益。我们提出1996年要节支增效20.5亿元，就是立足于这样一个出发点。

第五，必须全面加强企业管理，把改革、改组、改造和加强企业管理结合起来。鞍钢在进入市场经济中暴露出来的产品结构不适应市场需求，劳动生产率低，产品科技含量和附加值低，能耗高、物耗高这样一些问题，都是和我们企业管理有关的。管理落后、管理不严是造成浪费、效益不高的重要原因。江泽民总书记在中央经济工作会议上指出：要提高我们经济的结构优化效益，规模经济效益和科技进步效益，我们必须清楚地认识到，没有科学的管理，就不可能出现结构优化效益，规模经济效益和科技进步效益。也就不可能实现经济增长方式由粗放经营向集约经营的转变。企业管理不仅是企业的一切工作的基础，而且也是企业改革的一项重要内容。两者之间是相互促进、相辅相成、互为保证的关系。两者之间有区别，不可互相代替，但是，它们又是紧密联系在一起的。要建立健全科学的管理机制，不存在没有管理的机制，也不存在没有机制的管理。江泽民总书记在视察天津时曾经强调，加强科学管理是企业固本治本的大计。再困难的企业，只要加强管理也可挖掘出很多潜力来，因此必须向管理要效益。我们去年学习邯钢，搞模拟市场、实行成本否决取得的成效和扭亏为盈实现3.3亿元利润，这些充分证明，鞍钢确实存在着能挖掘的巨大潜力，尤其是管理上的潜力更大。

要加强企业管理，我们首先应该树立这样的一种认识：没有一流的装备，也能创造出一流的管理。鞍钢加强管理应该从两个方面入手：一方面必须夯实管理基础，建立健全科学的严密的管理制度，形成完善的管理机制，堵住各种管理上的漏洞，做到时时、处处、事事、人人都置于严格的管理之下。我们现在是否做到了这一点。我们鞍钢有些怪事，大家可以分析一下。国有资产在我们眼皮底下流失，而我们的某些领导不闻不问；我们购置原料，可以高出市场价，而且还再给对方加价；我们的药品明明可以直接去生产厂采购，可偏偏要经过中间环节，使资产流失。在我们修建公司一个单位的大门旁边有一栋民房，一半在马路上，一半在厂里。1987年市政府修路已经给了这个住户两套房子。他把马路上一半去掉了，那个偏厦仍在厂院里，从1987年到现在逐渐向厂内扩大地盘，现在扩成一个院子啦！我们能源处、给水厂竟也认为，应该供电供水，并给出据证明。我们的干部责任心哪里去了？有没有这方面的制度规定？是什么原因在我们的眼皮底下置国家财产于不顾？所以我们说，要做到时时、处处、事事、人人都处于严格的管理之下。做到这一点并不容易。另一方面必须以落实岗位责任制为重点，做到凡事有人负责，有责必有考核，有考核就有奖惩。真正把企业内的各种工作责任落实到人头，形成有效的约束机制和激励机制。当前要抓住重点，强化管理。一是要把面向市场，作为加强企业管理的主攻方向。企业能不能面向市场，最终体现在能不能迅速地实现产品销售上，这是影响企业生产经营以至经济增长质量和效益的一个重要因素。我们的质量管理，我们的生产管理，我们的技术管理，我们的财务管理，都要面向市场。比如说我们的质量技术管理，我们要研究中型材现在销售不好，如何能够开发新产品，占领市场，是不是说我们现在中型材市场就没有开发的余地了？我看不是。比如说我们冷轧板厂现在亏损，如何在提高成材率上，如何在提高产品附加值上下功夫？大有潜力可挖。有很多单位，比如冷轧厂、无缝厂，他们都在思考这些问题，如何面向市场来加强自己内部企业管理。二是要继续强化财务和资金管理。我们资金紧张，原因是多方面的，比如，人欠、欠人居高不下，债务负担重，也有有限的资金没有得到合理的使用，导致资金效率低下的问题。我们现在资金占用是189个亿，还有上升的趋势。我们企业资金运作的效率过低。要使分散的资金进一步集中起来，加快资金的周转，这个主动权应掌握在我们自己手里。加快资金周转，资金总量不增加，但周转的速度可以加快，来解决我们资金不足的矛盾。要认真贯彻冶金部提出的企业管理以财务管理为中心，财务管理以资金管理为中心的管理方针。一方面把清欠工作作为资金管理的重点，另一方面要严格防止产生新欠，要加快资金集中管理的改革步伐，加强资金严格管理，堵塞资金的跑、冒、滴、漏。另外，要珍惜自己企业的形象、企业的声誉。不要把我们自己小看了，长春的钢材市场，有很多钢材就是打着我们鞍钢的旗号，挂羊头卖狗肉，假冒伪劣。鞍山也有挂着鞍钢招牌的，也要整顿，也要清理，不能随随便便就挂鞍钢的牌子。在市场经济中，我们鞍钢这两个字应该是无价之宝，不要小看它。所以，不能随便谁都挂鞍钢牌子。挂鞍钢的牌子到底有多少，真正为鞍钢创效益的有多少，我们要整顿清理，严格控制。加大成本管理的力度，降成本的潜力应该说很大。这里我想举一个例子。新日铁应该说是一个财大气粗的公司，但新日铁有严格的规定，哪些资料可以复印，哪些资料只能油印，哪些资料只能手抄，都有严格的规定，不允许随便印。我们鞍钢是不是这种情况，动不动就是复印、铅印，有没有必要。这个潜力很大，不是小题大做，就是应有这种勤俭办企业的作风。我们要结合学习邯钢的经验，进一步强化全方位降低成本的工作。三是要坚持严字当头敢抓敢管。我认为这样一句话是正确的：看一个干部称不称职，首先是看他敢不敢严格管理。既然制定了这样的规章制度，你这个干部敢不敢按规章制度办事。如果我们企业管理缺乏这样一种严格管理，缺乏规范管理，我们就会互相责任不清，扯皮推诿，效率低下，就会松松垮垮。正如朱镕基副总理指出的那样，企业管理不一定要出那么多新花样，严格管理才是要义。事情并不复杂，只要我们敢于坚持按原则办。过去鞍钢管理不严，很重要的原因，就是我们有些领导老好人思想作怪，腰杆子挺不起来，总怕加强管理会得罪人。企业要在市场竞争中取胜，就是要求企业对外经营要灵活，对内管理要严格。只有在企业内部实行严格的管理，才能增强企业对市场的适应能力，希望在座的各位同志们，特别是我们的党政一把手，通过加强严格管理，使我们的各项工作不断有新变化、有新起色。

适应市场，转变观念，主要依靠自己的力量克服困难，扭亏为盈

1996 年 3 月

1995 年，鞍钢把适应市场，转换机制，克服困难，扭亏为盈，使企业生产发展进入良性循环作为各项工作的出发点和落脚点，解放思想，转变观念，采取有力措施，提高生产经营的运行质量和效益，在困境中迈出了坚实的一步。全年生产铁矿石 2548 万吨，铁精矿 944 万吨，人造富矿 1489 万吨，焦炭 468. 36 万吨，钢 813. 06 万吨，生铁 800. 54 万吨，钢坯 724. 04 万吨，钢材 518. 04 万吨。全年实现销售收入 186. 50 亿元，在 10 月份实现扭亏为盈的基础上，实现利税 22. 39 亿元，其中实现利润 3. 32 亿元；上缴税金 21. 07 亿元，做到了当年上缴税金不欠。

上述成绩是在市场经济风浪考验中克服诸多困难取得的，是来之不易的，主要体现在以下三点：

第一，主要产品产量是在年初面临资金极度紧张，原燃材料库存严重不足，设备检修任务十分繁重等困难的情况下取得的，是在坚持没有合同不生产和不付款不发货原则的情况下取得的，是有市场、有效益的产量。

第二，到 10 月末扭亏为盈，是在消化各种减利因素的情况下实现的。由于贷款利息增加，检修集中，产量下降，物耗上升，产品售价低，固定费用增加等原因，到 7 月末亏损 2. 56 亿元，因此，与上年同期相比，能实现扭亏为盈，实际上消化了高达 37 亿元的减利因素。

第三，资金运营状况得到改善。在没有新的流动资金借款的条件下，保证了维持简单再生产所需资金，保证了重点技术改造项目的资金需求，保证了职工工资的足额发放，并返还了去年向职工所借煤款的本息，支付了线材、冷轧股票红利和风险抵押金的利息。

1995 年鞍钢能够从困境中迈出坚实的一步，实现扭亏为盈并开始走向良性循环，主要在于认真贯彻执行党中央、国务院搞好国有企业的方针政策，转变思想观念，更新发展思路，全心全意依靠广大职工群众，加大了各项工作的力度。

（1）联系企业在市场经济条件下生存与发展的重大问题，解放思想，转变观念，为各项工作的开展奠定重要思想基础。从转变思想观念入手，促进工作局面的改变，是 1995 年工作的一个显著特点。公司结合省委、省政府开展的“进场入轨”大讨论活动，抓住冶金部、辽宁省领导到鞍钢调查研究、指导工作的契机，举办了鞍钢党委中心组学习研讨活动，首先从领导班子成员做起，通过学习《邓小平同志建设有中国特色社会主义理论学习纲要》和江泽民同志在上海、长春企业座谈会上的讲话等有关重要材料，促进公司领导班子思想观念的转变。在此基础上，进一步引导广大干部职工联系鞍钢实际，反思工作中的经验教训，特别是开展“失去一汽这样的用户说明了什么”的大讨论，教育了广大职工。“8·29”干部大会的召开，成为全公司解放思想，转变观念的又一转折点。其中形成的共识，已成为做好鞍钢当前和今后工作的重要指

导思想和原则。通过解放思想，转变观念，极大地激发了各级干部和广大职工的积极性、主动性和创造性，使许多方面的工作不断取得新的进展和突破。

（2）以市场为导向，以经济效益为中心，完善生产和营销机制。一是按合同组织生产，坚决执行没有合同不生产和不付款不发货的原则。建立“产销工作联系制度”，及时解决订货、生产、交货等问题，使交款合同累计兑现率达到了100%，增加了现款合同和货币回收量。二是以走质量效益型的发展道路为方向，通过改善品种质量打开市场。邀请美国、英国、德国、挪威和中国船级社专家进行认证，目前一般强度A、B、D钢板，高强度AH32、AH36级钢板和船用型钢已经通过产品质量验证，为鞍钢船用钢材进入国际国内两个市场打开了通道。三是通过降低成本提高产品竞争力，进一步占领市场。为提高产品的盈利水平和价格竞争力，全公司在降低成本上狠下功夫，实现了较大突破。四是改革完善销售管理体制，进一步充实和加强销售力量。对销售管理体制进行改革，统一合同管理、产品结算、货款回收等工作，初步理顺了销售管理体制，实现了销售工作一体化。着力解决产销脱节和质检、结算跟不上销售节奏的问题，使销售、结算速度明显加快，为促销压库创造了重要条件。五是实施灵活的营销策略，采取各种营销手段，大力开拓两个市场。大力推进产品出口，在减轻国内销售压力、促销回款和盘活资金等方面发挥了重要作用。充分发挥公司和成材厂两个积极性，超计划完成了产品促销任务。六是抓住重点、突破难点，确保生产水平上新台阶。加强设备检修维护，将两座停产检修的高炉投入生产，成功地组织了10号高炉的开炉生产和11号高炉大修后的达产，使大高炉利用系数明显改善。通过实施以11号高炉检修为中心的8项同步检修工程和二初轧大中修工程，使鞍钢四季度设备状况达到了近年来的较好水平，为生产高水平运行奠定了重要的物质基础。七是加强领导，充实力量，加大清欠工作力度。1995年底，鞍钢人欠、欠人款分别比年初降低34.7亿元和4.2亿元，为缓解资金紧张的状况发挥了重要作用。

（3）推行模拟市场核算，实行成本否决，强化财务和资金管理，降低成本，提高资金运营效率。公司把大力降低成本作为提高经济效益的关键来抓，学习邯钢模拟市场核算、实行成本否决的经验，在试点的基础上，在全公司主体单位全面推行，收到明显效果。1995年9月份全公司可比产品成本总值比去年同期降低4145万元；10月份比去年同期降低1.39亿元；11月份比去年同期降低1.98亿元。坚持企业管理以财务管理为中心，财务管理以资金管理为中心，加强财务和资金管理，坚持周资金平衡制度，做到了保重点、保关键。引入银行管理机制，实行资金模拟市场有偿使用管理制度，加快了周转速度，提高了使用效率。

（4）从多方面入手加强管理，健全制度，落实责任，严格考核，促进各项工作措施落实。一是完善经济责任制，加大考核力度。年初将经济责任制考核与奖金挂钩的比例由原来25%提高到65%以上。5月份起将工资和奖金分开发放，以各项责任指标完成情况作为奖金发放的重要依据。公司“8·29”干部大会之后，还相应加大了以落实18项增利措施为主要内容的利润考核力度。二是对公司主要工作实行目标管理。特别是公司“8·29”干部大会提出18项增利措施后，从公司主管领导到普通工人都承担了指标，并以此作为干部业绩考核的重要依据，签订责任书，立下军令状，做到了“企业重担大家挑，人人肩上有指标”。三是加强管理漏洞的整治工作。先后对各单位对外投资联营、购买非鞍钢商品房、超标准购买小汽车和建设度假村、乱开账户、私设小金库等14个问题进行全面调查，并从管理上找原因、查隐患、堵漏洞，进一步建立健全了规章制度。四是抓好领导干部作风的转变。制定了“关于领导干部廉洁自律的若干规定”，并公开查处了一批违纪案件。五是大力推进现场管理和标准化工作。

（5）有计划、有重点、有步骤推出改革举措，实现了改革的整体推进和重点突破。按照党中央、国务院关于国有企业改革的方针政策，从鞍钢实际出发，制订以主辅分离、转机建制为内容的鞍钢总体改革方案，明确了鞍钢改革的目标和方向。根据国务院领导对鞍钢改革提出的要求，在保证稳定的前提下，积极稳妥地推出改革举措。一是分批分期分离主体厂办的集体企业，划转附企公司实行统一管理，已分离了 74 个单位。二是成立实业发展总公司，把原来分散管理的对外经营单位统管起来，并接收 34 个主体生产单位的三产、老年事业等经济实体，使其逐渐成为新的效益增长点和接收分离全民职工的基地。三是积极推进主辅分离。选择规模较大、分离条件成熟的矿山公司、弓长岭矿山公司和机械制造公司进行先期试点，明确责权利关系，落实减亏责任、实施分离，为下一步加快主辅分离改革提供了宝贵经验。四是改革公费医疗制度，建立社会统筹与个人账户相结合的医疗保险制度，改变了医疗卫生的大锅饭制度，对合理利用医疗资源，改善广大职工的医疗卫生条件具有重要的现实意义和深远意义。五是推出住房制度改革部分内容，实行住房公积金和购买住房债券。

（6）坚持高起点推进技术改造的方针，从鞍钢实际出发，调整规划，突出重点，利用有限资金保证重点项目的进度。一是年初成立了技术改造小组，对原制订的 1000 万吨钢规划方案进行，调整完善，并分别向国家有关部委和国务院作了汇报。之后，从解决品种质量和环保问题、提高产品技术附加值、改善产品结构着眼，对规划项目的实施步骤又作了必要调整。二是以更加务实的态度，进一步明确实施规划的基本原则和主要目标。五项基本原则主要是根据市场经济要求和鞍钢的实际，从提高生产经营的增长质量和效益出发制定的；主要目标是根据鞍钢技术装备状况和未来市场竞争需要制定的，对品种、质量、技术工艺装备水平以及产量和环境保护等方面都提出了具体要求。三是确定规划的主要项目安排是以连轧为重点的三字号生产系统的改造。四是在资金紧张的情况下进行了必要的固定资产投入。其中，完成基本建设投资 11.59 亿元，完成更新改造投资 18.52 亿元，对提高生产能力、改善品种质量和增加效益以及保证生产稳定运行都起到了重要作用。

（7）坚持“两手抓”方针，大力加强思想政治工作和精神文明建设。在大力抓好生产经营工作的同时，公司坚持“两手抓，两手都要硬”的方针，大力加强思想政治工作和精神文明建设。围绕公司生产经营的方针目标，广泛深入地开展形势任务教育，特别是“8·29”干部大会之后，加大力度宣传这次会议精神，在职工中引起了强烈反响，坚定了实现全年生产经营目标的信心。配合公司改革举措，开展深化改革、转机建制的宣传教育，做好解难释疑工作，使广大职工深刻理解改革的目的和意义，增强了改革意识和对改革的心理承受能力。积极开展重点工程中的宣传思想工作，起到了激发职工干劲，加快施工进度的积极作用。在全公司广泛宣传雷锋式的好工人刘品强同志的先进事迹，引导广大职工讲理想、讲大局、讲奉献，树立高尚的道德情操，促进了精神文明建设。注意发挥领导干部言传身教的表率作用，要求领导干部在工作中身先士卒、率先垂范，并把工作业绩作为考核干部的重要标准。许多干部在生产组织、设备检修、清欠工作、促销压库、严格管理等工作中尽职尽责，为完成承担的工作任务做出了应有的贡献，赢得了周围群众的好评。

全心全意依靠工人阶级
创造鞍钢辉煌的明天

1996 年 3 月

在庆祝“五一”国际劳动节之际，回顾去年以来鞍钢在困境中求生存、求发展的实践，我们进一步深刻认识到，鞍钢每前进一步、每一点变化都是鞍钢工人阶级艰苦奋斗和辛勤努力的结果，是鞍钢工人阶级智慧和汗水的结晶，要搞好国有大企业，必须始终不渝地坚持全心全意依靠工人阶级这一基本的政治原则。

去年是鞍钢发展史上很不平凡的一年，也是鞍钢遇到历史上少有的困难的一年。3 座高炉因缺钱买煤而停产，钢、铁生产水平由 800 多万吨下降到 600 多万吨，滑到了 10 年前 1985 年的水平。用户欠鞍钢的货款高达 130 亿元，鞍钢欠别人的货款 87 亿元，向银行借款累计高达 118.3 亿元。同时，钢材销售困难，价格一跌再跌，而原燃材料价格上涨，继 1994 年 11、12 两个月出现经营性亏损之后，去年 1、2 月份又分别亏损 0.88 亿元和 1.16 亿元。

在这种严峻的形势下，我们坚持充分相信和依靠群众，把企业面临的困难和问题如实地向广大职工群众讲清楚，引导广大职工正视困难，认识到只有依靠我们自己的努力，才能战胜困难，渡过难关，增强“厂兴我富，厂衰我穷”，“厂兴我荣，厂衰我耻”的危机感和责任感。为了让广大职工明白鞍钢遇到的困难很大程度上是我们自己丢掉了市场的结果，我们剖析了一汽购买鞍钢的钢材越来越少的事实，派专人到一汽拍摄了电视专题片《倾听上帝的声音——中国一汽集团访谈录》，在全公司各单位播放 3000 余场次，“上帝”对鞍钢产品的不满，引起了广大干部和职工的强烈反响。随后在全公司开展了以“痛失一汽传统市场的反思与警醒”为主题的大讨论，在《鞍钢日报》开辟了大讨论专栏，发表了各级干部和职工深刻反思和总结教训的文章 20 余万字，增强了职工的市场意识，认识到谁砸企业的牌子，谁就是砸自己的饭碗。大讨论促进了观念的变化和工作的改进。为了消化近 30 亿元的减利因素，实现 3.3 亿元的利润目标，我们发动群众，提出了增产增收、挖潜增效、降低成本的 18 条增利措施，并明确责任，狠抓落实，分解到上至公司各分管副经理，下到各厂矿长、车间主任、班组长、工人，做到人人肩上有指标。鞍钢工会发动职工开展每人节约 500 元活动，群众性的修旧利废、小改小革、回收废钢铁等活动空前高涨，全年实现了节约 1.2 亿元的好成绩。全公司 10 月份实现扭亏为盈时，每吨钢材成本比上半年平均下降 209 元，可比产品成本总值比上年同期降低 1.98 亿元。

实践使我们体会到，全心全意依靠工人阶级，必须有一个好的领导班子才能落实，只有建设一支好的干部队伍，职工群众的积极性才能发挥出来。一年来，我们按照党的十四届四中全会《决定》，下功夫加强领导班子建设，并把工作重点放在党政一把手上。同时，把一批年轻有朝气、有干劲、有较高专业知识的干部大胆放到关键领导岗位。我们还认真贯彻中纪委关于国有企业也要加强党风廉政建设的精神，认真进行领导干部自查自纠和查处违纪案件，提高了党在企业中的威信。党员领导干部绝大多数星期天、节假日坚持在生产一线，靠前指挥不休息，群众看到干部以身作则，积极性更高了。

鞍钢的出路在于改革和改造，但长期以来在实施具体改革举措时，总是担心职工的心理承受能力，迟迟不敢向前迈步。1995 年初，我们看到广大职工思改革、盼改革和支持改革的热情从来没有这么高，因势利导，在充分征求各层次广大干部职工意见的基础上，制定了以分离辅助、精干主体、转机建制为内容的鞍钢总体改革基本方案，并经过职工代表大会讨论，在广大职工群众中形成了广泛的共识，积极稳妥地推出改革举措。在改革过程中，我们首先注意正确处理改革与稳定的关系，通过深入细致的思想政治工作，使广大职工认识到职工不是改革的对象，而是改革的主体；分离不是甩包袱，而是培植新的效益增长点；分流不是裁员，而是劳动岗位的转移，从而使鞍钢的各项改革做到了既扎实又稳妥；实现了整体推进和重点突破。其次，强调改革不仅仅是领导层的事，而是要依靠企业全体职工的支持和参与。例如，鞍钢传统的职工公费医疗制度运行了 40 多年，看病吃药不花钱的思想根深蒂固，医疗制度改革被公认为鞍钢改革中的老大难。由于群众思想工作开展的深入细致和准备工作的扎实充分，这项改革在试点基础上得以顺利推开。

我们体会到，越是广大职工关心支持企业的工作，越是要关心安排好职工生活，调动和保护职工的积极性。为此，对关系职工切身利益的大事予以高度重视，在力所能及的条件下改善职工的物质文化生活条件。在资金紧张的情况下，职工住宅建设交工 35 万平方米，并改建了一栋知识分子公寓楼。千方百计保证了职工工资按月足额发放，年人均工资收入有所增长。还从实际出发，每年拿出 3000 多万元，改善了离退休职工生活待遇，为特困职工和受灾职工排忧解难，其中对 31000 多人次的困难职工发放救济金 519 万元，帮助 1463 名受灾职工修缮翻建住房、解决烧柴和口粮问题等，发放救灾款 162 万元。返还了 1994 年向党员和部分职工借的买煤款本息 5700 多万元。对暂时还无力偿还的风险抵押金，如实地把困难向广大职工讲清，也得到了理解和支持。

经过全公司广大职工一年的艰苦努力，鞍钢 1995 年扭转了生产下滑、经营亏损的被动局面。全年生产钢 813 万吨，钢材 518 万吨，实现销售收入 186 亿元，消化近 30 亿元的减利因素，实现利税 23.8 亿元，实现利润 3.3 亿元，上缴各种税金 21.07 亿元，当年税金分文不欠。

过去一年的实践使我们深刻体会到，鞍钢作为一个老企业，几十年来培养和造就了一支具有较高素质和高度主人翁精神的产业工人队伍，他们是鞍钢的脊梁。要把鞍钢的工作做好，在任何时候、任何情况下，都要牢固树立全心全意依靠工人阶级的思想。只要我们紧紧依靠职工群众，把职工群众发动起来，把他们的积极性发挥出来，就能克服和战胜一切困难，用我们自己的双手，创造鞍钢辉煌的明天。

总结经验，查找差距，细化措施，努力振兴鞍钢

1996 年 8 月 19 日

刚才听了六个单位的发言，觉得非常精彩。这六个单位是我们绝大部分基层单位典型的缩影。基层单位在这次“如何振兴鞍钢”大讨论当中，转变观念，开动脑筋，理清思路，在如何适应市场，如何搞好本职工作，为鞍钢完成今年 3.5 亿这样一个利润目标，都有许多好的经验，好的思路，好的措施。公司党政领导带队分 11 个小组到了 68 个基层单位检查了这次大讨论的情况。我们又开了党政联席会议，专题讨论这次检查了解到的情况。今天，把一些单位的典型经验在这里做了交流，听了以后，我又受到一次教育，又有新的启发。比如，昨天我到半连轧厂看了看，他们确实在千方百计提高产品质量，千方百计加强厂内的管理，在降低消耗，降低成本上下功夫，我看了以后很高兴。我高兴的是，他们现在的两台新卷板机作业率已经超过百分之九十，热轧钢卷打包比率超过百分之九十。他们要求职工，要求操作手用好这两台卷板机，要对每个钢卷质量负责，打好每个卷。大家有机会可以到那里看一看，打包非常齐，卷得也非常漂亮，以至于德国代表到半连轧厂去看说卷得这样一种质量完全可以到德国展览。这说明人还是绝对因素，装备客观条件差，通过转变观念和自身的努力，还是会有所进步，有所创新，有所提高，有所突破的。刚才半连轧的同志作了发言，我觉得大家都可以从他的发言中，可以从半连轧的工作当中，汲取点新的启发和有益的教育，把他们这些好的经验汲取到自己的工作当中来。二炼钢的厂长也作了发言，大家也听了，尽管亮了黄牌，但是我觉得他的发言也有特色，广大职工积极性充分调动起来了，群策群力，转换了观念，同时制定了新的思路，新的措施，为降低成本，为完成公司 3.5 亿的利润，他们又有非常有力的举措。那天我去他们厂，他们说针对炼铁硫比较低，硫差小这样一种特点，他们可以在活性石灰上下功夫，仅这一项就可以节约一千多万元。而且新的思路还有，在钢铁料消耗方面，他们又有新的突破。他们还有一些措施，比如说要把双床平炉，针对我们现在 ANSOB 已经投产这样一个特点，做些小的技术改造，自己动手，不要公司给予资助，结合大修，又能够创造新的效益。这就是说我们的平炉，尽管工艺落后，也是可以有所创造的，有所作为的。刚才中型厂的发言，我觉得也是很有特色的。大家知道中型厂现在市场比较疲软，效益不好，但是他们能在开发新的产品方面这一两年取得很大的成绩。如果我们其他厂在开发新的产品方面也有中型厂这样一种力度，那么，我们公司的市场占有率，公司的经济效益，会有惊人的变化。对我们来讲，装备虽然落后，我们不是在新产品上就不可以有所突破。实践证明，他们有了新的进步，非常可喜，管理上、转换机制上有新的作法、新的措施，也值得我们大家认真借鉴，从中找出有规律性的东西来。建设公司刚才的发言，结合建设部门这样一种特点，把建设公司和鞍钢结合起来，把建设公司每个职工结合起来，扎扎实实开展思想观念的突破。他们在实际工作中，有新的可喜的提高。

本文是作者在振兴鞍钢大讨论经验交流会上的讲话，标题是此次公开出版时所加。

过去建设部门一提就是几级收费呀！现在建设公司经理说了，几级收费要靠市场竞争去取得，我看这个观念有转变。在一些小项目上，建设公司已摆出一个抢占市场，势在必得这样一个决心，我看这样很好。以这样一种观念，这样一种决心去抢占市场，我觉得建设公司有希望。那么其他几个部门，修建公司能不能向建设公司学习，矿建公司能不能向建设公司学习？立山医院的同志发言说，过去立山医院条件是比较差的，但是由于他们转变了观念，按照市场经济规律去开发了一些新的医疗服务，采取了新的举措，加强内部管理，医院有大幅度的变化。我听了以后也觉得很精彩。过去想都不敢想吧？比如家庭产房，实际上丈夫在妻子旁边，在精神上给予照顾、鼓励，对增进夫妻感情，对产妇本身减少痛苦很有益，这是社会需要的。那么，他们率先开发这样一种服务，受到欢迎，也改变了医院本身的面貌，提高了经济效益，增长了医院的信誉。他们把沈阳中医学院著名的教授，在国际上都有名望的教授请来，加强学术交流，提高自己的知名度，这种借专家作法医院可以做，其他部门就不可以做吗？我看也可以。我们冶金工厂可不可以请一些专家，真正为我们排忧解难，我看也可以。

这些发言仅是一些代表。公司组织11个组到68个单位检查开展大讨论情况，我们也受到启发，受到鼓舞。受到启发是什么呢？就是群众是真正的英雄。只要把群众积极性真正调动起来了，发动起来了，振兴鞍钢的措施、举措是层出不穷的，会不断地有各种各样好的有巨大经济效益的措施涌现出来。我们受到很大教育，同时，我们也增强了信心。公司党政领导在这些问题上的看法基本上是一致的。都认为过去对完成今年3亿5并没有底，通过这次调查，我们认为完成今年3亿5是有信心的，绝大部分单位也是有信心的，完成利润，完成成本，应该说大家心中都有数，都有具体的措施，都认为可以完成。当然，对资金上反映得比较多一些，个别单位说资金不能完成，等会我还要说明这个问题。

概括起来说，通过这次检查，总结大讨论有这么几个特点：

一是经过这次大讨论，进一步解放了思想，转变了观念，观念上又有新的变化。去年以来，我们经过各种各样的讨论活动，我们在市场是企业生存空间，质量是企业的生命，资金是企业的血液，用户是企业的上帝这些方面有了新的认识。今年以来，我们继续解放思想，转变观念，我们在思想观念上又有新的突破。这些新观念包括成本费用的观念，质量效益的观念，资金运营的观念，有效社会劳动这样一个观念，企业是职工生存的空间这样一个观念，上岗靠竞争，岗位也是市场这样一个观念，靠竞争上岗这样一个观念。比如说炼铁厂提出来，破除以产量高低论英雄的思想，树立以质量效益为中心的观念。过去是以产量高低论英雄，现在是以质量效益高低论英雄。弓矿公司提出来，要生存和发展必须坚持技术进步，走质量效益型道路这样一个观念。这些都是结合本单位的思想工作实际，抓住了转变思想的重点，其他各单位都有一些新的思想观念的突破。比如说我们无缝提出来，“想三超，赶三超，继续三超”、“赶同行，超同行，力争排头”，“拼争市场”。过去两个匾他们不敢挂，现在思想观念有了变化，勇敢地喊出这个口号。我看这些都是我们通过大讨论取得的实际成果。

第二个特点是通过开展大讨论，在联系实际查找差距，揭摆问题，理清思路上有新的突破。结合实际找差距摆问题，按着两个根本性转变要求理清了工作思路，使我们基层单位揭摆数千条与加快两个根本性转变和振兴鞍钢要求不相适应的问题。比如三炼钢查找问题差距220条，所以三炼钢在质量、产量、成本方面都有新的突破。三炼钢今年能够达到这样一个高的水平，大连铸也好，转炉的水平也好，都为公司立了功。这是与他们转变观念、找差距分不开的。他们在过去忽视结构调整，忽视生产高附加值的钢种这方面找出差距；在原材料管理上责任制没有完全落实上找差距；在记录不实、计量不全方面找出差距；在分配制度上依然存在大锅饭上找出差距等等。我觉得都是非常可喜的。技术中心查摆出存在的重成果轻转化，重评奖轻推广的差距。半连轧厂揭摆出盘货亏库，钢卷、商品卷亏空，钢材丢失，备品备件超出等粗放管理等六个方面的差距。这次他们破了一个大案，就是内部职工和外面勾结起来盗窃钢卷，胆子之大也是十分惊人的。不管这个人有什么样的背景，要一查到底，坚决要以法办事。大多数基层单位查摆出问题、差距，理清了工作思路，创造了条件，明确了今后努力的方向和奋斗目标。烧结总厂明确提出，炼铁的需要就是他们工作努力的方向。我看他们口号提得很好。把工作的重点放在达标的电耗和固体燃料的消耗上，放在质量的增效上。刚才我讲了半连轧厂钢卷质量有大幅度地提高，同志们有时间可以看一看。我昨天上午去看了有七八个卷，如果咱们卷子全是这样一种水平，那完全可以和宝钢、武钢比，就是内在质量有待提高，外观看非常齐非常好。鞍矿公司提出下半年要在完成上半年减亏增利的任务基础上，再增效500万元。自动化公司针对明年鞍钢公司要对它取消补贴这样一个新的形势，提出“丢掉幻想，抢占市场，求生存，把市场的压力导入到企业，努力实现自主经营，自负盈亏”的工作思路，眼睛盯向社会，从社会上拿回效益。就像立山医院的做法，眼睛不能总盯着公司内部，应该盯住外面。我想其他单位都应该有这样一种认识。

第三个特点，就是通过开展大讨论，在量化指标、细化措施，为全面完成挖潜增效24亿，实现全年3亿5的目标做贡献上有了新的行动。绝大部分单位制定的目标措施是具体量化，而且经过细化后分解落实到车间、班组、岗位，甚至到人头。这方面一炼钢的做法值得大家学习。炼铁厂也是横向分到人，纵向到班组。一定要把工作落实到班组。凡是措施没有到班组，没有到人头的单位，我看应该像一炼钢这样做。比如说，他们制定的系统降耗攻关措施，具体细化为降低钢铁量消耗节约637万元，增加炉后脱氧节约29万元，降低钢锭模消耗节约64万元，降低油耗节约27万元，降低石灰消耗节约143万元，这些指标落实到责任单位，落实到责任人。中板厂召开两次指标分解落实会，为降低产品单位成本，在他们现有设备小改小革的基础上，全面推行了8毫米以下各种材质钢板的双倍尺轧制，使小时能力提高了20吨，成材率提高了0.3%。他们还准备从7月份开始，10毫米以下产品全面实行双倍尺轧制，进一步增加产量，确保全年45.5万吨钢板任务的完成。这是第三方面特点，指标细化到班组，落实到人。

第四个特点，通过大讨论在增强思想政治工作实效性和针对性上有新的效果。通过这次大讨论，我觉得我们解决了这样一个问题，就是把思想观念、政治思想工作和我们的生产经营实际结合得更紧密。一初轧厂党委在大讨论中，组织全厂中层以上的干部到大石桥耐火材料厂参观考察，用大石桥耐火材料厂的这样一个实际例子，教育广大干部职工树立市场经济优胜劣汰的观念，增强了搞好鞍钢和本单位工作的责任感和紧迫感。通过这些事例，使职工更深切地感受到企业的兴衰与自己的切身利益密切相关，职工与企业是个密切的共同体。在去参观之前，有各种各样的想法，各种各样的意见、情绪。经过参观以后，他们理清了思路，转变了观念，解决了不少问题，特别是思想上的认识问题，增强了责任感紧迫感，我觉得这个作法好啊！把思想政治工作和我们的实际结合起来了。二发电党委在开展讨论当中，引导职工树立“振兴鞍钢我有责，鞍钢振兴我有利”的思想，增强了职工的主人翁意识。中板厂到大连冷冻机厂处理钢板分层退货940吨。大连冷冻机厂提出质量异议，说再也不订鞍钢中板厂的货了。通过他们这样的工作，大连冷冻机厂改变了他们的想法，这件事既教育了职工又挽回了影响，提高了我们鞍钢的质量信誉，收到了很好的效益。实践证明，这些针对性很强的工作和活动，有力地推动了思想政治工作的改进和加强，有力地调动和保护广大职工的积极性，推动各项工作有效地进行和开展。过去我们有些党委书记说在新的形势下新的时期的思想工作怎么做，这次大讨论给我们回答了这个问题。这次检查当中，我们还有些单位从公司大局实际着眼，许多单位都提出了许多问题，对这些问题和建议，已经把它整理出来了，有些问题还要进一步研究，对带有全局性的一些政策问题，专门研究拿出妥善解决办法。技术中心提出的科技成果转换限制的问题等，公司要抓紧解决。通过这次检查，也要看到我们一些问题和不足。特别是如何把各项指标、措施实实在在分解到班组和人头上，并紧密建立有效的经济责任制、分配制度，形成一个千斤重担大家挑，人人肩上有指标的局面，我们还有差距，所以，回去请厂长、书记、工会主席要进一步对照检查自己是不是把措施分解落实到人了。也有极少数单位表现出信心不足，指标分解不细，措施力度不大。还有些在困难面前束手无策，悲观失望。经过这次交流，要向搞得比较好的单位学习，向有新的措施、新的思路的单位学习，取长补短，使我们鞍钢各个单位的工作，都能同步向前发展。为了进一步把大讨论活动深化，更好地推动和促进全年各项生产经营任务的完成，我说这么几点意见：

一是要进一步把广大职工在大讨论中焕发出来的热情和积极性引导到为实现3.5亿利润目标做贡献上来。不断地增强责任感和紧迫感，要及时引导广大职工把思想转变落实到本职工作、本单位工作上来，落实到完成全年3.5亿目标上来。通过大讨论转变了职工思想观念，焕发了广大职工的热情，调动了职工的积极性，也使广大职工认清了鞍钢当前面临的严峻形势，明确了工作责任和任务。各单位一定要珍惜和巩固这个成果，采取各种方式继续发动群众依靠群众，引导到建立一个机制，抓住四个关键为重点的落实下半年各项措施，确保完成挖潜增效24亿的任务上来。

二是要在学习邯钢经验，量化指标，细化措施，落实责任上下功夫。总的任务如不落实到具体责任人上，没有具体的考核指标、奖惩办法，还不算是落实。检查当中发现有些单位虽然有挖潜增利措施，但是责任没有落实，没有具体量化和细化，这样的工作还是比较空的。有的单位挖潜增效落实到车间这一层，没有落实到班组和人，要进一步落实下去，一定要注意和克服这样的倾向。邯钢的经验之所以成功，就在于贴近市场的各项指标能够及时分解落实到每一个职工，使每一个职工都有具体明确的可考核的指标。就从刚才我们这六个单位发言来看，凡是可考核的指标，我们每一个单位制订的挖潜增效的措施，不在于多少而在于是否实实在在，是否可操作，是否可以考核，是否使责任落实。各单位所承担的各项指标，要进一步细化分解落实到班组、岗位和人头，使每一名职工都能够清楚，实现3.5亿元的利润目标当中自己所承担的任务和责任，做到千斤重担大家挑，人人肩上有指标。说是很容易，做起来靠我们扎实细致的工作。这一点要求各单位必须做到，适当的时候我们还要抽查一下。对这次检查当中差的单位，我们还要抽查。

三是要进一步在深化改革和加强管理上下功夫。下一步的大讨论还是要把深化改革和加强管理更好地结合起来，通过大讨论推动改革发展，加强我们的管理工作。各个分离单位要下力气抓好内部转换经营机制，优化企业组织结构，大力培育新的效益增长点，层层加大扭亏增盈的力度，使之适应加速实现两个根本性转变的要求，更好地走上自主经营自负盈亏的发展道路。要通过加强企业管理提高工作水平，堵塞各种漏洞，节能降耗，提高产品质量，调整品种结构，减少资金占用，降低各种费用。这是在观念上有所进步和突破。有一些变动成本收不回来的品种都要关、停、转。要加大力度调整我们的品种结构。现在我们发现有些钢材变动成本都收不回来，越生产越亏本，有些钢材亏本1500块钱、1600块钱，这种钢材我们还生产，这行吗？能够继续下去吗？资金的占用我要说一下。下半年我们资金的困难形势非常严峻，我们应该说不低于去年。去年我们吃了一部分今年的探头粮，包括提前超前销售。有一部分探头粮，反应到今年的生产经营上来。这种局面还没有缓解。

四是要在加大经济责任制考核力度，加速建立按有效劳动进行分配的激励机制和约束机制上下功夫。这个问题我想重点说一下，也利用这个机会把我们公司经过认真讨论制定下发的“关于鞍钢职工岗位工资调整办法补充通知”的文件，跟大家说明一下。进一步完善对各单位的经济责任制的考核办法，已经下发了，因此，要严格地按照这个办法去执行，去分析考核。我们规定，各个单位的岗位工资、挂钩的经济责任制，考核指标的目标计划和起奖计划，是财务指标。冶炼和动力系统这样一些单位及一初轧、二初轧的考核以成本为主，同时考核利润和资金，挂钩的权重系数是成本50%，利润25%，资金25%。如果这些单位成本完不成考核指标，全部否定岗位工资，那么全部奖金也否定。轧钢系统这样一些单位，以考核利润为主，同时考核成本和资金，挂钩的比例关系是，权重系数是利润50%，成本25%，资金25%。管理单位和各个单位以考核费用为主，同时考核资金，挂钩的权重比例为60%和40%，考核指标都按照月考核。为了进一步调动各生产单位的积极性，保证最终年经济效益的实现，在考核过程当中，对冶炼、轧钢、动力系统各单位，实行顶替的办法，管理系统各单位，不执行顶替的办法，目的就是要通过严格考核，使职工收入的变动部分增大，真正形成竞争机制，实现上岗靠竞争，收入靠贡献的原则。比如说你是冶炼厂，你成本超目标计划完成，超额完成的部分可以顶你利润没有完成，资金没有完成的部分，资金反过来顶成本利润不行；你是轧钢单位，你的利润超额完成了，超额部分可以顶替成本完不成的部分、资金完不成的部分，但是利润完不成考核计划的，否定你的全部岗位工资。这个都已经有专门的文件规定。我把这个思路再说一下，就是鼓励同志们在挖潜增效上面下功夫。

五是我想特别强调一下，要发动广大职工群众和科技人员开展科技攻关，推动鞍钢的技术进步，转换成生产力，进一步为公司挖潜增效，创造一个良好的条件。我觉得这方面的潜力还是很大的，我们鞍钢除了进一步调动广大职工的积极性，苦干以外，还要坚持巧干。凡是有经济效益的技术进步项目，我们都要动员和鼓励广大职工去开展，比如三炼钢用氮气喷溅补炉，这个新技术花钱不多，花几十万可以把炉龄提高到五千次以上。这是多么大的经济效益！在这方面我们就要充分调动广大职工想办法来挖潜增效，这个我们决不放松。

总之，下半年我们面临的形势是严峻的。完成3.5亿利润目标，挖潜增效24亿的任务非常艰巨。公司希望各单位要巩固和保持经过大讨论形成的这样一个态势，再接再厉，继续抓好各项工作措施的落实，用我们各项工作的实际效果来检验大讨论的成果，为实现3.5亿利润目标做出新的更大的贡献。

深入学习邯钢经验
加快老企业的两个根本性转变

——在1997年冶金行业学邯钢经验交流会上的发言

1997年4月2日

近年来，由于市场变化等因素的影响，资金紧张和上游产品涨价，给鞍钢的生产经营带来极大的困难。1994年11月~1995年2月出现了鞍钢历史上前所未有的亏损局面，在这种严峻形势面前，我们以深入学习邯钢经验为动力，按照两个根本性转变的要求，把做好鞍钢工作与搞好国有企业的历史责任紧紧联系起来，坚持外抓市场，内抓管理，加大各项工作的力度，克服了重重困难。1995年下半年开始一举扭转被动局面，各项工作步入良性循环的轨道，在面临35亿元不利和减利因素的情况下，全年实现了3.3亿元的利润目标。1996年生产经营继续保持稳定增长的势头，各项工作又向前迈了一步。全年生产钢860.12万吨、生铁845.76万吨、钢材643.13万吨，分别比上年增产47.06万吨、45.22万吨和125.05万吨，均创历史新水平；实现销售收入197.43亿元，创历史最好水平；实现利税27.21亿元，比上年增长22%；在消化21.32亿元减利及不利因素的条件下，实现利润3.51亿元，比上年增长6%；可比产品成本降低6.15亿元，降低率4.04%。

上述成绩的取得是鞍钢全体职工在学习邯钢经验的基础上共同努力的结果。

回顾学习邯钢经验的体会，总体上讲就是从转变观念入手，结合鞍钢的实际情况，按照市场经济的要求，建立和完善内部各项管理运行机制，狠抓成本这个经济效益"牛鼻子"，强化企业内部各项管理，促进了整体素质和经济效益的稳步提高。具体做法：

一、广泛开展"如何振兴鞍钢"和"怎样当家做主为振兴鞍钢做贡献"大讨论，不断转变与市场经济不相适应的思想观念，自觉把新观念落实在工作思路和机制转换上

学习邯钢经验的关键是转变全体员工的观念，从根本上讲我们的事业是广大职工的事业，职工是企业的主人，企业的各项改革、改造应该被广大职工所理解，应该动员广大职工来参加。因此我们在学邯钢经验，实行成本否决，首先从转变职工思想观念入手，统一全体职工的认识，通过大讨论引导广大职工进一步转变思想观念，有力地推动生产经营、改革改造等各项工作的开展。可以说，1995年鞍钢的各项工作是不断转变观念、更新认识的过程。我们抓住在市场经济条件下"如何振兴鞍钢"这个需要全体职工共同回答的重大现实课题，开展了群众性的"如何振兴鞍钢"大讨论活动。各单位把转变思想观念作为转换经营机制和转变经济增长方式的重要基础和前提，把大讨论同查找差距和揭摆问题结合起来，不怕揭短，不怕亮丑，发动广大职工查摆工作上与加快两个根本转变不相适应的问题和差距，理清思路，明确方向。在广大职工的思想上形成了在市场经济条件下搞好鞍钢工作的新观念和新共识，如：树立了重质量、靠品种和以信誉占领市场的观念；树立了下道工序就是市场的整体效益观念；成本不降振兴无望的观念；树立了按有效劳动进行分配的观念；树立了岗位也是市场、用人看业绩、上岗靠竞争、收入靠贡献的观念，等等。为巩固和深化“如何振兴鞍钢”大讨论取得的成果，进一步适应市场经济的要求，把“如何振兴鞍钢”这一重大问题取得的共识，落实到提高企业市场竞争力上来，落实到振兴鞍钢从我做起、从现在做起的具体行动上来。今年我们又开展以“怎样当家作主为振兴鞍钢做贡献”为主题的大讨论，紧紧围绕振兴鞍钢和完成今年生产经营目标这个大局，进一步统一全体职工的思想认识，切实解决好单位怎么办，职工怎么干的问题，也是把全心全意依靠职工群众办企业的方针落到实处的具体体现。让全体职工认识到鞍钢目前在市场竞争中的位置，使大家清醒地看到鞍钢当前存在的差距及其产生的原因，增强广大职工提高企业市场竞争力的紧迫感和求生存的危机感，树立当家做主的责任感，增强依靠自己的力量解决好鞍钢发展中面临的问题的信心和勇气。目前，这次大讨论活动在全体鞍钢职工中已产生极大的反响，广大职工以振兴鞍钢为己任，人人当家作主人的意识得到了增强，对鞍钢未来的发展前景充满了信心。

结合大讨论，我们注意把大讨论的结果同量化指标、落实措施结合起来，以确保目标利润的实现。由于市场的冲击和上游产品涨价等因素的影响，近年来各种减利因素相继增加。据统计 1995 年各种不利及减利因素为 35.67 亿元，1996 年的减利因素在 1995 年基础上又增加了 21.32 亿元。为确保目标利润的实现，一方面我们按照邯钢的做法，本着“盈利产品多盈利，亏损产品不亏损”的原则倒推成本，将目标利润纵向分解到二级厂矿；另一方面组织全公司职工挖潜力，制定了包括提质、增产、降耗、节支、改革减亏、科技增效和企管增效等措施。1995 年制定的措施 16 项，效益额 11.5 亿元，1996 年措施 16 项，效益额 24 亿元。为把上述措施落到实处，我们将措施效益横向分解到责任部、室，纵向分解到厂矿、车间、班组；各单位又把措施细化分解成上万条的具体指标，纳入经济责任制的考核内容。由于措施组织得力，1995、1996 两年在面临巨额不利及减利因素的条件下，实现了成本大幅度降低，利润稳定增加。

二、把学习邯钢经验同走质量效益型发展道路结合起来，努力在提高质量、调整结构和降低成本上下功夫，不断提高企业市场竞争力

市场是企业的生存空间，鞍钢有过失去市场的挫折和教训，所以我们更加珍惜鞍钢产品的市场份额，坚持把提高企业市场竞争力和扩大产品市场占有率，作为全公司的首先任务来抓，在大力提高产品质量、优化品种结构、降低产品成本上下功夫。

一是进一步加大质量工作的力度。我们在全公司提出了“不合格原料不入厂，不合格中间产品不下送，不合格产品不出厂”的原则，进一步严肃了质量考核，严格执行质量否决权。1996 年 26 项主要质量指标有 25 项完成计划，18 项比上年有改进和提高，实现质量增利 1.25 亿元。针对公司产生废品和不良品的重点工序，以实现废品、不良品减半为主攻目标，开展了降低炼钢轧后废，减少半连轧“长条”“七开卷”的氧化铁皮压入；减少冷轧板改判降级和减少无缝外折及中板分层废品等质量攻关活动。1996 年废品不良品比上年减少 39.36 万吨，减幅达到 28%，创效益 1.09 亿元。此外，钢材综合定尺率达到 87.2%，比上年提高 6.5 个百分点。

二是进一步适应市场，加大调整品种结构的力度。自 1996 年初开始我们就有计划、有步骤地对鞍钢的产品质量、品种结构、成本和市场占有份额做了大量的分析和调查，初步地认识到了鞍钢的产品在市场竞争中的位置和存在的问题。提出按照“增畅、抑滞、限平、停产”的原则，不断优化品种结构，1996年我们积极增产船板、硬线、薄板等市场畅销品种和专用材，对扭亏无望的产品采取了限、停措施。全年共调整品种43个，增产高效品种52万吨，实现品种增利6500元；开发新钢种31个，试制新品种52个，推广新产品66项，新增效益3000万元。

在抓各项管理的过程中，我们始终把降低消耗，特别是降低能耗摆在重要的位置。鞍钢能源费用占总成本的比例为3%左右，能耗指标与同行业先进水平相比有一定距离，1996年吨钢综合能耗在全国十大钢中排第六位，吨钢可比能耗排第五位。针对能源等消耗上存在的差距，我们有计划、有组织地开展以节能降耗为中心的专项攻关，采取多种有力措施，大力降低各种消耗。经过努力，能耗水平有明显改善，一些主要技术经济指标创出了历史最好水平，如：炼铁入炉焦比达到467千克/吨，喷吹煤粉达到了93千克/吨，分别比1995年降低24千克/吨和增加15千克/吨；入炉矿品位达到了54.62%，比1995年提高了0.14个百分点；转炉钢铁料消耗达到1106千克/吨，比1995年降低1千克/吨，这些节能降耗措施在降低成本、增加效益中发挥了重要作用。

三、把学邯钢经验同深化改革和加强管理结合起来，在改革中求活力、求发展

实践使我们深刻认识到，鞍钢不改革就没有出路。正是因为1995年以来我们推行了主辅分离等一系列改革措施，才逐步改变了计划经济的管理体制和运行机制，为鞍钢生存和发展注入了新的生机与活力。去年以来我们从适应两个根本性转变的要求出发，进一步加大了改革力度。一是完成了主辅分离改革。目前鞍钢所属17个辅助单位已全部实现了与钢铁主体的分离，公司对亏损单位限期2～3年内实现扭亏为盈，在减亏期内公司给予定额补贴等相应政策；对盈利单位确定利润递增目标，促进分离单位转换经营机制。通过落实改革方案规定的责权利政策，1996年17个分离单位中的14个经营型单位全面完成年度减亏增效目标计划，公司1996年的补贴减少4.98亿元。二是加快了精干主体改革的进度。目前我们已将35个主体单位中的74个集体企业与主办厂分离，分离集体职工11145人；从主体单位撤离混岗集体职工2072人；随17个分离单位划转集体职工89918人，至此18.5万集体职工已基本上由鞍钢集体企业集团公司管理。三是将主体单位所属60个第三产业、老年实业等各类经济实体划归新组建的实业发展总公司统一管理；公司机关精简部室5个，精减机关干部20%；通过全面贯彻《劳动法》签订了上岗协议和实行竞争上岗，鞍钢有35个主体单位实现了减员10%的目标，成立了劳动力市场，妥善安置富余人员5375人。到目前为止，通过实施精干主体、分离辅助改革，全公司共分离全民职工100990人，主体生产系统职工总数已降到7.09万人。同时，还推出了医疗保险制度改革和集资建房、提租补贴和出售公有住房等6项住房制度配套改革措施。

改革不能替代管理，特别是对于鞍钢这样一个老企业，正确处理好深化改革同加强管理的关系更为重要。加强管理是做好包括深化改革在内的一切工作的基础和保证，同时也是改革的进一步深化和完善。1996年上半年开始我们对35个主体生产单位和3家部室实行了财务集中管理，强化了财务管理在企业管理的中心地位作用。同时，我们以贯彻ISO9000标准为重点，狠抓各项管理工作，带动企业管理上水平。如：针对多年来成本管理方面存在的问题，1996年我们用了三个多月的时间，测算了三个炼钢

厂、两个初轧厂和11个成材厂共222个钢种、499个品种、规格的钢坯约424个产品的变动成本、工序成本和完全成本，先后处理了160万个数据，为科学准确地搞好产品成本分析、工艺流程优化和产品结构调整以及制订合理价格提供了重要依据：针对内往结算环节上存在的管理漏洞，进行了内往结算秩序的清理整顿，对资金运营调控机制的建立起到了促进作用，资金管理工作得到了进一步加强，1996年末流动资金占用为167.6亿元，比上年末下降了2.4亿元；资金周转天数307天，比上年加快40天。

四、学邯钢坚持从鞍钢实际出发，依靠自己的力量，走出一条高起点、高效益、低投入、快达产的技术改造新路子

学习邯钢经验使我们认识到，企业要提高经济效益，必须大力推进技术进步。鞍钢不改造就没有出路，然而鞍钢目前负担沉重，搞大规模技术改造又无力承受，必须走内涵式扩大再生产的道路，把发展的思路从追求规模转到追求效益上来，这些都使我们认识到鞍钢在技术改造上必须探索出一条比别的企业起点更高、花钱更少、效益更好、达产更快的路子来，只有这样才能实现滚动发展，不断壮大企业实力和发展后劲。为此，我们提出了高起点、高效益、低投入、快达产的技术改造方针。

在资金投入上注重从数量向质量效益上转变，加大投资结构的调整。一是大力发展板带材生产，逐步缩小中、小型材产品的比例，着力发展高附加值产品，如镀锌板，逐步淘汰叠轧薄板等产品。到2000年，附加值较高、适应市场需求的板管材生产比例达到钢材总量的64%以上。二是尽力把消耗潜力、质量潜力挖掘出来，如三烧改冷料、一发电油改煤、一炼钢厂“平改转”、半连轧厂改造带来的深加工产品的产量、品种增加等项目对降低产品成本，提高产品质量和公司效益将起到重要作用。

在项目管理上我们注重严把投资管理关，把管理的重点放在资金使用效益和质量不断提高上。一是下大力气狠抓“七五”以来建成的重点项目的达产达标，通过采取组织生产、设备、科技等部门和生产厂开展攻关，解决原料、设备和技术上存在的问题以及制定激励政策等综合配套措施，使鞍钢“七五”以来建成项目达产达标取得了突破性进展。对于鞍钢的长远发展将起到重要的促进作用；二是从鞍钢实际出发，坚持少投入、快产出的技术改造方针。鉴于目前资金状况，必须把有限的资金用在刀刃上，用尽可能少的投入办尽可能多的事。去年10月开工的一炼钢厂“平改转”工程正是这样的范例：在不影响生产的条件下，将用半年时间建成三座转炉，投资的1.7亿元将在投产两年内收回；三是强化固定资产投资管理，大力推行项目经理责任制。为提高资金运用质量，我们制定了新固定资产投资管理办法，使投资有章可循，同时在公司内部正式推出了项目经理负责制。项目经理受公司委托，对建设项目从前期准备到实施的全过程负责，保证最大限度的发挥资金使用效益，大幅度压缩工程造价。如三炼钢2号板坯连铸工程原设计投资9.9亿元，在项目经理组织下，广泛实行招标制、承包制，在水平不减的情况下，使总投资压缩到8亿元以下；四是利用各项政策积极筹措资金。根据国务院领导的批示，我们还积极开展发行H股和A股股票在境内外上市的准备工作，组建了鞍钢新轧钢股份有限公司，为加速鞍钢技术改造探索新途径。

五、学邯钢经验就是要坚持按市场评价的有效劳动进行分配，加大经济责任制考核力度，形成符合市场经济要求的激励机制和约束机制

按市场承认的有效劳动进行分配，这是邯钢经验的精髓，也是优胜劣汰的市场竞争机制决定的。几年来，我们按照模拟市场核算、实行成本否决的要求，建立了以“两挂一否决”为基本模式的经济责任制考核办法：即奖金同效益指标和工作指标挂钩，实行成本否决。打破了多年来奖金分配上的大锅饭，避免了保护落后和“鞭打快牛”两种倾向。如1996年1~9月份，各项指标完成得好的单位最高得奖为300多元/(人·月)，而各项指标完成不好的单位最低得奖水平只有205元/(人·月)，这在过去是从来没有过的。

1996年我们在完善经济责任制方面，把工资、奖金收入中活的部分比例提高到50%，使公司总体效益、单位经营贡献和职工个人收入紧密联系在一起，初步形成了单位看效益、上岗靠竞争、收入靠贡献，按有效劳动进行分配的新机制。实行这种新的分配机制后，每个月都有几个单位因未完成考核指标而被否决或减发岗位工资和奖金。我们还通过各种宣传媒体把考核结果公布于众，让全公司广大职工都了解，进一步增加分配的透明度，增强了责任感和危机感。

1997年对鞍钢来说，比过去的一年面临着的是更加严峻的考验和挑战。我们要以党的十四届五中、六中全会精神为指针，按照中央经济工作会议的部署，进一步加快“两个转变”步伐，深化企业改革，搞好技术改造，加强科学管理，依靠科技进步，提高质量、优化品种，降低成本、提高企业的经济效益。

1997年鞍钢生产经营的目标是：生产钢850万吨、生铁845万吨、钢材650万吨，产销率100%，合同执行率100%；实现销售收入195亿元，实现利润3.6亿元；产品成本降低1.5%。

为保证上述目标的实现，要以“转换机制、当家理财、严格管理、挖潜增效”为重点，着力作好以下几方面工作：

一、主动地参与市场竞争，大力加强营销工作，巩固和扩大产品市场占有率。一是巩固代理、直供、零销渠道和发展中长期协议关系，在建立稳定的销售渠道上下功夫；二是深化和完善销售体制改革，实现销售管理的规范化、科学化和制度化。进一步加强计划、生产、销售的衔接和协调，组织好有效合同，提高合同执行率，不断增强市场的竞争能力；三是进一步发挥成材厂开拓市场，调整产品结构的优势。把这项工作纳入经济责任制考核，用政策调动成材厂开拓市场和调整产品结构的积极性；四是进一步树立企业形象，维护企业信誉，努力提高为用户服务水平；五是要在搞好国内销售的同时，努力增加产品出口。

二、把握住生产的关键环节，保证生产在高水平上持续进行。公司的生产组织要围绕经济效益这个中心，对亏损的单位采取有力措施，实现扭亏，该停的停，该转的转，严格按市场的要求组织生产，无合同、无销路的产品坚决停下来，努力增产畅销产品。

三、继续深化企业改革，转换经营机制，理顺责权利关系。要继续深化精干主体，分离辅助改革，实现减人增效；要进一步转换经营机制，推动分离单位搞好内部配套改革，促使分离单位在为鞍钢生产经营服务的同时，努力培植新的经济增长点，逐步把经营的重点扩大到社会市场，促进分离单位尽快走上自主经营、自负盈亏、自我发展、自我约束的轨道；要进一步加大分配制度改革的力度，完善按有效劳动分配的机制。1997年我们把进一步理顺责权利关系当作今年转变思想观念和转换经营机制的核心问题，新的工效挂钩考核办法更注重体现按有效劳动进行分配的原则，其根本目标是促使企业进一步转换经营机制，促进盈利单位多盈利、亏损单位不亏损，特别是要激励各单位积极消化全年增加的14.6亿元减利因素，确保全年利润目标的实现。1997年工效挂钩的核心是依据有效劳动考核各单位效益，按“两头”在市场，“中间”模拟市场的原则，根据各单位为实现公司3.8亿元利润目标而消化不利因素所承担的效益指标与各单位在完成1996年3.5亿元利润目标中所做出的贡献大小与职工工资挂钩：对按工序成本测算仍然亏损的单位，挂钩工资基数只为1996年工资总额的50%，对于亏损单位，当达到盈亏平衡水平，工资总额才能达到1996年工资总额水平；对经营效益超过为实现公司3.8亿元利润目标所承担效益指标的单位，工资总额按挂钩比例在挂钩工资基数的基础上相应增加，反之相应减少。对于盈利单位1997年经营效益与1996年完成3.5亿元利润目标所做的贡献相等时，工资总额也只能达到1996年工资总额水平。

四、以提高企业市场竞争力为目的，依靠科技进步提高技术经济指标，改善品种结构，向科技和质量要效益。1997年我们对调品的工作力度要进一步加大，自年初开始我们从炼钢到轧钢，对一字号、二字号、三字号系统的品种结构调整问题进行了全面调查、分析和论证。首先，以产品为龙头，从测算各生产厂的综合效益出发通过调整品种结构和降低产品成本等措施，达到亏损的生产厂扭亏为盈，盈利的生产厂多盈利，确保实现公司目标利润；其次，从炼钢到成材厂，系统地测算公司分品种的综合效益，采取调整产量、降低成本、提高技术经济指标等综合措施，从而确保公司整体效益的提高。凡是系统对公司利润盈利的品种都安排增产；对成材厂工序边际利润小于上道工序的边际利润的品种要尽量减产，研究是否出售钢坯；凡是工序利润亏损严重的品种安排减产。从而保证产品结构有利于市场化、效益化。同时要全面提高技术经济指标，争创同行业先进水平，重点抓好4项主要技术经济指标，确保喷煤达到100千克/吨，入炉焦比465千克/吨；全焦耗洗煤达到1440千克/吨；钢铁料消耗一炼钢顶吹平炉降到1122千克/吨，二炼钢顶吹平炉降到1134千克/吨；综合成材率达到82.2%以上。要重点抓好质量技术措施和推进质量管理工作，实现废品不良品减半目标。

以上是近年以来鞍钢深入学习邯钢经验和1997年学习推广邯钢经验的工作打算。回顾过去的几年中，我们的工作虽然有了一点新变化，但是同先进企业相比还有差距，我们要继续深入地学习邯钢经验，推动鞍钢各项管理工作水平的不断提高，加速实现两个根本性转变，振兴鞍钢，再创辉煌。

努力探索一条具有特色的高起点、少投入、快产出、高效益的老企业技术改造之路

——在冶金工业生产经营座谈会上的发言

1997 年 7 月

1996 年鞍钢共生产钢 860 万吨、铁 845 万吨、钢材 643 万吨，分别比历史上年产量最高的 1993 年增产 9 万吨、8 万吨和 32 万吨。但是，由于钢材市场竞争日趋激烈，钢材价格大幅度下降，原燃材料价格不断上涨，企业财务费用和管理费用逐渐上升，造成产品成本日益升高，1996 年鞍钢实现利税的水平却由 1993 年的 46.2 亿元下降到 27.2 亿元，其中实现利润由 20 亿元下降到 3.5 亿元。面对着外部原燃材料价格还将上涨的趋势和钢材市场已经与国际市场接轨的实际，可以说，钢材价格已经不可能恢复到 1993 年的那种高价位。在激烈的市场竞争中，作为老企业的鞍钢出路究竟在哪里？这是需要鞍钢党政领导班子认真思考和做出回答的严峻的现实问题。

党的十四届五中全会提出了要加快实现两个根本性转变为鞍钢的生存和发展指出了一条光明之路，这就是转变观念，转换机制，深入学习邯钢经验，使经济增长方式由粗放型向集约型转换。特别是要依靠科技进步，搞好技术改造，使企业的发展路子由过去追求数量增长型转到注重以提高产品质量，改善品种结构、淘汰落后工艺、降低生产成本的质量效益型道路上来。鞍钢党政领导班子通过认真学习五中全会精神和中央领导同志视察鞍钢的重要讲话，紧密联系生产经营和改革改造的实际，总结了过去在计划经济体制下搞技术改造的经验教训，确定了“高起点、少投入、快产出，高效益”的技术改造新思路，拉开了鞍钢“九五”技术改造的序幕。三炼钢厂 2 号大板坯连铸、一炼钢厂平炉改转炉、半连轧厂 1780 热轧机组工程相继开工。特别是一炼钢厂平炉改转炉工程，利用平炉大修机会和大修工程费用，充分利用原有厂房和设备，自筹资金、自己设计、自行施工，投资 1.7 亿元，在不停产、少减产的情况下，自去年 10 月 15 日正式开工，今年 4 月 28 日和 5 月 18 日 4 号、5 号转炉就分别炼出了第一炉钢水，6 号转炉也将于今年 10 月建成投产。

一、老企业技术改造必须以提高市场竞争力为中心，在解决制约企业提高市场竞争力的主要矛盾上有所突破

鞍钢是一个建厂 80 余年的老企业，解放后虽经多次改造，但整体装备水平仍然比较落后。最突出的矛盾是生产工艺落后，最严重的问题是平炉钢的产量仍占钢产量的 57.8%。1996 年测算鞍钢转炉钢吨钢成本为 1615.57 元，平炉钢吨钢成本为 1710.57 元，平炉钢比转炉钢吨钢成本高出 95 元。如果鞍钢实现全转炉炼钢，按 1996 年的生产规模计算，仅在炼钢生产环节上每年至少可降低成本 4.7 亿元。由此

可见，平炉炼钢工艺已成为制约鞍钢降低成本，提高效益，增强市场竞争力的主要矛盾和关键所在。

平炉改转炉的话题在鞍钢已经议论多年，并且制定过几套方案，但因种种原因一直没有得以实施。在激烈的市场竞争面前，通过深入学习邯钢经验，使我们深刻认识到邯钢为什么市场竞争能力那么强，除了他们有效地实行了“模拟市场、成本否决”的管理模式外，采用转炉加全连铸的先进工艺是关键的一条。邯钢结合自己的实际，依靠自己的力量，加快实现了转炉加全连铸，走出了一条少投入、快产出的技术改造路子。鞍钢向邯钢学习，就是要紧密结合实际，紧紧抓住制约企业提高市场竞争力的主要矛盾，进一步加快淘汰平炉炼钢落后工艺的步伐，破除过去认为建转炉就要建大转炉的僵化思路，把扒平炉建转炉作为迅速提高企业市场竞争力的关键所在，至于建多大吨位的转炉则着眼于从企业的实际出发。经过广泛深入的调查研究和科学论证，果断作出了利用一炼钢厂平炉大修的机会，逐步淘汰5座300吨平炉，改建成三座90吨氧气顶吹转炉的正确决策。

二、老企业技术改造必须走高起点、少投入、快产出、高效益的新路子

鞍钢进行技术改造需要大量的资金，而我们恰恰是资金十分紧张，资金问题是困扰鞍钢生产经营的最大矛盾。由于鞍钢“六五”、“七五”借债搞改造，已经背上了十分沉重的债务负担包袱，仅1995年就支出财务费用17亿元。如果我们再走过去主要依靠贷款搞技术改造的老路，产出的效益还不够支付贷款的利息，只能是恶性循环，死路一条。所以，必须从鞍钢的实际出发，从老企业的资金承受力着眼，坚持自力更生、艰苦奋斗，尽量少花钱、多办事、办大事，把有限的资金花在刀刃上，最大限度地降低技术改造的投资额。按照“高起点、少投入、快产出、高效益”的技术改造思路，我们明确提出一炼钢厂平炉改转炉工程要用5座平炉大修费1.7亿元完成平改转一期工程，另外安排3000万元完成辅助配套工程，争创国内同类工程投资最低、质量最好、工期最短的奋斗目标。

一是从实际出发巧安排，优化改造方案。在保证工艺技术水平先进的前提下，采用最经济、最实用的在一炼钢厂原地改建三座90吨转炉的方案，充分利用了现有的厂房、吊车、铁水罐、钢水罐、钢锭模及风水电等动力设施，比异地新建节省投资2.3亿元。如果异地新建，厂房的建筑面积和设备总重分别为4万平方米和1.2万吨，而这次改造实际只增加厂房建筑面积1万平方米，增加设备总重量6千多吨。而且较好地解决了设备布置、工艺布局和后期改造预留的问题。

二是盘活固定资产，充分利用闲置设备。在保证质量要求的前提下，充分利用公司内部现有的闲置设备，既盘活了固定资产，又节约了大量资金。例如，利用三炼钢厂闲置的2台风机、二初轧厂闲置的6台直流电动机、一炼钢厂闲置的5台交流电机、线材公司闲置的2台变压器等总共可以节约资金400万元左右；利用三炼钢厂原有的钢水罐车完成4号转炉炉体整体就位，节约大修临时措施费100万元左右。

三是挖掘内部潜力，大力压缩工程造价。为了降低工程造价，公司适当降低了定额取费标准和内部制造设备的价格，施工单位的定额全部比冶金部标准降低了8%；对承担施工任务的资质一级单位，按资质三级单位取费，少取费10%；仅工程用金属结构件降价就减少造价3000多万元。在这项工程中还首次采取了“三电”系

统总承包施工模式，即由鞍钢自动化公司牵头进行定额为1800万元的总承包。在采购设备时引入市场机制，实行招标竞标办法。这项工程设备总量6700吨左右，其中设备招标订货部分有2000多吨。通过招标订货，降低工程造价185.6万元。这样在保证技术、质量和工期的前提下，使工程造价大幅度下降，做到了少花钱、多办事、办大事。

四是立足自身优势，自力更生、艰苦奋斗。鞍钢具有大型冶金工程从设计、施工、设备制造到安装调试的综合能力，这是鞍钢独有的优势。在一炼钢厂平炉改转炉工程中，充分发挥和依靠了这一整体优势。如，这次平改转工程整体设计均由鞍钢设计研究院承担。如此规模的工程项目，正常设计周期应为半年左右，但鞍钢设计研究院的工程技术人员，加班加点，抢时间，争速度，从公司领导决策后审定工程方案到发出施工图纸，仅用了三个月多一点的时间就高速度、高质量地完成了工程设计任务，为早日炼出第一炉钢水赢得了宝贵的时间。

五是坚持改造不停产少减产，实现快建设快产出。老企业不能停产搞改造，否则当年成本升高，无法消化。一炼钢厂平改转工程是在厂房内的原料跨、平炉跨等位置进行的，拆迁量大，场地狭窄，这等于在生产厂房内做“心脏手术”，要做到边施工边生产，难度相当大。为搞好生产组织与大修改造的衔接，大修指挥部一方面在运输组织、改造施工和生产管理上采取了一系列措施。如，实施了“东进东出”和“西进西出”运输方案，改变了正常生产时运输靠一条贯穿于平炉厂房东西的铁路线的格局，使过去平炉原材料和炉后废渣废物都是由原料跨东西两头运进运出的状况，变为平炉生产运输“东进东出”，改造施工运输“西进西出”的局面，既满足了大修改造的需要又保证了平炉的正常生产。同时强化生产组织和调度指挥积极采取措施加强炉体维护，千方百计延长炉龄，提高剩下的三座平炉作业率，加强平炉加料期、精炼期、出钢期等关键工序的操作，减少改钢，减少废品和不良品，并且抓好现有设备的维护，减少故障时间，使扒掉两座平炉后留下的三座平炉提高了单产能力，达到每座300吨平炉平均年产53万吨的高水平，做到了改造少减产。另一方面，打破常规，创造性地组织施工，苦干实干加巧干，实现了最短工期。如，把设计、施工前期准备工作和拆迁基础工作交叉进行，使设计、施工前期准备工作和拆迁基础工作齐头并进，大大压缩了工期。采购供应部门主动到设计部门看总图，对工程使用的设备和原材料做到心中有数，在工程未开工前，基本落实了进货渠道。在施工管理上也大胆打破常规。如提料，按规定得有审批预算一套手续，但为适应工程特点和需要，供应部门简化了手续，做到了先提料后补手续，从而保证了工程的实际需要。

六是坚持技术上的高起点和国产化的高比例相结合。我们在实施一炼钢厂平改转工程中始终坚持一条原则，即一般生产技术环节不搞全新武装，原有设施设备能利用的尽量利用，但在转炉炼钢的关键部位上要尽可能地采用当代最先进的技术装备，大量消化移植国外先进技术，使炼钢自动化水平达到国内一流。如，采用了德国西门子公司PLC控制设备和电气传动系统数字控制装置，氧枪、称量、锅炉、烟气净化等重要参数全部实行计算机管理；生产工艺的关键部位均采用耐高温的防腐涂料，转炉炉容比达到0.974；应用了溅渣补炉、散料筛分和二次除尘等新技术，将大幅度提高产量、延长炉龄和减少对大气环境的污染。因资金紧张没有上的煤气回收柜和副枪装置等系统，也都将位置预留出来，等到资金条件允许时再予以配备。同时，坚持在不降低质量的前提下，只引进关键的设备和技术，其余凡是能自己设计和制造的尽最大可能自己干，尽量采用国内能制造的设备。在完成倾动、氧枪的电气传动以及转炉 PLC 自动化控制工程分项中，以最低的价格购买了具有 90 年代末世界先进水平的西门子硬件设备。在一没有人员出国，二没有外国专家指导的情况下鞍钢自动化公司经过编制应用软件、集成、安装、调试，达到了一次投产成功。从总体上来说，一炼钢厂转炉的自动化系统是目前国内一流水平，具有技术先进、性能可靠和易操作、易维护等优点。

三、老企业技术改造必须注意发挥国有企业的最大优势，最大限度地调动人的积极性

鞍钢一炼钢厂平炉改转炉工程，是在鞍钢资金严重紧缺、生产经营面临严重困难的形势下进行的。面对巨大的压力、困难和不利因素，通过解放思想，转变观念，最大限度地调动广大职工的积极性，这项工程经过全体参战职工 196 天的艰苦奋战，就炼出了第一炉钢水。整个工程共挖土石方 55517 立方米、捣制混凝土 12187 立方米，金属结构总重 8248.6 吨，机械设备安装量 3923.5 吨，创造了平炉改转炉工程的国内先例，充分体现了具有光荣传统的鞍钢工人阶级的风采。我们体会最深的有以下几点：

一是要进一步解放思想，转变观念，增强加速老企业技术改造的紧迫感。1996 年 2 月，鞍钢在全公司范围内广泛开展了“如何振兴鞍钢”大讨论，解决了职工中普遍存在的“等靠要”思想，增强了提高市场竞争力的紧迫感和求生存的危机感。通过回答在市场经济条件下“如何振兴鞍钢”这个问题，把进一步转变思想观念作为转换经营机制和转变经济增长方式的重要基础和前提，发动广大职工查摆思想观念上和实际工作中与加快两个根本性转变不相适应的问题和差距，理清思路、明确方向。通过大讨论形成了在市场经济条件下搞好鞍钢的新观念和新共识，特别是树立了成本界限是企业的生命线，成本不降振兴无望的观念，为尽快淘汰平炉炼钢工艺，降低生产成本，提高市场竞争力，奠定了思想基础。因此，公司上下对改造一炼钢厂迅速形成共识，平炉改转炉的决策得到了广大职工的积极支持和赞同，因而也激发和调动了全体职工的主动性、积极性和创造性。

二是要在干部职工中树立全局意识，注意发挥和依靠企业的整体优势。面对一炼钢厂平改转工程的不利因素和困难，无论是承担工程任务的在线单位，还是离线辅助单位，都能识整体、顾大局，为了保证改造投产，不计较本单位和个人得失，不讲条件和困难，有条件上，没有条件自己创造条件上。如，在很短的时间内，克服设计上的困难，拿出一个科学合理的改造工程方案和施工方案；改造不停产、少减产，是设计部门、施工单位、运输单位和生产厂发挥整体优势、共同努力实现的；投资少的矛盾和困难，是施工单位牺牲局部利益保全局，设备材料采购供应部门压缩采购成本等多方面的共同努力予以解决和克服的；边设计、边修改、边施工，是在设计、制造施工部门互相支持、理解和配合下，才保证了工期和质量。没有鞍钢的整体优势，就没有投资少、见效快、起点高、质量好的一炼钢厂平炉改转炉工程。

三是要发扬自力更生、艰苦奋斗的优良传统，发挥职工的积极性、智慧和创造力。在施工过程中，广大职工发扬了艰苦奋斗的精神，不畏艰难，不畏严寒，克服了不利的施工环境和条件，广大职工在工程中表现出极大的热情、积极性和拼搏精神。许多人施工以来从未休过节假日、双休日，为了工程早日投产，废寝忘食，忘我劳动，谱写了鞍钢工人阶级自力更生、艰苦奋斗的新篇章。

今后，我们一定要按照国务院和冶金部领导的要求，确保鞍钢“九五”改造的工程质量和工期，进一步丰富“高起点、少投入、快产出、高效益”的内涵，推动老企业的跨世纪发展，实现振兴鞍钢，再创辉煌的宏伟目标。

关于全部淘汰平炉实现全转炉炼钢情况的报告

1998年7月13日

鞍钢认真学习党的十五大精神，贯彻党中央、国务院关于“三改一加强”等一系列搞好国有企业的重要指示精神，努力探索一条高起点、少投入，快产出、高效益的老企业技术改造新路子，充分相信和依靠广大职工群众，自力更生，艰苦奋斗，从1996年10月15日动工到1998年7月18日，仅用一年零9个月时间，投资5.2亿元，全部淘汰了平炉，实现了全转炉炼钢。现将有关情况报告如下：

一、落后的平炉炼钢工艺严重制约了鞍钢市场竞争力的提高

在平改转以前，鞍钢的三个炼钢厂中，一炼钢、二炼钢厂是平炉炼钢厂，三炼钢厂是有3座转炉的全转炉炼钢厂。一炼钢厂平炉始建于1933年，平改转前已形成具有5座300吨氧气顶吹平炉，年产钢235万吨的生产规模；二炼钢厂平炉始建于1941年，平改转前已形成具有7座平炉，年产钢275万吨的生产规模。500多万吨的平炉钢占鞍钢钢产量的57.8%，占全国平炉钢产量约40%。与转炉炼钢相比，平炉炼钢存在的主要问题有：工艺落后，产品质量差；环境污染严重且难以治理；消耗高、成本高、效益低。

据测算，1996年鞍钢转炉钢吨钢成本为1615.57元，平炉钢吨钢成本为1710.57元，每吨平炉钢比转炉钢成本高出95元，一炼钢、二炼钢厂一年就要比转炉炼钢增加成本近5亿元，导致亏损近2亿元。因此，我们在实施“九五”技术改造规划时，针对平炉炼钢工艺是制约鞍钢降低成本、提高效益、增强市场竞争力的主要矛盾这一现实，首先从淘汰平炉入手，决定进行一场工艺革命，大幅度提高鞍钢的市场竞争力。

二、从鞍钢的实际出发，对一炼钢、二炼钢厂就地进行平改转

平炉改转炉鞍钢已经议论多年，并且制定过几套方案，原先制定的“九五”技术改造规划曾经考虑过投资51.8亿元左右，首先对二炼钢厂进行易地灵山改造，而一炼钢厂的改造要拖到“十五”实施。实施原方案首先是资金问题会使鞍钢陷入进退两难的境地。严峻的现实迫使我们不得不对解决平改转的问题作出重新选择。

1996年3月我们到邯钢学习，回来后对原规划中平改转的思路进行了调整，作出了利用一炼钢厂平炉大修的机会，逐步淘汰5座300吨平炉，就地改建成3座95吨氧气顶吹转炉的决策。经过一炼钢厂平改转的成功实践，1997年3月我们又作出了利用二炼钢厂平炉大修的时机对二炼钢厂就地进行平改转，使鞍钢提前彻底淘汰平炉，实现全转炉的决策。

三、在平改转工程实践中，努力探索一条高起点、少投入、快产出、高效益的老企业技术改造新路子

一是采用先进技术，实现高起点、高质量。我们在实施一炼钢、二炼钢厂平改转工程过程中，始终坚持不搞剩余功能，但在关键部位上尽可能地采用当代最先进的技

术装备，如自动控制系统采用了90年代末世界先进水平的PLC控制，二次除尘、溅渣补炉、散装料筛分、新式氧枪定位机构等都达到国内一流水平。

二是千方百计压缩投资，实现少花钱多办事。采取限额设计、优化设计，充分利用现有厂房、吊车、铁水罐、钢水罐及风水电等设施，盘活公司内部闲置设备；实行项目经理负责制，三电控制系统实行自己研制开发和调试；能自己加工制造、施工的决不外委，设备和原材料采购全部招标，使一炼钢、二炼钢厂平改转工程投资额分别压缩到2.4亿元和2.8亿元。从目前情况看，一炼钢、二炼钢厂完成平改转，建成与之相配套的连铸、炉外精炼和铁水预处理等，投资可以控制在20亿元以内，而原规划仅二炼钢厂易地改造投资就达51.8亿元，这不仅大大节省工程投资，而且提前实现了平改转。

三是科学组织，精心施工，广大职工无私奉献，使工程实现了快产出。一炼钢厂平改转工程于1996年10月15日开工，三座转炉分别于1997年4月28日、5月18日、10月28日竣工投产，用了一年零13天的时间；二炼钢厂平改转工程于1997年9月1日开工，三座转炉分别于1998年3月18日、4月18日、7月18日竣工投产，用了10个月零18天的时间。总之，我们用了一年零9个月的时间，最终实现了平改转，把一炼钢、二炼钢厂原有的12座平炉改建成6座现代化水平的转炉。

四是坚持高效益原则，做到改造期间不停产、少减产，投产后早达产。在施工安排上，一炼钢厂建第一、第二座转炉时，留3座平炉继续生产；建第三座转炉时，留1座平炉生产，3座转炉建成后将最后一座平炉关闭。二炼钢厂也同样分步交叉进行，保证了改造和生产两不误。新建成的转炉都能在投产后很快实现钢种冶炼的转换和达产目标，保证了鞍钢生产经营的正常进行。

四、鞍钢实现平炉改转炉的重大意义和综合效益分析

一是初步探索出一条具有鞍钢特色的高起点、少投入、快产出、高效益的老企业技术改造之路。在当前，国有企业特别是像鞍钢这样的老企业技术改造面临“两难”境地，即不改造市场竞争力难以提高，企业将走向绝境；要改造就需要大量的资金，而资金紧张又是当前企业遇到的最大矛盾，如果再走主要依靠增加银行贷款搞改造的老路，就会进一步加重企业负担。客观条件要求鞍钢只能走一条高起点、低投入、快产出、高效益的老企业技术改造新路子，一炼钢、二炼钢厂平改转工程的实践证明，这样一条路子是客观存在的、可行的。

二是鞍钢炼钢系统将大幅度降低成本、提高效益。平改转以后，由于转炉炼钢工艺先进，一炼钢、二炼钢厂的钢铁料消耗、耐火材料消耗、氧气消耗、工序能耗等指标都将得到明显改善；平改转之前，一炼钢、二炼钢厂每年需要重油分别为8万吨和9万吨左右，平改转之后，转炉不再消耗重油，可较大幅度降低炼钢成本。1996年一炼钢厂实际亏损7335.6万元，1997年三座转炉投产后，当年实现利润2053万元，预计1998年可实现利润2.2亿元；1997年二炼钢厂实际亏损9237万元，1998年三座转炉投产后，当年可实现扭亏为盈，预计实现利润3309万元。据预测，一炼钢、二炼钢厂一年多一点的时间就可以收回平改转的全部投资。

三是品种质量将有进一步改善。转炉钢的内在质量优于平炉钢，特别是将来铁水预处理、炉外精炼和全连铸项目实施以后，一炼钢、二炼钢厂的品种质量将有极大的改善。

四是环境污染将得到有效治理。彻底根治炼钢生产的粉尘污染是一炼钢、二炼钢厂平改转的重要目的之一。一炼钢、二炼钢厂平改转以后，炼钢生产造成的烟气污染将大为减少。如，二炼钢厂1997年的烟尘排放量为13785吨，待二次除尘配装完毕，将降到300~500吨/年，将产生巨大的社会效益。

由于全转炉的顺利实现，推动了鞍钢淘汰模铸、实现全连铸工程的全面启动。一炼钢厂全连铸工程已于今年6月18日正式开工；二炼钢厂对现有的两台小方坯连铸进行了高效改造，产量翻了一番，第三台小方坯连铸改造也将在今年底完成。全转炉、全连铸目标的实现将为鞍钢三年实现初步振兴和跨世纪发展奠定坚实的物质基础。

今后，我们一定不辜负党中央、国务院对鞍钢的关怀和期望，继续做好“九五”技术改造规划的实施工作，进一步丰富“高起点、少投入、快产出、高效益”这一技改思路的内涵，不断加快老企业技术改造的步伐，为鞍钢三年实现初步振兴的目标不断做出新的努力。

在鞍钢“九五”重点技改工程庆功动员大会上的讲话

1998 年 7 月 18 日

今天是鞍钢发展史上一个值得庆贺的日子。刚才，举行了二炼钢厂 9 号转炉竣工投产告别平炉仪式，举行了半连轧厂 1780 工程设备安装仪式。现在又隆重召开鞍钢“九五”重点技术改造工程庆功动员大会，值得祝贺。

1996 年 3 月，国家计委和国家经贸委联合下发文件，正式批准了鞍钢“九五”总体改造规划。在规划的实施过程中，我们总结了鞍钢多年来技术改造的经验。调整了鞍钢“九五”技术改造总体思路，由片面追求产量的粗放增长方式，转变到通过技术改造，调整产品结构，提高产品质量，提高经济效益的集约的增长方式上来；同时依靠自己的力量，发扬自力更生、艰苦创业的精神搞技术改造。经过两年多的实践，我们已经初步走出了一条“高起点、少投入、快产出、高效益”的技术改造新路子，使老企业技术改造取得了重大突破。1996 年 10 月 15 日，以一炼钢厂平改转工程的开工为标志，吹响了淘汰平炉，实现全转炉、全连铸的老钢铁企业工艺革命的进军号；1997 年 5 月 18 日，半连轧厂 1780 热轧机组工程的开工，标志着鞍钢“九五”技术改造进入了高潮。

一炼钢厂全连铸工程已于今年 6 月 18 日正式开工；为适应平改转，二炼钢厂已完成了两台小方坯连铸的提质增效改造，第三台板坯连铸改造也将于今年年底完成。在鞍钢“九五”技术改造规划全面完成以后，将为鞍钢三年实现初步振兴和跨世纪发展奠定坚实的物质基础。到 2000 年，鞍钢连铸比将达到 90% 以上，炼钢轧钢主体技术装备达到当代先进水平，板管生产能力达到 75%，产品实物质量 60% 以上达到国际一流水平，年增效益达 20 亿元以上，厂区环境质量大大改善。

通过两年多的实践，使我们对国有老企业如何搞好技术改造有了以下几点体会：

第一，老企业技术改造必须以提高企业经济效益为中心。在建立社会主义市场经济的新形势下，老企业如果不在提高经济效益上下一番苦功夫，就难以生存和发展。例如，针对平炉炼钢工艺是制约鞍钢降低成本、提高经济效益的主要矛盾，用不到两年的时间彻底淘汰了平炉，实现了全转炉炼钢，这将大幅度降低成本，增加经济效益，增强企业的市场竞争力。

第二，老企业技术改造必须走高起点、少投入、快产出、高效益的新路子。在国家对投资体制实施重大改革，企业成为投资主体的情况下，老企业的技术改造确实面临着被人称之为“不改造等死”，“搞改造找死”的两难境地。为了走出这个怪圈，在实施“九五”技术改造规划时，我们从鞍钢的实际出发，从老企业的资金承受力着眼，把有限的资金花在刀刃上，最大限度地降低技术改造的投资额，提高企业经济效益。

第三，老企业技术改造必须注意发挥国有企业的综合优势，最大限度地调动人的

本文此次公开出版略有删节。

积极性。两年多来，鞍钢“九五”技术改造一直是在资金十分紧张、生产经营形势十分严峻的情况下进行的。面对巨大的压力、困难和不利因素，我们通过解放思想、转变观念，最大限度地调动广大职工的积极性，发挥他们的智慧和创造力，取得了一个又一个胜利。

鞍钢“九五”技术改造规划的实施始终得到了国家各有关部门的关怀和支持，得到了辽宁省和鞍山市的支持和帮助，得到了曾经在鞍钢工作过的老领导、老专家的关心和帮助，在这里我代表鞍钢全体职工向你们表示衷心的感谢！

虽然鞍钢“九五”技术改造已经取得重大进展，但是要全面完成这一历史使命，还需要广大职工继续努力，不断拼搏。公司希望各参战单位和广大干部职工要进一步提高对全面完成“九五”技术改造工程项目重要意义的认识，从提高企业经济效益、提高企业市场竞争力和鞍钢三年实现初步振兴以及跨世纪发展的高度着眼，增强责任感和紧迫感，以饱满的热情投入到工程建设中去，为全面完成“九五”技术改造规划发挥好各自的作用，努力争做新贡献。重点要做好两个方面的工作：

第一，要周密部署，扎实工作，确保高效率、高质量地按工程项目承包合同完成“九五”重点技术改造工程建设。

第二，要确保“九五”已建成重点技术改造工程项目尽快达产达标。在“九五”技术改造已经竣工投产的重点工程中，一炼钢厂平改转工程、三炼钢厂 2 号板坯连铸机工程的达产达标工作做得都很好，在短时间内都已达产达标，其他重点工程项目的达产达标工作也要抓紧进行。我们要像抓工程建设那样抓好达产达标工作。

全面完成“九五”技术改造规划的各项任务，将大大提高鞍钢的经济效益和市场竞争力。我们一定不辜负党中央、国务院对鞍钢的关怀和期望，继续做好“九五”技术改造规划的实施工作，进一步丰富“高起点、少投入、快产出、高效益”这一技术改造思路的内涵，不断加快老企业技术改造的步伐，为鞍钢三年实现初步振兴的目标不断做出新的更大的贡献。

关于鞍钢企业改革和实施再就业工程有关情况的汇报

1998 年 7 月

一、企业概况

鞍钢始建于 1916 年，前身是鞍山制铁所和昭和制钢所，解放前夕残存设备生产能力仅有 10 万吨。1948 年 2 月鞍山解放后，鞍钢迅速恢复了生产，并进行了大规模的技术改造和基本建设，生产能力不断提高。鞍钢现总占地面积 156 平方公里，其中厂区 33 平方公里。现有 192 个生产厂矿，其中有 6 座大型铁矿山、4 个选矿厂、5 个球团车间；10 座大型高炉、3 个炼钢厂、16 个轧钢厂以及焦化、耐火、机械、动力、运输、修建、综合利用、科研设计、教育培训、医疗卫生等综合配套单位。全公司现有全民职工 180319 人，其中主体单位有 61165 人；有各类专业技术人员 38913 人，具有高、中级技术职称的 17135 人。目前，鞍钢具有年产钢 850 万吨、生铁 900 万吨、钢材 680 万吨的综合生产能力，可生产 700 多个品种、25000 多个规格的钢材产品应用于冶金，石油、化工，煤炭、水电、铁路、汽车、造船、建筑、电子、航空、航天、轻工、国防等行业。作为老钢铁基地，解放后，鞍钢为国家的经济建设做出了较大贡献。截至 1997 年，鞍钢累计生产钢 2.56 亿吨、生铁 2.48 亿吨、钢材 1.65 亿吨，实现利税 693.8 亿元，上缴利税 598.34 亿元，上缴利税相当于国家同期对鞍钢投资的 10.44 倍。

二、企业改革和实施再就业工程等情况

（一）精干主体、分离辅助改革情况

鞍钢于 1995 年 3 月制订了以“主辅分离、转机建制”为内容的总体改革基本方案，明确了鞍钢改革的目标和方向。其基本要点：一是精干主体，提高劳动生产率。到 20 世纪末，钢铁生产主体职工减到 5 万人左右，全员劳动生产率提高到 180 吨/(人·年)。二是分离辅助，发展多种经营，提高非钢铁收入比重。到 20 世纪末分离单位职工总人数达到 13 万人左右，非钢铁收入比率达到 20%。三是改组集体企业，优化集体经济结构。四是改革学校、医院等社会公益性单位的管理方式，建立费用约束机制，医院则在此基础上逐步过渡为事业单位法人。五是理顺鞍钢公司机关的管理体制和机构。几年来，这个改革方案已经取得重要进展。

一是完成了主辅分离改革。目前鞍钢所属 23 个辅助单位已全部实现了与钢铁主体的分离。1996 年和 1997 年分离单位分别实现减亏增利 4.98 亿元和 5.6 亿元。今年，我们认真贯彻党的十五大精神，以建立规范的母子公司体制为目标，深化分离辅助改革，选择条件成熟的 8 个分离单位为试点，授予独立法人资格，成为自主经营、自负盈亏的全资子公司，6 月 1 日已经有三个单位按独立法人运行。1999 年底前分离单位要全部成为鞍钢集团“人员分流、工资脱钩、自主经营、自负盈亏”的全资或控股子公司，初步形成规范的母子公司体制的框架。

二是加快了精干主体改革的进度。已将 35 个主体单位中的 74 个集体企业与主办厂

分离，分离集体职工 1.1 万人；从主体单位撤离混岗集体职工 2000 多人；随分离单位划转集体职工 8.9 万人。将主体单位所属的 60 个第三产业、老年实业等各类经济实体划归新组建的实业发展总公司统一管理。目前，全公司共分流全民职工 12 万人，主体生产系统职工总数已降到 6 万人。今年我们以同行业劳动生产率先进水平为目标，继续实施精干主体改革实现减人增效，公司机关精简人员 27.6%；基层厂矿精减人员 10%。

三是进行了资产重组。为探索公有制的多种实现形式加快建立现代企业制度步伐，推进了股份制改制。对冷轧厂、厚板厂和线材公司进行资产重组，于 1997 年 5 月创立鞍钢新轧钢股份有限公司，并成功在香港发行了 8.9 亿股 H 股股票；在深圳发行了 3 亿股 A 股股票，共筹集资金约 26 亿元。同时，我们还兼并了大连轧钢厂，与鞍山市第一轧钢厂联合组建了新北方轧钢有限公司。

四是以减少企业办社会为原则，加快社会公益性单位的改革步伐。实行了医疗保险制度改革、职工养老保险制度改革和住房制度改革等，都收到了较好效果。

鞍钢确定的改革目标是经过今后三年的努力，到 20 世纪末基本建立起现代企业制度。具体内容为：完成公司制改造，包括建立法人财产制度，组建国有独资公司，建立健全法人治理结构；建立起以资本为联结纽带的规范的母子公司体制，以钢铁主体生产单位作为母公司，其他单位加速由减亏增利承包向自主经营、自负盈亏的独立法人过渡，1999 年底前所有分离单位都要成为独立法人。对医院，学校等社会公益性单位，通过调整布局、转换机制和加强管理，不断增强其面向社会、自负盈亏的能力，从依附企业向进入社会过渡。

（二）实施再就业工程、妥善安置富余人员的主要做法及效果

鞍钢在进行精干主体、分离辅助改革的过程中，一直十分注意正确处理好改革、发展和稳定三者关系，注意做好改革中下岗富余人员的安置工作。这项工作在鞍钢一直由公司总经理主抓，形成了管理为基础、培训为手段、安置为目的的再就业工作方针，主要做法：

1. 做好下岗富余人员的管理工作

1996 年 8 月公司建立了劳动力市场，1997 年 12 月更名为再就业服务中心。具体负责主体单位富余人员的管理、培训和安置工作，并指导离线单位再就业服务中心的管理工作。早在 1995 年实施主辅分离改革之初就组建了鞍钢实业发展总公司，作为安置主体单位下岗富余人员的基地。结合鞍钢实际，我们相继制定出台了“鞍钢劳动力市场管理办法”、“进入劳动力市场人员考勤管理办法”、“转岗，返岗培训人员管理的暂行办法”、“鞍钢公司下岗人员实行基本生活费的规定”和“鞍钢集团公司下岗富余人员管理实施细则”等指导实施再就业工程的规章制度。各项规章制度的出台规范了工作程序和工作原则，做到了具体问题具体分析，不同情况区别对待，从而使再就业工程逐步走向制度化和规范化的轨道。

在再就业管理工作中重点加强了进入再就业服务中心的人员管理和分配管理。在人员管理上，公司再就业服务中心在不具备集中管理的条件之前，暂时采取集中与分散相结合的办法，实行公司和基层单位双重管理，对在线主体、直属单位实行直接管理，坚持跟踪考核，对离线单位实行业务指导性管理。

在分配管理上，对如何确定下岗富余人员的工资待遇问题，我们非常慎重。例如，公司制定的“鞍钢集团公司下岗富余人员管理实施细则”中，首先把确定下岗富余人

员待遇放在首位，我们认为下岗职工稳定的前提条件关键在于制定的下岗职工工资待遇是否合理。对这个敏感问题我们不搞一刀切，学习借鉴国内冶金行业一些好的做法，并走访本市经济效益较好的、一般的、较差的三种类型的企业，在学习借鉴其他企业经验的基础上，结合鞍钢实际情况确定了下岗人员分配水平的标准，制定出了两大类别共 11 种分配方法。即：列编外人员 4 种分配方法；具备劳动能力待安置人员 7 种分配方法。我们制定的工资待遇与其他企事业单位相比，处于中等偏上水平，这对稳定下岗职工的思想起到了关键作用。

另外，我们制定了对下岗职工养老保险比较完善的管理办法。文件规定：凡进入公司再就业服务中心的人员，在按规定缴纳养老保险金的同时，单位也要按规定为其缴纳养老金（1998 年个人缴纳总收入的 4%，单位为其划拨 7%），按规定为其建立个人账户。在交款方式、建立个人账户方法等都和在岗职工一样，其退休后享有和在岗职工同等的养老保险待遇。

2. 做好下岗富余人员的培训工作

培训是再就业服务中心的主要工作之一，培训工作开展好坏是直接关系到下岗职工能否转变择业观念，提高综合素质，增强再就业技能，最终实现再就业的大问题。因此，我们坚持集中培训与分散培训相结合，长期培训与短期培训相结合。如：为公司改造、扩建项目筹备生产准备人员实行了集中返岗培训，为补充自然减员造成的缺员实行了集中转岗培训，对因生产工艺改变而产生的集体下岗人员，实行定厂、定岗分散培训。截至 1998 年 4 月底，全公司共培训 2208 人，占具备劳动能力待安置人员的 25%。其中：在线主体、直属系统开办了 6 期工人转岗、返岗培训班，培训 504 人；对因生产工艺改变集体下岗人员开办两期培训班，培训 135 人；开办 3 期干部培训班，培训 82 人，总计培训 721 人，占具备劳动能力待安置人员的 16.9%。离线单位共培训 1487 人，占具备劳动能力待安置人员的 32.5%。

3. 建立多渠道、多领域的再就业体系

再就业工程是一项全新而又复杂的系统工程，分流安置下岗富余人员是再就业服务中心的中心任务。我们把竞争机制引入到安置工作中，通过竞争上岗使一些下岗职工能够珍惜来之不易的岗位。在安置过程中我们坚持集中安置与分散安置相结合，有偿安置与自谋职业并举，鼓励个人自寻门路，自谋职业，停薪留职，停薪待退，最大限度拓宽就业渠道。在拓宽安置渠道上，进行了多种尝试。

一是返岗安置一部分。根据各年度劳动力平衡计划，按工种、人数有针对性地组织部分下岗职工进行返岗培训，培训经考试、考核合格后，通过公平竞争、双向选择上岗达到为下岗人员所在单位补充由于自然减员而造成的岗位缺员。

二是转岗安置一部分。根据公司改造、新建和扩建项目的要求，筹备生产准备人员，在下岗职工中开展专业对口的转岗培训。培训合格后，经公平竞争补充到改造、新建和扩建项目的缺员岗位上。下岗职工中能否参加转岗培训的先决条件必须是政治素质好，具有高中或相当高中文化程度，男 40 周岁以下、女 35 周岁以下的具备劳动能力的下岗职工。

三是充分发挥实业发展总公司作为公司安置富余人员的基地作用。同时考虑到实业发展总公司的承受能力，在实业发展总公司接纳下岗富余人员时，公司给予实业发展总公司部分开发新产业的启动资金，保证实业发展总公司能最大限度地吸纳一部分富余人员。

四是有针对性地分流一部分。依据国家对离退休的有关政策，经市劳动鉴定委员会鉴定，对符合病退条件的下岗富余人员办理退休手续，合理地分流一部分富余人员。

五是面向社会，多领域安置一部分。积极鼓励下岗职工自寻门路，自谋职业，停薪留职，停薪待退，积极为113名下岗职工办理《下岗职工就业证》，下岗职工凭《下岗职工就业证》可以享受减免税收、求职务工咨询、技能培训费用等一系列有关优惠政策，最大限度地利用市政府的一些优惠政策搞好再就业。积极鼓励下岗职工有效合理地利用《下岗职工就业证》，从事多种形式的再就业活动。例如，开辟社区服务，为下岗特困职工办理了30个公用电话亭等。

六是积极鼓励、扶持下岗分流人员创办三产实体，通过开辟新的经济增长点，达到下岗人员自己养活自己，实现再就业。例如：由三炼钢厂下岗人员创办的“三联实业开发总公司”，现已安置417名下岗富余人员。

七是鼓励各基层单位建立厂内劳务市场，达到自我消化的目的。例如：鞍钢机械制造公司西部机械厂，成立厂内劳务车间实行下岗富余人员的集中管理，合理有效地利用闲置场地、设备，妥善安置下岗富余人员。

截至1998年4月底，鞍钢再就业服务中心共接收下岗富余人员18855人，已通过转岗、返岗、被经济实体接收（包括退休）等渠道安置10856人；鞍钢再就业服务中心现有7999人，其中编外人员1965人、长期离岗人员322人、在社会自谋等临时性就业4792人、尚需安置人员920人。

今后，我们要继续从企业实际出发，积极创造条件，做好下岗职工再就业工作。既要积极挖掘内部潜力，发展多种经营，多渠道转岗分流富余人员；又要引导下岗职工切实转变择业观念，鼓励他们自谋职业，从事个体经营活动。总之，要努力建立全方位、多渠道、多领域的再就业体系，保证改革中分流下岗人员得到妥善安置。我们决定在8月份召开全公司实施再就业工程工作会议，总结前一时期的工作经验，推广好的做法，宣传表彰先进典型，以党中央，国务院关于国有企业下岗职工基本生活保障和再就业工作指示精神为指针，对鞍钢今后实施再就业工程做出进一步的安排和部署。

（三）按时、足额发放养老金和实现养老保险省级统筹情况

（1）鞍钢的养老金发放工作。对于离休、退休、退职、甚至退养、超龄退养的人员，无论在按时和足额发放问题上都实现100%。鞍钢在资金最紧张的情况下，首先保证养老金的发放。因此，客观上也起到保证企业和社会稳定的作用。

（2）根据辽政发〔1997〕41号及鞍政发〔1998〕28号文件精神，1998年底在实现市级统筹的基础上实现省级统筹。实现省级统筹是大势所趋。前一时期，公司召开了由组织人事部门、劳资部门和保险部门参加的专门会议，研究拟定了参加高层次统筹的方案，即积极参加市级统筹，尽快过渡或直接参加省级统筹。同时对前几年养老金欠缴情况进行了清理和基数测算，为尽快实现省级统筹做好了必要的准备工作。

三、需要国家解决的问题和建议

（1）对鞍钢所属的亏损企业下岗职工基本生活保障资金按“三三制”办法解决。《中共中央国务院关于切实做好国有企业下岗职工基本生活保障和再就业工作的通知》指出“再就业服务中心用于保障下岗职工基本生活和缴纳社会保险费用的资金来源，原则上采取“三三制”的办法解决，即财政预算安排三分之一，企业负担三分之一，

社会筹集（包括从失业保险基金中调剂）三分之一”，“财政承担的部分，中央企业由中央财政解决，地方企业由地方财政解决”。因鞍钢总体上不是亏损企业，但鞍钢所属全资子公司中存在亏损企业，且这些企业也是独立核算，自负盈亏，有的是独立法人。为此，建议国家能具体单位区别对待，对鞍钢所属亏损企业下岗职工基本生活保障资金由国家财政承担一部分，以减轻鞍钢的负担。

（2）继续执行国发〔1978〕104号文件，保持企业职工退休政策的连续性。国发〔1978〕104号文件规定，企业高温、重体、有毒有害等岗位职工男55岁、女45岁，可办理退休手续。多年来，鞍钢一直按此办法执行。但中办，国办专门发出通知，对这部分职工也做出了暂停办理退休手续的规定。使符合条件的这部分职工有意见。为此，建议国家能保持政策的连续性，使企业按国家政策规定的条件，正常办理职工退休手续。

（3）国家出台增加离退休人员补贴政策要考虑企业的承受能力。鞍钢有全民离退休人员9.2万人，每年需支出离退费开支达6.4亿元，成为企业财务的沉重负担。近年来国家每年都要出台增加离退休人员离退休费补贴的政策，更加重了企业财务负担。如仅1997年鞍钢就增加离退休费补贴开支1711万元。企业增加职工收入方面的开支应主要用于当年创造效益的在职职工。为此，建议国家今后增加企业离退休职工离退休补贴主要应由财政承担，以减轻企业负担。

（4）鉴于历史原因，鞍钢这样的国有特大型老企业富余人员较多，在实施下岗职工再就业工程方面需要不少的投资，企业应当挖潜，国家财政也应当予以一定支持。

在鞍钢第二批全资子公司分立协议签字仪式上的讲话

1999 年 1 月 8 日

今天我们在这里举行第二批全资子公司分立协议签字仪式，这个仪式在鞍钢振兴发展历史上具有重要意义。国有企业要发展，要摆脱困境，必须按照党的十五大精神，向建立现代企业制度的方向努力发展。客观地分析这个发展过程，就是在市场经济条件下，一个企业从小到大发展起来以后，客观规律又要求由大划成若干个小的经营单位去经营。这就是市场经济的一个很重要的规律。国外是这样的，国内也是这样。建立社会主义市场经济以后，也必须要按照这样一个规律去运营企业。有这么几个理由：一是市场经济决定了这样一种竞争的机制。一个很庞大的企业去参与市场竞争，很难适应市场的发展变化，很难去调整自身的经营策略、产品结构和发展方向。它必然要给每个部门（只要它是可以在生产的工序上、工艺上可以相对分开的单位或部门）赋予相对独立的生产运营权利。这样，有利于企业产品和资本运营的竞争与提高。如果大家留心这个事情，就可以看到国际上有两种趋势。一种趋势是某某大集团合并，这也是为了提高它的整体的财力，但是这种合并绝不意味着它合在一起经营，这是两个概念。同时，另一个趋势是发展到一定规模后，按照产品、工艺划分，把它划成若干个小的经营实体，给这个经营实体相对的一些经营权利，有利于它的进一步竞争和发展。我想这是一个理由。第二个理由，在市场竞争当中，必然遵循优胜劣汰的规律，有的发展，有的要被淘汰，不可能大家都发展，没有淘汰是不可能的。我们也经常听到，一个是合并的趋势，报上也经常看到哪个单位破产，哪个公司倒闭，必然有这样一个情况。如果说一个大的企业整体倒闭，那对社会的冲击太大，因此要划小，去劣存优，要倒闭就倒闭某一个部分，可以承担有限责任。必然是这样一个规律。针对这方面而言，在分立协议上，授权于每个子公司独立承担民事责任的这样一个法律责任。所以我说从这样一些理由看精干主体，分离辅助，符合市场经济发展规律要求，符合十五大精神。因此我们走这条路，方向是完全正确的。这条路一定要走下去，所以我说它在鞍钢的发展历史上有重要意义。这是我想讲的第一点。

我想讲的第二点，对刚才签字的全资子公司法人代表、你们班子的成员、你们的集体，讲这么几句话：

第一，你们在签字仪式以后，承担了国有资产的增值、保值责任，这个责任既光荣，也艰巨，所以要珍惜交给你们的这个权力，用好这个权力。

第二，要对你所在单位的广大职工负责任，中央一再告诉我们，一个企业的好坏跟领导班子关系十分密切。一个好的领导班子，可以振兴一个企业，一个差的领导班子，可以毁掉一个企业。所以分立的子公司领导成员肩负着对你所在单位的职工承担这样一种责任，为广大职工的生活命运负责，要珍惜这样一种责任。要按照中央的要求，廉洁自律，从严要求自己，勤奋工作，从广大职工的要求出发，去履行自己的职责。可以说上对国家资产负责，下对广大职工负责。这是我想讲的第二点。

第三点，要想搞好一个企业，还是要按照党中央提出来的“三改一加强”去做。抓住“三改一加强”不放，这本经还是要不断地念下去。改革不能放松，改革的核心问题就是要解决如何提高劳动生产率，如何正确地建立激励与约束机制。我们国有企业从计划经济条件下转到社会主义市场经济条件下运营过程中，十一届三中全会、邓小平同志以及十五大精神，都给我们提出一个问题，就是要解决好如何能够把广大职工的积极性进一步调动起来，让一部分人通过自己的劳动先富起来。大家都不愿意去多劳动，不愿意去多付出，咱们哪来这样的财富？还有一个问题要解决，就是三个人中“一个人干，一个人看，旁边还有一个人捣蛋”，这样一个局面是不行的。要探索出一条路子来，把广大职工积极性调动起来，这是首先需要解决的问题。第二个需要解决的问题，是如何通过我们自己的劳动，通过我们的双手，通过自己的才智，把我们国有资产管好，提高它的技术水平，提高它的装备水平，使它能跟上时代的发展，我想这是我们改造时需要解决的问题。第三个需要解决的问题是随着市场变化，及时调整自己的产业结构和产品结构，带领我们广大职工适应市场这样一个客观要求，而不是碰得头破血流也不调头、不转向，这样不行。特别是对我们的方针要思考这样一个问题：怎样使我们大家有事干，有饭吃，有一个光明的前途。加强管理是需要我们认真解决的问题。以财务管理为核心，财务管理以资金管理为核心，脚踏实地地去规范我们企业生产经营活动的一切企业行为。要规范标准，大家一进到企业，一举一动，都是有标准、有规范的。因为一举一动都涉及到企业的生产经营，这在我们鞍钢还有很大的差距，需要我们去努力解决。抓住“三改一加强”不放，是搞好我们企业的根本，是中央对我们提出的要求，这是我讲的第三点。

最后，提一点要求，大家共同努力，共同勉励，绝对不要弄虚作假，绝对不要搬起石头砸自己的脚。我讲这话是因为有这样一种教训，或者说有这样一种实实在在的情况：为了能够一时的、表面的解决一些困难，不惜弄虚作假。这样一种作法要坚决杜绝。朱镕基总理一再倡导的要派稽查特派员去查账，根本目的就是为了避免弄虚作假。确有少数企业、少数单位弄虚作假，丧失了最起码的职业道德，我们不应该这样做。要求我们分立子公司，既然公司给了我们这样一个权利，给了我们这么大的责任，就应该实实在在，脚踏实地地去做好我们的工作。

总结经验，深化企改，进一步增强市场竞争力

1999 年 6 月 1 日

我们召开鞍钢全资子公司暨分离单位深化改革经验交流会，主要目的就是认真总结交流一下一个时期以来分离分立单位在独立运行后的工作经验，通过学习推广好的经验，统一思想，坚定信心，改进工作，完善措施，开拓创新，突出实效，把改革进一步引向深入。

一、建立全资子公司、构筑母子公司体制是鞍钢深化企业改革，建立现代企业制度的必然选择

鞍钢从 1995 年实施“精干主体、分离辅助”总体改革以来，共经历了两个发展阶段：

第一阶段是“精干主体、分离辅助”阶段。从 1995 年到 1998 年 6 月，这一阶段改革主要是按照“产权清晰、权责明确、政企分开、管理科学”的原则，解决产权不清、权责不明、企业办社会、管理混乱等问题，改变 50 万人同吃钢铁饭的局面，提高钢铁主体生产单位劳动生产率。通过“分灶吃饭”形式，割断分离单位与鞍钢母体的依赖关系，堵塞管理漏洞，使其通过转换内部经营机制，增强自我生存、自我发展的能力，向市场要效益。这一阶段改革已经取得了很大成绩。主要标志：一是理清了全民和集体两种所有制的界线，解决了混岗作业、管理权与经营权不分和乱开账户、资金体外循环，擅自对外投资、联营、担保、建度假村、买小汽车、商品房等管理漏洞问题。二是完成了分离辅助改革。先后对 23 个辅助单位实施了主辅分离改革。1996 年、1997 年和 1998 年分离单位分别实现减亏增利 4.98 亿元、5.6 亿元和 3.98 亿元。三是实施了精干主体改革，实行财务、物资采购供应和产品销售集中统一管理，实现了减人增效。截至去年底，鞍钢已分离全民职工 10.21 万人，目前从事钢铁生产人员已减到 5 万人。四是进行了资产重组运作，于 1997 年创立了新轧钢股份公司，股票分别在深圳和香港上市，共筹集资金 26 亿元。还对大连轧钢厂实施了兼并。五是实施了房产、医疗、教育等配套改革。推行了住房制度和医疗保险制度改革，对教育管理体制进行了调整。

第二阶段是“建立全资子公司、构筑母子公司体制”阶段。从 1998 年 6 月开始实施，已经分两批对 12 个分离单位授予独立法人资格。组建以资产为纽带的鞍钢集团全资子公司，使其真正成为自主经营、自负盈亏、自我约束和自我发展的法人实体和市场竞争主体。最近还将运作第三批的 9 个单位，授予独立法人资格，成为全资子公司。

鞍钢建立全资子公司、构筑母子公司体制是适应市场经济要求，实现跨世纪发展的重要战略步骤。其重大意义和作用具体体现在以下四个方面：

一是建立现代企业制度的需要。党的十五大明确指出：“建立现代企业制度是国有

本文是作者在鞍钢全资子公司暨分离单位深化改革经验交流会上的讲话，此次公开出版略有删节。

企业改革的方向。要按照‘产权清晰、权责明确、政企分开、管理科学’的要求，对国有大中型企业实行规范的公司制改造，使企业成为适应市场的法人实体和竞争主体”。因此，鞍钢构筑母子公司体制是贯彻党的十五大精神的具体体现，是鞍钢向建立现代企业制度的方向迈出的重要一步。

二是增强鞍钢整体竞争实力的需要。市场经济条件下的竞争决定了这样一种竞争机制：像鞍钢这样一个门类齐全、包含各行各业的庞大企业集团，在一级独立核算、一个法人实体的情况下参与市场竞争，很难及时调整各个方面的经营策略、产品结构和发展方向。通过建立全资子公司，可以划小核算单位、实行多级法人治理，使那些在生产的工序上、工艺上可以相对分开的全资子公司适应市场竞争的需要，有利于每个全资子公司进一步发展，从而使鞍钢整体竞争实力得以增强。

三是降低鞍钢经营风险的需要。企业在市场中竞争必须遵循优胜劣汰的规律，有的企业会不断发展壮大，有的企业会被无情淘汰。实力再强的企业集团如果体制、机制不适应市场经济的要求，也会面临破产倒闭的威胁，这样的例子，国内外都有。因此，建立全资子公司，发挥每个子公司的积极性和创造性，直接参与市场竞争，在市场竞争中不断发展壮大自己，有利于企业的发展，有利于职工的长远利益。全资子公司分立后，已经成为自负盈亏的法人实体和竞争主体。即使某个分立的子公司由于不适应市场而被淘汰，母公司依法也只承担有限责任。

四是鞍钢三年实现初步振兴的需要。鞍钢三年实现初步振兴的目标在改革方面的标志就是到2000年底，鞍钢要建立规范的母子公司体制，初步建立现代企业制度。如果我们的改革只停留在“精干主体、分离辅助”阶段，就会制约鞍钢初步振兴目标的顺利实现。虽然“精干主体、分离辅助”的改革已经取得了很大成绩，但分离单位还没有真正成为适应市场的法人实体和竞争主体，对集团公司还存在一定程度的依赖，集团公司对分离单位还给予一定的补贴。只有把分离单位变成全资子公司，使之在激烈的市场竞争中求生存、求发展，最终形成规范的母子公司体制，才能确保鞍钢三年初步振兴目标的实现。

二、总结经验，完善措施，进一步深化构筑母子公司体制的各项改革

可以说，鞍钢改革进行到现在，已经基本形成了构筑现代企业制度的框架格局，为鞍钢的振兴发展提供了体制上的保证，并且正在发挥出巨大的作用。当前我们正面临着把鞍钢各项改革进一步引向深入的有利条件：一是党中央、国务院对于搞好国有企业高度重视，正在研究采取一系列新的政策措施。中央决定在今年秋季召开十五届四中全会，将专门研究搞好国有企业的问题。必将为国企改革发展和脱困创造良好的条件和环境。二是随着“九五”技术改造项目的陆续建成投产，鞍钢的市场竞争力将有较大的提高，经济效益也将有所提高，有利于增强对改革措施的支持力度。三是经过四年多来改革的实践以及市场经济的锻炼和考验，广大职工对改革的支持程度和承受能力都有较大提高，这是深化改革的坚实群众基础。四是各分离分立单位经过四年多来的探索和实践，形成了适应本单位实际的振兴和发展思路，为进一步深化改革提供了有益的借鉴。五是各分离分立单位经过四年多来对外大力开拓市场，对内积极探索经营机制的转换，使市场竞争力有了一定提高，为进一步深化改革创造了条件。

同时也要看到，随着改革的不断深化，已经越来越触及到企业管理体制和运行机制的深层次矛盾，改革的难度越来越大，一些不利因素制约着改革的深化。

一是目前鞍钢的经济效益还不够好，对分离分立单位的支持能力是有限的。今年一季度我们经营亏损1.38亿元，在这种情况下，我们已经无力再给分离分立单位更多的补贴，已经做到了力所能及。比如对两个矿山仍然还给独立矿山的政策，对正在实施分离的一些单位，还在给予一些必要的补贴。二是一些分离分立单位市场观念不强，竞争力较差。有些单位依赖思想依然存在，习惯于过去“等、靠、要”做法，没有树立起强烈的市场意识，在各项招投标竞争中，屡次失去中标机会。新的市场没有开拓，老的市场已经失去。三是一些分离分立单位内部改革不够深入，运行机制不够灵活。公司实施主辅分离改革后，一些单位没有按市场经济规律的要求，对内部资产进行重组，对组织结构进行再造，还是停留在过去的运行机制上。在内部没有形成下岗分流、减员增效、实施再就业的竞争机制和约束机制，平均主义大锅饭仍然存在。四是一些分离分立单位财务管理水平不高，资本运营效果不好，没有形成良性循环。由于过去是一种报账单位，财务管理还习惯于记账、报账式的粗放式管理，很少对财务管理状况进行认真分析，导致财务管理比较混乱，造成的呆死坏账较多，不良资产的比重较大，潜亏挂账比较普遍。甚至已经威胁企业的生存和职工的正常开支。五是分离分立单位历史遗留包袱较重，无法轻装上阵。由于各种历史包袱需要各单位自己承担，加大了成本负担，失去一定的竞争力。六是一些分离分立单位管理层的素质不高，有待更新和提高。

从上述分析可以看出，进一步深化改革还需要克服很多不利因素，需要我们付出极大努力。衡量建立全资子公司、构筑母子公司体制改革是否成功的主要标准，就是看分立后的各全资子公司能否增强市场竞争力，能否实现亏损的扭亏为盈，盈利的多盈利，从而实现资产的保值增值。在此，我想对各分离分立单位提出以下几点希望和要求。

第一，要彻底转变思想观念，按市场经济原则规范自己的经营活动。分立后，子公司是独立的企业法人，子公司无论在母公司外还是在母公司内都应是一个完全的法人角色。母子公司之间、子公司之间相互提供的服务是一种有偿服务。虽然母公司是子公司的投资主体，在管理上对子公司实行强制的产权管理，但它们在法律上是平等的法人关系，在市场上是一种经济合同关系，经济活动中应按市场规则办事。对分离单位进行分立，主要目的是把这些单位彻底推向市场，使其在市场竞争中求生存、求发展，实现优胜劣汰。以前各分离分立单位都是车间性厂矿，长期处于非法人的运行机制中，“等、靠、要”的思想还普遍存在。因此在分立为全资子公司、变成独立法人以后，各子公司要彻底消除依赖思想，通过转变思想观念，抛弃过去长期形成的“等、靠、要”做法，树立与市场经济相适应的思维方式和工作思路，主要依靠自己的力量独立研究和解决企业生产经营中遇到的各种问题，在激烈的市场竞争中发展壮大自己。当然也不是说，分立以后集团公司就撒手不管了，我们也要随时跟踪掌握分立单位的运行情况和存在的问题，并在实际运行中不断规范母子公司体制，结合实际对运行中存在的具体问题及时调整和解决。

第二，要加大市场开发力度，进一步增强市场竞争力。从全资子公司这一段的运行情况看，一些单位开拓市场的力度还不够大，虽然制定了许多开拓外部市场的措施，力求提高外部市场份额，但效果都不够理想，绝大部分是依赖鞍钢市场的。分立以后，子公司最担心的还是鞍钢的市场问题，关于这个问题，我已经说过很多次了，在这里再强调一遍，公司内部市场对分立单位在同质、同价条件下可以优先选择，但决不保护落后。最近修建公司开展的三个讨论，我认为很有普遍意义。一是讨论为什么“崩了一个”，二是讨论为什么“跑了一个”，三是讨论为什么“丢了一个”。类似这样的情况其他分立单位也是存在的，大家都要像修建公司那样好好总结一下自己的工作。连鞍钢内部市场都占不住，还能开拓外部市场吗？所以分立单位一定要加大开拓市场的力度。一是在市场开发工作中要进一步强化生存意识、市场意识和竞争意识。全资子公司只有努力拼搏，去闯市场，开拓市场，占领市场，才是生存和发展的唯一出路。不能把眼光只盯住鞍钢市场，而要在巩固鞍钢内部市场的同时，努力开拓鞍钢外部市场。二是要适应市场变化，采取更加灵活有效的市场开发措施抢占市场。要在开拓市场过程中逐步地学习参与市场竞争的方法、技巧和经验。例如，现在市场竞争主要是招投标制，就应该努力探索学习投标的程序和方法，提高投标的命中率。三是要适应市场变化，及时调整自己的产业结构和产品结构，盘活用好自己的资产。要认真分析市场需求，对于没有市场前途的产业项目应该及时采取措施、转产或停产。另外要大力开发具有市场前景的高附加值产品，积极培植新的经济效益增长点，增强适应市场的能力。

第三，要继续深化企业内部改革，加快转机建制步伐。分离单位改为独立法人以后，要想在市场上生存发展，根本的出路在于转换企业经营机制，四年来的改革实践也证明了这一点。那些内部转机建制较彻底的单位，那些在经营方式上勇于探索的单位，减亏增效的成果必然要显著一些。所以分离单位在分立为全资子公司后，要在转换内部经营机制上下功夫，只要有利于公司整体效益的提高，有利于分离单位减亏增效目标的实现，有利于调动广大职工的积极性，各种有效的改革措施都可以大胆采用。

一是要积极探索多种形式的经营方式，增强企业的生机和活力。经营方式的改变，可以调动广大职工的积极性，提高劳动生产率和经济效益，使国有企业的潜能得到极大的释放。例如自动化公司实施“分灶吃饭、自负盈亏”的经营机制，对下属专业公司实行模拟法人自主经营，对信息产业公司实行股份制，并积极探索股份合作制、兼并联合等其他资产经营形式；弓矿公司根据党的十五大精神，积极探索公有制实现形式的多样化，在内部推行了资产委托和租赁经营等经营方式，都取得了很好的效果。

二是要建立激励与约束相结合的运行机制。改革的目的是解放生产力和发展生产力，改革的核心问题就是要提高劳动生产率，就是要在企业内部建立激励与约束相结合的运行机制。这几年我们在全公司推行了“六个不一样”的分配原则，很多分离分立单位都结合本单位的情况创造性地采取了很多方式，取得了很好的效果。今天在大会上介绍经验的弓矿公司、自动化公司和汽车公司等单位的做法就很好。

三是要优化企业组织结构，做好分立单位内部的下岗分流、减员增效工作。在1995年开始改革，公司与分离单位实行“分灶吃饭”以后，公司就始终强调分离单位内部也要进行再分离，打破平均主义大锅饭，这样才能更好地完成减亏增利目标，几年来大多数分离单位都这样做了，效果也是明显的。例如，弓矿公司实施的吨产品（矿石、精矿等）工资含量分配办法，是减人增效，提高劳动生产率和调动职工积极性的有效办法。这种办法的核心是建立起了减人增效的激励机制，改变了过去按编制、比例和行政命令去减人，且减人减工资的被动、消极的做法。但是有些分离分立单位这方面的力度还不够大，影响了市场竞争力的提高，例如机械制造公司就是教训。所以全资子公司应该把握分立这个良好契机，进一步加大调整组织结构力度，加大减员增效力度，措施不能走样，决心不能动摇，这样才能进一步提高劳动生产率，提高市场竞争力，不然的话终将被市场竞争所淘汰。

第四，要全面加强企业管理工作，提高严格管理和科学管理的水平。加强企业管理是需要我们认真解决的问题。从全公司来看，虽然几年来我们在提高管理水平，堵塞管理漏洞方面做了大量工作，但管理漏洞仍然大量存在。今年3月31日，《鞍钢内部情况通报》刊登了公司审计部关于鞍钢印刷品外委的专项审计调查，据调查，1996年至1998年10月全公司制造费用、管理费用和医疗费用中发生的印刷费为4908.65万元，其中外委4095.65万元，占83.44%。印刷品外委很多都是违反有关规定的，而且外委价格相对高于鞍钢报社的价格，增加了费用支出。最近，公司纪委监察部对各单位用公款擅自购买商品的情况进行了调查，仅1997年和1998年两年不完全统计就达4900多万元。有的人一旦掌握了一定的权力就忘乎所以，滥用职权。公司办公室最近搞了一个鞍钢资产现状调查，据对13个单位自己上报的数字进行统计，截至今年2月底，鞍钢附企公司和鞍钢实业公司所属单位仍然无偿占用这些单位的全民资产3600多万元，还有很多单位存在这样的问题，但是没有上报。我们在1995年刚开始改革时就提出全民和集体两种所有制之间的产权关系要界定清晰，国有资产不能被无偿占用，但四年多了，这个问题还没完全解决，造成国有资产大量流失。我想类似的管理漏洞，在分离分立单位还不同程度存在。所以全资子公司在分立后要大力加强企业管理工作。一是要强化财务管理。企业管理要以财务管理为中心，财务管理要以资金管理为中心，脚踏实地规范企业生产经营活动的一切行为。二是要加强管理基础工作，使以人、机、料、法、环为中心的管理基础工作趋于完善，解决管理粗放问题，为实现管理的科学化、规范化和标准化打下坚实基础。三是要大力堵塞管理漏洞。在分立后，要认真研究有关涉及独立法人企业的经济政策和法规，学会用政策来规范经营活动，用政策维护企业的合法权益，减少不必要的管理漏洞。

第五，要加强队伍建设，不断提高职工素质，为企业发展提供保证。企业之间的竞争归根到底是人才的竞争，在知识经济正在来临的时代里，人的素质因素将决定企业的命运，分立后的各全资子公司可能会对这个问题认识得更深刻。所以各全资子公司通过开展“科教兴企”大讨论，一定要把提高职工素质的重要性和紧迫性上升到关系企业生存发展的高度来认识，在分立后认真做好提高职工素质工作，以适应不断激烈的市场竞争的需要。

要大力提高企业经营者的素质。中央一再强调加强企业领导班子素质的重要性，这充分说明了一个企业的好坏跟领导班子素质高低的关系十分密切。鞍钢各分离分立单位领导班子素质总的来说是好的，但与市场竞争的要求相比还有差距，需要提高。中央开展“三讲”，之所以把讲学习放在首位，因为学习是基础。企业经营者如果不掌握马克思主义理论，没有各方面知识的丰厚积累，就很难适应分立以后新形势对领导工作的要求，甚至成为落伍者。领导干部要讲政治，就是要与党中央保持高度的一致性，顾全大局、具有敏锐的政治鉴别力，是非明确，原则问题上态度坚决、立场坚定。反对从个人和小团体的利益出发，实用主义地对待中央的政策、公司和单位的整体利益。领导干部要讲正气，就是要为官公正、清廉，坚决反对作风飘浮，弄虚作假，沽名钓誉，热衷于形式主义；反对铺张浪费，追逐奢靡之风；反对以权谋私，甚至腐化堕落。

党政一把手要当好班长，发挥核心和榜样的作用，团结一班人，扎扎实实、埋头苦干，时时处处不忘自己的职责。要增强企业决策的民主化、程序化和科学化，减少决策的失误。要充分相信和紧紧依靠广大干部、工程技术人员和职工群众，经常把形势、任务和困难向他们讲清楚，挖掘和调动蕴藏在群众之中的活力和智慧，群策群力克服困难，度过难关，把企业的事业办好。

总之，目前鞍钢正处在振兴发展的关键时期和深化改革的攻坚阶段，希望各分离分立单位继续以改革为动力，保持好的发展势头，在市场竞争中不断开拓进取，勇于创新，做出新成绩，取得新经验，为加快鞍钢的改革与发展，实现三年初步振兴的目标做出新的更大的贡献。

老企业改革的有效途径

1999 年 10 月

鞍钢——共和国冶金战线的“长子”，在中国社会主义建设的历程中做出过重大的贡献，谱写过辉煌的篇章。鞍钢在新中国 50 年历史中累计生产钢 2.64 亿吨，铁 2.57 亿吨，钢材 1.71 亿吨，实现利税 713.28 亿元，上缴 619.85 亿元，向全国输送人才 12 万人。资产由解放初期的 2.76 亿元增加到 483.52 亿元。改革开放、社会主义市场经济体制的建立，计划经济的弊端日趋显现，使鞍钢这样的老企业走入困境：设备陈旧、工艺落后、产业结构不合理、产品技术含量低；富余人员多、退休人员多、企业办社会负担重；债务负担重，管理机制落后严重影响了市场竞争力的提高，阻碍了企业的生存和发展。鞍钢要走出困境，重振雄风，根本的出路在于改革。而改革最根本、最有效的途径是按照十五大指明的方向，建立现代企业制度，即：产权清晰，权责明确，政企分开，管理科学。1995 年以来，我们按照党中央要求，以建立现代企业制度为方向，以精干主体，分离辅助，构筑母子公司体制为基本模式，加速企业改革，转换经营机制，逐步形成了适应社会主义市场经济和集团化大生产需要的企业管理体制和运行机制。

鞍钢的改革大体上分两个阶段进行。

第一阶段：精干主体、分离辅助。我们分期分批地将 26 个辅助单位与钢铁主体生产单位分离，割断依赖关系，实行“分灶吃饭”，促使这些单位转换机制，加强管理，向市场要效益，增强自我生存、自我发展的能力。其中 23 家分离单位三年共减亏增利 14.46 亿元，净资产增加 6 亿元，实现了国有资产的保值增值。对钢铁生产主体单位进行改革，实行财务、物资采购供应和产品销售集中统一管理，实行减人增效。

与此同时，我们还进行了一系列的配套改革。实行分配制度改革，贯彻按劳分配，实行利效挂钩，拉开差距，体现效率和公平的原则；推行了住房制度和医疗保险制度改革；对机关部门职能和组织机构进行改革，理清了国有和集体两种所有制界限，解决了长期以来两种经济所有制关系不清的问题。

第二阶段：建立全资子公司，构筑母子公司体制。从 1998 年 6 月开始，分三批对 22 个分离单位授予法人资格，组建以资产为纽带的鞍钢集团全资子公司，使其真正成为独立承担民事责任的自主经营、自负盈亏、自我约束、自我发展的法人实体和市场竞争主体。对技术中心和设计研究院实行了事业单位企业化管理，加大了科技开发力度和科研成果转化进度，开始尝试科研成果商品化。对矿渣公司和异型钢管厂实行资产委托经营。与此同时，我们还把对职工进行教育培训的学校进行调整组合，把企业办的中小学全部划归地方政府。

通过改革，鞍钢已分离全民职工 11.21 万人，从事钢铁生产的人员已减到 5.1 万人以下，基本解决了 50 万人同吃一碗钢铁饭的局面，钢铁主体单位的劳动生产率大为提

本文发表在《中国审记》，1999(10)：29～30。

高；母子公司体制框架已初步形成，正在进行规范化公司制改造。

在改革的过程中，鞍钢始终坚持以下几个大的原则：

一是认真贯彻党的十五大精神，严格遵循“产权清晰、权责明确、政企分开、管理科学”的原则，正确处理各种利益关系，坚决做到局部利益服从全局利益，企业利益服从国家利益，个人利益服从集体利益，跟前利益服从长远利益。

二是改革与改组相结合。按照国家对企业改革的基本要求，从鞍钢集团实际出发，将原有以产品为纽带的企业集团改组为以资本为纽带的企业集团，实行资产重组。1997 年创立了新轧钢股份公司，股票分别在深圳、香港上市，共筹集资金 26 亿元；组建了鞍钢商贸集团股份有限公司；兼并了大连轧钢厂。

三是改革与改造相结合。老企业必须把企业改革与技术改造紧密结合起来，才能更有效地激发企业的生机与活力，切实增强企业发展后劲。近几年来，我们在深化改革的同时，加速进行技术改造。其中投资 40 多亿元对齐大山矿进行扩建改造；用一年零九个月的时间，投资 5 亿元淘汰了原有的 12 座平炉，新建 6 座转炉，实现了全转炉炼钢；目前正在进行连铸的建设和改造，近期内将淘汰初轧生产线，实现全连铸生产；投资 40 多亿元对热轧带钢厂进行改造，建成了一套当今世界最先进的板带钢生产线。

四是改革与加强企业管理相结合。我们十分注意避免和克服以改带管的倾向，边改革边加强企业管理，通过改革促进企业管理水平的提高，通过加强管理保证各项改革措施的落实，已逐步建立起适应市场经济发展和现代企业制度要求的管理机制。

五是坚持改革、发展、稳定同步协调进行。在改革的过程中，我们既解放思想，大胆创新，又实事求是，慎重操作，注意把保证生产稳定发展和保证主体生产系统的完整性结合起来，把改革和稳定职工队伍结合起来。在总体设计的基础上，有计划，分步骤，先试点，后推开，积极稳妥、循序渐进地将改革引向深入。

今后我们将继续按照中央的要求，深化企业改革。进一步建立完善现代企业制度；建立按劳分配和按生产要素分配相结合的分配制度；完成规范化公司制改造，进一步建立对全资子公司、控股子公司有效的控制和监督机制；使鞍钢集团母公司在与子公司建立资本纽带的基础上，逐步向产权多元化的控股公司过渡发展，成为跨地区、跨行业、跨所有制、跨国界的大型企业集团。钢铁主体单位职工减到 4 万人以下，人均劳动生产率达到 260 吨钢/(年·人)；市场竞争能力和自我发展能力大大增强，鞍钢将以崭新的面貌迈进 21 世纪！

推进"三改一加强"，加快两个根本性转变，实现鞍钢三年初步振兴

1999 年 10 月

党的十五大高举邓小平理论的伟大旗帜，对我国社会主义现代化建设的跨世纪发展作出了全面的战略部署，提出"力争到本世纪末大多数国有大中型骨干企业初步建立现代企业制度，经营状况明显改善，开创国有企业改革和发展的新局面"。最近召开的十五届四中全会又强调指出，推进国有企业改革和发展，首先要尽最大努力实现这一目标。鞍钢作为国有特大型钢铁企业，建国以来为我国钢铁工业的发展做出了很大贡献。但是在发展社会主义市场经济新的形势和条件下，鞍钢面临着如何生存和发展的严峻考验，也遇到了许多矛盾和问题，1994 年生产经营曾经一度陷入困境。从 1995 年起，鞍钢加大了改革和发展的力度，使鞍钢逐步走出困境，生产经营迅速恢复正常。特别是 1997 年，我们根据党的十五大确定的国有企业三年改革和脱困目标，提出了鞍钢从 1998 年至 2000 年三年实现初步振兴的目标要求。实现鞍钢三年初步振兴目标的内涵和标志是：主体技术装备达到当代国内先进水平；实现全转炉加炉外精炼；连铸比达到 90% 以上；板管比达到 75% 以上；60% 以上产品实物质量达到国际先进水平；企业利润显著增加；资产负债率明显降低；企业市场竞争力显著提高。

几年来，为实现这一目标，鞍钢认真贯彻党中央、国务院搞好国有企业的方针、政策，解放思想，转变观念，大力推进"三改一加强"，加快两个根本性转变，着力解决企业存在的不适应社会主义市场经济要求的矛盾和问题，使鞍钢生产经营运行质量和效益不断提高，企业市场竞争能力不断增强，为鞍钢实现三年初步振兴目标奠定了坚实基础。1998 年生产铁 869.42 万吨、钢 845.14 万吨、钢材 592.87 万吨，分别比 1994 年增加 79.11 万吨、29.3 万吨和 37.06 万吨。1995～1999 年 6 月底产销率、合同执行率和货款回收率近 100%。从 1995 年至 1999 年 6 月底，累计消化各种减利因素 107.5 亿元；实现利润 7.54 亿元；上缴税金 97.16 亿元，实现了国有资产的保值增值。

一、深刻反思制约鞍钢发展的突出矛盾和问题

1993 年以前，由于钢材销售主要是按国家计划销售，加之当时钢材畅销，根本不愁销售问题，主要是打规模，打产量。钢材价格畸高导致冶金企业获得了大笔利润，掩盖了内部管理上的深层次矛盾和问题。1993 年以来，随着社会主义市场经济体制的建立和不断完善，鞍钢生产经营不适应社会主义市场经济要求的矛盾和问题逐渐暴露出来。1994 年鞍钢产品销售不畅，库存增加，人欠货款不断上升，资金极度紧张，生产经营陷入困境。在当时，鞍钢遇到的突出矛盾和问题，归纳起来具体表现为以下几个方面。

（一）债务负担沉重，资金紧张

截至 1994 年底，鞍钢借款余额已达 118.33 亿元，资产负债率为 66.93%，人欠 130 亿元，欠人 86 亿元，资金极度紧张，财务费用高达 9.79 亿元，由于当年到期的银

行借款无力偿还，逾期罚没款迅速增加，使1995年的财务费用高达17.87亿元，成了鞍钢沉重的财务负担。

（二）企业办社会，劳动生产率低

在长期计划经济运行条件下，鞍钢逐步形成了低效率的“大而全”格局，承担了大量的社会公益事业和企业办社会的负担，安置了18.3万名待业青年就业；通过兴办民政福利事业安置了5538名残疾青年就业；自办了16座综合性医院和专科医疗机构，承担着近百万人的医疗保健任务，每年支出医疗费2.7亿元；自办69所大中小学校和60所幼儿园、20所托儿所，最终形成了50万人同吃800万吨钢铁饭的局面。

（三）技术装备落后，产品市场竞争力弱

鞍钢当时的技术装备是“四世同堂”，主体生产设备大多属于50年代水平，尽管经过一些技术改造，也仍然十分落后。到1994年底，鞍钢有部控设备141台（套），其中国际水平的14台（套），占9.93%；国内先进水平的43台（套），占30.5%；国内一般和落后水平的84台（套），占59.57%。炼铁冷料比仅占39.7%；转炉钢占37.03%，其余均为平炉钢；连铸比仅达到24.3%；30年代的劳特式轧机和热轧叠板工艺仍在使用，造成鞍钢产品成本高、效益差、技术含量低、市场竞争力弱。

（四）管理粗放，产权不清晰、权责不明确、管理不科学的问题仍很严重

突出问题是产权不清，全民资产、集体资产和老年实体、三产实体交织在一起；缺乏有效的激励机制和约束机制，造成管理层次和管理幅度不明，管理职能与经营职能不分，管理模式和管理方法单一，集权与分权不当。在生产和资产经营活动中，责权利关系不明确，各层次、各单位普遍存在着承担责任不明和缺乏市场压力的问题。由于管理方式粗放，导致管理基础薄弱，管理制度不完善，存在着许多管理漏洞，造成许多工作底数不清，信息不灵，指标不实，考核不严；岗位责任制没有得到很好落实；财务和资金管理意识不强，资金周转缓慢，经常被不合理地大量占用，私设“小金库”、乱开账号、盲目对外投资、建度假村、非计划购买小汽车等方面的失控造成了资金和国有资产的流失。

（五）还没有走出重数量、轻质量、忽视经济效益的发展老路

受计划经济模式的影响制约，鞍钢多年来基本上是一种高投入、低产出的粗放增长方式，重数量、轻质量；重速度、轻效益；重投入、轻产出的发展思想没有得到很好解决。在技术改造上主要是追求数量的扩张，扩大生产规模；而对于改善品种、提高质量的投入则重视不够，投入相对较少，花了很多资金搞技术改造，产量有了提高，但是质量没有明显变化，经济效益没有明显提高。另外，过去对技术改造项目的配套建设和达产达标也不够重视。1995年我们作了统计，“七五”以来鞍钢共建成总投资在1000万元以上的生产性技术改造项目40个，但是到1995年止还有8个项目没有达产，有的长期不达产，产生不了应有的效益。

上述矛盾和问题的存在说明当时鞍钢的状况与实现三年初步振兴目标的要求还有相当大的差距。鞍钢必须要按照党中央、国务院的要求，正视问题，分析原因，把差距作为鞍钢的潜力，着力解决制约鞍钢改革和发展的突出矛盾和问题，实现初步振兴目标。

二、学习运用邓小平理论，解放思想，转变观念，为鞍钢实现三年初步振兴目标奠定了思想基础

当时鞍钢存在的矛盾和问题，原因是多方面的，有历史的，也有现实的；有体制

上的，也有工作上的；有主观的，也有客观的。但主要问题是思想观念陈旧，对“什么是社会主义，怎样建设社会主义”这个根本问题没有正确的认识。因此，我们认识到，鞍钢要想实现三年初步振兴目标，必须努力学习邓小平理论，贯彻十五大精神，先有思想观念、经营管理思想的转变，才能通过“三改一加强”，实现振兴鞍钢的宏伟目标。

（一）树立与市场经济相适应的思想观念

江泽民总书记在十五大报告中指出：“近二十年改革开放和现代化建设取得成功的根本原因之一，就是克服了那些超越阶段的错误观念和政策，又抵制了抛弃社会主义基本制度的错误主张”，因此，要使鞍钢在社会主义市场经济中有新的发展，就必须把解放思想、转变观念作为关系到企业改革和发展的重点工作来抓。1995 年初，我们抓住鞍钢的传统市场——长春第一汽车制造厂所订购的鞍钢合同锐减，从每年约有 10 万吨到 1994 年不足 2000 吨这一事实，在全公司广泛开展以“痛失一汽传统市场的警醒与反思”为主题的大讨论，使广大职工树立起了危机感，之后我们又连续开展了“如何振兴鞍钢”、“怎样当家作主，为振兴鞍钢做贡献”、“学习十五大精神，如何深化改革，提高市场竞争力”、“科教兴企”五次群众性的大讨论活动，重点解决职工中存在的思想观念问题，使广大职工摒弃了计划经济的旧观念，逐步树立了市场竞争的观念，认识到市场是企业的生存空间、质量是企业的生命、资金是企业的血液、用户是企业的上帝等一系列适应市场经济要求的新的思想观念，增强了提高企业市场竞争力的紧迫感和求生存的危机感，焕发出了为实现鞍钢三年初步振兴目标争做贡献的积极性、主动性和创造性。现在我们越来越认识到，大讨论是新形势下政治工作与经济工作有机结合的有效载体，是全心全意依靠工人阶级办企业，集思广益，群策群力搞好国有企业的有效措施。

（二）树立现代经营管理思想

鞍钢在进入市场经济中暴露出来的各种矛盾和问题都和我们的管理思想落后、管理水平不高有关。科学的管理来自于现代化的经营管理思想，要提高管理水平，首先就要树立现代化的经营管理思想。从鞍钢的实际来看，树立现代化的经营管理思想，应包括以下几个方面：一是要树立全心全意依靠工人阶级办好企业的思想。具体来讲就是要保证职工更广泛、更直接、更规范地参与企业的民主管理和民主监督，在政治上保证职工群众的主人翁地位。鞍钢在这方面应该说有好的传统，《鞍钢宪法》中的“两参一改三结合”就是鞍钢的传家宝，在新形势下仍有重要的现实意义。二是要建立权责相统一的管理机制，树立分配按效益、收入靠贡献的思想。经营好的和经营差的单位必须在利益分配上体现差别，真正按照经济效益的高低来分配。在单位内部也要根据部门和职工工作责任给予必要的权利，使之能够承担起所负的责任，企业的各部门要做到权利和责任相统一，从而形成有效的激励机制和约束机制。三是要树立企业管理以财务管理为中心、财务管理以资金管理为中心的思想。过去由于鞍钢的财务管理没能很好地适应市场经济的要求，没有实现对资金的有效管理，造成资金的跑、冒、滴、漏现象严重。因此，必须摒弃传统的以生产为中心的经营管理思想，树立企业管理以财务管理为中心、财务管理以资金管理为中心的现代经营管理思想，才能切实提高生产经营的运行质量和效益。四是要树立落后的设备，也能实现一流管理的思想。鞍钢是一个老企业，技术装备陈旧落后，在这样的企业里应该同样可以创出一流的管理。江泽民总书记曾经强调：“加强科学管理是企业固本治本的大计。再困难的企业，只要加强管理也可挖出很多很多潜力来，向管理要效益”。几年来，鞍钢坚持深入学习邯钢经验，切实加强企业管理，大力挖潜增效。从1995年至1999年6月底，累计消化各种减利因素107.5亿元，实现利润7.54亿元，这充分证明，鞍钢确实存在着管理上的巨大潜力。

三、搞好“三改一加强”，确保鞍钢实现三年初步振兴目标

国有企业要用三年左右的时间实现改革和脱困的目标，必须通过自己的努力，在“三改一加强”上下大的功夫。江泽民总书记在十五大报告中提出：“把国有企业改革同改组、改造、加强管理结合起来”。搞好改革、改组、改造和加强企业管理是国有企业走出困境，实现改革和脱困三年目标的根本途径。由于长期在计划经济体制下运行，国有企业的管理体制和经营机制还存在着许多弊端。产权关系不明晰，资产管理体制不健全，管理和组织结构不合理，责权利关系不明确，还有企业办社会等等。要解决这些问题，仅仅靠一般性措施是远远不够的，必须以建立现代企业制度为目标，从改革入手，转换企业经营机制，优化企业组织结构、产业结构和产品结构，全面提高市场竞争力，形成适应社会主义市场经济要求的企业管理体制和运行机制。由于历史的原因，国有企业技术改造欠账较多，技术装备落后，市场竞争力弱。因此，国有企业特别是老企业要加大技术改造力度，推进技术进步，不断提高产品的技术含量，提高经济增长的质量和效益。加强企业管理既是做好“三改”的基础，也是使“三改”真正收到实效的保证。目前许多国有企业出现困难，特别需要通过加强管理来解决，夯实管理基础，提高管理水平，向管理要潜力，向管理要效益。几年来，鞍钢按照党中央、国务院的要求，以建立现代企业制度为目标，不断加大“三改一加强”的力度，取得了明显成效，为早日实现三年初步振兴目标奠定了重要基础。实践证明党中央的这一方针是完全正确的，更坚定了鞍钢以党的十五大和十五届四中全会精神为指针，进一步加大“三改一加强”力度的决心。

（一）以建立现代企业制度为目标，不断深化企业改革，构筑了母子公司体制的框架

鞍钢于1995年3月底制订了以“主辅分离、转机建制”为内容的鞍钢总体改革方案，明确了鞍钢改革的目标和方向。其基本要点是：精干主体，提高劳动生产率。到20世纪末，钢铁生产主体职工减到5万人左右，全员劳动生产率接近180吨/(人·年)；分离辅助，发展多种经营，提高非钢铁收入的比重。到本世纪末分离总人数可达到13万人左右，非钢铁收入比率达到20%；改组集体企业，优化集体经济结构；改革学校、医院等社会公益性单位的管理方式，建立费用约束机制。几年来，这个改革方案已取得重要进展。

一是加快了“精干主体、分离辅助”和下岗分流、减人增效的步伐。先后将74个集体单位与原全民主办厂分离，明确了两种所有制的产权关系；将60个三产和老年实体划归鞍钢实业发展总公司统一管理。截至1998年底，全公司已分离26个单位，分离10.24万人，其中已有22个分离单位改组为独立法人的全资子公司，构筑了以资产为纽带的母子公司体制，为建立现代企业制度打下了重要基础。目前，全民职工总数已减到17.17万人，钢铁主体生产单位职工已减到5万人。对公司机关组织机构、管理和专业岗位进行了两次调整，机关人员由1995年的1614人减少到1998年的1020人，精减比例为36.2%。同时，认真执行党中央、国务院的方针政策，推进下岗分流和减人

增效，做好下岗职工基本生活保障和再就业工作，保证了改革的顺利进行。到1999年7月末，鞍钢再就业服务中心累计接收下岗富余人员25411人，已通过多种渠道安置21693人。

二是进行了资产重组。在国务院领导的亲切关怀下，进行了股份制改制工作，创立了鞍钢新轧钢股份有限公司，并成功地在香港发行了8.9亿股H股和在深圳发行了3亿股A股，共筹集资金26亿元。通过进行股份制改制，不仅筹集资金加快了技术改造，而且改变了鞍钢长期以来单一产权结构和单一投资主体的格局，形成了控股子公司，实现了产权结构和投资主体的多元化。今年新轧钢公司又对大型轧钢厂进行了收购，对第一炼钢厂的收购工作目前正在进行中。同时，鞍钢还兼并了大连轧钢厂。党中央、国务院为了帮助国有企业解决困难，制定了“债转股”的政策。为落实国家的政策，克服我们的困难，我们提出了鞍钢“债转股”的方案，得到了国家的原则同意。为落实国务院领导的指示精神，目前正积极进行“债转股”的前期运作，争取在较短时间内取得突破。

三是从1995年11月开始了按国家规范试点的医疗保险制度改革；1996年1月开始实行了辽宁省统筹的职工养老保险改革及辽宁省、鞍山市规定的住房制度改革，实行了住房公积金及职工建房基金制度，取消了无偿分配。

四是进行了科研单位经营机制的改革。采用事业单位企业化的运营方式，改革了技术中心等科研单位的经营机制，加大了科技开发力度和科研成果转化速度，开始尝试科技成果商品化，初步形成了适应市场经济要求的运行机制。

（二）更新企业发展思路，走出一条高起点、少投入、快产出、高效益的老企业技术改造新路子，技术改造取得了重大突破

如何搞好技术改造是关系到鞍钢实现三年初步振兴目标的重大问题。但在国家投资体制发生重大改革，企业成为投资主体的情况下，老企业的技术改造确实面临着被人称之为“不改造等死”，“搞改造找死”的两难境地。如1995年国家批准的鞍钢“九五”技术改造规划，总投资约210亿元，其中第二炼钢厂和热轧带钢厂改造就要127亿元。对于这样的规划，由于市场的变化，鞍钢既没有这样的承受能力，也没有可能筹集这样多的资金，而且投入产出的效益也不好。针对以上实际情况，我们在鞍钢“九五”技术改造规划的实施过程中，按照加快两个根本性转变的要求，从实际出发调整了技术改造总体规划，实现了两个转变：由片面追求产量规模的粗放式增长方式，转变到通过技术改造优化结构，提高质量，增加效益，增强企业市场竞争力的集约式增长方式上来；由主要依靠向银行贷款搞负债式改造，转变到主要通过股份制直接融资和利用外资等多种筹资渠道，发扬自力更生、艰苦奋斗精神，依靠自己的力量，盘活一切可以盘活的资产，实现老企业现代化改造上来。几年来，经过探索和实践，我们走出了一条“高起点、少投入、快产出、高效益”的技术改造新路子，加快了技术改造步伐，迅速改变了鞍钢技术装备和生产工艺陈旧落后的面貌。

“高起点”，就是坚持技术改造项目要采用当代的先进技术和工艺，做到不改则已，搞改造就要达到高技术起点；“少投入”，就是改造中充分利用原有的厂房、设备，除关键技术引进外，尽量压缩项目投资；“快产出”，就是在保证工程质量的前提下，快建设、快达产，按照大项目投资回收期不超过5年，一般项目不超过2年的要求，收回投资；“高效益”，就是通过技术改造调整结构，增加品种，提高质量，降低成本，提高企业经济效益和市场竞争力。

一是淘汰平炉，实现了全转炉炼钢。从1996年10月15日开始，我们用一年零9个月时间，在不停产、少减产的前提下，把12座平炉全部淘汰，改建成6座现代化转炉，完成了一次工艺上的革命。吨钢成本降低95元左右，一年多收回全部投资，而且解决了平炉粉尘的二次污染问题。对此，吴邦国副总理作出重要指示，给予充分肯定和高度评价。

二是加快实现全连铸的步伐。一炼钢厂的两台连铸机工程于1998年6月开工，计划今年年底投产。将二炼钢厂两台方坯连铸机进行提质增效改造，使产量翻了一番；改建了一台年产50万吨的板坯连铸机，为中板厂降低成本创造了条件；中薄板坯连铸机工程引进奥钢联技术及少量关键部件已经签约，该工程将使二炼钢厂实现全转炉全连铸生产。三炼钢厂2号板坯连铸机1997年10月28日投产，1998年已经达到设计水平，具备全连铸的生产条件。按钢铁工业的通常测算，连铸比模铸每吨钢节约200元左右，鞍钢这些连铸机投产后，将增加640万吨连铸能力，年创效12.8亿元，约两年收回投资。

三是热轧带钢厂1780热连轧生产线将于年内建成投产。该工程是国家经贸委确定的“双加”工程，是鞍钢的翻身工程，是鞍钢“九五”技术改造工程中的重中之重。该工程对鞍钢改善工艺装备条件，调整产品结构，增加高附加值产品，提高产品质量，增加经济效益，具有极其重要的作用。从目前情况看，我们完全有把握在投资承包额内按期建成一条年产350万吨世界一流水平的热连轧生产线，按计划于今年内建成投产；1700机组移地改造工程也已动工。具有世界先进水平的1780和1700两条热连轧生产线改造工程投产后，每年可生产高质量、高附加值热轧薄板550万吨，将改变鞍钢产品结构，大大提高鞍钢的市场竞争力。

四是“九五”技术改造规划的其他项目也取得好的成绩。先后完成了10号大型高炉移地大修改造工程，半连轧新卷取机和冷轧厂全氢罩式炉改造工程，宽厚板厂2号加热炉及热处理炉建设工程，线材轧机更新改造工程，老三烧改冷烧结矿工程，炼铁喷煤粉工程，中板厂改造工程等。

鞍钢“九五”技术改造完成后，将实现全转炉炼钢加炉外精炼，连铸比达到90%以上，板管比达到75%以上，60%以上的产品实物质量达到国际先进水平，鞍钢市场竞争力进一步增强，为鞍钢实现三年初步振兴目标奠定了重要的物质技术基础。

（三）切实加强企业管理，提高企业整体素质

1995年以来，建立社会主义市场经济体制和市场竞争日趋激烈的新形势，对鞍钢的企业管理工作提出了新的更高的要求。鞍钢开始全面系统地学习邯钢经验，在外抓市场的同时，内抓企业管理，使企业面貌发生了很大变化。

一是学习邯钢经验，坚持企业管理以财务管理为中心、财务管理以资金管理为中心，建立起以成本控制为基础、以资金管理为中心、以现金流量控制为主线的财务管理体系。在资金管理上实行分离单位独立核算、主体单位定额控制的厂长负责制。坚持资金总量平衡和量入为出的原则，实现了资金模拟市场管理。在成本管理上按照“两头”在外、中间“模拟”的总原则，建立了模拟市场核算机制，实行成本否决。广泛开展降成本活动，全面推行了定额管理，堵塞管理漏洞，挖掘内部潜力。几年来，共降低成本费用80.9亿元。

二是改革营销管理体制，加强营销管理，合理规划资源配置，把代理、直供和市场零销等手段有机结合起来，稳固主渠道，形成了面向国际国内两个市场的营销网络。

不但稳定了国内市场，而且产品出口列国内同行业第二位。

三是坚持走质量效益型道路，实施科技兴企战略，产品质量和主要技术经济指标明显提高。以贯彻ISO9000标准为龙头，推动各项管理基础工作赶先进、上水平，分别通过了ISO9000质量体系认证、七国船级社认证和API国际认证。

四是加速理顺责权利关系，建立激励和约束机制。鞍钢认真贯彻江泽民总书记在十五大报告中提出的“把按劳分配和按生产要素分配结合起来，坚持效率优先、兼顾公平”的分配原则，加大了分配制度改革力度，全面运作了“六个不一样”的分配制度，即“盈利与亏损不一样，生产水平达到核定能力与没有达到核定能力不一样，在岗与不在岗不一样，责任大与责任小不一样，关键创效岗位与一般岗位不一样，有突出贡献与一般完成任务不一样”。按贡献大小拉开了分配差距，对有特别突出贡献人员给予奖金和住房的奖励，初步形成了收入能多能少的分配机制。

鞍钢的经验和进步使我们体会到，只要我们高举邓小平理论的伟大旗帜，认真学习贯彻十五大和十五届四中全会的精神，不断解放思想，转变观念，加大“三改一加强”的力度，坚定信心，勇于探索，大胆实践，就一定能够实现党的十五大和十五届四中全会提出的国有企业改革和脱困三年目标，鞍钢实现初步振兴的一天也会早日到来。

总结经验，加强技术创新，为鞍钢振兴发展奠定坚实基础

1999年12月16日

一、1995年以来鞍钢科技工作的简要回顾

1995年5月，党中央、国务院召开了全国科技大会，作出了加速科技进步的决定，确定了科技兴国战略。鞍钢认真贯彻落实党中央、国务院的战略部署，坚持经济建设必须依靠科学技术，科学技术必须面向经济建设，努力攀登科学技术高峰的方针，按照加快两个根本性转变的要求，从老企业实际出发，切实把企业发展的重点转到依靠科技进步和提高职工队伍素质的轨道上来，大力推进技术改造和科技进步，提高了生产经营的运行质量和效益，增强了企业的市场竞争能力。

1995年至1999年上半年，共取得科技成果297项，其中国际水平59项，国内领先73项，国内先进142项。申请专利201项，获专利权189项，转让专利7项。组织职工提出合理化建议41721项，实施23911项。累计实现科技进步效益15.95亿元。

近五年来科技进步的主要工作是：

（一）深化科研体制改革，初步形成了技术创新管理体制和运行机制的框架

根据国家关于大型企业集团建立技术中心的要求，于1996年在全国冶金行业率先组建技术中心，初步形成了以科技开发部为职能管理部门，以质检中心为质量监督保证机构，以技术中心为研究开发部门，以其他院所为基础的条块结合的技术创新管理体制。坚持以市场为导向，以效益为中心，以管理为保障，加强了产、销、研的衔接配合；建立技术创新激励机制，落实技术岗位责任制，明确专业技术人员的职责和权利，将专业技术人员的业绩与分配挂钩，选评鞍钢专家，重奖有突出贡献的专业技术人员；建立内部技术市场，进行技术成果、技术服务有偿转让试点等等，初步形成了技术创新工作的运行机制。

（二）大力推进技术改造，提高了技术装备和生产工艺的现代化水平

开拓了“高起点、少投入、快产出、高效益”的技术改造道路，通过实施“九五”技术改造规划，完成了平炉改转炉、模铸改连铸、轧机更新换代等一系列工艺装备上的革命，提高了主要技术装备和生产工艺的现代化水平。在技术改造中优化工程设计方案，在工程的关键部位尽可能地采用当代最先进的技术装备，大量引进、移植、吸收国外的先进技术，保证了技术上的高起点。这些都为鞍钢的跨世纪振兴发展奠定了坚实的物质技术基础，也为在引进先进技术的基础上进行学习、消化和二次创新创造了条件。

（三）适应市场竞争需要，开发推广了一批新产品

先后开发出石油管线用钢、铁路高强重轨、铁路用耐大气腐蚀热轧板、压力容器CF-62钢板和工程机械高强度焊接结构钢板HQ系列、980MPa精轧螺纹钢筋等高效专

本文是作者在鞍钢技术创新大会上的报告，此次公开出版略有删节。

用钢材新产品。加强了军工钢的试制和推广工作。加强新产品管理工作，建立了新产品生产作业票制度，强化了产、销、研的衔接配合。1995年至1998年，共开发、推广新钢种105个，新规格82个，试制推广总量151万吨，累计为公司创效4.93亿元。

（四）强化在线技术管理，提高主要技术经济指标工作取得显著成效

近五年来，通过大力采用新技术、新工艺，强化技术管理，使主要技术经济指标有明显改善和提高。高炉入炉焦比由1995年的491kg/t，降到1999年1~11月份的439kg/t；高炉喷煤比由1995年的78kg/t，提高到1999年1~11月份的126kg/t；全焦耗洗煤由1995年的1442kg/t，降到1999年1~11月份的1411kg/t；钢铁料消耗由1995年的1129kg/t，降到1999年1~11月份的1102kg/t；综合成材率由1995年的81.01%，提高到1999年1~11月份的86.41%，创历史最好水平。

（五）开展重大技术攻关，实现一系列重要突破

包括：开展高炉氧煤强化炼铁技术攻关，改善了传统工艺流程，大幅度降低了炼铁成本，目前整体技术已达到当今国际先进水平，已在10座高炉上推广应用，年创效益3000万元。围绕提高产品质量开展技术攻关，使设备和工艺缺陷得到完善，废品、不良品逐年大幅度减少，产品实物质量有显著提高。适应平炉改转炉、模铸改连铸的工艺革命需要，开展扩大连铸轧材比技术攻关，优化了坯料结构，扩大了连铸坯轧材比，目前95%以上的钢种均能由转炉生产，95%以上的模铸钢均能由连铸生产。特别是通过开展溅渣护炉技术攻关，使鞍钢转炉炉龄不断刷新历史纪录，取得了显著的经济效益。

（六）建立健全规章制度，完善了科研管理基础工作

先后制定下发了《鞍山钢铁集团公司科研项目管理办法》、《鞍山钢铁集团公司科技成果商品化的有关规定》等一系列科技管理制度，使鞍钢的科技工作初步纳入科学化、规范化的轨道。

（七）加强教育培训工作，使科技人员队伍整体素质有新的提高

深化教育系统改革，将院校教育工作重点由注重学历升级转到加强职业技术培训上来。大力开展专业技术人员的继续教育，近几年来，培训专业技术人员达2万余人。加强与冶金系统科研单位和高等院校的协作，对专业技术人员进行系统培训，提高了他们解决实际技术问题的能力。努力培养高素质的拔尖人才，1995年以来，共选拔优秀青年专业技术人才75人在职攻读硕士研究生；向有关高校选送培养硕士生、博士生158人。加强学术交流活动，与国内外几十家科研单位建立了广泛的学术联系。

以上成绩的取得，是全公司广大科技工作者顽强拼搏、无私奉献的结果。五年来，鞍钢涌现了一大批立足本职，刻苦钻研，奋力攻关，在科技进步事业上取得优异成绩，做出显著贡献的科技人员，今天公司命名表彰的48名技术专家，就是其中的突出代表。

我们在看到成绩的同时，也要清醒地看到，与国内外同行业先进企业和鞍钢未来发展的需要相比，鞍钢科技进步工作还存在很大差距，主要表现在：

一是在发展思路和发展方向上，对如何加强鞍钢的技术创新工作缺乏整体性、系统性和超前性的规划部署，企业技术创新工作的潜力和总体优势还没有充分发挥出来。

二是适应市场经济要求，具有鞍钢特点的技术创新体系和机制还没有完全形成，调动科技人员积极性的激励和约束机制还不够完善。

三是科研与生产的结合还不够紧密，科技成果的研究开发数量与水平、转化速度与效益，还远远不能满足企业生产发展和提高市场竞争力的需要。

四是在企业收入来源上，基本上是以钢铁产品销售收入为主，具有自主知识产权

的技术产品收入比例很低，反映出自主开发和创新的能力不强，制约了企业经济效益的提高。

对上述问题，我们要高度重视，认真解决。

二、鞍钢加强技术创新的指导思想、基本战略、主要目标和工作重点

科学技术是第一生产力。科技进步是经济发展的决定因素。当今时代的国与国、企业与企业之间的竞争，越来越表现为创新能力的竞争。对此，江泽民总书记深刻地指出："创新意识对我国21世纪的发展至关重要"。"一个没有创新能力的民族，难以屹立于世界民族之林"。"要迎接科学技术突飞猛进和知识经济迅速兴起的挑战，最重要的是坚持创新"。《中共中央国务院关于加强技术创新，发展高科技，实现产业化的决定》，从战略的高度分析了加强技术创新的重大意义，特别对加强国有企业的技术创新提出了明确要求，指出："国有企业要把建立健全技术创新机制作为建立现代企业制度的重要内容，要把提高技术创新能力和经营管理水平作为企业走出困境，发展壮大的关键措施，使企业真正成为技术创新的主体。企业的生存和发展，必须以市场为导向，加强技术研究开发和科技成果的转化与应用，切实把提高经济效益转到依靠技术进步和产业升级的轨道上来。"

我们要清醒地认识到，如果我国加入世界贸易组织，国内外市场将趋向融合，国内企业将面临与国外企业直接竞争的挑战。因此，能否通过技术创新，把科学技术转变为市场竞争力，已经是一项关系企业生存发展的重大问题。

目前，鞍钢的"九五"技术改造已接近尾声，我们必须把技术创新与技术改造的成果有机结合起来，通过不断的技术创新，将技术装备和生产工艺上的优势，转化为高技术含量和高附加值的产品竞争优势，使技术改造发挥出应有的投资效益，从而不断增强鞍钢竞争实力和发展后劲。

鞍钢今后一个时期技术创新工作的指导思想是：**贯彻落实《中共中央国务院关于加强技术创新，发展高科技，实现产业化的决定》和全国技术创新大会精神，牢固树立科学技术是第一生产力的思想，坚持科教兴企战略，深化科技体制改革，完善技术创新机制，逐步建立面向市场以提高企业竞争力为重点的技术创新体系，全面增强鞍钢的技术创新实力，为实现鞍钢跨世纪振兴发展目标提供可靠保证。**

鞍钢技术创新的基本战略是：**跟踪行业科技发展步伐，争创世界先进水平成果，突出产品开发龙头地位，实现技术商品开发转化，增强钢铁主体创新实力，提高多元产业技术含量。**

跟踪行业科技发展步伐，争创世界先进水平成果，即：瞄准世界钢铁工业科技发展的前沿，加强科技开发，使鞍钢总体科技进步逐步达到国内外一流水平，争创部分技术领域的世界领先水平。

突出产品开发龙头地位，实现技术商品开发转化，即：要把产品的开发，提高产品市场竞争力，作为技术创新的重中之重。在此基础上，还要大力开发具有自主知识产权可商品化的实用技术，将技术优势转化为商品优势，提高技术创新的综合经济效益。

增强钢铁主体创新实力，提高多元产业技术含量，即：围绕提高市场竞争力，大力推进科技进步，不断增强钢铁主体技术开发创新的能力，实现钢铁主体技术装备和生产工艺的现代化。依靠技术创新提高非钢铁产业的科技进步水平，提高非钢铁产业产品的技术含量和附加值，促进产业升级和产品更新换代，拓展非钢铁产业的市场

份额。

主要目标是：**构建一个体系，完善一个机制，争创五个一流。**

（1）**构建一个体系**：就是以技术中心、设计研究院和自动化公司为主体，以其他层次科研组织为辅助，建立面向市场以提高企业竞争力为重点的技术创新体系。

（2）**完善一个机制**：就是进一步完善技术创新的有效运行机制。包括：技术创新的激励机制、以效益为中心的科研工作投入产出考核机制和新产品、新技术、新工艺、新装备的开发机制，以及产、销、研和产、学、研的衔接机制等。

（3）**争创五个一流**：一是技术经济指标创一流。通过技术创新，使炼铁入炉焦比、钢铁料消耗、综合成材率、可比能耗等主要技术经济指标达到国内同行业先进水平。

二是新产品开发创一流。围绕十大应用领域，形成五大系列高附加值产品和30个拳头产品，实物质量达到国际先进水平。

三是主体技术装备和生产工艺创一流。通过技术改造和技术创新，使主体技术装备和生产工艺达到当代国内先进水平。

四是科研成果转化速度和效益创一流。到“十五”末期，科技成果转化率达到90%，科技对经济效益增长贡献率提高到50%以上。

五是建设一支国内一流的创新型人才队伍。重点培养一批代表国内钢铁冶金新一代学术和技术水平的高级工程技术人员，和在鞍钢各自学科领域内起核心作用的学术和技术带头人。

为实现上述目标，今后一个时期的工作重点是：

（一）建设技术创新体系，为加强技术创新提供组织保证

企业技术创新体系是鞍钢建立现代企业制度的重要内容。要按照鞍钢第五次党代会的要求，抓紧建设面向市场，以提高企业市场竞争力为目的的技术创新体系。

建设鞍钢技术创新体系，要坚持以下原则：一是要坚持市场原则。开拓和占领市场，是技术创新的基本出发点和落脚点。因此技术创新体系的建设必须面向市场，以市场需要为基准。二是要坚持优势原则。必须从鞍钢的实际出发，建设具有鞍钢特点的技术创新体系。三是要坚持效益原则。必须以经济效益为中心，使技术创新体系真正成为效益产出体系。四是要坚持协作原则。技术创新是一项系统工程。因此，建设鞍钢的技术创新体系，必须广开大门，加强企业内外部科研单位的技术协作。五是要坚持转化原则。要从组织结构的优化设计入手，将基础研究、实用技术开发与成果转化的职能紧密联系在一起，突出成果转化的效益作用。

鞍钢技术创新体系组织架构思路是：以技术中心、设计研究院为集团公司创新体系的主体，以科技开发部和技术改造部为集团公司科技创新职能管理机构，以集团公司所属各子公司为创新体系的基础，以社会高等院校和科研机构为创新体系协作单位，形成点面结合、重点突出、优势互补、具有鞍钢特点的技术创新体系。体系各组成部分的具体职能定位是：

（1）技术中心、设计研究院和自动化公司。是鞍钢创新体系的主体，是实施鞍钢技术创新战略的基本载体。主要负责跟踪世界钢铁工业科学技术发展趋势，以增强企业市场竞争力为目的，将科技研究、开发和成果转化工作有机结合起来，解决生产、改造过程中的重大技术问题；开发具有自主知识产权的新产品、新技术、新工艺、新装备；开展技术服务、技术咨询和技术转让，推进科技成果的产业化和商品化。

（2）鞍钢集团公司所属各子公司。是鞍钢技术创新体系的基础，负责鞍钢自主开

发的科技成果在本单位的推广应用，组织本单位技术创新成果的现场转化；制定本单位技术创新规划并组织实施；落实集团公司技术创新方针、战略等。

(3) 社会有关高等院校和科研机构。是建设鞍钢技术创新体系的协作单位，在当今全球经济一体化和科技发展日新月异的时代，在我国扩大对外开放的形势下，有选择地发展协作对象，是建设鞍钢技术创新体系的重要条件。

（二）完善技术创新的运行机制，增强技术创新的内在动力

完善技术创新的工作运行机制，是技术创新体系充分发挥功能作用的重要前提。根据党中央、国务院《决定》精神，结合鞍钢的实际，完善技术创新运行机制，应当突出以下重点：

一是要完善市场、科研、生产一条龙研究开发机制。要以市场需求为导向，以产品开发为龙头，加强产、销、研的衔接配合，在技术开发、生产组织和市场营销之间建立有效的互联机制。为实现技术开发和产品开发的突破，还要加强与社会高等院校和科研机构的“产、学、研”联合，共同开发高科技含量的产品，合作培养高层次人才，为加速科技成果的转化提供必要的智力支持。

二是要完善生产、设计、改造一条龙的新装备开发机制。要以生产实践为基础，不断优化设计，通过技术改造不断提高我们的装备水平，在生产、设计和改造之间建立有效的互联机制。

三是要完善科研单位企业化的运行机制。在社会主义市场经济的前提下，作为技术创新主体的技术中心、设计院等科研单位，其运行机制应当体现有偿服务的市场取向和投入产出的企业功能，以增强将产业做大、将市场做大的压力和动力，使科技开发力量真正进入市场，进入优胜劣汰的产业竞争前沿创新创业，不断开发具有自主知识产权和市场竞争力的产品和服务，为培育新的效益增长点发挥作用。

四是要完善技术创新的激励机制。为完善技术创新的激励机制，调动广大科技人员的积极性，公司已经制定了有关激励政策，总的原则就是要按照市场经济要求评价成果，考核业绩。要把成果转化效益的多少、对企业发展贡献的大小，作为评价科技成果的主要标准。要坚持突出业绩、公平公正、定量与定性、日常与定期的原则逐级考核科技人员，并按考核结果使用，形成优胜劣汰的竞争机制。要把按劳分配和按生产要素分配结合起来，对创新成果突出、贡献突出的科技人员给予重奖；要让科技人员创造的具有自主知识产权的科技成果按照国家政策参与收益分配。

五是要完善以效益为中心的技术创新投入产出考核机制。必须看到，任何技术创新都需要投入，都存在着客观的风险因素。因此，技术创新也要坚持高起点、少投入、快产出、高效益的方针。一方面，公司要逐步增加对科技的投入，特别是对具有全局性、战略性和前瞻性的重大课题要加大投入力度。另一方面，作为创新主体的科研、设计单位，要确保科技成果转化效益的产出比例。

（三）以提高企业竞争实力和发展后劲为目的，大力加强技术创新和管理创新

面向市场需求不断开发新产品、新技术、新工艺和新装备，采用先进的经营管理方式和组织形式科学地组织开发、生产、销售和服务，是中共中央、国务院《决定》指出的国有企业技术创新的基本内容。贯彻《决定》精神，结合企业实际和行业特点，鞍钢的技术创新要突出以下重点：

一是要突出产品开发创新的重点，促进产品的升级换代。产品创新是技术创新的终端结果，是企业技术创新的核心内容，是提高企业市场竞争力的物质载体。要增强

鞍钢的竞争实力和发展后劲，必须把产品创新作为鞍钢技术创新工作的龙头，其他创新活动都要围绕产品创新展开和落实。

二是要突出重大节能降耗项目的重点，大力提高主要技术经济指标。钢铁行业是能源消耗高的产业，能源消耗占成本比例很高，是影响企业经济效益提高的重要因素。要增强市场竞争力，实现企业可持续发展，必须下大气力把过高的能耗降下来，这是鞍钢技术创新的重点环节之一。

三是要突出生产工艺创新的重点，实现现代化生产。适应产品升级的需要，要生产高性能、高精度的钢材产品，必须从精选原料开始，一直到铁水预处理、炼钢、精炼、连铸、高精度控制轧制和加工的一系列集约化工艺、装备、技术的创新。

四是要突出企业管理创新的重点，不断提高企业科学管理水平。技术创新是一项复杂的系统工程，产品创新和工艺技术创新只有与管理创新有机结合起来，才能达到预期的目标。特别是对于我们这样一个总体技术装备和生产工艺水平还不高的老企业来说，要实现技术创新，没有科学的管理是根本不行的。管理创新是软件的创新，是少花钱、或不花钱而收益大的技术创新。因此，我们一定要从鞍钢的实际出发，下决心把管理创新的工作做好，为企业技术创新创造良好的条件。

（四）坚持走高起点、少投入、快产出、高效益的技术改造新路子，积极采用先进技术改造钢铁主体

技术装备创新是产品和工艺创新的基础。经过“九五”技术改造，使鞍钢主体技术装备和生产工艺的现代化水平已经有了明显提高，在此基础上，要继续坚持走“高起点、少投入、快产出、高效益”的技术改造新路子，抓住“十五”有利时机，积极采用先进技术，对钢铁主体技术装备进行现代化改造，使鞍钢主体技术装备和生产工艺水平逐步达到世界一流水平。“十五”改造重点是：

在炼铁系统，要运用平改转的经验，结合设备大修，尽最大限度地盘活现有资产、装备，将7座1000立方米以下小高炉合并改造为4座大型现代化高炉，使高炉消耗降低，效益提高，污染得到有效治理。要完成东烧酸性小球烧结改造和二烧高碱度冷烧结改造，进一步改善炉料结构；对7号高炉进行现代化改造，进一步降低焦比，提高利用系数。

在炼钢系统，要新建一炼钢第二台方坯连铸机和二炼钢中薄板坯连铸机，实现全连铸；其中，二炼钢厂中薄板坯连铸机和改造后的1700机组，形成薄板坏连铸连轧生产线。

在轧钢系统，要将1700机组改造成年产200万吨生产能力、具有世界先进水平薄板坯连铸连轧生产线；改造大型厂，增加重轨全长余热淬火机组，全面提高重轨的性能和表面质量；改造无缝厂，增加高附加值和替代进口产品；引进当代世界最先进的热镀锌钢板生产工艺新建镀锌钢板厂；新建第二条冷轧薄板生产线和三条热轧板精整加工线；以及能源动力和环境保护等方面的改造。

技术改造要把调整品种结构、降低生产成本、提高产品质量和加速环保综合治理放在优先地位，坚持技术改造项目的系统性、配套性。要把引进技术与自主创新有机结合起来，在对引进技术进行消化、吸收、掌握的基础上进行二次创新，促进技术的国产化、自主化，实现技术改造的良性循环。

（五）大力推进高新技术的产业化、商品化，从单纯生产钢铁产品向综合技术开发转变

不久前召开的中共鞍钢第五次党代会，确定了鞍钢跨世纪振兴发展的指导思想、

总体发展战略和主要奋斗目标，提出要“壮大多元产业”，到“十五”末使非钢铁收入达到总收入的35%以上。要实现这一奋斗目标，必须坚持已经确定的技术创新战略方针，核心就是“突出产品开发龙头地位，兼顾技术商品开发转化”，在技术创新过程中不但要开发钢材产品，还要开发先进的成套技术、工艺和装备，不仅要出售钢材新产品，还要出售新技术、新工艺和新装备。要利用鞍钢集团在技术、人才、市场和资产等方面的优势，加大对非钢铁产业的技术创新力度，大力开发非钢铁新产品、新技术、新装备和新工艺。对成熟的、具有较好市场前景、较高技术含量和有较大经济效益的项目，集团公司要在政策和资金上给予大力支持，促使其加速转化。要发挥鞍钢的现有资产存量优势，利用高新技术进行改造，最终形成以钢铁延伸和精细加工、自动化、机械和电气设备制造等为主要构成的技术密集型新兴产业群体。同时，要利用现有的人才、技术和管理优势，按照人才加项目、技术加资金的模式，鼓励科技人员带着成果创办和领办科技产业型企业，并积极采用联合、兼并和股份合作等资本运营方式，逐步把产业做大。要按照国家政策和国际惯例，积极而又稳妥地探索进行高新技术项目风险投资的实践。通过科技产业的发展壮大，使鞍钢集团逐步发展成为既能生产销售优质钢材，又能开发和销售具有自主知识产权的技术商品的现代企业集团。

（六）努力建设一支富有创新能力的高素质职工队伍

实现技术创新，除了要有良好的创新体系和机制外，更重要的是要有一支高素质的人才队伍、一批高水平的创新型人才。培养、造就一大批高素质科技人才、管理人才和经营人才，建设一支一流的人才队伍是鞍钢实施技术创新战略的关键。为此，公司已经制定了《关于促进科技成果转化的有关规定》、《鞍山钢铁集团公司重大科学技术奖奖励办法》、《鞍钢合理化建议和技术改进奖励办法》等有关政策的规定，要通过加大落实这些工作政策的工作力度，开创鞍钢人才培养、选拔、使用工作的新局面。

要加快培养一批理论基础雄厚、知识面广、能创造性地解决生产实际问题和冶金行业复杂技术问题的高层次技术创新人才。要坚持公开、公正和群众公认的原则，按照为鞍钢所做的贡献大小，加强对优秀科技人才的选拔。对优秀人才，在重大的技术改造和科技攻关中，优先安排作为项目负责人或技术负责人，不断增强他们的创新能力。要在重要技术创新岗位大胆使用年轻科技人员，支持鼓励他们勇挑重担，促进优秀人才脱颖而出。

大力推进继续教育和岗位培训，努力造就一批适应市场竞争、善于经营管理、勇于开拓创新的技术队伍和管理人才。围绕鞍钢生产经营、技术改造和长远发展的需要，有计划、有组织地对专业技术人员实施全员培训，采取送出培训和内部培训相结合，脱产培训与业余培训相结合，课题研修与技术交流相结合等方式，全面提高专业技术人员的整体素质，为技术创新提供智力支持和人才保证。

要适应鞍钢技术装备和生产工艺现代化的需要，大力加强工人的岗位操作技术和技能的培训，提高他们掌握新技术和驾驶新设备的能力，使企业科技进步事业建立在劳动者素质提高的基础之上，不断向更高的水平迈进。

实施技术创新战略，加速科技进步，实现鞍钢的振兴，是历史赋予我们的一项光荣而又艰巨的任务。我们相信，全公司各级干部、全体科技人员和广大职工一定会以这次大会的召开为新的起点，认清形势，统一思想，奋发进取，真抓实干，全面落实大会提出的各项目标和任务，为加强技术创新工作，实现鞍钢跨世纪振兴发展的宏伟目标做出新的更大的贡献！

总结推广经验，突出实效，把“大讨论”活动进一步引向深入

2000 年 6 月

1995 年以来，我们开展了 6 次群众性的大讨论活动。通过几年来的大讨论，鞍钢广大职工解放思想，转变观念，增强了提高企业市场竞争力的紧迫感和求生存的危机感，焕发出了为鞍钢三年实现初步振兴争做贡献的积极性、主动性和创造性，取得了转变观念与改进工作同步推进、双向提高的显著效果。

一、关于如何正确认识当前形势的问题

今年以来，全公司各单位按照公司 2000 年政治工作会议和九届四次职代会的部署，紧紧围绕“如何落实党代会精神，实现第一步奋斗目标”继续深入开展大讨论，注重把大讨论同改革、改组、改造和加强管理紧密结合起来，同加强和改进思想政治工作结合起来，同做好稳定工作结合起来，推动了各项工作的开展。经过全公司广大职工的共同努力，今年前四个月生产经营各项工作呈现出良好的发展势头。

（1）**生产经营成果显著**。适应国际、国内钢材市场转暖、价格持续回升、合同量充足的形势，及时调整生产经营策略，坚持以提高质量和降低成本为原则组织生产，强化生产与改造、生产与销售、生产与设备检修的三个衔接，调整品种结构，扩大产品出口，使生产经营保持在高水平运行。1 ~ 4 月份，生产铁 295.46 万吨、钢 285.56 万吨、钢材 230.59 万吨，全面完成了计划目标，其中生铁和钢材分别比去年同期增产 9.48 万吨和 25.57 万吨；实现工业增加值 19.98 亿元，比去年同期增加 1.79 亿元；实现销售收入 59.96 亿元，比去年同期增加 7.2 亿元，产销率达到 100.86%；实现利润 7174 万元，比去年同期增加 1.68 亿元（去年同期亏损 9672 万元）；实现税金总额 7.88 亿元，比去年同期增加 1.79 亿元；出口产品 38.2 万吨，创汇 8282 万元，分别比去年同期增长 816% 和 800%。依靠科技进步，试制推广新钢种 69 个、新规格 15 个，试制推广总量 11.9 万吨，创效 6018 万元。

（2）**企业改革继续深化**。以“债转股”为契机，按照建立现代企业制度的要求，制定实施了 2000 年鞍钢深化改革计划。加快资产重组和结构调整步伐，将鞍矿齐大山铁矿等 23 个单位组建为鞍钢集团新钢铁股份有限公司，按照产权清晰、权责明确、管理科学的要求，从 1 月 1 日起正式运行；完成了大连轧钢厂土地转让及对原中国五矿大连第二轧钢厂的收购工作。按照精干、高效的原则，规范了新钢铁公司所属单位的机构编制，稳步推进下岗分流和减人增效。出台了人防公司、中心血站和鞍钢日报社的改革方案。探索试行了年薪制分配办法。完善技术创新机制，建立了鞍钢内部技术市场，并于 3 月 23 日首次开市。

（3）**技术改造进展顺利**。采用当今世界先进技术的 1780 工程自 1999 年 10 月

本文是作者在公司大讨论工作推进会上的讲话，此次公开出版略有删节。

14 日试轧出第一卷热轧板以来，经过近 7 个月的运行调试，于 5 月 6 日正式竣工投产，每年可新增高档热轧薄板 350 万吨，创效 12 亿元，标志着鞍钢的热轧技术已跻身世界先进行列。一炼钢板坯连铸机改造工程于 3 月 22 日实现了热负荷试车，拉坯一次成功，比计划工期提前 40 天。另外，1700 连铸连轧、二发电油改煤、冷轧酸洗联合机组、二、三炼钢厂脱硫等改造工程进展良好，这些项目建成后，对于调整产品结构，提高产品质量，增加高附加值产品和提高鞍钢整体经济效益具有重要作用。

（4）**企业管理得到加强**。强化成本管理，大力挖潜增效，1～4 月份，扣除折旧增加等影响因素，主体单位可比产品成本比去年同期降低 11977 万元，降低率 2.54%。加强管理基础工作，实现了定额管理中消耗定额的全面运行和财务、劳动、设备定额的试行，明确责任，严格考核，为提高科学管理水平创造了有利条件。继续开展“对标挖潜”活动，主要技术经济指标得到全面改善。1～4 月份，吨钢综合能耗 1064kg/t，同比降低 2kg/t；吨钢可比能耗 937kg/t，同比降低 8kg/t；入炉焦比 429kg/t，同比降低 12kg/t；喷煤比 134kg/t，同比提高 10kg/t；全焦耗洗煤 1403kg/t，同比降低 13kg/t；钢铁料消耗 1100kg/t，同比降低 5kg/t；综合成材率 89.96%，同比提高 3.76 个百分点；连铸比 74.74%，同比提高 18.11 个百分点；高炉利用系数 1.88t/(m^3·d)，同比提高 0.04t/(m^3·d)。一季度，对标挖潜增效 2099 万元。产品质量稳定提高，1～4 月份，18 项主要质量指标中有 13 项完成目标计划，废品不良品总量同比减少 22%，质量异议率同比下降 0.07 个百分点。

各单位党委按照公司五次党代会和公司政治工作会议的部署抓好落实，使党的建设、思想政治工作和精神文明建设也取得了新的进展和成绩。

从今年前 4 个月生产经营运行情况看，总体形势是好的，成绩很大。可以说，当前鞍钢生产经营正处于一个恢复性的上升趋势，为年内实现初步振兴目标奠定了良好的基础，对此我们应该充满信心。能够取得这么好的成绩，我看除了有我们自身努力的因素外，国际、国内钢材市场逐步好转也给我们创造了比较好的外部环境。在这个大的环境背景下，今年以来，鞍钢一些主要产品价格均有不同程度的回升，特别是热轧薄板及中厚板品种涨幅较大。如，在国内市场上，1700 热轧卷板从年初起，经过几次调高价格，涨幅接近 400 元/吨（含税）左右，目前的价格已基本恢复到 1997 年 12 月份的水平；中板价格也已累计上涨了 600 多元/吨，其中如 10mm 普碳中板等部分品种的价格已恢复到 1996 年下半年水平。在国际市场上，目前鞍钢的方坯出口价格已上涨到 180 美元/吨，与年初相比涨幅近 10%。

今年以来，钢材市场一些品种价格上扬，我认为原因主要有以下几方面：一是国际方面的因素。进入 2000 年后，世界经济增长速度加快，在美国经济保持强势增长的同时，日本经济也出现了明显的复苏迹象。特别是亚洲经济经历金融危机后，市场景气逐步恢复，全球经济增长明显，带动了国际、国内钢材市场联动走强。二是国内钢铁行业总量控制的因素。通过行业限产，1～4 月份全国钢产量扣除出口增量后，仅增长 0.74%，增幅明显回落，促进了钢材价格回升。三是进口减少，出口增加。由于国家实行严格控制进口的措施，今年前 4 个月，全国进口坯材同比减少 21 万吨。同时由于国际市场钢材需求量上升，拉动了国内出口，1～4 月份，全国出口坯材同比增加 186 万吨。受此影响，国内钢材供求关系发生了变化。四是国民经济持续增长、工业生产进一步升温以及西部大开发战略的全面实施，也是拉动钢材需求的重要原因。当然，这里面也有部分人为炒作的因素。

越是这样一种形势，我们越是应当清醒地看到，目前走高的市场价格会刺激钢材大量进口，抑制钢材出口，影响钢铁行业关闭小钢厂和淘汰落后工艺装备的进程，甚至已停产的小钢厂还会投入生产；而且由于其他行业可能难以承受钢材价格的上涨，将抑制钢材消费需求，导致钢材市场萎缩。这些都可能引起供大于求的矛盾再次出现，使钢材价格大起之后出现大落。此外，中国与欧盟谈判已达成协议，加入 WTO 已进入倒计时阶段。加入 WTO 后，随着关税的降低和非关税壁垒的取消，国内钢铁市场将与国际钢铁市场完全融为一体，来自国外低价钢材的竞争和冲击也使国内钢材市场价格不会有大幅上升的可能。因此，国内钢材市场价格上涨的趋势不可能持久，而且可能会逐步走低。对此，我们要保持清醒的头脑，冷静地看待钢材市场价格的上扬。事实上，一些地区的钢材价格已经有所回落。

从另一方面讲，当前我们自身的工作也存在着一些不容忽视的问题。一是主要技术经济指标纵向对比虽然成绩很大，但与国内同行业先进水平比较还有不小的差距。如，今年一季度高炉利用系数分别比攀钢、宝钢、首钢同期水平低 $0.645t/(m^3 \cdot d)$、$0.283t/(m^3 \cdot d)$ 和 $0.297t/(m^3 \cdot d)$；钢铁料消耗分别比宝钢、武钢、邯钢同期水平高 6kg/t、22kg/t 和 11kg/t；综合成材率分别比宝钢、首钢同期水平低 2.69 和 3.53 个百分点。二是部分产品销售形势仍很严峻。如近期无缝管销售价格虽有小幅上扬，但市场需求并未根本好转，销售仍很困难；线材产品因价格升速过快、升幅偏高（5 月上旬售价比年初提高近 450 元/吨），以及市场供求关系发生变化，目前的销售量已趋于减少。三是由于产品结构不合理，导致产品的综合售价仍然偏低。4 月份，鞍钢钢材综合售价是 2267 元/吨，比宝钢、武钢低得多。这些都是需要我们认真思考和解决的问题。

从上述分析可以看出，越是在生产经营形势好的情况下，我们越是要继续下大力气调整结构，提高质量，降低成本，把效益的增加建立在成本不断降低之上，而不能单纯依靠钢材涨价。必须看到，在经济全球化和我国即将加入 WTO 的形势下，要求我们的经营思想必须与国际惯例接轨，与国际市场接轨，必须消除短期行为和侥幸心理，树立长远发展的战略思想。因此，我们必须清醒地认识到，钢材涨价不是长期的、可靠的，长期的、可靠的是降低成本，提高质量，提高主要技术经济指标。这是增强鞍钢市场竞争力的一项根本措施。

总之，我们必须清醒地认识到，我们的前进道路上仍有许多困难需要克服，我们没有任何骄傲、自满、懈怠的条件和理由，必须顽强拼搏，克服各种困难，接受新的挑战。

二、关于如何继续以“大讨论”推动鞍钢各项工作开展的问题

（一）大讨论的开展要坚持从实际工作中来，到实际工作中去

通过几年的大讨论，我们已经得出这样一个结论，即大讨论是新形势下政治工作与经济工作有机结合的有效载体。讨论的过程是交流思想、交流经验、互相学习、共同提高的过程。讨论人人参与，无论厂长经理，还是普通职工，都有自己的看法，都从不同角度想问题、想办法，集思广益、集中大家的智慧，调动了大家的热情，也调动了大家的干劲。讨论一个特点是平等，人人可以谈观点、谈看法。应该说，广大干部职工需要不断加强正面教育，也需要结合以耐心的引导。大讨论就在于对广大干部

职工不光是从上而下地硬性告诉他们“为什么这样做”，硬性要求他们“怎样去做”；而且是组织他们面对面地坐下，平等讨论问题。让他们自己通过讨论，自觉地得出“为什么这样做”和“怎样去做”的结论，这比我们简单地把结论交给他们效果好得多，他们也更容易理解和接受。讨论中包括讲，把自己的观点想法讲出来，供大家学习参考。包括听，虚心学习采纳别人的意见和建议。还包括辨，通过不同观点的对比、碰撞，使工作思路和措施更加清晰、完善、成熟。

六年前，引发鞍钢开展大讨论活动的直接导火线是我们在实际工作遇到的一个很具体的事情，那就是鞍钢近在咫尺的老用户、大用户一汽对鞍钢的订货量骤减。由此，给我们的思想上带来了极大的触动和震撼。经历了连续六年的大讨论，我们今年又确定了“如何落实党代会精神，实现第一步奋斗目标”这一主题，向全公司提出了一个非常具体的问题，要求全公司各单位及每一名职工在实际工作中，以实实在在的措施和脚踏实地的行动作出回答。所以我们说，大讨论这个活动，上端连着实际工作，下端也连着实际工作。也就是说，大讨论的出发点和落脚点都在实际工作中。

通过大讨论，一个要解决思想问题，一个要解决实际问题。回顾前5年的大讨论，主要是针对我们进入市场经济后观念滞后和不适应的情况，首先解决思想观念的问题，通过大讨论取得了一批丰硕的精神成果，广大职工的思想观念有了明显的转变。可以说这个阶段是一个打基础的阶段。那么，今后的大讨论就要在此基础上进入一个新的阶段。因为什么这样干？为什么要深化改革？为什么要加强管理？为什么要科技进步？……到怎么干？怎样深化改革？怎样加强管理？怎样科技进步？即在转变观念的基础上，着重于解决实际工作中存在的具体问题，我们要在大讨论这个新的阶段中收获丰硕的物质果实。这是我们的最终目的。同时，围绕解决实际问题开展的讨论也会巩固转变观念的成果，使我们树立起的新观念更加深刻牢固，在广大职工头脑中深深扎根。

今年的大讨论，全公司有一个大题目，各单位不能停留在这个题目上，而是要紧密结合各自的实际情况明确自己的讨论题目。因为，如果不从实际工作和具体事情抓起，不解决实际问题，大讨论就会流于空谈。因此，大讨论必须虚实结合，由虚到实。

总之，大讨论要发挥四个作用，即巩固转变观念的成果、推动实际工作上台阶、提高干部职工综合素质、增强干部职工的信心和干劲。最终看今年大讨论的效果如何就是看是否实现了党代会提出的第一步奋斗目标。

（二）联系实际，注重实效，以大讨论促进“三改一加强”

党中央提出，用三年左右时间，使大多数国有大中型亏损企业初步摆脱困境，力争到本世纪末，大多数国有大中型骨干企业初步建立现代企业制度。鞍钢第五次党代会确定了跨世纪振兴发展的三步奋斗目标，2000年是实现第一步奋斗目标即实现鞍钢初步振兴的决战之年。围绕实现这一目标，今年以来全公司做了大量的工作，取得了阶段性成果，但后7个月的工作十分关键，任务十分艰巨。需要广大职工树立全局意识，需要发动职工群策群力，集思广益，把实现初步振兴、完成党代会确定的第一奋斗目标作为一项庄严的政治任务，增强政治责任感。因此，要在全公司掀起大讨论活动的新高潮，把大讨论同推进“三改一加强”更加紧密地结合起来。

一是要把大讨论同深化改革改组结合起来。搞好今年工作的关键之一就是要按照建立现代企业制度的要求，全面深化企业改革，改革的步子要加快，改革的力度要加大。在这种形势下，搞好改革要争取广大职工的理解和支持。我们要引导广大职工积极支持和参与改革，使职工认识到，改革既符合职工的根本利益和长远利益，也会不可避免地触及一部分职工的个人利益和眼前利益。通过做好工作，使这部分人正确对待，积极参与。只要有利于公司整体效益的提高，有利于调动广大职工的积极性，有利于鞍钢初步振兴目标的实现，就要按照已经明确的改革方案抓紧推进。包括管理体制的改革、组织机构的改革、劳动用工、干部人事和分配制度的改革等等。当然，随着结构调整和减人增效改革措施的实施，将会有一些职工下岗分流。公司要求各单位从改革、发展、稳定的大局出发，在把下岗分流、减人增效工作抓好、抓实的同时，切实做好下岗职工基本生活保障和再就业工作，努力保持职工队伍的稳定。

二是要把大讨论同推进技术改造结合起来。搞好“九五”技术改造项目达产达效并适时展开“十五”技术改造，是关系今年全局工作的又一个关键。各有关单位都要服从公司大局，全力做好1780机组、一炼钢连铸等重点工程的达产达效工作。在这方面，三炼钢厂抓的就很好。自去年底RH-TB真空处理工程竣工投产后，他们积极采取措施，推进新设备达产达效，对每台设备、每项操作都设专人负责，对岗位操作人员进行集中培训，使之尽快熟悉和掌握相关的设备性能和操作知识；同时针对试生产阶段发现的问题，逐一拟订攻关方案，落实目标责任，狠抓工序的配合，在不到4个月的时间内，规定的各项技术指标均已达到设计要求，顺利实现了达产达效，而国内同类设备达产达效至少需要半年；希望其他单位能够认真借鉴一下三炼钢厂的经验。各项在建的重点工程要在保证质量的前提下，加快进度，确保按期竣工投产。“十五”技术改造的各项准备工作也要抓紧落实，保证改造项目如期开工。

三是要把大讨论同加强管理结合起来。强化企业管理，提高管理水平，是建立现代企业制度的内在要求，也是国有企业扭亏增盈、提高竞争力的重要途径。企业管理是一项涉及全员的工作，需要方方面面和全体职工共同努力才能做好。应该说，鞍钢作为国有老企业，几十年来积累了丰富的管理经验和管理方法，在实际工作中起到了很大作用，但管理漏洞仍然大量存在，原因就在于管理责任不落实、全员管理不到位。因此，要通过大讨论把广大职工参与企业管理的积极性和为企业做贡献的主人翁责任感充分调动起来，真正在我们的企业中实现由少数人管理变为全员参与管理，职工自主管理，切实维护企业利益，堵塞管理漏洞。

（三）瞄准先进，奋力赶超，深入开展对标挖潜增效活动

今年“大讨论”的一个重要任务就是要推动对标挖潜增效工作。开展对标挖潜增效活动，是要通过与国内国际先进企业进行比较，找出差距，制定、实施有效的措施，以期取得各项工作的进步。活动中的“对标”是前提，是发现差距的基础。过去我们总是习惯与自己的历史最好水平比，这也能够发现一些问题，但更多的时候容易造成闭目塞听、盲目自满。与自己比，对促进工作进步也有一定作用，但是自己在进步，别人也在进步，我们如果不注意看看先进企业的进步速度，那鞍钢与这些企业之间的差距会越来越大。这就如同赛跑一样，你在自己努力奔跑的同时，还要留意别人的速度，否则就会被先进甩得更远。小平同志在改革初期，就提出要

打开国门，实行开放政策，目的就是通过横向对比，让国人看到差距，奋力赶上。我们开展对标挖潜增效活动也是一样，通过对标找到了差距，通过挖潜迎头赶上，最终达到增效的目的。

现在市场竞争异常激烈，而冶金行业处在买方市场。在这种竞争环境下，鞍钢的产品要想被用户接受、增加盈利，就要看产品的市场竞争力，要看技术经济指标谁优谁劣。在指标对比中不如对手，在竞争中就处于被动，“对标”是对比技术经济指标，不对比自身客观条件，用户是不会因为你的客观条件不如人家，产品的生产成本高而多付一分钱的。因此，“对标”工作要少强调客观，多发挥主观能动性。我们开展对标挖潜增效活动，就是要认清鞍钢在市场竞争中所处的位置，变“埋头干”为“抬头干”，发现自身差距，挖掘内在潜力，扬长避短，改善落后指标，迎头赶上。

对标挖潜增效活动是一项系统工作，要加强活动的组织领导工作，确保活动取得成效。实践也证明，一个单位对指标提出高标准、严要求，则单位的工作动力足，成效显著。各单位的领导要把对标挖潜增效活动作为管理工作的核心任务来抓，各单位都要瞄准先进企业，找差距、定目标、定措施、抓落实；要采取“拿来主义”，学习借鉴同行业指标先进的企业的好作法和好经验；要结合本单位实际制定挖潜目标，并分解细化到各岗位，以实现可操作性和全员参与“对标”的效果。各单位要以财务指标为龙头，工序制造成本为重点，主要技术经济指标为主要内容，在“对标”中提质增效、挖潜降耗。竣工的技改项目也要加大工作力度，力争早日达产达效，使高质量、高效益的产品比重更大，确保今年实现60%以上产品实物质量达到国际水平，企业竞争力明显提高，利润明显增加的目标。

（四）完善激励和约束机制，充分调动广大职工的积极性，依靠全体职工的共同努力，实现鞍钢初步振兴的目标

几年来，鞍钢取得的一项又一项成绩，都是依靠全体职工的辛勤劳动实现的。我们要充分发挥工人阶级的主人翁作用，调动职工的积极性，切实把广大职工的劳动热情和创造潜能引导到实现鞍钢三年初步振兴进而实现鞍钢跨世纪振兴发展的宏伟目标上来。要完善相应的激励和约束机制，坚持“六个不一样”的分配原则，充分发挥工效挂钩的导向作用和激励约束机制的作用，引导激励广大职工争做贡献。要健全各项规章制度，完善经济责任考核办法，突出有效劳动，合理拉开分配差距。对企业的经营管理者要探索实施新的分配制度，试行年薪制分配办法，使经营者的收入与经营业绩和风险挂钩。对科技人员要根据他们创造效益的情况，继续实施和完善重奖制度。

在加大物质激励力度的同时，也要看到，人是有精神需求、事业追求的。把握分配政策导向，调动职工的积极性，是每个单位、包括领导者的一个重要职责和工作方法。然而，单一的经济利益的激励和约束远远不够，要让职工感到企业不仅仅是一个获得物质利益的地方，而且也是一个实现自我价值，实现人生追求和发展的舞台。因此，精神鼓励和情感激励也很重要。要加强对职工的目标激励、工作激励、参与激励、荣誉激励和情感激励。这是对职工自身价值、所做贡献和敬业精神的一种承认。今后对于贡献突出的同志的奖励，不光是体现在物质上、收入上，也要在精神上、荣誉上表扬宣传，使他们通过劳动多得的收入能够理直气壮。江泽民总书记在全国劳动模范和先进工作者表彰大会上强调，“伟大的事业需要伟大的精神力量”。劳动模范、先进

生产者的崇高精神，正是激励和促进我们努力实现鞍钢三年初步振兴和跨世纪发展战略的动力。几年来鞍钢坚持开展大讨论活动，就是要激发出广大职工的这种精神。因为鞍钢的改革、发展需要拥有这种精神的职工队伍。在年初召开的鞍钢1999年度总结表彰大会上，我们命名表彰了1999年度的先进集体和先进个人；3月份，隆重命名表彰了技术拔尖人才；在五一前夕推举评选了5位全国劳模出席全国表彰大会；5月份，又在纪念“五四”运动的大会上，表彰了一批先进青年。最近公司又召开了劳模事迹报告会，作出了向全国劳模李晏家同志学习的决定。公司表彰先进模范人物，就是要肯定他们的工作成绩和贡献，弘扬他们的奉献精神，让更多的干部群众认识到“伟大的成就来自不懈的努力，幸福生活要靠劳动创造。”以此激励全体职工都学习先进模范，为鞍钢振兴发展争做贡献。

（五）在大讨论中改进工作方法，提高各级领导干部的工作水平

当今世界国家之间、企业之间的竞争日趋激烈。而竞争的根本，说到底是人才的竞争，是人才数量和质量的竞争，特别是领导干部素质和能力的竞争。朱镕基总理最近在讲话中指出，“企业经营管理者素质的高低，决定着企业的兴衰成败。国有企业要在激烈的市场竞争中生存、发展和壮大，必须造就一支思想政治好、善于经营管理、精明强干、勇于开拓的优秀企业家队伍”。搞好鞍钢，实现跨世纪振兴的“三步”奋斗目标，也取决于能否建设一支高素质的干部队伍。当前我们面临的形势和任务都向我们提出了如何加强学习，提高水平的问题。因此，鞍钢的各级领导干部必须努力适应市场经济发展和建立现代企业制度的要求，不断提高自身的素质。要顺应形势发展和时代前进的要求，勤于学习、善于学习。不仅要学习新工艺、新技术，还要学习掌握财务知识、计算机知识、法律知识和国际市场运作规则。特别是适应经济全球化和我国即将加入WTO的形势，还要学习掌握国际经济贸易知识等，只有这样，才能不落后于时代，落后于形势。要学习借鉴国内外先进企业的管理经验，不断提高管理水平，提高适应市场经济、驾驭企业发展的能力。经营管理者还要不断改进工作方法，要搞好调查研究工作，理论联系实际，增强分析问题、解决问题的能力。要坚持从严管理，严格执行各项规章制度，敢抓敢管，在其位、谋其政。对于违规违纪行为必须坚决处理，不能手软。

借此机会，我还想强调关于加强和改进政治工作的问题。我们要实现党代会确定的第一步奋斗目标，需要我们团结起全体职工的力量，拧成一股绳。这就要求我们做好人的工作，首先是要做好思想政治工作。我们需要学习世界上先进的现代企业管理经验，但我们国有企业自己特有的优势不能丢，如思想政治工作的优势。思想政治工作在战争时期、建设时期发挥了巨大作用，在改革开放新时期仍然要发挥更大作用。在鞍钢跨世纪发展的关键时期，我们面临的任务十分艰巨，思想政治工作的作用更加突出了。思想政治工作是行政措施、经济手段替代不了的，我们要发挥好这个优势。当前，我们的思想政治工作要紧密结合实现第一步奋斗目标，进一步增强针对性和实效性，做好抓思想从工作出发，抓工作从思想入手。思想政治工作的活力就在于与职工思想实际相结合，与企业生产经营改革发展的实践相结合，把改革发展中遇到的热点、难点作为思想政治工作的着力点，通过强有力的思想政治工作，调动职工积极性，保持企业改革、发展、稳定的协调局面。

最近，江泽民总书记在江苏、浙江、上海考察工作时发表了重要讲话。江泽民总书记关于“三个代表”的重要思想，是对我们党的性质、宗旨和根本任务的新概括，

是对马克思主义建党学说的新发展，是新形势下对各级党组织和党员干部提出的新要求，为迈向新世纪的党的建设提供了广阔的理论空间和实践空间。我们要认真学习贯彻江总书记这次讲话精神，按照“三个代表”的要求，认认真真、扎扎实实地抓好党建工作，把“三个代表”的要求贯彻到党的全部工作中去，按照朱镕基总理视察鞍钢时对我们工作提出的“再接再厉”的要求，把鞍钢工作做得更好，坚决实现鞍钢初步振兴的目标，为搞好国有企业做出鞍钢的应有贡献。

为中国先进社会生产力的发展贡献力量

2000 年 6 月 14 日

江泽民总书记“三个代表”的重要思想，是我们党在新的历史条件下的立党之本、执政之基、力量之源。结合鞍钢的实际，学习江泽民总书记关于“三个代表”的重要思想，自己有许多体会，特别是对于“代表中国先进社会生产力的发展要求”这一条体会更深。

我认为，国有企业是公有制的微观基础，是我国国民经济的支柱，是社会主义制度的重要基石，也是中国共产党代表中国先进社会生产力发展要求的现实载体。搞好国有企业，就是体现了中国先进社会生产力的发展要求。本文仅就此谈谈自己的几点认识。

一、要始终代表先进社会生产力的发展要求，就必须对阻碍生产力发展要求的生产关系进行变革

马克思主义哲学告诉我们，生产力是人类征服自然、改造自然，创造物质财富的能力。它由劳动对象、劳动资料和劳动者等基本要素构成，是推动人类社会发展的最终决定力量。生产关系则是指人们在生产中发生的人与人之间的物质关系，是生产力的社会存在形式。在社会主义社会，由于社会基本矛盾的非对抗性，解放生产力可以通过社会主义自身来解决，对不适应生产力发展的社会体制和僵化模式进行根本性变革。正如邓小平同志提出的“革命是解放生产力，改革也是解放生产力。”

1995 年以来，鞍钢以邓小平理论为指导，坚定不移地贯彻执行党中央制定的一系列搞好国有企业、解放和发展生产力的方针、政策，不断深化企业内部改革，调整与生产力发展不相适应的生产关系，使生产力得到了解放和发展。通过实施精干主体、分离辅助，先后将 76 个集体单位与原全民主办厂分离，明确了两种所有制的产权关系；分离辅助单位 26 个、全民职工 12 万人，实现了减人增效，从事钢铁生产人员逐渐减少，已从 1995 年的 10.57 万人，减少到 1999 年的 4.95 万人，提高了劳动生产率，改变了过去 50 万人共吃钢铁饭的格局；实行规范的公司制改革，使 27 个单位成为具有独立法人资格的全资子公司，为建立现代企业制度奠定了重要基础；理顺集团公司与各分离单位的责权利关系，落实资产有偿使用和减亏增效的责任，加速了分离单位经营机制的转换，1996 年至 1999 年，全公司分离单位比 1995 年减亏 52 亿元，为鞍钢走出困境创造了重要条件。这些都说明，不断深化企业改革，才能体现先进社会生产力的发展要求，为先进社会生产力的发展铺平道路，扫清障碍。

二、要始终代表先进社会生产力的发展要求，就必须充分发挥科学技术是第一生产力的巨大推动作用

马克思早就指出：“生产力里面也包括科学在内”。邓小平同志进一步明确指出：

本文是作者在 2000-6-14《中国冶金报》上发表的署名文章，本次出版略有改动。

"科学技术是第一生产力。"科学技术是生产力是指它作为知识形成的生产力，能够转化为物质形态的生产力。科学技术对生产力的发展起着巨大的推动作用，是中国先进社会生产力发展要求的重要实现条件。

1995 年以来，鞍钢坚持用高新技术改造老企业的实践证明，国有老企业要体现先进社会生产力的发展要求，就必须用科学技术武装自己。5 年来，鞍钢积极引进、吸收、消化国内外先进科学技术，加快了企业技术改造步伐，走出了一条"高起点、少投入、快产出、高效益"的技术改造新路子，使鞍钢的工艺装备水平发生了革命性的变化，为在新的历史条件下解放和发展生产力提供了先进的手段和途径。比如，我们彻底淘汰了平炉，实现了全转炉炼钢，完成了一次工艺上的革命；采用世界当代最先进的热轧新技术，建成了具有世界先进水平的 1780 热轧带钢生产线；在消化国外连铸工艺和热连轧计算机控制技术的基础上，改造现有的 1700 热连轧机组，使之成为具有当代先进水平的短流程、中薄板坯、连铸连轧生产线。加快了实现全连铸步伐，连铸比将由 1994 年的 24% 提高到 2000 年底的 90% 以上，2001 年将实现全连铸。同时，自主开发、创新技术成果的工作也取得了可喜成绩。这些都使我们深刻体会到，充分发挥科学技术这个第一生产力的巨大推动作用，既是先进社会生产力的发展要求，也是国有老企业振兴发展的重要途径。

三、要始终代表社会先进生产力的发展要求，就必须充分调动生产力要素中最活跃的因素

人是生产力要素中最活跃的因素，是推动社会历史向前发展的决定力量。鞍钢 5 年来改革和发展的实践证明，坚持全心全意依靠工人阶级的基本政治原则，充分调动生产力中最活跃的因素，让职工与企业结成最紧密的命运共同体，企业的改革与发展就能不断克服困难，取得胜利。5 年来，我们按照效率优先、兼顾公平的分配原则进行了分配制度改革，按市场承认的有效劳动进行分配，形成了收入能多能少的分配机制；进行了劳动用工制度和干部人事制度改革，做到干部能上能下、工人能进能出，搞活了用人机制；按照"四化"方针和德才兼备原则，大胆选拔使用年轻干部，全公司已有 150 多优秀年轻干部走上了领导岗位，形成了一支富有朝气和开拓创新精神的干部队伍。有效的激励和约束机制，调动了人的积极性，为促进鞍钢的改革与发展起到了重要的推动作用。

总之，我们要以江泽民总书记"三个代表"的重要思想为指导，坚定不移地把党中央、国务院搞好国有企业的方针政策同鞍钢的具体实际结合起来，适应经济全球化和我国即将加入 WTO 的新形势，以"始终代表中国先进社会生产力的发展要求"为己任，围绕实现鞍钢跨世纪振兴发展的"三步"奋斗目标，坚持不懈地推进"三改一加强"，不断增强企业的竞争实力和发展后劲，为国有企业的振兴发展闯出一条新路子，为完成党的根本任务，促进中国先进社会生产力的发展做出鞍钢更大贡献。

改造鞍钢　发展鞍钢

2001 年 12 月

1995 年鞍钢炼钢能力 850 万吨，其中 500 万吨是平炉钢。平炉炼钢是上个世纪四五十年代的工艺，已被世界上绝大多数国家全部淘汰了。在 1995、1996 年的时候，我国还有 2000 多万吨平炉钢，其中鞍钢占 40%。平炉炼钢一是污染严重，当时，人们在沈大高速公路上就可以看到鞍钢红烟滚滚，主要是平炉炼钢造成的。二是成本很高，每吨平炉钢成本比转炉高出 100 元，500 万吨平炉钢一年就是 5 亿元。三是钢的质量差，杂质比较多。我们在上报国家的“九五”改造规划中，打算把二炼钢厂平炉改成转炉，在离炼铁厂 10 多公里外的灵山地区花 51 亿元新建一个炼钢厂。如果这样，那么运行成本是很高的，而且二炼钢改了，一炼钢还没有改。当时很困惑，怎么办？1996 年 3 月份，国家经贸委在邯钢召开经验交流会，我到邯钢一看，邯钢有三座小转炉、运行非常好。我想鞍钢可以改成小的转炉。我们做了一些基础工作，平炉厂房 18 米高，转炉厂房 35 米高，当时想在平炉厂房里面就地改造。世界上也有许多企业尝试过，但都没有取得成功。回来以后我们把一、二炼钢的厂长找来，我说非下决心改造平炉不可，关键是能不能在原来厂房里上转炉。二炼钢厂厂长说没有可能，因为已经有投资 51 亿元对二炼钢厂易地改造方案，所以他对就地投资改造不感兴趣，一炼钢厂厂长说他们有兴趣，因为“九五”改造没有规划将其改成转炉，经过上下共同努力，我们想出了一个好的办法，就是在一炼钢原厂房外面接一个高 35 米的厂房，在这里建转炉，其他利用原来平炉的场地，这个方案得到了上下的支持同意。当时一炼钢有 5 座平炉，每座平炉每年修一次 3000 万元，年修费用 1.5 亿元。设计院测算说要 1.7 亿元才能将平炉改成转炉，我同意用 1.7 亿元将一炼钢平炉改成转炉。1996 年 10 月份开始动工，1997 年 4 月 28 日，第一座 100 吨的转炉建成。我们一边生产一边建设转炉，扒一座平炉建一座转炉。1997 年 7 月份第二座转炉投产，10 月份第三座转炉投产。我们一共花 2.4 亿元将一炼钢的平炉全部改成转炉，一年收回所有投资、一吨转炉钢降低成本 100 元，一炼钢年产 300 万吨平炉钢，一年可降成本 3 亿元。为什么改成 100 吨的转炉呢？当时也有争议，有些专家说应当搞 150 吨的转炉，原来平炉 300 吨，分三次出钢，每次 100 吨，所以原来吊车、钢水罐；钢水包都是 100 吨的；大量的设备资产我们还是要利用，这样非常省钱，我们对二炼钢也进行了平改转，花了 2.85 亿元。1998 年 10 月份，鞍钢全部改成转炉，一共花 5.2 亿元。原来打算用 51 亿元建一个炼钢厂，实际上我们用 5.2 亿元干了两个炼钢厂，这是改造取得的一个巨大成果，再一项改造是向全连铸迈进、钢水变成固体钢坯有两种办法，一种是模铸，另一种是连铸。模铸是待钢水冷却下来后，将钢锭从模子里拿出来，再加热轧制；连铸是 20 世纪 70 年代发展起来的，在八九十年代全世界都采用的办法，利用一个连铸机、上面不断地浇钢水，下面不断地出钢坯，连铸每吨钢比模铸成本低 200 元。鞍钢当时大约有 500 多万吨钢是模铸，200 多万吨钢是连铸。宝钢、邯钢、武钢连铸比早已很高了，而且连铸钢的质量

本文发表在《理论与实践》，2001(6)。

也好。“九五”期间我们新建5台连铸机，改造2台连铸机，用兄弟企业一半或三分之一的投资完成了连铸的改造。二炼钢原来是2台小方坯连铸机，每台25万吨年生产能力，我们和北京钢铁研究院合作，对其进行高效化改造，花了1500万元，使这两台连铸机年产量已经达到150万吨，我们投资要考虑到产出效益，迅速收回投资，要求小项目一年收回投资，大项目不超过4年收回投资。这几年鞍钢花不到20亿元，完成了500万吨连铸机的改造，去年年底已经实现全连铸，不到2年就可收回投资。实现连铸不仅改善了劳动条件，降低了成本，而且大大提高了产品质量。

钢铁工厂生产关键环节是轧钢鞍钢轧钢能力原来600万吨，比较像样的就是冷轧、线材、厚板这三个厂，还都是二手设备，在轧钢改造中比较有代表性的就是1780热连轧生产线。1780是指轧辊的宽度为1.78米。半连轧的改造国家批准了75.6亿元，10年收回投资。我们当时提出用75.6亿元的一半来完成这个项目。宝钢建成1580热轧机和我们的装备水平一样，花了92亿元。原冶金部的一位老领导对我讲，说1780用80亿元干下来就很了不起了，用75.6亿元的一半怎么能完成呢？但是我们非这样做不可。为什么？因为鞍钢要生存发展，就必须自己闯出一条路子来。1996年全国人大召开期间，我和省委领导同志一起参加人民大会堂记者招待会。记者对我说：“刘总，现在国有企业不改造等死，搞改造是找死，你怎么看待这个问题？”我当时回答是既不等死，也不找死。要做到搞改造既不等死，也不找死，只有压缩投资。1780这条最先进的热连轧生产线凡是国内能制造的我们就采用国产，关键的部分引进。引进了日本三菱的技术，国内合作制造，合作制造的比例达到85%。比如说三级全自动化的计算机控制系统，基础自动化50%是我们自己干，过程控制80%我们自己干，生产控制系统100%自己干，这样大大压缩了投资。1780工程最后花不到40亿元顺利投产，4年将收回投资，创造出了奇迹，兄弟企业纷纷来鞍钢学习考察。这条世界一流水平的现代化热连轧生产线，去年5月份投产，现在达到了设计能力，产品质量一流，已经出口到世界多个国家。建成这条先进的生产线后，原来半连轧厂1700老轧机并没有丢掉，我们用自己掌握的计算机技术、液压技术，完全依靠自己的力量建成新的、拥有全部自主知识产权的1700热连轧生产线，这条生产线去年年底也投产了。这条线我们花了10个亿，年产250万吨优质热轧卷板，产品质量也达到世界先进水准，一年就可收回投资。我们就是眼睛向内，走出了一条“高起点、少投入、快产出、高效益”的技术改造新路子，完成了三条线的改造，一条是1780，一条是1700，一条是冷轧酸洗联合机组。鞍钢的产品实物质量60%以上达国际先进水平，使原来的鞍钢起死回生，焕发出新的活力，1999年江泽民总书记视察鞍钢时评价鞍钢“旧貌换新颜”。“九五”技术改造花了130多亿，有关专家评审，鞍钢用了3年就是在去年收回了全部投资。我认为一个企业不要看他现在状况怎么样，要看投入产出效益，如果投入少，产出高，可迅速收回投资，就能够由小到大，由弱到强。

产品和工艺的结构调整与优化

2002 年 4 月

1 引言

1996 年初，在北京举行的全国人代会议期间，在人民大会堂举行的记者招待会上，记者问："请问刘总，有一种说法，国有企业不改造等死，搞改造是找死，你怎么看这个问题?"这个记者给我们提出了一个十分尖锐的问题。市场经济对我们鞍钢这样最具有代表性的国有企业是一个严峻的考验。时隔五年，我们用事实作出回答，我们既没有找死，也没有等死，而是走出了一条崭新的发展之路，奇迹般地走出了困境，实现了企业的初步振兴。在这当中，结构调整无疑是一个十分关键的问题。

2 六年前的鞍钢

1999 年 8 月，江泽民总书记专程来鞍钢视察，在看了我们的全转炉炼钢厂和连铸机以及改造中的 1780 机组等之后，总书记称赞说："鞍钢旧貌换新颜了。"那么，旧貌是什么? 旧貌，就是指 1995 年之前的鞍钢。当时的企业状况可以从以下几方面来说明。

2.1 工艺装备水平

（1）钢产量 850 万吨（见图 1）。特点是：

1）平炉钢多占钢产量的 62.4%。平炉是早已被世界淘汰的工艺装备，冶炼成本较转炉高出 100 元/吨，质量差，且污染严重。

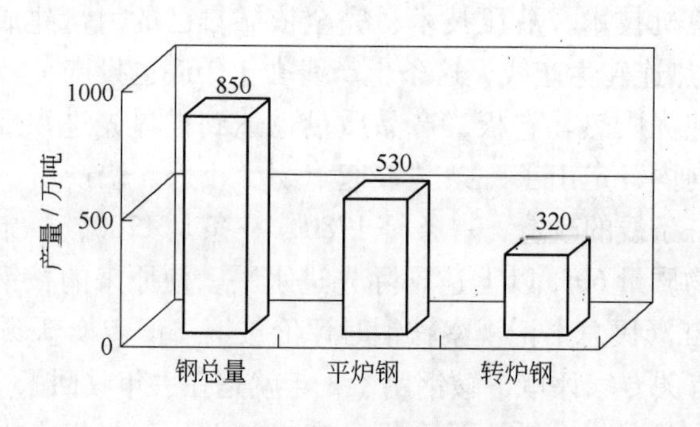

图 1 1994 年鞍钢钢产量

2）转炉钢少占钢产量的 37.6%。纯氧顶吹转炉是先进炼钢工艺，在全世界飞速发展，约占世界钢产量的 70%。成本低 100 元/吨，质量好，且污染小。

3）铁水预处理、炉后精炼占比为零。而此时国际先进钢铁生产工艺流程是如图 2 所示。

（2）坯产量 800 万吨（见图 3）。

本文发表在《中国冶金》，2002(4)：8～13。

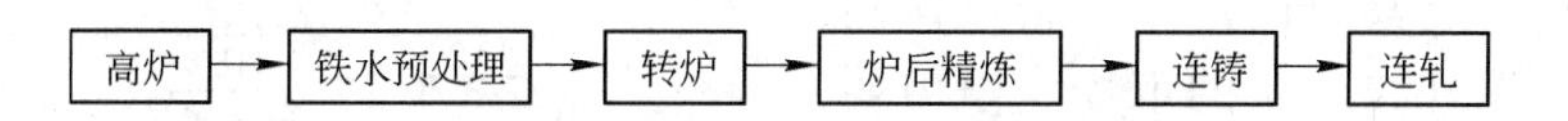

图 2　国际先进钢铁生产工艺流程简图

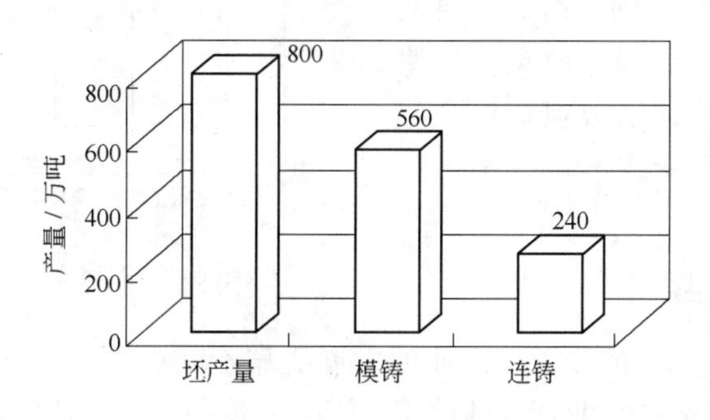

图 3　1994 年鞍钢的钢坯产量

1）模铸 + 初轧机占 70%。该工艺成本比连铸高出 200 元/吨，质量差，成材率低，仅为 82% 左右，且劳动强度大，环境差。

2）连铸占 30%。连铸工艺比模铸 + 初轧的工艺成本低 200 元/吨，合格率高，成坯率高达 95%。

（3）钢材产量 580 万吨。生产材的装备中，落后或应淘汰的装备占 70%。其中生产钢材占总量近一半的半连轧轧机是 20 世纪 50 年代由苏联援助的设备，是当时国内最落后的一套热轧机，生产的同类产品比宝钢、武钢每吨价格低 200 ~ 300 元。

2.2　产品水平

（1）产品档次低。达到国际先进水平占 6%；达到国内一般水平占 69%；国内落后水平占 25%（见图 4）。

（2）结构不合理。板材、管材少，条型材多（参见图 5）。

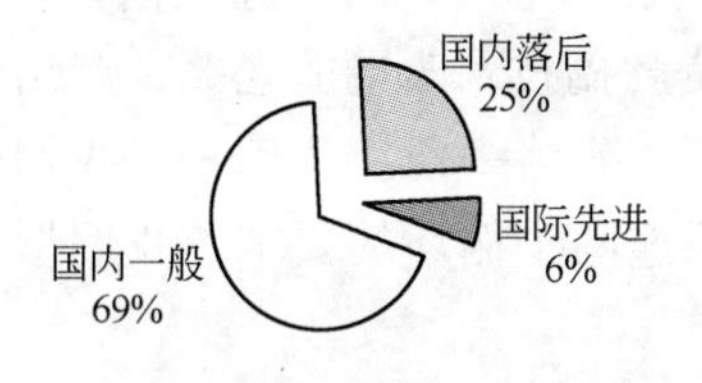

图 4　1994 年鞍钢的产品水平

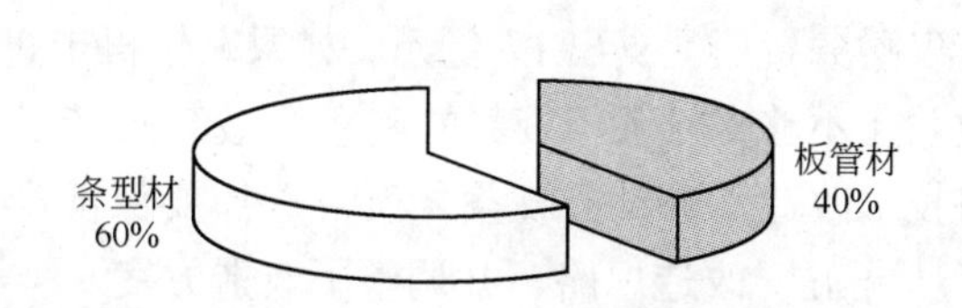

图 5　1994 年鞍钢的产品结构

（3）初级产品多，深加工少。坯 200 万吨，一次材 480 万吨，冷轧板 90 万吨。

2.3　其他方面

（1）资产负债率高，达 67.9%。

（2）人员多，负担重。人均产钢量 20 吨/(人·年)，相当于世界先进水平的1/50。1994 年鞍钢的职工组成见图 6。

这样一个鞍钢在市场竞争中无疑经营状况越来越困难。1994 年，鞍钢产品卖不出去，合同严重不足，产销率仅约为 80%，回款只有 65%，人欠货款高达 138 亿元，企业亏损 3 亿元；职工工资发不出，拖欠职工工资三个月；靠党员集资 7000 万元买煤；1994 年下半年两座高炉被迫停产，企业生产经营陷入困境，已达到了十分危急的程度。

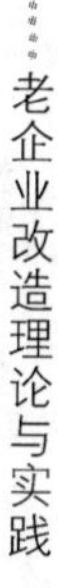

上述问题究其原因，除了企业体制和机制的弊端外，产品的市场竞争力弱是主要原因之一，而这是同技术装备和生产工艺的落后分不开的。因此，要使鞍钢走出困境，除了要深化改革，加快建立现代企业制度外，还必须加快企业的技术改造，尽快改变技术装备和生产工艺落后的面貌。

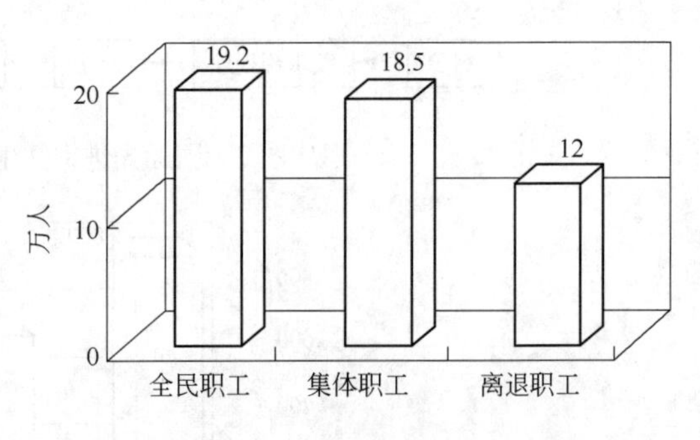

图6　1994年鞍钢的职工组成

3　企业发展之路

在科学技术日新月异的今天，企业的发展要靠不断更新改造技术装备和加快科技进步，而其中最关键的是企业资金的使用。资金的投向，对企业的发展起着举足轻重、生死攸关的作用。投资决策失误，可以彻底毁掉一个企业。鞍钢这几年能有较快的发展，科学的投资决策起到了至关重要的作用。企业发展要抓好两个循环（如图7所示），这两个循环抓好了，企业就可以由小到大，由弱到强。

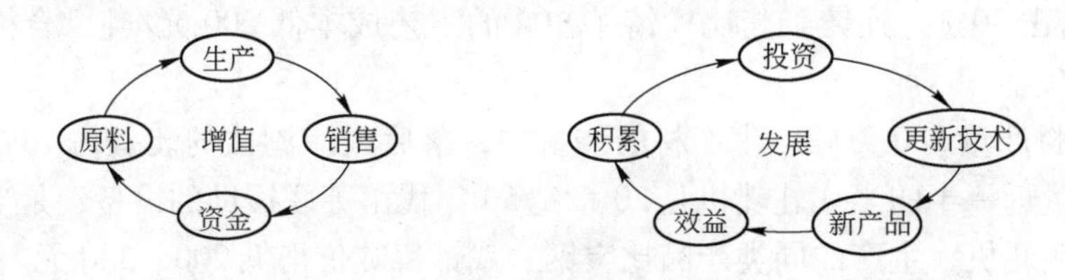

图7　企业发展要抓好的两个循环

这两个循环转得越快，转得越高，转得越强，企业的发展就越快，而要做到这一点，投资必须遵循追求最大效益原则，才能加快发展。

由于鞍钢“六五”、“七五”负债搞改造，已经背上了十分沉重的债务包袱，1995年仅财务费用就支出17亿元。如果鞍钢再走过去依靠贷款搞技术改造的老路，产出的效益还不够支付银行贷款的利息，最终只能是恶性循环、死路一条。几年来，我们坚持技术改造要讲投资效益，项目选择要保证产出。按照这两个循环的要求，我们形成了“九五”改造思路，并调整了改造方案。

3.1　技术改造思路

鞍钢“八五”期间，在计划经济思路指导下，重产量，轻质量和品种，着重在矿山、高炉等前部工序投资。在市场经济条件下，如果再走这条路，肯定没有出路。我们及时调整“九五”技改总体思路，由注重数量扩张，片面追求产量，转移到注重改善品种质量，投资炼钢、轧钢等后部工序，提高企业市场竞争力的集约式增长方式上来；由主要向银行借贷的负债式改造，转到通过股份制融资等多种渠道，主要依靠自己的力量，盘活一切可以盘活的存量资产，实现企业的现代化改造上来。

“八五”鞍钢总投资131.7亿元，矿山、高炉等铁前工序投资占45.9%，炼钢、轧钢占19%（见图8）；“九五”鞍钢总投资137.5亿元，矿山、高炉等铁前工序占15.5%，炼钢、轧钢占68%（见图9）。

3.2　技术改选方案的指导思想及具体做法

技术改造方案的指导思想是：从适应市场经济的要求出发，淘汰落后工艺，改善

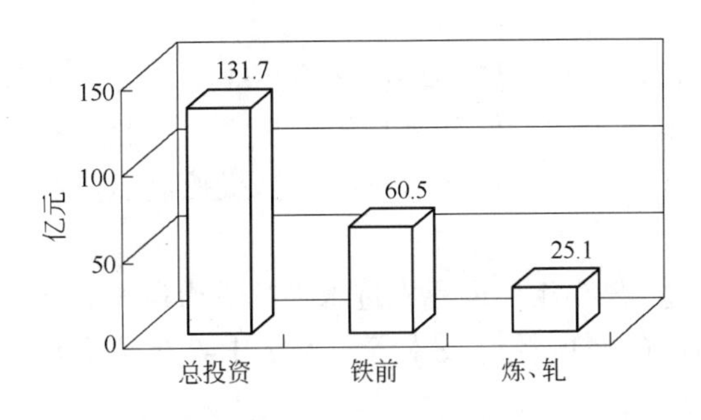

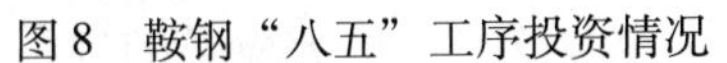
图 8　鞍钢“八五”工序投资情况

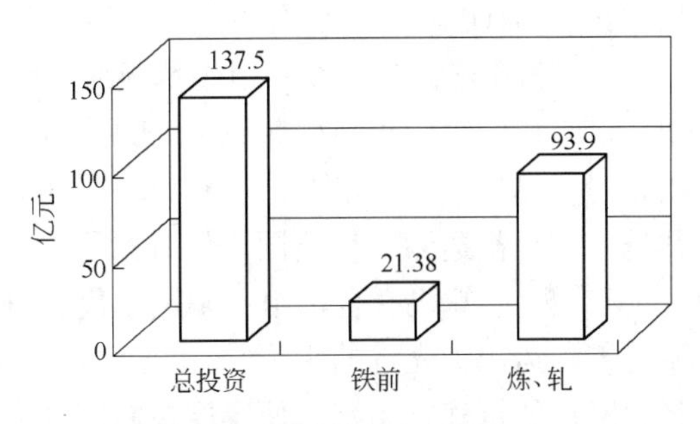

图 9　鞍钢“九五”工序投资情况

品种质量，提高产品技术含量和附加值，提高产品市场竞争力和经济效益，对过去制定的 1000 万吨钢技术改造方案进行了调整和修改，确定了以炼钢、轧钢生产系统为重点的改造规划，包括：半连轧厂改造、淘汰落后平炉和实现全连铸。

（1）必须适应市场需求，大力调整产品结构。在市场经济条件下，企业的投资必须瞄准市场的有效需求，在优化产品结构，提高产品质量和档次上下功夫，增强市场竞争力。因此，几年来，我们以市场需求为导向，把提高板管比、减少条型材、降低生产成本作为投资决策的重要方面，主要进行了三条线的投资。即：新建 1780 热轧线，改造 1700 连铸连轧线和冷轧酸洗联合机组。目的是：提高板管生产能力，优化产品结构和提高产品质量、档次。

（2）必须坚持效益优先的原则，优先投资回收期短的项目。

1）优化实施“平改转”。改变了原计划用 51 亿元对二炼钢进行易地改造和一炼钢暂不改造的方案，充分利用原有厂房、设施等条件，用较小的投入（5.2 亿元），对一炼钢、二炼钢进行就地改造，一炼钢提前实现全转炉，淘汰了 530 万吨平炉钢。转炉钢比平炉钢成本低 100 元/吨，用一年时间收回了全部投资。

2）优化实施全连铸。用比国内同类项目少得多的投资实现了全连铸。连铸比模铸平均降低成本 200 元/吨，不到 2 年收回全部投资。

3）用最少的投资建成 1780 工程。国家批准的投资规模为 75.6 亿元，在保证工艺技术水平不降低的情况下，用一半投资完成 1780 工程。投产后，不足 4 年收回全部投资。

4）冷轧酸洗联合机组实现了投资少、产出快、效益高。用 2 年时间收回全部投资。

（3）追踪世界先进技术，把投资用到工艺技术水平的提高上。

1）平炉改转炉工程：采用了德国西门子公司 PLC 控制设备和电气传动系统，氧枪、称量、锅炉、烟气净化等重要参数全部实行计算机控制；采用了二次除尘、溅渣补炉、散装料筛分、新式氧枪定位机构等新工艺。

2）连铸工程：采用了辊间隙自动测控、细辊密布辊列、多点弯曲多点矫直、气雾二次冷却、无氧化浇注、结晶器钢液面自动检测与控制、质量预测和板坯自动跟踪和最佳切割等技术。

3）1780 热轧线：采用了当代国际上最先进的热轧带钢技术，主要包括：板坯热装热送工艺、板坯调宽、板形与板厚控制、在线磨辊和自由轧制、层流冷却、热轧润滑工艺、带跳步控制的全液压卷取机、主传动实现交-直-交全交流、多级计算机控制及全数字化和 GTO 电源变换无功率补偿等技术。

4）1700 连铸连轧线：由中薄板坯连铸机、两座步进式加热炉和 2 架粗轧机、6 架精轧机组成的短流程热轧带钢生产线。采用了先进的串辊和闭环控制技术，短流程紧凑布置、热送直装技术等。轧钢部分的液压 AGC、层流冷却、三级计算机控制、热装热送工艺等都达到了目前国际先进水平。

5）酸洗-轧机联合机组：采用了代表 20 世纪 90 年代世界先进水平的浅槽紊流盐酸洗工艺，运用了先进的板形控制技术、高精度的厚度控制技术等。系统中具有基于神经元网络的自优化系统，使厚度控制精度大大提高。

（4）找准切入点，坚持走洋为我用、自主创新、举一反三、扩大成果的发展道路。在“九五”技术改造中，找准切入点，充分利用和消化吸收国内外两种技术工艺资源，不断开发拥有自主知识产权的尖端技术和装备，在关键环节取得突破，举一反三，扩大改造成果。

1）转炉的开发：新建的 4 号转炉是我们自行开发建设的，其余的 5 号、6 号、7 号、8 号、9 号转炉完全是“克隆”4 号转炉。

2）连铸的开发：在消化 1 号板坯连铸机技术的基础上，自行设计、开发、“克隆”了 2 号板坯连铸机。同时，其他连铸都是鞍钢和国内力量自主开发设计，在工艺和软件编程技术上鞍钢拥有自己的知识产权。

3）1780 热轧线：引进日本三菱技术，扩大国内制造比例，运用自主开发的成果，培养了热轧成套装备建设的技术队伍。

4）1700 热轧线：是我国第一条自行设计、自行施工的拥有全部知识产权的热轧生产线，整个生产线达到国际先进水平。

（5）把技术改造、机制改革和技术进步有机地结合起来，做到高起点、少投入、快产出、高效益。用改革的办法推动技术改造。

1）实行了项目经理负责制，由项目经理对立项、设计、设备采购、施工、达产、达效全过程负责。

2）在工程管理上实行合同制、层层分包的经济责任制和全员风险抵押制，及时对投资进行动态、有效的监控。

3）对设备采购和工程发包实行了规范的招投标制。

上述改革和管理措施，对于降低工程造价，提高投资效益起到了重要作用，实现了高起点、少投入、快产出、高效益。

“高起点”：就是要在关键部位采用先进技术和工艺，使整体装备达到当代世界先进水平。

“少投入”：就是盘活一切可用的资产，尽可能运用自己的力量，最大限度地压缩投资额。

“快产出”：大项目投资回收期不超过 5 年，一般项目不超过 2 年。

“高效益”：就是既要做到改造期间不停产或少减产，又要通过技术改造，大幅度提高企业经济效益和竞争力。

4　旧貌换新颜

继 1999 年江泽民总书记视察鞍钢，称赞鞍钢“旧貌换新颜”后，在 2000 年 11 月召开的中央经济工作会议上，总书记又一次表扬鞍钢，称赞鞍钢“技术改造取得了巨大成绩”，发生了历史性的变化。主要成果是：

（1）全部淘汰平炉，实现全转炉炼钢。用5.2亿元，一年零九个月，淘汰了平炉，提高了钢水质量，减少了环境污染。

（2）仅用相当于兄弟企业1/2或1/3的投资实现了全连铸。新增连铸能力570万吨，年降成本11亿元。

（3）炼钢工艺达到国际先进水平。新增了RH炉外精炼、脱硫扒渣和LF钢包精炼炉等设备，形成了从铁水预处理到转炉的自动吹炼、钢水炉外精炼与真空处理，再到铸坯的高效连铸的生产工艺流程。

（4）实现了三条短流程生产线。

1）用31个月采用当今热轧先进技术，建成具有世界先进水平的1780热轧线。

2）用118天时间采用先进技术工艺改造老1700生产线，形成了一条具有当代先进水平的短流程、薄板坯连铸连轧生产线。

3）改造原有冷轧机，形成一条先进水平的酸洗连轧生产线。

（5）提高板管比，强化产品深加工，改善产品结构、提高产品质量，企业效益大大增加。

1）板管比达到85%，比1994年提高了45%（见图10）。

2）连铸比实现100%，比1994年提高了75%（见图11）。

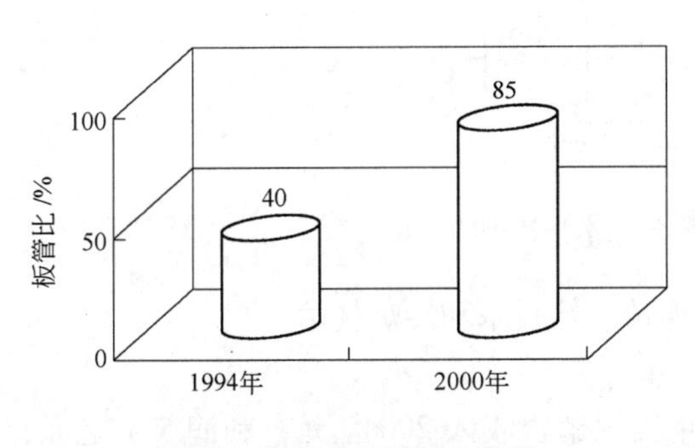

图10　鞍钢产品结构的变化

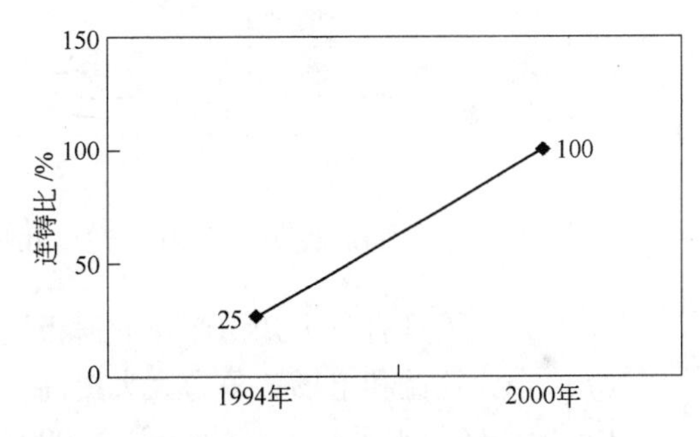

图11　鞍钢连铸比的变化

3）转炉钢比例。实现全转炉，比1994年提高了63%（见图12）。

4）平炉钢比例。淘汰全部平炉，平炉钢为零，比1994年降低了61.30%（见图13）。

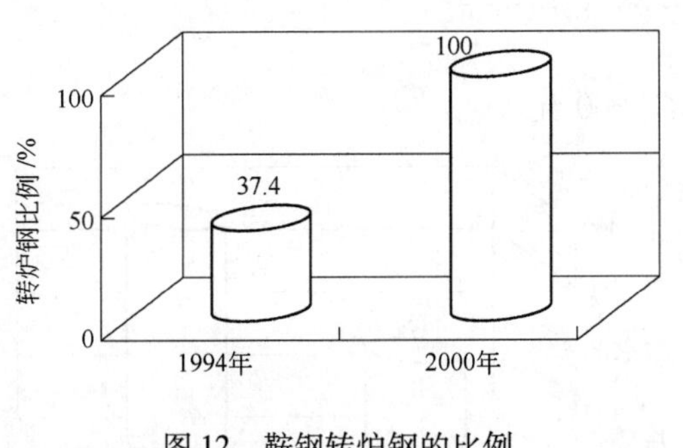

图12　鞍钢转炉钢的比例

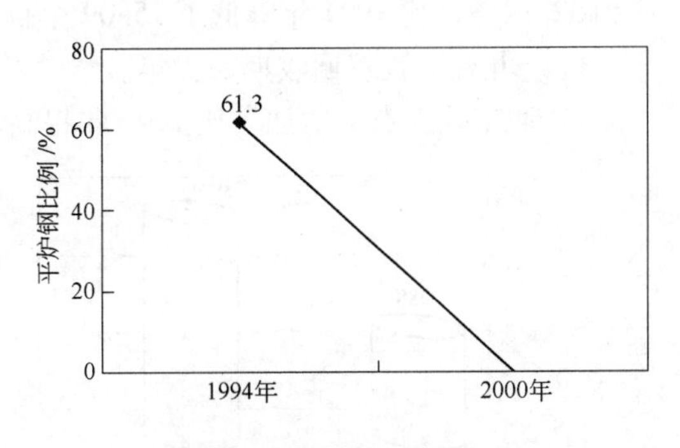

图13　鞍钢平炉钢的比例

5）综合成材率达到90.23%，比1994年提高了6.47%（见图14）。

6）成材能力达到950万吨，比1994年新增350万吨（见图15）。

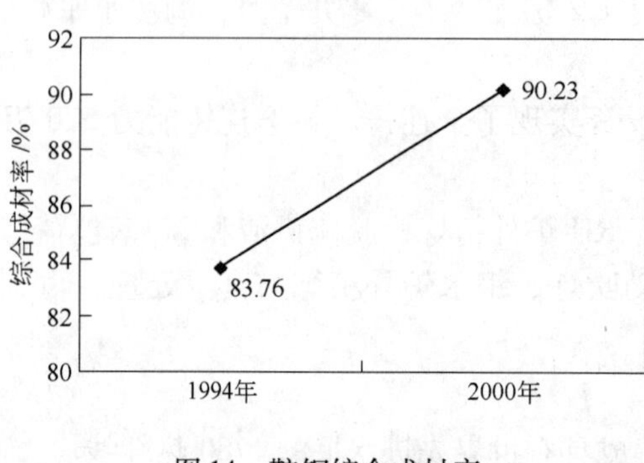

图14　鞍钢综合成材率

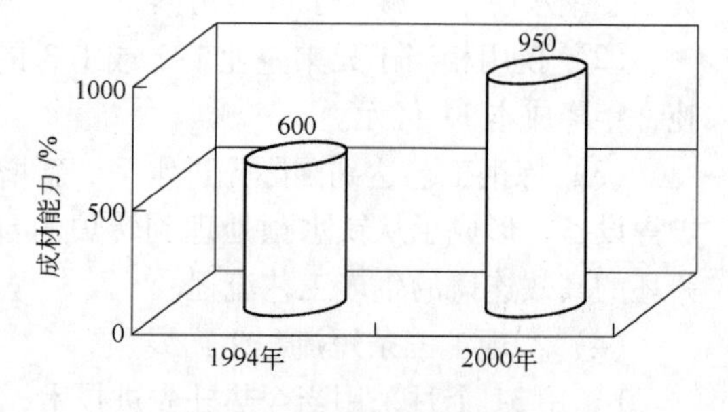

图15　鞍钢的成材能力

7）产品质量达到国际先进水平的比例达到63%，比1994年提高56.7%（见图16）。

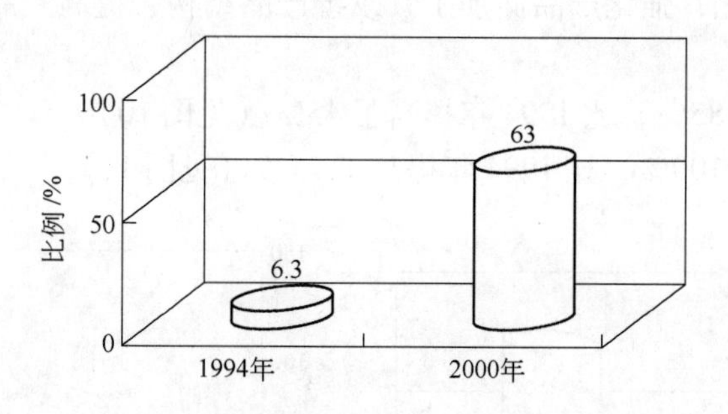

图16　鞍钢产品达到国际先进水平比例的变化

（6）开发了具有自主知识产权的薄板坯连铸连轧技术和转炉技术。

（7）企业效益和市场竞争力大大提高。

1）生产经营水平有了新的提高。2000年实现销售收入206亿元，利润5.1亿元，税金26.3亿元，同比分别增加38亿元、4.3亿元和3.9亿元，达到历史最好水平。

2）国有资产大幅度增值。固定资产原值达到589.9亿元，比1994年增加301.4亿元（见图17）。固定资产净值达到370.6亿元，比1994年增加214.39亿元（见图18）。所有者权益达到284.45亿元，比1994年增加158亿元（见图19）。资产负债率降到52.84%，比1994年降低了15.09个百分点（见图20）。

3）"九五"投资回收期3.7年。

4）职工收入有了增加。比1994年提高了3000元/人。

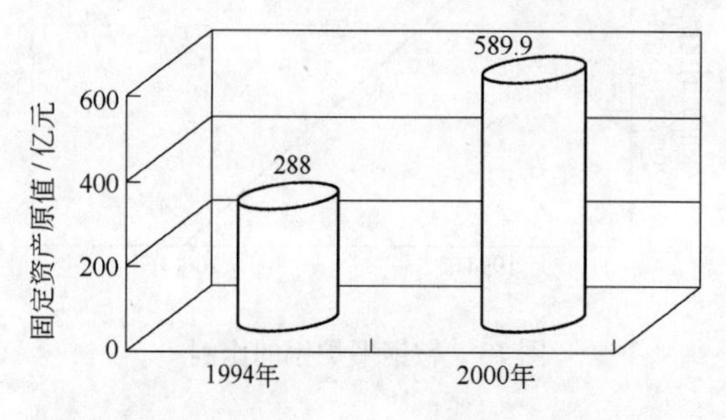

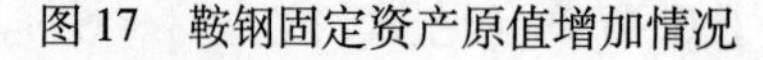
图17　鞍钢固定资产原值增加情况

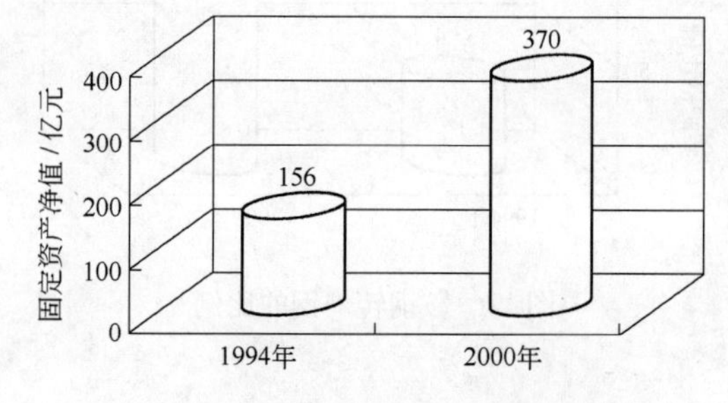

图18　鞍钢固定资产净值增加情况

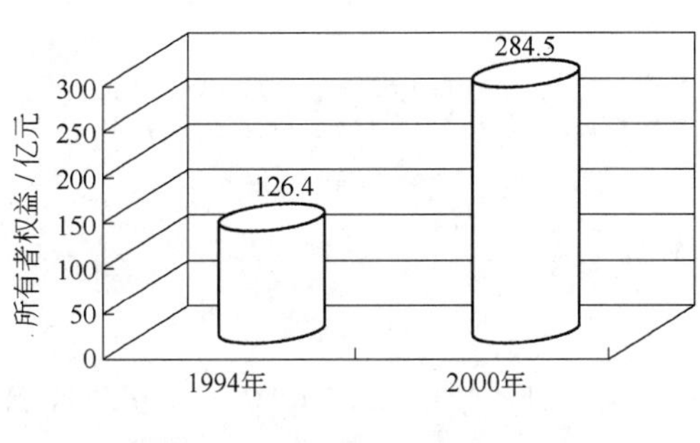

图 19　鞍钢所有者权益增加情况

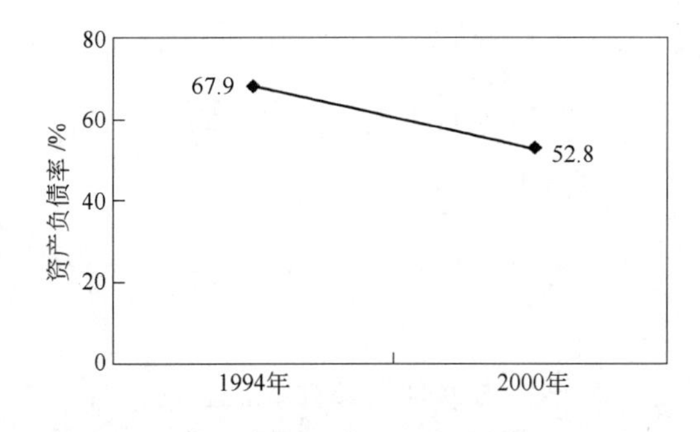

图 20　鞍钢资产负债率下降情况

按照“改造钢铁主体，壮大多元产业，实现结构优化，增强整体实力”的鞍钢总体发展战略，鞍钢“十五”将瞄准世界钢铁工业发展的先进水平，继续走“高起点、少投入、快产出、高效益”的技术改造之路，加大调整产品结构、淘汰落后装备力度，扩大板材产品比例，特别是要发展薄板产品深加工，追求产品的高质量和高附加值。到 2005 年使鞍钢技术装备得到全部更新，生产工艺实现现代化，跻身世界一流的钢铁企业行列。

在全国人大九届五次会议分组讨论时的发言

2002 年 3 月

鞍钢作为国有重要骨干企业，一直得到党中央、国务院的亲切关怀。1999 年 8 月 14 日，江泽民总书记亲临鞍钢视察，并作出了一系列重要指示，称赞鞍钢“旧貌换新颜”。三年来，鞍钢广大职工始终牢记江总书记视察鞍钢时的谆谆教导，认真实践“三个代表”重要思想，坚定不移地贯彻执行党中央、国务院搞好国有企业的方针政策，大力推进“三改一加强”，到 2000 年胜利实现初步振兴目标，2001 年又实现了“十五”良好开局，企业市场竞争力得到了明显增强。

三年来，我们主要做了以下几方面工作。

一、深化改革，法人治理结构基本形成，现代企业制度初步建立

(1) **按照建立现代企业制度要求，不断完善法人治理结构**。鞍钢母子公司体制已经形成；从事钢铁主业的新钢铁、新轧钢公司已组建了董事会、监事会，规范了法人治理结构；在国务院向鞍钢派驻监事会的同时，集团公司向所属子公司派驻了监事会。

(2) **精干主体、分流富余人员**。全民在岗职工由 1998 年底的 17.17 万人减少到 2001 年底的 13.96 万人；从事钢铁生产的职工由 5.11 万人减少到 3.96 万人。全员劳动生产率由 1998 年的 73883 元/(人·年)，提高到 2001 年的 96304 元/(人·年)。

(3) **分离辅助，将非钢产业与主业分离**。成立 27 个全资子公司，使之自主经营、自负盈亏，1999 ~ 2001 年全公司分离单位比 1998 年减亏增效 24.77 亿元。

(4) **实施资产重组，推进股份制改造**。适应“债转股”改革，分离了 22 个主体生产单位的生活后勤和设备检修系统，以优良资产与资产管理公司组建了新钢铁有限责任公司，实现转股额度 63.66 亿元。

(5) **分离企业办社会职能取得新进展**。在辽宁省委、省政府大力支持下，鞍钢职工养老保险已全部纳入省级管理，鞍山、大连、朝阳等地区鞍钢所属学校全部移交地方，公安系统移交地方工作正在进行。

二、用高新技术改造传统产业，“九五”改造全面竣工达产，“十五”改造开局良好

实现了全转炉炼钢和全连铸；已经建成的具有世界先进水平的 1780 热轧线，生产已达到设计水平；完全依靠我们自己的力量，采用先进的工艺、计算机和液压技术，又建成了我国第一条拥有自主知识产权的、具有当代国际先进水平的 1700 短流程薄板坯连铸连轧生产线；改造原有冷轧机，形成一条国际先进水平的冷轧酸洗联合机组，每年可生产优质冷轧板 150 万吨。1780 生产线已生产高质量热轧卷板 507.6 万吨，出口欧、美等国 18 万吨，今年前两个月产量达 58.18 万吨，相当于年产 360 万吨水平。1700 生产线今年前两个月生产热轧卷板 26.84 万吨，相当于年产 166 万吨水平。

鞍钢“九五”技改完成投资 137.5 亿元，与国家批复的总体规划投资相比，节约

76.02亿元。同时，完成了规划以外的11项重点工程，扩大了“九五”技术改造成果，使鞍钢主体技术装备和生产工艺达到了国内先进水平，极大地提升了鞍钢的产品质量和档次，实现了“旧貌换新颜”。“九五”投资回收期3.7年。

“十五”技术改造取得阶段性成果。其中，大型厂一期改造工程竣工投产，已建成了具有国际先进水平的钢轨加工线，已具备了时速300公里以上高速轨的精整加工能力。该厂生产的时速200公里专用钢轨，已铺设到国内第一条时速200公里的沈秦客运专线。

三、加强企业管理，企业综合素质有了新的提高

建立了企业核心管理制度体系。企业信息化建设取得新突破，鞍钢宽带网已经建成，并用于生产和销售管理。强化质量管理，全面通过ISO9000质量体系认证，74%的产品实物质量达到国际先进水平。综合成材率由1998年的84.82%提高到2001的93.38%，提高8.56个百分点，相当于每年增加80万吨钢材。加大环保力度，冶金工厂除铁前系统外，已全部通过ISO14000环境管理体系认证。冶金工厂绿化覆盖率达30.2%，荣获辽宁省花园式工厂称号。2001年《鞍钢整体技术改造决策与实施》被评为国家管理创新成果一等奖。

四、推进非钢铁产业发展，形成多元化经营格局

鞍钢冶金自动化有限公司自主研制开发了大型冶金自动化集成系统，2001年实现产值5050万元。建筑施工子公司承揽了意大利、巴西等国际工程。开发生产了“建安牌”防水卷材和“海建牌”散热器等新型环保建材产品。生物菌肥、PP-R管材、塑料复合管、磁性材料、微细铝粉等高科技产业取得明显进展。

三年来，通过大力推进“三改一加强”，鞍钢的发展与时俱进，市场竞争力不断增强，经济效益显著提高。

近年鞍钢主要指标发展变化一览表

指　标	1998年	1999年	2000年	2001年	1999～2001年
铁/万吨	869.42	847.2	911.1	913.7	2672
钢/万吨	845.14	850.6	881.2	879.2	2611
钢材/万吨	592.87	624.9	721.3	802.2	2148
销售收入/亿元	163.68	169.4	206.7	201.6	577.7
上缴税金/亿元	21.15	22.39	26.3	30.2	78.9
实现利润/亿元	0.81	0.83	5.09	8.5	14.4
坯材出口和以产顶进/万吨	61.82	72.55	114.2	82.9	269.65
出口创汇/亿美元	1.85	1.25	2.14	0.83	4.22
固定创汇/亿美元	483.52	496.4	580.4	636.7	
固定资产原值/亿元	288.06	293.7	366.2	411.9	
资产负债率/%	59.29	62.67	62	48.69	

同时，随着企业的振兴发展，职工生活水平有了新的改善和提高。2001年全公司职工人均收入12147元，比1998年增加1724元。

五、抓住机遇，应对“入世”挑战，积极参与国际市场竞争

今年是中国“入世”的第一年，国内钢铁行业受国际钢材市场的影响将日益显著。特别是进口关税降低，将使国内钢材价格进一步下降。对鞍钢的直接影响就是，今年1~2月份钢材价格同比下降272.6元/吨，按今年钢材产量936万吨计算，减利因素将在20亿元以上。同时，“入世”后，我国也将享受WTO相应贸易优惠政策，有利于钢铁产品出口、引进国外的资金、技术，以及贸易争端的解决。另一方面，今年国家继续坚持扩大内需的方针，北京申奥成功、西部大开发、西气东输工程建设、铁路提速等，也将拉动对钢材的需求。因此我们要抓住机遇，趋利避害，加快发展。

（1）**适应新形势、新任务的要求，进一步转变思想观念。**鞍钢连续七年开展了解放思想、转变观念大讨论。今年讨论的主题就是“入世后鞍钢如何生存发展”。通过讨论，彻底消除职工思想观念上与社会主义市场经济不相适应的方面，把鞍钢纳入全球市场竞争之中；牢固树立“落后必遭淘汰”的经营理念，进一步增强改革意识、竞争意识、成本意识和创新意识，在赶超世界一流上狠下功夫。

（2）**继续深化改革，建立完善的现代企业制度。**实践证明，中央提出建立现代企业制度的十六字方针“产权清晰、权责明确、政企分开、管理科学”是完全正确的。我们必须进一步按照中央的方针，适应市场经济的要求，深化改革，规范企业的组织结构、经营活动。在这方面，我们的任务还很艰巨。比如，国外相当于鞍钢这样年产千万吨钢的企业也就1万人左右，而鞍钢目前钢铁主体在岗职工近4万人，辅助单位职工10万人，如果再加上大集体还有10多万人。因此，我们必须继续开辟职工能进能出的渠道、分离企业办社会职能。在这方面，省委、省政府给予了大力帮助和支持，取得了很大进展。但我们还要继续加大改革力度，以使“入世”后鞍钢能够轻装上阵，更加有力地应对国际市场的激烈竞争。

（3）**用高新技术改造传统产业，提高企业核心竞争力。**要继续依靠高新技术加快工艺装备升级换代，坚持不懈地提高生产力水平，使鞍钢迅速迈入国际先进钢铁企业行列。“十五”期间，建成两座3200立方米现代化大高炉；炼钢实现入炉铁水“三脱”和炉外钢水精炼；形成以1780和1700热轧带钢生产线、宽厚板生产线、三条冷轧薄板生产线、四条镀锌板生产线和两条彩色涂层板生产线为支柱的现代化板材生产基地。集中精力开发和生产市场短缺的“专、特、优”产品，80%的产品实物质量达到国际先进水平。搞好信息化建设，使鞍钢的技术装备和管理水平达到国际一流。

（4）**积极开拓国外市场，探索国际化经营。**实施国际发展战略是鞍钢的努力目标之一。要继续将部分“专、特、优”产品投入到国际市场，接受国外最挑剔用户的考验。在原香港办事机构的基础上，在日本、欧洲和美国建立分支机构。建立稳定的国际销售渠道，提升鞍钢的国际形象。

通过上述措施，到“十五”末，鞍钢从事钢铁主业生产的职工降至2万人以下，劳动生产率达到500吨钢/(人·年）以上。经营规模进一步扩大，经济效益明显提高，企业固定资产将新增160亿元，由2000年底的580.4亿元增加到740.4亿元，年销售收入达到350亿元，利润翻一番，上缴税金超过50亿元，非钢产业收入比例达到35%，具备了与国际先进钢铁企业竞争抗衡的实力。

今年1~2月，鞍钢生产经营继续保持好的势头，共生产铁165.22万吨、钢162.39万吨、钢材157.52万吨，分别相当于年产1022万吨、1005万吨、975万吨。

在钢材售价同比下降220.6元/吨的不利情况下，实现销售收入33.55亿元，同比增加3.36亿元；实现利润总额1.17亿元，同比增加7944万元。

有党中央、国务院的正确领导，省委、省政府的大力支持，对鞍钢的未来我们充满信心。这次会议后，我们要进一步实践“三个代表”重要思想，认真落实朱镕基总理《政府工作报告》中关于建立完善的现代企业制度的要求，在中国加入世界贸易组织的新形势下，坚持与时俱进，大力推进企业“三改一加强”，将鞍钢建设成为具有国际市场竞争力的现代化钢铁企业，为国民经济的健康发展做出更大的贡献。

鞍钢“旧貌换新颜”的实践与体会

2002年7月

我是1994年底从武钢被中央调到鞍钢担任总经理的。可以说，在武钢时，我对鞍钢就是慕名已久了。因为搞钢铁的都知道，鞍钢是解放后国家最早恢复和建设起来的第一个大型钢铁联合企业，是共和国钢铁战线的“长子”，不但出钢材，而且出人才。毫不夸张地说，全国的钢铁企业都有鞍钢人，而且很多人还担任了领导职务。这里给大家举个例子，我在武钢时就发现，武钢人说的是一种独特的“青山话”，因为武钢坐落在武汉市青山区，当年支援武钢建设的一大批鞍钢人就生活在这里，东北话加上湖北话就变成了“青山话”，可见鞍钢影响之大。

可是，1994年底我到鞍钢时，企业面临的严峻形势却大大出乎我的意料：合同严重不足，产销率仅为80%，回款率只有65%，人欠货款高达138亿元，资金无法周转，拖欠职工三个月工资，两座高炉已停了下来，靠党员集资7000万元买煤维持生产，而且出现了严重亏损，生产经营形势非常危急。此时来到鞍钢，我不仅感到责任重大、而且压力更大。当时最让我头疼的主要是两件大事：一是改革，二是改造。

先说改革。我到鞍钢后才真的感到，鞍钢的确是太大了。号称50万人，其中全民职工19.2万人、集体职工18.5万人，还有全民和集体离退休职工12万人；既有全民企业，也有安置返城知青和职工子女就业的集体企业，离退休职工还搞了“老有为”公司，还办了一大批第三产业实体，所有亏损单位靠吃补贴过日子。另外，鞍钢还是一个“大而全”的小社会，承担了大量的社会公益事业和企业办社会的负担。人家说鞍钢除了没有检察院和法院外啥都有，我们的一个偏远矿山连殡仪馆都有。这种“大”说明了什么？说明产权不清、权责不明，企业办社会负担沉重，劳动生产率低。50万人同吃800万吨钢铁饭，人均产钢20吨/年，只相当于世界先进水平的1/50。这种现状不改变，在激烈的市场竞争中，不用说被先进企业打败，就是自己也把自己拖垮了。所以说，不改革鞍钢就没有出路。那么怎样改？就是按照中央提出的建立现代企业制度十六字方针“产权清晰、权责明确、政企分开、管理科学”的要求，精干主体、分离辅助、减员增效、转机建制。

这里给大家举个例子，我们有两个矿山公司，一个是鞍矿，一个是弓矿，当时我们对这两个矿山经营状况进行了测算。好家伙，这一算把我吓了一跳。1万多人的弓矿，一年亏损竟达4.5亿元，鞍矿一年亏损3.9亿元，而且矿石价格大大高于进口。当天晚上我觉都没睡好，第二天早早就找到弓矿经理，问他一年发工资要多少钱，他说一年工资1.06亿元。当时就有这样一种意见，说不如把两个矿山公司停下来，宁可发给他们工资，然后买进口矿都划算。从算术的角度讲是这么个理，但却不能这么做，这是保持几万职工队伍稳定的大事。必须从体制上解决问题，把两矿与主体划开，让他们自主经营、独立核算。从1995年二季度起，我们将弓矿和鞍矿从钢铁主体分离出

本文发表在《河北企业》，2002(7)：62～63，此次出版略有删节。

去，授予他们独立法人资格，成为鞍钢集团的全资子公司，并要求他们按市场化运作，三年扭亏。实践证明，改革的效果非常好，他们提前实现了扭亏目标，矿石价格也大幅度降低，由1995年的305元/吨降到2001年的262元/吨，今年一季度矿石价格已经低于市场，但他们仍然有效益，去年弓矿盈利1066万元、鞍矿盈利3562万元。

经过这些年的不断改革，鞍钢已组建了27个全资子公司，母子公司体制已经形成，这些子公司6年累计比1995年减亏增效99.32亿元。从事钢铁主业的新钢铁有限责任公司、新轧钢股份有限公司组建了董事会、监事会，规范了法人治理结构，在国务院向鞍钢派驻监事会的同时，集团公司向各子公司派驻了监事会，初步建立了现代企业制度。全民在岗职工由1994年底的19.2万人减少到2001年底的13.96万人，减少了5.24万人；从事钢铁生产的职工由10.57万人减少到3.96万人，减少了6.61万人。全员劳动生产率由1994年的58362元/(人·年)提高到2001年的96304元/(人·年)。同时，开辟新的就业渠道和效益增长点，妥善安置了富余人员。

在座的大多是企业的领导，我想大家都有同感，国有企业特别是像鞍钢这样的老企业搞改革，最大的难点还是职工的思想观念问题。例如去年，由于改革的需要，我们决定将生活服务公司的车队划归集团控股子公司——鞍钢商贸集团。这些职工就很不理解，认为控股子公司不属于鞍钢，是鞍钢不要他们了，于是就开始上访，而且要同我对话。我同他们对话了4次，仍然没有解决问题。“五一”节放假期间，我主动到他们家去做工作。我走访了几个骨干职工家庭，又召开了几次座谈会，使他们对这次改革有了正确的理解。我们又给这个车队添置了几台新车，让他们能够更好地开拓市场。现在这个车队积极参与运输市场招标，活源比较充足，职工队伍也很稳定。这样的例子很多，我觉得改革过程中，有些职工的观念一时转不过来，这不能全怨他们，这是长期计划经济造成的，作为企业的领导者，就需要经常深入到职工中去，做耐心细致的思想工作，求得他们的理解和认同，这样我们的改革才能平稳地不断推进下去。

下面讲一讲技术改造。为什么说技术改造也是我当时到鞍钢后感到最头疼的大事呢？大家都知道，鞍钢不仅大，而且还很老，始建于1916年，已有86年历史。解放后虽然也经过不断改造，但技术装备和生产工艺落后的状况并未从根本上改变。到鞍钢后我作了一个统计：代表落后工艺的平炉钢占钢产量的62.97%，占全国平炉钢产量约40%，连铸比仅为24.88%。生产钢材的装备中，落后或应该淘汰的占70%，比如说当时鞍钢最大的成材厂半连轧厂，轧机是20世纪50年代苏联援建的，产量不算小，占40%，但品种和质量都满足不了用户的要求，价格比国内先进企业每吨要低200~300元，产品质量达到国际先进水平的仅占6%。这样的装备生产的产品，计划经济时不用愁，因为有国家包销，但到了市场经济就不行了，没有人愿意要，当时销售非常困难，库存大量积压。如果说，不改革鞍钢就没有出路的话；那么不改造，鞍钢就不能生存发展。

搞改造，技术问题不愁，愁的是钱。鞍钢“七五”、“八五”负债搞改造，背上了沉重的债务包袱，一年就要支出财务费用17亿元，已经没有财力再铺新摊子，搞“大而全”。如果还像过去依靠贷款搞改造，产出的效益都不够支付银行的贷款利息，只能是恶性循环、死路一条。所以，“九五”改造就必须走出一条既省钱又不降低总体技术装备水平，符合老企业实际的新路子，我把它概括为“高起点、少投入、快产出、高效益”。“高起点”就是在关键部位采用先进技术和工艺，使整体装备达到当代世界先进水平。“少投入”就是盘活一切可用的资产，尽可能依靠自己的力量，最大限度地压缩投资额。“快产出”就是大项目投资回收期不超过5年，一般项目不超过2年。“高效益”就是既要做到改造期间不停产或少减产，又要通过技术改造，大幅度提高企业经济效益和竞争力。

比如说平炉改转炉工程，我们只用5.2亿元、一年零九个月，就把炼钢系统原有的12座平炉全部淘汰，改建成了6座现代化转炉，而像厂房、吊车以及公辅设施等都是利用旧的，不搞新建，就这样结束了鞍钢长达64年的平炉炼钢历史，实现了全转炉炼钢，转炉钢比平炉钢每吨降低成本100元，不到一年收回全部投资。我们又依靠自己的力量改造了3台、新建了4台连铸机，到2000年底实现了全连铸，投资只是兄弟企业的一半，连铸比模铸每吨降低成本200元，不到两年就收回了投资。

再比如，我们新建的1780热连轧生产线，这是鞍钢“打翻身仗”的“希望工程”。但当时鞍钢资金非常困难，如果按国家批准的75.6亿元投资，鞍钢没有这个承受能力。我在武钢搞过“一米七”工程，后来又帮助太钢、梅山搞了热连轧工程，对这方面的情况比较清楚，就提出能不能用国家批准投资的一半完成这个项目，当时国内许多同行认为这是开玩笑。经过反复研讨论证，我们大胆解放思想，决定设备上凡是国内能制造的全部由国内制造，凡是影响质量和技术水平的关键部位才由国外引进。这样做还有一个最大的好处，就是把国内的机械加工行业也给带动起来了。按照这一原则，我们找了美国GE、德国西马克、日本三菱三家公司进行了艰苦的谈判，最后选择日本三菱作为1780项目总负责。在签约的前一天我同日方代表又进行了长时间的谈判，最后又压了他500万美元（其实此前的价格已经比德国低5000万美元了）。在保证技术水平不降低的前提下，我们用了两年多一点的时间，节省了一半的投资建成了年产350万吨热轧卷板的1780工程。这是目前世界最先进的热连轧机组之一，1999年10月投产以来，已生产高质量热轧卷板588.6万吨，出口欧美等国18万吨，今年一季度产量达89.11万吨，相当于年产360万吨水平，完全达到了设计要求。我们不仅消化吸收了1780机组的工艺技术，而且还用我们多年在热连轧方面开发的技术成果，依靠自己的力量改造老半连轧机组，建成了国内第一条拥有自主知识产权、达到当代国际先进水平的1700短流程薄板坯连铸连轧生产线，投资仅相当于国外引进项目的1/3，每年增加260万吨优质热轧卷板；改造原有冷轧机，新增浅槽紊流酸洗线，形成一条国际先进水平的冷轧酸洗联合机组，每年可生产优质冷轧薄板150万吨。这三条板材生产线的改造，迅速提高了鞍钢产品的质量和档次，彻底改变了鞍钢过去给人留下的只能生产“大路货”的印象。

鞍钢“九五”技改完成投资137.5亿元，比国家批复的总体规划节约了76.02亿元，经过国内许多专家测算评估，投资回收期只有3.7年，主体技术装备和生产工艺达到了国际先进水平，极大地提升了鞍钢产品的质量和档次，企业的市场竞争力明显增强。去年，鞍钢生产铁913.7万吨、钢879.2万吨、钢材802.2万吨，分别比1994年增加123.4万吨、63.4万吨、246.4万吨。1995～2001年，实现销售收入1299.3亿元、上缴税金167.1亿元、实现利润总额22.87亿元。固定资产原值由1994年的288.3亿元增加到2001年的636.7亿元，净值由156.2亿元增加到411.9亿元，资产负债率由67.9%下降到48.69%。

现在鞍钢生产的产品与过去相比可是大不一样了，76.3%的产品实物质量达到了国际先进水平。比如说1780机组生产的热轧卷板已经出口欧、美等国18万余吨，当时这些卷板运到大连港准备装船时，码头工人还以为这是进口的钢材呢。再比如说我们大型厂的重轨精整加工线是目前世界最先进的，完全具备时速 300 公里以上高速轨的精整加工能力，去年这个厂生产的高速钢轨，已铺设到国内第一条时速 200 公里的秦沈客运专线上。1999 年 8 月，江泽民总书记到鞍钢视察时看了我们几条生产线后，高兴地称赞鞍钢“旧貌换新颜”。

谈到创业过程中的感受和体会，我想最突出的体会就是，党中央、国务院关于搞好国有企业的方针政策是完全正确的，鞍钢实现“旧貌换新颜”就是最有力的证明。中国已经加入了 WTO，国有企业要在更大范围和更深程度参与经济全球化竞争，是一次全新的挑战。对于我们鞍钢来说，就是要通过进一步加大“三改一加强”力度，来不断提高和壮大企业的核心竞争力。到“十五”末，把鞍钢建成以 1780 和 1700 热轧带钢生产线、宽厚板生产线、三条冷轧薄板生产线、四条镀锌板生产线和两条彩色涂层板生产线为支柱的现代化板材生产基地，经营规模进一步扩大，经济效益明显提高，从事钢铁生产的职工降至 2 万人以下，劳动生产率达到 500 吨/(人·年) 以上的世界先进水平。所以说，我们有信心而且有实力与国际先进钢铁企业竞争抗衡，为国家经济建设做出更大的贡献。

在劳模出国考察报告会上的讲话

2002 年 7 月

听起来劳模出国考察好像是一件很新鲜的事情。冶金企业像这样成批组织劳模到欧洲去考察还属于第一次。但是我觉得这也是一种必然，形势发展的必然。为什么这么说呢？因为中国加入了 WTO，我们“入世”说明国内外市场已经成为一体，很难分清楚国外的市场和国内的市场，“入世”是分量很重的一件事情。不知大家注意到没有，最近我们采取了临时配额这样一个政策来限制国外的钢材进口。但是国外的一些钢铁企业纷纷提出异议，提出不同的意见，认为你中国采取这样一个政策不符合 WTO 的规定，因此国家经贸委在北京组织召开了一个听证会，听取各方面的意见，这是过去没有的事情。我们鞍钢参加了这个听证会。过去没有这样的事情，我们中国的海关不让你进来就是不让你进来，现在对不起，中国做了承诺、加入了 WTO，国外的钢材没有理由不允许人家进来。这就给我们提出来一个问题，作为我们鞍钢这样一个生产钢材的企业，我们就要正确地了解、把握市场形势，正确地了解、把握我们的竞争对手，从而决定我们自己该走什么道路、该采取什么措施来应对这种竞争。所以从这个意义上讲，我们组织劳模去了解我们的竞争对手，这是很自然的事情，所以公司决定还要组织我们的管理人员去考察，这样一个制度要不断地继续下去，绝不是一时一事的短期行为，而是一种长远的考虑。如果我们不了解我们的竞争对手，我们如何来决定我们自己的发展、决定我们自己的道路，没有办法。所以我们派出我们的劳模作为职工的代表，了解我们的竞争对手，当然也同时了解我们的潜在用户，比如说奔驰汽车公司。为什么说是潜在的用户呢？道理很简单，奔驰汽车公司他们在国内开办了中国的分公司，国外的一些汽车大企业都纷纷在国内办厂，他们都是我们的潜在用户。蒂森克虏伯的董事长跟我讲：我们和你们合资建一个大连的镀锌厂，我们已经和奔驰公司说好了，将来奔驰公司在中国的厂用这个合资公司的钢材。因此就变成了我们潜在的用户了。

我们现在面对的竞争对手，既有国内的对手更有国外的对手，国内的对手现在不断地涌现出来。今天中午，我听说宝钢现在把我们鞍钢作为他们的竞争对手。听完以后，我觉得这是对我们的一种称赞，这是对我们的一种高抬，高看一眼，我们能跟宝钢相提并论，在同一个市场上去竞争，应该说对我们来讲是非常高看的。但是，也要看到这也是必然的趋势，我们不和宝钢竞争，在国内我们不瞄准宝钢的技术水平，不瞄准最先进的企业，我们就意味着要被淘汰。我想同志们都不会甘心我们被淘汰，当然我们要瞄准他们。

但是，我们还要看到民企的不断发展。有件事最近我听了很吃惊，听说海城要搞一个 300 万吨的钢厂，投资 30 个亿，这着实让我吓了一跳，竞争到我们家门口来了。说奇怪也不奇怪，据说搞 3200 立方米的高炉，搞 250 吨的转炉，首先是要出板坯，卖坯。鞍山二轧要在达道湾门口建几个 400 立方米的高炉，我立刻打电话给市长，我说你要建也不能建在我们鞍钢门口呀，你鞍山市号称旅游城市，从达道湾一下来就是几个小高炉，你说这个事情像什么样子！我说第三个理由，我们600立方米的高炉都要扒掉，你还建400立方米的高炉，怎么说得过去呢！市委、市政府接受了我的建议。这里刚刚结束，那边又来了一个更大的。挡是挡不住的，同志们，唯一的出路就是要找准我们自己的出路。要找准自己的出路，只有看清形势，分析竞争的对手，才能找准自己的出路，才能在这场竞争中立于不败之地。

同志们，钢铁市场的竞争来势凶猛，所谓国内的这些竞争对手都有国际的背景。前不久我见了建龙的老板，我们有人就是投奔到这位“三爷”那里去了，我跟他谈到深夜两点钟，为什么？要知己知彼。他说他现在资金非常丰富，而且他要搞的都是有国外的投资，都是中外合资企业，都享受中外合资企业的各种待遇。他在宁波北仑港要搞一个550万吨的大钢厂，这些动向我们要密切关注。

所以我们既要关注国内的动向，更要了解国外的发展，从而找出自己的差距，寻求自己的发展道路，这才是我们最主要的。花一点钱，付出一点代价，派一批同志出去考察，我看是大有益处的。如果把我们劳模出去考察，好比是想当初周恩来总理到法国勤工俭学，寻求国外的先进技术、救国的真理，那么我们现在出去是为了寻求鞍钢的发展道路，是为了迎接更严峻的竞争。要让鞍钢的全体职工，从这样的考察当中受益，转变我们的观念，来决定我们自己的发展。这就是为什么我们要派劳模出去，而且今天还要举行这样一个报告会。公司已经决定了，正在办，还要一批一批出去考察。听了劳模的报告，我想有这么几条应该引起我们的思考。

我想第一个方面就是要看一看人家，想一想自己。看一看人家那些方面是怎么做的，再对照对照自己，这个总是必要的吧。我希望通过劳模的考察也好，通过我们方方面面同志们出外考察也好，要做到寻找差距，绝不是出去图个什么新鲜。那么，找一找差距，刚才劳模已经说了很多了，我想恐怕有这么几个方面的观点，报纸上也登了，劳模刚才也谈了，我觉得很重要的一个观点恐怕是我们的人多，这是大家的共识了，上下的共识了。是不是共识，不一定。我让有的厂同志再减减人。他马上跟我说：经理，我这人很少了，工作忙不过来了。我再找另外的同志：你那个地方人是不是太多了一点啊？他说：不，我这里还多呀？我这里好像已经是世界水平了。现在劳模讲话了，你9个人一个炉子，人家4个人一个炉子；人家大炉子你小炉子，人确实太多了。同志们提出来要涨工资，这个要求对不对？对！合不合理？合理！但是，今年我们涨了很少很少一点，刚才说是一个亿，实际上不止一个亿呀，财务的同志给我算清楚了，一亿四千五百万，就涨了这一点。人实在是太多了，一涨不是涨个别的，一涨是一片，涨十几万人、涨二十几万人，这种局面我认为值得我们思考。

第二个是人员素质的差距。我给同志们讲一讲最近发生的两件事情。前不久，收到一汽给我来的一封函，这个函是非常客气的，头上加个贵公司，很尊重鞍钢，下面是什么呢？“你们提供的汽车大梁板冲裂裂纹有2米之长”。我感觉到是一种耻辱，感觉到是一种难以表达的痛苦。一汽守在我们家门口，守在我们旁边，一汽代表我们中国汽车的一种形象，一汽可以说是我们鞍钢唇齿相依的伙伴，如果我们供一汽的钢材都出现了一些这样那样的问题，是说不过去的。刚才劳模说了，问人家什么叫废品？人家说不理解什么叫废品，人家叫“零缺陷”，没有废品。我们呢，丢丑都丢到一汽去了。我是经常要和一汽老总见面的，我还经常跟他夸我们的1780是世界一流水平，我们什么什么最好，结果你这个大梁板出了问题。我们三炼钢炼的钢、1780轧的钢，所以那天我跟他们厂长说：警告你，再出现这种丢人现眼的事故，厂长免掉。同志们笑，绝不能含糊，我今天说到做到。我们的差距太大了，这种竞争非常残酷。

武汉搞一个城市轻轨，5 个评委中有 3 个评委说攀钢的钢轨比鞍钢的好。国贸公司的同志找到我说：刘总，你认不认识武汉市的市长，给我们说句话。我心里十分矛盾，又想说又不想说，我想说是为了给鞍钢争口气，武汉市的轻轨我们怎么进不去呢？我又不想说，因为要靠真正过硬的质量、过硬的水平来竞争啊。好不容易想起来，我以前认识的宜昌市委书记，现在是武汉市委书记，找到了他的电话，十多年不找人家，这次好像找到了一根稻草，我还不知道竞争的结果怎么样。

失误就要被炒鱿鱼，这个口号是劳模喊出的，是你们几位喊出的，不是我喊的。同志们，我们失误的人太多了，我不希望大片大片地被炒鱿鱼，我说这些话绝不是危言耸听。我经常到下边去转一转，打瞌睡的我找了不止一个了。我也当过工人，我也有家，我也有孩子，把他炒鱿鱼了，他的饭碗、他的家庭就要受影响，但是非炒不可，不炒他还继续这样。那天我们去检查道路，发现那个扳道房的职工离下班还有 5 分钟就整整齐齐地穿好了衣服，头发也已经梳得很整齐了。我一看就知道，我说：小伙子，你是洗了澡吧？你什么时间去洗的澡？他说：我插空去洗的。我说：你插空去洗澡，这里还有没有另外一个人？他说：没有。我说：没有第二个人你插空去洗澡，你这个扳道房怎么办？澡也洗好了，衣服也换好了，就等下班了，这种事情文化大革命时我们也干过，所以他那一套我们一看就知道。现在形势不同了，我跟他说：小伙子，你这个饭碗不容易呀！没有到下班时间就洗澡，没有到交班时间衣服就换得好好的，工作服都不穿了，还是扳道房这么要害的部门。刚刚离开那个扳道房往前走一点，再往化工厂那一看，焊得好好的一个围墙钻了一个大窟窿，整个铁栏杆都拿掉了，草地踩得一塌糊涂。当时我这气不知道从哪里来，我说：保卫部你给我在这里守着，抓住 10 个，见报、罚款，严重的炒鱿鱼。我不知道这几天抓到没有。明明有路不走，刚才有的同志说人家那个草怎么怎么绿、怎么怎么长、经济效益怎么怎么好，我们比不上那么高水平，至少我们自己的草也不要踩呀。这个方面的差距很大，基础、素质，我认为还是我们管理不严，上下管理不严。所以昨天我跟有的同志讲，我们今年底 10% 的落后干部要淘汰掉，排队一定给我拿出来。不这样做，没有 10% 淘汰就没有更多人拼搏奋进，这就是客观规律。

环保的差距也很大。我经常给一些同志打电话。打电话干什么？打电话就是：你那个铸钢厂怎么又冒红烟啦，冒得一塌糊涂，赶快给我停掉；你们烧结厂怎么又冒红烟啦；三炼钢怎么又冒红烟啦。不需要总经理打这种电话，这种电话我自己打也很难受！我并不希望打这种电话，但是不打没有这个意识，特别是晚上，那个红烟就冒得更厉害了，反正人家看不着。我说的都是实在话，并没有夸张，我们不惜代价来治理环境，我看更重要的是要提高我们的环保意识。污染环境害人害己，影响我们的子孙万代。为了解决机总铸钢厂的污染，公司拨给他 1000 多万，我说：你赶快给我上。他答应我 9 月底完成，我不知道现在搞的怎么样了。我希望共同来监督，自觉遵守，维护我们自己的生存环境，不是人家的生存环境。

对于工作高度负责的这种态度、这种精神，我们的差距也是很大的。也讲最近发生的事情，昨天的事情。昨天一上班，一看和平桥栏杆怎么又给铁栏杆围起来了，就好像监狱一样的。没有一种认真负责的精神，蛮好的一个水泥栏杆虽然破旧了，我们把它修复就行。说是新钢铁那边剩了一堆冷弯型钢，没地方去了，就给都贴到和平桥上去了。同志们，想想这个不是理由啊，你说你那个冷弯型钢没地方去了，可以用的地方很多，稍动动脑筋，稍有一点负责任的精神就可以了。再看看前天的检查吧，我们几个人去检查，二炼钢、三炼钢之间做那个马路牙子，正好那个地方地下有个铁管子，做那个马路牙子他倒是挺省事，马路牙子做到这边完了，露出个铁管子这么高，马路牙子那边再接上。这算是什么东西。这种事情我看多了，上次大会我也说过，一炼钢那个连铸大墙上面就伸了个钢筋斜插出来，在砌砖的时候，你把那个钢筋挪开再砌砖不行吗？他就把这个钢筋压在砖当中，穿了钢筋出来。

我这个总经理当的真累得不得了，我都得管这种事情。这是什么态度，这是什么工作作风，这是什么工作精神，你比比人家刚才说的劳模看到的，看看人家、想想自己。刚才废品的差距已经讲很多了，我们现在要求的是零缺陷，这个零缺陷首先要求我们从工作的零缺陷开始，才有产品的没有缺陷，工作上没有缺陷不可能出现产品的缺陷。刚才我说的问题不是一个地方的，是好几个地方的，这种事情还有很多。我再举个例子，要修这个马路，接口地段他就不修，你哪怕往上走半公尺或者哪怕走一公尺就接上了，他就不修，停在那里。可能咱们计划经济搞惯了，超计划一点他就不干了。我觉得应该在全公司掀起一个学先进、赶先进的风气，从我们的基础做起，从职工素质做起。这是我想说的第一个方面，看看人家想想自己，决定自己走什么道路。

第二个方面，我觉得迅速消除差距要靠改革，要靠改造，要靠创新，要靠严格的管理。我们刚才说鞍钢现在确实很臃肿，我们现在搞钢铁的怎么算也有 3.9 万人，我们全公司把居家休息的算在里头一共 16 万多人，不算居家休息的据说算到了 13.8 万人、13.9 万人。这样一个状况，我想只有一个出路——迅速地推进、深化改革。同志们一定要理解，如果我们作为一个国家的公民，作为一个鞍钢的职工，我们不靠自己的劳动，靠我们出身在国有企业来坐吃山空是不行的。因此，迟早要断掉这样一个链子，这就是我们所说过的要改制。每一个人作为社会主义市场经济的一个劳动者，要靠自己的劳动，国家欠我们的国家已经有文件，一年工龄给一个月的补贴，剩下就靠自己，靠自己的双手。如果不解决这个链子，我们没有一种危机感，如果我们没有一种被淘汰的危机感，那么总也走不出这个困境。为什么同样的一件事情，不同的人去干效果不一样；国外员工为什么会有那样一种敬业精神，是因为他怠慢一点明天就要被炒鱿鱼了。我还没有被炒过鱿鱼，但我有间接的体会，我在美国的儿子前天给我打电话，说明天公司要裁员。裁员是怎么回事呢？就是你早上一上班，点到你的名字，给你一个纸盒子，你拿到纸盒子走人。纸盒子里面装的是你结算的各种工资收入。哭的，闹的，当时就眼泪哗哗流下来走了，这就是国外的炒鱿鱼。我们现在要有这样一种珍惜自己岗位的意识，珍惜它；如果不珍惜，我们就必须淘汰落后的，我们必须转移多余的，留下精干的，人人都要争取做留下来的。这样才能激励我们不断地提高我们的劳动水平，否则的话，大家都是你看我，我看你，都怕自己多干一点，就把那个铁管子砌在马路牙子里了。就这么干下去，完了就不断地有一汽给我们发这种“慰问信”：贵公司，你公司的大梁板……。这玩意我们怎么受得了，那我们明天就垮台了，我们广大职工的根本利益就得不到保证。总书记说“三个代表”要代表最广大人民群众的根本利益，我看深化改革这才代表发展我们鞍钢的生产力，才能维护我们的根本利益。

第二条必须要迅速地改造。摆在我们面前的任务是非常重的，尽管我们“九五”改造取得了一点成绩，但是没有任何理由值得骄傲。宝钢财大气粗，三热轧、四冷轧、五米的厚板已经开始实施了，比起宝钢我们显得很渺小，我们还很软弱，我们必须要迅速地赶上去，这是毫无疑问的事情。前面有宝钢，后面有海城的300万吨企业。1号3200立方米高炉要迅速地搞好，我们在一排要再干一个3200立方米高炉。我们要把7号高炉、6号高炉改造好，我们要把5号高炉、3号高炉改造好。我们要形成一个强大的物质力量，我们三冷轧马上要开始搞。我觉得我们只有不断地推进我们的技术改造我们才有希望，而且我们的技术改造还都要“高起点、少投入，快产出、高效益”，否则我们鞍钢这样一种老企业永远不可能进入到先进行列。

第三个就是创新。创新我们这方面的差距就更大了。我们买了奥钢联的4号板，我们以为5号板照葫芦画瓢，但是奥钢联说了，我新东西又出来了，4号板又落后了。你跟着他买，你把5号板搞上了，人家又有6号板，又有新东西了。只有一个，只有一条，我们要立足自己，不断地推进我们的创新。当然刚才劳模说了，我们创新的机制还不大好，我们有重大的发明创造，他不是奖100多万元人民币吗？我们可以奖他300万元人民币！问题是有没有这样的创新，问题在这里。我希望在座的同志们明天或者明年能拿出有价值的创新成果来，我们在这里开庆功大会，奖你300万，好不好。做得到，但是我们有没有这样值得奖励的成果。只有靠创新，不断地开发出新的技术、新的产品，把我们的竞争对手甩在后面，我们才有希望，这都是实实在在的。有同志上月跟我讲，竞争石油管线钢，你说什么价钱，人家说我比鞍钢还要便宜多少多少钱。该同志问我：总经理，怎么办。我说：这就是竞争，这就是残酷的竞争，要看我们自己呀。假如说，我们跟他搞的不是一个产品的档次，他是X70，我是X80；他是X80，我是X90，假如说我们有这样一种实力，我们才能立于不败之地。重轨我们要把他远远抛在后面，跟攀钢才不能相提并论。前天，有同志给我打了一个电话，说北京要开一个新闻发布会，每个企业都要拿出两项优质产品作为新闻发布会的产品，宝钢轿车板、石油管线钢，武钢桥梁板，攀钢重轨，逼得我们拿出什么东西呀。说轮辋钢，我心里面想我们中型厂的轮辋钢；说重轨，攀钢已经是榜上有名了；说石油管线钢，宝钢已经占有了；说轿车板，咱们现在数量还很少。我想来想去，说我们报一个集装箱钢板吧，说集装箱钢板不是金牌产品还不行；想来想去，我们鞍钢还没有什么拳头产品，都给挤掉了。可见我们的创新还差得很远。

最后要靠严格的管理。我们现在不严，我们某某人出了纰漏说把他免掉，马上有人说：是不是先找个什么位置把他安排一下呢？我们到年底非下决心不可，我们真正的干部能上能下没有做到，我们的职工能进能出没有做到，所以你严不起来，再严也就是罚几块钱奖金，再严就是这样子了，你还能怎么样？所以才有一个好好的栏杆拉掉了，然后人走来走去，这叫什么事呀。化工总厂和中央大道之间刷上绿油漆的铁栏杆结果给拉掉了几根，变成一个说洞不是洞、说门不是门，也不知道是什么的东西。保卫部抓到了没有呀？一个也没抓到呀，抓到了九个还差一个，决不是九个人我跟你讲。这个还是小事情，同志们，大事情还比比皆是。我们铁运公司有些人里外勾结盗窃废钢、盗窃板头、盗窃焦炭。最近公司要准备加强厂区保卫，巡视了一下我们的围墙，说好多地方偷东西的道路已经修到我们厂区里面来了，说要600万元建一个万里长城，我说1000万元也要建。我们要采用最现代化的手段。我们如果连盗窃都管不住，我这个总经理就引咎辞职。盗窃都管不住，我管什么。现代化的手段现在很多，我听劳模说，说到那个城墙旁边一看，人家警察马上就出来了，说是一个探头已经探到我们有人在旁边了，这就是严格的管理。

要消除差距必须深化改革，加快改造，推进创新，严格管理，否则我们这个差距没有办法消除。

第三个方面，发展是硬道理。刚才很多劳模说了，我非常赞成。同志们不要看国外那个草很漂亮，但我知道那个草很值钱。那个草每周要割一次，每割一次要几十美金，就是一小块地几十美金。然后有杂草还要搞什么除虫、除草剂，还要施肥、还要浇水。如果没有一个经济实力，那个草能养得好吗？那不可能。只有发展才能够解决我们的一系列问题，这个道理我不想多说了。

第四个方面，我想讲企业的发展最终要靠我们职工素质的提高。因为我们是社会主义的国有企业，我们的企业是我们广大职工的企业，是国家的企业，我们要靠我们的职工，最广大职工来共同办好企业。如果我们广大职工没有一个高度自觉的责任感、事业心、一种敬业精神，我们要想把我们的质量搞得很好，把我们的企业办得很好，不可能。我们职工素质的提高，我想我们要靠机制，要靠培训，要靠管理，要靠我们的机制，用人的机制，要靠我们的培训，要靠我们的管理。这方面我们还有很大的差距。刚才劳模已经说到了，我知道国外有一系列专门用于职工培训的教材、教具、设施、力量。我们有，我们没有充分利用起来，比如说我们的职工大学，我们这方面的工作开展得还不够。同时我们用人的机制还不够灵活，真正是业绩取人，这方面我们还有很大差距。

第五个方面，我想说的就是要重视我们的企业文化。追求一种卓越，追求一种零缺陷，追求一种高度诚信，这样一种精神，这样一种态度。在企业文化方面，我们鞍钢提出来是“创新、求实、拼争、奉献”，这八个字我觉得非常好，但是这八个字不是说光喊在嘴巴上，要落实到行动上，落实到我们每一个职工的自觉行动上，那就难度更大了。创新，包括机制创新、管理创新、技术创新、产品创新。求实，这个是马列主义最基本的出发点，实事求是呀。拼争，就包括我们要追求最高的、最卓越的，质量也好，技术也好，指标也好，这个都需要我们努力去拼搏。奉献，我认为我们应该提倡一种团队精神，一种奉献精神，因为只有个人的奉献才能求得整体的卓越，没有个人的奉献不可能。如果我们每个人都要强调自己这一点，那就不可能求得整体的高水平。所以我们这八个字应该说是非常好的，我们这个企业文化应该去发扬，应该去广泛宣传，应该广泛作为我们职工的自觉行动来遵守。但是我们这方面的差距仍然很大。

这些是我听了刚才劳模的这些报告以后，我自己的体会。劳模出国考察的情况在《鞍钢日报》发表了，8 月 29 日发表一次、9 月 5 日发表一次，《鞍山日报》也发表了，而且奇怪的是《鞍山日报》在我们之前发表了，《鞍山日报》人家这种敬业精神，追求新闻的价值远远在我们之前、在我们之上。说这么多，最终要变差距为动力，变我们口头上的这些体会、这些感想为我们的实际行动。我想只有这样，我们鞍钢才能不断地发展，只有这样我们鞍钢才能不断地壮大。我作为总经理，我固然应该有更高的要求要求我们，要求我自己，但是我也希望我们共同来从劳模的这次考察当中汲取经验、教训，然后来改进我们的工作。

在十六大辽宁代表团座谈讨论会上的发言

2002年11月8日

今天上午聆听了十六大政治报告，感到备受鼓舞，催人奋进。报告认真总结了党的十五大以来五年的工作，总结了改革开放以来特别是党的十三届四中全会以来党团结和带领全国各族人民在建设有中国特色社会主义的伟大实践中取得的基本经验，对新世纪新阶段全面推进我国的改革开放和社会主义现代化建设、全面推进党的建设新的伟大工程作出了战略部署，为国有企业在新世纪的新发展指明了方向，提供了强大动力。

从辽宁看，十五大以来的五年，在省委、省政府的正确领导下，通过深化改革和结构调整，以及建立和完善社会保障体系等，GDP逐年显著提高，对外开放不断扩大，老工业基地又焕发出青春。与辽宁的发展变化相一致，在省委、省政府，鞍山市委、市政府及全省人民的大力支持和帮助下，十五大以来的五年，也是鞍钢历史上发展最快、取得成就最大的五年，老企业发生了翻天覆地的变化，被江泽民总书记誉为“旧貌换新颜”。

这里给大家提供一组数据：1998～2002年10月，鞍钢共生产铁4384.86万吨、钢4286.78万吨、钢材3542.95万吨，实现销售收入1120.12亿元，实现利润23.1亿元，上缴税金127.7亿元。

2002年产铁将达到1015万吨，比1997年增加184.79万吨、增幅22.26%，产钢将达到1000万吨、增加172万吨、增幅20.77%，钢材将达到955万吨、增加350.75万吨、增幅58.05%，相当于新增一个大型钢铁企业的产能。

2002年鞍钢预计实现销售收入235亿元，比1997年增加61.03亿元，增幅35.08%；预计实现利润是1997年的12倍、达到10亿元（1997年0.82亿元）；上缴税金将达32亿元，比1997年增加12.09亿元，增幅60.72%（1997年19.91亿元）。

企业固定资产原值由1997年的468.62亿元增加到2002年的660.5亿元、净值由281.09亿元增加到414亿元，分别增加191.88亿元、132.91亿元。

在经济效益不断提高的基础上，职工收入水平有了大幅度提高，人均年收入由1997年的10426元预计提高到2002年的13972元。

从这组数据不难看出，党的十五大以来，鞍钢的生产规模迅速扩大，盈利能力显著增强，职工生活水平逐年提高，国有资产保值增值效果明显。具体的措施就是一靠深化改革；二靠运用高新技术改造传统产业，不断提高生产力发展水平。

一、深化企业改革

十五大以来的五年，可以说是鞍钢改革力度最大的五年。我们按照中央提出的建立现代企业制度十六字方针“产权清晰、权责明确、政企分开、管理科学”的要求，精干主体、分离辅助、减员增效、转机建制，取得了很好的成效。

经过这五年的改革，26个单位成为具有独立法人资格的全资子公司，母子公司体制已经形成。这些子公司独立经营，自负盈亏。从1998年到现在，子公司比1997年减亏增效56.22亿元。

规范了法人治理结构，从事钢铁主业的新钢铁有限责任公司、新轧钢股份有限公司组建了董事会、监事会，在国务院向鞍钢派驻监事会的同时，集团公司向各子公司派驻了监事会，初步建立了现代企业制度。

从事钢铁主体人员从1997年的8.55万人减少到2002年9月的3.92万人，减少了4.63万人。全员劳动生产率由1997年的66089元/人，提高到2002年的140869元/人。同时，开辟新的就业渠道和效益增长点，妥善安置了富余人员。

我们深刻感到，鞍钢的改革能够不断深入推进并取得明显成效，其中很重要一点，就是国家的政策支持和辽宁省委、省政府的大力帮助，同时也是与鞍山市的良好合作分不开的。比如说，我们利用国家的政策支持，组建了新轧钢股份有限公司，并在香港和深圳上市融资41亿元；适应国家"债转股"改革，与资产管理公司组建了新钢铁有限责任公司，转股额度63.66亿元。

在分离企业办社会职能上，辽宁省委、省政府给予了大力支持。鞍钢职工的养老保险已全部纳入省级管理；从今年7月1日起，全民职工、鞍山地区的集体职工失业保险全部实行属地化管理；鞍山、大连、朝阳等地区鞍钢所属中小学全部移交地方；公安系统也已移交地方，有力地促进了企业改革和现代企业制度的建立。为促进地方与鞍钢的合作，市里在政策上给予了积极的支持。如：铸管厂搬迁改造，市政府为支持鞍钢的发展，将土地补偿金3000万元无偿返还给鞍钢用于职工安置和改造，等等。这些都为鞍钢的改革发展起到了支持和促进作用。

二、依靠高新技术改造传统产业，提高了生产力发展水平

五年来，我们坚持走"高起点、少投入、快产出、高效益"的老企业技术改造新路子，用高新技术改造传统产业，使主体技术装备和生产工艺迅速达到了国际先进水平，成本大幅度下降，产品的质量和档次明显提高，市场竞争力大大增强。

比如说我们全部淘汰了平炉，实现了全转炉炼钢，转炉钢比平炉钢每吨降低成本100元；淘汰了炼钢模铸工艺，实现了全连铸，连铸比模铸每吨降低成本200元；通过实施"提铁降硅"技改攻关，今年9月铁精矿品位提高到67.03%，其中弓长岭铁矿提高到68.86%，达到了国际一流水平，淘汰热烧结工艺，实现冷矿比100%，使生铁成本降到936.52元/吨，比去年降低46.46元。

再比如，我们新建了目前世界最先进的1780热连轧生产线，依靠自己的力量，建成了国内第一条拥有自主知识产权、达到当代国际先进水平的1700短流程薄板坯连铸连轧生产线，两条生产线今年生产高质量热轧卷板将达到560万吨，占鞍钢材的60%，并出口美国、日本、意大利、韩国等10多个国家和地区，其中包括韩国浦项等国际一流钢铁企业；改造原有冷轧机，形成一条国际先进水平的冷轧酸洗联合机组，每年生产优质冷轧薄板150万吨。建成了目前世界最先进的重轨精整加工线，累计生产高速重轨近5万吨，并铺设到国内第一条时速200公里高速铁路秦沈客运专线。有效地改善了企业产品结构，提高了产品档次，彻底改变了鞍钢过去给人留下的只能生产"大路货"的印象。

技术改造优势的发挥，为鞍钢新产品开发奠定了坚实的物质技术基础。目前，鞍钢的新产品产量已经达到钢材总产量的10%以上，特别是一批国内市场急需的高品质、

高技术含量、高附加值产品开发取得成功，极大地提升了鞍钢产品的国际形象和市场竞争力。如：X70管线钢中标西气东输工程，X65管线钢又中标巴基斯坦WOPP管线工程，目前已经出口2500吨，年底前再出口1万吨；冷轧轿车板到10月底已生产1.13万吨，超全年1万吨目标1300吨，并打入一汽、二汽、上汽等市场。集装箱钢板销售已达到23.34万吨，其中集装箱用薄规格钢板销售量达5万吨。热轧船板的开发也取得突破，今年已生产销售16.16万吨，在大连新船重工有限公司为伊朗油轮公司建造的第一艘30万吨油轮中，鞍钢热轧船板供货达10余万吨，经复检和实际使用，钢板完好率达到了99%以上，产品多项指标达到或超过日本、韩国同类产品水平。同时，大连新船重工有限公司已经决定，在接下来为伊朗油轮公司建造的其余几艘大型油轮中，90%以上的船板将使用鞍钢产品。目前，鞍钢已有74.4%的产品实物质量达到国际先进水平，比1997年提高了70.3个百分点。综合成材率由1997年的82.73%，提高到2002年的94.27%，提高11.54个百分点。

五年来，我们始终坚持正确处理改革、发展、稳定的关系，在做强主业的同时加快发展非钢铁产业。一方面把非钢产业的发展作为优化产业结构的重要措施；另一方面，也是分流安置主体富余人员的重要渠道。“九五”期间我们对非钢产业投入46.15亿元，占总投资的30.77%，“十五”以来我们又投入近16亿元，约占总投资的50%。作为转岗职工安置基地——鞍钢实业发展总公司，截至目前共妥善安置主体分流转岗职工11000人。

回顾十五大以来鞍钢的发展变化，使我们更加深刻地体会到，党中央、国务院关于搞好国有企业的方针政策是完全正确的，只要不折不扣地加以贯彻落实，国有企业就能够实现更快、更好的发展。

十六大报告对搞好国有企业提出了新的更高的要求，深入学习、宣传、贯彻好报告精神，就必须进一步忠实实践“三个代表”重要思想，牢固树立强烈的政治责任感和使命感，把党中央、国务院关于搞好国有企业的方针政策与鞍钢的实际相结合，牢牢把握发展这个“第一要务”不动摇，与时俱进地开创各项工作的新局面。具体地说，就是要在过去五年振兴发展的基础上，按照十六大报告提出的要求，着眼于在本质上提高鞍钢市场竞争力的档次和水平，进一步深化改革，加快改造和加强管理，发展生产力。

我们将按照十六大精神，进一步深化改革，推进了公司、直属单位转换经营机制，钢铁主体继续实施减员增效，通过实现投资主体多元化，妥善安置好分流富余人员；坚持不懈地发展生产力，搞好“十五”技术改造。大型厂改造二期工程12月1日全线热负荷试车；无缝厂AG机组改造于年底进行热负荷试车；新建的3200立方米现代化大高炉，将于2003年4月竣工投产；与德国蒂森克虏伯公司在大连合资建设的40万吨镀锌板生产线，将于2003年4月投产；冷轧厂二号生产线将于2003年6月竣工投产，设计年产150万吨冷轧板，主要用于汽车、家电、建筑等行业；引进日本新日铁公司先进技术的两条彩涂板生产线2003年初竣工投产。与此同时，加快企业信息化建设，做好鞍钢与美钢联合作开发综合管理信息系统，推动企业管理观念和方式的变革。按照十六大报告的要求，进一步加强企业党的建设，加强和改进思想政治工作，为推进企业改革发展提供坚强政治保证。到“十五”末，将鞍钢建设成现代化板、管材精品生产基地，进入国际先进钢铁企业行列，为我国国民经济的发展和辽宁工业的振兴作出新的更大的贡献。

高起点 少投入 快产出 高效益

——老企业技术改造的探索与实践

2003 年 1 月

“九五”以来，鞍钢坚持“高起点、少投入、快产出、高效益”的技术改造方针，走出了一条崭新的振兴发展之路。

1999 年 8 月 14 日，江泽民同志视察鞍钢，称赞鞍钢“旧貌换新颜”。2002 年 6 月 14 日，胡锦涛同志视察鞍钢，对鞍钢工作给予了充分肯定。今年 5 月 31 日，温家宝同志到鞍钢考察时说，“鞍钢给我留下突出的印象。这几年下大功夫进行技术改造，明确技术改造的方针和重点，效果明显，效益显著，鞍钢的许多经验值得总结。”

一、以市场为导向明确技改思路，制定符合实际的技改规划

“九五”伊始，鞍钢面临不改造就没有出路、不改造就不能生存发展的严峻形势。我们面临两大挑战。一是资金短缺。如果再走过去主要依靠贷款搞技术改造的老路，产出的效益还不够支付银行贷款的利息，最终只能是恶性循环、死路一条。二是科学决策。在市场经济条件下，如果盲目上项目，无异于雪上加霜，拖垮企业。因此，我们必须探索一条符合鞍钢实际的技术改造新路。

（一）明确技术改造指导思想

“九五”以来，我们在技术改造指导思想上实现了四个方面的重大转变：

（1）由片面追求数量扩张，转到注重改善品种质量，采用先进装备和生产工艺，提高企业市场竞争力的增长方式上来。

（2）坚持用当今世界先进技术改造钢铁主业，关键环节和部位采用当代高精尖技术，实现技术水平上的高起点。

（3）主要依靠自己的力量，发扬自力更生、艰苦创业精神，盘活一切可以盘活的存量资产。

（4）充分利用资本市场等多渠道筹资方式，实现企业的现代化改造。

上述四个转变，我们把它概括为“高起点、少投入、快产出、高效益”。**“高起点”**就是要采用先进技术和工艺，使整体装备达到当代世界先进水平。**“少投入”**就是盘活一切可用的资产，尽可能运用自己的力量，最大限度地压缩投资额。**“快产出”**就是大项目投资回收期不超过 5 年，一般项目不超过 2 年。**“高效益”**就是既要做到改造期间不停产或少减产，又要通过技术改造大幅度提高企业经济效益和市场竞争力。

（二）适应市场要求，调整确定企业技改规划

“九五”以来，我们对过去制定的 1000 万吨钢技改规划进行了调整和修改，确定了鞍钢“九五”、“十五”技改规划，主要内容有：

本文发表在《中国钢铁业》，2003(1)：34～36。

（1）实现装备大型化。大型球团生产线、大型高炉、大型烧结机、大型焦炉已经建成投产或即将投产。

（2）淘汰落后生产工艺。实现全转炉炼钢、全连铸和炉外精炼。

（3）建成三条短流程连铸连轧生产线。1700ASP 连铸连轧热轧带钢生产线、高速重轨连铸连轧生产线、一炼钢 950 连铸连轧生产线。

（4）提高板管比。建成 1780、1700 两条热轧线、两条冷轧线、三条镀锌线、两条彩涂板生产线和 ϕ159MPM 无缝管连轧机组；正在对宽厚板生产线、中板生产线进行改造。

（5）西部建设。形成一个工艺布局合理、高水平、短流程的现代化西部新区，目前西区建设的规划设计已经完成。

二、坚持效益最大化原则，优先投资回收期短的项目，实现滚动发展

据专家测算，鞍钢“九五”技改投资回收期 3.7 年，目前投资已全部收回。

（1）优化实施“平改转”。“九五”原规划用 51 亿元对二炼钢进行易地改造、一炼钢暂不改造。1996 年，我们对原规划的平改转思路进行了调整，用极少的投资对一炼钢、二炼钢厂进行就地改造，实现了全转炉炼钢。

（2）优化实施全连铸。用极少的投资实现了全连铸，连铸比模铸平均降低成本 200 元/吨，不到 2 年收回全部投资。

（3）用较少的投资建成 1780 工程。在保证工艺技术水平不降低的情况下，用国家批准投资规模的一半投资完成 1780 工程，不足 4 年收回全部投资。

（4）1700 连铸连轧工程不到 2 年收回全部投资。冷轧酸洗联合机组实现了投资少、产出快、效益高，用 2 年时间收回全部投资。

在“九五”投资已全部收回，积累了资金的情况下，“十五”期间重点实施矿山、烧结、炼铁等工序改造，大力开发钢材深加工的能力，进一步提高产品附加值和技术含量。

（1）矿山系统实施提铁降硅攻关。弓矿公司铁精矿品位提高到 68.87%，鞍矿公司齐选厂提高到 67.4%，达到国际一流水平。

（2）新建两台 360m^2 烧结机。淘汰落后的热烧结工艺，实现冷矿比 100%。

（3）新 1 号 3200m^3 高炉建成投产。增加了鞍钢生铁的产能，降低了炼铁生产成本，改善了厂区生态环境。

（4）建成高速重轨生产线。不仅具备生产高精度、高强度、高速度重轨的能力，而且能够生产中小规格 H 型钢系列产品，进一步提高了鞍钢型材产品的市场竞争力。

（5）冷轧 2 号线工程投资相当于国内同等装机水平的二分之一，今年已竣工投产。

（6）彩涂板生产线竣工投产，鞍钢钢材深加工产业实现了历史性突破。

（7）三条镀锌板生产线将于年内竣工投产。

三、盘活一切可以盘活的资产，扩大设备国产化比重，压缩工程投资

（一）盘活存量资产

一炼钢连铸连轧工程：利用原有的厂房、轧机、辊道、冷床等，共节约资金 1 亿元。

平改转工程：一炼钢、二炼钢利用原有厂房、设备，分别节约资金2.46亿元、2.87亿元。

1700工程：利用原有厂房、设备，节约资金5.62亿元。

1780工程：利用原有厂房、设备，节约资金6000多万元。

高速重轨工程：利用原有设备节约资金8000万元。

（二）扩大设备国产化比例

1780工程：85%的设备由国内生产。

1700工程：轧线设备100%国内制造、连铸设备91.5%国内制造，全线设备国产化率达到99.5%。

三炼钢厂2号板坯连铸机工程：只引进了三电系统和关键部件及单机，设备国产化率达到95%以上。

冷轧2号线工程：轧机设备国产化率96.3%、酸洗设备93%，重卷机组、再生机组100%国内设计制造。

（三）集中引进关键设备，降低成本

两条彩涂板、三条镀锌线、两台制氧机项目，通过组合谈判分别节约投资1.48亿元、6300万元、3500万元。

四、追踪世界先进技术，把投资用到工艺技术水平的提高上

平炉改转炉工程：采用了德国西门子公司PLC控制设备和数字传动系统，氧枪、称量、锅炉、烟气净化等重要参数全部实行计算机控制；采用了二次除尘、溅渣补炉、散装料筛分、新式氧枪定位机构等新工艺。

连铸工程：采用了辊间隙自动测控、细辊密布辊列、多点弯曲多点矫直、气雾二次冷却、无氧化浇注、结晶器钢液面自动检测与控制、质量预测和板坯自动跟踪和最佳切割等技术。

1780热轧线：采用了当代国际上最先进的热轧带钢技术。主要包括：板坯热装热送工艺、板坯调宽、板形与板厚控制、在线磨辊和自由轧制、层流冷却、热轧润滑工艺、带跳步控制的全液压卷取机、主传动实现交-直-交全交流、多级计算机控制及全数字化和GTO电源变换无功率补偿等技术。

1700连铸连轧线：采用了世界上先进的串辊和闭环控制技术，短流程紧凑布置、热送直装技术等。轧钢部分的液压AGC、层流冷却、三级计算机控制、热装热送工艺等都达到了目前国际先进水平。

酸洗-轧机联合机组：采用了代表20世纪90年代世界先进水平的浅槽紊流盐酸洗工艺，运用了先进的板型控制技术、高精度的厚度控制技术等。系统中具有基于神经元网络的自优化系统，使厚度控制精度大大提高。

冷轧2号生产线：工艺控制技术包括先进的秒流量控制、具有执行器效率自学习的板形控制系统、基于神经元网络自学习技术的二级计算机系统，装备水平和产品质量均达到国际先进水平，目前已生产出超设计能力（产品大纲规定板厚0.3mm）的0.20mm厚的冷轧板卷。

高速重轨短流程连铸连轧生产线：在国内首家引进世界先进的钢轨万能轧机，解决了钢轨底部强度不够、轨底外凸和钢轨不对称的缺陷，引进世界先进水平的平立复合矫直机和四面压力矫直机，解决了钢轨平直度不高、矫直盲区的难题，采用纵向布

局，具有生产50米长重轨的能力。

φ159MPM无缝管连轧机组：对无缝厂AG机组实施整体改造，引进了当今世界最先进的限动芯棒连轧管机组，采用了抗氧化技术和高温润滑技术、三辊内传动14架微张力定径机。

年产30万吨的两条彩涂板生产线：主体生产装备和工艺技术从日本新日铁公司引进，电气部分由日本三菱公司提供，其核心涂漆工艺采用当今世界最先进的辊涂技术和两涂两烘工艺，整体技术装备达到世界先进水平。

新1号3200m^{3}高炉工程：采用了烧结矿分级入炉、串罐偏心卸料无料钟炉顶、出铁场平坦化、英巴法配水冲渣、比肖夫煤气清洗、煤气余压发电及全DCS三电一体化自动控制等10多项国内外新技术，总体装备达到国内一流水平。

五、找准切入点，坚持走洋为我用、自主创新、举一反三、扩大成果、对外输出的发展道路

转炉的开发：新建的4号~9号转炉均是我们自行开发建设。

连铸的开发：在消化1号板坯连铸机技术的基础上，自行设计、开发了2号板坯连铸机。同时，其他连铸都是鞍钢自主开发设计，在工艺和软件编程技术上鞍钢拥有自己的知识产权。

1780热轧线：引进日本三菱技术，扩大国内制造比例，运用自主开发的成果，培养了热轧成套装备建设的技术队伍。

1700热轧线：是我国第一条自行设计、自行施工的拥有全部知识产权的热轧生产线，整个生产线达到国际先进水平。

冷轧2号线：是目前国内9条冷连轧生产线中唯一一条自己技术负责、自行设计制造和施工调试的生产线，培养了冷轧成套装备建设的技术队伍。

对外技术输出：大力推进以ASP、冷轧酸洗连轧技术为代表的一批具有自主知识产权的专有技术输出，形成新的效益增长点。

六、用改革的办法推动技术改造，层层建立责任制，形成有效的激励和约束机制

实行项目经理负责制。由项目经理对立项、设计、设备采购、施工、达产、达效全过程负责，提高了固定资产投资的质量与效益。

在工程管理上实行合同制、层层分包的经济责任制和全员风险抵押制，及时对投资进行动态、有效的监控。

实行规范的招投标制。在保证技术、质量、工期的前提下大幅降低了工程造价，提高了投资收益。

用改革的方式筹措技术改造资金。“九五”以来，鞍钢主要依靠直接融资，即通过资产重组和股份制改造，在资本市场筹集改造资金。1997年，鞍钢设立新轧钢股份有限公司，先后在香港和深圳上市，共筹集资金41亿元。2000年，根据国家债转股政策，以优良资产与资产管理公司组建了新钢铁有限责任公司，实现债转股额度63.66亿元。

七、技术改造的成效

（1）**全部淘汰平炉，实现全转炉炼钢**。用极少的投资，一年零九个月，淘汰了平

炉，提高了钢水质量，解决了污染问题。

(2) **仅用相当于兄弟企业1/2或1/3的投资实现了全连铸。**连铸比达到100%，新增连铸能力875万吨，年降成本11亿元。

(3) **炼钢工艺达到国际先进水平。**新增了RH炉外精炼、脱硫扒渣和LF钢包精炼炉等设备，形成了从铁水预处理到转炉的自动吹炼、钢水炉外精炼与真空处理，再到铸坯的高效连铸的生产工艺流程。

(4) **实现了多条世界先进水平生产线。**

用31个月采用当今热轧先进技术，建成具有世界先进水平的1780热轧线。

用118天时间采用先进技术工艺改造老1700生产线，形成了一条具有当代先进水平的短流程、薄板坯连铸连轧生产线。

改造原有冷轧机，形成一条先进水平的酸洗连轧生产线。

新建冷轧2号生产线，装备水平和产品质量均已达到国际先进水平。

通过改造，建成了集精炼、精铸、精轧、精整于一体的短流程重轨生产线，其短流程工艺为国际首创。

(5) **提高板管比，强化产品深加工，改善产品结构，提高产品质量，企业效益大大增加。**2002年，板管比达到76.54%，比1994年提高36.54个百分点；产品实物质量达到国际先进水平的比例达到74.91%，比1994年提高68.61个百分点。

(6) **开发了具有自主知识产权的转炉技术、薄板坯连铸连轧技术和冷连轧技术，并已对外输出。**

(7) **企业市场竞争力大大提高。**2002年实现销售收入245.56亿元、上缴税金31.84亿元，同比分别增加45.41亿元、1.64亿元；在消化历史遗留问题、增提折旧、增加职工收入等总计15亿元的情况下，实现利润总额12.15亿元。

今后，鞍钢要在党的十六大精神指引下，坚定不移地走新型工业化道路，大力推进“三个创新”，不断增强鞍钢的竞争实力和发展后劲，为全面建设小康社会做出新的贡献。

鞍钢第二步奋斗目标的实践

2003 年 3 月

十五大以来的五年，鞍钢忠实实践“三个代表”重要思想，认真贯彻党中央、国务院各项方针政策，在省委、省政府的关心和大力支持下，经过广大职工的努力，生产经营、改革改造等各项工作取得新突破，截至 2002 年，提前三年实现了五次党代会确定的第二步奋斗目标。2002 年 6 月 14 日，胡锦涛同志亲临鞍钢视察，对鞍钢工作给予了充分肯定。

下面，我列举一组数据来说明近几年来鞍钢的变化：

（1）**产量**：2002 年，在品种优、质量好、效益高的前提下，实现了铁、钢双超 1000 万吨目标，铁产量达到 1013.63 万吨、钢达到 1006.65 万吨、钢材达到 960.28 万吨。产铁比 1997 年增加 184.79 万吨，增幅 22.3%；钢增加 178.65 万吨，增幅 21.58%；钢材增加 356.03 万吨，增幅 58.92%，相当于新增一个大型钢铁企业的产能。

（2）**销售收入**：2002 年预计实现 245.55 亿元，比 1997 年增加 71.58 亿元，增幅 41.15%。

（3）**利润**：2002 年预计实现 11.59 亿元，是 1997 年的 14.13 倍，这些利润是在消化历史遗留问题、增提折旧、增加职工收入等总计 15 亿元的情况下取得的。

（4）**上缴税金**：2002 年预计达到 31.81 亿元，比 1997 年增加 11.9 亿元，增幅 59.77%。

（5）**企业固定资产原值**：由 1997 年的 468.62 亿元增加到 2002 年的 600.13 亿元、净值由 281.09 亿元增加到 356.42 亿元，分别增加 131.51 亿元、75.33 亿元。

（6）**职工收入水平**：人均年收入由 1997 年的 10426 元提高到 2002 年的 13941 元。

几年来，我们主要做了以下几项工作。

一、按照建立现代企业制度的要求，进一步深化企业改革

（一）分离辅助，将非钢产业与主业分离

经过这五年的改革，26 个单位成为具有独立法人资格的全资子公司，母子公司体制已经形成。这些子公司独立经营，自负盈亏。从 1998 年到 2002 年，子公司比 1997 年减亏增效 56.29 亿元。

（二）规范法人治理结构

从事钢铁主业的新钢铁有限责任公司、新轧钢股份有限公司组建了董事会、监事会。在国务院向鞍钢派驻监事会的同时，集团公司向各子公司派驻了监事会，初步建立了现代企业制度。

本文是作者在十届全国人大分组讨论时的发言提纲，此次公开出版略有改动和删节。

（三）精干主体，提高劳动生产率

从事钢铁主业人员从1997年的5.44万人减少到2002年底的3.89万人，减少了1.55万人。全员劳动生产率由1997年的66089元/人，提高到2002年的117790元/人。

（四）分离企业办社会职能取得新进展

在省委、省政府，市委、市政府的支持帮助下，下岗职工基本生活保障向社会失业保险并轨工作取得较大进展，2002年共实施“并轨”7943人，其中全民职工4192人、混岗集体职工3751人。职工养老保险已全部纳入省级管理，职工失业保险全部实行属地化管理，所属中小学和公安系统移交地方。

二、用高新技术改造传统产业，提高了核心竞争力

（一）“九五”技术改造胜利完成

实现了全冷料、全转炉炼钢和全连铸；建成具有世界先进水平的1780热轧线；完全依靠自己力量，采用先进的工艺技术，建成了我国第一条拥有自主知识产权、具有当代国际先进水平的1700短流程薄板坯连铸连轧生产线；改造原有冷轧机，形成一条国际先进水平的冷轧酸洗联合机组。鞍钢“九五”技改完成投资137.5亿元，与国家批复的总体规划投资相比，节约76.02亿元。同时，完成了规划以外的11项重点工程，扩大了“九五”技术改造成果，极大地提升了鞍钢的产品质量和档次。“九五”投资回收期3.7年。

（二）“十五”技术改造取得阶段性成果

实施提铁降硅攻关，铁精矿品位达到国际一流水平。1780二期工程、1700二期工程提前完成，迅速达产达效，两线2002年生产优质热轧卷板560万吨。大型厂二期改造工程基本结束，目前已进入试生产阶段，全年生产优质重轨43.7万吨，我国第一条具有国际先进水平的钢轨万能轧制生产线于2002年12月8日全线热负荷试车成功。新1号高炉计划3月25日左右开炉；二炼钢5号板坯连铸设备安装调试，计划3月20日后热负荷试车；无缝AG机组3月20日前热负荷试车；两条彩涂板1号线正在进行热负荷试车、2号线3月初投产。冷轧2号线酸洗机组带负荷试车，预计7月投产。1号镀锌线设备安装完毕，2月15日单体试车。大连镀锌线主厂房土建施工完成，机械设备开始安装，预计7月底投产。其他改造项目都按计划进行。

（三）技术创新取得新突破

1700中薄板坯连铸连轧生产线通过了由国家经贸委组织、钢铁工业协会主持的验收和有5位工程院院士及国内热连轧技术专家组成的鉴定委员会的鉴定，获中国钢铁工业协会、金属学会冶金科学技术特等奖，并在成套输出连铸连轧技术上迈出新步伐。

（四）实施精品战略，打造出一批名牌产品

集中精力开发和生产市场短缺的“专、特、优”产品，重点研发了冷轧轿车板、贝氏体钢轨、中低牌号冷轧硅钢、X70管线钢、集装箱用薄规格钢板、热轧船板等6项高品质、高技术含量新产品。其中，冷轧轿车板已打入一汽、二汽、上汽等市场；X70管线钢首次实现商品化大批量生产，并中标西气东输工程；2002年生产集装箱用薄规格钢板8万吨，推广热轧船板18万吨。2002年共开发推广新产品89项，产量128.38万吨，创效6.32亿元；生产专用材356万吨。

三、加强企业管理，提高企业综合素质

建立了企业核心管理制度体系。钢铁主体实行集中一贯制管理，推进全面预算管

理，开展TPM管理。建立了管理信息化基本数据库和宽带网，与美钢联签约共同开发鞍钢综合管理信息系统。全面通过ISO9000质量体系认证，74.91%的产品实物质量达到国际先进水平，比1997年提高了71.78个百分点。综合成材率由1997年的82.73%，提高到2002年的94.17%，提高11.44个百分点。加大环保力度，冶金工厂除铁前系统外，已全部通过ISO14000环境管理体系认证。冶金工厂绿化覆盖率达32.2%，荣获辽宁省"花园式工厂"称号。

四、在做强做大钢铁主业的同时，加快发展非钢铁产业

"九五"期间我们对非钢产业投入46.15亿元，占总投资的30.77%，"十五"以来我们又投入近16亿元，约占总投资的50%。作为转岗职工安置基地的鞍钢实业发展总公司，共妥善安置主体分流转岗职工11000人。

十六大提出走"新型工业化道路"，"大力推进企业的体制创新、技术创新和管理创新"，"支持东北地区等老工业基地加快调整和改造"。这既对鞍钢提出了新的更高的要求，又为鞍钢提供了难得的发展机遇。我们必须牢固树立强烈的政治责任感和使命感，增强发展意识，抓住发展机遇，把党中央、国务院关于搞好国有企业的方针政策与鞍钢的实际相结合，牢牢把握发展这个"第一要务"不动摇，与时俱进地开创各项工作的新局面。

（一）牢牢把握"第一要务"，把鞍钢发展提高到新水平

从2003年起，鞍钢将瞄准世界先进水平加大发展力度，力争早日迈入世界先进钢铁企业行列。2003年计划生产铁1070万吨、钢1055万吨、钢材982万吨，并力争突破1000万吨。出口和以产顶进钢材150万吨。实现销售收入252亿元、利润总额12亿元，产品成本降到国内最低水平。

（二）大力推进体制创新和机制创新

按照建立现代企业制度的要求，完善董事会、监事会和经理层各负其责、协调运转、有效制衡的法人治理结构。

贯彻落实国家八部委《实施办法》，实施改制分流。理顺改制单位的产权关系、分流安置富余人员的劳动关系、改制企业与原主体企业的隶属关系，多渠道分流安置企业富余人员。继续实施钢铁主体的减员增效改革。在省委、省政府，市委、市政府的大力支持帮助下，将改制分流、减员增效与加快实施下岗职工基本生活保障向社会失业保险并轨相结合，保持企业和社会的稳定。鞍钢已经制定出贯彻落实国家八部委文件改制分流的《实施方案》，并对这项工作做出了部署，选择9家单位进行试点。

（三）加快"十五"改造步伐，推进技术创新

技术改造主要是建设东部1000万吨钢精品基地和开发西部。建设东部1000万吨钢精品基地，主要项目包括：进行弓矿球团改造，新建两座6米焦炉和炼铁新1号高炉。推进二炼钢5号板坯连铸机、一、二、三炼钢铁水脱硫扒渣、三炼钢挡渣和顶底复合吹炼等项目，全面提高钢的品种质量。通过大型厂、冷轧2号线、1号、2号镀锌线、两条彩涂线、厚板厂和无缝AG机组等改造项目投产达效，新建冷轧3号线、热轧镀锌线和中板厂改造，以及推进一批节能降耗和环保工程建设，将东部建成品种结构合理、产品附加值高、市场竞争力强、环境优美的精品生产基地。开发西部，主要是以三炼钢易地大修为契机，形成一个集炼铁、炼钢、连铸、热轧、冷轧及相应配套设施，工艺布局合理、高水平、短流程的西部新区，进一步做大做强钢铁主业。

1. 研制开发高精尖产品，提升产品档次

冷轧轿车板、管线钢、集装箱用钢板、热轧船板、贝氏体重轨和冷轧硅钢 6 项重点开发的产品要全面进入大批量生产，市场份额大幅度提高。2003 年开发新产品 50 项，开发试制推广总量 66 万吨，生产高附加值（专用材）产品 332 万吨以上。

2. 大力推进以 ASP 为代表的技术输出，提高核心竞争力

要以输出 1700 中薄板坯连铸连轧（ASP）技术为起点，不断提高热连轧、冷连轧成套设备技术的集成、输出和对外技术服务能力水平。

（四）以建设“数字鞍钢”为目标，推进管理创新

以同美钢联合作开发综合管理信息系统为契机，全面推进鞍钢信息化建设，逐步建成钢铁主体生产、销售、技术质量和财务管理信息系统，以及采购供应、设备管理、人力资源信息系统，实现合同、计划、生产、发货、结算全线信息系统集成，使信息流、物资流、资金流同步运行，全方位满足生产经营的需求。适应 ERP 建设，实现企业流程优化再造。

通过上述措施，到 2005 年使鞍钢技术装备得到全部更新，从事钢铁生产的职工人数降至 2 万人以下，劳动生产率提高到 500 吨钢/(人·年)以上，达到国际水平。产业结构进一步调整，经济效益进一步提高，年销售收入达到 350 亿元，利润翻一番，上缴税金超过 50 亿元，非钢产业收入达到 35%，具备与国际先进钢铁企业竞争抗衡的实力。有党中央、国务院的正确领导，有省委、省政府的大力支持，对鞍钢的未来我们充满信心。

鞍钢的新型工业化道路

2003年3月1日

记者：刘玠同志，党的十六大报告中在谈到经济建设和经济体制改革问题时，运用了这样几个关键词语："新型工业化道路"，"坚持以信息化带动工业化，以工业化促进信息化。"这是十六大报告中的新概括、新提法。请您结合对这几个新提法的理解，谈谈鞍钢如何走新型工业化道路？

刘玠：所谓工业化，我认为随着世界科学技术的急速发展，应该赋予新的含义，那就是要调动一切生产要素，在我们的生产活动中创造出一流水平的技术指标，一流水平的经济指标，核心是创新。落后的工业、工艺只能被淘汰、消亡，而钢铁工业生产中最活跃的生产要素之一就是信息化、自动化。正如江泽民同志在《加快我国的信息化建设》一书的序言中深刻指出的："信息化是一场带有深刻变革意义的科技创新，把我国工业提高到广泛采用信息智能工具的水准上来，用信息技术武装工业和国民经济，以提高国际竞争力，实现跨越式发展。"十六大报告明确提出："信息化是我国加快实现工业化的必然选择。坚持以信息化带动工业化，以工业化促进信息化，走出一条科技含量高、经济效益好、资源消耗低、环境污染少、人力资源优势得到充分发挥的新型工业化路子。"企业作为市场经济的主体，应当成为推动国民经济和社会信息化的核心力量。企业应该站在时代发展的前沿，积极利用现代信息技术，加速企业信息化进程。通过信息资源的深度开发和广泛应用，不断提高企业的生产、管理、经营、决策的效率和水平，促进企业的技术创新、管理创新、制度创新，提高企业的整体素质和适应经济全球化的国际竞争能力。

鞍钢作为一个老国有企业，"九五"以来，十分重视企业的信息与自动化建设，在提高信息化手段、强化基础管理、引进先进管理理念、培养信息化建设复合人才等方面进行了大胆探索，把信息化建设与企业"三改一加强"紧密结合起来，借助信息与自动化努力缩小与世界先进钢铁企业的差距，实现了老企业的跨越式发展。鞍钢按照"高起点、少投入、快产出、高效益"的原则，坚持以信息化、自动化带动工业化，以工业化促进信息化、自动化，对鞍钢原有落后的工业流程，采用世界先进的技术装备、先进的信息自动化技术和先进的工艺流程，进行了全面的技术改造。

记者："九五"以来，经过这些卓有成效的技术改造和信息化建设，使鞍钢在激烈的市场竞争中焕发了一个老的特大型钢铁联合企业的青春活力。说到底就是用信息化、自动化带动了工业化。请您谈谈这方面的主要经验和体会？

党的十六大报告中指出："实现工业化仍然是我国现代化进程中艰巨的历史性任务。"辽宁作为国家的老重工业基地，探索国有大企业如何走新型工业化道路，任务尤其紧迫而繁重。在这方面，被江泽民同志誉为"旧貌换新颜"的鞍钢，近年来为全省乃至全国创造和积累了成功经验。就这个话题，《理论与实践》杂志记者采访了中共中央候补委员、中国工程院院士、鞍钢党委书记、总经理刘玠同志。

刘玠：谈四点。一是站在高起点上，在确定先进工艺技术改造方案的同时还要确定先进的信息化自动化方案，以不断提高工业技术水平，使其相辅相成，互为提高。二是要勇于创新，以时不我待的责任感和使命感建设拥有自主知识产权的大型自动化控制系统。三是钢铁企业要实现信息化、自动化，必须统筹规划，扎扎实实做好基础工作。四是培养人才，建立基地，以工业化促进信息化自动化。

鞍钢近几年来，在坚持以信息化自动化带动工业化的同时，坚持以信息化自动化的工程项目锻炼队伍培养人才，促进了信息化自动化的建设。把信息化自动化作为一种产业来发展，在大连投资1亿元人民币建立了信息化、自动化的产业。

记者：我们来到鞍钢采访，发现目前鞍钢上上下下都在瞄准一个共同的目标，那就是——紧紧抓住新世纪头二十年的重要战略机遇期，走新型工业化道路，努力提高经济运行质量和效益，促进鞍钢各项工作上新台阶，迈入世界一流钢铁企业行列。请您谈谈，今后为实现这一奋斗目标，鞍钢的新思路、新举措和新突破。

刘玠：我们重点抓以下几方面工作。

一、把思想和行动统一到十六大精神上来，进一步增强全面贯彻“三个代表”重要思想的自觉性和坚定性

紧密结合企业改革和发展的实际，使全体员工深刻认识到，搞好鞍钢的改革和发展，对于发展和完善以公有制为主体、多种所有制经济共同发展的基本经济制度的极端重要性，对于维护改革、发展、稳定大局的极端重要性，进一步增强搞好国有企业的使命感和紧迫感，切实把十六大精神落实到企业改革、发展、稳定的各项工作中去，使鞍钢的改革和发展在十六大精神的指引下进入新阶段，迈上新台阶，开创新局面。

二、坚持与时俱进，开拓创新，全面提高鞍钢市场竞争力的档次和水平

把鞍钢建设成为世界一流的钢铁企业，就必须按照十六大要求，坚持与时俱进，大力推进企业的体制、技术和管理创新。

要继续深化企业改革，加快体制创新和机制创新。按照建立现代企业制度的要求，从根本上消除束缚生产力发展的体制性障碍和机制性障碍，健全法人治理结构，使体制和机制尽快适应参与国际竞争的需要。深化分配制度改革，不断完善岗薪制、年薪制和科研项目效益工资，提高关键岗位、关键人员的收入水平；积极推进按照资本、技术和管理等生产要素进行分配的办法。推进子公司、直属单位实现投资主体多元化，转换经营机制，调整产业结构，增强生存和发展的能力。

要加快技术创新，为走新型工业化道路奠定坚实基础。坚持不懈地依靠高新技术改造传统产业，加快工艺装备升级换代，到2005年使鞍钢技术装备得到全部更新。积极推进非钢产业结构优化升级，培育新的经济增长点，有效支持钢铁生产，扩大就业渠道，确保企业的稳定发展。到“十五”末期，鞍钢经营规模将进一步扩大，经济效益将明显提高，年销售收入达到350亿元，上缴税金超过50亿元，具备与国际先进钢铁企业竞争抗衡的实力。

要加快管理创新，不断提高企业综合素质。建立和完善与市场经济和体制创新相适应的企业管理制度体系。强化战略管理，及时掌握国内外经济发展趋势，特别是同行业竞争对手情况，有针对性地制定和实施好企业的市场战略、技术战略和产品战略。夯实基础管理工作，实现企业管理的制度化、系统化、规范化、信息化，使企业管理水平达到国际一流。鞍钢与美钢联合作开发综合管理信息系统（ERP），现已正式签约。下一步，要加快与美钢联合作开发综合管理信息系统的建设与实施进度，做到信息化建设与技术改造相结合，与强化企业基础管理相结合，与引进先进的管理理念相结合；处理好先进与实用、当前与长远、局部与全局、硬件与软件的关系；加快管理业务流程再造和组织机构重组，实现信息流、物资流、资金流、工作流和价值流的同步运行，建立完整的 ERP 系统。

三、按照十六大提出的要求，以建设“数字鞍钢”为目标，大力推进信息与自动化建设

一是推进 ERP 建设。以同美钢联合作开发 ERP 系统为契机，全面推进鞍钢信息化建设，实现“数字鞍钢”目标。推进 ERP 建设，是一个庞大而复杂的系统工程，是企业管理的一场深刻革命。我们坚持“总体规划，分步实施，重点突破，整体推进”的方针，逐步建成钢铁主体生产、销售、技术质量和财务管理信息系统，以及采购供应、设备管理、人力资源信息系统，实现合同、计划、生产、发货、结算全线信息系统集成，使信息流、物资流、资金流同步运行，全方位满足生产经营的需求。二是适应 ERP 建设，实现企业流程优化再造。对企业以流程、数据形式体现的管理要素和基础信息，要进行系统梳理，综合分析，全面优化，重新确定企业管理框架、基本要素和基础信息构架。在规范集团公司与子公司、子公司之间、生产厂之间管理流程上有新突破。三是坚持不懈地依靠包括信息化自动化技术在内的高新技术改造传统产业，加快工艺装备升级换代。到 2005 年使鞍钢技术装备得到全部更新，使鞍钢生产装备的信息化自动化水平达到国际一流。

四、进一步加强和改进党的建设，充分发挥党组织的政治核心作用

去年 6 月份，胡锦涛同志在视察鞍钢时强调指出：“越是深化国有企业改革，越要加强和改进企业党的建设。”所以，我们要以党的十六大精神为指针，按照“三个代表”重要思想的要求，以改革的精神推进党的建设，不断为党的肌体注入新的活力。要把党的思想理论建设摆在更加突出的位置，坚持用马克思列宁主义、毛泽东思想和邓小平理论武装全体党员，在鞍钢迅速掀起学习贯彻“三个代表”重要思想的新高潮。各级党员领导干部要带头学习和实践“三个代表”重要思想，成为勤奋学习、善于思考的模范，解放思想、与时俱进的模范，勇于实践、锐意创新的模范。认真学习贯彻中共中央下发的《党政领导干部选拔任用工作条例》，加强各级领导班子建设，不断提高各级领导班子和领导干部的素质，按照革命化、年轻化、知识化、专业化方针，努力造就一批适应市场竞争、善于经营管理、勇于开拓创新的经营管理人才，建设一支“靠得住，有本领”的干部队伍。适应建立现代企业制度的要求，积极探索企业党组织参与重大问题决策、发挥政治核心作用的有效途径，使企业党组织成为贯彻“三个代表”重要思想的组织者、推动者和实践者。当前，我们各级党员干部，要带头牢记“两个务必”，发扬艰苦奋斗的作风，坚持全心全意为人民服务的宗旨，勤政为民，真抓实干。

用高新技术改造传统产业

2004 年 3 月

1 引言

1996 年全国人代会期间，在人民大会堂举行的记者招待会上，有记者问："请问刘总，有一种说法，国有企业不改造等死，搞改造是找死，你怎么看这个问题?"

这个记者提出了一个十分尖锐的问题。市场经济对鞍钢这样具有代表性的国有老企业是一个严峻的考验。时隔八年，我们用事实做出回答，我们既没有等死，也没有找死，而是走出了一条崭新的振兴发展之路，奇迹般地走出了困境，实现了跨越式发展。

2 以市场为导向明确技改思路，制定符合实际的技改规划

1994 年的鞍钢，主线产品生产线十分落后，有日伪时期的老设备、50 年代苏联援建的设备、80 年代末引进的几条二手设备。产品结构不合理，市场效益好的板、管材比例不足 40%；产品质量差，仅有的板材中，由于装备落后，产品质量居国内落后水平；初级产品多、深加工产品少，产品中有板坯 200 万吨，一次材 420 万吨。

"九五"初期，钢铁行业的市场竞争愈发激烈，鞍钢出现严重亏损，面临不改造就没有出路，不改造就不能生存发展的严峻形势。我们遇到两大难题：一是资金短缺。鞍钢"六五"、"七五"负债搞改造，已经背上了十分沉重的债务包袱，仅 1995 年就支出财务费用 17 亿元。因此，不能依靠贷款搞技术改造。二是投资决策。在市场经济条件下，企业技术改造必须讲投资效益，否则会拖垮企业。因此，我们必须探索一条符合鞍钢实际的技术改造新路。

2.1 明确技术改造指导思想

企业经营发展必须抓好两个循环：

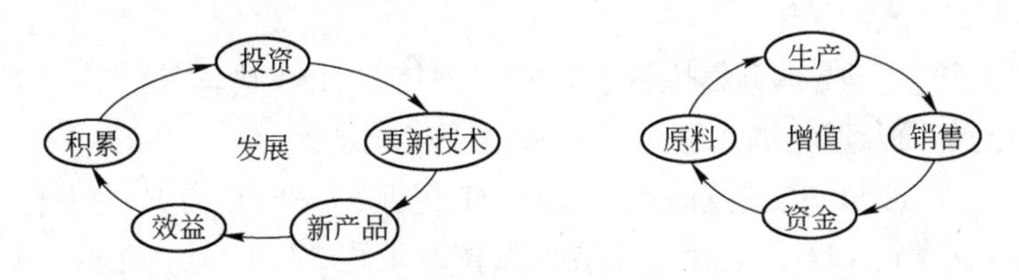

这两个循环转得越快，转得越高，转得越强，企业的发展就越快。因此，投资必须遵循追求最大效益原则，才能加快发展。

"九五"以来，我们按照这个原则，坚持技术改造要讲投资效益，项目选择要保证产出，在技术改造指导思想上实现了五个方面的重大转变：

本文发表在《控制工程》，2004(2)：97 ~ 102。

（1）由片面追求数量扩张，转到注重改善品种质量，采用先进装备和生产工艺，提高企业市场竞争力的增长方式上来。

（2）坚持用当今世界先进技术改造钢铁主业，关键环节和部位采用当代最新技术，实现技术水平上的高起点。

（3）主要依靠自己的力量，发扬自力更生、艰苦创业精神，盘活一切可以盘活的存量资产。

（4）充分利用资本市场等多渠道筹资方式，实现企业的现代化改造。

（5）用改革的体制和机制去推进技术改造。

上述五个转变，我们把它概括为“高起点、少投入、快产出、高效益”。

“高起点”就是要在关键部位采用先进技术和工艺，使整体装备达到当代世界先进水平。

“少投入”就是盘活一切可用的资产，尽可能运用自己的力量，最大限度地压缩投资额。

“快产出”就是大项目投资回收期不超过5年，一般项目不超过2年。

“高效益”就是既要做到改造期间不停产或少减产，又要通过技术改造大幅度提高企业经济效益和市场竞争力。

2.2 适应市场要求，调整确定企业技改规划

按照新的技改指导思想，“九五”以来，我们从淘汰落后工艺、改善品种质量、降低成本、提高经济效益和产品市场竞争力入手，对过去制定的“九五”技改规划进行了调整和修改，确定了“十五”技改规划，瞄准市场需求、优化产品结构、降低成本消耗、提高产品质量、改善厂容环保、加快投资回收周期。该规划主要内容有：

（1）实现装备现代化。建成大型球团生产线、现代化高炉、大型烧结机、大型焦炉。

（2）淘汰落后的平炉、模铸等生产工艺。实现全转炉炼钢、全连铸和炉外精炼。

（3）建成三条短流程连铸连轧生产线。1700ASP连铸连轧热轧带钢生产线、高速重轨连铸连轧生产线、一炼钢950连铸连轧生产线。

（4）提高板管比。建成1780、1700两条热轧线、两条冷轧线、三条镀锌线、两条彩涂板生产线和ϕ159MPM无缝管连轧机组；对宽厚板生产线、中板生产线进行改造。新增板材生产能力500万吨、管材生产能力15万吨。目前，板管比达到83.25%，比1994年高出43.25个百分点。

（5）西区建设。形成一个集炼铁、炼钢、连铸、2150热连轧、2130冷连轧及相应配套设施、工艺布局合理、高水平、短流程的现代化新区。

到目前为止，鞍钢共完成技改投资237.71亿元，完成重点技改工程49项（其中“九五”完成技改投资137.5亿元，完成重点技改工程27项）。“九五”以来，鞍钢之所以实现了“旧貌换新颜”，技改指导思想的转变和科学的投资决策起到了至关重要的作用。

3 坚持效益最大化原则，优先投资回收期短的项目，实现滚动发展

企业技术改造项目选择十分关键。首先要根据市场需求优先投资回收期短的项目，形成积累，使企业发展形成良性循环。

“九五”以来，我们从系统优化原则出发，把提高技改效益作为投资决策的主要依据，选择一些投资回收期短的项目（大项目不超过5年，一般项目不超过2年），首先着重抓好炼钢、轧钢等主要后部生产工艺流程的改造，获取最大的投资收益积累资金，实现滚动发展。据专家测算，鞍钢“九五”技改投资回收期3.7年，目前投资已全部收回。

（1）**优化实施“平改转”**。平炉改转炉鞍钢已经议论多年，但由于就地改建难度很大，很多专家都认为行不通，所以“九五”原规划用51亿元对二炼钢进行易地改造、一炼钢暂不改造。但实施这个方案既没有资金，又没有高的投资效益，就会使鞍钢陷入进退两难的境地。1996年，我们对原规划的思路进行了调整，突破了一系列工艺技术问题，在不停产、不影响装备和环保水平的前提下，用5.2亿元投资对一、二炼钢厂进行就地改造，淘汰530万吨平炉钢，提前实现了全转炉炼钢。转炉钢比平炉钢成本低100元/吨，用一年时间收回了全部投资。

（2）**优化实施全连铸和炉外精炼**。用较少的投资实现了全连铸，连铸比模铸平均降低成本200元/吨，不到2年收回全部投资。我们又对所有的炼钢厂实施铁水脱硫扒渣、钢包精炼和RH-TB真空处理的提质配套改造。

（3）**用一半的投资建成1780工程**。国家批准的投资规模为75.6亿元，在保证工艺技术装备水平不降低的情况下，用一半投资完成1780工程，不足4年收回全部投资。

（4）**1700连铸连轧工程不到2年收回全部投资**。

（5）**冷轧酸洗联合机组实现了投资少、产出快、效益高，用2年时间收回全部投资**。

在“九五”投资已全部收回，积累了资金的情况下，“十五”期间实施了矿山、烧结、炼铁等工序改造，大力开发钢材深加工的能力，进一步提高产品附加值和技术含量。

（6）**矿山系统实施提铁降硅攻关**。弓矿公司铁精矿品位提高到68.87%，鞍矿公司齐选厂提高到67.4%，达到国际一流水平，降低了炼铁生产成本。

（7）**新建两台360平方米烧结机**。淘汰落后的热烧结工艺，实现冷矿比100%，为进一步降低炼铁成本创造了条件。

（8）**新1号3200立方米高炉建成投产**。增加了鞍钢生铁的产能，降低了炼铁生产成本，改善了厂区生态环境。

（9）**建成高速重轨生产线**。不仅具备生产高精度、高强度、高速度重轨的能力，而且能够生产中小规格H型钢系列产品，进一步提高了鞍钢型材产品的市场竞争力。

（10）**冷轧2号线工程投资相当于国内同等装机水平的二分之一，今年已竣工投产**。

（11）**彩涂板生产线竣工投产，鞍钢钢材深加工产业实现了历史性突破**。

（12）**1号镀锌板生产线竣工投产，另两条镀锌线将于年内投产，使鞍钢形成从热轧板、冷轧板到镀锌板、彩涂板的完整产品系列**。

（13）**为进一步扩大市场，增加效益，我们对宽厚板生产线、中板生产线和无缝钢管生产线进行了改造**。

4　盘活一切可以盘活的资产，扩大设备国产化比重，压缩工程投资

对于像鞍钢这样负担沉重的老企业，搞技术改造不能追求铺新摊子。必须充分利用原有的厂房、设备和公辅设施，同时尽量扩大包括自制在内的国内设备制造比重。采取这一方针，再加上管理措施，一般可以压缩投资的一半以上。

4.1　盘活存量资产

（1）一炼钢连铸连轧工程：利用原有的厂房1.6万平方米；利用原有的轧机、辊道、冷床等设备，价值1亿元以上。

（2）平改转工程：在工程设计中尽可能使转炉冶炼能力、工艺与现有的设施装备相匹配，充分利用原有的厂房、吊车、铁水罐、钢水罐、风水电等设施，最大限度地降低工程投入。一炼钢利用原有厂房、设备，价值2.46亿元；二炼钢利用原有厂房、设备和公共辅助设施，价值2.87亿元。

（3）1700工程：利用原有的厂房、粗轧机、辊道、卷取机、轧辊磨床等设备，价值5.62亿元。

（4）1780工程：利用原有的厂房、起重机、轧辊车床、水站等设备，价值6000多万元。

（5）高速重轨工程：利用原一初轧、二初轧的1100、1150两套开坯机，价值8000万元以上。

4.2　扩大设备国产化比例

（1）1780工程：国际上正常投资水平在80~90亿元之间，国家批准鞍钢可行性研究的总投资也要75.6亿元。如果全部从银行贷款，需10年还本付息，鞍钢也没有这个承受力。面对这种情况，我们决定在日本三菱技术总体负责的前提下，凡是国内能够制造的全部由国内制造，凡是影响质量、影响总体技术水平的关键技术与装备由三菱引进，整个机组进口的比例不到15%，85%的设备由国内生产，国内制造和合作制造设备共10亿元。最后，工程总造价控制在43亿元以内，比原规划节约30多亿元，而且生产线达到了世界一流水平，轧出的钢材也达到了世界一流水平。

（2）1700工程：轧线设备100%国内制造、连铸设备91.5%国内制造，全线设备国产化率达到99.5%。

（3）三炼钢厂2号板坯连铸机工程：只引进了三电系统和关键部件及单机，设备国产化率达到95%以上。

（4）冷轧2号线工程：轧机设备国产化率96.3%、酸洗设备93%，重卷机组、再生机组100%国内设计制造。

由于大量设备在国内制造，不仅使鞍钢节约了大量资金，而且充分拉动了一重、二重等国内大型机械加工企业的产能，提高了整个机加行业的国际竞争力。

4.3　集中引进关键设备，降低成本

对技术和设备内容相同的引进项目，我们还采取集中组合采购的方式来压缩投资。比如，两条彩涂板、三条镀锌线、两台制氧机项目，通过组合采购分别节约投资1.48亿元、6300万元、3500万元。

5　追踪世界先进技术，把投资用到工艺技术水平的提高上

邓小平同志1978年视察鞍钢时谆谆告诫我们，“凡是引进的技术设备都应该是现代化的”，“世界在发展，我们不在技术上前进，不要说超过，赶都赶不上去，那才真正是爬行主义。我们要以世界先进的科学技术成果作为我们发展的起点。我们要有这

个雄心壮志。”通过学习邓小平同志的重要指示，总结鞍钢技术改造的经验教训，我们提出鞍钢技术改造要坚持技术上的“高起点”，就是改造项目要采用当代世界冶金行业的先进技术和工艺，做到不改则已，要改就要达到高技术起点。

（1）**平炉改转炉工程**：采用了PLC控制设备和数字传动系统，氧枪、称量、锅炉、烟气净化等重要参数全部实行计算机控制；采用了二次除尘、溅渣补炉、散装料筛分、新式氧枪定位机构等新工艺。

（2）**连铸工程**：采用了辊间隙自动测控、细辊密布辊列、多点弯曲多点矫直、气雾二次冷却、无氧化浇注、结晶器钢液面自动检测与控制、质量预测和板坯自动跟踪、最佳切割等技术。

（3）**1780热轧线**：采用了当代国际上最先进的热轧带钢技术。主要包括：板坯热装热送工艺、板坯调宽、板形与板厚控制、在线磨辊和自由轧制、层流冷却、热轧润滑工艺、带跳步控制的全液压卷取机、多级计算机控制、高精度检测仪表等技术和装备。生产的X70管线钢中标西气东输工程，X65管线钢中标巴基斯坦管线工程。

（4）**1700连铸连轧线**：由两台中薄板坯连铸机、两座步进式加热炉和2架粗轧机、6架精轧机组成的先进的短流程热轧带钢生产线。采用了世界上先进的串辊和闭环板型控制技术等。轧钢部分的液压AGC、层流冷却、三级计算机控制、热装热送工艺等都达到了目前国际先进水平。

（5）**酸洗-轧机联合机组**：采用了先进的浅槽紊流盐酸洗工艺，运用了先进的板型控制技术、高精度的厚度控制技术等。系统中具有基于神经元网络的自优化系统，使厚度控制精度大大提高。今年已按照国际最高表面质量等级标准生产出第一批O5级轿车表面用冷轧薄板，鞍钢成为具备轿车面板批量生产能力的少数钢铁企业之一。

（6）**冷轧2号生产线**：包括150万吨的酸洗-轧机联合机组、70万吨的平整机组、70万吨的罩式退火炉、35万吨的两套重卷机组。轧线的1号和5号机架采用六辊轧机，装备水平和产品质量均达到国际先进水平，目前已生产出超设计能力（产品大纲规定板厚0.3mm）的0.20mm厚的冷轧板卷。

（7）**高速重轨短流程连铸连轧生产线**：该生产线是国内外首条短流程高速重轨连铸连轧生产线，引进西马克的钢轨万能轧机，引进世界先进水平的平立复合矫直机和四面压力矫直机，采用纵向布局，具有生产时速300公里以上的高速、高强度重轨的能力。生产的高速重轨已铺设到时速200公里的秦沈客运专线。

（8）**ϕ159MPM无缝管连轧机组**：对无缝厂连轧机组实施整体改造，引进了先进的限动芯棒连轧管机组，采用了抗氧化技术和高温润滑技术、三辊内传动14架微张力定径机。改造后该生产线的生产能力从10万吨增加到16万吨，可生产高档次石油管及石油套管等无缝管产品。

（9）**年产30万吨的两条彩涂板生产线**：主体生产装备和工艺技术采用当今世界最先进的辊涂技术和两涂两烘工艺，达到世界先进水平。可生产包括彩色涂层板、热贴膜板、热压花板等各种颜色系列的彩板产品。

（10）**新1号3200立方米高炉工程**：该高炉采用了烧结矿分级入炉、串罐偏心卸料无料钟炉顶、出铁场平坦化、英巴法配水冲渣、比肖夫煤气清洗、煤气余压发电及全DCS三电一体化自动控制等10多项国内外新技术，总体装备达到国内一流水平，使鞍钢生铁成本大幅度降低，环境质量明显改善。

6 找准切入点，坚持走洋为我用、自主创新、举一反三、扩大成果、对外输出的发展道路

我们在“九五”以来的技术改造中，在引进先进技术的同时，找准切入点，充分利用和消化吸收国内外两种技术工艺资源，利用鞍钢的技术优势，不断开发拥有自主知识产权的尖端技术和装备，在关键环节不断取得突破，举一反三，扩大改造成果，对外输出。

（1）**转炉的开发**：新建的4号转炉是我们自行开发建设的，其余的5号、6号、7号、8号、9号转炉完全是“克隆”4号转炉。

（2）**连铸的开发**：自行设计、开发了2台板坯连铸机、2台大方坯连铸机，实现全连铸。

（3）**1780热轧线**：引进日本三菱技术，扩大国内制造比例，运用自主开发的成果，培养了热轧成套装备建设的技术队伍。

（4）**1700连铸连轧线**：是我国第一条自行设计、自行施工的拥有全部知识产权的热轧生产线，整个生产线达到国际先进水平。

（5）**冷轧2号线**：是目前国内9条冷连轧生产线中唯一一条自己技术负责、自行设计制造和施工调试的生产线，培养了冷轧成套装备建设的技术队伍。

（6）**对外技术输出**：大力推进以ASP、冷轧酸洗连轧技术为代表的一批具有自主知识产权的专有技术输出，形成新的效益增长点。这是自七十年代武钢建一米七工程以来，我国在热、冷连轧技术装备国产化上取得的重大突破。

（7）**通过开发一些拥有自主知识产权的尖端技术，为鞍钢锻炼和培养了一批优秀人才，减少了对国外技术的依赖，使我们在核心竞争力的提高上不再受制于人。**

7 用改革的办法推动技术改造，层层建立责任制，形成有效的激励和约束机制

市场经济条件下，投资的风险和收益都由企业承担，企业是市场竞争的主体，也是技术改造的主体。所以，老企业技术改造必须打破计划经济体制下搞技术改造的传统做法，始终坚持按市场经济规律搞改造，建立新的管理机制，把改革的思路和办法贯穿技术改造全过程。

7.1 实行项目经理负责制

技术改造管理效率是决定改造成败的重要方面，以往的技术改造由公司各部门各管一段，即前期由规划部门负责，中期由设计部门负责，施工期由技改部门负责，达产期由生产部门负责，对工程采用行政命令手段来组织实施，没有人对项目的全过程负全责，又缺乏动态、有效的监控，以致造成项目总投资、总效益失控，概算超过可行性研究，预算超过概算，决算超过预算，项目长期无法达产达效。为此，我们制定了《鞍钢固定资产投资管理办法》，实行建设项目经理负责制，由项目经理对立项、设计、设备采购、施工、达产、达效全过程负责，提高了固定资产投资的质量与效益。

7.2 在工程管理上实行合同制、层层分包的经济责任制和全员风险抵押制

为了层层分解落实责任，形成自上而下的责任体系，鞍钢在工程管理上实行层层

分包的经济责任制，同时引入激励与约束机制，实行风险抵押制，促进分包责任制的落实。在1780工程中，项目经理部经过一个多月7次测算，按照引进设备、进口税费、国内设备、工程建安等项目层层分解落实，使整个项目经理部人人肩上有指标，有压力，并且每人都交了风险抵押金，实现项目目标全额返还，未完成则扣罚风险金，从而使每个成员感受到极大的动力。为了有效控制投资，我们还制定了与层层承包相配套的严格的管理办法和严密的考核措施，随时掌握投资控制进度，及时对投资进行动态、有效的监控。

7.3 实行规范的招投标制

招标采购是控制投资的重要手段，我们在技术改造中，对设备采购和工程发包实行了规范的招投标制，做到好中选优，优中选廉，在保证技术、质量、工期的前提下大幅降低了工程造价，提高了投资收益。1780工程招标率达到85%以上，据不完全统计节约投资近2亿元。三炼钢厂2号板坯连铸机设备及材料除鞍钢自产外，其余全部实行招标采购。

7.4 用改革的方式筹措技术改造资金

随着国家对投资体制实施重大改革，国家对企业的拨款已改为贷款，企业成为投资主体，因此再靠国家增加对鞍钢的资本金注入已不可能。另外，“八五”末期，鞍钢的债务负担已十分沉重，再增加银行贷款实施负债搞改造使企业难以承受。因此，“九五”以来，鞍钢除利用折旧资金投入技术改造外，其余主要依靠直接融资，即通过资产重组和股份制改造，在资本市场筹集改造资金。1997年，鞍钢设立新轧钢股份有限公司，先后在香港和深圳上市，共筹集资金41亿元，为“九五”技术改造提供了重要的资金保证。2000年，根据国家债转股政策，以优良资产与资产管理公司组建了新钢铁有限责任公司，实现债转股额度63.66亿元，又为鞍钢“十五”技术改造创造了有利的条件。因此，直到目前为止，鞍钢的资产负债率不到50%。

8 技术改造的成效

坚定不移地走“高起点、少投入、快产出、高效益”的路子，依靠高新技术改造传统产业，鞍钢实现了跨越式发展。主要成果：

（1）**全部淘汰平炉，实现全转炉炼钢**。用5.2亿元，一年零九个月，淘汰了平炉，提高了钢水质量，解决了污染问题。

（2）**仅用相当于兄弟企业1/2的投资实现了全连铸**。连铸比达到100%，新增连铸能力875万吨，年降成本11亿元。

（3）**炼钢工艺达到国际先进水平**。新增了RH、VD真空处理、铁水全脱硫扒渣和LF钢包精炼炉等设备，形成了从铁水预处理到转炉的吹炼、钢水炉外精炼与真空处理，再到铸坯的高效连铸的生产工艺流程。

（4）**实现了多条世界先进水平生产线**。

1）用31个月采用当今热轧先进技术，建成具有世界先进水平的1780热轧线。

2）用118天时间采用先进技术工艺移地改造老1700生产线，形成了一条具有当代先进水平的短流程、薄板坯连铸连轧生产线。

3）改造原有冷轧机，形成一条先进水平的酸洗连轧生产线。

4）新建冷轧2号生产线，装备水平和产品质量均已达到国际先进水平。

5）新建3条国际先进水平的热镀锌生产线。

6）新建2条世界先进水平的彩色涂层板生产线。

7）通过改造，建成了集精炼、精铸、精轧、精整于一体的短流程重轨生产线，其短流程工艺为国际首创。

8）通过改造，建成世界先进水平的 ϕ159MPM 无缝管连轧机组。

9）通过改造，建成世界先进水平的8000吨级宽厚板轧机。

（5）提高板管比，强化产品深加工，改善产品结构，提高产品质量，企业效益大大增加。

项　目	1994年	2002年	对　比
板管比/%	40	76.54	+36.54
连铸比/%	25	100	+75
转炉钢比例/%	37.4	100	+62.6
平炉钢比例/%	61.3	0	-61.3
综合成材率/%	84	94.17	+10.17
成材能力/万吨	600	1000	+400
产品质量达到国际先进水平比例/%	6.3	74.91	+68.61

（6）开发了具有自主知识产权的转炉技术、薄板坯连铸连轧技术和冷连轧技术，并已对外输出。

（7）企业效益和市场竞争力大大提高。

1）生产经营水平有了新的提高。2002年实现销售收入245.56亿元，上缴税金31.84亿元，同比分别增加45.41亿元、1.64亿元；在消化历史遗留问题、增提折旧、增加职工收入等总计15亿元的情况下，实现利润总额12.15亿元。

2）九五投资回收期3.7年，目前投资已全部收回。

3）国有资产保值增值。

项　目	1994年	2002年	对　比
固定资产原值/亿元	288.2	600	+311.71
固定资产净值/亿元	156.21	356	+199.79
所有者权益/亿元	126.37	294.55	+168.18
资产负债率/%	67.93	47.9	-20.03

4）职工收入有了增加。比1994年提高了5774元/人，增长了70.7%。

1999年8月14日，江泽民同志视察鞍钢，称赞鞍钢“旧貌换新颜”。2002年6月14日，胡锦涛同志视察鞍钢，对鞍钢工作给予了充分肯定。

今后，鞍钢要在党的十六大和十六届三中全会精神指引下，坚定不移地走新型工业化道路，按照“改造钢铁主体，壮大多元产业，实现结构优化，增强整体实力，面向两个市场”的总体发展战略，瞄准早日迈入世界先进钢铁企业行列这一目标，大力推进体制创新、技术创新和管理创新，经过“十五”期间的努力，到2005年初步形成1500万吨钢精品基地，从事钢铁生产的职工人数降至2万人以下，劳动生产率提高到750吨钢/(人·年)，达到国际水平，具备与国际先进钢铁企业竞争抗衡的实力，为全面建设小康社会做出新的贡献。

科技进步与企业发展

2004 年 11 月 3 日

一、市场的挑战

随着经济发展和社会消费结构的变化，市场对钢铁工业的产品品种、质量提出更高的要求；同时，资源、能源、生产成本及环保等方面也面临更激烈的挑战。十年前，鞍钢面临这些挑战，陷入严重的困境，装备落后、产品质量差、污染严重、出现较大亏损，生产经营难以为继。为此，鞍钢提出“建精品基地，创世界品牌”的战略目标，将有效投资与技术进步紧密结合，迅速形成较强的竞争力。

二、技术进步成果

1995 年以来，鞍钢用高新技术改造传统产业，坚持“高起点、少投入、快产出、高效益”的方针，在工艺、装备现代化和提高产品质量方面取得了巨大的成功，企业发生了翻天覆地的变化。

（1）淘汰了年产钢 500 万吨的平炉，实现了全转炉、全连铸生产。

（2）建成两条热连轧生产线、三条酸洗—冷连轧生产线、三条镀锌线和两条彩涂线。

（3）开发了 ASP 中薄板坯连铸连轧技术，其中包括无缺陷板坯的生产技术、微能加热带钢直轧技术、自由轧制、高效轧制和控冷控轧技术，产品质量达到世界先进水平，达到先进性和经济性的有机结合。

（4）开发了短流程重轨生产技术，建成了直接热装万能轧制重轨生产线。

（5）自主设计和集成现代化 1780 酸洗—冷连轧生产线，成功地轧制出 0. 18mm 冷轧钢板。

（6）开发先进钢铁材料，优化产品结构。

1）开发纯净钢生产技术，成功生产了 X70、X80 管线钢，已应用于西气东输工程并批量出口。

2）生产出三峡水轮机蜗壳用钢板，生产出桥梁钢板、轿车用 IF 钢、集装箱钢板和时速 300 公里重轨，鞍钢已成为精品钢材生产基地。

3）生产的 O5 轿车面板已用于多个品牌轿车。

4）2003 年销售 60 万吨集装箱用钢板。

（7）依靠技术进步高效利用资源。鞍钢拥有大量的含铁品位仅 30% 左右的矿产资源，我们开发了独特的选矿技术提铁降硅，精矿品位已达 68% 以上，提高 3. 44 个百分点，降硅 3. 21 个百分点，大大提高了高炉入炉品位，使炼铁技术经济指标实现了历史性突破。

（8）大力节能节水降低成本，利用高炉煤气发电；新建污水处理厂，日处理利用污

本文是作者在 2004 年世界工程师大会上所作的报告，此次公开出版略有删节。

水22万吨。

（9）发展清洁生产技术，减少污染，改善环境，共完成矿山复垦490万平方米，植树705万株。

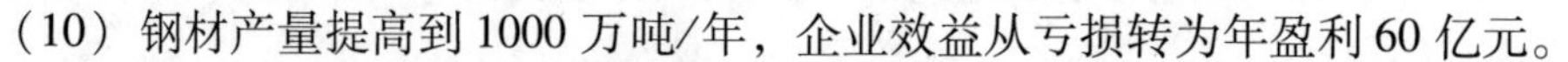

（10）钢材产量提高到1000万吨/年，企业效益从亏损转为年盈利60亿元。

三、采用高新技术建设现代化新区

以科学发展观为指导，再建一个年产量为500万吨的现代化板材生产基地，迎接市场挑战。

（1）集炼铁、炼钢、连铸、热、冷连轧为一体的大型、高效、连续、紧凑的生产工艺流程。

（2）铁水100%预处理，钢水100%精炼。

（3）四级计算机控制和管理，统一协调炼铁、炼钢、连铸和热轧生产。

（4）新区装备包括2台328m^2烧结机、2座3200m^3高炉、2台250吨转炉、一条2150ASP连铸连轧短流程生产线、2套（2130mm和1450mm）冷连轧机组、2条镀锌生产线。

（5）建成资源节约型和生态保护型生产线，实现人与自然、企业与社会和谐发展。

（6）建设一座利用低热值高炉煤气的300MW联合循环发电机组。

（7）新区的建设，主要立足自己的技术，预计2005年底建成投产。

四、结束语

我们依靠科技进步推动了企业发展，使鞍钢这个有88年历史的老企业焕发了青春。到2005年，鞍钢将具备1600万吨钢生产能力，产品结构和经济效益都将进入世界先进钢铁企业行列。

在鞍钢技术进步与企业发展论坛上的报告

2004 年 11 月 20 日

为了能够在全公司兴起一个学习、研讨的氛围，我提议今后我们每周六上午陆续请各方面的同志来做一个讲座，这样在我们公司形成一个学习、研讨的高潮，我想这对我们鞍钢的发展会有益处。我自己倡导了，大家说让我做第一个报告，自己给自己加了一个套，我今天正在准备工作会议的报告，所以这个论坛报告准备得比较仓促。但是我想还是会达到我的目标，和同志们共同来探讨，如何来认识技术进步和企业的发展，如何认识鞍钢的技术进步和企业的发展。

我想简单地谈一下世界经济发展的规律，因为从分析世界经济发展的规律会给我们一些启示。世界经济发展是三种模式和三个阶段。第一个模式就是在产业革命以前，最原始的状态。主要靠土地的投入，多种粮食，土地面积种得越大那么收成越好，这是一种方式。到了 19 世纪早期的经济发展主要靠资本的积累和资源的投入来增长经济，这样一种方式也是比较粗犷的方式。第三种模式就是现代经济的发展，主要靠人力资源、人力资本的积累，技术的提高，效率的提高，比如说 IT 产业的发展，靠人的智力。手机、电视机这里面有高附加值含量。

经济发展的三个阶段、三种模式给我们一种启示：就是经济发展到当今时代，已经向高技术、高效率、低的资源投入这样一个方向发展。我们看一看我们国家的经济，建国五十多年来 GDP 的增长和矿产资源消费增长的比例。这是我们发改委主任做的一个统计：解放五十多年来 GDP 增长了 10 倍，但是我们矿产资源的消耗达到了 40 多倍。用这样一种数据来衡量我们发展的水平，发展的阶段还处在一个比较低的水平。2003 年，我们的 GDP 占世界的 4%，资源消耗石油占 7.4%，原煤占 31%，铁矿石占 30%，我们的经济增长还是相当消耗我们的资源。从另一个侧面看，投资拉动占我们经济增长的比重。前面讲的是资源的消耗，现在是讲资金投入的消耗。美国、德国、法国、印度等国家 GDP 中用于投资的就是经济增长由投资拉动的占 10% ~20%。我们国家现在的比例占 40% ~45%。上述国家每增加 1 亿元 GDP 需要投资 1 ~2 亿元，我国最近 3 年约为 5 亿元，投资 5 个亿拉动 1 个亿。所以，对我们国家目前经济的高速发展我们还要看到另外的一个方面，就是资金投入的比例过大。这种依靠高投入带来经济的高增长显然是不能持久的，资源是有限的，资金的投入也是有一定限制的。因为大家都知道现在我们资金投入有一部分是靠发行国债，前几年是 1500 个亿，去年好像是 1300 个亿，再配套银行的贷款 1∶6，在投入这方面长期持久下去显然是不行的。前两天在沈阳开座谈会的时候，温家宝总理也说到这个问题，要逐步减少国债的发放，因为靠这样长期发放国债，国家的债务负担很重。所以，必须走新型工业化道路，实现可持续发展。新型工业化道路或者换一句话说就是现代经济的发展道路，高技术、高效率的发展道路，高技术发展人力资本的投入要加大。

先谈了一下世界经济发展，再谈一谈世界钢铁工业的发展，借鉴一下钢铁工业发展的规律来定位我们自己的发展。第一个阶段：1901 ~1951 年。20 世纪初，全球年产钢材达到3104万吨，平均年增长4%，到了1951年，世界钢产量达到2亿吨。高炉、平炉、模铸和初轧的技术为主体发展的钢铁工业，这是1901年到1951年。第二个阶段：1952～1974年。大型高炉，氧气顶吹转炉炼钢、连铸工艺出现，传统的平炉、模铸工艺逐渐被淘汰。世界钢产量以年均4.5%的速度增长，钢产量由2亿吨增加到8亿吨。现在钢产量已经超过9亿吨，达到10亿吨。第三阶段：就是1975年以后，世界钢铁增长速度放慢了，但是现代的炼钢技术、连铸连轧等新工艺出现，产品结构和质量飞速发展。也就是说消耗资源逐渐减少，但是技术含量大幅度提高。

我们中国的钢铁工业快速发展，1978年是3178万吨，发展到1996年达到一亿吨以上。这样一个发展历史也给我们一个非常大的启示。我认为中国钢铁工业的发展虽然时代不同，但是这个趋势应该是一样的，增长到了3亿4，3亿5这样一个水平的时候，增长速度就会逐渐地放慢，但是技术含量要迅速地提高。

我们再来看一看世界钢铁业结构的情况。从世界钢铁业结构的情况也对我们有一点启示。这里有一张表列出了美国、韩国、德国等比较有代表性的国家，他们的钢铁品种结构。长材我们中国超过了60%，这个是1998年的，扁平材的比例不到40%。美国长材比例大约占了30%，扁平材的比例差不多占70%，上面有一点无缝管，那个数量就很少了。日本长材比例不到40%，扁平材的比例差不多占60%。韩国长材比例约占40%，扁平材的比例占60%。德国长材比例也就是30%多一点，扁平材的比例都在60%以上。我个人认为扁平材的适用性很宽，扁平材剪成条可以焊管，扁平材冲压出来可以代替长材的使用，所以扁平材在市场上广泛地发展起来，这个符合它的实际情况。

这样一个结构给我们一个启示：现在的钢铁工业，现在的钢铁企业主要应该以发展扁平材作为自己的发展方向。再看看我们中国去年与世界的扁平材比较，1998年到2003年已经有很大的发展，中国的扁平材占的比例达到了37.8%，这个是实际数字算出来的。中国去年钢除铸造以外的也就是轧材达到了2.783亿吨，扁平材8989万吨，包括中板、热轧板卷，都包括在内。世界上8.197亿吨，扁平材占3.979亿吨，世界平均占48.54%，仍然高出我们10.74个百分点。再从我们近年进口钢材结构看，板材占钢材进口总量的89.5%，几乎达到90%。这里列举了2002年是2117万吨，2003年3325万吨，仍然是扁平材占绝大多数。

从高附加值产品占钢材比例看。镀锌板占钢材产量比例，世界主要国家的比重为7%～8%，日本、美国高达13%～15%，欧盟的冷轧市场中有一半的产品是镀层产品。去年，我国镀锌板产量为231万吨，占钢材产量的1.1%。浦项50%以上冷轧板为IF钢，深冲的，30%以上为汽车外板，其余21%为家电板，建筑材很少。我们列举了上面这些数字，又说了经济发展规律，谈到了世界钢铁发展规律，因此可以得到这样一个结论：发达国家逐渐减少长材比例，发展扁平材，发展高附加值产品。这是一个钢铁工业发展的必然趋势。所以美钢联才把线材的二手设备卖给了我们，我认为美钢联早就淘汰了长材的生产。可是有些同志最近还在给我打报告说建材还要花钱改造，我看值得研究，值得考虑。

看了世界钢铁工业的发展，然后再来看一看鞍钢十年来发展的经验和教训，看一看我们自己走的道路的经验和教训。十年前的鞍钢，工艺装备水平，大家可以看到大约是世界1951年的水平，平炉占的比例很大。大家再回顾一下，这是大家熟悉的。模铸占的比例很大，占70%。模铸工艺，我们准备做一个展览的实物就是老的二炼钢的门前，我不知道做出来了没有？准备回顾、记住历史，不要忘记过去。连铸占的比例只有30%。十年前鞍钢产品结构，69%是一般产品，只有6%称得上是国际先进的。大家看这是一个实物照片，也就是说我们的实物质量、我们的技术水平、我们的生产工艺技术、经济水平都是停留在50年代这样一个水平。当然这样一种水平到了现在的市场自然会遇到严重的困难，合同严重不足，产销率很低，回款率更低，人欠欠人达到很高的程度，拖欠职工工资，高炉停产，靠集资来买煤等等，这样一个状况。

我们把握了世界钢铁业发展规律，总结了过去的经验教训，我们瞄准钢铁业发展产品结构应该走的这样一个比例、一个规律，又开创出一条我们自己的这样一条道路——“高起点、少投入、快产出、高效益”的路子，实现了“旧貌换新颜”。

我认为我们之所以能够成功，有一个很重要的经验——就是沿着钢铁工业发展的客观规律走出了一条自己的道路。以市场为导向，明确技改思路，制定科学的技改规划。我在其他一些场合讲了我自己的看法，就是企业经营资金流有两种流动形式。一种就是产品卖出、取得效益、积累，然后再投资更新技术，再生产新的产品，这样一个资金比较长的流动；再有一种是销售、资金、再采购原料、再生产。这两个循环目标是一个，就要有利润。利润越高这个循环转得越快，转得越高，企业的发展就越快。世界钢铁，世界经济无非就是追求利润最大化，我们也应该追求利润最大化来寻求资金周转的速度，寻求利润增长的速度，这个是最重要的。第一个循环是增值，第二个循环是发展。

所以我们转变了技术改造的指导思想，由片面的追求数量扩张转到注重改善品种质量效益，坚持用当今世界高新技术改造钢铁企业，主要依靠自己的力量盘活一切可以盘活的存量资产，充分利用资本渠道多渠道筹资，最终的目标就是取得高的效益。这个高效益增长速度越快，企业发展壮大的速度就越快，所以我自己认为我们在效益增长的速度方面远远超过宝钢。如果我们按照这样一个指导思想发展下去，总有一天我们会全面地超过宝钢。企业管理的真谛就是要取得最大的经济效益，要取得最大的经济效益应该抓住结构、质量、品种，抓住技术进步，抓住这两个。

高起点，这是大家熟悉的。就是要在工艺流程和关键部位采用最先进技术，使整体工艺装备达到当代世界先进水平。盘活一切可用的资产，尽可能运用自己的力量，最大限度压缩投资，做到少投入。我们这样的例子很多，等一会我还要说。快产出，大项目投资回收期不超过5年，一般项目不超过2年。高效益，这是最终的目标。就是要达到改造期间不停产或少减产，又要通过技术改造，取得最大的经济效益。我们坚持效益最大化原则，优先投资回收期短的项目，滚雪球地发展自己。

“九五”期间，我们把提高技改效益作为投资决策的主要依据。首先，抓好回收期短的。炼钢，我们当年投资基本上一两年就收回来。轧钢，我们1780、1700都是不超过4年5年就收回投资。用这样一些快回收的项目来使我们摆脱困境，从而积累资金。大家回忆一下平炉用了5.2个亿，完成了530万吨平炉钢的改造，形成了全转炉，一年时间收回全部投资。1780我们用了43个亿，不到4年已经收回全部投资，现在已经净赚了。1700连铸连轧工程不到两年收回全部投资；酸洗连轧机组用两年时间收回全部投资。我们之所以做到少投入，很大的一个是盘活一切可以盘活的资产，扩大设备国产化的比例。

我在这里说一句话，国产化是十几年、二十几年来，也就是改革开放以来或者是从武钢1米7轧机以来，付出了许多学费，使我们一重、二重和其他重机企业积累了技术，这些技术都是宝贵的财富。我们一方面盘活我们自己的资产，一方面扩大国产化的比例，实际上就是巧妙地利用了改革开放以来重机装备学费应该取得的回报。充分利用了厂房、设备、公辅设施，最大限度地降低工程投入。

一炼钢连铸连轧工程盘活1个亿以上，平改转工程盘活5.3个亿，1700盘活5.6亿元，1780工程盘活6000万元。这些都是指的净资产是多少，如果用新建的话，那么这个投资就更大了。最大限度地扩大设备国产化的比例，1780国产化的比例达到85%以上，1700轧线设备国产化100%，连铸设备91.5%，三炼钢2号板坯连铸机国产化95%，一炼钢三台连铸机全部国内设计制造。另外我们的经验就是集中引进关键设备，降低成本。两条彩涂板一起引进，三条镀锌线一起引进，两台制氧机一起引进。追踪世界先进技术，把投资用到工艺技术水平关键部分的提高上。

1780我们引进板坯热装热送工艺、板坯调宽、板形与板厚控制、在线磨辊、自由轧制、层流冷却、主传动交交变频、多级计算机控制。冷轧酸洗联合机组我们引进了先进的张力控制、自学习的板形控制、二级计算机自动控制系统、焊缝自动跟踪系统。

第五个经验就是找准切入点，坚持洋为我用、自主创新、举一反三、扩大成果、走对外输出的发展道路。转炉，我们6个转炉基本是一样的“克隆”。4号到9号完全一样，一种设计、一种施工制造、一种操作。因此见效快、达产快，迅速地收回投资。我认为这个经验我是从浦项学来的，浦项的高炉全是3800m^3，浦项制铁所3800m^3，光阳也是3800m^3，为什么他搞这个，我认为就是这种“克隆”技术，图纸一个图纸，操作也是一批操作，非常有效。但是看一看我们国内可不是这样子，4个炉子，4个不一样的容积，四种不一样的装备，结果投资都是要从头开始。连铸，我们消化1号板坯连铸机，自行设计、开发了2号板坯连铸机，实际上说穿了2号板坯连铸机是拷贝1号板坯连铸机，所以不到两个月就达产。当然我们一炼钢的一些连铸机都是国内的，有些是我们鞍钢自主开发的，拥有自主知识产权。

1700热连轧线（ASP）是我国第一条自行设计、自行施工的拥有全部知识产权的热轧生产线，我们对外进行技术输出，成套的交“钥匙”工程。通过开发拥有自主知识产权的尖端技术，我们培养了一批优秀的人才，这是我们宝贵的财富。减少了对国外技术的依赖，推动了重大冶金装备国产化，企业核心竞争力有了新的提高。要看到我们当前除了有这样一套设备以外，我们还有拥有这套技术的人力资源，这就是刚才我说过的世界经济发展的第三个阶段——现代的人力资源的开发，在我们鞍钢取得了巨大的进展。这是一个相当宝贵的财富，他将会迸发出巨大的经济力量。“九五”完成技改投资137.5个亿，我们节约了76.02个亿，同时完成了规划以外的11项重点工程，扩大了“九五”技术改造的成果。“九五”技改投资回收期3.7年，这是钢铁工业协会他们计算的结果，目前投资已全部回收。

继续贯彻以上原则，抓住结构调整不放，抓住技术进步不放，继续“高起点、少投入、快产出、高效益”，我们推进了“十五”技术改造。在“九五”投资已经全部收回，积累了资金的情况下，“十五”期间实施了矿山、烧结、炼铁等工序改造，大力开发钢材深加工能力，进一步提高了产品附加值和技术含量。

我们遵循世界经济发展的规律，世界钢铁工业的发展规律，进一步推进我们的技术改造，这大家都是清楚的。矿山实施了提铁降硅，提铁降硅使我们鞍钢的矿山焕发出新的活力。过去大家知道，我们认为我们的矿山跟国际竞争相当困难，跟进口矿的竞争相当困难，现在我们完全可以自豪地说我们的矿不比进口矿差。我们新建了两条球团生产线，两台360m²烧结机、两座6m 55孔焦炉、新1号3200m³高炉投产。我们铁、烧、焦前面的系统也有了相当的改观，重点在工艺水平的提高上。冷轧2号线、三条镀锌板生产线、两条彩涂板生产线、高速重轨生产线建成投产，宽厚板、中板和无缝钢管生产线都进行了改造，技术水平大大地提高，产品结构进入到高附加值这个行列。提高了产品质量，改善了产品结构，增加了企业效益，市场竞争力大幅度提高。

我们再来欣赏一下3200m³高炉，百看不厌啊！欣赏一下我们的转炉，实现了全转炉、全连铸，炼钢工艺达到了国际先进水平。我们真空处理、脱硫扒渣、钢包精炼炉等等设备都武装上去。我们最近又引进了三套真空处理，三炼钢全真空处理，二炼钢、一炼钢也加上了真空处理。多条世界先进水平生产线，1780生产线，1700连铸连轧生产线，一炼钢的950连铸连轧短流程生产线，重轨生产线，二冷轧生产线，大连的镀锌线。每次我们到这些改造的地方，看到就格外的亲切。德国人说世界上有两条镀锌线最先进，一条是大连的，一条是他们自己的8号线，其实我们认为我们这条生产线比他们的8号线还要好一些。无缝厂的改造，我们无缝厂生产的产品从过去不能出口到现在批量出口。我们的中板生产线，中板改造一共投资了1.4亿元，实际上一年的效益回来大概就是4~5个亿。我们的厚板生产线，由于厚板进行了装备的改造，所以我们生产出了世界顶级的三峡水轮机蜗壳钢。这个蜗壳钢一期工程是日本的JFE公司生产的，二期工程继续向他们买，他们不卖了，不报价，要卡我们一把，我们经过短短的3~4个月的试制，现在成功地生产出蜗壳钢，这跟我们轧机的改造是分不开的。

我们的板管比提高了43个百分点。按照世界钢铁工业发展的规律拼命地提高板管比，综合成材率提高了9.6个百分点，相当于每年100万吨以上，产品质量达到国际先进水平的比例提高了61.8个百分点。集装箱钢板，今年1~10月份生产了72.43万吨，是去年的1.2倍。船板42.18万吨，是去年的1.7倍。轿车板12.89万吨，是去年的1.32倍，其中O5级面板已用在了奇瑞、捷达、宝马、福特、奥迪等轿车上，批量出口北美市场。告诉大家一个好消息，我们订制的100台捷达轿车是用咱们鞍钢的钢板，现在正在试生产，生产得非常好，说和宝钢的比没有任何区别，我觉得应该和进口的比没有区别。三峡右岸用的水轮机蜗壳钢，我们供货1.2万吨，这个钢应该说是非常难轧的。我们已经开发生产了X80管线钢宽厚板，并且通过了评审。当然现在还不能够太骄傲啊，我听说不同厚度的管线钢还要有不同的技术，现在还有一些问题，现在还有待进一步开发。

冷轧硅钢片已经生产了3.34万吨。现在国内外的钢铁市场根本就不相信鞍钢能够生产出冷轧硅钢片，的确我们自己能够生产出来。时速350公里重轨的加工生产线，秦沈客运专线上是时速200公里的，时速350公里正在试铺了。我们抓住国际市场价格上扬机遇，大力出口热轧板、冷轧板、镀锌板、彩涂板等高附加值产品。今年1~10月钢材出口和以产顶进已经达到245.9万吨，占我们钢材总量的27.8%，出口到世界多个国家了，欧、美、亚等30多个国家和地区。销售收入，我记得是全年可以达到460个亿，实现利润预计全年可以超过100个亿。资产保值增值，原值增加373个亿、净值增加210个亿。所有者权益，增加了231个亿。资产负债率从原来的66.93%到现在的45.11%，下降了21.82个百分点。职工收入今年可以超过2万元。鞍钢按照经济发展的规律，抓住了品种结构的调整，抓住技术进步这两个很关键的环节，走我们自己的道路，达到了高效益这样的目标。这个经验我认为我们要坚持下去。

下面我想讲走新型工业化道路，实现可持续性发展。世界经济已进入一个增长期，世界经济（GDP）增长幅度预测，今年美国的增长可能达到4.2%，欧盟的增长可能达到1.6%～2.2%，日本可能达到3.1%～4.4%，这是从资料查到的。世界增长可能达到4.2%～5%，预计明年仍然有一个比较大的增长。到2004年9月底，CRU国际钢材价格指数达到158.1点，创下了1994年以来的历史新高。这是世界经济发展的一个新的特点，国际上是这样。

国内经济，预计我国GDP增长在9%左右。随着我国新型工业化、城镇化、西部大开发和振兴东北老工业基地等重大战略措施的实施，将进一步拉动钢铁的需求。明年钢铁消费大约在2.8～2.9亿吨，比今年还要增长6.4%。但是，我们也应该看到钢材市场走势的不确定因素。

能源的紧张。昨天我们开党政联席会，我们在会上说：煤恐怕是我们很关键的一个原料。预测2005年的世界石油平均价格比2003年每桶要高出8美金，世界经济增速放慢0.5个百分点。石油增长就意味着煤要上涨，虽然铁矿石供需矛盾趋缓，但煤、电、运输的紧张局面不可能根本缓解。

根据入世的承诺，我们国家将取消钢材进口指定经营，将会在一定程度上加剧市场竞争。一个是世界经济的增长，一个是钢材市场不确定的因素。在这样一种形势下，我们钢铁业的竞争主要表现在原燃料供应和降低成本上。对于鞍钢来说，一方面要利用国际、国内两个市场、两种资源，保证原燃料供应，扩大出口。另一方面通过持续技术进步，改善主要技术经济指标，优化品种结构，做强做大，提高市场竞争力。就是我们仍然要抓住客观的规律，遵循客观的规律，抓住我们自己的经验，坚定不移地按照这样的方向走下去。采用高新技术建设现代化新区，以科学发展观为指导，再建一个年产量为500万吨的现代化板材生产基地，迎接市场的挑战。

新的区域的和全球的生产链和供应链形成，因此就有5个我们必须要注意的问题：一是全球产业化的大转移，这个趋势来势非常迅猛。我们国家的造船业从原来的位居世界比较后面几位发展到现在进入世界前三位。除了造船业以外还有其他的，比如说家电产业，比如说汽车制造业等等。二是全球资本的大流动。我昨天看到《南方日报》有一个报道，现在苏州的GDP达到1640亿，就光一个市啊！三是新技术的大传播，这个趋势我们必须要看到。现在技术的传播、资本的流动、产业的转移决不是20年前的那种成本。就是资本的转移也是非常低成本，技术的转移也是低成本，产业的转移也是低成本。四是国际市场和国内市场大融合。

鞍钢今年的出口非常好，我们抓住了国际市场和国内市场大融合这个趋势，国际经济增长这个趋势我们抓住了。跨国公司的大发展，我们西区也好，我们营口新区也好，昨天我整理资料看，现代跟我们提出来要跟我们合资，三菱提出来要跟我们合资，蒂森克虏伯提出要和我们合资，西区他有兴趣，营口他也有兴趣。什么问题？——跨国公司的大发展。这是挡都挡不住的客观趋势、客观发展，挡都挡不住，同志们。这几个大的趋势，值得我们认真地抓住和思考，以找准我们自己的发展方向。

下面我要讲走一条新型的发展道路。鼓励技术创新，采用新的工艺、新的能源、新的材料，开发新的产品，降低生产成本，提高经济效率。今年上半年，徐匡迪同志跟我讲，他说你们钢铁能不能出汽油啊？能不能出石油啊？现在能源不是紧张吗，你们焦化厂能不能出石油啊？他说是因为我们炼焦有氢气，出来的氢气和苯啊什么东西加在一起在什么状态下可以创造石油。那是新工艺、新材料。我当时倒一愣，我们焦化厂还能出汽油啊！不是不可行的，不是不可能做到的。就是钢铁厂将来要变成一个能源的转换，材料的转换，技术的转换，效益的转换这样的一个工厂。发展服务业，降低成本。我们的国贸公司要大发展，这是客观趋势。我们的信息化要带动工业化。这三个方面我认为同志们都应该认真思考。

结合我们的实际，推动我们的工作。在这种形势下，钢铁业的竞争是原料的竞争，成本降低的竞争。所以我们提出来，明年我们要把节能降耗作为我们主攻的首位，要利用国际、国内两个市场和两种资源，既保证原燃料的供应，也要扩大出口。所以我们提出来，明年的出口在今年的基础上再进一步扩大，就是基于这种思考。世界经济的发展趋势，顺者昌，如果不按照这个规律去办，今后就碰得头破血流。另一方面要通过持续技术进步，改善主要经济技术指标，优化品种结构，做强做大，提高市场竞争力。

我们明年的工作重中之重是，采用高新技术，建设现代化的新区，以科学的发展观为指导，再建一个年产 500 万吨现代化板材生产基地，迎接市场挑战。因为我们拥有的技术我们要把他变成实实在在的物质财富，就体现在再建 500 万吨新的板材基地，是扁平材的，是高技术的，是我们自己拥有的，我们的人力技术充分发挥的，完全符合客观规律，集炼铁、炼钢、连铸、热轧、冷轧为一体的大型、高效、连续紧凑的生产工艺。铁水 100% 预处理，钢水 100% 精炼。我们西区原来上了一个真空处理，后来我们迅速上第二个真空处理，就是基于这种考虑。高技术不能动摇，全计算机控制的。把炼铁、炼钢、连铸、热轧统一起来，形成一个短流程，高效的生产线。连铸，热轧短流程，两套冷连轧，两套镀锌线。建成资源节能型的，生态保护型的，人与自然、企业与社会和谐发展的这样一个新区。建设一座利用低热值高炉煤气的 30 万千瓦的联合发电机组，这个是世界顶级技术。新区的建设主要立足于自己的技术，预计 2005 年底建成投产。

我们要在营口再建一个 500 万吨的这样一个新区。这边就是码头，这边是华能电厂，离我们这里很近，用皮带就可以到我们绿的加红的这片地区，绿的是填海。前两天武钢的老经理来了，他说你肯定是拷贝你们西区的 500 万吨，我说：对，你说对了，就是拷贝。成本低，技术高，而且我们自己的技术得到充分地发挥。我估计这个 500 万吨，4 年多不到 5 年就会收回全部投资。我们瞄准造船业向中国转移这个趋势，计划在营口港区再建一条 5m 宽的厚板生产线。其他的部分，高炉、烧结、炼钢基本上就要拷贝西区。我们自己的道路证明我们符合客观规律，我们将走的道路将继续沿着这条道路发展。我们依靠科技进步来推动企业的发展，使鞍钢这个有 88 年历史的老企业焕发青春。到 2006 年，鞍钢将具备 1600 万吨，到 2010 年前，鞍钢将具备 2000 万吨，经济效益，产品结构，技术水平都将进入世界一流钢铁企业。我们将提出这样一个口号，进入世界 500 强。

下面是回答现场提问的情况实录

问：刚才刘总把鞍钢 10 年来的成果向大家展示了，同时大家也提到，明年中国的钢产量将高于中国市场的需求量，很多企业还做着不管是高起点还是低水平的重复建设。鞍钢也在扩张自己的产能，我们不知道这种扩张产能跟这种重复建设有什么区别？

答：有一些市场竞争的客观趋势，是挡不住的，不能主观地有好的愿望。前不久有个事情给我一个很大的震动，就是去年营口中板就开始思考建 5 米轧机。我们过去在宝钢建5米轧机的时候，就曾经思考过我们建不建。当时，我们想是不是腾出手来先建我们西区的500万吨。在我们稍微慢一个节拍的时候，营口中板已经在跟国外谈判了，据说技术部件已经签字了，这种局面使我想到是你挡不住的。现在，据说武钢要达到1400万吨，马钢明年就达到1000万吨，首钢要建一个2250热轧，马钢要建一个2250热轧，邯钢要建一个2250热轧，还有一个，四家都要建2250热轧。还有人说：鞍钢干什么我就干什么，跟着我们走，这个趋势是你左右不了的。能左右的是我们自己，我们要眼睛向内，迅速地在品种和技术上进入到世界先进企业行列。世界钢的消费是9亿吨到10亿吨，我们鞍钢的产量才2000万吨，如果说我们和世界顶级的浦项、新日铁能够竞争的话，那么你不用怕10亿吨钢没有你的市场。我认为我们竞争的不是这样一些对手，我们竞争的是世界上的这些顶级企业。说老虎来了你们干吗不快跑？大家都知道的，老虎我跑不过，我就要先跑过你，你先被老虎吃掉，我先存着，是不是啊？我们要把别人甩在后面，进入世界先进钢铁行业，只有这样，我们才能有生存发展的空间。决不是和营口中板去较量，也不是去和沙钢、建龙去较量。我们要把自己的产品定位在世界顶级产品上，那么10亿吨钢的消耗必然会有你的用武之地。这就是我的回答。

问：第一个问题就是总经理刚才说的关于鞍钢的发展，听了以后确实感到振奋人心，尤其作为我们设计单位。我想提这么一个作为设计部门应该考虑的问题，鞍钢目前的生产能力是1000万吨，在2006年达到1600万吨，到2010年的时候达到2000万吨。作为公司的领导层，鞍钢将来具有这么大生产能力的时候，一个是生产资源，我们的矿产资源，生产原燃料的考虑。另外，还有一个就是对能源的考虑。在这样大的生产能力的时候，公司是否考虑到持续发展问题。因为，我们有生产能力还需要生产资源，这是第一个问题。第二个问题，科学技术发展是飞快的，到2010年的时候，鞍钢要进入世界500强，不单是经济实力而且包括技术水平，在营口新区的建设中，鞍钢还有哪些新技术能够与时俱进，比如说在炼铁方面有没有想到要用一些熔融还原方法，或者其他的技术方面还有没有更新的想法？

答：刚才她提的这两个问题我觉得提得非常好。第一个问题就是关于资源的问题。确实，资源的获取不是一帆风顺的，也必将要经过竞争获取资源。我们将从两个方面来考虑，一个我们和原料的生产厂矿建立战略的合作关系，比如说黑龙江这样一个煤炭基地，我们正在和他们探讨入股的问题。比如说澳大利亚的铁矿，上一次去澳大利亚接触了他们的一些公司，最近已经来进行交流了，和山西焦煤集团，我们要和他们建立战略的合作关系。这是一个我们必须考虑的问题，也就是说原料不是轻而易举，需要通过采取各种方式通过努力竞争取得的。另一个方面我们需要考虑的就是我们要提高技术水平，节能降耗，节省原料。对燃料来讲，我们既要考虑如何降低我们的焦比，提高我们的喷煤量，又要考虑如何利用劣质煤来进行高炉的冶炼，既要从外也要从内两个角度来着眼。煤炭我们既要用国内的，也要利用国外的。所以，在澳大利亚我们也探讨了煤的采购问题。我们把下一个500万吨放在营口，就是考虑我们的重点产品是出口的，原料是进口的，所以我们把工程放在交通运输非常方便的地方。第二个问题是关于新技术的应用问题。我觉得在影响质量，影响效益和成本这些方面的先进技术我们将毫不吝啬，我们的5米宽厚板，一定要造就一个顶级的5米宽厚板生产线。因为，我们的产品要立足于在国际市场。营口的高炉、转炉、轧钢，包括我们的管理，都要按世界一流钢铁企业这样的要求去实施、去推进。我刚才已经说了，只有我们把自己定位在世界先进钢铁企业这样一个层次上，我们才有生存发展的空间。否则的话，我们就面临着破产和倒闭。这就要求我们从现在开始，我们各级干部都要用世界先进钢铁企业这样的标准来要求我们每个部门，每一个岗位的工作。我不知道这些能不能回答你的问题。

问： 刚才刘总在报告中，站在世界和国内钢铁行业发展的战略高度，提出了鞍钢要在2010年前进入世界500强的规划发展目标，我们感到十分振奋。我想要问的是，鞍钢做强做大钢铁主业的同时，在发展钢铁主业关联产业和其他非钢产业方面是如何考虑和规划的？

答： 刚才我曾经说到、涉及到这个问题，我们不断地扩大钢铁主业的规模，当然这是世界高水平的规模。与此同时，我们必须要拉动自己的矿业，我们自己的工程设计，我们自己的贸易，我们自己的机械制造等等，这些方面都是要随着钢铁主业协调发展。因为我们是一个有着十几万人的大企业，我们必须做到有足够的劳动就业的机会。我认为随着主业的做大，给我们其他方面都带来难得的机遇。比如说我们的工程，我们的贸易，我们的矿业，我们的服务业，再比如说我们的房产。据说，我们在营口定位一个500万吨钢铁企业，营口的房地产价格立刻上涨，这些就是机遇。我们各个部门就要抓住这个机遇，这是我的思考。

还有一个问题我想特别强调一下，我今天这个报告说了这么多我们自己10年来的经验，决不是仅仅为了振奋大家，而是想从这10年的经验，和世界钢铁发展的规律，世界经济发展的规律来得出一个结论。我们要继续走这样一条道路，不断地推进技术进步，不断提高产品的附加值。同时，在这个过程当中继续坚持“高起点、少投入、快产出、高效益”不能动摇。动摇了，我们就不能进入到世界先进钢铁企业行列，我想重点强调这个。

问： 我想提鞍钢的线材发展如何定位的问题。随着“九五”改造成果的扩大，线材的品种结构有了很大好转，我们吃的坯料是全国乃至世界上具有特点最大的方坯，内在质量比较好。今年我们的“专、特、优”比例达到52%，出口达到38万吨。另外随着刘总讲的5个特点，也发生了很大的调整。汽车行业帘线钢现在国内需要的量大概在40万吨，预应力钢能够达到200万吨，其他的比如冷墩钢达到500万吨。最近，国际上最大的贝卡尔特公司准备和鞍钢联合开发帘线钢，在沈阳也建了厂，需要的帘线钢生产能力能达到260万吨，其他国内几家企业也准备和鞍钢合作。现在，我们线材产品国内的需求量很大，而且国际市场需求量也很大。我们有优势、有能力把线材做精，我想鞍钢在发展板材的同时控制线材的总量，但是要迅速把线材品种做精，满足国内和国际市场的需求。

答： 最关键的问题不是板材和线材，不是扁平材还是长材的问题，最关键的问题是你的附加值到底有多高。如果你的线材全部能生产钢帘线，那当然可以了。这个我非常欢迎。但是，如果尽是做建筑钢筋用了，这个再去发展我认为就没有空间，因为都是乡镇企业他们可以做的。因此，我回答你的问题，第一要迅速调整你的产品结构，生产高附加值的钢帘线等这样一些线材；第二必须坚持“高起点、少投入、快产出、高效益”。就是说你给我打报告，你说一年收回全部投资，那我就让你干这个项目。如果你说投资很大，结果超过5年才能收回，那你就别给我打报告。我也知道贝卡尔特对我们鞍钢的钢帘线很有兴趣，我愿意和他们进一步接触。如果真有兴趣的话，他能不能愿意在这里进行线材投资，我们可以考虑跟他合资，他愿不愿意，可以接触。瞄准高附加值，高回报，高效益。因为现在数来数去，就要排谁的效益最高了。那天我们排过，镀锌板的效益是2000元，最差的是中型、小型和线材，那我当然不能发展你了。谁效益好我先发展谁，就是这个道理。如果钢帘线也是3000、2000元的效益，我当然要发展，那你就努力把你的附加值提高。这里也给大家一个警告，在座的各轧钢厂的厂长都要注意，附加值低就意味着你要被淘汰了。不是我淘汰你了，是别人淘汰你了，别人比你有竞争力。刚才不是说吗，那么大的发展，供大于求，这个局面必然会出现。2250除了武钢建的之外，还有四家在建2250。但是不怕。他2250只能生产大路货，我1780可以生产蜗壳钢，这就是我的水平，这就是我的空间，这就是我的发展。

问：刘总，听了您的报告，我们非常振奋。对于走有鞍钢特色的新型工业化道路，我们更明确了。对下一步"建精品基地，创世界品牌"，到2010的远景目标我们更明确，对下一步的工作感到方向更明了。我想请教一个问题，刚才有同志问到了关于物流方面的问题，您在报告中讲到了资金流方面的问题。我想请教一下总经理关于信息流方面或者是ERP建设，企业信息化建设方面我们的成果和下一步的设想，还有一个关于资金流的，资本运营方面我们集团公司还有什么深入的想法没有？

答：信息流方面肯定就是全面推进ERP了，ERP这项技术我们正在全力推进当中。我本人是搞信息的，我在武钢曾经领导过武钢的信息技术开发，后来被淘汰了，武钢又重新开发，当然这里有很多原因了。我深知ERP的难度，它是一个系统工程，它是一个整体的工程，它需要我们各个部门去配合，又要在生产经营的同时去开发ERP，所以需要大家通力地参与支持，否则的话会事倍功半，会达不到我们理想的效果。但是，这是现代企业必须具备的一个手段。现在，宝钢从订货到生产出产品周期是10天。我们现在多少天呢？恐怕要一个月以上。这跟我们信息化程度低是有关系的。所以，这方面我们必须迎头赶上。可喜的是，我们的ERP在各方面的配合下，基本设计已经完成，明年有望能够投入试运行。这是信息方面。资金方面，资金必须高度的集中。过去资金分散在各个方面的状态要迅速扭转，因为资金的流动，资金的整体调度是巨大的财富，而我们过去在这个方面还有很大的差距，也可以说还有很大的潜力。我们昨天讨论了国资委对我们资金流动周期的考核，勉强定个1.6，我觉得是很惭愧的。当然需要我们努力，这个努力非一日之寒啊，这是有一个企业管理的功底，需要我们进一步加强。但是，这个方向我认为必须要坚持，资金集中地调度，要让资金流出去，让它产生效益，这就是对的回答。

问：我是技术中心信息所的，我研究国际顶级公司有这么个规律，近几年他们品种结构中的不锈钢约占他们总量的三分之一。像阿塞勒、蒂森、新日铁、浦项，鞍钢中长期发展规划战略品种定位考不考虑不锈钢，因为我发现他们基本做到这个行业龙头老大的前几位。

答：你这个问题问得也非常好。我了解大的钢铁企业他们都在不锈钢方面有一定的规模和发展。我们鞍钢的不锈钢问题，从我第一天到鞍钢来的那一天也在考虑，也有很多人建议，我们鞍钢是不是要开发不锈钢的产品。但是不锈钢产品虽然也是钢，但相对碳素钢来讲，它是另外一个领域。它的技术含量，它的资本投入都不是一个很小的数目。我说我们现在可以投入一些力量进行一些储备，进行一些研究，做一些分析。但就目前而言，我们第一步应该做的还是把我们的碳素钢达到一定的规模，达到一定的水平，用碳素钢的资本积累来为下一步不锈钢的发展创造必要的条件。当然技术上我们可以做一些储备，但是如果现在就投入不锈钢，我觉得还不太具备条件。再说在我们区域里面，比如说同时搞不锈钢的话，我不是搞不锈钢的专家，有一些专家告诉我，会互相污染，觉得不太合适。那么其他国外的钢铁企业也是这样，不锈钢是在另外一个区域里来进行，宝钢是在上钢一厂来进行。比如说我们在大连再建一个新区，比如说啊，别再传出去说大连要建一个不锈钢，那也许是比较好的方案。

在鞍钢首批改制单位挂牌仪式上的讲话

2005年4月29日

刚刚从我们西区的现场回来。我从北京回来以后，就非常急待想去西区看我们的炼钢，因为这不是一个一般意义上的一个炼钢厂，是我们鞍钢在发展过程当中进入到一个新的阶段。我非常有感触地去思考，如果说我们前10年在改革、改造、发展的道路上取得了一点进步和成绩的话，那是在原来我们老区实现的。现在的西区是一个崭新的现代化的一个生产线，它意味着我们鞍钢的发展进入到一个更广阔的空间、更广阔的天地，这是一个新的500万吨，它的意义非常深远。从炼钢厂回来，我听说要我讲话，我思考应该讲什么？生产力的发展，它必然要求我们的体制和机制要进行改革，这也完全符合党中央的要求，十六大给我们提出的国有企业改革的方向，这就是体制和机制的改革。今天我们不仅在炼钢生产上有了新进步，更可喜的是，我们在体制和机制的改革上又迈出了非常可贵的一步。我想有这么几个意义：

第一点，它是我们鞍钢进入社会主义市场经济、适应市场竞争需要，在体制和机制上做出的一个重大的举措。因此，从这个意义上来讲，它不是分家，它是重组，它是按照新的模式来运作我们鞍钢集团。这点我自己是这样思考，我希望我们这7个改制的单位也应该牢记这一点。我想这7个单位永远是我们鞍钢集团不可分的一个组成部分。它是体制和机制的改革，它不是分家。

第二点，我想这次改制它会进一步推动我们主业的发展，会壮大我们辅业的发展。因为，按照这样一个体制、这样一个机制去运作，实践已经证明，中央的这些方针政策是完全正确的。只要我们按照中央的政策，结合我们鞍钢的实际去不断的追求我们这样一些发展和改革，那我们肯定会取得成功。所以，对主业来讲，有了一个更活跃、更有机制、更有朝气的辅业的支持，这个主业的发展前途是非常可观的，而辅业有这样一个强大的主业作为它的市场、它的发展空间，那么这样一个辅业，它是非常有活力，非常有希望、有前景的。实践也证明了这一点，我们模拟改制的这一年来，我们的建设公司、实业公司、机械制造公司、电气制造公司、房产建设公司、汽车运输公司，这7个公司都取得了非常令人可喜的进步，非常令人可喜的发展，那么这条道路它肯定是非常有发展前景，非常有发展空间，也非常有希望的。因此，我认为它是非常正确的。

第三点，改制对我们的工作又提出了新的要求。首先，对鞍钢集团来讲，它不是一个绝对控股，但是它是一个相对、占绝大股份的一个出资人，49%，是绝对在相对比较起来，是占大股的。因此，对国有资产的保值增值仍然有不可推卸的责任，所以，对集团来讲从国有资产保值增值角度，从支持主业发展、壮大辅业发展这个角度来讲，都不是推卸责任，而是要适应新的模式，去管理，去支持，去发展。对改制的这7个企业来讲，也有一个适应新的现代企业制度的模式来进行管理。因此，必须建立规范的股东大会、董事会、监事会，用这样一个现代企业制度来运作这7个改制单位。它会给我们提出许多新的问题，我出差到北京之前，我们的同志们已经提出来，干部任免怎么来任免？机构设置怎么来设置？编制怎么来制定？管理怎么来管理？这些都要我们去学习、适应、探索。但是我们已经迈出了成功的一步。

第四点，我想说全心全意依靠广大职工这一个方向、这一个宗旨是不能改变的。因此，改制的企业，或者是说，我们集团公司都必须坚持全心全意依靠广大职工。只有我们继续按照这样一个现代企业制度，才能保证我们的改制，我们的改革取得新进步新成果。这是我想说的第四点。

我想说的最后一点，鞍钢在市委、市政府的支持、关心、帮助下，无论是在改革方面，或者是在改造方面，在企业管理方面，在企业发展方面，都取得了新的进步。这次改制，形式上看，这 7 个单位要注册到地方，管理由鞍钢来进行，它会有新的地企合作的模式，会有新地企业合作的这些问题，这些需要我们解决的困难。但是我相信，在市委、市政府的支持、帮助下，在我们广大职工的支持，在我们 7 个改制企业的共同努力下，这些问题、这些困难会得到解决。因此，我对我们鞍钢集团的发展，对我们 7 个改制企业的发展，充满信心。因此，我们有理由去为我们更加光明的前景、更加光明的未来充满信心。

在鞍钢一排高炉拆除仪式上的讲话

2005 年 10 月 31 日

今天是鞍钢发展史上一个值得纪念的日子，一排最后一座高炉即将拆除了，至此，一排 4 座老高炉已经全部退役。这是鞍钢以实际行动贯彻落实党中央、国务院方针政策、认真实践科学发展观的重要举措，是鞍钢改革发展中的一件大事，标志着鞍钢精品基地建设取得了又一重大进展，将推动鞍钢整个工艺系统的创新和升级，进一步提高市场竞争力。

鞍钢一排高炉是解放后我国最早恢复生产的高炉群，其中最早的 1 号高炉始建于 1917 年，距今已有 88 年的历史。1949 年至今，一排高炉累计生产合格生铁 9498 万吨，为国家经济建设和鞍钢改革发展做出了巨大贡献。同时，在高炉生产建设的各个时期，还涌现出以老英雄孟泰为代表的一大批先进模范人物，形成了以“孟泰精神”为核心的鞍钢工人阶级艰苦奋斗、开拓进取、创新求实、拼争奉献的优良传统，给我们留下了宝贵的精神财富。

继承和发扬老一辈鞍钢人创新、求实、拼争、奉献的优良传统，再创鞍钢的辉煌未来，是党和国家的重托，是历史赋予我们的光荣使命。鞍钢第六次党代会确定了今后一个时期“两步跨越”奋斗目标：第一步，到 2007 年建成 1600 万吨钢精品基地；第二步，到 2010 年进入世界 500 强，成为最具国际竞争力的大型钢铁企业集团。加速炼铁系统技术改造，淘汰 1000 立方米以下小高炉，是实现上述目标的一个重要步骤。

一排高炉停产拆除，是鞍钢实践科学发展观、承担社会责任的重要体现。建设资源节约型和生态保护型企业，实现人与自然、企业与社会的和谐发展，既是持续提高市场竞争力的必然要求，也是国有大企业对社会和子孙后代应尽的责任和义务。一排高炉停产拆除，将对改善城市环境、提高鞍山市民生活质量发挥重要作用。

一排高炉停产拆除，是鞍钢贯彻落实中央方针政策的重要举措。党的十六届五中全会《建议》指出：“加快企业节能降耗的技术改造，对消耗高、污染重、技术落后的工艺和产品实施强制性淘汰制度”。《钢铁产业发展政策》明确规定，东北的鞍山-本溪地区现有钢铁企业要按照联合重组和建设精品基地的要求，淘汰落后生产能力，建设具有国际竞争力的大型企业集团。

一排高炉停产拆除，是鞍钢加快技术进步的重要步骤。“九五”以来，鞍钢坚持走“高起点、少投入、快产出、高效益”的老企业技术改造新路子，用高新技术改造传统产业，主要生产工艺和技术装备达到国际先进水平。随着铁前铁后各工序整体工艺装备水平的迅速提高，炼铁系统特别是一排高炉的劣势越来越突出地显现出来，严重制约了鞍钢的发展。一排高炉停产拆除，将使炼铁系统技术装备水平全面提升，标志着鞍钢“九五”以来的技术改造迈出了新的一步，对于鞍钢改进工艺、优化结构、降低成本、提高效益都具有重要意义。

一排高炉不仅是鞍钢发展的缩影和见证，更是一笔无价的精神财富。这次一排高炉拆除，保留了 1 号高炉部分主体结构和大型设备，易地建成标志性企业文化景观，通过大量珍贵史料和实物，记录老一辈鞍钢人的风采，弘扬鞍钢工人阶级的优良传统，展示鞍钢改革发展的光辉历程和辉煌成就，使之成为鞍钢企业文化教育的重要基地。一排高炉退役后，取而代之将建设一座2580立方米的现代化大型高炉。经过改造和建设，到2007年，鞍钢炼铁系统将拥有3座3200立方米、5座2580立方米现代化大型高炉，生产能力超过1600万吨，整体技术装备达到世界先进水平。

党的十六届五中全会明确提出了构建社会主义和谐社会的要求。贯彻五中全会精神，就必须进一步明确发展是目标、改革是动力、稳定是前提。当前，鞍钢的改革发展已经进入新阶段，各项工作任务十分艰巨，稳定工作形势非常严峻。我们要认真贯彻十六届五中全会精神，牢固树立和落实科学发展观，坚定不移走新型工业化道路，加快推进“三个创新”。要从维护企业改革、发展、稳定大局出发，落实稳定工作责任，做好耐心细致的思想政治工作，确保企业和社会稳定，为构建社会主义和谐社会、实现全面建设小康社会宏伟目标做出新的更大的贡献。

鞍本强强联合　振兴东北钢铁工业

2005 年 11 月

2005 年 8 月 16 日，由东北地区最大的两个钢铁强企—鞍钢和本钢联合重组的鞍本钢铁集团正式挂牌成立。标志着中国钢铁工业的结构调整又迈上了一个新的台阶，成为我国由钢铁大国向钢铁强国转变过程中的又一标志性事件。

鞍钢和本钢都是地处辽宁的国有特大型钢铁企业，综合实力均排在国内钢铁企业前列，并在冶金行业占有十分重要的地位。经过“九五”以来的改革和发展，两家企业的主体生产工艺和技术装备都达到了国际先进水平，企业竞争实力明显增强，均已成为我国重要的精品板材生产基地。目前，鞍钢具有年产铁 1300 万吨、钢 1300 万吨、钢材 1100 万吨的生产能力，本钢具有年产铁 700 万吨、钢 700 万吨、钢材 550 万吨的生产能力。集装箱板、汽车板、管线钢、冷轧硅钢、造船板、镀锌板、彩涂板、高速重轨、高级石油管等精品已成为鞍钢、本钢主导产品。两家企业走到一起，拥有显著的互补优势、技术优势、资源优势、振兴东北老工业基地的政策优势和广阔的市场优势。

一、鞍本钢铁集团的成立对提升我国钢铁工业的国际竞争力，特别是振兴东北钢铁工业具有重要意义

鞍本钢铁集团的成立，是我国钢铁工业发展史上的一件大事，也是振兴东北老工业基地进程中的一件盛事，符合国家钢铁工业发展战略和产业政策，对于我国钢铁行业调整产业布局，优化产品结构，转变增长方式，推进体制创新，增强企业国际竞争力和振兴东北老工业基地，都具有重要意义。

一是落实党中央、国务院方针政策的重要举措。党的十六大报告指出：“通过市场和政策引导，发展具有国际竞争力的大公司大企业集团。”中央领导同志在视察鞍钢、本钢时多次强调要把联合重组作为加快企业发展的重要途径。最近国家发布的《钢铁产业发展政策》也明确提出，“支持钢铁企业向集团化方向发展，通过强强联合、兼并重组、互相持股等方式进行战略重组，减少钢铁生产企业数量，实现钢铁工业组织结构调整、优化和产业升级”，“支持和鼓励有条件的大型企业集团，进行跨地区联合重组，到 2010 年，形成两个 3000 万吨级，具有国际竞争力的特大型企业集团”。

二是应对国内外激烈市场竞争的必然要求。近年来，国际钢铁业整合重组势头迅猛，各大钢铁企业通过实施跨国、跨行业的投资并购，在钢铁企业和上下游企业之间构筑超大规模的企业集团，反映出钢铁企业在资源、市场以及运输等方方面面的竞争更加激烈，其目的就是通过联合重组，大规模地扩张生产规模，降低制造成本，实现规模效益最大化，从而提高企业的整体竞争力。由法国于齐诺尔、卢森堡阿尔贝德和西班牙阿塞雷利亚共同组成的阿塞勒钢铁集团，2004 年钢产量达到 4690 万吨，为当年世界第一大钢铁企业。米塔尔钢铁公司在合并 LNM 控股和伊斯帕特公司后，又收购了

本文发表在《中国钢铁业》，2005(11)：14～16。

美国国际钢铁集团，年产钢将达到7000万吨，超过阿塞勒成为目前世界第一大钢铁企业。从国内看，为提高产业集中度，增强企业自主创新能力和市场竞争力，促进我国钢铁工业实现可持续发展，钢铁企业的重组步伐正在加快。特别是国家《钢铁产业发展政策》出台后，必然会进一步引导和推进国内钢铁企业的整合。

三是为加快推进东北老工业基地的振兴创造了有利条件。钢铁工业是辽宁的重要支柱产业，鞍钢和本钢又是辽宁钢铁工业的支柱企业，今年上半年，两家企业合计产钢896.62万吨，占辽宁省钢产量的60%，占东北三省钢产量的50%。从目前看，新组建的鞍本集团具备了年产钢2000万吨的能力，销售收入达到1000亿元水平。通过进一步做强做大，到2010年前，鞍本钢铁集团将成为年产钢3000万吨以上，最具国际竞争力的大型钢铁集团，进入世界500强。可以说，鞍本的强强联合，将在促进辽宁和东北地区冶金工业优化升级，提高集中度，增强整体竞争力上发挥出龙头作用。同时，对推进辽宁乃至东北地区装备制造业的振兴，增强地区综合经济实力，实现国民经济持续快速健康发展奠定了坚实基础。

四是有利于促进我国钢铁行业健康发展。作为世界第一产钢大国，我国钢铁产业集中度却非常低。全国钢铁企业多达873家，而年产钢500万吨以上企业只有15家，其钢产量仅占钢铁企业总产量的45%。可以说，产业集中度低是制约我国钢铁工业发展的关键因素，直接导致了产品结构不合理，产品档次低、质量差以及资源消耗较高等方面问题，制约了企业自主创新能力和竞争力的提高。因此，我国钢铁企业面临重大的结构调整任务，应该按照《钢铁产业发展政策》的要求，将钢铁行业的组织结构调整作为打造钢铁强国的主要任务目标加快推进。只有这样，才能解决我国钢铁行业目前存在的“无序竞争、重复建设、产能过剩、资源浪费”等问题。

五是对国内钢铁企业具有很强的示范效应。鞍本钢铁集团的成立，对中国钢铁产业结构调整和优化升级产生了良好的示范作用。国家《钢铁产业发展政策》发布后，必将引导国内钢铁企业通过重组联合而走上构建大企业集团的道路，进而提高我国钢铁工业集中度，以实现布局合理、结构优化和竞争力的提高。从目前实际情况看，由于国内钢铁企业普遍存在资产归属关系不同、企业内部改革进度参差不齐以及企业承担的社会负担轻重不一等问题，使得一步走上资产重组的道路困难重重。鞍本钢铁集团成立后，先实行规划发展战略、技术创新和产品研发、国际国内市场营销战略、统计申报等方面的统一管理，突破了现有隶属关系、利益分配、人员安置等方面的限制和约束，为下一步实现资产重组奠定了坚实的基础，创造了有利条件。这种稳妥有效的方式为其他企业的重组提供了新的借鉴。

二、发挥鞍本钢铁集团的整体优势，振兴东北钢铁工业

鞍、本地区铁矿资源比较丰富，临近煤炭产地，有一定水资源条件，有着建设具有国际竞争力的大型企业集团的良好条件。鞍本钢铁集团的成立，得到了党中央、国务院的高度重视和充分肯定，党和国家领导人做出了重要批示。吴邦国委员长的批示为：“祝贺鞍钢、本钢联合、重组成功。这将有利于资源优化配置，提升辽宁冶金竞争力，将对辽宁结构调整产生重大影响。据宝钢、上钢重组经验看，挂牌后还有一段磨合期，衷心希望鞍钢、本钢干部都以大局为重，缩短磨合期，尽早使组织上的一家人变为思想上的一家人。”温家宝总理的批示为：“鞍本实现强强联合，对产业结构调整和优化升级起了良好的示范作用。目前，钢铁业发展处在一个关键时机，要以联合重

组为契机，加快技术改造，优化产品结构，提高资源综合利用水平，增强国际竞争力。”黄菊副总理的批示为：“鞍钢、本钢联合重组是值得庆贺的大事，符合国家钢铁工业发展战略和产业政策，对于我国钢铁行业调整产业布局，优化产品结构，转变增长方式，推进体制创新，增强企业国际竞争力和振兴东北老工业基地，都具有重要意义。”与此同时，国家发改委、国务院国资委、辽宁省委省政府也明确提出了具体要求，这就为鞍本钢铁集团的下一步工作指明了方向。

鞍本钢铁集团成立后，将按照《集团章程》运作，对成员企业的规划发展战略、技术创新和产品研发、国际国内市场营销战略、统计申报等方面实行统一管理。

一是统一规划发展战略。按照中央领导“转变增长方式、加快技术改造”的批示精神，在《钢铁产业发展政策》指导下，结合鞍钢、本钢当前状况，坚持“高起点、少投入、快产出、高效益”的技改方针，本着有进有退的原则，实行统一规划发展。

在总量目标上，贯彻中央领导“实现产业升级”的批示精神，按照《钢铁产业发展政策》提出的“依托有条件的现有企业，结合兼并、搬迁，在水资源、原料、运输、市场消费等具有比较优势的地区进行改造和扩建。新增生产能力要和淘汰落后生产能力相结合，实现产品结构的优化”的要求，规划集团总量目标，并争取早日达到年产钢3000万吨的规模。与此同时，省委省政府也明确表示，辽宁地区的矿产资源将由鞍本钢铁集团负责勘探和开发，这既为鞍本钢铁集团的发展提供重要原料保障，也有利于国家矿产资源的保护和科学利用。

在产业布局上，贯彻中央领导“调整产业布局”的批示精神，按照《钢铁产业发展政策》提出的“综合考虑矿石资源、能源、水资源、交通运输、环境容量、市场分布和利用国外资源等条件。以可持续生产为主要考虑因素。现有企业要结合组织结构、装备结构、产品结构调整，满足环境保护和资源节约”的要求，通过淘汰落后生产能力，实现优化升级，同时向国家鼓励的有利于利用国外资源的沿海地区发展。

在产品结构上，贯彻中央领导“优化产品结构、提高资源综合利用水平”的批示，按照《钢铁产业发展政策》建设精品基地的要求，加快集团产品结构调整，淘汰落后的产品和工艺，加大高附加值、高技术含量的产品比例，开发具有国际竞争力的产品，替代进口。实现产品互补和合理分工，避免重复建设导致产能过剩、同业竞争。

二是统一技术创新和产品研发。按照《钢铁产业发展政策》“加快培育钢铁工业自主创新能力，支持企业建立产品、技术开发和科研机构，提高开发创新能力，发展具有自主知识产权的工艺、装备技术和产品”的要求，集团将本着统一规划，分级管理，市场机制的原则，通过资源共享、优势互补、联合创新及产学研相结合的方式，不断提升企业科技创新能力，在主体工艺、产品和可持续发展技术上，实现科技领先，建立具有自主知识产权的核心技术体系。

为进一步提高技术创新和产品研发能力，集团将拟建冶金技术研发中心。研发中心根据集团发展需要，在黑色金属矿山、钢铁冶炼及加工、金属材料、工业自动化、能源、冶金装备、资源利用及循环经济等领域进行技术开发、技术转让、技术咨询和技术服务。研发中心和鞍钢、本钢在集团的指导和协调下制定科技创新战略规划，并以市场为导向，以集团需求为目标，以资产为纽带，通过产学研结合实现优势互补、资源共享，在钢铁冶金工艺、产品、可持续发展技术上联合创新，为集团实现科技领先、提高创新能力、培养科技创新人才提供支持和服务，为集团实现发展目标提供技术支持保障，在冶金技术领域和可持续发展上实现技术领先，提升核心竞争力，实现研发一代、储备一代、生产应用一代的要求。

三是统一国际国内市场营销战略。集团在统一市场工作上拟分两步走：第一步，建立健全集团供销协调机制和制度，在产品内外贸销售、物资采购、营销物流等方面实现协调和统一；第二步，随着集团联合重组的进一步发展，在资产重组完毕后，实现供销系统的彻底整合，完成统一市场工作。

（1）**销售统一。**首先实现营销政策统一。鞍钢和本钢的主要产品（如热板、冷板）有很大的重叠性，因此，我们将尽快统一产品标准、统一价格政策，避免不必要的竞争。同时，规范统一各类协议、合同文本等营销政策。其次建立市场协调机制，实现市场协调统一，以提高集团产品市场占有率和综合竞争力。例如，对重点行业、重点企业、重点工程项目的联合投标工作，将通过事前充分协商，明确资源、价格、操作方式等，实现优势互补。

（2）**采购统一。**建立对煤炭、进口矿石、进口废钢等大宗原燃材料采购实行统一谈判、统一价格水平、分别签订供需合同并按各自的合同分别执行的采购模式。建立信息沟通机制，对同类品种、相同用途品种的原燃材料做到同步采购，同一价格水平控制。结合鞍、本地域特点和外部资源配置情况，统筹策划建立大宗原燃料供应基地，加大与大宗原燃材料供方建立战略合作伙伴关系的工作力度，对同类品种，相同用途的原燃材料逐渐扩大同步招标采购品种范围，统筹控制采购价格水平。

（3）**物流统一。**鞍、本地理位置接近，进出口及国内海上运输业务均依托相同的港口，因此，对于需要进口的大宗原燃料、钢铁产品出口、国内海上运输等业务，集团将统一对外谈判，统筹进出口及内贸、海运管理和港口安排，以充分发挥集团整体优势，降低物流成本，实现集团利益最大化。

（4）**信息共享统一。**建立信息共享机制，加强市场信息的搜集、整理、分析、反馈工作，促进各项工作展开。建立大宗原燃材料及其他采购品种的信息管理网络，加强集团内部对标工作，不断提高工作效率和管理水平。

四是统一统计申报。集团将按照满足国家宏观管理的需要，满足地方各级政府管理本辖区经济的需要，满足集团内部管理需要，统一统计指标计算方法和标准，统筹规划、分步实施、逐渐完善等原则逐步实现统一统计申报。第一步，将鞍钢和本钢的产值、增加值、主要财务指标、主要产品产量、营销、出口等综合指标进行简单相加，形成主要经营指标完成情况表。第二步，统一标准，统一方法，建立鞍本集团统计报表体系。

在逐步实现"四统一"的同时，按照中央领导的重要批示精神以及国家发改委、国务院国资委、辽宁省委省政府的具体要求，结合两家企业自身的发展现状，统筹考虑，协调运作，积极推进资产重组，使鞍本钢铁集团不断做强做大。在国家产业政策指导下，发挥鞍本集团的核心作用，通过强强联合、兼并重组、互相持股等方式进行战略重组，实现辽宁乃至东北地区钢铁工业组织结构调整、优化和产业升级。持续不断地依靠科技进步淘汰落后产能，逐步向沿海发展，充分利用国际国内两个市场、两种资源，实现可持续发展。

经过多方的共同努力，鞍钢和本钢走到了一起，但全球范围的钢铁产业大调整和市场竞争形势依然非常严峻，今后我们要做的工作还很多。我们坚信，有党中央、国务院的正确领导，有国家有关部委及辽宁省委省政府的大力支持，鞍本钢铁集团将不辱使命，不负众望，坚定不移地走新型工业化道路，到2010年前，成为年产钢3000万吨以上，最具国际竞争力的大型钢铁集团，进入世界500强，为把我国建设成为钢铁强国和东北老工业基地的振兴做出更大贡献。

《中国工业报》记者书面采访问答

2006 年 3 月

问：十六大提出走新型工业化道路，以信息化带动工业化，用高新技术和先进适用技术改造和提升传统产业，其意义十分深远。贵企业是如何看待并抓住这一契机？在新型工业化道路上，“十五”期间贵企业取得了哪些显著的成绩？

答：所谓新型工业化，我认为随着世界科学技术的快速发展，应该赋予新的含义，那就是要调动一切生产要素，在我们的生产活动中创造出一流水平的技术指标，一流水平的经济指标，核心是创新。落后的工业、工艺只能被淘汰、消亡，而钢铁工业生产中最活跃的生产要素之一就是信息化、自动化。企业作为市场经济的主体，应该站在时代发展的前沿，积极利用现代信息技术，加速企业信息化进程。通过信息资源的深度开发和广泛应用，不断提高企业的生产、管理、经营、决策的效率和水平，促进企业的技术创新、管理创新、制度创新，提高企业的整体素质和适应经济全球化的国际竞争能力。

鞍钢作为一个国有老企业，“十五”以来，十分重视企业的信息化、自动化建设，在提高信息化手段、强化基础管理、引进先进管理理念、培养信息化建设复合人才等方面进行了大胆探索，把信息化建设与企业“三个创新”紧密结合起来，借助信息化、自动化努力缩小与世界先进钢铁企业的差距，实现了老企业的跨越式发展。

企业整体发展达到新高度。2005 年生产铁 1250.74 万吨、钢 1190.16 万吨、钢材 1103.77 万吨，比 1994 年增加 460.43 万吨、374.32 万吨、547.96 万吨，实现销售收入 650 亿元，比 1994 年增加 453 亿元。

工艺技术装备水平实现历史性跨越。鞍钢按照“高起点、少投入、快产出、高效益”的原则，坚持以信息化、自动化带动工业化，以工业化促进信息化、自动化，对鞍钢原有落后的工业流程进行了全面的技术改造，使主体生产工艺和技术装备达到国际先进水平。

产品结构明显改善。目前，鞍钢是国内两个能够生产轿车面板的企业之一和全球最大的集装箱板供货企业。2005 年，板管比达到 82.53%，比行业水平高 36.93 个百分点。74.86% 的产品实物质量达到国际先进水平，比 1994 年提高 68.56 个百分点。高附加值产品比例为 66.48%。集装箱板、汽车板、管线钢、冷轧硅钢、造船板、镀锌板、彩涂板、高速重轨、高级石油管等精品已成为鞍钢主导产品。鞍钢的产品已出口美国、英国、日本等 30 多个国家和地区，在国内外市场赢得了良好声誉。2005 年钢材出口订货 195.2 万吨，创汇 10.32 亿美元，出口产品的板管比超过 70%。

坚持自主创新，实现输出成套技术的新突破。输出济钢的 1700（ASP）中薄板坯连铸连轧生产线热负荷试车一次成功，改写了我国冶金重大成套装备长期依靠国外进口的历史，标志着鞍钢成功实现由“产品输出”到“技术输出”的重大转变，ASP 技术已具备产业化发展能力。具有自主知识产权的冷轧 2 号线通过了省级科技成果鉴定，获 2005 年冶金科学技术特等奖，继热连轧之后鞍钢在国内又率先具备了冷连轧成套技术总成能力。

问：贵企业对企业的信息化建设是如何决策、实施的？信息技术在企业管理和生产经营等环节应用情况如何？取得的成效是怎样的？

答：在实施信息化过程中，鞍钢坚持做到信息化建设与技术改造相结合，与强化企业基础管理相结合，与引进先进的管理理念相结合；坚持正确处理先进与实用、当前与长远、局部与全局、硬件与软件的关系；坚持加快管理业务流程再造和组织机构重组相结合，实现信息流、物资流、资金流、工作流和价值流的同步运行，建立完整的 ERP 系统。

2003 年，鞍钢与美钢联合作开发综合管理信息系统（ERP）正式签约，同时开始一期工程的开发。鞍钢 ERP 系统一期工程集中力量开发产销系统，包括覆盖鞍钢东区炼钢及轧钢扁平材的生产线，同步对 8 个相关的制造执行系统（MES）进行了开发与改造。目前商务系统已经上线试运行，预计今年 3 月 6 日正式运行。质量、生产系统目前已部分投入运行。

问：目前企业钢铁技术装备水平如何？研发能力怎样？

答：主体生产工艺和技术装备达到国际先进水平。炼铁系统以大高炉冶炼为主，配备先进的自动控制系统；炼钢系统实现了全转炉自动化炼钢，同时配备铁水预处理和炉外精炼设备。连铸装备有大板坯、大方坯、中薄板坯等，配有电磁搅拌、结晶器在线调宽、结晶器专家系统等领先技术。轧钢系统的热轧、冷轧、镀锌、彩涂、冷轧硅钢、宽厚板、无缝管等生产线的设备均达到国际先进水平。

鞍钢拥有强大的研发能力和自主创新能力。鞍钢技术中心是国家级企业技术中心，在 2005 年国家发改委公告的 332 个企业技术中心综合实力排名中，鞍钢与联想并列排名第十位。目前已形成以技术中心、设计研究院和自动化公司等科研、设计部门为骨干，新轧钢公司，矿山公司等子公司为主体，以社会高等院校和科研院所为合作伙伴的技术创新体系。建立并实施了自主创新、产学研结合、产销研一体化的运行机制，以投入产出为核心的全方位技术创新目标责任体系，以及以人为本的技术创新评价和激励约束机制。

鞍钢已具备热连轧、冷连轧等冶金成套设备的技术集成、输出和对外技术服务能力，成为重大冶金技术装备集成和输出基地。能够开发各类汽车用钢、家电用钢、建筑用钢、工程机械用钢、耐腐蚀钢、船用钢、军工用钢等，目前已成功开发出 O5 级轿车面板、高级别家电板、镀锌板、彩涂板、电工硅钢、替代进口的三峡右岸水轮机蜗壳钢、高级别管线钢、高速重轨等，并形成了批量生产能力。

问：贵企业的核心竞争力是什么？

答：鞍钢的核心竞争力主要体现在以下方面：

（1）主体生产工艺和技术装备达到国际先进水平。

（2）具备强大的研发能力和自主创新能力，既“出产品”又“出技术”。

（3）独有的战略资源优势。目前鞍山周边地区拥有丰富的铁矿资源，铁精矿自给率达到 80% 以上。

（4）拥有一支具有光荣传统，善打硬仗的高素质职工队伍。

（5）经过十年改革发展，鞍钢的管理体制和运行机制已经适应了市场经济的要求。

问：企业文化是一个企业持续发展过程中不可或缺的原动力，贵企业多年来形成了怎样的企业文化？这样的企业文化对企业发展起到了怎样的作用？

答：鞍钢作为解放后最早恢复和建设起来的我国第一个大型钢铁联合企业，五十多年来，在创造巨大物质财富的同时，也积累了宝贵的精神财富，先后涌现出以老英雄孟泰、“走在时间前面的人”王崇伦等为代表的一大批模范人物，产生了著名的“鞍钢宪法”，形成了具有鞍钢鲜明特点的企业文化，其中最本质的特征可以概括为“创新、求实、拼争、奉献”的鞍钢精神。

“九五”以来，鞍钢坚持与时俱进，不断弘扬和拓展鞍钢精神，赋予鞍钢精神以新的内涵：创新，就是要解放思想，与时俱进，推进体制创新、技术创新、管理创新；求实，就是要一切从实际出发，干实事，重实效，讲诚信；拼争，就是要追求第一，高标准、高质量、高效率地做好一切事情；奉献，就是要创造优良的业绩，报效祖国，服务社会，回报投资者。

通过不断总结、提炼、丰富、完善，逐步形成了具有时代特点的以鞍钢精神为主导的企业文化，成为企业核心竞争力中的“文化力”，成为企业思想政治工作与企业经营管理相结合的有效载体，成为支撑鞍钢发展的精神动力和思想保证。在改革发展中，鞍钢以企业文化凝聚、激励职工，使鞍钢实现了“旧貌换新颜”。

目前，鞍钢确立了实现“两步跨越”，建设最具国际竞争力钢铁企业集团和进入世界500强的发展目标。与之相适应，鞍钢企业文化建设将在继承传统的基础上进一步完善提高，更好地发挥在塑造企业形象、推动企业发展中的重要作用，为加快鞍钢改革发展提供强有力的文化支持。

问：技术进步、企业发展需要大量人才，贵企业在开发、培养人力资源方面有哪些独到的地方？

答：近年来，鞍钢着眼于建设世界先进钢铁企业，着力加强优秀经营管理者、优秀专业技术人员和优秀生产操作人员三支队伍建设，为企业的改革与发展提供了强有力的人才支撑。

一是创建干部能上能下的“赛马”机制，建设复合型、高素质经营管理者队伍。我们坚持正确的用人导向，制定实施以业绩考核为主要内容的领导干部绩效考核评价办法，把那些认真学习实践“三个代表”重要思想、德才兼备、实绩突出的优秀干部选拔到各级领导班子中来，把那些不适应岗位需要、绩效考核评价处于末位的干部调整出领导岗位。坚持把公开选拔作为选拔任用领导干部的重要渠道，不断拓宽选人用人视野，为优秀人才脱颖而出创造条件。近年来鞍钢还使用了一大批德才兼备、年富力强、肯干事、能干事的中青年干部，给企业发展注入了前所未有的生机和活力。

二是以选拔技术专家和技术拔尖人才为重点，努力建设结构合理、创新能力强的专业技术人才队伍。2001年以来，共评选出鞍钢技术专家225人、技术拔尖人才567人，分别给予1200元/月和600元/月的津贴。大力培养高层次科技人才，确定10名具有国际冶金科技水平的专家人选、30名代表国内钢铁冶金技术水平的高级工程技术人员人选和1000名左右技术带头人进行重点培养，优先选送他们到国内外学习、培训，安排参加企业重大科研和改造项目。

三是以开展职业技能鉴定，提高职工队伍整体素质为重点，建设数量充足、技能较高的生产操作人才队伍。我们要求生产操作岗位人员必须获得技能等级证书，方可参与竞争上岗。未取得技能等级证书或未达到岗位操作标准者，必须下岗参加培训，培训不合格未上岗者拿待岗工资。通过开展技术竞赛、技术革新、推广先进操作法等方式提高职工的自主创新能力和操作技能。

四是完善人才管理机制，保持人才队伍稳定。市场经济条件下，人才作为一种资源进行合理流动和重新配置是一种正常现象。为稳定鞍钢的人才队伍，我们采取了很多措施。比如，规范提高关键管理技术岗位和生产操作岗位人员的工资收入水平，共确定5887个在生产经营活动中起支撑作用的岗位为关键岗位，并确定了最低收入标准，实行竞争上岗。在部分关键岗位试行期权奖励，增加了关键岗位人员收入，使其工资水平在同行业中具有一定的竞争力。

完善吸引人才的政策，拓宽人才引进渠道。为应届博士研究生、硕士研究生和本科生一次性发放安置费40000元、20000元和5000元。对分配到鞍钢的全日制大学本科及以上学历毕业生不再实行见习期工资，直接执行定级工资及所在岗位的待遇，并实行最低工资收入保障制度。2005年，对在企业技术创新中贡献突出的11名科技人员每人奖励一台捷达轿车。

对特殊急需人才，制定特殊政策专门引进。比如，从韩国和澳大利亚引进2名博士后，实行协议工资，安排住房，发放安家费8万元，同时解决家属工作、子女上学等问题，使其安心工作。

问：贵企业在节能降耗、减少污染、循环经济方面取得了哪些成果？

答：鞍钢按照科学发展观的要求，以可持续发展为准则，加快淘汰落后产能，大力促进节能降耗，发展循环经济。淘汰平炉，实现了全转炉炼钢；淘汰模铸工艺，实现了全连铸。在2005年，为贯彻国家《钢铁产业发展政策》，我们拟定了淘汰落后生产能力的实施方案，计划在“十五”末和“十一五”期间，淘汰炼铁产能467万吨、轧钢产能450万吨。根据实施方案，2005年，鞍钢已经拆除了一排4座1000m^3以下老高炉，淘汰炼铁产能227.6万吨。2006年将继续淘汰3座1000m^3左右的高炉。

为大型高炉配备TRT余压发电系统，2005年发电量约为1.5亿千瓦时，创效8000万元。用纯燃烧高炉煤气的锅炉替代原有的11座燃油和燃煤锅炉，每年可节约标准煤10.58万吨，减少粉尘1万吨。加强对固体废弃物的利用，新建矿渣微粉生产线，可利用高炉水渣80万吨/年；以粉煤灰、石灰石和铁渣为原料，建成年产140万吨水泥熟料生产线。1号、2号干熄焦在2005年竣工投产，粉尘及二氧化硫等有害气体大幅度减少，烟粉尘排放量降低90%。新建日处理能力22万吨的工业污水处理厂，目前水循环利用率已达到97%。

实施生态恢复再造。本着对历史负责、对社会负责的原则，近年来，鞍钢对排岩场、废弃尾矿库进行了治理，矿山复垦面积达到490万平方米，使周边的生态环境逐步恢复，实现了矿山的可持续发展。实施矿山复垦后，采场周边含尘量下降72.8%。2005年，鞍钢厂区绿化覆盖率达到35%，比1998年提高13.6个百分点。2000年被评为辽宁省花园式工厂。2005年，我本人当选为第二届中国环境大使，成为当时我国唯一获此殊荣的企业领导人。

问：当前资源和环境对行业发展的约束显得更加突出。在成本全面上涨的同时，钢铁产品却无法通过销售向下游有效地传导，为此，盈利空间受到上下游产业挤压。这样的市场环境是否影响到了企业，贵企业将如何改变这种窘境？

答：钢铁企业的大宗原燃料主要是铁精矿和洗精煤。受近两年我国钢铁企业快速发展的影响，原燃料出现了供应紧张、价格大幅度上涨的局面，导致钢铁企业生产成本大幅度上升，加之钢材价格的大幅度下降，使钢铁企业的盈利空间逐渐缩小。这样的市场环境也对鞍钢构成了很大影响。比如去年，鞍钢由于原燃料价格上涨等形成的减利因素高达40亿元左右。面对不利形势，鞍钢将重点做好以下三项工作：

一是努力从源头降低成本。不断加大投入，充分发挥自产矿的优势，通过“十一五”的改造，使铁精矿自给率提高到100%。积极与煤炭企业建立战略合作伙伴关系，稳定煤炭价格。通过改善工艺，新上六米焦炉，调整配煤结构，减少对紧缺煤种的需求。

二是不断优化品种结构，提高吨材竞争力。全球钢材贸易的70%为扁平材，高附加值产品已成为国际市场竞争的焦点，也是鞍钢调整品种结构的重点。鞍钢将继续以市场为导向，大力推进高附加值产品的研发攻关，扩大高附加值产品比例，提升产品获利空间。

三是改善主要技术经济指标，保持低成本竞争优势。深入开展对标挖潜活动，提高全员节能降耗意识，完善节能降耗考核管理办法，积极应用节能降耗新技术。发挥先进装备优势，使鞍钢主要技术经济指标进入国内同行业前三名。

问：近年来，我国钢铁工业发展较快，但结构性矛盾也十分突出，贵企业今后的发展面临哪些机遇和挑战？当前正采取什么样的措施？

答：经过近年来的快速发展，我国已经成为名副其实的产钢大国，但还算不上是钢铁强国，其中一个重要的因素就是我国钢铁生产仍存在明显的结构性矛盾。特别是钢材品种方面，国内市场需求的高附加值、高技术含量产品仍需要大量进口，2005年我国进口钢材2582万吨，主要是冷轧薄板、涂层板、电工钢等高端产品，平均每吨进口钢材价格高达953.2美元；而我国出口钢材平均每吨价格仅为637美元，两者相差316美元。代表钢铁工业技术水平和钢材消费层次的板带比还比较低，2005年仅为38.56%。此外，全行业普遍存在产业集中度低、生产力布局不合理，还有大量落后的工艺和装备等问题。

作为国内钢铁行业的龙头企业之一，鞍钢始终以做强做大我国钢铁工业为已任。一方面，坚持用高新技术改造传统产业。经过持续改造，东部1100万吨钢精品基地已经建成，主要生产工艺和技术装备达到国际先进水平，形成了从热轧板、冷轧板到镀锌板、彩涂板、冷轧硅钢的完整产品系列。西部500万吨钢现代化新区基本建成，烧结、炼铁、炼钢、连铸、热连轧以及各项配套设施相继竣工投产。目前，鞍钢已经具备年产铁1500万吨、钢1500万吨、钢材1400万吨的生产能力。

另一方面，适应市场需求大力调整产品结构。充分发挥先进装备和技术优势，实施精品战略。2006年，我们将开发、试制、推广新产品240万吨，生产高附加值产品860万吨。推进冷轧DP钢、TRIP钢、X100管线钢、冷轧电工钢、高性能结构钢、高强船板、高强高速钢轨、高强度石油管等高附加值产品的研发攻关。以市场为导向，扩大O5级轿车板、管线钢、造船板、高速钢轨等高附加值产品比例，形成批量优势。

为了提高钢铁产业集中度，促进钢铁产业合理布局，我们本着资源共享、优势互补、互惠双赢的原则，与本钢联合成立了鞍本钢铁集团，围绕资产重组和统一发展战略规划、统一市场营销战略、统一技术创新和产品研发、统一统计申报等方面开展工作，取得了阶段性进展。2005年，鞍本集团钢产量突破1840.88万吨（本钢650.72万吨），销售收入达到930亿元（本钢280亿元）。

问：党的十六大确立了全面建设小康社会的伟大战略，今年进入国民经济第十一个五年规划，钢铁企业堪称小康社会的支柱产业，必将迎来大发展局面，请问贵企业如何抓住机遇加快发展？

答：本世纪头二十年是我国发展的重要战略机遇期，“十一五”时期尤为关键。作为国民经济的重要基础产业，钢铁工业将面临新的难得的发展机遇。为此我们提出，要坚持以科学发展观统领改革和发展全局，牢牢把握发展这个党执政兴国的第一要务，抓住机遇，应对挑战，把鞍钢发展推向新阶段。并明确了“十一五”期间鞍钢改革发展的总体发展战略和“两步跨越”奋斗目标。总体发展战略是：壮大钢铁主体，做强相关产业，推进跨国经营，实现持续发展。

壮大钢铁主体，就是充分发挥技术优势，通过投资和兼并重组，实现规模扩张和结构优化，追踪世界钢铁工业最前沿技术，开发具有国际市场竞争力的产品，构筑核心优势，做强做大钢铁主业。

做强相关产业，就是围绕钢铁主业，发展矿业、钢铁贸易、冶金工程和装备制造等相关产业，使之成为与主业发展规模相适应，具有较强竞争能力的支柱产业，成为鞍钢重要的经济效益增长点。

推进跨国经营，就是完善国际化经营体系，充分利用国际国内两个市场和两种资源，实施资本运作，在更大范围、更广领域和更高层次上参与国际合作与竞争，拓宽发展空间。

实现持续发展，就是实践科学发展观，走新型工业化道路，做到规模扩张、结构优化和挖潜增效相结合，经济效益、生态效益和社会效益相统一，实现人与自然和谐发展。

“两步跨越”奋斗目标是：第一步，到2007年建成1600万吨钢精品基地；第二步，到2010年进入世界500强，成为最具国际竞争力的大型钢铁企业集团。

为了实现上述目标，今年鞍钢的重点工作是推进“六大战略”，构建“和谐鞍钢”。

一是推进钢铁主业发展战略，不断提高市场竞争力。二是推进矿山发展战略，打造稳定的原料精品基地。三是推进工程技术发展战略，增强自主创新和对外输出能力。四是推进装备制造发展战略，形成成套设备设计制造能力。五是推进非钢产业发展战略，形成新的效益增长点。六是推进资本运营发展战略，提高可持续发展能力。七是坚持以科学发展观统领全局，努力构建“以人为本、竞争创新、科学规范、效率公平、文明诚信、持续发展”的和谐鞍钢。

问：由于近几年钢铁产能的迅速扩张，我国钢铁总能力过剩的时代已经来临。国外有研究机构认为，无论是国际或国内的钢材市场最高价位区已经渡过，市场进入价格下降周期。您认为未来钢铁业将处于怎样的一个盈利水平？面对行业利润逐渐压缩的趋势，钢铁企业应注意解决哪些问题？

答：2005年我国粗钢产量首次超过3亿吨，达到34936万吨，比上年增长24.6%，占世界钢产量的31%，成为不可动摇的钢铁大国。而且，在我国历史上第一次实现由坯材的净进口变为净出口，标志着我国钢铁工业发展已经进入历史新阶段，即由大变强的发展阶段。但是随着产量的增长，国内钢铁产能过剩的苗头已经显现。反映在市场上，钢材价格从去年二季度以来全面大幅回落，特别是各类板材平均跌幅高达30%~40%。预计今年国内还将新增几千万吨产能。基本可以断言，我国钢铁总体生产能力不足的时代已经结束，总能力过剩的时代已经来临。供求关系的变化将使钢铁市场价格长期在低位徘徊。与此同时，原燃料价格持续上涨，钢铁行业利润空间正在逐步缩小，未来钢铁业的盈利水平不容乐观。

面对严峻形势，钢铁企业要认真贯彻落实《钢铁产业发展政策》，树立科学发展观，着力解决以下几个问题：

第一是品种结构问题。前面已经讲到，我国钢铁工业虽然发展很快，但结构性矛盾也十分突出，主要就是品种结构问题。所以，钢铁企业要根据国内钢材市场消费特点和要求，不断优化产品结构，特别是首先瞄准开发目前大量进口的钢材品种，提高产品质量，降低生产成本。

第二是加快钢铁企业联合重组，提高产业集中度。我国钢铁产业集中度与发达国家相比仍然较低。2005 年，包括鞍钢在内的 8 家钢产量在 1000 万吨以上钢铁企业的钢产量仅占全国总产量的 30.2%。去年鞍钢和本钢开始推进联合重组，河北唐钢、宣钢和承钢组建新唐钢集团，武钢与鄂钢、柳钢联合重组，拉开了我国钢铁企业新一轮联合重组的序幕。通过联合重组可以实现资源与市场合理配置、实现产品专业化分工、提高装备水平和产品竞争力。

第三是开拓国际国内两个资源、两个市场。特别是要着手建立稳定的海外资源基地，大力开拓国际市场，努力打造具有国际竞争力的钢铁企业。

第四是发展循环经济，走新型工业化道路。我国钢铁工业发展循环经济刚刚起步。鞍钢这项工作抓得比较早，从 2002 年开始，辽宁省政府和国家环保总局将鞍钢作为开展循环经济示范企业，鞍钢本着循环、减量、再用的“3R”原则，结合“十一五发展规划”，从三废资源利用、二次能源利用、矿山生态恢复等方面落实鞍钢循环经济规划项目的实施，取得了显著成效。实践证明，钢铁企业应该把发展循环经济作为切入点，结合结构调整寻求一条新的发展思路，这样才能确保企业实现持续、健康、协调发展。

问：在《钢铁产业发展政策》中提升产业集中度是其最核心的内容之一。《政策》的目标是 2010 年前十家钢铁公司钢铁总产量达到全国总产量的 50%，2020 年达到 70%。这预示着联合、兼并、重组是未来几年我国钢铁业发展的主基调。那么您认为联合重组要扫除哪些障碍？

答：近年来，国际钢铁业整合、重组势头越来越猛，各大钢铁企业通过实施跨国、跨行业的投资与并购，在钢铁企业和上下游企业之间构筑超大规模的企业集团。我国钢铁行业也掀起了规模扩张的高潮，随着《钢铁产业发展政策》的实施，钢铁企业的联合、兼并、重组将成为未来几年我国钢铁业发展的主基调。但是，目前我国钢铁企业在实施联合、兼并、重组过程中也确实遇到了一些无法回避的问题。

例如，出资人利益因素的影响。由于我国钢铁企业的管辖关系、税收问题十分复杂，既有中央企业，又有省属市属企业，还有民间投资企业，而目前我国钢铁企业之间的联合重组并不是完全通过资本市场来实现的，复杂的利益关系给资产重组造成了一定障碍，因此，就需要妥善协调不同出资人的利益。

另一方面的问题是，由于历史的原因，很多钢铁企业特别是国有钢铁企业存在人员多、企业办社会、厂办大集体等大量历史遗留问题，因此，在重组过程中也要在国家以及省市等地方政府的政策支持下，妥善处理好这些历史遗留问题，使重组企业既能够实现 1 +1 >2，又能够保持社会的稳定。

在鞍钢西部板材精品基地全线竣工投产仪式上的讲话

2006 年 5 月 17 日

西部板材精品基地是鞍钢以科学发展观为指导，按照钢铁产业发展政策和循环经济要求，主要依靠自己力量建成的工艺技术最先进，装备水平、产品档次最高的现代化全流程钢铁厂，是鞍钢坚持自主创新的成果，是鞍钢坚持走新型工业化道路的体现，是广大工程建设者集体智慧的结晶，又一次成功实践了鞍钢“高起点、少投入、快产出、高效益”的技术改造方针。在西部板材精品基地建设中，从规划设计到建设投产的全过程都遵循经济效益与环境效益、社会效益的和谐统一，西部板材精品基地已经成为实践循环经济的现代化钢铁工厂。

西部板材精品基地建成为鞍钢淘汰落后产能，调整品种结构，增加新的活力，西部板材精品基地以轿车板、家电板、管线钢等精品板材为主，质量达到了国际先进水平。它的建成投产使鞍钢产品结构更加优化、市场竞争力更加增强，今年一季度鞍钢钢材出口全国排名第一，销售利润率、成本费用利润率、资本保值增值率在同行业中央企业排名第一，为 2010 年鞍本集团进入世界 500 强，成为最具国际竞争力的大型钢铁企业集团提供了重要保证。

通过西部板材精品基地建设，打造了一支以自主创新为理念，敢打硬仗、善打硬仗的职工队伍；积累了丰富的自主创新经验，具备了现代化钢铁生产全流程的自主集成能力，为不断扩大技术输出，实现做强做大目标创造了更加有利的条件。

西部板材精品基地的建成投产，只是鞍钢发展进程中的重要一步，未来的发展任务还很重。今后，鞍钢将继续以科学发展观为指导，按照国家钢铁产业发展政策要求，大力推进鞍本集团重组，打造 3000 万吨级钢铁企业，推动辽宁乃至东北地区钢铁工业结构调整、优化和产业升级。依靠自主创新，提高职工素质，坚定不移地走新型工业化道路，充分利用国际国内两个市场、两种资源，发展循环经济，实现可持续发展。

我们坚信，有党中央、国务院的正确领导，有国家有关部委和省委省政府、市委市政府的大力支持，鞍钢将充分发挥在西部板材精品基地建设过程中积累的宝贵经验，不断做强做大，为把我国建设成为钢铁强国和东北老工业基地的振兴做出新的更大的贡献。

本文此次公开出版略有删节。

在鞍钢鲅鱼圈钢铁项目第一批承包工程签字仪式上的讲话

2006年11月11日

今天举行这样一个签字仪式，对鞍钢来讲具有历史意义。鞍钢已经成立90年，90年来我们一直都在鞍山地区从事我们的生产经营活动。在我们这片土地上，涌现出许多英雄模范人物。我们在鞍山这块土地上创造了辉煌的业绩，举世瞩目。党中央、国务院，无论是老一代的或者是新一代的领导，基本上都到鞍钢来视察过，我们这个公司在党和国家的地位，在领导人心目当中的地位都是其他企业难以相比的。

今天，我们走出去，把我们的钢铁产业延伸到营口鲅鱼圈，我认为这不仅是一个地理位置的变动和延伸，更主要的是我们从中国这个土地上，走向国际、走向全球。从这种意义上来讲，是鞍钢按照党中央、国务院的方针政策，适应经济全球化发展趋势，把我们的产业从鞍山走向全球，意义是非常重大的。

很多人问，为什么我们要把这样一个新的钢铁基地选在营口鲅鱼圈区域，它究竟有什么样的优越性，我做了很多回答，我想在今天这个场合，也把我过去的回答再给同志们做一说明。

第一，可以充分发挥营口鲅鱼圈的区位优势，占领出海口，降低生产成本。营口鲅鱼圈这个位置是一个港区，是一个沿海区。在港口附近建设大的钢铁企业，是国际上成功的发展模式，我们环顾一下国际大的钢铁企业，绝大部分他们的生产基地都建在沿海地区，如浦项的光阳、新日铁的君津等都是建在港区。而我们鞍钢所在的鞍山是内陆地区，我们在营口鲅鱼圈沿海区域建这样一个新的基地，我们就有了一个走向国际的直接出海口，对我们营口的生产有拉动作用，可大大降低原料和成品的运输成本，会使生产成本低、经济效益好。同时对我们鞍山的1600、1800万吨钢精品基地也有一个拉动作用，减少运输成本，增强我们的市场竞争力，我想这一个作用是显而易见的。

第二，可以进一步调整产品结构，和鞍山区域的产品形成优势互补。大家知道造船行业在中国是越来越发展壮大，按国家有关产业发展规划，我国造船业到2010年产量将突破1500万吨，2015年突破2400万吨，超宽船板将有极大需求。而我们的船板现在只有4.3米的厚板，我们在那里再建一个5.5米的，显然可以进一步发挥4.3米板的优势，可以差异化生产，发挥自己各自的特点。在营口鲅鱼圈建一个1580生产线，可以进一步提高1780、2150、1700的生产水平。怎么这么讲呢？窄的尽量往1580方面去，宽的尽量往2150方面去，中间品种尽量往1780方面去，所以从这个意义上来讲，它的效果也是非常巨大的。

第三，可以进一步发挥鞍钢的技术优势和人力资源优势。我们有一批自主知识产权的技术，我们有一批这样的人才，我们的用武之地除了在鞍山已经收到效果以外，我们没有理由不让这些技术、这些人才进一步发挥作用。当前对国内钢铁工业如何发展有两种不同的看法：一种是走自主创新之路，这也是中央所肯定的；另一种就是要继续引进。在这两者之间，我们要用我们的实际行动证明中央的方针政策是正确的，因此自主建设营口鲅鱼圈钢铁基地实际上是具有巨大的引领意义的。

第四，必将进一步提高辅业单位的生存发展能力。我们有建设公司、重型机械公司这样一批产业大军，在营口鲅鱼圈建设新区，为辅业单位开拓市场，加快发展创造了良好条件，提供了新的机遇，可以进一步拉动我们辅业的做强做大，提高辅业进入市场的这样一种能力，他们会在营口鲅鱼圈受益匪浅。大家想一想看，我们的建设公司，他们的作用，他们的技术水平，他们的人力资源可以通过营口鲅鱼圈这个项目进一步得到发展壮大。

第五，对振兴东北老工业基地，对振兴辽宁具有举足轻重的意义。环渤海区域，从大连、营口、鞍山、沈阳、锦州、葫芦岛这一圈形成了一个互动的经济发展区域，他会拉动辽宁、东北的经济。我们这样一个项目投资二三百个亿，我相信会拉动装备制造、房地产、深加工、轻纺等等这样一些产业，它绝不是二三百个亿的概念。

具有这么重大意义的项目，我们应该如何来面对，这是我想讲的一个重点。我们这个项目，前有竞争的对手，后有竞争的强手。前面是谁？——首钢，首钢在我们前面曹妃甸项目已经得到批准。后面有谁？可能有宝钢的湛江，武钢的防城港。我们绝不是孤立的，我们要和兄弟企业展开一种竞争、竞赛、较量、对比。我们后面的企业他们也在紧锣密鼓地准备，究竟我们能不能够在这一场竞赛当中取得主动，取得好的成绩，我觉得值得我们思考。

我们有很有利的条件，我们先有一场热身，西区 500 万吨我们先干了一场了，这一场干得怎么样？可以说我们干得不错，但是我们也可以说这一场还有许多问题，这些问题正是我所担心的，同志们。就拿前两天来说，15 万立焦炉煤气柜要投产了，发现煤气联络管接错了，接到没有脱硫的煤气管道上去了，本来这个 15 万立焦炉煤气柜是应该用于脱硫煤气的平衡协调，结果接到没有脱硫的煤气管道上去了。我们炼钢是第一次干 260 吨的转炉，干到这个程度不容易了，这是从下往上看，但是从上往下看，从高水平往下看，问题太多了，齿轮打坏了，余热锅炉屡屡出问题，氧枪结构不合理，炉壳扭曲，搞了半天搞上去了。这种水平能够和别人去竞争吗？去较量吗？再说我们 2150，电机选错了，让人感觉到不可思议。我今天不是说我们没有成绩，但是我们绝不能够把这个成绩老捧在手里不放，这样我们怎么能够在这种较量当中，在这样一个具有划时代意义的项目当中面对我们的职工，面对党中央、国务院？我想大家会自有这样一种评论和结论，我们还有很多很多差距。

再讲讲我们的施工质量。刚才我说的可能是设计方面的问题。上一次新 1 号高炉发生了一个管道爆炸燃烧事故，什么问题？焊缝出了问题。类似的问题我们还可以举很多很多。在我们的设备制造方面，采购方面也存在许多问题。

今天我们签了这个承包责任书，绝不能够以包代管，绝不能够掉以轻心，我们还存在许多问题，我们面临着严峻的挑战。我不担心什么时间能够投产，我也不担心我们承包的资金到底会不会突破，我最最担心的是我们的质量，我们的技术水准。我可以直截了当地告诉同志们，和我们竞争的这些兄弟企业都是十分强有力的竞争对手。首先说首钢曹妃甸，据了解首钢曹妃甸一些项目还立足于引进，他们的设计院都是久经沙场的设计院。因此从设计开始，他们就占领了制高点，他们有“洋拐棍”，因此从设计开始就值得我们思考。我们鞍钢的同志们有优点，自信心很强，信心很足，我觉得这是好的。但是我们也有问题啊，我们老是满足这一点水平，好像不含糊，这就太

盲目了。我说我们施工的作品许多都是自家内部使用的，不是一种商品，如果按照市场竞争的一种商品来要求来衡量，我们还有许多差距。我们北方同志们生活在辽阔的东北大地上比较粗犷，我们缺少精细的这样一种理念，这样一种标准，这样一种行为规范。

所以我今天要在这里说，我特别强调，质量一票否决，今天我们要把这个话说在前面，出了重大的质量问题推倒重来。党中央、国务院的领导同志直接看着我们，我说这句话是毫不夸张的。国家发改委之所以批准我们建营口鲅鱼圈新区还有一个用意，就是曹妃甸和鲅鱼圈正好是渤海的两岸，你们直接开展友好竞赛，友好交流，就看一看谁更强。我们要用现代化钢铁企业的标准去衡量我们，去要求我们，去组织好这一场竞赛，我想寄希望于我们在座的同志们，我们绝不能在这一场竞赛当中败下阵来，否则我们难以面对我们的广大职工，难以面对党中央、国务院对我们寄予的期望。

抓住机遇　加快发展
当好振兴辽宁老工业基地排头兵

2006 年 12 月

2006 年，鞍钢以“三个代表”重要思想为指导，全面落实科学发展观，各项工作取得了显著成效，实现了“十一五”良好开局。

（1）**生产经营创历史最好水平**。全年铁、钢产量将双超 1500 万吨，钢材超 1400 万吨，实现销售收入 670 亿元、利润总额 110 亿元。销售利润率、成本费用利润率在同行业中央企业排名第一。

（2）**钢材出口数量和比例居国内同行业首位，创历史最好水平**。全年钢材出口签约 340 万吨，创汇 17 亿美元，同比增加 145 万吨、6.7 亿美元，增长 75%、65%；出口钢材占钢材产量 23%，同比提高 10 个百分点。

（3）**西部 500 万吨板材精品基地建成投产**。主要由鞍钢自主设计、自主集成、自己施工，设备国内制造，具有自主知识产权，是国内首个依靠自己力量建成的工艺技术最先进，装备水平、产品档次最高的现代化全流程钢铁厂，吨钢投资比国际少 2000 元以上，改写了我国建设大型钢铁联合企业长期依靠国外的历史。淘汰炼铁落后产能，东部老区全流程工艺装备完成了现代化改造，钢铁主业的技术水平得到全面提升，整体工艺装备达到国际先进水平。

（4）**鞍钢成为国内首家具有成套技术输出能力的钢铁企业**。鞍钢总承包的济钢 1700（ASP）连铸连轧工程今年初竣工投产，不到 6 个月实现达产，11 月 20 日举行竣工签字仪式，实现了“交钥匙”，结束了我国大型冶金成套设备长期依靠进口的历史。

（5）**营口鲅鱼圈项目得到国家批准**。鲅鱼圈项目的启动，是鞍钢发展史上新的里程碑，标志着鞍钢在适应经济全球化，实施沿海发展战略方面迈出了重要步伐，为鞍钢成为最具国际竞争力的钢铁企业，进入世界 500 强，奠定了重要的物质基础。省第十次党代会和全省经济工作会议紧紧围绕全面振兴辽宁老工业基地这个主题，明确提出建设国家新型产业基地、建设社会主义新农村、构建和谐辽宁的三大战略任务和具体工作措施，为鞍钢的发展指明了前进方向，提供了难得机遇。

2007 年，鞍钢要认真贯彻落实省第十次党代会和全省经济工作会议精神，以当好振兴辽宁老工业基地排头兵为己任，大力推进“六大战略”，加快“三个创新”，构建和谐鞍钢，打造最具国际竞争力的钢铁企业集团。

一、推进“六大战略”，不断增强整体竞争实力

（一）推进钢铁主业发展战略

推进钢铁主业发展战略，就是树立和落实科学发展观，按照《钢铁产业发展政策》要求，通过自主创新、调整结构、提高质量、降低成本、加强管理、改善服务，构筑

本文是作者在《辽宁工作》上发表的署名文章，本次出版略有改动。

核心优势，进一步做强做大，成为生产规模、装备水平、产品结构和质量、生产成本、服务用户和环境保护达到国际一流水平，最具国际竞争力的钢铁企业。2007年生产铁1600万吨、钢1600万吨、钢材1485万吨。重点要抓好“一老三新”“一老”就是要抓好东部老区的新一轮技术改造，使老区的整体技术装备再上新水平；“三新”就是要抓好西部新区达产达效、鲅鱼圈新区和朝阳新项目的工程建设。其中，西部新区要抓好生产组织和设备完善，尽快实现达产达效。鲅鱼圈新区是鞍钢落实国家钢铁产业发展政策，适应经济全球化，走向国际市场的一个具有划时代意义的重要项目，对于辽宁老工业基地的振兴具有十分重要的意义。在鲅鱼圈新区建设中，要坚持创世界一流的理念，确保高水平、高质量地把鲅鱼圈新区建设成为最具国际竞争力的自主创新的钢铁精品生产基地，成为世界一流的实践循环经济的示范企业，在2008年北京奥运会开幕之前基本建成投产。朝阳新项目要做好开工前的各项准备工作，力争早日开工建设。

鞍钢股份公司集中了鞍钢大量的优良资产，是鞍钢盈利能力最强的子公司，2006年完成了重组和整体上市，成为我国最大的海外上市钢铁企业，进一步增强了市场竞争力和可持续发展能力。2007年，要进一步强化鞍钢股份的体制机制、资本市场、自主创新、自主品牌、可持续发展“五大优势”，把鞍钢股份打造成为最具国际竞争力的钢铁上市公司。

（二）推进矿山发展战略

推进矿山发展战略，就是做好铁矿资源的规划、开发和利用工作，加快矿山的建设和发展步伐，将鞍钢的资源优势尽快转化为产业优势，力争在“十一五”末期，将铁精矿的年生产能力提高到3000万吨水平，质量和成本达到国际先进水平。2006年，对鞍矿、弓矿、齐大山铁矿实施系统整合，组建了鞍钢集团矿业公司，对保证鞍钢资源供给战略安全和参与国际铁矿石资源的开发具有十分重要的意义。2007年，要通过加大矿山技术改造力度，优化选矿工艺、应用新型黏结剂等措施，进一步稳定提高铁精矿和球团矿质量。推进矿山科技进步，提高资源回收利用率。做好后备矿山的勘探、储备和管理工作，建立和完善矿产资源保护的长效机制。继续推进矿区复垦绿化，建设绿色生态环保型矿山。

（三）推进工程技术发展战略

推进工程技术发展战略，就是通过整合冶金设计、工程施工等资源，不断提高冶金成套设备技术的集成、输出和对外技术服务能力，成为重大冶金技术装备集成和输出基地。在建设济钢项目过程中，建设公司、设计院等单位发挥了重要作用，工程质量得到各方面广泛赞誉。2007年，要认真总结建设西区现代化全流程钢铁厂和输出济钢项目的成功经验，推动矿山、炼铁、炼钢、连铸、热连轧、冷连轧、镀锌等生产线的对外技术和工程输出。

（四）推进装备制造发展战略

推进装备制造业发展战略，就是以鞍钢重机公司为龙头，充分发挥大型、高精尖设备的优势，不断增强加工制造能力，做大机械备品备件、做精专项产品、做强成套设备，逐步扩展产业链和产品范围，增强市场竞争力。2006年底，鞍钢重机公司制造的彭水电站机组水轮机转轮第四套上环、下环及试制的三峡电站右岸机组水轮机转轮上环，通过了国务院三峡工程建设委员会三期工程重大设备制造检查组评审，这表明鞍钢具备了生产大型先进水轮机转轮部件的能力，有能力承担起国家重点水电工程装备制造国产化的重担。2007年，要力争在冶金成套设备制造上有所突破，在巩固国内市场的同时，不断开拓国际市场。提高自主创新能力，加强新产品的研发和生产，水电产品形成系列化、专业化，在大型铸造支承辊、锻造支承辊、冷轧工作辊、船用曲轴、定向凝固钢坯等项目上取得新进展，逐步形成拳头产品。

（五）推进非钢产业发展战略

推进非钢产业发展战略，就是围绕钢铁主业，依靠技术进步，通过体制、机制和技术创新，集中力量发展一批市场前景好、符合国家产业政策、能够发挥自身优势的非钢项目，拓展就业渠道，成为新的效益增长点。2007年，要进一步完善钢铁贸易模式，建立高效运作的一体化营销与服务体系，规范营销管理，稳步扩大销售渠道和市场占有率。加快钢材加工线的布局和建设，使钢材加工配送成为开发、稳定客户和占领区域市场的主要经营平台。进一步做好出口工作，巩固和发展海外战略合作伙伴，努力稳定欧美市场，积极开发亚洲、中东、南美等新兴市场，全年出口钢材400万吨。

（六）推进资本运营发展战略

推进资本运营战略，就是加快内部钢铁主业整合，积极稳妥地实施对外兼并重组，做大企业规模；以资本为纽带，围绕钢铁主业适度发展上下游相关产业和非钢产业，促进更具竞争力的产业链的形成，增强可持续发展能力。2007年，要推进辽宁地区钢铁企业整合重组，扩大规模，吸引外资，更好地适应全球钢铁业兼并重组的新形势。

二、加快“三个创新”，进一步提高企业整体素质

（一）加快体制和机制创新

进一步规范母子公司管理体制。按照集团效益最大化的原则，明确母子公司的职责，保护国有出资人权利。规范推进股份制改革。总结鞍钢股份上市的经验，推动其他产业实施股份制改革，实现投资主体多元化，向现代企业制度方向发展。稳步推进辅业改制。对已改制企业，进一步优化股权结构，积极引进有市场、技术、资金等优势的战略投资者，增强自我生存、自我发展能力。对正在改制的企业，按照提高整体竞争力的要求推进重组，并履行相应的民主程序，保证改制工作稳妥、规范，有序进行。深化分配制度改革。以劳动力市场价值为基础，规范内部分配关系，完善公平合理的分配体系。

（二）加快技术创新

以建设创新型企业为契机，大力推进自主创新和科技进步，带动生产水平实现新的飞跃。加强钢铁产业前沿和关键技术的开发应用，形成一批具有自主知识产权的专有技术。完善自主创新体系和机制，着力建设以企业为主体、市场为导向、产销研、产学研相结合的技术创新体系，加强与科研机构、知名院校和先进企业的交流，开展高水平、深层次的合作。与汽车、造船、铁路等重点用户合作研发新产品。进一步完善技术创新激励机制，以效益为中心的科研工作投入产出考核机制。适应鞍钢改革发展的新形势新任务，加强经营管理、专业技术和生产操作三支队伍建设。

（三）加快管理创新

2006年，鞍钢自主开发的综合管理信息系统（ERP）上线运行，形成了比较完整的产销一体化系统，通过了国家信息产业部验收，专家一致评价该系统达到国际先进水平，具有较高的应用推广价值。2007年，要充分发挥ERP系统的作用，以信息化促进管理现代化，完善扁平化管理体制，为各项管理工作规范化、精细化搭建平台，提高生产效率、改善产品质量、减少资金占用。不断规范核心和专业管理制度体系，提高系统性、科学性、操作性。

三、坚持以科学发展观统领全局，努力构建和谐鞍钢

要把构建和谐社会、和谐辽宁的要求落实和体现到鞍钢的实际工作中，努力构建"以人为本、竞争创新、科学规范、效率公平、文明诚信、持续发展"的和谐鞍钢。

以人为本，就是尊重人、理解人、关心人、帮助人，维护好发展好广大职工的根本利益。

竞争创新，就是不断完善竞争机制，实现体制创新、技术创新、管理创新和职工素质全面提高。

科学规范，就是决策科学，管理规范，各项规章制度得到贯彻落实。

效率公平，就是坚持按劳分配原则，效率优先、注重公平，妥善协调好各方面利益关系。

文明诚信，就是文明礼貌，诚实守信，遵守职业道德和社会公德。

持续发展，就是节能降耗，安全环保，企业与社会和谐相处，经济效益社会效益共同提高。

2007 年，要在经济效益增长的前提下，继续提高职工收入水平。关心职工生活，加强帮扶中心建设，有针对性地实施就医帮扶、就业帮扶、就学帮扶、住房帮扶等措施，努力为职工办实事、解难题。加强文化阵地的管理和建设，开展形式多样的文体活动，丰富职工业余文化生活，提高职工健康水平。

现代企业管理与制度建设

充分依靠财务人员　办好社会主义大企业

1992 年 6 月

一、鼓励财会人员参与经营决策，制定企业发展目标

企业要发展，必须预先制定发展目标。为了实现预期的经营目标，则又必须正确预测企业未来的状况，进行企业的经营决策。武汉钢铁公司在确定发展目标，进行经营决策时，积极培养财会人员的参与意识，勇于采纳财会人员的正确意见。

在公司的经营目标中，财务指标占有相当重要的地位，比如目标利税、成本降低任务、流动资金周转率等。这些指标的制定，无一不是依靠财会人员参与精心测算后而确定的。在鼓励广大财会人员参与制定经营目标的同时，我们还积极要求财会人员在生产经营中起核心作用，当好企业领导的参谋。最近，我们接到一份“购坯与加工坯优越性”的财务分析报告，这个报告全面分析了武钢在轧钢能力尚有富余的情况下，买坯轧材与加轧材的效益水平，为公司领导决策及时提供了很好的材料。对这一合理化建议，我们当即予以采纳。我们支持和欢迎财会人员抓住企业经营中的重大问题，多想办法，多做分析，多出主意。这不仅为企业的经营做了贡献，而且有利于提高财会人员自身的素质。

二、发挥财会工作的职能作用，增强企业的活力

公司在对二级厂矿的考核中，为了把企业经营的好坏与职工的个人收入多少直接挂起钩来，逐步完善经济责任制，我们支持和采纳了财会人员为选择经济责任制的最优形式而提供的建议，并加大了财务指标（主要是成本、利税、资金等方面）在考核指标中的比例，还将大部分厂矿职工的基本工资，参与奖金浮动，实行以成本为中心的否决。这样，不仅把经济责任制落到了实处，而且促使广大干部和职工重视企业经营实绩，从自身的利益上关心企业的生存和发展。

为了增强企业的活力，我们非常重视企业的成本管理。公司把控制成本列入企业的重要议事日程，同时也要求财务部门成为成本管理的中心，并发挥财务部门的综合功能，协调好其他部门，齐抓共管，努力降低产品成本。我们还要求财务部门强化资金管理，把有限的资金用到发展适销对路、高效节能、高技术、高质量、高附加值的产品上去。

三、依靠财会人员，认真组织“双增双节”工作

这几年，企业经营的外部条件较差，公司领导要求财会部门依靠广大财会人员向内使劲，认真组织“双增双节”工作。在各部门的配合下，多次召开了公司、厂矿、车间各层次的“双增双节”会议，全方位地发动群众。公司、厂矿、车间成立了以财会人员为中心的领导小组或办公室，健全了组织机构；同时，利用报纸、电视、简报

本文发表在《财会月刊》，1992(6)：24～25。

等各种宣传工具，向广大职工宣传主人翁精神和“双增双节”的意义，讲解“双增双节”的奖励政策，宣传典型事迹，把群众性的“双增双节”运动推向高潮。公司各职能机构除了抓好自身参与外，同时配合财会部门抓好系统管理，认真审理各项措施的可行性、指标的先进性。财会部门认真计算效益的真实性，挤干水分，分系统地挖掘了企业的增产节约、增收节支潜力。1991 年，全公司广大职工迎难而上，共同努力，以“一要效益、二要管理、三要思想”为核心，坚持“从严求实”的原则，努力增收，深入挖潜，取得了创效益 1.5 亿元的显著成绩。

1992 年，我们仍然要依靠广大财会人员，广泛发动群众自提项目、自报措施、自行落实，做到每个单位与公司签订“双增双节”责任书，每个人要填写“双增双节”贡献卡，竭尽全力，发扬武钢人勇于拼搏的精神，最大限度地挖掘企业潜力，提高经济效益。

四、调动财会人员的工作积极性，广泛开展车间班组经济核算

我们在安排 1991 年财务工作时，注重调动广大财会人员的积极性，要求各单位全面开展车间班组经济核算，并把它作为加强基础工作的重要措施。公司成立了车间经济核算委员会，公司经理为主任。各厂矿也成立了领导小组，对车间核算的定员、定岗及人员培训也作了具体规定。全年共举办了三期培训班，培训核算员 1000 多名。一年来，由于各方面的努力，尤其是依靠财会人员的工作，使公司、车间的经济核算工作逐步走上了正轨，各二级单位经济核算体系已逐步健全，制度与方法也逐步完善，经济核算意识已渗透到各级领导和广大职工的心中。1992 年，公司要求二级单位各车间在去年的基础上，认真搞好经济核算工作，要根据班组和职工的特点，将各类消耗定额以及限额指标分解落实到班组和个人，做到岗位上“用什么、算什么，算什么、考核什么”，把全体职工发动起来，为降低成本出力，全面形成自下而上的经济核算体系。

五、关心财会队伍建设，注重培养专业人才

我们十分重视财会队伍的建设，关心他们的成长，坚决支持他们维护财政制度和财经纪律，帮助他们履行会计职能，行使应有的权限。

对各二级单位财会科长的评聘，实行严格考核，由公司组织部会同财务部共同把关，组织部负责思想素质方面的考核，财务部负责业务素质的考核。凡是专业理论和业务能力不符合条件者不能任命为财会科长，从而杜绝了不懂财务管财务的现象发生。公司下属二级单位有 80 多个，去年我们试行了财会科长横向交流制度，即根据工作需要，在部分厂矿之间交流财会负责人，从而使财会干部人才得到了流动，克服了科长长期在一个单位任职带来的弊端。

随着我国经济改革步伐加快，我们更加认识到财会工作在企业经营中的重要地位。因此，我们注重财会专业人才的培养。为了适应武钢集团的组建，我们选派了思想过硬、专业技术好的财会人员，到上海学习财务公司的先进管理办法，为武钢筹建财务公司在人员和技术上作了准备。此外，我们非常关心财会人员的知识更新，积极开展技术工程教育，每年都有不少的同志按计划进行专业培训，武钢的质量成本管理、内部银行管理、固定资产管理等都是借鉴银行先进的企业管理办法，并结合武钢实际情况，逐步摸索成功的。因此，这些管理办法还成为兄弟企业学习的标杆。

以市场经济的观念抓好武钢的科技进步

1994 年 1 月

1　前言

武钢从 1958 年建成出铁至今已有 35 年了。35 年来科技进步工作经历了三个阶段。一是引进一米七之前，为解决含铜钢生产等问题对落后的生产工艺进行技术改造；二是一米七引进后，为解决“两个不适应”对引进技术进行的消化掌握和发展创新；三是以新 3 号高炉建设为新起点，深化了质量效益型的发展战略。随着我国经济体制改革的深入，党的十四大提出了要建立社会主义市场经济体制，企业的一切经营活动都要适应市场的需求，参与市场的竞争，武钢作为国有特大型企业，最近又组建了以武钢为核心企业的武钢集团，为此对科技进步工作的深化提出了新课题。

2　认清形势抓住机遇

当前，武钢面临的形势十分严峻，从国际上来讲，我国即将恢复关贸总协定缔约国地位，与国际市场接轨。从 1994 年起国家取消对钢材、钢坯进口许可证制度，国外的钢材产品有可能以较低的价格进入国内市场，给国内钢材市场带来巨大的冲击。国外大量的先进技术将涌入国内，给钢铁企业带来发展的机遇。冲击和机遇并存的形势在 1993 年下半年已初露端倪。而我们的钢材产品，无论是化学成分、物理性能、内部组织，还是表面质量、尺寸精度、外观包装等方面，与世界先进水平相比，都有较大的差距。从国内来看，各大钢铁企业的发展速度相当迅速，特别是近两年来，宝钢在薄规格板材方面已有与武钢一争高低之势。工程机械用钢、汽车用钢、冷轧板等用户现已开始转向宝钢。首钢、攀钢、太钢、邯钢、益昌和梅山等企业已相继建设热（冷）连轧生产线，武钢一米七产品的相对优势正逐渐失去。重钢、上钢三厂等通过改造，已建成轧制力大于 3500 吨的轧机，也成为与武钢争夺中厚板市场的潜在对手。

从武钢自身的发展来看，1994 年起，要按照社会主义市场经济的要求，进行股份制改造，建立现代企业制度，企业的生产经营战略必将进行大幅度调整。我们的产品不仅要承受进口钢材的冲击，而且要通过执行 ISO9000 系列标准的国际认可走向国际市场。在这种势态下，产品质量成为决定竞争成败和企业兴衰的关键。而产品质量的竞争，是科技进步和管理进步的竞争。因此，我们必须深刻领会邓小平同志关于“科技技术是第一生产力”的英明论断，把科技进步工作作为企业的一项长期的战略任务来抓。

3　进一步加大科技投入的力度

科技投入是科技进步的必要条件和基本保障，也是科技与经济相结合的物质基础。

本文发表在《钢铁研究》，1994(1)：3~5。

公司已决定，实行会计制度改革后，科技进步费用按实际需要发生并计入成本。1994年初步按1.4亿元作预算计划，比1993年增长近40%。为此，公司将围绕提高质量、降低消耗、发挥设备能力、提高技术装备水平、保持长期的企业技术优势、增加经济效益等方面拟定科技进步计划。根据市场经济的运行规律，我们要改变传统的项目计划管理模式，突出以生产需求和经济效益为导向，减少推广应用潜力不大的项目。对于那些生产急需、切实解决生产实际问题和经济效益显著的项目，应给予积极支持。要注意克服单纯把技术水平和难度作为立项的依据，把评奖、鉴定作为立项的目的的做法。认真扶植一批有一定覆盖的能够形成规模经济的科技项目，逐步建立产量目标、质量目标、效益目标相结合的科技进步项目管理机制。在加强资金投入的同时，要组织广大职工尤其是2万多科技人员积极参与科技进步活动，形成一个生动活泼蓬勃发展的局面。各级领导要有强烈的科技意识，要重视科技队伍的组织和建设，为科技人员提供施展才华的舞台，使他们的潜在能量充分发挥出来。

4　科技进步的立足点要体现在“四新”上

企业转换经营机制的最终目的，就是要使企业成为自主经营、自负盈亏、自我约束、自我发展的市场竞争主体。要把科技进步的立足点放在研究开发和应用推广新技术、新工艺、新产品、新设备加速技术创新，增强企业的竞争实力。

一是要根据国内外市场需求进行技术改造和设备更新。1994年是武钢组织实施一千万吨钢规划的关键一年，我们要发挥武钢集团的优势，合理配置生产要素，抓紧三炼钢、硅钢扩建、自备电厂的三大重点工程确保达到目标进度和十项效益工程全面达产。要通过技术改造，采用新工艺、新装备、新技术，改造传统产业，优化产品结构，提高经济效益。

二是要以武钢技术中心的建设为契机，建立和完善技术开发体系。围绕公司的生产经营目标，瞄准国际国内同行业先进水平，开展科研、新技术推广，专利技术实施一体化的科技攻关，推进技术经济指标上台阶，树立武钢在国内大型钢铁企业中一流的形象。

三是要继续发展和加强与国内外科研机构、高等院校之间的联系与协作，这是提高公司科研起点和水平的一条重要途径。也是加速科技成果转化的有效手段。今后，要把这项工作纳入到公司正常的科技进步计划之中，建立对外科技协作制度，在合作伙伴的选择、合作方式和立项程序等方面走上正轨。

四是要以市场的需求为导向，开发新产品。要注重高新技术与高效产品相结合。加强复合板、汽车板、舰船用钢、稀土钢、重型机械用钢、高牌号硅钢等品种的开发。要在国家重点发展的产业、沿海地区、三资企业中寻找合作伙伴，共同开发新产品，占领这方面的市场。加快和扩大国际市场信息的收集，为武钢产品走向国际市场创造条件。

5　完善科技进步的管理体制和激励机制

多年来，公司运用全面质量管理的模式，强化了科技进步的领导和管理。以经理和总工程师为技术决策核心，以技术委员会为咨询顾问组织，以技术部为归口单位，形成了全公司以科技攻关、科研革新、产品开发、标准专利和专利技术管理为主要内容的科技进步管理网络。随着武钢集团的建立，生产规模的扩大，产品范围的拓宽，科技进步工作的内容也要进一步拓宽，要由研究开发应用向对外承接技术承包、技术咨询服务、转让科技成果以及进行各种形式的技术贸易扩展。要结合公司机构改革和集团管理的特点，健全以总工为核心的三级技术领导体系，并针对近几年科技工作中存在的问题，修订和完善现行的公司科技管理制度，造就一种有利于出人才、出成果、出效益的宽松的科技进步的环境，要按照《科技进步法》的要求，把“尊重知识、尊重人才”落到实处，改善科技人员的工作条件工作待遇。对有突出贡献有特殊才能的人才，要给出一些特殊政策，鼓励科技人员为武钢建功立业。

总之，社会主义市场经济为企业的竞争开辟了广阔的前景，为企业的科技进步提供了发展的机遇。1994 年是我国国民经济进一步持续快速、健康发展的一年，是武钢充满机遇和面临挑战的一年，也是武钢加快一千万吨钢改造步伐，进行股份制改造的关键一年，只要我们充分调动广大科技人员和职工投身于科技进步的积极性，武钢的科技进步必将取得更大的成绩。

武钢贯标的做法与效果

1995 年 1 月

1994 年 10 月 24 日至 28 日，武钢一次通过国外、国内三家认证机构的联合评审，成为中国冶金行业首例、特大型工业企业第一家通过国际国内质量体系认证的企业。

1991 年，武钢获得国家质量管理奖以后，公司领导一直在认真思考：如何深化全面质量管理？如何拓展质量效益型发展道路？特别是在由计划经济向市场经济转变的过程中，如何强化和改革质量管理？经过反复思考和讨论，我们选择了“贯标”，把它作为质量管理与国际惯例接轨的一项重要措施。1992 年，我们制定了推进“贯标”的实施计划，1994 年把通过国际国内质量体系认证作为公司的三大任务之一，写进年度方针目标，并且提出靠 1000 万吨规模发展自己，靠股份制改造自己，靠“贯标”武装自己的响亮口号，极大地调动了 12 万职工的“贯标”的热情，全面推动了武钢的发展。

一、“贯标”的基本做法

贯彻 ISO9000 系列标准，是企业走向国际市场的需要，是深化和发展 TQM 的需要，是企业建立和完善质量体系的需要。一句话，是武钢发展的需要。通过质量体系认证的企业，被称为“世界级的合格供应商”，取得了走向国际市场的通行证。正是基于这种认识，几年来，公司领导一直把“贯标”作为深化和发展质量效益型道路的重要措施。

（一）领导重视是关键

“贯标”必须具备基本条件，其核心是要有一个好的指导思想，首先是企业的各级领导要具备三个觉悟：即懂得质量是企业经营管理主要因素的觉悟；懂得系统抓质量的觉悟；懂得用标准规范质量管理有效性的觉悟。公司领导充分认识到这一点，都把“贯标”当作头等大事来抓。

总经理把全质办主任请到办公室，亲自布置“贯标”的步骤，给足了贯标的奖励政策，而且主动提出与各单位第一责任者签订目标责任状，明确指出“贯标”有一票否决的作用。党委书记亲自撰文，提出 ISO9000 系列标准是一种哲学，一种文化；是管理上的一种储备，是企业的一次机遇，提出标准的原则是通用的，要求行政部门做的，党政部门也一定要做到。在公司今年进行的两次内审和管理评审中，公司所有领导（包括助理），都亲自带队，到各单位去检查贯标的落实情况。

我作为管理者代表，更是把抓好“贯标”作为自己的第一职责。不仅亲自主持质量体系的系统设计，还坚持每周召开一次“贯标”例会，其他会可以请假，但“贯标”例会是雷打不动的。通过这种方式，协调了几百项管理上存在的问题。抓好典型是推动贯标工作的有效措施，1994 年以来，我先后主持召开了三次全公司的“贯标”

本文发表在《质量管理》，1995(1)：13～17。

经验交流会，极大地调动了各二级单位的“贯标”热情。贯标实际上是强化企业的基础工作，为了解决计量管理上存在的问题，批准上千万元的资金，用于改造和维修，使计量管理上了新的台阶。

在公司领导的影响下，全公司形成党政工团齐抓共管的局面。工会和共青团用了近一个月的时间，组织“贯标”知识竞赛，从笔试到抢答赛，总共有 4 万多职工直接参加。宣传新闻部门利用多种方式加强“贯标”宣传，仅今年就在各级报刊上报道了 200 多条“贯标”消息。

各级领导的普遍重视，不仅加快了“贯标”进程，而且是“贯标”取得成效的关键。

（二）全员培训是前提

全员参与是“贯标”应具备的又一个基本条件，这就需要有一大批懂得标准原理，能理论联系实际，有事业心，分布在各管理层次的骨干队伍。骨干队伍的形成离不开培训。我们的具体做法是：抓关键骨干的教育，打好思想基础；抓标准知识的教育，打好“贯标”基础；抓体系文件的教育，打好实施基础。在质量体系文件形成前，重点抓标准知识的教育，以保证编写质量；在文件形成之后，重点抓文件的学习，以保证执行质量。总之，在教育培训上做到：

一是抓全员培训。几年来，我们先后购买各类“贯标”教材 8 万多册，举办各级培训班 1000 多期，参加学习人员近 12 万人次。今年，我们又对 12 万职工进行有关标准基本知识的培训。公司专门发文规定：凡考试不及格者，将扣减 50% 的挂率工资。配合这次轮训，公司今年自编了 15 万字的教材，花 30 万元印 13 万册，做到人手一册。为了搞好专业知识培训，我们组织力量重新修订了产品标准、工艺标准和作业标准，将各个岗位需要的标准发到人头，要求把自学和脱产培训结合起来。二是抓重点培训。对标准中强调的从事特殊工作的人员，我们全部进行了专业知识培训，合格后重新发了操作合格证。对各单位的重点骨干，我们一直重视对他们进行重复和深化教育。几年来，先后有 500 人次送到外面培训，包括到国外考察和培训，其中处干有 30 多人参加了中质协举办的有关培训班。公司领导也不例外，多次利用中心组学习的时间，学习 ISO9000 系列标准知识，并且专门请全质办进行辅导。今年公司领导还进行了 ISO9000 系列标准基本知识的闭卷考试。三是抓重复教育。在“贯标”的准备阶段、编写阶段和实施阶段，我们都要分阶段进行教育，阶段不同，培训的目的和重点不同，取得的效果也不尽相同。四是抓现场教育。文件化的质量体系建立以后，在实施中，我们结合现场实际进行教育，职工看得见、记得住、领会深、作用大。

由于我们一贯重视培训教育工作，因此在“贯标”的全过程中，我们形成了一大批懂标准、会动手、能参与、能理解、能执行的骨干队伍，从而保证“贯标”工作不断健康地进行下去。

（三）系统设计是根本

质量体系的有效与否，首先取决于文件化的质量体系是否有效，而文件化的质量体系，靠系统设计来保证。

从“贯标”一开始，公司就成立了“贯标”工作委员会，下设工作班子，由各部处室派人，组成 100 多人的编写组，既从宏观，又从微观两个方面，进行全面的系统设计。

在进行系统培训、系统调查、系统分析和全面咨询的基础上，开始对所要建立的体系结构进行系统设计。首先是确定公司的质量方针和质量目标，接着是设计和分配质量职能。我们选择 ISO9001 模式标准，参考 ISO9004 标准，结合冶金行业的特点，按 20 个体系要素进行展开，并且分配到 16 个部处室。在近两年的实施中，我们多次组织协调，然后正式颁布实施。在编写文件化质量体系之前，从宏观上，我们对《质量手册》、《程序文件》和《企业文件》，进行了系统设计，首先编写了三级文件编写指南，制定了编写文件的五大原则，即：充分满足标准要求的原则，结合实际的原则，具有可操作性的原则，分级管理的原则和部门一贯责任制即谁编写谁组织实施的原则，明确了各类、各级文件间的相互关系。从微观上，对文件和质量记录格式，编码和发放范围，都作了详细规定，以保证全公司文件的统一性。

为了保证"贯标"和实际工作不是两张皮，我们在设计三级文件时，充分利用了公司原有的各类文件，如技术文件、管理文件、外来标准和各类人员的工作与作业标准。这样，不仅明确了三级文件的支撑关系，而且解决了每级文件的功能，《质量手册》是质量体系的总纲，《程序文件》是管理层使用的文件，5W 所包含的内容由它解决，而作业文件是具体操作文件，主要解决 1H 即怎么干的问题。

系统设计还包括对原有文件的优化管理。"贯标"以后，公司的各类各级文件不是增多了，而是优化了、减少了，如冷轧厂和硅钢厂，三级文件减少了 20% 以上。

系统设计的好坏，取决于对标准的理解，我们并不强调文件一次成功，要求在充分理解 ISO9000 系列标准要求的基础上，不断完善文件化的质量体系，因此，我们的《质量手册》先后修改 9 次，发布后换了 4 个版本；《程序文件》先后优化、归并、修改了 5 次，换了 2 次版本。

（四）专业管理是保证

"贯标"就是要建立健全高效灵活的质量体系，负责各项专业管理的部门，是构成体系的基本单位。因此有效的体系，必须靠专业管理来保证。

"贯标"一开始，我们就提倡"部门一贯责任制"的做法，将 20 个要素及其展开的质量活动，分配给 16 个直接有关的部处室，由他们承接展开后，落实到每个岗位。负责要素的管理部门，要素在手册中如何描写，如何用程序文件来支撑，如何靠作业文件来实施，要多少质量记录，怎么组织实施，都由部门组织力量编写、审定，负责要素实施的检查和落实。公司每周召开一次"贯标"例会，重点检查专业管理是否到位。

在"贯标"的全过程中，我们不仅要求各有关部门把"贯标"工作抓好，还特别强调要把各自的专业管理抓好，使专业管理尽快实现与国际惯例接轨。例如在合同评审中，我们要求销售部不仅做到对每个合同进行评审，而且特别做好合同评审后的协调工作，我们要求采购部门，不仅要对分供方的质量保证能力进行评价，而且一定要按评价的结果进行采购。专业部门的工作都做好了，"贯标"就达到要求。因此，凡是内审、管理评审和认证中出现的问题，我们都纳入经济责任制进行严格考核。这样，各专业管理部门不单单注意本部门的工作质量，而且非常注重本系统的工作质量。有专业管理做保证，"贯标"就有了坚实的基础。

（五）实物质量是重点

在"贯标"过程中，我们始终把提高产品的实物质量作为重点来抓。《质量手册》编得再好，程序文件定得再全，如果产品质量不好，一切都等于零。因此，提高产品实物质量，是贯标的重头戏，是确保认证通过的关键。为此，我们提出了"一手抓软件，一手抓硬件”、“开辟两个战场、打好两个战役”的口号，一部分人抓质量体系文件的制订，一部分人深入现场，抓好实物质量的攻关。

要提高产品的实物质量，首先要保证外购原材料的质量，以往在抓质量的过程中，我们多次侧重于生产制造过程的质量管理，忽视了外购货品的质量。在“贯标”过程中，我们首先从加强外协厂质量保证能力调查开始，做了许多工作。如机电部在对全国几千家重点用户质量保证能力进行问卷调查的基础上，用近半年的时间，对数百家重点供货单位的实际水平进行评定，然后对其中最关键的几十家进行质量保证能力调查，对保证备品备件的质量，起了重要作用。

要提高产品的实物质量，在认真实施程序文件和作业文件的同时还要对重要质量课题进行重点攻关。因涂油质量不好而引起钢板锈蚀，是长期困扰冷轧产品质量的大问题，冷轧厂每年的用户异议，其中40%都源于此，其原因是涂油机不好使，这是建厂初期西德专家在调试期间都未能解决的难题。经过近半年的努力，这个难题终于解决了，涂油质量从此100%符合要求，冷轧再也没有发生因涂油不好而引起的质量异议，这项成果因此获得国家专利。

由于注重抓产品的实物质量，主要产品质量继续稳定提高，在公司质量创水平的69项指标中，有62项超计划值，48项超目标值。

二、“贯标”的几点体会

（一）“贯标”中应注意的几个问题

一是“贯标”的严肃性。“贯标”是一项庞大的系统工程，是实实在在的管理行为，决不能引导职工单纯为了取证而去搞形式主义，去弄虚作假，而把“贯标”引向死胡同。我们从“贯标”一开始就抓住这个倾向，不仅事先加强教育，而且经常下去检查，发现类似问题，立即纠正。例如有的单位质量记录实施不够好，他们干脆组织职工重新抄一遍，发现这种现象，我们立即进行制止，切实让职工感到：“贯标”是真干，而不是上下一心糊弄评审人员。

二是“贯标”的科学性。ISO9000系列标准是总结西方发达国家几十年质量管理的经验制定出来的一套管理标准，它是非常科学的。因此，一定要注意“贯标”的科学性。“贯标”是全过程的管理行为，必须从产品形成的全过程控制因素，从管理的全过程控制行为，因此任何一项管理决策出台，必须经过周密的考虑、认真的分析、科学的策划，而不能朝令夕改，经常翻烧饼，这样就会在职工中造成极不严肃的感觉。

三是“贯标”的长期性。建立质量体系决不是一蹴而就所能办到的，它有一个长期发展和不断完善的过程。“贯标”是对传统管理的一种挑战，因此习惯管理也不是一下就能破除；尤其是认证是对质量体系的全面评价，现场评审非常严格，企图糊弄一下就能过关的思想是根本行不通的。为此，我们一直在教育职工，一定要懂得“贯标”的长期性，一定要有“脱一层皮”的思想准备，体系的完善永无止境。

四是“贯标”的群众性。要把贯彻应用标准从闭门编写各类程序文件的少数人，走向各级干部、管理骨干和广大职工中去，使“贯标”成为每一个人能理解、能参与、能动手、能执行、能把关的实践活动。

五是“贯标”的有效性。在满足标准要求的前提下，能做到的就写，写出来的一定要做，决不允许质量文件写得头头是道，但管理上的问题俯拾皆是。

（二）“贯标”要摆正几个关系

一是与全面质量管理的关系。“贯标”和全面质量管理遵循的指导思想和基本原则是一致的，因此，不能用“贯标”取代全面质量管理，也不能用全面质量管理替代“贯标”。ISO9000系列标准是对企业最起码的要求，而全面质量管理的领域则要广得多。但“贯标”对建立完整的文件化质量体系有具体要求，从这一点上看，它又是对全面质量管理的发展与补充。

二是与用户的关系。要让全体职工明白：“贯标”不是企业领导要求做的，它是市场的要求，是顾客的需求，是市场和用户导向质量的管理行为。通过“贯标”让职工把自己的每个行为与市场联系起来，增强竞争意识。

三是与专业管理的关系。ISO9000系列标准是对技术文件和专业管理的一种补充，它既不能取代专业管理，也不应和专业管理形成两张皮。“贯标”是为了更好地加强专业管理。

四是与国际惯例接轨的关系。在“贯标”的过程中，我们感到很多管理与国际惯例的差别较大，于是我们就要求每个部门，把自己的工作与标准对照，一一列表进行比较，制定整改措施，一个要素一个要素逐项落实，通过“贯标”尽快实现质量管理与国际惯例接轨。

（三）“贯标”只有开始，没有结尾

“贯标”就是要使企业的质量体系不断完善，体系的完善是永无止境的。“贯标”是一项很苦很累的事，开始很多职工盼着认证，以为通过以后可以轻松一下，可是没等到认证他们就意识到：通过认证只是“贯标”的开始，质量体系要不断完善，纠正措施要不断进行，所有的管理活动都有一个不断优化提高的过程，因此通过“贯标”我们最大的体会是：“贯标”只有开始，没有结尾。

（四）通过认证只是一种责任

通过认证并不是“贯标”追求的最终目标，而是承担了一种责任，不断满足用户显在和潜在的需求，才是企业真正追求的目标。“贯标”就是要承担这种责任，即永远要对用户和消费者的利益负责。意识到这一点，就不会只把“贯标”当作工作去做，而是当作一项事业去奋斗。

三、“贯标”的初步效果

（一）适应市场变化的能力增强了

“产品质量满足顾客期望，服务质量取信新老顾客。20世纪末出口钢材产品占产量的30%”是我们公司的质量目标。在“贯标”的整个过程中，我们把组织职工学习公司的质量方针、质量目标作为教育的主线，增强了广大职工的市场观念，他们站在现场看市场，不断提高适应市场的应变能力。今年国内钢材市场行情不太好，我们就积极扩大出口，到目前为止，共出口钢材45万吨，创汇1.4亿美元。

（二）管理水平提高了

“贯标”健全完善了文件化的质量体系，信息有反馈，行为有规范，管理有程序，工作有标准，每件事都知道自己该怎么干。许多中层干部都说：“‘贯标’是越贯越有味道”。几个负责筹建新厂的领导深有感触地说：“从筹建开始，我就按标准的要求去做。”有的职工在谈到“贯标”体会时也说：“如果让我当经理，我要干的头一件事就是‘贯标’”。“贯标”意识的增强促进了管理水平的改善和提高。过去用户有了投诉，能及时处理就很不错了。通过“贯标”逐步明白，光就事论事的处理还不行，还要进行分析，找出产生问题的原因，并且采取纠正措施；后来又认识到，光纠正缺陷还不够，应该把解决问题的信息向用户反馈，让用户放心。从问题的产生到解决形成一个大闭环，能做到这一点，应该说已经很不错了，但随着管理水平的提高，许多厂的职工都懂得，最终结果应该是采取预防措施，真正防止不合格品发生。现在，许多部门和单位不光把注意力放在纠正措施上，而是把工作的重点放在采取预防措施上。

（三）基础工作加强了

“贯标”的全过程，实际上是理顺基础工作加强基础工作的过程。通过“贯标”进一步明确了部门和各级人员的职责，我们把 20 个要素展开成 340 项职能活动，落实到 16 个部处室的 745 个管理岗位和 389 个作业岗位上。各二级厂也进行承接和展开，落实到 1890 个管理岗位和 2934 个作业岗位。信息管理加强了，经过认真清理、归并和优化，确定了公司级质量记录 245 个，部门级 787 个，厂级 2041 个；更重要的是信息流向和相互关系更清晰了。“贯标”促进了标准化管理，在编写质量体系文件阶段，我们共制定公司级程序文件 50 个，部门和二级程序文件 421 个，三级管理标准 2044 个，修订 A 标准 212 个，B 标准 979 个，对外来标准和法规的管理也能得到有效控制。“贯标”对促进计量器具的管理作用更大。几年来，特别是近一年来，对 55100 多台（套）计量设备全部建档，其中 21200 台（套）计量器具全部进行编目对号管理，完成 95 项设备缺陷整改，建立完善了计量器具管理的 270 个三级文件。

（四）实物质量提高了

“贯标”促进了产品实物质量的提高，今年以来烧结矿、生铁、钢锭、钢材的一级品率比上年同期有较大幅度提高。钢材综合等级品率为 90.93%，其中优等品产量率 12.18%，一等品产量率 57.51%，合格品产量率 30.31%，在全国同行业名列第二。按国际水平标准生产的钢材产品产量比为 89.93%，超过目标值 2.93 个百分点；按国际先进水平标准生产的钢材产品产量比为 77.57%，超过目标值 0.57 个百分点。实物质量达到国外同类产品先进水平的钢材产品产量比为 28.64%，创历史最好水平。

坚定信心，搞好鞍钢工作

1995 年 1 月 13 日

一、全面正确地理解企业领导体制“三句话”精神，用“三句话”统一我们的思想和行动

党的十四大提出要建立社会主义市场经济体制，十四届三中全会、四中全会通过了《关于建立社会主义市场经济体制的若干问题和加强党的建设几个重要问题的决定》。中央召开的这几个重要会议，都一再强调和重申了国有企业要充分发挥党组织的政治核心作用，坚持和完善厂长（经理）负责制，全心全意依靠工人阶级。可以说，这“三句话”是改革开放以来，我们探索有中国特色的国有企业领导体制实践经验的科学总结，是完善企业内部领导制度的指导方针，是我们在建立现代企业制度进程中，转换经营机制，深化内部改革必须要遵循的原则。最近，江泽民总书记在天津视察时指出，搞好国有大中型企业，当前要十分注重抓好企业领导班子建设，企业办得好坏，关键在领导班子。全面正确理解“三句话”，也是进一步落实江泽民同志讲话精神，搞好领导班子建设，办好社会主义企业的关键。

贯彻落实好“三句话”，首先要全面理解“三句话”的内涵，真正认识到“三句话”是互相联系、不可分割的有机整体。对这“三句话”，我们必须全面地理解，不能片面地理解，必须把它们作为有机的整体来看待，不能孤立地看待甚至把它们对立起来。如果片面强调其中的某一个方面，不仅背离中央精神，脱离国有企业的实际，有害全局，而且所强调的那个方面也不可能得到落实。实践证明，离开党组织的政治核心作用和保证监督，没有广大职工的积极支持，厂长（经理）无法担负起自己的职责。离开了厂长（经理）负责制，离开了全心全意依靠工人阶级，党委的政治核心作用也不可能发挥。

其次，要从实际出发，积极探索既有利于党组织发挥政治核心作用，又有利于厂长（经理）正确行使职权的工作制度。四中全会《决定》的一个重要指导思想是注重制度建设。制度建设更具有根本性、全局性、稳定性和长期性。多年来，围绕办好国有企业，我们着手建立了比较完整的工作制度。一方面，这些制度对保证“三句话”的贯彻落实起到了积极的作用；另一方面，也要随着社会主义市场经济的逐步完善和建立现代企业制度的要求，继续探索更加有利于“三句话”全面贯彻落实的工作制度。

第三，要把全心全意依靠工人阶级的方针落实到企业各项工作之中。职工的自主管理、民主管理和民主监督是广大职工积极参与管理的一种重要形式，我们要通过积极支持这项活动的开展，保证广大职工的主人翁地位，维护职工的合法权益。这是因为，社会主义企业生产的最终目的就是要保证工人阶级的根本利益。

本文是作者在鞍钢组织工作会议上的讲话，这会议是鞍钢党委贯彻落实党的十四届四中全会、全国组织工作会议和省委组织工作会议、全国冶金系统党建工作会议，以及公司党委四届三次全委会议精神的一个重要步骤。此次公开出版略有删节。

二、实现决策的民主化、科学化，必须坚持民主集中制的原则精神

党的十四届四中全会做出的决定，把坚持和健全民主集中制作为加强党的组织建设的三大任务之一，应该引起我们的高度重视。要结合实际，把《决定》就坚持和健全民主集中制提出的任务、要求贯彻落实好。通过学习四中全会《决定》，我个人体会，在企业中贯彻落实好民主集中制，必须做好以下三点：

一是要深刻理解坚持和健全民主集中制的重大意义，实现决策的民主化、科学化。民主集中制是我们党的根本组织制度和领导制度，民主集中制贯彻得好不好，关系到党的事业兴衰成败。实践反复证明，这个制度是科学的、合理的、有效率的制度。邓小平同志指出，民主集中制是我们党和国家的根本制度，也是最便利、最合理的制度，永远不能丢。他还告诫说，如果民主集中制贯彻不好，党是可以变质的，干部也是可以变质的。因此，每一名党员，特别是党员领导干部，都要从党的事业出发，自觉坚持和贯彻民主集中制。

企业党组织必须全面贯彻民主集中制原则。通过充分发扬党内民主，保证党员和党的基层组织的意见、主张得到表达，积极性、创造性得到充分发挥。要坚持和完善集体领导和分工负责相结合的制度，重大问题集体讨论，按照少数服从多数，在民主的基础上搞好集中。对企业中的行政组织来说，也要贯彻民主集中制的原则精神和基本要求。这是因为，在社会主义市场经济条件下，对企业决策的科学化、民主化，提出了更高的要求。应当看到，市场经济是一个大范围、大容量，科技和信息量极高，竞争性极强的经济体制，许多新情况、新问题是我们过去从未遇到过也从未处理过的。在这种情况下，按照民主程序进行决策，既是对决策者的客观要求，也是提高领导者驾驭市场能力的有效途径。还应当看到，企业之间的竞争一方面表现在科技、人才上的竞争，另一方面坚持科学民主的正确决策，是决定企业胜败的关键所在。所以各级领导干部，特别是行政领导干部，只有在工作实践中自觉贯彻民主集中制的原则精神和基本要求，才能很好地坚持群众路线，发扬民主作风，善于运用从群众中来，到群众中去的工作方法，实现决策的科学化和民主化。要通过逐步建立起领导、专家、群众相结合的决策机制，建立科学有效的决策程序等，保证决策更加符合市场经济的要求，符合企业发展的需要。在这方面，今后我们有大量的工作要做，还要在实践中不断地探索、总结和完善。

贯彻民主集中制的原则精神和基本要求，实现决策的科学化、民主化，要求我们必须从大局出发，自觉维护中央的权威，坚决贯彻执行党的路线、方针、政策，不搞上有政策，下有对策。重大问题要向上级请示报告，自觉摆正自己的位置。鞍钢第三届党代会，把鞍钢精神概括为“创新、求实、拼争、奉献”，我认为发扬奉献精神，就要顾全大局、服从大局，把我们的一切工作都摆在全党、全国工作大局来考虑。

二是要正确处理民主集中制与厂长（经理）负责制的关系。实行厂长（经理）负责制是我国改革开放和实行社会主义市场经济的必然要求。坚持民主集中制原则，不是否定和取消厂长（经理）负责制，而是更好地坚持和完善厂长（经理）负责制。应当说，厂长（经理）负责制，在决策的程序和决策的方法上，与党委的集体领导有所不同。在党委领导班子中，实行集体领导与个人分工负责相结合的制度。在讨论决定重大问题时，每个领导成员都有同等的发言权、表决权。当集体做出决定后，每个人按各自分工、各负其责，共同对党委负责，在行政领导班子中，实行的是厂长（经理）

负责制。这就决定了副职要对正职负责，一级对一级负责。但是，贯彻执行民主集中制的原则精神和基本要求对行政领导班子仍然是适用的。这是因为，在社会主义市场经济体制下，企业决策的正确与否，是关系到企业兴衰的大问题，关系到企业职工利益的大问题，对鞍钢来说，又是关系到国家利益的大问题，而民主集中制正是体现了决策民主、科学、及时的最好机制。作为厂长（经理）必须毫不动摇地贯彻执行民主集中制的原则精神和基本要求，增强民主意识，发扬民主作风，坚持走群众路线，集中各方面的正确意见和建议，调动大家的积极性，更好地行使厂长（经理）的各项职权，保证决策正确，执行有力，更好地适应社会主义市场经济，办好企业。

三是要增强各级领导干部贯彻执行民主集中制的自觉性。在充分发扬民主和实行正确集中的过程中，各级领导班子和领导干部起着主导作用，而且其自身的执行情况，对民主集中制的贯彻落实有着直接影响。目前，在我们的党内生活和领导工作中，在执行民主集中制上，民主不够、集中不够的情况同时存在，有的领导干部缺乏民主作风，独断专行；有的擅作主张，自行其是，组织纪律观念淡薄；有的有令不行，有禁不止，等等。这些问题不解决，势必给党的事业带来危害。因此，增强全党贯彻民主集中制的自觉性必须从领导班子和领导干部做起。各级领导干部要充分认识到自己在贯彻民主集中制上所肩负的重要责任，自觉起到表率作用。要增强民主集中制的观念，培养民主集中制的作风，提高贯彻民主集中制的能力和水平。各级领导班子的主要负责同志更要注意发挥在贯彻民主集中制上的重要作用，注重发挥集体智慧和领导班子的整体功能。要带头做到光明磊落，宽宏大度，广纳群言，善于倾听和集中大家的意见，带头执行决议，带头维护团结。同时，还要加强制度建设，用制度来保证党员、干部自觉地贯彻执行民主集中制。

三、振兴鞍钢，再创辉煌，关键在人

全面提高现职领导干部素质，抓紧培养选拔跨世纪担当重任的年轻干部，是关系全局的重大问题。在建设有中国特色社会主义的伟大实践中，我们要贯彻党的基本路线，牢牢把握经济建设这个中心，坚定不移地发展社会主义市场经济，建设社会主义精神文明，需要有众多高素质的领导干部，需要有一大批能够跨世纪担当重任的年轻的领导人才。对鞍钢来说，在今后几年里，要转换经营机制，建立现代企业制度，实现技术改造目标，不断提高经济效益，保持鞍钢持续、快速、健康的发展，任务是异常艰巨和十分繁重的。要振兴鞍钢，再创辉煌，以现代化钢铁企业的雄姿，昂首跨入21世纪，必须认真贯彻四中全会《决定》和公司党委四届三次全委会议精神，提高各级领导干部素质，抓紧培养选拔年轻干部。

提高各级领导干部素质，首先要提高政治素质。要通过学习、培训、教育、实践等环节，使我们的各级干部都能牢记党的宗旨，坚定不移走有中国特色的社会主义道路，不断增强党的观念，全局观念，群众观念，做执行党的基本路线的带头人。领导干部有好的政治素质和思想品德，事事处处率先垂范，以身作则，廉洁自律，在纪律和制度面前不搞特殊，自觉接受纪律约束和群众监督，群众就拥护我们，就能带领群众更好地开展工作。反之，能力再强，水平再高，群众不信任，不拥护，工作也很难开展。

其次，要提倡在领导干部中形成一种刻苦钻研的学习风气。当前，我们面对的情况复杂，任务也相当艰巨。市场经济、现代企业制度，转换企业内部经营机制给我们提出了许多新的问题。如果我们的各级干部不加强学习，没有一种紧迫感，不通过理论和实践的学习丰富和掌握新知识，浅尝辄止，停留在原有的水平上，或者只对新概念有简单的了解，不求甚解，很难适应形势的要求，很难胜任工作。这次会议提出年轻一点的干部要学习外语和计算机，我看很有必要。要鼓励大家多学习、多看书，培养一种钻研精神，养成自觉学习的好习惯。

第三，支持鼓励年轻工程技术人员到一线艰苦岗位锻炼提高，增长才干。鞍钢现有工程技术人员37065人，其中1982年以后毕业的大学生6670人，研究生272人。可以说，实现我们的技术改造目标，振兴鞍钢，再创辉煌，这些同志是一支重要的骨干力量。实践的观点，是马克思主义认识论的基本观点。有作为的技术干部、有志于为鞍钢发展建设做出贡献的年轻知识分子，都应投身到火热的实践中去，在艰苦的一线岗位上，磨炼意志品质，陶冶道德情操，提高业务素质，施展技术才华。实践证明，企业里凡是成绩突出，学有所成、干有所成的技术干部，都是注重实践锻炼，在一线艰苦岗位上锻炼成长起来的。因此，到一线艰苦岗位去锻炼成长，是广大年轻工程技术人员尽快成才的最好途径。

抓紧培养选拔年轻干部，时不我待，任务紧迫。到20世纪末，时间已经很短暂，如果我们不抓紧培养选拔一大批年轻干部，把他们及时放到领导岗位上锻炼提高，就会出现青黄不接的被动局面。应当看到我们在这方面的工作比其他企业的任务更艰巨、更紧迫。

鞍钢是个老企业，在各个方面都有其特殊性。比如，在干部的年龄构成上，年龄老化现象就比较严重。据统计，公司直管的厂处级以上干部平均年龄50岁，40岁以下占5%，35岁以下仅占0.7%，20世纪末到年龄退出岗位的达三分之一。其中，厂长40岁以下仅占3.2%，51岁以上达70.9%。如果这个问题不解决，大批德才兼备的年轻干部上不来，工作难以保持连续性，对鞍钢的长远发展也会造成很大的影响。对解决这个问题，公司党委已经下发了《实施意见》（征求意见稿），公司党委和公司决心从鞍钢的长远发展战略和现实工作需要出发，尽快使这项工作有新的突破、新的进展和新的加强。

为了做好这项工作，我强调以下几点：一是在职的多数干部，虽然年龄偏大，但是在长期实践中积累了许多宝贵的经验，这些经验是鞍钢建设发展的宝贵财富。在鞍钢的生产经营、改革改造过程中，这些干部深入一线，埋头苦干，付出了极大的努力，为鞍钢的建设立下了汗马功劳。我们强调干部年轻化，绝不是搞唯年龄论，对工作需要，水平较高，经验丰富，群众拥护的干部，虽然年龄偏大，仍要根据工作需要，继续放在重要岗位上发挥作用。二是希望老同志从国家利益、事业发展、鞍钢振兴的大局出发，主动承担起培养年轻干部的职责。毛泽东同志曾把领导干部的职责概括为两条，一是做决策，出主意；二是用干部，育人才。所以我们每一个领导干部，特别是各单位党政主要领导，一定要高度重视，身体力行，切实抓好这项工作。此外，我们也鼓励和支持老同志主动为年轻同志创造条件，让他们尽快迈上领导岗位接班，保证鞍钢的事业后继有人，兴旺发达。三是在坚持党管干部原则的同时，厂长（经理）要按照职责正确行使用人权。特别是在培养选拔年轻干部上，要按照四化方针和德才兼备的标准，广泛发掘和使用人才，真正把那些品德好、能力强、有发展潜力的年轻干部充实到领导岗位上来，使干部队伍的结构、领导班子的结构，形成符合形势发展需要，合理的梯次结构。

我相信，鞍钢党的建设一定会出现一个新的局面，鞍钢广大党员和职工也一定会进一步振奋精神，顽强拼搏，努力克服当前困难，全面完成职代会提出的生产经营目标。

依靠工人，发扬传统，战胜困难，办好企业

1995年2月16日

一、要全心全意依靠工人阶级管好企业，办好企业

江泽民总书记在党的十四大报告中指出，要进一步在企业中加强党的建设，发挥党组织的政治核心作用，坚持和完善厂长（经理）负责制，全心全意依靠工人阶级。这是指导我们办好社会主义企业的根本原则。职工是企业的真正主人，全心全意依靠工人阶级，广泛发动群众、依靠广大职工办好企业、管好企业，这是社会主义制度对企业领导干部素质的起码要求。那么，如何真正全心全意依靠工人阶级呢？

首先，要充分尊重广大职工的主人翁地位，保护好、发挥好职工参与企业民主管理的权利。鞍钢在职工参与民主管理方面有着光荣传统，以“两参一改三结合”为主要内容的《鞍钢宪法》曾轰动全国，影响甚广。鞍钢是个老工业基地，有着一支过硬的职工队伍，有许多孟泰式的劳动模范，不论是在建国之初的恢复生产时期，在以“三大工程”为代表的发展建设时期，在战胜60年代“天灾人祸”时期，还是在党的十一届三中全会以来的改革开放时期，鞍钢工人阶级不仅为社会主义建设输出了近亿吨的钢材，也为发展我国的钢铁工业输送了5万多名人才。我来鞍钢40多天里，更加深了对鞍钢工人阶级的认识和感情，更增强了我和大家一起战胜当前困难的信心和勇气。因此，只要我们各级领导干部能够时刻把广大职工的主人翁地位摆正，真正树立起群众观点，遇事向群众学习，把工作中的困难如实向广大职工讲清楚，虚心听取群众意见，集思广益；同时，注意发掘职工群众中蕴藏着的巨大潜能，把广大职工的积极性、主动性和创造性引导好、保护好、发挥好，就一定能带领广大职工走出当前的困境，步入一个新的良性循环的发展时期，再创鞍钢的辉煌。

二、要尊重知识、尊重人才，充分发挥科技人员在企业中的作用

尊重知识、尊重人才是我们党一贯倡导的方针和原则。邓小平同志多次指出：科学技术是第一生产力。这一论述深刻地揭示了科学技术在经济和社会发展中的巨大作用。小平同志还指出知识分子是工人阶级的一部分。这充分肯定了知识分子的社会地位和作用。实践证明，随着人类社会的发展和科学技术成果的不断采用，在现代企业的生产中，科技人员正在发挥着越来越重要的作用。在社会主义市场经济中，企业的生存发展靠市场，市场靠产品，产品靠开发，开发靠科技，科技靠人才。从这个意义上讲，市场上的产品竞争，实质上反映的是人才的竞争。鞍钢有各类专业知识的人才34000多名，这是鞍钢的宝贵财富，是鞍钢的中坚力量和发展的希望。鞍钢要适应社会主义市场经济的发展，就必须重视科技进步，就必须尊重知识、尊重人才。

尊重知识、尊重人才，首先要为广大科技人员创造条件，使他们在鞍钢的生产经营、改革改造中有用武之地，充分发挥各自的才干。江泽民总书记说过，一个企业搞

本文是作者在鞍钢第七届二次工会会员代表大会上的讲话，此次公开出版略有删节。

的好坏，关键在人。广大科技人员是其中的重要因素，一个人的精力和知识面毕竟是有限的，而把人才利用好，使成千上万有本事的人才在各个方面施展才干，就可以形成强大的合力，那就没有完成不了的任务，没有克服不了的困难，没有成就不了的事业。因此，今后我们各级领导干部一项很重要的任务，就是要注意发现人才，为充分地发挥人才的作用创造必备的条件。

尊重知识，尊重人才，要真正在一个企业、一个单位、一个部门形成风气，形成一种人人都感到有知识光荣、学技术光荣的良好氛围。我们要充分利用教学设施、师资力量雄厚的条件，为学技术、学文化创造良好的环境。各级领导要制定相应的鼓励政策，积极支持和鼓励广大职工干什么、学什么、用什么，努力提高鞍钢职工队伍的整体文化技术素质。各级工会组织要真正发挥职工之家的作用，让广大知识分子真正感到他们是工人阶级的一部分，要替他们说话、办事，解除后顾之忧。要利用各种形式宣传、树立先进科技人才的典型事迹和尊重知识、尊重人才的先进单位的经验。要利用技术竞赛、科技讲座、展览等形式，宣传科技是第一生产力的实际意义。还要在实践中放手培养和锻炼年轻的科技人员，多给他们压担子，尊重他们的地位，关心他们的生活，解除他们的后顾之忧。要清醒地认识到，鞍钢正面临着一个改革、改造、发展的新时期，我们应该有面向21世纪的胸怀，实施好跨世纪人才工程，放手培养成千上万优秀的复合型人才，为鞍钢再创辉煌的宏伟大业提供人才基础。

三、广大职工要围绕如何适应市场经济要求，为企业尽快进入市场做贡献

企业改革的最终目标之一，就是要把企业真正推向市场，成为自主经营、自负盈亏、自我发展、自我约束的法人实体和市场竞争的主体，这是社会主义市场经济体制对国有企业的基本要求。企业在市场上的竞争，说到底还是企业整体素质的竞争，职工队伍整体素质的竞争。因此，我们讲企业进入市场经济，也是全体职工进入市场经济，是从全体职工的思想观念到具体工作都进入市场经济。这就要求广大职工要围绕如何适应市场经济要求，为企业尽快进入市场做贡献。

首先，要彻底转变计划经济的旧观念，真正树立起社会主义市场经济的新观念。特别是像鞍钢这样的特大型国有企业，长期在计划经济的模式下运行，转变思想观念就显得更加重要和迫切。广大职工必须深刻认识到，鞍钢要进入市场经济，就要坚决摒弃与市场经济要求不相符的“等、靠、要”观念、数量效益型观念、粗放经营观念和“皇帝女儿不愁嫁”的观念等，真正树立起市场竞争观念、质量效益观念、企业信誉观念、用户是上帝的观念，增强企业的形象意识、危机意识和生存意识，从而树立起“厂兴我荣、厂衰我耻”的主人翁思想意识。

其次，要努力提高自身素质，增强企业走向市场，参与竞争的能力和实力。充分发挥广大职工在工作中的劳动技能和创造潜力，是企业进入市场经济的重要基础。鞍钢职工是一支有着光荣传统和优良作风的队伍，总体素质是好的，但在企业进入市场经济的新形势下，职工队伍的思想素质和业务素质也面临着一个再提高的要求。广大职工要认清这个形势，一方面要学业务、学技术、学本领，树立爱岗敬业精神；另一方面要树立靠本事择业、靠竞争上岗的新观念。要认识到增强企业走向市场、参与竞争的能力和实力，必须优化企业内部包括劳动力在内的生产要素配置，精干主体、分离辅助、提高总体经济效益。只有明白了这些道理，才能正确认识企业改革的目的、意义，提高心理承受能力，积极支持改革、参与改革，为企业改革和提高劳动生产率

做出自己的应有贡献。我希望在这方面，全体职工要形成共识。

四、发扬鞍钢工人阶级的光荣传统和优良作风，发动群众，依靠群众，自力更生战胜当前困难

当前，资金紧张，产品销售不畅等困难仍是影响鞍钢生产经营运行的主要障碍，困难还没有过去，而且远比我们预料的严重得多，对此，全体职工要有清醒的认识。要克服鞍钢当前的困难，除了争取国家的支持以外，我们必须克服“等、靠、要”的思想，把立足点放在依靠自己努力的基础上，这才是最根本的工作思路。鞍钢面临的困难是多方面的，从当前看是资金紧张、产品销售不畅、生产经营还未达到正常运行水平。从长远看，从更深的层次看，是体制问题、运行机制问题、装备水平问题、人的思想观念问题。要解决这些问题，必须发动群众，依靠群众，发扬自力更生、艰苦奋斗精神。为解决当前困难，公司已经采取了一系列措施：一是把设备状态调整好，把前段时间停开的设备开动起来。二是把原燃材料供应工作抓好，保证生产逐步恢复到正常运行水平的需要。三是把销售工作抓好，在坚持不付款不发货的原则下，拓宽国内外两个市场的销售渠道，使产销保持动态平衡。四是加大清欠工作力度，把资金盘活，等等。为解决长远问题，公司也采取了一系列的措施。首先，建立模拟市场的内部生产经营运行机制，主要是学习邯郸钢厂的成功经验，模拟市场运行，强化成本核算、实行成本否决，强化企业内部的经济责任制考核，目的是最大限度地调动广大职工的积极性，把生产成本降下来，提高经济效益。其次，进行企业管理体制的全面配套改革，转换企业经营机制，使鞍钢更好地走向市场，增强自我积累、自我改造、自我发展的生机与活力。第三，科学地设计和完善技术改造实施方案，高起点，高质量，高水平地搞好鞍钢今后的技术改造。为完成上述任务，希望各级工会组织积极行动起来，组织广大职工认真学习小平同志建设有中国特色社会主义理论，特别要学习好小平文选中有关鞍钢工作的重要论述，向广大职工讲清鞍钢当前的形势和实际的严重困难，增强做好工作的危机感、紧迫感和责任感；深入开展“学孟泰、爱鞍钢、做主人”活动，充分发挥广大职工的积极性、主动性和创造性，形成上下齐心协力，共度难关的良好局面。这样，我们就会战胜一切困难，实现鞍钢生产经营和改革改造的各项目标。

做好宣传思想工作，促进鞍钢两个文明建设

1995 年 3 月 11 日

一、继承和发扬优良传统，把宣传思想工作提高到一个新水平

在当前发展社会市场经济的新形势下，宣传思想工作能否针对新形势、新任务、新问题，在继承和发扬传统经验做法的基础上，开拓创新，把宣传思想工作提高到一个新水平，这是对宣传思想工作提出的挑战和考验。在过去的几十年里，鞍钢积累形成了一整套宣传思想工作经验做法，比如，紧紧围绕生产经营中心开展宣传思想工作，把生产经营上的难点作为宣传思想工作的重点；行政领导干部充分发挥做好宣传思想工作的优势，带头做好宣传思想工作；把最基层的工人和班组作为宣传思想工作的重点对象；把孟泰精神当作传家宝，在不同历史时期、不同环境条件下，及时地宣传树立一批又一批的孟泰传人，鼓舞和激励着一代又一代鞍钢人；把宣传思想工作从工厂做到社会和家庭，等等。这些都是鞍钢的宝贵经验，是鞍钢的一大优势，是鞍钢前进发展的有力保证，我们一定不要把它丢掉，要在当前建立社会主义市场经济新机制，促进生产经营发展，再创辉煌的伟大实践中发挥应有的作用。当然也需要我们做大量艰苦繁重和开创性的工作，去研究和解决大量的新情况新问题。

二、宣传思想工作要面向广大职工群众

企业的生产经营活动始终是以人为本的，人的因素是最活跃的主导性因素，而人的精神状态、主观意志和思想情绪又是最易变化和波动的。人只有充满精神活力，充满责任感、光荣感和事业心，才能更好地发挥其体力和聪明才智。我们组织群众，首先就要宣传群众，通过宣传思想工作把蕴藏在职工群众中的积极性充分挖掘出来。这个潜力是相当大的。我们不否认而且重视物质利益原则，但人的需要不只是物质上的，更是精神上的，我们的职工往往更看重精神上的东西，更需要理解、尊重、荣誉和鼓励。因此，要把宣传思想工作与经济责任制手段很好地结合起来，相互配合。要通过强有力的宣传思想工作，使党和国家的方针政策、企业的各项工作深入人心，当企业兴旺发达时，使职工产生共同的荣誉感、自豪感；当企业遇到困难时，使职工树立责任感、紧迫感和危机感。只有这样，才能把“全心全意依靠工人阶级办好企业”落在实处。

要处理好依靠职工和教育职工的关系，通过思想教育，解决职工的思想问题。全心全意依靠工人阶级，这是我们办好社会主义企业的力量源泉，也是我们区别于资本主义社会的重要标志。但这绝不能替代对职工的思想教育，职工的思想也不是真空，脱离不了来自社会的影响，又由于个人的经历，认识水平和思想素质不尽一致，使一

本文是作者在鞍钢宣传思想工作会议上的讲话，当时正是鞍钢全力以赴把生产经营恢复到正常水平，并积极着手研究改革改造等重大问题，努力推进鞍钢发展的关键时期。本次公开出版略有删节。

些职工思想中必然产生这样那样的问题，从而给整个职工队伍和生产经营带来不良的影响。因此，宣传思想工作在把握大局的同时，还要把握苗头和倾向性的问题，及时发现，正确疏导，理顺情绪，化解矛盾，激发干劲，变不利因素为有利因素，为生产经营创造一个良好的思想环境。尤其是要加强对青年职工的思想教育，帮助他们树立正确的人生观和价值观，在宣传工作中，要注意把镜头对准职工群众，热情地宣传报道职工中的先进典型，特别是那些默默无闻、扎实苦干的普通人，他们才是时代的风流人物、新闻人物。

三、宣传思想工作要紧紧围绕生产经营实践展开和落实

宣传思想工作的威力就在于它对于实际工作的促进作用，为企业的各项工作推波助澜，从这个意义上讲，它也出效益，也出生产力。具体到鞍钢，就是要在推动生产经营等各项工作上台阶上产生效果。这就要求企业的宣传思想工作要"聚焦"，不能"散光"，要围绕生产经营，要围绕一个时期的中心工作。在当前来讲，鞍钢的宣传思想工作就是要实事求是地向广大职工讲清鞍钢面临的形势、任务、困难和采取的措施，进一步增强责任感、紧迫感和危机感；要宣传鞍钢广大职工经过前一阶段齐心协力、克服困难，尽快把生产恢复到正常运行水平上来所做出的努力和取得的成绩，激发广大职工克服困难渡过难关的决心和勇气。要通过宣传思想工作，在全体职工中树立起市场意识、效益意识和危机意识、竞争意识。我们还要大力开展"内树队伍正气、外塑企业形象"的宣传教育，这是社会主义企业性质决定的，也是市场经济的客观要求，也是我们宣传思想工作的重要内容之一。我们还要在满足用户需要调整品种结构上，在提高产品实物质量上，在努力降低产品成本上，在清欠防欠、资金管理上，在合同管理、售后服务上等各个方面加大宣传力度，促进生产经营尽快进入到良性循环的发展轨道上来。

四、坚持正面宣传为主，以正确的舆论引导人

江泽民同志指出："宣传思想工作，必须以科学的理论武装人，以正确的舆论引导人，以高尚的精神塑造人，以优秀的作品鼓舞人"。作为企业的宣传思想工作，也要坚持正面宣传为主，大张旗鼓地宣传企业两个文明建设的成就，宣传模范人物和他们的先进事迹、高尚精神。这是因为，从客观上讲，虽然我们企业在发展中还存在着这样那样的问题，在进入市场经济中鞍钢遇到了一些暂时的困难。但更要看到，我们正在采取切实有力的措施，被动的局面正在扭转，生产经营正在向好的方向发展，我们的成绩是主要的，鞍钢的职工队伍包括干部队伍是好的，这是我到鞍钢两个月来的切身体会。广大职工与企业共荣辱，兢兢业业，在各自的岗位上为企业无私奉献。特别是一些先进人物的事迹尤为突出。这些都值得我们宣传思想工作拿出更大的篇幅大书特书。从宣传思想工作的作用看，也需要通过正面宣传，来发挥其应有的团结、鼓劲，感染群众，振奋精神的功能。同时，通过正面宣传教育，也能更有说服力地抵制各种错误思想和行为。回顾过去，作为共和国的长子，鞍钢在社会主义建设中为国家做出了巨大贡献，创造了许多好的经验，闻名全国。鞍钢也曾涌现出孟泰、雷锋等全国人民学习的榜样，孕育了闪耀艰苦奋斗、无私奉献和集体主义光芒的鞍钢精神。在进行新的伟大创业的今天，鞍钢人正在而且将不断地创造着奇迹，我们并不缺少先进的典型和优秀的素材，而是缺少发现缺少宣传，精神文

明重在建设，要通过正面宣传，构筑起向上的企业文化氛围，包括对老传统的弘扬和对新事物的肯定。要通过典型示范、引路，带动起全体职工。宣传工作中还有一个对外宣传的问题。作为一个企业，当然首要的是自身有硬功夫，内功过硬产品过硬。在此基础上，要讲知名度，讲宣传，宣传鞍钢的产品，也宣传鞍钢人的精神风貌，这是市场经济的要求。鞍钢产品形象和企业形象的提高肯定会有助于我们市场的开拓。所以，要加强这方面的工作。

五、发挥舆论监督作用，向不良思想风气做斗争

我前面已经讲了，我们工作中的成绩是主要的，职工队伍中主流也是好的。但正如大家都看到的，近年来，消极腐败的思想意识在我们的企业中有所蔓延，金钱至上的观念侵蚀了一些人的头脑，特别是以岗谋私、以权谋私的现象使广大职工深恶痛绝。对此，我们的宣传思想工作要大张旗鼓地弘扬正气，要旗帜鲜明地反对歪风邪气。对于腐败行为，一方面要给予严厉的党纪、政纪处分乃至追究法律责任，一方面要通过舆论宣传加以鞭挞，起到监督的作用。根本目的，是把我们的企业搞好，把鞍钢搞好。实践证明，通过舆论宣传的监督，能够更好地落实民主监督、群众监督。通过反面典型的曝光，起到的警醒作用往往会更大，影响和震动会更大。我们不能像过去那样热衷于大批判、大字报，但舆论监督不能没有。经济发展中出现的一些消极因素和负面影响给我们的宣传思想工作带来了更艰巨的任务，要求宣传工作要在揭露和打击假、恶、丑上加大力度，要理直气壮地反对追求腐朽生活方式的享乐主义；反对为一己私利和小集团利益不惜损害企业整体利益的极端个人主义；反对不深入实际的官僚主义；反对令不行、禁不止的自由主义；反对保守思想，不思进取墨守成规；反对只图虚名，好大喜功，讲排场比阔气等等，特别是要敢于碰硬，加强对各种行业不正之风和岗位不正之风的监督。比如我们现在抓售后服务质量，就可以抓一两个反面典型，让吃拿卡要的人曝曝光，露一露他们的丑。我们曾对用户急需钢材由于扯皮而在鞍钢厂内滞留月余的事进行曝光，取得了很好的宣传效果。这不是对谁过不去，而是企业的需要，工作的需要。

六、在"实"字上下功夫，联系实际，实事求是，取得实效

从表面上看，宣传思想工作并不直接产生物质产品，但只要我们把工作做实，会对物质财富的生产产生催化作用。我们做宣传思想工作在"实"字上下功夫，主要有三个意思。一个意思是宣传思想工作要联系实际，面向实际，即联系职工思想实际和企业生产经营实际。这在前面都已经讲过了。第二个意思是实事求是，以事实为依据，不说过头话，尤其注意不浮夸，不拔高。我们要求宣传工作要紧跟公司的中心工作，但不能仅仅满足于公司出题目，围绕题目去做文章，按图索骥。我们更希望舆论宣传工作和新闻工作从现实工作中挖掘出新鲜的经验，揭示存在的问题，搞一些具有指导意义的东西。在宣传中，不能不顾客观事实，妙笔生花。七分真实，三分水分，甚至更多水分，这样的宣传报道群众最讨厌，会说你是"吹大牛"。这样做的结果，久而久之，不但群众不相信你了，而且也掩盖了许多矛盾和问题，不利于工作的改进和提高。真实是宣传的生命所在，是宣传工作遵循的根本原则。"实"字的第三个意思就是求得实效。宣传思想工作的手段可以是多种多样的，形式可以丰富多彩，为群众所喜闻乐见，但不要热衷于搞短期轰动、提空洞口号等形式主义的东西，不要搞花架子，中看

不中用。什么是实效，从大的方面讲，总结了一个经验，宣传了一个典型，在全公司产生影响，带动了全公司的工作。从小的方面讲，改变了一个班组的面貌，转变了一个职工的思想，这也是可喜的成果。

七、切实做好深化改革过程中的宣传思想工作

大家知道，改革是件大事，是鞍钢的出路，公司已经成立了改革工作组，现正在调查研究的基础上着手制定鞍钢改革总体方案。在深化改革的新形势下，职工思想比较活跃，这是正常的。对此，需要正确的思想引导和有力的释疑解惑工作，围绕改革的宣传思想工作可以说必不可少。首先，要通过宣传思想工作告诉职工，职工群众不是改革的对象，也不仅仅是改革的参与者，而是改革的主力军。其次，要讲清改革的道理，把群众发动起来。只有得到他们的理解，才能得到他们的支持。虽然广大职工在实际工作中都直观地、切身地感受到了旧的管理体制和企业运行方式的弊端，但更需要全面地、系统地向他们讲清改革的性质、目的和意义，使他们对改革必然性的认识从感性上升到理性。鞍钢有50万职工，以前我们觉得很光荣，全国属一属二，市场经济企业讲效益，人多不是优势。我们一个月的工资总额等于人家宝钢一年的工资总额；我们搞了800多万吨钢，人均产钢只有几十吨，说明劳动生产率低。我们的管理体制、经济机制等在许多方面还不适应市场要求。我们搞改革，就是要解决这些制约企业长远发展的弊端，解决企业不适应市场的实际问题。我们承认我们的工艺设备相对比较陈旧落后，但决不能否认思想观念上和管理机制上的问题，不能都赖到设备上去。要让职工知道，不改革，企业不能发展，职工生活水平也就不会有大的提高。要通过这方面的宣传工作，为深化改革创造舆论环境，奠定思想基础，为改革顺利发展铺平道路。此外，还有少数人从局部和眼前利益出发，对改革心存疑虑，不理解，想不通，有抵触，这就更需要宣传思想工作去说服和引导。只要把广大职工群众发动起来，事情就好办了。再次，要向职工讲清，改革是循序渐进的，是一个庞大的系统工程，不可能一蹴而就。老体制运行了那么长时间，像一棵大树，根深蒂固，盘根错节。另一方面，我们也要正确处理改革、发展与稳定的关系。我们说改革不会疾风暴雨式地一下子完成，要稳步推进，但改革不能停也不能拖，也不能有保留。看准一项就要推出一项，条件成熟一项就要推出一项。从更长远的角度讲，改革无止境，总是要随着生产力的发展、社会经济的进步而不断调整完善。

八、各级领导干部都要成为合格的宣传思想工作者

宣传思想工作不单是专职思想工作者或党务工作者的事，也是行政领导的一个十分重要的工作。各级行政领导，包括厂长（经理）、车间主任、班组长都要成为宣传思想工作的能手。只抓生产经营，不抓宣传思想工作的厂长不全面，做哪个方面的工作，都要善于把宣传思想工作与业务工作结合起来，搞好配合，行政领导要为宣传思想工作创造好的条件。要想把党的方针政策、公司的各项工作宣传好，教育和鼓舞职工群众，作为宣传思想工作者自身，要具备很高的素质。首先要加强学习，特别要加强理论学习，掌握邓小平同志建设有中国特色社会主义理论这一根本指针，保证我们的宣传思想工作有一个正确的方向。这样才能保持自己头脑清醒，不至于以其昏昏，使人昭昭。还要加强专业知识学习，学习市场经济的知识，业务和技术知识。专职宣传思

想工作者也要懂经营、懂技术，起码要懂一些基本知识，要懂心理学，成为复合型人才。因为我们毕竟是做企业的宣传思想工作，对象是掌握各种技术的职工，不懂这些，没法开展工作。其次，要深入实际，不能只停留在理论说教上。通过调查研究，发现问题，研究问题，解决问题。再次，很重要的一点，就是各级领导和宣传思想工作者要成为思想素质好，品德作风优，严于律己的人。这样你的宣传思想工作才有说服力。很难想象，自己身上有很多缺点的人，大言不惭地去搞宣传思想工作，去教育别人是个什么结果。群众就不会听你那一套。己不正，焉能正人。所以说，用高尚的精神去鼓舞和塑造人，自己首先要成为一个有高尚精神的人。

强化监察职能作用，铲除产生腐败的土壤

1995 年 3 月 29 日

一、进一步强化行政监察的职能作用，保证政令畅通，切实提高行政效率和效果

企业监察机关的主要职责是监督检查国家法律、法规政策以及企业决定、命令的执行情况。因此，监察机关一方面要检查各部门的政务活动是否合法，另一方面还要督促各部门切实执行上级的决定，严防上级决定、命令在执行环节中走样或发生“中阻梗”现象，以改善行政管理，提高行政效能。对于企业监察而言，后一点显得更为重要。邓小平同志曾指出：“现在各地企事业单位中，党和国家的各级机关中，一个很大的问题是无人负责。一项工作布置之后，落实了没有，无人过问；结果好坏，谁也不管。”对于鞍钢来说，也存在这个问题，而且在某些方面还很严重。为了规范各级干部和工作人员的行为，公司曾经制定了许多法令和规范，如《机关工作人员守则》、《鞍钢党政领导廉政建设责任制》、《关于严肃纪律维护公司权益的若干规定》等规范，此外，公司每年都下发许多规定、政令、决定等。然而，在实际工作中，这些决定和政令有许多没有得到贯彻执行，有的甚至三令五申也不起效果，究其原因，监察和督促不力是其中的重要原因之一。比如说，有的单位不顾公司的三令五申，擅自挪用资金搞非法联营，最近，又出现一些单位利用公司的资金、产品、固定资产等与外单位用租赁、联营、融资、集资、担保等投资形式进行经营活动。这些行为都严重违反了公司关于对外投资、联营必须经公司主管部门批准的规定，严重损害了公司的利益。再比如，在公司资金极度紧张的情况下，有些单位的负责同志不是千方百计克服困难，集中资金用于生产经营，而是挖空心思地谋求小团体利益，追求个人享受。仅据各单位自报情况初步统计，截至 1994 年末，鞍钢就有 73 个单位共建了 78 个“度假村”，其中仅 1993 年至 1994 年资金状况开始恶化时就建成 45 个，这 78 个“度假村”光投资就花去 5183 万元。盲目建设度假村，不仅占用了企业的宝贵资金，加剧了企业困难，而且在管理环节上漏洞百出，导致国有资产大量流失，成了加剧企业负担的“黑洞”。我们在这里强调，在公司资金极度困难的情况下，禁止公司机关和各单位动用大量的车辆、人员、物资、资金，继续组织到度假村去开会，这些问题不能再继续发生了，公司有关部门要认真地管起来；纪检监察部门也要认真查处这方面的问题。再比如，有些单位的负责同志不顾大局，置公司的三令五申于不顾，讲阔气、图排场、争相购买豪华小汽车。据监察部门统计，到目前为止，基层单位共违纪购买小汽车 285 台，发生违纪金额 6050 万元。这些单位采用挤占生产经营资金，截留销售收入和联营利润、回扣款不入账等手段，或以抵债、合资、联营、联办等名义，挖空心思，巧妙钻营，千方百计来达到自己的目的。还有的单位采用欺骗手段，为了逃避上级检查，将本单位出资购买的小汽车户籍落到其他单位，造成国有资产流失。前不久公司处理的

本文是作者在鞍钢纪检监察工作会议上的讲话，此次公开出版略有删节。

用公款购买非鞍钢商品房问题，也是典型的有令不行，有禁不止的问题。经查实，全公司有60个单位用公款购买非鞍钢商品房390户共625间，使用资金2533万元。其中，在全民企业的14个单位中，有9个单位严重违反财经纪律，挪用生产资金、工程及管理费节余款、挂账和借款共计573.2万元。有的个别领导干部利用职务之便，从中弄虚作假，为自己或亲友谋取私利。诸如此类不顾公司整体利益，千方百计谋求小团体或个人私利的行为，已严重侵害了公司利益，败坏了企业风气，在群众中造成了很坏影响，严重破坏了公司改革和生产经营的正常运行。这些现象的发生，原因之一是公司的政令和法规没有得到贯彻执行，对于这样的人和事，监察部门要依据有关规定，坚决予以查处。同时要在以后的工作中强化日常监察职能，随时查处基层单位执行公司的政令情况，做到防微杜渐，以保证公司的政令畅通无阻，保证基层单位有令则行，有禁则止，真正提高行政效率和效果。

二、强化管理，深化改革，建立健全监督和约束机制，从根本上堵塞漏洞，铲除产生腐败的土壤

实践证明，在反腐败斗争中，必须在严格治标的同时，高度重视治本，认真解决深层次的问题，从根本上减少和防止消极腐败现象的产生。从鞍钢内部发生的许多经济案件上看，有许多是由于我们体制上和管理环节上不够完善，存在漏洞，给犯罪分子提供了可乘之机，被他们钻了空子。从不久以前公司党委和公司公开公布的10起大案要案中可以进一步看出这个问题。因此，要认真总结过去案件所反映出的经验教训，在剖析典型，找出薄弱环节和管理漏洞的基础上，有针对性地制定防范和监督措施，抓紧制定有关规章制度，建立健全行为规范和监督约束机制，以规范全体干部和工作人员的行为，不给犯罪分子以可乘之机。目前，公司改革的总体方案即将推出。实践证明，深化改革与反对腐败是相互促进的，改革的顺利进行需要反腐败斗争提供可靠的保证，而解决反腐败深层次问题的根本出路又在于深化改革。我们要把反腐败斗争与深化改革紧密结合起来，通过深化改革来解决现行管理体制上的弊端。这既是企业深化改革，转换经营机制的需要，也是反腐败斗争的需要。我们要在深化改革中，寻找从体制上、机制上解决产生腐败现象的有效途径，在治本上下功夫，结合改革、健全机制，堵塞各种管理上的漏洞，从根本上减少产生腐败的条件。

三、企业监察队伍要适应企业生产经营和改革改造任务的需要，提高自身素质

企业的监察工作涉及到生产经营的各个领域，为了更好地促进监察工作的开展，广大监察工作者除了要做到自身清正廉洁和敢于同腐败行为做斗争外，还必须具备业务知识，包括党纪政纪条规和国家、政府和企业的规定、法令。同时还应该掌握企业生产经营方面的专业知识，如生产工艺知识、财会知识、企业管理知识等，只有这样，才能更好地发挥监察职能，有效地打击腐败现象。因此，从事监察工作的同志在取得业务部门支持的同时，还必须加强自身学习，努力掌握相关业务知识，使自己成为思想硬、作风强、业务精的监察工作者。同时，从强化监察功能的角度考虑，监察机关在充实队伍的时候，要选配那些思想作风好，工作能力强，有较深厚专业知识功底的同志。公司各机关、部门和单位也要大力支持监察部门的工作，在监察工作需要的时候，派那些有良好合作态度，懂得相关业务知识的同志配合监察部门工作。

鞍钢目前的工作任务十分繁重，可以说正处在关键时期。搞好监察工作，对促进各项工作的开展，保证企业的健康发展十分重要。希望监察战线的同志发扬优良传统，再接再厉，不断取得反腐败斗争的新胜利，为企业克服困难、实现振兴做出贡献。

适应发展需要，强化审计工作

1995 年 5 月 25 日

一、鞍钢生产经营和管理中暴露的诸多问题，深刻说明了切实加强企业审计工作的重要性

企业走向市场之后，要想在日益激烈的市场竞争中求得生存和发展，立于不败之地，必须对企业自己的经济行为进行自我控制、约束和监督，使其更加科学和合理。审计机构的建立，可以有效地监督企业行为，为企业领导提供准确有效的信息，成为决策者必不可少的参谋和助手。同时，内部审计是直接为企业服务的，属于企业经营管理系统的经济自控监督系统，是企业管理的一项重要内容。可以预见，一个企业如果没有具有普遍约束力的行为准则，没有一个可遵循的法规秩序，没有秉公执法的裁判，一句话，没有有效的约束机制，就不可能有企业的健康发展。

鞍钢在发展过程中，还存在着许多管理上的漏洞，在生产经营中暴露出许多问题。这些问题的存在都进一步表明严格内部管理、加强审计监督的重要性。

（一）我们在国有资产管理上存在着产权不清晰、体制不健全的问题

存在产权界限不清，两种所有制相互混杂，国有资产无偿占用的问题；资产管理体制不健全，资产经营责任不落实，保值增值不能完全得到保证；国有资产运营效益不高，多数经营单位存在亏损现象；在一定程度上还存在国有资产流失和体外循环现象。

前不久，公司对所属各单位利用资金、产品、固定资产作为投资与外单位联营情况进行了初步调查，从中反映出很多的问题，暴露出我们在国有资产管理上存在着不小的漏洞，公司正在对这个问题进行更深入的调查。随后，公司又针对驻冶金部审计局提出的涉及群众反映较大的 14 个问题进行了专题审计调查，调查中反映的问题是很严重的，主要表现在以下几个方面：第一，在同鞍钢集体企业及三产经营实体等进行经济往来中大量存在着侵占公司合法权益，造成国有资产流失的现象。其中，有的是通过在联营中搞虚假联营，搞假投入和假分利；有的是无偿占用国有资产；还有的是在购入鞍钢原燃材料时采取低价，在收取劳务费和加工费时采取高价；更有甚者，某些单位把鞍钢在大、中、小修中拆除的废钢铁及生产过程中的废渣等收回，再以一定的价格卖回鞍钢。第二，在对外投资中也存在着很多问题，使公司的整体利益受到损害。有的是未经公司批准，擅自向外投资，有的投资已经造成巨大的损失；有的是向外投资形成规模后，管理不善，造成损失和资产流失；还有的是事前不经任何科学论证，甚至牺牲公司的整体利益，从一开始就使公司遭受了巨大的损失。如，福利处把四宿舍以低价向外单位出租，并签订了长期合同，使公司在合同期内至少少收入 2000 万元；又如，建设公司投资银座，总投资达 2. 66 亿元，占用了鞍钢巨额的流动资金，

本文是作者在鞍钢审计暨大检查工作会议上的讲话，此次公开出版略有删节。

而实际投入的资金远远超过其股本比例的应出资额7677.48万元，大量的资金投入不参与股利分配，造成巨额资金积压和损失。除此之外，调查中还反映出诸如超计划、超标准装修服务楼以及在专利转让等方面存在的问题，等等。所有这些问题都直接或间接地给鞍钢造成了国有资产的损失和流失，充分说明了我们在国有资产管理体制上还远未达到完善的地步，存在着不少漏洞。

（二）我们在日常的经营管理上还没有形成有效的约束机制，在某些方面有失控的迹象

比如，一方面公司生产经营这么困难、资金紧张，我们的流动比率和速动比率均低于正常水平，但另一方面还存在着少数单位和个人乱花钱，讲排场，甚至是奢侈腐化的现象，还在一定程度上存在截流销售收入和联营分利，私设小金库以及乱摊费用，虚列成本，挤占挪用生产发展基金等问题。最近，有关部门对近年来各单位建度假村的情况和购买非鞍钢商品房问题及违纪购买小汽车等进行了调查。全公司共建度假村89个，耗资6407.5万元；全公司有60个单位不顾公司的三令五申用公款购买非鞍钢商品房，使用资金2533万元，其中有34个单位挪用生产资金、公积金、工程及管理费节余款、挂账和借款，合计金额230.8万元；全公司有58个单位违纪购买小汽车285台，使用资金6255万元。这些严重违反财经纪律的行为，严重损害了公司的利益，在广大职工中造成了极其不好的影响。同时也充分说明了我们必须在日常工作中加强管理，发挥好审计监督作用，堵塞各种管理漏洞的重要性。

（三）在工程投资上也存在着一些问题

出于保护我们内部工程建设单位的目的，我们委派工程很多没有引进招标竞争机制，由此带来少数施工单位高做预算，多计工程量，高套定额，超标准取费，甚至擅自挪用建筑材料搞对外联营等问题。还有的是由于办事者素质不高、责任心不强造成的诸如预（决）算手续不全或依据不足，乱摊费用，设计及施工措施不科学造成费用过高等问题。这些问题都在一定程度上增加了公司的工程投入，影响到鞍钢技术改造的大局。

解决这些问题，必须加强管理，加强审计监督。要通过严格的内部审计，防止国有资产的流失，堵塞在经济管理过程中的种种漏洞，杜绝一切违反公司政策，侵犯公司整体利益，化大公为小公，化公为私，损公肥私的现象。从以上意义上讲，审计工作可以说是责任重大。

二、紧密围绕企业经济活动的重点和关键环节，开展科学、严格和经常性的审计监督工作，堵塞各种漏洞，减少经济损失，保证企业健康发展

企业经济活动的重点和关键环节，概括地讲就是企业投入与产出的运营循环过程。审计工作要围绕这个重点和关键环节，把企业生产经营发展的难点，当作审计工作的重点，具体地要加强以下几个方面的审计监督工作。

（一）要进一步搞好工程投资项目的审计

要力争把公司大的工程投资项目全部纳入审计范围，以此加强工程审计份量，扩大审计面。对这部分审计要以预（决）算审计为重点，通过事后审计把好最后一道关口，同时也要结合具体情况，开展事前和事中审计，做到防患于未然。除此之外，还要对各单位对外投资联办项目以及自办的各种经营实体进行全方位审计，包括事前替公司把好第一道关口。使事前、事中、事后各个阶段的审计首尾相顾，形成综合审计

的新格局，充分发挥出审计工作的巨大作用。

（二）要围绕鞍钢的日常生产经营活动搞好各种专项审计

一个好的管理系统能促使企业人力、物力、财力的合理使用和综合平衡，实现企业最大的经济效益。审计部门要全面审查企业各项管理制度，立足于现有基础，引导企业眼睛向内，改善经营管理，挖掘内部潜力，提高经济效益。要继续抓好财务收支审计和财经法纪审计，维护国家和公司法规法纪的严肃性，保证企业利益不受损失。要在搞好财务收支审计的基础上，积极开展效益和管理审计，审查好资金使用效果，全面提高资金效益。审查成本、费用效益，努力降低物资消耗，减少费用支出。加强管理效益的审查，引导企业眼睛向内，改善经营管理，提高经济效益。要开展维护企业合法权益的审计，抵制社会上“乱摊派、乱收费”等一系列吃企业大户的不正之风，维护企业合法权益。

（三）适应改革需要，搞好经济责任审计

鞍钢的总体改革方案已经确立了“精干主体、放活辅助”的改革目标，要给辅助生产系统下放较大的权力，促使他们在为主体服好务的前提下，面向社会，挖掘出更大的潜力，创造出更多的价值。但是，下放权力不等于没有约束，随着改革的深入，这种制约监督作用会更加突出和重要。审计部门要积极跟上这种改革的新形势，要加强对厂长（经理）任期内的经济责任审计，要把离任审计同任职期间的例行审计结合起来，不仅要搞事后评价，更重要的是要做到事前防范，使企业内部存在的问题更早地暴露，减少损失。今后要对下放权力的单位，结合公司对其主要领导的定期考核，进行定期审计，并形成一项制度。除此之外，还要加强对大的技术攻关项目审计，针对我们目前在科技效益和管理效益承包当中还存在着一定的水分和不实的情况进行审计，努力使科技效益和管理效益承包建立在科学和真实的基础上，促进鞍钢的科技事业和管理现代化健康发展。

（四）按照国家的批示精神，进一步搞好大检查工作

要增强开展这项工作的自觉性，充分认识到搞好这项工作不仅仅是贯彻好国家指示精神的要求，而且也是我们企业提高工作水平的很好机遇，是鞍钢加强管理的需要。

三、坚持实事求是和严肃认真的工作作风，把审计工作建立在深入调查和科学分析的基础上，增强审计的权威性和科学性

搞好审计工作，必须深入实际调查研究，善于在调查研究中发现问题，分析问题，解决问题。审计的目的就是要查错防弊，防微杜渐，维护企业合法权益，因此要善于查找问题，发现问题，即找问题要准，发现问题要及时，能抓住关键环节。而这些都必须通过深入调查来获取，要进行资料搜集、调查、取证、分析、评价等工作，可以说，审计离开了这些工作就失去了权威性，没有了发言权，如同无水之舟，寸步难行。所以说我们在开展审计工作中要高度重视调查研究工作，肯于付出辛苦，对已经发现的问题要一查到底，决不放松。

必须掌握第一手材料，以事实为依据，在定量的基础上定性，做到有理有据。审计工作的科学性在于它的真实性和准确性，失去了真实性和准确性，审计工作就失去了存在的价值和基础。鞍钢的审计工作一定要牢牢掌握这条原则，要学会科学分析，即在深入调查的基础上，掌握大量的第一手材料，然后去伪存真，去粗取精，从中提取和掌握规律性的东西。只有这样，才能把调查中获取的大量无序的资料变成有价值

的结论，才能恰如其分地对事物定性和定量，确保审计工作的科学性。

必须在实践中总结经验，不断提高工作水平和工作效率，逐步形成审计部门的权威。企业内部审计是企业内部自我约束机制的重要组成部分，是更高层次的管理，这就决定了若要使它真正地发挥出其应有的作用，就必须树立它的权威。但是权威的树立不是靠领导去讲，也不仅仅是靠行政命令。主要是在工作中见到成效，能够堵塞企业管理上的漏洞，给企业带来巨大的经济效益。要在工作中始终坚持实事求是，既不因追求成绩而夸大问题，用放大镜看人，也不因害怕得罪人而发现了问题不敢深入，回避矛盾。这就要求善于在工作中总结经验，注意在实践中学习积累，掌握好各种有关政策，不断提高工作水平和工作效率，靠自身的努力树立起自己的权威。

各单位要积极支持和配合审计部门的工作。要充分认识到审计是企业管理的必要手段，破除审计就是挑毛病这个错误观念。同时要把它同办理案件区别开来，它既可以审有问题的单位，也可以审没有问题，经营管理好的单位。以此达到统一思想，统一认识的目的，共同把鞍钢的审计工作搞好。

四、适应鞍钢的发展需要，加强审计队伍的自身建设，形成一支高素质的专业审计队伍

审计工作贯穿到鞍钢生产经营的各个方面，随着我国社会主义市场经济的逐步建立，它的作用会日益突出。为了加强鞍钢的审计工作，公司下一步要把建立健全鞍钢内部审计制度作为一项重要的改革内容。要加强公司专业审计部门，加强审计队伍建设，加强基础理论学习和业务培训工作，学习邓小平同志建设有中国特色的社会主义理论和社会主义市场经济的知识，学习《审计法》和其他新的政策法规，学习审计专业知识，以此提高审计干部队伍素质，为更好地完成审计工作任务奠定基础，创造条件。要加强思想政治工作和廉政建设，加强对审计工作的民主监督，建立健全各项廉政制度，重申审计纪律，加强监督检查，以此树立良好的审计形象。

今年是鞍钢经受严峻考验的一年，市场需求不足加之以往对市场经济的不适应使生产经营碰到了许多困难。然而，市场经济的法则不会因为我们的不适应而对我们有任何迁就，更不会对我们的落后和困难有任何的怜悯。我们必须主要依靠自己的力量，找出差距，迎头赶上，靠艰辛的劳动和汗水创造企业美好的未来。在此，我希望全体职工包括在座的同志们，在你们的岗位上努力工作，争创一流，共同把鞍钢的生产经营搞上去，为实现振兴鞍钢、再创辉煌的宏伟目标做出更大的贡献！

在学习贯彻《决定》和全国科学技术大会精神座谈会上的讲话

1995 年 6 月 7 日

参加今天这样一个座谈会，很受教育，很受启发，我作为一个科技人员，作为一个知识分子也谈一谈我自己的感受。

我到鞍钢算起来 5 个多月，快 6 个月了，鞍钢现在处在一个大转变时期。国家也在发展，最近党中央、国务院召开科技大会，在座的同志们都很受鼓舞，应该说我们国家正处在一个大好的形势下，在座的同志们都可以回忆，十几年前，或者说二十年前。我记得我 1975 年到日本去学习一米七轧机，国家派我到那学习，当时无论是从我们国家的经济实力，还是我们中国在国际上的地位，都是远远不能和当前相比。在座的很多当时工资最多 60 元，我是 1964 年大学毕业，当时武钢那个地区差价是 55 元，我爱人是 52.5 元，一家人工资靠 100 多块钱，月关饷的时候就还钱，还互助会，到关饷前一个礼拜就借钱，一个月不够用的，可能在座的都有一个这样的经历。现在我们国家远不是那样的情况，靠什么，我觉得这几年改革开放靠党的方针、政策，确实使我们国家在经济建设、经济实力上取得了巨大的成就。当前，全国都在以经济建设为中心，加快发展，从计划经济的模式向市场经济进军。这更加激励我们全国人民建设社会主义的积极性，大锅饭进一步被打破。用市场来衡量企业，用市场来衡量我们的经济效益。对社会的贡献，你的产品质量、技术含量等，一切用市场来衡量。我觉得我们国家是处在一个非常光明、美好这样一个发展形势下，这样说应该是肯定的。但是鞍钢有特殊情况，过去在计划经济这样的情况下为国家做了巨大的贡献，我们的装备欠账比较多，我们管理上还有相当一部分停留在计划经济上，我们还有计划经济遗留下来的一系列社会包袱，使我们鞍钢现在要想进入到市场经济，要承受相当的痛苦。当然，作为鞍钢来讲，公司党委、公司行政看法一致，要加快这一步伐。

我们当前面临困难很大，一个最突出的、最显而易见的是资金的困难。我带来一个资料，向大家简单说一下。我们 1 ~5 月份一共收入 68 亿，将近 70 亿，货币加在一起 48 亿，其他包括“顶抹账”、“内往结账”等，我们的工资发了 8 亿 5 千 6，这是全民的。我们离退休老同志的劳保发了 2 亿 3 千万。由于我们欠了附企的钱，所以我们不得不还欠款，发工资 2 亿 8 千万。贷款有些是不得不还的，比如债券，有的存的是汇票，银行到时把你钱划走了，不管你同意不同意，划多少呢？划了 5 亿 3 千 8。付银行利息付多少呢？付了 4 亿 9 千 7，缴税交了 16 亿 4。大家把这账一加，实际上我们用在其他方面的钱非常可怜。交电费交了 4 亿 4 千 8，非交不可，不交拉闸。大中修支出才多少钱呢？2 千 3 百 78 万，我们大中修应该有非常大的支出，技改支出多少呢？包括买设备进口仪器全部在一起 1 亿元。采购资金才 15 亿 6，比不上我们缴税额。现在我们采取的是不讲道理的办法，我对供销公司说，给你 2 个亿，你得拿回 5 个亿的原料来。有人说刘玠不讲道理，是不讲道理，没有办法讲道理，只有这些钱。我们有些费用的支出，包括还线材、冷轧股息，还风险抵押金利息，要求这个星期开始实行，不过这两天不行。现在我们的钱过日子过得非常紧张，这是资金情况。

再讲我们的效益情况，大家都知道1、2月份我们亏损加起来大约2亿5。3、4月份我们略有赢利。昨天，刘淇部长来鞍钢，市里面邀请他到鞍山第二轧钢厂，一个乡镇企业办的厂，大概到今年有4千多万利润？我一听就觉得非常不舒服，我们现在利润额才多少，3、4月份才4千8百万，5月份大概算出来也在3000万，现在没最后出来，这是效益情况。我们当前生产情况呢？应该说，在当前这样一个情况下，能达到这样一个水平是不容易的。我知道也理解每个单位要说出困难来都可以说一大堆，资金的紧张、设备的欠账、技改资金的不到位，这些都给各单位带来困难，对我们生产来讲，也遇到这样或那样的困难，这都可以理解，在这样的情况下，能达到这样生活水平，应该说是很不容易的，但是也不得不看到，我们生产存在这样那样的问题。国家在发展，我们鞍钢应该加快发展，跟上国家发展形势。在这样情况下，应该说党中央、国务院对我们鞍钢是非常关心的，江泽民总书记多次问到鞍钢情况，昨天，刘淇部长亲自传达了部党组的意见。各级领导对我们鞍钢工作是非常关心的。那么，我觉得在这样一个情况下，我们除了争取党中央、国务院、部、省、市等对我们工作的支持帮助外，更重要的还是要依靠我们自己的力量，改变我们当前的状况，我充满信心。我要与在座的同志们一起，和鞍钢同志们一起，用我们自己的努力改变我们当前这种困难的情况，改变我们落后的面貌。我觉得我们可以办的事情非常多，是大有可为的。

我们当前可干的工作，一个是在产品质量、产品的高附加值方面大有文章可做。我们鞍钢、鞍山市周围有许多乡镇企业，昨天参观第二轧钢厂，他们自己动手做了一个矫直机，中小型的，自己动手做了许多设备。我觉得我们应该有这样一种志气，有这样一种信心，我们鞍钢在技术水平上绝对远远高过鞍山市第二轧钢厂。我们没有什么理由使产品附加值跟他们一个档次，如果是这样，在座搞轧钢的同志们就有愧。我想我们有信心可以做到。在这样一个市场经济的情况下，不管你是什么企业，产品就是企业能力水平的一个标志。我们在座技术人员要通过我们的努力，把技术用到我们产品中去。你的产品是轧辊，那你的技术可以物化到你的产品中去。你说你技术水平高，但产品很落后，怎么也说不过去，当然原因是多方面的。我觉得我们可以大做文章，比如说半连轧，那天我到半连轧，我去问了一下，因为我在武钢一米七热轧厂工作了很长时间，我对那个比较熟悉。我们半连轧改造，就算现在开始，也需要3年多时间，要达到更高水平恐怕需4年，这算比较快的。那么这4年中，我们日子怎么过，我在考虑这个问题。我们现在产品精度是什么水平？我们的同志告诉我厚度、精度纵向。大家知道这纵向是50钮，4个毫米以下，50个钮可以达到80%，我一听这个水平在国内市场竞争没什么把握，没有生命力。再反过来说，这横向的水平，好的话0.3，保证的话也能保证到0.2。那么大家知道，纵向50个钮可以达到87%、0.05，横向0.2。人家买你的钢板是使用面积啊！大家知道好钢板用的是面积啊！他不是使用这线条啊！这个纵向是50个钮，这个横向会达到0.2以上甚至达到0.7，人家用吗！那么我问什么原因呢？理论上都可以说一二三，那么我说我也可以说一二三，我搞轧钢的，不用你说，我们鞍钢是什么原因？做过测试没有？做过数据分析没有？没有。他说，刘经理你再给我一点时间。这是多么重要的问题，我们这些技术人员早就该动手解决问题了，找一点科学根据，做一点调查研究，我说是大有可为。我们每一个人在不同岗位，只要能认真地，仔细地去观察、去分析，你就可以发现，有不断可以改进的地方、可以创造效益的地方、可以为公司做贡献的地方。鞠幼华同志说了他是在那个节能的角度上做贡献，我说我们每一个人都可以降低成本，提高产品的附加值，提高产品的质量。我觉得大家都要思考如何加强管理工作。我们现在学习邯钢模拟市场、成本核算、成本否决，把核算和每个人都挂起来，是可以解决问题的。当然，从改革上，大家都说很赞成，应加快改革力度，这个我们说到一起去了，我们鞍钢在改革上，有更宽广的前景。大家说科技兴厂，我觉得国内外例子很多，科技兴厂啊！当真离不开。这是我想说的第二个问题——如何去战胜我们的困难。

第三个问题我想讲一讲从我们自身做起，从每个人所在的岗位做起非常重要。在科技进步方面，我想谈谈几点体会，跟大家一起讨论。首先，要尊重知识、尊重人才、提高人的素质，这是一个带有根本性的企业管理办法。要鼓励每一个职工都愿意学技术，从学技术、推进技术进步当中找到甜头，找到我们企业发展的出路。刚才大家提了很多问题，也提出来一些要求，提这些要求和这些问题都非常实在，我们很理解。知识分子的待遇问题；知识分子的住房问题。我现在不敢给大家许什么愿，但是请大家放心，作为公司党委、公司行政一定把大家这个意见带回去，认真研究、解决这个问题。至少安居才能乐业吗？这个话我觉得对。我们一定尽早用行动给大家一个答复，我想表这么个态，不展开说了。更重要的是我也是一个知识分子出身，我也是科技人员出身，除了生活待遇、工资待遇以外，我觉得我要求更多的是要让我有施展才能的舞台，我想大家也是这样的，特别是年轻同志。在发挥每个人作用方面，在合理安排每个同志的工作岗位上，我想把大家意见带回去。今天组织人事部门也来了，我觉得这是很重要的方面。那么除了公司从机制上、从领导上这个角度关心和帮助大家，创造这个环境以外，我觉得也存在我们每个科技人员自身努力的问题。我的体会是作为科技人员，要培养自己善于观察问题、善于分析问题、善于解决问题的能力。不管你的知识水平多么高，不管你有多么高的头衔，如果说你解决不了一两个实际问题，那都是空的，那你的水平就不会被别人承认。刚才有些同志说，你的待遇、你的水平应该是和你解决实际问题的能力连接起来的。刚才大家说，不管黑猫白猫解决问题才是好猫。这点作为我来讲和大家一样，我们共勉。要在这方面下功夫，不要被自己的官衔，什么博士、硕士影响我们发展前途，否则会适得其反。当然有一定的考试制度，博士不是来得很容易。我在武钢的时候，给一个博士专门配人，专门拨经费，专门给课题，甚至我抓的科技交给他。半年以后，他自己找我说：刘经理啊，不行啊，你再找人吧！也有这样的大学问家，写写文章，写写书是可以的，但叫他解决问题，完了，那不行，作为企业的人员不行。所以我觉得归根结底我们还是要在发现问题、解决问题、分析问题上下功夫。我们最了解鞍钢，但是千万不要被这环境所习惯了，好像都麻木了，一切都那么自然了，那你就很难前进。我记得以前有个科学家讲，你说你家玻璃是多少块？不知道，住的习惯，也没有去分析。那么这样的话，你就很难发现问题。记得北京中科院到武钢去，他们转了半天，说："唉呀，找什么课题比较好？"我觉得到处都是课题，他说没有课题，不行。这是第二件事。第三个我想说的问题是，树立一种讲究科学，讲究实事求是，深入调查研究这样一个脚踏实地的风气，或者说一种科研的学风。刚才同志们也说了，我觉得说得非常好。作为管理来讲，作为企业来讲，要避免形而上学的形式主义。作为我们科研工作者来讲，也应该提倡实事求是，不要犯形式主义错误。实事求是，不要主观去异想天开。我们鞍钢这样的人大有人在，你要他说个什么主意，一拍脑袋来了，再去调查，不是那么回事，过两天还去查，又变了。无论是管理上，无论是科研上，我想这样都要不得，这样一种作风要害人的，不行。那么最后我想说一点，加强思想锻炼，树立正确的人生观。作为一个搞科学的同志，我觉得有一个人生观，这非常重要，对你一生事业的发展，对你一生成长非常重要，特别是我们的青年科技工作者。当前，我们社会上，也确实进来一些腐朽的东西，我希望不要被这些东西所干扰和影响。刚才有些同志说到这问题，我觉得说得非常好。作为一个科学工作者，作为一个科技工作者，特别是一个企业的科技工作者，确实有一个向生产学习的问题，在生产一线锻炼的问题，确实有一个树立正确的人生观和世界观的问题，这点非常重要。我在武钢的时候也担任过一段总工程师，我接到很多告状的信，告状的信无非是说一说某某成果应该把我放在第一位，我是第一个名字，或者说我是第二个名字，不应放在第三个名字。出了成果以后来计较这些个人的得失，耽误了工作。甚至有的官司一打十年啊！我当总工程师的时候因为同前任总工程师交接，这些小事都不会交待，我把报告信给他一看，他说，唉呀刘玠，这个官司已打十年啦，还在争。如果说一个人在人生道路上心胸开阔一些，宽广一些，在这个项目上我放第二位，我能不能不出声，受点委屈。事业吗？哪有那么平平静静的事情？对不对，我在下一个项目，我争取多做贡献，我第二个项目不行，我在第三个项目上做贡献，人生道路很长啊，可这些人不这么想，他非要钻到这上面去，这不好。在这个场合下，因为我也是科技工作者，所以跟大家一起共同来勉励，提出这个问题。还有一个正确对待别人的问题。因为我们现在的科研课题，相当大的一部分，不是个人奋斗的课题，不是说陈景润找一个课题就关起门来做吧，不是的。你比如说鞠幼华同志做的节能那项课题，需要一大批同志辛辛苦苦地从 25 个环节，一个环节一个环节来抓，那么出了成果，鞠幼华同志是全国劳模，这些共同劳动的成果由鞠幼华同志代表。我在武钢也取得一些成果，我理解不是我刘玠个人，是我们这个集体的，无非推我代表，总要有个代表啊！我很幸运我能作为代表，但是大量的成果是大家做的，有许多是一线工人同志们做的，真正的这样去理解，你就会前进，同志们也愿意和你合作。我就发现，有一个很重要的问题，是世界观、人生观的问题，究竟成果是谁的，搞了半天，报社的同志来了，把数据一收集，文章一发表，成果出来了。结果你这东西解决不解决问题他不管。还有窝里斗，在咱们科研上也有反映，很多同志处理不好这个关系，什么问题呢？说起来就是人生观、世界观的问题。如果说咱们都站在我们国家的发展上，都站在我们共同去开发科学新的领域上，都站在前进发展的角度上去看问题，那我觉得我们就会有无穷的潜力，这方面潜力我说是非常大的。

下面说一下自己的感受，这次到日本去，看了川崎 3 号新的轧辊线。他们先提出来，在热连轧、在精轧机前面搞一个精光焊体，把轧坯钢坯焊起来，无头轧制，又把热连轧技术推向一个新的水平。每一次我们出国都有新的收获，那么人家可以发展，我们为什么不能发展，中国人绝不比他们笨，甚至在某些智能上比他们聪明得多。大家到美国去看看大多数高科技领域全是华人在那里搞，从事很多尖端技术都是华人，给我们讲课的全是华人，中国人不笨。我说我们要抓紧当前这样一个好的机遇！确实鞍钢现在是非常困难，但在全国大好的机遇下，我们鞍钢也有这么好的机遇！我觉得越是困难，越有问题，越能体现出科技人员的作用，越能发挥我们自己的才能，去战胜困难。作为我们来讲，要做好大家的后勤工作、做好大家的服务员，为同志搞科技打好基础，做大家的坚强后盾。

在现场管理经验交流会上的讲话

1995 年 7 月 13 日

前一段现场管理工作的总结及有关的意见，我都赞成。刚才有一些单位如半连轧厂、沈阳薄板厂等单位做了经验介绍，这些介绍都有特色，是非常好的经验，值得全公司认真学习。因为这可以促使我们把现场管理工作推向一个新的水平。今年以来，现场管理工作确实取得了一些成绩，在现场的环境治理方面，涌现了一批好的单位，比如说中型厂、一炼钢厂，上次我去看了一下，应该说取得了一定的成绩，这次又涌现了沈阳薄板厂、半连轧厂、西部机械厂和修建公司金属结构厂，他们的工作代表了我们鞍钢的水平。除了环境治理方面取得了长足的进展以外，在现场管理制度的建立方面也做了大量的工作，现场管理制度是我们搞好现场管理工作的关键，有一些单位对现场管理提出了很高的标准，也取得了一定的效益。比如刚才介绍的西部机械厂，德国、美国专家来看了给予了好评，不仅给我们增加了经济效益，而且给我们鞍钢在国际上争得了好的形象，这都非常好。

在定置管理方面，物料管理、工具管理、设备管理都取得了一定的成绩，我觉得，现场的物料管理直接关系到我们的产品质量。在武钢时，请了法国的 BVQI 质量认证公司到武钢认证质量管理体系是否符合 ISO9000 的标准，专家到现场发现次品的堆放和成品堆放界线不清，认为是一个不合格项，严格说有一项不合格，就不能通过质量认证，这就是说现场的定置管理对我们的产品质量有直接的影响。上一次我到一汽去，我在各种场合都讲了这个问题，我们把 1.0 的钢板混进了 2.0 的钢板中，这是什么问题？我看有定置管理的问题，你 2.0 和 1.0 的产品本身就分不清，摆在那里乱堆，你说你能发 1.0 的去，你怎么保证啊！所以说定置管理的问题，不是单纯的管理问题，而是直接涉及到产品质量，决定产品质量的问题。在这一段现场管理活动中，除加强环境治理以外，还加强了设备的跑、冒、滴、漏治理。由于我们有一部分设备比较陈旧，存在这样和那样的问题，通过我们的现场管理加以整顿治理，恢复它应有的面貌，也取得了很好的、很可喜的成绩。上一次我到中型厂、沈薄去看了，给我留下了很好的印象。在设备治理方面，大家都应该高标准、严要求，使鞍钢陈旧的设备焕发新的面貌，恢复它应有的性能。

现场管理的标准化作业方面，班组建设方面等都出现了许多先进的单位、先进的部门，值得我们推广和学习。我们要开展“树旗达标”活动，我看就要树这样一批好的先进典型，就要树立一批现场管理走在前面的单位，来带动我们全公司现场管理工作有个新的面貌，新的起色，新的水平。我们取得这么多的成绩是客观存在的，但是也存在一定的问题。

第一个问题，这项工作进展不平衡，绝大部分厂是好的，但也有一部分厂没动起来，认识上不端正，观念不明确，群众没有发动起来。有一批厂尽管生产任务并不那么繁重，但是现场治理也没有搞好，对那些不好的死角单位，找一个坏的典型也开一次现场会，不要老找好的，找一找，你为什么不动，这是我觉得存在不平衡问题。

第二个问题，要在基础工作上狠下功夫，比如作业记录、交接班记录等等这些方面还要下功夫，上次我看了一些单位还存在问题。

第三个问题，是在班组建设上还要狠下功夫，班组是企业的细胞，班组建设不能含糊。

同志们要问公司为什么要对现场管理大抓特抓，大张旗鼓地开展这项工作？我觉得是我们企业进入市场的需要，是企业管理进入到一个新时期的需要，是鞍钢加强企业内部管理的需要。为什么说是进入市场的需要呢？企业的竞争我觉得是多方面的，我们多次到过其他企业去看，他们对现场管理是非常重视的，我认为一个厂长如果连一个企业现场管理都抓不好，应该说这个厂长不称职。看你这个厂的产品质量，首先要看你这个厂现场管理质量。现在国际 ISO9000 就有现场管理的要求：现场产品的堆放，要有标准的规程，记录都要符合 ISO9000 的标准，不能随便搞。为什么把产品质量和现场管理挂得这么紧，要求这么高，就是因为在市场经济条件下现场管理是产品质量的基本保证，我们现在还没有达到这么高的要求，比如冷轧厂对现场的灰尘、杂物都有明文要求，轧出的冷轧板应像镜面一样。上一次我到一汽去看，生产的奥迪车表面像镜子一样，在检查中凡是有疤点都不合格，检查非常严格，标准很高。首先要求钢板必须高标准，钢板本身就是麻麻点点，人家能要你的钢板吗？产品质量是我们企业的生命，产品质量不好，就销不出去，在市场上就没有竞争力，企业就不能生存。所以说现在对现场管理的要求越来越高，所以纳入到 ISO9000 标准里去。

第二方面，现场管理是企业精神面貌的反映，企业靠人、工具、物料、环境、管理制度等，人、机、料、法、环的组成，人是第一位，通过人、机、料、法、环，反映了你企业是什么样的运行水平。美国、德国专家他看你的现场管理好，产品质量就好，你的水平就高，由表及里，由你的外边看到里面去，他也是用现场管理来衡量你的水平，这也是一个企业的精神面貌、管理水平的反映。

第三方面，是鞍钢自身经营的一种需要。我们说降低成本，提高经济效益，跟现场管理是联系在一起的，是鞍钢深化管理的需要。通过我们这几次活动，消除大量的积压物资。要注重提高企业的经济效益，这是世界工业企业发展的趋势。因此我们要采取各种有效的办法，加强现场管理，比如说色彩管理，武钢已经搞了二三年了，在开展现场管理工作中我们还没有提出来，我们全面抓好现场管理，鞍钢要不甘落后，要跟上发达国家工业的步伐，搞好我们内在的现场管理。这是我说的三个方面问题。

鞍钢现场管理怎么搞，总经济师所做的报告我完全赞成外，我想再强调几个方面。第一，我们要在持之以恒上下功夫，在保持上下功夫，所以我们要求现场管理搞得好，已经开过会的单位，中型厂、一炼钢厂等要保持，不要搞突击，搞一两天，搞人海战术，哗一下搞得很好，不能坚持。刚才我问了一下，会场这个主席台，刷油漆，一共搞了八天，迎接我们开现场会，刷一刷我不反对，但要少花钱，不要去搞这种虚假，不要糊弄大家，把领导糊弄过去，现场管理经验交流会开完了，重新恢复老样子，那可不行，那不是我们的目的，我们不搞这种东西，说穿了没多大意思。要保持难就难在需要提高我们的全员素质，提高职工的管理素质，从企业的文化角度来讲，养成一种好的风气和习惯。我说过我们的生活水平都提高了，大家家庭都在逐渐使用地毯，我也看到不少宾馆也有地毯，但是你要仔细看一看地毯，那却是一面检验我们一些人的镜子。吐痰的有，倒水的有，丢烟头的也有，吃的果皮也往地毯上扔，还有各种杂迹等等。咱们抓现场管理要切记，根本的是在人的精神面貌上、在风俗习惯上、在文化素养上下功夫，养成好的习惯，这是第一个我想提出的希望。

第二个是没有动起来的单位，有死角的单位，赶快行动起来，再不行动，公司要强制行动，要在这个地方开差典型的现场会。为什么作为公司的一部分，其他单位都在搞，你单位为什么不搞，你不进入市场，你不需要一个很好的经营环境，你不需要提高你的产品质量？不存在吧，这次我不点名，下次开会我要点名。

第三个要加强基础工作，贯彻 ISO9000 标准，首先针对学习加强培训，让我们从 ISO9000 这个标准的要求和角度搞好现场管理。这个方面的意义很明显，公司也正在考虑明年的工作，我想明年工作的开展，ISO9000 工作是一个很重要的方面，所以我们从现在开始，现场管理也好，质量管理也好，还有设备管理，各个方面的工作都要和 ISO9000 质量保证体系联系起来。

第四个方面，要把现场管理和模拟市场否决联系起来，在降成本和提高经济效益上下功夫。大家知道，当前面临的困难是很大的，上半年经过全体职工的努力，取得了一定的成绩，但是从根本上讲，还没有摆脱当前的困境，这次我到北京参加冶金生产经营座谈会，兄弟单位都在生产经营上下功夫，而且力度很大，成效很大，我们不能掉以轻心，必须把降成本和现场管理结合起来，清仓查库，修旧利废，清产核资，提高经济效益。重点强调这四个方面。最后我再强调一点，我不主张大家花钱搞这么些花点子，今天现场会这花大概是买的吧。我不主张买花修饰，不搞这种花架子，你西部机械厂有花也是好，没花也是好，你差的单位，摆一百盆，一千盆花也无用，还是差。哪家结婚买花还相称，我们现场会买不买花问题都不是太大的，不要去花这种冤枉钱好不好，要讲求实效。

转变观念，转换机制，下定决心，充满信心，搞好鞍钢

1995 年 9 月 23 日

今天，利用这个时间谈谈我学习江总书记在上海、长春召开的企业座谈会上讲话的一些体会，和同志们共同提高认识，转变观念。到这里来之前，我又利用些时间学习了江总书记的讲话。江总书记在长春召开的企业座谈会我是亲自参加了，这一讲话讲得非常好。这篇讲话贯穿了小平同志建设有中国特色社会主义理论这样一个指导思想，对我们克服当前的困难，在社会主义市场经济条件下发展国有大中型企业十分重要。早上，吴部长和我们一起讨论问题，提到袁宝华同志最近写了篇文章。袁宝华同志是建国初期开始搞经济工作的，至今已四十六年。他说，集中起来有两条很重要，一个就是要解放思想，实事求是；一个就是建立社会主义市场经济体制是搞好国有大中型企业的一个关键。讨论这个问题，我觉得对我们很有启发。我们鞍钢在当前从计划经济转到社会主义市场经济这样一个大的转变当中，要回答的首要问题是能不能搞好，第二个问题是如何才能搞好。我想对我们机关的同志还要回答第三个问题，那就是我们鞍钢机关干部、党员如何在这样的转变当中正确对待和切实做好自己的本职工作。我觉得学习江总书记讲话，学习小平同志建设有中国特色社会主义理论，才能更好地指导我们自己的工作。我想我们鞍钢当前回答了这些问题。刚才听了一些同志的发言，我觉得发言都很好。我自己也谈一谈对这些问题的看法。

先讲第一个问题。我们鞍钢，我来了后觉得确实非常困难。从全国来讲，出现当前这样一些困难，虽然面上决不是鞍钢一家，但我们这些困难有我们的特殊性。这些我看都是客观事实，说起来我们可以说很多。首先是我们企业经营机制问题。按江总书记讲的，我们从计划经济到市场经济的转轨时间应该是很短的，真正认识到转换机制的问题给我们的时间并不长，要想在这样一个短的时间里，使我们的运行机制适应这个市场显然是不可能的。机制不适应有很多方面，大家说了很多，我也觉得大家说的都有道理。我来到鞍钢以后，觉得有个很重要的问题就是咱们的基础工作，咱们的家底不清楚，这就是过去的机制造成的，现在我们什么品种的产品成本是多少？挣钱还是亏本？一天一个样。我是多次在大会上说这个事。过去没有这个要求，成本根本不清，很伤脑筋。这个应该是机制问题。

再讲我们的工资分配。我来后，正赶上我们涨工资，好像人人去年都涨两级。拿到公司来讨论的升级名单中，不涨两级的就只几十个人。二级厂还有一点比例。总之，大锅饭色彩浓厚。这样一种涨工资的机制，我觉得不符合社会主义市场经济要求。江总书记在讲话中说的，我今天又重新谈了，叫做什么呢？叫做企业吃国家的大锅饭，职工吃企业的大锅饭，大家都吃。我觉得讲得很深刻，这个是机制问题，没有一种激励机制和约束机制。再加上我们的度假村、买汽车、乱投资、银座、海南。银座压了

本文是作者在公司机关副处级以上干部研讨班上的讲话，标题是此次公开出版时所加。

公司2个多亿，海南实业公司一年亏损5000多万，怎么撤，谈何容易？我也说银座要撤，怎么撤？都是借的钱，你撤了利息要付啊。现在土地税你花了钱，土地还不是你的。海南土地证还没有办，现在跟人家谈把土地让给人家。土地证没有，又给我打报告，花了1000多万，机制问题吧。咱们没有这种压力，没有市场观念，社会主义市场大海洋，咱们还在“岸”边站着呢。我觉得这是我们的一个困难，我希望我们大家都转变观念，一起进入社会主义市场的海洋。机制问题是我们当前很主要的问题。

我觉得历史遗留问题也要客观地看。装备落后是我们固有的吗？不是。我们鞍钢过去对国家社会主义建设做出巨大贡献，从总书记到副总理都说鞍钢贡献是巨大的，党中央不会忘记，全国人民不会忘记，包括这次邹家华副总理来沈阳我又去了，又说这个问题。所以说，历史设备欠账，装备落后不是我们造成的。我那天去看了二薄迭轧，用大砍刀砍，有个工人砍了二三十年了，这就是我们鞍钢工人。我动了感情，他戴了手套，我一定要握握他的手，都是人啊。同志们，都是在我们这样的社会主义制度下的一个工人，砍了30年大砍刀，就是这样默默无闻地为我们社会主义建设做贡献。这能说是我们自己造成的吗？这是历史遗留的。我觉得学了总书记讲话，联系到我们鞍钢实际，感到很深刻。

第三个方面原因是社会包袱沉重。过去计划经济这个模式我们都经过，我们都是过来人，在座有的年龄比我大，也有比我年轻的，都了解当时叫做“万事不求人”，除了火葬场不办，其他全要办，是不是这个情况？社会上保障职能、服务职能不健全，没自己汽车寸步难行，没自己学校子弟没人管理，没有商店购买一些东西也不那么方便，没有农场吃饭要定量，所以要办农场。这都是实际情况，当时是办得越多越好，只要是万事不求人。过去很羡慕鞍钢，还有个果园子，一年还产几十万斤苹果，武钢就没有苹果。大家都知道到北京买糖、买肉、买鱼，大包往家拎。东北同志往东北拎，武汉同志往武汉拎。那时自己有农场，养点猪、鸡，到过年过节一分，很好。没想到今天是市场经济了，形势在发展，我们思想观念也必须改变了。由于历史造成的原因，使我们现在企业负担多，台安牧场地无一垅，现在看起来是历史造成了我们这些问题。所以，我们和宝钢就有很大差距，宝钢800万吨钢，13000人，所以挺神气，腰板挺硬，人均年工资15000元，它没有包袱啊，今年它是人均产钢600吨，我们人均产钢40吨。它比我们多卖600元一吨，因为装备好、质量高、水平高。同样一个卷子，武钢多卖300多元。所以，我说正确地看待我们鞍钢当前的困难。

看到这些困难，我觉得我们不能消极悲观。我有信心在2000年以前，我们鞍钢可以翻身，我们翻身之日为期不远，不要把事情说得那么了不得。说这个话有依据没有呢？我看有依据。同志们对鞍钢了解比我深，比我待的时间长，同志们都是我的老师，我要做大家的小学生，向大家学习，向大家了解情况。我最近了解一些情况，跟大家说一说。我觉得我们鞍钢有困难的一面，但也有优势的一面。为什么我说要充满信心，我们鞍钢可以搞好？首先我觉得当前尽管国家宏观调控，钢材市场处于低谷，可以说钢材价格降得差不多了。据说国家四季度要投入一部分资金。最近情况我看要有个好转。我们原来指望下半年会有好转，估计的不足。但是有一点我们估计足了，我们国家钢材的价格，当前是最低的价格。从今年一年的价格看，就是这样的情况，年初平均价是2522元，现在我们平均价格是2674元。在国家宏观调控这样一个情况下，我们鞍钢经得起考验吗？我说经得起考验。不要看我们有2个亿的亏损，更应看到我们现在在转变，在变化。1月份亏、2月份亏，我们不能怨天怨地，因为我们有个“应急状态”。我们产量很低，35万吨。35万吨我们哪有赢利？4、5月我们有盈利，特别是5月份，我们这个盈利是响当当、硬邦邦的。我们消化了原来5000万元的不利因素，还有4500万元，什么原因呢？我们产量超过了40万吨。那么，超过40万吨的产量，对我们鞍钢来讲，是不是很难的一件事情？我看不难。我们的设计水平，我们的历史水平，我们鞍钢自己做出来的水平是多少呢？50万吨不在话下。我们只要超过40万吨就可以盈利，我们要达到50万吨就可以有比较大的盈利。那么6月份、7月份是什么生产水平？又是30多万吨。当时我发火了，态度有点过急了，但是我觉得我当时说的话还是有点道理。35万吨，是给我们敲警钟啊。8月份我问了一下，我们没有什么账面上的优势，笔头上的文章没有，我们盈利是760万。在座的都是干部，我没有什么对大家隐瞒的。8月份我们待发出商品材压缩了3万吨，总量达35万吨，8月份共盈利760万元。所以，我说应正确看待我们自己，我们必须把我们的产品销售搞上去。我们超过40万吨，我们有盈利，而且有比较大的盈利。这种盈利，都是我们消化了许多利息、税收、折旧，这都是按照正规的财务手续得到的。

我还要讲，我们一年折旧是22亿，大修费是17个亿，都是要我们消化的。折旧22个亿，大修17个亿，共39个亿，我们只要自己管理得严格一点，开支小一点，节省一点，我们一年从折旧大修中就可以干一个很大的工程。39个亿啊！这一点，同志们要看到，我说这个话是有依据的。这是第一点。

第二点，我觉得我们产品优势是不是说完全没有？有。也有不太好的，我们的质量不太好的，装备不太好的。但是我们还有一批质量好的，装备可以的。我们比宝钢不行，比武钢不行，比一些乡镇企业还比不过吗？我们中型厂比不过市一轧、二轧？我去问了我们的同志，他们说一轧、二轧是我们帮他们搞起来的，我们的徒弟，比他们不在话下。那么再比比看吧，我们的线材尽管拖工期，但是同志们可以去看看，我们的线材可以说是世界上一流技术。我们的预精轧是交叉的，这条控制系统全国还没有，我们鞍钢单独搞的，世界上也为数不多。我们安装脱丝机过去是立式的，现在是卧式的。现在看看我们线材的水平，脱丝机改了，冷却的那个滚道那套系统改了，预精轧改了，精轧芯子全部换掉了，里边全是新的，全换了，控制系统全改了。现在一号线、二号线都已经过钢了。总的来讲，过得还可以，但还有一些小毛病。三号线已经过了。我们应该说线材是有水平的。这次武钢搞线材引进世界一流水平，花了七八个亿，约60万吨、70万吨水平，两线的。跟外国人谈判，出去考察，都是武钢的一位同志去的。他看了我们的线材，跟我讲：“你这条线材改的是时候，改的是水平”。我们的厚板，比武钢的中厚板水平高。这次我们请船厂的同志一看，人家吓了一跳，呀！你们还有这个水平啊，好像我们鞍钢就不应有这个水平的东西似的。马上2号加热炉投产，可年产100万吨。70万吨线材、100万吨厚板。我们中型厂在世界上，在国内应该说是高水平吧，全国中型我看了不少，我们这个中型应该说是先进水平的，比武钢大型厂装备水平高啊。我们和他们比，可以比呀，我们还是有一部分好东西。

我们不是完全不行。我说更重要的是我们鞍钢确实有一支最具有优良传统的职工队伍和干部队伍，不要只看我们一些枝节问题，而看不到主流，看不到广大职工。我到鞍钢来了以后，有比较。我在武钢待了近30年了，从文化大革命的1968年开始，我一直就在武钢当工人、当干部。我感觉我们鞍钢职工确实有思想觉悟高、任劳任怨这样一种品质。我们干部当中也确实有相当一大批有才华、有水平。我想这也是我们鞍钢非常有利的一个优势。人是关键，所以，我觉得无论是当前经济状况、装备水平，无论是从我们的干部队伍，还是职工队伍来看，我们没有理由对我们鞍钢悲观失望。悲观的看法、失望的论点全是错误的。不就是我们半连轧装备落后一点嘛，但是到现在可以告诉同志们，我们半连轧现在的合同差不多已经满了，我说的是10月份合同都差不多满了。半连轧改造要花70个亿，看起来好像不得了。要想想，两年内折旧加大修就是80个亿，有什么了不起的。所以，我说要看到我们的光明，我们的前途，下定决心，充满信心，搞好我们鞍钢。这也是国家对我们的希望，也是我们义不容辞的责任。

我们鞍钢不仅是钢铁行业的排头兵，也是我们国有大中型企业名列前茅的排头兵。就在去年排行中，我们还是第十位。更何况，从我们鞍钢历史上看，从我们的贡献来看，从我们的光荣传统来看，我们都有这样的政治责任搞好我们自己。这是我想说的第一个看法，和同志们一起交流感情，交换思想。我为什么一再强调这一点，是因为尽管我现在受党中央、国务院的派遣到这里来，但我的看法、我的观点也可能有错误的地方、不正确的地方，同志们可以批评。

第二个问题，我想讲一讲怎样才能搞好我们鞍钢，使鞍钢能够在社会主义市场经济这样大的环境当中不断发展，不断壮大，使我们广大职工的生活水平不断提高。我的想法，也赞成主要立足点放在我们自身的这个角度上，我们大家都会有这个看法。作为机关干部要多从内部来要求自己，从我们自身工作做起，这个我是完全赞成的。同志们都说了这个问题。从我们自身做起，无非是按江总书记讲话当中提出的，就是要把改革与企业严格管理结合起来。我们的改革按照国家提出的十六字方针，结合我们鞍钢实际情况，经过职代会认真讨论，提出了“精干主体，分离辅助，走向市场，壮大鞍钢”的总体思路是正确的，是符合国家提出的“产权清晰，权责明确，政企分开，管理科学”这十六字方针的。职工代表大会也都讨论过了，我们为什么要分离辅助？我想根本出发点还是要使我们每一个生产环节，凡是在生产过程中可以划开的，就要在生产过程中相对独立进行核算。能够相对划清责任的都让它按照中央要求，让它自主经营、自负盈亏、自我发展、自我约束，形成这样一个大的环境，用市场的观念去约束我们每个部门。那么，现在可以分的大家都可能清楚了。矿山、设备检修部门、机械部门……我们现在正在做工作。我们想能不能争取今年底把可以分的大体分开。不这么做，我们企业经营当中的许多矛盾、问题就不能暴露，问题不暴露就不能解决，不能解决，就不能发展。随便举个例子吧，这件事对我的刺激太大，震动太强烈。所以，我在各个场合都说，上次学习班我也说。弓矿亏损4.8亿，鞍矿亏损3.9亿，机械制造公司亏损1.5亿，什么概念呢？我们就说说弓矿吧，4.8亿是什么概念。弓矿的精矿我们按照市场上比较高的价格去买它，测算280元/吨，市场是220元/吨。280元/吨也可以呀，我们买它，可还要亏4.8亿。225万吨矿亏4.8亿，什么概念呀？就是花500元/吨买它的矿。同志们，怎么得了啊！一年4.8亿，不是一个小数字啊！如果不是在鞍钢这个大企业当中，这弓矿不就跟辽镁一样嘛，得几个月、7个月、8个月工资发不出去嘛。你就是这样一种亏损局面，国家也背不起啊！马克思告诉我们，商品价值量是用社会必要劳动时间来衡量，是这个概念，大家都知道的。人家付出的劳动，按照货币来计算，是220元一吨，你要500元一吨，就要被市场所淘汰，优胜劣汰嘛。那你就要想办法。我上次头一天听，第二天就急着跑去了，跑到弓矿去亲眼看一看，怎么回事呀。弓矿亏了4.8亿呀，我一看就知道了，你这3万多人，工资多少钱，一年工资1.4亿。那我说，我就补你一点四亿算了，除了给你市场价钱，还白给你工资行不行？还不行。跟我说了采矿比，岩石中铁分含量，天老爷不帮助我们呀。我说，我们不行再不就转产呀。煤矿叫做经济开采，经济开采价值多少？我们不经济了，你开采的豆腐变成肉价钱啦，那你不能开啦，这就叫暴露了矛盾。要解决问题，我说一个你降低成本，一个你要想办法开辟新的产业。亏损暂时可以，长期不行。别说你弓矿，鞍钢这么大，我们利润一年才3.3亿，它一年就亏4.8亿，你能干吗？决不是它一家，如果只是弓矿，那问题还好办呀，不只是弓矿啊，鞍矿还亏3.9亿，机械制造公司1.5亿，海南6千万、7千万。还有啊，同志们，不光是这个，我们东山宾馆还亏损200多万，好望角亏损啊，光靠补助行不行？不行！这不是哪一个人决定的，是市场经济决定的，由市场价值来衡量你。你不行，必须给你分离出去，你自己想办法。

第一个说法要精干主体。咱们主体现在算起来七、八万人搞这么一点钢。7.4万人，咱们改革小组测算的，我没去算，这7.4我相信是正确的。7.4万人搞这点钢，我们能不能够拿社会上公认的这种标准水平参与竞争？我们还要使我们的效益更高，必须这样做。我们的钢铁企业才能够在市场竞争当中立于不败之地。一句话，转换观念，加强我们鞍钢的改革工作，就是要拿市场经济观念、市场价格，用市场对我们的要求来衡量我们的工作，评价我们各个部门。江总书记说，企业的改革、企业的管理是不可分的，必须紧密结合在一起，它是有机地联系在一起的，我觉得这句话非常正确。联系我们鞍钢实际，我们要在改革的同时，加强我们企业的管理，使我们的管理适应市场经济对我们的要求。加强管理，我们一再说是以财务为中心，财务以资金为中心，这提法是很正确的，但是绝不限于财务本身。我们的方方面面，我们在座的机关各部门，都要接受市场对我们的挑战和要求，我们要建立扎实的基础。刚才说的成本问题，绝不是财务部一家的问题，科技部拿出的技术经济指标是比较准确的吗？现在考核较真了，有人就说现在和那个时候统计口径不一样。什么叫做统计口径不一样？统计口径应不应该一样？咱都要考虑这些问题呀。你叫财务部说，你科技部拿出技术经济指标合理吗？刚才有位同志发言，说考核指标要稳定，同志们，怎么稳定呀？我也希望考核指标要稳定，从年初应该稳定到年末，但是我们那个考核指标差得十万八千里。同志们的大砍刀砍下去，我们大笔一挥一钩，奖金就差的不是一块两块呀，你不改行吗？上次有的同志就说：我不能拿一个月奖金，我自己扣掉。为什么？那指标差得太远了。为什么差得远？咱们没有建立扎实的基础工作，你拿不出一个应当、合理的东西。我到二薄，那里的同志和我讲了，他说去年上半年公司财务给我核定560万元，我经过这段工作把亏损面降到450万，降了这么多，你又给我下指标是160万。半年才压了一百多万，你现在要我这三个月、四个月从450万压到160万，要压将近300万，我压不了。我觉得他的话也有道理，但压多少为合适呀？也不能凭他说。咱们现在就是这样，过去拍惯了脑袋，现在较真了，完了，拿不出来了。所以我说要加强企业管理。这对我们鞍钢来讲是非常迫切的、十分重要的工作。加强企业管理，首先要打好扎实的基础，做艰苦认真的调查研究和分析，比如说成本分析。公司这次准备花一段时间认认真真组织一批人，分析生产管理、技术管理、设备管理、经济责任管理、成本管理、安全管理。这些方面都存在这样、那样的问题，都有不适应社会主义市场经济的问题，都有差距。有些是我们工作有差距，有些是我们观念有差距，有些确实是因为客观原因。这样或那样的问题，我说一个例子，今天上午去线材，他们告诉我，咱们线材这样头等装备水平的轧机在天津那里调试三个月，我们当时提出改造、调试、投产、试生产一个半月，45 天。这叫什么？它是一条线。这样技术水平调三个月，我们三条线提出 45 天。这就是我们管理上的不适应，管理上存在差距。

我觉得有这么几个方面值得我们去探讨：一是要建立适应社会主义市场经济的激励机制、约束机制，包括我们的分配，包括我们的用人，对干部的使用，包括我们的一些规章制度，我们的一些惩罚制度。有些同志跟我讲，我们自己思想有时也挺矛盾。比如说清欠要大刀阔斧地去搞。我觉得也有道理，但是就是有人钻我们的空子。一旦我们给了政策，有人会拿我们职工一刀刀砍出来的东西，去追求个人的东西。我说的是有根据的，不是凭空说的，一旦要调整，马上就有人钻空子。我们养了一大批吃鞍钢、偷鞍钢的人。所以我觉得对我们机关来讲很重要的是如何建立激励机制和约束机制，有像样的纪律，使我们能够适应社会主义市场经济，做出灵活的经济决策。否则的话，怎么灵活？你这边干一批活，他那边已经出去了。我记得很清楚，这边钢材刚要降价，那边消息已经出去了，马上就有人说等着。这里有根有据，有例子，我不想在这里说具体是谁。

第二个方面是建立确保我们产品质量的保证体系。我们上次一再说，从明年开始大力宣传准备用 ISO9000 系列这样一个质量保证体系确保我们的产品质量。我们要开发新产品、新技术去占领我们应占领的市场，这是我想跟大家说的第二个问题。

第三个问题就是对我们机关来讲，确有一个增强搞好鞍钢责任感的问题。加上一句，政治责任感。改变我们机关工作作风，为今年 3.3 亿和今后鞍钢的发展，做出我们应该做的工作，尽到应该尽的责任。我们都说企业搞好了我们就在其中，或者说鞍钢搞好了，才有我们 50 万职工的切身利益。要想把我们鞍钢搞好，最需要的就是责任感。鞍钢改革、管理、改造，关键在于靠人，靠我们的干部。毛主席说，正确的路线确定之后，干部就是决定的因素。现在我们改革也好、改造也好，这些方向，这些总的安排、规划，经过多次跟党中央、跟省部领导汇报，都得到他们的赞同，得到他们的肯定。我们自己觉得，改革的方向是正确的，改革思路是正确的，那么要实施这些方案，靠我们的干部，特别是靠我们在座的机关干部。

我们是经过党多年培养的，在我们过去工作、生产经营当中取得了很大成绩，都是具有光荣传统的。在这样新的时期，是对我们一个新的考验。在这样一个新的时期切不要被金钱所迷惑。当前社会各种不良风气在影响我们，我们应该有一个正确的人生观、世界观。我想我们应该有点精神，人更重要的不是金钱，确实应该生活得有价值。现在在座的同志，你说缺钱、缺吃、缺穿？我看绝大部分不缺。现在要求以正确的思想观念来认识我们物质上的东西。当前社会发展到这个程度，我看可以啦。现在绝大多数家里都有彩电，好的家庭有卡拉 OK、录像机等等，可以了，问题是你这一辈子确实为社会应该尽点义务，做点贡献。作为我们党员，作为机关干部更应当这样，用这样一种正确的人生观、正确的世界观来激励我们为搞好鞍钢做出我们应做的贡献。

提这么几点要求和希望，让我们机关干部也包括我，大家共勉。作为机关干部来讲，要虚心向群众学习，这是最基本的要求。那么我们机关是否这么做了？我们领导是否这么做了？确实值得我们认真去检查去要求，这是我想说的第一个方面的要求。第二个方面要求应该是实事求是、求实的作风。袁宝华同志说过这一辈子就是实事求是，反对形式主义，不去搞那些形式主义的东西，不去追求那些表面的文章，反对浮夸，需要扎扎实实做点调查研究。所以我想我们机关不要去追求那些形式主义的东西。同志们对我们的工作也有意见，提出有形式主义的东西，这些我认为都有道理，这个我们尽量地改。第三个方面，应该有全局观念，从公司的大局出发，从公司的整体利益出发，除去你那个小团体主义、本位主义。为了自己小圈圈利益可以牺牲公司的大利益，这样的例子很多。比如说：制定一些指标，凡是涉及到自己那一块的弄得松一点，这都是本位主义的反映。第四个方面，我觉得应该有点忧患意识。我说我们鞍钢充满希望，充满信心，并不是说我们坐等就能等到胜利的这一天到来，要靠我们艰苦的努力、奋斗。切忌事不关己，高高挂起，做一天和尚撞一天钟，这种人也是有的。第五个方面是提高我们的工作效率。能够当天处理的事决不过夜。我是这样要求我自己的，给我的文件我当天要批给大家，不在我这积压。我也要求同志们这样，能够当天做的不要隔夜做，我们去检查检查我们批那个文件隔多长时间，大家也可以检查我，你们给我的报告、文件我隔了多长时间批的。除有些个别的，因为情况不清楚，需要做一番调查，需要认真研究以外，绝大部分当天能够批的，当天就批。我这里不压文件，我也希望我们机关也有一种作风，雷厉风行的作风。刚才有些同志不是说吗？议而不决，决而不定，完了还不敢承担责任，那要你干什么。要把这项工作作为对我们机关的一项重要要求。第六个方面就是要有开拓创新精神，不要因循守旧。确实要适应形势发展，适应市场经济的要求。第七项，要眼睛向内，不要说起别人来夸夸其谈一大堆，说起自己来什么都没有了。说别人都会说，说自己都很好，这样不行。再就是希望大家敢于批评和自我批评。我欢迎大家对我批评，也给大家做这样一个保证：大家对我有什么意见，尽管给我提，决不会给大家穿小鞋。我刘玠一辈子没做过这种事。谁跟你说个什么现象啦，你就怀恨在心，耿耿于怀，做人不能做那样的人。欢迎大家对我的工作进行监督批评，同时也希望同志们经受起批评和考验。因为能够接受别人的批评不容易。这是对你们提点希望和要求，我们共勉。

最后说一下加强学习，学习市场、研究市场、适应市场的问题。这不容易。因为我们过去搞过计划经济，想的都是计划经济那一套，搞的也是计划经济那一套。有些东西有深刻的内涵，决不是表面说说能够说清楚，所以我要求我们机关加强学习，向同志们学习，向市场学习，向基层学习，也向书本学，转变我们的思想观念，适应形势对我们的要求。这次学习是一个起步，我想能够把这样一种好的作风、好的做法保持下去。

贯标是打开市场的金钥匙

1995 年 10 月 12 日

国际三大标准化组织领导人，共同发布了本届世界标准日的主题词："一个移动着的世界——国际标准有助于人员、能源、商品的运输和数据的传送。"这个主题词言简意赅、富有哲理，生动地说明了标准与人员、标准与能源、标准与商品的关系，并可以通过运输为纽带，通过数据的传送将它们巧妙地结合起来，从而构成一个充满生机的、丰富多彩的世界，一个不断发展的世界。

世界标准日的内涵告诉我们，人类在劳动中创造了标准化，标准化促进了人类的文明与进步。特别是随着现代交通运输业的迅猛发展和先进的电子技术的普遍应用，大大缩短了地球上各个地区之间在时间上和空间上的距离，人类的发展已进入到可以跨越国界走向世界性交流与合作的新阶段，标准化已日益成为世界上国与国之间、地区与地区之间相互连接的枢纽，并已作为一种智力资源和管理资源被人类所共同开发和利用。

随着我国科学技术的不断发展，社会主义市场经济体制的不断完善，对外贸易的不断扩展，标准化已经渗透到经济和社会发展的各个领域，并日益成为科学技术转化为生产力的重要手段。1988 年底《中华人民共和国标准化法》的颁布，是我国标准化历史上的一个重要里程碑，标志着我国标准化事业开始走上法制化、规范化发展的轨道，也预示着标准化工作从此步入了一个蓬勃发展的新阶段。

几年来，鞍钢的标准化工作在《标准化法》的指导下，发生了质的飞跃和变化，已开始突破单一技术标准的范畴，向管理标准和工作标准迈进，并逐步形成一套完整的标准化管理体系，标准化工作在推动鞍钢生产经营和改革改造方面已经发挥和正在发挥巨大的作用。

鞍钢今年的标准化主题是："贯标是打开市场的金钥匙"。

这个主题生动形象地说明了鞍钢贯标工作的重大现实意义。鞍钢在从计划经济向市场经济的转轨过程中，由于很多方面都不适应市场经济的需要，因此遇到了暂时困难。当前比较突出的就是产品销售不畅，究其原因，从外在的表现看，主要是产品质量差、物资消耗高，影响了产品在市场上的竞争力。如果分析内在原因，就要看到我们在思想观念到工作的运作体制和机制上都存在不符合市场经济要求的问题。因此，鞍钢要想占领市场，不断提高产品的市场占有率，就要从多方面入手做大量艰苦细致的工作，贯标工作是其中一项重要的基础性的工作，对于打开市场大门的确起着金钥匙的作用。

为了实现鞍钢质量管理与国际惯例接轨，公司决定从 1996 年起，在鞍钢全面推行 ISO9000 系列标准，全方位、全面、全员开展贯标工作，力争在三年内建立起一套完整的质量保证体系，实行有效性文件控制，通过试点，为尽快实施产品质量认证和体系认

本文是作者在鞍钢庆祝世界标准日的祝词，本次公开出版略有删节。

证创造条件。ISO9000 系列标准，是西方发达国家总结几十年质量管理经验，制订出的一套科学化、系统化、程序化的管理标准。它是市场经济发展的必然产物，是管理现代化的标志，是对传统管理的挑战，是经营观念的一次深刻变革。如果鞍钢在贯标上取得突破，将使企业整体素质迈上一个较大的台阶，将对老企业的发展产生深远的影响。同时也要看到，贯标又是一项庞大的系统工程，是一项难度很大的工作，需要全公司上上下下，方方面面为之付出艰苦的努力。

在34个主体生产单位的三产老年等经营实体划归实业发展总公司改革会议上的讲话

1995年11月8日

今天，公司在这里开会，宣布把34个主体厂的三产、老年事业从主体划归实业开发公司统一管理。这个决定是我们改革总体方案部署的一个部分，已经过了职工代表大会的通过。我想借这个机会再次说明一下，为什么要采取这样一个步骤，采取这样一个步骤对我们公司的长远发展究竟有什么样的好处。首先，我认为在社会主义市场经济条件下，一个企业的生产经营活动，应该有个规范化的运行机制，按现代企业制度来运营，来管理我们的企业，这就要求产权清晰，权责明确，政企分开，管理科学。首先必须是市场经济条件下的一个企业，一个市场经济条件下的具体细胞，一个经济实体，其产权范围、经营范围、核算体系应该是完整和清晰的。对我们鞍钢来讲，钢铁生产是个体系，它的经营范围、产权范围和核算体系应该是完整的，是一个完整的钢铁生产体系和经济体系。对钢铁生产来讲，从原料开始一直到产品输出，各个环节是有机结合在一起的，如果在钢铁生产这个环节当中，插入一些其他的多种经营，无疑极不利于我们钢铁生产这个经济体系的运行，也不利于我们多种经营的开展，这就说明产权不清晰。那么，在市场经济条件下，就很难正确地衡量各个单位和部门的责任和权力，也就很难充分调动他们生产经营的积极性。所以，党中央提出要建立现代企业制度。我认为针对我们鞍钢的实际情况，制定这样一个总的改革方案，把三产、老年实体从钢铁生产主体中分离出来，完全符合中央的要求，也符合社会主义市场经济的要求，这就是为什么我们要把它们分出来的总的指导思想。其次，我认为我们钢铁生产在市场经济的条件下，市场的竞争无疑是产品的竞争，产品的竞争无疑是价格、质量、服务的竞争，价格、质量、服务又最终体现在劳动生产率的竞争或者说是成本的竞争。对于我们鞍钢来讲，应该说劳动生产率是很低的，人均只有40吨/(人·年)左右，而宝钢现在人均已经超过600吨/(人·年)，差距太大。更何况我们的装备落后，管理不适应和其他原因。所以，如果我们在市场竞争中继续保持目前这样的一种状况，肯定要被市场所淘汰。为此，我们必须努力提高劳动生产率，现在很多兄弟钢铁企业也都在考虑这个问题，都在努力开拓新的产业和新的效益增长点，都在精简机构。分离辅助就是要提高效率，用高效率去迎接市场对我们的挑战。所以，我认为从这个角度来讲，这项改革是为了企业的生存和发展，是客观形势的发展和市场经济对我们提出的要求，而不是哪一个人主观的要求，这是我们采取这样一个步骤的内在原因。第三，我认为它也是我们加强企业管理的需要。我们都说鞍钢应该建立规范化的法人制度，然而下面有许许多多的纯生产型单位，又管着许许多多具有法人地位的经营实体，由此管理界限不清，核算不清，资金流动不规范。这种管理模式，不是一个科学的规范化的管理模式，更不是现代化企业的管理模式。从我们自已的实践也证明，这样一个模式有很多弊端，会给我们的生产经营活动带来很多的影响，也会给我们的队伍建设带来干扰。所以从企业管理角度来讲，也应该把界限划清。第四，我认为从调动广大职工积极性出发，要用市场这个尺度来正确衡量我们每个单位经营成果，从这个角度来讲也应该把产业界限划清。我们多次考虑研究这个问题，即必须形成这样一个大的环境，我们的管理体制既要能保证正确衡量三产、老年事业的经营成果，也要能正确衡量钢铁生产主体的经营成果，那么就必须把两者的界限划清楚，否则的话，很难衡量每个经营实体在市场经济条件下的经营情况。比如，让利的问题，前两天我们和实业开发公司的同志谈厚板边，我就跟他们说，只能以市场这个条件来衡量。过去我们遵循这样的原则，钢铁生产低价让利，没有市场竞争这样一个原则，无法衡量两个系统的经营情况，那么他的经营成果是让利成果还是真正市场经济条件下他自己的经营成果呢？不清楚，因此就没有办法正确评价他应该得到多少分配，那么也就很难正确地激励我们广大职工，调动广大职工的积极性。划清核算单位以后，正确地评价我们经营的成果就有了一个基本的条件，所以从这个角度来讲，我觉得也需要采取这样一个步骤，以此才能进一步调动广大职工积极性，才能实行把分配同经营成果挂钩这样一个合理的分配制度。我们现在正在考虑明年工资改革怎么搞，有一个很基本的原则，就是用经营成果的好坏，效益增长的高低来决定你自己分配的能力，那么就必须要有一个前提，就是经营界限要清楚。我想借这个机会再次强调一下，要进一步学习中央对企业改革提出的两个要求，一个是要从计划经济转到市场经济；一个是要从粗放式经营转到集约式经营，这次分离完全符合中央提出的这两个转变。这是我讲的第一个问题。

第二个问题，我想讲讲这次把三产、老年事业从主体厂分离出来要注意什么问题，就我想到的提出这么几点。第一，首先要保证我们有一个稳定的环境，有一个稳定的思想和稳定的职工队伍，我们的改革不能够破坏我们当前这样一个稳定的大好局面。因此，我们在采取这个步骤时要做好各项工作。稳定是前提，只有稳定局面才能搞好这项工作，如果出现不稳定局面，生产和改革都会受到干扰。稳定首先要保持职工队伍的稳定，所以这次宣读的文件当中我们特别提到，基本上是成建制划转。其次是应该保证生产的正常进行，绝不能因为我们实行这样一种改革，就影响我们生产的正常进行。我们今年的生产任务能否完成及我们全体职工的希望都在于我们今年钢铁生产能不能正常开展，能不能完成3.3亿的目标，所以对钢铁生产不能有任何影响，原来运行的秩序不能人为地加以破坏，同时也不能影响三产、老年事业原来已经存在的生产经营活动的正常进行，所以我们采取的做法是先把关系稳定，然后再逐步理顺深层次的问题，如产权关系、人的所属关系、生产经营规章制度关系等等。第二，要特别强调继续给实业开发公司以有力支持，在相当一段时期内保持原来的支持关系，要扶上马送一程。公司经过研究初步确定，两个矿山公司和机械制造公司很快就让它们有一个独立的经营体系和自负盈亏的机制，实业开发公司暂时还做不到这一点，但也不能无原则地像过去那样采取低价让利，必须在市场价格这样一个前提下，保质保量开展各项经济活动。第三，关于下一步工作的大体安排。我想强调这么几个方面，一是下一步的工作主要是清产核资、界定产权、交接固定资产和人员。我想这个工作总的来讲，都还是咱们公司内部的资产划拨，所以我觉得应该本着一个互相支持、互谅互让，本着一个保证生产正常稳定进行这样一个总的前提下来开展，不要为一些小事而纠缠，特别是不要为一些非生产性的东西去计较，比如说有些小车、轿车这些东西互相协商着办。二是必须迅速建立一个经济责任关系。为了保证生产的正常进行，双方原已存在的经营关系和生产协作关系，如果不成熟，可采取临时性的办法；如果成熟了可以稍微长一点，把这个生产协作关系、责任关系建立起来。三是要做好思想政治工作，特别是有些职工思想比较活跃，有各种各样的想法，因此要加强思想工作，思想工作要做细。四是必须建立和完善必要的规章制度。尤其是把那些涉及到双方责任、权利及生产活动中关系的规章制度尽快建立起来。

适应市场经济的需要，分灶吃饭不分家，分灶核算讲效益

1995 年 11 月 16 日

今天这个签字仪式很庄重、很有意义，在鞍钢走向市场，转换机制，深化改革这方面来讲是具有十分重要意义的一个仪式。因为大家都知道这个改革方案，是经过我们上上下下，反反复复认真学习中央文件，认真结合鞍钢实际进行广泛的讨论，经过职代会通过的改革方案。按照这个改革方案，今天我们迈出了实施的一大步。因此，我觉得与通过这个方案相比，我们在实际贯彻落实改革的征途上走出了一步，有十分重要的意义。

鞍钢处在从计划经济转到市场经济的转变当中，具体地体现在我们要按照党中央、国务院所提出来的现代企业制度的十六字，即："产权清晰，权责明确，政企分开，管理科学"，按照这样总的指导方针来推进我们的改革。结合鞍钢的具体情况，我们要由一个大而全的计划经济企业的模式转到市场经济的企业模式，那就要精干主体，分离辅助，走向市场，才能壮大鞍钢。鞍钢这样一个 50 万人的群体，在市场经济当中经营就不可能很灵活自主。我们的核算就不可能从粗放经营转到集约经营的方式，激励机制上就不可能打破大锅饭，从这样一个计划经济的模式转到市场经济更需具有约束机制和激励机制。

所以我们要把凡是和钢铁生产主体单位可以分灶吃饭，可以独立经营的都要实行分灶吃饭，我们用的这个词就是叫分离辅助。那么，让我们每一个部门凡是可以独立出去，可以独立经营的部门，都到市场当中经受市场的考验，经受市场风雨，见市场的世面，用市场来衡量我们这些部门，使鞍钢总体所承受的压力分散到我们各个部门。这样调动广大职工的积极性。因此建立更适合市场经济的激励机制，更有效地推动鞍钢的生产经营在市场经济当中发展壮大。所以从这个意义上来讲，今天这个签字仪式在鞍钢发展历史上有十分重要的意义，是我们从计划经济转到市场经济当中的一个转折点或者说是里程碑。

我想说第二点是，这次分离辅助不是分家而是分灶吃饭，或者说同是鞍钢人不吃一锅饭。分离出去的单位自主经营，独立核算，定额补贴，工效挂钩，给这些单位一定自主经营的权利，同时，也承担自主经营的责任，这是相辅相成的。我们模拟市场，成本核算，应该说已经具有独立核算的性质，但是这种性质跟独立经营还有所区别，独立经营使我们这些部门更有自主经营的权利。宣读的方案当中已经提到了，我们给了一些灵活的投资权利，项目的决定权利，资产使用的一部分权利，也可以说给了独立矿山大体所拥有的这部分权利，使我们的经营者，使我们的这些分离出去的单位有了在市场当中经风雨见世面必要的条件。同时我们也要求这些单位独立核算，以市场的价格作为鞍钢钢铁生产主体和分离出去这些单位之间的核算依据，那么看你是盈是亏，

本文是作者在"两矿一机"改革方案签字仪式上的讲话，此次公开出版略有删节。

用市场的价格体系、标准衡量你能不能在市场大环境中生存和发展，看你能不能够对鞍钢做出应有的贡献。但又因为我们是由计划经济转到市场经济，我们不可能要求这些单位在一天之内就由亏损变成盈利。因此，我们给了鞍矿两年至两年半时间，给了弓矿三年到三年半时间，给机械制造公司两年时间。给这么一个时间来转换自己的机制，来适应社会主义市场经济的要求，所以我们要给定额补贴，应该说这个定额补贴是鞍钢公司在当前这样极度困难条件下，对这些单位所做出的支持和扶植。用这样一些要求、标准、条件来和我们的工效挂钩，完成了减亏任务，工资涨8%。经营者我们要给予十分可观的奖励，条款写了，完成减亏任务，给予劳动模范称号，因为这个任务的完成是十分艰巨的，十分不容易的。作为鞍钢公司来讲，对这些单位我们仍然一视同仁，严格要求，给予各方面必要的支持和帮助，我们只是在核算上，在经营的自主权上，给予这样一个分开、独立、特殊对待的政策。所以我刚才一再强调这个分离的仪式，分离辅助的做法，决不是分家而是分灶核算，分灶吃饭，同是鞍钢人不吃一锅饭。

第三点，我们这样一个仪式不等于解决了所有的问题，只是说有了一个开端。鞍钢仍然面临着十分巨大的困难，虽然十月份生产经营有了新的转机，但是离中央对我们要求的两个转变，即从计划经济转到市场经济，从粗放的经营方式转到集约的经营方式，我们还有很大差距。我们改革推进了一步，不能把所有的希望都寄托在这些形式上，我们还存在许多问题，比如说，我们分离了34个单位的附企，34个单位的老年事业和三产，今天又分离了两矿一机，但是我们在经营体制的完善方面；在供销机制的完善方面；在提高劳动生产率、精减人员、建立新的效益增长点方面；在内部经济责任制，加强生产管理、质量管理、财务管理、资金管理、成本核算这些方面；在我们职工队伍素质的提高方面；在推进技术进步，用技术进步和技术改造提高装备水平，生产适销对路的品种，提高产品结构等方面还有很大的差距。因此，我们不能丝毫放松内部的管理，不能丝毫放松从严治厂，不能丝毫放松改革改造等方面的工作。

我们不能用简单的这样一种形式变化代替经营机制的转变，代替内部企业管理上的提高。今天上午我与财务部及有关同志又一次认真研究了我们面对的生产经营形势。资金的困难仍然是十分巨大的，可以预料我们明年资金所面临的困难仍然是十分巨大的。我们欠银行的欠款，基本建设的欠款，现在按照中国人民银行的规定一个季度调整一次利率，到期的贷款不还的话，利率加大。这都是需要我们认真解决的问题。比如说我们改造，大连铸改造我们算一算要9个多亿，我们说能不能8个亿？半连轧改造我们要75个亿，我们说能不能60个亿，50个亿？这些资金上的困难都需要我们认真解决，认真对待。

总之，我们任重道远，鞍钢全体职工、各个部门要团结起来，迎接新的挑战，夺取新的胜利。

学习邯钢经验　实现扭亏为盈

1996 年 3 月

1995 年初，鞍钢由于产品合同量不足和销售价格低以及设备检修集中等原因，造成产量下降，物耗上升，固定费用增加，加重了企业成本负担，致使 1、2 月份分别亏损 0. 88 亿元和 1. 16 亿元。面对严峻的形势，我们学习借鉴邯郸钢厂“模拟市场运行，实行成本否决”的经验，坚持外抓市场，内抓管理，结合鞍钢实际，把降低成本作为实现扭亏为盈的主攻点，深入开展“转机制、抓管理、练内功、增效益”活动，取得了明显成效。到 1995 年 10 月份实现扭亏为盈，全年实现利润 3. 3 亿元。

一、采取走出去、请进来的办法，全面系统学习邯钢经验

邯钢经验概括地讲就是“模拟市场、成本否决”，但是这八个字却包含着十分丰富和深刻的内容，体现了符合社会主义市场经济要求的企业管理思想、方法和经营机制。为了全面系统地把邯钢经验学到手，我们采取了走出去、请进来的办法。一是派出专业人员到邯钢“取经”。1995 年 2 月下旬，由公司总经济师带队，组成由财务部、劳资部、计划经营部及部分厂矿总会计师参加的邯钢经验考察学习小组，对邯郸钢铁总厂进行了实地考察学习。二是请邯钢领导和专业干部亲临鞍钢“送宝”。我们请来了以邯钢总厂厂长刘汉章同志为首的邯钢经验报告团到鞍钢传经送宝，举办了由全公司各单位主要领导参加的报告会。之后，公司利用各种形式在全公司广泛宣传介绍邯钢经验，使广大职工对邯钢经验有了比较系统的了解，对照邯钢经验找出了自己的差距。认识到，通过推行模拟市场核算来降低成本、控制费用是企业提高经济效益的重要途径。鞍钢出现经营亏损，固然有外部因素的影响，但更主要的和更深层次的原因还是由于我们的思想观念和经营机制不适应市场经济要求，导致市场竞争能力不强。要解决这些问题，就必须建立与社会主义市场经济体制相适应的企业内部管理机制，主要依靠自身努力，苦练内功，降低成本，提高经济效益，才能在市场竞争中取胜。邯郸钢厂在这方面确实为我们树立了学习的样板。

二、结合鞍钢实际，建立模拟市场、成本否决的运作体系

我们认真学习、消化、吸收邯钢经验之要义，在开展调查研究，做好充分准备的基础上，于 1995 年 5 月 1 日，在鞍钢一炼钢厂、一初轧厂、大型厂三个单位进行了模拟市场核算、实行成本否决的先期试点。在推进试点工作中，注意把邯钢经验同鞍钢的具体实际相结合，制定出具有鞍钢特色的模拟市场核算体系、指标体系和考核体系，在三个试点单位经过试运行取得了明显成效和初步经验。在搞好三个单位试点的基础上，我们从 7 月 1 日开始在全公司推行邯钢“模拟市场核算、实行成本否决”的经验。为了确保学邯钢经验深入扎实，不走过场，我们主要抓了以下基础和准备工作：

本文发表在《冶金管理》，1996(3)：59 ~ 63。

首先，深入调查研究，狠抓管理的基础工作。鞍钢是一个老企业，基础工作一直是管理的薄弱环节，从各单位的水平上看也是参差不齐。在推行模拟市场核算准备过程中，公司重点抓了管理基础工作的加强和完善。一是检查整顿原始记录，做到账物相符。例如，二炼钢针对以往各种核算数据不实的问题，强化了对原始记录的管理，对过去经常有的报假账、假记录、假图表、假数据严加整顿。同时建立了各部门的原始统计台账，并针对散装料进料验收过程中存在的问题，采取了措施，把住了计量关，减少了来料损失；又如给水厂针对原来没有车间核算只有厂部一级核算的情况，从基础核算抓起，制定了“给水厂成本核算规程及管理办法”，明确了实行三级核算和各车间的核算内容及成本核算对象，从而强化了成本管理。在此期间一些单位还结合总体改革的要求，理顺各方面的经济关系，划清不同所有制的经济界限，包括产权归属，解决结算过程中的签证、验收、合同、价格等方面存在的问题，为模拟市场核算创造了条件。二是收集、整理历史数据，分析各种消耗指标，为科学制定公司及各单位目标成本提供第一手材料。在制定目标成本的过程中，公司首先对12项主要物资消耗指标按照公司目标利润的要求，结合技术、经济和工艺的特点，制定出公司总体目标消耗水平。各单位根据公司总的目标要求，对本单位的物资消耗指标进行细化，并同历史最好水平和前三年平均水平相比较。公司这次制定的目标单位成本达1450个，收集处理的数据数以十万计，在数据的收集、加工和整理过程中动用了大量的人力。在这一过程中我们还注意应用现代化工具和手段。例如，无缝厂按公司总体部署要求，对全厂成本的构成进行了深入细致的分析，在此基础上，成功地开发了“计算机成本分析、预测、控制系统”。根据成本形成的过程，从原料投入开始，运用各系统的数据进行实物型投入产出转化，加快了数据的转化和提高了工效。同时建立了“成本目标规划模型”，实现科学优化品种结构，使鞍钢的模拟市场核算更具科学性、先进性和可行性。三是修订熔炼费用和轧制费用的分摊系数。公司过去所用的熔炼费用和轧制费用的分摊系数，多数是70年代确定的，有的甚至是60年代制定的。这些年来，鞍钢的工艺技术有了很大的变化，而且品种也增加了许多。这些几十年一贯制的“系数”已不能适应实际的需要，不能正确地计算产品成本。因此，我们组织大量的技术人员和财务人员，通过测定，对所有冶炼、轧钢厂重新修订了系数。例如，一炼钢对熔炼系数过去采取平均分摊，这次他们通过对物资消耗、脱氧时间、出钢温度等因素进行测定，最终确定了熔炼不同钢种的熔炼费用分摊系数。又如一初轧，原轧制系数分6个档次，修订后分9个档次，新修订的系数与原系数相比有很大的变化。无缝钢管厂拥有200多个品种，1000多个规格，划分260多个系数，由修订前系数1～40达到修订后系数1～60。新的分配系数的确定，为真实地反映成本打下了基础。四是对各单位的计量设施情况进行调查摸底，并针对存在的问题提出改进意见和规划。从调查情况看，鞍钢每年物流量达7000万吨，其中外购物流1400万吨，外销商品600万吨，厂级之间实物转移5000万吨，计量任务很重。然而全公司物流计量配备率只有98%，综合计量率仅94.5%，用于风水电油压等流体、能源计量配备率为95%，而且部分计量设施不完备，部分器具不准确，一些标准器老化，已不能满足需要。通过这次调查，基本摸清了鞍钢计量工作中存在的问题，为下一步整改提供了依据。

其次是建立科学的价格体系，确定各种外购原燃材料、内部中间转移在产品、半成品和钢铁最终产品的模拟市场价格。新的价格体系突出了以下四个特点：一是价格订得细，公司这次制定了23类5180个模拟市场价格（不含钢铁最终产品的价格），其中主要内部产品转移的模拟市场价格1450个。二是覆盖面广，这次价格调整不仅包括所有在线产品转移价格，而且调整了包括机总备件、铁运、汽运、风水电汽等的价格，同时也制定了外购各种原燃材料的内部成本核算模拟市场价格。三是价格订得实，基本接近市场。四是新的价格体系不仅反映了市场的价格水平，同时也考虑了内部管理的需要。新价格运行之后将改变过去公司利润分布"后大前小"的畸型局面，除采矿工序和量时规模小、加工环节多的产品外，大部分生产主体单位有盈利，且利润水平和资源耗费相匹配。同时修订了包括矿产品在内的质量差价，基本反映了质量和成本补偿关系，有利于公司总体功能的发挥和总体效益的提高。

第三，进行财务指标体系的框架设计。公司对各单位目标成本按照单位类型的不同进行了全面的制定，在线主体生产单位目标成本一律采取历史先进消耗定额水平，费用消耗以1994年实际为基础按相应比例压缩而定；对机动运等辅助生产单位采取以上年实际为基础，考虑1995年1~5月份的实际，各项费用比照在线主体生产单位比例制定；对采购部门核定双重指标，即对大宗原材料核定单位采购成本，对"十八大类"核定采购额，对耐火材料、废钢实行成本和外购物资双重指标控制。从而使目标成本及各项指标层层分解落实到班组和个人。由于公司学习邯钢模拟市场工作开展得较为扎实稳妥，促使广大职工的成本意识、效益观念进一步增强。下半年模拟市场核算机制运行后，全公司一举扭转了成本连续超支的局面，成本降低额3.2亿元，降低率4.69%。

三、以学邯钢经验为基础，加速建立企业管理以财务管理为中心、财务管理以资金管理为中心的经营机制

邯钢经验给予我们深刻的启示，不仅使我们对以市场为导向、加强以成本管理为突破口的企业管理有了更深刻的认识，而且也使我们进一步感到，邯钢经验也可以应用到资金管理上，树立"资金是企业血液"的观念。过去由于忽视了财务管理和资金管理，造成鞍钢资金分散，账号多达800多个，资金跑、冒、滴、漏严重。同时由于在资金使用上不计成本，各单位只争资金，而不考虑使用效率。为此，我们把邯钢经验推广移植到资金管理上，实行模拟市场管理，资金有偿占用。在内部引入银行信贷管理机制，实行资金限额总量控制，统一信贷，差别利率。定额内占用资金比照银行贷款基本利率计算，超定额占用资金比照银行贷款基本利率上浮10%~20%；逾期占用资金比照银行贷款基本利率上浮20%~30%；将内部资金挤占，挪用或违章违纪占用资金罚息50%或立即收回内部资金。对所属各单位资金占用余额集中转入公司财务部，统一管理，统一计算。

四、以学习邯钢经验为突破口，把深化改革和加强管理有机结合起来

推广邯钢经验，一方面需要深化改革、加强管理做保证，一方面也会促进企业改革的深化和各项管理工作的加强。我们把学习邯钢经验作为深化企业改革、加强企业管理的突破口，并把二者有机结合起来。为了保证责任落实，奖优罚劣，我们修改完善了经济责任制考核体系，加大了考核力度。将经济责任制考核与奖金挂钩的比例由原25%提高到77.5%。将工资和奖金分开发放，以各项责任指标完成情况作为奖金发放的重要依据。按照模拟市场核算、实行成本否决的要求，建立以"两挂一否决"为基本模式的经济责任制考核办法，即奖金同效益指标和工作指标挂钩，实行成本否决，

形成有效的激励机制。

为了深化模拟市场、成本否决管理，从根本上解决成本超支问题，我们选择两个矿山公司和机械制造公司三个亏损单位，进行主辅分离的改革试点，通过明确责权利关系，让其发挥优势走向市场，负起减亏增盈的责任，收到了成效。这三个单位去年后4个月实现减亏增效6000多万元。鞍钢医疗费用开支逐年上升，1994年达到2.62亿元，是加大企业成本费用负担的重要因素。对此，我们大胆进行公费医疗制度改革，建立了社会统筹与个人账户相结合的医疗保险制度。对于改变医疗卫生的大锅饭制度，合理利用医疗资源，改善广大职工的医疗卫生条件和大幅度降低费用开支具有重要的现实意义。

五、通过学习邯钢经验，真正把全心全意依靠工人阶级落到实处

学习邯钢经验，推行模拟市场核算，其实质意义在于充分调动全体职工的积极性和创造性，做到企业重担大家挑，人人身上有指标，从而把“全心全意依靠工人阶级”真正落到实处。为使职工形象化地加深对降低成本重要意义的认识，第一炼钢厂职工开展了算账对比活动，炼钢工人算出一锹镁砂等于一锹面粉的价钱，一块锰铁的价值等于一个工人一天的工资等等。通过算这些形象生动的眼前账，使职工的成本意识大大增强，极大地激发了他们降成本、增效益的积极性。9月份钢材单位成本比1~7月份平均水平下降197.4元/吨，全公司可比产品成本总值比上年同期降低4145万元；10月份钢材单位成本比1~7月份平均水平下降209.28元/吨，可比产品成本总值比上年同期降低1.39亿元；11月份钢材单位成本比1~7月平均水平下降161.15元/吨，可比产品成本总值比上年同期降低1.98亿元。邯钢经验的推广，有力地促进了群众性的双增双节活动。特别是公司“8·29”干部大会提出18项增利措施后，从公司主管领导到普通工人都承担了指标。公司工会发动全体职工开展每人节约500元活动。当家理财、修旧利废、小改小革、技术攻关、回收废钢铁等群众性活动空前高涨，双增双节活动出现了前所未有的热潮。全年共实现技术攻关1100多项，创效益4000多万元；提合理化建议10392项，创效益4846万元；回收废钢铁193.4万吨，创效益5800万元。

通过学习邯钢经验，一方面促进了广大职工思想观念的转变，为加速实现“两个根本性转变”奠定了重要思想基础；另一方面，促进了企业经营机制的转换和管理工作的加强，从而提高了企业的经济效益。鞍钢的实践证明，邯钢“模拟市场、成本否决”是降低成本、提高效益的有效途径，是国有大中型企业转换机制、走向市场的成功经验。

以上是鞍钢去年以来学习邯钢经验的基本情况。应该说这项工作只是刚刚开始，同先进企业相比，我们的工作还有很大差距。为此，我们要虚心向先进企业学习，把这次会议上交流的各个单位的经验带回去，促进鞍钢在学习邯钢经验方面不断取得新的进展，为加速实现两个根本性转变打下坚实的基础。

加强学习，改进作风，干实事，讲实效，为振兴鞍钢尽到责任，做好工作

1996年4月10日

公司机关是我们鞍钢管理的一个首脑部门。机关工作的好坏，直接关系到我们鞍钢的发展；机关素质的高低，直接关系到我们鞍钢素质的高低。所以，我觉得我们机关的同志应该有个政治责任感。在座的绝大部分是党员同志，作为共产党员，以什么样一种姿态，什么样一种标准要求自己，指导自己的行动，影响周围的同志十分重要。那么，这么一个严肃的讨论，我觉得今天没有反映出咱们机关这样一种高政治素质，没有反映出来。我们应该说是50万职工，离退休同志不算的话，还有三十七、八万都看我们机关的工作，看着我们机关的表现和行动。总书记说我们要讲点政治，我个人体会，咱们的这个政治，就是要立足于本职，看到我们的工作对我们党、对我们国家发展起的这样一种影响。作为我们鞍钢来讲是国有大中型企业，在全国有举足轻重的地位。党中央国务院一再说，十四届五中全会也特别提到，搞好国有大中型企业关系到我们社会主义生存发展，这就是政治。搞好我们鞍钢本身的工作，要从我们社会主义的发展问题这个高度来看待。公司党委、公司行政寄希望于我们公司机关，希望我们能带好头，起到表率作用，应该说我们作为机关一个成员，包括我在内，应该是很光荣的一件事情。但是也要看到自己应尽的责任。对我们党，对我们鞍钢的发展，搞好国有大中型企业这样一个大事，从这样一个全局的高度来要求我们自身的工作，我看这就叫政治。有很多话已经在几次讨论会上讲了，我也想借这个机会，力所能及地给大家有所启发，有所帮助，谈谈我自己对机关工作的一些想法，或者说一些要求，和同志们共同来讨论，力求对大家有所帮助，而不是走过场。

第一个问题，我想还是要谈谈形势。我们鞍钢当前处在一个什么样形势下，这里有很多事情给我的震动很大。我看了冶金系统各大钢厂的经济效益情况后受到震动，我特别抄了一下，咱们整个冶金工业，1、2月份两个月亏损，这是一个总的结论，全行业亏损，这个值得我们大家考虑。去年很多企业经济效益不错，但是今年1、2月份出现了比较大幅度的下降，首钢去年4.86亿，今年1、2月份1451万，从4.8亿下降到1400万；太钢去年是6088万，今年1、2月份亏损420万；包钢去年是1.29亿，今年1、2月份是3839万；本钢去年是3929万，今年1、2月份亏损7724万；宝钢去年是4.47亿，2月份是一个亿，1、2月加起来是4.3亿；梅钢去年亏损是2065万，今年亏损1800万；马钢去年是4831万内部利润，今年是亏损3829万；武钢去年利润是2.8798亿，今年是3201万，从2.8亿到3200万，2月份内部利润150万；成都无缝，去年是亏损四千多万，今年亏损1277万；舞阳钢厂去年亏损4600万，今年亏损2900万。几个主要钢厂的1、2月份就是这么个情况，说明什么问题？为什么会造成这样的结果？我想一个原因是：上游原料涨价，煤、运输、电、重油涨价的幅度很高。刚才有

本文是作者在公司机关“振兴鞍钢”讨论会上的讲话，此次公开出版略有删节。

的同志已经说了，我们去年对今年的预计，涨价的因素实际上比我们预计的要高，比我们预计的涨价幅度要大，比预计差了一个亿。第二个原因：进口关税的影响，国内外的市场竞争发生变化，我这次到宝钢去看了一下，宝钢的几个经理告诉我，宝钢的热轧卷销售不好，卖不出去，不得不降价考虑，效益不好。进口税降低，有相当一批国外的钢材进来，影响了我们。第三个，国家经济宏观调控的这样一个形势，进一步控制物价上涨，这个力度没有减少，进一步加大，所以钢材消费市场的情况应该说现在没有看好，据说三季度有可能还有进一步下跌的趋势，而不是上扬的趋势。再就是看到兄弟企业这样一种局面，势必反过来会增加市场竞争的激烈程度，所以我说我们鞍钢所处的形势应该说要更增加我们的忧患意识，增加我们的危机感，能不能得出这么个结论，请大家思考。增加这样一种危机感，就应该使我们更加做好我们自身的工作，降低成本，加强管理，推进改革，加速改造，加快产品结构的优化，提高我们自身的经济效益。那么有些情况我想再进一步向大家介绍一下，4 月份资金相当紧张，有些部门可能知道，比如财务部、计划部都知道，4 月份我们资金大概差了五个亿缺口，我多次在说到这个事情，怎么办？我们要求供销公司、国贸公司要创收回款两亿五，然后我们自身压缩资金开支，压缩两亿五到三个亿，我们这样一种资金紧张的局面，在很多方面和我们自身的管理粗放、不深不细、开支比较大手大脚有关，也反映到我们的观念问题，反映到我们观念没有更深刻的变化。当然我不是说前面我们这次大讨论没有收到成效，我是说我们这个讨论仍然很有成效，就是与鞍钢当前所面临的客观形势对我们的要求来讲，我们还有距离。形势问题我想给大家讲这么几点，供大家思考。

第二个问题，我想谈谈观念问题。我觉得我们转换观念的问题，恐怕还不是一个短时期，还不是一次两次讨论就能根本解决，当然每次讨论有收获，有提高。举个例子，就刚才我听几个同志的发言，我不是批评哪个人，针对哪个人讲，我是说这些发言当中也反映了我们一些观念。比如说，科技部说的成果问题，我很认真地听，他说去年做很多工作，很多成果，他讲了半天都是专利、什么奖，究竟给公司创造多少效益他没有讲，我看是个观念问题，大家可以讨论看是不是观念问题。过去我们注重于这个，计划经济就是讲得什么奖，什么专利，究竟多少效益，多少成绩，多少经济效益，恰恰是我们科技方面存在的问题。科技转到生产力形成效益方面有差距，反映我们的观念，为什么刚才我说希望大家结合一点自己，我说我们讨论观念问题应该说是大有可说的，哪有没有可说的呢？讲计划有计划的观念，我们计划部门现在的观念是不是完全转到市场经济了？我看还有一定差距，不能说完全没有转，但是有差距。我们现在还是注重于量上的平衡多，对于效益的平衡，还没有那样一种力度。我们讲设备部门，设备部门有没有观念转变的问题？有。我们现在设备部门观念的转变，对我们设备本身的理解它起的作用，我看也要从计划经济转到市场经济，也要有个经济效益的观念，这个检修禁区投不进去，产生什么样的效益，你们现在检修计划我看了看，还有计划经济这样一种残余，所以我说我们机关要摆脱、跳出计划经济这个圈子。进入市场经济，确实需要有一个过程，需要我们认真结合自己。我再举例子，我并不是针对哪个人，我再三说，也不是批评谁，我是说针对观念的转变。那天我们讨论财务部的机构问题，一谈就是计划经济那套办法来了，我需要多少个文书、多少司机……哗哗列出个单子，我说这都是计划经济观念。在我们工作当中，我们考虑问题时，我们衡量某一件事的标准时，就牵涉到你自己的观念，怎么去认识这点，比如说奖金吧，现在这样的事情还不少，希望把奖金比例提上去一块。比如说我们谈旅游公司，成立旅游公司光是谈要多少权利，不谈责任，不谈效益，不谈怎么去运行这件事情，我看观念没转变。所以我们再三强调，观念要转变，要开展这样的讨论，不是无的放矢，而是有的放矢，有针对性地去谈这个事情。我们接触到很多同志，观念现在没有转变。再比如我们机关，现在有多少同志有危机感？刚才我看到劳资部一份贯彻《劳动法》的材料，执行劳动合同制，建立与市场经济相适应的劳动用工机制，这种机制本身牵涉到观念转变问题，那就是说不是铁饭碗，也要经受市场的优胜劣汰。如果我们机关工作不适应，就要被市场所淘汰；如果我们某个职工的工作不适应，不能满足这样一个要求，市场是对于你的评价，你就要被淘汰。我希望大家增加一些忧患意识、危机感。所以，关于观念问题，我建议我们每个部门结合自己、本单位开展一个观念讨论，每个人举出哪些观念不适应，不是空的，开展一下这个活动，我看有好处，开展一下讨论，否则的话这就很别扭，身子在市场经济，脑袋在计划经济，很别扭啊！这样不仅影响到个人，也影响到我们公司工作。尽早转变观念，有利于我们鞍钢的改革，有利于我们鞍钢的生产经营活动，这是我想说的第二个问题。

第三个问题，机关转变观念要落实到转变机关工作作风上去。首先，我觉得机关的工作作风要讲点政治。我们的一举一动，从政治这个角度来看，是什么样的影响，有些事经济上可能行得通，政治上行不通，不能干。如果你这个行动不利于我们的改革，不利于我们公司的生产经营活动，那不能干。总之，要求我们讲点政治，我们机关能不能把政治空气搞得浓一点。我想，我们社会主义市场经济它不可能离开政治，不可能不讲政治，不是市场经济，是社会主义市场经济。振兴鞍钢，除了我们鞍钢自身发展的需要，也有党中央国务院搞好国有大中型企业，社会主义制度这样的需要，所以我们说，我们当前这个活动不是没有政治目的的，不是不讲政治，而是恰恰相反是讲政治的。其次，讲一讲我们机关工作要讲究工作效率和经济效益。要讲实效，不是不讲实效。我刚才说希望大家脱稿说，我开始就想坐在下面，后来让我坐在上面，我一看下面一直在打瞌睡，这边念得很辛苦，下面瞌睡也打得很辛苦，上下辛苦，何必呢，效果在哪里？不要自己骗自己。我们好像在形式上走过场了，没有实效，所以还不如你离开稿子说一说，对大家有所帮助。我想，我每次讲话都尽量做到对大家有所帮助，互相之间有启发。但是我们好多事情就是为了走这个过场，为了形式上需要，机关党委要你来讲，你就讲，不是这样嘛！还是讲了对大家互相讨论有所启发，结果上面讲，下面在打瞌睡。希望我们机关的作风有一个变化，不去搞这种东西，形式上过去就算完了，作用是没有的，效果是没有的，害人、害己，不讲经济效益的事情太多了。我已经跟有些同志讲了，我那天一看，怎么给我的桌上送来了鞍钢自动化邮来的这么一本杂志，数一数我们鞍钢的杂志太多了，《鞍钢技术》、《鞍钢自动化》、《鞍钢政工》、《鞍钢管理》、《鞍钢经济》，财会好像还有杂志，搞那些杂志到底有没有效果？我说，能不能把这些杂志合成一个杂志，你技术上搞一个杂志，非得各搞一套，搞杂志要花钱的呀，是不是市场经济，所以又说到我们观念问题了。有些跟我们鞍钢根本没有关系的文章也登在上面，我也不知道这样的文章是怎么上去的。你搞这个杂志要编辑吧，要定员吧，要印刷吧，要资金吧，还要搞出版发行吧，你那么累，你搞点实实在在的事情好不好！有些同志跟我讲，他说那些杂志反正给我我是往那一扔，我相信他这个话，不起作用。我希望我们机关在这个方面带个头，讲究实效，讲求工作效率，切忌搞那些形式主义的事。再次，机关要为基层服务，摆正自己的位置。什么叫做摆正自己的位置呢？就是机关和基层的关系，绝不是说就一定是领导与被领导的关系，无非是其作用不同，千万不要有这样说法，我是领导者，你是被领导者，那样就是错了。我们机关的作用就是在生产经营活动中，起一个组织、协调、服务、传达信息、综合这样一个服务作用，要反映我们基层生产经营活动的实际情况，要协调解决生产经营活动中存在的这样、那样的一些矛盾，要帮助和支持下面解决生产经营过程中存在的这样的困难、那样的问题。我们是不是这样做了，我觉得我们还有差距。下面基层单位的同志反映我们机关好像是领导者与被领导者的关系，我要联系到我们这次去北京办有些规划的审批，绝大部分国家机关的工作人员都是好的，但也有个别的工作人员他很差劲，刁蛮、摆架子。我想我们机关有没有这样的事，人家基层对你有没有反映，检查检查，照照镜子。基层有些困难有些问题，需要我们机关帮助解决，我们是不是设身处地、实事求是地帮助他们去解决这些问题，即使解决不了，即使有困难的也给人家解释清楚。所以我说，机关在这方面摆正位置为基层服务不是空话，是实实在在地为下边办点实事，为基层办点实事。

第四，我想讲讲廉洁自律的问题。我最近听到一个消息很震惊，我不知道同志们听说过没有，内往现在可以到餐馆吃饭，咱们到这种程度同志们听说过没有，咱们鞍钢的内往可以到餐馆去吃饭，什么意思啊？餐馆的老板都已经深入到我们的内往当中去了，你来吃饭签内往，完了餐馆拿内往再到鞍钢去套购你的钢材，他再去卖这份现金，听说咱们今年内往取消以后，很多这样餐馆的老板反映出来了，说鞍钢现在采取这样的措施了，下一步这样的事情不好使了。好多事情我们机关要从自身来检查自己，有一个廉洁自律的问题，我们生活在这样的一个环境当中，它不是真空的，处处有这样一种市场气息，金钱在各个方面他要起作用，我看要做一个共产党员应该用党性来要求自己做一个鞍钢职工，要按鞍钢的有关规定来要求自己。我说这话不是空话，我老是跟大家讲，我到鞍钢以后，送钱的有，送礼的有，各种各样来跟我套关系的有。但是作为我们鞍钢面对着 50 万职工，面对着我们国家这样社会主义的事业，什么大、什么重、什么是、什么非应该清楚。矿山公司的供应处不是反贪局抓了么，这个大家已经知道，涉及的面也不小，有些留了面子没有抓，我上次找了反贪局的，很多问题跟我们机关也不是没有联系，所以我说我们机关的廉洁自律应该有一个高标准严要求，不能含糊。我们掌握了我们公司的经营权力，我们手下是我们职工，也可以说是国家的财产，你应该有自觉性，应该有职业道德，应该有一个做人最起码的品质。

第五个问题，我想说一下要求机关摆脱计划经济的束缚创造性地工作，要建立与社会主义市场经济相适应的管理机制，高效率、高效益、行为规范，这样一个机制。不要被计划经济那套束缚，对我们来讲不容易。反对形式主义，责权一定要统一，我再强调一下凡是各位给我的报告，机关的报告我希望签上个人的名字，计划部你要是张三给张三签上；组织人事部你要是李四，李四签上；设备部你要是王五，王五签上。我现在看了好多给我的报告，我认为也是个观念问题，计划经济的东西。写个报告，上面把章一盖完了，谁签名也没有，我可是要签上我刘玠的名字，我没有另外一个章，鞍山钢铁公司的大章不在我手上，你们都是不个人承担一定的责任，就让我承担责任，我一签字不是我承担了？我承担责任，要先你承担责任再说呀！要让我总经理在前面做贡献，你们倒好，躲在后面。希望大家在这些方面转变观念，创造性地工作，不要被计划经济束缚，责权利要统一，责任权力要统一，讲究工作效率，讲究经济效益，讲究工作规范，有一定管理的这样一种规范化管理。

最后，我想说一下机关特别要强调提倡学习风气。我建议公司机关、各个部门认真考虑制定一些学习计划，要在我们全机关提倡学习的风气，学习光荣，不学习可耻。因为你不学习就不能适应不断发展的形势，你不学习，你就不能胜任你自己的本职工作，中央也要求我们要学点科学么，总书记不是亲自签的科学知识、科学常识那本书么，学了没有，到底你们组织学了没有。不仅要学，我说要考试，机关带头要进行考试，我请机关党委组织一下一个季度考一次。大家不要怕考试呀，你只要学了，你就别怕，就是没背住，也行，你不学不行，因为市场经济要求我们管理层的知识面要宽，你要懂得一点，要懂。现在我们不是组织厂长学习财务知识么，我们机关是不是能够开展一下财务知识学习呀，定一个时间学一学，科学知识能不能学一学呀，外语能不能学一学呀，有关的一些，如党章、国务院的一些文件、精神是不是也组织学一学呀，要求我们机关有更高的素质。只有通过学习，才能提高我们的素质，没有别的办法，不管是再有水平的人，再聪明的人，你不学习也不行，这也包括我自己在内，也得学习。认真坐下来学点东西，我看有好处没有坏处，提倡一个学习的风气。今天我没准备，就是刚才听大家讲，我写了这么几条，希望对大家有所帮助。

建章立制，树旗达标，搞好现场管理

1996 年 4 月 10 日

今天现场管理经验交流会，看了两个录像，听了两个单位的介绍，我觉得还是很有启发和教育的。鞍钢现场管理好的单位，确实不错，差的单位，也应该说不算少。就化工总厂来说，无论从生产工艺、环境条件，应该说条件是比较差的单位，但是，由于领导重视，发动职工群众，治理这样一个脏乱差的环境，取得了好的效果。废钢厂应该说也是客观条件比较差的，废钢的整理收集却是很好的，由于领导重视，他们在现场的治理上也做出了成绩。但是，也有一些单位，条件不算差，我们看了一发电，客观条件应该说是非常好的，可是没有搞好。前两个星期我去一发电，那个厂房的玻璃大多数全都坏了，千疮百孔的，看上去很有感触。刚才大家看了录像，7000 立方米鼓风机现场由于施工拖欠工期，那段楼梯从上到下没有一个好台阶，看一看设备，也都不见设备的本色，再走出厂房外一看，施工材料堆放乱七八糟，这哪有一点我们鞍钢人的形象。大家看一薄现场管理录像，我不用多说了。除了这两个单位，刚才我们看了厚板，厚板这样的一个现代化的工厂，公司花 12 个亿建成，而现场搞得这样是不相称的。我们前两天去义务劳动植树，公司领导到你们那去植树，干什么？绿化环境，是支持你们现场管理，但是支持是一方面，自身的管理要上去。所以，我说现场管理决不是说受客观条件的好坏而制约，根本还是你这个队伍的精神面貌，你这个单位的精神面貌，通过你现场管理可以反映出来。化工总厂的同志讲了四条，面貌的改观带来了职工精神面貌的改观，现场管理促进了生产技术的发展，现场管理带来了工作管理上台阶，现场管理促进了工作效率的提高。我看还不只是这四条，还有现场管理可以促进产品质量的提高。我们现在说，走质量效益型的道路，我们要通过 ISO9000 的认证，质量认证对环境的要求非常苛刻，你没有一个好的管理，能有一个好产品质量吗？所以，现场管理和产品质量有关系。我说，现场管理还和职工队伍有关系，现场管理搞不好，你说你这个职工队伍好吗？我们说职工要当家作主，爱厂如家，你家不是乱七八糟的吧？我走访了我们鞍钢职工的几个家庭，很漂亮，我去这几家都很好，有一个很干净的环境。但是，我们的生产现场应该也与之相适应，这也反映了你这个队伍的面貌。我说一薄有它的客观条件，设备比较陈旧，但是，设备陈旧，我们依然可以搞得很好嘛，我们衣服破洞补上，干干净净、漂漂亮亮一样嘛，我并没有说，你设备旧现场管理就不好，但你设备旧不要紧，你擦得很好，维护得很规矩，没有问题嘛！但是，你的原料乱七八糟的堆放，垃圾乱倒。今年我要抓坏的典型去开现场会，去年我们是好的典型，去北部机械厂开的嘛，今年我们要到坏的典型去开，三季度到一薄去开，让大家去看一看你的现场管理。我看这个录像后，我很有体会，我说我们鞍钢装备落后，但是我们的思想不能落后，我们的精神面貌不能落后，我们的精神面貌反映到我们的现场管理。我去看了本钢，我看本钢现场管理比我们强，所以我们鞍钢

本文是作者在鞍钢现场管理经验交流会上的讲话，此次公开出版略有删节。

人在这方面要有一种精神，有这么一种志气。我们装备落后不要紧，我们过去不是做贡献了吗？但是我们精神面貌不能落后，我们一薄装备落后，厂房矮一点，不要紧，但是我们队伍的精神和现场管理不要落后。我有这样的看法，现场管理是企业管理最基础的工作，最起码的要求应该达到。所以，去年现场会我说过，我现在仍然认为这句话不错，一个厂长，如果连自己的现场管理都搞不好，不能是一个称职的厂长，一个车间主任如果连你那个车间现场管理都搞不好，不能说你是一个称职的车间主任。现场管理是我们企业管理水平的一种标志，企业管理包括生产管理、设备管理、财务管理、质量管理、职工队伍的管理。看你现场管理可以反映出你的管理水平，是一种标志。我十多年以前，到过新日铁，在那里实习一年，他那里的所长说，我有两个职责，第一个抓好现场管理，第二个抓好安全生产，可见现场管理对企业管理来讲很重要，他们袖标上写安全卫生责任者，安全要负责，卫生要负责。欧洲一个代表团到武钢考察产品质量，他根本不去看你的产品质量，他看你的环境，走完了以后，说你的环境很好，产品不用看了，我相信你产品肯定好，这有一定道理。所以说，现场管理是企业管理最基础的工作，是衡量企业管理水平的一种标志。我们说改革、改组、改造和加强企业管理，即“三改一加强”，在这方面，我们决不能放松，而且作为一种强制性的、非搞好不可，就像小学生考试及格与不及格的标志，你现场管理考试不及格，你不要跟我说别的。你管理水平高，现场管理好，至少说你有一定的水平。现场管理不好，可以说企业管理基础方面有差距。生产经营管理，是人、机、料、法、环的管理。劳动者、管理者、机器、原料、规章制度、环境，哪一项也离不开你现场管理，你现场规章制度能不能得到有效的贯彻落实。比如说这个会场写上“禁止吸烟”，结果与会者还是抽，那个标志没有用，那个制度是白纸一张，得不到执行，现场随意乱丢烟头，这个素质不行。宝钢、武钢抓住一个丢烟头的，罚款十元。我们这里有没有扣钱的？我不清楚。有规章制度的话，就不准随便丢了，那是一种制度。所以说，现场管理我们可以提到更高一些，要进入市场，就必须外抓市场，内抓管理，从这个高度来看也不错，从我们执行 ISO9000 标准来看也不错，从我们精神文明建设带队伍来讲，我看也不错，所以应该把现场管理作为我们最基础的工作，这是最起码的要求。要求我们各个二级单位和有关单位，要切实重视起来，这是我要说的第一点。

我想说的第二点，现场管理包括什么内涵。昨天我在准备今天讲话时，我也思考一下，现场管理包括什么内容，我想把我的看法同大家一块讨论，现场管理应该是设备完好，跑冒滴漏应该是没有的，材料堆放，包括工具、备品备件堆放有序，现场管理搞得好的单位，工具放在哪里都是有规定的，这个吊钩放在那里，划一个白道的框框，就放在那里，生产的产品，合格品规规矩矩放好，不合格品也规规矩矩的放好，要分开放，这是 ISO9000 最起码的要求。我们说质量标准、质量保证体系，产品合格品、废品都放不好，我说你质量没有保证。我 1994 年陪法国人到现场去检查，他说你这合格品、废品都没有管理好，就很可能造成废品混到合格品中去了，那你对用户质量能保证吗？这个话有道理呀。我们鞍钢供给一汽钢板厚度就混了嘛！成品、半成品管理不好。堆放要按规定，放在固定位置上，这是第二条要求。第三条要求现场环境要清洁，要文明，你不能乱丢垃圾，该丢的要丢到垃圾箱里面。烟头乱丢，易燃物品乱丢，就不能搞好文明生产和防火工作，你安全道堆得乱七八糟，像一薄厂安全通道堆东西，万一有事故，安全道走人走不了怎么行。第四个要求，我觉得班组应该是清洁文明的。我去过一些休息室，在座的有一些女同志，女同志在家里不洗衣服，到厂里面洗，洗完后到处乱挂，你说那文明吗？班组应该是文明的嘛。冷轧厂说，建设班组职工之家，有的还把职工的照片镶到班组的镜框里面，都是大家庭的成员，像个大家庭的样子。第五个方面现场管理制度必须规范，必须得到遵守执行。例如我们进厂，必须做好“两穿一戴”，就是请你戴好安全帽，穿好安全服，穿好安全鞋。这个制度你执行没有？你没有执行不能说你现场管理很好。高标准严要求的话，现场管理还应该有一个色彩管理，我现在还没有要求各个单位去做，国家有彩色标准，安全围栏应该是一段黄的、一段黑的，氧气管道应该是浅蓝的，蒸气管道应该是红的，管道不是随便涂色，是应该有规定的，现场管理应该符合这个要求。现场管理高标准严要求应该包括这几个方面。但我说现场管理还有很大的差距，我最近去了半连轧，尽管半连轧也是先进单位，我看还有差距，差距在哪里，物料堆放不整齐，没有一定的管理制度，从这一点看，半连轧还有差距，这是我说的第二个问题。

我要说的第三点是，怎么才能搞好现场管理。我认为，现场管理要搞好不难，要做到领导重视，群众参与，我看这是第一个条件。领导要重视，没有办不到的事情，你要是不重视，就觉得无所谓，那你根本不可能搞好。另外，就叫群众参与。群众不参与那就完了，现在有的厂有清洁队，但光靠清洁队不解决问题。我有这样的切身体验，你前面清扫，他后面破坏，破坏还比清扫来得快，你前面清扫，后面丢得乱七八糟，没有用。我们要遵守现场管理规章制度，决不是说少数几个人搞一搞就行了，这是第一条。第二，要责任明确，要从严考核，光是大家重视还不行，还要有效地把大家都组织起来，就要责任明确，张三是干什么的，李四是干什么的，要规定清楚。我看鞍山市扫雪这个责任制就明确，要设立必要的制度，然后考核要从严。第三，要加强教育宣传，提高我们全体职工对这项工作的认识，现场管理好，最根本的是思想管理好，以人为本就体现了这一点。大家都积极地遵守制度，积极地参与和爱护。我想抓住这几个方面，就可以把现场管理搞好。

最后，我想说一下现场管理怎么搞，我想提一下我个人的意见。公司作了全面部署，我完全同意。我想再强调一下，我想这项工作泛泛地说不行。现场管理下决心每季度开一次会，开一次现场经验交流会，除一年一度这样的总结会以外，我想最好在现场开。开展现场管理“树旗达标”活动，“树旗达标”验收要自己单位先报名，够标准了，自己可以提出申请，公司检查合格后，然后我们授予红旗单位，给予必要的奖励，包括精神奖励和物质奖励。把现场管理纳入到每个单位的评先进活动，作为标准之一，也作为考核领导班子的政绩之一。要提高认识高度，如果说一个班子是个好班子，现场管理也不能搞得一塌糊涂。公司全面检查，差的单位，限期达标，再搞不好，我们就组织到他那开现场会，组织大家去帮助他，推动他来搞。我们把现场管理同今年公司升级活动，同贯标和 ISO9000 结合起来，把现场管理作为企业升级活动的一部分，制定出明确的标准，明确提出现场管理必须要达到什么样的水平，什么样的企业管理标准。最后我想每个季度是不是评选一次，然后见报，在鞍钢日报上公布评比结果。总之我说要把现场管理作为一项很重要的工作来抓，不是说可有可无的工作，我相信只要我们大家都重视起来，鞍钢现场管理是可以搞好的。我相信我们鞍钢经过大家共同努力，是能够搞好现场管理的，能够建设成一个文明、卫生、良好的生产环境，大家生活工作在这样的一个环境中会感到光荣和自豪。

“贯标”是建立科学企业管理模式的必由之路

1996年4月25日

鞍钢为什么要实施“贯标”？首先让我们重温一下江泽民总书记在上海、长春召开的企业座谈会上的讲话。正如党的十四届三中全会所指出的，国有大中型企业的改革方向就是要建立现代企业制度，这是发展社会化大生产和市场经济的必然要求。现代企业制度概括为十六个字：产权清晰、权责明确、政企分开、管理科学。结合鞍钢实际所推出的一系列改革措施，如精干主体，分离辅助，加强企业管理，加强经济责任制，以点检定修为主体的设备维护体制，作业长体制，以及这次“贯标”，都是围绕党中央、国务院指出的企业改革方向进行的。我们知道，ISO9000系列标准是国际标准化组织提出的国际贸易的质量管理和质量保证体系，通过第三方认证来证明企业具有持续稳定的生产符合标准要求的产品的能力，使购买者相信买到的产品其质量是可靠的。它是国内外企业多年管理经验的总结，是企业管理科学化的基本要求。所以，鞍钢“贯标”就是要在全公司范围内建立科学的企业管理体系，这是建立现代企业制度的需要，是企业走质量效益型发展道路的需要，是搞好国有特大型企业的需要。

“贯标”工作的关键在两个方面。一是各级领导要重视。“贯标”不仅仅是抓企业管理，是产品质量部门的责任，建立文件化质量保证体系涉及到企业的体制、机构、部门职能等各个方面，没有各级领导的重视是不行的。所谓文件化质量保证体系，是指产品质量保证的各个环节都以文件的形式描述、规范下来，并建立制度。“贯标”关键的另一方面，是广大职工要全员参与。要按照我们制订的文件化质量保证体系，去认真贯彻执行，这是涉及到企业每个人的事情。

至于“贯标”工作的重点，我认为是加强基础管理工作，包括计量管理、定额管理、原始记录等等。加强基础工作，我认为是“贯标”工作的难点。现在我们的基础工作差距很大。

在这项工作中还要注意防止几种错误倾向。要以ISO9000系列标准为指导，结合鞍钢实际制定文件化标准体系，然后再到实践中不断完善。它不是权宜之计，它只有开始，没有结束。基于这种认识，“贯标”工作要避免马虎草率行事，不能在没摸透实际的情况下就急忙建立文件化体系，也要避免过分追求完善，使规划不能及时出台和实施。

关于“贯标”与全面质量管理的关系，应视为是从两个不同侧面完成一件事情。全面质量管理是要求我们全员参加到质量管理中来，是企业自发要求的行为。“贯标”是站在用户的立场由第三方给企业以认证，是市场和用户要求企业必须达到的基本要求。二者的目的是一致的，就是要建立完整的质量管理和质量保证体系。

最后要说的是“贯标”与企业管理的关系。ISO9000系列标准是质量管理和质量保证体系，是科学的规律、道理和基本要求，对我们企业管理是适用的。但是，它本身不能代替企业管理。因此我们强调提出，要以“贯标”为契机加强企业管理。

做好科技和质量工作，促进鞍钢振兴

1996 年 6 月 19 日

一、从加快实现“两个根本性转变”的高度着眼，深刻认识做好企业科技质量工作的重大意义

1995 年以来，我们的科技、质量工作进入了一个极为重要的发展时期。党的十四届五中全会提出了以实现“两个根本性转变”为中心内容的“‘九五’计划和 2010 年远景规划”，党中央、国务院颁布了“关于加速科学技术进步的决定”，冶金部召开了全国冶金科技大会和全国冶金质量工作会议，这些都对做好全国和行业的科技质量工作提出了目标和要求。“科学技术是第一生产力”，科技和质量是经济发展的关键，科技和质量关系到民族兴衰和现代化建设事业的成败，这些观点已经成为全社会的共识。在此期间，鞍钢认真贯彻党的十四届五中全会精神，按照加速实现“两个根本性转变”的要求，以增强市场竞争力和提高经济效益为目的，切实加强科技和质量工作，科技成果转化为生产力的力度明显加大，品种结构有所改善，产品质量保持稳定提高，为鞍钢走质量效益型发展道路奠定了良好基础。这是鞍钢全体职工和广大科技、质量工作战线上的同志辛勤工作的结果，应该对他们做出的努力和贡献给予肯定。

在总结经验、肯定成绩的时候，我们应当保持冷静的头脑，看到我们在科技、质量工作上存在的差距。如，现在鞍钢在产品质量、品种方面存在的问题还十分明显，高附加值产品少，效益水平不高，严重影响了企业的市场竞争力。在 1995 年度冶金钢铁企业单项指标排序中，我们的销售利润率位居第 40 位，流动资金周转次数位居第 80 位，吨钢综合能耗位居第 23 位，连铸比位居第 47 位。这种状况是与我们大企业的地位和形象不相称的，是与加速实现“两个根本性转变”的要求不相称的，是与增强企业在国内外市场竞争能力的要求不相称的。要扭转这个被动局面，必须从加快实现“两个根本性转变”的高度着眼，自觉地把科技和质量工作摆在企业各项总体工作的突出位置。转变经济增长方式，最根本的是要靠科技进步提高生产经营的运行质量和效益，实现从粗放型向集约型、从外延型向内涵型、从数量速度型向质量效益型的转变。因此，我们各级干部和广大职工一定要认识到，要保证鞍钢在国内外的激烈竞争中取得更加主动的地位，就必须比任何时候都更加重视科技、质量工作，这是鞍钢经济发展战略的重大转变，也是历史的必然选择。

二、正确把握科技质量工作的重点，在提高企业经济效益和增强市场竞争力上狠下功夫

江泽民同志曾经指出：“现代国际间的竞争，说到底是综合国力的竞争，关键是科学技术的竞争”。我们应当看到，科学技术已成为推动现代经济发展最重要的动力；提高产品的科技含量，已成为提高企业综合经济效益的重要途径。产品在市场上有没有竞

本文是作者在鞍钢科技质量工作会议上的讲话，此次公开出版略有删节。

争力以及竞争力的大小，关键在于产品中的技术含量高低。鞍钢从产量规模上看，应该是比较高的，但效益并不高，主要是高附加值产品少，产品技术含量低，一旦市场有点波动，这种低技术含量的产品就会受到很大影响。因此，在今后的工作中，我们要按照党中央、国务院领导同志有关技术创新工作的指示精神，大力开展技术创新工作，以产品为龙头，以效益为中心，加速技术开发和科技成果转化，推动经济增长方式的转变，提高经济增长的整体素质和效益。

鞍钢去年以来下大力气改善品种质量，使系统降硫和钢种命中率等工序实物质量明显改善。如 1995 年型材综合定尺率比 1994 年提高 8 个百分点，今年一季度又比去年同期提高 10 个百分点，创下了历史最好水平。但是我们应当看到，按市场经济的要求，我们的产品质量仍存在许多问题，废品和不良品仍然很多，严重影响了经济效益的提高。必须看到，实现经济增长方式向集约型转变，主要包括两项内容，一是通过技术进步和科学管理降低消耗，实现经济增长，二是通过提高生产要素的质量来提高产品的质量和附加值，从而获得更好的经济效益。由此可见，走质量效益型发展道路，提高产品质量是关键。我们要坚持这条发展道路，尽快从根本上摆脱高投入、高消耗、低产出、低质量、低效益的发展模式，增强企业对市场的适应能力，最终赢得市场的胜利。

要做好贯标和质量认证工作，实现质量管理与国际惯例接轨。去年，鞍钢积极按国际惯例申办质量认可，使型钢和板钢两大类、23 个品种、1889 个规模的造船用钢得到了通往国际和国内市场的通行证。今后，我们要把全方位贯彻 ISO9000 标准作为强化企业管理的一项重要内容，把贯标工作与完善经济责任制和岗位责任制进一步结合起来，不断强化质量管理基础工作；进一步完善重点工艺技术。这样，我们就能提高质量，增加效益，就能取得用户和市场的信任。

要大力推广新技术，加速科技成果转化。科学技术是生产力，而且是第一生产力。但是，并不是有了先进的科学技术，经济就会自然而然地得到发展，只有实现了经济与科技的有机结合，使科技与经济融为一体，才能真正发挥科技是第一生产力的作用，这也是我们实现经济增长方式由粗放型向集约型转变的关键所在。去年以来，鞍钢在科技成果向现实生产力转化方面取得了一定成效，科技成果转化效益、降耗增益、质量增效都超过了公司下达的指标，科技成果成为推动企业发展的巨大动力，但是同先进企业相比，我们科技进步的作用还远远没有发挥出来，下一步还是要在这方面大挖潜力。

三、不断深化完善科技、质量工作管理体制改革，进一步落实各级科技、质量工作责任制，建立有效的激励机制和约束机制，充分发挥科技人员的积极性

为了适应社会主义市场经济的新要求，针对鞍钢的实际情况，我们对科技、质量管理体制进行了改革，将原质量部的主要管理职能划归科技部，理顺了质量立法与执法检查的关系，并组建了鞍钢技术中心，使科研和生产得到了进一步的有效结合。为了使改革后的鞍钢科技和质量工作管理体制真正发挥作用，要抓好以下几个方面工作。

一是教育广大科技质量工作者转变观念，树立克服困难，依靠自己的力量建设、改造出一个新鞍钢的信心和决心。去年以来，在全体干部职工的艰苦努力下，我们经受住了市场经济的考验，在困难中迈出了坚实的一步。回过头来看一下，我们为什么有这么多的困难，原因之一就是技术装备水平比较落后，造成我们产品质量低下。如，目前生产的钢材占鞍钢钢材总产量近一半的半连轧轧机是国内落后的一套轧机，生产的产品同宝钢同类产品相比，每吨价格低600～700元，同武钢相比也低300～500元。因此，鞍钢不进行技术改造就没有出路。但是，像宝钢那样用大量的资金去购买国外的成套设备，我们没有那样的实力，完全依赖国家给鞍钢大量的投资也不现实。当然在我们的争取下，国家也给予了我们一些政策，但是我想更主要的是要依靠我们自己。我们的技术改造要花钱少、效果好、水平高、起点高，走这样一条道路。这就给我们全体职工特别是科技质量工作者提出了这样一个课题：那就是依靠我们自己的力量建设、改造出一个新鞍钢。今后凡是能够自己搞的，都要立足于自己，就是说我们要少花钱，多办事，干高水平的事。当然，我们干不了的事，也要实事求是，该买的就要买，但是自己能干的事要多干。

二是要建立各级工作责任制，形成激励机制和约束机制，激发和调动科技、质量工作人员的积极性。要制定工作量化考核指标体系，落实行之有效的鼓励政策，使科技、质量工作人员的切身利益同他们对企业科技进步的贡献挂钩。同时要建立定期检查考核制度，进一步落实各级科技质量工作责任制。还要在全体职工中形成一种人人学技术，人人学知识这样一种风气，造就一种尊重知识，尊重人才的新风尚，使人们感到有知识、学技术光荣，那么我们鞍钢的人才就会脱颖而出，鞍钢的发展就大有希望。

三是要教育和引导广大科技、质量工作者树立正确的世界观、人生观和价值观。我们要依靠科技、质量来振兴鞍钢，要依靠技术进步来振兴鞍钢，为在座的同志们都提供了一个很好的施展才华的机遇，人生能有几回搏，我们每一名职工都应在振兴鞍钢的大潮中实现自身的价值，实现自己的理想。科技、质量工作者要把振兴鞍钢作为自己的责任，要成为主力军。科技、质量工作者要正确对待周围的同志，正确对待自己。有人说，越是知识分子集中的地方问题越多，越搞不好团结。这个说法是不对的。但也确有一些同志在人生观和价值观上存在着一定程度的扭曲。我在武钢兼总工程师时，曾收到很多信，都是在扯成果，说什么那个成果应该把我的名字放在第一位，他的名字应该放在第二位，扯来扯去，有的扯了十多年，你有扯的这个时间，第二个成果也该出来了。产生这样的问题，从主观上讲就是没有形成正确的人生观和价值观，不能正确对待同志，不能正确对待自己，这样做的结果势必是一事无成。因此，借此机会，向鞍钢的科技、质量工作者提出一个要求，希望你们努力学习科学文化知识，开阔视野，陶冶情操，树立起正确的世界观、人生观和价值观，正确对待鞍钢，正确对待科技、质量工作，同时也正确对待自己，把鞍钢的兴衰和实现自身的价值紧密结合起来，为鞍钢加速实现“两个根本性转变”做出应有的贡献。

转变观念拓市场　转变思路求发展

1997年1月

1996年是鞍钢经受新的严峻考验的一年，由于市场变化和上游产品涨价等因素，鞍钢又一次面临着如何在困难的情况下生存发展的问题。一年来，我们坚定做好鞍钢工作的信心和决心，把做好鞍钢工作与搞好国有企业的历史责任紧紧地联在一起，把做好鞍钢工作建立在相信和依靠广大职工群众的基础之上，按照两个根本性转变的要求，深入学习邯钢经验，继续转变思想观念，外抓市场，内抓管理，狠降成本，取得了不错的效果，全年硬碰硬消化减利因素23.3亿元。全年生产钢860.12万吨、生铁845.76万吨、钢材643.13万吨，均创了历史新水平。全年钢材产销率可达到101.6%。实现销售收入196亿元，比上年增长5.38%；实现利税27.5亿元，比上年增加5.11亿元，增长22.82%；实现利润3.5亿元。可比产品成本降低了7.24亿元，降低率4.8%。

我们主要做了以下几项工作：

一是狠抓了转变观念

1995年以来鞍钢的各项工作就是不断转变观念、更新认识的过程。1996年我们继续从转变思想观念入手，抓住在市场经济条件下"如何振兴鞍钢"这个重大现实课题，开展了群众性的大讨论活动，发动广大职工查摆工作上与加快两个根本转变不相适应的问题和差距，理清思路，明确方向。通过大讨论，深化了前年"8·29"干部大会以来解放思想、转变观念的成果，形成了在市场经济条件下搞好鞍钢工作的新观念和新共识，如树立了重质量、靠品种和以信誉占领市场的观念；树立了"下道工序就是市场"的整体效益观念；树立了"成本界限是企业的生命线，成本不降振兴无望"的观念；树立了按有效劳动进行分配的观念；树立了"岗位也是市场，用人看业绩，上岗靠竞争，收入靠贡献"的观念，等等。

二是转上质量效益型发展道路

鞍钢广大职工尝到过失去市场的滋味，所以深刻认识到在大力提高产品质量、优化品种结构、降低产品成本和改进营销工作上下功夫，是提高企业市场竞争力和扩大产品市场占有率的重要方面，从而坚定了走质量效益型道路的决心。

首先是进一步加大质量工作的力度

我们在全公司提出了"不合格原料不入厂，不合格中间品不下送，不合格产品不出厂"的原则，以实现废品不良品减半为主攻目标，进一步严肃了质量考核，严格执行质量否决权。1996年26项主要质量指标有25项完成计划，18项比上年有改进和提高，实现质量增利1.25亿元。

本文发表在《冶金管理》，1997(1)：8~9。

第二是进一步加大调整品种结构的力度

按照“增畅、抑滞、限平、停亏”的原则，积极增产船板、硬线、薄板等市场畅销品种和专用材，对扭亏无望的产品采取了限、停措施。全年共调整品种43个，增产高效品种52万吨，实现品种增利6500万元；开发新钢种31个，试制新品种52个，推广新产品66项，新增效益3000万元。

第三是采取多种有力措施，大力降低各种消耗

经过努力，1996年一些主要技术经济指标均创出了历史最好水平，如炼铁入炉焦比达到了467千克/吨，喷吹煤粉达到了93千克/吨，转炉钢铁料消耗达到了1106千克/吨。此外，以煤代油、调峰发电和减少上网电量等节能降耗措施在降低成本、增加效益中也发挥了重要作用。

第四是改革销售机制，大力促进产品销售

我们选择有资信的国有经贸公司实行代理制，运作了11个国家级代理、9个企业代理和12个专项代理；同时，还与信誉好、需求稳定的80多个企业确立了产品直供关系，从而稳定了销售主渠道。

三是在技术改造上转换了思路

学习邯钢经验使我们认识到，企业要提高经济效益，降低产品成本，必须大力推进技术进步，走内涵式扩大再生产的道路。鞍钢不改造就没有出路，这已成为全公司上下的共识。然而鞍钢目前负担沉重，搞大规模的技术改造又无力承受。这使我们认识到，鞍钢在技术改造上必须探索出一条比别的企业起点更高、花钱更少、效益更好、达产更快的路子来，只有这样才能实现滚动发展，不断壮大企业实力和发展后劲。为此，我们提出了“高起点、高效益、低投入、快达产”的技术改造方针，并付诸实施。比如，三炼钢厂2号板坯连铸机工程于去年4月28日开工，目前已具备设备安装条件，今年底建成投产，投资将比国内同类工程降低近三分之一；一炼钢厂“平改转”工程已于去年10月15日正式开工，在不停产、少减产的情况下，将用半年时间建成3座转炉，投入的1.7亿元将在投产两年内收回。同时，根据国务院领导的批示，我们还积极开展了发行H股和A股股票在境内外上市的准备工作，组建了鞍钢板线材股份有限公司，为加速鞍钢技术改造探索新途径。

在积极创造条件推进“九五”技术改造规划实施的同时，还下大力气狠抓“七五”以来建成的重点项目的达产达标，通过采取组织生产、设备、科技等部门和生产厂开展攻关，解决原料、设备和技术上存在的问题，以及制定激励政策等综合配套措施，使鞍钢“七五”以来建成项目达产达标取得了突破性进展。1996年，烧结总厂新三烧和球团平均日产分别达到年产505.58万吨和210.84万吨水平，分别超设计水平15.58万吨和20.84万吨；炼铁厂10号和11号两大高炉今年以来保持高产势头，高炉利用系数基本保持在1.9~2.0之间；三炼钢厂大连铸平均日产相当于年产200万吨水平，超核定能力15.5万吨；冷轧厂平均日产相当于年产89万吨水平，大大超过了年产80万吨的达产达标要求。从6月份开始厚板厂也实现了达产达标，月产达7.2万吨，相当于年产85万吨水平。至此，鞍钢“七五”以来建成的7个较大技改项目都实现了达产达标。这不但为完成全年生产经营任务提供了重要保证，而且对鞍钢的长远发展也将起到重要的促进作用。

推动科技进步，向产品质量要效益

1997 年 2 月 20 日

一、必须进一步认清鞍钢当前面临的形势，增强依靠科技进步提高企业市场竞争力的紧迫感和危机感

当前，鞍钢的生产经营形势非常严峻。面临着外部原燃材料和能源运输涨价，而钢材价格下跌的不利情况。据测算，今年鞍钢要在去年已经消化掉 21. 32 亿元减利因素的情况下，再消化 14. 6 亿元的减利因素。1 月份我们鞍钢钢材的平均销售价格仅为 2576. 59 元/吨，比去年上半年平均售价低了 94. 14 元/吨。加上 1 月份大风雪的影响，1 月份我们实际上亏损了 1 亿多元。这给我们完成全年生产经营任务带来了新的困难和很大难度。要实现职代会确定的今年生产经营目标，完成实现利润 8000 万元的任务，还要增提 3 个亿的折旧搞改造，我们面临的挑战非常严峻。今年鞍钢在生产规模上和去年是差不多的，但要消化的减利因素和克服的严重困难，在力度上比去年要大得多。要实现今年的生产经营目标，不断提高我们的经济效益，关键还在于依靠科学技术。可以说，鞍钢要想在市场竞争中求生存求发展，最根本的出路就在于依靠科技进步，提高产品的质量和档次，增加高技术含量和高附加值产品。关于这个问题，不久前，李鹏总理在视察鞍钢时也着重指出：“鞍钢发展的核心问题是品种、质量问题。宝钢的效益比鞍钢好，是品种、质量的原因”，他还特别强调：“鞍钢要坚持抓产品，抓产品质量，从数量型向效益型转变”。所以说，面对国内外市场的激烈竞争，我们必须要有危机感、紧迫感和忧患意识，要认识到，只有依靠科技进步，不断采用新技术、新工艺，不断建立和完善符合鞍钢实际的先进的质量管理体系，我们才能生产出在国内外市场叫得响的产品，才能降低我们的各种消耗和成本，才能加快实现两个根本性转变，从根本上提高企业的市场竞争力，我们的经济效益才能提高。

二、必须紧紧围绕实现全年生产经营目标和提高企业市场竞争力，向科技质量工作要效益

邓小平同志早就指出：“科学技术是第一生产力”。在市场经济条件下要做好企业的科技质量工作，关键是面向市场竞争，面向生产一线，紧紧围绕实现企业的生产经营目标和提高企业市场竞争力，向科技要效益，向质量要效益。强调以下几点：

*一是要充分认识鞍钢在产品质量上存在的差距，进一步下功夫提高产品质量。*近年来，鞍钢在提高产品质量上做了大量工作，取得一些成绩。但是，必须清醒地看到，鞍钢的产品质量与国内先进企业相比，仍然有很大的差距。我们的冷、热轧卷板，比武钢、宝钢的产品在市场上每吨售价要低几百元钱。即使这样，销售形势仍然不好。为什么呢，就是我们的产品无论是在外观上，还是在性能上都无法与人家的质量相比。另一方面，我们的废品率非常高，成材率低。1996 年我们狠抓了废品、不良品减半工

本文是作者在鞍钢科技质量工作会议上的讲话，此次公开出版略有删节。

作，使全年废品、不良品比1995年减少了40.01万吨，创效1.09亿元。但1996年仍有近100万吨的废品和不良品，经济损失近3亿元。再加上我们因产品质量原因在售价上所做的让步，损失是十分惊人的。这非常不利于我们企业在市场上的竞争力。为了彻底解决质量问题，我们在技术改造上做了大量工作，比如半连轧总体改造就投入了60多亿元。但是，在质量问题上，还必须利用现有条件，充分挖掘潜力。实践证明，只要我们在设备维护、工艺操作、现场管理、短平快技术措施等方面下功夫，增强责任心，完全可以在现有条件下把质量搞得更好。1996年的废品、不良品减半就是在这样的条件下，靠大家的力量，群策群力创造的。所以，要在增强搞好质量工作的紧迫感和危机感的同时，增强利用现有条件搞好质量工作的自信心，下功夫下力量提高鞍钢产品的实物质量。

二是要下大力气调整产品结构，努力增产适销对路、高附加值产品。长期以来，鞍钢缺乏一种开发、生产高技术含量、高附加值产品的一条龙机制。这是我们在市场上竞争力弱，经不起风浪冲击的根本原因。正如温家宝同志所指出的那样："市场竞争，最直接的是产品的竞争。市场的开拓，也取决于产品的质量和价格。谁拥有竞争力强的产品，谁就处于主动"。现在的钢材市场总体上看是买方市场，但真正的名牌产品，高附加值产品有些是供不应求的。比如优质薄板，一直是俏销产品，国内现有生产能力仍不能满足市场需求。市场是无情的，滞销的产品，你辛辛苦苦地生产出来，即使是降价，也只能压在库里，造成浪费，加剧自己的困难。所以，我们必须下大决心根据市场变化，以科技为龙头，及时调整产品结构，"增畅、抑滞、限平"，不断开发、生产具有鞍钢特色的系列拳头产品，不断优化品种结构，这是市场逼出来的，也是鞍钢生存的需要。

三是要依靠科技进步提高技术经济指标，争创同行业先进水平。鞍钢的主要技术经济指标有些在全国同行业中一直是比较落后的，这是我们的产品成本一直居高不下的根本原因，也是我们科技水平低的体现。所以，一定要依靠科技进步，通过采用新技术、新工艺，多上一些投入少、见效快、效益明显的降耗技术措施。只要技术水平上去了，各种技术经济指标就会大幅度改善。在这一点上，要充分发挥广大技术人员和职工的积极性和聪明才智，组织方方面面力量围绕降耗开展攻关。要立足现有技术装备条件，立足现有技术力量，通过大力开展群众性的"两革一化"活动，不断挖掘现有技术装备潜力，在少花钱或不花钱的情况下创造新的更大的效益。公司有关部门也要在考核上给予支持，以尽快解决这方面的技术难题，改善技术经济指标，为降低成本，增强市场竞争力创造条件。

四是要加快建立形成科技成果转化为生产力的机制，充分发挥科技是第一生产力的作用。我们要充分利用鞍钢自身的科技力量，不断增强技术开发能力。在这方面，我们有自己的人才优势，鞍钢有一支技术精湛、经验丰富、思想作风过硬的科技队伍；也曾经自己解决过许多重大技术问题。例如这次半连轧改造中的大部分计算机控制软件就是由鞍钢自己的技术人员完成的。因此，只要我们增强信心，把自身的条件利用好，把蕴藏在广大科技人员中的积极性、主动性、创造性充分挖掘出来，就会把鞍钢的技术水平不断推向前进。要紧紧围绕生产和改造实际，下大力气抓好科技成果转化，转变经济增长方式。科技成果必须经过一个转化过程，特别是企业的科技工作，只有同企业生产和改造实际相结合，才能真正发挥科技是第一生产力的作用，为企业加速实现两个根本性转变服务。科技成果转化率低，应用推广进展较慢，是当前鞍钢科技工作存在的一个问题，也是科技工作与市场情况、生产经营结合得不够紧密的具体表现，这种状况远远不能适应鞍钢发展的需要。应该面向市场搞开发，按照市场需求，确立科技攻关课题；根据市场前景制定科技开发规划；适应市场变化，调整科技主攻方向等等。科研部门与生产厂要紧密配合，加强协作。生产厂要在生产组织上重视和加强科技成果的运用。对已鉴定尚未推广应用的科研成果，要加速转化工作，加大推广力度，对一时还不能转化的要抓紧半工业试验，要尽可能提高科研与生产经营的结合度，促进科研与生产的协调发展。

要实现振兴鞍钢、再创辉煌的目标，从事科技质量工作的同志身上肩负着很重的担子，希望你们继续努力，全身心地投入到鞍钢的科技质量工作中去，为提高鞍钢的市场竞争力，做出新的贡献。

加强设备管理工作，提高竞争水平，创造更好效益

1997 年 2 月 27 日

一、市场经济条件下，关键是要提高企业市场竞争能力，使企业不断地发展壮大，使职工生活水平不断提高

企业的市场竞争能力究竟取决于什么？市场竞争是通过产品来竞争，产品主要靠其质量、价格及售后服务。产品的质量和价格离不开设备这个基础条件。武钢引进了1700mm 轧机，产品质量有了很大的提高。宝钢引进了一大批先进设备，产品质量也有了很大的提高。因此，产品质量的提高离不开先进设备的支持。产品的规格、品种也是与装备水平分不开的。比如炼钢的材质就是和装备水平密切相关的，不能让型钢轧机生产出薄板来。目前，半连轧的效益还比较好，但是装备水平不行。生产经营的成本和效益也离不开装备水平。平炉炼钢油耗就高，能源利用率低、成本高、钢质也差。所以，我们要提高企业的市场竞争能力，点子要打在提高装备水平，搞好设备工作上。要从提高设备工作的水平入手，提高装备水平。

二、先进技术、先进工艺是凝聚在设备之中的

我曾建议公司技术中心，除进行新产品、新技术、新工艺的研究外，一定要进行新设备研究。转炉顶底复合吹炼是通过转炉装备来体现的。溅渣补炉新工艺是通过转炉装备来体现的。提高钢质的真空处理 RH、炉外精炼、提高钢水温度的 XOB 都是通过装备来体现的。连轧机发展到现在出现了川崎 3 号，叫作无头轧制。它把精轧机之前的钢坯焊起来，连续不断地进入精轧机，可以使出口的钢板更薄，热轧厂可轧 0.8mm 的钢板。没有这样的设备，就谈不上新工艺。总之，新工艺、新技术必须和设备结合在一起。所以说，提高市场竞争力离不开设备，新工艺、新技术的推行离不开设备，要用这样的指导思想促进我们的工作，必须把技术进步、新工艺的推进和装备水平的提高紧密地结合在一起。只有这样，我们才能主动，否则会处处被动。最近，许多专家，包括武钢都来学我们的平炉改转炉。首钢很有影响的炼钢专家，他看了平炉改转炉，觉得非常可喜，非常受鼓舞。什么原因呢？就是因为我们用转炉的先进工艺结合目前的平炉设备搞改造。因此，我们必须把工艺水平的提高、科技进步、新产品的开发和装备水平紧密地结合在一起。这是我们搞好设备工作的很重要的指导思想。尽管我们过去搞改造欠账多，装备水平落后，但是应该通过我们的工作，把先进技术、先进工艺和装备水平结合在一起，提高市场竞争能力。这一条要坚定不移地贯穿到今后工作之中。

本文是作者在鞍钢 1997 年设备工作会议上的讲话，此次公开出版略有删节。

三、如何提高装备水平，如何将先进工艺、先进技术与装备水平结合起来

我想有这么几个方面的事需要做。一是深入学习，紧跟世界上的先进技术、先进工艺、先进装备。我们对先进技术、先进工艺的了解和掌握上有一定的条件，比如炼钢上的真空处理 RH。我们的机关、设备管理部门、计划部、技术中心应该在这方面走在前面，了解世界的先进技术、先进工艺、先进产品、先进装备。二是把先进技术和工艺与自己的实际情况结合起来，抓住有效的、精髓的部分。泛泛地学不科学，也没有那么多钱。像宝钢那样全都买，我们办不到。我们必须抓住关键的部位，如平炉改转炉。我们新建的转炉不落后，1 号转炉已经起来了。三是结合设备大修、年修及维修搞改造，提高装备水平。我们要走出一条投资少、起点高、高效益、快产出的路。振兴鞍钢，再创辉煌，必须实实在在地提高装备水平。发挥我们的聪明才智吃透先进技术、先进工艺，并与自己的条件紧密结合起来，闯出一条投资少、效益好的路子。把我们的有限资金，不管改造资金、大修资金或维修资金，能结合起来的就结合起来。三炼钢、中板厂走出了这条路子。中板厂没有花多少钱，却取得了很好的效益，把先进技术、先进工艺同自己的装备水平结合在一起，我觉得是很可喜的。请同志们认真研究一下，自己在这方面有多大差距。我想每个单位，都有这方面工作的潜力，就看你是否开动脑筋。只有把先进的东西与装备水平结合起来，才会取得较好的成效。

四、在市场经济条件下，如何搞好设备工作

关于这方面有三个要点：一是要有一个好的机制，要做到“产权清晰、权责明确、政企分开、管理科学”。按现代企业制度的要求，在产权清晰、权责明确上下功夫，在科学管理上下功夫。炼铁厂点检作业长制就是这样的机制。去年炼铁厂在这方面尝到了甜头，使高炉作业率大幅度提高。其他单位想一想，你们为什么做不到。我想都应该能做到。炼钢能做到，轧钢厂更应该做到。轧钢主要是在设备上作文章。所以，点检作业长制是保证我们装备水平不断提高，技术不断更新，工艺水平不断提高的机制，我们必须实行这种体制。凡是没有推行以点检作业长为责任主体的点检定修制的单位，回去都要认真地研究一下。兄弟企业有先进例子，兄弟厂有先进例子，为什么我们没有推行，或者是迫于压力，形式上推行，实质上没有推行。二是必须有一支高水平的技术队伍、职工队伍。设备是死的人是活的，我们不能被设备牵着走，而要征服设备，使设备被人驾驭。先进的人可以维护落后的设备，并使其不断先进，反过来先进设备被落后的人掌握会越来越落后。所以高水平、高技术的队伍对企业至关重要。那么先进队伍怎样才能培养出来呢？我想应该有一个使人才辈出的机制。领导要以身作则，职工要加强技术培训、技术训练。要有一定的环境、一定的气氛使先进人物不断涌现出来。今天，我们表彰了一些先进单位，这是很好的激励。开展练兵不可缺少，除了练硬功夫外，还应该练些活的功夫。立一些活的课题，让职工解决。三是先进技术、先进工艺、先进的产品必须同先进的装备结合在一起。要把提高经济效益和提高设备水平结合在一起；要把提高产品质量、改善产品品种与设备工作结合在一起。今天上午我们讨论二字号品种结构的调整，那种从产量出发的观念，亏损的产品还要多生产的观念要不得。必须树立效益观念，产品质量的提高及规格的调整也要和设备改进结合在一起。

解放思想　抓住机遇　深化改革

1997 年 10 月

党的十五大是在我国改革开放和社会主义现代化建设事业承前启后、继往开来的关键时期召开的一次历史性会议。会议把加快推进国有企业改革作为一个重要议题。作为国有企业的一名代表，参加这次会议，学习会议的精神，我的心情无比振奋。江泽民同志在报告中强调，“国有企业是我国国民经济的支柱。搞好国有企业的改革，对建立社会主义市场经济体制和巩固社会主义制度，具有极为重要的意义。”认真按照十五大确定的国有企业改革的方向、目标和任务，大力推进企业的各项改革，是摆在国有企业面前的一项十分紧迫的任务，紧密联系本企业实际，把各项改革推向前进，是国有企业广大党员、干部和职工学习、贯彻、落实十五大精神的落脚点。

从鞍钢的情况看，加快推进企业改革的步伐，我们还必须进一步解决好以下几方面的问题：

一是要用十五大精神推动思想的进一步解放和观念的进一步转变。推进国有企业改革必须以解放思想、转变观念为先导，这是我们鞍钢近两年来改革实践的深刻体会。两年来，如果没有思想的解放，观念的转变，鞍钢就不会有“精干主体，分离辅助”的总体改革方案的顺利实施，也不会有“按有效劳动进行分配”这一改革的全面推开。但必须看到，目前，我们思想观念转变的程度与加快推进国有企业改革的要求相比，还有很大的差距，尤其是在姓公姓私、择业观念问题上等，需要我们进一步摆脱思想束缚，为改革提供保证。

二是要按照十五大的要求，进一步增强加快推进企业改革的紧迫感。党中央把加快推进国有企业改革作为经济体制改革的重点，这对鞍钢来说是一个难得的机遇。我们必须积极主动地抓住这个机遇，不等不靠，眼睛向内，从实际出发，探索出适应市场要求的管理模式和企业运行机制。

三是要以市场为导向，把改革、改组、改造和加强管理结合起来。通过深化改革，形成对市场信息反应灵敏，精干高效的组织结构，适应市场竞争的产业结构和产品结构；继续探索股份制等有效的改造资金筹集方式，形成面向市场的技术创新和产品开发机制；把管理改革与加强管理结合起来，向管理要效益，向管理要生产力；进一步深化和完善“精干主体，分离辅助”的改革，“按有效劳动分配”的分配制度改革，形成优胜劣汰的竞争机制。

四是要进一步加强党的建设。尤其是要把我们鞍钢的各级领导班子建设成为坚决贯彻党的基本理论和基本路线，全心全意为人民服务，具有驾驭市场经济的能力，团结坚强的领导集体。这是鞍钢工作能否搞好的重要组织保证。

现在，距离实现党的十五大提出的到 20 世纪末大多数国有企业初步建立现代企业制度，经营状况明显改善的工作目标已经时间不多了，但从鞍钢的实践看，只要我们坚定信心，勇于探索，扎实努力，就一定能够实现党的十五大提出的国有企业改革目标，开创鞍钢改革和发展的新局面。

本文发表在《冶金政工研究》，1997(5)：10 ~ 11。

深化改革　加速改造　降低成本　提高市场竞争力　为鞍钢三年实现初步振兴打下坚实基础

1998年1月

我们1997年面对的形势是非常严峻的。主要表现在以下几个方面：第一是市场售价非常低，竞争非常激烈。1997年平均吨钢材售价降低154元。第二是税费。1997年我们税19.5亿元，银行利息14亿元，工资大约30亿元。这加在一起对我们是非常严峻的。在这样严峻的形势下，我们靠党中央的政策，靠国务院领导同志视察鞍钢的指示精神，来调动广大职工的积极性，生产经营保持了稳定的局面，改革继续深化，技术改造取得了较大的突破。全年生产钢828万吨，生铁830万吨，钢材604万吨，销售收入173亿，实现利润8000万。

1998年形势将会比1997年更加严峻，因为东南亚金融危机对我们的影响已经看到了，钢材价格现在比上年10月份又已下降50元。市场竞争更加激烈，改造又处在高峰，原燃料上游产品的涨价已成定局。在这样的形势下，我们觉得要进一步把我们的各项工作做得更细更扎实，所以我们提出1998年的工作思路是：深入学习贯彻党的十五大精神，以邓小平理论为指针，进一步解放思想，转变观念，深化改革，加速改造，提高质量，调整结构，加强管理，大力降低成本，全面提高企业市场竞争力，为鞍钢三年实现初步振兴打下坚实的基础。我们觉得要克服这些困难，必须要有新的思路，新的举措。我们1998年的工作归纳起来讲就是要实现三个新突破、六个不一样，开展两项活动。三个新突破，第一是观念上要有新突破，第二是在选人用人的机制上有新突破，第三是在发挥党组织的战斗堡垒作用和党员的先锋模范作用方面要有新突破。六个不一样，主要是分配制度应该有新的举措。两项活动，一项是提高质量的让用户满意活动，一项是算细账降成本增效益的活动。

根据这个总体思想，我们1998年有6项重点工作。

一是以学习贯彻十五大、如何深化改革、提高市场竞争力为主题，开展新一轮的解放思想转变观念的大讨论，加大各项改革和结构调整的力度

我们认为，改革深入、深化从根本上讲，就是要让广大职工来参与，要提高广大职工对改革的承受能力，使广大职工理解我们深入深化改革的各项措施。因此转换广大职工的思想观念是十分重要的一个方面。所以我们就提出，学习十五大、深化改革、提高市场竞争力的大讨论，关键是围绕着从提高鞍钢市场竞争力入手，提高我们的思想认识，转变我们的思想观念。我们把鞍钢竞争力现在存在的问题实实在在地交给广大职工，动员广大职工来讨论、来研究，从而使广大职工认识到，要振兴鞍钢，必须以党的十五大为指针，进一步深化改革，树立强烈的改革意识，形成新的思维，提出新的办法，才能为鞍钢以改革推动各项工作发展奠定坚实的思想基础。

本文发表在《冶金管理》，1998(1)：10~11。

深化改革的具体措施有四点：

第一点是使分离的单位逐步形成独立法人，自主经营。我们先以鞍矿公司、机械制造公司、沈阳薄板厂为试点，来开展这项工作。1997 年分离出去的这些单位虽然已经形成了独立经营的格局，但是在资金上、在一些补贴上，还没有完全独立。所以我们想在这方面今年要有新突破。最后形成新的经济关系，母子公司之间是按照市场的价值规律，子公司提供多少产品，母公司给多少资金。

第二点是要以同行业的劳动生产率这样一个先进水平为目标，实施减人增效改革。这项改革的难度是非常大的。要深入搞好这项工作，必须建立在科学分析的基础上。就要进行岗位定员、劳动定额的测试，参照先进企业的水平，科学地制定管理人员和科技人员的配置和比例。同时和单位机构的调整结合起来，才能够做到减员比较科学合理。1997 年我们发现有这样的情况，把减员指标下达下去以后，生产一线的压力很大，但富余的一些管理部门、辅助部门并没有真正地减下来。所以在 1998 年我们采取这样一种做法，规定机关处室减员 20%，一线的减 10%。

第三点是以减少企业办社会为原则进行教育系统、医疗系统的改革，把教育系统进一步精减合并，把医院进一步减化合并。大学原来有 5 所，形成 2 所；技校原有 2 所形成 1 所，医院形成 5 个大的院，这样可以减轻企业办社会的负担。

第四点是加快发展非钢铁产业,为安置富余人员、增加新的经济增长点开辟新的渠道。主要是通过三个方面来做好这项工作:一是通过科学的论证和分析,把社会上的企业兼并联合一批,现正在对鞍山一轧钢厂、大连轧钢厂进行研讨。鞍山一轧钢厂已经签订合同,把它的一条连续型材生产线合并。大轧准备兼并;二是通过市场调查,在钢材深加工方面,建立发展一批,现在正在研究的有直缝焊管这样一些新的加工线方面;三是通过盘活资产存量,调整一批。兼并一批、发展一批、调整一批,从这三个方面来发展非钢产业。

二是在降成本上狠下功夫

主要有三个层次的工作：第一层次，就是在学邯钢上要深入扎实，逐步完善模拟市场的价格体系；第二层次是摸准各项定额，对材料、备件、工具、能源、消耗、资金、费用、劳动力等方面的定额，进行科学的测定，摸准底子；第三层次，加大从严经济责任制的考核，就是要建立成本的预算管理体系，严格资金的控制。我们觉得，价格体系、定额体系，最终都要通过资金的流动来达到我们预定的目的。没有对资金的严格控制和管理，就不可能达到我们上面设计的效果。所以建立成本预算管理体系是十分关键的。1998 年我们要在这个方面有新的突破。

三是完善经济责任制，加大分配制度的改革，切实做到奖优罚劣

这个方面的思路也是三个层次：第一层是下岗人员初步定只给生活费，包括一些保险如医疗保险、养老保险等，加在一起 350 元/月，学习兄弟企业的做法；第二层，工序成本不亏本的厂，给岗位工资；第三层，根据利润的高低，来分配奖金。

在完善经济责任制、加大分配制度改革方面，我们做到六个不一样，就是：盈利和亏损的不一样，生产水平达到核定能力的和没有达到核定能力的不一样，在岗与不在岗不一样，责任大与责任小不一样，关键创效岗位与一般岗位不一样，突出贡献与一般完成任务不一样。这六个不一样是针对各种不同的情况提出来的。我们有些生产线亏损，和盈利的不能放在一个档次上对待。生产水平与核定能力，如三炼钢设计能力316万吨，实际达到了387万吨，超产了相当大的比例。这样的厂我们要鼓励它进一步超产，进一步提高效益。因此在分配上不能一样。只有这样，才能有利于提高企业市场竞争力，有利于生产经营的发展，有利于职工生活水平的提高。

四是继续按照高起点、少投入、快产出、高效益的思路，推进技术改造

重点抓三个方面、三个层次的。第一个层次是加快二炼钢3座转炉的施工进度，要求7号、8号转炉分别在3、4月份投产，9号转炉在7月份投产。这个工程是从1997年10月开始破土动工，利用半年的时间使第一个转炉投产。这个工作是作为重点工作来抓的。就是要求在7月份，鞍钢全部告别平炉。第二个层次是向全连铸进军。今年我们要开工3台连铸机，110万吨的厚板坯连铸机、75万吨的方坯连铸机和二炼钢后的板坯连铸机，以及三炼钢的真空处理、脱硫扒渣等提高质量的项目的开工。我们希望到20世纪末，我们的连铸比达到80%以上，争取达到90%。还要加快半连轧厂改造的施工进度。这项工程1998年进入关键时期，全部完成设计任务，8月份开始设备安装，年底连轧机的牌坊要争取全部安装到位。

在这些改造项目上我们要实施项目经理负责制。上年这方面我们做得是有一些问题的，一些大项目实施了经理负责制，而一些小项目上对负责制重视不够，因此有一些小项目效果不太理想。这项工作今年我们进一步完善。我们认为，产品成本的降低，要从产品的装备投资开始就要进行成本管理。就是说要从项目的立项、建设、投资开始就得进行严格的成本控制。只有这样，投产以后才能达到比较好的效果。三炼钢的二号大连铸，1996年4月28日开始破土动工，1997年10月开始试生产，现在已经达到设计生产水平。而且一投产到现在从来不漏钢。投资6亿5，也非常省。年产200万吨，最大厚度250mm，宽度是1550mm，一机双流。这个工程就是从项目开始就实施项目经理负责制，严格控制各项投资，取得了这样好的效果。

五是要加快干部人事制度改革的步伐，建立形成新的选人用人机制

再好的管理和机制也必须要由好的人员、干部去完成，所以我们认为完成1998年鞍钢各项生产经营、改革改造任务的关键，还是在人。所以必须加快干部人事制度的改革步伐，建立一套使干部能上能下、工人能进能出、优秀人才脱颖而出的选人用人机制。我们有这么几个做法：一个是在领导干部选拔任用上进一步引入竞争机制。1997年公司机关有22个副处级以上的领导岗位，实行了公开选拔，取得了经验，收到了好的效果。在这个基础上，今年我们要扩大公开招聘、公开选拔的范围，扩大视野。第二个是要实施领导干部目标责任制。为了完成各项任务，也对干部有约束、有压力，形成一个优胜劣汰的用人机制，我们在今年推行领导干部目标责任制，总经理和副经理签订目标责任状，副经理和各部门签订目标责任状，总经理和基层厂矿的主要领导签订目标责任状，完不成任务，根据情况实施经济处罚或调离、免职等措施，形成一个能上能下的机制。第三个方面在考试与考核双考的基础上形成职工能上能下能进能出的机制。

六是要抓住骨干力量，发挥党支部的战斗堡垒作用和党员的模范作用，大力开展党支部达标创先活动和共产党员的先锋岗活动

全公司基层党支部达标率要达到95%以上，并普遍建立起党员责任区、党员先锋岗，在全公司推行党员佩戴标志上岗制度，增强党员的荣誉感和使命感，同时也便于接受职工群众的监督。

创建清洁工厂，迎接21世纪

1999年3月22日

一、为什么提出这样一个口号："创建清洁工厂，迎接21世纪"

为什么提出这样一个要求，理由有三点。一点是鞍钢进入社会主义市场经济的需要。国际上现在已提出ISO14000这样一个要求，作为一种标准制定下来。企业达不到这样一个标准，你的产品就受到进入市场的阻碍，你的产品就要被歧视，你的产品就内涵掩盖一种污染环境，污染我们的空间。所以，国际上提出了ISO14000这样一种要求，进入国际市场是这样，非贸易壁垒阻碍你的产品进入他的国家。潜台词是你污染了地球，污染了环境，对不起，不买你的产品。在国内，也提出了治理环境，保持生产环境这样一种要求，制定了环保法，以法律的形式规定了我们所生存的环境必须要达到某一标准、某一条件。

现在想起这件事情，感觉到我们抓住了机遇。去年我们消灭了平炉，改成了转炉。我们参加今年的冶金工作会议，感觉到很庆幸，因为国家提出来限产，首先要限制落后工艺，限你的平炉。如果去年我们没有进入到这班车，今年还是平炉在生产的话，首先要限你，你要停产啊！现在对环境的治理，ISO14000同样也有这样一种要求，如果我们在20世纪不解决好这个问题，不达到ISO14000的要求，21世纪我们就很难过了，过不下去了，没有我们生存的空间，没有我们产品销售的市场。所以我说这是我们鞍钢生产经营生存的需要。

第二个理由是我们自身的需要。我们生活在鞍山市的环境下，如果我们工厂的污染不解决，绿化不解决，现场管理不解决，我们有愧于我们这个社会，有愧于我们生存的这样一个环境，也有愧于我们自己。污染对冶金工厂职工和周围居民造成危害。我说再也不能让污染来危害我们的同志和周围的居民。我听说平炉改成转炉以后，铁西地区受益很大，灰尘大大减少。实际上，早就应该这样做。污染是不应该的。所以我们要献出一份爱心，首先要把自己的环境搞好，污染减少一点，这是爱心的一个表示。

第三个理由，给我们的子孙后代留下一片蓝天、清水，绿化这样一个美好的环境。同志们到北京去，都可能有这样一种感觉，北京市的天空一看就灰蒙蒙的、雾茫茫的，现在北京市已做了一系列的规定。这对我们来说也是一种警示。所以我们开展这项活动是自身生产经营的需要，进入市场经济竞争的需要，加强管理的需要，是我们自身健康工作的要求，是我们献出一份爱心的具体表现，是我们对子孙后代负责任的一个举措。还可以找出其他一些理由，但我看找不出一个理由说我们不该做这项工作，所以我想再强调一下这个问题。

二、以什么样的姿态来搞好这项工作

第一条，领导重视，包括在座的同志们和公司领导的重视。亲自过问、亲自检查、

本文是作者在鞍钢创建清洁工厂动员大会上的讲话，此次公开出版略有删节。

亲自带头执行公司提出的这样一个要求。我们提出，如果哪一个单位在清洁工厂上今年完成不了任务，那么你这个单位要被评为今年的先进、被评为今年的红旗，我看是没有条件的。因为这里边最基本的要求你都没做好。这项工作，我看既不是什么装备水平落后，也不是什么其他的，就是认认真真、扎扎实实去做。我们也不是要求你们去种什么艺术性的花草，就是要求去多种树，多种草，治理好环境，规范生产经营各方面的行为，规范管理，这是最基本的要求。因此，对领导提出一个基本要求就是，如果你那个单位承担的责任，在清洁工厂上没有完成，就要一票否决，这是起码的要求。

第二条，要依靠发动群众，大家来共同参与，人人有责。每一个鞍钢职工都有责任尽一份义务，搞好清洁工厂、现场治理，搞好厂容绿化，搞好管理。同时遵守各种规章制度，充分发动群众，依靠大家来做好这件事情。有领导重视，有群众发动。

第三条，要认真扎实组织协调搞好规划，搞好规章制度，搞好整个这项工程的组织工作，认真去做，我看就可以做好。

三、需要注意的问题

我想强调的第一个注意的问题，就是要公司全面的规划，统一部署、统一标准、统一安排厂容清洁、绿化问题。比如说，机动车道应该是一个什么样的标准，绿化应该是一个什么样的标准，人行道应该是一个什么样的标准，种树应该是一个什么样的标准。什么树应该是多大的间距，这都应该有一个标准。必须统一部署、统一标准，提出统一的要求，制定统一的制度、规范去完成，就是要强调整体布局观念。

我强调的第二个问题，干一块地就解决一块地，把它搞好。扒一间小房，就建一片绿地，千万不要扒和建分开，扒完了，结果弄得乱七八糟。谁扒完哪个地方，空着是坚决不允许的，虎头蛇尾的做法是不允许的。也就是说，按照毛主席所说的集中兵力打歼灭战，集中问题一个一个的解决。第一年形成一个开始轰轰烈烈，大家一齐上的局面。如果树是种上了，但成活率很低，开始势头很大，最后保持得很不好，制度都没跟上去，这个不行。

我强调的第三个问题，搞清洁工厂要物质文明、精神文明同时抓，物质建设和精神建设同时抓，绿化和制度同时抓，种树和保持树同时抓。我认为保持树比种树更难，以前我有这个经验！大家搞现场治理，全民动员大干一两天，搞得很好，过了两个月不强调又完了，又乱了，不该堆的东西又堆起来了，不该乱放的工具又乱放了，不该丢的杂物（如烟头、纸屑等）又乱丢了。精神文明建设是最根本的落脚点，有一个良好的环境，还要有一个良好的精神面貌，良好的职工素质，这是我强调的第三点。

我强调的第四个问题，清洁工厂的概念是广义的概念，不是一个狭义的概念。也就是说，我们绿化和设备的整治，我们现场管理的整治，我们物料的有序，我们制度的建设，规章制度的执行这些是一个整体的概念，不是一个割裂起来的概念。所以要求大家不要抓一头丢一头，要整体地系统地来抓这件事情。从这次动员大会起，我们要组织公司检查。去年我就打过招呼，现场再出现这种脏乱差，我们要追究单位书记、厂长等主要领导的责任，限期整改。在我们检查之前，请你们先检查，先部署。一旦让我们查到你哪个脏乱差的局面，我们就要追究厂长、党委书记的责任。去年我查过二炼钢，二炼钢平改转以后，厂容厂貌还是不行，今年有进步，明亮的地方、容易看到的地方固然要整理，旮旯的地方、不被注意的地方更要注意。前两天，厂容绿化办拿来一个规划给我，说请我看看大白楼周围的绿化规划怎么样。我说大白楼周围我放心，大白楼周围自有人管，我就想管那些旮旯地方。我说的就这个道理，希望同志们这样去注意到最基层的那些地方，不要去只顾面子上的地方，要老老实实地把我们整体工作搞好，一时整理不了的、有困难的，也要至少是干净文明的。要消灭死角，消灭三不管地段。

第五个我想强调的是，我们这次绝对不允许铺张浪费，不搞花架子。在当前情况下，公司不可能拿出更多的财力，当然我们要给出一定的财力支持这项工作，但这些财力要放在最基本的地方。一般来说，不要去砍树，这个树种不好砍掉去换另一个，这个事情不要搞。我们就强调多种，种树要有一定的要求、规范，也不要去弄水泥来雕鹿、四不像等，雕塑水平也不高，看上去也不怎么样，钱倒花了不少。不要去搞这种东西，这种东西没多大意思。我们就扎扎实实清洁、绿化、文明、整洁就行。所以我想在这样一个条件下去开展这项工作，不是要求大家去铺张浪费，去花那些多余的钱，但是有些钱还是要花的。我想玻璃窗就该有玻璃，要不就把那个玻璃窗用采光带弄掉也行，你把它改成其他什么也行。现在，我看我们有些厂房，一排玻璃看上去没有几块，坏的是多的，不坏的是少的，变成这么个样子，这还仅仅是个窗户。

最后讲一条，明确责任。我希望每一个厂都有一张表，哪一个区域，哪一个什么东西由谁管、谁负责、考核谁，都要落实清楚，责任落实到人。人人都有责任，也需要动员大家去搞，因此责任必须落实到人，我们下去一检查，检查到脏乱差的地方，若是说责任没落实到人，这个不行。春节以前，我们检查10号高炉主控室的东侧，小房扒掉了，不扒可能还漂亮点，扒了乱七八糟，也不收拾，所有肮脏的东西都暴露出来了，就甩在那里。一问谁的，谁的都不是，问修建公司，修建公司说不是我的，后来是谁的，还是修建的，再也不能出现这个局面了。我相信我们鞍钢在环境治理、清洁工厂创建方面，会无愧于我们进入21世纪的这样一种要求，会无愧于我们鞍钢振兴的这样一种要求，会无愧于我们鞍钢几十万职工对我们提出的要求。

在考察宝钢总结座谈会上的讲话

2000 年 9 月 3 日

鞍钢考察团这次来到宝钢学习考察，短短的三天时间，收获很大。

我看了宝钢的烧结、焦化、炼铁 3 号高炉、二炼钢转炉、连铸、真空处理、脱硫扒渣、线材、无缝、热轧 1580、2050、冷轧 1420、1550 机组及电镀锡、热镀锌生产线，最后还看了生产计算机管理系统。考察团的同志通过对口交流学习，收获是很大的，刚才分别谈了各自的体会。总的来说，这次来到宝钢，最大的收获就是：对什么是现代化、什么是现代化冶金工业企业、什么是现代企业管理有了非常直观的、深刻的认识，从而更加明确了鞍钢下一步如何深化改革、加速改造、调整产品结构和加强管理的目标。

中央提出的“产权清晰、权责明确、政企分开、管理科学”这一建立现代企业制度的“十六字方针”，具体到宝钢，我看主要体现在以下几个方面：

一是同现代化大生产相一致的集中一贯制管理。首先，宝钢的投资决策高度集中，管理层次非常清楚，我的体会是一种“扁平化的体制”。现代化大生产的性质和特点，本身就要求决策和管理体制高度地集中统一，以保证企业所追求的高质量、高水平、高效益，这一点非常值得我们学习。其次，是宝钢在标准化、制度化、规范化上非常科学和系统，形成了符合市场竞争要求的完善标准。而且，有了标准，又有一系列的制度作保证，其意义绝不亚于装备水平的现代化。同现代化装备水平相适应的现代管理理念、意识和管理模式，是花多少钱也买不回来的。这一点让我很受震动。

二是符合市场要求的产品结构。一个现代化企业应有符合市场要求的产品结构，宝钢产品结构的选择是完全正确的。热轧两套机组年产 800 万吨，还有二冷轧、三冷轧，又新上了镀锡、镀锌线，以“扁平材”为主的产品结构具有战略性的选择，很具有市场竞争力，特别是看了 1550 这套机组后给我很大震动。鞍钢近年来在技术改造和产品结构调整上也做了许多工作，但同宝钢一比就看出了差距。继 1780 机组建成投产后，目前我们正加紧建设的 1700 中薄板坯连铸连轧以及冷轧厂的酸洗连轧改造等，就是要达到宝钢的先进水平。另外给我的一个深刻印象是，宝钢高水平的产品质量靠的不再是行业标准或国家标准，完全是以用户的需要为标准，这两句话得来不易，能够做到就更难，但宝钢不仅做到了，而且成为一种非常正常的思维方式和行为准则。

三是先进的工艺流程和高水平的技术经济指标。宝钢的工艺流程可以说是非常先进的，总体的不说，单说脱硫扒渣。昨天我特意到宝钢二炼钢去看了一下，铁水出来后要前扒渣和后扒渣，炼钢前再扒渣，最后连铸坯还扒皮。这套“前扒后扒再扒皮”的过程，细细品来，真是别有一番滋味在心头。所以我们更要从实际出发学宝钢，从工艺的布局上学宝钢。另外，宝钢的技术经济指标也代表了世界先进水平，像高炉、炼钢，特别是 1550 机组技术经济指标都非常先进。回去后我们要在炼钢开展提高钢水质量竞赛，在高炉长寿、提高装备水平上再下功夫。昨天上午我专门去看了热轧 2050 机组，就是要看一看宝钢这条投产已有 11 年的生产线现在还是不是先进的。看了以后，回答是肯定的。这使我得出一个结论：宝钢就是宝钢，对于我们鞍钢来说，宝钢能有这个水平不可怕，可怕的是世界都有这个水平了。所以学宝钢就是学习世界先进水平。

四是高素质的职工队伍。现代化企业是需要有一支与之相适应的高素质的职工队伍作保证的。这次我们一到宝钢就发现，宝钢领导上次到鞍钢访问以及鞍钢近年发生的变化每个职工都知道，就连为我们开车的司机师傅说起来都头头是道，可见宝钢职工政治素质之高。这次我们来宝钢学习考察，回去后也要在报纸上大力宣传，让每个职工都知道。《宝钢日报》办得很有特色、很活跃。宝钢职工政治素质高，技术素质也很过硬。昨天上午我到焦化厂看干熄焦工艺，完全是自己闯去的，并没通知人家厂里。而为我介绍情况的就是焦炉上的一名青年职工，并且从炼焦、干熄焦工艺到技术设备从哪引进的、设计和制造单位是谁都讲得非常清楚。我问他多大了，什么职务，他告诉我今年 27 岁，职务是作业长。宝钢职工的文化程度、年龄结构、敬业精神和创新意识以及质量意识、市场意识等都非常值得我们学习，鞍钢在这方面正亟须加强和提高。

五是先进的企业文化。这在宝钢主要体现在“集中一贯制的管理理念”深入人心并为每个职工所接受，培育出一切从用户出发的“用户满意文化”和实施了“以全面的创新意识，推动全面的创新实践”工程。先进的企业文化，使宝钢在跻身国际市场竞争中有了统一的、活的灵魂。

六是现代的环境保护意识。宝钢的厂区环境建设艺术水平很高，已超出了绿化美化的层次而具有了生态学意义。鞍钢近几年在这项工作上也付出了艰苦的努力，取得了一定的成效，但同宝钢比还是有差距的。这次看了宝钢就更坚定了我们的决心，就是要从可持续发展的战略出发，在环境治理的投入上毫不动摇，决不能让环境污染再危害我们的子孙后代了。

七是贯穿全局的思想政治工作。我们建设的是有中国特色的社会主义，现代化建设离不开思想政治工作的保证。宝钢的思想政治工作以经济建设为中心，各级党组织就是围着中心转、配合中心抓、带着队伍干。在培养和造就一支高素质职工队伍上，宝钢党委从企业跻身世界 500 强的长远战略出发，开展创新型企业教育，而且提出了培养和塑造“全球人”的观念，新职工入厂必须接受外语和计算机强化培训，每两年全员政治轮训一次，以提高全体职工的政治觉悟，树立全球意识，增强参与国际市场竞争的责任感和使命感，思想政治工作贯穿全局，颇具创意。

宝钢的经验非常丰富，非常精彩，值得我们学习和借鉴的方面很多很多。以上七个方面是我们这次学习考察的突出感受、最大收获和学习宝钢经验的关键所在，从中也更加清醒地认识到了鞍钢存在的差距和面临的挑战。考察团回去后，要紧密结合鞍钢的实际，很好地消化和吸收宝钢经验，并迅速掀起“学宝钢、赶宝钢”的热潮，搞好鞍钢的“三改一加强”，早日实现振兴鞍钢的目标。

这次我们来到宝钢，强烈地感受到一种浓厚的兄弟之情。鞍钢和宝钢都是中央直属的国有大企业。在社会主义市场经济条件下，有中国特色的社会主义企业间的关系是什么？我看是要讲竞争，但归根结底是互相学习，你追我赶，共同发展，而不是要谁把谁打败。现在宝钢已经走在了前面，但有道是“一花独秀不是春，百花齐放春满园”。所以在学习先进上，我们还希望继续得到宝钢的大力支持，以使宝钢先进的技术和好的经验在全国开花。在此我提议，今后双方能够建立起一个“互学互访”的机制，加强彼此间的交流与合作，携起手来发展和壮大民族钢铁工业，共同迎接加入 WTO 和全球经济一体化带给我们的机遇与挑战。

中国“入世”在即　亟需应对有方

2000 年 9 月 7 日

努力推进企业减员减债

作为典型的大型国有企业，鞍钢在建立现代企业制度方面已经取得一定进展。鞍钢集团公司已基本成为一个控股和资产管理公司，下设 27 个全资或控股子公司，形成了决策层、利润层和成本层三个中心。公司的钢铁主体包括“新钢铁”和“新轧钢”两个公司，员工 45000 人；其他 25 个子公司 13000 人。在改制中，全民所有制职工减员 20000 人。即使是这样，我们的劳动生产率依然和先进水平存在很大差距。宝钢的生产规模与鞍钢大致是同一级别，但员工人数只有不到 2 万人。老企业冗员多、负担重、社会保障措施不到位，制约了企业竞争力的提高，这是我们面临的一个有相当难度的问题。

企业富余人员的分流有赖于建立健全社会保障体系，但在实际工作中，尚有许多问题亟待解决，显而易见的首要问题就是资金问题。我们曾与鞍山市协商，地方每接纳 1 人，企业缴纳 2 万元，但因地方政府嫌低而无法实行，而同样情况，大连市接纳 1 名下岗职工，企业只需缴纳 4000 元。

企业应该推行现代企业制度，改制需要分流企业富余人员，但必须有一套企业与社会的对接机制，否则将会阻碍企业转机建制，也会影响社会安定。

企业之间的三角债是另一个值得关注的问题。鞍钢现在被拖欠贷款 76 亿，欠别人也有 53 亿。这些拖欠大部分是 1994 年以前形成的，主要发生在国有企业之间，解决起来难度极大。三角债中有相当一部分是计划经济的遗留问题。虽说这种相互拖欠都是国家的钱，但如果不作停息处理，这个问题将变得越发棘手。企业可以依靠加强管理，防止发生新的三角债，但旧有的债权债务，仅靠企业自身的努力，已很难解决问题。国家能否出台有关办法，将历史上形成的拖欠先作停悬挂账处理，以免欠账越滚越大。

如何建立与完善激励与约束机制也是一个紧迫的课题。分配制度应该符合社会主义市场经济规律，但做到这一点还有许多问题需要探索和解决。许多企业仍然沿用过去的老办法，结果造成在人才竞争中处于劣势。如果国家能够就此出台一些新的规定，则企业在人才竞争中的地位才有望得到改善。

本文发表在 2000-9-7《中国企业报》，第 5 版。

21 世纪前期鞍钢的发展战略思路

2000 年 11 月

在人类社会发展史上具有转折意义的 20 世纪已经过去，寄托着人类新的希望与梦想的 21 世纪正向我们走来。在世纪之交的重要历史关头，全世界负责任的企业家无一不在思考这样一个问题——在新世纪企业如何生存?

当今世界机遇与挑战并存，就中国企业来说，我们认为这种机遇与挑战主要体现在三个方面：一是全球经济一体化趋势；二是科学技术日新月异迅猛发展；三是中国即将加入 WTO。

作为中国最大和最老的特大型钢铁企业之一，在机遇和挑战面前不能不产生强烈的生存危机感。我们清醒地看到，世界钢铁业总量供过于求的问题十分突出，目前世界钢的生产能力约 10 亿吨，而近年来的年产量只在 7.5 ~ 7.9 亿吨之间徘徊，生产能力严重过剩。同时，结构性的矛盾也很明显。以我国为例，虽然目前已经成为世界钢铁大国，但还不是钢铁强国。虽然钢产量已经突破 1 亿吨大关，但是仍有许多关键品种无法满足国内需求，每年仍需大量进口。

为占据已经饱和的产品市场，国内外钢铁企业进行着产品质量、品种、成本、服务和技术开发、创新能力的激烈竞争。这种趋势在 21 世纪将愈演愈烈。特别是我国加入 WTO 后，意味着中国钢铁业将面对一个更加开放的市场。首先，进口产品的平均关税水平将降低。其次，逐步取消进口限额限制，在 2000 年前取消钢铁产品的核定经营。取消限额后将对国内市场产生较大的影响，低价位的进口钢材将对我国钢材市场造成极大的冲击。

如何抓住机遇，应对挑战，是值得认真思考的问题。我们认真分析自己的处境，从迎接未来的机遇和挑战着眼，确定了 21 世纪前期鞍钢发展战略的基本思路。

新世纪前十年鞍钢总体发展战略思路概括起来就是：**改造钢铁主体，壮大多元产业，实现结构优化，增强整体实力，完善内部机制，面向两个市场。**

改造钢铁主体，就是继续用当代冶金先进技术对鞍钢的钢铁生产主体进行现代化改造，淘汰无竞争力、效益差的落后工艺、设备和产品，瞄准当代世界同行业先进水平，努力向世界先进钢铁企业的目标迈进。

壮大多元产业，就是立足于鞍钢现有的机械、电气、自动化、化工、耐火建材、工程建设、房地产开发等非钢铁产业基础，通过改革管理体制和经营机制，调动各方面积极性，加快发展步伐，使之逐步成为具有相当经营规模和较强市场竞争力的多元支柱产业，成为鞍钢新的效益增长点。

实现结构优化，就是对鞍钢的企业组织结构、资产结构、产业结构和产品结构进行优化调整，形成符合市场经济要求的现代企业组织结构、多元投资主体结构、多元产业结构和最优化的产品结构。特别是要按照建立现代企业制度的要求，进行公司制

本文是作者在 2000 年钢铁大会上的发言。本文发表在《冶金经济与管理》，2000(3)：11 ~ 13。

改革，建立法人财产制度；明确股东会、董事会、监事会和经理层的职责，形成各负其责、协调运转、有效制衡的法人治理结构。

增强整体实力，就是在改造钢铁主体、发展多元产业和企业结构优化的基础上，使整个鞍钢集团的科技开发能力、市场竞争能力和抗御风险的能力进一步增强。

面向两个市场，就是适应全球经济一体化和我国加入 WTO 的形势，努力使鞍钢的产品既要在国内市场占有相当的份额，又要在国际市场占有可观的份额，并逐步扩大国际市场占有率。

按照上述发展战略，我们提出鞍钢当前和今后十年的主要奋斗目标是：

第一步，实现初步振兴。

即从 1998 年至 2000 年，实现主体技术装备达到当代国内先进水平；全转炉加炉外精炼；连铸比达到 90% 以上；板管比达到 75% 以上；60% 以上产品实物质量达到国际先进水平；企业利润明显增加；资产负债率明显降低；企业市场竞争力明显提高。

为实现第一步奋斗目标，“九五”以来，我们坚持从老企业的实际出发，在实践中探索一条高起点、少投入、快产出、高效益的技术改造新路子，大大加快了鞍钢技术改造步伐，迅速改变了鞍钢的落后面貌，使鞍钢技术装备和生产工艺的现代化水平较之过去有明显提高，为鞍钢的跨世纪发展奠定了重要的物质技术基础。

“**高起点**”，就是坚持用高新技术改造传统产业，在技术改造中要采用当代先进、成熟的技术和工艺，做到不改则已，搞改造就要达到高技术起点。

“**少投入**”，就是从老企业的特点和实际出发，在技术改造中充分利用原有的厂房、设备和设施，除关键技术引进外，尽量扩大国内设备制造比例，实行设备和工程招标，尽力压缩项目投资。

“**快产出**”，就是在保证工程质量的前提下，通过建立激励与约束相结合的施工管理机制，努力实现快建设、快达产，按照大项目投资回收期不超过 5 年，一般项目不超过 2 年的要求，收回投资。

“**高效益**”，就是坚持技术改造要以市场需求为导向，通过技术改造调整结构，增加品种，提高质量，降低消耗，提高产品市场竞争力，提高企业的综合经济效益，形成自我积累、自我改造的良性循环。

按照上述改造思路，我们仅用一年零九个月时间，在不停产、少减产的情况下，把 12 座炼钢平炉全部淘汰，改建成了 6 座现代化转炉；加快了实现全连铸步伐，鞍钢将于 2001 年初实现全连铸；建成了具有世界先进水平的 1780 热连轧机组，并创造了同类轧机改造建设史上工期最短、见效最快的纪录；消化国外连铸连轧工艺和热连轧计算机控制技术，改造现有 1700 机组，将用 15 个月把 1700 老线改造成具有当代先进水平的短流程、中薄板坯连铸连轧生产线。此外，“九五”规划的其他项目也都建成和即将建成。所以，我们的第一步奋斗目标将在 2000 年底实现。

第二步，进入国内先进企业行列。

2001 年到 2005 年的“十五”期间，要完成“三个创新”、达到“五个一流”、实现“四个提高”。

三个创新是：

（1）**制度创新**：就是完成规范的公司制改革，建立现代企业制度。1995 年以来，鞍钢通过不断深化改革，形成了母子公司的体制框架，对所属 22 家分离单位赋予独立法人资格，成为以资产为纽带的鞍钢集团所属全资子公司，加上已经上市的新轧钢股份有限公司和新组建的新钢铁股份有限公司，鞍钢所属的全资和控股子公司达到24个，为推进投资主体多元化，建立产权清晰、权责明确、政企分开、管理科学的现代企业制度打下了重要基础。今后主要是进一步实施公司制改革，建立规范的有限责任制度、法人财产制度；明确股东会、董事会、监事会和经理层的职责，形成各负其责、协调运转、有效制衡的法人治理结构，等等。

（2）**技术创新**：就是实施技术创新战略，建立面向市场以提高企业市场竞争力为重点的技术创新体系，增强鞍钢的技术创新实力。21世纪将是科学技术突飞猛进的时代，知识经济正在崛起，企业市场竞争的强弱，已经表现为创新能力的强弱。钢铁行业正经历着由传统工艺技术向现代化高新技术的变革，许多工艺技术上的革命性变化已经超出了过去我们所能想象的程度。加强技术创新，提高企业的创新能力，是鞍钢未来十年发展战略的重要选择。我们从增强鞍钢市场竞争力着眼，制定了鞍钢技术创新的基本战略。

鞍钢技术创新的基本战略是：**跟踪行业科技发展步伐，争创世界先进水平成果，突出产品开发龙头地位，实现技术商品开发转化，增强钢铁主体创新实力，提高多元产业技术含量。**

跟踪行业科技发展步伐，争创世界先进水平成果，即：瞄准世界钢铁工业科技发展的前沿，加强科技开发，逐步使鞍钢总体科技进步达到国内外一流水平，并争创部分技术领域的世界先进水平。比如，当今世界钢铁行业先进的短流程工艺、信息化管理技术等都是我们跟踪的对象，要在跟踪中进行赶超，缩小与世界先进水平的差距。在跟踪先进技术的同时，要加强我们自己的技术创新工作，提高自主开发、创新的能力。

突出产品开发龙头地位，实现技术商品开发转化，即：要把产品的开发和创新，提高产品市场竞争力，作为技术创新的重中之重，大力开发高技术含量、高效益和适销对路的钢材产品，扩大产品在国内外市场的占有率。同时，还要大力开发具有自主知识产权可商品化的实用技术，将技术优势转化为产品优势，提高技术创新的综合经济效益。

增强钢铁主体创新实力，提高多元产业技术含量，即：围绕提高企业市场竞争力，大力推进科技进步，不断增强钢铁主体技术创新的能力，实现钢铁主体技术装备、生产工艺的现代化。同时，要依靠技术创新提高非钢铁产业的科技进步水平，提高非钢铁产业的技术含量和附加值，促进产业升级和产品更新换代，不断拓展非钢铁产业的市场份额。

（3）**管理创新**：就是建立与制度创新和技术装备水平提高相适应的具有鞍钢特点的现代化企业管理模式。包括：适应投资主体多元化和装备水平现代化的要求，进行管理模式创新，将原有高度集权的直线职能制管理模式转变为直线职能制与分权的事业部制相结合的管理模式。对在线钢铁主体部分，仍实行集中统一管理，对离线的全资和控股子公司，实行分权管理。形成母公司为决策和资金运作中心、子公司为利润中心，钢铁主体生产单位为成本中心的管理格局，使企业管理呈现“扁平”状和“哑铃”型，进一步减少管理层次，提高管理效率。

五个一流是：

（1）**主体技术装备和生产工艺达一流**。采矿、选矿、焦化、烧结、炼铁、炼钢、轧钢主体技术装备和生产工艺达到当代国内先进水平。根据鞍钢“十五”改造规划，鞍钢将在2005年以前完成整体装备的现代化改造任务。本着有所为有所不为的原则，逐步淘汰落后的生产工艺及过剩的生产能力，继续走高起点、少投入、快产出、高效益的技术改造之路，加大调整产品结构、淘汰落后装备力度，淘汰微利和亏损的大路货产品，大搞产品特别是薄板产品深加工，提高产品质量和技术附加值，增加替代进口产品比例。

(2) **主要技术经济指标达一流。**炼铁入炉焦比、钢铁料消耗、综合成材率、可比能耗等主要技术经济指标达到国内同行业先进水平。为此，要完成烧结冷料改造，进一步改善炉料结构；分期将现有消耗高、污染严重的小高炉改造成几座现代化大高炉；加快实现全连铸、全精炼，提高质量，降低成本，优化钢种等等。

(3) **产品质量和品种结构达一流。**围绕十大应用领域开发钢材新产品，形成五大系列高附加值产品和30个拳头产品，实物质量达到国际先进水平。为此，要改造大型轧钢厂、无缝钢管厂，使其产量达到世界先进水平；完成中薄板坯与1700机组连铸连轧生产线改造，等等。

(4) **企业经济效益达一流。**企业经济效益要达到国内同行业先进水平。在保持国内同行业销售收入排名第二的基础上，要进一步扩大钢铁产品的盈利水平，进一步提高非钢铁产业的经济效益，力争综合效益水平在同行业居于前列。

(5) **环境保护及资源综合利用水平达一流。**厂区大气环境质量达到国家二级标准；外排工业水全部得到处理，并回收利用，工业水重复利用率达到93.5%以上；厂区内绿化率达到100%；钢铁渣和含铁尘泥利用率达到100%；转炉、高炉煤气得到充分利用；粉煤灰综合利用也将取得突破性进展。通过ISO14000体系认证，达到花园式清洁工厂标准。厂区环境治理和三废资源综合利用达到国内同行业先进水平。

四个提高是：

(1) **全员劳动生产率明显提高。**从事钢铁生产人员减至3.5万人以下，全员实物劳动生产率达到285吨/(人·年)，企业办社会问题基本解决。经过1995年以来实施以“主辅分离、转机建制”为内容的总体改革，到1998年6月，鞍钢所属26个辅助单位全部实现了与主体分离，共分离全民职工11.9万人。目前鞍钢从事钢铁生产人员已从1995年的10.57万人，减少到1999年底的4.95万人，减少5.62万人。全民职工由1994年的19万人，减少到1999年的17万人，净减少2万人。“十五”期间，鞍钢将进一步推进下岗分流、减人增效和实施再就业工作，特别要通过大力发展非钢铁产业，拓宽下岗富余人员安置渠道，实现提高劳动生产率的目标。

(2) **职工队伍素质明显提高。**通过深化人事和用工制度改革，加强教育培训，使职工队伍整体素质明显提高。其中，要建设一支国内一流的创新型人才队伍，重点培养一批代表国内钢铁冶金新一代学术和技术水平的高级工程技术人员和在鞍钢各自学科领域内起核心作用的学术和技术带头人。

(3) **非钢铁产业收入明显提高。**我们发展非钢铁产业主要出于两个方面的考虑，一方面是培植新的效益增长点，化解钢铁业的经营风险，提高鞍钢总体市场竞争力和综合效益水平；另一方面是适应深化改革的需要，为推进下岗分流，减人增效和实施再就业工程，通过发展非钢铁产业，广开就业渠道，妥善安置分流人员。国内外企业的发展实践证明，在发展非钢铁和多种经营上，如果盲目发展与主业不相关的产业，将面临一定的经营风险。因此，我们发展非钢铁产业将尽可能地发展与钢铁产业相关联的项目，一般不去发展非相关产业。我们要以鞍钢现有的机械、电气、自动化、化工、耐火建材、工程建设、房地产开发等非钢铁产业为依托，制定相应政策，鼓励支持这些产业的发展。这些产业都是钢铁产业的配套协力产业，我们已经搞了几十年，有这方面的技术和人才，如果通过改革，赋予这类单位一个符合市场经济要求的经营机制，完全可以发展起来。

我们还要按照公有制实现形式可以而且应当多样化的要求，积极探索多种资产组织形式和经营方式，积极采用改组、联合、兼并、租赁、资产委托经营、承包经营以及股份合作等形式，搞活鞍钢所属从事非钢铁产业的小型企业，盘活现有存量资产。尽快形成以钢铁产业为主体，多种支柱产业共同发展的格局，非钢铁产业收入比例要达到总收入的35%以上。

(4) **职工生活水平明显提高**。社会主义生产的根本目的，是不断满足广大人民群众日益增长的物质文化需要。改革开放和社会主义现代化建设的根本目的，也是为了把我国建设成为富强、民主、文明的社会主义国家。我们党确立的“三步走”的战略目标，也是要使人民群众的生活在达到小康水平的基础上，最终达到中等发达国家的富裕水平。所以，鞍钢发展的根本目的也是为了更有效地改善和提高职工的物质文化生活水平。为此，在深化改革，减人增效，不断提高劳动生产率的基础上，要逐年增加职工收入，使职工生活水平不断提高。

第三步，跻身世界先进钢铁企业行列。

从“十五”末开始到2010年，鞍钢将在实现前两步奋斗目标的基础上，瞄准世界钢铁工业科技发展的先进水平，采用最新技术武装钢铁主体，使之向更高水平迈进。钢铁主体将采用世界先进、成熟的技术装备和生产工艺，重点生产高质量、高技术附加值的板材、型材、管材和线材，其中板材产量达到650万~700万吨，主要技术经济指标达到世界先进水平；非钢铁产业达到较大的经营规模，其中机械、电气、自动化、耐火建材等产业要形成支柱产业，运行质量和效益显著提高，非钢铁产业收入比例达到总收入的40%以上，产业结构趋于合理；通过资本运营组成多个控股子公司、参股公司，形成与市场竞争要求相适应的企业组织结构，形成跨地区、跨行业、跨所有制和跨国经营的现代大型企业集团发展格局，鞍钢总体发展水平要进入世界先进钢铁企业行列。

总之，21世纪是一个具有诱惑力的世纪，一个机遇与挑战并存的世纪。我们感到，要增强企业在新世纪的生存发展能力，关键取决于两个方面：一方面，要拥有一批具有创新精神和能力的人才队伍；另一方面，要拥有适销对路、具有竞争力的产品系列，拥有稳定的产品市场占有率。归结一点，就是要具有强大的竞争实力和发展后劲。我们将努力把握机遇，迎接挑战，按照确定的战略思路，坚定不移地推进鞍钢的改革和发展，实现“三步”奋斗目标，把一个充满生机与活力的新鞍钢带入21世纪。

在辽宁省委、省政府所作的报告

2001 年 3 月 11 日

我是 1994 年底被中央派到鞍钢工作的。当时鞍钢人欠货款大幅度增加，1994 年人欠货款增加 76 亿元，人欠货款总额达到了 138 亿元，鞍钢资金极度紧张，不得不停了两座高炉，动员党员集资买煤，欠发职工的工资。要使鞍钢的生产经营走出困境，怎么办？面对这一局面当时确实感觉到非常困难。为扭转这一被动局面，我们一共抓了三件大事：一件事情是保证生产经营如何正常运行，一件事情是抓了改革方案的制定，再一件事情是制定“九五”技术改造方案。

生产经营怎样走上正轨，就是使生产经营活动适应市场经济发展的形势。当时人欠货款为什么达到 138 个亿，很重要的原因是销售没有按照市场经济规律要求去做。1993 年钢材好销，到 1994 年上半年，钢材价格下跌，但还能维持，到 1994 年下半年，价格下降得非常快。在这个情况下，保持价格不降，就没有人买你的钢材。没有人买钢材怎么办？就找老用户，不给钱也发货。后来经查，还有没有合同就把钢材发出去的现象。所以根本问题就是当时生产经营活动没有符合市场经济要求。1995 年 3 月份，我们制定不给钱不发货的措施，采取这个措施后，生产经营逐步趋于正常了。除此之外，我们调整了营销体制，完善了销售队伍。

第二件事是制定了鞍钢“九五”改革方案。应该说“九五”改革方案总的方针是按照中央的要求，就是精干主体，分离辅助，建立现代企业制度，即“产权清晰、权责明确、政企分开、管理科学”。为什么我们改革采取这样的方针，我们认为中央制定的方针政策完全符合鞍钢情况。当时鞍钢产权不清，除全民所有制外，还有集体所有制，就是知青上山下乡回城后，为了解决子弟就业问题，成立了鞍钢附企集体企业，附企的成立是“谁的孩子谁抱”，“父亲”安置“儿子”就业，“父亲”在哪个厂，“儿子”就在哪个厂。我们有很多厂，比如说热轧带钢厂，下面有附企，在厂内办公，很难说产权清晰。除了附企以外，还有退休老工人办的老有为企业也在厂内，除老有为以外还有三产，这些实际上都在吃全民资产。白天原料是全民的，到晚上就变成集体的了。直到 1998 年我们还查出一家集体企业挪用全民厂 3 万吨废钢。一吨废钢近 1000 元，3 万吨就是 3000 万元。这样一种局面很难分清谁的责任，鞍钢亏损究竟是什么原因找不清楚。所以首先我们要把这个问题解决。我们成立了实业公司。把多个厂和二级单位的集体企业收到附企总公司，共收上来 86 个集体单位，收上来 57 个三产单位，解决了产权清晰问题。集体和全民之间按照市场关系经营运作，一手交钱，一手交货。第二步我们实行“精干主体，分离辅助”改革。“精干主体”就是把钢铁生产相关单位集中精干，把能和钢铁主体关系可以分开的单位分开。如矿山和机械制造公司可以和钢铁生产相对划开，我们就把它划开，从而把大而全的生产组织机构按照生产工艺相互关系理清。在推进改革过程中，我们深深

本文此次公开出版略有删节。

体会到中央关于国有企业改革指导方针是完全正确的。鞍钢当时全民职工 19.5 万人，吃大锅饭。计划经济的弊端充分地反映在当时的生产结构当中。举个例子，1995 年我们将鞍山矿业公司、弓长岭矿业公司和机械制造公司作试点。在分离时我们派人审计测算，看看他们独立经营会有什么样的结果。测算的结果触目惊心，弓矿每年亏损 4.05 亿元，鞍矿每年亏损 3.9 亿元。我听到这个消息后马上赶到弓矿和他的领导班子谈了。弓矿年亏损 4.05 亿元，全民职工才不到 2 万人，就是完全停产，发工资、提折旧和各项管理费用一年才需 1.5 亿元，亏损 4.05 亿元就意味着我每年还要拿出 2.5 亿元亏损。按通理来讲就应当把弓矿停下来不能再生产。当时我制定这样的方针，承认弓矿亏损 4.05 亿元，承认鞍矿亏损 3.9 亿元，但是我们要求他们三年扭亏，产品价格按进口矿石到鞍钢价 305 元/吨，含铁为 65% 的铁矿粉。实际效果很好。之前我们领导班子认为，鞍矿三年扭亏，弓矿三年半扭亏，机械制造公司一年半扭亏难度非常大。我们制定了奖惩政策，如果两个矿按期完成任务，鞍钢将授予他们劳动模范称号，给一定的奖励。实践证明，劳动模范称号他们都拿到了。这说明改革是有很大潜力的，原来的机制没有形成压力和动力使他们搞好经营活动。扭亏以后，我们授予他们独立法人的地位，自负盈亏，自主经营，要求国有资产保值增值，领导班子由我们审批，其余放权让他们经营。五年来，由于改革，鞍钢降成本、扭亏接近 80 亿元，通过精简人员，全民职工由 19.5 万人减到现在的 16.2 万人。

按照现代企业制度要求，建立法人治理结构，进一步推进改革。建国以来，鞍钢上缴国家的利税已经超过 700 亿元，是国家给鞍钢投入的 11 倍，就相当于鞍钢上缴国家 11 个鞍钢。鞍钢的装备十分落后，产品质量比较低。在社会主义市场经济条件下，企业完全靠自己，自主经营，自负盈亏，没有一定的投入是非常困难的。我记得 1995 年 10 月份，鞍钢 5 号高炉炉顶倒塌，我爬到高炉顶上，感慨万分。这座高炉是 1935 年建的，我 1943 年出生，它比我年纪还大，现在还在服役，还在做贡献。炉顶倒塌是谁的责任呢？很难追究。我们向上级有关部门反映，希望国家给予资本金的注入。1995 年我们给国务院打了报告。朱镕基总理当时是副总理，他有过批示，我记得很清楚，他说："鞍钢资本金注入的问题需要统筹良策予以解决"。我理解是国家认为应当给鞍钢资本金帮助，但是有攀比的问题，所以研究统筹良策。我们寄予很大的希望。过了半年多，总理又有一个批示"鞍钢资本金注入问题看来国家财政难以突破，唯一途径是发行股票，香港上市"。我们感到上市很难，因为提到香港上市，让股民买股票，他们是要得到回报的，要有相应的利润回收。但困难再大也要办，因为上市发股票是融资的一条捷径。我们没有将鞍钢整体上市，而是把三个资产比较好的厂拿出来，组建了鞍钢新轧钢股份有限公司。大家看到桃仙机场路上一个广告牌是鞍钢新轧，就是这个公司。这三个厂一是线材厂，从美国买的二手设备，是美钢联的设备，一个是厚板厂，是从日本买的二手设备，还一个是冷轧厂，是从德国买的二手设备。这些算是鞍钢比较好的资产。1996 年开始筹备鞍钢新轧钢股份有限公司，1997 年香港回归后第一个在香港成功上市。我们要求国家允许我们发 3 亿 A 股股票，当时国家给我们香港上市 8.9 亿股的 H 股。因为我们分析 A 股更活跃一些，筹资的成本更低一些，所以我们要求国家又给我们 3 亿股 A 股，给了 8.9 亿股 H 股。1997 年在香港上市获得成功，在国内上市也获得成功。我到世界各国推介股票，给我留下非常深刻的印象。我以前从来没有干过这种事情，这是推销自己、鼓吹自己。到哪都有人问："刘先生，我们为什么买你的股票，请你说说看？"我就说鞍钢能力怎么强，产品怎么好。到国际市场不能谦虚，要推销自己。我们发行股票筹集了26亿元资金。26个亿解决了很大问题，没有钱什么事都难做。到现在鞍钢有27个全资子公司，还有一个上市的控股子公司，一个是适应"债转股"成立的新钢铁有限责任公司，实现了中央构筑现代企业制度，构筑法人治理结构的要求。

下面我讲一下鞍钢的改造情况。1995年鞍钢炼钢能力850万吨，其中500万吨是平炉钢。平炉炼钢是20世纪四五十年代的工艺，已被世界上绝大多数国家全部淘汰了。在1995年、1996年的时候，我国还有2000多万吨平炉钢，其中鞍钢占40%。平炉炼钢一是污染严重，当时同志们在沈大高速公路上可以看到鞍钢红烟滚滚，主要是平炉炼钢造成的。二是成本很高，每吨平炉钢成本比转炉高出100元，500万吨平炉钢一年就是5亿元。三是钢的质量差，杂质比较多。我们在上报国家的"九五"改造规划中，打算把二炼钢厂平炉改成转炉，在离炼铁厂10多公里外的灵山地区花51亿元新建一个炼钢厂。如果这样，运行成本是很高的，而且二炼钢改了，一炼钢还没有改。当时很困惑，怎么办？1996年3月份，国家经贸委在邯钢召开经验交流会，我到邯钢一看，邯钢有三座15吨的转炉，运行非常好。我想鞍钢可以改成小的转炉。我们做了一些基础工作，平炉厂房18米高，转炉厂房35米高，当时想在平炉厂房里面就地改造。世界上也有许多企业尝试过，但都没有取得成功。回来以后我们把一炼钢、二炼钢的厂长找来，我说非下决心改造平炉不可，关键是能不能在原来厂房里上转炉。二炼钢厂厂长说没有可能，因为已经有投资51亿元对二炼钢厂易地改造方案，所以他对就地投资改造不感兴趣。一炼钢厂厂长说他们有兴趣，因为"九五"改造没有规划将其改成转炉。经过上下共同努力，我们想出了一个好的办法，就是在一炼钢原厂房外面接一个高35米的厂房，在这里建转炉，其他利用原来平炉的场地，这个方案得到了上下支持同意。当时一炼钢有5座平炉，每座平炉每年修一次3000万元，年修费用1.5亿元。设计院测算说要1.7亿元才能将平炉改成转炉，我同意用1.7亿元将一炼钢平炉改成转炉。在1996年10月份开始动工，1997年4月28日，第一座100吨的转炉建成。我们一边生产一边建设转炉，扒一座平炉建一座转炉。1997年7月份第二座转炉投产，10月份第三座转炉投产。我们一共花2.4亿元将一炼钢的平炉全部改成转炉，一年收回所有投资。一吨转炉钢降低成本100元，一炼钢年产300万吨平炉钢，一年可降成本3亿元。为什么改成100吨的转炉呢？当时也有争议，有些专家说应当搞150吨的转炉。原来平炉300吨，分三次出钢，每次100吨，所以原来吊车、钢水罐、钢水包都是100吨的。大量的设备资产我们还是要利用，这样非常省钱。我们对二炼钢也进行了平改转，花了2.85亿元。1998年10月份，鞍钢全部改成转炉，一共花5.2亿元。原来打算用51亿元建一个炼钢厂，实际上我们用5.2亿元改了两个炼钢厂，这是改造取得的一个巨大成果。第二是向全连铸迈进。钢水变成固体钢坯有两种办法，一种是模铸，另一种是连铸。模铸是待钢水冷却下来后，将钢锭从模子里拿出来，再加热轧制；连铸是20世纪70年代发展起来的，在八九十年代全世界都采用的办法。利用一个连铸机，上面不断地浇钢水，下面不断地出钢坯。连铸每吨钢比模铸成本低200元。鞍钢当时大约有500多万吨钢是模铸，200多万吨钢是连铸。宝钢、邯钢、武钢连铸比早已很高了，而且连铸钢的质量也好。"九五"期间我们新建5台连铸机，改造2

台连铸机，用兄弟企业一半或三分之一的投资完成了连铸的改造。节省投资的原因有三：一是采用“克隆”办法。三炼钢原有一台从日本神户制钢引进的连铸机，当时花12亿元，年产量200万吨。三炼钢当时有一半是模铸，怎样再建一个连铸机呢？我们照“葫芦”画“瓢”，按照第一台再仿制一台，仅花了6亿元，立足于鞍钢自己和国内，建成一个200万吨生产能力的连铸机，一年半收回了全部投资。二炼钢原来有2台小方坯连铸机，每台25万吨年生产能力。我们和北京钢铁研究院合作，对其进行高效化改造，花了1500万元，使这两台连铸机年产量已经达到150万吨。我们投资要考虑到产出效益，迅速收回投资，要求小项目一年收回投资、大项目不超过4年收回投资。这几年鞍钢花不到20亿元，完成了500万吨连铸机的改造，去年年底已经实现全连铸，不到2年就可收回投资。实现连铸不仅改善了劳动条件，降低了成本，而且大大提高了产品质量。

下面说一下轧钢问题。钢铁工厂生产关键环节是轧钢。鞍钢轧钢能力原来600万吨，比较像样的就是冷轧、线材、厚板这三个厂，还都是二手设备。在轧钢改造中比较有代表性的就是1780热连轧生产线。1780是指轧辊的宽度为1.78米。半连轧的改造国家批准了75.6亿元，10年收回投资。我们当时提出用75.6亿元的一半来完成这个项目。宝钢建成1580热轧机和我们的装备水平一样，花了92亿元。原冶金部的一位老领导对我讲，说1780用80亿元干下来就很了不起了，用75.6亿元的一半怎么能完成呢？但是我们非这样做不可。为什么？因为鞍钢要生存发展，就必须自己闯出一条路子来。1996年全国人大召开期间，我和书记一起参加大民大会堂记者招待会，记者对我说：“刘总，现在国有企业不改造等死，搞改造是找死，你怎么看待这个问题？”我当时回答是既不等死，也不找死。要做到搞改造既不等死，也不找死，只有压缩投资。1780这条最先进的热连轧生产线凡是国内能制造的我们就采用国产，关键的部分引进。引进了日本三菱的技术，国内合作制造，合作制造的比例达到85%。比如说三级全自动化的计算机控制系统，基础自动化50%是我们自己干，过程控制80%我们自己干，生产控制系统100%自己干，这样大大压缩了投资。1780工程建设中涌现出了许多先进人物，由于时间关系今天就不讲了。1780最后花不到40亿元顺利投产，4年将收回投资，创造了奇迹，兄弟企业纷纷来鞍钢学习考察。我们用40亿元建成了世界一流水平的现代化热连轧生产线，去年5月份投产，现在达到了设计能力，产品质量一流，已经出口到世界多个国家。建成这条先进的生产线后，原来半连轧厂1700老轧机并没有丢掉，我们用自己掌握的计算机技术、液压技术，完全依靠自己的力量建成新的、拥有全部自主知识产权的1700热连轧生产线，这条生产线去年年底也投产了。这条线我们花了10个亿，年产250万吨优质热轧卷板，产品质量也达到世界先进水准，一年就可收回投资。我们就是眼睛向内，走出了一条“高起点、少投入、快产出、高效益”的技术改造新路子，完成了三条线的改造，一条是1780，一条是1700，一条是冷轧酸洗联合机组。鞍钢的产品实物质量60%以上达国际先进水平，使原来的鞍钢起死回生，焕发出新的活力，1999年江泽民总书记视察鞍钢时评价鞍钢“旧貌换新颜”。“九五”技术改造花了130多亿元，有关专家评审，鞍钢用了3年就是在去年收回了全部投资。我认为一个企业不要看他现在状况怎么样，要看投入产出效益，如果投入少，产出高，可迅速收回投资，就能够由小到大，由弱到强。

简单向大家汇报一下鞍钢“十五”安排。“十五”期间，鞍钢要建成两座3200m^{3}高炉，完成第二个冷轧建设和四条镀锌线的建设。大家看到报纸介绍，德国蒂森克虏伯公司是世界钢产量排名第四、轿车板排名第一的公司，他们已同鞍钢合资在大连建40万吨的轿车板镀锌线。“十五”资金筹划基本解决，主要依靠自己的力量。这些项目完成以后，鞍钢的效益会大幅度增长。去年鞍钢销售收入206亿元，上缴税金26亿元，是全国冶金行业最高的，实现利润5.1亿元。总体讲鞍钢生产经营走上了希望的道路。“十五”各项技改工程完成以后，鞍钢销售收入将增加150亿元，利润大幅增长，工资收入有望在现有的基础上翻番。

关于如何学习浦项
提高鞍钢综合发展实力的几点意见

2001年3月

3月12日至19日，公司组成考察团到韩国浦项钢铁公司的浦项制钢所和光阳制钢所进行了学习考察。浦项是怎样建立起来的？是韩国利用二战后日本的赔款建立起来的，所以它的职工有一种强烈的振兴民族工业的责任感和使命感。30余年来，浦项一直按照建设世界一流钢铁企业的高标准定位，不断采用先进的生产工艺、技术装备和现代化企业管理，使浦项成为当今世界最大最先进的钢铁生产企业之一。

通过这次实地考察，大家进一步看清了鞍钢在技术装备、生产工艺、科研开发、企业管理、企业文化等方面，与浦项相比还有很大差距，并提出了为缩小这些差距而采取的对策措施。可以说目标更明确了，措施更具体了。如何在尽可能短的时间内缩小鞍钢与国际一流钢铁企业的差距，提高鞍钢综合发展实力，是摆在我们面前紧迫而又重大的任务。对此，我强调以下几方面问题。

一、如何看待鞍钢学习借鉴国内外先进企业经验问题

目前，鞍钢同国内外先进钢铁企业存在着很大差距，差距就是劣势。经济全球化是当今世界经济发展的主流，特别是中国加入WTO后，鞍钢将直接参与国际市场竞争，如果我们不以只争朝夕的精神赶超国内外同行先进企业，那么我们就会在无情的市场竞争中永远处于被动地位。鞍钢是个老企业，传统计划经济粗放的生产经营和企业管理模式至今在某种程度上还影响着企业的深层次发展。我认为，积极走出去是非常必要的，学习借鉴国外同行先进企业经验，找差距，定措施，用国内外一流的工艺技术和企业管理衡量我们的各项工作，这无疑比我们自己摸索要少走许多弯路。我们要学会站在“巨人的肩膀上”发展自己。去年，我们组成考察团参观学习了宝钢集团公司，学习了国内一流钢铁企业，这次赴浦项考察学习，是鞍钢学习先进企业的继续。今后我们还要考察学习蒂森等国外先进钢铁企业的经验，一方面为鞍钢提高现实的生产经营水平和企业竞争力打基础，另一方面为鞍钢将来建立国际战略联盟，加强同国际多方交流合作打基础。学习经验，关键是要落实到具体行动上，不能只在口头上谈感想、找差距，要结合鞍钢的实际情况落实具体措施。针对某个环节，哪怕是一、两项工作真正抓出成效了，就是收获。比如炼铁厂如何降低铁前成本和改善环境，如果这两件事抓好了，就是很大的成绩。

二、关于技术装备和生产工艺问题

浦项的技术装备和生产工艺水平是世界一流的。浦项高炉采用了当期建设时的最新装备技术，并且不断采用新日铁、奥钢联、德国等先进企业的装备来武装自己。炼钢采用了川崎重工、新日铁、德马克等公司的技术设备。工艺流程上，炼铁工序引进了奥钢联的直接还原技术，炼钢工序采用100%铁水预处理、转炉顶底复合吹炼等。热

轧精轧机采用了先进的PC技术及ORG技术等，对产品的板形、表面质量的提高起到重要作用。在这些方面鞍钢还有很大差距。但我们也有国际上一流的技术设备，如我们的1780有在线磨辊、大侧压等，而浦项没有，我们的热轧卷取机也不比他们差。他们的DSP短流程工艺并不成熟。板坯间接热装工艺也有待商榷，我认为直接热装应是未来发展的趋势。但无论如何不可否认，他们凭借先进的设备和生产工艺生产出了比我们质量好得多的产品。几年来，鞍钢通过技术改造，主体技术装备水平已经有了很大提高。“十五”期间，我们将进一步加大技术改造力度，提高技术装备和工艺水平。同时有些涉及到改善产品结构和提高产品质量的关键设施还要进一步动态完善。但对于我们来说，当前最为迫切的是如何充分发挥出已有先进技术装备的功能，追求功能投入率的最大化。在这个问题上，我不赞成我们自己搞互相攀比，人有我有。想问题要从市场要求的高度出发，但办事情就要从鞍钢的实际出发，量力而行，而且必须要考虑到投资回收期。当然，对于投资不是很大的关键备品备件，我赞成用进口的，当然质量要比国内的好。总之，对于设备投入重要一点是要看投资回收，要发挥现有设备的效能，不能盲目追求上设备。

三、关于产销研问题

产销研一体化喊了几年了，但目前仍没有实质性的突破。现在有这样一种现象，我们的技术装备水平上来了，但是产品的价格却没有上来。例如1780和冷轧酸洗联合机组装备都不差，但1780卖不过宝钢的1580，冷轧板卖不过武钢。原因是什么？我看主要是产品开发和市场开发跟不上技术装备水平的进步。这次蒂森对我们包括冷轧在内的前部工序做了整体评价，这给我很大启发。搞产品研制开发，不能只盯在哪几个钢种上，而应侧重在整体工艺装备能力、技术质量控制能力的提高上。整体能力水平上来了，才能避免“头疼医头，脚疼医脚”。要进一步加大技术创新力度，在装备水平提高的同时，超前开发产品，加快产品结构调整。生产过程本身就是一个动态创新的过程，要善于在生产过程中发现问题，解决问题，有所创新。另外，在产销研的机制上我们还要不断探索，有所创新，浦项做到了生产管理上移，技术创新下移，这很值得我们研究和学习。特别需要强调的是，销售人员素质的提高必须跟上技术装备水平的进步。销售人员对“九五”技术改造装备水平知之甚少或根本就不了解，就只能在过去一些老用户打转转，用户也摆脱不了对鞍钢的老印象，到你这就是买大路货，这样产品价格不可能上去。相反，我们一些懂工艺技术的领导带头出去促销，就取得了很好的效果。所以销售队伍素质的提高已经显得非常迫切了。

四、关于企业管理问题

我总强调，硬件水平的提高不能代替管理这一软件水平的提高。基础管理要适应建立现代企业制度的要求，适应鞍钢技术改造后装备水平提高的要求。切实加强计量、标准化等基础管理工作。管理上的各项数据必须是真实准确的。如能耗指标，是真正来自于现场实际消耗的，还是按计划分摊的，或是拍脑门估算的等等，这类问题搞不清楚，基础工作上不去，即使上了宽带网等现代化管理设施也无济于事，我们的基础管理工作应向适应计算机管理的要求迈进。要确定高水平的管理信息系统开发目标，加速管理信息系统的开发与应用。权责明确是提高管理水平的重要前提，也是建立现代企业制度的要求。目前，我们在许多环节上还存在权责不明、职责不清的现象。例如备品备件和原材料质量管理，往往是在使用过程中发现了质量问题。是采购前负责还是使用后负责？由谁负责？类似这样问题有待进一步规范明确。

五、关于环保问题

通过对国内外先进同行企业的考察学习，大家看到了这些企业不但产品、设备一流，而且厂区环境也是一流的。这些先进企业始终把清洁生产和创造绿色厂区环境作为奉献社会的责任，把环境保护放在重要的位置。例如浦项厂房与设施整齐地被绿色植物所环抱，甚至高炉下面也是绿色丛荫。鞍钢在这方面差距很大。中国加入 WTO 后，对企业的环境问题要求更加严格，不通过 ISO14000 认证，很有可能不允许你的产品参与国际竞争。因此，鞍钢要加大环境保护力度，建立健全环境管理体系，提高绿化覆盖面。对重要的环保设施给予一定的投入，解决企业污染问题。目前，炼铁厂污染还很严重，“十五”期间，我们对炼铁厂进行改造，其中一个重要原因就是考虑到鞍钢的环境。已经投入的环保设备必须保证其正常运行，否则投入再大也无济于事。三个炼钢厂不能再冒红烟，千万不能停留在“冒烟是正常，不冒红烟是不正常”的错误认识。要把环保问题纳入到生产组织的重要方面，认真落实，严格考核。

六、关于人的问题

通过对浦项的考察学习，大家都感到浦项突出了以人为本的企业文化，企业精神面貌和职工队伍状态可佳。鞍钢要在提高职工队伍素质上狠下功夫，提高职工的技术水平、管理水平和思想道德水平。企业职工要有钻研精神，例如操作工人，不但会操作，而且在操作过程要学会动态研究，解决实际问题。大家到浦项都感到，浦项许多工厂没有专门打扫卫生人员，问他们如何搞好现场环境清洁，回答是每个人看到存在问题都主动去清扫，这已经成为一种习惯。这一点我们的差距实在太大了，我们许多厂环境卫生都划了分担区，甚至安排了专人负责，又有考核手段，但现场环境卫生还是总出现问题。在座的都是各单位主要领导，能不能把你们的人管得无可挑剔，做到事事有人管，行动有规范，人人有责任，这就需要培养广大职工的爱岗敬业精神，把职工的个人利益和企业整体利益紧密地结合在一起，使职工在本企业工作有自豪感和荣誉感。当前迫切需要解决的问题是如何吸引人才和留住人才，这个问题公司正在研究，各单位也要结合自己的实际进行有效的探索，总结好的经验，真正做到用事业留人、感情留人、待遇留人。抓好机制建设，建立有效的激励和约束机制，引导激励职工积极向上，形成人人为企业无私奉献的良好氛围。

汇入主流　争唱“主角”

——面对经济全球化怎样实现中国企业跨越式发展的思考

2001年4月22日

一、引言

（一）对经济全球化的认识

关于全球化问题，江泽民总书记在2000年亚太经合组织第八次领导人非正式会议上和今年2月26日会见出席海南博鳌“亚洲论坛”的马来西亚总理马哈蒂尔时都作了十分重要和深刻的论述。所谓经济全球化，目前普遍认为，是指由于高新技术特别是信息技术及其产业的发展，导致运输和通讯成本的大幅降低，从而直接推动国际贸易、跨国投资和国际金融的迅速发展，以及高新科技的广泛扩散与辐射，使整个世界经济空前紧密地联系在一起。就其本质而言，就是经济活动在全球范围内扩张、融合的过程，是各国经济活动从国内走向全球，在全球范围内实现社会化的过程。

（二）面对经济全球化中国企业所持的态度

经济全球化是当今世界经济发展的客观趋势，是不可抗拒的历史潮流，任何国家、地区和民族都不能或不应被置身其外。置身其外，就是闭关锁国；被置身其外，就是被边缘化。由于企业是市场竞争的主体，面对经济全球化，中国企业将直接与发达国家的国际知名跨国公司竞争。而发达国家的企业特别是跨国集团，在资金、技术、人才、机制、品牌、信息、营销等方面都占有很大优势，特别是在资本和技术密集型行业更占有优势，并且大多具有丰富的在国际市场竞争的经验。虽然在我国建立社会主义市场经济体制进程中，中国企业，特别是国有老企业的综合实力和市场竞争能力有了明显增强，但与国际上的跨国集团相比，还存在人员多、负债率高、社会负担重、工艺装备落后、经营机制不活、技术创新能力弱等问题，所处的地位用一种流行的说法，仍然是“狼”和“羊”的关系。因此，在这样一种咄咄逼人的大背景下，中国企业要实现跨越式发展，就必须汇入经济全球化的主流当中，要以积极的姿态争当参与者，甚至唱“主角”，绝不能当“看客”。

二、中国企业要实现跨越式发展，必须在体制上融入经济全球化的大潮中去

（一）必须解决国有资产所有者“缺位”问题

企业体制不能很好地适应市场经济要求，是目前国有企业竞争力不强的“病根”。国有企业要适应经济全球化需要，必须解决国有资产所有者“缺位”的问题。我国的国有资产很大比重目前仍实行的是分级管理的体制，缺少具体、明确的机构承担起国有资产所有者职能。因此，不论是中央，还是地方政府管理的资产，在投资、收益分配、资产处置、重组联合等体现所有者职能的重大决策上，存在多头管理、职责不清，

本文是作者在中国企业家论坛上所作的演讲。

使国有资产保值、增值的责任和风险不能很好地得到落实。经济全球化必然会带来全球性的合作，必然会引起国有资产与世界各国资产的流动和重组。由于国有资产所有者“缺位”，不利于国有企业在全球市场范围内进行战略联盟、互相持股等合作，如果由政府采取“拉郎配”的方式重组，又会从体制上强化“政企不分”，影响现代企业制度的建立。

（二）为企业创造一个公平竞争的法制环境

政府应给企业提供一个宽松的、符合市场经济规律的和公平的法制环境，靠法律来规范和调节政府与企业、企业与企业之间的关系。因此，建立法制化的经济制度框架，使政企关系法治化，应当成为国有企业适应经济全球化，保持持续、健康发展的对外部经营环境的基本要求。

三、中国企业面对经济全球化，要实现跨越式发展，最重要、最根本、最关键的是要增强企业的核心竞争力

（一）对企业核心竞争力的认识

就短期来说，企业产品的质量和性能决定企业的竞争力，但从长期而言，起决定作用的是企业的核心竞争力。何谓核心竞争力，简单地说，就是企业在经营过程中形成的不易被竞争对手效仿的、能带来超额利润的独特能力，是企业在生产经营、科技开发等一系列营销过程和各种决策中形成的，具有自己独特优势的技术、机制所决定的巨大的资本能量和经营实力。而技术创新能力是企业竞争力的核心。

（二）提高企业核心竞争力的有效途径

就目前而言，企业市场竞争力的高低越来越取决于企业的自主创新能力。经济全球化为国有企业引进高新技术改造传统产业创造了十分有利的条件。但这种引进和改造，必须结合我们的实际，找准切入点，走洋为我用、自主创新、举一反三、扩大成果的发展道路，提高自主创新能力。如：鞍钢为提高技术装备水平、改善产品结构和质量，在“九五”期间，我们建成了两条具有世界一流水平的热轧生产线。其中1780机组关键部分引进日本“三菱”公司技术；在消化吸收了1780先进技术的同时，我们完全依靠自己的力量，开发出了代表世界最新水平的带钢热连轧技术，运用该技术建成了我国第一条自行设计、自行施工、自行集成、自行编程、自行调试、拥有全部自主知识产权的1700短流程热轧带钢生产线，不但大大提高了核心竞争力，形成了自己的技术优势，而且锻炼出了一支具有自主开发能力的技术队伍。

四、中国企业要实现跨越式发展，必须提高国际化经营水平

（一）加强资本运作力度，充分利用国际资本市场资源

对于中国企业来说，经济全球化所带来的机遇是主流，但风险也不能低估。那么，如何应对国外跨国公司的挑战？最好的方法就是提高自己的国际化经营水平，使自己成为国际市场竞争的“主角”。经济全球化为中国企业提供了充分利用国际资本市场资源的可能。因此，我们要勇于和善于抓住这一千载难逢的机遇，积极探索有效的国际资本运作，做到为我服务、为我所用，使生产经营方式由现在的生产经营和资本运作并举，逐步过渡到以资本运营为主，进一步壮大自己的实力和发展后劲。

(二) 企业海外经营实现本地化

与此同时，要从经济全球化角度审视市场，跳出所谓的国内国际两个市场的框框，树立强烈的品牌意识和全球观念，大力塑造企业的国际形象；充分享用现代信息技术发展带给我们的恩惠，把产品生产、销售与服务延伸到海外市场，实现生产销售、技术开发和服务的本地化，以规避金融风险和非关税壁垒，在经济全球化的挑战中做到“庖丁解牛，游刃有余”。

应对经济全球化挑战
用高新技术壮大民族钢铁工业

2001 年 5 月 13 日

经济全球化是当今世界经济发展的客观趋势，是不可抗拒的历史潮流。面对经济全球化和我国加入 WTO 的新形势，中国钢铁企业将直接面临与发达国家国际知名跨国公司竞争的挑战。在这样一种咄咄逼人的大背景下，中国钢铁工业要汇入经济全球化的大潮中，就必须充分利用经济全球化给工业高新技术带来的有利条件，尽快消化吸收世界先进技术和先进经验，为我所用，同时，坚持自主创新，研制具有自主知识产权的钢铁工艺自动化技术，为我国钢铁企业插上高新技术的翅膀，推动钢铁工业加速向前的发展，使我国以强盛的姿态自立于世界民族之林。

“九五”期间，作为传统产业的钢铁工业。在中央关于“三改一加强”和“运用现代科技技术、特别是电子信息和自动化技术改造传统产业”的指导下，加快了高新技术对企业的改造，其中一部分实现基础自动化的企业把实现生产过程全面自动化作为改造的重点，从而为钢铁工业自动化高技术产业的发展提供了广阔的市场空间。改革开放二十年来，我国钢铁工业以及与之相适应的钢铁工业自动化正在缩小与国外先进技术的差距，培养出了一批数量可观的工业自动化人才队伍。特别是国家产业政策的调整，加强信息产业基础建设，鼓励企业技术创新，广泛吸纳海内外高层次人才，建立中国信息产业基地，组织开发具有我国自主知识产权的基础软件等等，都为我国钢铁工艺自动化产业的发展提供了难得的物质基础和人才基础。因此，可以说，成立钢铁工业自动化技术推进中心，不但是形势的迫切需要，而且条件已经具备、时机已经成熟。今天我们在此召开“钢铁工业信息与自动化推进中心”成立大会，就是要集中国内的力量，集中精力，形成合力，通过大家的努力，形成中国的钢铁工业自动化产业，完成壮大民族钢铁工业的宏图，为我国在新世纪的发展做出钢铁工业的新贡献。

一、知己知彼，找准差距，以时不待我的责任感和使命感加快我国钢铁工业自动化产业的发展

国际钢铁工业自动化技术发展日新月异。发达国家钢铁工业自动化基本上达到了综合管理控制一体化方式，大多数已经实现了计算机集成制造系统。一是以及时、高效、服务周到为目的的广域化管理系统逐渐实用化，从单个车间、个人到班组；从钢铁厂到国内外流通范围，从钢铁公司到顾客、社会、最终用户以至税务部门、海关等联网以至 EDI（电子数据交换）格式一体化等广域化网络系统，已经在日本新日铁和川崎钢铁公司大部分实现。二是以高效、高产、优质为目的的局部工序已经实现无人化、少人化或准无人化。三是人工智能（AI）技术已经广泛应用，模糊控制（FZ）、专家系统（ES）和神经元网络（ANN），在各个工序均有应用，并取得重大成果和经

本文是作者在钢铁工业信息与自动化推进中心成立大会上的讲话。

济效益，目前正朝深化、广泛、大规模化以及多种技术的混合系统发展。四是以为钢铁工业提供高品质控制方法为目的，并使用现代控制理论建立了高水平的控制系统。五是可视化技术出现和监控系统的革新。六是以提高作业率、增加产量、改善质量和减少维护费用为目的的设备管理和设备诊断系统，正在以状态为基础的预报维护（CBM）代替常规的定期检修方法。七是系统网络化已经成为不可逆转的趋势。从现场总线到车间网、工厂网、企业网，网络化为建设综合自动化系统提供了巨大的灵活性。八是在钢铁工业自动化工程应用中，传统的“计（C）、电（E）、仪（I）的分工界限已不再明显。”计算机技术的应用已深入各个领域，在现代高炉控制中，电控系统、仪控系统、通讯系统正在被集回路调节、顺序控制，传运控制、多媒体一身的一体化系统所代替。九是仿真技术在钢铁工业中的应用也日益广泛，不仅用于控制系统培训和新工艺、新控制方法的研究，而且用于指导生产。十是 CIMS 的广泛应用对企业的加工系统物料流、信息流实行优化控制，追求最佳效果，大大提高企业的经济效益，另外，检测和执行设备的进步实现了以往难以实现的功能，工艺参数的检测方法和检测仪表得到高速度发展，使许多过去不能检测的参数得以解决。

国内钢铁工业自动化取得长足进步，取得了一定进展。一是个别工厂与工序已达到世界先进水平，首先引进一批工程提高了我国钢铁工业自动化水平，丰富了自动化技术来源。如全套引进的宝钢一期、二期工程；天津钢管公司；马钢的高速线材工程；成都无缝钢管厂圆坯连铸连轧机组，以及最近引进的珠江钢厂的薄板坯连铸连轧；鞍钢大部分软件由自己开发的 1780 热连轧带钢和全部自主开发的 1700 热轧带钢生产线改造等工程。我国国内广大科技工作者在消化移植国外先进技术的基础上，自主开发、设计、建设了一批具有国际先进水平的钢铁工业自动化工程，如，武钢 1700 热轧计算机控制系统。太钢 1549 热轧是我国首次由中国人自行负责系统设计、开发、调试全过程的工程项目。鞍钢“平改转”的转炉炼钢自动化控制年产量 200 万吨的板坯连铸机的自动控制，和 1700 热连轧带钢生产自动化控制等都是体现了自主开发的精神，为我国的钢铁工业的自动化作出了贡献。二是自行研制的装备和控制系统以及数学模型已经实用化。在检测仪表方面有高炉单支管煤粉两相流量计、铁水温度和硅含量连续检测仪、炉内料面温度热成像仪、微波料面形状计、炼钢连铸的新渣仪、转炉的声学化渣测量仪、结晶开口度及倒锥度测量仪、钢水测温钨铼热电偶、连铸辊间距测量仪、板带轧机的激光测量仪和板型仪等均已投产使用。在控制系统方面有焦炉加热自控系统、高炉信息调度系统、炼钢直流电弧炉控制系统、铁合金炉电极压放和上料系统、全连铸生产调度系统、板坯方坯连铸自控系统、电炉—全连铸—热送—热轧生产线过程自控系统、水平连铸自控系统、中板和冷热板带轧机的液压 AGC 系统等均已投产，使自动化水平得到提高。数字模型方面有高炉炉况预报 GO-STOP 模型、软熔带推断模型、炉热推断模型、炉料下降仿真模型、焦炉加热模型、均热炉烧钢模型、冷轧设定模型等等均已投入运行，并取得一定的效果。三是管理信息系统（MIS）实现了普遍化和 CIMS 进行了试点与实施。重点钢铁企业、特钢以及地方骨干企业等大都开发了不同层次的 MIS。CIMS 的开发应用工作近年也取得进展，其中宝钢已进入实质性的开发阶段，天津钢管公司正在实施。四是人工智能（AI）也有一定的应用，宝钢实现了大板坯连铸漏钢神经元预报系统，取得了一定效果。五是电力传动技术也有了新的进展，国内开发出了各种交流变频调速系统。

我国钢铁工业自动化近年来虽然取得了一定成绩，但同发达国家相比，仍有很大差距。主要表现有：一是总体水平仍有差距，除了宝钢和天津钢管引进工程有较高水平以外，大多只有基础自动化，就是有过程自动化，其功能也较弱，此外，功能投入率、良好使用也有差距，某些功能不是生产必要的，可有可无等。二是在线自动化检测仪表配备不足，运转率低。三是数学模型开发和使用较差，这包括引进机组的数字模型，没有充分发挥优化生产过程作用，且开发的数学模型较少，设计的过程机大多只作数据采集和监控，数学模型基本没有或者不起作用。四是科研成果工程化转移机制不健全，资金投入少，缺乏关键材料、工艺装置和检验手段，使得转化为生产力慢，无法实现产业化。五是陷入引进—落后—再引进—再落后的怪圈。有些技术、设备引进时就是别人淘汰的；引进的技术不能及时消化吸收并创新。

从国际国内的分析可以看出，自动化技术在钢铁工业中的应用领域十分广阔，我国钢铁工业自动化技术与世界先进国家相比，差距是明显的，作为工作在钢铁工业的自动化工程技术人员和企业领导，有责任肩负起用高新技术壮大民族钢铁工业的重任，做到知己知彼，找出差距，迎头赶上，以时不待我的精神赶上和超过世界先进水平。

二、要以振兴民族钢铁工业为己任的高度，充分认识钢铁工业自动化技术推进中心成立的重大意义

一是推动国民经济发展的需要。计算机、信息等高新技术是20世纪后期引人注目的革命性高技术，也是21世纪上半叶将深入的渗透到人类政治、经济、文化社会各个领域的普及技术，它将引起人类社会最深刻的变革。冶金工业自动化是信息产业的组成部分，它对现代化的钢铁产业有着巨大的渗透力，是改变传统钢铁产业的锐利武器。它的发展规模和水平，已经成为衡量钢铁工业现代化水平的标志。钢铁工业是我国国民经济的支柱产业之一，几年来，以鞍钢、武钢、首钢等为代表的传统企业改造的巨大成功，以宝钢为代表的现代化钢铁企业的建成无不凝结着钢铁工业自动化的业绩。但是，从整体上来看，我国国民经济，尤其是作为国民经济主体的传统产业在技术装备、能源和原材料消耗、产品质量和管理水平等方面，与发达国家差距很大，而其中技术装备水平的差距还存在继续扩大的趋势。面对如此严峻的形势，靠大面积更新设备，因投资大，国力承受不了。维持现状靠拼设备和劳动力强化生产，后果会更为严重。因此，成立“钢铁工业信息与自动化中心”，就是加快应用工业自动化技术改造钢铁传统企业的步伐，把微电子技术与传统产业的技术改造结合起来，提高企业整体素质和国民经济水平。

二是实现我国从钢铁大国向钢铁强国转变的需要。1996年我国钢和生铁产量均突破亿吨大关，成为名副其实的钢铁大国，但还不是钢铁强国，主要表现有：（1）品种质量不能适应国内外市场的需要，几乎每年都要进口上千万吨钢材，不锈钢板、棒材、石油管自给率1996年只能达到39.83%、61.86%、48.10%。而镀锌钢板、镀锡钢板、冷轧板、热轧板自给率只能分别只能达到42.85%、18.33%、61.32%、75.25%。（2）钢铁工业人均实物劳动生产率很低，国外一般在400~600吨/(人·年)，我国一般达到100吨/(人·年)以上，其中一个重要的原因是我国钢铁工业自动化程度不高。（3）工艺落后不配套。从1998年的统计数字看，在发达国家早已淘汰的只占世界钢总产量6.2%的平炉钢，中国还占12.5%。连铸也是这样，1997年世界钢产量的平均连铸比为79.8%，我国连铸比只占66%左右。目前我国轧钢生产的综合成材率为88%，而世界钢铁工业发达国家的综合成材率一般均大于90%，日本已超过95%。（4）能耗大，环境污染严重。我国重点企业的吨钢可比综合能耗是世界主要产钢国中最高的。与国际冶金一般水平相比能耗高30%以上。造成上述的原因其中一个很关键的问题就是我国钢铁工业自动化水平低。同时为实现我国从钢铁大国向钢铁强国转变，我国钢铁工业制定了一系列21世纪的战略任务。主要包括：在高炉上发展富氧喷煤以煤代焦技术，优化炼铁及铁前系统结构；发展精料和高炉长寿技术；最大限度提高高炉综合效率，在转炉炼钢上发展纯氧顶底复吹、全铁水预处理、全炉分渣出钢、全连铸。发展连铸连轧技术，带钢的连铸连轧技术。冷、热轧带钢凸度、平直度，厚度、宽度控制技术，带钢无头轧制技术，厚板的控冷控轧，热处理及板型控制技术，具有优良可焊性能的超大型宽缘工字钢生产技术、高强度无缝管轧制技术等等。以上这些先进技术的尽早实现将我国由钢铁生产大国发展成为钢铁生产强国。综上所述可以清楚地看到无论是改变我国钢铁工业现存的落后状态，还是要实现21世纪的战略目标，哪一点都离不开钢铁工业自动化。只有实现了钢铁工业自动化，钢铁工业才能得到真正意义上的改造，才能稳步健康发展，才能从钢铁大国转变成钢铁强国，这正是我们成立“钢铁工业信息与自动化中心”意义所在。

三是企业求生存和谋强盛的需要。我国正处于战略性的经济转型期。已经从“供不应求”转化到了“供大于求”的势态，从“卖方市场”转化到了“买方市场”。这就意味着传统的以廉价劳动力为主的扩张时期已经结束，以创新为主动力的扩张时期已经开始。这一时期的主要特征就是通过新产品、新品种的发明创造和创新来创造需求，而利用高新技术来开发生产高技术附加值的产品越来越成为企业在市场竞争中求生存争发展的重要措施。冶金工业自动化技术是高新技术产业中的重要组织部分，其目的就是提高设备的工作精度和效率，降低消耗，提高劳动生产率，对产品质量进行生产过程的全面控制以求得企业生产过程的整体效益。因此，企业在经济转型时期求生存，谋强盛，就必须根据市场需求，应用工业自动化高新技术，加大技术创新和技术改造的力度，以创出高附加值的名牌产品，打开市场，创出效益。

三、以务求实效，健康发展的思路，扎扎实实地开展钢铁工业自动化技术推进中心工作

发展自动化高技术产业化，从国家安全的角度讲是要减少对国外依赖性，增强综合国力；从经济上讲就是要摆脱发达国家的“文明剥削”，扼制发达国家以高技术产品在中国获得高额利润；从人才的角度讲是就是要有越来越多的中国人有能力从事高技术产品的研发、生产、销售和服务，自已来组织和管理。因此，我们成立的“钢铁工业信息与自动化推进中心”，它虽然是属于自律性组织，但它有别于一般的松散型学会或学术组织，我们的定位就是要为钢铁工业、成员单位踏踏实实地干实事，真正解决钢铁工业自动化、信息化和检测领域中的共性技术和关键技术问题，促进整个钢铁工业技术进步和产业升级。主要任务有：

一是促进钢铁工业自动化技术的产业化、商品化。我国钢铁工业自动化正如前面所论述的取得了长足的进展，有像武钢1700热连轧改造、太钢1549热连轧、鞍钢1700热轧生产线建设工程的好经验，另一方面高科技、高附加值的产品及其质量还远远不能满足要求，尤其在热连轧、冷连轧方面矛盾更加突出。这就要求对我国的钢铁工业进行全面的技术改造和结构调整，尤其是在我国加入WTO以后，这种改造和调整是经常性的、连续的。因此，本中心的任务之一就是要把钢铁工业自动化作为一种产

业，从工艺流程、工程设计、硬件软件系统的构成、控制数学模型的建立、系统软件、应用软件的编程、调试、操作人员的培训、直至投产达产和最终的质量要求等技术实现产业化和商品化。

二是促进实现钢铁工艺自动化产品的国产化，形成自主知识产权的产品。我国钢铁企业引进了不少相当先进的自动化系统，但是总体自动化水平还比较落后。钢铁工业自动化技术推进中心的任务就是集中国内力量，万众一心，在消化吸收国外引进的技术的基础上，进行自主开发，减少对国外技术的依赖程度，逐步实施钢铁工业过程自动化产品的国产化，形成自主品牌的产品。

三是发展钢铁工艺自动化高技术产业，必须加强人才的培养。自动化技术是至今最复杂的高技术之一，包含非常丰富的创新技术和技术诀窍，只有形成一大批具有自主知识产权的创新技术及产品，才有可能形成具有国际竞争能力的产业。因此各企业都要采取有效的措施，吸引一批优秀人才，长期、稳定地从事自动化技术及产品的研发。

四是集中力量，攻克冶金行业中关键技术和难题。通过钢铁工业化推进中心，一方面集合各企业的优势，组织力量对钢铁行业自动化、信息化和检测领域中的共性技术、关键技术和配套技术进行联合攻关，推动钢铁工业技术进步。另一方面，充分发挥市场机制对资源的配置作用，促进各企业自动化技术成果的推广应用和有偿转让。

世纪之交的世界正处在一个转折的关头，平衡刚刚打破，有序化尚须时日，为我国钢铁工业自动化高技术产业的发展提供了一个难得的切入机会，只要我们思路对头，措施得力，行动果断，在关键领域取得突破，就一定能够在国际钢铁工业自动化产业中占有一席之地。

美国《财富》杂志记者访谈录

2001年6月20日

刘总：去年我参加了在上海举行的《财富》论坛。《财富》杂志对中国比较关注，注意参与中国经济领域各方面的报道，是一家有影响的杂志。鞍钢也是一家有影响的企业，所以双方坐到一起是很有益的。

问：鞍钢兼并辽宁其他3个小钢厂，时间过程是怎样的？

答：辽宁省领导前不久在香港向媒体提到，将以鞍钢为核心，合并其他几个钢铁企业，成立鞍钢集团。这件事情正在进行。现在，全球经济一体化趋势日益发展，企业都在寻求如何做大做强。国际上很多大公司都开始进行战略合作，如法国的于齐诺公司与卢森堡、西班牙等国的钢铁公司联合。鞍钢也在寻求企业做大做强的渠道。特别是中国加入WTO后，面临的竞争将更加激烈，面临着更强的竞争对手。所以，通过战略联盟与重组，增强抵御市场风险的能力，增强企业竞争力是大势所趋，不以人的意志为转移。鞍钢的这次兼并重组，同其他企业一样，也有一些问题需要解决。要抓住这个机遇，推进改革，解决企业办社会问题，把各企业在财经方面的情况搞清楚。这些问题正在解决。

问：请把鞍钢五年来的工作措施给我们介绍一下。

答：一个措施是推进国有企业改革，速度还比较快。我们现在生产钢铁的主体已经变成两个股份公司，其中一个在香港已经上市，是鞍钢新轧钢股份有限公司。在香港的股市表现是不错的，从今年3月份到现在股票的价格翻一番。另一个是新钢铁有限责任公司，这是和资产管理公司共同持股的钢铁公司。这两个公司的成立标志着鞍钢的现代企业制度已初具规模了。其他的产业我们让其独立，自主经营，自负盈亏。比如矿山、机械制造、耐火材料、工程建设等单位，我们让其独立。现在鞍钢已经有27个全资子公司和控股子公司，这些公司在工商部门独立注册，是独立法人，按国际惯例他们已经自主经营、自负盈亏了。国际上几年前有些公司已这样做了，如于齐诺公司是这样做的。这样做的直接好处是企业经营更适合市场经济的需要，比较专业化，劳动效率更高，而且自主经营、自负盈亏。在企业内部管理方面也加大了改革力度，这几年减员幅度每年大约在5%以上，从1995年到现在已经减了3万人以上。

问：在以后的五年中还会继续保持这样的减员幅度吗？

答：我想还会保持。

问：在未来五年中，随着企业兼并，外来人员增加，减员的比例是不是会更高一些？

答：我们兼并其他企业是把产量、销售收入做大。鞍钢现在能力是1000万吨。假如说辽宁其他企业进入鞍钢的话，那我们的年产量要达到2000万吨。如果他们进来的话，他们（的人员）也要减少。我们的目标是尽快达到国际钢铁行业先进水准。我们从事1000万吨钢的人员最后要达到2万人以下，我指的是钢铁（主体）这一块，不包括其他产业。

问：你能否给我们一个大概的数据？

答：这个我很难回答，因为重组还没有完成，还没有到我这里来，很难说他们那边情况怎么样，这不单纯是简单的减人问题，还需考虑这些职工生活、就业怎么安排的问题，这与美国和其他国家的情况不一样。我们内部制度也进行了改革。我们对子公司成立了董事会，也成立了监事会。我们要按照国际上企业管理规范组织结构。最近我到 IBM 纽约的培训中心，了解 IBM 的法人治理结构情况。我们从 IBM 学到许多管理方面的经验，鞍钢准备汲取这些经验进一步推进改革。鞍钢对分配制度进行了改革。我们在新钢铁和新轧钢已经开始实行年薪制，让每个职工工资和企业效益及本人业绩直接联系起来，这些都是我们为迎接中国加入 WTO 所做的准备工作。另一方面是我们装备的现代化改造进程加快。应该说炼钢的装备达到了国际水平。最近蒂森克虏伯公司的专家们对我们的炼钢厂进行全面研究，认为我们的炼钢具备生产轿车板的条件。"九五"期间，我们淘汰了 500 万吨平炉钢，连铸的比例由 29% 达到去年的 100%。炼钢配备了炉外精炼和真空处理设备，这比较专业化。总之，炼钢基本达到国际水准，轧钢也进入国际先进行列。去年我们的热轧板卷出口到美国，美国用户反映非常好。

问：能否谈一下过去几年在技术改造方面的资金投入情况？

答：过去五年投入资金大概 15 亿美元。

问：以前国有企业对社会保障这一块如学校、医院是都管的，现在由谁来管？

答：我们企业办社会不外这几个方面：一是办学校，现在我们已经逐渐地把中小学交给政府。鞍钢有两所大学，现已停止对外招生了，主要用于内部职工培训。二是医院，鞍钢有五所医院，现在政府方面积极向我们提出愿望，将其交给政府管理。我们希望步子慢一点，因为我们有一个工伤抢救的问题，等妥善解决以后再交给政府。我们认为医院由自己管理，抢救工伤职工更有利一些，这个问题还需再研究。三是在辽宁地区比较突出的子女就业问题，这个问题我们逐渐交给政府解决。

问：学校、医院交给政府过程中有没有什么困难？

答：应该说国家已明确提出企业办社会交给地方。可能地方说他有经济上的困难。我们双方已达成协议，经济上给予一定的帮助。如果说有困难的话就是钱的困难，别的困难没有。这有一个历史的原因。一开始在计划经济的时期，企业是国家的，学校也是国家的，所以企业办学校很正常。企业在市场经济中自主经营以后，就不能再办学校。

问：你们所有产品中，在国内国际上哪种产品是最有竞争力的？哪种产品竞争力比较弱？

答：我们的板材竞争力是比较强的，型材的竞争力比较弱。具体一点说，厚板、热轧板卷、冷轧板卷竞争力较强，中、小型材竞争力相对弱一些。总的情况是这样的，但也不完全是这样，比如今年的型材比较好，这和国家西部大开发很有关系。

问：你们的产品在国内哪种好？在国际上哪种好？这是不是一致的？

答：大体上是一致的，但也有波动，比如说冷轧板，一直是好的，但今年冷轧板年初有所波动，世界钢铁市场不是固定不变的，有许多奇怪的变化。

问：你能否讲一讲在生产上花费的时间与考虑政治问题和社会问题等方面花费的时间比例如何？

答：几个方面大概各四分之一。比如考虑社会问题和企业负担问题大概用四分之一时间；考虑企业怎样运作，资本怎样运作用四分之一时间；考虑生产经营怎么搞好用四分之一时间；还有四分之一时间是学习掌握国家的有关政策。中国加入 WTO 以后，我会更多考虑资本怎样运作。因为中国加入 WTO 以后，企业最大的问题是资本运作是不是正确，如果运作不正确，企业就会有很大损失，以至于会出现问题。

问：你们公司有上市的，也有没有上市的，你决定资产投入的根据是什么？有多少投到上市公司？有多少投到其他公司？

答：我们做这个决定应该说是非常简单。我们上市公司的财务是完全封闭的，不能用到其他方面。因此说上市公司的资金只用在上市公司投资。不上市公司比如说新钢铁公司的资金只用在新钢铁公司，其他子公司资金只能用在他的公司。上市公司是让股民买你的股票，股民买股票是为了得到很好的回报。哪些资产拿出来上市，很重要的出发点就是这些资产能给股民带来很好的回报，就是说这些资产效益比较好。没有人买你的股票，那么上市就没有意义了。1997 年，我们是香港回归后第一家在香港上市的公司。我们把鞍钢最好的资产拿出来上市。我们知道，这次上市不仅有经济意义，还有政治意义。我到纽约推介的时候，他们感到很奇怪，问我们的资产怎么这么好，怎么没有三角债，怎么没有富余人员。我们当时考虑的就是拿出最好的资产，让股民有效益，有钱可挣。我刚从纽约回来，见了那些基金会的先生，说 1997 年我推介股票时向股民承诺的所有事情，我们都实现了。我们是守信誉的。比如我们对美林、摩根斯坦利、所罗门兄弟讲，1997 年我们承诺的事情，我们都实现了。我们对股民是无愧的。

问：因为你把最好的资产给了上市公司，是不是给其他的公司管理上带来一些困难？

答：带来一些困难，但事情不是绝对的。上市有许多好条件，没有上市有许多困难。困难本身看你怎样去处理，处理得好，也会带来很好的效果。原来一个整体有许多困难，上市这一部分先去掉以后，困难没有了，剩下的部分小了，困难相对来讲又容易解决。现在回过头来看，这种决策是非常正确的。上市公司越来越好，没有上市的这一部分现在也非常好。

问：你能否告诉我们现在上市公司的回报率怎样？

答：我们上市公司去年年报每股净利润是 0.18 元人民币。我们每股分红 9 分钱。

问：上市公司有多少职员？

答：上市公司有 8500 人，非上市公司大约有 4 万人。我们只统计职员，不统计职工家属。

问：中国加入 WTO 以后，不只是对钢铁业产生影响，对其他的工业都会产生影响，你对这个问题怎么看？对他们产生的影响会是什么样？

答：总的来讲，中国加入 WTO 是机遇与挑战并存，问题在于中国经济要发展。如果中国不加入 WTO，关起门自己搞，恐怕发展得更慢。加入 WTO 以后，各行各业会遇到许多困难和问题，是拿到国际上竞争的问题，跟原来封闭时的问题是两件事情，是两个水平。我认为中国加入 WTO 以后，机遇大于挑战，取决于自己的努力。不面对挑战，那么问题会越来越大。中国女排有一阶段搞得非常好，我认为和参与国际比赛分不开的。开始是日本女排和中国女排比赛，把中国女排队伍锻炼起来了。我认为不论是钢铁工业还是其他产业都应该积极对待中国加入 WTO。再回想邓小平先生实施改革开放以来，中国经济取得重大进展，我认为这和参与国际经济分不开的，如果不开放，关起门来就不会有今天经济的发展。

问：中国加入WTO后的竞争环境对不同种类的产品有什么影响？对销售有什么影响？

答：对钢铁产品来讲，国家对钢铁产品的开放早于别的产品，如比汽车早。我们比较早地感觉到国际的竞争。低级产品主要的竞争对手是俄罗斯这些国家，高级产品主要竞争对手是浦项和新日铁。一般的产品我们有相当的竞争实力。去年鞍钢出口94万吨钢，有很好的效益。美国、加拿大对我们有些产品实施反倾销，我们觉得很奇怪。现在企业不挣钱是不会出口的，国家在这方面没有任何帮助，我们出口到美国的产品有比较高的利润。我们理解所谓倾销就是低于成本去卖，那为什么说我们是倾销呢？我们的产品加上运费到美国，我还有很大的钱挣，所以即使关税降低，我认为仍然没有问题。

问：我的问题是会不会造成你们的销售增长？

答：我认为会增长的。

问：中国对别的国家出口的关税也是降低吗？对他们有什么样的好处？对你们有什么样的影响？

答：也要降低。比如说美国，美国要生产这个杯子，需要花5美金，我生产这个杯子只需3美金，运到美国运费1美金，那我是4美金，那么美国还可以找到1美金的好处。所以说美国买我的杯子是合适的。但是美国现在生产计算机，他有技术，他生产计算机比如说100美金，我生产这台计算机可能是200美金，比如美国加上10美金运费，到中国是110美金，因此我就不需要用200美金生产这台计算机，用110美金就可以买美国计算机，中国只有用110美金以下生产这样计算机才行。我的意思是说加强国际上的贸易和流通，这样世界的经济才能进一步发展。经济全球化的趋势必然造成这样一种结果：通过比生产率、经济效益、技术水平、竞争力，促进世界经济的发展。各个国家都应该发挥自己的优势来参与世界竞争。中国加入WTO以后，会促进中国与国际上的贸易交流，会促进世界经济、产品、技术的增长和发展，对大家是双赢的，大家都有好处。

问：刚才你提到要把企业的效益、个人的表现跟个人的收入结合在一起，对你自己也是这样的吗？

答：对下面的部门我有责任和权力实施这样的政策。我的工资由我的上级部门来定，现在正在研究当中。据我了解，他们也应该是这样来对待我的贡献和收入。虽然目前还没有解决，但正在研究当中。这次我到IBM去，了解到IBM有一个薪酬委员会组织，对公司各级的领导包括董事长应当有什么样的薪酬，他们提出建议。薪酬委员会由社会上各个知名人士组成，这种方法有他们的可取之处。总之我认为自己给自己涨工资是不合理的。据我了解IBM的CEO年薪大约4000万美金，IBM的领导也承认他们的管理层年薪太高，而我们的太低了。

问：我们对这两方面的事情很感兴趣，一是你是否有一位工程师，主管并向你报告生产技术的不断提高状况，二是对不上市资产进行清楚的统计和管理的人，我们能否再跟这两位进行交流，因为我们明天晚上走，还有一段时间。

答：有一个不上市公司总的负责人，现在在瑞士。他是没有上市公司的经理，是国际线材标准委员会主席，他去组织会议去了。管技术的人在北京学习，我不知道他能否抽出时间。我们可以敞开让你们了解，但是有一个要求，要如实报道。我过去被记者采访过，他们把需要的进行报道，不需要的不报道了，结果变成了很片面的东西。

我希望能够公正、实事求是地报道。我在别的企业工作时接待过一位香港记者，我说下岗不等于裁员，因为我们下岗后还要给他钱，跟裁员是不一样的。我再三强调，但他在香港报纸报道还是说裁员，我很不满意。

问： 我们会如实报道所采访的内容，但如果我们还有其他问题要补充的话和谁联系？

答： 如果我们之间互相信任的话，我们愿意和《财富》保持长期联系，我们的情况愿意通过你们报道，也希望你们如实报道。你们愿意报道的事情，我们愿意支持。还是看一看我们的厂子吧。

问： 你们有没有和本钢等其他几家钢厂见过面？

答： 现在我们和那几家还没有见过面，他们的情况我们不知道，辽宁省政府对他们有没有通知和联系，我们不知道。需了解的话要通过辽宁省政府。

问： 你们公司里面有没有比较了解他们公司的这样一个人？

答： 没有。我最需要去了解他们，但我们还不能了解他们的情况。因为他们是被我们兼并，他们方面很敏感，需要做许多工作。在美国也是这样的，如一个大公司把一个小公司兼并了，小公司的员工是非常紧张的，担心是不是兼并以后会裁员。所以他们那方面的情况我们还不了解。

问： 你认为兼并其他公司是不是一个好主意？

答： 应该说既不是好主意，也不是坏主意。刚才我说了，既有许多问题，又有许多机遇。和他们合起来，既有许多有利的方面，又有许多不利的方面。如果把他的问题解决了，这应该是件好事，如果这些问题不解决，合起来不一定是件好事情。不能简单地说好，也不能简单地说坏，这要认真地去对待。

在新钢铁公司经济活动分析会上的讲话

2001 年 6 月 23 日

参加今天的经济活动分析会，想讲这么几个问题。

一是感觉新钢铁公司经济活动的水平有了很大的提高。我想对集团公司也是一个挑战，过去我们没有利用现代化工具，通过图表进行分析。感到新钢铁公司经济活动分析水平接近国内先进企业应有的水平。集团公司的经济活动分析也应该像新钢铁公司这样来组织，数据清晰，因果关系比较清楚。使我们的经济活动分析真正达到预定的目的。我听了小型型材厂、无缝厂和新钢铁公司的经济分析，很受启发。现在已经进入到计算机时代了。我不知道每个单位自己召开经济活动分析会时是不是这样。我不知道你们这样进行分析，事前做了哪些工作，是不是请人家帮忙了。我想利用计算机应该是现代生产等管理工作中的一项内容。在座的都应当学会使用计算机。

二是经济活动分析会的目的是什么。一个企业是个大的信息系统，这个系统运转的目标是效益、是利润。这个系统之间的各种因素是密切相关的，产量对系统有影响，原料对系统有影响，人、技术对系统都有影响，这是个多参数的、相互关联的、复杂的系统。要抓住关系因素，促进这个系统取得最大的效益。我们的工作就是通过努力使这些因素能够发挥作用，进而使整个系统运行最佳化，这是经济活动分析的目的，也是我们工作的目标。参加今天的会议，给我的概念是，成本完成得好，还有不足的地方，而我们要的恰恰是利润。我们是通过降成本这个手段来增加利润。在这个大系统中，成本是个很重要的方面，但是另外一个方面不能忽视，即售价提高，利润提高。为什么钢材售价总提不上去。我认为衡量一个企业，产品的档次，就可以反映企业的档次。经过分析，我认为鞍钢或者新钢铁公司是中下档次，不客气地说，就是最低档次。钢材平均售价 2099 元/吨。新轧钢是中等档次，新钢铁就是中等偏下档次。今天这个经济活动分析就可以得出这个结论。我们花了大价钱建了 1780 生产线，而生产的是三流的产品。1780 机组和 1700 机组有什么区别？我看不出有什么区别，两个机组生产的产品价格差不多，我觉得羞愧难言。1780 生产线为什么就生产不出高档次的产品，到底什么原因，是技术不行还是什么不行，分析了半天没有分析出什么原因。专用材占到四分之一，专用材是什么概念，以后要把专用材这个名词去掉，要精品，能赚钱的。焊管材也是专用材，如果用 1780 机组的产品做焊管材，那是极大的浪费。同志们，为什么 1780 机组的产品价格总是上不去。降成本好抓，自上而下抓，公司可以给基层单位压降成本指标，层层下达指标，降不下来调整岗位。而提高价格是要求市场、要求用户，让大家认可你的产品。在用户心目中，鞍钢是傻大黑粗，只会生产低档次的产品，生产不了精品，这个形象一定要扭转。这不是一件简单的事，要下大力气，要像毛泽东同志所说的，矫枉过正。要给予足够的重视，否则用户不认可你，市场不认可你。有机会，我会安排你们去参观一下美国在印第安纳州的很偏僻的一个地方一个企业，它非常重视降成本，但是又非常重视企业的利润。和我们一样，对职工也有考核，有工资含量，有奖金，按照生产的产品和利润不同发奖金，产品不同，赚钱不同，奖金不同。这个办法就是鼓励职工要生产高档次产品，生产精品和生产大路货的操作工奖金不同。技术含量充分地体现出来。不光是产量的概念。我看降成本相对容易做到，而生产赚钱的精品就难做到。我到鞍钢已第七年了，喊了多少次，鞍钢要成为生产精品的企业，成为生产高附加值、高技术含量的企业，成为和宝钢相提并论的企业，但现在还没有做到。我看和我们的考核有一定的关系。请新钢铁公司要研究这个问题，明年要改变现在的考核方法，生产什么东西给什么工资。铁厂生产一级生铁给一级生铁的工资含量，生产二级生铁给二级生铁的工资含量。目前是只要有产量就能拿到工资含量了，这样不行。

给我另一种感觉是上道工序为下道工序服务不够，这个弊端没有扭转。刚才小型型材厂的同志分析得有道理。炼钢厂的用户是成材厂，成材厂要什么钢厂就应生产什么，钢厂要什么铁厂就生产什么，必须要有这个观念，不树立这个观念就没出路，是危险的。我们要千方百计满足用户的需要，这不是哪个岗位、哪个工厂决定的，也不是哪个人主观愿望决定的，而是由市场经济决定的。目前情况是，小型型材厂不要二炼钢厂的料，他就搞不到坯料，但是，我们必须上下工序一条心，共同合作，面向我们的市场，否则是很危险的。

我们前些天到美国纽约见了十几家基金会，宣传鞍钢新轧钢公司的股票，希望基金会把资金转到新轧钢来，人家把我说得体无完肤，很不好受。人家问为什么要买新轧钢公司的股票，不买宝钢的股票。用户也会问，为什么要买鞍钢的钢材而不买宝钢的钢材，这是一个道理。同志们都要思考这个问题。就是说，市场会对你的企业做出评价和选择，这就需要真功夫。虽然我们是通过成品作业为载体和用户见面，但其中反映了钢厂、铁厂甚至原料供应的工作，这是个大系统。所以一定要树立上道工序为下道工序服务，下道工序为市场服务的观念，这种观念不仅要说在口上，放在心上，更重要的是落实在行动上。小型型材厂要短尺料，你二炼钢厂就应该满足。昨天有同志跟我讲，实业公司硅钢片厂不得不从重庆买钢坯，我听了很难受。鞍钢生产硅钢片所需的钢坯要到重庆去买，就是鞍钢生产厂家被重庆打败了，这是发生在鞍钢内部的事，值得我们思考。我们如何面对市场和用户，到底把用户放在什么位置上，我们说转变观念，适应市场，提高市场竞争力，不要停留在口头上，要落实在行动上。市场的概念，我希望各位认真思考。这次中组部组织一个高级培训班去学习 IBM 的管理，学习 IBM 的法人治理结构，给我 个非常强烈、非常深刻的印象，就是：作为企业要把市场作为自己生存的衣食父母，孝敬、服从、适应。任何人都逃脱不了被市场淘汰的命运，没有这种思想，就会被市场所淘汰。例如，IBM 公司这个世界 500 强前几名的公司，目前的销售收入大约 800 亿美元，1993 年，股票一降再降，其董事会有 19 名成员，一致决定把董事长炒了鱿鱼，这是 IBM 生死存亡的关键时刻，效益不好，难以经营，这些董事选了一个现在的董事长。这个董事长不是搞计算机的，是搞零售百货的。为什么要选他担任计算机企业的董事长呢？就是因为他善于同用户打交道，和市场打交道，他们认为 IBM 公司官僚作风足，和用户关系搞得有些僵，所以选了个搞零售百货的人担任董事长，这位董事长又把这 19 个董事给淘汰了，不可思议。我问 IBM 公司现在董事会成员，接待我们的一名首席法律顾问、公司副总裁在解释这件事的原因时说，是市场决定的，要把生产经营搞上去，要把股票价格提上来，非得这样做不可。他要选择一批高水平的经理人员，可以说市场竞争是无情的。这件事，很值得我们思考。美国现在的董事会已职业化，有一批职业的董事会成员，就像足球明星，可转会，谁把企业经营得好，谁的身价就高，别的企业也可以挖走，人才流动。我说这些，就是强调要再进一步树立市场观念，用户至上的观念，全公司每个职工都要树立这个观念，否则，我们将被市场所淘汰。上道工序为下道工序服务，体现的是市场观念，最终是为市场服务，是为自己的生存服务。

三是关于如何做好基础工作。通过今天的经济活动分析，我感觉基础工作还不够扎实，也可能是我听得较片面。有些地方我没听清楚。基础工作是我们进行经济活动分析的前提条件。如果没有扎实的基础工作，换句话说，如果没有准确把握的数据，那有什么用。我们鞍钢在基础工作上还是比较薄弱的，这与我们过去粗放经营分不开。由此谈到另外一个问题，就是信息系统的建立。一个现代企业，没一个计算机管理系统，境况是难以想象的。如果前一段时间鞍钢受资金困扰，没有财力、物力的话，现在应该具备这样一个条件了。在这方面，新轧钢走在新钢铁的前面。据我所知，新轧钢冷轧厂目前生产作业计划已由计算机进行，但是人工计划没有取消，我要求他们今年底一定要取消，下达作业计划全部由计算机进行。新钢铁什么时候能做到，在合同管理、生产管理、设备管理、财务管理等方面，什么时候做到计算机管理信息化。不是摆样子，而是实实在在地运作，取消手动，就是说合同订完后，通过计算机下达炼铁计划、炼钢计划、轧钢计划、销售计划，你们什么时候能做到，你们自己研究。信息系统的另外一个问题就是交货期问题。浦项公司的交货期 14 天，即合同的 95% 在 14 天之内交货。你们是多少？（回答：95% 的合同 30 天之内交货，目前在 30 天内可 100% 交货。）95% 的合同 30 天内交货，我觉得很欣慰。今后，如果 30 天内不交货，用户找到我，我将严厉地惩罚你们。如果 30 天能 100% 交货，我觉得趾高气扬，觉得我这个总经理很自豪。能不能做到这一点，你们敢说这句话，我是不敢说。也许人家告状告到我这里的，是一些少量的具有特殊性的用户，如果是这样，那就值得庆幸了。现在的竞争是全面的竞争，交货期很关键，用户希望我们能尽快交货，我们对别人也是这样要求的。我们搞改造订货，巴不得今天订货，明天交货。在执行合同率问题上，究竟做得怎么样，与我们的管理水平和信息系统的建立是分不开的。

四是关于技术开发的问题。新钢铁公司在技术开发上应当走在全集团公司前面。我们有一批高水平的技术人才，从新钢铁公司领导开始，具有高学历，有一批这样的人才，应反映到技术开发上。同志们，技术开发是一个依靠我们自己的技术力量提高效益的一个非常关键的渠道。硬碰硬竞争，我们的实力和装备不占优势，这是下策，提高技术水平和技术含量是一举多得的上策，是一个投入低、产出高的关键渠道。这次到蒂森克虏伯看了两个厂，一个是 CSP，感触太深，6 亿马克，250 万吨薄板坯连铸连轧，正负 10μm，是热轧，太惊人了。看了刚关闭的一个厂，已被沙钢用不到 4000 万美元买下，破乱得一塌糊涂，而停产之前生产的是一流产品，奔驰汽车用他们的产品。沙钢的人讲，他们可以用这样的设备生产奔驰汽车所需的产品，我们买下后原拆原装也可以生产高水平的产品，我对他们说，原拆原装不管用，人家的技术水平很高，你们有吗？我们和蒂森一样是个老企业，也都有一大批优秀的工人、技术人员，我们在技术创新、技术开发上，要采取措施。回来后我一再想这个问题，在分配制度上要倾斜，推动我们的技术创新工作。机械制造公司能请洋专家，新钢铁公司也可以请洋专家。总之要把技术活跃起来，技术创新要走在前面。

五是关于 1700 机组调试问题。1700 机组调试问题我们估计不足，想得比较简单，原计划 5 月底调试完毕，实际上到现在还在调试。对这个问题应从两个方面去看。

1700机组是国内第一条依靠我们自己的力量建成的热连轧机，前无古人，不容易，去年8月底搬迁，到12月28日热负荷试车，应该说了不起。1780机组，三菱公司有经验的技术人员花了半年时间调试，那是全停的调试，现在是边生产边调试，中班、夜班轧钢，白班调试，想得太简单了。对1700机组调试这件事，我对热轧带钢厂的同志讲，宁可目前一吨钢不轧，也要把技术水平调出来。我要的是现代化水平的1700生产线，而不是只能凑合着轧钢的1700生产线。我今天要求全公司必须上下一致，不能动摇。我们讲技术创新，1700生产线就是技术创新。如果没有1700生产线，沙钢会找到我们吗？沙钢的老总看到我们的1700生产线，感到很振奋，他认为在国内是独此一家。要看到这条生产线的含金量，有一点损失是由于我们估计得不足造成的，我希望新钢铁公司上下全力以赴，支持1700机组调试。我们也要求技改部和全体参战单位全力以赴搞好调试。但不是为了抢时间而降低技术水平。如果降低技术水平，现在就可以生产了。据我了解，现在新系统投入了，电动系统投入了。新钢铁采取了一些措施弥补损失，这是好的，即使补不回来损失，集团公司也会实事求是给予考虑的。沙钢的热连轧机组希望我们去总包，如果没有我们的1700机组，他们不会这样的。1700机组在全世界振动都很大。三菱公司、西马克公司提出要来参观，看什么，看达到什么技术水平，看对他会造成多大的威胁。

新钢铁公司成立以来，工作有很大起色，有很大的推进，很鼓舞人心，希望能继续保持下去。我希望在管理上，在市场经济观念上，在约束激励机制上，都有更大进步。

把握经济全球化趋势　着眼提高市场竞争力
大力加强钢铁工业的财务与价格工作

2001 年 7 月 6 日

21 世纪是经济全球化的时代。2000 年 9 月，江泽民总书记曾在联合国安理会首脑会议的讲话中指出："经济全球化是随同社会生产力发展而产生的一种客观趋势，经济全球化趋势正在给全球经济、政治和社会生活等诸多方面带来深刻影响，既有机遇，也有挑战"。面对经济全球化和我国加入 WTO 的这一新形势，中国钢铁企业的经营环境正在发生深刻的变化，企业管理面临着新的形势和任务。诺贝尔经济学奖得主、管理学大师西蒙曾经说过："管理就是决策，企业管理的主线就是财务管理"。因此，财务管理如何适应经济全球化的要求，已经成为摆在各个企业领导面前的一项刻不容缓的新课题。今天，中国钢铁工业协会在此召开"财务与价格工作委员会"成立大会，就是要适应经济全球化的要求，学习、借鉴和交流先进企业的财务管理模式和经验，增强企业自身的管理创新能力，通过整合企业有效的管理资源，建立与国际接轨的规范的财务价格管理制度，提升中国钢铁工业的国际竞争力。

一、要站在使中国钢铁工业保持稳定、健康发展的高度，充分认识"财务与价格工作委员会"成立的重大意义

（一）适应中国加入 WTO 的需要

世界贸易组织有 135 个缔约方，覆盖了全球 90% 的贸易额，目前还有 30 个国家（地区）正在积极申请加入。中国加入 WTO 后，将为我国钢铁企业全面参与国际分工与合作，参与经济全球化，开辟更为广泛的活动空间和范围。同时也将会有更多的跨国公司和钢铁企业进入中国市场，我们面对的是一大批实力强劲的竞争对手，迎接的是一种全新的挑战。在这种压力面前，企业生存的压力和发展的动力，促使企业内部要积极加强管理，提高财务管理水平和资本运营的水平，提高综合竞争力；另一方面，国内钢铁企业必须团结一致，进一步加强市场价格研究和协调，规范市场竞争的规则和秩序，加强企业间财务和经济运行信息的交流与沟通，相互取长补短，形成合力，应对国外钢铁企业的竞争。

（二）保持中国钢铁工业健康发展的需要

国际上一些经济发达国家，为保护自己的某些产业采取反倾销、禁止低于成本的销售等手段，或者成立某种协会组织进行某种形式的协调，把市场竞争限制在合理、良好范围内。行业内企业间进行某种形式的价格协调，在世界上是经常通用的，是一种普遍现象。如，日本六大钢铁公司，彼此之间都有合理的产品分工和协调机制，对内长期保持市场供求关系和价格的稳定。因此，对于中国钢铁工业来说，成立"财务

2001 年 7 月 5 日，中国钢铁工业协会财务与价格工作委员会成立大会在鞍钢召开，会议推选作者担任"委员会"主任。本文是作者在会上的讲话，发表在《冶金财会》，2001(7)：11～13。

与价格委员会”对国内钢铁企业价格进行协调和沟通，是完全必要的，也是符合国际潮流的。钢材的价格最终仍是由市场来决定，我们对钢材价格的协调，不是人为地操纵市场，硬性地把钢材价格维持于较高的价位，更不是搞价格垄断，而是为了防止低价倾销等不正当竞争，合理配置区域市场的资源，规范市场运作，为钢铁企业提供一个公平合理的市场竞争环境和正常的价格秩序，维护国内钢铁企业正常的生产经营秩序，从而促进中国钢铁工业长期稳定、健康发展。

（三）企业自身发展的需要

在我国超过1亿吨钢的生产能力中，落后水平的约占2700万吨，国内一般水平的约占4000万吨，两项合计约占总生产能力的一半；吨钢能耗比发达产钢国高出三成，劳动生产率只相当于国际先进水平的1/10。我国加入WTO后，国际竞争日趋加剧，急需提高国内钢铁企业的市场竞争能力。一方面，通过提高企业财务管理水平，提高资金使用效率，提高投入的产出比，实现企业的发展壮大。另一方面，把钢材价格保持在一个合理的水平，企业才有一定的赢利空间，才有相对宽裕的资金用于技术改造和产品结构调整。

二、适应潮流，建立与经济全球化要求相适应的财务管理模式

进入21世纪，企业的经营从以产品经营为主，已逐步过渡到以资本运营为主的阶段，企业的管理已由形体管理变为数字管理。面对这一形势，企业必须建立新的财务管理模式。

（一）要大力加强和改善企业财务管理，提高资金的使用的效率

随着市场竞争的日益激烈和国有企业改革的不断深化，传统的企业财务管理体制、资金运作方式和监管手段已经不能适应新形势的要求，主要表现有：第一，资金散乱。随着企业规模的迅速壮大和企业组织结构的调整，企业资金分散占用的矛盾日益突出，资金失控，投资随意性大，沉淀严重，使用效率较低。第二，监控不力。企业资金的流向和控制脱节，母公司难以及时掌握子公司的财务资金变动，资金管理有章无序，体外循环严重。第三，信息失真。由于各方面的影响，会计核算不准，报表不真实，问题突出。与此同时，有些企业由于对集权与分权的程度把握得不够好，没有形成具有高度集中权威的管理指挥系统，缺乏统一的规章制度，造成投融资活动各自为政，资金结算自行其是，预算与控制脱节等问题，使企业对市场的应变能力下降。为适应新形势的要求，企业应从资金集中管理入手，建立并完善财务结算中心制度，推行全面预算管理制度，加强对现金监测分析，同时强化监督和控制，实行形式多样的会计委派制度，变过去的“事后监督”为事前、事中和实时监督。建立起以财务成本管理为核心的内部信息管理系统，推进企业财务与业务一体化，并积极吸收消化国外先进的管理思想，使用国际先进的ERP企业资源计划，提高资金的使用效率。

（二）要加速钢铁企业财务管理信息化进程

以信息化带动工业化，加速企业管理的信息化进程，是我国“十五”期间优化产业结构，企业应对经济全球化挑战，增强国际竞争力的重要任务。因此，利用先进的管理技术和信息手段武装企业，构筑科学高效的以财务管理为中心的企业管理模式，已成为中国钢铁企业立足国内，走向世界的当务之急。在互联网发展迅猛的今天，利用信息技术来有效组织和发挥财务管理的功效，为企业的经营分析、决策提供有力的支持已在国内外广大管理者中形成共识。有关统计资料显示，在全球500强企业中，

80%的企业已经建立自身的以财务管理为中心的企业管理信息系统，企业的管理效率得以较大提升，极大增强了企业的竞争活力。目前国内有将近30%的企业建立起自身的财务管理及企业管理信息系统，而钢铁企业的比例就更小了。因此，采用网络技术等先进、科学的财务管理手段，实现财务管理的自动化、系统化、网络化和信息化，使企业财务管理从分散走向集中，从封闭走向开放，从静态走向动态，从定性分析走向精确定量，从事后控制走向实时控制，这是时代的要求。所以，面对这样一种新的挑战，我们钢铁企业的管理模式必然发生质的变化，各个企业都应该积极行动起来，利用现代信息技术，加速企业财务管理的信息化进程，通过对财务信息资源的深度开发和广泛应用，不断提高企业的管理、经营、决策的效率和水平，实现企业的管理创新。

（三）财务管理要走向国际化

从最近我国钢铁企业应诉美国等国“反倾销”案调查看，随着我国加入WTO，我国钢铁企业应从自身做起，完善管理，尤其是财务管理要与国际接轨，以便在发生矛盾纠纷时能够争取主动。电子商务跨越了空间和时间的限制，猛烈冲击着原有的商务模式。随着电子商务的普及，很多企业将成为全球网络供应链中的一个结点，企业的众多业务处理活动都将在全球范围内进行，如网上交易、网上结算、电子广告、电子合同等，传统的财务计价、财务控制、结算方式等都要进行革命性的创新。传统的单一货币计量也将被打破，取而代之的是多国货币、电子货币，支付方式也将由现有的纸质现金、支票、汇票等结算方式转变为电子现金、电子支票、电子信用卡等网上结算方式。所以，随着中国加入WTO、全球经济一体化以及电子商务浪潮的来临，我国钢铁企业财务走向国际化是必然选择，必须积极做好财务国际化的应对准备。

三、紧紧围绕我国从钢铁大国向钢铁强国转变的中心任务，以务实、开拓和前瞻性的精神推进“委员会”的工作

“财务与价格工作委员会”隶属于中国钢铁工业协会，是行业自律性组织，是适应政企分开和政府职能转变的改革而产生的，是联系政府与企业、企业与企业之间的桥梁和纽带。如何充分发挥好“委员会”作用，将直接影响我国钢铁工业在新世纪的健康发展。因此，我们必须以科学认真、求实创新的精神，准确地把握好“委员会”的职能定位和工作方针。

（一）要突出服务职能

为企业搞好服务是“委员会”的根本宗旨，只有真正成为企业的服务员，“委员会”才能有生存、发展的空间。一方面要及时掌握国际国内钢铁市场动态，有针对性地收集与钢铁企业有关的财务、价格和经济信息，并对钢铁行业的经济运行、价格情况进行分析和研究，为钢铁企业的生产经营、改革改造和资本运作等方面提供决策依据和参考。另一方面根据企业的需要，对其深化改革、经营管理、发展战略及经济技术指标、综合效益指标等方面进行分析、评价，提供咨询诊断服务。并定期组织专题研讨活动，总结交流钢铁企业在财务管理等方面的经验。

（二）要突出协调职能

我国7家特大型钢铁企业钢产量仅占全国的43%，而日本五大钢铁公司产量占该国总量的80%，韩国浦项一家占64%，英国的英钢、法国的于齐诺尔几乎囊括各自国家所有的钢铁生产。正因为我国钢铁工业集中度不高，加强企业之间财务、价格等方

面的协调，对保持钢铁工业稳定、健康发展就显得更为重要了。同时，作为国有企业，国内钢铁企业间的竞争并不是谁要打败谁的你死我活的竞争，而是既有竞争，又有协调，取长补短，共同发展，目的是提高我国钢铁工业的整体市场竞争力。因此，“委员会”的一个很重要的职能就是要组织制定财务与价格方面的行业性约定规则，协调钢铁行业内部价格关系，规范企业的价格行为，促进企业间公平竞争，保持行业价格相对稳定，避免出现价格垄断、哄抬价格和低价倾销等不正当行为。

（三）突出沟通职能

“委员会”在为企业服务好的同时，也要积极加强与政府部门进行沟通，把钢铁企业贯彻落实国家在财务和价格方面的方针、政策情况，以及针对财务、价格、资本运作等方面需要解决的问题及时反馈给国家有关部门，更好地反映企业、行业的呼声，同时也为国家进行宏观调控提供政策依据。同时，还要把国家在财务、价格及其他相关方面的政策方针信息及时传递到企业，以便企业更好地贯彻执行。

经济全球化已经成为时代发展的潮流，势不可挡，面对中国经济国际化，国内竞争全球化，国内企业国际化，多元竞争激烈化的新挑战，我们要紧跟时代步伐，以脚踏实地的精神做好“财务与价格工作委员会”的工作，发挥其应有的作用，为中国钢铁工业在新世纪的健康发展作出新贡献。

迎接经济全球化挑战
努力向世界一流钢铁企业迈进

——鞍钢新世纪初发展战略构想

2002 年 3 月

“九五”期间，鞍钢认真实践江泽民总书记“三个代表”重要思想，坚定不移地贯彻执行党中央、国务院搞好国有企业的方针政策，改革和发展取得了历史性的新突破，被江泽民总书记誉为“旧貌换新颜”。面对经济全球化和中国加入 WTO 的新形势，企业生存发展的环境发生了深刻变化，对鞍钢这样的国有大型企业来说，科学地搞好企业发展战略的研究和制定尤其紧迫和必要。新世纪的鞍钢将认真按照党中央的战略部署，结合自己的实际，实施“十五”发展规划，与时俱进，积极推进“三改一加强”，进一步提高市场竞争力，努力向世界一流钢铁企业迈进，更好地应对国际市场的激烈竞争。

一、新世纪初鞍钢的主要发展目标

新世纪初，鞍钢面临着经济全球化和我国加入 WTO 的新的机遇和挑战，如何科学确定企业的战略发展目标是一个需要鞍钢这样的国有大企业认真做出回答的重大问题。对此，我们将继续坚持“发展是硬道理”的思想，加快鞍钢发展步伐，实施“改造钢铁主体，壮大多元产业，实现结构优化，增强整体实力，面向两个市场”的总体发展战略。即：用高新技术对钢铁主体进行现代化改造，努力向世界先进钢铁企业的目标迈进；立足现有的机械、电气、自动化等产业基础，加快发展步伐，使之成为鞍钢新的支柱产业和新的经济增长点；加快形成符合市场经济要求的现代企业组织结构、多元投资主体结构、多元产业结构和最优化的产品结构，使鞍钢集团的市场竞争能力、技术创新能力和抵御风险能力显著增强；积极参与国内外市场竞争，不断扩大鞍钢产品在国内外市场上的占有份额。2001 年到 2005 年的“十五”期间，努力实现鞍钢跨世纪振兴发展的第二步奋斗目标，进入国内外先进钢铁企业行列。包括要完成“三个创新”、达到“五个一流”、实现“四个提高”。

三个创新：（1）制度创新。完成规范的公司制改革，建立完善的现代企业制度。（2）技术创新。建立起面向市场，以提高企业竞争力为重点的技术创新体系。（3）管理创新。建立与制度创新和技术装备水平提高相适应的具有鞍钢特点的现代化企业管理模式。

五个一流：（1）主体技术装备和生产工艺达一流。采矿、选矿、焦化、烧结、炼铁、炼钢、轧钢主体技术装备和生产工艺达到国际先进水平。（2）主要技术经济指标达一流。炼铁入炉焦比、钢铁料消耗、综合成材率、可比能耗等主要技术经济指标达到国际同行业先进水平。（3）产品质量和品种结构达一流。围绕十大应用领域开发钢材新产品，形成五大系列高附加值产品和 30 个拳头产品，实物质量达到国际先进水平。（4）企业经济效益达一流。企业经济效益要达到国内同行业先进水平。（5）环境保护及资源综合利用水平达一流。厂区环境治理和三废资源利用达到国际同行业先进水平。

四个提高：(1) 全员劳动生产率明显提高。从事钢铁主体生产人员减至2万人以下，全员实物劳动生产率达到500吨/(人·年)，企业办社会问题彻底解决。(2) 职工队伍素质明显提高。通过深化人事和用工制度改革，加强教育培训，使职工队伍思想道德和文化技术素质明显提高。(3) 非钢铁产业收入明显提高。形成以钢铁产业为主体，多种支柱产业共同发展的格局，非钢铁产业收入比例达到总收入的35%以上。(4) 职工生活水平明显提高。在企业振兴发展的基础上，不断增加职工收入。

二、实施技术创新战略，提高企业核心竞争力

随着经济全球化步伐的加快，跨国公司以强强联合为主要方式的兼并与重组，正在把生产经营的重点转向企业的技术创新，经营方式正在从生产型向研究开发型转变，强大的技术创新能力使其在全球化竞争中处于主动地位。激烈的市场竞争使鞍钢前所未有地感到技术创新在未来生存与发展中所处的重要地位。核心竞争力是企业获得长期稳定的竞争优势的基础，而技术创新战略作为企业发展战略核心，是提高企业核心竞争力的根本保证。

"十五"期间，鞍钢将建立面向市场，以提高企业核心竞争力为重点的技术创新体系，增强鞍钢的技术创新实力。技术创新的总体战略是：跟踪行业科技发展步伐，争创世界先进水平成果，突出产品开发龙头地位，实现技术商品开发转化，增强钢铁主体创新实力，提高多元产业技术含量。就是要瞄准世界钢铁工业科技发展前沿加强科技开发，使鞍钢总体科技进步达到国内外一流水平，并争创部分技术领域的世界水平。在跟踪中进行赶超，缩小与世界先进水平的差距，提高自主开发、创新的能力。把产品的开发和创新，提高产品市场竞争力，作为技术创新的重中之重，大力开发高技术含量、高效益和适销对路的"专、等、优"产品，扩大产品在国内外市场的占有率。大力开发具有自主知识产权、可商品化的实用技术，将技术优势转化为产品优势，提高技术创新的综合经济效益。提高非钢铁产业的科技水平、技术含量和产品附加值，促进产业升级和产品更新换代，不断拓展非钢铁产业的市场份额。一是继续坚持走"高起点、少投入、快产出、高效益"的技术改造路子，积极采用世界先进技术改造钢铁主体。经过"九五"技术改造，鞍钢主体技术装备和生产工艺的现代化水平已经有了明显提高，市场竞争力显著增强。在此基础上，抓住"十五"有利时机，积极采用先进技术，对钢铁主体技术装备进行现代化改造，使鞍钢主体技术装备和生产工艺逐步达到国际一流水平。二是以技术中心、设计研究院和自动化公司为主体，以其他层次科研组织为辅助，进一步完善面向市场以提高企业竞争力为重点的技术创新体系。三是进一步完善有利于技术创新的有效运行机制。包括：技术创新激励机制、以效益为中心的科研工作投入产出考核机制和新产品、新技术、新工艺、新装备的开发机制，以及产、销、研和产、学、研的衔接机制等。四是争创技术经济指标、新产品开发、科研成果转化速度和效益、创新型人才队伍五个国内一流。通过实施技术创新战略，到"十五"末期，科技成果转化率达到90%，科技对企业经济效益增长贡献率提高到50%以上。在新技术方面，实现冶金工业自动控制、冶金成套设备制造等10项新技术产业化。在新产品开发方面，围绕十大应用领域开发钢材新产品，形成五大系列高附

加值产品和30个拳头产品，实物质量达到国际先进水平。新产品开发平均每年以20%递增，到2005年新产品开发达到60万吨以上，包括石油管线钢、高强耐磨重轨、集装箱专用钢、轿车用钢、工程机械用钢和军工用钢等国家紧缺和替代进口的产品。

三、实施制度创新战略，建立完善的现代企业制度

近年来，以跨国公司为代表的国际性大企业，为战胜竞争对手和维持领先优势，都率先进行了一场意义深远的企业制度与组织结构变革，从企业内外部组织形式、资本结构和企业规模等方面进行了广泛的调整、重组和创新。因此，面对经济全球化的挑战，我国企业必须建立起与国际竞争环境要求相适应的制度模式和有效的组织结构，为企业迎接挑战提供体制保证。

"十五"期间，鞍钢将大力推进制度创新，完成规范的公司制改革，建立完善的现代企业制度。一是进一步实施规范的公司制改革，建立规范的有限责任制度、法人财产制度；明确股东会、董事会、监事会和经理层的职责，形成各负其责、协调运转、有效制衡的法人治理结构。二是建立适应市场经济要求的企业经营机制。包括：企业内部竞争机制，灵活反映市场变化的营销机制，经营者责权利相统一的激励与约束机制，人员能进能出、能上能下的用人机制，收入能增能减的分配机制，国有资产保值增值的机制，严格管理与科学管理相统一的运行机制等。三是建立、健全与法人治理结构相适应的工作体系。包括：决策体系、执行体系和监督体系，还有与之相适应的党的政治工作体系和职工民主管理体系。四是向国家申请授予鞍钢集团公司经营国有资产的权力，并对所有者的净资产承担起保值增值的责任。通过实行股份制改造、联合、兼并等资本运营手段，实现投资主体的多元化，使鞍钢集团不断发展壮大。五是大力推进各项配套改革，推进减员增效，提高劳动生产率。"十五"末，从事钢铁主体生产人员减至2万人以下，全员实物劳动生产率达到500吨/(人·年)以上；非钢铁产业收入比例要占总收入的35%以上。

四、实施管理创新战略，提高科学管理水平

管理创新，就是要按照现代企业制度的要求，彻底打破旧的传统的管理模式及其方式，通过对管理观念、体制、方法、手段的变革和更新，增强企业抵御风险的能力和对市场的应变能力，提高企业的市场竞争能力和整体经济效益。当前，在中国加入WTO的新形势下，国有企业的经营理念和管理方式还不能充分适应经济全球化和高新技术迅速发展的需要，必须在管理思想、经营战略、组织结构、业务流程、计算机信息管理等方面进行大胆创新，加快企业组织结构调整和业务流程再造，建立与制度创新和技术创新相适应的现代化企业管理模式。

"十五"期间，鞍钢将进一步适应投资主体多元化和装备水平现代化的要求，大力进行管理模式创新，将原有高度集权的直线职能制管理模式转变为直线职能制与分权的事业部制相结合的管理模式。对在线钢铁主体部分，实行集中统一管理，对离线的全资和控股子公司，实行分层分权管理。形成母公司为决策和资本运作中心、子公司为利润中心、钢铁主体生产单位为成本中心的管理格局。借鉴国际先进钢铁企业的经验，大力推进信息化建设。信息化建设坚持总体规划、分步实施、重点突破和目标适度、系统实用、运行可靠、技术先进的原则，依托目前鞍钢的ATM宽带网，加快企业资源计划（ERP）系统的开发建设，实现企业信息流、资金流、销售与服务流的同步

传输，使鞍钢管理水平达到国内外一流。

五、实施国际化经营战略，积极主动快速融入世界经济

国际化经营是在经济全球化大背景下企业发展的一个客观要求，是企业应对经济全球化挑战，有效地融入世界经济的主渠道。全球化的本义就是在全球范围内进行资源的优化配置，在全球范围内进行市场细化，使企业获得更大的发展空间。因此，积极开展国际化经营，提升国际竞争力是鞍钢在新世纪发展的必然选择，是未来追求的主要目标之一。

一是要加强海外基地建设，进一步健全国际营销网络。中国企业只有走出国门，才能在激烈的国际竞争中提高竞争力，而企业要跨出国门，就需要在海外设立分支结构、研发中心或参股控股海外公司。因此，加强对海外分支机构的设置和管理就成为实施企业国际化经营战略的一个重大举措。鞍钢目前已在香港设立了营销机构，下一步将分别在日本、美国、欧洲设立营销分支机构。积极开拓国际工程市场，探索海外投资办厂，增强国际市场竞争力。二是要实施“走出去”战略，坚持不懈地扩大产品出口。为适应我国加入 WTO 后的形势，鞍钢要从战略高度出发，把增加产品出口作为企业在国际市场接受考验、增强国际竞争能力的重要措施，以出口促进产品质量、品种和服务水平的不断改善和提高。实施精品战略，用高精尖产品挤占发达国家市场，以适用产品占领发展中国家市场，经过 3 ~ 5 年的努力，出口产品的数量达到总量的 15% 以上。三是实施“引进来”战略，经济全球化和中国加入 WTO，为我国企业在更大范围和更深程度上参与国际竞争与合作创造了有利条件。鞍钢将抓住机遇，及时引进世界先进技术和管理经验，有效地利用外资，实现跨越式发展。四是着眼参与国际市场竞争，进一步强化营销工作。在营销体制方面要强化营销管理职能，把产品销售与服务的触角延伸到国内外主要区域市场，建立反映灵敏、决策快捷，适应全球经济一体化的市场营销体制。

六、实施资本运营战略，提高市场竞争力和抵御风险的能力

企业传统的经营方式是产品经营为主，而现代企业要想获得超常规的高速发展，必须走资本运营之路。资本运营是指以货币化的资产为主要对象的购买、出售、转让、兼并、接管、重组等经营活动，根本目的是追求企业利益的最大化。资本运营是市场经济发展到一定阶段的一种必然现象，它是一种更高层次的经营，能够使企业以最短的时间、最快的速度，实现最优的战略性飞跃。对于鞍钢这样的大型钢铁企业来说，资本运营的方式主要有以下几种：一是进行资产重组。通过改革所有制关系，改善所有制结构，建立起资本运营者的监督机制，提高资本运营的质量。二是进行兼并。即以购买方式承担债权债务，兼并劣势企业，发展新的产业，促使低效益企业生产要素向高效益企业流动，实现产业结构和产品结构的调整与优化，形成新的资本发展优势。三是积极参股，以企业的部分资本参入其他股份制企业，让企业已有的存量资产充分发挥作用。四是进行合资合作。借助外力扩大资本存量，通过引进外资提高企业的技术含量和经营管理水平，使企业迅速走向国际化。五是联合。通过资产转移、产权联合，促使分散资本向聚合资本聚集，进行优势互补。六是主辅分离，活化资本，把各类服务组织、辅助性生产车间和其他具有较强独立性的生产部门分离出来，盘活现有资产，培育新的经济增长点。

按照这样一种思路，“九五”期间，鞍钢进行了资产重组、股份制改造等一系列的资本运营活动。如，创立了新轧钢股份有限公司，在香港和深圳上市融资；发行可转换债券；适应“债转股”改革，分离22个主体生产单位的生活后勤和设备检修系统，以优良资产与资产管理公司组建了新钢铁有限责任公司等。进入“十五”，鞍钢进一步加大了这方面工作的力度。如：与德国蒂森公司合资建设镀锌线、与中远集团结成了战略联盟，与中国银行辽宁省分行签署了《合作协议》等。下一步我们要继续瞄准最新产品的开发和最新技术的应用，按照互为补充、互为支持的双赢原则，充分发挥鞍钢的地域优势、资源优势和信誉优势，不断加强与国内外先进企业的合资合作，把鞍钢做强做大，提高企业的市场竞争力和抵御风险的能力。

七、实施非钢产业发展战略，增强企业综合竞争实力

非钢产业是鞍钢综合竞争实力的重要组成部分，只有不断发展非钢产业，才能有效支持钢铁生产，扩大就业渠道，确保鞍钢的稳定发展。目前，鞍钢所属的冶金自动化有限公司自主研制开发了大型冶金自动化集成系统，2001年实现产值5050万元。建筑施工子公司承揽了意大利、巴西等国际工程。开发了“建安牌”防水卷材和“海建牌”散热器等新型环保建材产品。生物菌肥、PP－R管材、塑料复合管、磁性材料、微细铝粉等高科技产业都取得了新的进展。

“十五”期间，鞍钢将按照竞争有序，优势互补，市场开拓能力强的要求，对非钢产业进行优化重组，发展新的产业，特别是高新技术产业，培育新的经济增长点。按照“市场定发展、效益定投入”的方针，坚持以政策支持为主，资金支持为辅，走专业化发展道路。利用设计、安装、建设施工等优势，广泛开展对外工程承包和劳务输出。利用钢铁主业优势，拓展钢材深加工和设备制造领域。继续扩大高新技术产业，提高非钢产品的技术含量和附加值。坚持有进有退，有所为有所不为的原则，充分利用加入WTO的机遇，通过资本联合、资本渗透，进一步盘活存量资产，最大限度地发挥集团公司资信、装备和技术潜力。按照公有制实现形式可以而且应当多样化的要求，积极探索多种资产组织形式和经营方式，积极采用改组、联合兼并、租赁、资产委托经营、承包经营以及股份合作等形式，组成多个非钢产业控股子公司、参股公司，形成与市场竞争要求相适应的企业组织结构。“十五”末，非钢铁产业收入比例要达到总收入的35%以上，从而使鞍钢形成一个跨地区、跨行业、跨所有制和跨国经营的现代大型企业集团，总体发展水平要进入世界先进钢铁企业行列。

总之，“十五”期间，鞍钢要通过采取以上措施，不断提高鞍钢在国内外市场的竞争能力，形成竞争优势，把鞍钢建设成为具有国际市场竞争力的现代化钢铁企业，为我国国民经济的发展做出更大的贡献。

发挥整体优势，促进管理体制和经营机制的转换

2002 年 5 月 22 日

一、如何认识这次重组合并的意义

将建设公司和修建公司进行重组合并，是鞍钢改革发展进入新时期的重大举措和重要标志，其意义主要表现在三个方面：

（1）*鞍钢实施总体改革，发展非钢产业的重要步骤。*“九五”以来，鞍钢按照中央关于建立现代企业制度的要求，不断推进企业“三改一加强”，技术改造取得丰硕成果，总体改革取得突破性进展，为鞍钢的发展注入了生机和活力。但是，随着市场竞争形势的加剧，钢铁主业与非钢产业竞争实力不协调的问题日益显现出来，特别是非钢产业规模不大、档次不高，这不仅使非钢产业自身活力不足，同时也影响了鞍钢整体竞争实力的增强。这次将两大基本建设的主力队伍重组合并，就是按照集团公司总体改革方案的要求，着眼于钢铁主业与非钢产业协调发展，做大、做精、做强建筑施工企业，培育新的经济增长点，以提高鞍钢的整体竞争力。

（2）*发挥整体优势，提高市场竞争力，应对“入世”挑战的必然要求。*建筑市场的竞争本来就很激烈，特别是中国“入世”后，随着国外工程承包商的逐步进入，国内建筑市场僧多粥少的矛盾将更加突出。在这种情况下，作为长期固守鞍钢市场的两大施工企业，要想生存发展，就必须走出“重内轻外”的怪圈，直面国际、国内市场的竞争。正是基于这一客观现实，我们将两家企业重组合并，目的就是要通过扩大规模，使企业成为具备“交钥匙”能力的工程建设实体和市场竞争的主体，在运作模式上不断与国际建筑施工企业接轨。

（3）*实现资源优化配置，促进管理体制和经营机制转换的必由之路。*过去由于我们的建筑施工企业分散经营，资源集中度低，难以形成合力，导致市场竞争力弱。这次重组，不是两家企业的简单合并，而是通过调整组织、资产及人员结构，实现资源的优化配置，获得 1 + 1 > 2 的效应。这必将有力地推进建筑施工企业管理体制改革，促进经营机制转换，特别是为全面推行项目经理负责制创造良好条件。

作为建设总公司的前身，建设公司和修建公司在历史上为鞍钢的生产经营和技术改造立下汗马功劳，也为国家的经济建设做出了积极的贡献。特别是进入“九五”以来，鞍钢技术改造力度不断加大，两个公司虽然在自身生存发展道路上遇到了重重困难，但能够以提高鞍钢整体市场竞争力为己任，增强政治意识，树立大局观念，勇于吃苦、甘于奉献，为提前完成鞍钢“九五”改造规划目标做出了不可磨灭的贡献。对此，集团公司是满意的。借此机会，我代表集团公司党委和行政，对你们辛勤的付出和无私的奉献表示诚挚的谢意！

本文是作者在建设总公司成立大会上的讲话，此次公开出版略有删节。

二、对建设总公司及领导班子的希望要求

建设总公司的成立，标志着鞍钢总体改革又迈出新的一步，也意味着鞍钢乃至国内建筑行业一支新队伍的诞生。所以从今天起，建设总公司要站在更高层次，用新的标准审视自己，抓住重组机遇，乘势而上，在提高企业市场竞争力上狠下工夫，以更好地应对“入世”给企业带来的挑战。为此，我提出四点希望和要求：

(1) *解放思想，转变观念，高标准定位、高起点开局*。面对新的机遇和挑战，要树立全新的发展观。所谓“全新”，就是要以市场的要求和规则来塑造自己，把市场需求作为最高需求，以市场的标准作为衡量自己的最高标准。要做到这一点，就要从适应市场的需要出发，打破传统的、不合时宜的思维定势，深入研究和综合分析国内外建筑施工行业及相关行业发展动向、趋势，以及国家的政策走向、竞争对手的优劣势，确定好自身的战略定位。抓好内部结构的调整和优化，既在整体上形成拳头，又在专业上形成规模实力，做到人无我有，人有我精，人精我特。积极参与国内外市场竞争，努力提高对外承包工程的能力，早日成为具有国家特级总承包资格与能力的大型建筑施工企业。

(2) *锐意改革，不断创新*。深化改革，转换机制是一个过程。对于建设总公司来说，重组只是改革的开始，还有一个继续深化改革的问题。这就需要我们进一步按照建立现代企业制度的要求，抓好产权制度和资本运营制度的改革，也要精干主体，减员增效，不断深化干部人事制度、劳动用工制度和分配制度改革，通过技术和管理的创新，增强企业的综合实力和核心竞争力，真正实现资源进一步优化和管理水平、劳动效率、职工收入水平的提高。

(3) *加强管理，狠降成本*。低价位竞争是建筑市场的突出特点。在市场竞争中能否以低价位取胜，关键在于能否把成本降下来，而降低成本的根本在于管理水平的提高。管理粗放造成浪费大、成本高，这是过去我们市场竞争力弱的主要原因。希望建设总公司要树立“管理也是生产力”“管理出效益”的思想，从自身实际出发，把管理摆在突出位置，作为企业永恒的主题，常抓不懈，在降低成本和各项管理费用上取得新突破。

(4) *加强领导班子建设，带好队伍*。实践证明，企业能否搞好，关键在于领导班子。希望新组建的建设总公司领导班子要按照“三个代表”重要思想的要求，进一步加强企业党的建设和思想政治工作，不断加强自身建设，使领导班子成为政治觉悟高，精神面貌新，创新意识强，敢抓敢管，甘于奉献的坚强集体，带领广大职工为鞍钢的建设发展不断做出新的贡献。

在鞍钢招投标、结算纪律、不良资产处置三项工作大检查动员会上的讲话

2002 年 10 月

刚才三项工作的动员报告，我都赞成，就这三项工作我想再补充讲几点意见。

我想讲的第一点，当前公司的形势喜忧参半。形势有很好的一面，1～9 月份我们的销售收入已经达到了 185 个亿，原来的预计是 182 个亿，利润我们是 7.17 亿。实际上我们的利润还可以更高一些，为了能够进一步增强抵御市场风险的能力，我们在折旧方面、在消化以前潜亏挂账方面做了比较大的动作。前天我到煤矿去了，去了西山矿务局，去了阳泉矿务局。煤炭的形势也非常好，煤炭形势好的原因是因为钢铁形势非常好。现在总的是这样，焦煤涨价，他们说大概一吨涨 20 元，喷吹煤涨价，而动力煤不涨不跌。而且这两天我也听了一下销售部门的意见，我们到年底的合同基本上已经全部完了，钢材的资源已经没有了。这是由于国家宏观拉动，积极的财政政策、稳健的货币政策使市场的需求大幅度拉动的结果，形势是非常好。新钢铁今年的利润大概可以突破 20 个亿，新轧钢的利润也非常可观，新轧钢因为是上市公司，我们不便讲太清楚，非常好。但是这种好的形势里面，我们还有不足的一面，我看有两个方面的不足，第一个方面，我们的产品结构还有相当的不足，需要进一步调整。鞍钢虽然没有卖钢坯，但是我们的板管比还不高；我们的深加工还没有形成市场竞争优势，我们的二冷轧还没投，我们的镀锌线还没投，我们的彩板还在建设，所以我们的附加值还是比较低的。今年 9 月份，我们的售价是 2431 元/吨，1～9 月份的平均售价是 2200 多块钱，据我了解宝钢的售价大概是 2800 块钱，所以我们的附加值还是比较低的，结构不合理仍然存在。结构不合理造成一个问题，就是一旦国家的基本建设投入下降以后，我们承受市场波动的能力恐怕就比较低。我们要看到明年国债究竟发多少？还发不发？而且我们国家发布的临时保障措施恐怕也有一个限度。我了解钢坯可能要放开。出现这种情况，我们的市场需求必然要受到影响。由于现在钢材比较火，大家眼睛都盯在钢材、钢铁的生产上，所以投资大量增加。大家都知道海城西洋集团，据说是搞耐火镁砂的，都要搞钢铁了，都红了眼了，说是要投 30 个亿，投到我们旁边来了，威胁到我们了，这你能阻止吗？你也阻止不了啊！但是我是这么看，倒霉的那一天马上就可能要来了。因为大家都在投啊。我刚刚到河北去，上个星期到河北兴宏去了一下，他要建一个也是 300 多万吨的厂，现在正在建设，要我们帮助他建设一个热连轧，连铸连轧；上个星期济钢找到我了，说也要上个热连轧；首钢那边找我了也要上热连轧，首钢原来就在上了；建龙在宁波也要上热连轧。同志们，这种竞争是不可避免的，回避不掉，唯一的出路就是要提高我们自己的市场竞争力。

还有一个我们所担心的问题就是我们内部的管理工作。我们内部人员的素质，我们内部劳动生产率的水平或者我们工作的效率，我觉得还是非常低的。我们要眼睛向内看一看我们的基础工作，我们虽然比以前有了很大的提高，但是问题还很多。刚才的报告中举了很多结算上的例子，有些票证都找不到了，货发走了，结果票据没有了。

刚才说的我们招投标，招标过程当中的资料要找，要检查，但没有了。这个星期调度会我说了，2万吨出口到意大利的热轧卷，轧了4万吨才挑出2万吨，合格率50%。所以我们的技术基础很薄弱。我们大白楼的保卫岗位，上星期天睡大觉，怎么睡法呢？把两个椅子一拼，躺下来，把军大衣一盖，这样睡着了，我们的同志推了半天才推醒了。这个现象不是个别的，不是说保卫，不是单说在大白楼睡觉。在岗位睡觉的大有人在，如果说他不是躺下来睡觉，就是这样子坐着打一个瞌睡，我拍拍桌子就完事了，我遇到好多次了，在大型厂遇到过，在一炼钢也遇到过。同志们你们晚上去查一查看，有多少在睡觉的。基础相当的薄弱。我们的制度不到位，我们定了很多很多制度，工艺制度、维护制度、操作规程。管理制度到位没有啊？我们相当的领导干部没有尽职尽责，在我们的工作当中屡屡发生，同志们，这是很危险的。我们的工作效率很低，前天我看了一个表格，打了一个人的年龄是339岁，怎么会出现一个年轻人339岁啊？我再一问，说打错了，多打了一个3，39岁，怎么多打一个3呢？这个工作，你不检查一下，打到我这里来的东西出了这种错误，那你们多少层没有检查。这种事情太多了，不是个别的，不是偶然的，是经常发生的，同志们，这就非常可悲了，这就是我们存在的问题啊，这就是我们非常担忧的事情。刚才说结算，票据长期不结算。我刚到鞍钢来的时候，查我们的人欠货款，原来告诉我说129个亿，后来一查，从抽屉里翻出来8、9个亿。8、9个亿啊，同志们，这种情况现在就没有了吗？也还有，也有啊。上星期，我去检查了一下我们保卫部建的长城，咱们的万里长城，鞍钢的万里长城。我看了一看，触目惊心啊！人家捡破烂的把房子砌到我们自己院子里来了，没有人管吗？没有人看见吗？我们花了600多万块钱，我说这个很值，我说不仅要修，而且要把它看住，守住我们的万里长城。在化工厂东北面，说是有一两千户，我看了那个地方，捡破烂的以我们鞍钢为生，变成我们鞍钢的寄生虫，我们都没有人管吗？我们都没看见吗？你想在市场竞争中立于不败之地，那你就必须要迅速扭转这种局面。今天我们说的这三件事，一个是结算，一个是不良资产的处理，一个是招投标，就是我们基础工作中非常关键、非常重要的工作。今天本来应该是休息日，因为快接近年底了，公司的工作比较忙，即使这样我们要占点大家时间。关键占管理干部、领导干部的时间，要把这三件事抓好，以此来带动、加强我们的基础工作，这是我讲的第一件事。

我想讲的第二件事情，大家要从社会主义市场经济角度来看待、来理解我们公司的各项工作。党的十四大明确地提出来要建立和完善社会主义市场经济，要用社会主义市场经济的机制来配置资源，优化资源的配置，这个涵义非常深刻，无非是和计划经济来比较吧。计划经济是自上而下计划安排，市场经济就要通过市场竞争的原则、货比三家的原则来配置我们的各项资源。我理解包括原料，包括我们的劳动工具，包括我们的劳动力，包括我们的产品。要用竞争的原则、货比三家的原则。因此，对内我们要保证我们的生产经营活动符合这样一种机制；对外我们要规范地进行我们的采购、招标工作。刚才报告中说了很多例子，我自己切身遇到很多例子，在1780这个工程当中，发现有的时候我们招标，价格的出入差40%、60%都有啊，差的很大啊，你不招标和招标那就差的很远啊，差距是很大的。那么对我们来讲，必须要适应这样一种社会主义市场经营机制。竞争，对外竞争，对内竞争，优化配置。我觉得我们如果违背了这个原则，我们的工作不能适应这样一个原则，就会造成生产经营的损失、国有资产的流失，就会造成腐败，就会造成我们难以想象的这样一个后果，所以同志们这个原则不能够动摇。实践证明由于建立健全社会主义市场经营机制，使我们国家的经济、我们鞍钢的发展取得了很大的进展，所以我们在这个原则上不能动摇，要从这样一个高度看待工作的重要性，这是我讲的第二件事情。

我讲的第三件事就是结算工作和不良资产的处置。我理解在当前我们这样一种社会主义市场经济机制下，我们要保证我们企业内部物质流，物质的流动包括原料、包括我们的产品、包括我们的半成品、包括我们的备品备件。凡是一切物质流、信息流包括我们的管理信息、包括我们的采购的票据等等这些信息和我们的资金流。随着这些物质的流动，时时的、及时的相对应流动，是我们搞好我们财务工作、生产经营活动的一个不能动摇的原则。我们说管理的核心在财务管理，财务管理的核心在资金管理，我想指的就是这些。我们之所以要建立一个计算机管理系统，就是为了能够用计算机来规范来保证这个流动能够正常健康的进行，但是我们现在计算机还不完善。我们就要用我们的管理工作，我们的人员的管理，我们的财务系统，我们的设备系统，我们的生产系统，我们的管理来保证，这样一种流动是健康的。所以一切拖欠，包括拖欠别人的都会对我们企业造成不应有的损失，所以我们很多次讲不能够欠别人的货、货款。这次我到西山焦煤集团，西山焦煤集团过去卖给宝钢煤比卖给我们的煤便宜多，什么原因呢？这次人家说了宝钢是现汇，货币交易，我发煤，他给我现钱，你鞍钢拖欠了我1.6亿啊，所以，对不起，你的价格就要贵一点，你说损失不就来吗，你看你这个拖欠，你好像占了他1.6亿的便宜，对不起，他可能占了你2个亿的货款，价格，你不是损失了4000万吗，你以为你占便宜，世界上没有傻瓜，你占他的货款，他占你的价格，那不是一回事啊，甚至于还多。不仅这样，还造成管理上的混乱，造成不法分子偷鸡摸狗，钻我们的空子；造成一些资金体外循环，他拿你货款他去做买卖赚钱去了，这种例子太多了。你想拖欠他的货款，他就在价格上找平；你价格确定了，他就在结算上给你找平，找回来。所以这样一些违背市场经济规律的做法，都是错误，不符合我们鞍钢利益的。所以我们这次要对结算纪律做一个检查，必须严肃这方面的纪律，我们查到哪一个工作人员违反，那么处理他，但是由我们查到我们要处理你主要领导，我们要求一级查一级，等一下我还要讲这个问题。比如说，上次我查到白楼门岗睡觉，我不追究睡觉人的责任，我追究领导的责任，你干什么去了，你让我查到了你的人在睡觉，那我不找你找谁？这个道理一样，我们不说我们要有10%的人末位淘汰吗？从什么上来看你的工作，就要从这些方面来看你的工作，积累你的问题和业绩。不良资产的处理，由于历史上造成的原因，由于我们过去管理上松懈，我们现在存在大量的不良资产，触目惊心，但是我们现在不能随随便便处理，我们必须追查责任，落实责任以后，我们要对国家负责，对我们鞍钢全体职工负责，不能随便地轻易处理，让一些不法分子逍遥法外，所以我们必须要严肃这件事情。

第四个我讲一讲招投标的问题。招投标刚才讲了，我想再细致的讲一讲。我们必须第一要选择参加投标的对象，谈恋爱还要选对象啊，我们这个几百万元、几千万元的项目，我们不选对象能行吗？不行的。包括我们的代理，销售的代理，我前天看了看我们的代理，因为他一旦和鞍钢挂上钩，他就会形成我们的无形资产，我说我是鞍钢的代理，这个无形资产多高啊，要选择对象，这个对象必须有资格，他是什么样的一种注册资本，经营我们什么样一些项目。刚才报告中说有的注册资本才100万元，他要干我一个两千万的项目，我能给他干吗？我们很多招标，我问，他们是什么样一个注册资本，不知道。我说那你回去给我查一查。上一次，我们沈薄配送中心招标，招了好几家公司制造设备，最后我一看，我说他什么厂？不知道，我们不看。我们没人看这个东西，不行的。我们说我们要买煤，招标买煤，他是不是煤矿？他还是中间代理机构？他代理机构他有多大的资本代理，不管是不行的。特别是我这里要说我们鞍山地区的小公司也太多了，数以万计，都想来到我们鞍钢这里捣一点，包括我们有一些个别的离退休老同志也在这里捣，包括我们有一些个别我们原来公司班子同志退下来以后也在捣。我们一概不管，我们不管你是谁，我们根据你的资信来看，确定你的资格。我们管也管不清楚，我们经常遇到，某某领导给我打电话，说这个事情你给弄一弄，不弄吧，好像抬头不见，低头见，过去关系不错，弄吧，违背原则。对不起，我们根据资信来。你什么样注册资本，你要是提供一些产品的话，你有没有生产厂？你要是没有生产厂，你有很大的资本，你是不是有生产厂代理的委托，正式的委托？这是最起码的吧？你有没有银行给你的资信。我们说我们要长沙院来承包我们的二烧热料改冷料，我们说要他们的工行给我们做抵押、做担保，我们这次矿山给弓长岭做球团我们要银行给他做担保，没有担保那你资信不够。我们一、两亿的项目他给我干砸了，像这种设计院他也就几千万的注册资本，他给我干砸了不就完了，这个对象必须要选择，选择清楚。所以在招投标记录里面你们要说清楚，我们参加投标的这几家资信什么样？注册资本怎么样？银行有没有担保？信誉什么样？过去欠不欠钱？有没有质量问题？这个你都要查他。第二条业绩，你要看看他的业绩。他做没做过这个东西？他根本就没有做过，你叫他来搞什么名堂；再说这个业绩也不能张冠李戴，我们发现有张冠李戴，来一个注册公司，注册公司的某人他干过这个事，这叫他的公司有业绩，对不起，不能承认，我不承认这个事情，他没有业绩。他某一个人在原来的公司来给我们干的，比如说西门子，他在西门子干的他投过标，这是西门子的业绩，这个人跳槽到 ABB 去了，他说他有业绩，对不起，不承认，他原来干我们的活是西门子，他某某人跳槽到 ABB 就说 ABB 有业绩，那是不行的，我们这种例子我已经抓到好多次了。比如说，某公司，大公司的某个人员在这里和我们关系搞得很好，他的业绩带走了，变成他自己搞一个公司来了，他来投标，他说他有业绩，上一次到你们鞍钢干什么什么项目，对不起，那不是你的公司，你个人不能代表公司，我们要从法律的角度来看这个问题，这样的事情发生多次，我查到了。第二技术条件，刚才报告中说了，技术条件，你是投标什么技术条件你就是什么条件，你不要又来狸猫换太子，到时候你干活的时候又是另外一个条件，完了我们下面通融，谁通融就是谁的责任，你这里有没有什么问题。当然第三要看价格，付款条件，各种条件。第四要看服务。这一系列包括刚才我说选择对象、资信、业绩、技术条件、价格、服务都要记录在案，签字画押。第三个方面我们要公平的、公正的，时间、地点、条件一起要公正。我们发现有砂锅漏气。我们说要货比三家，他找的三家都是一家的，三个面貌出现，也有最后中标了，那个说，那家就是我弟弟搞的公司，串通一气来骗我们，不是骗我们，是我们有人在里面搞不正之风。如果我们不规范这些招投标制度就会害了一大批这种人，我们的队伍就会受到相当大的损失，我们不愿意在我们队伍里出现这样一些腐败分子。同志们，这是爱护我们。现在说实在的，这个我们也不回避，周围一大群围绕着我们鞍钢，各种面貌出现了，打着各种旗号，就是想来钻一些空子，只要我们在这方面严格按照我们的规章制度来进行，我想可以杜绝一大批不正当的、违法的事情出现。这样一系列活动，最后都要签字画押，谁参与的、谁接标、谁同意的、谁推荐的，存档，经得起检查。我们的同志就跟我讲，1780 这么大的工程，到现在你要去查，每笔都记录在案。那么我这里还要说，按照中纪委的有关规定，像这样一些大的活动如果有亲属关系你要回避，你要提出，你的某某亲属在搞什么事情，你也去参与这个事情，你要回避，你不能接触这个事情，这是爱护你。我们这里复杂啊。第五个我想讲讲恪尽职守，严格管理，严肃纪律，保证公司的生产经营活动达到一个新的水平。我们不允许在物质流、资金流、信息流造成梗阻、假账，破坏我们生产经营的正常活动，我们要求各级干部要恪尽职守严肃来履行你的职责，一旦发现违反公司规定的，我们严肃纪律，我们严惩不怠，因为在这样的一些问题上，小事都是大事。我这里要顺便说一下，我们现在还仍然有这样的情况，职工的工资，是不是我们鞍钢的发明，把图章都交给财务，盖了一大堆章，我们一个教训还不够深刻啊？把职工的图章都搜集起来，然后代盖章。这种新鲜事情以前是没有听到过的。出了这么一个大的案子，我们还有这种情况出现，我们检查还有这种情况出现，请各单位的领导回去检查一下，我们宁可麻烦一点，手续齐全一点，这也是履行你职责一个很重要的方面，钱哪里去了他要签字。给公司的报告除了单位以外，一定要有人签，谁签发的签字。早就重申过这个事情，我们还仍然发现过打给公司的报告，既没有单位的盖章，也没有个人的签字，一概作废。我好几次都发现了这个事情，打给公司很重要的一个报告，下面就来一个什么清欠领导小组，清欠领导小组，谁啊？现在咱们的打印手段也很普及，电脑打印也很普及，谁都可以打这么一个玩意来，以假乱真，我们也不知道，因此你必须有章，因此你必须签字。我已经要求我们公司其他各位领导要严格进行要求和管理，我已经要求下面各单位都这样，你没有签字这个东西怎么行啊？我给大家说一个故事，我在武钢时候就发现有人冒我的签字。有一个朋友找到我来，说："刘玠，武钢的不锈钢的材料，耐火材料能不能卖？"我说不卖，我们全部集中回收。他说："不对吧，你不要骗我了，你最近都批了30多吨不锈钢。"我说从哪里卖的？他说不是你们机电部吗？那天我到机电部，我也不通知他们，我说你把你们废旧物资处理账单给我拿来看一下，我一翻，真有一个刘玠批的，我说我从来没有做过这个事情啊。我说把原始资料给我调出来，调出来了后，还真有个刘玠在上面签了字，刘玠签的，我说奇怪了，这是怎么搞的？后来我就交给我们公安分局，我说你给我查。后来一查，是我们炼钢指挥部的一个指挥长的儿子冒了我的签字，到机电部还真买了30多吨不锈钢走了。他怎么拿到我的签字？当时正好在搞武钢的5号平炉的检修、大修，公司给了我们3500万元的大修费，给了我们300万元的奖金。奖金是我们指挥长批，报我这里签字，我同意。他儿子从他爸爸那把我的签字拿去了以后，冒充我的签字在上面签了一个，到我们机电部还真好使，买了30多吨东西走了。结果这个孩子被送去劳动教养了，一个不到20岁青年劳动教养，这一辈子留这么一个烙印，是不是害了他？在座的同志们可能还不知道，我到鞍钢，大概是1996年，居然还有一个人到大白楼去找，说是刘玠的爸爸。我在武钢也遇到这么一个事情，在武钢也遇到了有个人，开始说是刘淇的爸爸，后来刘淇调到冶金部，说是刘玠爸爸，也是巧了，两次都让我抓到了。那天我正从三孔桥往回走，白楼办公室打电话给我，说刘总你爸爸来了。我爸爸1977年已经去世了，哪又来一个爸爸？后来说刚刚离开，我正好看一个老头在那边过来，我就说你是谁啊？他说我是刘玠爸爸。我说我是谁啊？他说你是谁我不知道。我说我就是刘玠，你不是我爸爸吗？你这个老头。他也想在这里混一混，也想捞点什么。后来我叫公安分局把他带走了。带走了以后，把他的身份证追查了一番，最后当然还管了他一顿饭，一个老头，你不能不管饭。警告他下次不要再搞这个事。在武钢时有人冒充刘淇的爸爸，后来又冒充我的爸爸，在武汉市一个县城到处招摇撞骗。说是刘玠的爸爸，人家一看是刘玠的爸爸，武钢老总的爸爸在这里，那一定要好好招待。今天在这家吃，明天在那家吃，吃完了人家不能白吃，人家就找来了。说刘总你爸爸在那里我们招待了好几天，你爸爸怎么你不照顾啊？这是不是奇怪了？找来了，正好碰到我们家了。后来我说你们别走了，我找我们公安分局来。公安分局来了后，结果有个人说去卫生间，逃了一个，抓了一个。抓了以后，派人到那个县里去，发现还果然有这件事。后来据说我调到鞍钢以后，那个人又冒充刘本仁的爸爸。社会上很复杂。所以我们要杜绝这些漏洞，不让别人有机可乘，我们就必须要严格自己的纪律，严格自己的管理，一切按照规章制度办，不能去听他是某某什么关系。只有这样我们才能杜绝这种损失。在招投标当中我们要遵守公司的有关规定。在财政纪律上我们要遵守公司的规章，不准挪用公款，不准拖欠货款，不准不及时处理有关的账单，不及时进行结算。我们现在的资金供大家周转还没有问题。而且银行现在对我们很支持，银行也愿意和我们鞍钢进一步加强这种关系。当然对历史的欠账我们必须要追清责任以后再处理，我们必须责任到人，管理到位，一级查一级，一级对一级负责，不能把矛盾上交。该哪一级负责的必须哪一级负责。你不能不负责任，把责任往上一推，上面给我审查一下，上面就负责任了。我想这样既能保证我们生产经营健康、正常地进行，保证鞍钢进一步不断地发展，同时也能够保证我们的干部队伍、职工队伍健康地成长、健康地发展，杜绝腐败和不良违法事情的发生。这种教训非常深刻，同志们要吸取，我们各级领导要清晰认识自己的职责，履行自己的职责，搞好自己的本职工作。

鞍钢的现代企业制度建设与技术改造

2003 年 3 月

一、深化改革方面

（1）**实施资产重组，推进企业组织结构的优化。**在国家政策支持下，鞍钢组建了新轧钢股份有限公司，在香港和深圳上市融资 41 亿元；适应国家“债转股”改革，与资产管理公司组建了新钢铁有限责任公司，转股额度 63.66 亿元，进一步拓宽了鞍钢的融资渠道，减轻了企业的债务负担。

（2）**按照建立现代企业制度要求，不断完善法人治理结构。**钢铁主业的新钢铁、新轧钢公司已组建了董事会、监事会，规范了法人治理结构；在国务院向鞍钢派驻监事会的同时，集团公司向所属子公司派驻了监事会。

（3）**分立辅助单位，使之成为全资子公司。**成立 26 个全资子公司，使之自主经营、自负盈亏。1998 ~2002 年全公司分离单位比 1997 年减亏增效 56.29 亿元。

（4）**进一步精干主体，劳动生产率大幅提高。**钢铁主体人员从 1997 年的 5.44 万人减少到 2002 年底的 3.89 万人，减少了 1.55 万人。全员劳动生产率由 1997 年的 66089 元/人，提高到 2002 年的 117790 元/人。

（5）**分离企业办社会职能取得新进展。**鞍山、大连、朝阳等地区鞍钢所属中小学以及公安系统移交地方。职工养老保险全部纳入省级管理，失业保险实行属地化管理。

二、企业管理方面

（1）加强管理，堵塞漏洞。建立了企业核心管理制度体系，企业管理以财务管理为中心，财务管理以资金管理为中心，实行全面预算管理和集中一贯制管理。

（2）企业信息化建设取得新突破。鞍钢宽带网已经建成，并用于生产和销售管理；与美钢联签约共同开发鞍钢综合管理信息系统（ERP）。

（3）强化质量管理。全面通过 ISO9000 质量体系认证，综合成材率由 1997 年的 82.73%，提高到 2002 年的 94.17%，提高 11.44 个百分点。

（4）加大环保力度。冶金工厂除铁前系统外，通过 ISO14000 环境管理体系认证，厂区绿化覆盖率达 32.2%，荣获辽宁省“花园式工厂”称号。

2001 年《鞍钢整体技术改造决策与实施》被评为国家管理创新成果一等奖。

三、技术改造方面

坚持走“高起点、少投入、快产出、高效益”的技术改造新路子，“九五”技术改造胜利完成，“十五”技术改造取得阶段性成果，技术创新取得新突破。

（1）用 5.2 亿元的较少投入，将一炼钢、二炼钢厂的 12 座平炉改造成 6 座现代化转炉，实现了全转炉炼钢，淘汰了 530 万吨平炉钢。转炉钢比平炉钢成本低 100 元/吨，

本文是作者向朱镕基同志的汇报提纲，标题是此次公开出版时所加。

一年收回全部投资。

（2）用比国内同类项目少得多的投资 14.23 亿元，改造和新建 8 套连铸机，全部淘汰了模铸工艺，实现了全连铸，年新增 520 万吨连铸能力。连铸比模铸平均降低成本 200 元/吨，不到 2 年收回全部投资。

（3）仅用 62.5 亿元的投资建成具有世界先进水平的 1780、1700 热轧带钢生产线和冷轧酸洗联合机组，年新增冷、热轧板生产能力 760 万吨，年新增效益 23.9 亿元，不到 3 年收回全部投资。形成了一、二号方坯连铸连轧、1700 中薄板坯连铸连轧等短流程生产线。上述项目的投资目前已全部收回。

（4）冶金重大装备国产化取得突破。自主研制开发了热连轧、冷连轧、转炉和连铸技术。拥有全部自主知识产权的 1700 中薄板坯连铸连轧带钢生产线（ASP），获"九五"国家重点科技攻关重大科技成果奖和中国钢铁工业协会、金属学会冶金科学技术特等奖，并已成套对外输出；立足国内，投资 17 亿元自主开发制造了冷轧厂二号酸洗连轧联合机组，比国内同类项目投资节省近一半，为实现我国冶金重大装备国产化做出了贡献。

（5）随着全冷料的实现和新 1 号 3200 立方米高炉、国内第一条具有国际一流水平的重轨万能轧制生产线、三条镀锌线、两条彩涂板生产线等工程投产，和无缝厂、厚板厂、中板厂等改造竣工，目前鞍钢主体技术装备和生产工艺已达到国际先进水平。

四、产品结构明显改善，质量大幅度提高

彻底结束了销售钢坯等初级产品的历史，板管比达到 76.54%，比国内平均水平高出 36%，高附加值产品比例达到 34.7%。1780、1700 两线去年生产优质卷板 560 万吨，创利 26.6 亿元，并出口到美国、日本、意大利、韩国等 10 多个国家和地区。生产汽车板 83.35 万吨，其中冷轧轿车板打入一汽、二汽、上汽等市场。X70 管线钢中标西气东输工程，X65 管线钢中标巴基斯坦管线工程。销售集装箱钢板 27.5 万吨、热轧船板 21.72 万吨。生产重轨 43.7 万吨，创利 4 亿元，高速重轨已铺设到国内第一条时速 200 公里的秦沈客运专线。综合成材率由 1997 年的 82.73% 提高到 2002 的 94.17%。74.91% 的产品实物质量达到国际先进水平，比 1997 年提高 71.78 个百分点。

五、国有资产保值增值，企业效益显著提高

固定资产原值由 1997 年的 468.62 亿元增加到 2002 年的 600.13 亿元、净值由 281.09 亿元增加到 356.42 亿元。资产负债率 52.09%，比 1997 年降低 5 个百分点。

2002 年生产铁 1013.63 万吨、钢 1006.65 万吨、钢材 960.28 万吨，成为国内第二个千万吨级钢铁联合企业。

预计实现销售收入 245.55 亿元，比 1997 年增加 71.58 亿元，增幅 41.15%；在消化历史遗留问题、增提折旧、增加职工收入等总计 15 亿元的情况下，预计实现利润总额 11.59 亿元。上缴税金预计 31.81 亿元。人欠、欠人分别由 1995 年初的 138 亿元、86 亿元降至 2002 年底的 52.2 亿元、37.2 亿元。

实行了岗薪制、年薪制，职工人均年收入由 1997 年的 10426 元提高到 2002 年的 13941 元。

六、今年主要情况

2003 年生产经营的主要目标是：生产铁 1070 万吨、钢 1055 万吨、钢材 982 万吨，其中出口和以产顶进钢材 150 万吨。实现销售收入 252 亿元、利润总额 12 亿元。

今年 1 ~2 月份，生产钢 153. 18 万吨、铁 153. 25 万吨、钢材 154. 27 万吨。预计实现销售收入 46. 65 亿元、利润总额 3. 2 亿元、上缴税金 6. 5 亿元。

做精做强东部。将东部建成品种结构合理、产品附加值高、市场竞争力强、环境优美的 1000 万吨精品生产基地。

开发西部。以三炼钢易地大修为契机，形成一个集炼铁、炼钢、连铸、热轧、冷轧及相应配套设施，工艺布局合理、高水平、短流程、具有 300 万吨左右生产能力的西部新区，进一步做大做强钢铁主业。同时发展非钢产业，为全面建设小康社会做出新贡献。

质量实力的强弱是决定鞍钢生死存亡的关键

2003 年 9 月 17 日

一、应对激烈市场竞争凭的是质量上的实力

最近到北京开会，谈到目前全国钢铁行业的形势。今年上半年全国钢产量已经达到 1.03 亿吨，预计全年钢的产量将超过 2.1 亿吨以上，甚至达到 2.2 亿吨；上半年进口的钢材已经达到 1800 多万吨了，预计全年进口将超过 3000 万吨；目前在建的钢铁生产能力已超过 5000 万吨，因此有人预计到 2005 年中国钢产量将突破 2.5 亿吨。面对这样的形势，我们既有难得的机遇，更有严峻的挑战。同志们可以设想一下，当前在建的炼钢炼铁生产能力达到 5000 万吨以上，几乎相当于国内目前能力的一半，由此可以看出今后一个时期钢铁行业的竞争将是非常激烈的。

如何应对激烈的市场竞争，我特别想强调这个事情——质量。最近一汽和宝钢签了一个战略合作的合同，新日铁和宝钢又签了一个战略合作的合同。前不久蒂森克虏伯想在一些局部的项目上也跟宝钢签这样的合同，给了我极大的刺激。本来我们已跟他谈一个轿车板的合作项目，谈得非常好，说 5 月份要来跟我们进一步谈，结果突然给我一封信，说要跟宝钢谈，那意思就是不跟我们谈了。为什么？我特别把蒂森克虏伯的董事长请到鞍山来，他本来是到大连镀锌板来开董事会的，我要展示一下鞍钢现在的实力。看完以后，他说留下了非常强烈的印象，鞍钢的技术装备现在已经达到一个很高的水平，他表示祝贺。我反复思考人家为什么想丢掉老朋友要去找新盟友？就是因为我们质量的实力，汽车板、轿车板的实力不如宝钢。在市场竞争如此激烈的情况下，国际上大的钢铁企业都去找宝钢，是因为宝钢有产品的质量实力，这很值得我们去思考。所以，我们要想在市场上占有一席之地，最重要的是把我们的产品质量提上来，让市场认可，让用户满意。苦练内功，提高自己的质量水平，这是我们在市场占有一席之地的关键，我希望同志们牢记这一点。

二、党政工共同努力，提高全员质量意识

我们和宝钢之间的差距，首先是在质量意识上的差距。最近，我听说新钢、新轧请了一些国外的和退休的专家来这里帮助我们咨询，有炼钢的专家，有 05 板的专家。人家非常坦率地说，你们鞍钢离生产 05 板还差得很远很远。差在什么地方？不是差在装备，而是差在我们的人，我们全员质量意识很淡薄，我们有的管理人员对质量工作方面存在的差距视而不见。

8 月底，我陪同一汽的老总到二冷轧去看，我十分高兴地、满怀信心地给他介绍了我们二冷轧的情况。我带他看了一下电火花打毛，看见打毛的辊子，划痕、油泥满辊子都是，我当时的心情一下子就沉下去了。再看看电火花打毛的设备，刚投产，但是这台设备已经油漆剥落、锈迹斑斑，我感到心情更难受。快离开二冷轧的时候，我又请他看了看我们的成品，成品上也是划痕满卷、油迹满卷。这么一个新的二冷轧，应该说还是比较重视质量的一条生产线，居然出现这样的情况，什么问题？冷轧厂是生

产一种艺术品的生产线，精心操作、精心维护、精心生产，这样才能出精品。没有精心操作、精心维护，怎么可能出精品？二冷轧还算是全公司比较好的。我们的热轧、我们的中板怎么样？那天我到中板厂去，看到除鳞水可以减少道次，第三道次才加除鳞水，那么我就问，你那个除鳞水箱装在那里干什么用啊？

虽说我们通过了ISO9000认证，但是全面质量管理的理念、全员质量控制的理念、全系统质量保证的理念，不断地、永不停止地计划、检查、修正、控制、再检查的质量保证的理念，我们很淡薄。在国有企业，这种现象是和我们的体制、机制联系在一起的，因为质量不好不能丢饭碗啊。但是现在我看不应该再这样，质量不好，一样要下岗；违反操作规程、违反工艺纪律，一样要请他走人。否则我们怎么可能在市场的竞争中立于不败之地。我在这里提出这个问题，请各单位的党政工领导一起来努力，提高我们全员的质量意识，落实到我们生产的全过程当中。

三、质量水平的提高，关键在工艺纪律、工艺制度的落实

质量水平的提高，我认为关键在工艺纪律、工艺制度的落实。前不久我们很多单位搞军训，我说这个是可以的，但是军训的最终落脚点应该是在工艺制度的贯彻执行上，像解放军叠被子那样严格执行我们的工艺纪律、工艺制度，绝不能够随意操作、习惯作业。

厚板厂改造时出现这么一种争论，建设总公司提出对液压系统的循环清洗采用系统清洗，就是把整个系统的管道，全系统用油来清洗；奥钢联不同意，提出要一根一根地清洗，打循环。是奥钢联的要求多余吗？还是建设总公司没有按照规程、规范来进行清洗？过去建设总公司都是这样系统清洗的，比如说1700，结果投产以后不断地出问题：疏水阀堵了，动作不灵了等等。我认为人家奥钢联的要求是标准的、规范的，人家严格按照安装的规程来办事。

鞍钢精神有“求实”这一条，我们不能用搞政治运动的办法来搞改造。必要的声势是可以的，但是我们每一道安装的工序、每一道安装的程序必须要严格地执行，严格地检查。在这个前提下，我们保证质量、保证每一道环节检查验收合格，再往下一道环节进行，在这个前提下来讲工期，而不是盲目地省工减料来讲工期。前不久我看了一下镀锌板工程，建设总公司制造的一些结构件，没有严格按照标准来进行。我们这种“快”、我们这种“省”，我认为得不偿失。杜绝搞这种形式的东西，扎扎实实地、不折不扣地、老老实实地按照规章、质量标准、工艺制度、维护制度来执行。这是鞍钢发展壮大的关键。

我们炼钢的差距就更大了。我们的品种合格率达到多少？可能70%都达不到。所以我们的合同执行率完不成，不得不找一些合同之外的加以修正、加以整改。产品生产出来了一看不合格，再找其他的合同，所以出现了非计划的合同。严格按照合同组织生产，是难度很大的，但是我们必须这么做。所以9月份，我们要全面地进行工艺纪律、工艺制度检查，我们要严格考核、严格要求，绝不能含糊。

四、切实加强全员质量培训，培育“精细、高质量、严要求”的企业文化

为应对激烈的市场竞争，我们要通过加强管理，推进技术进步，提升我们产品、技术、质量的档次，迅速地降成本、提质量、调整品种，生产“高、精、尖”产品，把我们和一些一般的民营企业、中小企业的差距拉大，我想这是很重要的方面。现在

市场对鞍钢产品的评价既有好的一面，更有不足的一面。最近我听说盼盼防盗门不敢用鞍钢的冷轧板，我不知道你们知不知道这个情况，仍然用浦项的。说用我们的钢板，一冲就瓢曲。如果我们连防盗门用的冷轧板都不能生产，还谈什么轿车板呀？要清醒地看到自己的差距，绝不能掉以轻心。加强管理和推进技术进步一定要落实到员工素质的提高上。提高员工素质，我想靠两条，一个是靠我们规章制度的培训。今年我们一再强调规章制度、工艺纪律、维护规程，就是想把我们已经科学化的、规范化的、经过实践证明是成熟的这样一些经验加以标准，加以规定，制定出我们的纪律。让我们所有员工按照这个规章制度、工艺纪律、维护规程来提高我们的工作水平，因此培训相当重要，我们的管理要确保规章制度的执行。另外就是一定要培育一种企业文化，精细、高质量、严要求这样一种企业文化。我们的“拼争”，我觉得就是质量的拼争、技术水平的拼争。怎么拼争，怎么求实？一个是规章制度的贯彻执行，一个是职工素质的提高，一个是企业文化的建立，我认为这方面我们差距还很大。所以，我们要全面地进行全员质量培训，上上下下要树立起强烈的质量意识。什么时候我们每一个职工的质量意识达到了市场竞争的要求，什么时候我们才能够说产品质量达到了市场的要求，我们的产品、我们的各项工作才有希望。

抓住机遇，当好振兴老工业基地的排头兵

2004年11月14日

一、今年以来生产经营情况

《中共中央、国务院实施东北地区等老工业基地振兴战略的若干意见》实施以来，为辽宁老工业基地的振兴创造了良好环境。一年来，鞍钢抓住难得机遇加快发展，建精品基地，创世界品牌，当好振兴辽宁老工业基地排头兵。

（1）**生产规模**：1~10月份生产铁951.56万吨、钢939.51万吨、钢材885.10万吨，比上年同期分别增长13.02%、12.24%、13.22%。预计全年生产铁1150万吨、钢1130万吨、钢材1060万吨，首次铁、钢超1100万吨，材超1000万吨。

（2）**销售收入**：1~10月份383.99亿元，比上年同期增长51.81%。预计全年460亿元，比上年增长46.3%。

（3）**实现利润**：1~10月份77.4亿元，预计全年超过100亿元，比上年增长64.4%。同时，增提折旧、增加职工工资、处理不良资产等31.3亿元。

（4）**上缴税金**：去年38.68亿元。今年1~10月份54.6亿元，比上年同期增长66.77%。预计全年超过60亿元，比上年增长55%。

（5）**产品结构优化**：板管比83%；高附加值专用材比例55%，比上年提高11个百分点；70%的产品实物质量达到国际先进水平，比上年同期提高2.6个百分点。

（6）**出口和以产顶进**：1~10月份实现钢材出口和以产顶进246万吨，占钢材产量27.8%，比上年同期增长58.12%。其中钢材出口签约142.69万吨，是上年同期的2.66倍，为同行业第一；出口创汇总额5.55亿美元，是上年同期的4.27倍。

（7）**新产品开发**：自主研制开发了替代进口的三峡右岸水轮机蜗壳钢板，并供货1.2万吨。自主开发生产了国内最高钢级的X80管线钢宽厚板。

1~10月份生产轿车板12.89万吨，是去年的1.32倍，已用于奇瑞、捷达、宝马、福特、奥迪等轿车，并首次出口北美轿车市场。

成绩的取得，得益于党中央、国务院关于实施东北地区等老工业基地振兴的战略部署和一系列政策的出台，主要有：

（1）**国债贴息**。利用国债贴息政策建成的新1号3200立方米高炉，日产铁8000吨以上，平均利用系数2.4，在国内大高炉中排在前列。冷轧硅钢生产线7月份建成投产，已生产冷轧硅钢片3.34万吨，产品供不应求。

（2）**增值税转型**。从2004年7月1日起实施，预计今年鞍钢可退增值税1.4亿元。

（3）**所得税优惠**。预计今年7~12月份，鞍钢可增提折旧6亿元，减少所得税2亿元。

本文是作者在振兴东北老工业基地工作座谈会上的发言。

二、树立和落实科学发展观，把鞍钢发展推向新阶段

充分发挥鞍钢人才、技术和设备优势，重点发展钢铁、矿业、冶金工程和装备制造三大产业。对钢铁主业进行系统整合，打造主业突出，具有国际竞争力的大型企业集团，生产规模、装备水平和产品结构达到国际先进水平，成为世界一流钢铁联合企业，力争进入世界500强。

（一）做强做大钢铁主业

计划建设鞍钢西部500万吨新区。到2006年，形成以汽车板、家电板、集装箱板、造船板、管线钢、冷轧硅钢等为主导产品的1600万吨精品板材基地，销售收入达到600亿元以上，利润进一步增长。

计划在营口港区建设一条5米宽厚板生产线，满足环渤海经济圈造船业需求。到2010年前，使鞍钢整体规模达到2000万吨钢以上，销售收入超过800亿元。

（二）统筹开发矿业

充分利用辽宁特别是鞍山地区丰富的铁矿资源，综合开发矿产资源。同时，在完成矿山复垦490万平方米基础上，继续对矿山排岩场、尾矿坝进行复垦造林，保护生态环境，实现可持续发展。

（三）发展冶金工程和装备制造业

继续走冶金重大装备国产化道路。目前鞍钢装备国产化达到99.5%，其中自动化控制应用软件国产化达到90%以上。最近，继为凌钢建设中宽带热轧生产线后，鞍钢成套交“钥匙”工程——济钢1700（ASP）中薄板坯连铸连轧工程已经开工，鞍钢成为国内首家、世界上为数不多的具有成套技术输出能力的钢铁企业。我们将按照市场原则，整合现有冶金设计、设备制造和工程施工等资源，加强冶金设备、技术的开发和输出，实现鞍钢既是钢铁精品生产基地，又是新设备、新技术、新工艺研发和输出基地的战略目标。

三、几点建议

（1）对振兴老工业基地的重大项目，建议加快审批，为企业在竞争中赢得主动和加快设备国产化创造条件。

（2）为进一步推进老工业基地振兴发展，建议给鞍钢这样的国有骨干企业资产授权经营，以利企业建立规范的法人治理结构，推进产权制度改革。

（3）建议加大对矿产资源保护和开发的力度。

目标：打造世界一流钢铁企业

2005 年 1 月 1 日

2005 年，鞍钢将实现生产铁 1370 万吨、钢 1300 万吨、钢材 1100 万吨，实现销售收入 500 亿元的目标。

在 2005 年，鞍钢重点要抓好以下几件大事：一是改善主要技术经济指标，大力降低成本。重点实施烧结、干熄焦余热发电、大高炉氧煤炼铁等新技术，力争使鞍钢主要技术经济指标有较大幅度的提高。二是立足国际竞争，进一步优化品种结构，加大创世界品牌的力度。重点发展以集装箱板、管线钢、造船板、汽车板、镀锌板、彩涂板、冷轧硅钢片等为代表的高端精品。三是进一步加强质量管理，为创世界品牌提供保障。钢材品种内控合格率要达到 90% 以上，产品实物质量达到国际先进水平的比率要达到 75%。

在推进企业改革方面，2005 年，鞍钢要按照中央的要求，加快调整、优化产业结构和产权结构，大力发展钢铁、矿业、冶金工程和装备制造三大产业，形成以钢铁为主体，相关产业协调发展，产权结构合理、投资主体多元化的企业集团。一是对钢铁主业进行系统整合，为做强做大钢铁主业提供体制基础，使之成为国内最大、国际先进的精品钢材生产基地之一。二是统筹开发矿业，打造稳定的原燃料供应基地。鞍钢要充分利用辽宁特别是鞍山地区丰富的铁矿资源，综合开发矿产资源；要与国际、国内主要铁矿、煤炭供应商签订中长期供货协议，建立战略合作伙伴关系，保证鞍钢长远发展的需要。三是发展冶金工程和装备制造业。对设计院实行股份制改革，组建集工程咨询、工程造价、工程设计、采购、施工等于一体的国际工程有限责任公司，继续支持冶金建设、机械制造、自动化等产业全面发展。以 ASP 技术成功输出济钢为契机，大力促进热连轧、冷连轧等成套技术的对外输出，实现鞍钢既是钢铁精品生产基地，又是新设备、新技术、新工艺研发和输出基地的战略目标。同时，鞍钢还将继续推进辅业改制等工作。

经过努力，鞍钢将形成以汽车板、家电板、集装箱板、造船板、管线钢、冷轧硅钢等为主导产品的 1600 万吨钢规模的精品板材基地，成为世界一流钢铁企业，进入世界 500 强。

本文发表在 2005-1-1《中国冶金报》。

对《加快推进跨省市、跨地区钢铁企业兼并重组的建议意见（征求意见稿）》的回复

2005 年 5 月 25 日

对于《加快推进跨省市、跨地区钢铁企业兼并重组的建议意见（征求意见稿）》，我们认为是必要的和及时的。2004 年，我国粗钢产量达到 2.7 亿吨，连续 9 年居世界第一，但长材产量占 54.42%，进口钢材 2930 万吨，说明我国还只是钢铁大国，不是钢铁强国。一个国家钢铁产业整体竞争力在很大程度上取决于钢铁产业集中度的高低。我国目前的钢铁产业集中度过低，粗放式生产还在很多中小企业中存在。因此，我们认为加快钢铁产业的兼并重组，有利于形成竞争力较强、能够与国际先进钢铁企业抗衡的大型企业集团，有利于增强我国钢铁工业的整体实力。为做好这项工作，对《建议》的具体内容，我们提出如下建议：

（1）**钢铁协会应建议在《钢铁产业发展政策》中确定企业扩大规模的资格条件。**我国钢铁产业的集中度较低，正如《建议》中指出的，“年产粗钢 500 万吨以上的企业只有 15 家，合计产粗钢只占全国总量的 45%”。目前，许多中小型钢铁企业都在积极扩大产能，这不但不利于提高钢铁产业集中度，甚至会使钢铁产业集中度下降。我们建议在《钢铁产业发展政策》中明确提出只允许年产钢 500 万吨（指碳钢企业）以上的钢铁企业扩大规模，重点鼓励 1000 万吨以上的特大型钢铁企业做强做大，同时在产品结构、新建生产规模和环境保护等方面提出十分明确的限定条件，从而推动钢铁产业集中度的提高和钢铁工业整体实力的增强。

（2）**建议国家规范地方政府的行为。**目前，中小型钢铁企业能够顺利扩大产能，主要是得益于一些地方政府为维护局部利益而提供的优惠政策。一些地方政府在土地使用、税收等方面，给予当地中小型钢铁企业优惠政策，但背离了宏观调控和环境保护等维护国家整体利益的政策要求，助长了低水平重复建设。针对一些地方政府的不规范行为，应该建议国家严格控制税收、环境保护、资源开发等有关政策的执行尺度，使“优胜劣汰”的市场调节机制充分发挥作用。同时促使地方政府以科学发展观为指导，树立正确的政绩观，维护国家宏观调控的大局。

（3）**《建议》中不要明确提出钢铁企业兼并重组方案，建议国家通过政策引导、鼓励、支持有关钢铁企业进行兼并重组。**《建议》中提到的一些企业兼并重组方案不妥，在现阶段实施将面临很多困难。强行对大型钢铁企业进行兼并重组，特别是跨地区非“强强”企业之间的兼并重组，将有可能使参与企业由于相互影响而失去原有优势，达不到兼并重组的目的。对此，我们建议企业的兼并重组应以市场为主导，遵循互惠共赢的原则进行。同时，建议国家应出台相关支持政策，通过政策引导鼓励地方政府和钢铁企业共同积极推进这项工作。《建议》中提到跨省、跨地区进行兼并重组，这将涉及地方政府的利益，一旦对其产生不利影响，兼并重组很难实施，即使勉强实施，也会严重影响兼并重组企业今后的运行。应参照上海地区兼并重组的做法，首先尽可能考虑在本地区兼并重组，使地方政府在兼并重组中发挥积极作用。大型钢铁企业的兼

并重组在我国不是十分成熟，必须慎重考虑，稳步进行。我们建议国家出台相关的鼓励政策，对国家领导人和发改委等政府部门多次提到的、条件比较成熟的同一地区钢铁企业，率先进行兼并重组。例如，在东北等国家重点支持的地区，探索进行大型钢铁企业兼并重组，待积累经验后，再逐步推广。

推进钢铁企业兼并重组是一项长期而艰巨的任务，希望钢铁工业协会认真听取各方面意见，完善《建议》的相关内容，向国家提供有价值的建议，促进兼并重组工作顺利进行。

在济钢1700连铸连轧工程竣工签字仪式上的讲话

2006年11月20日

近年来，鞍钢依靠自主创新，开发出拥有全部自主知识产权的ASP技术，达到了世界先进水平。今天，这一先进技术又成功应用在济钢1700中薄板坯连铸连轧生产线上，使之成为国内投资省、效益高、技术先进、产品质量优良的样板生产线。

济钢1700生产线的建设、投产和达产速度都创造了冶金建设史上的奇迹，再一次成功实践了我们"高起点、少投入、快产出、高效益"的自主创新发展理念，整条生产线达到了世界一流水平，产品质量也达到了世界一流水平，产品已经打入国际市场。

这条生产线的竣工达产，充分展示了我们的综合技术实力，它用雄辩的事实证明了国产化ASP技术的先进性和可靠性，我们可以自豪地说，ASP技术完全具备了产业化发展能力。通过这项工程的建设，鞍钢培养了一支以自主创新为理念，敢打硬仗、善打硬仗的工程技术队伍，积累了丰富的对外技术输出经验。我们已经具备了现代化钢铁生产全流程的自主集成能力，我们愿意与各兄弟企业一起，在实践中不断完善自主创新成果，促进我国冶金重大装备国产化水平的持续提高。

这条生产线的竣工达产，结束了我国冶金重大成套装备长期依靠从国外进口的历史，标志着我们国家在推进冶金重大装备国产化、实现钢铁强国目标上又迈出了新的步伐。

通过这项工程的建设，增进了鞍钢与济钢的友谊。作为工程甲方，济钢的领导和广大职工积极支持工程建设，多次帮助解决实际问题，为实现快速竣工达产创造了良好条件。在工程建设过程中，鞍钢与国内各设备制造企业的互利合作也非常愉快，彼此的友谊得到了进一步升华。在这里，我还要强调一点，正是济钢领导的果断决策，给了我们鞍钢这样一个平台，使我们国家在国产化成套装备制造方面迈出了新的步伐。

当前，我国正处在从钢铁大国向钢铁强国转变的关键时期，需要我们不断增强自主创新能力，提高技术装备水平，开发出高附加值的自主品牌。鞍钢愿与兄弟企业一起，加强合作，共同努力，依靠自主创新，进一步推进冶金重大装备国产化，为提高我国钢铁行业的国际竞争力和建设创新型国家做出我们新的贡献。

本文此次公开出版略有删节。

在鞍钢集团矿业公司揭牌仪式上的讲话

2006 年 12 月 15 日

一、如何认识矿山系统实施整合的重要意义

对鞍矿、弓矿进行整合，组建鞍钢集团矿业公司，是加快推进鞍钢改革发展建立规范的法人治理结构的一项重大举措，其主要意义表现在三个方面。

（一）可以更好地应对国际市场铁矿石价格上涨，保证集团公司资源供给的战略安全

铁矿资源是钢铁工业发展的重要物质基础。随着我国钢铁工业的迅猛发展，铁矿石的需求量逐年增长，使进口矿的数量也在逐年增加。我国钢产量从建国初期的 16 万吨增加到 1996 年的 1 亿吨用了 47 年，从 1996 年的 1 亿吨增加到 2003 年的 2 亿吨，只用了 7 年时间。到 2005 年，我国钢产量已经达到 3.49 亿吨。今年，毫无疑问将突破 4 亿吨。这种生产规模的迅速膨胀，直接拉动了对铁矿石，包括对进口铁矿石的需求。目前，我国钢铁工业所用的铁矿石已有 50% 以上来自进口，全球新增铁矿石量 90% 用于我国的消费。今年 1 ~ 10 月，我国进口铁矿石 2.7 亿吨，同比增长 22%，对外依存度进一步提高。与此同时，国际市场铁矿石价格越来越高，2005 年铁矿石价格暴涨 71.5%，2006 年又涨了 19%。巨大的涨幅让我国钢铁企业付出了沉重的代价：去年我们多花了近 400 亿人民币，超过当年全行业利润总额的一半还多；今年在去年的基础上又要多花 100 个亿。在这种形势下，大家都在寻找如何发展铁矿石产业，所以国内的铁矿石产量也在迅速增加。由此可见，铁矿石资源已经成为我国钢铁企业参与国际市场竞争的关键因素。要解决这个矛盾，重要途径只有加强国内供给，提高国产铁矿石的产量。同时，要探讨开发国际铁矿石的资源，保证鞍钢资源供给的战略安全。

“九五”以来，鞍钢的发展速度不断加快，生产规模不断扩大。今年，我们将实现铁、钢双超 1500 万吨的目标，创历史最好水平。明年，我们的计划产量是 1600 万吨。鞍钢的快速发展，是与我们有着稳定的原料供应分不开的，我们的铁矿石自给率达到了 80% 以上，资源优势变成了竞争优势。目前，鞍钢正以“一老三新”为主线，加快钢铁主业的发展，到 2010 年建设成为 3000 万吨钢铁企业。与此同时，我们必须加大对矿山系统的开发，这将有利于打造稳定的钢铁原料精品基地，促进钢铁主业的长远发展。

（二）我们实施矿业的重组，可以不失时机地参与国际矿业资源的开发

随着铁矿需求的拉动，世界上主要产矿国都在迅速发展。这对我们走出去提供了良好机遇。我们有这种可能，也有这种需要，进入国际矿业产业当中去。近些年来，我们鞍钢的矿业技术不断发展，我们开发创新一整套提铁降硅的技术，开发创新一整套采矿选矿的技术，这为我们进入国际矿业的竞争，提供了有力的技术支撑。因此，

本文此次公开出版略有删节。

我们要抓住机遇，不仅要参与国际铁矿石的投资与研究，而且要参与国际采、选铁矿石技术的应用推广和研发，这就需要集中全公司采矿、选矿的人力技术资源，这就要对体制机制提出了明确的要求。这是我们这次重组矿业的重要理由之一。

（三）可以更好地发挥矿业系统的整体优势

“九五”以来，通过“三个创新”，矿山系统工艺装备已经达到国内同行业领先水平，原料精品基地初步形成。但是，我们也要看到两个矿山分开经营，不利于矿山系统整体竞争优势的发挥，制约了自身的发展。这次实施矿山系统整合，有利于实现矿产资源的统一规划、统一开发，提高资源的利用效率；有利于进一步深化改革，建立完善的法人治理结构，使矿山系统的体制机制更加适应市场经济的要求；有利于发挥鞍钢矿山系统技术资源和人才资源优势，实现铁前效益最大化。前不久，王淀佐院士到鞍千矿业采选工程参观后讲，这个工程毫不夸张地说，是世界先进水平。我们这支队伍，完全可以参与到国际矿山系统的建设、管理、开发当中去。

二、对矿业公司的希望和要求

矿业公司的成立，标志着鞍钢矿山产业发展进入了一个新的历史阶段。所以，矿业公司一定要以成为最具国际竞争力的矿山企业为目标，站在更高层次上谋划自身的发展，这个更高层次，就是站在经济全球化、矿山资源国际化这样一个高度业谋划自身的发展，用更高的标准来要求自己。在此，我提出几点希望和要求。

（一）要牢牢把握发展主题，充分认识搞好矿业公司的重大意义，进一步增强使命感和紧迫感

整合后的矿业公司，集中了鞍钢所有的矿产资源，是钢铁主业最重要的原料保障基地，在鞍钢发展中具有重要地位。所以，矿业公司一定要深刻认识到，搞好自身发展对于加快鞍钢发展的重要性。同时也要认识到，做好铁矿资源的规划、保护、开发和利用工作，是贯彻中央关于“建设节约型社会”要求的重要体现，是鞍钢发展循环经济、实现可持续发展的重要保证。因此，要进一步增强搞好矿业公司的使命感和紧迫感，进一步增强责任意识、机遇意识和忧患意识，不断加快矿业公司发展，保证钢铁主业的原料需求。我们这个原料的需求，不只是铁矿石，还包括其他，也可以参与煤矿、石灰石的开发等等。

（二）加快“三个创新”，不断提高矿业公司的整体实力

矿业公司要成为最具国际竞争力的矿山企业，不仅要开发好自己的矿山，而且要抓住国际矿业发展的难得机遇走出去，走到更广阔的天地。不仅要开发铁矿石，而且要开发其他的一些矿产品，就必须不断提高创新能力。一是加快体制机制创新。实施整合要与矿山系统组织结构优化和管理体制创新相结合，健全法人治理结构，使体制机制尽快适应参与市场竞争的需要。整合要与矿山系统的辅业改制工作同步推进，不能因为整合而影响改制。二是加快技术创新。对矿业公司来讲，由于技术装备水平较高，所以技术创新的起点也要高。要按照“高起点、少投入、快产出、高效益”的要求，实施好“十一五”规划。依靠自主创新，适应高炉大型化的发展要求，自主开发采矿、选矿新技术，降低采选成本，提高铁精矿品位，确保质量稳定。积极开展提高铁矿石资源利用效率的各项研究，实施可持续发展。三是加快管理创新。要制定矿山系统中长期发展规划，做好后备矿山的勘探、储备和管理工作。矿山管理的难度是很大的，但是势在必行。前不久，弓矿整顿矿山的环境，加强了资源保护，我认为搞得

很好。你设想一下，在自己的矿山里面，有小采矿、小选矿、小的经营点，就很难保证我们国有的矿产资源不流失，很难保证生产经营能够和谐发展。我们要建立和完善矿产资源保护的长效机制。继续推进矿区复垦绿化，建设绿色生态环保型矿山。不断与国际国内先进矿山企业对标，进一步提高管理水平。

（三）进一步加强党的建设和思想政治工作，为矿山发展提供政治保证

矿业公司是将鞍矿公司、弓矿公司进行整合后成立的，因此，在整合过程中必然会涉及到一些干部职工的切身利益。这就要求矿业公司各级党组织，要妥善处理好企业改革发展稳定的关系，加强思想政治工作，做好政策的宣传解释工作，超前化解矛盾，保持稳定，确保整合工作顺利完成。在矿业公司的未来发展中，各级党组织要紧紧围绕企业中心工作，大力加强和改进党的建设，适应建立现代企业制度的要求，积极探索企业党组织参与重大问题决策、发挥政治核心作用的有效途径，充分发挥党委的政治核心作用、党支部的战斗堡垒作用和党员的先锋模范作用。我们的实践证明，我们党组织是不是坚强有力，是搞好企业一切工作的保证。要积极探索思想政治工作的新途径、新方法，加强精神文明建设和企业文化建设，充分调动和发挥广大职工的积极性和创造性，为矿业公司的改革发展提供有力的保证。

矿业公司的成立，为矿山系统加快发展，提供了难得的机遇。希望矿业公司不辜负集团公司的期望，全面落实科学发展观，加快“三个创新”，把矿业公司打造成为最具国际竞争力的矿山企业，为实现鞍钢“两步跨越”奋斗目标做出新的更大的贡献。

推进管理和技术创新培育企业核心竞争力

2009 年 6 月 23 日

创新是培育企业核心竞争力的必由之路

全球化和信息化是我们这个时代的两大发展趋势。经济全球化加快了各个局部市场和世界市场的融合，各国经济走向开放，并逐步形成了一个统一的全球市场体系。信息化在推进了全球化进程的同时，也使得我们所处的社会和经济环境变化越来越快，行业和国家边界越来越模糊，生产与服务越来越紧密，信息和信息技术广泛应用于工业中。企业在面对一个更为广阔的市场空间的同时，面临着更加激烈的国际竞争。2008 年下半年以来席卷全球的金融危机和经济衰退没有改变这一点，反而使这种竞争更加激烈。缺乏核心竞争力的企业是不可能长期生存和发展下去的。

所谓核心竞争力，主要指企业在生产经营过程中积累起来的知识和能力，尤其是关于如何协调不同的生产技能和整合多种技术的知识和能力，并据此创造出超越其他竞争对手的独特的经营理念、技术、产品和服务。按照比较狭义的理解，也有人把企业竞争力简单地归结为成本竞争力和非成本竞争力。有了核心竞争力，企业才能在环境的迅速变化和激烈的市场竞争中立于不败之地。

企业核心竞争力要靠自己培养，核心竞争力的形成离不开创新。我们可以把技术和产品方面的创新归结为技术创新，经营理念、经营模式等其他方面的创新归为管理创新。技术创新是基础，是企业核心竞争力的源泉；管理创新是技术创新的助推器和保障，在某个特定的时期管理变革可能比技术升级更有效。有人做过实证分析：当经营管理效率和科技进步效率同时提高时，企业竞争力指数明显提升，当不同步时则不一定会导致企业竞争力指数提升。这也证实了企业竞争力最终是由综合因素决定的，在动态的竞争中单纯靠科技进步而没有同时提高经营管理水平或单纯靠管理效率的提高和规模扩张并不能保证企业竞争力的持续有效增强。

创新是缩小差距、实现中国由制造业大国向制造业强国转变、由钢铁大国向钢铁强国转变的必由之路。

从全球钢铁工业的发展看，我国已成为钢铁大国，拥有世界上最先进的设备和产线，拥有全球最活跃的市场。但是我国钢铁企业的管理水平、制造水平、产品质量与国外先进企业相比还有较大差距。随着钢铁原材料和人工费用的上升，从成本竞争力上来说，中国要逊于印度、越南、巴西以及独联体国家等。从非成本竞争力上来说，如产品美誉度，中国则不如日本、韩国、美国以及欧洲国家。

强大的工业需要有“伟大”的企业做支撑。联想集团董事局主席柳传志希望联想办成一家伟大的国际公司，应该在这个行业里边有所贡献，在技术发展上要有所贡献，

本文发表在 2009-6-23《中国冶金报》。

要承担得起“伟大”这两个字。中国的钢铁企业，尤其是立志要做国际化大公司的，也要有这种抱负和历史使命。

2006年中国举办创新年活动时，温家宝总理曾强调指出，自主创新是科学技术发展的战略基点，是调整产业结构、转变增长方式的中心环节，是经济社会发展的有力支撑。必须把增强自主创新能力作为国家战略，贯彻到现代化建设的各个方面，贯彻到各个产业、行业和地区，努力将我国建设成为具有国际影响力的创新型国家。创新已经成为一项国家战略，在行业和企业层面，无论如何强调都不为过。

钢铁工业技术和管理创新的方向

中国有悠久的冶金史，但现代钢铁生产工艺、技术、装备却都是西方文明的结果。改革开放以来，通过大规模的引进，我们迅速缩小了钢铁科学技术方面与国际先进水平的差距。目前，中国大中型钢铁企业的工艺技术水平基本上同发达国家相当，但在节约资源、能源和环境保护以及产品质量、企业管理等方面还存在相当大的差距。这些差距也是我们通过创新，实现赶超的方向。

中国金属学会和中国钢铁工业协会编写的《2006～2020年中国钢铁工业科学与技术发展指南》，从资源、环保、工艺、产品四个方面概括出了2020年以前需要发展和开发的68项关键技术，其中2011～2020年关键技术15项。类似的书和材料还有不少。管理创新方面的论著更是汗牛充栋。下面我仅针对全球钢铁工业面临的重大挑战及技术和管理创新谈一些个人的看法。

在我看来，我们面临的最重大的挑战来自全球化、信息化以及资源和环境的制约。经济危机终将过去，但这些挑战将长期地存在下去并发挥作用。节能、降耗、环境友好的工艺、技术和产品将是未来技术创新的首要突破方向。

在工艺装备方面：主要是以循环经济为出发点的新一代钢铁流程、碳减排和固定工艺技术、非高炉炼铁工艺和半凝固加工产业化技术。谁率先在这些方面实现突破，谁就抢占了今后相当长时期内竞争的制高点，也就拥有了赢得未来国际竞争力的利器。目前看，在新型工艺与装备的自主开发、成果产业化方面我们还不如国外。如对流程紧凑化有重大意义的熔融还原和薄带直轧技术，国外已有产业化或半产业化的实验成果，中国还没有真正重视起来。在碳减排和固定工艺技术方面，欧洲和日本企业走在了前头，中国刚刚意识到问题的严重性，更不用说进行相关技术开发了。只有宝钢、鞍钢、武钢等在跟进，如建设了COREX3000并进行了碳减排的技术储备，进行了蓄热燃烧技术和海洋浮游生物增殖吸收二氧化碳方面的研究。

在产品方面：主要是发展低成本、高性能新一代钢铁产品；新一代钢铁材料，如超细晶粒钢；结合控冷控轧技术，发展性能准确预报及性能强化的控制技术。西方发达国家主要是结合产品生命周期研究在汽车用钢轻量化方面开展工作。但如蒂森克虏伯钢铁集团前董事长克勒先生所说，由于汽车的安全和舒适性要求和钢铁产品轻量化的努力背道而驰，因此这方面很难有突破。但国际钢铁协会的LIVING STEEL项目倒是给我们一个启示：在产品创新应用上，大有潜力可挖，应当成为技术创新的主要方向之一。正如国际钢铁协会秘书长伊恩·克里斯马斯说的：在钢铁为人类服务的潜力上，我们也只是挖掘到了一个表层。

几十年来，现代钢铁生产技术基本没有大的突破，而无论是从技术的储备和积累还是环境变化方面，都已经到了突破的临界点。中国大而完备的市场和产业链，是创新的沃土，中国国力的提升和国际社会要求中国承担更大责任的呼声也使中国创新的社会心态更加成熟，气候变化和资源能源短缺带来的挑战则赋予了我们通过创新赶超世界的机会。可以大胆预言，未来钢铁技术的突破将出现在中国。

如前所述，企业核心竞争力的形成离不开创新，而在某个特定的时期管理创新比技术创新更有效。跟西门子、美钢联等国外的百年老店相比，中国的企业都是成长型企业，而创新是成长最主要的驱动因素。中国的大部分企业，在全球产业链里不处于最前端，原创技术匮乏，在管理模式的创新方面，反而具有很大的空间和发展的余地，更容易由此形成核心竞争力。这个论断对钢铁企业也是适合的，为了应对全球化、信息化、资源和环境制约的挑战，我们应重点关注下面一些趋势和由此带来的企业经营模式上的改变。

（1）大规模的海外投资、国际化扩张所带来的企业经营模式的变化和与此相适应的集团管控和风险管控。随着原材料尤其是铁矿石价格的飞涨，是否拥有稳定的原料供应已经成为企业核心竞争力的重要组成部分。而随着经济周期性波动对市场需求的影响日益明显，靠近用户生产也成为国际大型钢铁公司的必然选择。安米集团、韩国的浦项都是国际化成功的范例。

（2）产业链的协同。现在国际竞争已经不单单是企业与企业、国与国之间的竞争，而是变成了整个产业链的竞争。日本是我们可以学习的榜样。上下游产业链出现了更紧密的合作。

（3）产品即服务的理念。发达国家钢铁企业已经或正在树立他们钢铁工业的新形象：不再是单纯的材料提供商，而是系统供应商。公司不是单纯地提供产品，而是给客户提供整套的解决方案。通过扩大服务范围和与用户建立新型的合作，如采取一定的生产步骤，或将自己公司的技术融入到用户的工艺进步中去。欧美企业在这方面是领先的，如美钢联设在底特律同汽车公司合作的“汽车中心”。

（4）业务外包的概念。国家发展改革委办公厅曾发文（关于组织开展信息化试点工作的通知）试点“大型骨干企业信息系统外包”。信息化可以外包，维修和维护可以外包，公用设施（如制氧等）也可以外包，只要有助于结构精简，提高效率和效益，都可以尝试。20 世纪末，美国和欧洲钢铁工业结构调整时无不伴随着外科手术式的减肥，从过去大而全生产各种规格的线材和板材、涵盖从原料到最终产品的各个工艺环节，到只做核心业务，只生产钢铁。

信息化与管理创新的紧密联系单从“管理信息化”的名称上就可见一斑。自动化信息化技术作为钢铁工业发展的重要支撑技术，是技术创新同时也是管理创新的题中应有之义，钢铁企业应当像重视技术创新一样重视管理创新。

总之，在当前国际金融危机继续扩散蔓延、世界经济加速衰退、钢铁工业面临空前挑战的形势下，深入开展信息化，推进企业技术和管理创新、培育企业核心竞争力，是战胜当前危机，迎接危机后更大发展的必由之路和必然选择。

自主创新与人才培养

尊重知识，正确对待同志，正确对待自己，用我们的双手建设、创造出一个新鞍钢

1995年1月26日

一、要用我们的双手建设、改造出一个新的鞍钢

来鞍钢后，我了解到当前鞍钢确实很困难，主要是资金紧张，产品销售不畅，这只是从表面表现出来的问题。从深层次上看，还有更深刻的原因。从全国冶金行业来看，并不是所有企业都这么困难，有一些企业的生产经营状况还是比较好的，这就不能不引起我们进一步的思考。为什么鞍钢的困难就比较突出呢？从深层次上看，无非是两个方面的原因：一是鞍钢技术装备水平相对来讲比较落后，生产的产品质量水平相对低一些，在市场经济的大环境中的竞争力就不是很强，一旦市场疲软，首先受冲击的是我们的产品。二是鞍钢的管理还不适应市场经济的要求。我们还不能随着市场的变化，灵活机动地改变生产经营的策略。为什么我们的技术装备水平比较落后呢？最近，邹家华副总理在接见全国冶金工作会议代表时讲到，因为过去鞍钢指令性计划比重比较大，长期以来为社会主义建设做出了巨大贡献，国家需要什么，就生产什么；国家计划下达什么产品，就提供什么样的产品。以至于技术改造的投入相应地受到了一些影响，这是一个方面的原因。那么还有没有其他方面的原因呢？大家都可以思考。总之，我们的技术装备水平相对宝钢来讲，相对武钢来讲，甚至于相对于其他一些企业如本钢也是有差距的，可能我们的步子放得比较慢，在过去的计划经济时还显示不出存在的问题。那时，计划国家下，原料国家给，资金国家拨，产品国家销，企业相对地说感觉不到存在的问题。对过去的这段时间应该认真深刻地回顾一下，反省一下存在的问题。在管理上的问题我觉得也有一些历史根源。因为过去是在计划经济模式下长期运转，要说转向市场经济恐怕也就是这么一两年的事情。因为1991年时国家指令性计划的比例还是占相当份额。1993年国家还是在下重轨指令性计划。那么现在搞市场经济，把企业放到市场当中去，企业要经受市场的检验，这就要看一下我们这样一种管理模式有没有问题。鞍钢有48万职工，除去12万离退休职工，还有36万职工。其中全民职工191800多人，集体职工175000多人。这么一支庞大的职工队伍，在市场经济条件下，如果我们不能有效地组织好，劳动生产率就会受到影响。我没有考证过，但我想36万人的企业，在人数上恐怕全世界的钢铁企业中也是数一数二的。这样一个大企业，同宝钢那样的企业比，显然有我们的弱点，有我们不足的地方。这次参加冶金工作会议，我同宝钢的同志坐在一起，据说宝钢不到两万人。当然把鞍钢和宝钢完全放在一起比，有不可比因素。但是宝钢毕竟不到两万人，只有19000人，我们发一个月的工资就三个多亿，差不多够人家发一年的工资。由此可以想象，要是拿劳动生产率、经济效益、成本去同宝钢比，人家可以把价格降得很低很低，而我们要降下去

本文是作者在鞍钢自动化公司第一次党代会上的讲话，此次公开出版略有删节。

就要亏本了，工资就发不出去了。对此，我们不能怨天，也不能怨地，这也是过去长期计划经济模式形成的历史问题。但是，从管理上要针对这样的特点，认真思考我们的问题，正确看待我们的问题。这样讲是不是我们就没有长处，就没有希望了呢？完全不是的。我们也有长处，我们有一支高水平的职工队伍和干部队伍，在冶金战线上也是数一数二的。我来鞍钢还不到一个月，但我深深地感到我们鞍钢的职工队伍、干部队伍是好的。那么我们如何去克服当前的困难呢，今天我只讲两个方面。

第一，我们要眼睛向内，挖掘潜力，依靠我们自己的力量，去改造装备落后的局面。我们只有这条出路。为什么这样说？像宝钢那样用大量的资金去购买国外的成套设备，我们没有那样的实力。要国家给鞍钢大量的投资，恐怕也不现实。当然我们要争取国家的投资，争取国家的支持，争取国家的政策。但是，我想更主要的是要依靠我们自己，要走出一条花钱少、效果好、水平高、起点高的道路。那么这条道路存不存在呢？我认为是存在的。这就给我们全体职工特别是自动化公司的同志们提出了一个课题：能不能用我们自己的双手去改造、去建设一个新的鞍钢。鞍钢这方面的例子很多，但我刚来，了解的情况不多，就举武钢的一个例子。武钢一米七热轧厂的计算机系统改造，如果完全要由日本东芝公司来承担这个任务，需要三千多万美元。如果依靠我们自己的力量来进行改造，只买硬件，软件自己开发，仅需要六百多万美元。如果硬件也买国外的散件回来自己组装，会节约更多。有没有这条路？肯定是有的，首钢走的就是这条路。首钢的一些计算机硬件就是买了散件回来组装的，水平也不低。如果走这条路需要多少钱呢？我算了一下，二、三百万美元就可以拿下来。如果完全买要三千万美元；如果绝大部分自己干，甚至有些硬件都是自己做一些工作，只需二、三百万美元，相差十倍。这样的例子还有很多。我们要走的就是后一条路，没有另外的路。我们和宝钢不一样，我们没有那么多资金，只能走这样一条路。要走这条路就要付得出艰苦的劳动。但是，现在普遍存在另外一种倾向，就是不愿意承担责任，不愿意付出艰苦的劳动，就是要整套买。整套买当然出国的机会不少，好处也不少，责任就没有了。我们不存在这条路。下一步我们进行技术改造总的思路只能是这样，凡是能够自己搞的，都要立足于自己，就是要少花钱、多办事，办高水平的事，靠我们自己的力量，靠我们自己的努力。前不久我到一个轧钢厂去，看了他们提的改造方案，他们要花两千多万元改造那个单机架的冷轧机，我说能不能考虑自己多干一些，前提是水平不能降低。我们自己干不了的事也要实事求是，该买的就要买，但是自己能干的事要多干。

第二，在管理上别的企业给我们提供了非常成功的有效经验。我们就是要老老实实地学习别人成功的经验，特别是学习邯郸钢厂模拟市场，成本核算、成本否决、划小核算单位的经验，把我们每一个部门、每一个单位都放到市场当中去，让市场来评价你这个单位，你这个部门，变整个鞍钢的压力为每个部门的动力，每个单位的动力。使我们原来仅仅是领导层睡不着觉，变成大家都睡不着觉，都来思考问题，共同承担责任，只要这样我们就一定会在市场竞争中不断发展。我们应该有这样的信心，应该有这样的信念，用我们自己的双手建设一个新的鞍钢。

二、要尊重知识、尊重人才

刚才讲了我们面临的艰巨任务和巨大困难，应该怎么办？对此，我认为没有落后的企业，只有落后的队伍。什么意思呢？就是说如果一个企业的人才及广大职工能充分施展出自己的才能，那么这个企业即使落后也会变成先进；反之，一个企业很先进，如果这个企业的领导班子和职工队伍落后了，那么这个企业也会变成落后的企业。一个企业生产经营搞的好坏关键不在于它的客观条件、客观环境，而在于有没有一个好的领导班子，有没有一支好的职工队伍。最近江泽民同志也提到这个问题，一个企业搞的好坏，人是最主要的。这样的例子我们看到的很多。比如说有些乡镇企业就是白手起家，由小到大。浙江的鲁冠球开始起步时是很小的一个手工作坊，现在发展到有几亿元固定资产的万向节厂，说明关键还在于人。所以，我们要克服当前的困难，关键还在于人，要有一支高水平的职工队伍。鞍钢正处于一个大变革、大发展的关键时期，正处在由计划经济转变到市场经济的关键时期，改造的任务很重。而要完成这样的艰巨任务，改变我们装备落后的局面，关键在于人。我们在座的绝大多数都是掌握着高技术知识的同志，大家都要承担起历史赋予我们的责任，这支队伍要不断地发展壮大。如果鞍钢有几万名甚至更多一些有真本领的同志去从事技术改造，我们就没有完成不了的任务，就没有克服不了的困难。但人才不是凭空而来的，人才要靠学习技术、学习知识，在实践中产生出来，培养出来。所以，要造成一种人人学技术，人人学知识的局面，形成一种尊重知识，尊重人才的新风尚，使人们感到有知识、学技术光荣，那时鞍钢的人才就会脱颖而出，不断地涌现出来，完成鞍钢的改造任务就大有希望。

三、广大科技人员要正确对待世界，正确对待同志，正确对待自己

首先，要正确对待世界。从另外一个角度讲，我们都面临着一个很好的机遇。遇到一次大的变革、大的技术改造时期是很难得的，人的一生很难遇到几次机遇。而鞍钢有大量的改造任务，半连轧要改造，线材轧机要改造，将来还要上一套连铸，厚板后面还有一套计算机系统要改造，加热炉要新建，还有许多高炉要提高装备水平和自动化程度，还有许多轧机要进行自动化方面的改造，规划中还要上一套无缝，现在我们还在争取，这样一些机遇是很难得的。正确地认识鞍钢，既要看到困难，又要看到希望，对我们的未来要充满信心。我们许多同志之所以犯错误，就是没有正确地认识所处的环境，结果越想就越想不通，路也就越走越窄。正确对待世界这是一个很关键的问题。

其次，要正确对待周围的同志，正确对待自己。有人说，越是知识分子集中的地方问题越多，越搞不好团结，这个话是不对的。但也确有一些同志不能正确对待同志，不能正确对待自己。我在武钢兼总工程师时，曾收到很多信，都是在扯成果，说什么那个成果应该把我的名字放在第一位，他的名字应该放在第二位，扯来扯去，有的扯了十来年。我说你有扯的这个时间，你的第二个成果就应该出来了。这样的情况在知识分子中是有的。产生这样的问题，从主观上讲就是因为不能正确对待同志，不能正确对待自己。作为一名共产党员，应该具有在成绩面前、荣誉面前谦让，在困难面前挑重担的优良品质，这样你就会感到充实，感到生活是愉快的。在一个单位，你工作在一个集体中，这个集体出了成果，你做了贡献，如果没有这个集体的支持帮助

可能吗？特别是大生产、大企业，技术成果绝大部分都是集体的成果，决不是个人的。有时候组织上，广大职工给了你一些，只能说你是代表，不能因此把一切归功于自己。一个单位，如果大家都能正确对待同志，正确对待自己，这个单位就会不断地发展，团结问题、协作问题都会搞好。反之，这个单位就会一事无成，即使在某一件事上出一点成绩，也是暂时的，将来不可能再有新的成果出现。希望鞍钢广大知识分子能够正确对待世界、正确对待鞍钢、正确对待你所在的集体。同时也正确对待周围的同志，正确对待自己，把自己放到群众和同志中去，摆正自己的位置，发挥出应有的作用。

认识鞍钢，立足鞍钢，做“四有”青年

1995 年 2 月 23 日

跟大家在一起感到非常亲切，使我想起自己的共青团时代。30 年前，在团组织的教育培养下我步入社会，参加了工作。我想大家也面临着这样一个情况：作为一名团干部，应该如何对待自己的工作？应该如何对待自己的单位？应该如何对待周围的社会？我想和大家谈一谈这方面的认识。

第一，如何认识我们的鞍钢。我到鞍钢还不到两个月。首先遇到的就是资金问题。工资发不下去，煤的库存告急，实施生产应急第二方案，有两个高炉没有开起来。再深入地了解一下，发现我们鞍钢面临的问题是多方面的。鞍钢有 191800 名全民职工，有 175000 名集体职工，有 12 万名离退休职工，加起来号称 50 万人。这 50 万人在计划经济时期，对我国的社会主义建设，对我国钢铁工业的发展做出了巨大的贡献，有着光荣的传统。现在，我们遇到了很严重的困难，要克服困难就要认真分析产生困难的原因，找出解决问题的方法。大家还记得，1992 年、1993 年初正是钢材销售的黄金时期。钢材像翻跟头似的不断涨价，买钢材要找关系，走门路。由于我们的钢材价格大大超过国际同类产品的价格，许多人看到了这一点，开始大批地从国外进口钢材，在国内市场上高价出售。1993 年进口 3000 多万吨，占我们国家产钢的 1/3，1994 年进口 2000 多万吨，加起来 5800 多万吨。国内的钢材市场受到了冲击，鞍钢在这个冲击面前，在市场的风浪之中，首当其冲。因为在计划经济时期，我们承担的任务很重，在计划经济转向市场经济的过程中，我们转轨变型的难度很大，不像一个小企业，两百人说转就转了。我们的企业庞大，调头难啊！不是今天总经理一发指令，明天说转就转了。这里首先就是认识问题。什么叫市场经济？我的理解是，所谓市场经济也就是商品经济。自从人类的劳动生产率提高到劳动的成果除满足个人及家庭需要外，尚有剩余的时候，这部分剩余便被拿到某个场所去换取个人和家庭所需要的另外的东西，这种用来交换的东西就发展成商品，用以交换商品的场所就形成了市场。有了市场，又促使了以商品为核心的交换，市场经济随之产生。市场经济有一个很重要的核心问题，就是劳动生产率的问题，只有劳动生产率提高了，才有剩余的东西拿到市场去进行交换。也就是说市场经济要求用社会生产率来衡量企业，要用商品来衡量企业。对于鞍钢来说，就是用钢材来衡量。我们的钢材质量怎么样？价格怎么样？声誉怎么样？现在钢材声誉比较好的是宝钢。在计划经济时期，鞍钢是老大哥，那个时候产品由国家分配调拨，产品的质量、价格问题反映的不够明显。但是，在当今这样一个技术飞速发展，装备水平不断提高的时期，像鞍钢这样的老企业，问题就暴露出来了。首先是价格。据我了解，1993 年和 1994 年鞍钢的钢材价格是不低的，价格上我们不占优势。其次是质量很好，但也确有一批质量不行，通过商品的检验，我们的技术装备、劳动生产率的差距也显露出来了。这就是市场经济，这就是竞争，用产品竞争，用服

本文是作者在共青团鞍钢七届二次全委（扩大）会议上的讲话，此次公开出版略有删节。

务质量竞争。我们的服务质量怎么样呢？不能说我们的服务质量都不好，但确确实实存在着不好的问题。人家到你这里来买钢材，要过订货关、交款关、提货关、装车关、出门关，一关一关过，有的还要勒索点好处。实行计划经济时是人家求你，现在是市场经济了，你不是这么麻烦吗，对不起，我不买你的行不行。这样一种情况，经不起市场的检验。就是在这样一种市场竞争中，我们的质量、我们的服务、我们的价格、我们的劳动生产率、我们的成本，败下阵来了。我们达不到社会上公认的标准。我们不得不思考我们的问题。首先，是劳动生产率不高。新日铁搞1000万吨钢，8000人，并且还在往下减；宝钢搞900万吨钢，19000人；我们搞800万吨钢，36万人，劳动生产率的差距是显而易见的。在销售上，我们不得不按照社会上公认的价格出售我们的产品。2月份，我们的产品平均价格2550元，而成本是2300元，只有200多元的差。同样的产品，在宝钢、武钢、在其他大钢厂，因为劳动生产率高，成本是2000元以下。鞍钢是老企业，负担相当沉重，我们发一个月的工资，相当于宝钢发一年的工资。这就是我们工作、生活的鞍钢。经过广大职工和干部的共同努力，我们克服了1月初的困难，生产开始向好的方面转化。但是，我们确实面临着许多困难，必须经过艰苦的劳动去克服、解决。首先就是要提高我们的劳动生产率。一是要走改革的道路，合理地组织我们的队伍，建立符合社会主义市场经济要求的企业内部组织机构，按照现代企业制度的要求，产权要明晰，责任要明确。不能全民的、集体的、老有所为的、青年厂的混在一起，大家都搞不清楚，这不符合社会主义市场经济。要清楚究竟是谁劳动生产率低，谁劳动生产率比较高，谁劳动生产率很高。按照现代企业制度理清我们的组织机构，这就需要改革我们的劳动组织，改善企业内部的管理机构。此外，还要加强管理，降低成本。邯钢模拟市场的经验非常好，成本核算，成本否决，成本考核，为我们提供了一个正确的企业内部门之间工作好坏的衡量标准、衡量体系。说他好的原因就在于它是模拟市场，用市场来衡量，因而符合社会主义市场经济的规律。二是要迅速把我们的生产经营恢复到应有的水平上来。今天上午公司召开了干部大会，分析了1、2月份的生产经营情况。1月份，我们完成了生产目标计划；10号高炉正在逐步恢复正常；回款达到了8亿多。我们的改革和技术改造都开始制订方案。修改后的经济责任制3月1日开始执行，把经济责任制考核所占奖金的比重从过去的25%提高到65%以上。加大经济责任制的比重，就是把奖金的多少和工作的好坏挂起钩来，这个挂钩是透明度很高的挂钩。我们把销售、回款、合同管理、发货统统集中到供销公司，方便顾客，适应社会主义市场经济要求。这都是我们在1月份所做的工作。要看到我们的成绩，要有信心去克服当前的困难。希望共青团的同志们能起到先锋模范作用，团结在公司党委、公司行政的周围，为鞍钢的发展做出更大的贡献。

第二，要立足鞍钢，锻炼成才。我想提出这样一个口号：抓住机遇，培养每一个青年，锻炼每一个青年，做一个合格的跨世纪人才。我倒是觉得鞍钢当前的困难，从另一个角度来说，确实给我们提供了一个机遇，创造了一个施展才能的大环境。真正的跨世纪人才，绝不是在一帆风顺的条件下成长起来的，而是在逆境中培养锻炼出来的，一个人能遇上这样的机遇是不容易的，所以，在座的各位应珍惜这样的机遇。前两天，中央电视台播放了一部反映当年知识青年回忆自己上山下乡的专题片。我看了以后很受感动。当然，现在对上山下乡有不同的评价，但是确实在上山下乡这样一个环境中，锻炼了一批同志，培养了一批青年，出现了一批人才。我觉得这就是辩证法。说到这里，我想谈一谈自己的经历，大家也可能有兴趣。我是上海人，1964年从武汉钢铁学院毕业。我在青年时很喜欢搞航空模型，参加航模表演，所以我填志愿都是与飞机设计、飞机制造相关的西北工大、北京航空学院、南京航空学院等。而这些学校因和军工相关，所以在政审方面很严格。我的老师可能考虑我的家庭出身吧，建议我考个机械专业比较好。当时，武钢刚上马，我就把武钢与武汉钢院联系起来，最后一个志愿填了武汉钢铁学院。结果，就录取到了最后一个志愿。武汉钢铁学院当时在冶金院校中条件很差，还不如我就读的高中条件好。现在回想起来，在这样一个较差的环境中确实使我受到了锻炼，对于我的一生都非常重要。我们班上有一半同学是社会青年考上来的，另一半是工人同志读预科后进入钢院的。我入学时刚 16 岁，同学中有 30 多岁的，他们给了我很多思想上的教育。班上的党支部组织委员是名老工人。他对我讲：刘玠，学校差，不要紧，我们把它改造得好一点，我们努力去学习，成败在自己。这话直到现在我还记得清清楚楚。我从武汉钢院毕业后，虽然父亲坚决反对我报考研究生，但学校给我报了名，我考入北京钢铁学院读研究生。读了两年，文化大革命开始了，我被打成修正主义苗子，分到工厂当工人。我觉得这对我又是一次锻炼、培养，对自己的成长非常重要，它使我懂得了什么是社会，什么是工人阶级，什么是钢铁工人。在书本上学的东西和实践中的东西不是一回事情。到工厂以后，要我搞一个简单的设计，从理论上讲没问题，但是按你的设计加工出成品能不能用，能否好用？同志们，那是两回事啊！理论只有和实践结合才有价值。这段经历就促进了这种结合。后来，国家决定在武钢建 1 米 7 轧机，需要培养计算机方面的人才，让我改行学计算机。我在北京钢铁学院培训了一年计算机，然后到语言学院学习，9 月份入学的，第二年 5 月份就算毕业了，中间还学军一个月。接着，就到日本去。我这辈子从来都没有像在日本那么累过。每天后半夜 2、3 点钟睡觉，早上 6 点多钟起床，一天睡眠也就 3 个小时，持续干了一年。我们干到半年的时候，日本方面要把我们退回来，说这批人不具备再培养再教育的水平，应换一批教授级的来培训。在那样一个困难情况下，我们确实抱着一种为国争光的精神，督促自己。那种难度同志们可能没有经受过，一本厚厚的计算机教材，日语的，交给你了，我们那个老师叫宫崎宝昭，他不讲课，让我们讲给他听。我们通过中国大使馆商务代办处去跟他交涉，他说：“我就是这种教育方法，任何人来都是这样。”后来，一天让你讲一章。我们只经过了几个月的日语培训，光看文字都是很勉强的，还要给他讲计算机课。他今天叫你老刘讲一讲，明天叫你老陈讲一讲，后来叫你老张讲一讲，他坐在下面听。半年以后，我们确实给他讲出名堂来了，他说，这批人算是起飞了，离开地面了，飞得多高，那要他们今后自己去努力。他不得不承认，我们确实起飞了。就是在这样困难的情况下，培养了一批人。我们后来能比较好地掌握热轧机这套计算机系统，对东芝这套计算机系统可以说闭上眼睛就能想出它的哪一环、哪一节、哪一部分是什么，逻辑是怎么样一个思路，我看要感谢宫崎老师当时那种教育方法。武钢热轧厂比较顺利地投入了生产。给我们提供的东芝计算机的寿命是 10 年，1974 年签约，1978 年 12 月 26 日投产，再加上 1974 年买来后的调试时间，到 1985 年实际上已经用了 10 年。我们就提出来，这个计算机系统要更新换代，向东芝询价需要 3000 万美金以上，差不多相当于我们半连轧这一套热连轧设备的价格。我们下决心自己搞，硬件买美国的，软件完全是我们自己搞的，只花了 600 万美金，给国家节约了一大笔财富。一个热连轧的三电计算机系统应该说是非常复杂的，可以说是一个宇宙级的工程。国家航天工业总公司民品司的总工程师带着一批专家到武钢考察了一个多星期，最后得出的结论是：它的技术水平不亚于发射一颗卫星。

我们掌握了这套系统，利用自己的力量改造成功了，现在已经投入运行3年多。不仅如此，我们还承包了太钢的三电改造，带出了一支队伍，培养了一批人才，取得了多项成果。现在，同其他几个大钢比，鞍钢可能落后了，但不要紧，只要通过我们的努力，相信我们很快就会迎头赶上去。我们应该有这样一种志气，去迎接挑战。鞍钢当前的困难是锻炼人的好机会，是培养人的好机会，我们在座的青年同志们大有可为，要抓住机遇，培养锻炼自己，成为一个合格的跨世纪的人才。希望青年同志们在工作中要增强观察问题、分析问题、解决问题的能力。我们身边有许许多多的事物，都是值得观察、分析和思考的，但是许多人放过了。同样的事物，有人注意观察、分析和思考，可能得到了很多有启发的、有价值的结论，有些人可能就放过去了。要成为人才，就应该注意培养自己方方面面的能力，在这方面下功夫。

第三，要做一名“四有”青年。“四有”首先是有理想，这是每一个人都要回答的问题。一个人究竟为什么活着？在座的同志们不要欺骗自己，都坦率地问问自己，为什么活着？有人说，我活着是为了有吃的、有穿的、有玩的。当然，这些是一个人生存的基本需要，但人还要有更高的需要，那就是精神上的需要。作为一个有意义、有价值的人，应该通过自己的工作，为他人，为社会做出贡献。作为一名共青团员、共产党员，还要有更高的境界——为共产主义理想而奋斗。我一直这样想，要通过自己的工作，使我周围的同志，使我们这个企业，使我们这个社会有所益处，这就算没白活，没有白过这辈子。一个人总是要死的，但像保尔·柯察金说的：“当回忆往事的时候，他不致于因为虚度年华而痛悔，也不致于因为过去的碌碌无为而羞愧。在临死的时候，他能够说：我的整个生命和全部精力，都已经献给世界上最壮丽的事业——为人类的解放而奋斗。”他把自己的生命和社会的发展联系在一起，这就是人生的价值。用我们的双手，改造一个社会，改造一个世界；用我们的双手，战胜当前我们企业面临的困难；通过我们自己的努力，要使我们周围的同志活得更好一些，生活得更幸福、更美满一些。有许多同志用行动回答了这样的问题。老孟泰是这样的，雷锋是这样的。我们青年同志们应该向他们学习，树立这样的人生观。共青团组织应该引导青年解决好这个问题。这绝不是空的，而是非常实际的问题。不管你愿意不愿意，任何人都逃不掉这个问题，都必须回答这个问题，我希望在座的团干部首先要正确地回答这个问题。

接下来，我想讲讲有道德的问题。道德这个问题，不管在哪个国家或者哪个社会都是非常关键、非常重要的问题。随着生活水平的提高，物质条件的优越，这个问题就更加突出了。我看到一些宾馆，装饰很漂亮，但很高档的地毯却洒上了果汁，丢上了火柴杆、烟头，这就是在我们身边发生的道德问题。没有最起码的道德，地毯再高档有何用？生活水平提高了，道德水平是不是提高了？不见得。低水平的道德和高水平的生活是非常不协调的。道德不是自发的，这需要教育，青年人道德水平的提高就需要团组织的教育。

再讲讲有纪律的问题。作为产业工人，作为鞍钢这样一个大企业，高度严密的纪律是最起码的要求。为什么说工人阶级是一个革命的阶级，是因为这个阶级守纪律。产业的客观要求形成了我们这样一种守纪律的阶级本质。对于鞍钢的青年工人来讲，更应用守纪律这样一个最起码的标准要求自己。守纪律的问题是多方面的，鞍钢的青年一代，绝不能为金钱丧失自己的精神，绝不能拿原则做交易，违反国家规定，违反企业纪律。

最后，我想强调一下有文化。要努力学习，跟上科学和社会的发展。对青年人来讲，这个问题更显得至关重要。当今社会发展非常快，科学技术发展也非常快。每一次接触到国外新技术的发展，都给我很大触动。去年年末，为武钢的工程我去美国两周，看到国外现在有一种信息网络已经到了这样的程度：小说、杂志都不再是纸张印刷的，而是通过信息网络，通过计算机给你提供。一些留美的中国学生自愿组织起来，用信息网络来编期刊杂志，人都没有见过面，今天是某某人主编，他就通过信息网络通知大家，把稿子通过信息网络传到他这里，他用计算机编辑以后，第一期出版了。接下来，再通过信息网络告诉大家，第一期杂志出版了，谁要看，自己从联网的机器中去调。一年以前我去时还没有，这给我触动很大，科学发展真快啊！当今科学技术每分每秒都在发展，每处每地都在发展。就世界范围看，生物工程发展很快，计算机发展很快，电子技术发展很快，航天、宇宙工程发展都很快。我们年轻人将来要做社会、科学的主人，如果我们跟不上科学的发展，那么我们要处处被动，处于一种挨打的地位。我们的钢铁技术水平发展也是日新月异，现在轧钢机的辊子坏了，我们一般是把辊子换下来，用磨床去磨，但是现在已经有在线磨床了。宝钢引进的1580轧机就引进了这个技术。再比如，我们半连轧的立辊轧机，在轧制过程中会出现边部前伸，会形成一个“舌头”，压缩率也不高。现在发明了一种定宽轧机，它不是用辊子的，和水压机锻锤差不多，走梯形往前压，再回来，再往前压，再推，收缩率非常高，也引用实施了。那么，利用计算机的方面更多，整个轧机没有人或很少有人的车间已经普遍存在，它依靠的是智能的操作系统。用计算机设计工程，画图也大量使用了，很普及了。我不知道在座的共青团干部有多少会操作计算机，懂得使用计算机。现在，在美国基本上离开计算机根本就没有办法生活。那么，我们这方面的知识是不是能跟上科技发展的步伐。共青团的干部、青年朋友们，要努力学习科学技术，使自己跟上世界科学技术发展的速度，这样才能成为我们国家跨世纪的人才，不能辜负党和国家对我们青年的希望，才能胜任我们应该承担的历史责任，推动我们国家的社会主义建设不断向前发展。希望以后有机会听大家谈谈你们的理想、你们的困难、你们的苦恼，跟大家交心谈心，在双向的交流中，让我从你们的身上感受到朝气蓬勃的气息，变得更加年轻，以更饱满的精力去工作。

肩负使命，为鞍钢的振兴和发展成长成才

1996 年 2 月 15 日

1995 年是鞍钢历史上不平凡的一年，在全公司广大职工的努力奋斗下，克服了重重困难，扭转了生产下滑、经营亏损的被动局面，全面完成了公司的全年各项生产经营目标。在过去的一年里，全公司的广大团员青年与企业同呼吸、共命运，在公司党委的领导下，在公司团委的带领下，付出了很大的努力，做出了很大的贡献。公司团委为适应新形势的需要，大力开发青年人力资源，把蕴含在他们当中的巨大潜能转化为现实生产力的思路，我完全同意。下面，我想借此机会，和鞍钢的广大青年同志们谈谈自己的想法。

首先，青年是祖国的未来，民族的希望，青年一代要认清自己肩负的历史使命，成为党和人民需要的人才。从自然发展的客观规律看，青年总是要替代老年，这是不以人的意志为转移的；从人类社会发展的历史经验看，青年始终是创造历史，推动社会进步的最积极、最活跃的因素。我们党历来把青年看作是国家的未来和民族的希望，高度重视培养和造就一代新人的工作。老一辈无产阶级革命家经常提醒全党把培养社会主义事业接班人的工作当成重要的战略任务抓紧抓好，邓小平同志深刻地指出："只有年轻的人才不断涌出，我们的事业才有希望。"并高瞻远瞩地提出了培养有理想、有道德、有文化、有纪律的一代新人的要求。从现在起到 21 世纪中叶，是中华民族振兴的关键时候，我们的国家能不能抓住机遇，实现《中共中央关于制定国民经济和社会发展"九五"计划和 2010 年远景目标的建议》中确定的宏伟奋斗目标，与当代青年的政治思想觉悟、文化技术水平、道德精神风貌密切相关。我们国家在 21 世纪面临的挑战，从一定意义上说，也是对青年一代整体素质的挑战。因此，党的十四届四中、五中全会把提高全民族的素质和培养跨世纪的优秀人才提到了重要位置，特别强调要把提高青年素质作为重点。鞍钢是全国特大型钢铁企业之一，在冶金行业处于举足轻重的地位，在全国也有很大的影响，在"九五"末期和世纪之交，能不能实现振兴鞍钢的宏伟目标，不仅具有重要的经济意义，而且具有重要的政治意义。鞍钢的青年是生产经营和改革改造的生力军，到 21 世纪就将成为主力军，广大青年必须认清自己肩负的这一神圣的历史使命，勇敢地担当起时代赋予的重任。不辜负党和人民的重托，就必须用科学的理论武装自己，用现代科学知识提高自己，在改造客观世界的实践中锻炼自己，成为各自领域、各个层次的合格人才。只要我们的事业拥有一大批跨世纪的"四有"新人，一支奋发有为的青年人才群体，我们就将赢得未来，中华民族的全面振兴就大有希望，鞍钢的再创辉煌就大有希望。

第二，鞍钢的发展和振兴为青年一代的成长成才提供了难得的机遇和广阔的舞台。鞍钢八届五次职工代表大会和 1996 年政治工作会议已经对鞍钢新的一年的各项工作，

本文是作者当时因紧急事务去北京，不能参加鞍钢青年第十二届"金龙杯"授奖大会所作的书面发言，此次公开出版略有删节。

乃至“九五”期间的奋斗目标做了明确的部署和安排。到“九五”末，基本实现企业组织结构、产业结构和产品结构的调整，实现从计划经济体制向社会主义市场经济体制、从粗放型经营向集约型经营的转变，全面提高生产经营的效益和增长质量，把鞍钢建设成以钢铁业为主体，多种经营为补充，具有综合优势和竞争实力的企业集团，初步建立起现代企业制度。到“九五”末，鞍钢主体生产厂的人员要减至5万人，60%的主体技术装备达到当代国际先进水平，连铸比达到60%以上，板管比达到60%以上，高附加值产品达到45%以上。社会主义市场经济体制的建立，经济增长方式的转变，走质量效益型发展道路，大规模的技术改造，科学管理方法的实行，以及装备水平的提高，都需要一支能够担当重任的跨世纪青年干部队伍，需要一支适应发展社会主义市场经济要求的青年管理者队伍，需要一支具有国际国内先进水平的青年科技人员队伍，需要一支掌握熟练劳动技能的青年工人队伍。这些客观需要必将激发鞍钢青年学文化、学技术的积极性，满足他们渴求知识的愿望，促进更多的青年人才尽快成长起来；另一方面，也将无情地淘汰一批落伍者。这样一种现实，在客观上给青年人提供了一个难得的成才机遇和广阔的锻炼舞台。特别是鞍钢要从一个实行了几十年适应计划经济的旧的管理体制和经营机制中实现“两个转变”，在日益激烈的钢铁行业竞争中立于不败之地，实现重振雄风、再创辉煌，不会是一帆风顺的，会遇到很多困难，而这些困难从另一个角度说，更是一种机遇，逆境中出人才，这是至理名言。当代鞍钢青年要认清形势，珍惜机遇，立志高远，自强不息，珍视鞍钢现在这样一个大环境，全面培养锻炼自己，在鞍钢火热的生产实践中建功立业，努力使自己成为社会主义现代化建设事业和鞍钢发展所需要的又红又专的人才。

第三，青年同志们要正确认识自己，全面提高素质。目前，鞍钢有35周岁以下青年职工132604人，其中，79802人工作在生产岗位，占生产岗位职工总数半数以上。但是在这些生产岗位青年工人中，高级工只有6111人，仅占生产岗位职工的3.94%；在35周岁以下的12661名工程技术人员中，具有中高级技术职称的只有4177人（其中高级职称的178人），仅占工程技术人员总数的13.85%。从高级技术人员在整个职工和技术人员中所占的比例而言，是无法满足鞍钢发展需要的。另外，就我和一些青工的接触中，发现在他们当中还存在着许多与市场经济要求和鞍钢改革不相适应的旧观念和错误思想。比如，“工资只能多不能少”、“干部只能上不能下”、“岗位只能进不能出”、“学不学技术照样干”等，这些陈旧的思想观念与社会主义市场经济的要求是非常不相称的。那么，鞍钢的青年一代要在建设社会主义市场经济的历程中有所作为，在振兴鞍钢的事业中大显身手，应当具备什么样的素质，走什么样的成才之路？我认为最主要的，一是要树立远大的理想和坚定的信念，认真学习马列主义、毛泽东思想，特别是用邓小平同志建设有中国特色社会主义理论武装自己，决心为中华振兴、鞍钢腾飞奉献自己的智慧和力量。当前，要进一步解放思想，转变观念，在“如何振兴鞍钢”的大讨论中，把自己摆进去，青年人最少保守思想，应该在这方面带个头。二是要加强学习，学习现代科技知识，学习文化技术知识、学习市场经济知识，这一点对青年人尤为重要。我们知道，当今社会是一日千里地在迅猛发展，科学技术更是在每分每秒地向前发展。鞍钢不仅仅是面对着国内市场的激烈竞争，随着改革开放的进一步深入，我们还将承受发达国家在经济与科技方面占优势的压力，青年要想不被这个飞速发展的时代所淘汰，就必须下点苦功夫，努力掌握过硬的本领。半连轧技术改造之后，将有60%的设备达到国际先进水平，产品中将有60%含高附加值，这样的设备工艺，必须要求一支高素质的职工队伍与之适应。当然知识有两种，一种是书本知识，一种是实践知识，要向书本学习之外，还要注意学习实践知识，融会贯通。应该讲，青年时期是一个人一生中学知识、长见识的最好时期，也是一个人立业成才的关键时期。现在社会上对青年成长的不利因素很多，青年人如果自己把握不住自己，虚度了光阴，将会抱憾终生。三是要在实践中锻炼自己，把学到的知识奉献出来。青年人有一定知识，还要注重与实践结合，一个人是不是成才，关键还要看是不是做出了贡献，是不是在本职岗位上做出了成绩。一个青年人如果学了再多的知识，但不肯深入基层，参与实践，把学到的知识束之高阁，也不可能成才。因此，我们鼓励青年到基层去，到艰苦的地方去，到改革和生产的第一线去，在实践中经受锻炼，增长才干。前不久，公司团委给我看了《青年岗位能手活动工作条例》，这个《条例》着眼于基础性人才的培养，并要求以企业的行为去推进这项活动，把激励机制和约束机制结合起来，我认为很好，已将这个《条例》转给班子其他同志征求意见，希望更多的青年同志在参加岗位能手活动中建功成才。四是要树立艰苦创业，顽强拼搏的精神，树立脚踏实地的良好作风。应该充分认识到，过去一年，我们所取得的成绩只能说初步解决了企业在市场经济中生存下来的问题，还没有解决在市场经济中发展的问题，要真正实现鞍钢的振兴，还需要经过一个较长时间的艰苦努力，有时会不可避免地涉及到个人利益，青年同志们必须有这个精神准备，要开阔视野，树立高标准，不怕困难，不怕挫折，既敢想敢干，又求真务实，努力争创一流。

培养和造就大批青年人才，是事关全局和未来的战略任务。鞍钢的各级党政领导要充分认识这项工作的重要性和紧迫性，加大工作力度，要进一步解放思想，破除论资排辈、求全责备等陈旧观念，不拘一格地选拔和使用青年人才。同时又要对青年严格要求，交任务、压担子，采取各种行之有效的措施，构筑鞍钢后续人才工程，积极探索、组织开展好青年岗位能手活动。我希望各方面都要关心青年的成长和进步，为大批青年人才的脱颖而出创造良好的外部环境。

加强企业教育改革，培养实用型人才

1998 年 3 月 24 日

1997 年是鞍钢教育发展史上不平凡的一年，教育改革的深化和公司整体改革紧密地结合，取得了很大成绩，这个成绩来之不易。

一、关于企业教育工作和企业教育改革的方向问题

党的十五大报告提出，企业的改革方向就是建立现代企业制度。全国九届人大一次会议上的政府工作报告又进一步明确，国有企业要按照现代企业制度的要求来推进企业机制的转换，深化企业改革。这是我们工作总的指导思想。企业教育工作作为企业整体工作的一部分，也应该以此为指导来确定改革的方向。目前，国有企业要从原来是计划经济的一个附属、政府的一个部分，变成一个法人实体，一个独立经营主体，自负盈亏承担市场经济的经营责任，这是一个翻天覆地的变化，这种变化，将推动国家的经济体制改革，使国家的经济走上一个发展壮大的路子，参与到国际经济发展的大循环中去。事实证明，尽管目前企业面临着这样或那样的困难和问题，但这些困难、问题只是发展壮大之中的问题，它与计划经济条件下产生的问题完全不一样。最近，朱镕基同志在谈到怎么看待当前形势的问题时指出，目前，中国经济有两个特点，第一个特点是我们从过去计划经济的短缺经济，已经变成现在的供大于求的市场经济。第二个特点是经济增长和通货膨胀的控制发生了变化。经济增长保持了一个高速度，而通货膨胀已经降到低于3%，这是一个非常大的成绩。实践证明，这几十年我们国家发生了翻天覆地的变化，经济实力有了很大的增强。因此，我们对当前的形势应该有一个正确的认识。尽管我们现在还有许多困难，但是困难的内容、性质不一样，发生了本质的变化。所以，应该从建立社会主义市场经济对企业提出的新要求，按照现代企业制度的要求去深化企业改革，包括企业内部的教育体制改革。现代企业制度从根本上讲，就是“产权清晰、权责明确、政企分开、管理科学”。企业就是要按照这个要求一心一意地办好自己的事情。政府应该为企业创造良好的外部环境，为企业经济发展提供一个公平竞争的环境，提供一个能够依法行使自己责任和权力的环境，这就是我们企业按照现代企业制度的方向来推进改革的根本内容。这个根本内容，也决定了我们企业教育改革的方向，明确了当前教育工作的重点和工作任务。企业教育改革要与企业发展、企业改革同步进行。企业教育要紧紧围绕企业的工作重点开展工作，加大培训工作力度。否则，离开这个方向，就会对目前的教育改革产生模糊认识，难于理解教育改革的意义和目的，抓不住工作的重点。因此，我们必须从这个高度来认识教育工作、看待教育改革，进一步落实公司去年 3 月 28 日通过的教育改革方案。

本文是作者在鞍钢教育工作会议上的讲话，此次公开出版略有删节。

二、科教兴企是第一位的，生产实践是第一位的

社会主义市场经济条件下，企业成为经营的主体、竞争的主体，其实质是优胜劣汰。企业的倒闭、企业的破产，是正常的现象，绝不是一个不正常的现象。市场经济情况下，企业的倒闭破产是竞争的规律，是客观存在的，不能回避。当然，鞍钢要在竞争当中取得胜利，要发展壮大，不能被别人淘汰，也不能被别人兼并，靠什么？从根本上讲靠两条：一是机制；二是人才。前不久，鞍钢请海尔集团的同志来介绍经验，同样是电冰箱产品，为什么一些企业发展壮大了，一些企业被兼并破产，什么道理？关键是机制问题。一些个体企业的经营状况比较好，这不是个体企业的本质所决定的，而在于它的机制，国有企业也同样可以有把责、权、利紧密结合起来的机制。只要做到这一点，企业就会发展壮大。第二是人才。一个是好的机制，一个是人才，这两条缺一不可。当然，机制也包括培养人才的机制，使人才脱颖而出的机制。建立好的机制，从根本上讲要靠人才。因为，机制也是人制定的。人才靠什么？靠教育，靠培养。因此，我认为越是在市场经济条件下，越是在竞争的条件下，要提高企业的市场竞争力，越是要坚持科教兴企。刚才，报告中提到这个问题，非常重要。目前，要搞好企业教育工作，深化教育改革，关键的问题是确立企业教育是一种什么样的模式。我认为企业教育应该是能为企业培养能文能武，有理论、有实践、有真实本领的人才的一种教育，培养德才兼备的职工队伍的一种教育，培养真正的能把理论和实际结合起来，创造出业绩的人才的一种教育。因此，要把教育工作和鞍钢的“三改一加强”紧密地结合起来，结合的越紧密越好，绝不能脱离。我希望我们的教育工作者、各个学校还要坚持过去鞍钢宪法所提出的“两参一改三结合”，把教育紧密地和鞍钢的生产实践结合起来。离开了生产实践，教育工作将一事无成。所以说，企业教育以及科研必须面向生产，面向一线。我想如果我们把这项工作做好了，做扎实了，那么，我们的教育工作就会有很大的进展。这就要求教育必须充分利用鞍钢广阔的、生动活泼的实践阵地，加大培训力度，提高教育培训质量和效益，直接有效地为生产经营服务，实实在在地为鞍钢提高市场竞争力做贡献。因此，我着重强调，科教兴企是第一位的，生产实践是第一位的，必须把我们的教育工作、科研工作和我们的现实生产实践紧密地结合在一起。

三、教育工作要针对鞍钢的实际，培养实用型人才

什么是真正的人才？固然要有理论功底，扎实的理论基础，学习数理化，掌握必要的外语知识和计算机知识是必要的。但是，掌握这些知识的目的并不是为了装门面，也不是单纯为了提高自己的学术地位，更重要的是要把我们掌握的这些知识运用到生产实践中去，创造出新的成果和业绩来，提高工作水平。为什么要强调这个问题呢？现在，有一些人追求的是自己要拿什么文凭、取得多少专利，不能把自己的知识和专利很好地应用到生产实践中去。现在鞍钢需要有自己独创的产品，高附加值的产品，高科技的产品。能够创造这样的产品的人才，才是鞍钢所需的人才。这是我们衡量人才的一个重要标准。目前，鞍钢需要大批这样的人才，他们能够创造出千千万万的业绩成果来，这些业绩成果在市场竞争中叫得响、打得响，这样鞍钢就能够振兴。所以，要反复重申这个问题，希望我们大家取得共识。这样说，我们的要求不是降低了，而是提高了。我认为，要取得博士学位不容易，而要取得一个实实在在的、被市场所承认、有很高附加值产品的成果更困难。当前，鞍钢迫切需要把一些成果转化为生产力，

需要开拓新的市场，需要安置富余人员。要我们的人才来开辟一个新的产业，有新的叫得响的产品，这是鞍钢的当务之急。希望我们的教育工作者更多更好地培养这样的人才。

四、在育人的过程中改造自己，提高自己的职业道德

这一点非常关键非常重要，“老师”这个称号是非常神圣光荣的。育人过程中，首要的是为人师表，教师的言行要与这一称号相符。当老师是很光荣的，有许多先进教师，他们怎样对待自己的学生，怎样对待自己的事业，怎样对待老师的称号，值得我们好好地学习。老师确实需要在育人过程中，不断提高职业道德水平。在这次全国九届人大一次会议上，辽宁代表团座谈时，一位老师也提到这个问题。老师上课不认真，下课热衷于第二职业，热衷于搞课后补习。这里说明一下，今后在我们鞍钢院校中一定要杜绝这种现象，凡是发现这种事情，教委办要给予严肃处理。希望我们的教师认真钻研教学，肯于吃苦，无私奉献，全身心地投入到为鞍钢培养人、教育人上去，不计较个人得失、不计较份内份外。我认为，我们做任何工作都要这样，如搞科研的人仅能在 8 小时内搞科研，8 小时以外不搞科研，那怎么出成果呢。所以说，同志们要在育人的过程中，不断搞好职业道德修养。

树立正确人生观，立足岗位，立志成才

1998 年 5 月 4 日

今天，鞍钢团委在这里召开纪念“五四”暨第四届十大杰出青年颁奖大会，表彰在鞍钢生产建设中涌现出来的先进青年集体和优秀青年个人。我代表公司党委和公司表示热烈的祝贺！

大家知道，79 年前爆发的“五四”运动是一场伟大的爱国群众运动，伟大的“五四”精神，激励着一代又一代先进中国青年为民族振兴和国家富强前赴后继、英勇奋斗；也激励着一代又一代鞍钢青年为鞍钢的建设发展艰苦创业，无私奉献。今天会上受到表彰的十大杰出青年，是新时期鞍钢青年建设者的榜样，他们发扬“五四”精神，为鞍钢的发展和振兴努力拼搏，勇于开拓，做出了突出的贡献。可以说，以振兴中华，献身民族腾飞伟业为内涵的“五四”精神无论过去、现在还是将来，都是激励广大青年奋发向上，开拓进取的宝贵精神财富，要一代一代地把它继承下来并发扬光大。

当前鞍钢的改革改造和生产经营任务十分繁重，特别需要脚踏实地，艰苦创业的精神；党的十五大站在世纪之交的历史高度，对我国改革开放和现代化建设跨世纪的发展做出了全面部署，对企业的改革方向提出明确要求。全国九届人大一次会议政府工作报告又进一步明确，国有企业要按照现代企业制度的要求来推进企业机制的转换，深化企业改革，实现三年振兴。鞍钢在国有大中型企业中具有典型性和代表性，我们提出用三年时间实现鞍钢的初步振兴，既是鞍钢自身发展的需要，更是党中央、国务院的殷切期望，所以，这既是一项紧迫的经济任务，也是一项重大的政治任务。目前，我们正在按照建立现代企业制度的要求，深化企业内部改革；着眼于企业跨世纪发展，我们进行了以半连轧总体改造、一炼钢平改转、三炼钢 2 号连铸、二炼钢平改转以及一炼钢、二炼钢连铸等为代表的技术改造，这些改造有的已经投产，其余的正在抓紧施工，一两年以内都将陆续开工投产。所以说，不论是管理机制，还是技术工艺结构，鞍钢都正在发生翻天覆地的变化。因此，鞍钢的前途是光明的，尽管目前企业面临着这样或那样的困难和问题，但这些困难、问题只是发展壮大中的问题，它与计划经济条件下产生的问题完全不一样。因此，全公司广大青年必须认清自己肩负的历史使命，树立强烈的紧迫感和责任感，只争朝夕，奋发图强，积极投身到企业的生产经营和改革改造中，努力为实现三年初步振兴鞍钢的目标做出自己的贡献。

这里，我要特别对鞍钢的青年朋友提出几点希望，作为年轻的一代鞍钢人，你们正置身世纪之交，面临着跨世纪的历史机遇；老一辈开创的伟大事业必将由青年一代继承和发展，振兴鞍钢的历史重任必将落在青年一代身上。当代鞍钢青年唯有艰苦创业，才能完成历史赋予的神圣使命，更好地实现自己的人生价值，成长为祖

本文是作者在鞍钢青年纪念“五四”暨第四届十大杰出青年颁奖大会上的讲话，此次公开出版略有删节。

国和人民需要的有用之材。公司党委和公司行政殷切期望鞍钢广大青年进一步增强责任感、使命感和紧迫感，继承和发扬“五四”光荣传统，大力弘扬新时期创业精神，把爱国之情，报国之志化作艰苦创业振兴鞍钢的实际行动，做振兴鞍钢的创业者。

首先，必须树立正确的世界观、人生观和价值观。成功的创业实践离不开科学理论的指导。改革开放20年来我国现代化建设事业所以能发生如此深刻的历史性变化，从根本上说，就是因为有邓小平理论的指导。广大青年要做振兴鞍钢的创业者，必须用邓小平理论武装头脑，不断提高坚持党的基本路线的自觉性，坚定走建设有中国特色社会主义道路的信念。特别是在当前我国建立社会主义市场经济体制的新形势下，更要树立正确的世界观、人生观和价值观，抵御拜金主义、享乐主义和极端个人主义，按照有理想、有道德、有文化、有纪律的要求，努力成长为鞍钢建设发展需要的合格建设者和接班人。

其次，要立志成才，努力掌握过硬本领。随着当代科学技术的迅猛发展以及全社会劳动者素质的普遍提高，作为一名职工，能否在社会和企业的发展中找到自己的位置实现自身价值，越来越取决于是否有过硬的岗位技能和岗位本领。鞍钢正在实施的劳动用工和工资分配制度改革，将充分体现上岗靠竞争、收入靠贡献的原则，这也是现代企业制度的基本要求和普遍机制。广大青年职工一定要深刻认识到这一点，认清形势、珍惜自己的青春年华，面向现代化、面向世界、面向未来，刻苦学习现代科学文化知识，学习社会主义市场经济知识，提高科技素质和劳动技能，掌握过硬的创业本领。最近，各种新闻媒体都在介绍湖北二汽的汽车调整工王涛的先进事迹，王涛作为一名普通职工，几十年如一日，立足本岗，刻苦钻研业务知识，写出了自己的业务专著，成为著名的“调整大王”。他的事迹十分令人钦佩，试想，如果我们的企业拥有了一大批像王涛那样的“操作大王”，那将为企业的振兴奠定多么雄厚的基础。今天，受到表彰的十大杰出青年就是大家学习的榜样。今后，凡是在振兴鞍钢的实践中立足本岗，努力钻研，业绩突出的，公司都要给予表扬和奖励。

第三，要立足本职岗位，矢志艰苦奋斗。创业，就意味着要艰苦奋斗、苦干实干。否则，无论是国家的发展，还是个人的成就，都难以实现。鞍钢青年历来是鞍钢改革和建设的生力军，在生产一线更有着巨大优势。鞍钢青年能否苦干实干，决定着鞍钢在21世纪的发展。应该说，鞍钢改革和建设最需要的地方，正是广大青年可以大有作为的地方，也是创业成功希望最大的地方。鞍钢的广大青年一定要把个人的理想追求与时代的需要和鞍钢的建设发展紧密结合起来，在改革改造的生产实践中施展才华，建功立业。尽管一个人的能力有大有小，只要立足岗位、勤勉敬业，就可以做出实实在在的成绩。同时，还要认清形势，正确对待个人得失。随着企业改革和结构调整的深化，利益格局的重新调整和碰撞是难免的，时代青年要树立新的观念，包括新的荣辱观、择业观、分配观等，要从大局出发，在为企业做出贡献的同时实现自己的人生价值。要艰苦奋斗，还要坚持勤俭节约，反对奢侈浪费。勤俭节约是中华民族的优良传统，也是艰苦奋斗的内在要求，近几年，我们的生活水平有很大提高，但讲排场、比阔气，贪图享受、铺张浪费的奢靡之风正在滋长蔓延。这不仅脱离国情厂情，而且腐蚀灵魂、瓦解斗志、败坏风气。广大青年要带头作勤俭节约的先锋，在鞍钢生产经营还面临许多困难的情况下，勇挑重担，为鞍钢渡过难关做出自己应有的贡献。只要我们全体职工同心同德，坚定信心，埋头苦干，就一定能够战胜困难，把鞍钢的各项事业搞好。全公司各级党组织、各级党政领导都要从讲政治的高度、从战略上着眼，重视广大青年的工作、学习和生活，关心青年一代的成长，积极创造条件，让广大青年在生产实践中增长知识，增长才干，为鞍钢的发展培养和储备一大批优秀人才。青年朋友们，改革开放的伟大时代呼唤千千万万的创业者，处在世纪之交的鞍钢青年一代任重而道远。希望广大青年向先进模范学习，立足本岗，艰苦创业，勇挑重担，在振兴鞍钢的伟大实践中谱写新的篇章，创造出无愧于鞍钢、无愧于前辈、无愧于伟大时代的宏伟业绩。

加深对“科教兴企”的认识，实现三年初步振兴鞍钢目标

1999 年 2 月 26 日

一、深入学习邓小平同志关于“科学技术是第一生产力”的论述，贯彻党和国家关于“科教兴国”的战略方针，提高对“科教兴企”重大意义的认识

纵观人类社会发展的历史，科学技术始终是社会变革的推动力量。一个国家也好，一个企业也好，在竞争中处于领先地位，立于不败之地，关键取决于科技创新能力。因此，党和国家历来十分重视科学技术在经济社会发展中的重要作用。邓小平同志根据国际政治、经济的形势和世界科技发展的趋势，多次阐明社会主义的根本任务是解放和发展生产力；中国要赶上世界先进水平必须从科技和教育入手；四个现代化的关键是科学技术现代化。早在 1978 年全国科学大会上，邓小平同志就明确提出“科学技术是生产力”。1978 年 9 月 18 日视察鞍钢时也指出“世界在发展，我们不在技术上前进，不要说超过，赶都赶不上去，那才真正是爬行主义。我们要以世界先进的科学技术成果作为我们发展的起点”。后来，他又进一步提出“科学技术是第一生产力”的观点。江泽民总书记在党的十五大的报告中，站在跨世纪的高度，从实现 20 世纪和 21 世纪经济和社会发展的战略目标出发，强调了实施科教兴国和可持续发展战略的重要性。江总书记还多次在讲话中指出：世纪之交，世界经济发展的一个明显趋势，就是科学技术发展的日新月异，科技在经济发展中的作用越来越大。面对这样的形势，各国特别是大国都在抓紧制定面向 21 世纪的发展战略，抢占科技和产业的制高点。对此，如果我们认识不清，甚至茫然无知，就把握不住时代的脉搏，难以有新的开拓。朱镕基总理在九届人大一次会议的记者招待会上，明确地向世人宣告：“科教兴国是本届政府最大的任务。”这充分说明了以江泽民同志为核心的党中央对科技教育工作的重视，也说明了国家的繁荣和民族的振兴比以往任何时候都更加依赖于科技和教育事业的发展。

在 21 世纪到来之际，国际经济和科技的竞争日趋激烈，传统经济面临着新的挑战，其中最重要的是面临着知识经济挑战。有人归纳出知识经济的基本特征是科学技术日益成为经济发展的重要基础，人的素质和技能成为知识经济发展的重要条件。知识经济的成长证明它不同于传统的依赖资本和资源投入的工业经济，而是主要依赖知识、技术的覆盖和创新，是知识、技术密集的产业。这对在工业经济社会成长起来的传统业包括钢铁工业来说，不只是两个世纪的差别，而是两种社会经济形态的差别，必须要受到严重的冲击和挑战。

我讲这些，是想说明，科技进步在当今时代和未来竞争中是何等重要。我们要进一步深入学习、深刻领会邓小平同志“科学技术是第一生产力”思想的内涵，以邓小平理论为指导，用马克思主义的宽广眼界观察世界，提高对“科教兴企”重大意义的

本文是作者在鞍钢“科技兴企”大讨论研讨班上的讲话，此次公开出版略有删节。

认识，我们之所以把今年作为鞍钢的“科技进步年”，决定开展以“科教兴企”为主题的大讨论活动，就是要在全公司统一认识，推动我们的“科教兴企”活动，这也是鞍钢几年来解放思想，转变观念的继续。党的十四届五中全会提出要实现国民经济的跨世纪发展目标，必须实现两个根本性转变，即经济体制由计划经济向社会主义市场经济体制转变，经济增长方式由粗放型向集约型转变。离开科技进步就无法实现这个转变。我们在“如何振兴鞍钢”大讨论中曾经形成了“实现两个转变之日，就是鞍钢振兴之时”的共识。这次大讨论就是要以邓小平理论和党的十五大精神为指针，进一步在全体职工中牢固树立“科学技术是第一生产力”的思想，贯彻党和国家提出的“科教兴国”战略，增强“科教兴企”的责任感、紧迫感和危机感，统一思想，提高认识，确定战略，落实措施，加快两个根本转变，为鞍钢三年初步振兴和跨世纪发展打下坚实的物质技术基础。

二、当今国际、国内同行业先进企业的发展态势

为了使大家对当前国际、国内同行业先进企业的最新发展态势有一个基本的了解，清醒地认识到鞍钢存在的差距，增强“科教兴企”的紧迫感、责任感和危机感，有必要把国内外钢铁行业在科技进步、科学管理和提高职工素质方面的有关情况向大家做个简要介绍，供同志们在讨论时参考。

（一）国外企业情况

1. 科技进步概况

20 世纪中叶以来，特别是 1973 年世界能源危机以来，世界钢铁工业发生了革命性的变化和质的飞跃。日本、西欧、美国等先进产钢国家或地区，以及韩国等新兴产钢国，已经基本上实现了钢铁工业现代化、集约化的技术和管理革命。虽然从产量上看，这些国家和地区在近 20 多年呈现出负增长。1974 年，日本、西欧、美国等国家和地区产钢 4．4 亿吨，到 1995 年时，产量下降到 3.66 亿吨，但从工艺技术和经济效益上看，发生了质的飞跃，他们走的是一条质量型、效益型和集约型增长的路子。例如：

（1）*在炼铁生产技术方面*：其技术的先进性主要表现在常规高炉流程的生产率和喷煤比大幅提高，以及高炉长寿等方面。

一是发展煤氧喷吹强化冶炼技术，大力降低入炉焦比，强化冶炼提高了单炉生产率。如欧洲一些高炉年平均喷煤比达到 180～200 千克/吨铁，入炉焦比在 350 千克/吨铁以下；日本高炉最高月平均达到 208 千克/吨铁。日本高炉平均入炉焦比在 1995 年时就在 412 千克/吨铁以下。目前，西欧、日本和美国的高炉喷煤比正向 250 千克/吨铁迈进。喷煤技术的发展不仅促进了高炉焦比的大幅度下降，还提高了单炉生产率，日本在 10 年内工作高炉从 40 座减到 30 座，平均单炉产量却提高到 300 万吨。

二是发展高炉长寿技术。日本川崎钢铁公司千叶厂容积为 4500 立方米的 6 号高炉，通过采用板壁结合型冷却结构，减少热应力多环碳砖砌筑炉缸等先进的技术措施，使高炉寿命达到 20 年以上。目前日本高炉平均寿命超过 12 年，西欧高炉平均寿命也达到了 10 年，正在向 15 年迈进。

三是原料准备技术得到了发展。日本钢铁企业通过采取偏析布料和小球烧结等技术，使廉价矿石在烧结中得到大量应用。日本褐铁矿的配比已从 80 年代中期的 20% 提高到 1997 年的 30%，这在降低矿石成本，提高炼铁生产能力方面发挥了重要作用。

（2）*在炼钢生产技术方面*：其技术的先进性主要表现在系统生产的高速、优质和

短流程等方面。

一是发展了炼钢用铁水的预处理（废钢处理）、炼钢冶炼（转炉的自动吹炼或高生产率电炉）、多功能的钢水炉外精炼与真空处理、钢水的高效连续铸坯等新技术，形成了从铁水预处理到转炉的自动吹炼、钢水炉外精炼与真空处理到铸坯的高效连铸的生产工艺流程。韩国浦项的炼钢工艺流程是铁水预处理脱硅、脱硫、脱磷；顶底交吹转炉炼钢；钢包炉 RH-OB 炉外精炼、连铸板坯等，使钢材的内部质量表面质量都处于高水平。目前，日本五大钢铁公司的复吹转炉已实现了吹炼生产过程的电子计算机动态控制和快速直接出钢，转炉的冶炼周期已缩短至 30 分钟以下，钢铁料消耗已降到 1090 千克/吨钢以下，耐火材料消耗降至平均 0.51 千克/吨钢以下，吨钢煤气回收量已达 100 立方米以上，实现了转炉的“零能”或“负能”吹炼。

二是在炼钢后普遍应用多功能的钢水炉外精炼和真空处理技术，可以生产超低碳、超低磷硫和超高纯净钢水。德国蒂森钢铁公司转炉用铁水 100% 进行脱硫处理，钢水 100% 进行炉外精炼处理。

三是在连铸生产中普遍采用了高效连铸技术。日本的现代化双流板坯连铸机年产铸坯量已超过 300 万吨，连续浇钢炉数已达 1500 炉以上，年均漏钢率已降至 0.002% 左右，连铸板坯热装加热炉温度达 800℃以上，连铸坯的表面不清理率已达 95% 以上。日本五大钢铁公司和德国蒂森钢铁公司等先进企业连铸坯直接热装加热炉或直接热送热轧机进行轧制的比率已达 95% 以上。1995 年日本、美国和西欧的连铸比分别为 95.8%、91% 和 93.6%。

（3）*在轧钢生产技术方面*：其技术的先进性主要表现在形成了一整套既控制形状（尺寸、表面）的高精度，又控制材质高性能的轧制技术（包括电脑在线检测控制、热处理、表面处理等）。如日本、韩国等钢铁企业开发并采用了冷热轧薄板的板形控制技术，厚板的控轧、控冷、板形控制及热处理技术，薄板坯及薄带坯的连铸连轧技术，外侧尺寸恒定的 H 型钢生产技术，具有优良可焊性能的超大型宽缘工字钢生产技术，高强度重轨和无缝钢管生产技术，带钢的无头轧制技术等。实现了轧钢生产过程自动化、高效化及高精度化，使钢材品种结构不断向高附加值、高质量、多品种方向发展。日本近 30 年来板管带比率的增长并不快，但高附加值的板材比例却增长了近 65%。80 年代以来，韩国钢材品种中，板管带比一直保持在 59% ~64%，而高附加值钢材则从 17% 增加到 26.5% 以上。

在生产工艺流程上，通过缩短工艺流程，提高生产效率，实现低成本、高效益，已经成为一个日趋明显的发展趋势。出现了非高炉炼铁的熔融还原工艺装备和薄板坯连铸连轧（或近终形连铸轧制）技术，这种技术同电炉或转炉配合，可形成各种形式的短流程钢铁生产技术。南非已建成的熔融还原炼铁技术，美国纽柯钢铁公司建成的薄板坯连铸连轧技术都是成功的范例。如美国纽柯钢铁公司在所属的两个电炉钢厂（一座 150 吨交流电炉、一座 150 吨超高功率直流电弧炉）建成了两条薄板坯连铸连轧生产线，钢水经钢包炉精炼后，由垂直变曲型铸机连铸出 50mm 薄板坯，经辊底炉加热后，直接由连轧机轧成 1.95 ~12.7mm，宽 900 ~1350mm 和 1200 ~1560mm 的热轧板卷。由于生产流程短，大幅度地降低工序成本，使该公司的产品在市场上以大大低于其他公司产品的价格出售，具有较强的市场竞争力。总之，薄板坯连铸连轧近终形异形连铸及薄带钢连铸等新工艺的出现，对传统的钢铁工业生产模式提出了新的挑战。采用电炉熔融还原炼铁—炉外精炼—薄板坯连铸连轧或近终形坯连铸短流程将是一个新的发展趋势。

从以上情况可以看出，依靠工艺创新和技术升级发展现代化、集约化的钢铁工业，是国际上先进钢铁企业竞争力强的重要原因。

2. 企业管理概况

70年代以来，国外先进钢铁企业的竞争力，除了技术方面外，很大程度体现在一流的企业管理水平上。主要特点：

一是建立量化的管理体系，企业管理实现了信息化。在管理的方法和手段上实现了以信息技术为基础的集成，普遍采用计算机管理手段，如在生产管理上引入了CIMS（计算机集成制造系统），通过计算机及其软件将企业全部生产活动所需的各种分散的自动化系统有机地集成起来，形成一种高效率的智能制造系统。现代管理方法和技术的采用使国外先进钢铁企业普遍都建立了量化的管理体系，形成了严密准确的管理基础工作，实现了企业管理有数据、经营决策有依据、考核有根据的严密有效的工作制度。

二是在经营管理上适应经济全球化趋势，树立全球观念，面向全球化市场。随着经济全球化趋势的加快，世界钢铁工业的竞争也趋于全球化，为适应这一经济发展规律，国外先进钢铁企业的经营策略也发生了变化，非常重视经营世界化。如，韩国浦项钢铁公司制定的管理目标是实现“价值管理”和“全球共同文化”。90年代以来，他们吸收国外资金，并在国外大量投资，建立原料供应基地和下游生产线，建立研究中心，动态跟踪国外新技术等，通过这些措施参与国际市场的竞争。

三是随着世界经济结构变化的加快，冶金企业结构调整的步伐也不断加快。重视资产管理和资本运营。如近年来在北美、拉美、西欧乃至亚洲等地出现的钢铁企业资产重组、结构调整、企业之间联合并购的风潮，使世界钢铁业出现了集团化的发展趋势。重视组织结构的优化和管理模式的创新。很多企业实行非集中化或分散经营，即把企业分成能够各自对经营结果负责的自我管理单位，以增强对环境变化的适应能力。重视产业的多元化。很多钢铁企业都实行了从单一钢铁企业向多元化经营发展的变革。如德国蒂森公司集钢铁、机械制造和贸易于一身，1995年非钢铁收入占销售总额的比重为65.54%。

3. 职工教育培训概况

世界先进企业十分重视职工教育培训。一是专门制定职工教育培训纲要，制定培训措施，面向新技术的产生和适应市场变化的新情况有针对性地开展培训。如，美国的一些企业为职工安排了大量课程，与大学联合编写制造工艺教材，培训自己的员工，使职工知识结构不断更新。日本一家企业为使企业在经营困境中求得新的出路，着手开展当前公司业务外的专业技术培训项目，培养“复合技术专家”。二是建立严格的培训考核制度，使企业员工进一步适应企业发展和设备更新的需求。同时还促使职工主动学习新知识、新技术，积极地将所学知识、技术应用于工作实践。据经合组织1996年的报告，在发达国家教育程度低的人口失业率为10.5%，而受过高等教育的人口失业率仅为3.8%。

（二）国内企业情况

1. 科技进步概况

（1）炼铁生产技术方面：我国炼铁生产技术在最近2～3年内有了很快发展。主要标志是高炉喷煤、长寿等技术发展很快（见图1）。如，宝钢积极开发并采用了高炉的煤氧喷吹强化冶炼技术。截至1998年11月，宝钢2号高炉（4063立方米）月均喷煤达205千克/吨、焦比305.6千克/吨，利用系数2.16，富氧率2.13%。1号高炉（4063立方米）1998年7～11月平均喷煤215.6千克/吨，焦比303.5千克/吨，系数2.02，富氧率2.8%。这些业绩表明，宝钢高炉喷煤技术已达到世界先进水平。即使是国内中小型企业，近几年的炼铁生产技术也在不断提高。如，济钢1998年12座高炉平均利用系数达2.69，其中1号高炉利用系数达2.74，3号高炉利用系数达到了2.9。

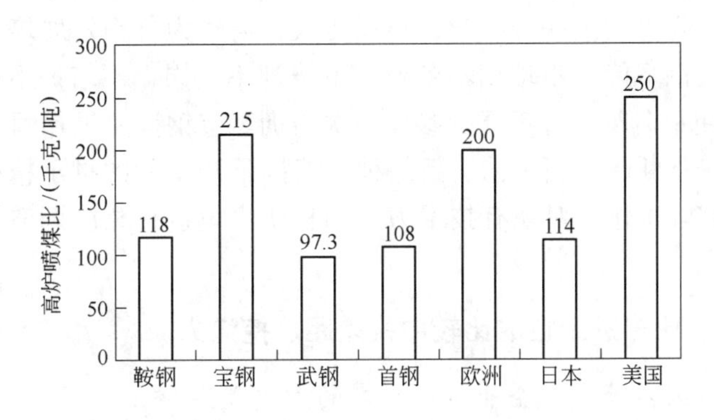

图1　1998年国内主要钢铁企业与国外钢铁企业的高炉喷煤比情况

（2）*在炼钢生产技术方面*：首钢通过对2号、3号方坯铸机进行技术攻关，使铸机平均拉速由2.4米/分提高到3.5米/分，最高拉速达到4.2米/分，浇钢时间缩短到30分钟，单机年效益可达486万元。武钢1998年连铸比已达到87.39%。第一炼钢厂改造结束后，到2000年时，武钢将成为我国第一个实现全连铸的特大型现代化钢铁企业。转炉溅渣护炉组合技术的开发和应用也取得了广泛成效，宝钢已达10500炉。

（3）*在轧钢生产技术方面*：宝钢开发并采用了冷热轧薄板的板形控制技术、无缝钢管的自动轧管技术等，扩大了涂镀层钢板、汽车用超深冲板、集装箱用钢板、海洋采油平台用钢板等高技术含量、高附加值钢材的产量，提高了市场占有率。武钢也开发并采用了冷热轧薄板的板形控制技术、带钢APC自动纠偏技术、中厚板的控轧控冷及热处理技术、冷轧无取向硅钢片生产技术等。济钢围绕热装热送和“一火”成材等进行技术攻关，实现了连铸方坯全“一火”成材，并带来了巨大效益。1996年全“一火”成材的效益为1.2亿元，1997年为1.8亿元，1998年为2亿元，三年累计创效益5亿元。济钢二炼钢向二小型钢坯热装热送率达到90%，热装温度达700℃以上；一炼钢向一小型、宽厚板的钢坯热装热送率达50%左右，热装温度达800℃，取得较好的节能效果。

2. 企业管理概况

以宝钢、邯钢、济钢为代表的先进企业的管理也达到了较高水平。这些企业管理上的一个突出特点就是整个管理体系做到了权责明确、管理科学。如邯钢创造并推行了模拟市场核算，实行成本否决的管理模式，取得了显著成效。他们用成本倒推、用成本约束、用利益挂钩的操作手段，把市场的压力直接作用到每一个职工身上。他们始终不渝地坚持一点：定下的事情不但要坚决照办，而且还要办好。宝钢通过借鉴吸收国外先进的管理经验，在实践中探索形成了适应现代化大生产要求的集中一贯管理模式，并还将尝试建立直线职能与事业部制相结合的管理模式。宝钢的先进管理模式做到了权责明确，不仅每名职工的任务明确，而且考核明确，保证了整个企业生产经营体系高效运营。宝钢还实行了全面预算管理制度，以现金流量和费用控制为中心，覆盖销售、损益、成本、费用、现金流量、长期投资等财务经营领域，贯穿于企业经营全过程，有力地规范了企业经营程序，保证了经营目标的实现。济钢通过管理创新，优化生产组织，实施工序服从，工序保证，改善了技术指标，等等。

3. 职工教育培训概况

我国各钢铁企业都在多渠道、多层次、全方位培养21世纪钢铁业所需要的劳动力。首钢一方面建立技术、信息等生产要素参与分配的制度，另一方面还与北京科技大学、东北大学等高等院校联合办学，委托北大、清华为首钢发展培养急需的高级技术、管理人才。武钢坚持“不培训不就业，不培训不上岗，不培训不提拔，不培训不晋级”的原则，使每名职工每年至少参加一次培训。宝钢按照吴邦国副总理关于“宝钢要搞个研究院，不断研究新工艺、新品种，搞批量开发”的批示精神，已决定立即开展组建公司研究院工作，对现有技术力量和科研力量进行相应调整，加快了人才引进和培养的步伐。

三、在与同行业先进企业的比较中找差距、挖潜力

（一）鞍钢与国内外先进企业对比存在的主要差距

1. 首先从纵向对比看，近年来经过全公司广大职工的共同努力，鞍钢科技进步、科学管理和提高职工素质的工作有进步。

应该说，几年来为提高企业市场竞争力，鞍钢在科技进步、科学管理和提高职工队伍素质方面做了大量工作，广大职工付出了努力，做出了贡献，取得了成绩。对此要给予充分肯定。比如，在科技进步方面：

一是几年来通过实施“九五”技术改造规划，采用先进技术，提高了鞍钢的技术装备和工艺水平。全部淘汰了落后的平炉炼钢工艺，实现了全转炉炼钢。向全连铸进军工程进展迅速等等。

二是大多数技术经济指标得到改善。如，通过采取提高连铸轧材比等技术措施以及加强管理，使综合成材率逐年提高。1998年比1995年提高3.18个百分点（见图2）。1995年至1998年仅综合成材率提高一项，三年来累计创效2.779亿元。通过氧煤强化炼铁技术攻关和强化在线技术管理，使高炉入炉焦比逐年下降，高炉喷煤比逐年上升。入炉焦比从1995年的491千克/吨降到1998年的451千克/吨，降低40千克/吨（见图3）；喷煤比从1995年的78千克/吨提高到1998年118千克/吨，增加40千克/吨，三年累计为公司创效益4400万元（见图4）。连铸比由1995年的27.95%提高到1998年的49.41%，提高21.46个百分点（见图5）。

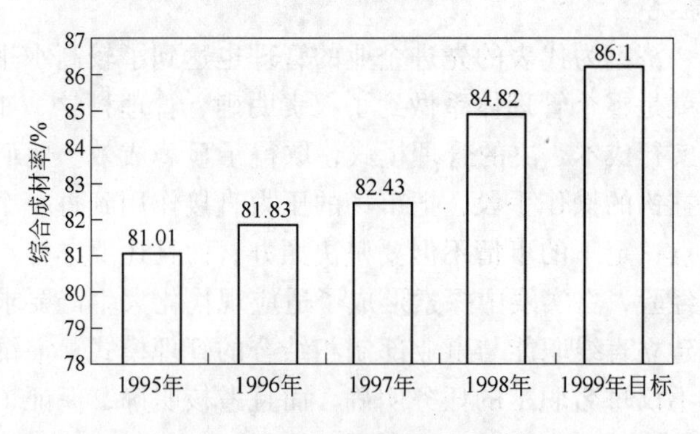

图2 1995~1998年鞍钢综合成材率对比

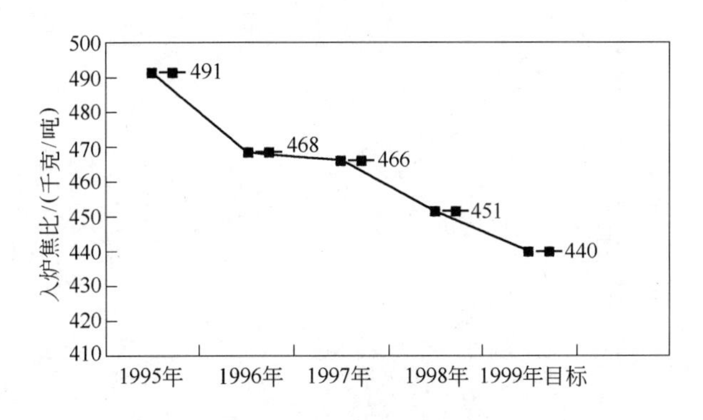

图3　1995～1998年鞍钢入炉焦比对比

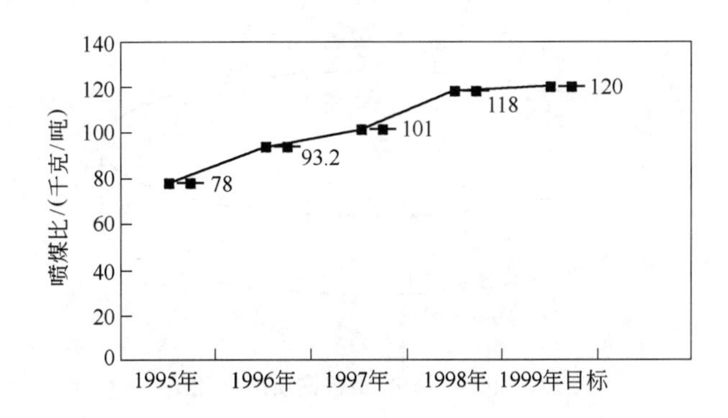

图4　1995～1998年鞍钢喷煤比对比

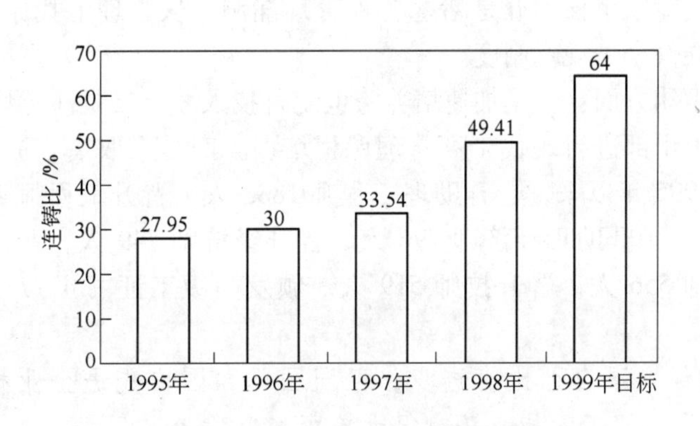

图5　1995～1998年鞍钢连铸比对比

三是废品不良品明显减少。1995年，鞍钢的废品不良品为138.8万吨，废品不良品率为7.2%，经过几年来开展降低废品不良品活动，废品不良品已经明显减少，1998年废品不良品为49.87万吨，废品不良品率为2.65%，比1995年减少4.55个百分点。几年来累计增加效益3.14亿元（见图6）。

四是新产品开发力度不断加大。1995年至1998年分别研制推广新钢种85个、66个、84个、88个，试制新产品总量150多万吨，创效4亿元左右（见图7）。

在科学管理方面：一是认真学习邯钢经验，大幅度降低成本。与1994年相比，四年来采取多种措施共消化各种不利因素达101.63亿元。二是财务管理和资金管理得到强化。三是完善经济责任制考核体系，初步建立了有效的激励和约束机制。四是把全

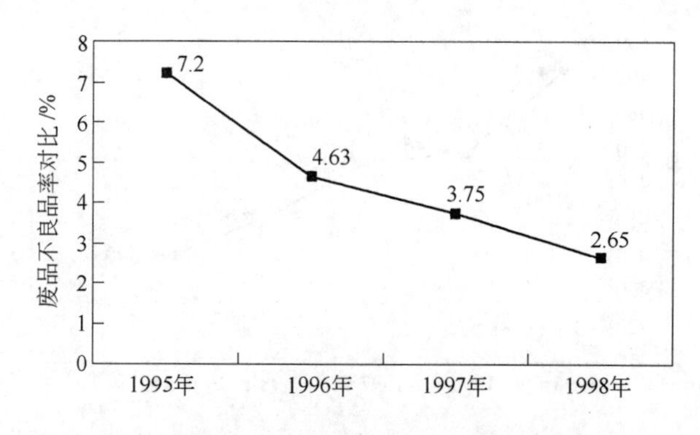

图6 1995～1998年鞍钢废品不良品率对比

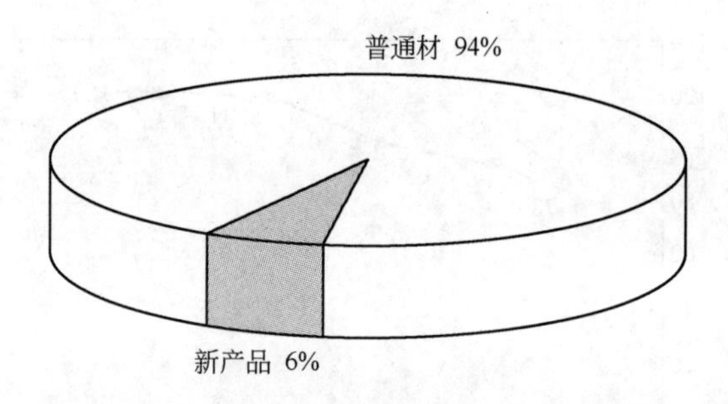

图7 1995～1998年鞍钢新产品比例

方位贯彻ISO9000标准作为强化企业管理的重点来抓，1997年8月通过了中国冶金工业质量认证中心的专家审核。五是堵塞各种管理漏洞。从管理上找原因、查隐患、堵漏洞，进一步建立健全了规章制度。

在提高职工素质方面：一是加速培养跨世纪科技人才。二是注意培养复合型人才。三是对厂处级以上干部进行现代工商管理课程培训。四是采取措施提高生产、服务岗位人员的素质。1995年以来，晋升助理工程师1883人，晋升工程师2606人，晋升高级工程师1011人；晋升助理经济师796人，晋升经济师749人，晋升高级经济师81人，晋升助理技师556人，晋升技师519人；颁发高级工证书4917人，中级工证书11663人。

2. 尽管我们纵向跟自己比有进步，但同国际和国内先进企业相比，鞍钢在科技进步、科学管理、职工素质上仍有很大差距。

科技进步方面存在的差距：

（1）各生产工序主要技术经济指标上存在的差距。

1）炼铁：

①炼铁高炉利用系数。1998年1～11月鞍钢高炉利用系数为1.750，在十大钢中列第9位，可比性较强的首钢和宝钢分别为2.096和2.03，国际水平为2.0～2.2，国际先进水平为大于2.2（见图8）。

②炼铁入炉焦比。1998年鞍钢入炉焦比为451千克/吨，在十大钢中列第6位，分别比排名第1、第2和第3的宝钢、首钢和武钢高131千克/吨、33千克/吨和16千克/吨。国际水平为小于430千克/吨，国际先进水平为小于400千克/吨（见图9）。

③炼铁综合焦比。1998年鞍钢综合焦比为552千克/吨，在十大钢中列第6位，分

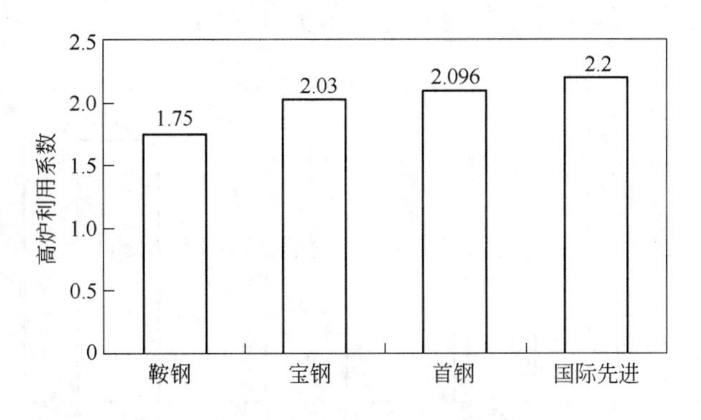

图8　1998年鞍钢高炉利用系数对比

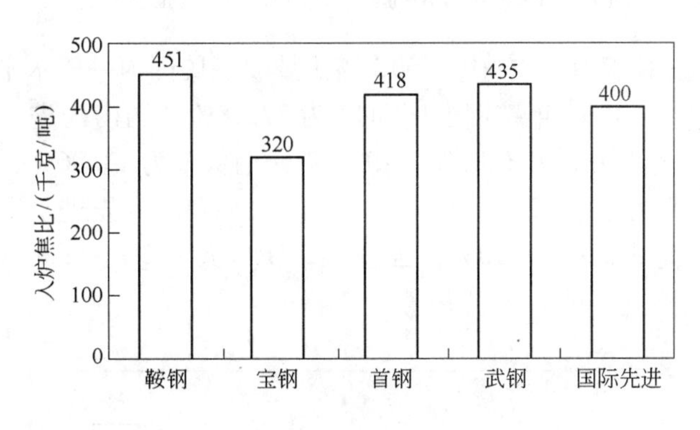

图9　1998年鞍钢入炉焦比对比

别比排名第1、第2和第3的宝钢、首钢和太钢高94千克/吨、47千克/吨和31千克/吨。国际水平为小于480千克/吨，国际先进水平为小于460千克/吨。

④炼铁高炉风温。1998年鞍钢高炉风温为990℃，在十大钢中列第8位，分别比排名第1、第2和第3位的宝钢、包钢和武钢低235℃、189℃和95℃。国际水平为大于1200℃，国际先进水平为1250℃（见图10）。

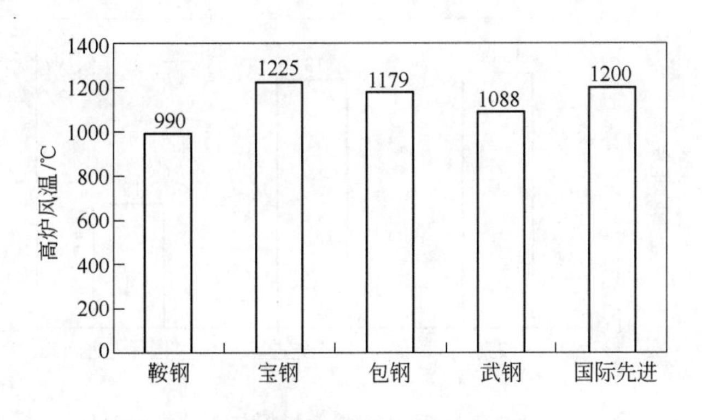

图10　1998年鞍钢高炉风温对比

⑤炼铁高炉寿命。从高炉寿命看，一代寿命产铁量指标，国际先进水平为大于10000吨/立方米，国际水平为大于7700吨/立方米，国内先进水平为大于5500吨/立方米。鞍钢包括中修在内，高炉一代寿命为7.86年，一代产铁量为4700吨/立方米；若将大型中修（更换炉腹以上冷却壁）按大修计算，则平均寿命仅4.29年，一代产铁

量仅 2650 吨/立方米，远远低于国内外先进水平（见图 11）。

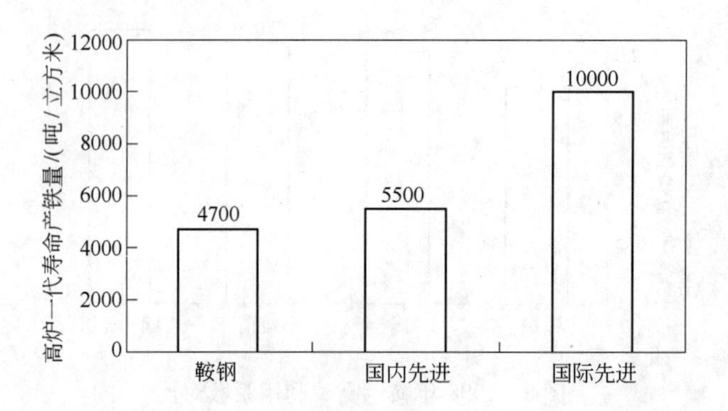

图 11　1998 年鞍钢高炉一代寿命产铁量指标对比

2）炼焦：在鞍钢 17 座焦炉中，有 13 座焦炉装备属国内一般水平，仅有 4 座焦炉可达到国内先进水平。1998 年鞍钢强度 M40 为 77.18%，国内先进水平和国际水平为大于 78%，国际先进水平为大于 80%。1998 年鞍钢灰分为 13.06%，国际水平为小于 13%，国际先进水平为小于 12%。所以，与国际水平和国内先进水平相比，鞍钢焦炭质量比较差，灰分高 0.5% ~1.10%；强度低，M40 低 1.5% ~2%；配煤不稳定（见图 12）。

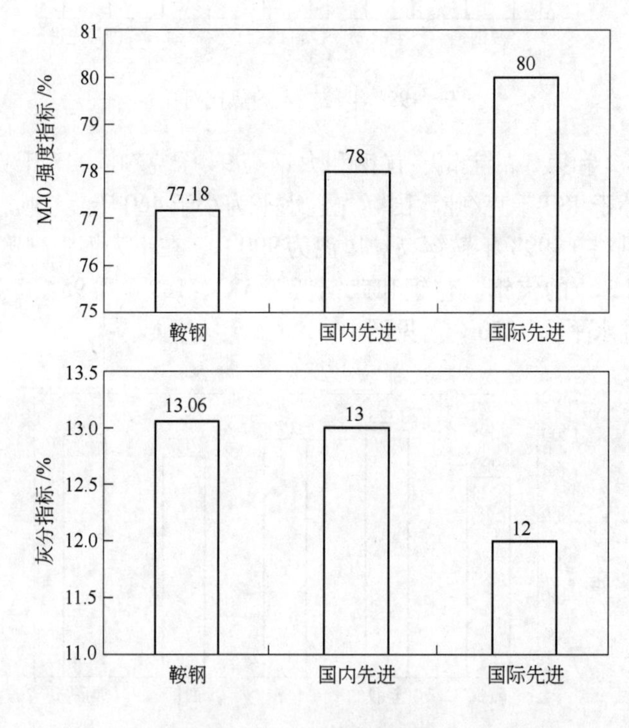

图 12　1998 年鞍钢 M40 强度指标与灰分指标对比

3）烧结：国际先进水平作业率为大于 95%，国际水平和国内先进水平为大于 90%，1998 年鞍钢烧结总厂热矿、冷矿、球团作业率分别为 85.10%、81.10% 和 86.01%。固体燃耗，国际先进水平为小于 40 千克/吨，国际水平为 40 ~45 千克/吨，国内先进水平为 45 ~50 千克/吨，1998 年鞍钢烧结热矿和冷矿分别为 65 千克/

吨和 70 千克/吨，比国际水平和国内先进水平高 20 ~ 25 千克/吨。人造富矿的铁料消耗平均比国际水平和国内先进水平高出 30 ~ 40 千克/吨，年损失铁料 30 万 ~ 40 万吨（见图 13）。

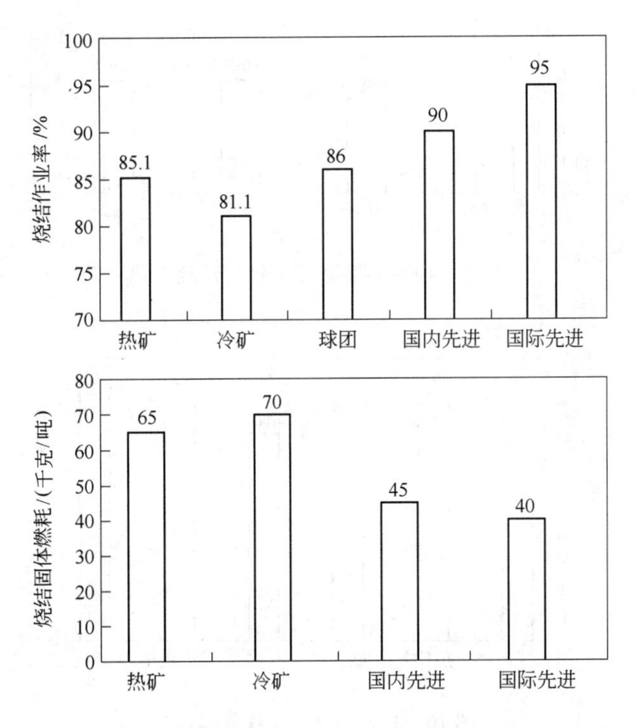

图 13　1998 年鞍钢烧结作业率指标、烧结固体燃耗对比

4）炼钢：1998 年 1 ~ 11 月鞍钢转炉利用系数为 22. 13%，在十大钢中列第 8 位，分别比排名第 1、第 2 和第 3 位的唐钢、武钢和太钢 35. 54%、20. 34% 和 14. 22%，唐钢、武钢和太钢分别为 57. 67%、42. 47% 和 36. 35%（见图 14）。1998 年鞍钢钢铁料消耗为 1110 千克/吨，在十大钢中列第 8 位，分别比排名第 1、第 2 和第 3 位的宝钢、武钢和攀钢高 26 千克/吨、22 千克/吨和 22 千克/吨（见图 15）。1998 年 1 ~ 11 月鞍钢炉衬寿命为 4567 炉，在十大钢中列第 3 位，分别比排名第 1 和第 2 的宝钢和包钢低 5341 炉和 35 炉。1998 年鞍钢连铸比为 49. 41%，在十大钢中列第 7 位，分别比排名第 1、第 2 和第 3 位的唐钢、武钢和首钢低 47. 39 个百分点、37. 98 个百分点和 30. 66 个百分点（见图 16）。

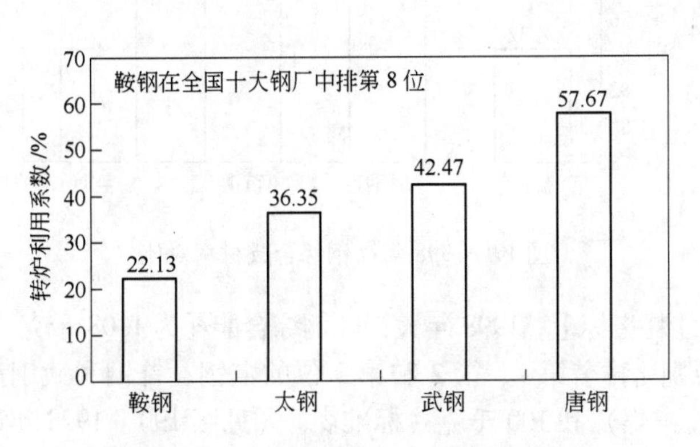

图 14　1998 年各钢厂转炉利用系数对比

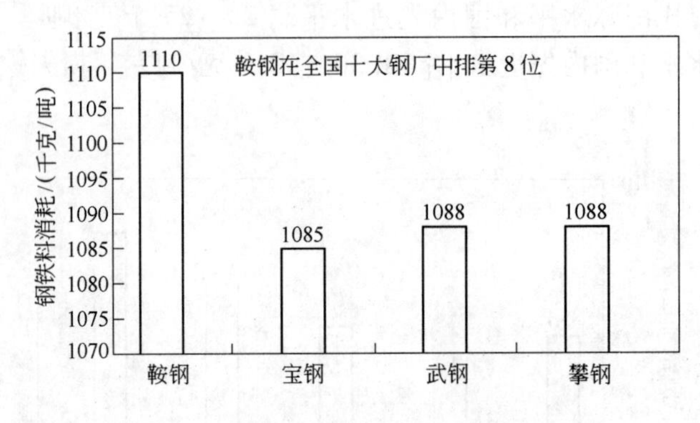

图 15　1998 年各钢厂钢铁料消耗对比

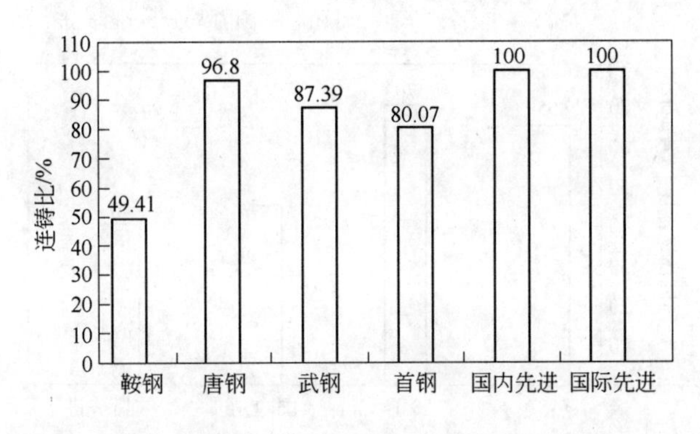

图 16　1998 年鞍钢连铸比对比

5）轧钢：在轧钢工序，1998 年鞍钢综合成材率为 84.82%，在十大钢中列第 9 位，分别比排名第 1、第 2 和第 3 位的唐钢、首钢和宝钢低 9.6 个百分点、6.83 个百分点和 6.23 个百分点（见图 17）。1998 年 1～11 月鞍钢日历作业率为 63.24%，在十大钢中列第 6 位，分别比第 1、第 2 和第 3 位的唐钢、宝钢和武钢低 18.47 个百分点、10.41 个百分点和 3.98 个百分点（见图 18）。

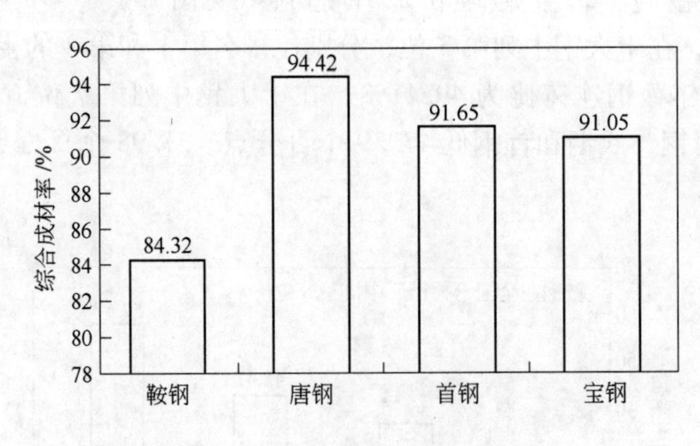

图 17　1998 年鞍钢综合成材率对比

6）能耗：在能耗指标上，1998 年鞍钢吨钢综合能耗为 1108 千克（标准煤），在十大钢中列第 5 位，分别比排名第 1、第 2 和第 3 位的宝钢、首钢和武钢高 360 千克（标准煤）、165 千克（标准煤）和 100 千克（标准煤）（见图 19）。1998 年鞍钢吨钢可比能耗为 998 千克（标准煤），在十大钢中列最后一位，分别比排名第 1、第 2 和第 3 位的宝钢、首钢和唐钢高 271 千克（标准煤）、154 千克（标准煤）和 110 千克（标准煤）。

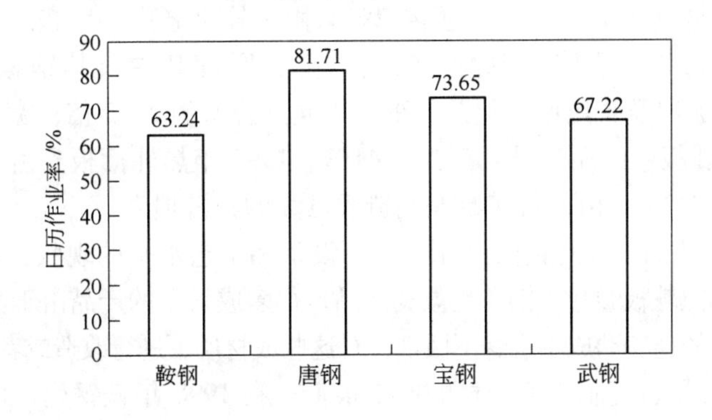

图 18　1998 年鞍钢日历作业率对比

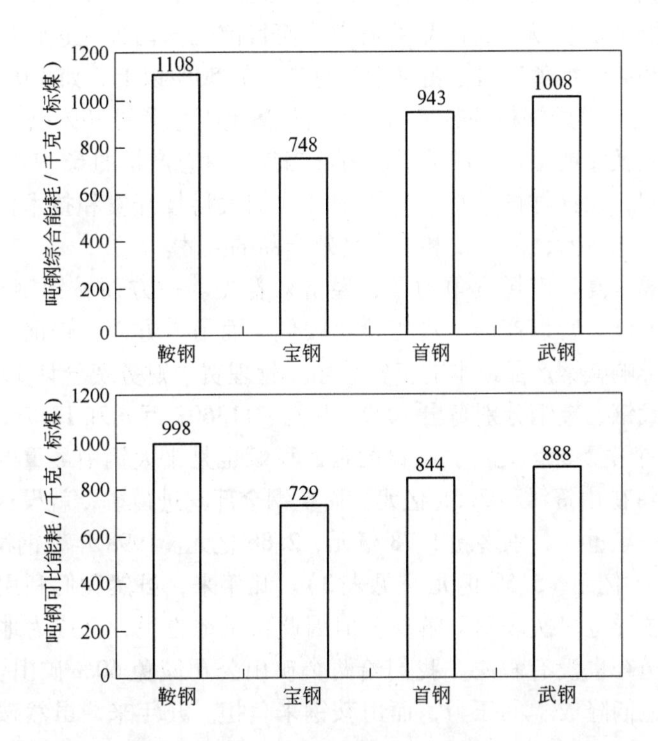

图 19　1998 年鞍钢吨钢综合能耗、吨钢可比能耗对比

（2）钢材产品存在的差距。

产品作为体现企业综合素质的载体，其在市场上的竞争力体现的是企业的综合竞争力。我们的产品之所以在市场上竞争力差，最根本的原因就是我们钢材的实物质量不高，技术含量、附加值低，物料消耗高、生产成本高、经济效益不佳。主要表现在：

一是产品质量差。主要表现在部分产品实物质量不稳定，化学成分和性能波动大，几何尺寸精度低，产品外观和包装质量差。1998 年鞍钢优质钢中硫平均含量 0.021%，是宝钢的 1.6 倍，在十大钢中高于宝钢、攀钢、武钢和首钢。如鞍钢重轨中硫含量在 0.008% ~0.04%之间波动，而攀钢在 0.006% ~0.033%、包钢在 0.005% ~0.038%之间，均明显好于鞍钢。1998 年鞍钢发往关内的精轧螺纹钢因延伸率低于 7%而退货。1999 年 1 月份生产的 15 批螺纹钢只有 6 批合格，合格率仅为 40%。1998 年废品不良品仍有49.87万吨，损失2.46亿元。1998年热轧带钢厂共生产热轧板卷262万吨，约占鞍钢1998年钢材总产量593万吨的44.2%。由于轧机老化、生产工艺落后，轧制的热轧板卷板形质量差，边浪、中浪、瓢曲严重；厚度超差，其钢板横向厚度差达0.25~0.30mm，纵向及头尾厚度超差严重，为允许公差的2~3倍；宽度超差，塔形严重等。1998年热轧板卷的质量异议率为0.41%。1997年热轧薄板卷由于质量差，吨材利润比武钢少200多元。由此每年给鞍钢造成巨大的经济损失。

这些差距告诉我们，针对目前热轧带钢厂设备和工艺水平的现状，我们必须加速改造。热轧带钢厂的热轧板卷在鞍钢还是盈利产品，很多成材厂的产品由于消耗高、质量差，导致亏损，甚至有的连变动成本也赚不回来，对这些成材厂不进行改造或者改组行吗?

二是高技术含量、高附加值钢材的比率很低。在1998年鞍钢生产的593万吨钢材中，冷轧板、高级船板、高强度重轨和无缝钢管等高附加值钢材所占的比率不到20%；低合金、微合金钢材占鞍钢钢材总产量的比率不到15%；每年新开发的钢材品种及数量很少，根本不能满足市场对新产品的需求。而目前在国内外先进钢铁企业中，高质量、高技术含量和高附加值钢材已占其钢材总产量的50%以上。如德国蒂森钢铁公司，1995年生产的表面涂镀层钢板的数量已占其当年薄钢板总量的70%以上；宝钢1996年生产的冷热轧薄板及涂镀层钢板的数量已占其当年钢材总产量的63.9%。

这些差距说明，在这样的情况下，鞍钢必须加大科技开发和技术创新的力度，培养能够掌握先进工艺技术，能开发和生产高效产品的人才。

三是钢材的成本高，市场竞争力弱，经济效益差。一方面鞍钢钢材由于质量差、技术含量和附加值低，所以产品市场售价比较低。而另一方面，鞍钢产品成本却比先进企业高。如，影响鞍钢产品成本的工资总额、管理费、财务费合计1997年要比钢产量相当的首钢、武钢、宝钢分别高出70725万元、113607万元和185732万元（见表1和表2)。另外一个主要原因之一，鞍钢的资源税赋也是十大钢中最重的，铁矿石主要是自产，1998年缴矿山资源税3.55亿元。而宝钢全部吃进口矿，就没这个负担。与首钢、武钢相比，一年也要分别多缴1.78亿元、2.86亿元。1998年鞍钢税赋总额分别比首钢、武钢高3.35亿元、5.59亿元（见表3)。几年来，虽然我们利用一切机会向上反映汇报，中央领导也多次表示要解决，但因此税是地方税，已成为地方政府财政的重要收入，所以至今也没有解决。我们给两个矿山公司减免60%矿山资源税的政策，纯属是为了减轻他们降成本的压力，而由鞍钢来负担。几年来，虽然鞍钢狠抓精干主体，分离辅助，减人增效，但不管怎么减，目前，基本上还主要是靠这800万吨钢。尽管鞍钢目前的人均收入并不高，但凝聚在吨钢材成本中的人工费、管理费却不低。说一千道一万，核心问题是鞍钢的人多，历史遗留下来的企业办社会的负担重。

表1 同行业1997年工资、费用对比表（1）

企业	钢材产量/万吨	工资总额		管理费		财务费	
		年总额/万元	吨材额/(元/吨)	年总额/万元	吨材额/(元/吨)	年总额/万元	吨材额/(元/吨)
首钢	646.09	223016	345.18	118057	182.73	112413	173.99
武钢	502.13	159464	317.57	164111	326.83	87029	173.32
宝钢	644.99	88983	137.96	162722	252.29	86774	134.54
鞍钢	603	194253	322.14	168432	279.32	181526	267.87

表2　同行业1997年工资、费用对比表（2）

企 业	钢材产量/万吨	工资总额、管理费、财务费合计	
		年总额/万元	吨材额/(元/吨)
首钢	646.09	223016	345.18
武钢	502.13	159464	317.57
宝钢	644.99	88983	137.96
鞍钢	603	164253	322.14

表3　钢铁行业相关单位九八年税赋比较（直接报表数字比较）

项　目		单位	鞍钢	首钢	宝钢	武钢	本钢	鞍钢与各大钢比较（±）			
								比首钢	比宝钢	比武钢	比本钢
资源税		亿元	3.55	1.78		0.69	1.68	1.78	3.55	2.86	1.88
各种税金合计		亿元	19.32	15.97	23.87	13.72	8.44	3.35	−4.56	5.59	10.88
销售收入		亿元	163.68	205.00	258.63	161.74	72.00	−41.32	−94.95	1.94	91.68
税赋	资源税	%	2.17	0.87		0.43	2.33	1.30	2.17	1.74	−0.16
	各税合计	%	11.80	7.79	9.23	8.49	11.72	4.01	2.57	3.32	0.08
钢产量		万吨	845	802	1016	609					
吨钢负担资源税		元	25.96	10.81		7.04		14.88	25.69	18.64	
吨钢负担税金合计		元	134.99	94.03	65.41	134.95		40.96	69.58	0.04	

由此可以看出，如果我们不深化改革，实现减人增效，不加强管理，降低成本费用，必将被无情的市场竞争所淘汰。

科学管理方面存在的差距：

首先，在管理观念上还有差距。如计划经济的粗放管理观念还没有彻底摒弃，市场经济的管理观念还没有完全树立起来，严格管理和科学管理的意识还不强等等，都是制约鞍钢企业管理水平提高的思想障碍。

其次，各项管理水平亟待提高。表现在：

第一，管理基础还相当薄弱，权责不明确，责任不落实。比如，我们炼铁的矿耗为1850千克/吨铁，比宝钢高出200千克/吨铁，这其中的漏洞在哪里？究竟由谁管理？损失由谁负责？考核谁？尚不能说得清。标准化管理体系运行不够完善，定额工作基础差，对同行业可参考的数据，专门部门提供不出来，影响公司定额工作的开展。计量工作难以满足生产要求，在物料消耗上仍大量存在“眼称”，许多生产环节没有准确计量。在公司大部分单位的能耗中，流体能源所占比例约10%，由于大批仪表失准、损坏，只好以估量代替仪表，加之管理上的漏洞和传输中的跑、冒、滴、漏，使公司厂际流体能源量结算一直以动力厂的发生量为依据，发出的数据是多少，用量单位就承担多少，动力厂承担的损失量偏小，多余的损失量全由用量单位承担，如煤气约多承担5%，蒸汽多承担7%，水多承担8%。致使责任不清，问题长期得不到解决，造成极大的浪费。目前，公司下发的有关计量管理文件，规定物料消耗计量率也只是在50%～70%之间。

第二，在经济责任制考核中，奖罚不到位、考核不落实的现象比较普遍。例如，在效益指标核定过程中，由于管理粗放等原因造成指标不准确，厂际间数量异议、质量异议明确增加等等。

第三，专业管理不完善，现场管理不到位。如外委管理目前主要采用的是招投标管理方式，但鞍钢没有招标，没有统一标准，招标管理和预决算管理亟待规范。公司业务主管部门和一些单位既管项目，又审预算；既负责招标，定队伍，又办合同手续，在管理工作中弊病较多。现场管理不到位的问题也比较突出，脏、乱、差现象还普遍存在。

第四，财务管理和资金管理不够科学严密。虽然我们近年来在基础核算上做了大量的工作，但仍不能完全适应市场经济发展的需要。如，在资金管理上，一是资产结构不合理，应收账款、发出商品占用资金比例过高，储备资金比例相对过少，人欠资金占流动资金的34.8%，而储备资金只占20%。二是资金占用量大，周转率低。由于人欠资金的长期占用和存货物资不合理占用，造成流动资金周转缓慢，1997年存货周转率为175天，比宝钢慢了93天。如果鞍钢存货周转率达到宝钢的水平，每年就可减少利息支出4.46亿元。三是营运资金不足，贷款额高，利息支出大，1998年鞍钢支付银行利息高达15.4亿元。四是流动资产与负债尚不平衡。速动比例仅为61.91%，负债水平高，资产流动性小，变现能力差，短期偿债能力不强。五是物资储备定额不全，物资计量不准，管理手段落后。

职工队伍素质方面存在的差距：

一是鞍钢专业技术人才密度较低（专职比），与宝钢及国外同类企业比还有差距，先进企业已达30%左右，鞍钢仅为20%。鞍钢本科学历占32%，研究生学历占1.1%；而先进企业研究生学历占8%左右，本科学历占50%~60%。二是专业结构不合理，主体专业总量不少，但钢铁冶金、轧钢两专业人数太少，分别为900人、991人，仅占2.4%和2.62%。计算机专业为824人，环境工程仅为105人，分别占2.18%和0.27%，这个比例远远低于发达国家同类规模企业的水平。经济和贸易类人才少、素质低。宝钢仅经济类人才就占人才总量的10%。专业技术人员知识老化，年龄断层问题严重。三是鞍钢生产一线岗位工人文化技术素质偏低，1998年鞍钢工人队伍中高中以上文化程度占工人总数的41.69%。1998年高级工（含技师）人数占工人总数的18.11%。掌握多种技能的复合型工人很少。

（二）差距就是潜力，缩短和消除差距的过程，就是不断提高企业经济效益的过程

比如，在提高主要技术经济指标方面，我们就可看到鞍钢的巨大潜力：

（1）在降低能耗方面，1998年鞍钢吨钢可比能耗为998千克标准煤，分别比宝钢和武钢高271千克标准煤和72千克标准煤，影响鞍钢吨钢成本分别比宝钢和武钢高131元和35元，如达宝钢和武钢水平可增效益分别为11亿元和2.96亿元。

（2）在降低入炉焦比方面，1998年鞍钢的入炉焦比为451千克/吨，比宝钢入炉焦比320千克/吨高131千克/吨，影响鞍钢吨铁成本比宝钢高45元，如达宝钢水平可增效益3.9亿元，如达十大钢平均水平可增效益7千万元。

（3）在降低钢铁料消耗方面，1998年鞍钢转炉钢铁料消耗为1110千克/吨，在十大钢中列第8位，比宝钢的1084高26千克/吨，如达宝钢水平，可增效益2.35亿元。

（4）在提高综合成材率方面，1998年鞍钢综合成材率在十大钢中列第9位，比十大钢中第1位的唐钢低9.6%，如达唐钢水平，可增效益6.22亿元。

（5）在改善烧结工序技术经济指标方面，烧结矿铁料消耗、燃料消耗和煤气消耗如果达到国内先进水平，分别可增效1亿元、7100万元和1500万元。

经初步框算，上述提到的各项指标如果达到国内平均先进水平，每吨钢材可增加效益150元以上，每年就可增加效益10亿元以上；如果达到国内领先水平，每吨钢材可增加效益300元以上，每年则至少可拿到效益19亿元；如果达到国际水平，每吨钢材可增加效益450元以上，每年可增加效益28亿元以上。如果再通过科学管理堵塞漏洞，减少效益流失；通过教育培训提高工人的岗位操作技能，减少设备事故率，那么我们得到的效益还会增加。

四、围绕提高鞍钢产品的市场竞争力，进一步明确鞍钢“科教兴企”的目标、任务和主要措施

根据以上分析，使我们进一步认识到，实现鞍钢三年初步振兴和促进企业跨世纪长远发展，必须依靠科技进步、科学管理和提高职工队伍素质，实现高质量、高效益的集约型经济增长。从这个意义上说，“科教兴企”不是一年半载的权宜之计，而是鞍钢长期的战略方针。

为此，我们提出鞍钢当前和今后一个时期“科教兴企”的指导思想是：**以党的十五大和邓小平理论为指针，牢固树立科学技术是第一生产力的思想，适应鞍钢三年初步振兴和跨世纪长远发展的需要，大力推进科技进步，加强科学管理，提高职工素质，不断提高生产经营的运行质量和效益，加快两个根本性转变，全面增强企业的市场竞争力。**

“科教兴企”的主要原则是：

（1）科技进步要落实到设备利用系数和技术经济指标的进步上；落实到开发高附加值新产品和开拓新市场的能力上；落实到工艺软件和技术诀窍的掌握上；落实到技术改造项目的高起点、少投入、快产出、高效益上；要落实到成本不断降低，产品效益不断提高上，最终落实到企业市场竞争力的提高上。同时，相应的也要落实到职工福利待遇和生活水平的提高上。

（2）科学管理要以建立现代企业制度为方向，以现代化管理方法和手段的应用为依托，以管理思想的更新为动力，夯实管理基础，强化专业管理，建立有效的激励和约束机制，建立从生产物流、数字流和管理责权的闭环控制系统，全面提高企业素质和总体经济效益。

（3）职工培训要坚持学以致用，做到管理干部的政治素质和管理水平有新的提高，科技人员的专业技术水平和技术创新能力有新的提高，岗位工人文化素质和操作技能有新的提高。

根据以上指导思想和原则，我们分别提出鞍钢科技进步、科学管理和提高职工队伍素质的战略目标和保证措施。

（一）科技进步方面

1. 主要指标

（1）主要技术经济指标：1999年要达到全国平均水平，其中入炉焦比439千克/吨，喷煤比120千克/吨，转炉钢铁料消耗平均达到1108千克/吨，综合成材率86.4%。2001年达到同行业先进水平：其中入炉焦比降到400千克/吨，喷煤比达到130千克/吨，焦丁10千克/吨，风温1150℃；钢铁料消耗公司平均达到1087千克/吨，

一炼钢厂1088千克/吨，二炼钢厂1090千克/吨，三炼钢厂1085千克/吨；连铸比达到93%，综合成材率突破91%；经济效益提高到25亿元以上。

（2）主要质量指标：1999年要达到国内同行业平均水平，力争达到国内同行业先进水平：其中废品不良品总量小于40万吨，用户质量异议率小于0.35%，二级以上质量事故为零，外购大宗原燃材料合格率大于90%，含硫超过0.04%的生铁比率小于4%，质量增利4000万元。2001年钢材质量达到全国一流水平：废品、不良品总量小于35万吨，按国际标准和国际先进标准组织生产的钢材占总量的比例要达到90%以上，实物质量达到国际水平的钢材比例占60%以上。

（3）在品种优化方面：1999年要使高效钢材达185万吨以上，开发推广高附加值新品种40个、新规格10个、转入大生产10个，试制推广总量30万吨，创效6000万元以上。2001年品种结构要进一步合理化：板管比达到75%；高效钢材占钢材总量的比率达到45%以上；新产品开发能力达到50万吨以上，创效突破1亿元。高质量热轧板卷达500万吨，冷轧板卷达150万吨。

（4）2001年工艺装备水平进入国内先进行列：按钢材生产能力核算，60%以上的主体装备要达到当代先进水平；二字号、三字号整个生产系统通过整体配套改造，基本实现工艺、技术及装备的现代化，各炼钢厂将配备脱硫扒渣、铁水预处理、RH真空处理装置，具备和国内先进的炼钢厂竞争的实力。半连轧、冷轧、线材等主要轧钢厂采用当代先进技术进行现代化改造、扩建。

2. 为保证上述目标的实现，鞍钢1999年科技进步的主要措施

开展降低吨铁燃料费攻关、降低钢铁料消耗攻关、提高产品综合成材率攻关、扩大连铸坯轧材攻关、提高60千克/米重轨定尺率及质量攻关、减少废品不良品攻关、提高无缝管质量攻关等重大技术攻关。

（1）铁前系统：矿业公司和弓矿公司精料品位要分别达到64.8%和65.3%，在公司负担60%矿山资源税后，铁精矿制造成本要降到242元/吨。

烧结系统，一是推广强化制粒技术，降低烧结机漏风率，提高利用系数，固体燃料消耗要降到67千克标煤/吨，入炉矿品位达到54.8%，烧结矿制造成本降到329.6元/吨。二是要通过对设备、工艺改进，进一步提高人造富矿强度、碱度和铁分稳定率，降低粉末。二烧的烧结矿碱度要由1.35提高到1.75，热矿、老三烧粉矿率分别降到17%和9%，新三烧筛分废品率由98年的3%降到0.5%以下。

（2）炼铁系统：一方面要通过技术攻关，提高主要技术经济指标。入炉焦比降到440千克/吨，喷煤比达到120千克/吨，焦丁10千克/吨，吨铁综合燃料费264.5元/吨，风温提高到1050℃，炼铁制造成本降到966.3元/吨以下。同时，进行高炉长寿技术攻关。另一方面要稳定提高生铁的质量，努力提高一类生铁比率，降低高硫铁比率，确保一类硫率在88%以上，S>0.04%的比率降到4%以下，其中一类硫率力争突破90%。

（3）炼钢系统：一是三个炼钢厂都要加大降低钢铁料消耗的技术攻关。一、二、三炼钢厂钢铁料消耗攻关目标分别达到1112千克/吨、1110千克/吨和1098.5千克/吨，吨钢成本分别降到1374元/吨、1385元/吨和1390元/吨。

二是围绕钢锭质量长期存在的轧后结疤、气泡、缩孔和裂缝等问题，优化工艺结构，提高岗位技术操作水平，减少轧后废品。其中一炼钢厂Q195F钢和重轨钢轧后废品均力争降到2.5%以下，炼钢、轧钢考核要捆在一起。三炼钢厂的无缝管钢质不良率

力争降到4%以下。

三是要下大力气改善连铸坯质量。二炼钢厂要改进长度剪切控制系统，解决方坯长度超差问题。同时，下功夫抓紧解决连铸方坯表面针孔问题，为成材厂提供合格、优质的连铸坯。三炼钢厂要改进和维护冷却水设备，确保板坯冷却均匀和电磁搅拌辊正常发挥作用，减少三角区裂纹和内裂的发生。

（4）初轧系统：两个初轧系统都要严格执行加热和大剪剪切工艺制度，正确判断轧后缺陷，杜绝切不净头尾、错判和超收得率退废的发生。

（5）轧钢系统：一是开展提高成材率的攻关。通过提高连铸轧材比，中板厂多吃连铸轧坯40万吨提高中板成材率4%；中型厂多吃连铸坯10万吨提高中型成材率1.5%；小型型材多吃连铸坯10万吨提高型材成材率1.0%。通过优化坯材供料规格，中板厂、厚板厂和冷轧厂成材率分别提高1%、0.5%和1.5%。各轧钢厂都要合理控制炉内气氛，降低氧化烧损，提高公司综合成材率0.2%。

二是要重点解决废品不良品多和用户反映大的实物质量问题。各成材厂要坚决贯彻执行精料方针，做好轧前挑料清理和轧后清理挽救，严格执行加热制度和轧制操作规程。大型厂的重轨定尺率和一级品率分别提高到86%和96.14%，力争达到86.14%和96.5%；热轧带钢厂的热轧卷板一次合格率、质量异议率分别达到98.75%、0.35%，力争达到98.85%和降到0.25%；无缝厂的无缝管改制降级品率力争降到5%。

三是大力开发推广新产品，加大新产品转产力度，优化品种结构。热轧带钢厂要转产石油管线用热轧板X42、X46、X52，分别为5000吨、5000吨和3000吨，桥梁用15MnVN热连轧板2000吨，汽车轮用热轧板5000吨，开发石油天然气输送用热轧带钢板、桥梁用钢和球罐及压力容器用钢等品种。大型厂要转产新型工字钢、槽钢及角钢2000吨，开发Si-Cr-Nb高强耐蚀重轨。冷轧厂要转产10CrNiCuPA耐蚀冷轧板3000吨，开发车辆用耐大气腐蚀冷轧板。厚板厂要转产12Cr1MoV厚板2000吨，进一步完善推广造船用钢、工程机械用钢系列，重点开发军用钢。中型厂要转产新型非标槽钢2000吨，大力开发高强度精轧螺纹钢筋、新Ⅲ级钢筋以及新型型材的开发。中板厂重点开发造船用钢和压力容器钢。无缝厂开发石油管及套管。

3. 鞍钢未来几年科技进步的主要措施

（1）不断应用高新技术加速鞍钢的技术改造。

1）铁、焦、烧系统：一是要完成高炉入炉前原料系统的改造，冷料比力争达到100%。二是炼焦系统要应用计算机自动化技术，焦炉系统采用国内外先进技术进行装备；推广低水熄焦，配煤系统实现自动配煤。三是在炼铁厂4号高炉和9号高炉之间增建一座热风炉，要逐步将两座料车式高炉改造成无钟炉顶高炉，在10号和11号高炉实现冶炼过程计算机专家或人工智能系统控制。

2）炼钢系统：一是要完成一炼钢厂铁水脱硫扒渣工程、全连铸工程和炉外精炼三大工程。其中铁水脱硫扒渣一期工程铁水处理能力达180万吨；全连铸工程要建年产110万吨厚板铸机1台；年产80万吨大方坯连铸机1台；炉外精炼配有2台LF炉和1台VD精炼装置，该工程于1999年年底投产。二是到2001年要新建成1台单机流板坯连铸机，设计能力为150万吨/年，铸坯规格为厚100~150mm，坯料供改造后的1700热轧带钢生产线。同时，还要建与板坯连铸机配套的精炼装置RH 1台，主要供热轧带钢厂1700mm生产线、中板厂、中型厂、小型型材厂和线材厂。三是在三炼钢厂要完成正在实施的RH真空处理装置。

3）轧钢系统：根据市场需求，新增、改建一批工艺和装备水平先进，自动化控制水平高、产品质量好、精度高、消耗低和效益好的轧钢厂。如：①大型厂改扩建工程，规模85万吨，其中重轨35万吨、大型钢材50万吨；②新建薄板坯连铸连轧热带钢厂，规模150万吨；③完成小型厂改造；④新建冷轧镀锌及涂层板厂，规模30万吨，等等。

（2）*按市场需求，大力优化产品结构，抓好新产品的开发。*总的思路是：根据市场需求，结合鞍钢装备水平、工艺技术水平及改造规划确定低合金钢品种发展规划，利用设备和技术优势，发展扩大中厚板、连轧板品种及产量；扩大线材高效品种，更新换代大型重轨；中小型开发高强钢筋及专用材；淘汰落后产品，以高技术含量、高附加值、高质量、高性能新产品参与市场竞争。开发石油天然气用钢、铁路用钢、造船用钢、汽车用钢、建筑用钢、工程机械用钢、锅炉及压力容器用钢、煤矿用钢、交通桥梁用钢、军工用钢等领域的钢材新品种。

（3）*紧紧抓住影响和制约产品市场竞争力的关键环节，开展重大科技质量攻关，重点在掌握工艺软件和技术诀窍上下功夫。*鞍钢过去和现在的一些技术改造实践说明，有了先进的技术装备，却没能生产出一流的产品，一些产品质量长期过不了关，原因就在于没有掌握相关的工艺软件和技术诀窍。这也说明：花钱可以买到最先进的设备，但却买不到别人头脑里的技术诀窍。因此，必须围绕以下几个方面开展科技质量攻关：

1）围绕提高主要技术经济指标的攻关。主要有：开展富氧喷煤技术攻关，提高高炉一代寿命的攻关，提高高炉风温的攻关，延长焦炉寿命的攻关，降低烧结机漏风率的攻关，提高转炉炉龄和降低钢铁料消耗的攻关，提高产品综合成材率的攻关。

2）围绕重大技术改造项目，充分发挥先进技术装备作用的攻关。围绕东烧改酸性小球烧结和二烧改高碱度烧结，开展强化烧结工艺，提高产品质量的攻关。围绕干熄焦工程或低水熄焦工程，开展进一步降低能耗的攻关。围绕充分发挥全转炉、连铸机作用和热轧带钢厂的改造的攻关。如：消化移植三炼钢厂人工智能炼钢技术；实现连铸机拉漏预报；进一步完善真空处理工艺，进行洁净钢工艺研究。二炼钢厂开展提高超低头连铸坯质量的攻关，消化移植三炼钢厂人工智能炼钢技术；进行铸坯表面无缺陷研究，实现连铸连轧；实现小方坯连铸机计算机配水及水量跟踪控制。三炼钢厂要完善原有脱硫扒渣设备及工艺，开发铁水脱硫、脱硅、脱磷工艺，进一步完善人工智能炼钢工艺及复吹技术，提高复吹转炉底枪寿命；实施转炉煤气回收技术，进一步降低能耗；开展转炉的二次除尘、连铸拉漏预报及二冷动态控制技术等攻关。轧钢系统要抓好技术改造完成后，产品工艺路线的调整和品种转化出现的问题，如中板厂、中型厂、小型型材厂都要加大技术工作力度，多吃连铸坯。热轧带钢厂要积极做好1780、1700轧机技术工艺的消化吸收和产品的开发转化工作，并开展提高工艺技术操作水平的攻关。

3）围绕提高产品质量的技术攻关。重点抓好鞍钢长期以来一直存在的较大的四个质量问题：一是降低钢锭轧后结疤、气泡、缩孔、裂缝缺陷。二是提高重轨实物质量，减少过程损失，创60千克/吨重轨“金杯奖”。三是无缝管外折、发纹系统攻关。四是热轧带钢厚度、宽度、板形系统质量攻关。

（4）*以改革的思路，进一步健全科技进步工作机制。*要以落实专业技术人员岗位制为重点，按照市场经济规律和科技自身发展规律，把充分调动广大科技人员的积极性、创造性，作为健全科技创新机制的一项重要工作来抓。

1）要全面落实专业技术人员岗位责任制。科技部门都要与组织人事、企管等部门一起，全面落实每一名专业技术干部的岗位责任。科技部、生产部等主管部门要把主要技术经济指标、重大科研项目分解到各基层单位，各单位的总工程师要负全责，专职高级工程师和工程师要具体负责各项指标的落实。

2）要完善科技进步考核机制。科技人员完成指标的好坏不仅要与经济责任制考核挂钩，还要与年终业绩考核挂钩；对于负有责任的各级领导，也要与年终业绩考核和职务升降挂钩。对无特殊原因，没有完成公司下达指标的，公司要给予免职或调离该技术岗位。

3）要建立相应的科技进步激励机制。要设立新产品开发、主要技术经济指标攻关和科技攻关奖，激励科技人员为鞍钢科技进步做贡献。对新产品要按品种在转产鉴定后给有功人员一次性奖励，在推广阶段，根据为公司所创效益的大小按比例奖励；对主要技术经济指标，按完成指标难易程度和效益大小确定其相应的奖励水平；对科技攻关贡献突出的项目和个人，要给予重奖，充分体现分配上的“六个不一样”。

4）要进一步转换科研单位的运行机制。对技术中心等有关科研单位，要逐步推向市场，实行有偿技术服务，使科技成果在公司内部商品化，迅速转化成现实生产力。同时，积极对外开拓科技咨询服务市场。

5）要建立符合市场经济规律的技术评价体系。科技成果的好与劣，不看得奖级别的高低，关键在于为企业创效的多少。在今后的科技成果评奖中，一律以效益为标准，没有效益的项目一律不能参加评奖。

6）要注重科研与生产、与市场的结合。科研单位要面向市场需要，面向解决生产关键问题选择课题项目；科研成果要迅速向现实生产力转化，形成新效益；生产单位要参与科研项目现场试验，科研成果应用于生产后技术问题由生产单位负责。

*（5）要树立科技进步“样板厂”，掀起学先进、比水平、赶样板、超一流的科技进步热潮。*要选择技术装备和生产工艺比较先进、符合条件的单位作为鞍钢在科技进步方面的“样板厂”。鞍钢“样板厂”单位要以国内外先进企业为自己的样板和赶超的目标。各单位以公司内部“样板厂”为赶超目标。使学、比、赶、超活动有目标、有标准。要发动广大职工积极投身科技攻关，不断提高各单位的科技进步工作水平，使学、比、赶、超活动成为不断推动鞍钢科技进步上水平、上台阶的强大动力。

（二）科学管理方面

1999年要加快改革改组步伐，完善母子公司体制。加强企业管理基础工作、专业管理工作和综合管理工作，并把加强企业管理同改革、改组、改造结合起来，初步建立与现代企业制度相适应的科学管理体制。2001年基本建立起现代企业制度，形成规范的母子公司管理体制和决策机制，以人、机、料、法、环为中心的管理基础工作趋于完善，专业管理更加严密，管理运行机制和激励约束机制更加科学化。不断完善产权清晰、权责明确、以资本运营为中心的现代企业制度，企业的组织形式、内部治理结构和经营发展战略更加科学有效，经营行为更具主动性、预见性、系统性和长远性，实现企业管理的科学化和现代化，努力达到国内一流集团企业管理水平。

加强管理是做好企业一切工作的前提。科学管理也是科技进步的基础和前提条件，是科技进步落实到位和发挥作用与效益的保证，只有不断提高企业管理水平，才能不断提出科技进步的新要求，推动科技进步向更高层次和水平发展。因此，我们必须把加强管理提到企业发展的战略高度，同改革、改组、改造结合起来，切实改变目前管理基础不健全、责权不明确、考核不量化、机制不完善等管理弊端。

加强企业管理的主要措施：

（1）以强化定额管理和计量管理作为重点，加强企业管理基础工作和建立有效的信息系统。1998 年，公司在三炼钢厂实施了定额管理试点。通过半年多时间的运行，初步形成了一套较为完善的定额管理模式，探索出了一条通过加强定额管理降低产品成本、提高企业效益的成功之路。今年，要推广三炼钢厂的经验，在全公司范围内全面推行定额管理。各单位要建立健全定额管理的组织体系、指标体系和制度体系。要通过科学合理的定额，达到资金配置最优化，成本最低化，经济效益最大化。

在计量管理上，首先要提高计量人员的技术业务素质。同时，要加强计量设施建设，不断完善计量手段，特别是对原燃材料的采购，要精确计量、堵塞管理漏洞，避免经济损失。要提高内部核算和费用测算的准确度，避免厂际、工序间原燃材料的中途流失，化解厂际之间、工序之间的计量纠纷。2000 年要初步建立合同、生产数据和资金管理的信息系统，以此为基础，逐步扩大并完善管理信息系统。此外，还要做好其他管理基础工作，解决管理粗放问题，为实现管理的科学化、规范化、标准化打下坚实基础。

（2）加强各项专业管理。

1）财务管理：在成本管理上，一是全面审查、完善和重新制定各项基础核算制度和管理办法。二是加强各单位的成本核算，要分系统、分阶段地规范各基层厂矿的成本核算办法。三是在公司成本核算的基础上，改变原来的差异还原实际成本的计算办法，实行逐步替代的实际成本核算。

在资金管理上，一是优化贷款结构和来源，调整逾期贷款，最大限度地减少利息支出。二是完善资金管理机制。争取实行材料备件一级库管理，领料制改为配送制并力争推行无库存管理，加快资金周转；三是实施全面预算管理，优化资金配置。今年要加速生产计划向全面预算管理的转变，由过去的物流控制为主转向资金流控制为主，为将来实现全面预算管理打基础。

2）质量管理：坚持“质量第一、顾客至上”的方针；在技改投入上坚持提高产品竞争力，不追求单纯的规模扩张；在生产组织上坚持提高实物质量，多生产高附加值和适销对路的产品。同时，建立一套适应的严格科学的质量管理模式：一是建立健全以厂长（经理）对质量负全责和部门质量责任制为核心内容的质量责任制。二是进一步加强质量监督检验工作，严格按供货条件和协议标准对进厂原料和出厂产品质量把关。坚持质量不合格产品不出厂，恢复鞍钢名牌产品的形象和信誉。三是结合落实技术责任制工作，加强技术质量责任制的落实。四是把改革质量评价考核指标体系与贯彻 ISO9002 标准结合起来，在有效运行上下功夫。

3）设备管理：设备管理必须突出科技意识，不仅提高设备安全运行质量，也要提高设备经济运行质量。加强设备的点检定修，对主要生产设备运行状态准确分析、预测，做到精心维护。强化设备事故管理，最大限度降低设备事故时间。严格备品备件管理，不能超储积压。确保备品备件制作和设备检修工程质量。规范设备的招标投标工作，严格按资质等级推荐队伍，杜绝项目擅自转包。堵塞设备管理上的漏洞，促进设备管理达标升级。

4）能源管理：实施低成本战略，加大节能降耗力度，沿着资金流降成本。从原料进厂到产品出厂，都要建立科学的能源管理体系。一是优化配料结构和工艺结构，向低能耗要效益。二是落实责任，加强能源的监测和监察，堵塞各种能源的跑、冒、滴、漏。三是要抓住能源消耗的大头，落实各项节能降耗的管理措施。

5）现场管理：现场管理要突出建立文明的生产环境和生产秩序两个环节，使人流、物流、信息流合理、高效地运转，达到生产现场管理的科学化、规范化和程序化。一方面以环境整洁为目标，外部整修美化，内部治理整顿，消除脏、乱、差死角。另一方面要实现物流有序，各种物品实现定置管理，对所有进入现场的专业管理功能进行分析，理顺关系，使它们协调配合，避免“撞车”。

6）营销管理：进一步深化营销管理体制改革，完善营销管理机制。加强国内外两个市场的调查分析和预测，适时制定符合实际的市场营销策略，做好生产与销售的衔接平衡，在优化品种结构和产品销售上下功夫。特别要根据鞍钢技术改造的实际、适应热轧带钢厂1780机组等高水平技术装备的投产，做好高质量产品的目标市场选择和产品市场定位推介工作。加强合同管理，实现产销动态平衡。及时调整价格策略，推进产品销售。积极参与重点工程投标，搞好重点工程的跟踪订货。

（3）完善经济责任制，建立有效的约束与激励机制。公司九届二次职代会上提出了新的经济责任制考核办法，主要是对主体单位实行计划价考核，对分离单位实行市场价格结算；加大“活的部分”比例；实行按品种分类计算和考核成本的原则来促进降成本任务的完成。落实经济责任制要坚持责、权、利相结合的原则，建立权责统一的管理机制。只讲责，不讲权，责权不对等，各项责任制度的贯彻就没有根据，这就要求各单位内部要根据部门和职工工作责任给予其必要的权利，使之能够承担起所负的责任；只讲责，不讲利，责任不挂钩，落实和完成所承担的经济责任就缺少动力，这就要求我们要坚持“六个不一样”的分配原则，奖罚并举，发挥工效挂钩的导向作用和激励与约束机制的作用。

（三）职工素质教育

1999年要进一步加大教育培训工作的力度，提高管理干部和专业技术干部的政治素质和业务水平；提高岗位工人的整体素质和操作水平，满足新设备、新工艺的要求，促进各项重点改造项目保产达标。2000年底以前，取得高级工合格证的生产、服务岗位人员占其总数的30%，取得中级工合格证的生产、服务岗位人员占其总数的50%，主体单位生产岗位文化水平平均达到高中以上。

加强职工教育培训的主要措施：

提高职工队伍素质，是实施“科教兴企”的重要保证，是一项十分紧迫的战略任务，必须切实搞好。

（1）以推动科技进步为出发点，加大科技人才的培养力度。一是针对公司改造项目“三新”（新技术、新设备、新工艺）知识和技术发展趋势，加强与科研单位和院校的协作，对转炉技术、连铸、热连轧等方面专业技术人员进行系统教育。积极借鉴日本等国外先进企业的继续教育形式，利用现代化教育手段，有计划、有组织地培训专业技术骨干。二是针对公司提高主要技术指标、优化品种质量、改进产品实物质量，在专业技术人员中举办专题和专项研究班，逐步建立门类齐全，专业配套，作用突出的技术骨干队伍。三是加强高层次人才继续教育，加强对被选送攻读工程类博士、硕士人员的督导、管理和考核。

（2）大力开展全员岗位培训。一是抓好重点改造项目培训。今年公司“九五”技术改造进入决战阶段，搞好施工前的超前培训、施工中的跟踪培训、施工后的达产培训，是改造项目达产达标重要保证。要针对热连轧、连铸、炉外精炼、二发电厂油改煤等重点改造项目，对有关单位的管理干部、专业技术人员、维护检修人员进行有关技术知识和操作技能的培训。二是抓好常规性的培训。对岗位人员进行现代化企业管理知识和实际能力培训，特别是做好公司直管副处级以上干部工商管理课程培训、中青年后备干部培训、支部书记、车间主任、工段长的培训。抓紧落实和全面完成生产、服务岗位人员的全员轮训，对专业技术人员强化外语、计算机知识培训。三是继续开展转岗、返岗培训，保证公司减员增效和用人制度改革的顺利实施。

（3）调动职工学文化、学技术、钻研业务的积极性、主动性，推动教育培训工作的开展。要把职工教育工作纳入企业经济责任制考核，细化、量化考核内容，把个人的培训成绩同职工的物质待遇、评先选优、岗位调整结合起来。对评选出来的厂内专家、优秀管理干部、技术拔尖人才和青年岗位能手，要予以一定奖励，实现培训、考核、使用、待遇一体化，调动职工学技术、练本领的积极性。鼓励职工自学活动，营造全员学科学、钻技术、创水平、争先进的氛围。近年来，鞍钢涌现出了许多职工培训工作成效突出的单位，提供了许多可以借鉴的新鲜经验。比如，炼铁厂从生产实际出发大力开展职工全员培训，构筑跨世纪职工培训工程。机械制造公司针对主体岗位技术工人退休，技术人才出现断层的问题，建立职工轮训制度，实行考工符级。热轧带钢厂结合新线改造，抢先抓早，精心筹划，制订了三年培训计划，开展三段式培训。这三个单位的职工培训工作具有一定的代表性，他们的经验和做法值得大家借鉴。

以上发言希望能启发大家的思想，拓宽大家的视野，把“科教兴企”大讨论广泛深入地开展起来，把广大职工的积极性、创造性引导到“科教兴企”的实践中来，依靠广大职工群众的智慧和创造力，努力实现鞍钢三年初步振兴的目标，促进鞍钢的跨世纪长远发展，把一个充满希望的鞍钢带入21世纪。

依靠科技进步振兴鞍钢，努力建设一支高素质的人才队伍

2000 年 3 月 22 日

今天，恰逢《鞍钢宪法》发表40 周年。值此之际，我们召开这次鞍钢技术拔尖人才命名大会，对于继承和发扬鞍钢工人阶级的优良传统，加强新形势下的企业技术创新工作，具有十分重要的推动作用。40 年前的今天，毛泽东同志专门对鞍山市委《关于工业战线的技术革新和技术革命运动开展情况的报告》作了长达 700 字的批示，充分肯定了企业开展技术革新和技术革命运动，“两参一改三结合”的管理思想和原则。这些管理思想和原则对于鞍钢今天的振兴发展仍然具有一定的借鉴意义。当今世界，科学技术突飞猛进，企业间的竞争已经表现为技术创新能力的竞争。因此，我们要继承和发扬鞍钢工人阶级大搞技术革新和技术革命的优良传统，赋予技术创新新的内涵，充分调动广大职工在企业技术创新中的积极性和创造性，不断增强鞍钢竞争实力和发展后劲。

一、鞍钢跨世纪振兴发展需要科技进步

在新的世纪里，鞍钢的各项工作将要有一个大的发展，跃上一个新台阶，要重振雄风，再创辉煌，这是全体鞍钢人共同的心声。实现这样一个理想，我们已经有了坚实的基础和条件：通过贯彻党中央的方针政策，坚持不懈地搞好“三改一加强”工作，使企业整体素质有了明显提高，市场竞争能力有了明显提高，也初步积累了在社会主义市场经济条件下搞好鞍钢的经验。鞍钢生产经营已经开始走出低谷，步入良性循环的发展道路。因此，我们有决心、有信心实现“三年改革与脱困”目标，在新世纪重振雄风，再创辉煌。

实现鞍钢跨世纪振兴发展目标，要求我们必须深入贯彻党中央关于搞好国有企业的一系列方针政策，全面提高我们的各项工作水平。其中一个重要的工作就是要大力加强企业技术创新，坚持不懈地搞好老企业的技术改造。可以说，实现鞍钢跨世纪振兴发展，科技进步至关重要。

《中共中央、国务院关于加强技术创新，发展高科技，实现产业化的决定》指出，企业的生存和发展，必须以市场为导向，加强技术研究开发和科技成果的转化与应用，切实把提高经济效益转到依靠技术进步和产业升级的轨道上来。去年底召开的鞍钢技术创新大会已经确定了鞍钢今后一个时期技术创新工作的指导思想、基本战略和主要目标。去年通过开展“科教兴企”大讨论，使广大职工进一步树立起“科学科技是第一生产力”的思想，依靠科技振兴鞍钢已经成为广大干部职工的共识。

技术改造本身是企业科技进步工作的一项重要内容。鞍钢“九五”技术改造中

本文是作者在鞍钢技术拔尖人才命名大会上的讲话，此次公开出版略有删节。

坚持的“高起点、少投入、快产出、高效益”这四句话都取决于我们的科技工作，也运用于我们的科技工作。“高起点”是第一位的，就是要采用当代世界最先进的工艺技术搞改造，不能边改造边落后。改造的目的，就是淘汰落后的工艺技术。“少投入”除了靠完善机制健全管理，降低成本费用外，还包括靠技术力量去实现这个目标。我们的“翻身工程”、“希望工程”的1780生产线为什么能在保质量保工期基础上压缩一半的投资，创造奇迹，就是我们只引进关键的工艺技术设备，其余技术比如三电技术由鞍钢自己开发，不搞全盘引进，节省大量外汇，这就要靠鞍钢的技术实力。“快产出”也需要我们技术人员、岗位工人尽快熟悉和掌握改造后的新设备、新工艺，这就需要他们技术素质要过硬。有了上述这些工作，才能达到改造项目的“高效益”。以1780为例可以说明“九五”技术改造的成功。1780自去年底生产以来，市场形势一直很好，大量出口国际市场，在国际市场很抢手，取得了可观的效益。“九五”改造项目投产后，鞍钢的技术改造工作并没有结束，世界科技在发展，其他企业也在进步，我们不能停滞不前，我们要在“十五”期间掀起技术改造新高潮，通过改造，用高新技术武装传统产业，调整产品结构，进一步提高鞍钢产品的技术含量和附加值。

二、推进科技进步需要我们努力建设一支高素质的人才队伍并发挥他们的积极性和创造性

企业振兴靠科技，科技进步靠人才。科学技术的掌握，科研工作的开展，科技成果的取得，科技成果在生产经营实践中的应用和创造效益，都要靠人去完成。因此说，鞍钢科技发展水平的高低和科技增效的好坏，取决于鞍钢广大职工的科技素质的高低和鞍钢科技队伍的实力。科技人才是鞍钢的宝贵财富，是最具活力的资源。能不能发挥鞍钢人才资源的优势，是鞍钢振兴发展的关键。鞍钢的跨世纪振兴发展离不开科技进步，也就离不开高素质的科技人才和队伍，其中包括技术工人队伍。“尊重知识、尊重人才”是当今国际国内市场竞争形势的要求，也是我们一贯的方针。人是生产力中最活跃的因素，要想发挥好科技在鞍钢振兴发展中的作用，最根本的是充分调动科技人才的积极性，发挥科技人才的作用。

改革完善科研工作体制和机制，制定切实可行的政策措施，充分调动起广大职工开展技术创新的积极性。首先是要正确评价科研成果的价值。唯一的标准应该是看是否符合企业发展的需要，是否能够在市场中得到承认，并在市场中取得实实在在的经济效益。这样就可以把科技人员和广大职工的积极性和干劲往正确的方向引导，把他们的注意力引导到生产经营主战场，引导到科技成果向现实生产力的转化上，鼓励他们走出办公室、走出实验室，到生产经营一线上去，去发现实际工作中存在的技术问题，发现鞍钢与国内先进水平，特别是与国际先进水平的差距，发现生产经营中都有哪些问题需要靠科技手段去解决。

要通过进一步完善激励机制，把广大科技人员和广大职工的积极性充分调动起来，加大奖励力度。创造了效益，要从效益中拿出一定的比例奖励，有关科技人员解决关键问题，产生巨大效益的要重奖。各单位要加大科技工作的投入，在资金、物资及科研工作条件等硬件上舍得投入，对科技人员在工作中提出的要求要尽量满足，需要有关部门配合和支持的，各方面都要积极地给予配合和支持。只要看准市场前景，权衡投入与产出，该花的钱就要舍得花。

科技进步需要广大职工全员参与。鞍钢的科技进步既要鼓励“抱西瓜”又要鼓励“捡芝麻”，“抱西瓜”就是集中专门的科研单位和部门，集中专业技术人员对重点技术问题进行攻关，产生的效益也将是可观的。所谓“捡芝麻”，就是指科技进步要全员参与，不光是专门的科研人员，而且广大职工特别是生产一线的技术工人要有积极性，他们熟悉生产、熟悉设备、熟悉产品，对生产中哪些环节存在问题、哪些环节需要改进了如指掌。他们解决的也许不是大的科研项目，但一项小的技术革新创造一部分价值，全公司一项一项的小改小革汇聚起来，创造的将是一个非常可观的效益。况且职工群众的这些小改小革投入少，甚至有时不需要专门的投入，而解决的问题却不都是小问题，很可能解决的是大问题，创造大效益。因此，我们鼓励广大职工投身科技进步，我们评选的技术专家和拔尖人才都包括了普通工人，就体现了这一点。我们就是要在广大职工中形成一种钻研技术、钻研业务，为企业科技进步争做贡献的浓厚气氛，使大家感到学技术光荣，搞科研为企业创造价值就会得到承认。

我们在去年经过群众推荐、专家评审和公司审定，命名表彰了48名1999年度鞍钢技术专家，对他们在鞍钢科技进步工作中作出的贡献给予了高度评价，并决定给予较大力度的物质奖励，在全公司上下引起了积极的反响。受表彰的技术专家们纷纷表示，今后要加倍努力，为鞍钢振兴贡献知识和力量。广大科技人员也表示要向他们学习。今天我们又在这里命名表彰263名同志为1999年度鞍钢技术拔尖人才，就是要进一步调动科技人员和广大职工的积极性。这些技术拔尖人才任期内每月发给300元技术津贴，并为他们进行身体健康检查。各单位也要在各方面注意关心技术拔尖人才，为他们解决后顾之忧。要更多地征求和采纳他们对科技进步，对技术革新、技术攻关的建议和意见。要为他们的工作和学习创造更多的便利条件。要加大对科技的资金、物质投入，包括改善技术人才的学习、科研条件。

公司选拔技术专家和技术拔尖人才，重点看实际贡献。选拔没有一定的名额限制，只要有实际贡献，选拔的技术专家和拔尖人才多多益善。选拔工作年度一评，不搞终身制，但一个人连续选任也没有限制，只要有实际贡献，可以一直连选连任下去，从而鼓励广大职工和科技人员不断进步，不断取得新的成绩。

三、科技人员要投身生产实践，实现自身价值

生产经营发展要靠科学技术，科学技术也要面向生产经营。鞍钢的生产经营要依靠科技人才，科技人才也要自觉地投身于生产经营实践中去，在实践中成长，在实践中增长才干，在为企业创造价值中实现自身的价值。鞍钢的改革发展前景为广大技术人才提供了广阔的用武之地，提供了难得的施展才华的历史机遇。希望广大职工、广大科技人员在鞍钢改革与发展的大潮中找准自己的位置，把个人的成长与鞍钢的发展紧紧结合起来，树立主人翁责任感、使命感，刻苦学习、钻研技术，注重知识与实践的结合，深入实际，深入生产经营一线。要有爱岗敬业，无私奉献的精神，有脚踏实地的精神，有勇于攀登的精神，有科学求实的精神，还要有顾全大局，协同作战的精神，为鞍钢振兴发展做出自己应有的贡献。

总之，我们希望通过这次大会的召开，进一步弘扬优良传统，激发创新精神，充分调动广大职工的积极性和创造性，创造辉煌业绩，奋力振兴鞍钢，为实现国有企业三年改革和脱困目标做出新的更大的贡献。

在鞍钢科协第五次代表大会上的讲话

2000 年 8 月 18 日

这次大会是一个承上启下、继往开来的大会，是在鞍钢改革和发展的关键时期召开的。

从国际上讲，现在经济全球化的趋势日益加剧，一个国家的发展和世界经济的发展，已经紧密地连在一起。我们越来越清楚地看到，一个国家要发展自己的经济，应该适应这样的一种形势的发展。无论是资金、技术、市场都紧紧地和世界经济的发展结合在一起，顺者兴、逆者衰。从我们国家发展的情况看已经证明了这一点。二十年来改革开放取得的巨大成就，证明党中央的方针政策是完全正确的。邓小平理论一个很重要的方面，就是把我们中国经济发展和世界经济的发展联系在一起，提出了改革开放的方针。国际经济的发展，带动了各个国家的经济发展。今年上半年，我们的出口形势很好，对我们完成上半年的任务，特别是实现全年的利润目标，也是有关系的。这也说明我们鞍钢的经济形势和国际的经济发展也是联系在一起的。

从国内来讲，由于国家实行积极的财政政策拉动经济，经济形势不断好转。大家都知道，今年上半年我们的合同执行情况、订货情况都很好，包括小型、中型、大型、中板、厚板，销售价格有一定的回升。最近大家可能看到报纸上、中央电视台的报道，我们国家的外贸上升幅度也是比较大的，形势也很好。现在我国加入 WTO 已经进入倒计时。现在和各个国家签订的双边贸易协定都已经基本完成，剩下就是两个国家，一个是墨西哥，一个就是瑞士，与这两个国家的双边贸易协定签订了以后，我国加入 WTO 的硬件条件已经基本完成，剩下的是执行申请的程序、批准的程序，那已经不是实质性的了。所以说我们国家加入 WTO，已经是看得着、摸得着的了。加入 WTO，是我们国家二十年来改革开放的必然结果，就是要把中国自己的经济发展和世界的经济发展融为一体，从而创造更多的机遇，发展自己，壮大自己。二十年来改革开放的经验证明这条路子是对的。加快这个进程有利于我们国家的经济发展，当然也会带来一定的问题。只要我们因势利导，扬长避短，充分利用加入 WTO 给我们带来的机遇，那么我们相信，总体来讲，加入 WTO 有利于我们国家的经济发展，是利大于弊。

从我们鞍钢发展的形势来看，也是喜人的。可以说，经过这几年的改革、改组、改造，加强管理，我们赢得时间，迎来了新的机遇。鞍钢的整体装备水平，已经达到一个在国内来讲有相当实力的水平上。无论是上级领导、兄弟企业，还是国内外的专家，都认为我们鞍钢目前的装备水平已经进入国内先进行列了。

前不久，宝钢集团的同志到鞍钢来考察工作、交流情况，他们也对鞍钢改革和发展方面取得的成绩给予了较高的评价。如我们的炼钢装备，最近我们请来的一些老专家说，现在鞍钢可以炼最高级、最纯净的钢了。大家可以看，我们前面有脱硫扒渣、铁水预处理，炼钢有顶底复合吹炼，炉后有真空处理，有钢包精炼炉。可以说，凡是炼钢环节需要武装的手段，现在我们基本上都具备了。所以，昨天有的炼钢专家说，你们鞍钢应该炼宝钢才能炼出来的钢。应该这样，应该往这个方面去发展、去努力。

再如我们的轧钢装备，现在全国除了宝钢有两条热连轧以外，只有我们鞍钢目前有两条热连轧，一条是世界水平的1780，一条是经过改造，今年年底将投产的1700连铸连轧机组。一条传统的，一条先进的1780，一条最先进技术的短流程连铸连轧生产线，而且都是装备了当代最先进技术的。譬如说1700，我们有四个机架是串辊的，工作辊是可以串的，串150mm的，我们配备有两个机架液压AGC，四个机架的电动AGC。我们有三级计算机管理，有管理机、过程控制机、基础自动化。我们有世界比较先进的薄板坯连铸，厚度是100～150mm的，一台机组可以生产150万吨。这条生产线投产以后，将来的成本是非常低的。1780我们正在实施第二期工程，增加一个粗轧机，增加一台卷取机，增加一台加热炉。我们预计，这样一期工程完成以后，鞍钢的1780机组年产将达到400～450万吨以上。1700至少可以干到250万吨。这样我们可以生产700万吨热轧卷。我们1780的热轧卷出口了，到上个月是14.5万吨。出口到国外的14.5万吨受到普遍的好评。也许大家看了今天的《鞍钢日报》，介绍我们冷轧厂的改造，也进入到关键时候了，现在工期已经大大提前了。我们原来预计10月份投入运行，看起来有把握实现。冷轧厂改造以后，我们冷轧的生产能力可以达到210万吨，在原有的基础上翻了一番啊。那么，我们从炼钢到轧钢、到冷轧可达到国内先进水平。酸洗连轧这个机组，现在全国只有宝钢、本钢有，武钢现在都没有实现，应该说是先进的，全计算机控制。

所以，由于这几年我们大力推进“三改一加强”，再加上国家采取积极的财政政策，拉动经济。我们1～7月份，完成了2.1亿的利润。原来目标是2000年全年1.6亿的利润，实际上我们1～7月份已经完成了2.1亿，而且其他各方面的情况都得到改善，包括给职工加工资。所以，鞍钢的形势非常喜人。

在看到形势好的同时，也要看到我们存在的差距和问题。我国加入WTO在即，加入WTO以后，国门将进一步打开，贸易壁垒、贸易障碍将进一步消除。国外的商品要进入我们的市场，我们就要看一看，我们的竞争能力怎么样？算一个简单的数字，今年我们出口钢坯比国内销售钢坯，每一吨价格要低200～300元。钢材1吨要低300～400元，就是说国内的市场，现在还有国家的各种关税，那么我们钢材还要高出国际市场300～400元，钢坯高出国际市场200～300元。我们平均算300元的话，低一点，保守一点算，那一年700万吨，21个亿啊，去掉运费，我们打100块钱，去掉7个亿，那还差14个亿啊。这就意味着，如果现在国际市场、国内市场都打通了，我们就亏损，至少亏损十个亿。因此，我们必须有强烈的紧迫感和危机感。“狼”来了，“狼”真的来了。当然我们不能怕，我们要有充分的思想准备和物质准备，勇敢地应对加入WTO带来的挑战。我觉得这个是最关键、最重要的。我们全体职工，包括我们在座的科技工作人员，必须有强烈的危机感，强烈的竞争意识。我刚才说，我们装备水平已经有了提高，但是我们技术经济指标还有差距。昨天我们开会研究明年的生产，分析我们主要技术经济指标，还有很大差距。高炉利用系数，我们明年准备排1.916，据说是鞍钢历史上最好水平。那么现在全国的平均水平是多少呢？我们不说小高炉，就说十大钢的高炉，高炉利用系统2.13啊。入炉焦比，我们明年准备排420公斤，全国十大钢平均大约是413公斤，而且我们的喷煤还喷得多，我们喷煤是138公斤，十大钢的平均水平在110多公斤，我们的能耗很高啊。钢铁料消耗，转炉的钢铁料消耗，十大钢的平均水平1092公斤，我们是1097公斤，准备明年要达到还觉得很困难。我们的技术经济指标还有很大的差距啊。如果不看到这些问题，盲目地乐观、盲目地骄傲自满，将会使我们工作处于被动，将使我们生产经营处于一个非常危险的地步。因此，必须既看到我们好的形势，我们的优势，也要看到我们存在的问题，我们面临的挑战。只有这样，才能进一步调动我们广大科技人员和全体职工的积极性，迎接这种挑战，我们鞍钢才有希望，才能够得到发展，鞍钢第五次党代会提出的三步奋斗目标才能够实现。这是我讲的第一个问题。

我想讲的第二个问题，就是我们科协的工作，我们鞍钢各方面的工作，应该以江泽民总书记提出的“三个代表”重要思想为指导，认真地加以落实。按照“三个代表”思想来指导我们的工作，来推动我们的工作。我们说，中国共产党应该代表先进社会生产力的发展要求，应该代表先进文化的前进方向，应该代表最广大人民的根本利益。“三个代表”思想有着深刻的内涵，对于指导我们鞍钢的各项工作，都有重大的意义。我们的各项工作，包括科协的工作，必须贯彻这个思想。在精神文明建设当中，在物质文明建设当中，都在贯穿这个思想，不断发展我们的生产力，凡是符合生产力发展要求的工作，我们都要大力推进和加快。邓小平同志指出发展是硬道理。要想解决鞍钢振兴这样一个关键问题，就是要不断地发展我们的生产力。所以公司在制订“十五”规划中，想再利用两三年的时间，再建一个冷轧厂，我们要建二冷轧，使我们的冷轧产量达到350万吨以上。现在我们正在进行建第二冷轧的各项准备工作，包括机械设备的谈判，三电设备的谈判。我们要坚持我们探索出的“高起点、少投入、快产出、高效益”的路子，始终抓住这条不放。要不断地发展钢材深加工，提高我们的竞争力，提高我们的经济效益。公司正在考虑，要建三条镀锌线，年产40万吨的镀锌线，现在也在谈判。我们打算在两到三年完成这个项目，使鞍钢的装备水平能够达到目前宝钢的水平。我想，这个是符合先进社会生产力发展要求的。关于代表先进文化的前进方向，我认为就要结合鞍钢的实际，大力加强精神文明建设，提高职工队伍的思想文化素质，真正树立正确的世界观、人生观、价值观。关于代表最广大人民的根本利益，我们要全面地理解总书记“三个代表”的重要思想。职工利益既有眼前利益，也有长远利益，既有局部利益，更有全局的利益。今年我们加了一些工资，我们觉得还是比较少的，但是我们既要考虑当前，也要考虑长远发展，我们不能把我们现在创造的效益全部吃光、用光，不留自己的发展余地，这样是不行的。我们还有许多问题需要解决。在职代会当中，有的同志提出是不是今年可以考虑再加工资，这个要求我们可以理解，但是要考虑我们企业整体的发展，要考虑我们全局的利益，企业长远发展的利益。我们的一切工作，我觉得都是按照总书记“三个代表”的思想，加以贯彻落实的，并结合了我们鞍钢的实际情况。所以，总书记提出的“三个代表”重要思想，内涵很深刻，完全符合实际，我们要真正学深、学透，落实到我们的工作当中去，这是我想讲的第二个问题。

我想讲的第三个问题。就是要进一步调动广大科技人员的积极性、主动性和创造性，以适应鞍钢改革和发展形势任务的需要。这是一个很关键的问题。

前不久，我在大连参加了一个座谈会。有11个大企业的领导同志参加座谈会。大家都认识到，中国加入WTO以后，面对的最大问题是人才的竞争，是技术的竞争。回来以后，我们公司班子又认真讨论了这个问题，大家觉得，我们鞍钢除了要解决装备的问题，更要解决人才的问题。要造成一个培养人才，发现人才，使人才脱颖而出的这样一个环境和氛围。最近有一批中青年科技人员离开我们鞍钢，有的出国，有的到中外合资企业、外资企业，也有的到我们周围的一些单位，我们感到很痛心。现在我们发现、解决这个问题还为时不晚。我们要努力造就一个人才有用武之地这样一个氛围和环境。最近，我听了设计院一部分同志的意见，又听了技术中心一部分同志的意见，觉得大家的意见都非常好。我们有这样一个设想或者说一个指导思想，就是今后要用鞍钢生产、改造和技术进步当中的课题，来充分地调动我们广大科技人员包括高水平工人的积极性和创造性。比如说，要调动工人技师的积极性和创造性，去攻克这些课题。我们要创造条件，在这些课题给鞍钢创造价值以后，提高这些课题攻关人员的收入待遇。我们高水平的科技人员年收入应该可以达到十万元左右，甚至于更高。我觉得我们还有这个实力。

前不久，我们给技术中心、设计院一点补贴，一个单位给了100万元。重点给这些单位的高水平科技人员增加一点收入，但是这是微不足道的，这只是一种姿态，一种象征。我们想通过课题的攻关，来调动广大科技人员的积极性，造成一种科技人员特别是高水平科技人员脱颖而出的这样一种机制和氛围。这个意见，技术中心的同志们赞成，设研院的同志们也赞成。我们正在研究这个问题。星期三我们公司党政班子政治学习的时候，也议论了这个问题，大家都赞成。

公司还准备对经营管理者实行年薪制，现在已经开始试点了，高的可以拿到年薪7万块钱。科技人员我们准备结合课题来提高。在课题上给你创造一个用武之地、施展才能之地。只要你给公司创造了效益，就给你相应的待遇，要贯彻中央提出的事业留人，感情留人，适当的待遇留人的方针，调动广大科技人员的积极性、主动性和创造性，把鞍钢的技术创新工作进一步开展起来。我希望，科协要在这样一个活动当中发挥好桥梁和纽带作用。

总之，我们贯彻落实总书记讲的“三个代表”重要思想，一个很重要的方面，就是要把科技人员的积极性和创造性发挥好、保护好，把真正有贡献科技人员的收入待遇提高上去，留住人才，培养人才，发现人才，使人才能够在鞍钢的发展中充分发挥聪明才智，起到应有的作用。我今天讲这个问题，希望能得到大家的理解、支持。我想，我们鞍钢当前各方面的工作形势很好，形成了广大科技人员施展才能的环境和氛围，公司党委、公司行政将进一步创造更好的环境和条件，一个充满希望的光辉灿烂的鞍钢将会展现在我们面前，广大科技工作者的明天一定会更加美好。

在鞍钢2002年科技推进会上的讲话

2002年2月28日

今天，我们在这里召开鞍钢2002年科技推进会，新钢铁公司、新轧钢公司分别与技术中心签订了技术开发委托协议书；并且集团公司确定了6项技术难度大、水平要求高、能够增强鞍钢核心竞争力的重点科研推进项目，目的就是迎接经济全球化和中国加入WTO的挑战，进一步完善鞍钢技术创新机制，进一步加强生产单位与科研单位的密切合作与交流，形成产、销、研协调发展的运行机制，全面增强鞍钢的技术创新能力。

江泽民总书记多次强调，创新是一个民族的灵魂，是一个国家兴旺发达的不竭动力。在经济全球化和中国加入WTO的新形势下，企业市场竞争力的高低越来越取决于企业的核心竞争力，而核心竞争力的高低又取决于企业技术创新能力。前一阶段，鞍钢在推进科技进步，形成核心竞争能力方面出台了一些措施，效果是明显的。为积极应对中国加入世贸组织的挑战，鞍钢今后将进一步加快企业技术进步的步伐，要在提高鞍钢技术创新能力上有新的突破。具体措施包括增加技术开发投入，吸引和培养具有创新能力的科技人才，研究开发具有自主知识产权的核心技术和主导产品，增加技术储备，使鞍钢真正成为技术创新的主体、开发投入的主体、推广运用的主体。要看到提高技术创新能力，加大产品的开发力度，促进技术和产品的升级换代，是适应新形势的根本趋势。企业只有在技术上实现突破并实现产品升级，才能真正摆脱价格竞争的威胁，才能在市场争夺中占据制高点，才能使自己的产品鹤立鸡群，才能使自己的产品总是较其他企业领先一步，避免同大多数企业的产品在较低档次上纠缠，才能为企业走出国门参与国际竞争创造条件。还要积极跟踪国际上最先进的科技成果，在此基础上吸收消化创新，形成自己的技术优势。"九五"以来，通过广大科技人员的共同努力，鞍钢在采用先进技术改造落后工艺装备，调整产品结构，提高产品档次，实现产品、技术的升级换代等方面都取得了新的成绩。另外我们在技术创新体系、机制的建立和完善上也进行了新的探索，公司自1999年起，就对科研系统实行了事业性单位企业化管理和科技成果商品化的运行模式，去年新钢铁公司、新轧钢公司分别与技术中心签订了技术开发协议。新的体制、机制的建立有利于鞍钢技术创新体系整体优势和系统功能的发挥，实践证明，效果良好。但是，我们应当看到，与鞍钢面临的形势要求、与建立现代企业制度要求相比，鞍钢技术创新方面仍有很大差距。借此机会，我想就如何做好下步鞍钢技术创新工作讲几点要求。

一、要树立投资回报意识

技术创新需要投入大量的物力、财力、人力，创新一旦失败，作为科研开发主体的企业将承担相应的经济损失。正是因为科研项目有着巨大的风险，要求各单位的各级领导和科技人员既要解放思想，大胆尝试，又要树立投资回报意识，认识到既要享有创新成功所带来的经济收益，也要承担创新不成功带来的损失。在科研项目的立项和推进上坚持市场选择、合作协作、需求导向、投入产出、投资回收期等原则，科学论证并按照市场经济规律运作。投入少的研发项目当年收回投资，投入大的项目2～4年收回投资。

二、紧紧围绕发挥“九五”技改优势，把装备优势转化为效益优势

“工欲善其事，必先利其器”。经过“九五”技术改造，鞍钢主体技术装备水平有了很大提高，特别是全转炉、全连铸、1780机组、1700机组、冷轧酸洗联合机组的完成，可以说我们手中有了竞争的利器，为我们的产品开发、结构调整、技术攻关等技术创新提供了物质基础和有效手段。随着中国加入WTO，国内外市场的进一步融合，鞍钢靠什么去迎接国外先进企业的挑战？就是要充分利用改造后的新装备，通过研究开发新产品、新工艺去占领市场，靠工艺技术的进步降低生产成本，要把“九五”改造的优势毫无保留地发挥得淋漓尽致。

三、要大力培养造就一批技术专家，不断提高鞍钢科技队伍的整体素质

人才特别是高层次创新型拔尖人才，是决定世界新一轮科技竞争胜负的核心力量，也是关系到企业持续发展最重要最基本的前提条件。因此，加强人才队伍建设是科技工作的重中之重。要深化人事制度改革，建立充分发挥人才效能的用人机制，坚持以能力为本位，以公开平等竞争为原则，积极营造公开、平等、竞争、择优的用人环境，打破年龄、资历等对人才作用的限制，使能者上、庸者下，为科技人才发挥作用创造好的环境。要继续完善科技人员收入分配制度和对有贡献人员的奖励制度，对突出贡献者不断加大奖励力度。希望各单位一定要重视培养人才，把培养人才作为科技工作中的一项重要任务来抓。科技人员要树立责任意识，自觉投身企业生产经营主战场，在生产实践中增长才干，在为鞍钢发展做贡献中实现自身价值。早在20世纪50年代，王崇伦同志就发明了“万能工具胎”，希望今天鞍钢的广大科技人员以他为榜样，既要学习他的创造精神，更要学习他的无私奉献精神。

四、科研项目必须立足于市场，关注和重视用户的需求

要坚持“以用户价值为导向”的原则，加快新产品的研究、开发，注重产品的持续创新，快速适应用户的需求。用户的需求在不断变化，要求企业的技术创新也要不断适应这种变化，特别要做好市场分析、产品构思、小批试制、批量生产、市场营销、信息反馈等各个环节的衔接。过去鞍钢的科技成果转化率低，应用推广速度慢，一个重要因素就是科研与生产、与市场、与用户结合不紧密。今后，要紧紧结合鞍钢优势，特别要紧密结合1780和1700机组，确定新产品开发的方向，搞好产品市场定位。同时，要抓住西部大开发、北京申奥成功、铁路提速、西气东输等历史机遇，下大力气抓好IF钢、汽车板、集装箱板和管线钢等一大批高附加值产品的开发，抢占国内外市场。

五、进一步建立健全有关制度规章

科技主管部门要进一步研究符合鞍钢实际的有关内部技术市场规则，要用制度和规则来规范公司内部技术市场中的研究开发、技术推广、技术行销等行为，使鞍钢科技活动进入有序化的轨道。进一步做好科技创效的利益分配、新产品开发奖励等一系列政策的制定与实施，创造促进创新健康开展的环境。

六、建立科研单位和生产单位互惠互利，优势互补，风险共担的机制

技术创新不仅是一种生产活动，更是一种经济活动，其实质是企业生产经营系统引入新的技术要素，以获得更多利润，需要生产与科研的有机结合。要合作就必须涉及经济利益关系，技术创新必然是生产与科研双方受益，主要是按市场经济原则把比例关系处理好。一方面，生产厂矿要增强科技对经济效益贡献率的认识，积极为科研创造条件；另一方面，科技工作要以市场为导向，紧紧围绕生产需求，急生产之所急，想生产之所想，拿出企业生产经营确实需要的成果，充分发挥科技的先导作用。希望科研单位和生产厂要紧密配合，加强协作。生产厂要在生产组织上重视和加强科技成果的应用，科研单位要最大限度地提高科研与生产、与市场的结合度。当然要研究如何从机制、体制上更好地去保证他们的结合。

总之，希望通过这次会议的召开，进一步推动科研与生产的衔接、科研与市场需求的衔接，推动鞍钢技术创新工作的开展，集中鞍钢广大科技人员的智慧和创造力，多出成果，快出成果，出好成果，为鞍钢的振兴发展奠定基础，创造条件，做出贡献。

在鞍钢-济钢1700中薄板坯连铸连轧工程总承包合同签字仪式上的讲话

2002年11月27日

我今天很激动，因为几十年来我们梦寐以求的我们技术的开发、创新以及技术的推广今天达到了一个新水平。我说几十年来梦寐以求的，是指从1974年武钢1700轧机与日本签合同开始，当时全国组织了一大批技术人员进行技术攻关，当时就说引进的是一个样板工程，是周总理亲自批准的，毛主席圈阅的样板工程。我记得当时一机部、四机部、冶金部派了大批的人不断地到武钢1700工厂去测试、测绘，为了能够消化、移植、推广，但当时条件下主要因为我们国家的基础还比较薄弱，实际上没有能够实现。也仿制了一批单项的设备但都没有得到最后的推广应用。后来出现了宝钢2050，同样引进，而且引进的幅度还很大。宝钢2050以后，又出现了珠江、包头、邯钢三家钢厂捆绑式CSP的引进，又出现了宝钢1580的引进。我们作为参与了武钢1700轧机消化、移植过程的中国技术人员，心情非常沉痛，世界上没有第二个国家这样一而再、再而三地引进，没有，唯独我们。是非要引进吗？不是的。是技术不过关吗？也不是的。就是没有形成这样一种合力。在这之后又引进了一大批，当然也包括我们的1780，后来又有武钢的2250、唐钢的1680、马鞍山的1700。昨天济钢的同志跟我讲，后面还有一大批呢。我们感到非常沉痛，因为一大批外汇让外国人挣去了，我们流失了一大批财富。宝钢的1580轧机92亿，我们的1780轧机43亿；我知道的珠江钢厂近40亿，我们的1700轧机，当然我们利用了一部分旧设备，12亿左右，多大的差距啊。因此我想作为冶金战线的技术人员，我们立足于自己创新、开发这样一个中国中薄板坯连铸连轧，应该说技术是成熟的，工艺是先进合理的。在这样的情况下济钢的同志们能够这样信任我们、能够欣赏我们这套工艺、这条生产线，对我们鞍钢是一个极大的鼓舞。因为这个项目不是一个小项目，接近20亿元的项目啊，是一个事关济钢发展、振兴的项目。能够把这样一个大项目交给我们来干，这是难以用金钱来衡量的。我们作为冶金战线的搞热连轧的技术人员，能够有这样一个平台、有这样一个舞台来展现我们的才能，这就是对鞍钢最大的支持，是对我国冶金工业的发展最大的贡献，这是非常可贵的。

我们谈了很多家，比如说首钢，比如说沙钢，比如说刚才提到的这几家，都觉得这条线非常好，非常合理，但要下决心又觉得很难。我觉得最关键的是一种信任，最关键的是能不能把这20多亿的项目交给你，济钢的同志们有这样的决心、胆量，我觉得非常感谢、非常钦佩。使我们这样一个连铸连轧的工艺和装备能够得到推广，能够得到进一步的发展，注入了新的力量和活力。从这个意义来讲，我作为一个长期工作在热连轧技术战线的同志来讲，再次感谢济钢的同志们，感谢你们。

合同已经签订了，我们肩负重担，肩负责任。这不是一个随随便便轻而易举的工程，是一个需要付出极大代价的工程。我刚才已经跟济钢的同志讲了，我们要比我们自己的工程还要更加重视，比我们自己的工程还要选拔更优秀的人才，比我们自己的工程还要付出更大的精力，自始至终，一以贯之，使之成为国内一流的工程、世界先进水平的工程，做成一个样板。要知道这条线是济钢的一条生产线，是我们鞍钢的一个产品，它代表我们鞍钢的声誉，代表我们鞍钢的希望，代表我们鞍钢的发展。因此要高度重视这个工程，它不是一个经济仗的问题，它更是一个政治仗的问题，所以我觉得对鞍钢的同志们来讲，从设计、设备选型、工程施工、整个工程的组织，要以更高的要求、更扎实的作风、更科学的态度，从头到尾，加以落实，来推动搞好这条生产线。不要济钢的同志们来怎样强调，我们自己就把它看成是我们的生命工程。如果这条线，当然我认为不可能，出现了这样那样的问题和闪失，将来我国的热连轧国产化恐怕就会受到极大的损失，没有人会再干这样的事情，它是事关政治上的事。前不久，我给国务院朱镕基总理写了一封信，我们向党中央、国务院做了这样的承诺，我们可以为热连轧国产化作出我们鞍钢的贡献。现在已经付诸实施了，那么要加倍地努力来实现我们的承诺。请济钢的同志们放心，请转达我们对济钢全体职工的承诺，我们鞍钢一定以高度的政治责任感去完成这个项目。我相信在济钢同志们的配合、支持、帮助下，有我们经过 1700、1780 以及其他工程锻炼的队伍、这样一批人才，我们一定能够完成这样的项目。我想再次感谢济钢的同志们，我们的理想将要贯穿、融合到你们这个项目中去，为我国冶金工业的发展做出新的贡献。

企业人才流动的法律建设

2003 年 3 月

当今世界，企业竞争说到底是人才的竞争。谁抢占了人才的制高点，谁就掌握了竞争的主动权。随着经济全球化趋势的加快和中国加入世界贸易组织，企业间的人才流动更加频繁。在市场经济条件下，人才作为一种资源进行合理流动和重新配置是一种正常现象，但是由于目前有关法律法规不够完善，人才的恶意竞争和无序流动已经给国有企业生产经营、技术进步和市场竞争力的提高造成了严重影响。

以鞍钢为例，近几年来已有大量人才流失，这些人才大多数都是企业管理、销售和技术岗位上的骨干。其中担负鞍钢技术改造、新产品开发和信息化建设重任的设计研究院、技术中心、自动化公司三个单位，1996 年以来全日制本科以上学历的专业技术人员共流失 371 人，占三单位全日制本科以上学历的专业技术人员的 27.7%，特别是高端人才流失情况严重，目前鞍钢 27 名博士中，有 14 人擅自离职。更为严重的是，热轧带钢厂一名负责技术改造的常务副厂长被国内某民营企业以高薪挖走，担任了该企业热轧带钢厂厂长一职。一名担任技术中心工艺所所长职务的博士，也同样被这家民营企业挖走，担任该企业技术开发部门的负责人，危及到企业的商业机密，给鞍钢技术改造和新产品开发工作造成了严重损失。这种人才流失现象，是目前国有企业普遍面临的一个十分严峻的问题。

造成这种现象的原因，一是一些企业特别是有的民营企业采取不正当手段与国有企业争夺人才，如上述鞍钢流失的人才中，大多数都没与鞍钢解除劳动关系就擅自离职，而新的用人单位也没征得鞍钢同意就聘用了这些人，造成了“一女二嫁”的怪现象。二是虽然目前我国现行有关规范企业人才流动的法律法规较多，主要有：《劳动法》、《关于贯彻执行中华人民共和国 <劳动法> 若干问题的意见》、《违反 <劳动法> 有关劳动合同规定的赔偿办法》、《劳动部关于企业职工流动若干问题的通知》、国家科学技术委员会《关于加强科技人员流动中技术秘密管理的若干意见》、《反不正当竞争法》等，但实践中遇到一些具体问题仍难以解决，对现有法律法规需要进一步完善。对此提出如下建议：

（1）应明确提前解除劳动合同的损失赔偿额度。《违反〈劳动法〉有关劳动合同规定的赔偿办法》中，虽然规定了对违反劳动合同的约定而给用人单位造成的损失应予赔偿，但实践中对涉及生产、经营和工作造成的直接经济损失难以计算，应以立法方式确定用人单位可以在劳动合同中，根据工作岗位的重要程度直接约定违约赔偿的额度或赔偿额度计算方式。

（2）对企业高级管理人员违反劳动合同如何处理应有明确规定。国家科学技术委员会《关于加强科技人员流动中技术秘密管理的若干意见》虽涉及到企业行政管理人员，但该规定是针对企业科技人员流动而制定的部门规章。建议对虽不掌握企业关键

本文是作者在十届人大上“关于规范企业人才流动”的提案，标题是本次公开出版时所加。

技术秘密的高级管理人员的流动也要制定相应的规章，以保护企业经营策略、管理思想、管理方式等商业秘密。

（3）聘用尚未解除劳动合同的企业人才，用人单位应承担赔偿责任。《劳动法》仅规定了对原用人单位造成经济损失的，聘用单位承担连带赔偿责任。建议对明知所聘用的企业人才尚未与原用人单位依法解除劳动合同的单位，应明确规定单独对原用人单位承担赔偿责任及赔偿额度。

创新·人才与合作交流

2003 年 8 月

今年是武汉科技大学建校 45 周年。作为一名武汉科大校友，很高兴接到母校的约稿，借此机会谈谈我个人对创新、人才与合作交流的看法，与母校师生及校友进行沟通交流，并作为对母校校庆的祝贺。

党的十六大报告中指出：“创新是一个民族进步的灵魂，是一个国家兴旺发达的不竭动力，也是一个政党永葆生机的源泉。”同样，只有坚持创新，科学技术才能不断进步，企业才能持续发展。“九五”以来，鞍钢认真贯彻落实党中央、国务院关于搞好国有企业的方针政策，坚持把体制创新、技术创新和管理创新作为提高企业竞争力的重要途径，大力推进改革、改组、改造和加强企业管理，老企业发生了翻天覆地的变化，被江泽民同志称赞为“旧貌换新颜”，受到胡锦涛同志和温家宝同志的高度评价。2002 年，鞍钢铁钢双超 1000 万吨，实现销售收入和利润都取得了历史性突破，销售收入在国内大型工业企业中名列第 12，在国内钢铁企业中名列第 2；在国际权威机构世界钢动态（WSD）进行的全球最具有竞争力钢铁企业的评选中，名列第 9。

通过创新，鞍钢走出了一条“高起点、少投入、快产出、高效益”的老企业技术改造新路子，主体技术装备和生产工艺发生了脱胎换骨的变化，达到国际先进水平。通过创新，鞍钢建成了新 1 号 3200 立方米高炉、1780 热轧线、冷轧酸洗连轧联合机组、彩涂板生产线、无缝 AG 机组等一批具有世界先进水平的生产线。通过创新，鞍钢建成了我国第一条拥有全部自主知识产权，具有当代国际先进水平的 1700 中薄板坯连铸连轧带钢生产线（Angang Strip Production，简称 ASP），并已对外输出；自主开发制造了具有国际先进水平的 2 号冷轧酸洗连轧联合机组；掌握了转炉、连铸、热轧、冷轧等成套装备的自主开发制造技术，在重大技术装备国产化方面为国家做出了巨大贡献。通过创新，鞍钢极大地提升了产品质量和档次，成功地研制开发了冷轧轿车面板、彩涂板、X70 管线钢、高速重轨等一系列代表当今世界先进水平的高精尖钢材产品。目前，鞍钢生产的冷轧轿车面板已打入一汽、二汽、上汽等市场，高速重轨已铺设到国内第一条时速 200 公里的秦沈客运专线，X70 管线钢中标西气东输工程。通过创新，鞍钢在开发拥有自主知识产权的尖端技术的同时，还锻炼和培养了一支优秀的科技人才队伍，奠定了鞍钢今后发展的重要人才基础。

党的十六大确立了全面建设小康社会的奋斗目标，未来二十年是我国经济发展的重要战略机遇期，国民经济将进入一个高速发展的新的历史时期，钢铁工业将面临前所未有的历史机遇。2002 年，在国民经济快速增长的拉动下，我国钢铁行业呈现出一派蓬勃发展的良好态势，钢产量连续第 7 年保持世界第一，达到 1.82 亿吨，钢材产量达到 1.93 亿吨，创下历史新高。今年上半年，国内钢铁工业继续保持快速增长的良好势头，钢和钢材产量双双突破亿吨，预计全年钢产量将超过 2 亿吨。随着钢材市场的不断升温，冶金行业的投资迅猛增长。1 ~5 月份冶金行业完成固定资产投资 348.02 亿元，同比增长 140%，大大高于全国平均增幅（31.7%），是所有行业中投资增幅最高的。钢铁工业下一步的发展目标是建设世界钢铁强国，这与我国全面建设小康社会的奋斗目标是一致的。实现这一目标，其竞争也是非常激烈的，钢铁企业必须依靠自主创新，不断提高企业的核心竞争力。创新需要人才，需要大批富有创新精神的人才作支撑。这对企业、高校在新形势下的人才培养提出了新任务，也提供了新机遇。党的十六大以后，面对新形势，鞍钢坚持走新型工业化道路，大力推进体制创新、技术创新和管理创新，提出了建设东部1000万吨钢精品基地，开发西部新区，做大做强钢铁主业，发展非钢产业，迈入国际先进钢铁企业行列的目标，这需要建设一支优秀的专业人才队伍和一支高素质的职工队伍，需要引进更多富有创新精神的各类人才。

随着企业管理的进步，工艺技术的发展，经营理念的更新，企业所需要的人才的构成和人才知识的结构都发生了很大的变化。只掌握冶金专业技术知识的人才已不能满足钢铁企业的需要。同样，只懂单项管理，也不能适应企业发展的要求。现在企业需要的是既精通技术，又精通管理，懂市场营销、信息技术、外语、世贸规则等多方面知识的“一专多能”的复合型人才。比如，目前鞍钢已经走上现代化科学管理的轨道，在企业信息化建设方面取得了新突破，建成宽带网并用于生产和销售管理；与美钢联签约共同开发鞍钢综合管理信息系统（ERP），我们就非常需要精通信息技术和现代管理知识的人才。另外，鞍钢为更好地开拓国际市场，参与国际竞争，就非常需要熟悉国际贸易知识和WTO规则的人才等等。

在企业发展过程中，鞍钢非常重视人才培养工作，制定了《高层次人才培养规划》，每年都拿出大量的资金用于培训员工特别是专业技术人员的继续教育工作。例如，为培养企业所需的高层次人才，经国家批准鞍钢建立了博士后工作流动站，目前已有多名博士进入到工作站开展科研工作。我们还选送大批在职优秀专业技术人员到重点高等院校攻读博士、硕士研究生学位，近年来共选送培养8批260人次。再如，结合各类技术改造和科技创新项目的实施，我们选派专业技术人员赴美国、德国、法国、奥地利、日本、韩国等世界先进钢铁企业学习深造，仅2001年以来就选派了234批1024人次。

企业要不断提高市场竞争力，必须进一步加强与高校在人才培养和科研开发等方面的合作交流。“九五”以来，鞍钢通过多种方式与高校共同培养人才和合作开发技术，并取得了丰硕成果，平炉改转炉、全连铸、热轧、冷轧等许多重大改造项目都是鞍钢与有关高校成功合作的范例。鞍钢愿意把高校特别是像有着“冶金工业人才摇篮”美誉的武汉科技大学这样的高校作为智力库，希望在企业发展中得到高校的智力和人才支持，并从企业的角度出发，为高校教学和科研工作创造良好的条件，成为高校人才培养和科研开发的基地，通过“创新、人才与合作交流”，校企携手，为全面建设小康社会做出更大的贡献。希望我的母校——武汉科技大学继续为我国的经济建设培养出大批德才兼备的人才，同时也希望在校的同学们能够珍惜光阴，学有所成，欢迎同学们毕业以后加入到鞍钢的建设发展行列中来，在建设世界钢铁强国的伟大实践中发挥聪明才智，建功立业。

面对困难　克服困难　勇往直前

2007 年 10 月

老师们、同学们：今天我非常高兴来到母校和朝气蓬勃的同学们在一起探讨我们大家所关心的一系列问题。在五、六年前，你们的书记、校长曾邀请我来学校和大家座谈一次，我当时答应了，这个承诺一拖就是四、五年。如今由于年龄的关系，我也从鞍钢党委书记、总经理这个岗位上退了下来，再也没有任何理由不来履行这个承诺，所以今天来和大家谈一谈人生、事业、学习、工作等方面的问题，或许会对大家有所启发。我今年已经 64 岁了，走过了 60 多年这样一个人生历程，回顾走过的人生历程，看看哪些是走得好的，哪些是还有问题的，觉得很有意义。

一、少年时代

我出生在一个教师家庭，少年时代在复旦大学家属区里成长，到了接近小学毕业，由于父亲工作调动，曾经辗转到沈阳、哈尔滨，后来又回到上海华东师范大学。在学校的环境，同学校教师的子女在一起，特别是上海这个环境，对我自己的影响，还是非常深的。我小学五年级的时候曾经参加了上海长宁区“少年之家”的科技活动，当时我参加的是航模组，从做孔明灯开始，做各种飞机模型。我当时对航空有了非常浓厚的兴趣，所以我当时一个理想就是想成为一名飞行工程师，这样一种理想一直鼓励我好好学习。同时当时的学校教育，也启发我们：一个人生活在社会应该怎样生活，怎样来安排自己的一生，逐渐感觉到一个人应该做一点有益于社会的一些工作。基于这两点，我自己下决心要在这方面不断地努力。当然，当时的情况是有各种各样的政治运动，比如说，大跃进，大炼钢铁，学校组织的科技献礼，这些活动我们都参加。对我来讲，我觉得也是非常有益的。虽然当时的炼钢现在看起来是非常可笑的，就是把废的锅碗瓢盆砸碎了，放在一个砌得很小的反射炉里烧，弄成一个 10 ~ 20 公斤小的铁砣，打吧打吧，弄成一个方的铁砣砣，就算炼成了，检验时拿到砂轮上去磨，看看火花，是发红还是发白。当时我们三个高中生在一起装一台示波器，作为一种科技献礼。

少年时代到高中毕业，就这样子，然后就面临考大学。应该说我的高中——上海华东师范大学第二附中，现在全国也是很有名的学校，是直属教育部的一所中学。我们是第一届毕业生，我在班上的成绩，不算最好吧，也排在前 7 ~ 8 名之内，还算是学习比较好的学生，而且满怀着理想，一定要考飞机制造专业。当时我们一起搞航空模型的小朋友，已经有几个就读于西北工业大学飞机制造系，他们也一再鼓励我，说：“刘玠，你很适合搞飞机，欢迎你早一点到我们学校来。”我把招生简章都查遍了，全国所有的飞机制造专业，作为一二三四五志愿，全填了，当时也是很幼稚呀。当时我一共填了 15 个学校，就剩下最后一个学校，我们班主任找到我，说：“刘玠呀，我们

本文是作者应邀在北京科技大学所作的报告，此次公开出版略有删节。

认为你很适合搞机械，你是不是应该填一个机械类的。”我想既然老师说这话了，最后一个志愿我就填了武汉钢铁学院机械系。那么为什么填武汉钢铁学院呢？因为我是1960年考大学，1958年我国大炼钢铁，武钢又是我国解放后新建设的一个钢铁公司，因此我就报了武汉钢铁学院。考完以后，录取通知单一拿到，我被录取到最后一个专业，最后一个学校，武汉钢铁学院。当时我的情绪一下子就低落了，根本我就没有想到是最后一个专业，最后一个学校，武汉钢铁学院。我满腔热情，一定要向成为一个飞机工程师的理想去努力，而且我的学习成绩应该说是不差的。我们那个年代升学呢，政治条件要求非常高，我们班上很多家庭出身好的同学，都考上很好的学校，北大、清华、南京大学呀，出身比较差的、成绩尽管很好的都考了比较差的学校，我还算比较幸运的，我还上了本科。我也没想到，我父亲历史上的一些问题，会影响到我，当时没有想到，也不知道，这是后来在我入党之前党组织告诉我，家庭的出身、父亲的历史上的一些情况，其实现在看来，也不算什么问题，当时的情况对我产生了影响。

二、武汉钢铁学院求学

我16岁，不到17岁，离开了父母亲，一个人走上了到武汉求学的道路，父亲花15块钱给我买了一个箱子，一床被子，拎了一个网线袋，网线袋里面一个脸盆，两双鞋子，我当时的鞋子是母亲做的布鞋，坐上了从上海到武汉的轮船。如何洗衣服也是临走时母亲教我的，因为在上海我从来不洗衣服，从来也不管自己的衣食住行。

到了武汉钢院一看，我当时的心更加凉下来，因为武汉钢院的条件不比我们华东师大二附中的条件好，一个大学的条件还没有一个中学的条件好。但是，我想成为飞机工程师的这个理想、这个愿望当时没有动摇。我仍然觉得总还有一个学习的条件，总还有一个大学的学习环境，学校的老师、师资条件应该说还是不算很差的。因为当时的武汉钢铁学院经过院系调整，还有华中工学院转过来的系，机械系就是华中工学院转过来的，而且武汉钢铁学院前身是武昌高工，是解放前在张之洞时代建立的一个中专，资格是比较老的。所以当时我想，只要我自己努力，仍然是可以成为一个飞机工程师的。没有动摇，非常幼稚呀，所以拼命刻苦地学习。面对对我来讲是非常意外的这样一个思想上的冲击，感情上的冲击，自己当时接受不了的这样一种冲击。

特别是当时又处于困难时期，饭也吃不饱，当时都有浮肿、肝炎呀，学校也是叫劳逸结合，提倡早睡觉呀。我记得当时是四个人用一张票拿一个小脸盆去餐厅里去领菜，菜领回来以后四个人分，谁都不愿意掌分菜的勺，按当时不成文的规矩是谁掌勺，谁最后一个挑，条件艰苦，吃不饱饭。有一年国庆节，学校给每人发了半斤豆饼，就是黄豆、大豆榨油后剩下的那个东西，成饼状的，一般是用来喂牲口或是做肥料的。我不到半小时就吃完了，饥不择食啊。1961、1962年最苦的时候，只能吃白水煮菜，油是没有的，就放点盐。就是在这样一个环境，我想成为一名飞机工程师的理想激励我努力学习。所以我的学习在大学里几乎都是优秀，当时是5分制，我记得只有一门功课是4分，是机械原理，其他所有的课都是5分。当时我们班上有一半的同学是调干的同学，就是从工作岗位抽上来的再学习的同学，他们经常来请教我，求我帮助解答一下，我都不理解他们如何听课。我好像过目不忘，老师一讲，我都能够复述出来，都能够再讲一遍，特别涉及到飞机设计的关于机械原理、机械零件、材料力学及理论力学等课程。我就不理解，老师明明是讲过的，他们怎么记不住。

到了1963年生活条件有所改善，吃饱饭是没有多大问题了。那时好像是陈毅同志当时在广州有个讲话，要培养科技的尖子人才。武汉钢铁学院看我除了学习好，基础各方面也很好，就对我重点培养，专门委托一个老师指导我，这个老师曾经在北京钢铁学院苏联专家指导的研究生班学习过。我在大学时代就曾参与了钢铁公司的一些研究课题，主要研究初轧厂1600吨剪切机，研究它的动力学原理和它运行中存在的一些问题。

到了大学快毕业了，学校动员我考研究生，我父亲给我来了一份电报，希望我早一些参加工作。学校要我考研究生，想给学校创一个牌子，父亲要我参加工作，希望早一点到生产实践中经受锻炼。我当时想，反正考不取父亲满意，考取了学校满意，所以无所谓，考不考得取对我来讲没关系，所以没什么思想包袱，就随大流，考就考吧。当时是1964年的春节，参加了考试，我记得当时考场在武汉大学，考了三天半，三门专业课，还考作文，考下来，我觉得比较轻松。5月份，北京钢铁学院要调我的毕业设计，征求我学习的专业能不能做一些修改。7月份接到录取通知书，进了北京钢铁学院机械系读研究生。这个时候我才醒悟过来，我这辈子想做飞机工程师的理想算破灭了，才放弃了这样一种理想。

三、北京钢铁学院求学

到了北京钢铁学院，当然条件要比武汉钢铁学院好得多了。除了努力学习，就是锻炼身体。每天就是学习、锻炼身体，然后就是考虑自己研究生的课题如何来完成。我的课题方向是行星轧机，这一届同时录取了三个研究生，在学校接受了一些专业基础的培训后，老师又把我们派到重钢三厂参与生产实践，和重钢三厂配合开展科研活动。科学技术对我又有一种强烈的吸引力，我又迷上了轧钢、机械这样许多科学技术、科学知识，一心一意想在这一方面做一点成绩。当时学校的教学方针，现在回想起来是很正确的，学校非常重视生产实践活动，在生产活动中培养学生，学生一面学技术课、一面进行科学设计、又能在现场科研，我们收获很大。

没有想到，1964年进校，1966年文化大革命，我出身不好，又遇到了新的挫折和冲击。我们又成了修正主义的苗子，资产阶级的孝子贤孙，研究生制度被砸烂，我们受到批判。我们参加文化大革命，批判修正主义，批判资本主义，批判资产阶级的学术权威。学校的大操场上一边是革命造反公社，一边是延安公社，两边打得一塌糊涂。有一次，我从宿舍出来准备去锻炼，突然一个石头子砸了过来，恰巧砸在我的嘴唇上，顿时鲜血直流，我被送到北医三院，原来是文化大革命的两派正在搞武斗。当时思想上非常迷茫，也不知道将会有什么样一种前景，什么样一种生活，什么样一种发展。

1966年大串联，我从北京丰台上火车，火车上挤满了人，我只能躺在三人座位的下面，不吃不喝到西安。从西安出来到延安，看到当时的革命根据地，非常受震撼，山是荒山，延河水是光脚可以淌过去的，就在这么一个荒山僻野的地方，我们的党中央和敬爱的毛主席带领老一代无产阶级革命家竟开创了这样一个伟大的革命根据地。后来我们又从成都步行到重庆，共走了8天。最后一天，也是我人生的最高纪录，走了158里，从早上5点不到开始，一直走到晚上9点多，连走带跑，走到了重庆原来的中美特种技术合作所，就是囚禁我们地下党员的那个白公馆、渣滓洞，走到歌乐山，住在重庆大学，到最后一步也走不动了。文化大革命对我们来说应该是使我们经受了思想、毅力、体质各方面的锻炼。

四、武钢的难忘岁月

（一）钳工生活

1968年毕业，因为我是修正主义的苗子，是处理品，被“处理”到了武钢，在一线当了一名钳工。我当时什么理想呀、信念呀都没有了，“七上八下”——早上七点上班，八点下班，到厂里报个到就回家了。不过当时和工人师傅在一起也另有一种乐趣，我们小组成员相处得非常好，亲如兄弟。那时我的第一个孩子出生，猪肉是计划的、蛋是计划的、鱼也是计划的，经济上比较紧张。正好武钢后面有一条小沟，武钢排出去的热水到了那里，11月份，天有点冷了，热水把鱼引来了，我们小组的同志下了班就到那里去捉鱼，在那个时候大家练就了一身捉鱼的本领。在厂里的四年我又回到了童年时代的感受，帮同志们修自行车，自己做一些手工工具，也搞一些小改小革。我要特别讲一下，我当时在武钢的轧板厂，大立辊轧机有一个轴承，轴承的螺丝母老坏，我发现那是支撑它的装置有问题，因此结合自己所学的东西设计了一个支撑装置，设计了一个比较特殊的螺丝，取得了成功，我那几天高兴得连觉也睡不着，为什么呢，因为我大学、研究生学的知识，真正用在生产实践中去了，这是第一次。虽然没什么太深理论，但自己亲手设计东西应用在上面获得了成功，我有一种极大的幸福感。同学们在书本上学的知识很重要，但很粗浅，真正用在生产实践中，知识是十分可贵的，对一生起很大作用。到武钢去以后，在下面当了四年钳工，我想这一辈子要和工人同志在一起了，做一辈子工人了。

我记得有两件事情。一是当时车间交给我们小组一个任务，有一个1600吨的剪切机下面的一个平衡装置坏了，要我们去换里面的轴承，给我们是两个班——16个小时完成任务。当时我和我们班组两个师傅在一起，一共三个人，我们动脑筋，两个小时把它换好了，16小时的活，2个小时就换好了。当时是包时的，换好后你就可以回家了，我们刚刚上班不到两个小时就走了，车间主任问，你们怎么走了，我说我们干完了，你去看。挺得意的，觉得搞技术还是动脑筋有甜头。二是大立辊传动系统的改造，每2~3个月要换侧压丝母，丝母很快就磨损了。我们搞了一个革新，一年它也不磨损，大家也觉得很不错，而且构思很特殊，我又一次感到技术不是没有用的。在当时文化大革命的条件下，增强了我们学习技术的信心，我觉得虽然是这样一种环境，这样一种政治气氛，我作为一个钳工，技术仍然被大家所看重，仍然实现了它的价值，增强了我搞技术、搞科研这样一种信心。

（二）重返学校学习

到了文化大革命的后期，机遇来了。1973年，国家决定在武钢引进1700轧机系统，引进热轧、冷轧、硅钢片和连铸，叫做三厂一车间，这样一个国家决策的项目，要花40亿元人民币。当时我们国家还处在落后、贫困的情况下，拿出40亿引进的现代化三厂一车间，需要一批优秀的科技人才从事这个工程建设，同时也需要培养一批掌握先进知识的操作人才。冶金部成立一个训练班，由北京钢铁学院孙一康教授来主持，我被抽去协助孙教授开办连轧机学习班。从工厂一个钳工抽出去参加这样一个培训班，对我来讲，这是一生中又一次很大的转折。筹备了半年，包括教材、实验设备、教学的各种环境、条件。

筹备完了以后，公司通知我们说你们就留下来学习吧，于是我们就作为学员参加了一年北京钢铁学院连轧机学习班的学习。这一年学什么呢？学电子计算机。我从一个学机械的技术人员转去学电子计算机，专业上发生了一个180度的转变。过去从来没有接触过电子计算机，从二进制开始学习，开始进入到我现在作为工程院院士的这一个专业。那时候已经是1975年了，我1943出生，当时已经32岁了，32岁才改专业，才进入到我现在这个专业。我做梦也没有想到，我会进入到电子计算机这个专业来，从事这方面的工作。对我来讲，又是一个新的挑战。现在回忆起来，当然了，这么长时间离开了学校，又回到学校来学习，确实想好好学习，如鱼得水呀，感觉到非常充实，生活充满乐趣。一年的学习，学了微分方程、数理统计、高等数学、电子计算机基本原理、程序设计，所有有关计算机的课程几乎都学了。

一年很快就结束了，公司又把我派到北京语言学院学习日语，也是我做梦没有想到的。我在中学时学的俄语，到研究生学了半年第二外语——英语，学了一点，因为文化大革命，也就丢掉了。又来学日语，做梦也没想到，而且组织上给我们提出很高的要求，就是说你们是到语言学院来学习的，学完以后，要达到日语翻译的水平。大家想一想，当时那个环境，每周半天劳动，半天政治学习，实实在在的学习时间，每周也就有5天时间。起早贪黑，6点钟就起来开始背句型、背单词，当中又去了一个月学军，到山西学军，又参加北京高校运动会。当时我们语言学院基本上是外国人，中国的学生就是我们这些学外语的，短训班的，本来我的运动成绩马马虎虎，但是绝对上不了北京高等学校的运动会，结果我还被选为代表语言学院的中国学生参加北京高校运动会200米短跑，又准备运动会，所以真正算起来，学日语的时间不长。1974年9月入学，1975年5月份就出国了。把我派去日本进修一年计算机，也是我做梦也没有想到的。我记得当时在首都机场登上波音707飞机，飞往日本的时候，回头看一看祖国大地，真不知道这一去，会有什么样情况，会有什么样的挑战迎接我们。

（三）留学日本

第一次出国，思想上高度紧张，感觉好像到一个敌国去了。日本当时跟我们刚建交，心情非常复杂，既有报效祖国，好好学习这样一个强烈的愿望，也有难以预测，不知道会发生什么的茫然，到了日本，在东芝学习半年。大家想一想，当时我的日语是我们学计算机专业的10位同学中（我们去了10个人）最好的，我至少生活上买个东西呀还能够对付，但是绝对看不了日语的计算机专业书籍，不具备这个水平。那么短的时间，从日语的假名开始学起，再加上刚才说的参加各种活动占去很多时间。到了日本，给我们配了一名翻译，这个翻译他是学日语的，但计算机日语他没学过，计算机专业的专业词汇他是不懂的，他翻译的一塌糊涂，乱七八糟，他自己也告饶了，他说，我翻译不了，你们看着办吧。有时候他没办法，我还得上去凑合试验一把，但实际上也是非常难，非常难的。所以前三、四个月我们是学了个稀里糊涂，乱七八糟，也不知道学了些什么东西。

而且日本东芝的老师，是我这一辈子遇到的最严厉、最不讲道理的一个老师，他叫宫崎保昭。留个小胡子，很典型的一个日本人，每天上课的时候，那个傲慢劲就甭说了。他不讲课，这么厚的一本书，说你们给我讲，今天刘玠先生，你准备讲第一章，明天曹先生你准备第二章。学计算机，北京钢铁学院一年的基本知识，北京语言学院5个月的日语，就这点基础，而且计算机不同的机型是完全两回事情。我们在北京学的是首钢的HOC510，是德国的机型，他现在要教我们的是日本东芝的机型，而且学操作系统，操作系统是计算机的心脏，是最难学的东西。翻译不行，老师又不讲课。而且我们去日本之前，知道捷克斯洛伐克引进了德国的计算机，后来开不起来，继续找德国人来开，德国人来维护，德国人来保产；我们太钢引进了计算机，文化大革命时变成一堆废铁。计算机作为1700轧机的灵魂，作为1700轧机的大脑，如果在我们手上不能转起来，我们愧对祖国、愧对组织上对我们的信任。所以我们当时是拼命学习，早上六、七点钟起来，晚上凌晨三点钟睡觉，一天也就是两、三个小时睡觉。同志们，不是一个月，不是一天、两天，我们在东芝的半年时间，几乎天天都是这样。

三个月过去了，老师仍然不讲课，我们也仍然学得一塌糊涂。东芝方面也感觉到问题严重了，向中方提出，你们这10个人，基础太差，没有办法培养，请你们重新派人来学习，提出了这样一个要求或者说这样一种警告。他们说，你们最起码应该派副教授以上级别的人来学习。我们提出来你们老师要讲课，你要给我们提纲挈领地讲一讲要点，那个宫崎保昭老师就讲，哪个国家的来培养，我们都这样，美国的、韩国的、我们日本的，都是这样，你们中国人也不例外。宫崎保昭老师，倔的不得了，但这个老师现在看起来，还是对我们很友好，他很有日本人那一套礼貌。讲个小插曲，我们却很尊敬老师，希望他更好地传真经。把我们自己带的好茶叶，给他砌上，他也很爱喝，再说他也很有礼貌，我们只要把茶一倒上，他很快就把茶喝了，我们就再倒，他就再喝，一个半天下来，他至少喝两壶开水，动不动他要上厕所。而且有时候我们倒上茶，已经到点下课了，他走出门外，一看茶还没喝完，回来把茶喝完了再走。我们有上计算机做实验的要求，他是有求必应，但就是有一条，不讲课。他说，我这种教学方法，你们今后一辈子想忘，你们也忘不了。确实我现在牢牢记住他了。同志们，当时，我们站在哪个地方都能睡着了，疲倦到极点。就是这样子，他还要我们回国，换人重新来，当然国内不能同意，再说国内也没有能够适合的人来，我们的专家不可能来学他的东西，我们的教授不可能来学他的东西，再说我们这些人也是国内拔尖拔出来的。

经过三、四个月，到了五、六个月的时候，我们已经渐渐品到了计算机的味道，掌握了计算机操作系统的一些实质。到了我们半年毕业的时候，这个宫崎保昭老师给我们讲，你们现在已经飞离地面了，已经有了一定的基础了，至于说将来飞多高，那是你们自己今后的努力。如果我们需要上机，如果我们提的问题非常关键，他会非常认真地回答你，而且让你上机去做实验。现在回想起来，要非常感谢这个老师，在日本东芝学的东西想忘也忘不了。我在鞍钢设计院，给他们讲过 课，没有什么准备，就可以给他们讲。真是由于这样一种教学方法，逼得我们非得努力学习。这是我这辈子遇到的最最严厉、最最奇怪的老师，但我认为效果最好的老师，就是这个宫崎保昭老师。我后来专门去看过他。我后来的成功跟这段半年的培训、努力学习有很重要的关系。

后来我们又到了新日铁大分制铁所，实习了四个多月。从日本的学习开始我真正进入了我后来有所成绩、有所成就的领域。同学们可以想一想，一个人的一生，你的成功在何处，我想还是应该顺应国家的需要，形势的发展。

（四）回国后的科技攻关

回国后，我就参与1700工程。我们当时引进这套计算机系统，这样的1700轧机，是国内破天荒的，是党中央、国务院，是周恩来总理亲自批准，亲自过问的，作为国内一件大事，当时花了40多个亿引进这套设备。回国以后，国内又组织了一些专家，包括东北大学的李华天教授，北京钢铁学院的孙一康教授，都到了武钢，作为专家组参与这个工程。但是对这个轧机，对这个计算机控制系统，有两个环节我们并没有掌握，一个环节是数学模型，当时日本人只卖 8 个钢种的模型，不教我们建模的方法，因此我们要想轧别的钢种，那就得自己摸索；第二个环节，这套软件的开发，不卖给我们，他只卖结果，所以对我们来讲又是面对一个挑战。

如何为国增光，如何把这个 1700 轧机不仅引进了，而且让它有所创新、有所前进，确实是摆在我们面前的一个严峻挑战。所以从我们去日本学习开始，我们就憋着一股劲，就是要开发出我们中国自己的数学模型，我们自己的计算机软件系统。这套轧机在大家的努力下投产了，总的来说还是很顺利，但是运行了一段时间以后，就有一个数学模型的建模问题，如何开发新的钢种，特别是我国的一些钢种，作为国家的机密，还不能告诉日本、告诉国外，必须依靠自己。从那时开始我们就开始做实验、做研究、做探索，从每一个细小的数据开始分析起，到拿试样到实验室做实验，到北京钢铁学院做实验，到北京航空学院做实验。经过 3 ~4 年的努力，我们自己开发的模型取得了成功，这就是我获得的国家科技进步三等奖，第一个成果，自产钢数学模型，我当时作为数模组的组长主持了这个科研项目，这是我们开始做了一点非常初步的尝试。

我觉得当时有执著的精神鼓励，跟我青少年以及我文化大革命当时在班组劳动，得到的锻炼是分不开的。后来我们在此基础上再分析日本给我们提供的模型的缺点。因为一个事物到了一个新的环境，用新的要求去分析它，总会发现它的优点，它的缺点，对它的缺点总可以找到一点改进的办法，我们对它的模型加以改进。日本告诉我们的是教科书上的，日立制作所池田茂研发出来的模型，我们发现这个模型有它的缺陷，加以修改，通过实验和生产实践，建立了我们自己的数学模型，在热轧数学模型上有了新的突破，此时我们才可以说我们自己掌握了建模的方法。这个成果又一次获得国家科技进步三等奖。第一个是自产钢数学模型，创造的效益是 3000 多万元，而第二个成果，这个数学模型创造的直接效益不是很高，但是它的技术含量很高。

从 1979 年投产到 1989 年，1700 计算机系统运行 10 年了。当时日本人的保证期是 10 年，10 年以后不再保证，所有的备件几乎已经是不再生产了。对我们来讲，面临计算机需要更新换代了，这时问题就来了。什么问题呢，就是计算机的配件极其昂贵，我们当时用的计算机内存还是 48KW 的磁芯存储器，当时已经不生产了，要买非常贵，比买一台计算机还要贵，怎么办。再说那个时候计算机的发展突飞猛进，计算机的能力已经不能适应当时轧钢厂的生产节奏需要，节奏加快了，当时设计是 302 万吨，当时已经达到了 350 万吨，节奏提高了，钢种扩大了不能满足生产的需要，就要更新换代了。我们向东芝询价，东芝提出 3800 万美金给换掉，这是一个天文数字。当时引进的时候，整个这套计算机系统是 500 万美金，现在要换代，我们做的概算也就是 500 万美金，东芝提出 3800 万美金，难以接受。

这怎么办，我们向国家计委报告，国家计委派了一批航天工程中发卫星的专家和发导弹的专家，我们导弹、卫星都上天了，你们的计算机我们研究不了？没问题的，就派了一批专家到武钢去考察了一、二个星期，结论是：隔行如隔山。怎么办，还得自己研究。于是我们再找美国 GE，美国 GE 提出来，你要先答应用我的，我再给你报价。我们怎么能同意呢？如果我们同意用他的，他再来个几千万的报价，你不是死在他这里了吗？吊死在他这棵树上了吗？不可能。因此，GE 谈不成。我们又找了三菱，三菱电机提出来我可以给你承担一部分，但是和东芝设备的接口必须要东芝来完成，又卡了一个环节。于是我们又找了西屋，美国的Westinghouse。西屋当时处在经济困难时期，它的战略决策发生了重大的失误，它把主要的资本都投到了核电站控制系统，当时苏联的切尔诺贝利核电站出现了核泄漏，全世界都在反省核电站的安全性的时候，它的市场一下子萎缩，所以它的经济非常困难。在这个时候，我们提出请它参与计算机更新换代，它姿态非常高，合作愿望非常强，也报了个1500多万美金。在这几家比价，最后落到了三菱和西屋。最后我们和西屋谈，硬件买你的，软件我们自己来开发，以500多万美金成交。北京钢铁学院、武汉钢铁公司、重庆钢铁设计院，所有搞计算机的人员，可以说把国内许多优秀人员都组织起来，参与这个软件的开发。我的家属都为我提心吊胆，当时我作为武钢的副总经理，我承担这个责任。当时的总经理是黄墨滨，黄老说有没有什么风险，我说应该说没有大的风险，无非是新系统不成功，老系统再继续运行，但是这个险非要冒不可，要不然就跪倒在外国人面前了。

我们四、五十个人就到了美国，去参与编程。实际上，这和国外也是一个斗争，我们每天的编程，西屋都拷贝下来，因为西屋用于热轧的计算机控制系统的软件已经是十几年前的老东西了，新的软件它也没有，它就想利用我们这个工程为它开发软件。我们发现了，我们走以后他们在加班，而且第二天还要问我们这个，问我们那个，我们发现这个问题，我们也没有那么傻，我们的工程师每天下班都把自己编的东西给改得乱七八糟。有一天星期一，我们上班了，西屋的工程师就质问我们，你们星期五搞了些什么名堂，昨天为什么我们的计算机系统转不起来？我们说这是我们开发的软件，我们没有义务要给你们提供。

经过大家的努力，我们成功地完成了热轧的计算机控制系统，软件完全由我们中方来完成，西屋提供了硬件系统。这项成果获得了国家科技进步一等奖，实现了在钢铁工业来讲是最具有代表性，技术难度最大的，效益最高的这样一个技术攻关，我们国内自己掌握自主知识产权。正是在这样一种困难的情况下、最具有挑战的情况下，我们决定由自己来开发，承担主要的责任，才能既创造这么好的经济效益，又使我们的技术大踏步地向前迈进。

这个成果后来转让给太原钢铁公司、梅山钢铁公司。太钢从日本日新制铁买了一套二手设备，这套二手设备800万美金，拆迁回来到家大概1500万美金，但是计算机系统是东芝的，太钢向日本询价说你给我更新计算机系统，日本方面报了一个4500万美金。当时冶金部副部长把我叫到了北京，他说刘玠呀，日方报出4500万美金，还不包括整条线的计算机系统，还是局部的，你刘玠有没有金刚钻，能不能揽这个瓷器活？我说没问题。当时我们武钢的项目还只是在美国调试成功，并没有用到现场，我们说没有问题。王部长拍板，好，交给你刘玠，干不成拿你刘玠试问。其实我们觉得还是有把握，因为我们在美国的调试已经基本完成了，试验已经完全成功了。无非是拿到现场，当然这还是有个技术问题，但这个技术问题关键的部分已经解决了。当时我们采取的办法是，新的一套运行，老的一套也不拆，也运行，先调新，新的调完了拿下来，用老的生产，然后利用休息时间，把老的拆下来，新的装上去。但是事情也非常巧合，就在我们的新系统运行基本上取得成功以后，武钢热轧厂一场大火把老系统全部烧毁，当时我听到现场发生火灾以后，浑身发抖呀。后来回想起来，亏得我们的新系统完成了，要不然武钢会有难以承受的损失，半年以上不能生产呀，300多万吨钢材，全局受到影响，但是我们系统经受住了考验，正常运行，取得了成功，就这个成果获得了国家科技进步一等奖。后来梅山又买了一套二手设备，是新日铁的，新日铁报价5000万美金，更新计算机，要的更高。于是也来找我们，说能不能完成，我们说，可以完成，但是硬件需要买西屋的。太钢向西屋买硬件，西屋同意了，花了不到300万美金。梅山再向它买硬件，它不同意了，它说我不卖，我是卖一个完整的系统，我不再单卖你这个硬件了。结果呢，硬件、软件全包给了西屋，西屋反过来买我们的软件，它花了不到200万美金，我们卖给它整套软件，这是我们这套软件向国外输出，走出了崭新的一步。我自己的体会，在这样一些困难面前，伴随着机遇，伴随着挑战，看你如何来面对。

五、鞍钢的艰苦创业

1994年，组织上，中央派我到鞍钢来担任党委书记、总经理职务，这中间也有一些过程。1993年中央曾想把我调任湖北省主管工业的副省长，我当时表示希望继续从事企业工作，中央也同意了。后来，冶金部又想把我调到北京钢铁研究院当院长，我又觉得专业不太对，我还是希望在企业干。在1994年底，中央把我调到鞍钢，我觉得事不过三呀，老老实实就到了鞍山钢铁公司。

大家知道，鞍钢当时是非常非常困难的，发不出工资，没有钱买煤，靠职工集资买煤，高炉被迫停了两座，合同严重不足，资金短缺，集资买煤，人欠138亿，欠人86亿，我们所有者权益，真正属于我们自己的钱只有125亿，鞍钢濒于破产倒闭。50万人靠800万吨钢、600万吨材来吃饭，很难维持下去。19.2万全民职工、18.5万集体职工、12万退休职工。那么我们的劳动生产率呢，是世界先进水平的1/50，而且企业还办许多社会机构，有十几个医疗单位，有十几所中小学，有八十多个度假村，是这么一个局面。有人说国有企业除了殡仪馆没有，其他什么都有，鞍钢连殡仪馆都有。我到了鞍钢以后，很多人都说："你是跳进了一个火坑了，这个鞍钢迟早完了。"我到鞍钢遇到这样一个局面，而且我从一个搞技术为主，到了这里来，又面对一个新的挑战，担任鞍钢的主要领导，从搞技术转到搞管理。从和技术打交道，到主要和人打交道，对我是新的挑战。但是我没有丧失信心，可能是我这个人一贯都是这样，遇到这种困难的事多了，总觉得还是有路可走。过去的经验告诉我，在这样一个困难面前，决不能够回避，决不能够低头，决不能够不勇敢地面对，如果不能勇敢地面对，后果更难以设想。

所以到了鞍钢以后，我们按照中央的要求，抓"三改一加强"，扎扎实实地去推进我们的改革，推进我们的改造，推进我们的企业管理，我想终会走出困境。虽然面对这样严峻的挑战，但是我从来没有丧失信心。当时的副总会计师跟我讲，他说，刘总啊，鞍钢的财务情况我看是完了，尽管连他都说这样的话，但是我从来没有丧失信心。我想讲其中一些插曲，和同志们一起共同来讨论。无非是解决两个问题，人往哪里去，钱从哪里来？我想讲钱从哪里来。1995年辽宁省闻世震书记在北京人民大会堂举行一个记者招待会，我参加了，记者问，请问刘玠总经理，国有企业不改造，装备落后叫做等死，搞改造，要借钱，付不起利息，叫做找死，你怎么看？我回答说，既不找死，也不等死，要走出一条自己的路子来。我在鞍钢工作了12年，今年1月16日由于年龄的关系退出了领导岗位。实践证明，这条路子我们走出来了，现在鞍钢的情况非常好，现在钢铁板块中鞍钢的股票价格是最高的。当时我作为鞍钢公司的董事长，买了5000股，时价是3.90元，大概花了两万元钱，现在我股票的价值三十多万，这就说明形势非常好。

（一）两个方面的对策

那么遇到情况我该怎么办呢？当时我们制定了两个方面的对策，一个是制定一个改革方案；另一个是制定一个改造方案。因为不改革，鞍钢的体制、机制活不了；不改造，鞍钢的装备水平、产品结构提高不了，必须抓这两个方面。

改革的方案主要是责、权、利统一干一件事情，如果责任、权利、利益不能有机融合统一在一起的话，肯定是办不好的，他负责、你得利、他有权，这个情况显然是不好。我们先用两个矿山作试点，这两个矿山一年亏损8个多亿。如果这两个矿山不生产，我只发工资，大概只损失三个亿。也就是说，我多花了五个亿，换来了一个表面的繁荣，效益是没有的，是亏损的，情况很糟糕。因此，我们给这两个矿山制定了一个三年扭亏、独立核算、奖金挂钩和工资挂钩方案。当然这个阻力很大，很多人想不通，但是不干也得干。实践证明这两个矿山都完成了我们的任务。而且我们还说完成了矿山领导可以获得鞍钢劳动模范的称号，而且工资可以涨两级。实际上他们都获得了劳动模范称号，工资也涨了，也就是说这样一个计划经济体制下的企业，一旦用市场经济的体制来运作的话，马上可以产生巨大的效益。就是沿着这条路，鞍钢在改革上不断创新，体制、机制走入了适应市场经济的轨道，取得了巨大的成功。

第二个就是改造方案。改造方案的关键问题是钱从哪里来，我们给国务院打了报告，直接找时任副总理朱镕基同志。宝钢是国家给了近二百亿的资本金，不要利息的，武钢是国家给一条1700轧机，首钢是国家给了一个产品的自销权。可能同学们不知道，那个时候是市场双轨制，国家计划的钢材价格很低，市场的钢材价格很高，他可以多销，他自己有权销，他就有钱了。鞍钢是既没有国家资本金，也没有自销权，所以鞍钢困难。朱镕基同志在这个报告上有两次批示，第一次批示说：“鞍钢资本金注入的问题需要统筹良策，予以研究。”我们觉得有希望了，没多久第二次批示来了，批示上：“鞍钢资本金注入问题，看来国家计委、国家财政部难以通过。唯一的途径是发行股票到香港上市。”

（二）鞍钢上市筹资

也就是说钱从哪里来，只能靠我们鞍钢自己走股份制，到市场上去融资。得到朱镕基同志的批示后，我们有了一线希望，但是希望渺茫。为什么呢？因为鞍钢实在拿不出什么好的东西上市，整体上市不可能，当时还是亏损局面，谁信赖鞍钢？想来想去只有包装上市。把鞍钢仅有的，比较好一点的家底包装起来上市，把包袱全部背过来。上市三条线：一条线就是从日本“住友金属”买来的二手厚板轧机，一条是从“美钢联”买来的二手线材轧机，一条是从德国“蒂森克虏伯”买的二手冷轧机。三条线凑起来，然后把债务全部背过来，把富余人员全部背过来，他们精装上阵、轻装上阵。我到世界各地去游说，当时很困难，到英国、新加坡、香港、美国，各地都很奇怪我们的举动，从来没看到中国有这样的上市公司。他们搞不懂了，他们对中国的国有企业很了解，企业包袱很重，负担很重，而鞍钢这家上市企业，连历史包袱都没有，觉得很奇怪。

1997年香港回归，我们是香港回归后第一家上市企业。上市就遇到问题了，股民不愿意买。卖掉了一部分，还有三千多万股卖不出去，就面临着发行失败的危险。正好朱镕基总理来视察，8月份我向总理汇报、向冶金部刘淇部长汇报、向辽宁省委书记汇报，希望得到他们的帮助。发行失败的话，后果很严重，一切努力都成泡影。后来据说是光大集团买了我们没卖出去的三千多万股的股票，发行才成功了。我们一共发行8.9亿H股，3亿A股，筹集了26亿元资金。现在的26亿对鞍钢来讲就是一个很小的数字，去年我们光利润这项就有113个亿。但就是当时的26亿救命稻草救了鞍钢。鞍钢就拿着26亿开始进行技术改造，开始展开了这么一个进程。鞍钢制定了一个九五的规划，国家批准的是230多亿，九五的规划。230多亿，我们只有26亿，那200个亿从哪里来，情况非常艰难。没钱呀，我们工资都发不出去。现在回忆起来，那个时候到了每个月的11、12号我就坐立不安，要筹钱发工资了，欠工人的工资是不行的。另外还借了工人的债，大家生怕鞍钢倒闭了，钱还不出来。职工老是跟我说："刘总，你欠我的钱什么时候还？"

（三）平炉改转炉

当时国家经贸委在邯钢组织了一个学邯钢经验交流会，要我们去发言，我记得好像是1996年初。到邯钢，我是第一次去，当时我就有一个想法，能不能在平炉车间改转炉。大家都反对，说没有成功的经验，改也是不成功的。比如说，我们三炼钢，不成功，国外也没有成功的先例。当时鞍钢的年产量是800万吨钢，平炉钢占了530万吨，转炉钢也就270万吨，平炉钢是很落后的，要烧重油，靠重油来冶炼的。当时我们的一炼钢、二炼钢厂是平炉钢厂，都处在亏损状态，亏损1~2个亿，而且还烧重油，重油当时的价钱一高再高，从900元/吨涨到1300元/吨，甚至更高，而且重油还买不到。我记得我们不得不到辽河油田去买原油来烧。炼钢的成本非常高，钢的质量非常差。在这样的情况下，逼着我们没有别的出路，非要在平炉上做文章。到了邯钢一看，邯钢30吨的转炉，它的厂房和我们平炉的厂房几乎是一样，它吊车轨道标高是18米，我们是18.5米，平炉厂房比较矮，转炉厂房要求比较高，因此回来以后，我就召集一炼钢、二炼钢厂长开会，说你们这两个炼钢厂能不能在平炉厂房改转炉？一炼钢、二炼钢厂长的态度是截然不同的，一炼钢的厂长说，我们有积极性。为什么？他没有出路，没有别的出路；二炼钢的厂长说，我们这里改不了，为什么，因为规划已经有二炼钢易地改造的方案，他的出路已经有了。所以在困难面前，不同的人是不同的态度，有出路的他没有积极性，没有出路的他有积极性。就是在这样一种情况下，上下结合，再加上鞍钢设计院的努力，我们在平炉改转炉这个问题上有了重大的突破。我给他大修一个平炉的修理费5000万，把它改成转炉。因为我们当时的权力就是5000万，要花更大的钱改造，要报国家批准。设计院做出个7000万，我说好，超过5000万的责任我来负，干！其实只要稍稍动动脑筋，这个方法就出来了，点穿这个纸一看，原来这么回事。平炉厂房18米，转炉高要求35米，怎么办，旁边建一个偏厦，偏厦建35米，然后铁水渡过来，到35米跨炼，炼完了再渡回来，就采取这样一个过去我们住房困难，老百姓都想出来的办法，解决了这个困难。但是产生了极大的经济效益，每吨钢成本降100元，一年300万吨钢，3个亿。鞍钢的技术改造在此有了重大的突破，我认为这是鞍钢技术改造的里程碑，由于平炉改成转炉，才可以实现连铸，由于实现了连铸，才可以给后面热轧厂创造了条件，如果夸大地说，虽然经济效益也就是2~3个亿，但是使鞍钢起死回生。

我们从平炉改转炉，总结了一条鞍钢技术改造的路子，叫做"高起点，少投入，快产出，高效益"。"高起点"，按照小平同志视察鞍钢时的教导，要改就要实现跨越式的发展，要用最先进的技术来武装我们；"少投入"，鞍钢这样的企业要想生存，要想发展，同样的项目就必须用兄弟企业二分之一、三分之一的投资。我们改平炉，年产500万吨能力的，实际现在可以达到600~700万吨，这样能力的转炉炼钢厂，我们只花了5.2个亿，不到一年收回全部投资。鞍钢的1780、1700热连轧，我们在武钢取得的成果，在鞍钢继续开花结果。我们实现了硬件、软件、基建、电气全部国产化的1700连铸连轧，投资12～13亿，一年创效就要超过12～13亿；我们用宝钢二分之一的投资，实现了1780的技术改造，装备水平不比宝钢差，而且还要高，我们花了43亿实现了1780的更新换代改造，这条生产线不到三年现在已经完全收回投资。

就是按照这样一个指导思想，我们实现了全连铸、实现了二冷轧的生产线，实现了我们其他包括镀锌线，彩板线，包括现在将要开工的硅钢片生产线；鞍钢的技术改造就是按照这样的方针，就是面对这样一种挑战，面对这样一个困难，眼睛向内，挖掘自身潜力，迎难而上。

（四）1780热连轧机的改造

下面讲1780热连轧机的改造，这次改造有戏剧性的一幕。九五规划里面，当时国家投资85.6亿准备规划改造我们的半连轧。半连轧厂实际上1985年已经进行过改造，但改造不成功、不彻底，产品质量仍然不能提高，装备水平仍然不能提高，就准备重新花钱进行改造。1995年，冶金部副部长在鞍钢开了一个发展战略研讨会，他知道我们花85.6亿改造半连轧厂，说如果能用85.6个亿把半连轧改造拿下来，就是好将军。为什么呢？因为宝钢建了一个1580热连轧机花了91亿，你85.6亿能把半连轧拿下来，那真是太好了，另外还比宝钢的轧机大。那这85.6亿从哪里来呀，工行说，你们鞍钢现在这个情况不能再借钱给你们了，再说借钱，我不是找死呀。当时有各种各样的想法。我们曾经到日本去考察，日本川崎的千叶新添了一个热连轧机，千叶三号，他们那个千叶二号，旧的他准备卖掉，把我找去了说："把它改造好卖给你，二亿美金。"我想这么贵，不如买新的。因为太钢的1549项目，我做的，才800万美金，所有加在一起一千多万美金。再说我没法交代，鞍钢已经从美钢联买了一个二手的线材轧机，从日本的住友买了一个二手的厚板轧机，从德国蒂森克虏伯买了一个二手的冷轧机。如果我现在又买一个二手的热连轧机，实在不好交代。当时找商家谈判，美国的GE公司和意大利的达涅列合作报价、西马克和西门子合作报价、三菱报价三家谈。谈了一年多，没谈妥，逼得我们想自己干。我在武钢做1700轧机的时候，就梦想建一个中国人自己的热连轧机，我想机会终于到了。但是我是初到鞍钢，人生地不熟，我下这个决心风险太大，觉得先不这么干，先谈。谈到最后，西门子、西马克报了二亿三到二亿四千万美金，三菱报了二亿一千万美金。怎么办？最后，我们找西门子、西马克来谈，和他们说比三菱贵了二千万，我不买你的；找三菱谈，说你们水平比人家西门子、西马克低，价格也不便宜。那天晚上一直谈到2、3点钟，我跟三菱的那个日本人谈，你给我砍五百万美金，如果你不接受，你就走人。日本的那个首席代表听我那么压价，脸一下子垮了下来，立即摇头说："刘玠先生呀，没有这个价格呀。"那我说："你就走人。"第二天早上他电话通知我，接受这个价格。后来再加上我们又取消了一些项目，最后花了一亿九千万美金完成了这个项目。那个1780连轧机的改造项目，我们当时只花了38亿人民币完成了改造，是兄弟企业的一半还不到，最后再加上其他一些项目，我们共花了43亿。这个项目的成功，进一步增强了推进改造的信心。因为这个1780花了85.6亿除以2这个钱，我们达到了我们自己的目标，就是用4～5年的时间收回投资，才能够振兴我们的鞍钢，才能走出这个困境，否则的话，我们真是找死了。

（五）鞍钢的1700改造

有了这样的经验，有了这样一支队伍，在1780改造的同时，我们就提出要自己建一条热连轧。正好原来要淘汰的热连轧有一些设备还是可以用的，卷取机是新的，厂房是新的，吊车是新的可以用。我们就利用这个条件，提出来再花十个亿，再建一条自己的有知识产权的热连轧机。关键在哪里呢？关键在计算机的硬件设备，人家不卖给我们，怎么办呢？实际上，以孙一康教授为首的科研小组，从武钢1700改造那个时候就开始着手准备开创自己的计算机控制系统。后来我们获得了成功，我们发现在国际上计算机控制系统有很多，可以在市场上买到标准的插件，而且有一些轧线已经采用了。我们延用这样的方法，在国际市场上买一些我们需要的插件，我们自己组装成了这样一个控制器，获得了成功。组织北京钢铁学院、鞍钢设计院、鞍钢生产线上的同志，联合开发完成了热连轧这一套硬件控制系统，研究成功后，我们更加有信心开发这一套热连轧机。和一重合作，完成了鞍钢1700的改造。就是利用淘汰下来的一部分设备，一重再制造一些新轧机，再把控制系统用上，我们完成了1700热连轧这样一条生产线的改造，花了11.7亿，兄弟企业要花90个亿，就这样又花了11.7亿建了一条具有完全自主知识产权的热连轧机。硬件系统是自己开发的，软件系统就更不用说了。轧机是国产的，当然一些检测仪表之类我们从国外引进，装备水平很高。这个项目获得了国家科技进步二等奖和冶金科技进步特等奖。

就是在武钢创新体制上，在1780和日本合作开发的过程中，我们培养锻炼了一支队伍。我们的1700不是抄袭日本的1780，我们的控制思想、机械结构和他们是完全不一样的。我们掌握了知识，培养了队伍。开发成功以后，一发不可收拾，后来还开发了2150，又向济钢输送了一套1700，全是自己做。前不久，济钢的老总来向我表示感谢，他们的本钱基本上已经收回了。

（六）冷轧机的开发

下面我想给大家讲讲我们冷轧机的开发。冷连轧机系统在国内从来没人敢碰，国内的冷连轧机全是进口的，武钢和宝钢都是进口的。在热连轧计算机控制系统开发成功的基础上，我们有信心开发冷轧机。鞍钢原来二手的冷连轧机是四个机架，为了提高产量，提高装备的水平，提高产品的竞争力，我们向德国西德马克提出增加一个机架，同时把酸洗线和轧机连在一起，形成一个酸连机组的想法。完成了这样一个改造，是德国人主持的。在这个基础上，我当时想：轧机是德国人设计的，中国人制造的，我们能不能自己做一套冷连轧机呢？提出了这么一个设想。一重的同志们说："轧机没有问题，可以自己做，我们自己已经做了一架轧机，无非再做五个机架，但计算机控制系统不行。"我们找了武汉钢铁设计院，他们做了武钢和宝钢的冷连轧机，武汉钢铁设计院的同志说有五个方面过不了关：工艺规格书、生产规格书、自动控制系统、板形模型和动态变规格。我经过分析，觉得在理论上都没有问题，无非是没有人敢吃这个螃蟹。因此，我对同志们说："无非就是五个方面，你们干，出了问题、捅了娄子，我负责，干成了，成果是大家的，怎么样？"这时候大家都非常有信心，都说没问题。实践证明，我们中国人并不笨，我们非常聪明，我们1780冷连轧机花了16个亿完成了技术改造，获得了国家科技进步一等奖。但这里面有许多技术难题、许多攻关项目，在鉴定会上，宝钢的老总提出："你到底花了多少钱，我跟他讲16亿还说多了，不到16亿，"他认为是不可能的。在我们生产这条线的同时，德马克天天给我们打电话，问我们试验得怎么样，我们一旦成功，他们在国际市场上的价格立刻下来，我们16亿，西马克要50多亿，利润太大了。我们完成了冷连轧的技术改造，又掌握了这套核心技术。现在，鞍钢完成了六条冷连轧和四条热连轧的改造，全是我们自己干的，给国家节省了大量的资金。鞍钢就是靠着这样一种敢于创新，敢于攀登科技高峰的精神，取得了如今的成绩。

（七）鞍钢新貌

前不久我写一个述职报告，给大家说一下。1994 年鞍钢所有的国有资产不包括固定资产 126 亿，这 12 年，消化了潜亏、挂账、呆死坏账 142 个亿。如果这 142 个亿不消化，而要去还人家的话，是要资不抵债的，这是第一个概念。第二个概念，现在鞍钢国有资产是 510 亿。也就是说，这 12 年，我们创造了 700 多亿，消化了 142 亿，还剩 510 亿资产。第三个概念，鞍钢依靠自己的力量，高起点、少投入、快产出，形成高效益、集约发展，这几年 90% 以上的装备全部更新，脱胎换骨，换了一个崭新的鞍钢。第四个概念，我们效益提高了 30 多倍，从原来亏损，到去年利润 113 亿，今年 1～8 月份鞍钢的利润已经超过了 100 亿。鞍钢职工的收入从 1994 年平均年收入不足 8000 元，到去年收入超过 31000 元。现在愁的不是工资发不出去，而是愁职工买的私家车没有地方停车的问题。我这里顺便做一个广告宣传，如果大家去鞍钢工作的话，待遇是非常丰厚的。除了刚才我谈到的改造以外，改革方面也有很大的进步。我们成立了九个相对控股公司，进行股份制改革，这些公司都取得了很好的效益，包括建设公司、实业公司、机械制造公司、汽车运输公司等。我们的钢铁主业的人员，从原来的 10 万人减少到现在的 2.5 万人；从原来乌烟瘴气变成蓝天白云、绿树成荫的花园式工厂。我们有一个属于自己的有 60 亿储量的矿山，现在国际市场矿石资源很紧张，我们没有这样的问题。矿山很漂亮，现在正好水果收获的季节，有苹果、梨等。我们把矿石开发出来以后，重新泥土覆盖，重新绿化，变成了一个绿树成荫的矿山。就是靠我们的双手，敢于面对所有前所未有的困难，用自己的智慧创造了这样一种奇迹。

现场问答

问：我们是在校大学生，有一天总会步入到社会、企业的工作岗位中，您能不能从一个企业家的角度谈一谈大学生应该具备什么素质以便更好地适应工作的要求？另外，您认为刚毕业的大学生初到企业会存在什么问题？

答：你这两个问题都非常好，我很愿意回答你这两个问题。我认为大学生毕业后走上工作岗位很难说你从事什么样的工作。比如说：我大学时学的是冶金机械，研究生是行星轧机，参加工作后搞计算机，现在又从事管理工作，你说到底我是学什么，大学里应该学什么？我比较倾向于打基础，学习研究问题、分析问题、解决问题的方法，走向工作岗位后还要边干边学，光靠大学这一点东西我觉得是不够的，关键是方法。我在日本东芝学习的时候就有这么一个同学，事无巨细，哪怕是老师说的每一句话，他都记得清清楚楚，我认为这是没有必要的，只要把老师的思路逻辑弄明白就行，因为世界上没有东西是百分之百地一成不变。我记得有一次去德国参加学术讨论，有一位同志简直是要把人家缠住，我认为这是没有必要的。第二个问题，当我刚走上工作岗位上时，有一个困惑，社会不像我们想象的那么单纯、美好、简单，有很多东西是意想不到的。我希望同学们既要看到光明积极的一面，也要做好这样的思想准备。我的女儿前两天给我打电话："老爸，我老板怎么这么差劲啊，明明是他不对，他非说我不对。"我的女儿是一个项目经理，工作非常努力，每天工作到十一二点，我看着都心疼，就这样，她的老板还说她不行。你们要做好思想准备，虽然社会不是那么完美，但总体来说还是美好的。

问：您到鞍钢十年来，带领鞍钢创造了许多辉煌的成就，您最大的内心感受是什么？

答：我非常感谢党中央给了我这样的锻炼机会，我觉得很多同志问我，到鞍钢为什么能够取得这样一些成果，我想更多的是时势造英雄，而不是英雄造时势，更多的是鞍钢面对这样的困难，鞍钢的父老乡亲、广大职工给了我这样的机会，让我能够和大家共同努力，来取得今天的成绩。我要感谢组织、感谢鞍钢的广大职工、感谢鞍山市的父老乡亲，这是最强烈的感受，因为我在其中，我的成果是全体职工的，这是心里话。当然我也做了自己的努力，我想这是我最强烈的感受。如果我没有这个机遇，继续留在武钢，也许没有今天这个成绩。我如果到宝钢去，确实有这样的机会，冶金部也决定我到宝钢去，可能我就想不出“高起点，少投入，快产出，高效益”这样的路子，因为宝钢很有钱，没有必要，只有鞍钢才有少投入这个要求，才能够出现“高起点，少投入，快产出，高效益”，所以我觉得同志们要看到困难面前包含着机遇，包含着新的成功的东西，这就是我刚才想和大家交流的。所以现在的年轻人不要怕吃苦，不要怕面对困难，不要怕面对挑战，这是我的希望。

问：您是如何认识和处理作为工程院院士和鞍钢经理两种角色之间的关系？如何看待一个人的理想？

答：工程院院士和鞍钢经理，这个问题其实很多人问我，辽宁省要评科技功勋奖的时候，当时许多评委也问这个问题，跟你问的一样，可见你大概有评委的水平。我觉得这是不矛盾的，我觉得作为鞍钢的总经理应该是一个技术的里手、专业的行家，因为你做的重大决策事关几十亿，它应该是技术上成熟的、可靠的，否则像鞍钢这样的企业，一旦一个决策失误，那会是全军覆没。同时我觉得作为一个工程院院士，他也应该有这种和社会相处的知识和能力，也应该不是生活在真空当中，应该生活在社会当中，他应该善于处理社会、个人和集体之间的关系，这是作为工程院院士也应该有的起码的能力，所以我觉得这两者之间并没有矛盾和区别。如果说我更多的是知识型的，那么国家给了我这样的权力，我又掌握了这样的知识，把权力和知识更好地结合，才会取得更好的效果。如果说鞍钢的成果和我个人有一点关系，恐怕跟这点有些关系，就是国家给了我这样懂科学技术的人这样大的权力，这是国家选人的正确，我这样来理解。

你说的第二个问题，一个人的理想。我少年时代想做一个飞机设计师，那种理想是一种局部的，是一种短期的，一个人的更大的理想应该是追求社会的需要，在任何岗位上，只要做出对社会有益的作用，都是会有成果的，这我想应该是我们年轻人的一个理想，我今天说的就想证明这点，就是理想是可以不断变化的，但是为社会做有益的事，这种理想是永恒的。

问：中国冶金行业与国外有什么差距？另外，大学里的数学物理基础是不是特别重要？

答：我非常赞成搞好扎实的基础、知识的基础、研究方法思考问题的基础。我们冶金和外国的差距有着几点：第一，现在最好的装备在中国，要看最先进的技术到中国。新日铁的社长以前从来看不起鞍钢的，三年以前，他到鞍钢来大为称赞，还请我给他的公司中层干部讲一次课，这表明了他们的态度。新日铁社长表示：要下相当大的投资到装备改造上去，否则的话新日铁跟鞍钢差距太大了，但是我们某些产品特别是技术含量高的产品还没有掌握到先进水平，人家产品质量是很过硬的。我举个例子，大概两个星期前，鞍钢一位副总到德国去，我们引进了5.5米的轧机轧辊，现在世界上只有两个厂家能生产，订货已经到2012年，我们马上就要投产了，轧辊还没有。从这可以看出，轧辊、浇注、热处理很多先进的技术我们还没有掌握，现在全国能够生产轿车面板的两家一家是宝钢，一家是鞍钢，我们鞍钢为什么能后来居上，我和蒂森克虏伯签订一个在大连合资生产轿车板的协议，它要转让全套的技术，它同时也转让给宝钢，我跟他们老总说“你先转让给宝钢了，应该给我们便宜些啊?”他就说了:“刘先生我转让给你的才是真东西。”前武钢的老总张寿荣院士问我能不能简单地给他讲一讲轿车板生产诀窍，我说我讲不清楚，同学们，说起来就是取样怎么取、表面检测怎么做、数据怎么归纳，都是这些最基础、最原始的东西他们非常注意生产过程中数据的分析而且能够在错综复杂的数据中归纳出规律并没有什么高深的理论，包括检测仪表的调试方法，这些东西算什么诀窍？我这话是什么意思呢？还是要培养研究问题、分析问题、解决问题的方法，扎扎实实地做好基础工作。两个不同的同志，一个给一堆公式和数据，处理不好；另一个能从这种错综复杂关系中发现问题、解决问题。数学是一门基础，不能应付考试，你以后学到的很多东西要用到数学，例如概率论数理统计、数据处理以及工程中遇到的问题，如果你不会数学你就不懂怎么处理。要把数学、物理和工程现象联系在一起，不要孤立地去学，不要应付考试。

问：刘老师，您在北京科技大学度过了四年的研究生生活，我想问您一下您今天回到母校，您此时此刻是什么样的心情？北科大在您心目中的印象？您四年的研究生生活中有哪些精彩的片断给您留下了深刻的印象？

答：你这个问题最难回答！我作为北京钢铁学院的一个校友，我很自豪。坦率地讲，我不太愿意称“北京科技大学”，我更愿意称“钢铁学院”。以钢铁而自豪，钢铁看起来很粗很大，但其中有很深的学问，从事钢铁这一科技工作绝不比别的科技工作逊色，它是很深奥的，我们国家现在存在的一些问题恰恰是材料方面的问题，所以我们从事这一工作，有什么理由不为之自豪和兴奋呢？作为钢铁方面首屈一指的钢院的学生，这是极其令人自豪的！至于你问我有什么心情体会，我经常回来，经常和咱们校领导、柯老师等见面，所以心情不是那么激动。“武斗”是一个记忆犹新的事情，当时高芸生校长接见的我们。再一个就是体育运动，当时我们下午五点钟以后就开始长跑，沿着学校跑一圈，我总觉得钢铁行业的人应该是身强力壮。再就是“钢铁摇篮”那个牌子，还有我们学校学习与生产实践相结合的学风给我印象深刻。

问：刘老师，您好！您刚才说我们国家有先进的钢铁设备和技术，却还有一些先进技术没掌握，你作为一位杰出的创业家、科学家，可不可以请您展望一下我们国家钢铁行业的未来？

答：三年前我接待的一位民营企业家，他参观了鞍钢以后，他说“我看了以后感到自豪!”我们国家现在与国际先进技术差距是越来越小的，在有些领域还领先，我们国家现在差不多有五亿吨钢，这是第一名后的七个国家的总和还多，这就是我们现在的地位。你想一想1958年那时候搞1070万吨钢，全国都动员起来大炼钢铁，那费了多大劲啊，现在我们“吹口气”就一千多万吨了，所以说中国的钢铁工业在世界上应该说是举足轻重的，世界上现在的钢铁总产量12亿吨，而我们国家就五亿，钢铁就是国力。但是我们钢铁人均占有量刚刚超过世界平均水平，所以温家宝总理说，什么事情乘以十三亿就是一个很大的数，什么事情除以十三亿就是一个很小的数。所以我觉得我们国家的钢铁工业第一个就是在做强上下功夫，我们现在是不是一个钢铁强国？前一段时间我们几个院士也在一起讨论这个问题，我们说一些高精尖产品也能生产，我举个例子，三年前三峡工程总指挥陆佑楣院士找到我，他说“刘玠同志，现在三峡二期工程所需的涡壳钢国外不报价。”我说：“我们要不惜一切代价把它生产出来。”我们生产出来了，是抗焊接裂纹钢，但不能经济地生产，人家的合格率是70%，我们是30%。比如说造船，我们国家现在已经是造船大国，不能生产低速柴油发动机，关键是曲轴问题，鞍钢和沈阳金属所李依依院士一起研究，现在的柴油机大量依靠进口，我们的船造出来柴油机跟不上，柴油机造出来曲轴跟不上，原因是材料问题！所以在一些前沿尖端技术方面我们还有一些跟不上，比如说国外的自清洁材料，我们现在还没有。科学像其他事业一样也是不断发展的，刘翔以前他是第一名，这次他是第三名，不是每次都是第一。

问：刘老师，刚才听您讲我们国家已经从一个钢铁落后国发展为一个钢铁强国，我想请问您鞍钢作为一个老企业，它所起的作用以及所处的地位是怎样的？您刚才回顾了您丰富的人生经历，我想请问您在您的个人发展以及多种工作角色的转换过程中，最大的收获和最大的感受是什么？

答：面对任何困难，不要丧失信心，要敢于面对！我这一辈子，遇到许许多多的困难和挫折，包括家庭的。我父亲1939年抗战时期曾经参加过两周的国民党教育部办的补习班，就是因为这样一个事情，我一直到1980年才被批准入党，所以无论如何也考不取航空学院，但是面对这样一个挫折，我没有屈服，面对它、克服它，你就会成功，从中得到乐趣，这是相辅相成的。如果用一句话总结，这就是我人生的体会，人生的乐趣和人生的价值就在于面对困难、克服困难、勇往直前！第二个问题：鞍钢从1949年到去年一共生产了钢3.49亿吨、铁3.43亿吨、钢材2.17亿吨，上缴利税1006亿元，相当于国家对鞍钢的投资18.5倍，现在全国各大钢厂几乎没有一个没有鞍钢的职工，鞍钢输出了大量的人才，好多国家领导人都在鞍钢工作过。鞍钢在全国人民心目中是有很高地位的，小学课本上都学过，可以说鞍钢是我们国家钢铁企业中的长子。

问：刘老师，您好！我是材料学院的，我想问您一下，我们毕业后到钢厂能从事什么样的工作？如果从事研发工作，本科学历是否够？我遇到一个博士生，他进企业存在一个学历过高问题，我想问一下在我们材料专业是否也存在这样的一个问题？

答：首先不存在学历过高问题，千万别把自己的学历当作宝贝，我遇到很多博士不怎样，解决不了问题，我不是说博士不重要，进入博士学习很重要！但同时不要背这个包袱，就算院士又怎么样？也不见得什么都懂！院士也需要学习，也需要与时俱进。我在武钢遇到一个美国博士，英语水平高到写中文稿子先写英文，再翻译成中文，回国以后我们很重视，我交给他一个课题，人力和物力都配备好，三年以后他说完不成。但也有很多博士是很有名的，钱学森先生就是杰出的代表。博士一方面说你有这个基础，另一方面你不要以为博士了不起，什么都懂。科学是在不断发展的，我们也遇到一些院士好像觉得自己无所不知。所以你说学历太高，我不赞成！炼铁的博士他不一定会炼铁，炼钢的博士到高炉上他不一定会操作。我们有很多博士不会炼钢，鞍钢设计院主任设计师没炼过钢。我是北京钢铁学院的冶金机械研究生毕业，自认为水平很高了，到了武钢，很简单的一个装置，我兴奋的两天睡不着啊，因为我学到了、我用上了、我成功了！那是两个概念啊，比如一个苹果，你没吃的时候你可以说是酸的甜的，当你吃了以后才知道美妙无比！不管你学什么的，你到工厂去都大有可为，完全可以做出了不起的事情，就看你怎么对待。现在恰恰有许多技术没有人去探索，没有人扎扎实实地去做，而自认为没有东西可以探索了。我自己常说一个很简单的道理，比如说世界倒退二十年，每个人都可以成为比尔盖茨，他不就是搞互联网吗？那你为什么没成为比尔盖茨呢？道理很简单嘛，二十年后还会有新的比尔盖茨出现，每个人都有这种机会、这种可能。我有时候不服气，我说当时搞计算机控制技术怎么没想到把它用到汉字排版上，而人家想到了。机会人人都有，世界在发展，技术在进步，成功靠我们每个人的努力，靠我们不断地去探索，面对我们的世界，面对这个不断进步的科学技术。每个人都会成功，不要被学位、成绩这些虚无的东西所迷惑。博士不代表任何事情，只代表你经过了一段时间的培训，学材料的也好，学计算机的也好，毕业了以后进入工厂要不断学习，适应工厂的需要。

走自主创新的技术改造之路

2005 年 6 月

一、市场的挑战

随着经济发展和社会消费结构的变化，市场对钢铁工业的产品品种、质量提出更高的要求；同时，资源、能源、生产成本及环保等方面也面临更激烈的挑战。

为此，鞍钢提出“建精品基地，创世界品牌”的战略目标，走自主创新的技术改造之路，将有效投资与技术进步紧密结合，迅速形成较强的竞争力。

二、坚持自主创新，不断用高新技术改造传统产业

“九五”以来，鞍钢坚持“高起点、少投入、快产出、高效益”的方针，走“洋为我用、自主创新、举一反三、扩大成果、对外输出”的发展道路，在工艺、装备现代化和提高产品质量方面取得巨大成功，企业发生了翻天覆地的变化。

高起点：就是要在关键部位采用先进技术和工艺，使整体装备达到当代世界先进水平。

少投入：盘活一切可用的资产，尽可能运用自己的力量，最大限度压缩投资。

快产出：大项目投资回收期不超过 5 年，一般项目不超过 2 年。

高效益：既要做到改造期间不停产或少减产，又要通过技术改造，大幅度提高企业经济效益和竞争力。

（一）矿山系统实施“提铁降硅”，铁精矿质量达到国际一流水平

鞍钢拥有大量的含铁品位仅 30% 左右的矿产资源，我们开发了独特的选矿技术提铁降硅，铁精矿品位提高 3. 45 个百分点，降硅 4. 38 个百分点，大大提高了高炉入炉品位，使炼铁技术经济指标实现了历史性突破。

（二）淘汰小高炉，新建 3200 立方米新 1 号高炉

采用的节能环保技术有：烧结矿分级入炉技术、串罐偏心卸料无料钟炉顶技术、英巴法配水冲渣技术、比肖夫煤气清洗技术、煤气余压发电技术、全 DCS 三电一体化自动控制技术。

（三）全部淘汰平炉，实现全转炉炼钢

自行开发建设 4 号转炉，其余 5 ~9 号转炉完全是“克隆”4 号转炉。

（四）淘汰模铸工艺，实现全连铸

在消化引进的 1 号板坯连铸机技术的基础上，自行设计、开发、“克隆”了 2 号板坯连铸机。同时，其他连铸都是鞍钢自主开发设计的。

（五）建成多条世界一流水平轧钢生产线

1. 1780 热轧线

采用的主要技术有：

（1）板坯热装热送节能技术。

（2）板形、板厚质量控制。

（3）在线磨辊、大侧压、自由轧制、层流冷却。

（4）主传动实现全交流调速。

（5）多级计算机控制。

开工时间1997年3月，投产时间1999年10月。

机组进口比例不到15%，85%的设备国内生产，比原规划节约30多亿元。

2. 建成1700热轧生产线

开发了ASP中薄板坯连铸连轧技术，建成我国第一条自行设计、自行施工的拥有全部知识产权的1700热轧生产线，整个生产线达到国际先进水平。

（1）采用世界上先进的串辊和闭环板形控制技术。

（2）轧钢部分采用液压AGC、层流冷却、三级计算机控制、热装热送工艺。

开工时间1999年5月，投产时间2000年12月，年生产能力260万吨。

轧线设备100%国内制造，全线设备国产化率达到99.5%。

技术输出取得突破性进展。鞍钢成套“交钥匙”工程——济钢1700（ASP）中薄板坯连铸连轧工程奠基开工，成为国内首家具有成套技术输出能力的钢铁企业。

3. 冷轧2号生产线

自主设计和集成现代化1780酸洗-冷连轧生产线，设备国产化率达到91.7%，并成功轧制出0.18mm冷轧钢板。

（1）首次由国内研发成功高效紊流酸洗技术、装备及自动化控制系统。

（2）自主研发了新一代六辊-四辊冷连轧机组。

（3）自行研制成功大型宽带钢高速飞剪。

（4）开发了大张力轧制、附加张力补偿、独特的厚度控制、基于动态变规格的厚头轧制等技术。

（5）国内自主开发了酸再生系统。

装备水平和产品质量均已达到国际先进水平。

4. 短流程高速重轨生产线

开发了短流程重轨生产技术，建成了直接热装万能轧制高速重轨生产线。集精炼、精铸、精轧、精整于一体的短流程工艺为国际首创。

（1）引进西马克的钢轨万能轧机。

（2）引进世界先进水平的平立复合矫直机和四面压力矫直机。

（3）具备生产50米长、时速350公里以上的高速、高强度重轨的能力。

（4）能够生产小规格H型钢系列产品。

5. 厚板生产线

改造宽厚板生产线，产品结构得到优化，质量明显提高。

（1）新增轧制力3500吨的二辊可逆式轧机。

（2）改造四辊轧机系统，轧制力增加到8000吨。

（3）整条生产线采用一、二级计算机控制。

（4）应用了电动APC、液压AGC等新工艺、新技术。

6. 新建冷轧硅钢生产线

（六）新建镀锌板、彩涂板生产线，扩大了钢材深加工能力

（1）三条热镀锌生产线。

（2）两条彩涂板生产线。

三、开发先进钢铁材料，优化产品结构

（1）1780 机组生产的热轧卷板已经出口欧、美等国 110 万吨，在大连港装船时，码头工人以为是进口钢材。

（2）集装箱用热轧板 2004 年销售 87.32 万吨，成为世界最大的集装箱板供货企业。

（3）2004 年轿车板 15.67 万吨，是上年的 1.22 倍，其中 O5 级面板已用于奇瑞、捷达、宝马、福特、奥迪等轿车，并出口北美轿车市场。

（4）生产的高速钢轨，已铺设到国内第一条时速 200 公里的秦沈客运专线上，时速 350 公里重轨试铺运行。

（5）自主研制开发了替代进口的三峡右岸水轮机蜗壳钢板，并供货 1.2 万吨。

（6）自主开发生产了国内最高钢级的 X80 管线钢宽厚板。

（7）热轧船板用于 5 艘出口伊朗的 30 万吨油轮。

（8）冷轧硅钢生产线投产以来已生产 19.12 万吨，产品供不应求。

（9）2004 年镀锌板出口美国、英国、加拿大等国家和地区 24.2 万吨。

（10）高档彩涂板用于家电、建筑等行业，并替代进口。

（11）板管比由 1994 年的 40% 提高到 2004 年 82.41%，提高 42.41 个百分点。

（12）产品质量达到国际先进水平比例，由 1994 年 6.3% 提高到 2004 年 72.6%，提高了 66.3 个百分点。

（13）钢材出口和以产顶进 300 万吨，为同行业第一。出口创汇总额 7.91 亿美元，是上年同期的 2.26 倍。出口占钢材产量 28.31%，产品出口到欧、美、亚等 30 多个国家和地区。

四、采用高新技术建设现代化新区

以科学发展观为指导，再建一个年产量为 500 万吨的现代化板材生产基地，迎接市场挑战。

（1）集炼铁、炼钢、连铸、热、冷连轧为一体的大型、高效、连续、紧凑的生产工艺流程。

（2）铁水 100% 预处理，钢水 100% 精炼。

（3）四级计算机控制和管理，统一协调炼铁、炼钢、连铸和热轧生产。

（4）新区装备包括 2 台 328m² 烧结机、2 座 3200m³ 高炉、2 台 250 吨转炉、1 条 2150ASP 连铸连轧短流程生产线、2 套（2130mm 和 1450mm）冷连轧机组、2 条镀锌生产线。

（5）建成资源节约型和生态保护型生产线，实现人与自然、企业与社会和谐发展。

（6）新区的建设，主要立足自己的技术，预计年底建成投产。

我们依靠自主创新推动了企业发展，使鞍钢这个有 89 年历史的老企业焕发了青春。到 2010 年，年产钢超过 2000 万吨，销售收入超过 1100 亿元，进入世界 500 强，成为最具国际竞争力的大型钢铁企业集团。

冶金重大装备国产化的探索与实践

2005 年 8 月

随着我国钢铁工业的快速发展，越来越需要先进技术装备的支持。作为一个钢铁大国，要实现技术装备水平的持续提升，单靠引进国外先进技术装备是不够的，必须加速国产先进技术装备的研究开发，这是一项具有重要战略意义的工作。

“九五”以来，鞍钢在实施技术改造过程中，始终坚持把提高自主创新能力放在首位，在推进冶金重大装备国产化方面做出了有益的探索和实践，企业实现了跨越式发展。

一、冶金重大装备国产化具有广阔的发展空间

（一）我国钢铁工业的快速增长，为冶金装备制造业的发展提供了前所未有的良好机遇

1978 年钢产量 3178 万吨，1996 年 1.01 亿吨，2004 年达到 2.73 亿吨。进入 21 世纪以来，中国钢产量连续几年以 20% 以上的速度增长，在钢铁工业快速增长的拉动下，冶金装备制造业年增长速度达到 30% ~45%。

（二）通过对国外先进技术的吸收消化，我国冶金装备制造业已具备坚实的发展基础

20 世纪 70 年代末、80 年代初，我国开始引进国际上先进的冶金工业技术设备，提升我国钢铁工业的技术水平。近 20 年来，钢铁工业引进设备已达 200 亿美元，最多的时候占国内市场的比例达到 45%，最低也有 37%。

在吸收消化引进的先进技术基础上，我国冶金装备业研制成功了一批拥有自主知识产权的装备，已具备了冶金重大成套设备的制造能力。

（1）鞍钢与一重合作，研制成功了具有自主知识产权的 1700 热连轧和 1780 冷连轧两套大型成套设备，标志着我国已掌握了连轧成套设备的制造技术、工艺生产控制技术的两大核心技术，并能应用于实际生产工艺中。

（2）首钢和二重合作研制成功的 3500mm 中厚板轧机，为缓解我国短缺的中厚板生产创造了技术基础。

（三）冶金重大装备国产化具有巨大的经济效益

（1）大大节省投资，压缩了投资回收期，如：“九五”、“十五”鞍钢技改投资回收期一般为 1 ~2 年，最长为 4 年。

用一半的投资建成 1780 工程。国家批准投资规模为 75.6 亿元。在保证工艺技术装备水平不降低的情况下，通过扩大国产化比例，用一半投资完成 1780 工程，不足 4 年收回全部投资。1700 连铸连轧工程连轧部分全部国产化，不到 2 年收回全部投资。

改造冷轧酸洗联合机组。通过扩大国产化比例，实现了投资少、产出快、效益高，用 2 年时间收回全部投资。

（2）盘活存量资产。国产化有利于因地制宜，充分利用原有厂房、设备和公辅设施，最大限度降低工程投入。

项 目 名 称	盘活存量资产价值
一炼钢连铸连轧工程	1亿元以上
平改转工程	5.33亿元
1700工程	5.62亿元
1780工程	0.6亿元以上

（3）提高了自主创新能力。通过开发一些拥有自主知识产权的尖端技术，锻炼和培养了一批转炉、连铸、热连轧、冷连轧等方面的优秀人才队伍，在冶金重大装备上减少了对国外技术的依赖，在核心竞争力的提高上不再受制于人。

（4）带动了国内冶金装备制造业的发展。

1）冷轧2号线工程合作制造厂有一重、二重、上海宝菱。

2）二炼钢板坯连铸机工程合作制造厂有上海路桥、大连重机、一重。

3）新1号高炉合作制造厂有西安冶金、扬州冶金。

二、冶金重大装备国产化是国有企业脱困振兴的重要途径

十年前的鞍钢：钢产量850万吨。平炉钢产量占62.4%，转炉钢产量占37.6%。

坯的生产800万吨。模铸+初轧机占70%，连铸占30%。

十年前鞍钢产品情况。国际先进的占6%，国内一般的占69%，国内落后占25%。

进入市场经济的“九五”初期，鞍钢遇到两大难题：一是资金短缺，债务负担重；二是经营严重亏损。为迅速扭转技术装备落后的局面，鞍钢探索出一条“高起点、少投入、快产出、高效益”的老企业技术改造新路子，并在冶金重大装备国产化上取得突破，极大地推动了企业的脱困振兴。

高起点：就是要在关键部位采用先进技术和工艺，使整体装备达到当代世界先进水平。

少投入：盘活一切可用的资产，尽可能运用自己的力量，走国产化道路，最大限度压缩投资额。

快产出：大项目投资回收期不超过5年，一般项目不超过2年。

高效益：就是既要做到改造期间不停产或少减产，又要通过技术改造，大幅度提高企业经济效益和竞争力。

扩大设备国产化比例：

（1）一炼钢三台连铸机全部立足国内设计制造。

（2）三炼钢2号板坯连铸工程只引进了三电系统和关键部件及单机，设备国产化率95%。

（3）1780机组进口比例不到15%，85%的设备国内生产。

（4）1700工程轧线设备100%国内制造、连铸设备91.5%国内制造，全线设备国产化率达到99.5%。

（5）950连铸连轧生产线设备国产化率达到95%。

生产线名称	设备国产化率/%
冷轧1号线	91
冷轧2号线	92
冷轧硅钢生产线	95
镀锌板生产线	85
彩涂板生产线	80
厚板生产线	90
中板生产线	95
万能重轨生产线	95
无缝AG机组	90

实施冶金重大装备国产化的成效。用较少的投资使主要生产工艺和技术装备达到国际先进水平。烧结系统实现冷矿比100%，两座新焦炉和世界一流水平的新1号高炉建成投产。炼钢系统实现全转炉、全连铸、全炉外精炼的先进工艺。以1780热连轧、1700中薄板坯连铸连轧、两条冷连轧、三条镀锌、两条彩涂、一条冷轧硅钢、一条万能重轨、一条连轧无缝管、一条中板和一条厚板生产线为代表的轧钢系统技术装备达到世界一流水平，形成了从热轧板、冷轧板到镀锌板、彩涂板、冷轧硅钢的完整产品系列。

产品结构调整成效显著。板管比由1994年40%提高到2004年的82.41%，提高42.41个百分点。产品质量达到国际先进水平的比例由1994年6.3%提高到2004年的72.6%，提高66.3个百分点。2004年钢材出口和以产顶进300万吨，占材产量28.31%，为同行业第一。出口创汇总额7.91亿美元，是上年的2.26倍。产品出口到欧、美、亚等30多个国家和地区。1780机组生产的热轧卷板已经出口欧、美等国110万吨，在大连港装船时，码头工人以为是进口钢材。集装箱用热轧板2004年销售87.32万吨，成为世界最大的集装箱板供货企业。2004年轿车板15.67万吨，是上年的1.22倍，其中O5级面板已用于奇瑞、捷达、宝马、福特、奥迪等轿车，并出口北美轿车市场。大型厂重轨精整加工线是目前世界最先进的，具备时速350公里以上高速轨精整加工能力。生产的高速钢轨，已铺设到国内第一条时速200公里的秦沈客运专线上，时速350公里重轨试铺运行。自主研制开发了替代进口的三峡右岸水轮机蜗壳钢板，并供货1.2万吨；自主开发生产了国内最高钢级的X80管线钢宽厚板。热轧船板用于5艘出口伊朗的30万吨油轮。冷轧硅钢生产线投产以来已生产19.12万吨，产品供不应求。2004年镀锌板出口美国、英国、加拿大等国家和地区24.2万吨。高档彩涂板用于家电、建筑等行业，并替代进口。

企业效益显著提高。2004年生产铁1156.97万吨、钢1133.33万吨、钢材1059.75万吨，首次实现铁、钢超1100万吨、材超1000万吨。实现销售收入501.42亿元、上缴税金62.36亿元，同比分别增加187.03亿元、23.68亿元。实现利润108.38亿元，比上年增加47.55亿元。

今年1~7月份，生产铁755.43万吨、钢696.64万吨、钢材635.64万吨。实现销售收入420.74亿元、上缴税金66.97亿元，同比分别增加164.77亿元、30.96亿元。实现利润79.92亿元，同比增加29.24亿元。

三、冶金重大装备国产化是走新型工业化道路、振兴东北老工业基地的重要举措

冶金重大装备国产化符合中央提出的走新型工业化道路的总体要求。党的十六大报告指出，“走新型工业化道路，必须发挥科学技术作为第一生产力的重要作用”，“用高新技术和先进适用技术改造传统产业，大力振兴装备制造业”，“鼓励科技创新，在关键领域和若干科技发展前沿掌握核心技术和拥有一批自主知识产权”。

“九五”以来，鞍钢以振兴东北老工业基地为己任，按照走新型工业化道路的要求，坚持“洋为我用、自主创新、举一反三、扩大成果、对外输出”的原则，加大推进冶金重大装备国产化的力度。

（一）坚持“洋为中用”，引进世界先进技术，提升冶金重大装备国产化水平

新1号高炉应用的新技术：烧结矿分级入炉技术、串罐偏心卸料无料钟炉顶技术、英巴法配水冲渣技术、比肖夫煤气清洗技术、煤气余压发电技术、全DCS三电一体化自动控制技术。

1780热轧线应用的新技术：板坯热装热送节能技术，板形、板厚质量控制，在线磨辊、自由轧制、层流冷却，主传动实现全交流调速，多级计算机控制。

冷轧酸连机组应用的新技术：先进的张力控制技术、自学习的板形控制系统、二级计算机自动控制系统、焊缝自动跟踪系统。

厚板生产线应用的新技术：引进英国VAI公司的工艺技术和主体设备改造轧机系统，具有调整响应快、控制精度高等优点；矫直机引进德国西马克的机械设备和西门子的电控设备，具有自动参数设定、自动板形控制和自动调宽功能，达到世界先进水平。

短流程高速重轨生产线应用的新技术：引进西马克的钢轨万能轧机；引进世界先进水平的平立复合矫直机和四面压力矫直机；具备生产50米长、时速350公里以上的高速、高强度重轨的能力；能够生产小规格H型钢系列产品。

（二）坚持“自主创新”，不断开发拥有自主知识产权的技术和装备

转炉的开发。自行开发建设4号转炉，其余5~9号转炉完全是“克隆”4号转炉。

连铸的开发。在消化1号板坯连铸机技术的基础上，自行设计、开发了2号板坯连铸机。其他连铸都是鞍钢自主开发设计，拥有自主知识产权。

开发了ASP中薄板坯连铸连轧技术，建成我国第一条自行设计、自行施工的拥有全部知识产权的1700热轧生产线，整个生产线达到国际先进水平。

自主设计和集成现代化1780冷连轧生产线。自主研发的新技术如下：首次由国内研发成功高效紊流酸洗技术、装备及自动化控制系统；自主研发了新一代六辊—四辊冷连轧机组；自行研制成功大型宽带钢高速飞剪；开发了大张力轧制、附加张力补偿、独特的厚度控制、基于动态变规格的厚头轧制等技术；国内自主开发了酸再生系统。

（三）坚持“举一反三、扩大成果”，依靠自己力量建设现代化新区

以科学发展观为指导，依靠自主创新的技术，再建一个年产量为500万吨的现代化板材生产基地，迎接市场挑战。

（1）集炼铁、炼钢、连铸、热、冷连轧为一体的大型、高效、连续、紧凑的生产工艺流程。

（2）四级计算机控制和管理，统一协调炼铁、炼钢、连铸、热轧和冷轧生产。

（3）新区的建设，主要立足自己的技术和国内冶金装备制造业，预计年底建成

投产。

(4) 建成资源节约型和生态保护型生产线，实现人与自然、企业与社会和谐发展。

新2号、新3号高炉采用的新技术：两座高炉共用一个矿槽，采用了小块焦、小块矿回收新技术，返矿、返焦皮带互用，炉缸采用美国液压小块碳砖，炉体采用德国KME的铜冷却壁，采用了卢森堡的煤气清洗和炉顶设备。

炼钢工程采用的新技术：260吨大容量转炉，采用两点支撑、全悬挂驱动技术；顶底复合吹炼、溅渣护炉、挡渣出钢等工艺技术；采用质谱仪及副枪两种动态控制模型，实现了自动化炼钢；双文塔一次除尘工艺；铁水100%预处理，钢水100%精炼。

连铸工程采用的新技术：采用了轻压下技术、液压调宽和液压振动技术、专家系统。

热连轧工程采用的新技术：直接热装热送技术和三级计算机控制系统；粗轧机采用液压AGC，立辊装置设置液压AWC；精轧机组采用工作辊轴向窜动和弯辊装置，液压低惯量活套；卷曲机采用液压控制和自动踏步控制AJC技术。

500万吨新区设备国产化比例

项目名称	设备国产化比例/%
高炉	97
转炉	90
连铸	95
热连轧	95

(四) 坚持“对外输出”，实现输出成套技术的新突破

鞍钢“交钥匙”工程济钢1700（ASP）中薄板坯连铸连轧工程开工，成为国内首家既输出产品、又输出成套技术的钢铁企业。该项目进展顺利，今年6月23日一号连铸机试车成功，并于7月底达产，二号连铸机8月8日试车成功；连轧精轧机已安装完成三扇牌坊。

(五) 几点体会

(1) 实现重大装备国产化是一个系统工程，因此需要整合生产厂、三电、机械制造等各方面力量，形成合力。

(2) 重大装备国产化不等于100%国内制造，对于关键的、局部的、目前国内不能制造的技术装备，不排除引进。

(3) 走重大装备国产化道路，企业领导者的认识要高、决心要大，要从工程立项到投产的全过程亲自参与决策和监督。

(4) 必须高度重视设备制造等方面的质量，强化工程项目的管理。

(5) 在走重大装备国产化道路过程中，要十分重视培养人才，锻炼队伍。

鞍钢的工作受到党和国家领导的肯定。2002年6月，胡锦涛同志亲临鞍钢视察，对鞍钢工作给予了充分肯定。2003年5月，温家宝同志视察鞍钢，称赞鞍钢技术改造效果明显，效益显著。

我们依靠自主创新对冶金重大装备国产化进行了有益的探索和实践，促进了企业发展，使鞍钢这个有89年历史的老企业焕发了青春。到2010年，鞍本集团年产钢超过3000万吨，鞍钢超过2000万吨，销售收入超过1100亿元，进入世界500强，成为最具国际竞争力的大型钢铁企业集团。

创新是企业管理之魂

2006 年 3 月

鞍钢是我们钢铁工业的长子，对我们国家的贡献应该说是最大的。

我来到鞍钢 10 年，我们铁提高了 224 万吨的能力，钢提高到了 200 万吨的能力，材提高了将近 450 万吨的能力。去年我们的利润超过 100 亿。

鞍钢之所以有这么大的变化，主要在于体制创新、机制创新和技术创新。

第一，推进企业体制和机制的创新。我们实行主业精干，辅业分灶吃饭，独立核算，把责任都搞清楚；实施资产重组，我们把鞍钢仅有的三条从国外进口的二手设备，一套是美国进口，一套是德国进口，一套是日本进口，利用这三个国家的二手设备重组上市，筹集了 41 个亿资金。债转股，国家给了我们，把银行的债务转成银行的股份 63.6 个亿，现在我们已经全部回购了。我们完善了法人治理结构，健全了董事会、监事会，形成这样一个现代的企业制度。我们分离企业办社会的职能，我们的学校交给地方，我们的公安系统也交给地方。我们养老保险现在已经是省统筹，我们交 25% 的工资总额的养老保险金，我们企业还有补充保险。

进行三项制度改革。一个是赛马机制，选择干部，看他自己能够在岗位上创造什么样的业绩，员工竞争上岗，分配制度我们实行的是根据不同的人员，采用不同的分配制度，有岗薪制，有年薪制，有效益工资制，有期权。

在人力资源管理方面，加强了三支队伍的建设和培养，一支是优秀的管理者，一支是优秀的专业技术人员，一支是优秀的操作工人。这三方面的人员对我们企业管理是至关重要的。创建干部能上能下的竞争赛马机制，我们现在每年拿出 10% 末位淘汰，年年如此坚持，而且动真格的，就是淘汰掉。激励我们各级干部，要争上游，要创新的业绩，否则就被末位淘汰。

我们让专业人员承担相应的责任，从我们的生产经营、管理、改造等等，从这些大的工程当中去选拔，去培养。同时我们也注意培养生产工人的操作能力。

第二，推进技术创新，走高起点，少投入，快产出，高效益的技术改造新路子。高起点、少投入、快产出、高效益是矛盾的，但是在我们鞍钢做到了有效统一，高效的统一。高起点，我们说不改则已，要改关键的部分必须实行一流水平，少投入，我们要花兄弟企业二分之一甚至三分之一的投资去完成一个大的项目。比如我们投资了一个厂花了 4 个亿，兄弟企业有的花 9 个亿，有的花 6 个亿，我们做到了少投入。快产出，我们对小项目当年要收回，最后达到高效益的目标，因为鞍钢这样的老企业，不这么做，是不可能走出困境的。10 年前，鞍钢装备落后，我们最落后的平炉的钢占 62.97%，转炉先进的只占 37%，连铸就是把钢水变成固体的铸造工艺我们只占 24.8%，平炉改造按照传统的做法，新建转炉，500 万吨平炉 100 万左右，我们花了

本文发表在《车间管理》，2006(1)：34～35。

1.2 个亿平炉全部改成转炉。产品落后的 10 年前，国际先进只占 6%，国内落后的占 25%，国内一般的占 69%。随着经济发展，市场竞争的要求，我们对产品品种质量提出了更高的要求，同时对资源、能源、生产成本环保也提出了很高的要求。我们坚持用高起点，少投入，快产出，高效益的方针，这种方针不仅对我们鞍钢这样的老企业，而且对新建的企业，也应该按照这样的方针来推进技术改造，我们花了 5.2 个亿淘汰了平炉，为什么花这个投资做到要花 100 个亿才能做的事情呢，就是因为我们盘活了一切可以盘活的资产。关键的部位，工艺先进的方面，我们是采取世界最先进的，比如说计算机控制，比如说做转炉，但是可以盘活的财产、厂房、铁水罐等等，我们是在平炉的厂房里面进行。这里有一些具体的技术问题，有一些技术创新。比如说这个平炉大厅设一个平炉厂房，高度是 18 米，转炉厂房是要 35 米，过去说 18 米的厂房里面把 35 米的转炉放不进去，高个子走不到这个大厅里面来，在旁边盖一个偏的，偏的是 35 米，把转炉放在那个偏的里面，建一个偏厦空间的钱，就解决了工艺上的先进，取得了很好的效果。过去一年要亏损一两个亿，现在一年要赚两、三个亿，当年投资当年收回，而且赚的钱为我们鞍钢的翻身，鞍钢的变化，提高了效益，发挥了资金的作用。

1780 生产线，世界上最先进的生产线，国家给我们的投资是 70 多亿，我们用一半的投资 40 亿就完成了 1780 生产线的建设。同时我们又建立了另外一条生产线，这是我们具有自主知识产权的。我们建设了三条酸洗冷连轧生产线。开发了 ASP 中薄板坯连铸连轧技术，其中包括无缺陷板坯的生产技术，达到了先进性和经济性的效果。开发了短流程重轨生产技术，短流程重轨仅轧机是进口的，前前后后的设备全是国产的，而且有些是鞍钢自己制造的，这条冷连轧在世界上引起广泛的关注，这个是我们自己集成的，过去这个冷连轧要找别的来配合，而这条则完全由我们自己点菜吃饭。哪些地方我们认为国内不过关，我们就引进，国内过关的就国产化。这条生产线设计是 0.3 毫米，由于我们精度非常高，装备非常精，所以我们生产出了 0.18 毫米的冷轧钢板，而且我们生产了轿车板出口到海外，受到非常好的评价。并不是说国产化，就一定是低水平的。

第三，优化品种结构，扩大出口，创世界品牌。我们在装配上推进技术创新，产品上也要推进技术创新。我们开发的技术是纯净钢，开发了实用管线的 X70、X80 工程，用于西气东输工程，批量出口。我们生产出三峡水轮机蜗壳用的钢板，说实在的这种钢板难度非常大，它是抗裂纹敏感的钢板。我们经过短短三个月的实验，就成功的生产出了三峡水轮机蜗壳用的钢板，这是一种高级的用钢，生产轿车、桥梁、集装箱用钢。鞍钢已经成为很重要的生产基地。现在的奥迪、福特、宝马、雪豹，这些汽车都用了我们鞍钢的钢板。集装箱，现在我们是集装箱最大的钢板生产厂商。我们现在不出口钢坯了，而是全部出口钢材，全国第一，我们超过了宝钢，过去宝钢是出口的第一，现在我们是出口的第一。

技术进步给我们带来了非常高的效益，大家知道鞍钢的铁矿是国外都不要的一种铁矿，就是说我们的铁的含量只占 30%，这样一个铁矿，我们开发了独特的选矿技术，我们现在精矿品位已达到 68%，硅可以降低 3.21 个百分点，使我们这样一个铁矿，炼出的锌矿可以和进口铁矿竞争。开发了节水节能技术，降低成本。建设一座利用低热值，高炉煤气的 30 万千瓦的联合循环发电机组，这也是一个新的技术。所以过去的高炉煤气就是烧掉了，在天空中放掉了，现在把这种低热的煤气我们去把它发电，我们建了30万千瓦的联合循环发电机组，把采矿完的区域重新覆盖，绿化，种果树。

我们坚持创新，推动了企业发展，使鞍钢这个有88年历史的老企业焕发了青春，我们成功的经验说明，实践是企业管理之本。企业管理之魂是什么？是创新，只有在实践当中不断地创新，企业才会得到迅速的发展，那么我们鞍钢将在实践和创新中发展，到2005年末，鞍钢将具备1600万吨钢的生产能力，产品结构，经济效益都将进入世界先进钢铁企业行列。

自主创新与科学管理

2006 年 3 月

一、对企业自主创新的理解

胡锦涛同志在全国科技大会上指出：“自主创新能力是国家竞争力的核心，是我国应对未来挑战的重大选择，是统领我国未来科技发展的战略主线，是实现建设创新型国家目标的根本途径。”

创新的英语是 Innovation，是 1912 年奥地利经济学家熊彼特首次提出的。他认为，“创新”就是把生产要素和生产条件的新组合引入生产体系，即“建立一种新的生产函数”，其目的是为了获取潜在的利润。

创新可分为宏观创新和微观创新，也就是国家科技创新和企业自主创新。企业的自主创新，指的是企业为适应生产发展和市场需求，以提高核心竞争能力为目的，主要依靠企业内部研发力量进行的科技创新活动。

对于鞍钢来讲，自主创新就是紧紧把握世界钢铁工业最新发展趋势，按照循环经济和可持续发展的要求，以市场为导向，通过抓好工艺流程优化再造，核心技术和高附加值产品研发应用，以及成套装备的集成、制造和输出，使企业在激烈的市场竞争中始终保持领先优势。

二、如何自主创新的经验和做法

大家知道，鞍钢是一家国有老企业，虽然经过不断改造，但长期以来技术装备和生产工艺落后、产品技术含量低质量差的状况并没有从根本上改变。到 1994 年底，鞍钢陷入了非常困难的境地，濒临破产倒闭的边缘。面对这种严峻形势，我们认识到，鞍钢要发展必须搞改造，要实现技术装备水平的持续提升，单靠引进国外先进技术装备是不够的，必须把提高自主创新能力放在首位。

为迅速扭转技术装备落后的局面，鞍钢探索出一条“高起点、少投入、快产出、高效益”的老企业创新发展的新路子，并在冶金重大装备国产化上取得突破，实现了跨越式发展。

高起点：就是采用先进技术和工艺，使整体装备达到当代世界先进水平。

少投入：就是盘活一切可用的资产，尽可能运用自己的力量，走国产化道路，最大限度地压缩投资额。

快产出：就是大项目投资回收期不超过 5 年，一般项目不超过 2 年。

高效益：就是既要做到改造期间不停产或少减产，又要通过技术改造大幅度提高企业经济效益和市场竞争力。

在引进国外先进技术时，不搞全面引进，只引进最关键的技术，提高设备国产化比例，在确保技术先进的前提下，使工程投资更省，效益更好。比如，1780 工程，85% 的

本文是作者在“全国管理创新大会”上的发言提纲。

设备由国内生产。1700 工程，轧线设备 100% 国内制造、连铸设备 91.5% 国内制造，全线设备国产化率达到 99.5%。冷轧 2 号线工程，轧机设备国产化率 96.3%、酸洗设备国产化率 93%，重卷机组、再生机组 100% 国内设计制造。

对引进的国外先进技术进行充分的消化、吸收和再创新，取得了一些拥有自主知识产权的尖端技术，并实现了对外输出。在平炉改转炉工程中，4 号转炉主要是引进国外先进技术建设的，在取得成功经验的基础上，其余五座转炉完全是“克隆”4 号转炉。1780 一期工程除关键工艺、设备引进三菱技术外，二期工程包括工艺、设备及三电技术都是鞍钢自主开发的。

经过消化吸收 1780 的技术成果，自主开发集成了我国第一条拥有全部自主知识产权，具有当代国际先进水平的 1700 中薄板坯连铸连轧生产线（ASP）。该生产线获国家科技进步二等奖、“九五”国家重点科技攻关重大科技成果奖和冶金科学技术特等奖，并成功输出到济钢，成为国内首家具有成套技术输出能力的钢铁企业，改写了我国冶金重大成套装备长期依靠国外进口的历史。继热连轧之后，鞍钢又自主研发了 1780 冷连轧生产线，生产出超设计能力的 0.18mm 厚的冷轧板卷（产品大纲规定板厚 0.3mm），达到了国际同类生产线的一流水平，在国内率先具备了冷连轧成套技术总成能力，获 2005 年冶金科学技术特等奖。自主开发建成了目前国内最大的 2150 宽带钢热轧生产线。完全依靠自己的力量，建成年产 500 万吨现代化、短流程、高效能、高精度、环保型的精品板材新区。

三、自主创新对企业发展所起的作用

一是节约了大量投资，提高了生产经营质量和效益。资金是困扰老企业技术改造的大问题。通过自主创新，“九五”期间鞍钢技术改造总投资比原规划节省了近 76 亿元。比如平炉改转炉工程，我们只用 5.2 亿元，不到一年收回全部投资。全连铸改造投资只是兄弟企业的一半，不到两年收回投资。1780 工程国家批准投资 75.6 亿元，我们也只用了一半。1700 工程总投资不到 20 亿元。据专家测算，鞍钢“九五”“十五”技改投资回收期约四年。

二是主要生产工艺和技术装备达到世界先进水平，产品结构优化。目前，鞍钢是国内两个生产轿车面板的企业之一和全球最大的集装箱板供货企业，集装箱板、汽车板、管线钢、冷轧硅钢、造船板、镀锌板、彩涂板、高速重轨、高级石油管等精品钢材已成为鞍钢的主导产品。2005 年板管比 82.53%、产品实物质量国际先进水平比率 74.86%，分别比 1994 年提高 42.53 个百分点、68.56 个百分点。轿车面板已用于通用、福特、宝马等知名品牌轿车；X70 管线钢中标西气东输工程，并批量出口；生产出替代进口的三峡水轮机蜗壳钢板和时速 300 公里重轨。热轧板、冷轧板、镀锌板、造船板、集装箱板出口美国、英国、日本等 30 多个国家和地区。

三是培养了人才队伍，拉动了国内装备制造业，增强了自主创新的后劲。通过开发一些拥有自主知识产权的尖端技术，锻炼和培养了一批转炉、连铸、热连轧、冷连轧等方面的优秀人才队伍。同时，拉动了国内冶金装备制造业的发展。冷轧 2 号线工程合作制造厂有一重、二重、上海宝菱。二炼钢板坯连铸机工程合作制造厂有上海路桥、大连重机、一重。1 号高炉合作制造厂有西安冶金、扬州冶金等。

自主创新不仅使鞍钢成为精品钢材生产基地，也成为了冶金新设备、新工艺、新技术的研发和输出基地。

四、自主创新与科学管理的关系

管理是企业永恒的主题，企业自主创新需要完善的制度和管理体制来支撑。在实际工作中，我们注意把体制机制创新、管理创新与技术创新有机结合。在技术改造中，我们采用现代管理技术，科学组织施工。通过运用网络技术优化施工方案，大幅度缩短工期，确保改造期间不停产，少减产，实现了改造生产两不误。比如，平改转工程，我们只用一年零九个月，就把炼钢系统原有的12座平炉全部淘汰，改建成了6座现代化转炉。1780工程我们只用了两年多一点的时间。

另外，我们坚持用改革的办法推动技术改造，建立有效的激励和约束机制。实行了建设项目经理负责制，签订工程项目投入产出承包合同，建设项目中的可行性研究、规划设计、设备采购到施工、达产、达效全过程全部由项目经理负责。在此基础上，实行工程管理合同制和层层分包的经济责任制，任务逐级分解，责任落实到人。并对设备采购和工程发包实行招投标制，降低工程造价，提高投资收益。

五、企业家在自主创新中的责任和作用

企业的一切活动包括自主创新、产品研发和技术改造最终都要落实到人，都要有人来负责。作为企业生产经营和各项活动的核心，这些责任最终都要落实到企业家的身上。尤其是在企业自主创新中，企业家更是起着关键作用，是决定自主创新成败的重要因素。

1972年，我在武钢搞1700轧机，周总理对武钢引进1700轧机做了“一引进、二消化、三创造、四制造”的重要指示，从那时起，我就坚定了要做我们自己的冶金设备的决心。这些年，我始终牢记周总理的话，坚定不移地推进企业自主创新。鞍钢重大改造项目，如平改转、连铸工程、1780、1700工程，我都是项目的总负责人，由我与项目经理签订工程项目承包合同，明确以控制投资为目的的责、权、利关系。对建设项目的投资、规划以及重要设备采购等主要环节，都要亲自参与，保证施工项目达到预期目标。

依靠自主创新　提高核心竞争力

2006 年 4 月

十几年前，鞍钢发展面临前所未有的困境，如何突破“不改造等死，搞改造找死”的两难境地成为鞍钢的当务之急。在资金短缺的情况下，要使老企业走出困境，最关键的是依靠自主创新。在实践中，鞍钢立足自主创新，探索出“高起点、少投入、快产出、高效益”的老企业发展新路子，不仅破解了“不改造等死，搞改造找死”的难题，而且大大提高了企业的核心竞争力。

高起点，就是技术引进与自主创新相结合，关键部位采用先进技术和工艺，使整体装备达到世界先进水平。

少投入，就是盘活一切可用的资产，尽可能运用自己的力量，走国产化道路，最大限度地压缩投资额。

快产出，就是大项目投资回收期不超过 5 年，一般项目不超过 2 年，保证项目尽快收回投资。

高效益，就是既要做到改造期间不停产或少减产，又要通过技术改造大幅度提高企业经济效益和市场竞争力。

在引进国外先进技术时，我们不搞全面引进，只引进最关键的技术，在确保技术先进的前提下，提高设备国产化比例，使工程投资更省，效益更好。在平炉改转炉工程中，充分利用了原有的厂房、吊车、铁水罐、钢水罐、风水电等设施，最大限度地降低工程投入，一、二炼钢厂改造分别节约资金 2.46 亿元和 2.87 亿元。1700 工程利用原有厂房、设备，节约资金 5.62 亿元，其中轧线设备 100% 国内制造、连铸设备 91.5% 国内制造，全线设备国产化率达到 99.5%。1780 热轧工程 85% 的设备由国内生产。1780 冷轧宽带钢生产线轧机设备国产化率 96.3%，酸洗设备国产化率 93%，重卷机组、再生机组 100% 国内设计制造。

对引进的国外先进技术进行充分的消化、吸收和再创新，取得了一些拥有自主知识产权的尖端技术，并实现了对外输出。1780 热轧一期工程除关键技术设备从日本三菱引进外，二期工程包括设备及三电技术全部由鞍钢自行开发。在此基础上，自主集成开发了我国第一条拥有全部自主知识产权，具有国际先进水平的 1700 中薄板坯连铸连轧带钢生产线（ASP），获国家科技进步二等奖、“九五”国家重点科技攻关重大科技成果奖，并成功输出到济钢，成为国内首家具有成套技术输出能力的钢铁企业，改写了我国冶金重大成套装备长期依靠从国外进口的历史，标志着鞍钢成功实现由“产品输出”到“技术输出”的重大转变。自主开发建成了目前国内最大、拥有自主知识产权的 2150 宽带钢热轧生产线，轧制精度达到国际一流水平。在逐步掌握热连轧成套装备技术的基础上，鞍钢又自主开发了 1780 冷轧宽带钢生产线，在国内率先具备了冷连轧成套技术总成能力。最近，自主集成、具有自主知识产权的 2130 冷轧酸洗—轧机

本文发表在 2006-4-15《中国冶金报》自主创新论坛。

联合机组热负荷试车成功，标志着鞍钢完全依靠自己力量建设的年产500万吨现代化、短流程、高效能、高精度、环保型精品板材新区全线建成投产。

通过自主创新，企业核心竞争力得到显著提高。节约了大量投资，“九五”期间鞍钢技术改造总投资比原规划节省了近76亿元，据专家测算，鞍钢“九五”、“十五”技改投资回收期约四年，比如1780工程国家批准投资75.6亿元，我们只用了一半。主要生产工艺和技术装备达到世界先进水平，产品结构优化，目前鞍钢是国内两个生产轿车面板的企业之一和全球最大的集装箱板供货企业；轿车面板已用于通用、福特、宝马等知名品牌轿车；X70管线钢中标西气东输工程，并批量出口；生产出替代进口的三峡水轮机蜗壳钢板和时速300公里重轨。通过开发一些拥有自主知识产权的尖端技术，锻炼和培养了一批转炉、连铸、热连轧、冷连轧等方面的优秀人才队伍。通过设备国产化率的提高，有力地拉动了一重、二重、大连重工等国内冶金装备制造企业的发展。

自主创新是落实科学发展观的必然要求，也是提高企业核心竞争力的不竭动力。今后，鞍钢将继续坚定不移走自主创新之路，到2007年建成1600万吨钢精品基地；到2010年进入世界500强，成为最具国际竞争力的大型钢铁企业集团。

推进科技进步　加强自主创新
为实现“两步跨越”目标提供不竭动力

2006 年 4 月 26 日

一、“十五”以来科技创新工作的回顾

“十五”以来，鞍钢坚持用高新技术改造传统产业，走“高起点、少投入、快产出、高效益”的自主创新之路，主要生产工艺和技术装备达到世界先进水平，市场竞争力大幅提升，实现了跨越式发展。“十五”期间，共取得重要科技成果 334 项，其中，71 项达到国际先进水平；获国家科技进步二等奖 2 项，冶金科学技术特等奖 3 项。

（一）坚持以我为主，实现了从引进消化吸收到自主集成创新的重大突破

在技术改造中，始终把提高自主创新能力作为增强核心竞争力的关键环节，坚持以我为主，大力开展原始创新、消化吸收再创新和集成创新，取得了一系列重大突破。自主集成开发了我国第一条拥有全部自主知识产权，具有国际先进水平的 1700 中薄板坯连铸连轧带钢生产线（ASP），获国家科技进步二等奖、“九五”国家重点科技攻关重大科技成果奖和冶金科学技术特等奖。建成了目前国内最大、拥有自主知识产权的 2150 宽带钢热轧生产线，轧制精度达到国际一流水平。自主开发了 1780 冷轧宽带钢生产线，生产出超设计能力的 0. 18mm 厚的冷轧板卷（产品大纲规定最薄为 0. 3mm），达到了国际同类生产线的一流水平，在国内率先具备了冷连轧成套技术总成能力，获冶金科学技术特等奖。最近，西区 2130 冷轧酸洗—轧机联合机组热负荷试车成功，标志着鞍钢已经具备了钢铁生产全流程的自主集成能力。

（二）加大关键生产工艺和产品创新力度，主要技术经济指标和产品结构明显改善

成功开发了“鞍山贫赤（磁）铁矿新工艺、新药剂、新设备研究及工业应用”项目，综合铁精矿品位平均提高 2. 9 个百分点，二氧化硅含量降到 4. 5% 以下，获国家科技进步二等奖。全面优化钢铁生产工艺，在高炉喷煤技术、钢质洁净与夹杂物控制技术、高效连铸技术、控轧控冷技术等关键、共性技术领域达到国内和国际先进水平。与 1995 年相比，高炉喷煤比提高 58. 5 千克/吨，可比能耗降低 221 千克/吨，综合能耗降低 255 千克/吨，吨钢耗新水降低 18. 24 吨。自主研发了替代进口的三峡水轮机蜗壳钢板、冷轧硅钢、X80 管线钢宽厚板、时速 300 公里重轨和 O5 级轿车面板，成为国内两个生产轿车面板的企业之一和全球最大的集装箱板供货企业。板管比 82. 53%，比行业平均水平高 36. 93 个百分点。产品实物质量国际先进水平比率 74. 86%，高附加值产品比例为 66. 48%。

（三）装备技术输出取得重大进展

成套“交钥匙”工程 1700（ASP）中薄板坯连铸连轧生产线成功输出济钢，实现

本文是作者在鞍钢科技创新大会上的讲话，此次公开出版略有删节。

热负荷试车一次成功，成为国内首家具有热连轧成套技术输出能力的钢铁企业，改写了我国冶金重大成套装备长期依靠从国外进口的历史，有力推动了冶金重大装备国产化的进程，实现了由“产品输出”到“技术输出”的重大转变。

（四）初步建立了符合市场经济要求的自主创新体系和机制

成立了由著名专家组成的技术咨询委员会，与北京科技大学联合建立冶金技术研发中心，形成了以技术中心、设计研究院、自动化公司等科研单位为骨干，钢铁主体等子公司为依托，与科研机构和高校合作的技术创新体系。加大技术创新投入，“十五”期间，科技活动经费投入总额达到100.4亿元，占销售收入总额的5.15%，大大高于同行业平均水平。建立了技术创新目标责任体系和评价、激励约束机制，加强人才队伍建设，实行技术专家、拔尖人才津贴制度和突出贡献人员重奖制度等，为科技创新提供了体制和人才保证。

二、深刻认识新形势下加强自主创新的重要意义

今年1月9日，全国科技大会隆重召开。会议确立了增强自主创新能力、建设创新型国家的重大战略和部署，明确了未来中国科技发展的方向和目标，这必将对我国全面建设小康社会、推进现代化进程、实现“十一五”规划目标产生深远的影响。关于国家创新体系建设，胡锦涛总书记强调要重点加强五项工作，其中第一个就是要建设以企业为主体、市场为导向、产学研相结合的技术创新体系，使企业真正成为研究开发投入的主体、技术创新活动的主体和创新成果应用的主体。我们一定要从实现国家现代化和中华民族伟大复兴的战略高度，深刻领会建设创新型国家的重大意义，充分认识鞍钢在技术创新中的主体作用，以及建设创新型国家中肩负的历史责任和使命，认真贯彻落实大会精神，以科学发展观为指导，切实把思想和行动统一到中央的重大决策和部署上来。

科技进步是经济发展的决定因素和主要推动力。当今时代，国与国之间、企业与企业之间的竞争，归根到底是科技创新能力的竞争。面对激烈的市场竞争，各国钢铁企业纷纷加大投入开发冶金新工艺、新技术，力争在新一轮竞争中取得主动。以近终型连铸连轧为主要特征的现代紧凑流程的迅速发展和传统流程不断高效化、紧凑化已成为21世纪初钢铁行业发展的主要特点。具体表现在以下几个方面：一是薄板坯连铸连轧等节能技术和工艺继续迅速发展，成为钢材生产优化的重要方向。二是熔融还原技术有了新进展，如韩国浦项创造出新型的炼铁技术FINEX，在生产效率、能耗、环保等方面显示出极强的竞争力。三是更加重视产品质量在工艺装备优化条件下的高档次发展，保证了钢材性价比在21世纪依然具有优化的竞争力。四是更加重视钢铁行业的清洁生产，环保技术不断提升，大幅度减轻了钢铁生产对环境负荷的影响，如德国实现高炉渣100%利用，炼钢渣利用率超过90%。五是信息技术在钢铁生产中应用更加广泛，促进了生产稳定运行，质量稳定控制，消耗进一步降低，生产效率和服务质量大大提高。

面对这样的发展态势，我们必须依靠自主创新，持续推进科技进步与发展，才能把握先机，赢得主动。但是，必须清醒地看到，目前鞍钢在钢铁科技领域仍处在追赶和跨越阶段，自主创新能力、科技发展水平与先进钢铁企业相比还没有形成明显的优势，特别是在一些重要和关键工艺技术领域还存在一定的差距。一是工艺技术水平有待提高。从采选到冶炼轧钢，装备大型化程度与国外先进钢铁企业有较大差距；存在二次资源利用程度低等问题；高炉长寿的共性技术应用程度不够，技术水平有待提高；

新型工艺与装备的自主开发，成果产业化程度也不如国外先进企业，如熔融还原我们还处在研究阶段。二是产品结构矛盾突出。与国外先进钢铁企业相比，鞍钢的优质钢材钢中杂质含量、非金属夹杂物控制水平、产品表面质量以及组织、性能方面还有差距，还不能生产高牌号大型变压器用钢等。三是技术创新能力不强。目前鞍钢在关键品种、生产技术与重大装备设计制造等方面的自主创新能力较弱，与世界先进水平相比还有差距。四是清洁生产和环保技术的研发还有相当差距。

解决这些问题的关键要靠技术进步，要靠自主创新。我们一定要站在钢铁工业和鞍钢发展全局的战略高度，大力推进科技进步和自主创新，带动生产水平质的飞跃，从根本上提高鞍钢的国际竞争力。这是摆在我们面前的一项刻不容缓的重大使命。

三、"十一五"期间鞍钢技术创新的方向和重点

前面我已经讲到当前世界钢铁科技发展的5个较为明显的特点或者说是方向。今后一个时期，鞍钢的科技创新就是要从企业发展和市场竞争的需要出发，紧密追踪世界钢铁科技发展的最新动态，把钢铁工业的新工艺、新装备、新技术、新产品作为科技创新的方向，将自主创新的重点放在钢铁行业前沿技术、关键技术、可持续发展支撑技术的研究和应用上，力争在一些关键技术领域成为"领跑人"，真正形成自己的竞争优势和核心竞争力。

（一）在钢铁产业前沿和关键技术的开发应用上取得新突破

在矿山系统，要围绕提高矿产资源利用率开展高效环保采选新技术、新工艺的研发应用，重点研究深层和复杂矿体采矿技术及无废开采综合技术，开发高效自动化选冶新工艺和大型装备，发展低品位与复杂难处理资源高效利用技术、矿产资源综合利用技术。

在炼铁系统，要抓好精料、高风温、喷煤、煤气回收利用、高炉长寿与装备等关键技术的研究，在系统集成和应用上达到国际先进水平，进一步优化炉料结构、提高喷煤比、降低焦比和系统节能，实现炼铁生产的高效、节能、长寿。同时，还要着手研究熔融还原技术和直接还原技术应用的可行性。

在炼钢系统，要以纯净钢冶炼为核心，抓好复合吹炼、智能炼钢精炼技术和高效连铸技术研发攻关，形成稳定、高效、低耗的洁净钢、超洁净钢生产工艺流程。

在轧钢系统，重点要抓好高性能、高精度产品的研究和低成本工艺装备的开发，优化轧钢流程，在连铸连轧生产工艺技术，无头轧制技术、热轧带钢柔性生产技术，控轧控冷技术等方面取得突破。

（二）在高端、前沿钢材产品开发方面保持领先优势

这方面我们在六次党代会报告中已经提出了明确目标，到2007年，完成汽车板、硅钢、管线钢、石油用钢、集装箱板、重轨及大型钢、宽厚板、型线材等八大系列产品的结构优化和升级，产品实物质量达到国际先进水平。到2010年，在高级汽车板、冷轧硅钢、高级管线钢、高速重轨、高级结构钢、舰船用宽厚板等六大精品钢材领域创出世界知名品牌，市场占有率进入国内前三名，高附加值高技术含量产品比率达到80%以上。为了实现这一目标，必须强化高性能产品的开发创新，在超细晶粒钢、超低碳贝氏体钢、高级冷轧板和涂镀板等新一代高性能板带材研发上取得新突破。

（三）在可循环钢铁工艺与装备方面取得新成就

国家"十一五"规划纲要和钢铁产业发展政策，对钢铁工业发展循环经济都提出

了明确要求。发展循环经济，既是我们应承担的社会责任，也是减少消耗，降低成本，提高竞争力的关键，同时也为非钢产业的发展提供了难得机遇。到“十一五”末，力争在矿产资源高效开发利用、能源转换、排放物再资源化和环保技术的开发应用方面进入世界先进钢铁企业行列，主要物资消耗、能源消耗指标达到国际先进水平。

（四）在冶金成套设备制造和技术集成输出方面取得新突破

不断提高热连轧、冷连轧成套设备技术的集成、输出和对外技术服务能力，全面实现鞍钢既是钢铁精品生产基地，又是新设备、新技术、新工艺研发和输出基地的战略目标。

四、完善科技创新体系和运行机制，为提高自主创新能力提供保证

提高自主创新能力，必须以人为本，有体制、机制、投入、人才和政策等方面的保障。

（一）建立健全适应市场经济要求的具有企业特色的科技创新体系和机制

要着力建设以企业为主体、市场为导向、产学研相结合的技术创新体系，加强和密切与国内外科研机构，知名学府和先进企业的合作与交流，拓宽联合研发领域，开展高水平、深层次的研发合作。建设和完善科研基础平台，加快鞍本钢铁集团研发中心的组建。加强以产品研发制造为主线的技术中心建设，进一步完善与产品结构优化目标相适应的基础实验室配置。加快矿山研发机构建设。组建以大型冶金装备设计制造、技术集成为主线的冶金装备制造工程研发中心。进一步完善有利于技术创新的运行机制，包括技术创新激励机制、以效益为中心的科研工作投入产出考核机制，新产品、新技术、新工艺、新装备的开发机制，以及产、销、研和产、学、研的衔接机制。抓好重点工艺技术、产品技术攻关和研发项目的立项和推进，做到研发一代、生产一代、储备一代，为鞍钢可持续发展提供技术储备和保证。

（二）大力加强科技队伍建设

提高自主创新能力，科技人才是关键。必须坚持以人为本，树立正确的人才观，大力实施人才强企战略。要把创造良好环境，培养和凝聚各类科技人才特别是优秀人才，充分调动广大科技人员的积极性和创造性，作为科技工作的首要任务，建设一支与提高企业自主创新能力相适应的高素质科技人才队伍。继续完善技术专家和技术拔尖人才选拔制度，实施按贡献、业绩动态选拔技术专家和技术拔尖人才办法。建立健全长效激励约束机制，加大对关键岗位、优秀人才的薪酬激励力度。对在公司重点工艺技术、产品攻关和研发项目中取得突出贡献的优秀科技人才实施重奖，激发优秀人才的持续创造潜能。完善以效益为中心的科研工作投入产出考核机制、以开发拥有自主知识产权的核心技术与名牌产品为重点的研发机制，形成竞争、开放、灵活的用人机制和激励机制。

（三）加大科技投入

科技投入是科技发展的重要保障。“十一五”期间，鞍钢产品开发、工艺技术开发及科研基础平台建设方面任务繁重，集团公司各年科技投入占销售收入的比率要保持在5%以上，根据当年的实施情况适当增加，为科技创新各项目标的完成提供充分的资金保证。

建设创新型企业，提高企业自主创新能力，不仅是党中央的一项重大决策，也是加快鞍钢发展的迫切需要。让我们以高度的责任感和使命感，切实做好科技创新工作，全面提高自主创新能力，为实现“两步跨越”目标提供不竭动力，为建设创新型国家做出新的更大的贡献。

自主创新　老企业焕发活力
自主品牌　高质量智取第一

2006 年 6 月 5 日

新中国成立以来，鞍钢为国家的经济建设做出了巨大贡献。1949 年至 2005 年，鞍钢累计生产钢 3. 33 亿吨、生铁 3. 29 亿吨、钢材 2. 33 亿吨。上缴利税 931 亿元，约相当于国家对鞍钢投入的 17. 3 倍。

一、坚持从老企业实际出发，立足自主创新，走出一条具有中国特色的钢铁企业发展道路

在进入市场经济初期，鞍钢的发展也曾面临前所未有的困境：技术装备陈旧落后，产品结构不合理，技术含量低，质量差，市场竞争力弱，资金短缺，债务负担重，经营严重亏损。

“九五”以来，鞍钢结合自身实际，加强原始创新、消化吸收再创新和集成创新，实现了从自主集成转炉、连铸、热连轧、冷连轧等单条生产线，到自主建成现代化全流程钢铁厂，再到重大冶金技术装备输出的突破，走出了一条“高起点、少投入、快产出、高效益”具有中国特色的钢铁工业自主创新之路。

高起点：就是要在关键部位采用先进技术和工艺，使整体装备达到当代世界先进水平。

少投入：盘活一切可用的资产，尽可能运用自己的力量，走国产化道路，最大限度压缩投资额。

快产出：大项目投资回收期不超过 5 年，一般项目不超过两年。

高效益：就是既要做到改造期间不停产或少减产，又要通过技术改造，大幅度提高企业经济效益和竞争力。

二、坚持以我为主，原始创新与引进消化吸收相结合，提高技术装备集成创新能力

长期以来，我国冶金重大装备始终依靠从国外引进，近 20 年来，钢铁工业引进设备已达 200 亿美元，最多的时候占国内市场的比例达到 45%，最低也有 37%。

历史经验表明，一个国家的现代化是买不来的，钢铁行业同样如此，单靠引进国外先进技术装备是不够的，必须加速自有核心技术的研究开发，才能真正提高中国钢铁工业的国际竞争力，真正由钢铁大国转变为钢铁强国。

“九五”以来，鞍钢在实施技术改造过程中，始终坚持以我为主，加强原始创新、消化吸收再创新和集成创新，取得了一批具有自主知识产权的重大成果，不仅推进了冶金重大装备国产化的进程，也有力地拉动了国内机械制造行业的发展。

本文是作者在《科技日报》上发表的署名文章，此次公开出版略有改动。

（一）自主集成单条生产线

为了避免走“引进、落后、再引进、再落后”的老路，鞍钢注重发挥自身技术和人才优势，从增强企业创新能力出发，加强原始创新和集成创新，着力开发具有自主知识产权的核心技术，自主集成转炉、连铸、热连轧、冷连轧等单条生产线。

（二）具备全流程自主集成能力，建成现代化新区

自主创新建成年产量为500万吨现代化、短流程、高效能、高精度、环保型的板材生产基地，于2006年5月17日举行全线竣工投产仪式。

西部新区吨钢投资为国内最低，比国际水平低2000元以上。西部新区的建成投产，标志着鞍钢已具备现代化钢铁生产全流程的自主集成能力，改写了我国建设全流程大型钢铁联合企业长期依靠国外的历史。

（三）在国内率先实现由“产品输出”到“技术输出”的重大突破

由鞍钢总承包的济钢ASP工程于今年1月16日全线竣工投产，鞍钢成为中国首家既输出产品、又输出成套技术的钢铁企业，改写了我国冶金重大成套装备长期依靠从国外进口的历史。

加强与国内重点机械制造企业合作，推进冶金重大装备国产化。

鞍钢先后与十几家国内大型装备制造企业合作，合作领域覆盖了焦化、烧结、炼铁、炼钢、轧钢在内的钢铁生产全流程。

（四）打造自主品牌，开发国际一流的产品

形成了从热轧板、冷轧板到镀锌板、彩涂板、冷轧硅钢的完整产品系列，高附加值产品比例为66.48%。

2005年，74.86%的产品实物质量达到国际先进水平，比1994年提高68.56个百分点。板管比82.53%，比1994年提高42.53个百分点，比行业平均水平高36.93个百分点。

2005年生产铁1250.74万吨、钢1190.16万吨、钢材1103.77万吨，首次实现铁、钢、材产量三超1100万吨。实现销售收入654.89亿元，实现利润99.59亿元。

今年一季度，钢材出口全国排名第一，销售利润率、成本费用利润率、资本保值增值率在同行业排名第一。

鞍钢发展的实践使我们深刻体会到，自主创新是落实科学发展观的必然要求，也是提高企业核心竞争力的不竭动力。

鞍钢自主创新的探索与实践

2006年6月6日

鞍钢始建于1916年，是解放后最早恢复和建设起来的我国第一个大型钢铁联合企业。目前，具有年产铁1500万吨、钢1500万吨、钢材1400万吨的综合生产能力。能够生产700多个品种、25000多个规格的钢材产品，用于冶金、建筑、石油、化工、航天、造船、铁路、汽车、国防等行业。

建国以来，鞍钢为国家的经济建设做出了巨大贡献。1949年至2005年，鞍钢累计生产钢3.33亿吨、生铁3.29亿吨、钢材2.33亿吨。上缴利税931亿元，约相当于国家对鞍钢投入的17.3倍。

一、坚持从老企业实际出发，立足自主创新，走出一条具有中国特色的钢铁企业发展道路

在进入市场经济初期，鞍钢的发展也曾面临前所未有的困境：技术装备陈旧落后，产品结构不合理，技术含量低，质量差，市场竞争力弱，资金短缺，债务负担重，经营严重亏损。

（1）钢产量：850万吨，平炉钢产量占62.4%。

（2）坯产量：800万吨，模铸+初轧机占70%。

（3）产品结构不合理：板材、管材少，条型材多。

（4）初级产品多，深加工少：坯200万吨，一次材480万吨，冷轧板90万吨，涂层板为零。

（5）产品质量差：达到国际先进水平的比例仅为6%。

“九五”以来，鞍钢结合自身实际，加强原始创新、消化吸收再创新和集成创新，实现了从自主集成转炉、连铸、热连轧、冷连轧等单条生产线，到自主建成现代化全流程钢铁厂，再到重大冶金技术装备输出的突破，走出了一条“高起点、少投入、快产出、高效益”具有中国特色的钢铁工业自主创新之路。

高起点：就是要在关键部位采用先进技术和工艺，使整体装备达到当代世界先进水平。

少投入：盘活一切可用的资产，尽可能运用自己的力量，走国产化道路，最大限度压缩投资额。

快产出：大项目投资回收期不超过5年，一般项目不超过2年。

高效益：就是既要做到改造期间不停产或少减产，又要通过技术改造，大幅度提高企业经济效益和竞争力。

二、坚持以我为主，原始创新与引进消化吸收相结合，提高技术装备集成创新能力

长期以来，我国冶金重大装备始终依靠从国外引进，近20年来，钢铁工业引进设

本文是作者在《光明日报》上发表的署名文章。

备已达200亿美元，最多的时候占国内市场的比例达到45%，最低也有37%。

历史经验表明，一个国家的现代化是买不来的，钢铁行业同样如此，单靠引进国外先进技术装备是不够的，必须加速自有核心技术的研究开发，才能真正提高中国钢铁工业的国际竞争力，真正由钢铁大国转变为钢铁强国。

“九五”以来，鞍钢在实施技术改造过程中，始终坚持以我为主，加强原始创新、消化吸收再创新和集成创新，取得了一批具有自主知识产权的重大成果，不仅推进了冶金重大装备国产化的进程，也有力地拉动了国内机械制造行业的发展。

（一）自主集成单条生产线

为了避免走“引进、落后、再引进、再落后”的老路，鞍钢注重发挥自身技术和人才优势，从增强企业创新能力出发，加强原始创新和集成创新，着力开发具有自主知识产权的核心技术，自主集成转炉、连铸、热连轧、冷连轧等单条生产线。

（1）淘汰平炉，实现全转炉炼钢：自主开发建设4号转炉，其余5~9号转炉完全是“克隆”4号转炉。

（2）淘汰模铸，实现全连铸：在消化1号板坯连铸机技术的基础上，自主设计、开发了2号板坯连铸机。其他连铸都是鞍钢自主开发设计，拥有自主知识产权。

（3）自主集成开发了我国第一条拥有全部自主知识产权，具有国际先进水平的1700中薄板坯连铸连轧带钢生产线（ASP），获国家科技进步二等奖、“九五”国家重点科技攻关重大科技成果奖和冶金科学技术特等奖。

（4）鞍钢又自主开发了1780冷轧宽带钢生产线，生产出超设计能力的0.18mm厚的冷轧板卷（机组设计产品大纲最薄为0.3mm），达到了国际同类生产线一流水平，在国内率先具备了冷连轧成套技术总成能力，获冶金科学技术特等奖。

（二）具备全流程自主集成能力，建成现代化新区

自主创新建成年产量为500万吨现代化、短流程、高效能、高精度、环保型的板材生产基地，于2006年5月17日举行全线竣工投产仪式。

1. 现代化新区

（1）集炼铁、炼钢、连铸、热、冷连轧为一体的大型、高效、连续、紧凑的生产工艺流程。

（2）四级计算机控制和管理，统一协调炼铁、炼钢、连铸、热轧和冷轧生产。

（3）新区设备实现国产化，引进部分不到5%。

（4）建成资源节约型、环境友好型和生态保护型生产线，实现人与自然、企业与社会和谐发展。

2. 新2号、新3号高炉

（1）检测和控制系统采用了国际先进的集散控制系统。

（2）先进的环保除尘系统。

（3）除盐水闭路循环冷却系统。

（4）无料钟炉顶技术。

（5）茵芭冲渣技术和先进的煤气清洗技术。

3. 炼钢工程

（1）260吨大容量转炉。

（2）采用质谱仪及副枪两种动态控制模型，实现了自动化炼钢。

（3）铁水100%预处理，钢水100%精炼。

4. 2150 连铸

（1）液压振动技术。

（2）专家系统。

5. 2150 连轧

（1）直接热装热送技术和三级计算机控制系统。

（2）粗轧机采用液压 AGC，立辊装置设置液压 AWC。

（3）精轧机组采用板形控制技术。

（4）卷曲机采用液压控制和自动踏步控制 AJC 技术。

6. 2130 冷轧

（1）轧机出口板形闭环仪及板形闭环控制系统。

（2）国内首次采用六、四辊混合机型五机架轧机。

（3）连续退火机组采用全辐射管加热。

西部新区吨钢投资为国内最低，比国际水平低 2000 元以上。

西部新区的建成投产，标志着鞍钢已具备现代化钢铁生产全流程的自主集成能力，改写了我国建设全流程大型钢铁联合企业长期依靠国外的历史。

（三）在国内率先实现由“产品输出”到“技术输出”的重大突破

由鞍钢总承包的济钢 ASP 工程于今年 1 月 16 日全线竣工投产，鞍钢成为中国首家既输出产品、又输出成套技术的钢铁企业，改写了我国冶金重大成套装备长期依靠从国外进口的历史。

（四）加强与国内重点机械制造企业合作，推进冶金重大装备国产化

鞍钢先后与十几家国内大型装备制造企业合作，合作领域覆盖了焦化、烧结、炼铁、炼钢、轧钢在内的钢铁生产全流程。

主要立足国产化，某些部件从国外引进。

（1）一炼钢三台连铸机：全部立足国内设计制造。

（2）三炼钢 2 号板坯连铸工程：只引进了三电系统和少量部件及单机，引进设备不到 5%。

（3）1780 工程：机组进口比例不到 15%。

（4）1700 工程：轧线设备 100% 国内制造、连铸设备进口比例不到 9%。

（5）950 连铸连轧工程：引进设备比例不到 5%。

三、打造自主品牌，开发国际一流的产品

形成了从热轧板、冷轧板到镀锌板、彩涂板、冷轧硅钢的完整产品系列，高附加值产品比例为 66.48%。

2005 年，74.86% 的产品实物质量达到国际先进水平，比 1994 年提高 68.56 个百分点。板管比 82.53%，比 1994 年提高 42.53 个百分点，比行业平均水平高 36.93 个百分点。

（1）1780 机组生产的热轧卷板已经出口欧、美等国。

（2）鞍钢是世界最大的集装箱板供货企业。

（3）05 级面板已用于宝马等轿车，并出口北美市场。

（4）大型厂重轨精整加工线具备时速 350 公里以上高速轨精整加工能力。生产的高速钢轨，已铺设到中国第一条时速 200 公里的秦沈客运专线上，时速 350 公里重轨试

铺运行。

（5）自主研制开发了替代进口的三峡工程右岸水轮机蜗壳钢板。

（6）自主开发生产了国内最高钢级的X80管线钢宽厚板。

（7）镀锌板出口美国、英国、加拿大等国家和地区。

（8）热轧船板用于5艘出口的30万吨油轮。

（9）高档彩涂板用于家电、建筑等行业，并替代进口。

（10）产品出口到欧、美、亚等30多个国家和地区。

2005年生产铁1250.74万吨、钢1190.16万吨、钢材1103.77万吨，首次实现铁、钢、材产量三超1100万吨。实现销售收入654.89亿元，实现利润99.59亿元。

今年一季度，钢材出口全国排名第一，销售利润率、成本费用利润率、资本保值增值率在同行业排名第一。

鞍钢发展的实践使我们深刻体会到，自主创新是落实科学发展观的必然要求，也是提高企业核心竞争力的不竭动力。今后，鞍钢将继续坚定不移地走自主创新之路，到2007年建成1600万吨钢精品基地；到2010年进入世界500强，成为最具国际竞争力的大型钢铁企业集团。

依靠自主创新　建设节能型钢铁企业

2006 年 7 月

鞍钢是一个有 90 年历史的老企业，在进入市场经济初期，由于设备陈旧、工艺落后、能源消耗高、产品竞争力差，一度陷入困境。为了彻底改变老企业的落后面貌，“九五”以来，我们坚持以邓小平理论、“三个代表”重要思想和科学发展观为指导，依靠自主创新，调整结构，加强管理，老企业实现了跨越式发展，旧貌换新颜。

与 1995 年相比，去年鞍钢的钢产量增加了 377.1 万吨，增长 46.38%；而吨钢综合能耗降低了 255 千克标准煤，下降 22.89%；吨钢可比能耗降低 221 千克标准煤，下降 22.32%；“九五”以来，累计实现节能 251 万吨标准煤，节水 1.64 亿吨。

一、立足自主创新推进技术改造，淘汰落后生产工艺和技术装备

过去鞍钢之所以能耗高、污染重、市场竞争力弱，主要是由于技术装备和生产工艺落后：平炉钢占钢产量的 62%，模铸、初轧占 70%；落后轧机装备高达 70%；初级产品多，板管比不到 40%。可以说不改造鞍钢就不能生存发展。因此，“九五”以来，我们坚持依靠自主创新，用高新技术改造传统产业，走出了一条“高起点、少投入、快产出、高效益”的老企业振兴发展道路。

（1）淘汰平炉，实现全转炉炼钢。自主开发建设 6 座现代化转炉，全部淘汰了平炉，能耗大幅度降低，环保状况彻底改善。原炼钢厂平炉每吨钢耗能近 70 千克标准煤，改造后不仅实现了负能炼钢，而且每吨钢成本降低 100 元。

（2）淘汰模铸工艺，实现全连铸。在消化引进板坯连铸机技术的基础上，自主设计开发了 6 台连铸机，实现了全连铸。实现全连铸后，降低能耗 67.9%，连铸比模铸每吨成本降低 200 元。

（3）淘汰初轧、热叠轧薄板及横列式轧机，建成了拥有自主知识产权的热连轧、冷连轧、冷轧硅钢和万能重轨轧机等现代化生产线。能耗、物耗及各类污染物排放量大幅度降低。其中，由鞍钢自主开发集成的 1700 中薄板坯连铸连轧生产线（ASP），是我国第一条拥有全部自主知识产权的热轧生产线，产品质量达到国际先进水平，燃料消耗比改造前下降 17%，每年可实现节能 1.76 万吨标准煤。建成我国第一条自主集成的 1780 冷连轧机组，获冶金科学技术特等奖，鞍钢在国内率先具备热连轧、冷连轧成套技术输出能力。

（4）自主创新建成年产量 500 万吨现代化、短流程、节能环保型的精品板材生产基地。新区占地仅 1.7 平方公里，集炼铁、炼钢、连铸、热、冷连轧为一体，由鞍钢自主设计、自主集成、自己施工，主要设备国内制造，具有自主知识产权，改写了我国建设现代化大型钢铁联合企业长期依靠国外的历史。整个新区从规划设计到建成投产，全过程遵循经济效益与环境效益、社会效益的和谐统一原则，合理的布局，最大

本文是作者在“全国节能工作会议”上的发言，此次公开出版略有改动。

限度地减少了生产过程中的热能损耗，热装热送率达到95%以上。吨钢综合能耗640千克标准煤，吨钢耗新水4.6吨，为国际同行业先进水平。废水废气废渣100%处理并利用。在国内首家采用300MW低热值高炉煤气联合发电机组（CCPP），可将剩余高炉煤气和焦炉煤气全部回收发电，每小时最大发电量可达30万千瓦时。

通过自主创新，不仅技术装备达到世界先进水平，而且大大降低了工程投资，“九五”、“十五”技改平均投资回收期仅为四年左右，其中500万吨新区吨钢投资为国内最低，比国际水平低2000元以上。

二、调整产品结构，努力为社会提供节能环保钢材

在通过技术改造降低生产过程资源、能源消耗，减少环境污染的同时，我们加大产品创新力度，重点开发生产高附加值节能环保钢材。如：

冷轧硅钢。与热轧硅钢比，用于电机可节电8%左右，一万吨冷轧硅钢每年可实现节电1亿千瓦时。

耐候钢，包括集装箱板、铁路车厢板等产品，与普通钢相比，可延长使用寿命2至4倍。

高强钢，包括高强汽车用钢和高强工程机械用钢。比如，鞍钢生产的A601L高强汽车结构钢，用于大型载重汽车，每辆汽车可减少自重两吨左右。

“十五”以来，鞍钢已经向市场提供耐候钢331万吨、冷轧硅钢84.7万吨、高强钢232万吨。目前，已形成了从热轧板、冷轧板到镀锌板、彩涂板、冷轧硅钢的完整产品系列，是国内两个生产轿车面板的企业之一和全球最大的集装箱板供货企业。2005年板管比82.53%，比1994年提高42.53个百分点；产品实物质量达到国际先进水平的比率为74.86%，提高68.56个百分点；高附加值产品比例达到77%。

三、加强管理，深挖节能降耗潜力

在生产实践中，鞍钢注重挖掘冶金过程节能降耗的巨大潜力，进一步发挥企业的能源转换功能。

（1）优化原料结构，开展“提铁降硅”攻关。应用新的选矿工艺，综合入炉矿品位提高2.9个百分点。每提高一个百分点，使焦比降低1.5%，高炉矿耗减少45千克/吨铁，渣量减少30~40千克/吨铁，高炉瓦斯泥减少50%。

（2）优化燃料结构，提高二次能源使用效率。用回收的煤气替代重油做燃料，每年减少重油消耗79.4万吨，降低成本11.9亿元。建成四套8万立方米转炉煤气柜，实现了转炉煤气全部回收。建成两套全国容积最大、压力最大、柜型最新的30万立方米高炉煤气柜。新建高炉全部配套煤气压差发电（TRT）装置，新焦炉全部配套干熄焦余压发电（CDQ）装置。去年以来，TRT发电量达到2.6亿千瓦时，相当于节能9.34万吨标准煤，创效1.38亿元。

（3）完善节能管理体系，根治“跑冒滴漏”。建立健全完整的公司、厂矿、车间三级节能管理责任体系。充分利用信息技术，提高能源加工、使用、转换的效率，自主开发的综合管理信息系统（ERP）成功上线运行，实现了生产管理的在线监控。与1995年比，吨钢耗新水减少15.96吨，水循环利用率由89.97%提高到96.3%。

前不久，鞍钢与辽宁省政府签署了节能目标责任书，并郑重承诺从现在起到2010

年，5 年节能 200 万吨标准煤。为了实现这一目标，今后，我们要进一步树立和落实科学发展观，强化“自主创新——可持续发展”一体化思想，大力加强“绿色”制造工艺技术的研究和应用，实现钢铁主体工艺大型化、连续化、现代化，废水、废气、废渣再资源化，成为现代能源转换中心。加快推进重点节能项目建设。加强新一代钢铁材料的研究，努力为社会提供高效益、低损耗、低污染的产品，为把鞍钢建设成为世界一流节能型钢铁企业而努力奋斗。

产学研紧密合作开发新型相变塑性钢

——祝贺上海市金属学会成立50周年

2006年9月

1 新一代钢铁材料

钢的产量和质量一直是衡量一个国家综合实力的重要指标之一，1996年我国的钢产量已达到1亿吨，居世界首位。本世纪初的2000年，中国的钢产量为1.28亿吨，直至2005年中国的钢产量已突破3亿吨[1]，占世界钢产量的三分之一。随着国民经济的迅速增长，对钢铁的需求量还要增加。大批快速发展的行业如汽车、石油、大型机械、大跨度重载桥梁、大型船舶和高层建筑等，对钢铁材料的性能和使用寿命提出了更高的要求。要满足这些行业的要求并符合国家的产业政策，建设资源节约型和环境友好型社会的目标，就要大力提倡循环经济，发展的重点应从以工艺结构调整为主转到以产品结构调整为主，研究开发性能优越的新一代钢铁材料，使我国顺利实现从钢铁大国向钢铁强国的转变。

新一代钢铁材料的三个特征是：超细晶；高洁净；高均匀。

目前，超细晶粒钢、高性能碳素结构钢、合金结构钢、低合金高强度钢、超高强度钢、不锈钢和耐热钢均被认定为新一代的钢铁结构材料。

2 相变诱发塑性钢

新一代钢铁材料中的低合金高强度钢是应用范围极为广泛的钢种，可用作管线，车辆船舶等结构材料[2]。图1[3]示出了数种在汽车上应用的低合金高强度钢板。该文作者将屈服强度高于210MPa的钢规定为高强度钢（HSS）。由图1可见烘烤硬化钢(BH)

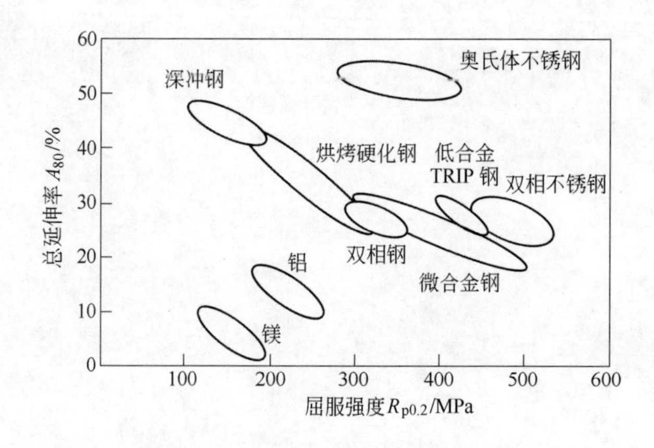

图1 几种汽车用钢和镁、铝合金的强塑性关系图[3]

本文合作者：李麟、刘仁东。本文发表在《上海金属》，2006(5)：7~10。

中的大部分，双相钢（DP），固溶强化的无间隙原子钢（IF），固溶强化的铝镇静钢和沉淀硬化钢（PH）也归于 HSS 中。目前，国际上把 DP 钢、TRIP 钢和复相钢（CP）统称为先进高强钢（AHSS）。

为了降低油耗、提高车身安全性，已设立了跨国的 ULSAB（Ultra Light Steel Automobile Body）项目并在其基础上扩展出 ULSAB-AVC（Ultra Light Steel Automobile Body-Advanced Vehicle Concept）项目。这些项目是由保时捷公司（Porsche Engineering）牵头，三十余家钢铁集团联合运作，由其推出的白车身（body-in-white），据称可减轻 20% 的车身重量并且降低 10% 的成本。这两个项目的共同创新点就是大量采用高强钢替代软钢并应用了一些新的制造技术。在 ULSAB 项目中高强钢在白车身中的应用为 90%（见图 2），而在 ULSAB-AVC 中，高强钢的应用已达到了 100%[3]。

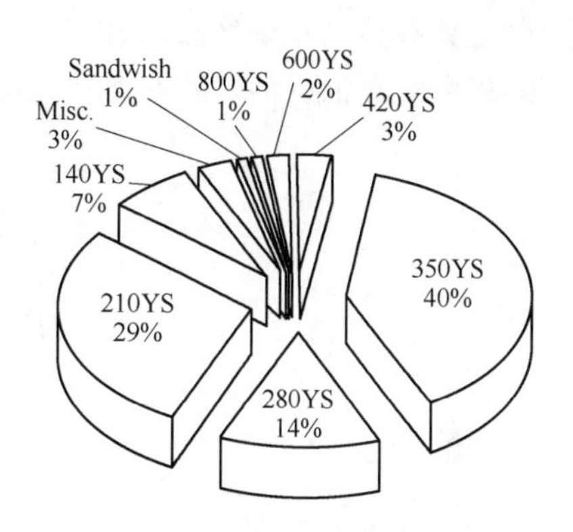

图 2 ULSAB 项目中汽车用材的屈服强度和用量[3]

结合图 1 和图 2 可以看出，图 1 中双相钢、相变诱发塑性钢和烘烤硬化钢的屈服强度值正处于图 2 中汽车的主要用材范围内。尤其是相变塑性钢，兼具高强度和高塑性；应变硬化指数高，变形时不易减薄，便于水压成形[4]；且还具有良好的焊接性[5]。这对于必须考虑连接的可行性和可靠性的汽车结构件，其重要性自不待言。通过精确设计的合金成分和工艺路线可使相变塑性钢中的奥氏体稳定化，这些保留至室温的残余奥氏体在受载时发生应变，并且由应变诱发马氏体相变。相变产物马氏体提高了材料强度，相变时的软模效应又使材料塑性提高，故该钢兼具高强度高塑性。相变塑性钢被各国汽车制造界看作是新一代最佳汽车用钢。目前，该钢在日本的年产量已超过了 10 万吨，在欧洲也超过了 2 万吨且呈急剧上升趋势。为赶超国际，鞍钢集团和上海大学实行产学研联合，进行不同等级相变诱发塑性钢的研发。

3 产学研紧密合作研发不同等级相变塑性钢

合作的双方对产学研结合的重要性有完全相同的认识。鞍钢集团作为中国最早的钢铁企业，拥有很强的研发力量和先进的生产科研装备，曾为中国钢铁工业的发展输出过大量人才和技术，也曾与研究院所大专院校进行过长期的大量的合作，故深知产学研联合的必要。上海大学在 20 世纪九十年代初就提出了走产学研结合的道路并注重向大型工业集团学习和合作。经过数十年的积累，培养了一支理论结合实际，努力解决实际工程问题的队伍。鞍钢集团对双方的合作极为重视，从人员、时间、经费、研发范围及知识产权等方面做出了明确的规定并给予极大的支持，还明确了从研究所、分厂到总部职能部门参与项目的负责人。鞍钢集团还规定了由鞍钢集团研究所的所长负责协调双方的研发步骤，即双方在试验室做出的结果由他与生产线上的工程技术人员沟通，线上的操作人员的意见也由他直接带到研究所和上海大学。这样的处理使关系十分顺畅，大大提高了工作效率。总之，组织上的保障使相变塑性钢的研发进展顺利。我们用以下几个例子来介绍鞍钢集团和上海大学的联合课题组是如何通过产学研结合开发新钢种的。

3.1 不同等级的相变塑性钢的成分设计

合作开始便需提出相变塑性钢的成分及相应工艺路线和控制参数，以便冶炼试验用钢为各类试验和生产做准备。在提出这些成分时，既要考虑到大生产时的可行性，又要避免第一代相变塑性钢由于硅含量高而造成的表面氧化严重难以镀锌的问题，所以根据如图3所示的研究路线，双方根据掌握的国外的相变塑性钢的研发情况及自身在这方面的研究积累，经充分讨论提出了不同等级的相变塑性钢成分。在提出成分时充分发挥了院校与国外合作较多，掌握的资料也较充分的特点，经商议定出了全新的成分，具有独立知识产权。在以后的试验、生产中也证明，由于掌握了大量资料，研发的相变塑性钢有很好的性能和易操作性。

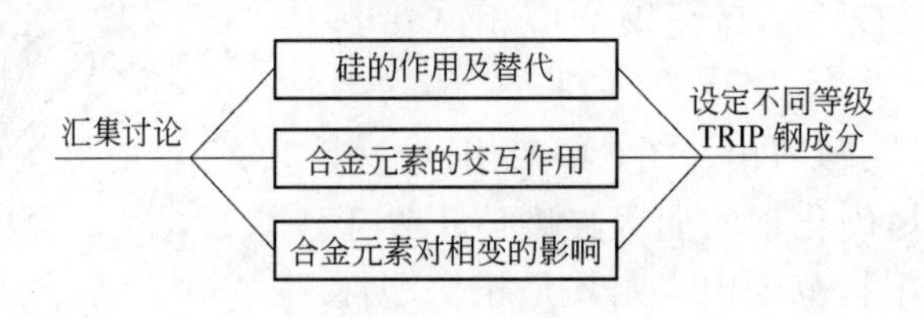

图3 研究路线

3.2 热轧和卷取工艺参数的确定

因双方曾约定，试验用钢由双方分别炼出，并各自进行热轧、冷轧与相变诱发塑性处理，在每一阶段均及时交换试验结果并分析讨论以使试验结果更加可靠。上海大学由于缺乏工业试验的冶炼及轧制装备，上述试验均委托其他单位进行。被委托方仅交付试验钢材并不反映任何试验中的问题。而在鞍钢进行的试验过程中，发现热轧卷取后的屈服强度高达600～700MPa，金相分析也发现有带状组织。屈服强度高达700MPa的钢板在试验室冷轧时，可以多道次小压下量进行而不存在问题，但当在生产线上冷轧时，因道次和压下量均有限制，这样高的强度便有问题。于是在鞍钢的研究所对卷取后的钢板用电镜进行了分析，发现有贝氏体组织存在。这属于不正常组织。但由鞍钢研究所测出的试验钢的各类特性曲线和上海大学所掌握的资料说明，所设定的工艺不应有问题。而所谓的带状组织和贝氏体组织，经分析后均找出其原因。双方一起讨论后，果断沿用原定工艺参数进行大生产。另一方面，为防止生产时的波动使屈服强度超标影响后续的冷轧工序，上海大学用自己设计的软件估算出道次、压下量和应力之间的关系，提供生产线上操作人员参考。在双方详细讨论后，采用原制定的参数成功进行了热轧、冷轧试生产。预备性试验中暴露的问题在生产中均未出现。成功的原因还是产学研的紧密有机结合，充分发挥了超大型工业集团的优势装备和科研技术人员的优良素质及经验的作用。

3.3 连续退火和过时效等温处理参数的确定

连退工艺是决定相变塑性钢性能的重要步骤。要定出这些工艺参数需掌握在亚临界区不同温度下等温时奥氏体转变的数量及元素在各相中的分布。由上海大学通过热力学和动力学计算获得了这些参数。鞍钢研究所通过实验获得加热和冷却时的相变温度。有了这些参数，再通过鞍钢先进的Gleeble-3800热模拟机校对上述参数，连退工艺便可顺利进行。

过时效等温处理的温度和时间也是影响相变塑性钢性能的重要因素之一。对生产而言，需要提供确切的贝氏体转变温度及其对应时间。国外一般通过平衡相图计算获得 T_0 温度（图4中 T_B 点）来估算过时效温度。但实际生产中并不能得到平衡成分。由偏平衡条件（即碳元素通过扩散达到平衡，而合金元素完全不扩散）计算得到的温度为 T_A，上海大学[6]认为实际的过时效温度应取在 T_A 和 T_B 之间。依此温度在鞍钢和上海大学用不同装备进行处理。得到完全一致结果。从而定出生产线上各参数进行顺行大生产。

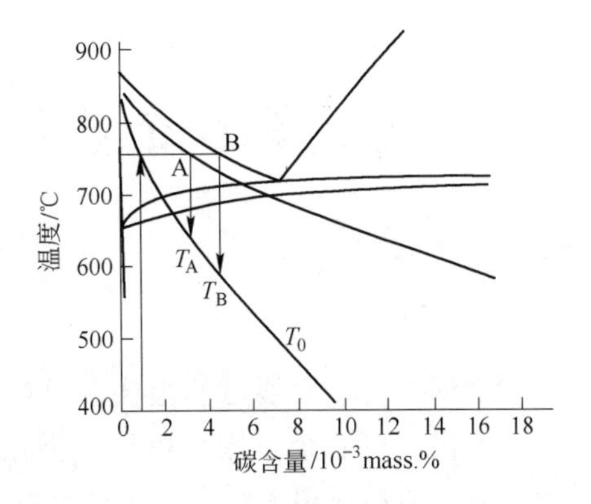

图4　过时效温度的估算[6]

4　结语

中国传统的科研模式是：高校（搞基础）—研究所（做试验）—公司（出产品），在该模式中强调了不同工作领域的人们的协作。但这样的模式已经不太适应当前中国的形势了。由于大批研究所在转制中消亡，剩下为数不多的研究院所因人手有限，很难担负起全部的试验甚至中试的任务。但公司具有强大的装备和技术，高校中的多数科研人员也应转战到经济主战场。原来研究所的部分工作已由高校和公司共同接替了。这样就加速了新技术在企业中的应用，充分发挥产学研结合的作用，从而产生了巨大的经济效益和社会效益。当然，在有国家级研究院所参加的情况下，事情或许就能做得更好。

致谢：本文作者对中国工程院院长徐匡迪院士、钢铁研究总院院长干勇院士和先进钢铁材料技术国家工程研究中心所给予的支持和帮助，谨致以深切谢意。

参 考 文 献

[1] 徐匡迪．钢铁工业的循环经济与自主创新[J]. 上海金属．2006，28(1)：1.

[2] Li Lin，Xu Luoping. Designing of HSLA Steel，G. E. Totten ed.，HANDBOOK OF MECHANICAL ALLOY DESIGN，MARCEL DEKKER[M]. New York，2003，249.

[3] W. Bleck. Using the TRIP effect-the dawn of a promising group of cold formable steels [J]. Proc. Inter. Conf. on TRIP-Aided High Stregth Ferrous Alloys，Ed. B. C. De Cooman，Grips' Sparking World of Steel，2002，Ghent，13.

[4] H. Takechi. The progress of steel products for automotive application in Japan[J]. Proc. Inter. Conf. on Advanced Automobile Materials，Eds.，X. J. Wang，Z. B. Wang，1997，Bejing，1.

[5] M. Zhang，L. LI，R. Y. Fu，D. Krizan，B. C. DeCooman.，Continuous-cooling-transformation diagrams and properties of micro-alloyed TRIP steels[J]. Material Science & Engineering，in press.

[6] Zhang Mei，Li Lin，Su Yu，Fu Renyu，Wan Zi and B. C. De Cooman. Forming Limit Curve (FLC) and fracture mechanism of a newly developed low-carbon low-silicon TRIP steel[J]. Steel Research，to be published.

要为钢铁企业营造自主创新的好环境

2011 年 5 月

我国钢铁行业发展虽然很快，但存在着不平衡问题，有的企业设备先进，冶金技术发展也快；有的企业则很落后，仍在使用一些原始设备。使用落后设备进行生产，就容易对环境造成很大污染。有些钢铁企业对水资源污染严重，影响到周围群众的饮水安全，要解决这些问题，就要做好规划，搞好布局，出台相关政策促进钢铁行业的结构调整和产业升级，要限制产量的盲目扩大。

我国钢铁行业的铁矿石自给率大概只有 40%，去年，铁矿石进口量达 6 亿余吨，可以说铁矿石资源受制于世界三大矿产公司。同时，铁矿石价格的猛涨，从最早的 30 ~ 40 美元/ 吨上涨到现在的近 200 百美元/吨。对这一现状深感担忧。

面对这一困难，钢铁行业要进一步开源节流。一方面要拓宽资源获取渠道，另一方面要加强冶金技术创新，提高资源利用效率。虽然近几年，我国钢铁行业在冶金工艺创新方面取得了一些成果，但自主创新力度还不够，有些企业舍不得投入资金，还有些企业关起门来搞自主创新，其成果很难在业界共享。

希望国家尽快出台扶持政策，健全有关法律法规，为企业自主创新营造一个良好的环境。

本文发表在《中国产业》，2011(5)：66。

《钢铁与经济发展》简介与节录

2011 年 4 月

该作品是2011 年 4 月 21 日作者在中国中信集团党委 2011 年第三次中心组（扩大）学习上所作的报告，共分以下七章：

1. 什么是钢铁；
2. 为什么钢被广泛应用；
3. 钢铁材料的分类；
4. 钢铁是怎样炼成的；
5. 中国钢铁工业现代化主要特点和任务；
6. 钢铁发展与社会经济的关系；
7. 中国钢铁可持续发展问题。

报告以图表形式通俗明了地讲解了以下问题：

- 钢铁是社会经济广泛使用、必不可少的材料，将来仍有大量需求。
- 从现有的状况估计，中国钢产量在 7.7 亿 ~8.4 亿吨达到高峰。今后需求的增长主要依靠城镇化的推动。
- 钢材通过成分、工艺和热处理的优化，可以大大提高性能、降低成本，应该将此作为今后发展的重点。
- 全球铁矿石等资源会日趋紧张。因此，要将开发资源作为发展战略的重点。
- 世界钢铁新增的需求会向发展中国家和地区转移。
- 特钢的发展要注重于产品的无缺陷化、成分控制的精细化、纯净化、产品尺寸准确化、成分偏析与组织控制均匀化、产品的近终型发展和部件化。
- 中国钢铁企业未来发展趋势是优势企业实施强强联合、跨地区兼并重组，提高产业集中度。

6　钢铁发展与社会经济的关系

社会经济发展拉动钢铁发展

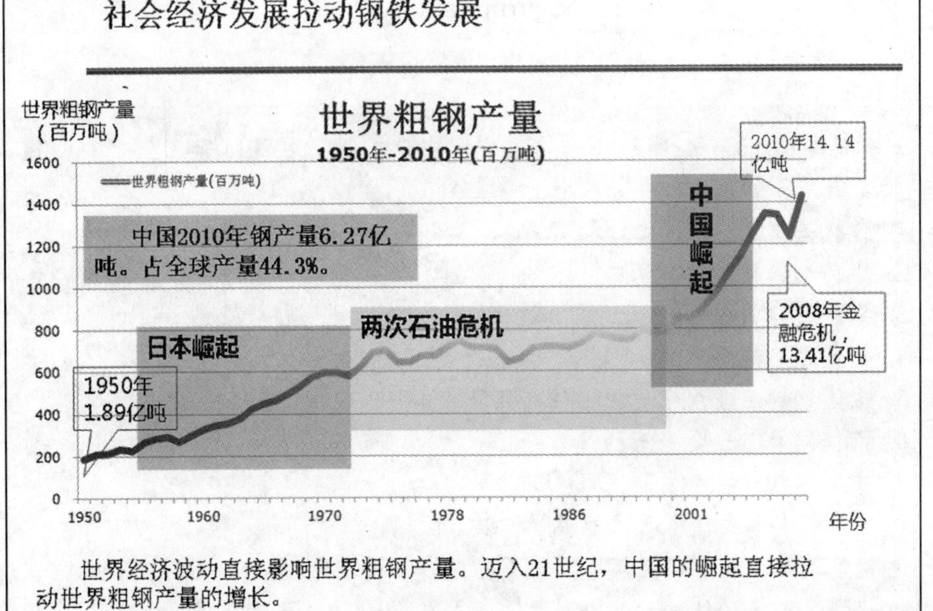

世界经济波动直接影响世界粗钢产量。迈入21世纪，中国的崛起直接拉动世界粗钢产量的增长。

21世纪前十年是全球钢铁业的黄金十年
靠的是中国大陆工业化的钢铁需求拉动

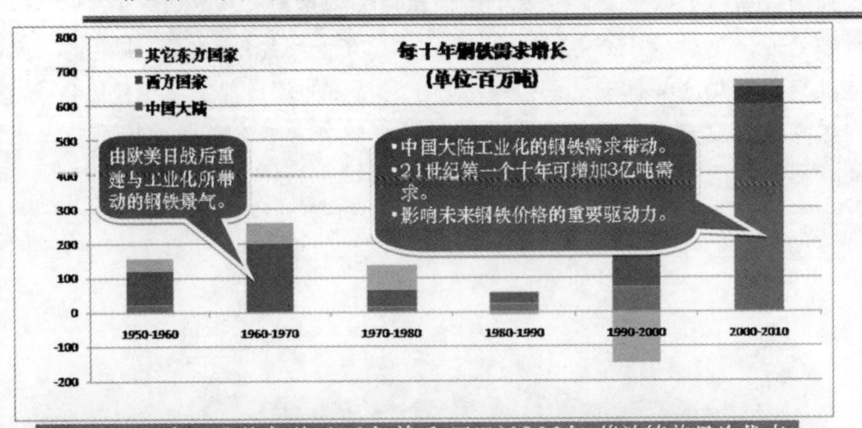

从1766年工业革命到1973年前后，用了近200年，英法德美日为代表的发达国家完成工业化，世界13%的人口，进入现代化社会；峰值时，耗用了世界51.5%的粗钢。

中国经济发展和钢材产量的关系

GDP(亿元)
中国粗钢产量(万吨)
中国GDP(单位：亿元)
中国粗钢产量(单位：万吨)
年份

Year	1999	2000	2001	2002	2003	2004	2005	2006	2007	2008	2009
中国	124	128	151	182	222	282	353	419	489	500	567
世界	789	848	850	904	970	1069	1147	1251	1351	1327	1200
%	15.7	15.1	17.7	20.1	22.8	26.3	30.7	33.4	36.1	37.6	46.6

2010年中国GDP为39.8万亿元，钢产量达到6.267亿吨，为世界钢产量的44.2%。

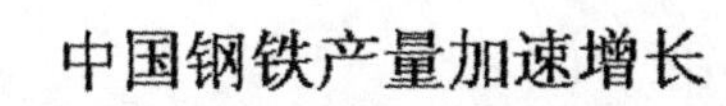

中国钢铁产量加速增长

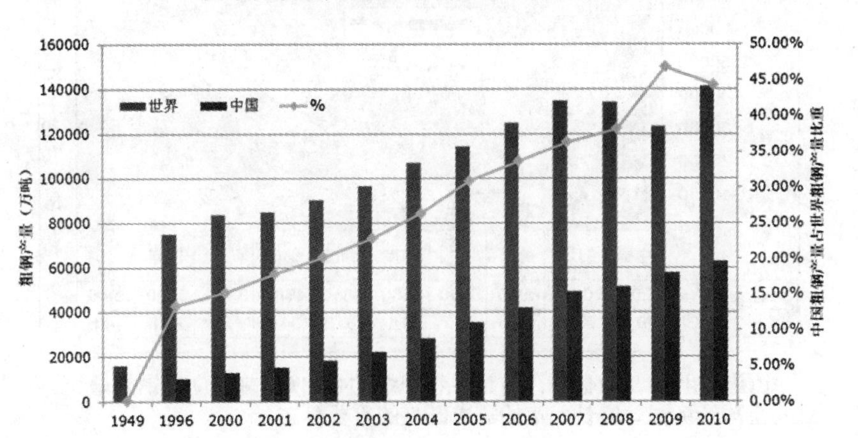

中国钢铁产量加速增长

从15.8万吨增长至1亿吨用了47年时间（1949~1996）

从1亿吨增长至2亿吨用了7年时间（1997~2003）

- GDP从7.8万亿增至13.6万亿

从2亿吨增至3亿吨仅用2年时间（2004~2005）

- GDP从16万亿增至18.3万亿

从3亿吨增至4亿吨仅用1年时间（2006年）

- GDP约21.2万亿（2006年）

从4亿吨增至6亿吨用了3~4年(2006~2010)

- 2010年中国钢产量6.267亿吨，占世界钢产量的44.3%，GDP约39.8万亿。

我国连续15年粗钢产量居世界第一位

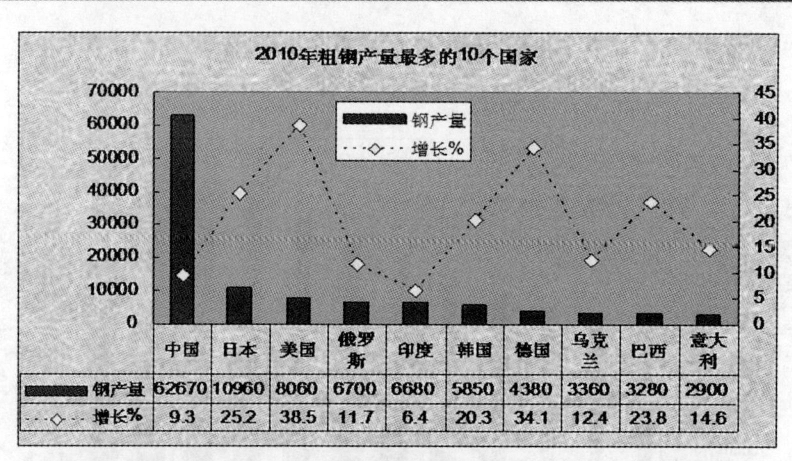

	中国	日本	美国	俄罗斯	印度	韩国	德国	乌克兰	巴西	意大利
钢产量	62670	10960	8060	6700	6680	5850	4380	3360	3280	2900
增长%	9.3	25.2	38.5	11.7	6.4	20.3	34.1	12.4	23.8	14.6

中国产粗钢6.267亿吨，占世界钢产量的44.3%。前10位产钢均增长。这是全球经济强劲增长、市场需求旺盛的重要标志。

人均钢产量

1400
1200
1000
800
600
400
200
0

2007年人均钢产量(公斤)
2008年人均钢产量(公斤)
2009年人均钢产量(公斤)
2010年人均钢产量(公斤)

韩国 日本 中国 欧盟 北美自由贸易协定 中东 世界 中南美洲 印度 非洲

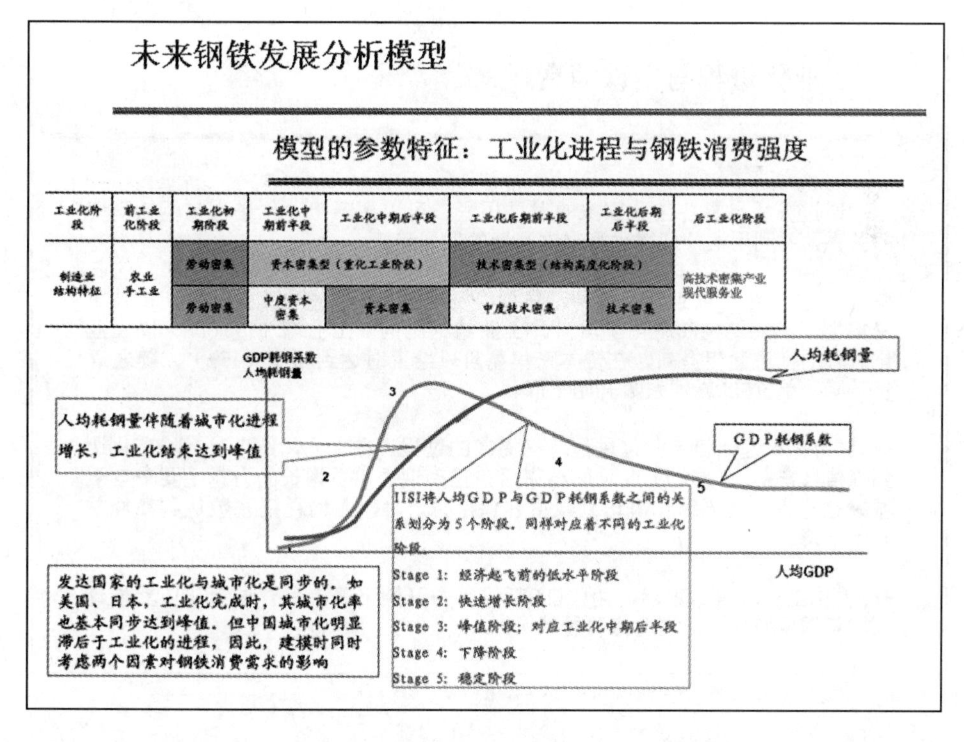

工业化阶段	前工业化阶段	工业化初期阶段	工业化中期前半段	工业化中期后半段	工业化后期前半段	工业化后期后半段	后工业化阶段
制造业结构特征	农业手工业	劳动密集	资本密集型（重化工业阶段）		技术密集型（结构高度化阶段）		高技术密集产业现代服务业
		劳动密集	中度资本密集	资本密集	中度技术密集	技术密集	

世界各国的经济与钢铁

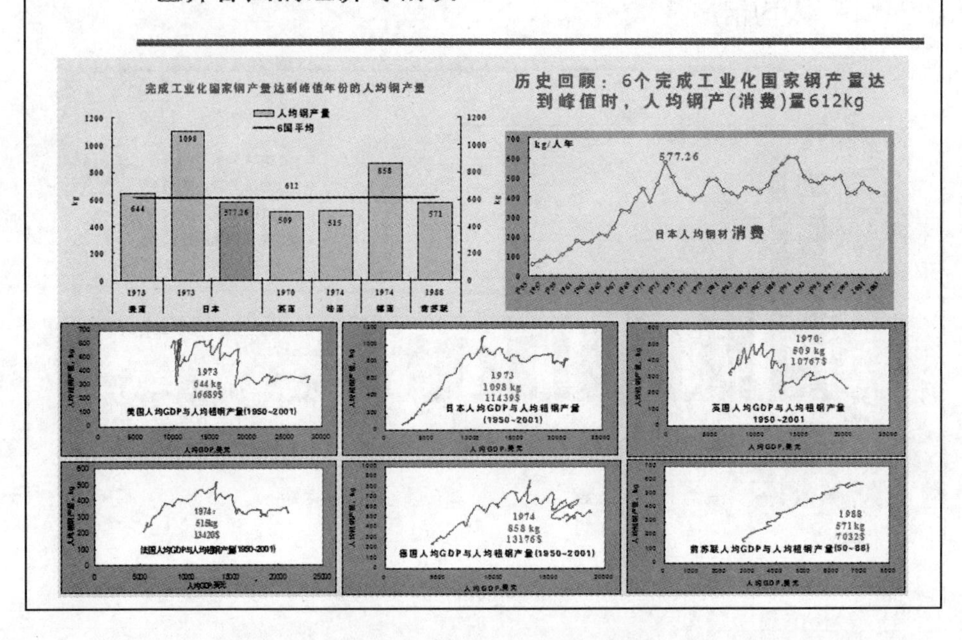

工业化进程与钢铁消费

通过分析世界各工业国家的发展历程，可以揭示工业化进程与钢铁消费的关系，并利用这一规律预测钢铁消费的发展趋势。

◆ 工业化进程可以划分为劳动密集型、资本密集型（重化工业阶段）、技术密集型（产业结构高度化阶段）。工业结构比例（工业增加值/GDP）随工业化进程的推进逐步提高，在资本密集型阶段结束时达到峰值（45%），随之逐步下降，**单位GDP耗钢系数开始下降**。

◆ 城市化率是伴随工业化进程持续提高的过程，在工业化结束时，城市化达到峰值（75%）。重化工业阶段结束后，推动钢铁消费增长的力量主要来自于城镇化进程。当城镇化率达到峰值并保持稳定时，**人均耗钢系数达到高峰并开始下降**。

◆ 重化工业阶段结束后，由于GDP耗钢系数开始下降，尽管城镇化依然推动人均耗钢量增长，但增速将明显减缓。

中国钢铁工业运行现状

运行状况：中国粗钢产量同比增速连续13个月低于全球

- 2010全球粗钢产量14.14亿吨，同比增长15%；中国粗钢产量6.27亿吨，同比增长9.3%。

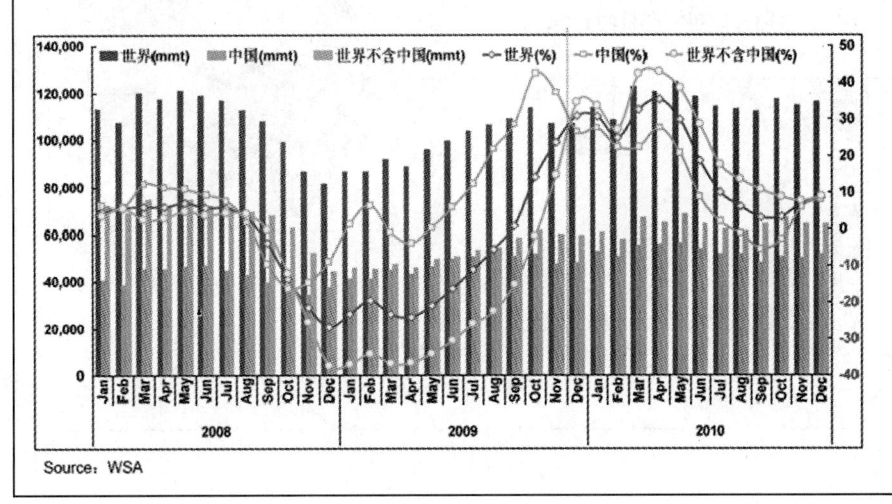

Source：WSA

中国人均GDP与人均钢产量

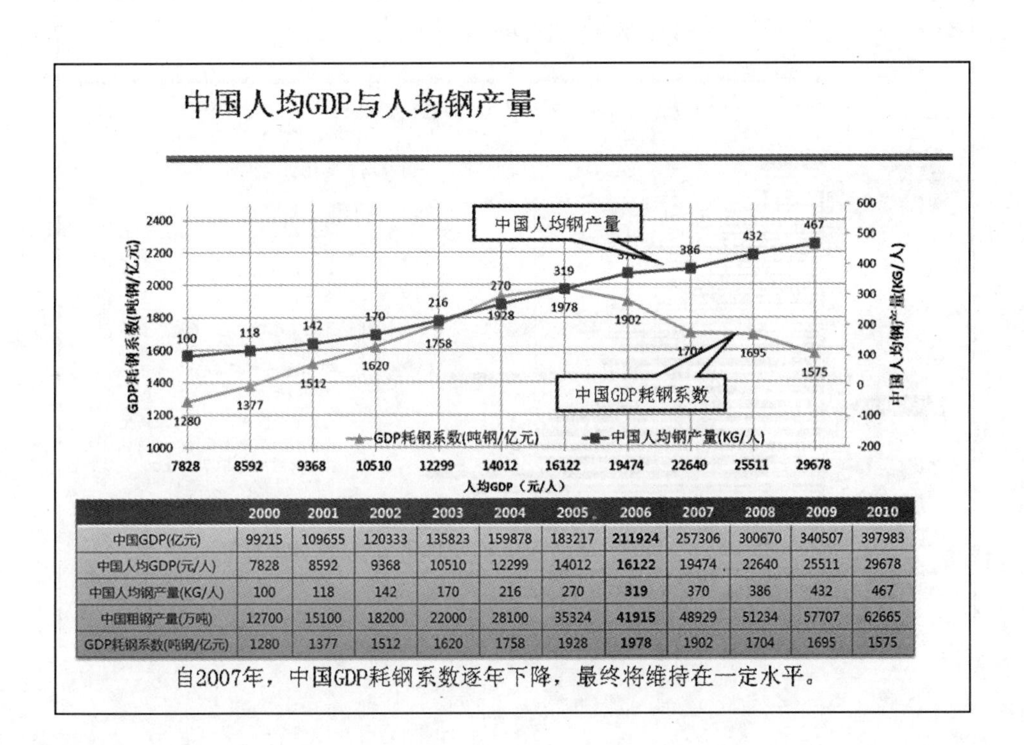

	2000	2001	2002	2003	2004	2005	2006	2007	2008	2009	2010
中国GDP(亿元)	99215	109655	120333	135823	159878	183217	**211924**	257306	300670	340507	397983
中国人均GDP(元/人)	7828	8592	9368	10510	12299	14012	**16122**	19474	22640	25511	29678
中国人均钢产量(KG/人)	100	118	142	170	216	270	**319**	370	386	432	467
中国粗钢产量(万吨)	12700	15100	18200	22000	28100	35324	**41915**	48929	51234	57707	62665
GDP耗钢系数(吨钢/亿元)	1280	1377	1512	1620	1758	1928	**1978**	1902	1704	1695	1575

自2007年，中国GDP耗钢系数逐年下降，最终将维持在一定水平。

钢铁积蓄量

- 2003年中国人均粗钢产量172千克，刚刚超过世界平均水平153千克。人均钢产量居世界第43位。
- 2010年中国人均粗钢产量约470千克。

1900–2005年 世界钢积蓄384.4亿吨分布

主要产钢国钢铁积蓄量

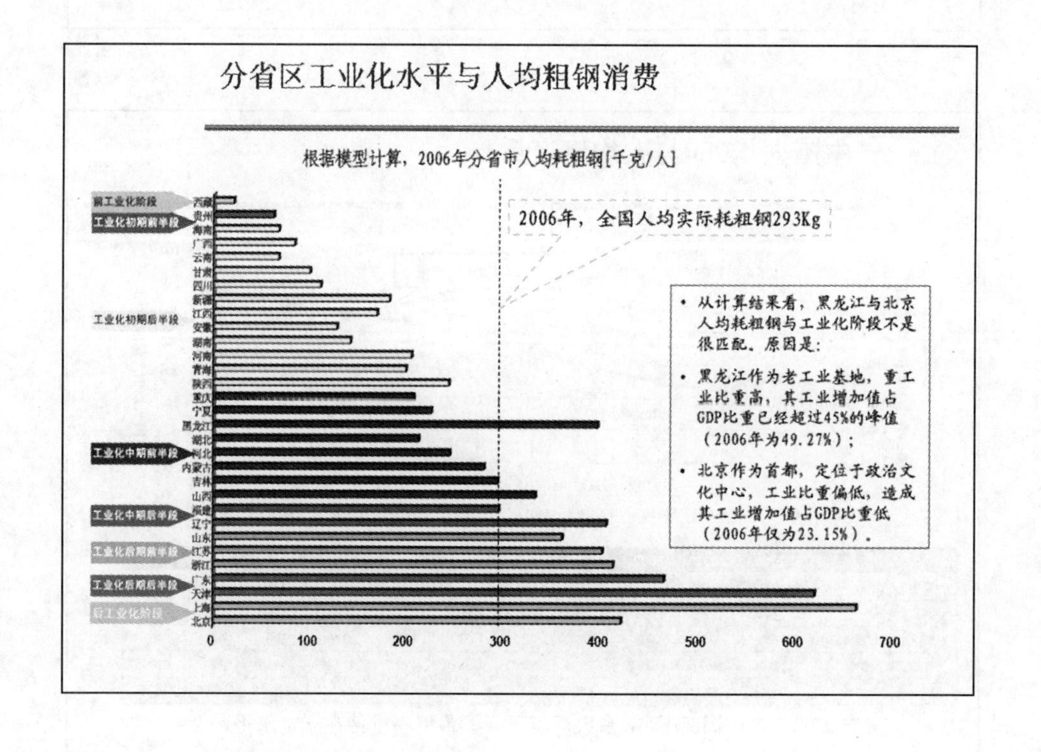

中国经济发展和钢铁业的关系

- 未来中国对钢铁消费的需求，工业化不再是主要的推动力，城镇化将成为钢铁消费总量增长的主要动力。
- 与城镇化相关产业包括：
  - 房地产业：城镇居民住宅建筑。
  - 重大市政工程：城市轻轨、城市地铁、高架路、大型商业及文化设施等。
  - 重大路桥工程：铁路、公路、跨海跨江大桥等。
- 华南地区、东部沿海地区今后还是用钢总量最大的区域，但要关注未来用钢增速较快的地区。

十二五钢材消费量及粗钢产量

- 发达国家人均钢产量（消费量）的峰值约620千克。
- 中国若按人均钢产量550～600千克计算（人口数按14亿人计算），钢产量峰值应该为7.7～8.4亿吨。
- 按现有的增长速度，到十二五末期钢产量达到峰值。

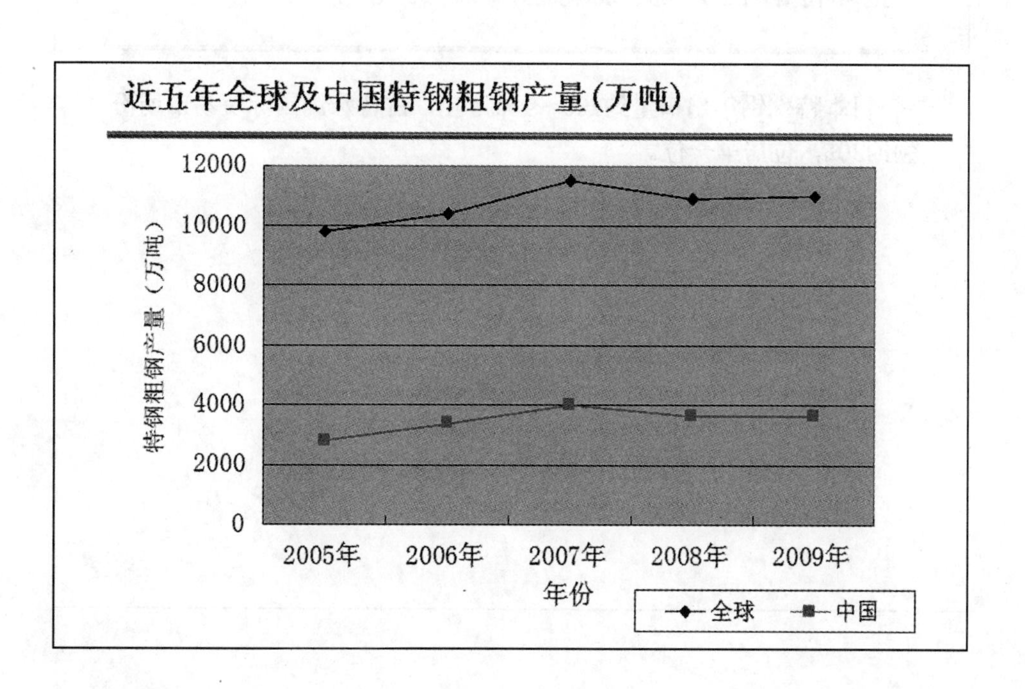

主要产钢国特钢产量占钢总产量的比例

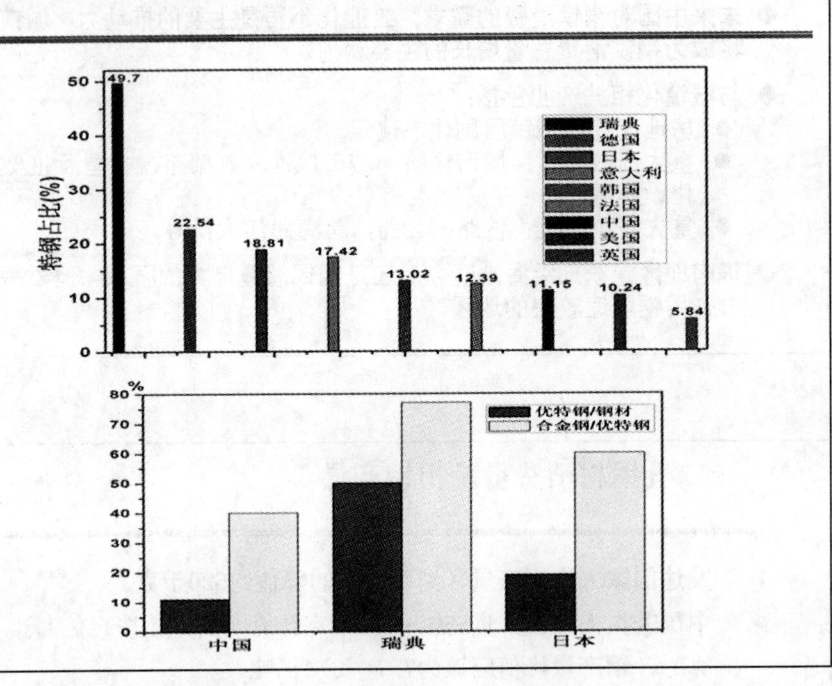

全球特钢年出口贸易总量超2000万吨

- 日本特殊钢年出口量约400～450万吨，占特殊钢国际贸易市场份额约20%，位居第一位。
- 德国约占15%。
- 法国12%。
- 瑞典11%。
- 比利时一卢森堡占9%。
- 英国占8%。
- *上述6个国家合计占80%的份额。*
- 中国特钢出口约378万吨。

附录

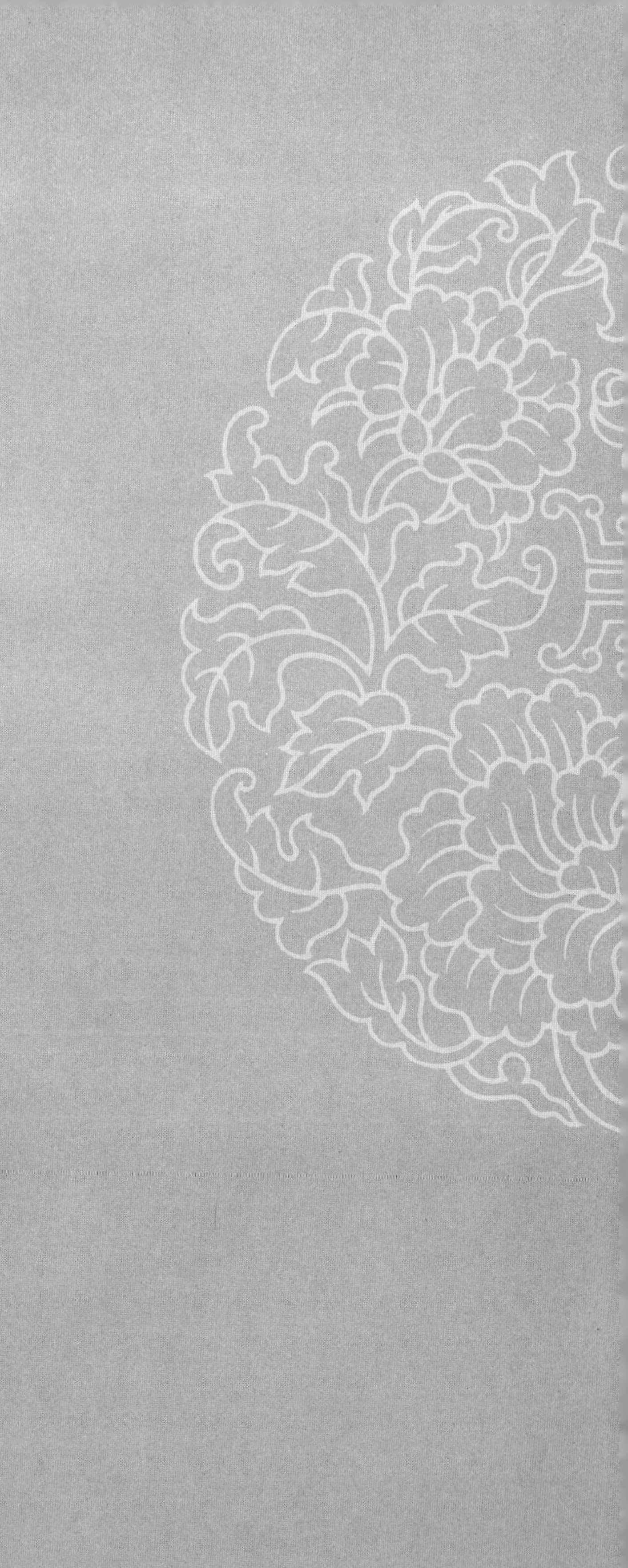

获得主要奖项

获奖时间	获奖项目	奖项名称及等级	授 奖 部 门
1985 年	武钢热冷连轧机自产钢数学模型的研制	国家科学技术进步奖三等奖，第一完成人	国家科学技术进步奖评审委员会
1987 年 7 月	武钢热轧厂精轧轧制压力数学模型的研究	国家科学技术进步奖三等奖，第一完成人	国家科学技术进步奖评审委员会
1988 年	国家中青年有突出贡献专家		国家人事部
1990 年 12 月	武钢一米七轧机系统新技术开发与创新	国家科学技术进步奖特等奖，第二完成人	国家科学技术进步奖评审委员会
1992 年 10 月 1 日	政府特殊津贴		国务院
1996 年 12 月	武钢一米七热轧计算机控制新系统	国家科学技术进步奖一等奖，第一完成人	国家科学技术进步奖评审委员会
1998 年 12 月	太钢 1549mm 热连轧工程三电系统	国家科学技术进步奖二等奖，第二完成人	国家科学技术进步奖评审委员会
1998 年 10 月 22 日	何梁何利基金科学与技术奖		何梁何利基金评选委员会
2000 年 4 月	全国劳动模范		国务院
2001 年 2 月	“九五”国家重点科技攻关计划突出贡献者		国家科学技术部、财政部、发展计划委员会、国家经贸委
2001 年 12 月 15 日	第八届国家级一等企业管理现代化创新成果		全国企业管理现代化创新成果审定委员会
2001 年 2 月	鞍钢 1700 中薄板坯连铸连轧生产工艺技术	“九五”国家重点科技攻关重大科技成果奖	国家科学技术部、财政部、发展计划委员会、国家经贸委
2002 年		冶金科学技术奖特等奖，第一完成人	中国钢铁工业协会 中国金属学会
2004 年 1 月		国家科学技术进步奖二等奖，第一完成人	国家科学技术进步奖评审委员会
2006 年 3 月	袁宝华企业管理金奖		中国企业管理科学基金会
2005 年	鞍钢 1780mm 大型宽带钢冷轧生产线工艺装备技术国内自主集成与创新	冶金科学技术奖特等奖，第一完成人	中国钢铁工业协会 中国金属学会
2007 年 2 月		国家科学技术进步奖一等奖，第一完成人	国家科学技术进步奖评审委员会
2009 年	鞍钢技术改造与扩建工程	建国 60 周年百项重大经典建设工程	中国建筑业协会等 12 家行业建设协会

注：表中只列出了刘玠作为主要完成人获得的部以上奖项，省及以下获奖项目未收录其中。

后　记

中国工程院组织出版院士文集，应冶金工业出版社之约，整理刘玠院士历年文章并选编成集，这对我们来说，是“大姑娘上轿”头一回，有相当难度。且不说选编分寸的把握，单就收集文章，对我们这些不同年龄，在不同阶段伴随刘玠同志工作的人，确实心中无数。因为院士对已发表的“东西”少有“收藏”，原稿又不宜使用。好在现代技术的搜索功能帮了大忙。

整理、阅读的过程，也是我们学习的过程，同时也勾起许多回忆。

工作严、细，是刘玠同志的一贯作风，也是一个科学工作者训练有素的体现。如在鞍钢新级别管线钢的研发上，刘玠同志从原材料的硫、磷含量一直抓到控轧控冷的工艺要求，每一个环节都亲自过问。早在武钢1700热轧计算机控制系统改造工程中，为了在工程子项目中节省费用，掌握主动，作为副经理的他，硬是挤出时间整周坐在谈判桌前抠住每一细节，认真推敲。

身体力行，刘玠同志是榜样。作为工程研发、攻关的“三电”技术负责人，他参加讨论。不论是白班、夜班，在生产现场，经常见到他的身影，这竟是普通技术人员和工人与院士、“大老板”交流的平常事。研发“1780项目”，有人说他像父亲对待自己的子女。

讲究效率，在刘玠身上是“中国速度”的体现。为了鞍钢1780项目的技术决策，他进行过总行程未超过24小时的出国访问。为打破与德国公司的谈判僵局，他进行过去杜赛尔多夫来回只有4天的访问、谈判。为争取工作时间，他常常是晚上10点飞到沈阳，11点半赶到现场。

关心同志，刘玠同志既是导师，又是兄长。他常说，大工程最能锻炼人，最能培养人，一个人一生能够参加几个大项目，要珍惜，要努力。我们单独出差时，到达目的地，总要求第一时间向他报平安。记得有一次我们一位同志只身出差，到达目的地时已是深夜，怕影响他休息，就未报平安。结果，刘玠同志半夜打电话询问是否平安、顺利。

限于篇幅，以上只能是“蜻蜓点水”。在刘玠同志身边工作，不论时间长短，什么阶段，我们在成长过程中，都受益良多。

借此机会，向为文集选编、出版工作提供帮助的各位朋友、同志、同事、出版工作者表示感谢。

《刘玠文集》编辑小组
2014年5月